AF393358

Herausgeberbeirat

Adriano Aguzzi, Zürich
Heinz Bielka, Berlin
Falko Herrmann, Greifswald
Florian Holsboer, München
Stefan H.E. Kaufmann, Berlin
Peter C. Scriba, München
Günter Stock, Berlin
Harald zur Hausen, Heidelberg

Springer-Verlag Berlin Heidelberg GmbH

Molekulare Medizin

Aus dem Themenbereich der molekularen Medizin
sind bereits folgende Titel der Herausgeber
D. Ganten und K. Ruckpaul erschienen:

Molekular- und Zellbiologische Grundlagen (1997)
ISBN 3-540-61954-2

Tumorerkrankungen (1998)
ISBN 3-540-62463-5

Herz-Kreislauf-Erkrankungen (1998)
ISBN 3-540-62462-7

Immunsystem und Infektiologie (1999)
ISBN 3-540-62464-3

Erkrankungen des Zentralnervensystems (1999)
ISBN 3-540-64552-7

Monogen bedingte Erbkrankheiten 1 (2000)
ISBN 3-540-65529-8

Monogen bedingte Erbkrankheiten 2 (2000)
ISBN 3-540-65530-1

Molekularmedizinische Grundlagen
von hereditären Tumoren (2001)
ISBN 3-540-67808-5

Molekularmedizinische Grundlagen
von Endokrinopathien (2001)
ISBN 3-540-67788-7

Molekularmedizinische Grundlagen
von nicht-hereditären Tumorerkrankungen (2002)
ISBN 3-540-41577-7

Grundlagen der Molekularen Medizin, 2. Aufl. (2003)
ISBN 3-540-43207-8

Detlev Ganten   Klaus Ruckpaul   (Hrsg.)
gemeinsam mit Steffen Gay und Jochen R. Kalden

Molekularmedizinische Grundlagen von rheumatischen Erkrankungen

Mit Beiträgen von

Wilhelm K. Aicher, Jürgen Braun, Harald Burkhardt, Karsten Conrad,
Oliver Distler, Berthold Fohr, Jürgen Fritz, Udo Gaipl, Renate E. Gay,
Steffen Gay, Martin Herrmann, Joachim R. Kalden, Wasilis Kolowos,
Ina Kötter, Stefan Kuchen, Klaus Kühn, Burkhard F. Leeb,
Hanns-Martin Lorenz, Ulf Müller-Ladner, Michel Neidhart, Thomas Pap,
Markus J. Seibel, Joachim Sieper, Josef S. Smolen, Günter Steiner,
Reinhard E. Voll, Henning W. Woitge

Mit 157 Abbildungen und 35 Tabellen

 Springer

Prof. Dr. med. Detlev Ganten
Prof. Dr. Klaus Ruckpaul
Max-Delbrück-Centrum
für Molekulare Medizin (MDC)
Robert-Rössle-Straße 10
13122 Berlin-Buch

Prof. Dr. Steffen Gay
University Hospital
Center of Experimental Rheumatology
Gloriastraße 25
8091 Zürich
Schweiz

Prof. Dr. Dr. Jochen R. Kalden
Institut für Klinische Immunologie
Medizinische Klinik III
Friedrich-Alexander-Universität
Erlangen-Nürnberg
Glückstraße 4 a
91054 Erlangen

ISBN 978-3-642-62855-9   ISBN 978-3-642-55803-0 (eBook)
DOI 10.1007/978-3-642-55803-0

Bibliografische Information Der Deutschen Bibliothek
Die Deutsche Bibliothek verzeichnet diese Publikation in der Deutschen Nationalbibliografie; detaillierte bibliografische Daten sind im Internet über <http://dnb.ddb.de> abrufbar.

Dieses Werk ist urheberrechtlich geschützt. Die dadurch begründeten Rechte, insbesondere die der Übersetzung, des Nachdrucks, des Vortrags, der Entnahme von Abbildungen und Tabellen, der Funksendung, der Mikroverfilmung oder der Vervielfältigung auf anderen Wegen und der Speicherung in Datenverarbeitungsanlagen, bleiben, auch bei nur auszugsweiser Verwertung, vorbehalten. Eine Vervielfältigung dieses Werkes oder von Teilen dieses Werkes ist auch im Einzelfall nur in den Grenzen der gesetzlichen Bestimmungen des Urheberrechtsgesetzes der Bundesrepublik Deutschland vom 9. September 1965 in der jeweils geltenden Fassung zulässig. Sie ist grundsätzlich vergütungspflichtig. Zuwiderhandlungen unterliegen den Strafbestimmungen des Urheberrechtsgesetzes.

http://www.springer.de/medizin

© Springer-Verlag Berlin Heidelberg 2003
Ursprünglich erschienen bei Springer-Verlag Berlin Heidelberg New York 2003
Softcover reprint of the hardcover 1st edition 2003

Die Wiedergabe von Gebrauchsnamen, Handelsnamen, Warenbezeichnungen usw. in diesem Werk berechtigt auch ohne besondere Kennzeichnung nicht zu der Annahme, dass solche Namen im Sinne der Warenzeichen- und Markenschutz-Gesetzgebung als frei zu betrachten wären und daher von jedermann benutzt werden dürften.

Produkthaftung: Für Angaben über Dosierungsanweisungen und Applikationsformen kann vom Verlag keine Gewähr übernommen werden. Derartige Angaben müssen vom jeweiligen Anwender im Einzelfall anhand anderer Literaturstellen auf ihre Richtigkeit überprüft werden.

Herstellung: PRO EDIT GmbH, 69126 Heidelberg
Umschlaggestaltung: design & production, 69121 Heidelberg, unter Verwendung einer Abbildung aus „Luisi et al.: Nature, 352, 497 (1991): DNA-Bindungsdomäne des Glukokortikoidrezeptors mit DNA [Zink-Atome in grün]"
Satz: K+V Fotosatz GmbH, 64743 Beerfelden-Airlenbach

Gedruckt auf säurefreiem Papier   27/3150/göh-5 4 3 2 1 0

Vorwort

Der Begriff Rheuma ist aus der antiken Humoralpathologie aus der Lehre vom „Fließen schlechter Säfte" entwickelt und wurde später auf Krankheitsbilder mit einem fließenden, ubiquitär auftretenden Schmerz in Gelenken, Sehnen und Muskeln übertragen. Diese von der klinischen Symptomatik ausgehende Krankheitsbezeichnung fasst naturgemäß ätiologisch und pathogenetisch verschiedenste Krankheitsbilder zusammen, die sich seinerzeit mit dem Leitsymptom, dem rheumatischen Schmerz, präsentiert haben und die wir heute mit modernen diagnostischen Bild gebenden Verfahren gelernt haben, besser zu unterteilen, als dies in einem ersten Klassifizierungsschema rheumatischer Krankheitsentitäten 1954 durch die WHO erfolgte.

Aufgrund nicht ausreichend vorhandener Therapieoptionen und einer sehr frühzeitig erkannten enormen sozioökonomischen Bedeutung rheumatologischer Erkrankungen kam es innerhalb der beiden letzten Dekaden zu einer Intensivierung der Ursachen- und Therapieforschung. Die daraus resultierenden Ergebnisse haben letztendlich auch mit dazu geführt, dass dieses bis dahin vernachlässigte Gebiet der inneren Medizin in der Bundesrepublik zu einem wichtigen Teilgebiet derselben entwickelt wurde – entsprechend der tatsächlichen Bedeutung von Erkrankungen des rheumatischen Formenkreises.

Entscheidende Impulse zur Ätiopathogeneseforschung kamen aus dem Bereich der Immunologie. In den letzten Jahren kamen ergänzend Methoden der Molekularmedizin und Zellbiologie hinzu. Aufgrund von Fortschritten des Kenntnisstandes zur Ätiopathogenese konnten neue Therapieverfahren entwickelt werden, die über die Rheumatologie hinaus Eingang in die Medikation chronisch entzündlicher, nicht rheumatischer Krankheitsbilder gefunden haben.

In dem vorliegenden Buch werden die in den letzten Jahren signifikanten Fortschritte im Bereich der Ätiopathogenese und Therapieforschung unter Verwendung von immunologischen und molekularbiologischen Methoden diskutiert. Zunächst erfolgt ein Überblick über die Möglichkeit der Anwendung neuer molekularer Technologien zum Studium rheumatischer Krankheitsbilder. Das Einleitungskapitel „Genomics: Identifikation neuer und bekannter Gene" stellt die subtraktive Hybridisierung und Mikroarrays als Beispiele für molekularbiologische Screeningverfahren zur Identifikation von Zielmolekülen für mögliche therapeutische Ansätze vor. Ein Schwerpunkt in diesem Kapitel liegt auf der Darstellung von Richtlinien zur Interpretation von Ergebnissen, die mit diesen Techniken erzielt werden und die vor einer Fehlinterpretation schützen sollen.

Ein weiterer Schwerpunkt liegt im Bereich der Immungenetik mit der Diskussion der vorhandenen bzw. zu erwartenden Möglichkeiten einer Prädisposition, eine Früherkennung bzw. den zu erwartenden klinischen Verlauf einer bestimmten rheumatologischen Krankheitsentität besser zu definieren. Mit basierend auf unserem derzeitigen Kenntnisstand über molekulare Mechanismen mit einer Diskussion neuer Autoantigene wie Autoantikörper folgt eine kritische Auseinandersetzung mit neuen Therapieprinzipien inklusive der Möglichkeit einer Gentherapie. Diesen mehr allgemein gehaltenen kritischen Übersichtskapiteln folgt eine mehr krankheitsorientierte Diskussion bestimmter wichtiger rheumatologischer Krankheitsbilder wie dem systemischen Lupus erythematodes, der rheumatoiden Arthritis, der ankylosierenden Spondylitis und der Psoriasisarthritis.

Das Buch mit namhaften Autoren soll Medizinstudenten, aber ebenso niedergelassenen Kollegen im Bereich der Allgemeinmedizin bzw. der inneren Medizin und damit Internisten und Rheumatologen sowie klinisch tätigen Kolleginnen und Kollegen einen aktuellen Überblick über unseren derzeitigen Wissensstand hinsichtlich der molekularen und zellulären Grundlagen und der sich daraus entwickelnden neuen Therapieverfahren geben. Das Buch verfolgt dabei mit die Absicht, den Rheumatherapeuten den notwendigen Kenntnisstand zu vermitteln, da sich diese mit dem z. T. bereits zur Therapie von rheumatischen Krankheitsentitäten neuen Therapieprinzipien in ihrer täglichen Praxis auseinandersetzen müssen.

Die Herausgeber sagen Dank den Autoren sowie dem Verlag für seine hervorragende Edition des vorliegenden Buchs.

Berlin, im Sommer 2003 Die Herausgeber

Inhaltsverzeichnis

Autorenverzeichnis

Priv.-Doz. Dr. Wilhelm K. Aicher
Universität Tübingen
Zentrum für Orthopädische Chirurgie
Forschungslabor
Pulvermühlstraße 5, 72070 Tübingen
e-mail: aicher@uni-tuebingen.de

Prof. Dr. Jürgen Braun
Rheumazentrum Ruhrgebiet
St.-Josefs-Krankenhaus
Landgrafenstraße 15, 44652 Herne
e-mail: J.Braun@rheumazentrum-ruhrgebiet.de

Prof. Dr. Harald Burkhardt
Friedrich-Alexander-Universität
Erlangen-Nürnberg
Medizinische Klinik III mit Poliklinik
Institut für Klinische Immunologie
Krankenhausstraße 12, 91054 Erlangen
e-mail: Harald.Burkhart@med3.med.
uni-erlangen.de

Prof. Dr. Karsten Conrad
Technische Universität Dresden
Universitätsklinikum Carl Gustav Carus
Fetscherstraße 74, 01307 Dresden
e-mail: k_conrad@rcs.urz.tu-dresden.de

Oliver Distler
Universitätsspital Zürich
Zentrum für Experimentelle Rheumatologie
Gloriastraße 25, CH-8091 Zürich
e-mail: Oliver.Distler@usz.ch

Dr. Berthold Fohr
Universität Heidelberg
Medizinische Klinik I
Abteilung Endokrinologie und Stoffwechsel
Bergheimer Straße 58, 69115 Heidelberg

Dr. Jürgen Fritz
TETEC-AG
Aspenhaustr. 25, 72770 Reutlingen
e-mail: Fritz@tetec-ag.de

Udo Gaipl
Friedrich-Alexander Universität
Erlangen-Nürnberg
Medizinische Klinik III
Institut für Klinische Immunologie
Glückstraße 4a, 91054 Erlangen
e-mail: udo.gaipl@med3.imed.uni-erlangen.de

Prof. Dr. Renate E. Gay
Universitätsspital Zürich
Center of Experimental Rheumatology
Gloriastraße 25, CH-8091 Zürich
e-mail: Renate.Gay@usz.ch

Prof. Dr. Steffen Gay
Universitätsspital Zürich
Center of Experimental Rheumatology
Gloriastraße 25, CH-8091 Zürich
e-mail: Steffen.Gay@usz.ch

Priv.-Doz. Dr. Dr. Martin Herrmann
Friedrich-Alexander-Universität
Erlangen-Nürnberg
Institut für Klinische Immunologie
Medizinische Klinik III
Glückstraße 4a, 91054 Erlangen
e-mail: martin.herrmann@med3.imed.
uni-erlangen.de

Prof. Dr. Dr. h.c. Jochen R. Kalden
Friedrich-Alexander-Universität
Erlangen-Nürnberg
Institut für Klinische Immunologie
Medizinische Klinik III
Glückstraße 4a, 91054 Erlangen
e-mail: joachim.kalden@med3.imed.
uni-erlangen.de

Dr. WASILIS KOLOWOS
Friedrich-Alexander-Universität
Erlangen-Nürnberg
Institut für Klinische Immunologie
Medizinische Klinik III
Glückstraße 4a, 91054 Erlangen
e-mail: wasilis.kolowos@med3.imed.
uni-erlangen.de

Dr. INA KÖTTER
Medizinische Universitätsklinik III
Abtl. Hömatologie, Rheumatologie
Ottfried-Müller-Str. 10
72076 Tübingen
e-mail: ina.koetter@med.uni-tuebingen.de

Dr. STEFAN KUCHEN
Universitätsspital Zürich
Zentrum für experimentelle Rheumatologie
Gloriastraße 25, CH-8091 Zürich

Prof. Dr. KLAUS KÜHN
Max-Planck-Institut für Biochemie
82152 Martinsried
e-mail: kuehn@biochem.mpg.de

Dr. BURKHARD F. LEEB
Humanisklinikum Niederösterreich
II. Medizinische Abteilung
Niederösterreichisches Zentrum für Rheumatologie
Landstraße 18, A-2000 Stockerau
e-mail: leeb.khstockerau@aon.at

Priv.-Doz. Dr. HANNS-MARTIN LORENZ
Friedrich-Alexander-Universität
Erlangen-Nürnberg
Medizinische Klinik III
Institut für Rheumatologie
und Klinische Immunologie
Krankenhausstraße 12, 91054 Erlangen
e-mail: Hanns.Lorenz@med3.imed.uni-erlangen.de

Priv.-Doz. Dr. ULF MÜLLER-LADNER
Universität Regensburg
Klinik und Poliklinik für Innere Medizin I
Franz-Josef-Strauss-Allee 11, 93042 Regensburg
e-mail: ulf.mueller-ladner@klinik.
uni-regensburg.de

Priv.-Doz. Dr. MICHEL NEIDHART
Universitätsspital Zürich
Zentrum für experimentelle Rheumatologie
Gloriastraße 25, CH-8091 Zürich
e-mail: michel.neidhart@usz.ch

Dr. THOMAS PAP
Otto-von-Guericke-Universität
Medizinische Fakultät
Zentrum für Innere Medizin
Bereich Experimentelle Rheumatologie
Leipziger Straße 44, 39120 Magdeburg
e-mail: thomas.pap@medizin.uni-magdeburg.de

Prof. Dr. MARKUS J. SEIBEL
ANZAC Research Institute
Dept. of Endocrinology & Metabolism C64
Concord Hospital Medical Centre, Level 6
Concord, NSW 2139
Australia

Prof. Dr. JOACHIM SIEPER
Freie Universität Berlin
Fachbereich Humanmedizin
Universitätsklinikum Benjamin Franklin
Medizinische Klinik I
Rheumatologie
Hindenburgdamm 30, 12200 Berlin
e-mail: hjsieper@zedat.fu-berlin.de

Prof. Dr. JOSEF SMOLEN
Allgemeines Krankenhaus der Stadt Wien
Universitätsklinik für Innere Medizin III
Klinische Abteilung für Rheumatologie
Währinger Gürtel 18–20/Ebene 6 J
A-1090 Wien, Österreich

Prof. Dr. GÜNTER STEINER
Allgemeines Krankenhaus der Stadt Wien
Universitätsklinik für Innere Medizin III
Klinische Abteilung für Rheumatologie
Währinger Gürtel 18–20, A-1090 Wien, Österreich
e-mail: Guenter.Steiner@akh-wien.ac.at

Dr. REINHARD E. VOLL
Friedrich-Alexander-Universität
Erlangen-Nürnberg
Medizinische Klinik III
Institut für Klinische Immunologie
Krankenhausstraße 12, 91054 Erlangen
e-mail: reinhard.voll@med3.imed.uni-erlangen.de

Dr. HENNING W. WOITGE
Medizinische Klinik II
St. Antonius Hospital
Albersallee 5–7
47533 Kleve

Abkürzungen und Erläuterungen

AAV — Adeno-assoziiertes Virus: Ein von Adenoviren abgeleitetes Viruskonstrukt mit kleinerer Größe und geringerer Antigenität als Adenoviren, welches vor allem für Gentransferversuche eingesetzt wird

ACA — Anti-Centromer-Antikörper: Autoantikörper, welche gegen Proteine der Centromer-Region (insbesondere CENP-A, -B, -C) gerichtet sind

aCL — Anti-Cardiolipin Antikörper: Autoantikörper gegen das Phospholipid Cardiolipin bzw. gegen den Cardiolipin-β_2-Glycoprotein Komplex

ACR — American College of Rheumatology: Amerikanische Gesellschaft für Rheumatologie; die Klassifikationskriterien des ACR für verschiedene rheumatische Erkrankungen werden weltweit verwendet

ACT — Autologe Chondrozyten Transplantation

Ad — s. Adenoviren

Adenoviren — Ikosaedrische DNA-Viren mit einer Größe von 60–80 nm. Adenoviren sind ubiquitär verbreitet, bisher sind 48 verschiedene Serotypen bekannt. Adenoviren rufen beim Menschen vor allem Erkrankungen des oberen Respirationstraktes, aber auch (begleitende) Magen-Darm-Erkrankungen und die epidemische Keratokonjunktivitis hervor

Adjuvans-Arthritis — Tiermodell der CP (s. unter CP), bei dem durch Applikation von Freundschem Adjuvans in suszeptiblen Ratten oder Mäusen eine Arthritis ausgelöst werden kann

Affinität — Die Bindungsstärke zweier Moleküle zueinander, die nur an einer Stelle miteinander wechselwirken, z.B. die Bindungsstärke zwischen einem (monovalenten) Fab-Fragment eines Antikörpers und einem monovalenten Antigen

Aggrekan — Haupt-Proteoglykan im Knorpelgewebe: Ein ausgedehntes Kernprotein, an das eine große Zahl von Glykosaminoglykan-Ketten gebunden ist, hauptsächlich Chondroitinsulfat (CS) und Keratansulfat (KS)

AIA — Antigen induzierte Arthritis s. CIA

AKA — Anti-Keratin-Antikörper: Spezifische Marker für die CP; Antikörper sind nicht gegen Keratin, sondern gegen Citrullin-enthaltende Proteine (Epitope) gerichtet, z.B. Filaggrin oder Fibrin

Alkalische Phosphatase — Ubiquitär im Körper vorkommende Phosphatase mit Isoenzym im Knochen, der „Bone alkaline phosphatase" als spezifisches Syntheseprodukt von Osteoblasten

aPL — Anti-Phospholipid Antikörper

ANA — Antinukleäre Antikörper: Sammelbezeichnung für Antikörper gegen Antigene des Zellkerns

ANKENT — Mausmodell, bei dem Enthesitis und Ankylose vorkommen

Ankylose — Durch mehrere Syndesmophyten entstehende knöcherne Fusion von Wirbelkörpern

Ankylosierende Spondylitis — Prototyp der SpA, oft mit der charakteristischen Wirbelsäulenversteifung, Frühsymptom „entzündlicher Rückenschmerz"

Anteriore Uveitis — Entzündung der Regenbogenhaut (Iris), die bei allen SpA, am häufigsten bei AS (30–40%) vorkommt

Anti-dsDNA Ab — Antikörper, die doppelsträngige DNA erkennen, sind charakteristisch für SLE (s. unter SLE). Der Nachweis erfolgt mit Hilfe eines Radioimmunas-

	says (RIA) oder mit der indirekten Immunfluoreszenz auf den Flagellaten Crithidia lucilia
Apoptose	Programmierter Zelltod: Geordnete Kaskade von Ereignissen, die zur Fragmentierung einer Zelle in membrangebundene Partikel und deren anschließender Phagozytose führt
APS	Anti-Phospholipid-Syndrom: Mit apL-Antikörpern assoziiertes Syndrom, das durch venöse bzw. arterielle Thrombosen, Spontanaborte und Thrombozytopenie gekennzeichnet ist
Arrayer	Synonym, Array-Printer: PC-gesteuerter Präzisionsroboter, mit dem über Stifte aus Edelstahl kleinste Mengen cDNA auf die Trägeroberfläche von Arrays aufgebracht werden können
Arthritis bei chronisch entzündlichen Darmerkrankungen	Oft mit anderen SpA-Symptomen einhergehende Gelenkentzündung bei Patienten mit M. Crohn oder Colitis ulcerosa, verschiedene Verlaufsformen, z. T. mit WS-Beteiligung, Übergang in AS (s. unter AS) möglich
AS	Ankylosierende Spondylitis: Chronisch rheumatische Erkrankung mit vorwiegendem Befall der Wirbelsäule mit einer Einsteifung im Endstadium, 20–30% der HLA-B27-positiven Patienten mit reaktiver Arthritis entwickeln eine AS
Avidität	Die Gesamtsumme aller Bindungskräfte zwischen zwei Molekülen oder Zellen, die an mehreren Stellen miteinander wechselwirken, z. B. spricht man von Avidität, wenn ein bivalenter Antikörper mit beiden Antigenbindungsstellen an Oberflächenantigene von Zellen bindet
β_2-GPI	Beta-2-Glykoprotein I (Apolipoprotein H): Phospholipid-assoziiertes Glykoprotein
Bambusstabwirbelsäule	Vollständige ankylosierte WS, die wie ein Bambusstab aussieht
BASDAI	Für die AS evaluierter Krankheitsaktivitätsindex
BASFI	Für die AS evaluierter Funktionsindex
Basistherapie	Im deutschen Sprachraum für Medikamente verwendet, welche für die Langzeittherapie rheumatischer Erkrankungen eingesetzt werden (Immunmodulatoren, Immunsuppressiva, Zytostatika etc. s. unter DMARD)
Biologics	Moderner Begriff für Therapieformen, welche physiologisch vorhandene Moleküle zur Therapie verwenden, z. B. Anti-TNF-Antikörper, lösliche TNF-Rezeptoren, Interleukin-1 Rezeptor-Antagonisten etc. Manche Autoren klassifizieren die Biologics auch als DCARTs, disease controlling antirheumatic therapies, da z. B. für die TNF-Hemmer bei Patienten mit RA ein Stillstand der Gelenkdestruktion über mehrere Jahre gezeigt werden konnte
BIP	„Heavy chain binding protein", auch als grp78 bezeichnet: Stressprotein des endoplasmatischen Retikulums, temporär assoziiert mit neu translatierten Proteinen, u. a. mit der schweren Kette der Immunglobuline
BMP	Bone morphogenetic protein: Wachstumsfaktor aus der TGF-β (transforming growth factor) Familie. BMP's spielen u. a. eine wichtige Rolle in der Embryonalentwicklung für die Ausbildung der Körperachsen, der Anlagen des Bewegungsapparates, der Differenzierung von Knochen- und Knorpelzellen
BPI	„Bactericidal permeability increasing protein": Bakterizides, die Permeabilität der Zellwand steigerndes Protein; eines der Zielantigene von ANCA
BSP	Bone Sialoprotein: Saures, hochmodifiziertes Glykoprotein der nichtkollagenen Knochenmatrix. BSP wird bei Knochenresorption aus der Matrix freigesetzt
cDNA Array	Technik zur gleichzeitigen Darstellung der Genexpression vieler verschiedener Gene (bis über 1000) einer Zellpopulation oder eines Gewebes, hierbei werden industriell auf Nylonmembranen oder Glas Fragmente von bekannten Genen aufgebracht, gegen die dann die cDNA der zu testenden Probe hybridisiert wird
CD95	s. Fas

CENP	Centromer-Proteine: Mit der Centromeren-Region der Chromosomen assoziierte Proteine (v.a. CENP-A, CENP-B, CENP-C)
Centromer	Die primäre Einschnürung an Chromosomen während der Mitose, an der die Schwesterchromatiden zusammengehalten werden, auch die Stelle des Chromosoms, wo sich der Kinetochor bildet, an dem während der Zellteilung die Mikrotubuli des Spindelapparates ansetzen
Chaperone	Protein, das an andere Proteine bindet und dadurch schon während der Proteinbiosynthese eine falsche Faltung bzw. Konformation des entstehenden Polypeptides verhindert. Inkorrekte Faltung von Proteinen führt in der Regel zu Funktionsverlust und/oder Aggregation
Chemokine	Heterogene Gruppe von Signalmolekülen, welche z.B. Entzündungszellen aus dem Blutstrom in extravasale Gewebskompartimente „locken" können
CIA	Collagen induzierte Arthritis: Tiermodell der RA, bei dem durch die intradermale Injektion von Typ II-Kollagen zusammen mit komplettem Freund'schem Adjuvans (einer Mischung aus Mineralöl mit abgetöteten Mykobakterien) eine progressive und destruktive Gelenkentzündung bei empfänglichen Mäusen ausgelöst wird. Die CIA weist einige wichtige Gemeinsamkeiten zur menschlichen RA auf
CL	Cardiolipin; ein Phospholipid
Clusterverfahren	Statistische Verfahren, die häufig zur Auswertung von Mikroarray Experimenten verwendet werden. Ziel der Clusteranalyse ist die Einteilung von Genen mit ähnlichem Expressionsverhalten in Gruppen (Cluster)
CMV	Zytomegalievirus (engl.: cytomegalovirus): Ein DNA-Virus, das zur Gruppe der Herpetoviridae gehört und nur vorgeburtlich oder bei Immungeschwächten zu einer Erkrankung führt. Der „major immediate early promoter/enhancer", auch CMV-Promoter genannt, ist in vielen Zellen konstitutiv auf hohem Niveau aktiv
COMP	und wird daher für den Gentransfer verwendet „Cartilage oligomeric matrix protein": Oligomeres Knorpelmatrixprotein ist ein Knorpel-spezifisches, nicht kollagenes Molekül der extrazellulären Matrix und der Synovialflüssigkeit. Das im Serum messbare COMP entsteht im Wesentlichen durch Knorpeldegradation
COX	Cyclooxygenase: Aus Arachidonsäure entstehen unter dem Einfluss von COX 1 oder COX 2 Prostaglandine und Thromboxane
CP	Chronische Polyarthritis
CREST	Mit Calzinose, Raynaud, Ösophagusmotilitätsstörungen, Sklerodaktylie und Teleangiektasien einhergehende limitierte Verlaufsform der Sklerodermie
Crosslinks	Pyridinolin (PYD) und Deoxypyridinolin (DPD) vernetzen („cross-linken") und stabilisieren die Struktur von Kollagenmolekülen durch Ausbildung kovalenter Bindungen zwischen drei Kollagenmolekülen. DPD ist spezifisch für Knochen und Dentin und gilt als Marker der Knochenresorption
CSA	Cyclosporin A: Bewährtes Immunsuppressivum. Cyclosporin A bindet intrazellulär an Cyclophilin und supprimiert dadurch die Aktivierung der Calcium-abhängigen Phosphatase Calcineurin (Halloran, 1996). Calcineurin dephosphoryliert NFAT (nuclear factor of activated T cells), der nur in dephosphoryliertem Zustand die Kernmembran penetrieren kann und an die spezifischen Promotoren bindet
CS-RBD	Consensus-Sequenz RNA-Bindedomäne: Konserviertes RNA-bindendes Strukturelement von etwa 80–90 Aminosäuren Länge; in zahlreichen RNA-bindenden Proteinen (z.B. U1-A, Ro60, La, hnRNP-A2)
Daktylitis	Vorkommen bei SpA, vor allem bei Psoriasis: Typische wurstförmige Schwellung von einzelnen Fingern oder Zehen durch generalisierte Tenosynovitis

DHODH	Dehydroorotatdehydrogenase: Schlüsselenzym der Pyrimidinsynthese
Differential Display	Zweistufige PCR-basierte Technik zur Erfassung der Genexpression von Zellen und Geweben, auch Fingerprint (= Fingerabdruck der Genexpression des untersuchten Materials) genannt
DMARD	Disease-modifying antirheumatic drugs: Genereller Oberbegriff der etablierten, unspezifischen nicht immunbiologisch ausgerichteten Immunsuppressiva
DNA	Desoxyribonukleinsäure (engl.: „deoxyribonucleic acid"): Ein Grundtyp der Nukleinsäuren. Die DNA ist doppelsträngig und besteht als Polynukleotid aus der Abfolge von Nukleotiden, die über 3′,5′-Desoxyribosephosphorsäurediester-Brücken miteinander verbunden sind
DNA-PK	DNA-abhängige Proteinkinase
D-Pen	D-Penicillamin
ds-DNA, ss-DNA	Doppelsträngige DNA, einzelsträngige DNA
EBNA 1	Epstein-Barr Virus assoziiertes nukleäres Antigen 1: Ein virales Protein, das im Zellkern der Wirtszelle exprimiert wird
Enthesitis	Für SpA typische Entzündung in Sehnenansatzbereichen, häufig am Achillessehnenansatz, unter der Ferse an der Fascia plantaris, am Pes anserinus u. a. Lokalisationen, auch an der WS
Entzündlicher Rückenschmerz	Typische klinische Symptomatik mit morgens- und nachtbetonten Rückenschmerzen, die sich bei Bewegung, nicht in Ruhe bessern, tritt in allen Phasen der Erkrankung auf, früh oft einziges Symptom
Epitop-Spreading	Je länger eine spezifische Immunantwort gegen Antigene persistiert, desto größer ist die Tendenz zu einer erhöhten Diversität
Etanercept	Löslicher TNF-Rezeptor, zur Therapie der rheumatoiden Arthritis zugelassen
Expressionsvektor	Ein Expressionsvektor enthält verschiedene Abschnitte aus Plasmiden, viralen oder eukaryotischen Genen, die einerseits eine Amplifikation in Bakterien erlauben und andererseits alle regulatorischen Elemente wie Promotoren, Intron-/Exonstrukturen enthalten, um das gewünschte Gen in den Zielzellen mit ausreichender Effizienz zur Expression d. h. Transkription (mRNA) und Translation (Protein) zu bringen
Familienanamnese	ca. ein Drittel der SpA-Patienten haben Verwandte mit einer SpA, Psoriasis oder CED
Fas	Membranständiges Rezeptormolekül von 35 kD Größe (syn: Apo-1, CD95), das zur TNF-Rezeptorfamilie gehört und nach Bindung seines entsprechenden Liganden (FasL) eine Signalkaskade auslöst, die zum programmierten Zelltod führt
FasL	Fas Ligand s. Fas
Feederzellen	Zur Kultur humaner Zellen in vitro werden spezielle Anforderungen an das Zellmedium gestellt. Viele Zellen benötigen spezifische Wachstumsfaktoren, die in vivo z. B. vom Stroma sekretiert werden. Zur besseren Kultur solcher Zellen in vitro kann man daher z. B. Fibroblasten durch ionisierende Strahlung in ihrer Proliferation hemmen und trotzdem für einige Zeit vital erhalten. Solche bestrahlten Fibroblasten können dann die stromalen Faktoren sekretieren, welche die zu untersuchenden Zellen zur Expansion benötigen
FOP	Fibrodysplasia ossificans progressiva
G1 Domäne des Proteoglycans Aggrecan	Wichtiger Bestandteil der extrazellulären Matrix
GPI	Glukose-6-Phosphat Isomerase: Glykolytisches Enzym, arthritogenes Autoantigen im KrNxNOD-Tiermodell der CP
grp78	Glucose-regulated protein of 78 kD: Stressprotein, alternative Bezeichnung für BiP
HEV	Hoch endotheliale Venolen
HLA-B27	Humanes Leukozyten-Antigen B27: Starke Assoziation mit reaktiver Arthritis (ca. 50%) und ankylosierender Spondylitis (ca. 95%)

HLA B27-Subtypen	Inzwischen 25 durch PCR differenzierbare Allele, die in unterschiedlichem Ausmaß mit SpA assoziiert sind
HLA B27 transgene Mäuse	Mit geringer Arthritis einhergehendes Mausmodell, bei dem β_2-Mikroglobulin und evtl. schwere Ketten von HLA B27 eine wichtige Rolle spielen
HLA B27 transgene Ratten	Bei einem bestimmten Rattenstamm nach B27-Transfektion in keimhaltiger Umgebung auftretende systemische Entzündung, die klinisch an SpA (Psoriasis, Colitis, Arthritis) erinnert
hnRNP	Heterogene nukleäre Ribonukleoproteine: Eine Gruppe von RNA bindenden Proteinen, die mit prä-mRNA bzw. teilweise auch mit reifer mRNA assoziiert sind
HSP	Heat shock proteine: Für T-Zell-Antworten immundominante bakterielle Proteine. Hochkonserviert, deshalb auch Kandidaten für eine Kreuzreaktivität zwischen einzelnen Bakterien und zwischen Bakterien und humanem Antigen
HSV	Herpes Simplex Virus: Zu den Herpetoviridae gehörendes DNA-Virus, das etwa 100 nm groß ist und in zwei Serotypen (HSF-1 und HSF-2) vorkommt. Beim Menschen werden vor allem die Haut und das Nervengewebe befallen. Während HSV-1 vor allem den Lippenherpes (H. labialis), seltener (bei immunkompromittierten Patienten) auch eine Keratokonjunktivitis, Meningoenzephalitis oder Ösophagitis hervorruft, ist HSV-2 vor allem der Verursacher des Herpes genitalis und (seltener) von schweren Allgemeininfektionen beim Neugeborenen
HTLV-1	Human T-cell leukemia virus: Die Infektion mit diesem Virus kann zu einem RA-ähnlichen (s. unter RA) Krankheitsbild führen, die meisten Patienten finden sich in Japan und einigen südamerikanischen Indianerstämmen
HVJ	Japanisches Hämagglutinationsvirus (engl.: hemagglutinating virus of Japan), auch Sendai-Virus genannt, gehört als Parainfluenzavirus Typ I zu den Paramyxoviridae
Hydroxylysin-Glykoside	OH-LYS-GLK: Hydroxylysin entsteht analog zum Hydroxyprolin (s. dort) in der posttranslationalen Phase der Kollagensynthese. Gilt als Marker der Knochenresorption. In verschiedenen Geweben wie z. B. Haut und Knochen existieren unterschiedliche Verteilungsmuster der OH-LYS-GLK
Hydroxyprolin	OHP entsteht intrazellulär durch die posttranslationale Hydroxylierung von Prolin und trägt wesentlich zur Stabilität von Kollagen bei. Gilt als unspezifischer Marker der Knochenresorption, da es auch in den meisten extraossären Kollagentypen vorkommt
Hydroxy pyridinium-Crosslinks	s. Crosslinks
ICE	Interleukin-1β-convertierendes Enzym: Caspase-1, eine intrazelluläre Cystein-Protease
IFN	Interferon: Zytokine mit antiviraler Wirkung durch Stimulation von T-Zellen, NK-Zellen, Makrophagen. Auch Aktivierung von mesenchymalen Zellen
IL	Interleukin: Antigen-unspezifisch wirkende biologische Faktoren, die als Kommunikationssignale zwischen verschiedenen Leukozytenpopulationen dienen. Unterschiedlichste Effekte
IL-1RA	Interleukin-1 receptor antagonist: Spezifischer Antagonist des IL-1, bindet an den Rezeptor und verdrängt IL-1
IL-2R	Interleukin-2-Rezeptor
Infliximab	Chimärer Antikörper, welcher aus einem humanen IgG-Gerüst und murinen anti-TNF-Anteilen im Bereich der variablen Regionen zusammengesetzt ist. Infliximab ist zur Therapie der rheumatoiden Arthritis und des Morbus Crohn zugelassen
Jo-1	Bezeichnung für das Histidyl-tRNA-Synthetase-Autoantigen
Kb	Kilobasen, d. h. Länge von 1000 Basen bzw. Nukleotiden in der DNA/RNA

KH-Motiv	K-Homologie Motiv: Konserviertes RNA-Bindemotiv, erstmals im hnRNP K identifiziert
Kollagen	Das häufigste im Körper vorkommende Protein ist ein fibrilläres Skleroprotein, welches sich aus Prokollagenketten in Tripelhelixformation zusammensetzt. Die Bildung unlöslicher Kollagenfibrillen erfolgt extrazellulär durch Vernetzung (s. Crosslinks) von Prokollagenketten
Komplement	Ein komplexes System aus Plasma- und Zelloberflächenproteinen, das an Pathogene und sterbende Zellen bindet, um deren Phagozytose zu regulieren
Ku	Bezeichnung für Autoantigene der DNA-abhängigen Proteinkinase
La	Multifunktionelles Phosphoprotein: „La" steht für Prototyp-Patienten, auch als „SS-B" (steht für Sjögren-Syndrom B-Antigen) bezeichnet
LDL	„Low Density Lipoprotein": Lipoproteine geringer Dichte; in oxidierter Form (oxLDL) immunogen
MACS	Magnetaktivierte Zellsortierung: Diese erlaubt die Sortierung von lebenden Zellen entsprechend der an der Oberfläche exprimierten Marker und die Weiterverwendung dieser Zellen in Kulturen
M. Crohn-ähnliche Darmveränderungen	Granulomatöse Entzündung in der Darmwand, Kryptenabszesse
MCP-Gelenk	Fingergrundgelenk (Metakarpophalangeal-Gelenk)
MCTD	Mixed connective tissue disease: Eine auch als Sharp-Syndrom bezeichnete Mischkollagenose mit klinischen Manifestationen der CP, des SLE, der Poly/Dermatomyositis und der Sklerodermie
MHC	Major Histocompatibility Complex: An der Zellmembran exprimierte Proteine, die T-Zellen-prozessierte Antigene in Peptidform präsentieren
Mi-2	Nukleäres Antigen mit Helicase-Funktion, das an der Regulation von Transkription und Zellproliferation beteiligt ist
MIAME	Minimum information about microarray experiments: Von der Mikroarray Gene Expression Database Gruppe postuliertes Protokoll zur standardisierten Erfassung von Mindestinformationen über Mikroarray Experimente. Als Vorbild dienen vergleichbare Datenbanken wie die GenBank
MIP	Macrophage-inflammatory protein: Chemokin, welches verschiedenste Entzündungszellen, u. a. T-Zellen, Monozyten, B-Zellen, NK-Zellen, Granulozyten und Mastzellen anlocken und aktivieren kann
Misfolding	Intrazelluläre Proteinfehlfaltung, die bei HLA B27-Molekülen beschrieben wurde
MMP	Matrixmetalloproteinase: Gruppe von mehr als 20 strukturell verwandten Enzymen, die in ihrem katalytischen Zentrum ein Zink-Molekül besitzen. MMPs tragen wesentlich zur Zerstörung der extrazellulären Matrix im Rahmen des Gewebsumbaus aber auch bei verschiedenen Erkrankungen bei. Darüber hinaus sind einige MMPs für die enzymatische Aktivierung anderer Proteine verantwortlich
Monoklonale Antikörper	Antikörper, die von einem Plasmazell-Klon produziert werden
mRNA	messenger (Boten-)RNA
MRT	Magnetresonanztomographie
MT-MMP	Membrane-type matrix metalloproteinase
Nekrose	Form des Zelltodes, der durch physikalische und chemische Noxen induziert wird. Im Gegensatz zu den Frühphasen der Apoptose werden bei der Nekrose intrazelluläre Bestandteile freigesetzt, die oft zu Inflammation führen
NFκB	Nuclear factor κB: Ein wichtiger nukleärer Faktor, der unter anderem zentral für intrazelluläre Vermittlung der TNF-α induzierten Effekte verantwortlich gemacht wird
NK	Natural killer cells
NLE	Neonataler Lupus erythematosus: Lupus-ähnliches Syndrom bei Neugeborenen mit kongenitalem Herzblock

	als lebensbedrohende Manifestation, das wahrscheinlich durch mütterliche Autoantikörper gegen Ro und La Antigene ausgelöst wird
NLS	Nukleäres Lokalisierungssignal: Charakteristisches Aminosäuremotiv in vielen Proteinen, die in den Zellkern transportiert werden müssen
NOR90	Protein der Nukleolus-Organisator-Region, identisch mit „upstream binding factor" (UBF)
NSA	Nicht-steroidale Antiphlogistika: Essentieller Bestandteil der Therapie bei den SpA
NSAR	Nicht-steroidale Antirheumatika
Nukleotid	Grundbaustein der Nukleinsäuren, der aus jeweils einer von vier möglichen Nukleinbasen, einem Pentose- und einem Phosphorsäuremolekül besteht
OA	Osteoarthrose
Oligonukleotid-Array	Bei dieser Array-Form werden Oligonukleotide als Hybridisierungspartner für die Testprobe verwendet. Als Trägeroberfläche wird meist Glas verwendet. Die am häufigsten verwendeten Oligonukleotid-Arrays sind die Gen-Chips von Affymetrix, bei denen die Oligonukleotidsynthese in situ auf der Glasoberfläche unter Verwendung photolithographischer Techniken erfolgt
Opsonierung	Die Veränderung der Oberfläche von Pathogenen, apoptotischen Zellen, Erythrozyten und anderen Partikeln, damit sie effizienter erkannt und phagozytiert werden
Osteokalzin	5 kD Protein, welches während der Mineralisationsphase von Osteoblasten in die extrazelluläre Matrix sezerniert wird und als spezifisches Osteoblasten-Syntheseprodukt gilt
p53	Einer der am besten untersuchten Tumor-Suppressoren, deren Fehlen oder Funktionsverlust, z. B. durch Mutationen, häufig mit der Entwicklung von Tumoren vergesellschaftet ist
PAD	Peptidyl-Arginin Deiminase: Enzym, das in Proteinen die Deiminierung von Arginin zu Citrullin (Citrullinierung) katalysiert; Citrullinierung wurde u. a. bei Filaggrin, Fibrin, Keratin, Vimentin und Myelin Basic Protein nachgewiesen
PARP	Ply (ADP-Ribose)-Polymerase: Ein an der Reparatur von DNA beteiligtes Enzym
PCNA	Proliferating cell nuclear antigen: In unterschiedlichen Multienzymkomplexen enthalten und beteiligt an der DNA-Replikation, dem DNA-Repair sowie der Zellzyklus-Kontrolle (u. a. Helferprotein der DNA-Polymerase)
PCR	Polymerasekettenreaktion: Wichtige Nachweismethode zur Detektion kleinster Mengen von bakterieller DNS (z. B. im Gelenk)
PDGF	Platelet-derived growth factor
PEG	Polyethylenglykol
Periphere Arthritis	Gelenkentzündung an nicht-axialen Gelenken, bei SpA (s. dort) häufig an den unteren Extremitäten
Phagozytose	Die Internalisation von Partikeln $> 5\,\mu$
PL	Phospholipide: Wichtige Bestandteile von Zellmembranen
PM/Scl	Polymyositis/Sklerodermie: Als PM/Scl-Antigene werden zwei Proteine des Exosoms von 100 bzw. 75 kD bezeichnet, gegen die Autoantikörper von PatientInnen mit PM/Scl-Überlappungssyndrom gebildet werden
Propeptide von Typ I-Kollagen	Terminale Prokollagenfragmente, welche im Rahmen der extrazellulären Fibrillenformation als Produkte der enzymatischen Abspaltung amino- und carboxyterminaler Extensionspeptide in der Zirkulation auftreten. Die Propeptide korrelieren somit mit dem Ausmaß der Kollagen-Neusynthese
Psoriasisarthritis	Oft mit anderen SpA-Symptomen einhergehende Gelenkentzündung bei Patienten mit Psoriasis, fünf verschiedene Verlaufsformen, z. T. mit WS-Beteiligung, Übergang in AS (s. dort) möglich
Psoriatische Hautveränderungen	Psoriasis vulgaris = Schuppenflechte
RA	Rheumatoide Arthritis
RA33	Bezeichnung für das hnRNP-A2 Autoantigen

RAP-PCR	RNA arbitrarily-primed PCR: Weiterentwicklung des Differential Display mit höherer Sensitivität und Spezifität
ReA	Reaktive Arthritis: Sie tritt wenige Tage bis Wochen nach einer bakteriellen Darminfektion oder nach einer Infektion des Urogenitaltraktes mit Chlamydia trachomatis auf, ca. 50% der Patienten sind HLA-B27-positiv
Reaktive Arthritis/ Reitersyndrom	Akute, seltener chronische Gelenkentzündung meist im Bereich der unteren Extremitäten nach vorausgehender Infektion im Enteral-/Urogenitaltrakt, Übergang in AS möglich
Real-time PCR	Modernste und genaueste Variante der (quantitativen) PCR, bei dieser Technik werden während des PCR-Vervielfältigungsvorgangs fluoreszierende Moleküle freigesetzt, aus deren Menge lässt sich zu jeder Zeit die entsprechende Konzentration des entsprechenden Gens bestimmen
RF	Rheumafaktor: Autoantikörper gegen die Fc-Region von Immunglobulinen der IgG-Klasse
RGG-Box	RNA Bindemotiv, welches durch das mehrfach wiederholte Sequenzmotiv RGG charakterisiert ist
Rheumatoid(e) Arthritis	Eigenständige Erkrankung der Gelenke, welche durch Veränderungen im humoralen und zellulären Immunsystem durch eine ausgeprägte Proliferation des Synovialgewebes und unbehandelt durch eine progressive Gelenkdestruktion gekennzeichnet ist
RNA	Ribonukleinsäure (engl.: ribonucleic acid): Ein Grundtyp der Nukleinsäure, der im Gegensatz zur DNA einzelsträngig ist und eine zentrale Funktion bei der Proteinsynthese in einer Zelle spielt
RNAP	RNA-Polymerasen
RNP	Ribonukleoprotein: Komplexe aus RNA und meist mehreren Proteinen, die stabil oder temporär mit RNA assoziiert sind; sie haben unterschiedliche Funktionen und sind zumeist enzymatisch aktiv. RNP sind unter anderem in die RNA-Prozessierung bzw. in das Splicing involviert
Ro	Bezeichnung für zwei Proteine (Ro60 bzw. Ro52) der mit Y RNA assoziierten Ro RNP-Komplexe; „Ro" steht für Prototyp-Patienten, auch als „SS-A" (steht für Sjögren-Syndrom A-Antigen) bezeichnet
RPA	Replikationsprotein A: Protein des DNA-Replikationskomplexes
RRM	RNA-Erkennungsmotiv (RNA recognition motif): Synonym für CS-RBD (s. dort)
rRNA	Ribosomale RNA: 4 mit eukaryontischen Ribosomen assoziierte RNA (5S, 5,8S, 18S, 28S); bei Prokaryonten nur 3 Spezies (5S, 16S, 23S)
Sakroiliitis	Für AS pathognomische, bei allen SpA häufige Entzündung des Kreuzdarmbeingelenks, in fortgeschrittenen Stadien mit eindeutigen röntgenologischen Veränderungen
scFv	Single chain Fragments of the variable region: Rekombinante Antikörperfragmente, die durch Fusion der cDNAs der variablen Regionen der schweren und leichten Immunglobulinketten hergestellt werden
Scl70	70 kD Sklerodermie-Antigen: Ursprüngliche Bezeichnung für das 70 kD Degradationsprodukt der DNA-Topoisomerase I
SLE	Systemischer Lupus erythematodes
Sm	„Smith"-Antigen (nach Prototyp-Patienten bezeichnet): Core-Proteine (B, B′, D, E, F, G) kleiner nukleärer Ribonukleoprotein-Komplexe (i.e. snRNP)
snRNP	Kleine nukleäre („small nuclear") Ribonukleoprotein-Komplexe
snoRNP	Kleine nukleoläre („small nucleolar") Ribonukleoprotein-Komplexe
SRP	Signalerkennungspartikel (signal recognition particle): Ribonukleoprotein-Komplex, der die Translokation neu synthetisierter Proteine von den Polysomen in das endoplasmatische Retikulum bewerkstelligt
SpA	Spondyloarthritiden/Spondylarthropathien: Überbegriff für eine Gruppe entzündlich rheumatischer Erkrankungen, die sich durch verschiedene Gemeinsamkeiten auszeichnen wie Sehnenansatz- und Wirbelsäulen-

	entzündungen, HLA B27-Assoziation, Psoriasis, Kolitis und Uveitis
Splicing	Eukaryonte Gene sind auf mehrere Segmente aufgeteilt, wobei Abschnitte, die für eine Proteinsequenz codieren (Exons) von nicht-codierenden DNA-Abschnitten (Introns) unterbrochen werden. Nach der Transkription in RNA müssen die nicht-codierenden Sequenzen entfernt werden. Der Vorgang des Herausschneidens von Introns und Verknüpfung der Exons im Rahmen der RNA-Prozessierung zur reifen messenger RNA wird als Splicing bezeichnet und ist Voraussetzung für die Proteinbiosynthese in Eukaryonten
Spondylitis/ Spondylo- discitis	Bei AS typische Entzündung an den Wirbelkörperkanten, z. T. mit Beteiligung der Bandscheibe
Syndesmo- phyten	Für die AS typische knöcherne Auswüchse von Wirbelkörpern, die im Gegensatz zu den häufigeren durch Degeneration entstehenden Spondylophyten, kraniokaudal, nicht nach lateral, wachsen
Synovial- flüssigkeit	Physiologisch nur in geringen Mengen vorkommendes, im Rahmen von Synovialitis bzw. Gelenkentzündung auftretendes Trans- oder Exsudat
Tartrat- resistente saure Phosphatase	Osteoklasten-spezifisches Isoenzym der sauren Phosphatase: Gilt als Aktivitätsmarker der Osteoklasten und ist somit auch indirekt ein Marker für die Knochenresorption
Telopeptide	(N-) und carboxy- (C-)terminale Telopeptide sind zusammen mit Pyridinolinen an der Quervernetzung der Prokollagen-Tripelhelices beteiligt und werden bei Matrixdegradation in die Zirkulation freigesetzt
TGF	Transforming growth factor: TGF-β ist ein multifunktionelles, vornehmlich von Thrombozyten, aktivierten Monozyten und mesenchymalen Zellen produziertes Zytokin, das das Wachstum vieler Zelltypen hemmt und die Fibrosebildung unterstützt
Th	T-Helfer Zelle: Unterschieden werden Th1 und Th2 Zellen, die funktionell und hinsichtlich ihres Zytokinprofils differieren (Th1 Zellen mit IFN-γ Produktion, Th2 mit IL-4 Sekretion)
TH1- Zytokine	T-Helfer 1-Zytokine: Hier sind besonders Interferon γ und TNFa zu nennen, wichtig zur Eliminierung von intrazellulären Bakterien
TH2- Zytokine	T-Helfer 2-Zytokine: Hierzu gehört vor allen Dingen Interleukin 4. Gegenspieler zu einer TH1-Antwort, fördert Antikörper-vermittelte Immunantwort und ist ein Gegenspieler zur zellulär vermittelten Immunantwort
TH3- Zytokine	T-Helfer 3-Zytokine: Hier sind Zytokine einzuordnen wie Interleukin 10 und TGFβ, die sowohl eine TH 1- als auch eine TH 2-Antwort unterdrücken
TIMP	Tissue inhibitor of matrix metalloproteinases: Wichtiger physiologisch gebildeter Hemmer der Matrix-Metalloproteinasen
TNF	Tumor Nekrose Faktor: Wichtiges Zytokin bei Entzündungsprozessen
TNF-a	Tumor Nekrose Faktor-a: Pleiotropes, vornehmlich von Makrophagen und aktivierten T-Lymphozyten produziertes Zytokin mit mannigfaltigsten Funktionen. Seine besondere und zentrale Rolle in der Vermittlung chronischer Entzündungsreaktionen des Menschen ist durch klinische Studien mit TNF-a-neutralisierenden Agentien belegt worden
TNFR	TNF-alpha Rezeptor: Es gibt zwei unterschiedliche Rezeptoren für TNF-alpha, TNFRI (ein 55 kD Protein, daher auch TNFp55R, CD120a) und TNFRII (ein 75 kD Protein, daher auch TNFp75R, CD120b), von denen auch lösliche Formen existieren
Toleranz	Das Unvermögen des Immunsystems auf definierte Antigene zu reagieren
Tr	T-Regulator Zelle: T-Zell-Subpopulation mit niedriger IL-2, hoher IL-10 Produktion
Transfektion	Die Übertragung von neuen Genen in eukaryotische Zellen und u. U. die Expression neuer genetischer Eigenschaften (z. B. Markergen) wird unabhängig von der Methode als Transfektion bezeichnet. Transfektion eines Genes kann durch physikalische

	(Elektroporation), chemische (Lipofektion, Ca-Präzipitation) oder biologische (Virus/Retrovirus = Sonderfall Transduktion) Methodik erfolgen
Transkription	Das Umschreiben bzw. Kopieren der genetischen Information, die in Form der chromosomalen Desoxyribonukleinsäure (DNA) im Zellkern gespeichert ist, in einen komplementären Ribonukleinsäurestrang (RNA), der dann nach der Prozessierung, besonders dem Splicing, z.B. als Boten-RNA (messenger RNA), den Zellkern verlässt und in eine Proteinsequenz translatiert wird
Translation	Prozess, bei dem die genetische Information in Form einer Nukleotidsequenz der messenger-RNA entsprechend dem genetischen Code die Synthese einer Proteinsequenz steuert. Die aus drei Nukleotiden bestehenden Codons oder (Basentripletts) auf der mRNA entsprechen jeweils einer bestimmten Aminosäure oder signalisieren das Ende der Translation (sog. Stopcodons). Die Translation des genetischen Codes findet an den Ribosomen statt und wird als Proteinbiosynthese bezeichnet
Transplantation	Als autologe Transplantation wird die Übertragung von Zellen oder Gewebe bezeichnet, bei welcher Spender und Empfänger genetisch identisch sind, d.h. der Empfänger zugleich Spender ist oder der Empfänger ein eineiiger Zwilling des Spenders ist. Bei reinerbigen Tierstämmen, wie etablierten Inzuchtmäusen, kann Gewebe auch autolog zwischen einzelnen Tieren ausgetauscht werden. Allogene Transplantationen bezeichnen die Übertragung von Gewebe zwischen genetisch

	nicht identischen Individuen einer Spezies. Xenogene Transplantationen betreffen die Übertragungen von Gewebe auf Individuen einer anderen Spezies
Tumornekrosefaktor (TNF)α-	Proinflammatorisches Zytokin mit wichtiger pathogenetischer Bedeutung für die SpA
U1-RNP	U1-snRNP: Wichtigste Zielstruktur des Spleissosoms; enthält neben den Sm-Proteinen die spezifischen Autoantigene U1-A, U1-C und 70K
Undifferenzierte Spondyloarthritis	Charakteristische SpA-Symptomatik mit entzündlichem Rückenschmerz und oder Arthritis, Enthesitis ohne subtypische Manifestation (AS, PsA, ReA, ACED), bei 30–50% Übergang in AS
VCAM	Vascular cell adhesion molecule: Eines von vielen endothelialen Oberflächenmolekülen, die die Adhäsion und Extravasation von Leukozyten regulieren
VEGF	Vascular endothelial cell growth factor: Ein potentes Zytokin, das von praktisch allen Zellen sezerniert werden kann. Schlüsselrolle in der (Tumor) Angiogenesis
VLA-4	Very late antigen-4: Vorwiegend auf Lymphozyten exprimiertes Interaktions- und Signalmolekül. Im rheumatoiden Synovium trägt dieses Molekül durch eine bidirektionale Bindung mit Matrix- (CS-1 Fibronektin) und Adhäsionsmolekülen (VCAM-1) zur aktiven Zellinteraktion bei
Y RNA	Gruppe von 4 kleinen cytoplasmatischen RNA: Permanent mit Ro60 und La in den Ro RNP assoziiert; binden wahrscheinlich noch weitere Proteine

1 Genomics: Identifikation neuer und bekannter Gene

Oliver Distler

Unterstützt durch einen Forschungskredit der Universität Zürich.

Inhaltsverzeichnis

1.1 Einleitung

Mit der Vollendung des humanen Genomprojekts stehen Sequenzinformationen für etwa 35 000 menschliche Gene zur Verfügung (McPherson et al. 2001; Venter et al. 2001). Parallel zum menschlichen Genom konnte bis heute für zahlreiche weitere Organismen das Genom ganz oder teilweise sequenziert werden. Allerdings sind von der Mehrzahl der menschlichen Gene nur partielle Sequenzen (expressed sequence tags, EST) bekannt, wobei die meisten EST für Gene mit bisher nicht näher untersuchten biologischen Eigenschaften kodieren.

Eine Hauptaufgabe der nächsten Jahre wird daher die funktionelle Charakterisierung der sequenzierten Gene sein. In der internationalen Literatur wird hierfür oft der Begriff „functional genomics" verwendet. Während dieser Begriff in der Literatur häufig benutzt wird, ist seine Bedeutung weit weniger klar definiert. Am ehesten wird unter „functional genomics" die Anwendung von experimentellen molekularbiologischen Screeningverfahren zur systematischen Untersuchung einer größeren Anzahl von Genen verstanden (Hieter u. Boguski 1997). Durch die Detektion und Quantifizierung der Expression von Genen unter bestimmten experimentellen Bedingungen oder in bestimmten Erkrankungen kann auf ihre mögliche biologische Funktion rückgeschlossen werden. Die daraus postulierten Funktionen spezifischer Gene müssen anhand adäquater Modelle verifiziert werden.

Eine klassische Herangehensweise ist in Abb. 1.1 dargestellt. Als molekularbiologische Screeningmethoden stehen neu entwickelte Verfahren wie

- Mikroarrays,
- subtraktive Hybridisierung,
- SAGE (serial analysis of gene expression) (Velculescu et al. 1995) oder
- RNA arbitrarily primed polymerase chain reaction (RAP-PCR, differential display) (Welsh et al. 1992)

zur Verfügung. Mit diesen Screeningverfahren können Gene, die in den untersuchten Bedingungen differenziell exprimiert sind, identifiziert werden. Da die Screeningverfahren eine größere Anzahl falsch-positiver Resultate produzieren können, muss die differenzielle Expression mit unabhängigen Methoden wie Real-time-PCR oder Northern-Blot verifiziert werden. „Functional genomics" schließt auch die funktionelle Charakterisierung der identifizierten Gene ein. In Abhängigkeit von der Fragestellung kann ein Gen hierfür beispielsweise durch Transfektion mit einem Expressionsvektor überexprimiert oder durch Antisense- oder

Ganten/Ruckpaul (Hrsg.)
Molekularmedizinische Grundlagen
von rheumatischen Erkrankungen
© Springer-Verlag Berlin Heidelberg 2003

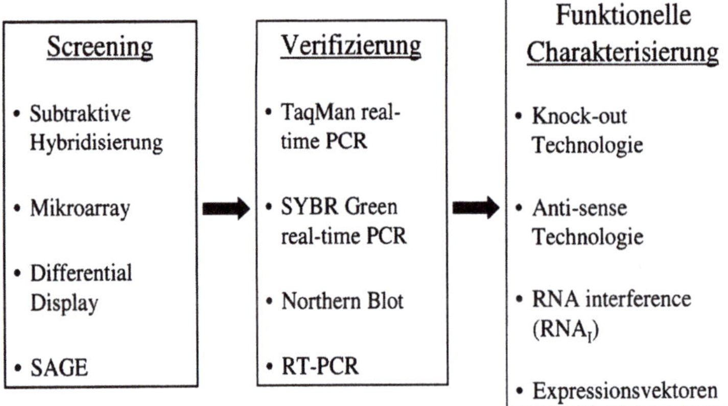

Abb. 1.1. Klassische Vorgehensweise bei molekularbiologischen Screeningverfahren. Im Anschluss an die Durchführung der Screeningverfahren zur Identifikation differenziell exprimierter Gene müssen die Ergebnisse mit unabhängigen Verfahren verifiziert werden. Der Begriff „functional genomics" schließt auch die funktionelle Charakterisierung der identifizierten Gene in geeigneten Modellen ein. *SAGE* serial analysis of gene expression

Knockout-Methoden inhibiert und anschließend in einem adäquaten Modell auf seine biologischen Effekte untersucht werden.

Die molekularbiologischen Screeningverfahren sind neu entwickelte Methoden, die erst seit kurzer Zeit für eine größere Anzahl molekularbiologischer Labors verfügbar sind. Einerseits herrscht weitgehende Übereinstimmung, dass diese neuen Verfahren die molekularbiologische Forschung rasant beschleunigen und zur Identifikation wichtiger Pathomechanismen beitragen können. Anderrerseits besteht durch die hoch entwickelte Technologie, die spezialisiertes Fachwissen in verschiedenen Bereichen wie Molekularbiologie, Biophysik, Medizin und Bioinformatik erfordert, die Gefahr der falschen Anwendung sowie der Fehlinterpretation von Daten. Es ist nicht das Ziel dieser einleitenden Zusammenfassung, die vielfältigen Methoden für molekularbiologische Untersuchungen aufzuzählen und zu diskutieren, da dies den Rahmen dieses Kapitels schnell sprengen würde, sondern sich auf neue Strategien zu fokussieren, die wichtige Fragen in der Pathogenese rheumatischer Erkrankungen beantworten könnten. Das vorliegende Kapitel fasst daher neue Erkenntnisse über 2 häufig verwendete Verfahren zur Identifikation neuer und bekannter Gene,

- die suppressive subtraktive Hybridisierung und
- Mikroarrays,

für die rheumatologische Grundlagenforschung zusammen und zeigt Limitierungen ihrer Anwendungsmöglichkeiten auf.

1.2 Suppressive subtraktive Hybridisierung

Die suppressive subtraktive Hybridisierung (SSH) ist ein Screeningverfahren zur Identifikation differenziell exprimierter Gene, das auf Techniken der Polymerasekettenreaktion (PCR) basiert (Diatchenko et al. 1996). Herkömmliche cDNA-Subtraktionsmethoden erfordern eine größere Anzahl von Hybridisierungsschritten und selektionieren nicht für Moleküle, die in geringerer Zahl transkribiert werden. Bei der SSH kann mit nur 2 Hybridisierungsschritten eine bis zu 1000fache Anreicherung unterschiedlich exprimierter Gene erreicht werden. Um auch die Identifikation seltenerer mRNA-Transkripte zu ermöglichen, wurde ein zusätzlicher Schritt in den Verlauf der Subtraktion eingebaut, in dem unter Verwendung von Standardhybridisierungskinetiken für die Expressionshäufigkeit normalisiert wird. Mit Hilfe dieser Anreicherungsmethode können auch differenziell exprimierte Gene mit niedriger Transkriptionsrate identifiziert werden.

1.2.1 RNA-Isolation und reverse Transkription

Zunächst wird Poly-A$^+$-RNA aus dem Gewebe oder aus kultivierten Zellen unter Verwendung von Standardverfahren isoliert. Wird Gesamt-RNA für die Synthese von cDNA herangezogen, kommt es neben einer Umschreibung von Poly-A$^+$-RNA auch zu einer Umschreibung von ribosomaler RNA. Diese Umschreibung von ribosomaler RNA ist auch durch Oligo-dT-Primer nicht völlig zu verhindern und führt zu einer ineffizienten subtraktiven Hybridisierung.

Soll dennoch Gesamt-RNA für die Experimente benutzt werden, muss für die reverse Transkription ein Verfahren verwendet werden, bei dem es zu

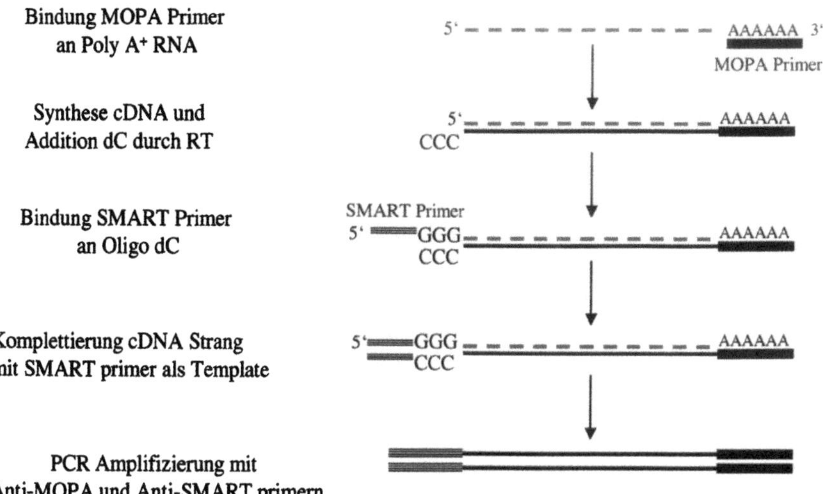

Abb. 1.2. SMART-Technologie zur reversen Transkription und Amplifizierung von Poly-A$^+$-RNA. Die Anreicherung und reverse Transkription von Poly-A$^+$-RNA erfolgt unter Verwendung von modifizierten Anti-Poly-A$^+$-Primern und SMART-Primern. Abschließend erfolgt eine Amplifizierung der cDNA mittels PCR. *MOPA* modifizierte Anti-Poly-A$^+$-Primer

einer Anreicherung von cDNA-Molekülen kommt, die von Poly-A$^+$-RNA transkribiert wurden. Als Beispiel hierfür bietet sich die SMART-Technologie an (Abb. 1.2). Hierbei werden für die reverse Transkription modifizierte Anti-Poly-A$^+$-Primer (MOPA) verwendet. Erreicht die reverse Transkriptase das 5′-Ende der RNA, werden durch die terminale Transferaseaktivität des Enzyms einige Desoxycytidinnukleotide am 5′-Ende angefügt. Diese Nukleotide dienen wiederum als Hybridisierungstemplate für ein spezifisches SMART-Oligonukleotid, das eine Oligo-G-Sequenz an seinem 5′-Ende besitzt. Die reverse Transkriptase benutzt nun dieses SMART-Oligonukleotid als Ablesestrang und fügt dessen Antisense-Sequenz dem abgelesenen cDNA-Einzelstrang hinzu (Zhu et al. 2001). Die spezifische Anreicherung von cDNA, die von Poly-A$^+$-RNA revers transkribiert wurde, erfolgt durch PCR-Amplifizierung mit Primern gegen den initialen MOPA-Primer sowie das SMART-Oligonukleotid. Durch die Lokalisation des SMART-Oligonukleotids am 5′-Ende wird gewährleistet, dass die RNA in ihrer gesamten Länge in cDNA umgeschrieben wird.

Die Qualität und Integrität der isolierten RNA sind entscheidend für das Gelingen der Experimente. Insbesondere bei manchen Geweben wie Haut, Muskel und Sehnen kann die Isolation qualitativ hochwertiger RNA eine Herausforderung darstellen. Ein Aliquot der isolierten RNA sollte daher auf einem denaturierenden Agarose-Ethidiumbromid-Gel kontrolliert werden. Gesamt-RNA von Menschen und Säugetieren stellt sich als 2 helle Banden bei etwa 4,5 und 1,9 kb (28 S- und 18 S-RNA) dar, wobei die Intensität der Banden etwa im Verhältnis 1,5–2,5:1 liegen sollte. Teilweise oder vollständig degradierte RNA, erkenntlich an unscharfen Banden, sollte nicht für die SSH verwendet werden.

1.2.2 Prinzip der suppressiven subtraktiven Hybridisierung

Die cDNA-Population, in der differenziell exprimierte Sequenzen detektiert werden sollen, wird als Testprobe, die Referenz-cDNA-Population als Vergleichsprobe bezeichnet. Das grundlegende Prinzip der SSH besteht in einer Hybridisierung von Sequenzen, welche sowohl in der Testprobe als auch in der Vergleichsprobe exprimiert werden. Die hybridisierten Sequenzen werden anschließend entfernt. Die verbleibenden nichthybridisierten cDNA-Moleküle repräsentieren Gene, die ausschließlich in der Testprobe, aber nicht in der Vergleichsprobe vorhanden sind.

Die molekularen Details des Verfahrens sind schematisch in Abb. 1.3 dargestellt (Desaj et al. 2000). Zunächst wird die Testprobe in 2 Portionen geteilt und mit 2 unterschiedlichen Adaptern (Adapter 1 und 2) ligiert. Die Enden der Adapter sind nicht phosphoryliert, sodass nur ein Strang jedes Adapters kovalent an die 5′-Enden der cDNA-Moleküle gebunden ist. In der ersten Hybridisierung wird zu jeder Portion der Testprobe ein Überschuss an Vergleichsprobe gegeben.

Die eigentliche Hybridisierung erfolgt nach Hitzedenaturierung bei 68 °C für 6–12 h. Hierbei kommt es in jeder der 2 Portionen zur Formation verschiedener Moleküle, die in Abb. 1.3a dargestellt sind. Moleküle vom Typ A sind einzelsträngige cDNA-Moleküle der Testprobe. Aufgrund von Hybridisierungskinetiken der 2. Ordnung verlaufen Hybridisierungen von Molekülen höherer Konzentration schneller als Hybridisierungen von Molekülen mit niedriger Konzentration. Dadurch kommt es bei den Typ-A-Molekülen zu einer Anreicherungen niedrig exprimierter Gene, die nun

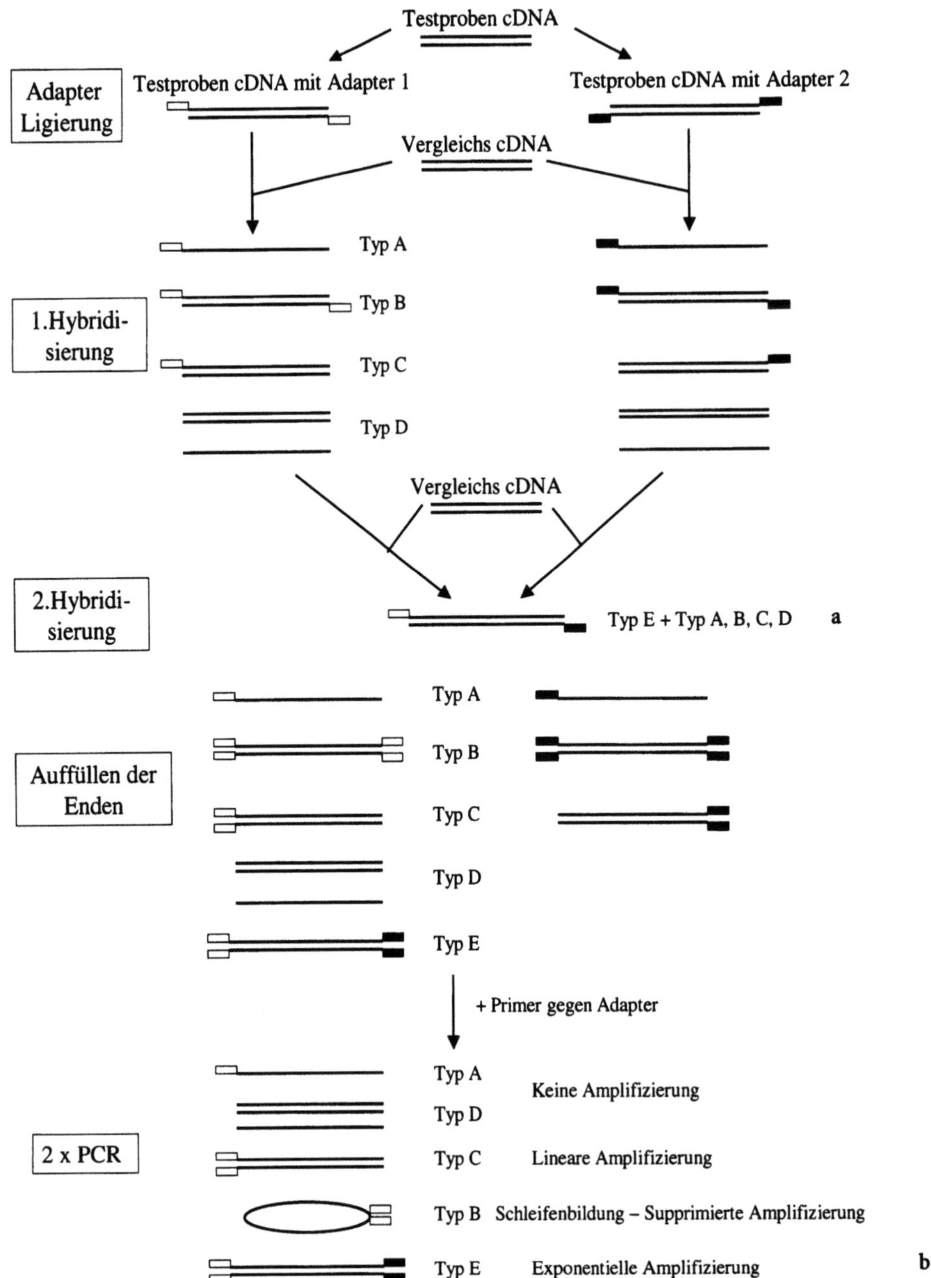

Abb. 1.3a,b. Prinzip der suppressiven subtraktiven Hybridisierung (SSH). Das Prinzip der SSH beruht auf 2 Hybridisierungsschritten zwischen der Testprobe und der Vergleichsprobe (a). Mit Hilfe einer Nested-PCR und Primern gegen initial ligierte Adapter kommt es zur exponentiellen Amplifizierung von differenziell exprimierten Sequenzen (b)

in vergleichbaren Konzentrationen zu den hoch exprimierten Genen vorliegen. Parallel findet bei den Typ-A-Molekülen eine Anreicherung von Sequenzen statt, die nur in der Testprobe vorhanden sind, da nichtdifferenziell exprimierte Sequenzen Typ-C-Moleküle mit der Vergleichsprobe bilden.

Während der 2. Hybridisierung werden die 2 Portionen der ersten Hybridisierung gemischt. Die Zugabe von frisch denaturierter Vergleichsprobe ermöglicht eine weitere Anreicherung von diffe-

renziell exprimierten Typ-A-Molekülen. Typ-A-Moleküle der beiden Portionen können nun miteinander assoziieren und Typ-B-, Typ-C- und neu Typ-E-Hybride bilden. Diese Typ-E-Hybride sind doppelsträngige Moleküle der Testprobe mit unterschiedlichen einzelsträngigen Enden, die den Adaptern 1 und 2 entsprechen.

Vor den anschließenden PCR-Amplifizierungen werden die einzelsträngigen Adapterenden aufgefüllt, sodass nun komplementäre Bindungsstellen für spezifische PCR-Primer vorliegen (Abb. 1.3b). Moleküle vom Typ A und D besitzen keine Bindungsstellen für die PCR-Primer und können nicht amplifiziert werden. Typ-B-Moleküle mit gleichen Adaptern an beiden Enden bilden Schleifenstrukturen, wodurch die Bindung der Primer und somit die nachfolgende Amplifizierung supprimiert (*suppressive* subtraktive Hybridisierung) werden (Lukyanov et al. 1995). Moleküle vom Typ C weisen nur eine Primerbindungsstelle auf und können deshalb nur linear amplifiziert werden. Typ-E-Moleküle besitzen dagegen 2 unterschiedliche Bindungsstellen für Primer an den jeweiligen Adapterenden, wodurch eine exponentielle Vermehrung gewährleistet ist. Als Folge werden differenziell exprimierte Moleküle in der entstehenden subtraktiven cDNA-Library stark angereichert. Die cDNA-Library kann unter Verwendung herkömmlicher Vektoren kloniert und eine beliebige Anzahl von Klonen sequenziert werden.

1.2.3 Verifizierung differenziell exprimierter Gene

Ebenso wie bei anderen Screeningverfahren entstehen bei der SSH in Abhängigkeit vom individuellen Experiment eine unterschiedlich große Anzahl falsch-positiver Resultate. In der Literatur werden hierfür Zahlen zwischen 5% und 95% angegeben, die sich mit den eigenen Erfahrungen decken (Desaj et al. 2000; Distler et al. 2002; Zhang et al. 2001). Die Rate an falsch-positiven Ergebnissen ist umso höher, je geringer die Anzahl von differenziell exprimierten mRNA-Sequenzen und je geringer die quantitativen Unterschiede in der Expressi-

on zwischen Testprobe und Vergleichsprobe sind (Desaj et al. 2000). Eine Bestätigung der differenziellen Expression mit einem unabhängigen Verfahren ist daher unerlässlich. Neben herkömmlichen Methoden wie Northern-Blot oder RT-PCR bietet sich als Goldstandard die quantitative Real-time-PCR an.

Grundsätzlich stehen hierfür 2 Real-time-PCR-Techniken zur Verfügung:
- die TaqMan-real-time-PCR und
- die SYBR-Green-real-time-PCR.

Bei der TaqMan-real-time-PCR wird zusätzlich zu den PCR-Primern eine TaqMan-Probe verwendet, die für das zu untersuchende Molekül spezifisch ist (Abb. 1.4). Die TaqMan-Probe ist ein Oligonukleotid mit einem Fluoreszenzfarbstoff (z.B. FAM) an ihrem 5′-Ende und einem Quencher (z.B. TAMRA) an ihrem 3′-Ende (Heid et al. 1996). Bei intakter Probe findet keine Emission des Fluoreszenzfarbstoffs statt, da das Fluoreszenzsignal vom Quencher unterdrückt wird. Während der PCR bindet die TaqMan-Probe an die Zielsequenz, die von den beiden Primern flankiert wird. Da die Taq-Polymerase, die für die Real-time-PCR verwendet wird, eine 5′→3′-Exonukleaseaktivität besitzt, wird die TaqMan-Probe im Rahmen der Synthese des Neustrangs gespalten (Holland et al. 1991). Bei der Spaltung der TaqMan-Probe werden Fluoreszenzfarbstoff und Quencher getrennt, wodurch der Quencher das Fluoreszenzsignal nicht mehr unterdrücken kann. Da je synthetisiertem Neustrang ein Fluoreszenzsignal emittiert wird, ist die Höhe der Emission direkt proportional zur Anzahl der neu gebildeten Moleküle. In der exponentiellen Phase der PCR ist die Anzahl der in ei-

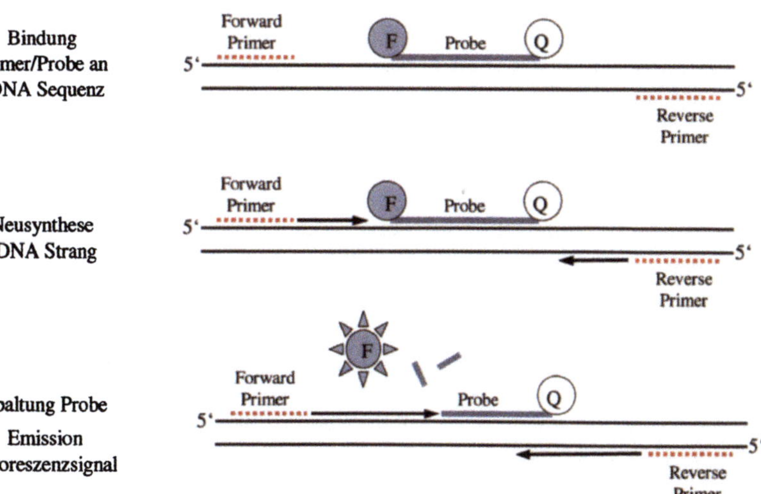

Abb. 1.4. Prinzip der TaqMan-real-time-PCR. Die TaqMan-real-time-PCR ist das derzeit sensitivste und spezifischste Verfahren zur Quantifizierung von mRNA. Das Prinzip beruht auf der Verwendung von sequenzspezifischen Proben, die mit einem Fluoreszenzfarbstoff markiert sind. Bei der Amplifizierung der Sequenz werden der Farbstoff abgespalten und ein Fluoreszenzsignal emittiert, *F* Fluoreszenzfarbstoff, *Q* Quencher

nem bestimmten Zyklus gebildeten cDNA-Moleküle wiederum von der Anzahl der Moleküle in der Ausgangslösung abhängig, wodurch eine quantitative Aussage über die mRNA-Expression dieses Moleküls ermöglicht wird.

Bei der SYBR-Green-real-time-PCR wird im Gegensatz zur TaqMan-real-time-PCR keine spezifische Probe verwendet (Woo et al. 1998). Die Spezifität ist daher geringer als bei der TaqMan-real-time-PCR. Allerdings ist das SYBR-Green-Verfahren durch die Einsparung einer markierten Probe wesentlich kostengünstiger und eignet sich daher insbesondere zur Bestätigung einer größeren Anzahl von Molekülen, wie dies bei der SSH der Fall ist. Das Prinzip dieses Verfahrens beruht auf der Eigenschaft von SYBR Green, explizit an doppelsträngige DNA zu binden und dabei ein Fluoreszenzsignal zu emittieren. Ähnlich wie bei der TaqMan-real-time-PCR ist die Intensität des Signals proportional zur Anzahl der neu gebildeten (doppelsträngigen) Moleküle und somit zur Menge des Moleküls in der Ausgangslösung. Da SYBR Green an alle doppelsträngigen DNA-Moleküle bindet, kann es bei dieser Methode zu unspezifischen Signalen aufgrund von Primerdimeren oder unspezifischen PCR-Produkten kommen (Vandesompele et al. 2002). Im Rahmen der Auswertung muss daher für diese Möglichkeiten mit einem Ethidiumbromid-Agarose-Gel (unspezifische PCR-Produkte) und einer Dissoziationsanalyse (Primerdimere dissoziieren bei einer anderen Temperatur als das spezifische PCR-Produkt) kontrolliert werden.

1.2.4 Limitierungen der suppressiven subtraktiven Hybridisierung

Bei der subtraktiven Hybridisierung besteht die Möglichkeit, unbekannte Gene bzw. Gene mit noch unbekannter Funktion zu identifizieren. Erfahrungsgemäß werden in größeren Ansätzen etwa 10–30% differenziell exprimierte Gene mit noch unbekannter Funktion detektiert (Desaj et al. 2000; Distler et al. 2002; Zhang et al. 2001). Auf der anderen Seite ist das Erstellen eines kompletten Expressionsprofils mit Hilfe der SSH sehr kosten- und zeitintensiv. Untersuchungen zeigen, dass in Abhängigkeit vom Versuchsansatz 300–500 Klone analysiert werden müssen, um alle differenziell exprimierten Moleküle – auch solche mit niedriger Expressionsrate – zu erfassen (Mueller et al. 1995; von Stein et al. 1997). Viele Klone werden dabei mehrfach gepickt, wodurch sich eine gewisse Redundanz der SSH zeigt.

Weiterhin muss bedacht werden, dass für die SSH eine Test- und Vergleichsprobe von nur einem Patienten bzw. einer gesunden Vergleichsperson herangezogen wird. Um zu allgemeingültigen Aussagen zu gelangen, muss die differenzielle Expression der identifizierten Gene an weiteren Patienten bzw. Proben bestätigt werden. Wird für die SSH Gewebe verwendet, das aus sehr heterogenen Zellpopulationen besteht, nimmt die Effizienz der SSH deutlich ab (Desaj et al. 2000). Homogenes Gewebe mit einer großen Anzahl gleichartiger Zielzellen, wie z. B. einige Tumorarten oder aber kultivierte Zellen, eignen sich dagegen besser als Ausgangsmaterial für die SSH. Dies gilt in vergleichbarem Maß auch für Mikroarrays und andere Screeningverfahren.

1.2.5 Anwendungsbeispiel in der Rheumatologie

Infektiöse Erreger werden seit längerem als mögliche Faktoren in der Pathogenese der rheumatoiden Arthritis (RA) diskutiert. In diesem Zusammenhang sind endogene retrovirale Sequenzen von besonderem Interesse. Kürzlich konnte gezeigt werden, dass das human LINE-1(L1)-Element, bestehend aus einem ORF 1/p40 (ORF: open reading frame) und einem ORF 2, in synovialen Biopsien von Patienten mit RA exprimiert wird (Neidhart et al. 2000). Synoviale Biopsien von Patienten mit Osteoarthritis (OA) sowie von gesunden Kontrollen zeigten keine oder nur eine minimale Expression dieser endogenen retroviralen Sequenz. Um zu untersuchen, welche Stoffwechselwege durch die Expression von L1 induziert werden, wurden kultivierte synoviale Fibroblasten von RA-Patienten mit einem Expressionsvektor für das L1-Element transfiziert. Differenziell exprimierte Gene im Vergleich zu nicht transfizierten Fibroblasten wurden mit Hilfe der SSH identifiziert. Neben anderen Sequenzen zeigte sich die SAPK2δ (stress-activated protein kinase 2δ) nach Transfektion mit L1 induziert, während bei leervektortransfizierten synovialen Fibroblasten keine Induktion dieses Moleküls zu beobachten war. Die differenzielle Expression konnte mittels konventioneller RT-PCR in weiteren Versuchen bestätigt werden. Die mögliche Bedeutung der SAPK2δ für die Pathogenese der RA wurde weiter durch das Expressionsmuster untermauert. Während Synovialbiopsien von OA-Patienten keine Expression der SAPK2δ aufwiesen, zeigte sich bei Patienten mit RA eine deutliche Expression an Orten der Gelenkdestruktion in Koexpression zu L1. Anschlussexperimente deuten zudem darauf hin, dass über Aktivierung der SAPK2δ in synovialen Fibroblasten eine Induktion von Matrixmetalloproteinasen (MMP) stattfindet. Humane L1-Elemente könnten daher über eine Induktion der SAPK2δ und der Matrixmetalloproteinasen an der Gelenkdestruktion der RA beteiligt sein.

1.3 Mikroarrays

Nach Vollendung des humanen Genomprojekts besteht die Hauptaufgabe der kommenden Jahre in der Erforschung der biologischen Funktionen der identifizierten Gensequenzen. In diesem Zusammenhang stellen die Weiterentwicklung und Optimierung der Genarraytechnologie die wesentlichsten technischen Fortschritte der letzten Jahre dar. Die große Anzahl von Gensequenzen auf einem Array ermöglicht die Erstellung eines umfassenden Expressionsprofils unter verschiedenen experimentellen Bedingungen. Neben zahlreichen weiteren Anwendungsmöglichkeiten kann die Arraytechnologie in der Pathogeneseforschung auch als Screeningverfahren für die Identifikation von Schlüsselmolekülen verwendet werden. Einer der Nachteile von Mikroarrays besteht in den hohen Kosten, welche die Anwendung in der akademischen Forschung einschränken. An akademischen Zentren werden daher derzeit zentrale Forschungseinrichtungen aufgebaut, welche benötigte Gerätschaften und Materialien bereitstellen und die Durchführung der Arrayexperimente sowie die Auswertung der Daten fachlich begleiten. Aufgrund der breiten Anwendungsmöglichkeiten ist die Arraytechnologie auch ein wichtiger wirtschaftlicher Faktor für die Biotechnologiebranche. Nach Schätzungen wird der Umsatz für Mikroarrays weltweit von 531 Mio. US $ im Jahre 2000 auf etwa 3,3 Mrd. US $ im Jahr 2004 steigen (Frost u. Sullivan 2001).

Grundsätzlich stehen 2 größere DNA-Mikroarraytechnologien zur Verfügung, bei denen entweder Oligonukleotide oder cDNA auf die Oberfläche von Glasträgern oder Nylonmembranen aufgebracht werden. In Abb. 1.5 sind die einzelnen Schritte am Beispiel eines auf cDNA-Sequenzen basierenden Glasarrays zusammengefasst (Mousses et al. 2000). Mikroarrays können kommerziell erstanden oder selbst hergestellt werden. Hierfür werden mittels PCR amplifizierte und anschließend aufgereinigte cDNA-Fragmente auf eine präparierte Glasoberfläche aufgetragen. In Abhängigkeit vom Verfahren können hierbei bis zu mehrere Zehntausend cDNA-Fragmente auf eine Glasoberfläche in der Größe eines Objektträgers platziert werden (Lockhart u. Winzeler 2000).

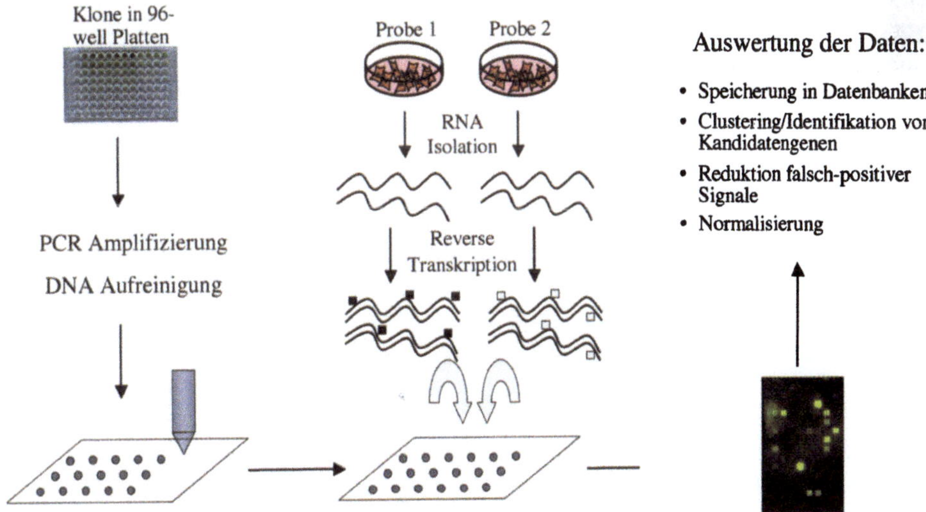

Abb. 1.5. Ablauf von Mikroarrayexperimenten. Mikroarrays können kommerziell erstanden oder selbst hergestellt werden. Nach RNA-Isolation und Markierung im Rahmen der reversen Transkription erfolgt die Hybridisierung mit der Oberfläche des Trägermaterials. Nach stringenten Waschschritten wird das Fluoreszenzsignal abgelesen und ein Rohdatenbild erzeugt. Abschließend erfolgt die statistische Auswertung der Daten

Für jedes Experiment wird RNA aus 2 zu vergleichenden Zellpopulationen oder Geweben isoliert. Bei der anschließenden reversen Transkription werden die beiden cDNA-Proben mit 2 unterschiedlichen Fluoreszenzfarbstoffen (z. B. Cye3 und Cye5) markiert. Die beiden markierten Proben werden dann zusammen auf die Glasoberfläche aufgebracht und hybridisieren dort mit den aufgetragenen cDNA-Fragmenten. Ist eine spezifische RNA in einer der Proben häufiger vertreten, hybridisiert eine größere Menge der entsprechend markierten cDNA an die korrespondierenden cDNA-Fragmente auf der Glasoberfläche. Das Verhältnis der Fluoreszenzintensität zwischen den beiden verwendeten Fluoreszenzfarbstoffen ermöglicht dann eine Aussage über die Unterschiede in der Expressionshäufigkeit des untersuchten Moleküls. Alternativ können die Proben auch radioaktiv markiert und Filtermembranen als Trägermaterial für die Arrays verwendet werden. Die Hybridisierung erfolgt dann meist parallel auf unterschiedlichen Arrays oder hintereinander nach „Stripping" auf derselben Membran. Aufgrund der riesigen Datenmengen bei Mikroarrays müssen zur Auswertung der Ergebnisse verschiedene Verfahren aus der Bioinformatik angewendet werden.

1.3.1 Herstellung des Arrays

An erster Stelle steht die Auswahl der Sequenzen, die auf dem Array untersucht werden sollen. Eine große Anzahl verschiedener Sequenzen können als Klone in *E.-coli*-Kulturen in 96-Loch-Platten vom IMAGE-Konsortium (Integrated Molecular Analysis of Genomes and their Expression, http://image.llnl.gov) erworben werden. Neben bekannten Sequenzen stehen auch EST (expressed sequence tags) zur Verfügung, die nach überlappenden Sequenzen in Cluster eingeteilt sind (Bowtell 1999). Die Plasmid-DNA kann aus den *E.-coli*-Kulturen unter Verwendung von Miniprep-Kits isoliert und als Template für eine PCR-Amplifizierung mit vektor- oder genspezifischen Primern verwendet werden. Die Herstellung der *E.-coli*-Klone verläuft automatisiert, dennoch sind bei deren Verarbeitung größtmögliche Vorsichtsmaßnahmen nötig, um eine Kontamination durch Inhalte benachbarter Löcher zu vermeiden (Knight 2001).

Die aufgereinigten PCR-Produkte werden unter Verwendung eines „Printers" (Arrayer) auf die Trägeroberfläche des Arrays aufgebracht (Bowtell 1999; Mousses et al. 2000). Bei dem Printer handelt es sich um einen PC-gesteuerten Präzisions-roboter, dessen Arm sich in xyz-Achse mit höchster Genauigkeit bewegen kann. Das Ansaugen der cDNA aus den 96-Loch-Platten erfolgt über Stifte aus Edelstahl, die in der Mitte einen etwa 0,002 mm großen Schlitz besitzen, in den minimale Flüssigkeitsmengen (250–500 nl) aufgenommen werden können. Die Apparatur transportiert die Stifte dann auf die Trägeroberfläche des Arrays, auf dem wenige Nanoliter der cDNA aufgebracht werden. Auf diese Weise entstehen auf der Glasoberfläche cDNA-Spots mit einem Durchmesser von 100–150 μm, der Abstand zum nächsten cDNA-Spot beträgt etwa 200–250 μm (Cheung et al. 1999). Anschließend werden die Stifte mit destilliertem Wasser gewaschen und getrocknet, ehe der Vorgang für neue cDNA-Volumina wiederholt wird. Heutige Printer bewältigen etwa 7 Spots/s. Auf diese Weise können 42 Glasarrays mit je 4000 Genen in weniger als 8 h produziert werden.

Glas hat als Trägermaterial mehrere Vorteile gegenüber Nylonmembranen. Bei der undurchlässigen und glatten Oberfläche von Glas werden die Hybridisierungskinetiken weniger beeinflusst als bei den porösen Nylonmembranen, bei denen die Proben und Waschflüssigkeiten erst in die Poren diffundieren müssen. Da die Lokalisation der cDNA-Fragmente oder Oligonukleotide aus dem gleichen Grund präziser definiert ist als auf Nylonmembranen, ist die abschießende Bildverarbeitung einfacher und besser reproduzierbar (Southern et al. 1999). Bei Fluoreszenzverfahren bestehen zudem geringere Probleme mit Hintergrundsignalen, und es können 2 unterschiedlich markierte Proben auf einem Array in einer Hybridisierung untersucht werden (Cheung et al. 1999). Dennoch haben sich neben Glas auch Nylonmembranen bei richtiger Anwendung und Interpretation als adäquate Trägersubstanz für Mikroarrays etabliert.

Eine Alternative zu cDNA-Arrays stellen Oligonukleotidarrays dar. Oligonukleotide können ebenso wie cDNA-Fragmente extern synthetisiert und auf die Glasoberfläche aufgebracht oder aber direkt auf dem Glas synthetisiert werden. Mit der 2. Methode lässt sich eine höhere Dichte auf dem Array erreichen. Um sterische Interaktionen zwischen den dicht gepackten Oligonukleotiden zu verhindern und um die Hybridisierung mit den Proben zu erleichtern, werden die Oligonukleotide über Oligoethylenglykole mit der Glasoberfläche verbunden (Southern et al. 1999). Bei längeren Oligoethylenglykolen verbessern sich die Hybridisierungseigenschaften mit der Probe, da auf diese Weise Sequenzen, die näher an der Glasoberfläche lokalisiert sind, besser für die Hybridisierung zugänglich gemacht werden.

Der am häufigsten verwendete Oligonukleotidglasarray beruht auf der Genchiptechnologie von Affymetrix (Santa Clara, Kalifornien, USA). Die Oligonukleotidsynthese erfolgt in situ auf der Glasoberfläche unter Verwendung photolithographischer Techniken. Durch gezielte Belichtung eines Areals werden photolabile Schutzgruppen von der Oberfläche entfernt. Anschließend kann spezifisch an den beleuchteten Stellen die Ankoppelung eines Nukleotids erfolgen. Dieser Prozess wird mehrfach wiederholt, sodass schließlich definierte 25-mer-Oligonukleotide entstehen (Lipshutz et al. 1999). Um eine ausreichende Spezifität zu gewährleisten, sind pro Gen mehrere Oligonukleotide auf dem Array lokalisiert, die zu verschiedenen Abschnitten der Gensequenz homolog sind. Durch diese Redundanz wird die Identifikation von falsch-positiven und falsch-negativen Resultaten erleichtert und für die verschiedenen Hybridisierungskinetiken der einzelnen Oligonukleotide gemittelt. Als Negativkontrolle wird darüber hinaus pro Gensequenz ein Mismatch-Oligonukleotid verwendet, bei dem ein einzelnes Nukleotid im Vergleich zum Perfect-match-Oligonukleotid ausgetauscht ist.

1.3.2 Probenherstellung und Markierung

Die Extraktion qualitativ hochwertiger RNA ist einer der kritischsten Schritte bei Arrayexperimenten. Auch bereits geringfügig degradierte RNA-Proben, die für andere molekularbiologische Anwendungen durchaus verwendet werden können, führen bei Arrays häufig zu unvollständigen und nicht reproduzierbaren Hybridisierungssignalen. Die RNA-Proben sollten daher grundsätzlich auf ein denaturierendes RNA-Agarosegel geladen und nach ihrer Integrität beurteilt werden (s. Abschnitt 1.2 „Suppressive subtraktive Hybridisierung"). Verunreinigungen wie z. B. zelluläre Proteine, Lipide oder Karbohydrate können darüber hinaus eine unspezifische Bindung von fluoreszenzmarkierten cDNA-Fragmenten auf der Arrayoberfläche verursachen.

Ebenso wie bei anderen Screeningverfahren schränken heterogene Gewebe die Aussagekraft der Analyse stark ein. Eine differenzielle Expression eines Moleküls kann allein durch ein zufälliges Übergewicht einer bestimmten Zellpopulation in einer der beiden Proben begründet sein. Umgekehrt kann die differenzielle Expression eines Moleküls, das nur in einer bestimmten Zellart im Gewebe differenziell exprimiert wird, durch die identische Expression in anderen Zellarten überdeckt werden.

Bei heterogenen Geweben stellt daher die Lasermikrodissektion eine Lösungsmöglichkeit dar. Hierbei werden immunhistochemisch oder anderweitig markierte Zellen unter Verwendung eines Präzisionslasers aus dem Gewebe herausgeschnitten. Dieser Vorgang wird an mehreren Parallelschnitten wiederholt, anschließend wird aus den herausgeschnittenen Zellen RNA extrahiert (Lechner et al. 2001). Auf diese Weise sind auch Aussagen über unterschiedliche Gewebeabschnitte, z. B. „lining layer" und „sublining" bei der RA, möglich. Darüber hinaus sind Zelllinien sehr gut als Modell für Mikroarrayexperimente geeignet, da sie ausreichende Mengen RNA liefern und zudem eine wesentlich homogenere Population darstellen als primäre Zellkulturen (Bowtell 1999).

Ein häufiges Problem bei den Versuchen ist die limitierte Menge an RNA, die für die Experimente zur Verfügung steht. Dies trifft insbesondere auf Studien zu, die mit menschlichen Geweben arbeiten, da hierbei auch ethische Gesichtspunkte zu berücksichtigen sind. Ein Schwerpunkt der Entwicklung der letzten Jahre lag daher auf Methoden zur Amplifizierung von niedrig konzentrierter Ausgangs-RNA.

Einige dieser Verfahren beruhen auf einer Amplifizierung mit PCR-basierten Techniken. Hierfür kann beispielsweise die oben beschriebene SMART-Technologie oder die RAP-PCR verwendet werden (Lockhart u. Winzeler 2000; Neumann et al. 2002). Eine weitere Strategie stellt die Signalamplifizierung nach erfolgter Hybridisierung unter Verwendung markierter Antikörper dar (Schulze u. Downward 2001). Bei diesen Verfahren besteht allerdings die Möglichkeit, dass sich die Zusammensetzung der RNA-Population durch ungleichmäßige Amplifizierung individueller Gene verändert. Um derartige systematische Fehler auszuschließen, müssen bei diesen Verfahren entsprechende Kontrollen mitgeführt werden. Insbesondere ist es nicht möglich, amplifizierte Proben mit nicht behandelten Proben zu vergleichen.

Für die Markierung der Proben werden am häufigsten Cye3-dUTP und Cye5-dUTP verwendet. Diese Fluoreszenzfarbstoffe haben eine gute Photostabilität und deutlich getrennte Emissionsspektren (Duggan et al. 1999). Bei der Markierung ist darauf zu achten, dass beide Farbstoffe im Rahmen der reversen Transkription mit vergleichbarer Effizienz inkorporiert werden. Hierfür stehen speziell entwickelte reverse Transkriptasen zur Verfügung (Li et al. 2002). Bei Nylonarrays werden die Proben meist radioaktiv mit a^{32}P- oder a^{33}P-dATP markiert. Die a^{32}P-Isotope sind etwa 4fach sensitiver als a^{33}P-Isotope, allerdings können bei hoch exprimierten Molekülen Überstrahlungen in benachbarte Areale auftreten. Bei radioaktiv markierten Proben erfolgt die Auswertung mittels eines Phosphorimagers nach unterschiedlichen Expositionszeiten. Bei der Verwendung von fluoreszenzmarkierten Proben wird die Auswertung mit konfokalen Lasermikroskopen durchgeführt.

1.3.3 Auswertung und Datenanalyse

Ein häufig geäußertes Argument in der Diskussion um Vor- und Nachteile von Mikroarrays sind die großen Mengen an Daten, die bei Arrayexperimenten entstehen und die von Wissenschaftlern nicht in sinnvoller Weise ausgewertet und interpretiert werden könnten. Tatsächlich erfordern die vorher in der molekularbiologischen Forschung nicht gekannten riesigen Datenvolumen neue Verfahren der statistischen Auswertung sowie der Speicherung in Datenbanken, die allgemein zugänglich sein müssen (Lockhart u. Winzeler 2000). Die Entwicklung dieser Verfahren kann nur durch eine enge Zusammenarbeit zwischen verschiedenen Disziplinen wie Bioinformatik, Biostatistik, Biophysik und Molekularbiologie erreicht werden. Weitgehende Einigkeit herrscht darüber, dass im Rahmen der Mikroarraytechnologie in diesem Bereich derzeit der größte Entwicklungsbedarf liegt (Brazma u. Vilo 2000; Li et al. 2002; Wu 2001). Hierbei kann auch auf Erfahrungen in anderen Bereichen wie der Flugindustrie oder der Plasmaphysik zurückgegriffen werden, die Methoden zur Analyse ähnlich großer Datenmengen entwickelt haben (Lockhart u. Winzeler 2000). Die Auswertung und Datenanalyse umfasst folgende Bereiche:

- Messung und Erfassung der Rohdaten
- Normalisierung der Expressionsdaten
- Identifikation von falsch-positiven Signalen
- statistische Analyse
- Speicherung der Ergebnisse in Datenbanken

Ein allgemein gültiges Verfahren zur Auswertung von Arraydaten existiert nicht, da die Auswertung von der Art des Arrays, von der experimentellen Fragestellung, vom experimentellen Aufbau sowie von individuellen laborspezifischen Parametern abhängig ist. Darüber hinaus sind optimale statistische Algorithmen für die jeweiligen Fragestellun-

gen erst in der Entwicklung. Die folgenden Abschnitte fassen grundlegende Richtlinien zu den jeweiligen Bereichen der Datenanalyse zusammen.

1.3.3.1 Messung und Erfassung der Rohdaten

Der erste Schritt in der Datenauswertung stellt die Lokalisation der einzelnen Signalpunkte auf dem Array dar. In Abhängigkeit von der verwendeten Software und der Art des Arrays wird ein Gitter über die Signale gelegt, das manuell konfiguriert werden kann. Hierbei sollte darauf geachtet werden, dass die Messfläche identisch mit der Signalfläche ist, da sonst die Stärke des Signals nicht vollständig erfasst wird. Vorsicht ist bei Signalen mit niedriger Intensität geboten, da hierbei häufig fälschlicherweise vielfache Erhöhungen im Vergleich zur Kontrollprobe detektiert werden, ohne dass diese Ergebnisse reproduzierbar sind. Oft werden daher Signale, deren Intensität geringer ist als der Mittelwert plus 2-mal die Standardabweichung der Hintergrundsignale, von der weiteren Analyse ausgeschlossen (Li et al. 2002). Eine weitere wichtige Aussage über die Homogenität und Qualität eines Signalpunkts liefert die Intensität individueller Pixel innerhalb des Signalbereichs, aus denen die Standardabweichung eines Signals berechnet werden kann. Gleiches gilt für die Berechnung der Hintergrundsignale (Brazma u. Vilo 2000).

1.3.3.2 Normalisierung

Bevor Aussagen über die differenzielle Expression bestimmter Moleküle getroffen werden können, müssen die Werte in den Proben für unterschiedliche Mengen an Ausgangs-RNA abgeglichen werden (Li et al. 2002; Schulze u. Downward 2001; Wu 2001).

Bei der globalen Normalisierung wird die absolute Signalintensität aller auf dem Array befindlicher Gene für die Berechnung der geladenen RNA-Menge herangezogen. Da zwischen den 2 Vergleichsproben immer nur ein kleiner Prozentsatz von Molekülen differenziell exprimiert wird, fallen diese bei der Berechnung der absoluten Intensität nicht ins Gewicht. Dieses Verfahren ist insbesondere für Arrays mit einer großen Anzahl verschiedener Gene geeignet sowie für Experimente mit geringen Unterschieden in den Vergleichsproben.

Bei Arrays mit einer geringeren Anzahl von Genen wie z.B. Nylonmembranarrays werden meist interne Kontrollen (housekeeping genes) zur Normalisierung herangezogen. Da bei diesem Verfahren nur wenige Signale ausgewertet und zur Berechnung aller weiteren Werte herangezogen werden, ist hier besonders auf die Signalqualität (Standardabweichung der Signalintensität) zu achten. Darüber hinaus muss bedacht werden, dass sich auch die Expression der so genannten „housekeeping genes" unter bestimmten experimentellen Bedingungen verändern kann. Ein Beispiel hierfür ist die Beeinflussung von G3PDH durch Hypoxieexposition.

Neben unterschiedlich geladenen Mengen an RNA können auch Faktoren eine Rolle spielen, welche die Intensität der Signale nichtlinear beeinflussen. Beispielsweise kann es im Rahmen der Hybridisierung zu Sättigungsprozessen kommen, bei denen hoch exprimierte mRNA-Moleküle nicht durch eine proportional hohe Signalintensität repräsentiert werden, da nur eine begrenzte Zahl von cDNA-Molekülen dieser Gene auf dem Array für die Hybridisierung zur Verfügung steht. Statistische Verfahren zur Berücksichtigung dieser nichtlinearen Effekte befinden sich derzeit in der Entwicklung (Wu 2001).

1.3.3.3 Reduktion falsch-positiver Signale

Die Identifikation falsch-positiver Signale stellt ein besonderes Problem bei der Auswertung der Mikroarrayexperimente dar. Beim Vergleich von 2 unterschiedlichen mRNA-Populationen mittels Oligonukleotidarray beträgt die Rate an falsch-positiven Ergebnissen etwa 1–2% (Lipshutz et al. 1999; Mills et al. 2001). Auch wenn dieser Prozentsatz zunächst recht niedrig erscheint, muss bedacht werden, dass dies beispielsweise bei einem Array mit 10 000 Genen eine Anzahl von 100 falsch-positiven Ergebnissen zur Folge hat. Da bei vielen Experimenten oft nur einige hundert Gene verändert gefunden werden, kann die Anzahl falsch-positiver Ergebnisse die Auswertung der Arraydaten stark erschweren.

Die Wahrscheinlichkeit falsch-positiver Ergebnisse korreliert mit der Höhe der differenziellen Expression. Bei Molekülen mit einer bis zu 2fachen Veränderung zwischen den mRNA-Populationen sind falsch-positive Ergebnisse deutlich wahrscheinlicher als bei Molekülen mit größeren Expressionsunterschieden. In zahlreichen Studien wurde daher die Schwellenwertmethode zur Reduktion falsch-positiver Ergebnisse eingesetzt, indem nur eine differenzielle Expression mit einer mehr als 2fachen Veränderung in die weitere Analyse einbezogen wurde (Wu 2001).

Allerdings ist dieser beliebig festgelegte Schwellenwert mit statistischen Modellen nicht zu begründen, da die Reproduzierbarkeit der Expressionsunterschiede von zahlreichen labor- und instrumentenspezifischen Parametern beeinflusst wird und keinem starren Schema folgt. Während daher in einigen Laboratorien eine 2fache Veränderung einen optimalen Schwellenwert darstellen kann, kann dieser Wert in anderen Laboratorien völlig unzureichend sein (Li et al. 2002). Ein weiteres Problem eines beliebig festgelegten Schwellenwerts besteht darin, dass bei diesem Verfahren eine Anzahl richtig-positiver Moleküle von der weiteren Analyse ausgeschlossen wird, die trotz einer weniger als 2fachen Erhöhung wichtige biologische Funktionen erfüllen können. Besondere Vorsicht ist daher bei Ergebnissen für Moleküle geboten, deren cDNA zwar auf dem Array vorhanden ist, für die aber mit dem Schwellenwertverfahren keine differenzielle Expression detektiert werden konnte. Auf der anderen Seite des Spektrums findet sich auch ein signifikanter Prozentsatz falsch-positiver Ergebnisse bei Molekülen mit einer mehr als 2fachen Erhöhung (Churchill u. Oliver 2001).

Eine alternative Vorgehensweise zur Reduktion falsch-positiver Ergebnisse ist die Wiederholungsanalyse. Hierbei kann zwischen Wiederholungen der Arrayhybridisierung (analytische Wiederholung) und Wiederholung des Experiments (biologische Wiederholung) unterschieden werden (Mills et al. 2001). Bei der analytischen Wiederholung werden RNA-Proben aus dem gleichen Experiment mit verschiedenen Nylonmembranen oder Glasträgern hybridisiert und nur solche Gene als verändert gewertet, die auch in den wiederholten Versuchsansätzen eine differenzielle Expression auf den verschiedenen Arrays zeigen. Bei der biologischen Wiederholung wird das biologische Experiment (z.B. Stimulierung von Zellen mit einem Wachstumsfaktor) wiederholt und die extrahierte RNA bzw. cDNA jeweils mit Arrays hybridisiert. Entsprechend der analytischen Wiederholung werden nur solche Gene als verändert gewertet, die reproduzierbar eine unterschiedliche Expression in den Experimenten zeigten. Aufgrund der mittlerweile gut etablierten Arraytechniken ist die biologische Variabilität häufig deutlich größer als die analytische Variabilität. Daher ist bereits bei der Planung und Durchführung der Experimente auf eine bestmögliche Standardisierung der Versuchsbedingungen zu achten (Schulze u. Downward 2001; Wu 2001). Der Nachteil dieses Verfahrens besteht in den hohen Kosten, die infolge der wiederholten Hybridisierungen entstehen. Ein Beispiel für einen systematischen Ansatz mit dieser Herangehensweise wurde von Mills et al. (2001) geschildert.

1.3.3.4 Statistische Analyse

Nach Messung und Erfassung der Rohdaten, Normalisierung sowie Reduktion falsch-positiver Ergebnisse besteht die nächste Aufgabe darin, die erhaltenen Daten nach möglichen funktionellen Zusammenhängen zu katalogisieren und somit einer Interpretation zugänglich zu machen. Die verschiedenen Analyseverfahren können dabei grundsätzlich in 2 Gruppen eingeteilt werden:

- Gruppierung von Genen (Clustering) und
- Filterverfahren zur Identifikation von Kandidatengenen (Wu 2001).

Ziel der Clusterverfahren ist die Anordnung von Genen mit gleichem Expressionsverhalten in Gruppen, um so Rückschlüsse auf ähnliche Regulationsmechanismen oder biologische Funktionen zu ziehen. Bei den Filterverfahren ist die Identifikation von typischen Effektormolekülen eines bestimmten Stimulus (z. B. die molekularen Effekte eines Wachstumsfaktors auf eine bestimmte Zellart) Ziel der Analyse.

Filterverfahren zur Identifikation von Kandidatengenen

Die Wahl der Methode zur Identifikation von Kandidatengenen ist weitgehend abhängig vom Aufbau des Experiments und den zur Verfügung stehenden Daten. Ein einfaches und zugleich häufig durchgeführtes Experiment ist der Vergleich von 2 Konditionen, beispielsweise von stimulierten und nichtstimulierten Zellen.

Neben den bereits angesprochenen Richtlinien zur Normalisierung der Daten und zur Reduktion falsch-positiver Ergebnisse muss auch das Problem des Tests multipler Hypothesen beachtet werden. Bei der Anwendung von statistischen Verfahren mit einem großen Datenvolumen kommt es allein aufgrund der großen Anzahl von durchgeführten Tests zu einer bestimmten Anzahl von p-Werten, welche die statistische Signifikanzgrenze erreichen. Die p-Werte einer statistischen Analyse von Mikroarrays müssen daher einer Korrektur unterzogen werden. Am häufigsten wird in diesem Zusammenhang die Bonferroni-Korrektur verwendet, bei welcher der angestrebte p-Wert durch die Anzahl der Tests (Anzahl der Gene) geteilt wird. Allerdings resultiert dieses Verfahren in zu strengen p-Werten für das individuelle Gen, sodass neuere Verfahren wie die Bootstrap-Methode angemessener erscheinen (Wu 2001).

Zur Reduktion falsch-positiver Ergebnisse sollten Experimente und auch Hybridisierungen wiederholt werden. Die Resultate der wiederholten Experimente können mittels parametrischer oder nicht parametrischer Test statistisch analysiert werden. Der t-Test als Prototyp eines parametrischen Tests setzt eine Normalverteilung der Daten voraus, in diesem Beispiel eine Normalverteilung der Expressionswerte eines bestimmten Gens in den wiederholten Experimenten. Eine Normalverteilung der Daten wird bei Mikroarrayexperimenten meist ohne weitere Beweisführung vorausgesetzt, da eine Normalverteilung einerseits aufgrund der meist niedrigen Anzahl an Wiederholungen schwierig nachzuweisen und andererseits aufgrund der Homogenität der wiederholten Experimente anzunehmen ist (Wu 2001).

Der t-Test ist ein häufig angewandtes Verfahren zur statistischen Analyse von Mikroarrays. Soll keine Normalverteilung der Daten vorausgesetzt werden, können die Ergebnisse auch mit nicht parametrischen Tests wie dem Mann-Whitney-Test analysiert werden. Hier basiert der Vergleich nicht wie beim t-Test auf der Varianz der Experimente, sondern auf Unterschieden in der Rangreihenfolge, die jedem Experiment zugeordnet wird.

Bisher wurden nur Experimente angesprochen, in denen 2 verschiedene Bedingungen verglichen wurden. Häufig interessiert aber auch der Vergleich mehrerer Bedingungen. Beispielsweise können Synovialbiopsien von Patienten mit rheumatoider Arthritis mit Synovialbiopsien von Patienten mit Osteoarthritis und reaktiver Arthritis verglichen werden. Bei der Durchführung wiederholter Experimente mit den genannten Bedingungen können die Ergebnisse mit dem F-Test verglichen werden, der ebenfalls wie der t-Test eine Normalverteilung voraussetzt und auf einer Varianzanalyse beruht.

Oft ist man auch an Genen interessiert, die einem bestimmten Expressionsprofil folgen und beispielsweise in Synovialbiopsien von Patienten mit RA, aber nicht in anderen Erkrankungen, eine hohe Expression aufweisen. Derartige Fragestellungen können mit Pseudoprofilen analysiert werden, bei denen ein Expressionsmuster vorgegeben wird und die Gene anhand der Übereinstimmung zu diesem vorgegebenen Muster katalogisiert werden (Wu 2001).

Nicht selten führen die aufgeführten statistischen Verfahren zu einer Liste von Kandidatengenen, die für die untersuchten Bedingungen möglicherweise funktionell von Bedeutung sind. Im Weiteren muss die differenzielle Expression der Kandidatengene mit unabhängigen Verfahren wie der Real-time-PCR verifiziert und deren funktionelle Bedeutung durch gezielte Veränderung der Expression individueller Gene charakterisiert werden. Hierzu können molekularbiologische Techniken wie die Transfektion mit Expressionsvektoren zur Überexpression eines bestimmten Gens oder dominant-negative Mutanten, Antisense- oder Knockout-Technologien zur Hemmung der Expression eines bestimmten Gens verwendet werden. Da die Anwendung dieser Technologien zeitaufwändig ist, muss zunächst eine genaue Auswahl interessanter Gene erfolgen (Schulze u. Downward 2001). Neuere Verfahren wie die RNA-interference(RNA$_i$)-Technologie sind möglicherweise auch für die funktionelle Untersuchung einer größeren Anzahl von Genen geeignet (Hammond et al. 2001).

Gruppierung von Genen (Clusterverfahren)

Clusterverfahren sind das am häufigsten angewandte Instrument zur statistischen Analyse von Mikroarrayexperimenten (Brazma u. Vilo 2000). Ziel jeder Clusteranalyse ist es, Objekte so in Gruppen oder Cluster einzuteilen, dass die Objekte eines Clusters einander immer ähnlicher und Objekte aus verschiedenen Clustern einander immer unähnlicher werden. Zur Berechnung der Ähnlichkeit zwischen Objekten werden verschiedene Distanzmaße wie euklidische Distanzen oder deren vielfältige Verallgemeinerungen herangezogen. Auf diese Weise lassen sich beispielsweise Gruppen von Genen bilden, die unter verschiedenen Stimulierungsbedingungen ein ähnliches Expressionsverhalten mit nur geringen, definierten Unterschieden (Distanzen) aufweisen.

Misst man unter Verwendung von Mikroarrays die Expression von Genen in einem Organismus unter verschiedenen Bedingungen, in verschiedenen Entwicklungsstufen oder in verschiedenen Geweben, können die Ergebnisse in einer Expressionsmatrix dargestellt werden (Abb. 1.6). In dieser Expressionsmatrix sind in den Zeilen spezifische Gene zusammengefasst, während die Spalten die verschiedenen Versuchsbedingungen repräsentieren. In einzelnen Feldern ist die Expression eines spezifischen Gens in einer bestimmten Versuchsbedingung ersichtlich. Vergleicht man mit Hilfe von Clusterverfahren die Expressionsprofile in verschiedenen Zeilen der Expressionsmatrix, können auf diese Weise Gruppen von Genen mit gleichem Expressionsverhalten und möglicherweise gleichen Regulationsmechanismen identifiziert werden. Der Vergleich von Spalten in der Expressionsmatrix ermöglicht die Erstellung eines molekularen Profils an differenziell exprimierten Genen in den verschiedenen Versuchsbedingungen. Dieses Verfahren kann beispielsweise bei der Analyse von Gewebeproben auch zur Identifikation von Untergruppen mit einem jeweils spezifischen Expressionsprofil verwendet werden.

Für die Analyse von Mikroarraydaten stehen verschiedene Clusterverfahren zur Verfügung (Brazma u. Vilo 2000). Häufig verwendete Beispiele sind hierarchisch-agglomerative und K-means-Verfahren. Bei hierarchisch-agglomerativen Clusterverfahren wird das hierarchische System durch sukzessive Gruppierung von Genen und im weiteren Verlauf durch Fusion von Gruppen zu größeren Gruppen konstruiert. Die Aggregation beginnt

Abb. 1.6. Expressionsmatrix. In den Zeilen der Expressionsmatrix sind spezifische Gene zusammengefasst, während die Spalten verschiedene Versuchsbedingungen repräsentieren. In den Feldern ist die Expression eines beliebigen Gens x unter einer spezifischen Versuchsbedingung y ablesbar

	Bedingung I	Bedingung II	Bedingung III	Bedingung IV	......	Bedingung n
Gen 1	x_{11}	x_{12}	x_{13}	x_{14}	....	x_{1n}
Gen 2	x_{21}	x_{22}	x_{23}	x_{24}	....	x_{2n}
Gen 3	...	...	...	...	....	...
Gen 4						
Gen 5						
Gen 6						
Gen 7						
Gen 8						
.						
.						
Gen n						x_{nn}

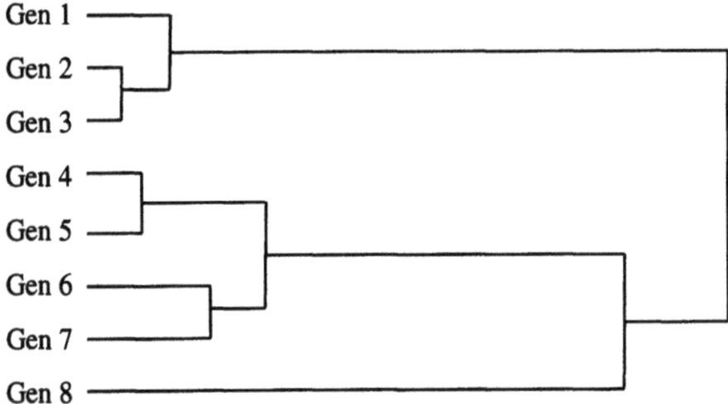

Abb. 1.7. Dendrogramm einer hierarchisch-agglomerativen Clusteranalyse. Je näher der Abstand der neu gebildeten Gruppen zum linken Rand des Dendrogramms, desto homogener ist die Zusammensetzung innerhalb dieser Gruppe. Im aufgeführten Beispiel könnten die Cluster zwischen den Genen 4 und 7 sowie zwischen den Genen 1 und 3 von Interesse sein und auf gemeinsame Regulationsmechanismen innerhalb der Gruppen hinweisen. Alle höher hierarchischen Cluster erscheinen dagegen zu heterogen

hierbei mit der kleinstmöglichen Gruppe, die jeweils nur aus einem Gen besteht. Im weiteren Verlauf werden Gruppen mit dem geringsten Abstand gemäß dem gewählten Distanzmaß in eine neue Gruppe zusammengefasst und anschließend der Abstand zwischen den Gruppen neu errechnet. Hierarchisch-agglomerative Clusteranalysen können als Dendrogramm dargestellt werden (Abb. 1.7). Neben dem hierarchischen System ist in Dendrogrammen auch die Homogenität der gebildeten Gruppen ablesbar. Je früher die Clusterbildung erfolgt, d. h. je näher der Abstand einer neu gebildeten Gruppe vom linken Rand des Dendrogramms ist, desto homogener ist diese Gruppe, d. h. desto ähnlicher sind sich die Gene dieser Gruppe in ihrem Expressionsverhalten. Ein vereinfachtes Beispiel einer hierarchisch-agglomerativen Clusteranalyse ist in Abb. 1.7 dargestellt.

Beim K-means-Clusterverfahren ist im Gegensatz zu den hierarchischen Clusterverfahren die Anzahl der Cluster a priori festgelegt. Anders als bei hierarchischen Verfahren werden auch nicht einzelne, kompakte Cluster auf Kosten hoher Heterogenität in anderen Clustern gebildet. Stattdessen wird beim K-means-Verfahren nach Gruppierungen gesucht, bei denen jedes Objekt (z. B. die Expression eines bestimmten Gens) zum Schwerpunkt seiner Gruppe einen kleineren Abstand besitzt als zu den anderen Gruppenschwerpunkten. Auf diese Weise entstehen Gruppen mit mittlerer Homogenität, während die Bildung heterogener Gruppen vermieden wird.

Clusterverfahren sind wiederholt erfolgreich zur Analyse von Mikroarraydaten eingesetzt worden.

Eine interessante Anwendung ist die Identifikation von Tumorsubklassen durch hierarchische Clusterverfahren. Alidazeh et al. (2000) untersuchten die molekularen Expressionsmuster von Patienten mit diffusem großzelligen B-Zell-Lymphom (DLBCL), dem häufigsten Subtyp der Non-Hodgkin-Lymphome. Der klinische Verlauf dieser Erkrankung ist äußerst heterogen. Zwar spricht initial die Mehrzahl der Patienten auf die Chemotherapie an, allerdings erreichen nur weniger als die Hälfte der Patienten eine dauerhafte Remission mit entsprechend besserer Lebenserwartung. Für die Erstellung eines Expressionsprofils wurden 96 Proben aus gesunden und malignen Lymphozyten untersucht. Unter Verwendung eines hierarchischen Clusteralgorithmus konnte gezeigt werden, dass 2 unterschiedliche Subgruppen von DLBC-Lymphomen mit jeweils spezifischem Expressionsmuster existieren. Die 2 anhand ihres Expressionsprofils definierten DLBCL-Untergruppen korrelierten gut mit der Lebenserwartung der Patienten. Die molekulare Klassifikation von Tumoren auf der Basis von Expressionsprofilen kann auf diese Weise zur Identifikation bisher unbekannter, aber klinisch signifikanter Tumorsubtypen eingesetzt werden.

1.3.3.5 Speicherung der Ergebnisse in Datenbanken

Die großen Mengen an Daten aus Mikroarrayexperimenten sind für herkömmliche Formen wissenschaftlicher Publikationen nur bedingt geeignet. Wissenschaftliche Zeitschriften versuchen das Problem limitierter Seitenzahlen einerseits und großer Datenmengen andererseits durch Veröffentlichungen von Anteilen der Daten als „zusätzliche Information" auf ihren Webseiten zu lösen. Ein Problem dieser Publikationsform besteht darin, dass die Daten durch Veröffentlichung in verschiedensten Zeitschriften in nicht standardisierten Formaten vorliegen. Hierdurch werden die Aussagekraft und Vergleichbarkeit der Daten erheblich eingeschränkt, da insbesondere Mikroarrayexperimente stark durch die Art des Arrays, die experimentellen Bedingungen, die Form der Datenerfassung und Auswertung und zahlreicher anderer Parameter beeinflusst werden.

Aus diesen Gründen bestehen derzeit Bestrebungen, Daten von Mikroarrayexperimenten in öffentlich zugänglichen Datenbanken nach einem standardisierten Erfassungsprotokoll zu veröffentlichen (Brazma et al. 2001). Als Vorbild können die GenBank und andere Datenbanken dienen, die zur Speicherung von Sequenzierdaten nach einem standardisierten Verfahren benutzt werden. Richtlinien für ein standardisiertes Protokoll zur Erfassung von Mindestinformationen über Mikroarrayexperimente (MIAME, minimum information about microarray experiments) wurden von der Microarray-Gene-Expression-Database-Gruppe entwickelt (http://www.mged.org) (Brazma et al. 2001). Nach diesen Richtlinien sollte ein MIAME-Dokument Informationen über folgende Bereiche enthalten:

1. Experimentelle Bedingungen
   - Art des Experiments mit getesteten Bedingungen und gewählten Parametern,
   - Art und Anzahl der Wiederholungen,
   - Qualitätskontrollen
2. Design des Arrays
   - Beschreibung der Art des Arrays inklusive Hersteller sowie Informationen über die Art der DNA-Spots (Oligonukleotide/cDNA),
   - Sequenzierinformation zu jedem Spot,
   - Kontrollspots
3. Proben
   - Herkunft der Proben (Zellart, Organismus, Gewebe),
   - Art der RNA-Extraktion,
   - Markierung der Proben
4. Hybridisierung
   - Art der Hybridisierungslösung,
   - Waschvorgänge,
   - Menge der markierten Probe,
   - Hybridisierungsdauer,
   - Volumen,
   - Temperatur und Art der Hybridisierungskammer
5. Messungen
   - Speicherung des Rohdatenbilds als Image-File (z. B. TIFF),
   - Quantifizierungsmatrix mit Informationen über Bildverarbeitungssoftware und Art der Quantifizierung,
   - Expressionsmatrix
6. Normalisierung
   - Normalisierungsverfahren
   - Art der Normalisierungskontrollen

Um automatisierte Suchfunktionen zu erleichtern, soll die Dokumentation in MIAME im Gegensatz zu herkömmlichen Publikationen nicht als freier Text, sondern strukturiert mit definiertem Vokabular erfolgen. Die Einrichtung entsprechender Datenbanken ist derzeit durch verschiedene Institutionen (National Center for Biotechnology Information, DNA Database of Japan, European Bioinformatics Institute) in der Entwicklung.

1.3.4 Anwendungsbeispiel in der Rheumatologie

In den letzten Jahren konnten vermehrt Hinweise gefunden werden, dass T-Zell-unabhängige Stoffwechselwege entscheidend an der progressiven Gelenkzerstörung der RA beteiligt sind. Einen wichtigen Beleg hierfür lieferte das SCID-Maus-Modell der RA, bei dem humane synoviale Fibroblasten zusammen mit humanem Knorpel unter die Nierenkapsel von SCID-Mäusen gebracht wurden (Muller-Ladner et al. 1996). In diesem Modell kann nach 60 Tagen die Invasion der synovialen Fibroblasten in den Knorpel semiquantitativ analysiert werden. Dabei zeigen synoviale Fibroblasten von Patienten mit RA eine deutliche Invasion in den Knorpel, während Kontrollfibroblasten keine oder nur eine geringfügige Invasion aufweisen. Da SCID-Mäuse einen Defekt der T-Zellen aufweisen, deuten diese Ergebnisse darauf hin, dass die Knorpeldestruktion der RA durch intrinsische Eigenschaften der rheumatoiden synovialen Fibroblasten entscheidend mitbeeinflusst wird.

Zur Identifikation von Molekülen, die für die destruierenden Eigenschaften der rheumatoiden Fibroblasten verantwortlich sein könnten, wurde eine Kombination von Differential-display und Mikroarray angewandt (Neumann et al. 2002). Hierfür wurde zunächst RNA von kultivierten synovialen Fibroblasten von Patienten mit RA sowie OA extrahiert, im Rahmen der reversen Transkription radioaktiv markiert und mit einem kommerziellen cDNA-Array auf Nylonmembranbasis hybridisiert. Nachteile dieses klassischen Verfahrens bestehen in der relativ geringen Sensitivität der Methode, welche die Detektion von Molekülen mit geringerer Expression erschwert, und in den relativ großen Mengen an RNA, die für die Experimente benötigt werden. Aus diesen Gründen wurde dem Array eine RNA-arbitrarily-primed-Polymerasekettenreaktion (RAP-PCR) vorgeschaltet. Bei diesem Differential-display-Verfahren werden in den PCR-Schritten arbiträre Primer verwendet, wodurch es zu einer Amplifizierung der RNA kommt.

Durch die Kombination der beiden Verfahren konnte bei etwa 50% der Gene auf dem Array ein reproduzierbares Hybridisierungssignal detektiert werden, während die Anzahl detektierbarer Gene mit der klassischen Methode deutlich geringer war (Neumann et al. 2002). Mit der kombinierten Methode konnten 8 Gene identifiziert werden, die bei RA-Fibroblasten höher als bei OA-Fibroblasten exprimiert waren. 4 Gene zeigten ein umgekehrtes Expressionsmuster. Exemplarisch wurde mittels Real-time-PCR sowie In-situ-Hybridisierung die erhöhte Expression des CD82-Antigens in RA-Fibroblasten verifiziert. Bei dem CD82-Antigen handelt es sich um ein multifunktionelles Tetraspanin, das bisher nicht mit der Pathogenese der RA assoziiert wurde.

Das kombinierte RAP-PCR-Mikroarray-Verfahren erlaubt die Arbeit mit sehr geringen RNA-Mengen zur Identifikation von differenziell exprimierten Genen. Durch die Verwendung von arbiträren Primern erfolgt allerdings eine selektive und unvollständige Amplifizierung der RNA-Population, sodass sich dieses Verfahren nicht zur Erstellung eines Expressionsprofils eignet.

1.4 Resümee

In der rheumatologischen Grundlagenforschung wurden in den letzten Jahren zahlreiche Zytokine, Adhäsionsmoleküle, Wachstumsfaktoren, Regulatoren der Apoptose und Matrix zerstörende Enzyme beschrieben. Weniger bekannt, aber für die Identifikation neuer therapeutischer Zielmoleküle von entscheidender Bedeutung, sind dagegen die Auswirkungen dieser Moleküle auf die Expression anderer Gene. Die suppressive subtraktive Hybridisierung (SSH) und Mikroarrays stellen Verfahren zur Identifikation differenziell exprimierter Gene dar. Bei der SSH besteht das Prinzip in einer Hybridisierung von Sequenzen, die sowohl in der Testprobe als auch in der Vergleichsprobe vorhanden sind. Sequenzen ohne Hybridisierungspartner repräsentieren differenziell exprimierte Gene, die durch anschließende PCR amplifiziert werden können. Die SSH eignet sich insbesondere zur Identifikation von Sequenzen mit noch unbekannter biologischer Funktion. Zur Erstellung eines kompletten Expressionsprofils ist dieses Verfahren aber zu zeit- und zu kostenintensiv.

Die Anwendungsmöglichkeiten von Mikroarrays sind vielfältiger als diejenigen der SSH. Mikroarrays können u. a. zur Identifikation von Kandidatengenen, zur Suche nach Krankheitssubklassen, zum Aufsuchen gemeinsamer molekularer Regulationsfaktoren durch vergleichbares Expressionsverhalten und zum Screening nach Polymorphismen eingesetzt werden.

Klassische wissenschaftliche Experimente beruhen auf wissenschaftlichen Hypothesen, die durch die Ergebnisse der Experimente bewiesen oder widerlegt werden. Im Gegensatz dazu setzen Mikroarrayexperimente nicht zwingend eine wissen-schaftliche Hypothese voraus. Vielmehr können Mikroarrays auch Hypothesen generierende Funktionen haben, indem beispielsweise neue Krankheitssubklassen einer zuvor uniformen Entität postuliert werden. Es ist wichtig zu betonen, dass diese Hypothesen generierende Funktion selbstverständlich nicht von der Notwendigkeit befreit, die neu postulierte Hypothese mit klassischen Methoden zu verifizieren.

Viele Autoren sehen eine Hauptgefahr der Mikroarrays darin, dass der Reiz der neuen Technologie viele Wissenschaftler zu einer kritiklosen Anwendung verleiten könnte, ohne sich der Limitierungen der Methodik ausreichend bewusst zu sein. Im rheumatologischen Bereich wurden daher Richtlinien für Studien mit Mikroarrays erlassen (Firestein u. Pisetsky 2002). Diese Richtlinien umfassen die Identifikation falsch-positiver Ergebnisse inklusive einer Untersuchung der Variabilität spezifischer Gene in verschiedenen Experimenten, die statistische Auswertung verbunden mit einer adäquaten Anzahl an Wiederholungen sowie die Bestätigung der differenziellen Expression von Schlüsselmolekülen mit unabhängigen Methoden. Werden diese und ähnliche Richtlinien befolgt, stellen Mikroarrays einen wichtigen technischen Fortschritt dar, der die molekularbiologische Forschung in den nächsten Jahren rasant beschleunigen kann.

1.5 Literatur

Alizadeh AA, Eisen MB, Davis RE et al. (2000) Distinct types of diffuse large B-cell lymphoma identified by gene expression profiling. Nature 403: 503–511

Bowtell DD (1999) Options available – from start to finish – for obtaining expression data by microarray. Nat Genet 21: 25–32

Brazma A, Vilo J (2000) Gene expression data analysis. FEBS Lett 480: 17–24

Brazma A, Hingamp P, Quackenbush J et al. (2001) Minimum information about a microarray experiment (MIAME) – toward standards for microarray data. Nat Genet 29: 365–371

Cheung VG, Morley M, Aguilar F, Massimi A, Kucherlapati R, Childs G (1999) Making and reading microarrays. Nat Genet 21:15–19

Churchill GA, Oliver B (2001) Sex, flies and microarrays. Nat Genet 29: 355–356

Desaj S, Hill J, Trelogan S, Diatchenko L, Siebert PD (2000) Identification of differentially expressed genes by suppression subtractive hybridization. In: Hunt SP, Livesey FJ (eds) Functional genomics. Oxford University Press, Oxford New York, pp 81–112

Diatchenko L, Lau YF, Campbell AP et al. (1996) Suppression subtractive hybridization: a method for generating differentially regulated or tissue-specific cDNA probes and libraries. Proc Natl Acad Sci USA 93: 6025–6030

Distler J, Hirth A, Scheid A et al. (2002) Gene profiling of scleroderma fibroblasts after exposure to hypoxia. Ann Rheum Dis 61

Duggan DJ, Bittner M, Chen Y, Meltzer P, Trent JM (1999) Expression profiling using cDNA microarrays. Nat Genet 21: 10–14

Firestein GS, Pisetsky DS (2002) DNA microarrays: boundless technology or bound by technology? Guidelines for studies using microarray technology. Arthritis Rheum 46: 859–861

Frost, Sullivan (2001) The World biochip market. Report 7761, http://www.frost.com

Hammond SM, Caudy AA, Hannon GJ (2001) Post-transcriptional gene silencing by double-stranded RNA. Nat Rev Genet 2: 110–119

Heid CA, Stevens J, Livak KJ, Williams PM (1996) Real time quantitative PCR. Genome Res 6: 986–994

Hieter P, Boguski M (1997) Functional genomics: it's all how you read it. Science 278: 601–602

Holland PM, Abramson RD, Watson R, Gelfand DH (1991) Detection of specific polymerase chain reaction product by utilizing the 5′-3′ exonuclease activity of *Thermus aquaticus* DNA polymerase. Proc Natl Acad Sci USA 88: 7276–7280

Knight J (2001) When the chips are down. Nature 410: 860–861

Lechner S, Muller-Ladner U, Neumann E et al. (2001) Use of simplified transcriptors for the analysis of gene expression profiles in laser-microdissected cell populations. Lab Invest 81: 1233–1242

Li X, Gu W, Mohan S, Baylink DJ (2002) DNA microarrays: their use and misuse. Microcirculation 9: 13–22

Lipshutz RJ, Fodor SP, Gingeras TR, Lockhart DJ (1999) High density synthetic oligonucleotide arrays. Nat Genet 21: 20–24

Lockhart DJ, Winzeler EA (2000) Genomics, gene expression and DNA arrays. Nature 405: 827–836

Lukyanov KA, Launer GA, Tarabykin VS, Zaraisky AG, Lukyanov SA (1995) Inverted terminal repeats permit the average length of amplified DNA fragments to be regulated during preparation of cDNA libraries by polymerase chain reaction. Anal Biochem 229: 198–202

McPherson JD, Marra M, Hillier L et al. (2001) A physical map of the human genome. Nature 409: 934–941

Mills JC, Roth KA, Cagan RL, Gordon JI (2001) DNA microarrays and beyond: completing the journey from tissue to cell. Nat Cell Biol 3: E175–E178

Mousses S, Bittner ML, Chen Y et al. (2000) Gene expression analysis by cDNA microarray. In: Hunt SP, Livesey FJ (eds) Functional genomics. Oxford Press, Oxford New York, pp 113–138

Mueller BM, Yu YB, Laug WE (1995) Overexpression of plasminogen activator inhibitor 2 in human melanoma cells inhibits spontaneous metastasis in scid/scid mice. Proc Natl Acad Sci USA 92: 205–209

Muller-Ladner U, Kriegsmann J, Franklin BN et al. (1996) Synovial fibroblasts of patients with rheumatoid arthritis attach to and invade normal human cartilage when engrafted into SCID mice. Am J Pathol 149: 1607–1615

Neidhart M, Rethage J, Kuchen S et al. (2000) Retrotransposable L1 elements expressed in rheumatoid arthritis synovial tissue: association with genomic DNA hypomethylation and influence on gene expression. Arthritis Rheum 43: 2634–2647

Neumann E, Kullmann F, Judex M et al. (2002) Identification of differentially expressed genes in rheumatoid arthritis by a combination of complementary DNA array and RNA arbitrarily primed-polymerase chain reaction. Arthritis Rheum 46: 52–63

Schulze A, Downward J (2001) Navigating gene expression using microarrays – a technology review. Nat Cell Biol 3: E190-E195

Southern E, Mir K, Shchepinov M (1999) Molecular interactions on microarrays. Nat Genet 21: 5–9

Stein OD von, Thies WG, Hofmann M (1997) A high throughput screening for rarely transcribed differentially expressed genes. Nucleic Acids Res 25: 2598–2602

Vandesompele J, De Paepe A, Speleman F (2002) Elimination of primer-dimer artifacts and genomic coamplification using a two-step SYBR green I real-time RT-PCR. Anal Biochem 303: 95–98

Velculescu VE, Zhang L, Vogelstein B, Kinzler KW (1995) Serial analysis of gene expression. Science 270: 484–487

Venter JC, Adams MD, Myers EW et al. (2001) The sequence of the human genome. Science 291: 1304–1351

Welsh J, Chada K, Dalal SS, Cheng R, Ralph D, McClelland M (1992) Arbitrarily primed PCR fingerprinting of RNA. Nucleic Acids Res 20: 4965–4970

Woo TH, Patel BK, Cinco M et al. (1998) Real-time homogeneous assay of rapid cycle polymerase chain reaction product for identification of *Leptonema illini*. Anal Biochem 259: 112–117

Wu TD (2001) Analysing gene expression data from DNA microarrays to identify candidate genes. J Pathol 195: 53–65

Zhang J, Underwood LE, D'Ercole AJ (2001) Hepatic mRNAs up-regulated by starvation: an expression profile determined by suppression subtractive hybridization. FASEB J 15: 1261–1263

Zhu YY, Machleder EM, Chenchik A, Li R, Siebert PD (2001) Reverse transcriptase template switching: a SMART approach for full-length cDNA library construction. Biotechniques 30: 892–897

2 Immunogenetik der Arthritis

Michel Neidhart, Stefan Kuchen, Renate E. Gay und Steffen Gay

2.1 HLA-System

Der Einfluss genetischer Faktoren bei Erkrankungen des Bindegewebes ist aus verschiedenen Perspektiven offensichtlich (McCurdy 1999). Besonders gut untersucht und dokumentiert ist deren Bedeutung bei der seronegativen ankylosierenden Spondylitis, der rheumatoiden Arthritis und der juvenile Polyarthritis. Im Zentrum standen bisher Assoziationen mit Genen des „Haupthistokompatibilitätskomplexes" (MHC, major histocompatibility complex), welche für die humanen Leukozytenantigene (HLA) kodieren. Es werden MHC-Klasse-I-Moleküle (auf nahezu allen kernhaltigen Körperzellen) und MHC-Klasse-II-Moleküle (auf B-Zellen, aktivierten T-Zellen und anderen Antigen präsentierenden Zellen, z. B. Makrophagen) unterschieden. Weiterhin gibt es noch MHC-Klasse-III-Moleküle, die Teil des Komplementsystems sind. Sie alle erfüllen wichtige Funktionen innerhalb des Immunsystems.

2.1.1 Transplantatabstoßung und Antigenpräsentation

Die MHC-Moleküle oder HLA-Antigene spielen bei der Abstoßungsreaktion von Transplantaten eine große Rolle; daher wird bei der Gewebetypisierung auf eine Übereinstimmung im HLA von Organspender und Empfänger geachtet, die am ehesten bei nahen Verwandten zu erwarten ist. Die physiologische Rolle dieser Moleküle ist die Antigenpräsentation (Abb. 2.1a). Die Makrophagen präsentieren den Lymphozyten Antigene (z. B. bakterielle Peptidfragmente) mit Hilfe der MHC-Moleküle, diese Antigene werden von antigenspezifischen T-Zell-Rezeptoren (TCR) erkannt. Zellen mit einem intrazellulären Pathogen – Bakterium oder Virus – zeigen mittels der MHC-Klasse-I-Moleküle ein Fremdantigen auf ihrer Oberfläche, dieses wird von den CD8$^+$-zytotoxischen T-Lymphozyten (Abb. 2.1b) erkannt, die dann die infizierten Zellen zerstören, wodurch eine Verbreitung der Erreger verhindert wird. Andere Erreger werden phagozytiert, ihre Peptidfragmente werden mit Hilfe der MHC-Klasse-II-Moleküle den CD4$^+$-T-Helferlymphozyten

Ganten/Ruckpaul (Hrsg.)
Molekularmedizinische Grundlagen
von rheumatischen Erkrankungen
© Springer-Verlag Berlin Heidelberg 2003

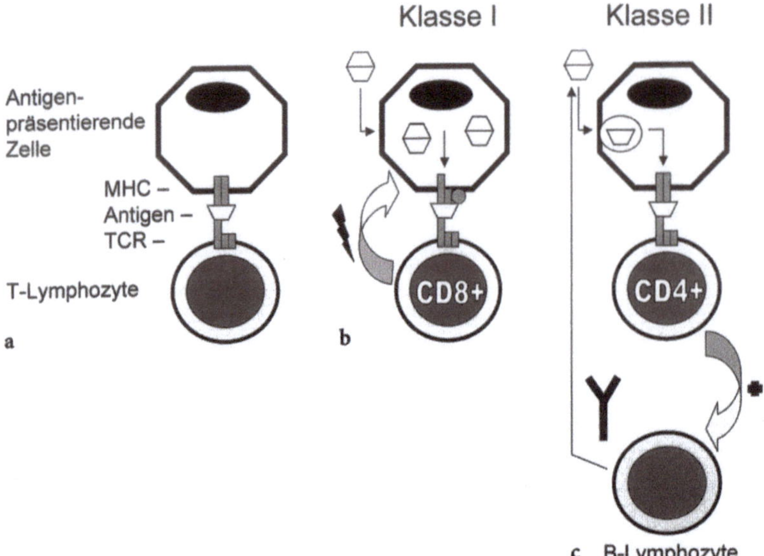

Abb. 2.1 a–c. Antigenpräsentation **a** im Kontext der MHC-Moleküle und des T-Zell-Rezeptors für Antigen, **b** zwischen Makrophagen (MHC Klasse I) und CD8$^+$-zytotoxischen T-Lymphozyten und **c** zwischen Makrophagen (MHC Klasse II) und CD4$^+$-Helfer-T-Lymphozyten

präsentiert (Abb. 2.1 c), welche die B-Lymphozyten aktivieren, die dann spezifisch gegen den Erreger Antikörper produzieren. Diese „opsonization" begünstigt dann wiederum die Phagozytose.

2.1.2 MHC-Moleküle

Die MHC-Moleküle der verschiedene Klassen sind sehr ähnlich aufgebaut, mit strukturellen, Anker- und Bindungseinheiten (Abb. 2.2). Bei MHC-Klasse-I-Molekülen, wird die Antigengrube von 2 Untereinheiten gebildet:

- α1 und
- α2.

Das α3 bildet eine Ankerstelle und alle Klasse-I-Moleküle sind mit einem β2-Mikroglobulin assoziiert. Auch bei den MHC-Klasse-II-Molekülen wird die Antigengrube durch 2 Untereinheiten gebildet:

- α1 und
- β1.

Zudem haben die Moleküle 2 Anker.

2.1.3 Li-Protein

Nach der Synthese eines MHC-Moleküls im endoplasmatischen Retikulum muss verhindert werden, dass es zu einer Bindung mit anderen Peptiden kommt, die dort synthetisiert werden. Dies ist die Rolle eines so genannten Li-Proteins (Abb. 2.3). Phagozytierte Erreger werden zuerst in Lysosomen

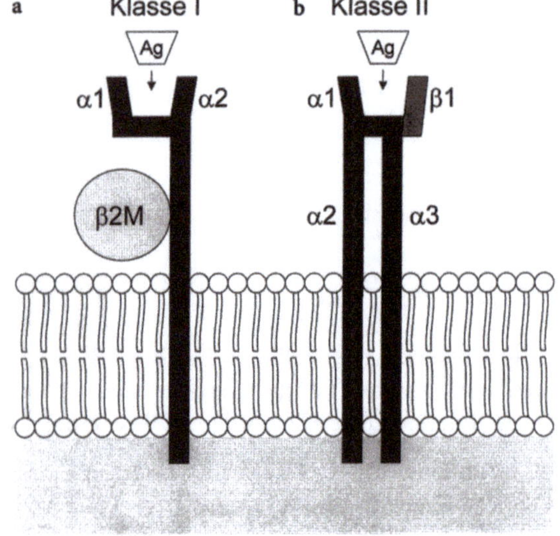

Abb. 2.2 a, b. MHC-HLA-Moleküle: **a** Klasse-I-Moleküle bestehen aus einer schweren α-Kette und einem β2-Mikroglobulin, **b** Klasse-II-Moleküle bestehen aus 3 α-Untereinheiten und einer polymorphen β-Kette

in kleine Peptidfragmente zerlegt. Das Li-Protein und der MHC-Molekül-Komplex werden in Endosomen (im Zytoplasma) transportiert, bis es zur Fusion mit den Lysosomen kommt. Durch das reduzierte pH wird das Li-Protein degradiert, und es kommt zur Bindung zwischen bakteriellen Peptidfragmenten und MHC-Klasse-II-Molekülen. Dieser Komplex wird dann auf der Zelloberfläche den Helfer-CD4$^+$-T-Lymphozyten präsentiert.

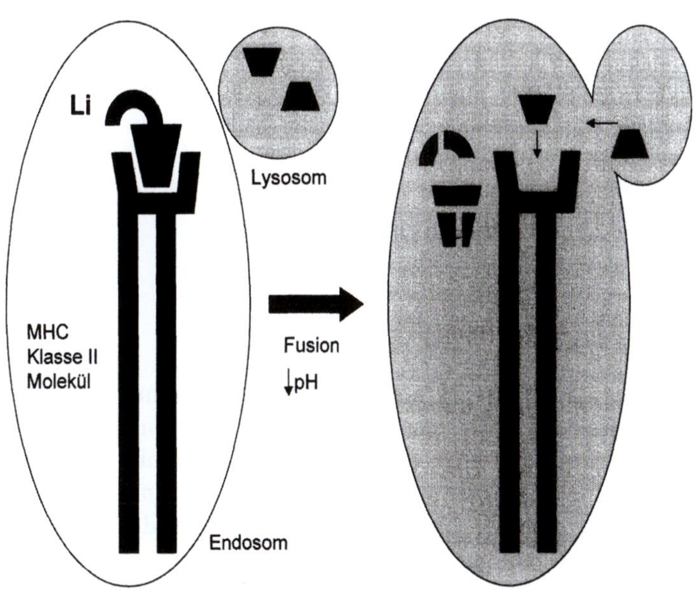

Abb. 2.3. Interaktionen zwischen Li-Protein, MHC-Molekülen und bakteriellen Peptidfragmenten. Nach der Fusion mit dem Lysosom wird das Li-Protein degradiert, und die Antigengrube wird frei

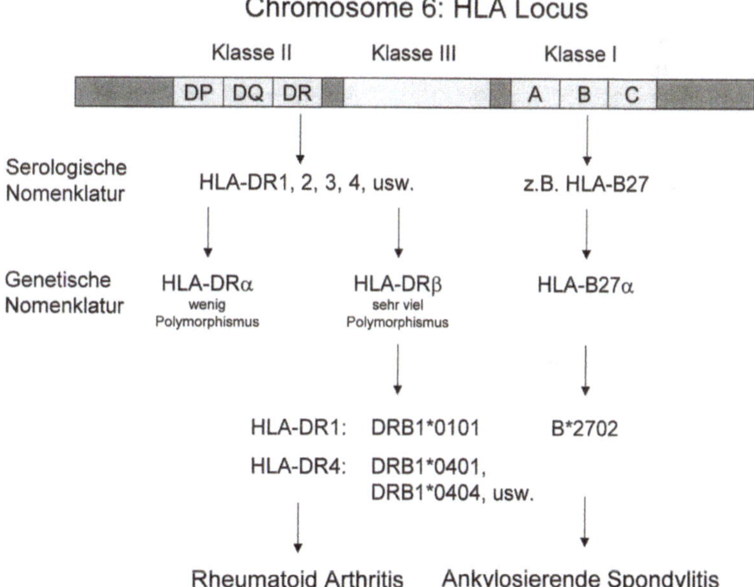

Abb. 2.4. HLA-Gene auf dem menschlichen Chromosom 6. Die genetische ersetzt jetzt die serologische Nomenklatur. Polymorphismen in der HLA-DR-β-Kette sind mit der rheumatoiden Arthritis in Verbindung gebracht worden. Auch nur ein bestimmtes HLA-B27-Allel ist mit der ankylosierenden Spondylitis assoziiert

2.2 HLA-Nomenklatur

Der MHC-HLA-Genkomplex des Menschen befindet sich auf Chromosom 6, wo er etwa 4000 kb umfasst (Abb. 2.4). Die Klasse I ist in 3 genomischen Hauptregionen unterteilt: A, B und C. Das Gleiche gilt für die Klasse II: DP, DQ und DR. Das HLA-DM ist ein Beispiel für Klasse-III-MHC-Moleküle. Wichtig ist zu wissen, dass es 2 Nomenklaturen gibt,
- eine serologische Nomenklatur und
- eine genetische Nomenklatur.

2.2.1 Serologische Nomenklatur

Die serologischen Tests (d.h. die lymphozytotoxischen Test), welche in den Transplantationslaboratorien durchgeführt werden, haben eine erste Nomenklatur erbracht. Für die Klasse-II-HLA-DR-Moleküle – z.B. ist dann die Rede von DR1, DR2, DR3 usw. Diese Typen sind mit verschiedenen autoimmunen Krankheiten assoziiert worden, z.B. HLA-DR4 mit der rheumatoiden Arthritis (relatives Risiko, rR=2–4), HLA-DR5 mit der juvenilen Polyarthritis (rR=3–5) oder HLA-B27 mit der ankylosierenden Spondylitis (rR=etwa 90). Die Molekularbiologie hat aber gezeigt, dass die MHC-Moleküle ein hohen Grad an Polymorphismus haben (z.B. gibt es mehr als 100 Typen von HLA-DR4-β1-Untereinheiten, die zu verschiedenen Eigenschaften, Bindungsaffinitäten usw. der HLA-DR4-Moleküle führen), sodass die serologische Nomenklatur heutzutage zu unpräzise ist.

2.2.2 Genetische Nomenklatur

Der Typ wird jetzt mit dem Gen, z.B. DRβ1, und dem Allel, z.B. 0101, identifiziert. Diese Nomenklatur beruht auf DNA-Sequenzen und ist somit definitiv. Eine Assoziation schließt dabei eine Andere nicht aus. Mit Hilfe neuer Techniken wurde klar, dass sowohl der Ausbruch als auch der Verlauf der Krankheit durch ein komplexes Netz von verschiedenen, nicht nur MHC-abhängigen genetischen Faktoren beeinflusst werden. Die exakte Bedeutung der einzelnen Faktoren und deren Interaktionen müssen in Zukunft weiter erforscht werden.

2.3 Rheumatoide Arthritis

Die rheumatoide Arthritis (RA), auch chronische Polyarthritis genannt, ist eine chronisch entzündliche Systemerkrankung, welche sich vorwiegend an den Gelenken manifestiert, aber, wenn auch seltener, innere Organe befallen kann. Mit einer Prävalenz von 1–2% ist sie die häufigste rheumatische Erkrankung des entzündlichen Formenkreises. Die Erkrankungshäufigkeit von Frauen überwiegt die von Männern im Verhältnis 3:1. Aufgrund des besonders auffallenden Unterschieds der Geschlechter vor der Menopause scheinen endokrine und reproduktive Funktionen einen wichtigen, wenn auch bis heute noch nicht geklärten Einfluss zu haben (Ollier et al. 2001). Die Krankheit kann in jedem Alter ausbrechen, allerdings steigt das Krankheitsrisiko mit dem Alter. Am häufigsten beginnt die Erkrankung zwischen dem 35. und 45. Lebensjahr. Ein 2. Häufigkeitsgipfel ist bei Personen nach dem 60. Altersjahr zu verzeichnen. Obwohl die RA familiär gehäuft auftritt, ist sie keine Erbkrankheit, da sie weder einen definierten Erbgang zeigt noch durch einen klar definierten genetischen Defekt verursacht wird.

2.3.1 Genetische Faktoren und Autoimmunität

Die Ursache der RA ist somit bis heute nicht geklärt, es werden jedoch Zusammenhänge mit genetischen Faktoren und autoimmunologischen Vorgängen vermutet (Abb. 2.5). Die Hypothese der RA als Autoimmunerkrankung geht davon aus, dass zu Beginn des Krankheitsprozesses Zellen des Immunsystems aktiviert werden, welche sich gegen den eigenen Körper richten. Dieser Prozess läuft in mehren Schritten ab: Zuerst werden Makrophagen und T-Lymphozyten aktiviert. Bei deren Akti-

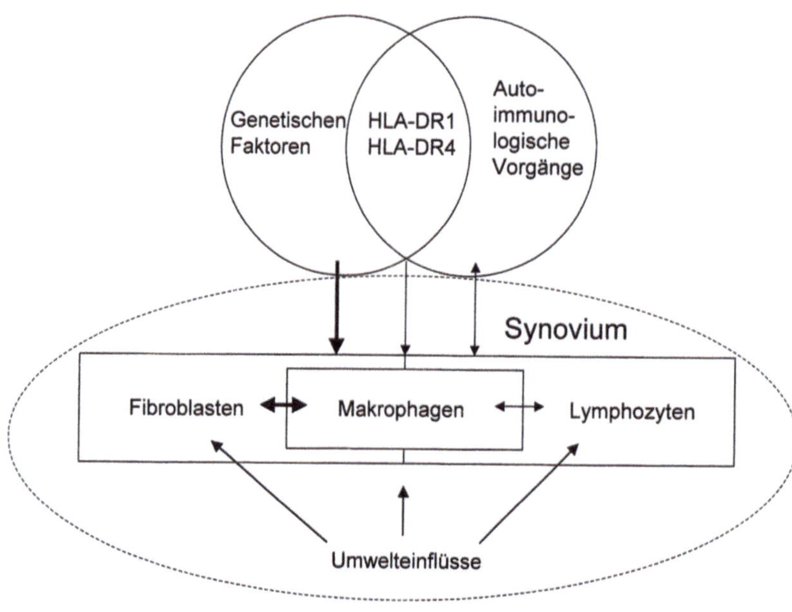

Abb. 2.5. Immunogenetik der rheumatoiden Arthritis. Im Zusammenspiel zwischen genetischen Faktoren und autoimmunologischen Vorgängen kommen die HLA-DR-Assoziationen hervor. Diese erklärt aber nur schwer, wie die synovialen Fibroblasten dazu gebracht werden, das Gelenk zu zerstören

vierung sind MHC-Klasse-II-Moleküle mitbeteiligt, von denen bestimmte Untertypen (v. a. die Klasse-II-Moleküle HLA-DR4) bei Patienten mit schwerer RA besonders häufig vorkommen (Andersson et al. 2000). Der eigentliche Auslöser der Aktivierung von Makrophagen und T-Lymphozyten ist bisher nicht bekannt. Im weiteren Verlauf der Krankheit kommt es dann zur Entzündung der Gelenkhaut, der so genannten Synovia, unter Mitbeteiligung fast aller Zellen des Immunsystems und der Synovialzellen (Makrophagen und Fibroblasten).

2.3.2 Aktivierende Rolle der Zytokine

Gesteuert und unterhalten wird diese Entzündung durch Botenstoffe des Immunsystems, die Zytokine. Eine Schlüsselrolle spielen dabei die beiden Zytokine Tumornekrosefaktor-α (TNF-α) und Interleukin-1 (IL-1). Schließlich kommt es aufgrund der chronischen Wirkung der Zytokine zur Wucherung des Synovialgewebes (Pannus), welche nach einer gewissen Zeit zur Zerstörung von Knorpel, Knochen und Halteapparat des betroffenen Gelenks führt. Die Hemmung von TNF-α und IL-1 mit Hilfe von monoklonalen Antikörpern, Antagonisten oder löslichen Rezeptoren ist ein viel versprechender neuer therapeutischer Ansatz zur Behandlung der RA.

2.3.3 Übergreifen auf Knorpel und Knochen

Der pathologische Vorgang im Gelenk ist ein Prozess, der primär von der Synovia ausgeht und sekundär Knorpel, Knochen, aber auch Bänder und die Gelenkkapsel betrifft. Was die Entzündung des Synovialgewebes (Synovitis) und das Übergreifen auf Knorpel und Knochen letztlich auslöst, ist nicht bekannt und wird derzeit intensiv erforscht. Infektiöse Erreger (Retroviren oder Bakterien) wurden immer wieder als auslösende bzw. unterstützende Faktoren diskutiert (Hermann et al. 1998; Erbringer u. Wilson 2000).

Uneinigkeit herrscht heutzutage darüber, ob die Aktivierung des Immunsystems das primär auslösende Phänomen darstellt oder ob es sich dabei um eine sekundäre Aktivierung handelt, die durch die Freisetzung von Neoepitopen infolge der Knorpeldestruktion bedingt ist. Mit Sicherheit aber ist die Aktivierung des Immunsystems an der Chronifizierung und am Verlauf der Krankheit beteiligt.

2.4 Ankylosierende Spondylitis

Die ankylosierende Spondylitis (AS), auch als Morbus Bechterew bezeichnet, ist eine chronisch entzündliche Erkrankung, welche v. a. das Achsenskelett betrifft, aber auch periphere Gelenke, Sehnen und Sehnenansätze sowie innere Organe befallen kann. Die Prävalenz der AS beträgt in Mitteleuropa etwa 0,2–0,3%. Am häufigsten be-

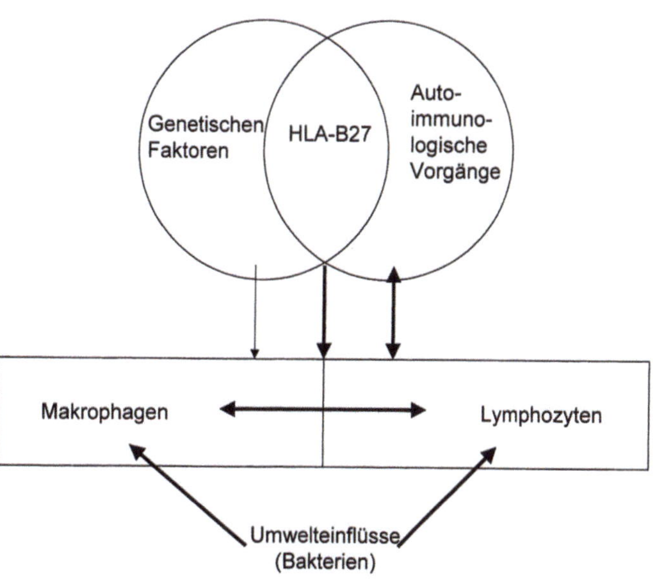

Abb. 2.6. Immunogenetik der ankylosierenden Spondylitis. HLA-B27$^+$-Patienten scheinen bakterielle Antigene anders zu präsentieren, sodass es zu einer „Kreuzreaktivität" und autoimmunen Vorgängen kommt

ginnt die Erkrankung zwischen dem 15. und dem 45. Lebensjahr. Männer sind etwa 3-mal häufiger betroffen als Frauen. Das Leitsymptom ist der tief sitzende, chronisch-entzündliche Rückenschmerz mit Morgensteifigkeit. In der Folge kommt es zur zunehmenden Versteifung der gesamten Wirbelsäule. In der Regel ist als typischer Marker HLA-B27 nachweisbar (rR = etwa 90) (Abb. 2.6).

2.4.1 HLA-B27-Molekül

Der starke genetische Einfluss des HLA-B27 bei der AS spiegelt sich in der Tatsache wider, dass HLA-B27-positive Kindern ein hohes Risiko haben, diese Erkrankung zu entwickeln (Gran u. Ostensen 1998). Bei der AS scheint ein gestörtes Wechselspiel zwischen genetischen Anlagen und Umwelteinflüssen vorzuliegen, was zur krankhaften Immunreaktion und chronischen Entzündung führt. 95% der Patienten mit AS sind Träger des HLA-B27, eines HLA-Klasse-I-Moleküls, welches nur bei etwa 7–8% der Gesunden vorkommt. Die HLA-Klasse-I-Moleküle sind Oberflächenmoleküle, die auf fast allen Körperzellen vorhanden sind und eine wichtige Rolle bei der Infektionsabwehr und der Unterscheidung des Immunsystems zwischen fremd und eigen spielen. Aufgrund seiner dreidimensionalen Struktur bindet das HLA-B27-Molekül, im Gegensatz zu anderen HLA-Molekülen, Proteine von bestimmte Bakterien mit besonders hoher Affinität (Yersinien, Salmonellen, Chlamydien u.a.) und macht diese somit für spezifische T-Lymphozyten erkennbar. In diesem Zusammenhang ist zusätzlich die Assoziation zwischen AS und *Klebsiella pneumoniae* zu erwähnen. Die T-Lymphozyten sind jedoch nicht in der Lage, die eingeschlossenen Bakterienbestandteile wirksam zu eliminieren. Durch den anhaltende Stimulus kommt es dann zur chronischen Aktivierung der T-Lymphozyten. So wurden bei Patienten mit AS und anderen HLA-B27-assoziierten Erkrankungen aktivierte, HLA-B27-abhängige CD8$^+$-zytotoxische T-Lymphozyten gefunden (Allen et al. 1999; Reveille 2001).

2.4.2 Entscheidende Umweltfaktoren

Interessanterweise sind jedoch nicht nur die bereits erwähnten Krankheitserreger für die fehlerhafte Immunreaktion bei der AS verantwortlich, sondern auch Bakterien der normalen Darmflora scheinen dabei eine Rolle zu spielen (Khare et al.

1998). So sind HLA-B27-transgene Mäuse (Mäuse, die das menschliches HLA-B27-Gen tragen) völlig gesund, sofern sie in einer keimfreien Umgebung aufwachsen. Werden diese Mäuse jedoch den üblichen Umgebungskeimen exponiert, bilden sie die normale Darmflora aus und entwickeln das Vollbild einer AS (Breban 1998; Khare et al. 1998). Diese Ergebnisse zeigen, dass HLA-B27 zusammen mit der physiologischen Darmflora ausreicht, das Immunsystem zu aktivieren und eine chronische Entzündung zu induzieren (Erbringer u. Wilson 2000).

2.5 HLA-System und Gelenkzerstörung

Die Situation bei der AS scheint klarer zu sein als bei der RA. Seit der Erstbeschreibung einer Assoziation des Klasse-II-HLA DRw4 mit der RA durch P. Stasny (1978) hat sich die Erkenntnis durchgesetzt, dass die besondere Assoziation der RA zu einigen DR4- und DR1-Allelen auf bestimmte verwandte Peptidsequenzen zurückzuführen ist. Es handelt sich um die Sequenz EQRRAA oder ähnliche Strukturen, die als so genannte „shared epitope" bezeichnet werden (Abb. 2.7).

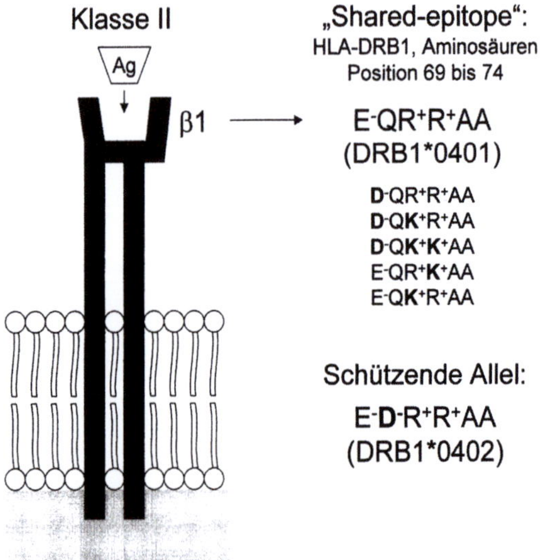

Abb. 2.7. HLA-DRB1-Allele und die rheumatoide Arthritis. Träger des „shared epitope" haben ein erhöhtes Erkrankungsrisiko. Andere Allele wirken sich schützend aus, aber die „shared epitope"-Allele sind dominant

2.5.1 „Shared epitopes"-Theorie

Diese Strukturen befinden sich in der 3. hypervariablen Region der DRB1-Kette des HLA-Moleküls in der Position 69–74, die mit der T-Zell-Rezeptor-Bindungsstelle identisch ist. Für die immunologische Spezifität des HLA-Moleküls gegenüber dem T-Zell-Rezeptor ist die Anordnung der Aminosäuren im Bereich der Antigenbindungsstelle entscheidend. Es wird daher angenommen, dass alle Peptidsequenzen, die eine ähnliche Struktur wie EQRRAA aufweisen, das Erkrankungsrisiko erhöhen (Sherrit et al. 1996; Roudier 2000; Gregersen 2001). Diese könnten bereits die Selektion autoreaktiver T-Zellen im Thymus beeinflussen (Yang et al. 1999). Trifft dann eine selektionierte autoreaktive T-Zelle in der Peripherie auf das entsprechende Antigen, wird diese stimuliert, was zu einer Kreuzreaktivität und Autoimmunität führen kann (Nepom 2001; Vos et al. 2001). Interessanterweise haben IgM-Rheumafaktor(RF)-positive Patienten häufiger „shared epitope"-Allele als RF-negative RA-Patienten (El Gabalawy et al. 1999). Zusätzlich ist die Inzidenz für Rheumafaktoren und erosive Arthritiden bei Patienten mit dem HLA-DQ1*0301-Allel (DQ8) erhöht (Cranney et al. 1999). Transgene Mäuse haben die Synergie zwischen HLA-DRB1*0401 und DQ1*0301 im Modell der Typ-II-Kollagen-induzierten Arthritis gezeigt (Das et al. 2000). Auch bei seronegativen RA-Patienten sind die „shared epitopes" mit einer schlechteren Prognose assoziiert (Matthey et al. 2001).

2.5.2 Schützende Allele

Auf der andere Seite gibt es HLA-DRB1-Allele, die sich schützend auswirken (Matthey et al. 2001; Seidl et al. 2001). Diese HLA-Moleküle (HLA-DRB1*0402, *1301 oder *1302) scheinen dabei eine Toleranz zu induzieren (Snijders et al. 2001). In der EQRRAA-Struktur ist E (Glutaminsäure) negativ geladen, R (Arginin) positiv. Im Prinzip können E durch D (Asparaginsäure) und R durch K (Lysin) ersetzt werden, was sich z. T. auch in der Variation der verschiedenen Allele widerspiegelt. Die Assoziation des HLA-Moleküls zur RA hört praktisch dann auf, wenn es durch Austausch von Aminosäuren zu stark abweichenden Ladungsänderungen im Antigenbindungsbereich der 3. hypervariablen Region kommt. So ist es zu erklären, dass die Assoziation des Allels DRB1*0402 (EDERAA) zur RA verschwindet. Die „shared epitope"-Allele sind jedoch dominant gegenüber den schützenden Allelen (Erbringen u. Wilson 2001; Matthey et al. 2001).

Dasselbe Phänomen wurde auch bei der AS beobachtet. Die prozentuale Verteilung der 12 HLA-B27-Subtypen variiert stark zwischen verschiedenen ethnischen Gruppen und zeigt unterschiedliche Assoziationen mit der Erkrankung. So ist HLA-B*2705 stark mit der AS und anderen reaktiven Arthritiden assoziiert, während B*2709 keine Assoziation zeigt und sich sogar schützend auswirkt. HLA-B*2705 und HLA-B*2709 unterscheiden sich nur in einer einzigen Aminosäure an Position 116 (Garcia-Peydro et al. 1999).

2.5.3 Zusammenspiel zwischen genetischen Faktoren

Die Assoziation zwischen den „shared epitope" und RA ist nicht obligat und weist geographische, demographische und geschlechtsspezifische Unterschiede auf. So wurde die schwächste Assoziation im Mittelmeerraum gefunden (Balsa et al. 2001). Sie ist in Europa generell weniger stark als in Amerika (Radskate et al. 2001). Des Weiteren ist die Assoziation bei jungen Patienten und Männern im Vergleich zu älteren Patienten und Frauen größer (Hellier et al. 2001; Laivoranta-Nyman et al. 2001). Es wird vermutet, dass der HLA-Polymorphismus eine doppelte Rolle spielt:
1. in der Krankheitsinduktion in Kombination mit dem Geschlecht und
2. auf den Krankheitsverlauf unabhängig vom Geschlecht (Gonzalez-Escribano et al. 1999).

Andere MHC-Klasse-II-HLA-Moleküle scheinen ebenfalls eine Rolle zu spielen, allerdings ist es schwer, die individuellen Anteile von HLA-DRB1, -DQB1 und -DQA1 voneinander zu unterscheiden. Das HLA-DRB1*0401-Allel scheint v. a. für die Krankheitsprädisposition eine wichtige Rolle zu spielen, während die Allele HLA-DQB1*03 und *04 kombiniert mit HLA-DQA1*03 hauptsächlich mit einer progressive Form assoziiert sind (Zanelli et al. 2000).

Das HLA-DM-Peptid-Heterodimer (A/B) reguliert die Antigenpräsentation durch MHC-Klasse-II-HLA-Moleküle. Eine Studie von Cucchi-Mouillot et al. (1999) zeigte, dass das HLA-DMA*0101-Allel das Risiko, an einer RA zu erkranken, erhöht, während das DMA*0102-Allel protektiv wirkt. Des Weiteren scheint auch das HLA-DMB*0101-Allel mit der RA assoziiert sein (Perdrigger et al. 1997).

Auch der MHC-Klasse-III-HLA-Locus kodiert für Gene, die in der Immunantwort von Bedeutung sind. So zeigten sich bei Untersuchungen von Polymorphismen in den Mikrosatelliten- und Promotorregionen Unterschiede zwischen Patienten mit RA und gesunden Kontrollpersonen. Als Beispiel sei der Mikrosatellitenabschnitt D6S273 (eine CA-repetitive Sequenz) erwähnt, der zwischen dem HSP70- und dem Bat2-Gen lokalisiert ist. Die beiden D6S273-Allele 132 und 138 sind gehäuft in der RA zu finden, wobei das Allel 132 bei „shared epitope"-positiven und das Allel 138 bei negativen Patienten vorkommt (Singal et al. 1999).

2.5.4 Grenzen der Autoimmunitätshypothese

Das Modell der autoreaktiven T-Zellen erklärt jedoch nicht, wie es zur Erkrankung in der RA kommen kann. Die Generierung von transgenen bzw. Knockout-Mäusen erlaubt nun erstmals weitergehende Untersuchungen zur Rolle der genetischen Einflüsse in der Pathogenese dieser Erkrankungen (Das et al. 2000; Fugger u. Svejgaard 2000; Taneja u. David 2000). Die Aussagekraft dieser Untersuchungen wird jedoch durch die Tatsache limitiert, dass vorwiegend entzündliche (z.B. adjuvante Arthritis in Ratten oder Typ-II-Kollagen-induzierte Arthritis in Mäuse) und nicht destruktive Modelle der Gelenkzerstörung benützt werden.

Häufig wird eine Infiltration von aktivierten Lymphozyten und Makrophagen im RA-Synovium beschrieben. In gewissen Fälle organisieren sich diese Zellen wie in einem sekundären lymphatischen Gewebe. Ein mögliches Konzept ist, dass die infiltrierten T-Zellen Makrophagen und Fibroblasten im Synovium durch chronische Stimulation aktivieren und sich diese in der Folge in Gewebe zerstörende Zellen umwandeln (Weyand et al. 2000). Es wurde nachgewiesen, dass eine Subpopulation von RA-T-Lymphozyten die Fähigkeit besitzt, eine synoviale Hyperplasie zu induzieren (Mima et al. 1999). Ein Kennzeichen dieser T-Lymphozyten ist, dass sie die spezifischen TCR-Vβ8-, -12-, -13- und -14-Ketten benutzen. Andererseits haben In-vitro- und In-vivo-Beobachtungen gezeigt, dass synoviale Fibroblasten von RA-Patienten ein autonomes invasives Verhalten aufweisen, das unabhängig ist von Entzündungszellen und Zytokinen (Müller-Ladner et al. 1996). Zudem können normale Fibroblasten nicht allein durch Stimulation mit Zytokinen aggressiv gemacht werden (Abb. 2.8). Es braucht dazu weitere zelluläre Veränderungen wie z.B. die Inaktivierung der Tumorsuppressorgene p53 oder PTEN. Auf der andere Seite lässt die Expression des antiapoptotischen Moleküls Sentrin sowohl in vitro als auch in vivo eine funktionelle Apoptoseresistenz vermuten (Franz et al. 2000).

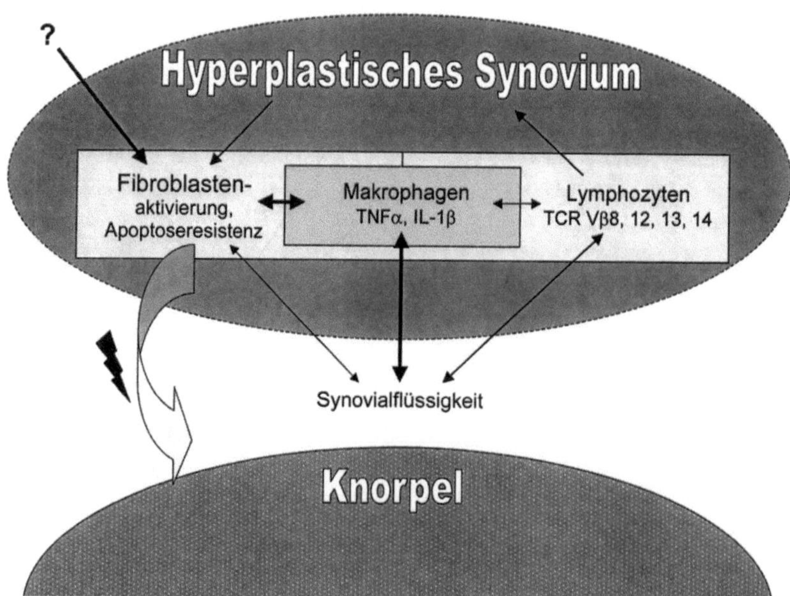

Abb. 2.8. In der rheumatoiden Arthritis wird der aggressive Phänotyp der synovialen Fibroblasten durch mehrere Faktoren gesteuert. Es kommt dann zu einem Angriff auf dem Knorpel

2.6 Nicht-HLA-Gene und Gelenkzerstörung

2.6.1 Tumornekrosefaktor α (TNF-α)

Es ist wichtig, zu erwähnen, dass auch Polymorphismen bei Nicht-HLA-Genen die Suszeptibilität für die RA beeinflussen können. Beispiele dafür sind das Allel –308 A in der 5'-Pomoter-Region des TNF-α-Gens (Waldron-Lynch et al. 2001) oder das „mannose binding lectin"-Gen (Jacobsen et al. 2001) sowie verschiedene Regionen des X-Chromosoms wie der telomerische Marker DXS6807 (Ollier et al. 2001; Jawaheer et al. 2001). Polymorphismen von TNF-α-Mikrosatelliten scheinen das Risiko einer RA unabhängig von den HLA-Allelen zu erhöhen (z. B. TNFa2b1 bei Männer) (Meyer et al. 2001). Es gibt Hinweise, dass das TNF-α-Promotorallel –308 auch bei der AS einen zusätzlichen Assoziationsfaktor neben dem HLA-B27 darstellt (McGarry et al. 1999).

2.6.2 Hitzeschockproteine (HSP)

Antikörper gegen das Hitzeschockprotein 90 (HSP90) werden häufig in RA-Patienten mit artikulären Erosionen gefunden. In diesem Kontext ist es wichtig, dass das bakterielle Protein DnaJ, welches eine hohe Homologie mit dem Drosophilaprotein Tid6 und den HSP der Wirbeltiere aufweist, im Synovialgewebe von RA-Patienten detektiert werden kann. Aufgrund dieser Feststellung wurde eine Kreuzreaktivität zwischen den HSP des Wirts und Proteinen des infektiösen Erregers postuliert. Dazu kommt, dass die Expression von Hitzeschockprotein 70 (HSP70) im RA-Synovium durch proinflammatorische Zytokine induziert werden kann. Von besonderem Interesse in diesem Zusammenhang ist, dass das RA-assoziierte HLA-DRB1*0401-Molekül das HSP70-Protein bindet (Auger et al. 1998) und somit T-Zell-abhängige Prozesse beeinflussen kann.

2.6.3 Humane endogene Retroviren (HERV)

Das T-Zell-Repertoire von RA-Patienten ist fähig, gewisse bakterielle und virale Komponenten zu erkennen. Diese Selektion kann nur bedingt mit den HLA-DRB1-Allelen in Zusammenhang gebracht werden (Goronzy et al. 1998). Neue Beobachtungen zeigen, dass somatische Mutationen oder Retrotranspositionen nicht auszuschließen sind. So

sind z. B. retrovirale HERV-LTR in Assoziation mit dem DQB1*03 (DQ8) beim Typ-I-Diabetes und der RA gefunden worden (Pascual et al. 2001). Nach eigenen Beobachtungen sind endogene retrovirale Elemente auch an der Destruktionsfront im RA-Synovium exprimiert.

2.7 Einfluss endogener retroviraler Elemente

5–10% des Säugetiergenoms bestehen aus genetischen Elementen, die durch reverse Transkription ins Genom eingeführt wurden. Etwa 10% dieser Abschnitte enthalten provirale bzw. retrovirale Sequenzen. Kürzlich konnte nachgewiesen werden, dass in synovialen Fibroblasten von RA-Patienten, nicht jedoch in Fibroblasten, die von Patienten mit Osteoarthrose stammen, in vivo und in vitro endogene retrovirale L1-Elemente aktiv exprimiert werden und dass diese Expression durch die Methylierung der DNA beeinflusst wird (Neidhart et al. 2000) (Abb. 2.9). Bisher waren mRNA-Transkripte von L1-Elementen ausschließlich in bestimmten Tumorzellen nachgewiesen und mit deren invasivem Verhalten assoziiert worden. Um die funktionelle Bedeutung der L1-Expression in der RA zu bestimmen, wurden L1-negative synoviale Fibroblasten von RA-Patienten mit einem L1-Vektor bzw. Leervektor transfiziert und deren Genexpression mittels subtraktiver Hybridisierung verglichen. Dabei hat sich die stressaktivierte Proteinkinase 4 (SAPK4/p38delta) als eines der wichtigsten durch L1 induzierten Gene herausgestellt. Die SAPK4/p38delta gehört zur p38-Gruppe der großen Familie der mitogen aktivierten Proteinkinasen (MAPK). Die MAPK bilden ein wichtiges und komplexes Netz intrazellulärer Signalkaskaden, welches die Information extrazellulärer Signale (z. B. von Zytokinen) in den Zellkern weiterleitet und damit zur signalabhängigen Regulation der Genexpression führt. Im RA-Synovium ist die SAPK4/p38delta in Zellen an der Destruktionsfront sowie in Entzündungszellen exprimiert.

2.8 Ausblick

In Zukunft hofft man, dass durch die Erforschung des menschlichen Genoms die wichtigsten genetischen Faktoren identifiziert und ihr Zusammen-

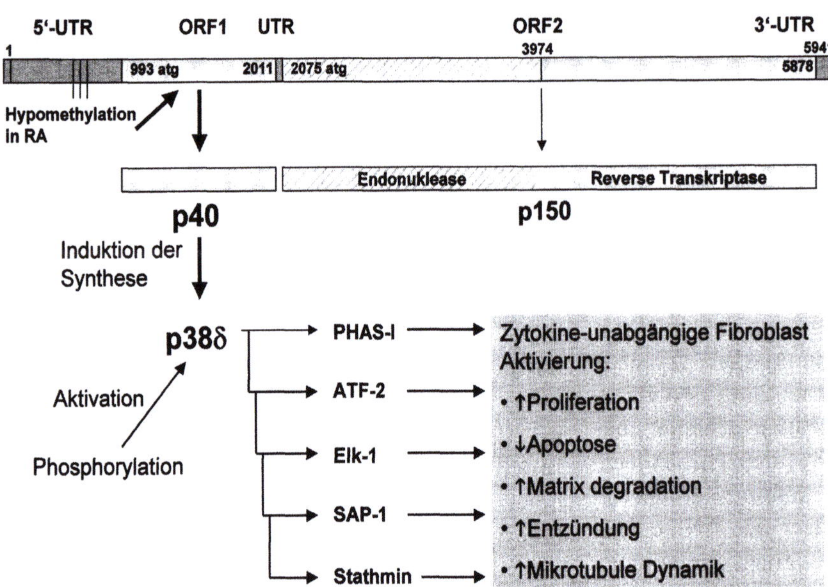

Abb. 2.9. Beeinflussung der Zellaktivitäten durch ein aktives L1-Retrotransposon. Noch unbekannte Faktoren können eine L1-Promotordemethylierung verursachen. Das L1-Element wird exprimiert, das p40-Protein aktiviert dann eine intrazelluläre Signalkaskade, v. a. via MAPK p38delta. Ein funktionelles L1 kann auch Mutationen verursachen, aber in der rheumatoiden Arthritis bleibt dies noch hypothetisch

spiel besser verstanden werden. Es ist nach wie vor offen, wie die MHC-Moleküle letztendlich die Aktivierung der synovialen Fibroblasten, ihre Anheftung am Knorpel und die Gelenkzerstörung beeinflussen könnten. Die initiale Phase der RA ist unbekannt; es ist ungeklärt, ob synoviale Fibroblasten durch die Entzündung verändert werden oder erscheinen und ob als Folge der Knorpeldestruktion Neoepitope eine autoimmune Reaktion auslösen? In beiden Fälle müssten noch zusätzlichen Prädispositionen vorhanden sein.

2.9 Literatur

Allen RL, Bowness P, McMichael A (1999) The role of HLA-B27 in spondyloarthritis. Immunogenetics 50:220–227

Andersson EC, Svendsen P, Svejgaard A, Holmdahl R, Fugger L (2000) A molecule basis for the HLA association in rheumatoid arthritis. Rev Immunogenet 2:81–87

Auger I, Toussirot E, Roudier J (1998) HLA-DRB1 motifs and heat shock proteins in rheumatoid arthritis. Int Rev Immunol 17:263–271

Balsa A, Barrera P, Westhovens R et al. (2001) Clinical and immunogenetic characteristics of European multicase rheumatoid arthritis families. Ann Rheum Dis 60:573–576

Breban M (1998) Animal models and in vitro models for the study of aetiopathogenesis of spondyloarthropathies. Baillieres Clin Rheumatol 12:611–626

Cranney A, Goldstein R, Pham B, Newkirk MM, Karsh J (1999) A measure of limited joint motion and deformity correlates with HLA-DRB1 and DQB1 alleles in patients with rheumatoid arthritis. Ann Rheum Dis 58:703–708

Cucchi-Mouillot P, Lai S, Carcassi C et al. (1999) HLA-DMA alleles are possible new markers of rheumatoid arthritis: study of a Corsican group. Exp Clin Immunogenet 16:192–198

Das P, Abraham R, David C (2000) HLA transgenic mice as models of human autoimmune diseases. Rev Immunogenet 2:105–114

Ebringer A, Wilson C (2000) HLA molecules, bacteria and autoimmunity. J Med Microbiol 49:305–311

El-Gabalawy HS, Goldbach-Mansky R, Smith D II et al. (1999) Association of HLA alleles and clinical features in patients with synovitis of recent onset. Arthritis Rheum 42:1696–1705

Franz JK, Pap T, Hummel KM et al. (2000) Expression of sentrin, a novel antiapoptotic molecule, at sites of synovial invasion in rheumatoid arthritis. Arthritis Rheum 43:599–607

Fugger L, Svejgaard A (2000) Association of MHC and rheumatoid arthritis. HLA-DR4 and rheumatoid arthritis: studies in mice and men. Arthritis Res 2:208–211

Garcia-Peydro M, Marti M, Lopez de Castro JA (1999) High T cell epitope sharing between two HLA-B27 subtypes (B*2705 and B*2709) differentially associated to ankylosing spondylitis. J Immunol 163:2299–2305

Gonzalez-Escribano MF, Rodriguez R, Valenzuela A, Garcia A, Nunez-Roldan A (1999) Complex associations between HLA-DRB1 genes and female rheumatoid arthritis: results from a prospective study. Hum Immunol 60:1259–1265

Goronzy JJ, Zettl A, Weyand CM (1998) T cell receptor repertoire in rheumatoid arthritis. Int Rev Immunol 17:339–363

Gran JT, Ostensen M (1998) Spondyloarthritides in females. Baillieres Clin Rheumatol 12:695–715

Gregersen PK (2001) Genetics and rheumatic diseases: rheumatoid arthritis and ankylosing spondylitis. The genetics of rheumatoid arthritis. Bull Rheum Dis 50:1–2

Hellier JP, Eliaou JF, Daures JP, Sany J, Combe B (2001) HLA-DRB1 genes and patients with late onset rheumatoid arthritis. Ann Rheum Dis 60:531–533

Hermann M, Neidhart M, Gay S, Hagenhofer H, Kalden JR (1998) Retrovirus-associated rheumatic syndromes. Curr Opin Rheumatol 10:347–354

Jacobsen S, Madsen HO, Klarlund M et al. (2001) The influence of mannose binding lectin polymorphisms on disease outcome in early polyarthritis. TIRA Group. J Rheumatol 28:935–942

Jawaheer D, Seldin MF, Amos CI et al. (2001) A genomewide screen in multiplex rheumatoid arthritis families suggests genetic overlap with other autoimmune diseases. Am J Hum Genet 68:927–936

Khare SD, Luthra HS, David CS (1998) Animal models of human leukocyte antigen B27-linked arthritides. Rheum Dis Clin North Am 24:883–894

Laivoranta-Nyman S, Luukkainen R, Hakala M et al. (2001) Differences between female and male patients with familial rheumatoid arthritis. Ann Rheum Dis 60:413–415

Mattey DL, Dawes PT, Gonzalez-Gay MA et al. (2001) HLA-DRB1 alleles encoding an aspartic acid at position 70 protect against development of rheumatoid arthritis. J Rheumatol 28:232–239

McCurdy D (1999) Genetic susceptibility to the connective tissue diseases. Curr Opin Rheumatol 11:399–407

McGarry F, Walker R, Sturrock R, Field M (1999) The –308.1 polymorphism in the promoter region of the tumor necrosis factor gene is associated with ankylosing spondylitis independent of HLA-B27. J Rheumatol 26:1110–1116

Meyer JM, Han J, Moxley G (2001) Tumor necrosis factor markers show sex-influenced association with rheumatoid arthritis. Arthritis Rheum 44:286–295

Mima T, Ohshima S, Sasai M et al. (1999) Dominant and shared T cell receptor beta chain variable regions of T cells inducing synovial hyperplasia in rheumatoid arthritis. Biochem Biophys Res Commun 263:172–180

Müller-Ladner U, Roberts CR, Franklin BN et al. (1996) Synovial fibroblasts of patients with rheumatoid arthritis attach to an invade normal human cartilage when engrafted into SCID mice. Am J Pathol 149:1607–1615

Neidhart M, Rethage J, Kuchen S et al. (2000) Retrotransposable L1 elements expressed in rheumatoid arthritis synovial tiussue. Association with genomic DNA hypomethylation and influence on gene expression. Arthritis Rheum 43:2634–2647

Nepom GT (2001) The role of the DR4 shared epitope in selection and commitment of autoreactive T cells in rheumatoid arthritis. Rheum Dis Clin North Am 27:305–315

Ollier WE, Harrison B, Symmons D (2001) What is the natural history of rheumatoid arthritis ? Baillieres Best Pract Res Clin Rheumatol 15:27–48

Pascual M, Martin J, Nieto A et al. (2001) Distribution of HERV-LTR elements in the 5′-flanking region of HLA-DQB1 and association with autoimmunity. Immunogenetics 53:114–118

Perdriger A, Chales G, Semana G et al. (1997) Role of HLA-DR-DR and DR-DQ associations in the expression of extraarticular manifestations and rheumatoid factor in rheumatoid arthritis. J Rheumatol 24:1272–1276

Radstake TR, Barrera P, Albers MJ, Swinkels HL, Putte LB van de, Riel PL van (2001) Genetic anticipation in rheumatoid arthritis in Europe. European Consortium on Rheumatoid Arthritis Families. J Rheumatol 28:962–967

Reveille JD (2001) The genetics of ankylosing spondylitis. Bull Rheum Dis 50:2–3

Roudier J (2000) Association of MHC and rheumatoid arthritis. Association of RA with HLA-DR4: the role of repertoire selection. Arthritis Res 2:217–220

Seidl C, Korbitzer J, Badenhoop K et al. (2001) Protection against severe disease is conferred by DERAA-bearing HLA-DRB1 alleles among HLA-DQ3 and HLA-DQ5 positive rheumatoid arthritis patients. Hum Immunol 62:523–529

Sherritt MA, Tait B, Varney M et al. (1996) Immunosusceptibility genes in rheumatoid arthritis. Hum Immunol 51:32–40

Singal DP, Li J, Lei K (1999) Genetics of rheumatoid arthritis (RA): two separate regions in the major histocompatibility complex contribute to susceptibility to RA. Immunol Lett 69:301–306

Snijders A, Elferink DG, Geluk A et al. (2001) An hla-drb1-derived peptide associated with protection against rheumatoid arthritis is naturally processed by human apcs. J Immunol 166:4987–4993

Taneja V, David CS (2000) Association of MHC and rheumatoid arthritis. Regulatory role of HLA class II molecules in animal models of RA: studies on transgenic/knockout mice. Arthritis Res 2:205–207

Vos K, Horst-Bruinsma IE van der, Hazes JM et al. (2001) Evidence for a protective role of the human leukocyte antigen class II region in early rheumatoid arthritis. Rheumatology 40:133–139

Waldron-Lynch F, Adams C, Amos C et al. (2001) Tumour necrosis factor 5′ promoter single nucleotide polymorphisms influence susceptibility to rheumatoid arthritis (RA) in immunogenetically defined multiplex RA families. Genes Immun 2:82–87

Weyand CM, Bryl E, Goronzy JJ (2000) The role of T cells in rheumatoid arthritis. Arch Immunol Ther Exp 48429–435

Yang H, Rittner H, Weyand CM, Goronzy JJ (1999) Aberations in the primary T-cell receptor repertoire as a predisposition for synovial inflammation in rheumatoid arthritis. J Invest Med 47:236–245

Zanelli E, Breedveld FC, de Vries RR (2000) HLA class II association with rheumatoid arthritis: facts and interpretations. Hum Immunol 61:1254–1261

3 Die Komponenten der extrazellulären Matrix, ihre Struktur und Funktion

Klaus Kühn

Inhaltsverzeichnis

3.1 Einleitung

Ursprünglich wurden das Bindegewebe oder die extrazelluläre Matrix (ECM) vorwiegend unter dem Gesichtspunkt einer Gerüst- und Stützsubstanz gesehen, welche die biomechanische Stabilität des Organismus gewährleistet. Typische Beispiele dafür sind Knochen, Knorpel, Sehnen und Haut sowie die elastischen Gefäßwände. In den letzten Jahrzehnten ist ein zusätzlicher wichtiger Aspekt, die Wechselwirkung der ECM mit Zellen und der Einfluss auf ihr Verhalten, in den Vordergrund gerückt. So wirkt die ECM als Substrat für Adhäsion, Ausbreitung, Wanderung und Teilung von Zellen und kontrolliert ihre Differenzierung.

Für diese Wechselwirkungen steht den Zellen auf ihren Oberflächen eine Vielzahl von Rezeptoren zur Verfügung, die spezifisch mit den Komponenten der ECM interagieren. Heute weiß man, dass die ECM zusammen mit humoralen Faktoren wie Wachstumshormonen und Zytokinen während der Embryonalentwicklung und Wundheilung die Differenzierung und die Organisation der Zellen steuert und ihr Verhalten im erwachsenen Organismus bestimmt. Besonders kompliziert ist das Wechselspiel zwischen ECM und Zellen während der embryonalen Entwicklung. Auf der einen Seite werden die Zellen von der von ihnen abgelagerten ECM in Differenzierung und Verhalten gesteuert, auf der anderen Seite muss die ECM während der Wachstumsphase ständig mit Hilfe von in den Zel-

Ganten/Ruckpaul (Hrsg.)
Molekularmedizinische Grundlagen
von rheumatischen Erkrankungen
© Springer-Verlag Berlin Heidelberg 2003

len synthetisierten Proteinasen eingeschmolzen werden, wobei dieser Prozess durch den Zeitpunkt der Aktivierung der Enzyme sowie der Bereitstellung der entsprechenden Inhibitoren feingeregelt wird. Das neu gebildete Gewebe wird dann wieder das Verhalten der Zellen bestimmen. Endotheliale, epitheliale und mesenchymale Zellen haben die Fähigkeit, eine große Anzahl verschiedener extrazellulärer Substanzen wie Kollagen, Glykoproteine und Proteoglykane zu synthetisieren. Je nach Gegebenheit produzieren sie räumlich und zeitlich gestaffelt spezielle Gemische von Molekülen die, aus der Zelle entlassen, im extrazellulären Raum mehr oder weniger in einem Selbstaggregationsprozess eine spezifische makromolekulare Organisation bilden, die den jeweiligen Aufgaben angepasst ist.

Um den vielfältigen Aufgaben nachzukommen, kann die ECM eine große Variation von makromolekularen Strukturen aufbauen, wozu ihr eine Vielzahl von verschiedenen Komponenten, wie Proteine und Glykoproteine, zur Verfügung stehen. So gibt es die Strukturproteine wie Kollagen und Elastin, die das Gerüst bilden. Andere Proteine nehmen durch spezifische Wechselwirkungen Einfluss auf die Architektur des Gerüsts, und wieder andere werden in das Gerüst eingebaut, um an bestimmten Stellen den Kontakt mit den Zellen aufzunehmen. Unsere Kenntnisse über die Komponenten der ECM haben in den letzten Jahren durch die kombinierte Anwendung von proteinchemischen, molekularbiologischen und zellbiologischen Methoden ständig zugenommen. Früher wurden die einzelnen Komponenten durch Extraktion oder nach limitierter Proteolyse aus der ECM gewonnen und deren Strukturen proteinchemisch aufgeklärt. Auf diese Weise konnten empfindliche oder in geringen Mengen vorhandene Proteine nicht erfasst werden. Heute genügen kurze Proteinsequenzen oder cDNA-Bruchstücke, um das entsprechende Gen zu finden, zu charakterisieren und davon die Proteinsequenz abzuleiten. Danach können die Proteine rekombinant hergestellt und ihre Eigenschaften untersucht werden. Mit spezifischen Antikörpern kann das Auftreten einzelner Komponenten im Gewebe und während der Embryonalentwicklung untersucht und so auf ihre möglichen Funktionen geschlossen werden. Schließlich besteht die Möglichkeit, Gene in der Maus auszuschalten oder zu mutieren, um so die Funktion der Genprodukte im Organismus näher kennenzulernen. Der Vergleich der nun zahlreich bekannten Proteine und deren Strukturen hat gezeigt, dass fast alle Proteine der ECM, aber auch Proteine anderer Herkunft, einen modularen Aufbau haben, d. h. dass sie aus verschiedenen, aneinander gereihten Modulen bestehen, die ähnlich auch in anderen Proteinen als Bausteine verwendet werden. Es gibt 70–100 Familien von Modulen (Bork et al. 1996), die durch ihre Homologie zueinander definiert werden und die selbstständige Faltungseinheiten darstellen. Die Natur entwickelt für eine neue Aufgabe nicht immer wieder ein neues Molekül, sondern nimmt aus ihrem Baukasten eine Reihe von Modulen bestimmter Funktion, die neu zusammengestellt werden (Engel et al. 1994).

In der ECM überwiegt mengenmäßig die Familie der Kollagene mit gegenwärtig 19 Mitgliedern. In vielen Fällen bestimmen die Kollagene die makromolekulare Organisation des Gewebes und sind auch für die Stabilität verantwortlich. Der Organismus nützt viele Möglichkeiten, wie die Verwendung unterschiedlicher Kollagentypen sowie die Beimengung verschiedener nichtkollagener Komponenten, die mit Kollagen wechselwirken, um die Aggregation der Kollagenmoleküle zu Fibrillen, Fibrillennetzwerken und -geflechten zu steuern. So bestehen Sehnen hauptsächlich aus parallelen Faserbündeln, wobei der Durchmesser der Fibrillen während der Entwicklung durch Proteoglykane beeinflusst wird. Im Knochen erhält das Fasergeflecht aus Kollagen I seine Steifigkeit durch Einlagerung von Hydroxylapatitkristallen. Diverse nichtkollagene Proteine vermitteln den Kontakt zu Zellen und sind an dem ständigen Auf- und Abbau des Knochens durch Osteoblasten und Osteoklasten kontrollierend beteiligt. Im Gelenkknorpel besteht das lockere Fibrillennetzwerk vorwiegend aus Kollagen II, in dessen Hohlräumen riesige Wasser bindende Aggregate aus Hyaluronan und dem Proteoglykan Aggrekan eingeschlossen sind und so den Knorpel befähigen, Druckbeanspruchungen elastisch zu widerstehen. Auch die feinen retikulinen Fibrillengeflechte, die Organe wie Leber, Milz oder Lunge Form gebend stabilisieren, bestehen aus Kollagen, wobei vorwiegend die Kollagentypen III und V Verwendung finden. Wie die im Überschuss vorhandenen nichtkollagenen Komponenten die Ausbildung des kollagenen Netzwerkes beeinflussen, ist noch unklar.

Ein spezieller Gewebetyp, der den ganzen Organismus durchzieht und einen besonderen Einfluss auf die Organisation und das Verhalten von Zellen hat, ist die Basalmembran. Die makromolekulare Organisation dieses häutchenartigen Gewebes wird von dem Netzwerk bildenden Kollagen IV, dem Basalmembrankollagen, gebildet und verfestigt. Eine weitere Hauptkomponente ist das Laminin, das im Wesentlichen für den Kontakt und die Wechselwirkung mit den Zellen verantwortlich ist. Die Basalmembranen ermöglichen die Ausbildung von geordneten Zelllagen, sie grenzen unterschiedliche Gewebe voneinander ab, die sie aber auch gleichzeitig miteinander verbinden können. Ein typisches Beispiel ist die epidermale-dermale Verbindungszone, bei der auf der Oberseite der Basalmembran die Keratinozyten aufliegen und durch Filamente verankert werden, während die Unterseite durch so genannte Verankerungsfibrillen mit dem Stroma verbunden ist. Eine wichtige Funktion hat die Basalmembran in den Gefäßwänden, wo sie die Bildung einer lückenlosen Endothelzellschicht ermöglicht, die das Lumen der Aortenwand auskleidet und das darunter liegende Gewebe vor Blut schützt. In den Glomeruli der Niere wirkt die Basalmembran als Filtriermembran, deren Eigenschaften durch die Gegenwart von Proteoglykanen bestimmt werden. Basalmembranen umgeben die Muskelfasern und sind wesentlich am Aufbau der neuromuskulären Verbindungen beteiligt.

3.2 Komponenten der extrazellulären Matrix

Im Folgenden sind die Mitglieder der Kollagenfamilie sowie die Proteoglykane aufgrund gemeinsamer Strukturmerkmale wie Tripelhelix oder Glykosaminoglykanketten zusammengefasst. Für die Einteilung der anderen Substanzen war ihr Vorkommen entscheidend, wobei die Komponenten, die in den Kapiteln elastisches Gewebe, Basalmembran oder Blutplasma aufgeführt sind, auch in anderen Geweben des Organismus auftreten können. Weiter ist klar, dass die Kollagene und die Proteoglykane in fast allen Geweben des Organismus aufzufinden sind und eine wichtige Rolle spielen.

3.2.1 Kollagenfamilie

3.2.1.1 Überblick

Die Kollagene sind im Organismus weit verbreitet. Sie bilden die größte Proteinfamilie, die bei Invertebraten 1/3 aller Proteine ausmacht. Gegenwärtig sind 19 Kollagentypen bekannt, die von 32 Untereinheiten, den α-Ketten, gebildet werden. Im Kollagen werden 3 Strukturelemente,

- die Tripelhelix,
- nicht tripelhelikale Unterbrechungen sowie
- globuläre Domänen

auf verschiedenste Weise miteinander variiert. Das Markenzeichen aller Kollagene ist die Tripelhelix, eine starre, stäbchenförmige Struktur. Um diese flexibler zu gestalten, wird sie in vielen Fällen durch nicht tripelhelikale Bereiche unterbrochen. Die globulären Domänen, die in manchen Kollagentypen den Hauptanteil ausmachen, sind stets an beiden Enden der tripelhelikalen Bereiche angebracht. Durch Variation der Länge der Tripelhelix, der Anzahl und der Länge der nicht tripelhelikalen Unterbrechungen sowie der Größe und der Struktur der globulären Domänen, die aus verschiedenen, aneinander gereihten, auch in anderen Proteinen verwendeten Modulen aufgebaut sind, wird eine Vielfalt von molekularen und makromolekularen Strukturen geschaffen. Der modulare Aufbau der verschiedenen Kollagenuntereinheiten ist in Abb. 3.1 zusammengefasst. Die Kettenzusammensetzung der Moleküle, die makromolekulare Struktur und die Funktion der verschiedenen Kollagene sind in Tabelle 3.1 aufgeführt. Die Nomenklatur der Kollagene ist verwirrend, da die Kollagene nicht nach Funktion und Vorkommen, sondern in der Reihenfolge ihrer Entdeckung benannt sind. Trotzdem kann man sie nach Funktion und Struktur in bestimmte Untergruppen einteilen.

Mengenmäßig überwiegen die *Fibrillen bildenden Kollagene* Typ I, II, III, V und XI, die als quergestreifte Fibrillen die Hauptbestandteile von Haut, Knochen, Knorpel, Sehnen und vielen anderen Geweben bilden. Diese quergestreiften Fibrillen werden begleitet von den die *fibrillenassoziierten Kollagenen* Typ IX, XII, XIV, XVI und XIX, die keine eigene makromolekulare Strukturen haben, sondern den Oberflächen der quergestreiften Fibrillen angelagert sind. In der englischen Literatur werden sie als FACIT (*f*ibril *a*ssociated *c*ollagens with *i*nterrupted *t*riple helices) bezeichnet.

Darüber hinaus zeigt die extrazelluläre Matrix eine Vielfalt von makromolekularen Strukturen, die von unterschiedlichen Kollagenen bestimmt werden. So werden *mikrofibrilläre Strukturen* von Kollagen Typ VI gebildet, während das *Netzwerk bildende Kollagen* Typ IV mit seinen 4 Isoformen für den flächenartigen Aufbau der Basalmembranen verantwortlich ist. Netzwerke mit hexagonalen Strukturen werden von den Kollagenen Typ VIII und X, den so genannten *Kurzkettenkollagenen* gebildet, wobei Kollagen VIII als Hauptbestandteil der Descemet-Membran vorkommt, während Kollagen X ausschließlich im dystrophen Knorpel zu finden ist.

Ein *basalmembranassoziiertes Kollagen* ist Typ VII, das als Verankerungsfibrille die epitheliale Ba-

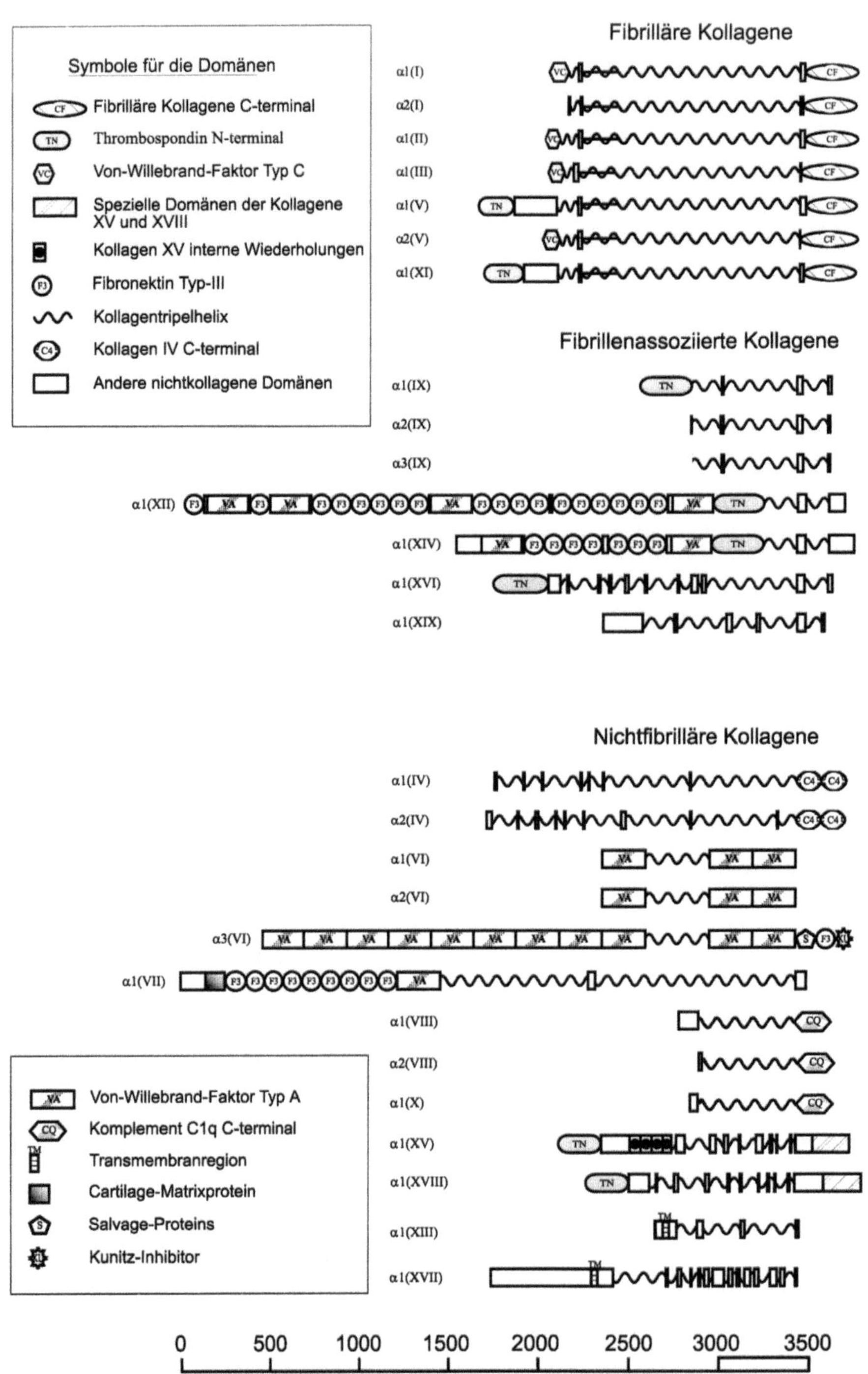

Abb. 3.1. Modularer Aufbau der a-Ketten des Kollagens. Die a-Ketten sind ohne Signalpeptide dargestellt. Bei Spleißvarianten ist nur die längste Form angegeben. Nicht tripelhelikale Unterbrechungen der Gly-Xaa-Yaa-Sequenz, kürzer als 6 Aminosäuren, sind nicht verzeichnet. Größere Unterbrechungen sind durch *weiße Balken* gekennzeichnet. Die Ketten $a3(IV)$–$a6(IV)$ sowie $a2(XI)$ sind nicht gezeigt, sie ähneln der $a1(IV)$-Kette bzw. der $a1(XI)$-Kette, Brown u. Timpl (1995) in abgeänderter Form

Tabelle 3.1. Kettenzusammensetzung, makromolekulare Struktur und Funktion der Kollagengene

Typ	Kettenzusammensetzung der Moleküle	Makromolekulare Struktur	Funktion
I	$[\alpha1(I)]_2\alpha2(I)$	Quergestreifte Fibrillen	Stabilisierendes Gerüst
II	$[\alpha1(II)]_3$	Quergestreifte Fibrillen	Stabilisierendes Gerüst
III	$[\alpha1(III)]_3$	Quergestreifte Fibrillen	Stabilisierendes Gerüst
V	$[\alpha1(V)]_2\alpha2(V)$	Quergestreifte Fibrillen	Stabilisierendes Gerüst
	$\alpha1(V)\alpha2(V)$-$3(V)$	Quergestreifte Fibrillen	Stabilisierendes Gerüst
XI	$[\alpha1(XI)\alpha2(XI)\alpha3(XI)]$	Quergestreifte Fibrillen	Stabilisierendes Gerüst
IX	$[\alpha1(IX)\alpha2(IX)\alpha3(IX)]$	Fibrillenassoziiert	Anheften funktioneller Gruppen an Fibrillen
XII	$[\alpha1(XII)]_3$	Fibrillenassoziiert	Unbekannt
XIV	$[\alpha1(XIV)]_3$	Fibrillenassoziiert	Unbekannt
XVI	$[\alpha1(XVI)]_3$	Fibrillenassoziiert	
XIX	$[\alpha1(XIX)]_3$	Fibrillenassoziiert	
IV	$[\alpha1(IV)]_2\alpha2(IV)$	Netzwerk	Gerüst Basalmembran
VI	$[\alpha1(VI)\alpha2(VI)\alpha3(VI)]$	Mikrofibrillen	Brücke zwischen Zellen und ECM
VII	$[\alpha1(VII)]_3$	Verankerungsfibrillen	Stabilisierung der epidermal-dermalen Zone
VIII	$[\alpha1(VIII)]\alpha2(VIII)$	Hexagonales Netzwerk	Unbekannt
X	$[\alpha1(X)]_3$	Hexagonales Netzwerk	Kalzium bindend
XV	$[\alpha1(XV)]_3$	Unbekannt	Muttersubstanz der Endostatine
XVIII	$[\alpha1(XVIII)]_3$	Unbekannt	dto.
XIII	$[\alpha1(XIII)]_3$	Zellständig	Zellrezeptor für ECM
XVII	$[\alpha1(XVII)]_3$	Zellständig	Zellrezeptor für ECM

salmembran mit dem unterliegenden Stroma verbindet. Auch die Kollagentypen XV und XVIII findet man vorwiegend in Basalmembranregionen. Ihre makromolekularen Strukturen sind noch nicht bekannt. Sie sind in letzter Zeit besonders interessant geworden, da ihre C-terminalen globulären Domänen das antiangiogenetische Endostatin, einen Hemmstoff der Angiogenese, beinhalten.

Eine besondere Klasse sind die *zellständigen Kollagentypen* XIII und XVII. Sie sind mit einer transmembranen Region in der Zellmembran verhaftet und scheinen als Oberflächenproteine den Kontakt der Zellen zu Bestandteilen der extrazellulären Matrix zu vermitteln. Es gibt eine Reihe von Übersichten, in denen die Kollagenfamilie unter verschiedenen Aspekten zusammengefasst ist (van der Rest u. Garrone 1991, Hulmes 1992, van der Rest u. Bruckner 1994, Mayne u. Brewton 1993, Brown u. Timpl 1995).

3.2.1.2 Tripelhelix

Die Tripelhelix, das allen Kollagenen gemeinsame Strukturmerkmal, besteht aus 3 α-Ketten, die zunächst, jede für sich, eine linksgängige Polyprolin-II-Helix eingehen, bevor sie sich um eine gemeinsame Hauptachse zu einer rechtsgängigen Superhelix winden (Abb. 3.2). Entlang der 3 Polypeptidketten, die gegeneinander um einen Aminosäurerest versetzt sind, kommt jede 3. Position in das Innere der Superhelix zu liegen, wo nur für Glyzin, die Aminosäure ohne Seitenketten, Raum ist. Dies führt zu der monotonen Tripeptidsequenz (Gly-Xaa-Yaa)$_n$. Die Struktur der Tripelhelix, die von Rich u. Crick (1961) vorgeschlagen wurde, konnte in letzter Zeit durch Röntgenstrukturuntersuchungen von Kristallen kollagenähnlicher, tripelhelikaler, synthetischer Peptide exakt mit einer Auflösung von 1,9 Å bestimmt werden (Bella et al. 1994). Ein weiteres Charakteristikum der tripelhelikalen Domäne ist der hohe, etwa 20%ige Prolingehalt. Besonders wichtig für die Stabilität der Helix sind die Prolinreste in Position Y, welche posttranslational zu 4-Hydroxyprolin oxidiert werden. Während die Denaturierungstemperatur von normal hydroxyliertem Kollagen um 38–39 °C liegt, schmilzt die Tripelhelix von nicht hydroxyliertem Kollagen unterhalb 30 °C und ist daher bei Körpertemperatur nicht beständig. Nach neuesten Untersuchungen liegt dieser stabilisierende Effekt an den Elektronen anziehenden Eigenschaften der 4-Hydroxylgruppe, welche den Doppelbindungscharakter und somit die Transkonfiguration der Hydroxyprolinpeptidbindung verstärken (Holmgren et al. 1998).

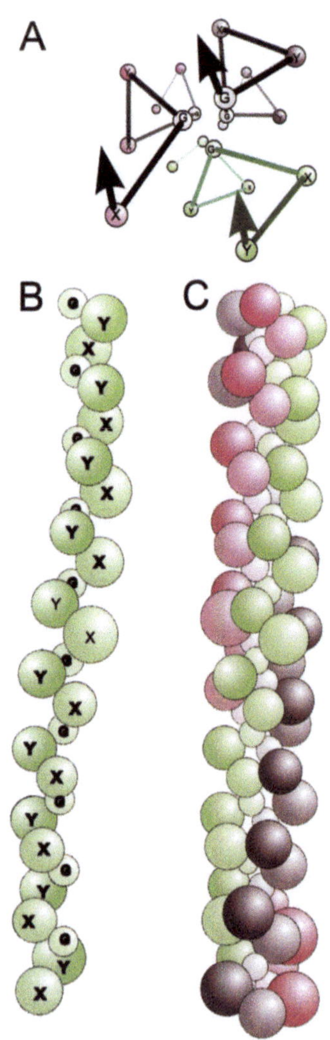

Abb. 3.2 A–C. Schematische Darstellung der Kollagentripelhelix, **A** Querschnitt durch eine Tripelhelix. Die Glyzinreste kommen in das Zentrum und die Reste X und Y an die Oberfläche der Tripelhelix zu liegen. **B** Übersichtshalber ist nur eine α-Kette in Form einer linksgängigen Polyprolin-II-Helix gezeigt. **C** Komplette rechtsgängige Tripelhelix

3.2.1.3 Fibrillen bildende Kollagene (Typ I, II, III, V, XI)

Die Mitglieder dieser Subfamilie sind am längsten bekannt und am besten untersucht. Lange Zeit kannte man nur das Kollagen I, den Hauptbestandteil der Haut und der Knochen. Erst 1969 wurde erkannt, dass der Knorpel ein zu Kollagen I unterschiedliches, aber homologes Kollagen II enthält. Später wurden die in geringeren Mengen auftretenden Kollagene III und V als Begleiter von Kollagen I und schließlich Kollagen XI als Begleiter von Kollagen II entdeckt (Abb. 3.1). Die funktionale Form aller dieser Kollagene im extrazellu-

lären Raum sind die im Elektronenmikroskop mit einer Periode von etwa 700 Å quergestreiften Fibrillen (Olsen 1995, Kühn 1987).

Alle Fibrillen bildenden Kollagene werden in einer Vorläuferform synthetisiert. Die Pro-α-Ketten bestehen aus einer 1000 Aminosäurereste langen, kontinuierlichen, tripelhelikalen Domäne. An beiden Enden befinden sich kurze, nicht tripelhelikale Peptide, welche zu den globulären N- und C-terminalen Propeptiden überleiten (Abb. 3.3). Auf dem Weg von der Synthese der Pro-α-Ketten im Raum des endoplasmatischen Retikulum bis zur Ablagerung als Fibrillen in der extrazellulären Matrix durchläuft das Kollagen eine große Anzahl von posttranslationalen Veränderungen (Kivirikko u. Myllyla 1985). Schon während der Synthese und vor der Tripelhelixbildung laufen 3 Schritte ab:

1. die Hydroxylierung der Prolinreste in Position Y der Tripeptideinheit Gly-Xaa-Yaa durch das Enzym Prolylhydroxylase (Kivirikko et al. 1989),
2. die Hydroxylierung einiger Lysinreste ebenfalls in Position Y durch die Lysylhydroxylase (Kellokumpu et al. 1994) und schließlich
3. die Übertragung von Galaktosyl- und Glukosylresten auf die Hydroxylgruppe des Hydroxylysins durch die Enzyme Galaktosyltransferase und Glukosyltransferase.

Diese Modifikationen sowie die dafür verantwortlichen Enzyme sind gut untersucht, können aber in diesem Rahmen nicht näher besprochen werden (Kellokumpu et al. 1994, Kivirikko et al. 1989).

Erst nach der Hydroxylierung des Prolins zu 4-Hydroxyprolin ist die Voraussetzung zur Bildung einer bei Körpertemperatur stabilen Tripelhelix gegeben. Zur Helixbindung lagern sich zunächst 3 Pro-α-Ketten mit ihren karboxylständigen Propeptiden zu einem Komplex zusammen, der durch Disulfidbindungen stabilisiert wird (Lukens 1976). Die so in Register gebrachten Ketten beginnen nun mit der Ausbildung der Tripelhelix, die dann reißverschlussartig vom C-Terminus ausgehend zum N-Terminus fortschreitet (Engel u. Prockop 1991). Die C-Propeptide sind nicht nur für die Zusammenlagerung, sondern auch für die Auswahl der richtigen Ketten verantwortlich. So erscheint das Prokollagen-I-Molekül stets als Heterotrimer, das aus 2 Pro-α1-Ketten und einer Pro-α2(I)-Kette besteht, während die Prokollagen-II- und -III-Moleküle Homotrimere darstellen. Manche α-Ketten können an der Bildung von mehr als einem Kollagentyp beteiligt sein. Bei den sich sehr ähnelnden Kollagenen V und XI ist die Situation etwas kom-

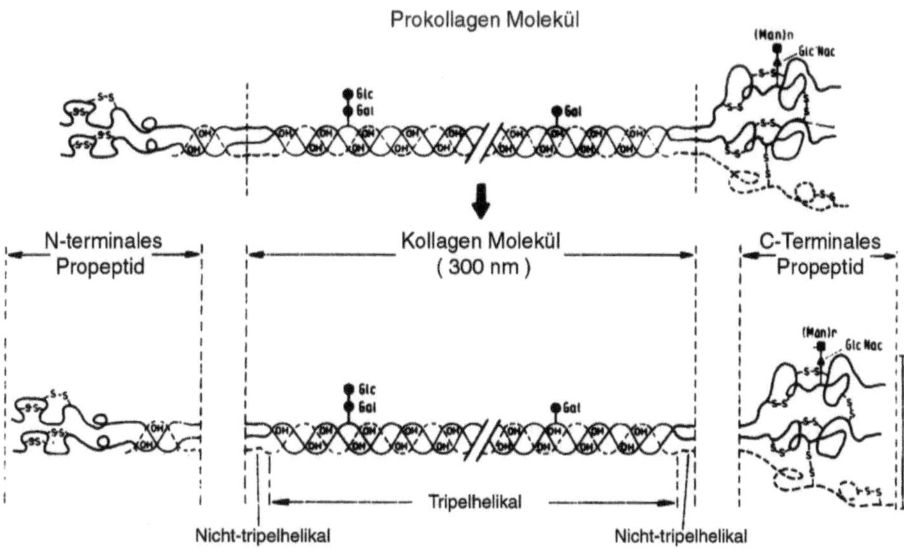

Abb. 3.3. Das Prokollagenmolekül enthält am N- und am C-terminalen Ende Propeptide, die mit der tripelhelikalen Domäne über nicht tripelhelikale Bereiche verbunden sind. Vor der Fibrillenbildung werden die Propeptide durch spezifische N- und C-Propeptidasen abgespalten

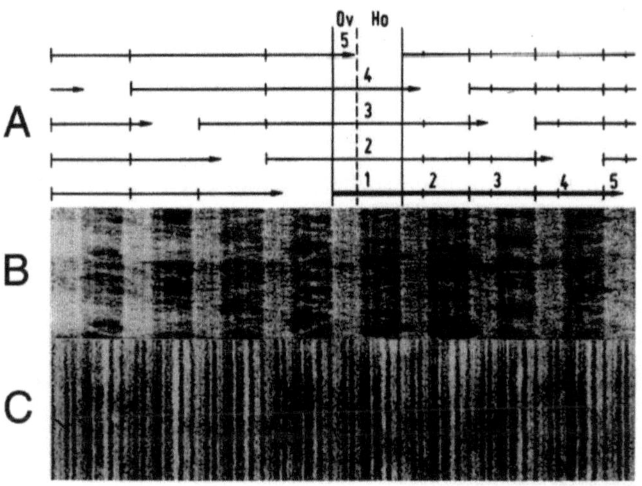

Abb. 3.4 A–C. Anordnung der Kollagenmoleküle in einer nativen Fibrille. A Die Kollagenmoleküle lagern sich parallel um D versetzt zusammen. Da sie 4,4 D lang sind, überlappen sie sich mit ihren Enden, sodass ein dichter (*Ov*) und ein lockerer (*Ho*) gepackter Bereich entsteht. B Im Elektronenmikroskop lassen sich die Ho- und Ov-Bereiche nach negativer Anfärbung der Fibrillen mit Schwermetallsalzen gut unterscheiden. C Mit Phosphorwolframsäure positiv angefärbte Fibrillen zeigen ein charakteristisches Querstreifungsmuster mit einer Identitätsperiode von 67 nm (Kühn 1987)

plizierter. So findet man z. B. in dem heterotrimeren Kollagen-XI-Molekül als 3. Kette die $\alpha 1(II)$-Untereinheit. Die Kollagen-V- und -XI-Moleküle können ihre Ketten aber auch austauschen. So erscheint die $\alpha 1(XI)$-Kette nicht nur im heterotrimeren Typ-XI-Molekül im Knorpel, sondern auch im Kollagen-V-Molekül des Knochens, wo es $\alpha 1(V)$-Ketten ersetzt. Desgleichen findet man die $\alpha 2(V)$-Kette im Kollagen-XI-Molekül des Glaskörpers (Niyibizi u. Eyre 1994, Mayne et al. 1993) (Tabelle 3.1).

Bevor sich im extrazellulären Raum die Kollagenfibrillen bilden, werden die Propeptide durch spezifische N- und C-Propeptidasen abgespalten (Abb. 3.3) (Prockop u. Hulmes 1994). Die Zusammenlagerung der Kollagenmoleküle zu Fibrillen ist ein Selbstaggregationsschritt, der durch die spezifische Anordnung der sauren und basischen Aminosäuren gesteuert wird (Abb. 3.4). Dazu sind die Moleküle in 4 sich ähnelnden D-Einheiten eingeteilt, die eine D-versetzte Zusammenlagerung der Moleküle erzwingen. Da die Moleküle 4,4 D lang sind, überlappen sie sich mit ihren Enden und teilen die 67 nm lange Identitätsperiode in eine dicht (ov) und eine locker gepackte (ho) Zone, welche im Elektronenmikroskop nach negativer Anfärbung der Fibrillen gesehen werden kann (Kühn 1987). Die Enden der Moleküle mit ihren C- und

N-terminalen, nicht tripelhelikalen Schwanzpeptiden kommen in der Überlappungszone zu liegen. Diese enthalten mit ihren Lysin- bzw. Hydroxylysinresten die funktionellen Gruppen für die intermolekularen Quervernetzungen. Sie werden durch ein weiteres posttranslationales Enzym, die Lysyloxidase, zu Lysylaldehyden desaminierend oxidiert und bilden anschließend mit Lysin- oder Hydroxylysinresten benachbarter Moleküle stabile Aldiminbindungen (Kivirikko u. Myllyla 1985).

Wie die Ausbildung der makromolekularen Strukturen, z. B. Fibrillendicke oder Anordnung der Fibrillen zu Bündeln, gesteuert wird, ist nur in Ansätzen bekannt. So weiß man, dass eine Kollagenfibrille zumeist aus mehreren Kollagentypen aufgebaut ist; z. B. werden in Geweben mesenchymalen Ursprungs wie Haut, Sehnen, Ligament und Knochen Fibrillen aus Kollagen I vergesellschaftet mit Kollagen III und V gefunden, während Fibrillen aus Kollagen II und XI vorwiegend in Knorpel und im Glaskörper des Auges auftreten (Linsenmayer et al. 1990). Der Fibrillendurchmesser wird z. T. durch die Gegenwart der Kollagene V und XI gesteuert. $a1(V)$- und $a1(XI)$-Ketten verfügen über größere N-terminale Propeptide, die nur z. T. abgespalten werden und so durch sterische Hinderung die weitere Aggregation zu dickeren Fibrillen stören (Marchant et al. 1996). Weiteren Einfluss nehmen die fibrillenassoziierten Kollagene, die auf der Fibrillenoberfläche abgelagert werden, sowie andere, nichtkollagene Substanzen. So binden die kleinen Proteoglykane wie Decorin, Biglykan oder Fibromodulin an bestimmte Stellen der Fibrillen und beeinflussen die Aggregation der Kollagenmoleküle (Scott 1996). Auch die Zellen sind an der Ablagerung des Kollagens beteiligt, wobei sie mit ihren Rezeptoren z. B. Integrine mit Kollagen und anderen extrazellulären Matrixsubstanzen Kontakt aufnehmen.

Bei einer Reihe von vererblichen Bindegewebserkrankungen hat man als Ursache Mutationen verschiedener Fibrillen bildender Kollagene gefunden. So ist z. B. die Osteogenesis imperfecta auf Mutationen der Gene COL1A1 und COL1A2 zurückzuführen (Byers 1990). Mutationen des Gens COL3A1 sind für die Ehlers-Danlos-Syndrome III und IV verantwortlich, bei Patienten mit den Ehlers-Danlos-Syndromen I und II wurden Mutationen des Gens COL5A1 (De Paepe et al. 1997) gefunden, und Mutationen des COL2A1 verursachen eine Reihe von Chondrodysplasien (Mundlos u. Olsen 1997). Die meisten dieser Mutationen finden in den tripelhelikalen Domänen statt. Durch Ersatz von einem oder mehreren Gly-

zinresten wird die Tripeptidsequenz Gly-Xaa-Yaa gestört und damit die Stabilität der starren, stäbchenförmigen Moleküle empfindlich herabgesetzt. Übersichten über mehr als 300 Mutationen der Gene COL1A1, COL2A1, COL3A1 sowie anderer Kollagengene sind an mehreren Stellen erschienen (Kuivaniemi et al. 1997, Dalgleish 1997).

3.2.1.4 Fibrillenassoziierte Kollagene (FACIT) (Typ IX, XII, XIV, XIX)

Im Englischen werden sie als FACIT collagens (*f*ibril *a*ssociated *c*ollagens with *i*nterrupted *t*riple helices) bezeichnet. Diese Kollagenuntergruppe, die keine eigene makromolekulare Struktur bildet, besteht aus den Kollagentypen IX, XII, XIV, XIX (Hulmes 1992). Am besten untersucht ist Kollagen IX, das aus 3 unterschiedlichen Ketten, $a1(IX)$, $a2(IX)$ und $a3(IX)$ besteht, die ein heterotrimeres Molekül bilden. Die tripelhelikalen Domänen der Ketten werden durch 2 nichthelikale Bereiche unterbrochen. Die $a1(IX)$-Kette enthält am Aminoende ein globuläres, N-terminales Thrombospondinmodul, wie es auch bei anderen Kollagentypen zu finden ist. Die $a2(IX)$-Kette besitzt eine Glykosaminoglykanseitenkette, die an einen Serinrest im 3. nichthelikalen Bereich gebunden ist (Abb. 3.1). Es fällt auf, dass die Glykosaminoglykankette im Knorpelgewebe relativ kurz, im Glaskörper dagegen wesentlich länger ist. Einen weiteren gewebespezifischen Unterschied zeigt die $a1(IX)$-Kette, die im Knorpel am Aminoterminus ein Thrombospondinmodul enthält, welches im Glaskörper fehlt. Das Gen der $a1(IX)$-Kette verfügt über 2 Transkriptionsstartstellen, eine stromaufwärts, welche die globuläre Domäne mit einschließt, und eine 2. stromabwärts, die hinter dem für das thrombospondinähnliche Modul kodierenden Genbereich liegt (Nishimura et al. 1989). Das Kollagen-IX-Molekül bindet mit Hilfe der beiden C-terminalen, tripelhelikalen Domänen an die an der Fibrillenoberfläche liegenden Kollagen-II-Moleküle und

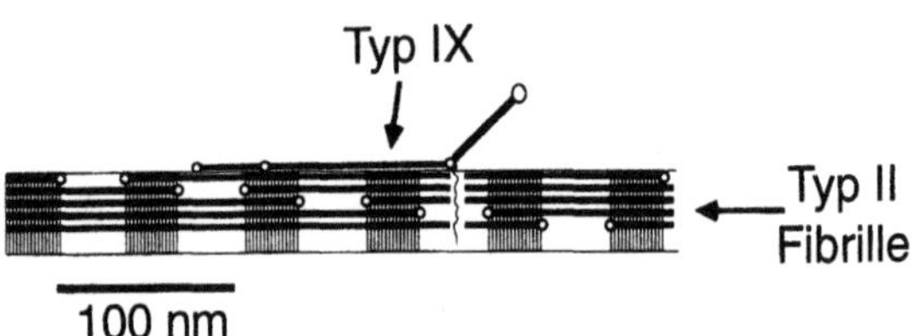

Abb. 3.5. Schematische Darstellung einer Kollagen-II-Fibrille mit einem an der Fibrillenoberfläche angelagerten Kollagen-IX-Molekül, das in der 3. nichthelikalen Domäne eine Glykosaminoglykanseitenkette enthält

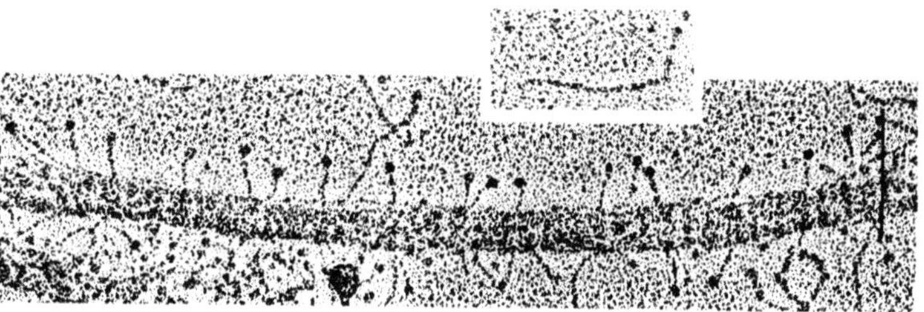

Abb. 3.6. Elektronenoptische Aufnahme (nach Rotationsbedampfung) einer Kollagen-II-Fibrille mit an der Oberfläche angelagerten Kollagen-IX-Molekülen, Wiedergaben mit Genehmigung von Vaughan et al. (1988)

wird dort durch eine für Kollagen charakteristische Aldiminbindung kovalent fixiert (Diab et al. 1996) (Abb. 3.5). Der C-terminale, tripelhelikale Bereich mit der globulären Domäne biegt von der Fibrillenoberfläche ab (Vaughan et al. 1988) (Abb. 3.6). Man nimmt an, dass der nach außen ragende Teil mit anderen Matrixbestandteilen in Kontakt tritt.

Kollagen XII und Kollagen XIV sind Homotrimere. Ihre a-Ketten haben eine kürzere Tripelhelix, dafür aber weit größere N-terminale, globuläre Bereiche, die neben dem Thrombospondinmodul Von-Willebrand-Faktor Typ A und zahlreiche Fibronektin-Typ-3-Module enthalten (Abb. 3.1). Die N-terminalen, tripelhelikalen Bereiche der Kollagene XII und XIV sind zu dem des Kollagen IX homolog. Man nimmt daher an, dass sie sich, wie Kollagen IX am Kollagen II, an den Kollagen-I-Fibrillen anlagern. Ähnliches gilt für die homotrimeren Kollagene XVI und XIX, die auch zu den fibrillenassoziierten Kollagenen gerechnet werden (Myers et al. 1994). Eine kovalente Bindung der Kollagene XII, XIV, XVI, XIX mit Fibrillen, die vorwiegend aus Kollagen I bestehen, konnte bisher nicht nachgewiesen werden (Pan et al. 1992). Nach immunhistologischen Untersuchungen treten sie aber stets zusammen mit Kollagen-I-Fibrillen auf.

Kollagen IX scheint die kollagene Knorpelmatrix zu stabilisieren. Mäuse mit einer Deletion im tripelhelikalen Bereich sowie mit inaktivem $a1(IX)$-Allel entwickeln Degenerationserscheinungen, die der Osteoarthrose beim Menschen ähneln (Fässler et al. 1994). Beim Menschen hat man in der tripelhelikalen Domäne Deletionen gefunden, die multiple epiphyseale Dysplasien verursachen (Muragaki et al. 1996).

3.2.1.5 Mikrofibrilläres Kollagen (Typ VI)

Im Gewebe bildet das Typ-VI-Kollagen perlenschnurartige Mikrofibrillen, die sich an bestimmten Stellen lateral zu dem so genannten Zebrakollagen mit einer Identitätsperiode von 100 nm zusammenschließen können. Die Ausbildung dieser mikrofibrillären Strukturen vollzieht sich nach völlig anderen Prinzipien als bei den Fibrillen bildenden Kollagenen (Timpl u. Chu 1994). Im Elektronenmikroskop erscheinen die Kollagen-VI-Moleküle als 105 nm lange Stäbchen, die an beiden Enden von globulären Domänen begrenzt sind (Timpl u. Engel 1987). Sie bestehen aus 3 verschiedenen Ketten, $a1(VI)$, $a2(VI)$ und $a3(VI)$. Die $a1(VI)$- und $a2(VI)$-Ketten enthalten am N-Terminus 1, und am C-Terminus 2 Von-Willebrand-Faktor-Typ-A-Module. Die $a3(VI)$-Kette ist wesentlich größer. So besteht der N-terminale Bereich aus 9 Von-Willebrand-Faktor-Typ-A-Modulen, und am C-Terminus erscheinen zusätzlich ein Salvage-Protein, ein Fibronektin Typ III sowie ein Kunitz-Inhibitor-Moldul (Abb. 3.1) (Timpl u. Engel 1987). Zur Bildung der makromolekularen Struktur lagern sich die Moleküle zunächst seitlich zu Dimeren und Tetrameren zusammen, die sich dann durch End-an-End-Aggregationen zu fibrillären Strukturen formieren und schließlich durch seitliche Zusammenlagerung quergestreifte Fibrillen bilden (Abb. 3.7) (Bruns et al. 1986).

Typ-VI-Kollagen ist im Organismus weit verbreitet, kommt aber in geringeren Mengen vor als die Fibrillen bildenden Kollagene. Man nimmt an, dass Kollagen VI ein Bindeglied zwischen Zellen und anderen extrazellulären Strukturen, wie z.B. Fibrillen oder Basalmembranen, darstellt. In einer Familie mit der Bethlem-Form einer autosomaldominanten Myopathie mit Kontraktur hat man Missense-Mutationen des Glyzins in der tripelhelikalen Domäne des COL6A1 und des COL6A2 gefunden (Jobsis et al. 1996).

3.2.1.6 Netzwerk bildendes Kollagen (Typ IV)

Dieses Kollagen ist der Hauptbestandteil der Basalmembranen, die mit ihren vielfältigen Funktionen eine wichtige extrazelluläre Matrixstruktur darstellen. Basalmembranen fungieren als Unterlage von Zellen, grenzen verschiedene Gewebearten voneinander ab, wirken als Filtriermembranen und bilden für Zellen schwer zu überwindende Barrie-

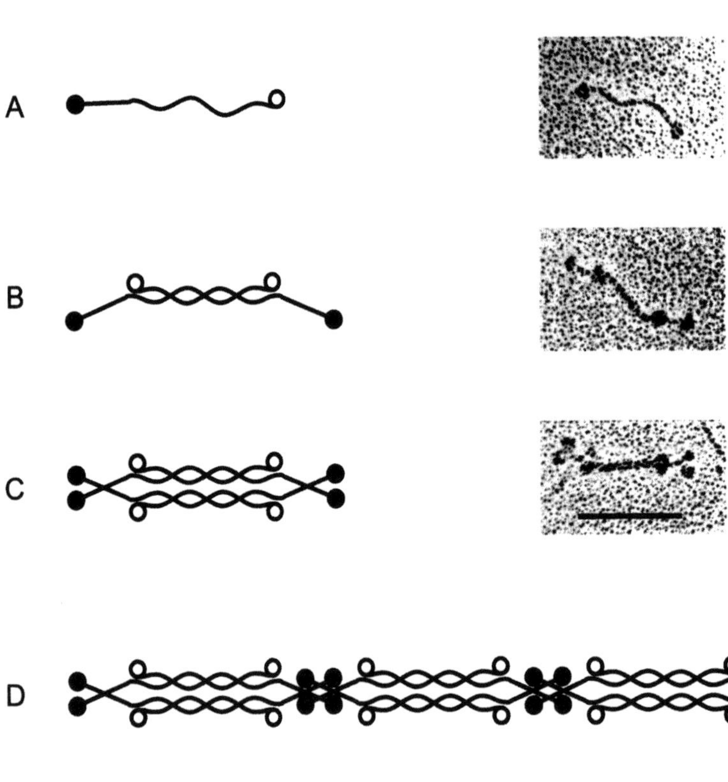

Abb. 3.7 A–D. Zusammenlagerung der Kollagen-VI-Moleküle (**A**) zu mikrofibrillären Strukturen. Die Moleküle bilden zunächst Dimere, wobei sich die tripelhelikalen Domänen miteinander verdrillen (**B**). Anschließend entstehen die Tetrameren (**C**), die schließlich durch End-an-End-Aggregation fibrilläre Strukturen bilden (**D**). Die Aggregate werden durch Disulfidbrücken zwischen den Molekülen stabilisiert. Die elektronenmikroskopischen Abbildungen sind nach Rotationsbedampfung entstanden (Gaben von Dr. R. Timpl)

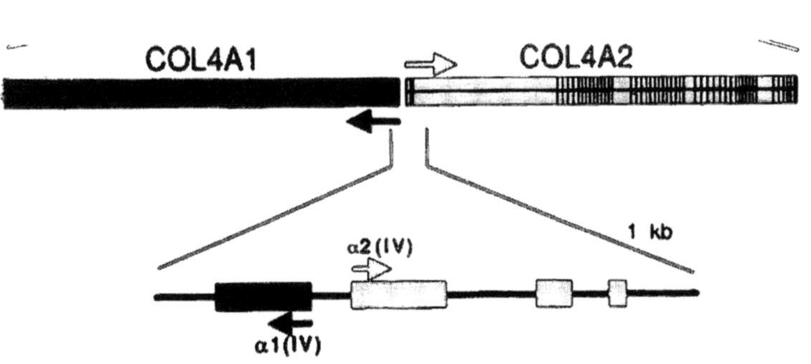

Abb. 3.8. Anordnung der für die $\alpha1$(IV)- und $\alpha2$(IV)-Ketten kodierenden Gene COL4A1 und COL4A2 im Genom. Beide liegen Kopf-an-Kopf, haben einen gemeinsamen Promotor und werden in entgegengesetzter Richtung abgelesen. Die Genpaare COL4A3-A4 und COL4A5-A6 haben eine ähnliche Anordnung

ren (Kühn 1994, Timpl u. Brown 1996, Hudson et al. 1993).

Kollagen IV bildet ein dreidimensionales, netzwerkartiges Gerüst, das den Basalmembranen eine elastische, feste, laminare Organisation gibt, in welche die anderen Basalmembrankomponenten, wie z. B. Laminin, Nidogen und Perlekan, eingebaut sind. Kollagen IV hat 6 α-Ketten, $\alpha1$(IV)–$\alpha6$(IV). Auffallend ist die genomische Anordnung ihrer Gene. Sie sind paarweise Kopf-an-Kopf nur durch einen gemeinsamen, 127 bp kurzen Promotor getrennt angeordnet und werden in entgegengesetzter Richtung überschrieben (Abb. 3.8) (Kühn 1994). Die paarweise Anordnung von COL4A1 und COL4A2, COL4A3 und COL4A5 und COL4A5 und COL4A6 führte zu der Annahme, dass 3 verschiedene Isotypen gebildet werden. Der Isotyp $[\alpha1(I)]_2,\alpha2$ ist am weitesten verbreitet und ist Bestandteil aller Basalmembranen, während das Molekül $[\alpha3(IV)]_2,\alpha4$(IV) im Wesentlichen auf die

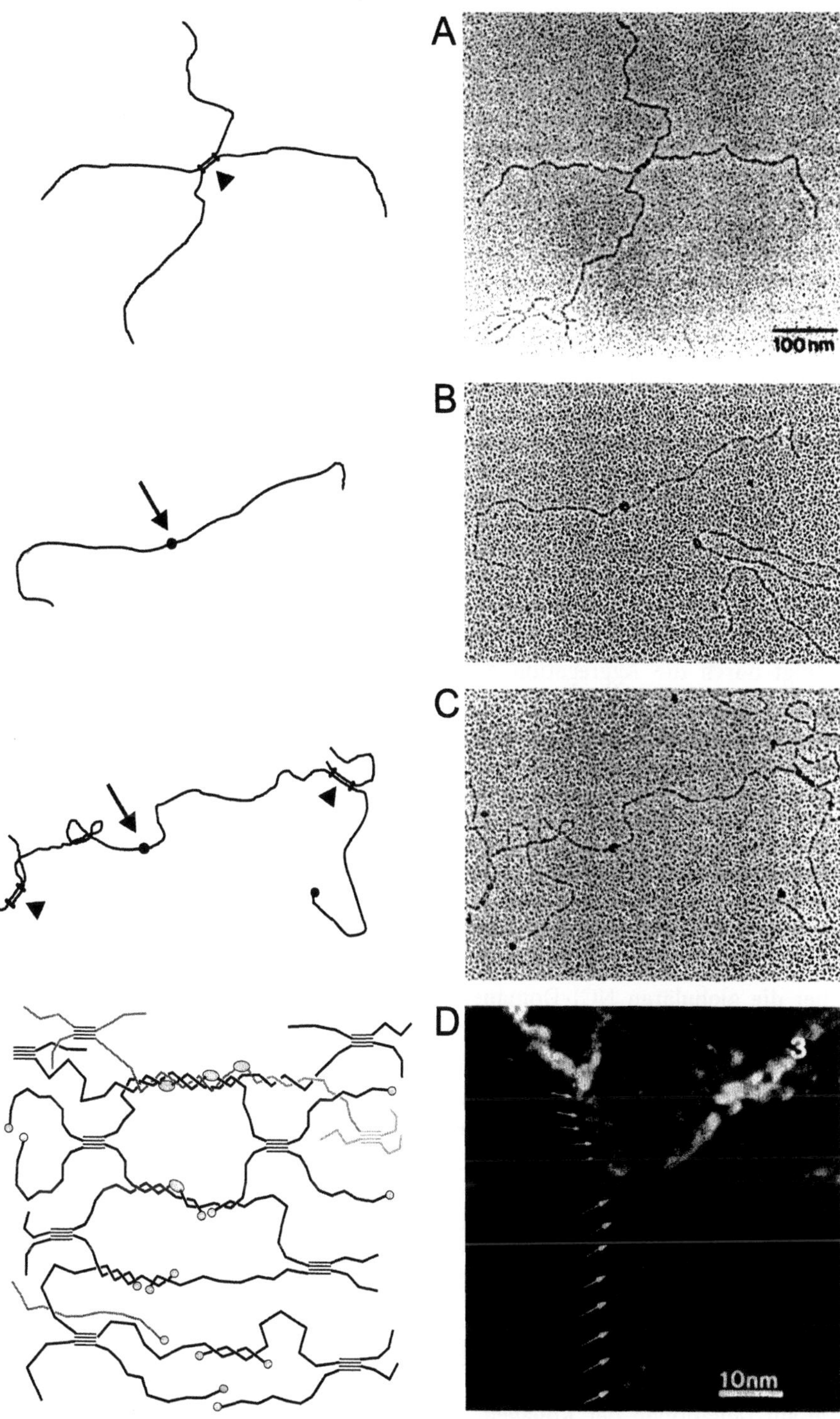

Abb. 3.9 A–D. Die makromolekulare Struktur des Basalmembrankollagens (IV). **A** Die Moleküle lagern sich mit ihren N-Termini um 30 nm überlappend zu Tetrameren zusammen. **B** Über die globulären C-terminalen Domänen bilden die Moleküle Dimere. **C** Beispiel eines Moleküls, dessen beide Enden mit anderen Molekülen verbunden sind. **D** Neben der End-zu-End-Aggregation lagern sich die Moleküle mit den tripelhelikalen Domänen seitlich zusammen, wobei sie sich miteinander verdrillen. **A–C** (*rechte Seite*) Elektronenoptische Aufnahme nach Rotationsbedampfung von Molekülen die aus humaner Plazenta nach limitierter Proteolyse extrahiert wurden. **D** Elektronenoptische Aufnahme nach Gefrierätzung von humanen Plazentageweben. Ausschnitt, in dem zu sehen ist, wie sich 3 tripelhelikale Moleküle zu einer Überschraube verdrillen (Gabe von Dr. P.D. Yurchenco)

Basalmembran der Glomeruli beschränkt bleibt. Die a5(IV)- und a6(IV)-Ketten scheinen kein gemeinsames Molekül zu bilden. So ist z. B. a5(IV) hauptsächlich in der Niere zu finden, während a6(IV) vorwiegend in der Lunge exprimiert wird (Hudson et al. 1993).

Die Kollagen-IV-Moleküle bestehen aus einer etwa 1400 Aminosäurereste langen tripelhelikalen Domäne, die am N-Terminus ähnlich der Fibrillen formenden Kollagene nichthelikale Schwanzpeptide enthält. Am C-Terminus befindet sich eine 230 Reste lange globuläre Domäne, die aus 2 sich wiederholenden, einander homologen Bereichen besteht. Die tripelhelikalen Bereiche der 6 a-Ketten sind von 20–26 nicht tripelhelikalen Segmenten unterschiedlicher Länge unterbrochen. Sie verleihen der sonst starren Tripelhelix eine Flexibilität, die zum Aufbau des Netzwerks essenziell ist (Abb. 3.1).

Die Bildung des makromolekularen Netzwerks erfolgt durch die Aggregation der Moleküle über ihre Enden (Abb. 3.9). Am N-Terminus lagern sich zunächst 2, dann 4 Moleküle mit ihren Enden um 25 nm überlappend zusammen. Diese überlappende Anordnung wird sowohl durch Disulfidbrücken als auch, ähnlich wie bei den Fibrillen bildenden Kollagenen, durch von Lysin abgeleitete Aldiminbindungen zwischen den Schwanzpeptiden und den benachbarten, tripelhelikalen Bereichen verfestigt. Am C-Terminus aggregieren 2 Moleküle über die globulären NC1-Domänen. Dabei kommt es zu einem Disulfidaustausch, der zu einer kompakten, nun beiden Molekülen angehörenden Hexamerenstruktur führt. Der genaue Ablauf der Netzwerkbildung ist noch unsicher. Man nimmt an, dass die Moleküle zunächst über ihre N-Termini Tetramere bilden, sich anschließend antiparallel lateral zusammenlagern, wobei sich 2 oder 3 Moleküle zu einer Überhelix zusammenwinden. Dabei werden die NC1-Domänen in die richtige Lage zueinander gebracht, sodass sich die disulfidvernetzten Hexamere bilden können (Kühn 1994).

Es gibt mehrere Erkrankungen des Menschen, die auf Mutationen der Kollagen-IV-Gene zurückzuführen sind (Hudson et al. 1993). Zu nennen ist das Goodpasture-Syndrom, eine Autoimmunerkrankung, die eine progressive Glomerulonephritis und pulmonare Hämorraghie hervorruft, bei der sich das Autoantigen, das Goodpasture-Antigen, auf der NC1-Domäne der a3(IV)-Kette befindet. Das X-linked Alport-Syndrom, eine familiäre Nephritis mit Innenohrschwierigkeiten, wurde in mehr als 200 Fällen auf eine Mutation des COL4A5 auf dem X-Chromosom zurückgeführt. Im Fall des autosomal-rezessiven Alport-Syndroms wurden Mutationen in den COL4A3- und COL4A4-Genen gefunden. Bei den seltenen Fällen eines mit dem Alport-Syndrom assoziierten Leiomyoms wurden große Deletionen in den a5(IV)- und a6(IV)-Genen festgestellt (Hudson et al. 1993).

3.2.1.7 Kollagen Typ VII

Das Kollagen VII ist mit der Basalmembran des schuppigen Epithels assoziiert und bildet die Verankerungsfibrillen, die die Basalmembran mit dem darunter liegenden Stratum papillare der Haut verbindet. Das Kollagen-VII-Molekül ist ein Homotrimer aus 3 a1(VII)-Ketten. Sie bestehen aus einer 145 nm langen, tripelhelikalen Domäne, welche an beiden Enden eine globuläre Domäne besitzt (Abb. 3.1). Der N-terminale globuläre Teil ist mit 150 kb relativ groß und besteht neben einem Von-Willebrand-Faktor-Typ-A-Modul aus 9 Fibronektin-Typ-A-Modulen. Die kleinere, C-terminale, globuläre Einheit mit einem Molekulargewicht (MG) von 30 000 wird im extrazellulären Raum proteolytisch abgespalten, worauf die Kollagen-VII-Moleküle die Fähigkeit erhalten, sich mit ihren C-terminalen Bereichen um 60 nm zu überlappen und so zu Dime-

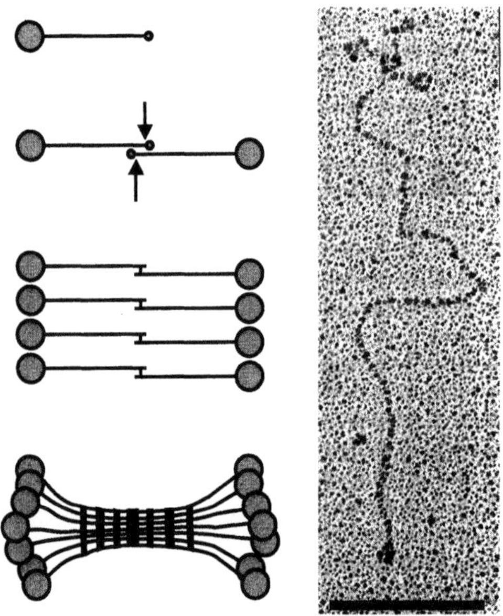

Abb. 3.10. Schematische Darstellung der Zusammenlagerung der Kollagen-VII-Moleküle zu Verankerungsfibrillen. Die Moleküle aggregieren über die C-Termini überlappend zu Dimeren, die nach Abspaltung der globulären Propeptide kovalent vernetzt werden. Die Verankerungsfibrillen entstehen durch laterale mit den Enden abschneidende Zusammenlagerung der Dimeren. *Rechts* Elektronenoptisches Bild (nach Rotationsbedampfung) eines Kollagen-VII-Moleküls (Gabe von Dr. R. Burgeson)

ren zusammenzuschließen (Bruckner-Tuderman et al. 1995). Durch seitliche Aggregation dieser Dimeren entstehen die im Elektronenmikroskop sichtbaren Verankerungsfibrillen (Abb. 3.10). Sie verankern sich mit ihren beiden N-terminalen Domänen in der Lamina densa und in den so genannten Verankerungsplaques, die im Stratum papillare eingelagert sind (Gerecke et al. 1994, Parente et al. 1991, Burgeson 1996).

Mutationen im COL7A1 führen zur dystrophen Epidermolysis bullosa. Die Einführung eines vorzeitigen Stoppkodons, was die Synthese eines Kollagen-VII-Moleküls verhindert, ergibt eine rezessive, schwer wiegende, verstümmelnde Form, während der Ersatz eines Glyzins in der tripelhelikalen Region zu einer klinisch weniger schweren dominanten oder rezessiven Form der dystrophen Epidermolysis bullosa führt (Uitto et al. 1994).

3.2.1.8 Kurzkettenkollagene (Typ VIII, X)

Zu dieser Subgruppe gehören die Typ-VIII- und Typ-X-Kollagene. Im Elektronenmikroskop erscheinen sie beide als 130 nm lange Stäbchen, die von 2 globulären Domänen flankiert sind. Das Kollagen-VIII-Molekül ist ein Heterotrimer aus 2 $\alpha 1$(VIII)- und einer $\alpha 2$(VIII)-Kette, während das Kollagen-X-Molekül aus 3 gleichen $\alpha 1$(X)-Ketten besteht. Die α-Ketten der Kollagene VIII und X sind homolog aufgebaut. Ihr relativ kurzer, tripelhelikaler Bereich enthält am C-Terminus ein Modul, das auch im Komplement C1q C-terminal gefunden wird (Abb. 3.1). Trotz der strukturellen Ähnlichkeit sind die beiden Kollagene im Gewebe völlig verschieden verteilt. Kollagen X tritt nur im hypertrophen Knorpel auf und gilt als ein Marker für hypertrophe Chondrozyten. Kollagen VIII wird in verschiedenen Geweben gefunden, wie in der Descemet-Membran, in vaskulären, subendothelialen Geweben, in Herz, Leber und Niere sowie in einigen malignen Tumoren (Sage u. Bornstein 1995). In der Descemet-Membran bildet Kollagen VIII als Hauptkomponente ein hexagonales Netzwerk, das als offene poröse Struktur auch Druckkräften widerstehen kann (Abb. 3.11) (Sawada et al. 1990). Wahrscheinlich bildet Kollagen X im hypertrophen Knorpel ein ähnliches Gerüst, das einen lokalen Kollaps verhindert, wenn die hypertrophe Knorpelmatrix während der endochondrialen Ossifizierung entfernt wird.

Mutationen in der C-terminalen Domäne von Kollagen X führen zur metaphysären Chondrodysplasie vom Typ Schmid, einer autosomal-dominanten Krankheit, die mit kurzer Statur und bestimm-

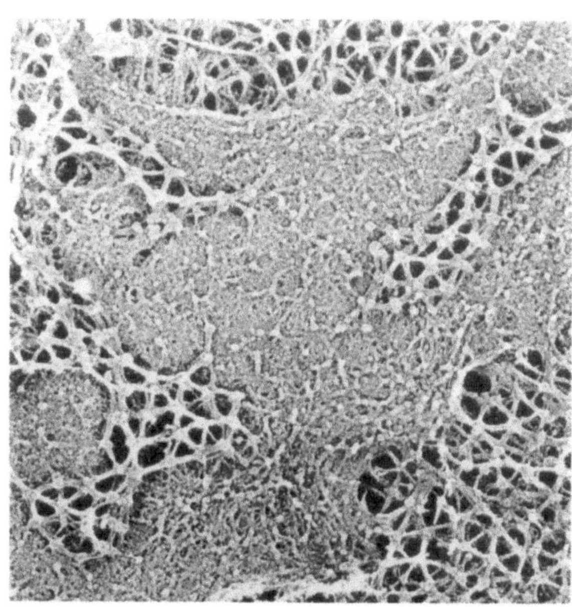

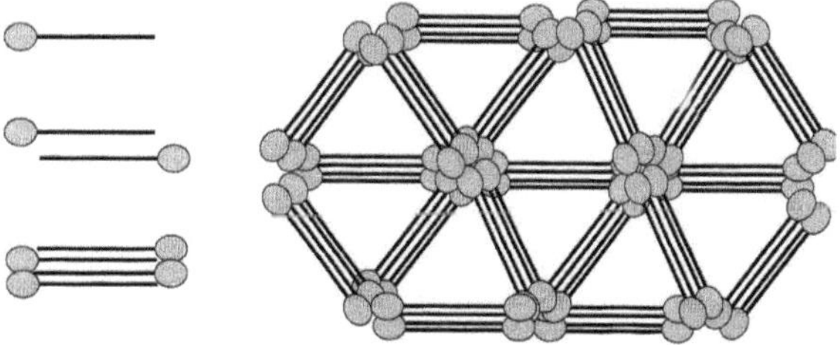

Abb. 3.11. Elektronenoptisches Bild (nach Gefrierätzung) eines hexagonalen Netzwerks aus Kollagen VIII, entstanden in einer Zellkultur aus Endothelzellen von boviner Kornea. Die Aggregation der Moleküle ist darunter schematisch dargestellt (Gabe von Dr. Nagei)

ten Abnormalitäten der Wachstumsplatte einhergeht. Durch die Mutationen der C-terminalen nicht kollagenen Domänen verlieren die $\alpha 1$(X)-Ketten die Fähigkeit, sich zu tripelhelikalen Molekülen zusammenzulagern (Warman et al. 1993).

3.2.1.9 Kollagen Typ XV und XVIII

Beide Kollagene sind Homotrimere. Ihre tripelhelikalen Domänen sind durch zahlreiche nicht tripelhelikale Segmente unterbrochen (Oh et al. 1994). Besondere Homologien zeigen sich in den C-terminalen Domänen von Kollagen XV und XVIII (Abb. 3.1). Nach immunhistochemischen Untersuchungen sind beide Kollagentypen besonders in Basalmembranzonen zu finden. Über ihre makromolekulare Struktur ist noch nichts bekannt.

Besondere Aufmerksamkeit haben beide Kollagene als Muttersubstanzen des Angiogeneseinhibitors Endostatin erlangt. Das Endostatin bildet die C-terminale, globuläre Domäne der Kollagene XV und XVII und wird durch extrazelluläres proteolytisches Prozessieren vom Kollagenmolekül abgespalten. Dieser Teil des Moleküls wurde rekombinant hergestellt und blockierte Tumorwachstum fast vollständig (O'Reilly et al. 1997).

3.2.1.10 Zelloberflächenkollagene (Typ XIII, XVII)

Diese Kollagene haben eine unterschiedliche Struktur. Gemeinsam ist ihnen nur ein transmembraner Bereich, der die Moleküle in eine zytoplasmatische Region sowie in eine extrazelluläre tripelhelikale Domäne teilt. Im Englischen werden sie als *m*embrane *a*ssociated *c*ollagens with *i*nterrupted *t*riple helices (MACIT) bezeichnet (Pihlajaniemi u. Rehn 1995).

Kollagen XIII ist ein homotrimeres Molekül, dessen extrazelluläre Domäne durch 3 nichthelikale Segmente unterbrochen ist (Abb. 3.1). Dieses Kollagen zeigt auffallend viele Spleißvarianten mit unterschiedlich langen tripelhelikalen Domänen. Es ist weit verbreitet und wird vorwiegend auf Oberflächen von Fibroblasten gefunden (Juvonen et al. 1993).

Kollagen XVII besitzt eine weit größere zytoplasmatische Domäne von etwa 500 Aminosäureresten und eine lange, extrazelluläre tripelhelikale Domäne. Diese beginnt mit 8 Heptatwiederholungen, die wahrscheinlich den Startpunkt für die Ausbildung der 15-mal unterbrochenen Tripelhelix darstellen (Abb. 3.1). Kollagen XVII wurde zunächst als Bestandteil von Hemodesmosomen als Bullous-pemphigoid-Antigen charakterisiert (Borradori u. Sonnenberg 1996). Das homotrimere Molekül ist als Mitglied der epidermalen-dermalen Verbindungszone an der Bindung der Keratinozyten an die Basalmembran beteiligt. Mutation des Kollagens XVII verursacht eine seltene, nicht tödliche Variante der autosomal-rezessiven funktionalen Epidermolysis bullosa. Meistens findet man ein vorzeitiges Stoppkodon im längsten tripelhelikalen Teil der extrazellulären Domäne.

3.2.2 Bestandteile des elastischen Gewebes

3.2.2.1 Elastin

Elastin ist von besonderer Bedeutung für Gewebe, die aufgrund ihrer Funktion über elastische Eigenschaften und reversible Dehnbarkeit verfügen, wie z. B. Lunge, Haut und die Wände der großen arte-

Abb. 3.12. Die Domänenstruktur des Elastins. Das Elastinmolekül enthält 2 verschiedene Lysin- oder Hydroxylysin enthaltende Quervernetzungsbereiche, *grau* prolinreiche Bereiche, *weiß* alaninreiche Bereiche, *schwarz* für die Elastizität verantwortliche hydrophobe Domänen. Jede Domäne wird von einem spezifischen Exon kodiert

riellen Gefäße. Elastin wird als monomeres Tropoelastin mit einem Molekulargewicht von etwa 70 000 000 synthetisiert und bildet in der extrazellulären Matrix kovalente, quervernetzte Polymere. Tropoelastin verfügt über 40 Lysinreste, von denen annähernd 35 an Quervernetzungen beteiligt sind. Es gibt 2 verschiedene Typen von Quervernetzungsregionen. Am häufigsten sind die Regionen in denen die Lysinreste von alaninreichen Sequenzen umgeben sind. Im 2. Typ findet man anstelle der Alanine Prolin- oder hydrophobe Reste. Bis auf eine befinden sich die prolinreichen Quervernetzungsregionen alle im N-terminalen Drittel des Tropoelastinmoleküls (Abb. 3.12). Die Quervernetzung wird eingeleitet durch das Enzym Lysyloxidase, welches eine oxidative Desaminierung von Lysin zu Allysin katalysiert. In einer sich anschließenden spontanen Kondensation bilden sich die tetrafunktionellen Aminosäureisomere Desmosin und Isodesmosin aus, die 2 oder auch mehrere Ketten miteinander verbinden (Mecham u. Davies 1994, Reiser et al. 1992).

Besonders wichtig für die elastischen Eigenschaften sind die hydrophoben Regionen. Sie sind reich an Glyzin und Aminosäureresten mit sperrigen hydrophoben Seitenketten. Die Peptidketten nehmen höchstwahrscheinlich eine β-Struktur ein. Die elastische, reversible Dehnbarkeit des Elastins wird dadurch erklärt, dass sich die β-Strukturen während einer Streckung der Fibrillen entfalten und die hydrophoben Reste dem Wasser ausgesetzt werden. Bei Nachlassen der Dehnungskräfte haben die hydrophoben Seitenketten das Bestreben, sich dem Wasser wieder zu entziehen, wodurch die Ketten die alte Struktur wieder zurückfalten (Reiser et al. 1992).

Im Gewebe bilden die elastischen Fibrillen 3 unterschiedliche morphologe Strukturen. In den elastischen Ligamenten, in Lunge und Haut, erscheinen die Fibrillen klein, seilartig und von unterschiedlicher Länge. In den Wänden der großen Arterien bilden sich konzentrische Lamellen, während im Knorpel dreidimensionale, wabenartige

Strukturen beobachtet werden. Die elastischen Fibrillen sind komplexe Strukturen, die neben Elastin mikrofibrilläre Proteine wie Fibrillin, das Enzym Lysyloxidase und wahrscheinlich Proteoglykane enthalten. Während der Embryonalentwicklung erscheinen zunächst Bündel aus Mikrofibrillen, in die Elastin als amorphes Material eingebettet wird und die sich langsam zu elastischen Fibrillen vereinigen. Mit zunehmendem Alter nehmen die mikrofibrillären Strukturen immer mehr ab, sodass schließlich die elastischen Fibrillen nur noch von einem dünnen Mantel von Mikrofibrillen umgeben sind (Mecham u. Davies 1994).

Intragene Deletionen, Translokalisationen oder die vollständige Deletion des Elastingens werden mit Krankheiten wie supravalvulärer Aortenstenose (Keating 1995) oder dem Williams-Syndrom in Verbindung gebracht. Andere Erkrankungen mit abnormaler Elastinsynthese sind Cutis laxa, das Buschke-Ollendorf-Syndrom und die Hutchinson-Gilford-Progerie (Davidson et al. 1995).

3.2.2.2 Fibrillin

Die Fibrilline bilden den Hauptbestandteil der extrazellulären Mikrofibrillen, die mit einem Durchmesser von 10–12 nm sowohl in elastischen als auch in nicht elastischen Geweben weit verbreitet sind. Gegenwärtig sind 2 Fibrilline, Fibrillin-1 und Fibrillin-2 bekannt (Sakai et al. 1986, Zhang et al. 1994, Handford et al. 2000). Es sind hochmolekulare Glykoproteine mit einem MG über 200 000, die sich in ihrer Primärstruktur und in ihrem modularen Aufbau sehr ähnlich sind. 90% der Moleküle bestehen aus Kalzium bindenden EGF-ähnlichen Modulen. Zusätzlich gibt es Module mit 8 Cysteinresten, die auch in der TGF-β bindenden Proteinfamilie zu finden sind. Sowohl der N-terminale Bereich mit 4 Cysteinresten als auch die 180 Reste lange C-terminale Domäne sind beide fibrillinspezifisch und wurden bisher in keinem anderen Protein gefunden (Abb. 3.13). Im N-terminalen Bereich fällt ein 47 Reste langer Abschnitt auf, der eine große Anzahl von Prolin- und Glyzinresten enthält. Man nimmt an, dass dieser Bereich eine Faltung des länglichen Moleküls erlaubt, was bei der Zusammenlagerung zu den Mikrofibrillen eine Rolle spielen könnte. Gezielte Mutation der Kalzium bindenden Motive haben gezeigt, dass die Bindung von Kalzium für die Stabilität der Struktur von großer Bedeutung ist und die Mikrofibrillen gegen proteolytischen Abbau resistent macht (Reinhardt et al. 2000).

Die monomeren Fibrillinmoleküle lagern sich außerhalb der Zelle zu makromolekularen Strukturen zusammen, die durch intermolekulare Disulfidbrücken kovalent vernetzt werden. Extrakte von Mikrofibrillen aus Geweben, die hauptsächlich aus Fibrillin bestehen, zeigen eine perlschnurartige Struktur, in der die Moleküle parallel zueinander angeordnet sind. Im Gewebe zeigen die Mikrofibrillen eine Periodizität von 50 nm, während in den perlschnurartigen Extrakten der Abstand der „Perlen" bis zu 100 nm gestreckt werden kann. Um diese Dehnung zu erklären, erscheint es am wahrscheinlichsten, dass sich die im Elektronenmikroskop als 150 nm lange Stäbchen erkennbaren Moleküle bei der Aggregation durch Faltung auf etwa 50 nm verkürzen und sich mit den Enden in Register parallel zusammenlagern (Reinhardt et al. 1996). Auf Zugbeanspruchung könnten sich die Moleküle dann entfalten und so der Flexibilität, die für ein elastisches Gewebe zu fordern ist, nachkommen. Die Mikrofibrillen sind eine wichtige Komponente der elastischen Fibrillen, in denen ein Kern aus quervernetzten Elastinmolekülen von einer Schicht aus Mikrofibrillen umgeben ist. Wie bei Elastin schon besprochen, spielen die Mikrofibrillen bei der Ausbildung der elastischen Fibrillen eine besondere Rolle. Während der frühen em-

Abb. 3.13. Modulare Struktur des humanen Fibrillins. Das Molekül besteht aus 47 EGF-Wiederholungen, von denen die meisten Kalzium binden, und aus 9 Modulen des TGF bindenden Proteins mit 8 Cysteinresten, von denen 2 modifiziert sind. Die 4 Cystein enthaltende N-terminale Domäne sowie der C-terminale Bereich wurden bisher nur im Fibrillin gefunden

bryonalen Entwicklung bildet sich zunächst ein Gerüst aus Mikrofibrillen, das dann die geordnete Ablagerung der Tropoelastinmoleküle steuert. Mikrofibrillen trifft man weit verbreitet auch ohne Elastin im Gewebe an, wo sie Zellen eng umschließen und mit anderen Komponenten der extrazellulären Matrix interagieren

Die Wichtigkeit für die Integrität des Gewebes erkennt man an Erkrankungen, die durch Mutationen der beiden Proteine verursacht werden. So führen Mutationen des Fibrillin-1 zu den Marfan-Syndromen. Eine Gruppe von klinisch ähnlichen, aber doch unterscheidbaren Erkrankungen entstehen durch Mutation des Fibrillin-2, wie z. B. das autosomal-dominant erbliche Syndrom Arachnodaktylie (Milewicz et al. 2000).

3.2.3 Komponenten der Basalmembran

3.2.3.1 Lamininfamilie

Die Mitglieder der Lamininproteinfamilie stellen einen Hauptbestandteil aller Basalmembranen dar. Sie sind für die Kommunikation der Basalmembran mit den Zellen besonders wichtig. In In-vitro-Experimenten fördern Laminine das Anhaften und Ausbreiten von Zellen, die Zellwanderung, die Leitung von neuronalen Axons, die Aufrechterhaltung von differenzierten Zellphänotypen und die Induktion von Organisationsmustern. Laminine spielen während der embryonalen Entwicklung eine besondere Rolle, in der sie Zelldifferenzierung und Organbildung kontrollieren (Ekblom u. Timpl 1996).

Der Lamininfamilie gehören 9 verschiedene Untereinheiten an, die sich in 5a-, 3β- und 2γ-Ketten aufteilen und sich in 11 funktionalen, heterotrimeren Lamininisoformen zusammenschließen. Jedes Lamininmolekül besteht aus einer a-, einer β- und einer γ-Kette (Burgeson et al. 1994).

Alle Ketten enthalten eine Region aus sich wiederholenden Heptatsequenzen (Abb. 3.14). Diese sind für die Ausbildung der heterotrimeren Lamininmoleküle verantwortlich, in denen sie sich zu einer 3fachen Überschraube, der so genannten Coiled-coil-Struktur zusammenschließen. Die N-terminalen Bereiche aller Ketten setzen sich aus 3 verschiedenen Modulen zusammen. Am häufigsten kommen die sich aneinander reihenden LE-Module mit der Länge von 50–60 Aminosäureresten, die den EGF-Modulen ähneln, vor. Die LE-Reihen werden 1- bis 2-mal durch globuläre L4-Module mit etwa 250 Resten oder durch noch nicht

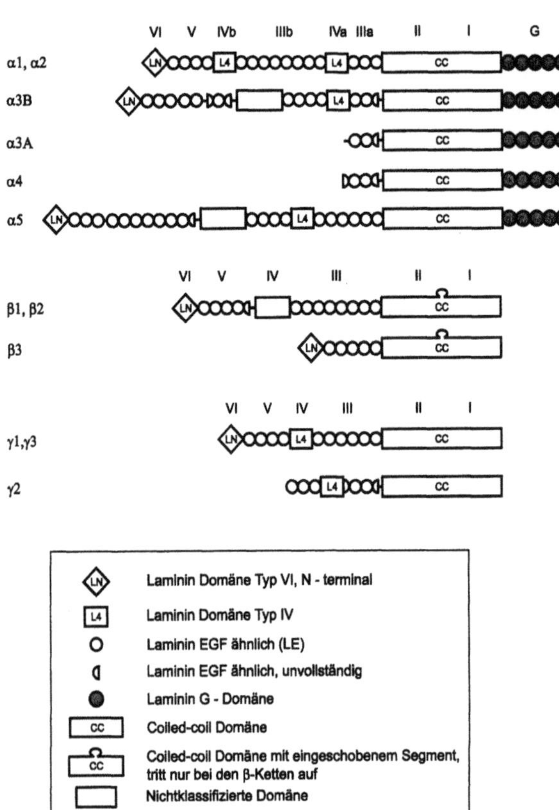

Abb. 3.14. Modulärer Aufbau der verschiedenen a-, β- und γ-Ketten der Lamininfamilie. $a3A$ und $a3B$ sind Spleißvarianten. Die Module *LN*, *L4* und *G* sowie *LE*, die spezielle Lamininvariante des EGF-Moduls, wurden auch in anderen ECM-Komponenten gefunden

klassifizierte globuläre Domänen unterbrochen. Das N-terminale Ende wird bei fast allen Ketten durch das LN-Modul abgeschlossen. Als Besonderheit besitzen die a-Ketten an ihrem C-terminalen Ende die sich 5-mal wiederholenden G-Module.

Laminin-1, -2, -3 und -4

Besonders gut untersucht ist das als Erstes entdeckte Laminin 1 ($a1\beta1\gamma1$), dessen Struktur in Abb. 3.15 schematisch wiedergegeben ist. Die kreuzförmige Anordnung der Ketten hat man aus dem elektronenoptischen Bild des Laminin-1 abgeleitet (Abb. 3.16) (Beck et al. 1990). Hier spiegelt der lange Arm die von allen 3 Ketten gebildete Coiled-coil-Überschraube wider, während die 3 kürzeren N-terminalen Arme von den Einzelketten gebildet werden. Man erkennt, wie die fadenförmig aneinander gereihten LE-Module durch die größeren L4-Module unterbrochen und durch die LN-Module terminiert werden. Die 3 Ketten werden im Zentrum des Kreuzes und am Ende des langen Arms durch Disulfidbrücken kovalent verknüpft.

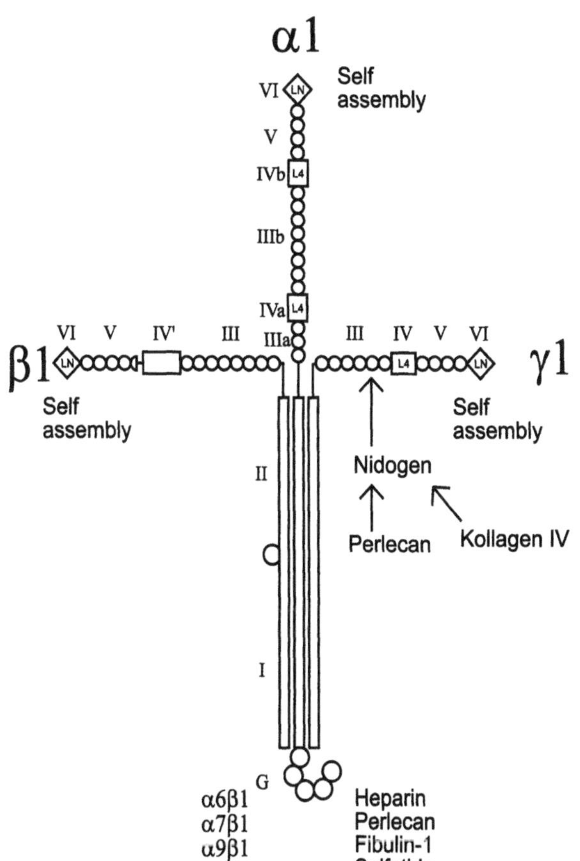

Abb. 3.15. Schematische Darstellung des Laminin-1 *(a1β1γ1)*. Die Bindungsstellen der extrazellulären Liganden und der Integrinrezeptoren sowie die Selbstaggregationsbereiche sind angegeben, abgeändert nach Timpl (1996)

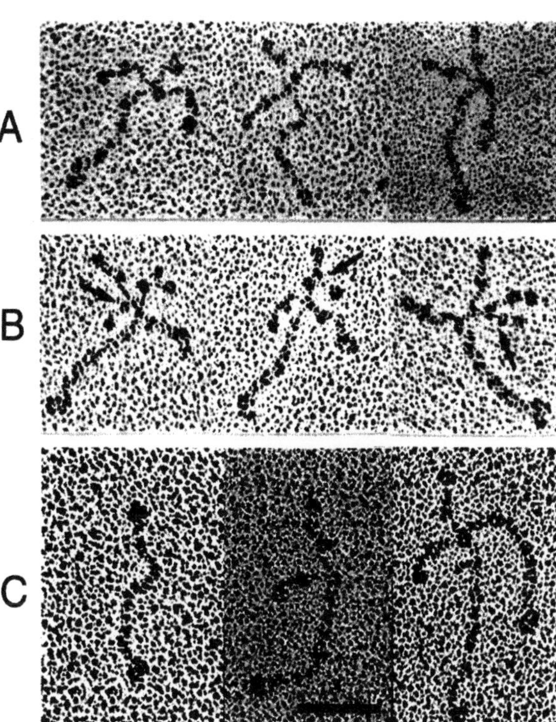

Abb. 3.16 A–C. Elektronenmikroskopische Aufnahme von Laminin nach Rotationsbedampfung. **A** Laminin-1, **B** Laminin-1-Nidogen-Komplex. *Pfeile* Nidogen, **C** *links* Laminin-5, *Mitte* Laminin-6, *rechts* kovalenter Komplex zwischen Laminin-5 und -6. A und B sind Gaben von Dr. R. Timpl, C von Dr. R. E. Burgeson

Am entgegengesetzten Ende des langen Arms sieht man als große, teilweise unterteilte globuläre Domäne die 5 der *a*-Kette angehörenden G-Module.

Laminin-1 hat die Fähigkeit zur Selbstaggregation (Yurchenco u. Cheng 1993). Dabei bilden die Moleküle durch Interaktion über die Enden der kurzen Arme ein quasi hexagonales Netzwerk aus (Abb. 3.17), das mit dem in den Basalmembranen ebenfalls vorliegenden Kollagen-IV-Netzwerk durch das später zu besprechende Nidogen vernetzt wird. Durch elektronenmikroskopische Untersuchungen eines Laminin-1-Nidogen-Komplexes wurde die Nidogenbindungsstelle des Laminins im durch die *γ*-Kette gebildeten kurzen Arm lokalisiert (Abb. 3.16 b) und später durch zielgerichtete Mutation in einem LE-Modul der Domäne III festgelegt (Abb. 3.15) (Pöschl et al. 1996). Mit Zellen kommuniziert Laminin vorwiegend über die G-Module am Ende des langen Arms. Hier befinden sich die Bindungsstellen für die Integrine *a6β1*, *a7β1*, *a9β1* und *a6β4*. Zusätzlich hat man am N-terminalen Bereich der *a*1-Kette Bindungsstellen mit schwa-

cher Affinität zu den Integrinen *a1β1* und *a2β1* gefunden. Auch verschiedene andere extrazelluläre Matrixbestandteile, wie z.B. Heparin, Perlekan, Fibulin 1 und Sulfatide, binden an die G-Module der *a*1-Kette. Erwähnt soll werden, dass es auch Nichtintegrinzellrezeptoren gibt, die mit Laminin vorwiegend über die G-Module reagieren (Timpl u. Brown 1996).

Laminin-1 wurde während der Mausentwicklung schon vor dem Blastozystenstadium nachgewiesen (Ekblom et al. 1990) und tritt anschließend während der Organbildung in vielen epithelialen Geweben auf, wie durch spezifische Antikörper gegen die *a*1-Kette gezeigt wurde. Die Expression von Laminin-1 kann während der Entwicklung und in erwachsenem Gewebe zeitlich und lokal begrenzt sein. So ist es normal nicht in Muskeln und in peripheren Nerven zu finden (Paulsson 1996).

In Laminin-2 *(a2β1γ1)* und Laminin-4 *(a2β2γ1)* ist die *a*1-Kette durch die *a*2-Kette ersetzt. Die Gewebeverteilung von *a*2 und *a*1 ist unterschiedlich. Dies ist besonders prominent in den Basalmembranen der gestreiften und glatten Muskulatur von Gefäßen, Nerven und Plazenta. Wie bei der *a*1-Ket-

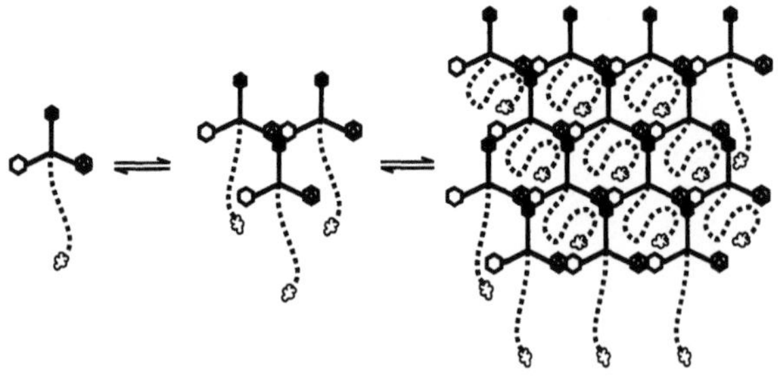

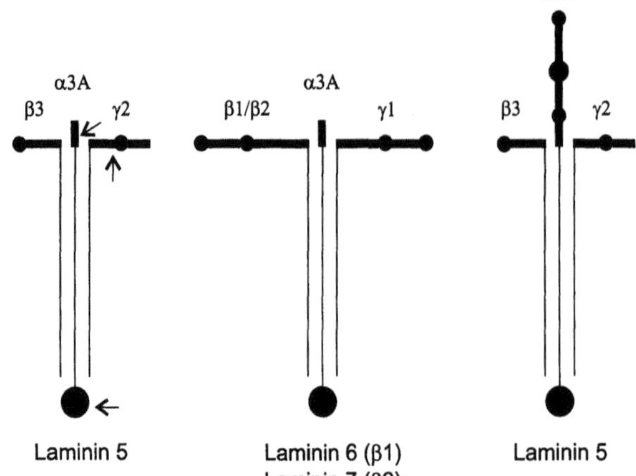

Abb. 3.18. Schematische Darstellung der Laminine-5, -6 und -7 und des hypothetischen Laminin-5 mit der langen 3αB-Kette. Die α3A- und die γ2-Kette des Laminin-5 werden an den durch *Pfeile* gekennzeichneten Stellen proteolytisch prozessiert, wiedergegeben mit Genehmigung von Sasaki u. Timpl (1999)

Abb. 3.17. Schematische Darstellung des quasi hexagonalen Lamininnetzwerks. Die Moleküle interagieren miteinander über die N-terminalen LN-Module der α1-, β1- und γ1-Ketten. Die langen Arme des Laminins sind nicht beteiligt, nach Yurchenco u. Cheng (1993)

te des Laminin-1 reagieren die Integrine α3β1, α6β1 und α7β1 auch mit den G-Modulen der α2-Kette des Laminin-2, während die Integrine α1β1 und α2β1 an die N-terminalen Bereiche der α2-Ketten binden. Die Laminine-2 und -4 stimulieren das Auswachsen der Neuriten und sind für die Stabilisierung der Basalmembranen der Muskelfasern essenziell (Paulsson 1996).

Laminin-3 (α1β2γ1) ist bis heute noch nicht in einem präparativen Maßstab isoliert, wurde aber durch biosynthetische Untersuchung wahrscheinlich gemacht. Aufgrund der homologen Domänenstruktur nimmt man an, dass es sich ähnlich verhält wie Laminin-1 (Klein et al. 1990).

Laminin-5, -6 und -7

Den Lamininen-5, -6 und -7 gemeinsam ist die am N-Terminus verkürzte α3A-Kette. Besonders auffallend ist das Laminin-5 (α3Aβ3γ2). Die ebenfalls am N-Terminus verkürzten β3- und γ2-Ketten wurden bisher nur zum Aufbau des Laminin-5 verwendet (Abb. 3.18). Eine weitere Besonderheit ist die proteolytische Veränderung, die das Laminin-5 im extrazellulären Raum erfährt. So werden die α3A-Kette am N- und C-Terminus und die γ2-Kette am N-Terminus verkürzt. Im Elektronenmikroskop hat Laminin-5 ein hantelförmiges Aussehen, während Laminin-6 (α3Aβ1γ1) und Laminin-7 (α3Aβ2γ1) mit ihren normal langen β1-, β2- und γ1-Ketten ein Y-förmiges Erscheinungsbild zeigen. Einmalig ist auch, dass Laminin-5, Laminin-6 und -7 eine kovalente Bindung eingehen, wobei der N-terminale Bereich des Laminin-5 mit der zentralen Region des Laminin-6 oder -7 durch eine Disulfidbindung vernetzt wird (Abb. 3.16c) (Burgeson 1996).

Laminin-5 ist ein wesentlicher Bestandteil der Verankerungsfilamente, die in den Hemodesmosomen der dermalen-epidermalen Verbindungszone

die basalen Keratinozyten mit den Basalmembranen verbinden. Darüber hinaus ist Laminin-5 Bestandteil der Filamente der intestinalen Villi sowie vieler anderer Verankerungsstrukturen, wie die breite Expression von Laminin-5 im amniotischen Epithelium sowie in den Epithelien des Atmungs-, Verdauungs- und Harntrakts zeigt. Von der α3-Kette gibt es 2 Spleißvarianten: das hier besprochene α3A und das längere α3B. α3B ist noch nicht isoliert und näher untersucht worden (Burgeson 1996).

Laminin-8, -9, -10 und -11

Die Laminine-8, -9, -10 und -11 sind charakterisiert durch die kurze α4- und die überlange α5-Kette (Abb. 3.19). Die Kettenzusammensetzung von Laminin-8 (α4β1γ1), Laminin-9 (α4β2γ1), Laminin-10 (α5β1γ1) und Laminin-11 (α5β2γ1) ist noch nicht eindeutig geklärt. Die α4- und α5-Ketten findet man weit verbreitet in einer großen Auswahl von Geweben, wie Lunge, Herz, Muskel, Gefäße und peripheren Nerven (Miner et al. 1997).

Funktion der Laminine

Die Funktion der Laminine für die embryonale Entwicklung sowie die Funktion der Basalmembranen wurde mit Hilfe von transgenen Mäusen, in denen die Gene einzelner Lamininketten ausgeschaltet wurden, getestet. Einblicke ergaben auch genetische Erkrankungen, die auf Mutation einzelner Lamininketten zurückgeführt werden konnten. Elimination des β2-Gens in der Maus führte zu ab-

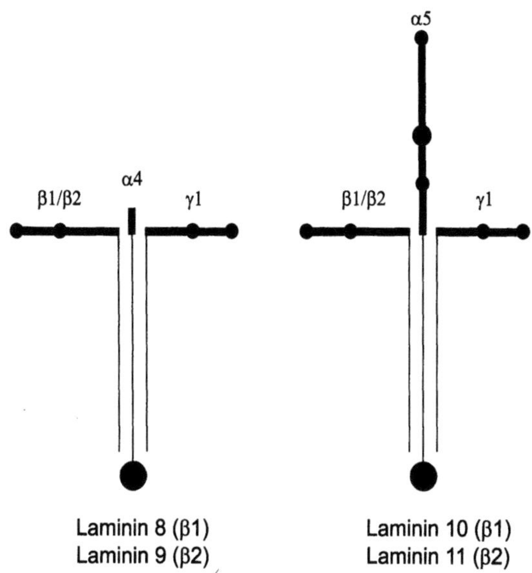

Abb. 3.19. Schematische Darstellung der Laminine 8, 9, 10 und 11. Die Kettenzusammensetzung der Laminine 9, 10 und 11 ist noch nicht eindeutig geklärt, wiedergegeben mit Genehmigung von Sasaki u. Timpl (1999)

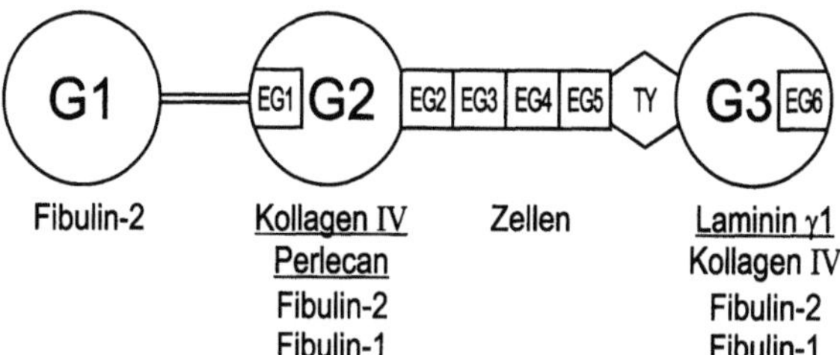

Abb. 3.20. Schematische Darstellung der Nidogenstruktur. Die globulären Domänen *G1* und *G2* sind nidogenspezifisch, während die C-terminale Domäne *G3* 5 LDL-Rezeptor-ähnliche LY-Module enthält. Die stäbchenförmige Verbindung zwischen *G2* und *G3* besteht aus 4 EGF-ähnlichen EG-Modulen, *EG2–5*, und einem thyreoglobulinähnlichen TY-Modul. 2 zusätzliche EG-Module, *EG1* und *EG6*, befinden sich in *G2* und *G3*. Die Bindungsstellen für andere extrazelluläre Matrixproteine sind angegeben

normalen neuromuskulären Verbindungen und zu massiver Proteinurie (Noakes et al. 1995 a). Obwohl die Basalmembranen morphologisch normal erschienen, war ihre Funktion als Filtrierbarriere gestört, was einen zeitigen postnatalen Tod zur Folge hatte (Noakes et al. 1995 b). Ausschalten der γ1-Kette verhindert die Ausbildung der Laminine-1, -2, -3, -4 -6, und -7 und verursacht so während der embryonalen Entwicklung frühzeitig den Tod. Interessant ist, dass die Deletion der Nidogenbindungsstelle in der γ1-Kette in Homozygoten ebenfalls ein frühes Absterben der Embryonen zur Folge hat (Mayer U, pers. Mitteilung). Bei homozygoten Mitgliedern einer Familie mit kongenitaler Muskeldystrophie konnte die Erkrankung auf die Einführung frühzeitiger Stoppkodons in der helikalen Domäne der α2-Kette und somit auf das Fehlen der Laminine-2 und -4 zurückgeführt werden (Helbling-Leclerc et al. 1995). Auf ähnliche Weise führt das experimentelle Ausschalten der α2-Kette in der Maus zu Störungen in der Ausbildung intakter Basalmembranen in Muskeln und so zum frühzeitigen Tod (Miyagoe et al. 1997). Bei der tödlichen Blasenerkrankung Epidermolysis bullosa vom Typ Herlitz wurden Mutationen in den Ketten α3, β3 oder γ2 gefunden, die zu vorzeitigen Stoppkodons führen und so die Bildung des Laminin-5, einer wesentlichen Komponente der Verankerungsfilamente, verhindern (Pulkkinen et al. 1994 a, b, Vidal et al. 1995).

3.2.3.2 Nidogen

Nidogen-1, auch als Entaktin bezeichnet, ist ein Protein mit einem MG von 150000, das in allen Basalmembranen von embryonalen und erwachsenen Geweben vorkommt (Mayer u. Timpl 1994). Natives rekombinantes Nidogen-1 zeigt nach Rotationsbedampfung im Elektronenmikroskop 3 Globule (Fox et al. 1991). Sie befinden sich an beiden Enden und im Zentrum des Moleküls und sind durch stäbchenförmige Strukturen miteinander verbunden (Abb. 3.20). Die C-terminale G3-Domäne besteht aus 5 LDL(low density lipoprotein)-rezeptorähnlichen (LY) Modulen und einem EGF-ähnlichen (EG) Modul. Die G1–G2-Domänen wurden bisher nur im Nidogen gefunden. G1 enthält 2 EF-Hand-Motive und G2 ein zusätzliches EG-Modul. Die stäbchenförmige Verbindung zwischen G2 und G3 wird aus 4 EGF-ähnlichen EG-Modulen und einem größeren thyreoglobulinähnlichen TY-Modul gebildet. Das Molekül enthält 2 Akzeptorstellen für N- und 7 für O-gebundene Oligosaccharide. Außerdem sind 1–2 Tyrosinreste mit Sulfatgruppen besetzt (Mann et al. 1989, Fujiwara et al. 1993, Paulsson et al. 1985).

Nidogen-1 besitzt die Fähigkeit, mehrere andere Bestandteile der Basalmembran, wie z.B. Laminin, Kollagen IV, Perlekan und Fibulin, zu binden. Die hochaffine Bindungsstelle für Laminin befindet sich auf der G3-Domäne, während Kollagen über die zentrale G2-Domäne gebunden wird. Aufgrund der Fähigkeit von Nidogen, mit den wichtigen Komponenten der Basalmembran spezifisch zu interagieren, nimmt man an, dass Nidogen eine essenzielle Funktion bei der Zusammenlagerung der einzelnen Bestandteile zur makromolekularen Organisation der Basalmembran zukommt (Timpl u.

Brown 1996, Mayer u. Timpl 1994, Brown et al. 1994).

Kürzlich wurde ein Nidogen-2 gefunden (Kohfeldt et al. 1998). Es hat, wie Nidogen-1, einen Aufbau aus 3 globulären Einheiten, zeigt eine ähnliche Verteilung im Gewebe wie Nidogen-1, ist aber nicht mit diesem identisch. Nidogen-1-defiziente Mäuse, in denen das Nidogen-1-Gen ausgeschaltet ist, zeigen keinen offensichtlichen Phänotyp (Murshed et al. 2000). Man nimmt an, dass Nidogen-2, trotz seiner geringeren Affinität zu Laminin-1, die Funktion des Nidogen-1 als Organisator der makromolekularen Struktur der Basalmembranen übernehmen kann. Besonders wichtig scheint dafür die Bindung der Nidogene an ein EG-Modul in der Domäne III der Laminin-γ1-Kette zu sein. Wird diese Bindungsstelle so mutiert, dass die beiden Nidogene nicht mehr gebunden werden können, kommt es in den entsprechenden transgenen Mäusen zu Störungen im Aufbau der Basalmembranen (Mayer U, pers. Mitteilung).

3.2.3.3 Fibulin

Gegenwärtig sind 3 Fibuline, Fibulin-1, -2 und -3, bekannt (Argraves et al. 1989, Tran et al. 1997). Allen gemeinsam ist eine Anzahl (6–10) von sich wiederholenden EGF-ähnlichen Modulen sowie eine für alle Fibuline typische C-terminale Domäne. Fibulin-1 und -2 besitzen darüber hinaus 3 anaphylatoxinähnliche Module, wie sie auch in den Komplementkomponenten C3a, C4a und C5a zu finden sind. Der N-terminale Bereich des Fibulin-2 wird durch 2 zusätzliche Domänen, eine cysteinreiche und eine cysteinfreie, gebildet (Abb. 3.21). Eine Besonderheit zeigt das Fibulin-1, dessen C-terminale fibulintypische Domäne durch alternatives Spleißen für 4 verschiedene Isoformen, A–D,

verantwortlich ist (Pan et al. 1993, Argraves et al. 1990). Die Isoformen C und D sind im Organismus weit verbreitet, während die Isoformen A und B ausschließlich in der Plazenta gefunden wurden. Im Gewebe liegt Fibulin-1 als Homodimer vor, in dem die Moleküle mit den Enden abschneidend parallel oder antiparallel angeordnet sein können. Die Dimere werden durch Bindung über die beiden EGF-ähnlichen Module 5 und 6 zusammengehalten. Im Elektronenmikroskop erscheint das Fibulin-1 nach Rotationsbedampfung als Hantel, in der 2 globuläre Domänen durch ein Stäbchen miteinander verbunden sind. Auch Fibulin-2 kommt als Homodimer vor, in dem die Moleküle antiparallel über ihre anaphylatoxinähnlichen Domänen assoziieren und durch eine Disulfidbrücke zwischen den zentralen Modulen miteinander kovalent verbunden sind (Sasaki et al. 1997).

Fibulin-1 ist in embryonalen sowie in erwachsenen Geweben weit verbreitet. Es wird in einigen embryonalen, epithelialen Basalmembranen gefunden und besonders stark in epithelialen-mesenchymalen Übergangszonen, wie den endokardialen Zwischenlagen, dem sich entwickelnden Myotom und dem Neuralrohr, exprimiert. Aufgrund dieses Vorkommens vermutet man eine Rolle des Fibulin-1 bei der Regulation der Zellwanderung. Im erwachsenen Gewebe ist es vorwiegend assoziiert mit fibrillären Strukturen der Haut, der Lunge, der Plazenta und den medialen und intimalen Schichten der Blutgefäße sowie mit den meningealen Geweben des Gehirns (Roark et al. 1995). Fibulin-1 kommt auch im Plasma vor und scheint eine Rolle bei der Hämostase und Thrombose zu spielen. Bindungsstudien haben gezeigt, dass Fibulin-1 Affinitäten auch zu anderen extrazellulären Matrixproteinen, wie Fibronektin, Nidogen, Laminin und Fibrinogen, besitzt (Godyna et al. 1996).

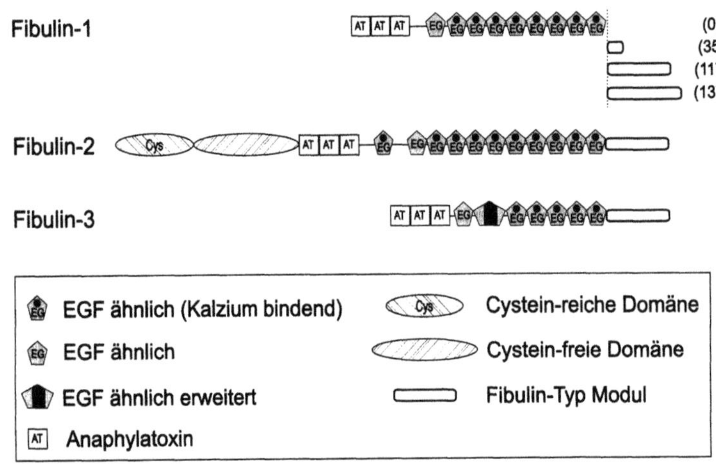

Abb. 3.21. Die modulare Struktur der Fibulinfamilie. Fibulin-1 tritt durch alternatives Spleißen des C-terminalen Fibulinmoduls in 4 Varianten, A–D, auf, deren Längen in Aminosäureresten angegeben sind. Im Gewebe liegen Fibulin-1 und -2 als Dimere vor

Fibulin-2 ist auch in embryonalen und erwachsenen Geweben weit verbreitet. Während der embryonalen Entwicklung zeigt es eine besonders gesteigerte Expression bei der Herzmorphogenese, in der initialen Phase der Knorpelentwicklung und in verschiedenen Zonen der epithelialen-mesenchymalen Wechselwirkung, wie bei Haarfollikeln und Zähnen. Beide Fibuline, Fibulin-1 und -2, findet man in Geweben des Nervensystems. Ihr Expressionsmuster ist aber unterschiedlich. Fibulin-2 ist prominent im Neuroepithelium, in den Spinalganglien und peripheren Nerven, während Fibulin-1 in den leptomeningealen Anlagen, den Basalmembranen des Neuroepitheliums und im Perineurium der peripheren Nerven vorkommt (Miosge et al. 1996). Fibulin-2 tritt ebenfalls mit einer Vielzahl von extrazellulären Komponenten, wie Fibronektin und Nidogen in Wechselwirkung. Es zeigt geringere Affinitäten zu Kollagen IV, Perlekan und Kollagen VI und keine zu Fibulin-1, Vitronektin und zu verschiedenen anderen Kollagenen (Sasaki et al. 1995). mRNA des Fibulin-3 wurde v. a. in humanen, alten Geweben gefunden. In Kultur wird es von seneszenten Fibroblasten und Fibroblasten von Patienten mit dem Werner-Syndrom exprimiert. Über seine Funktion ist noch nichts bekannt. So ist nicht klar, ob es wie Fibulin-1 und -2 ein extrazelluläres Matrixprotein darstellt (Lecka-Czernik et al. 1996).

3.2.3.4 Tenascin

Für Tenascin-C und -R werden eine Reihe von Synonymen verwendet:
1. Tenascin-C
   - GMEM (glial mesenchymal extracellular matrix antigen),
   - myotendinous antigen,
   - cytoactin,
   - hexbrachion,
   - brachionectin,
   - neuronectin;
2. Tenascin-R:
   - human gene X,
   - tenascin-like gene,
   - flexilin.

Die Familie der Tenascine besteht gegenwärtig aus 5 Mitgliedern:
- Tenascin-C,
- Tenascin-R,
- Tenascin-X,
- Tenascin-Y und
- Tenascin-W.

Alle Tenascine enthalten 4 charakteristische Bausteine:
- Heptadwiederholungen (heptad repeat),
- EGF-ähnliche Module,
- Fibronektin-Typ-III-Module und
- eine globuläre Domäne, die homolog zu Fibrinogen ist (Abb. 3.22), (Chiquet-Ehrismann et al. 1994, Chiquet-Ehrismann 1995).

Der Prototyp der Tenascinfamilie ist Tenascin-C, ein Hexamer. Mit Hilfe der Heptadwiederholungen lagern sich zunächst 3 Untereinheiten unter Bildung einer Triple-coiled-coil-Struktur zu einem Trimer zusammen. Anschließend bilden 2 Trimere über ihre N-terminalen Domänen das hexamere Molekül. Sowohl die Trimere als auch das Hexamer werden über Disulfidbindungen zusammengehalten (Spring et al. 1989). Im Elektronenmikroskop ist dieser Komplex als ein Stern mit 6 Armen

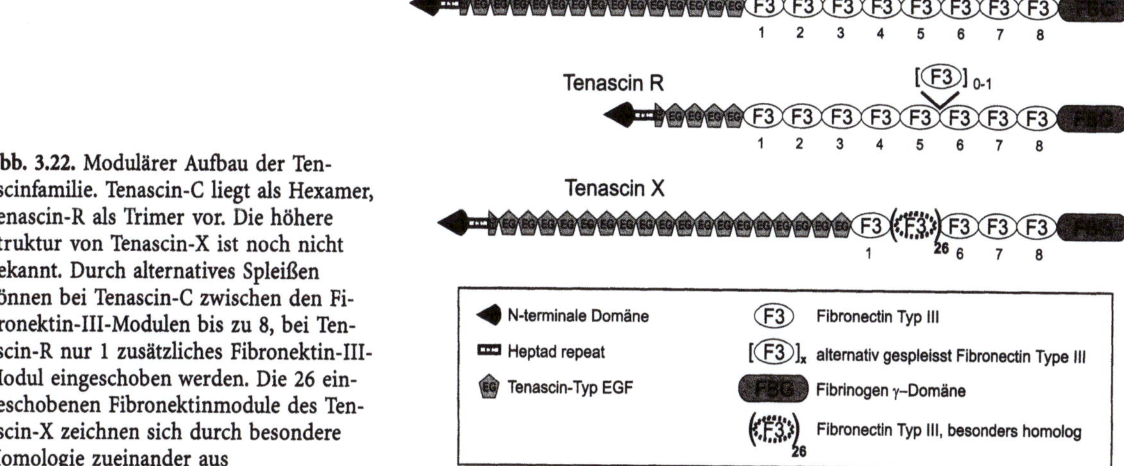

Abb. 3.22. Modulärer Aufbau der Tenascinfamilie. Tenascin-C liegt als Hexamer, Tenascin-R als Trimer vor. Die höhere Struktur von Tenascin-X ist noch nicht bekannt. Durch alternatives Spleißen können bei Tenascin-C zwischen den Fibronektin-III-Modulen bis zu 8, bei Tenascin-R nur 1 zusätzliches Fibronektin-III-Modul eingeschoben werden. Die 26 eingeschobenen Fibronektinmodule des Tenascin-X zeichnen sich durch besondere Homologie zueinander aus

zu erkennen. Die sich den Heptadwiederholungen anschließenden EGF-ähnlichen EG-Module sind besonders kurz und in dieser Form nur im Tenascin zu finden. Es schließen sich 8 Fibronektin-Typ-III-Module an. Zwischen Modul 5 und 6 können durch alternatives Spleißen bis zu 8 zusätzliche Typ-III-Module eingeschoben werden, sodass das Molekulargewicht des hexameren Moleküls zwischen 190 000 und 300 000 variieren kann. Die Untereinheiten werden am C-terminalen Ende durch eine Fibrinogen-γ-Domäne abgeschlossen.

Tenascin-R ist dem Tenascin-C homolog. Da es nur 4 EGF-ähnliche Module besitzt und die Region der 8 Fibronektin-III-Module nur um ein Modul verlängert werden kann, hat es ein kleineres Molekulargewicht. Tenascin-R bildet kein Hexamer, bisher wurden vorwiegend trimere Moleküle beobachtet (Norenberg et al. 1992). Tenascin-X enthält 18,5 EGF-ähnliche Module und 29 Fibronektin-III-Module, wobei die Fibronektin-III-Module 2–27 eine besonders hohe Homologie aufweisen (Fuss et al. 1993).

Im Gewebe tritt Tenascin-C verstärkt während der Embryonalentwicklung auf. Es findet sich im dichten Mesenchym, das viele sich entwickelnde Organe, wie Milchdrüsen, Zähne und Niere, umgibt. Es kommt im embryonalen Knorpel vor, ist aber im Erwachsenen auf Perichondrium, Periostligamente und Sehnen sowie den Muskel-Sehnen-Übergang beschränkt. Auch glatte Muskeln exprimieren Tenascin-C, während andere erwachsene Gewebe wie Herz, Skelettmuskeln oder epitheliale Organe nur selten Tenascin-C enthalten. Im Gegensatz dazu zeigen epitheliale Tumoren in dem sie umgebenden Stroma einen hohen Gehalt an Tenascin-C. Im Nervensystem wird es v.a. von Gliazellen synthetisiert (Jones u. Jones 2000). Tenascin wirkt abstoßend auf viele Zellen und fördert ihre Abrundung. Auf der anderen Seite hat es die Fähigkeit, das Auswachsen von Neuriten zu forcieren. Weiter wurde gefunden, dass Tenascin-C Zellwachstum, Angiogenese und Chondrogenese fördert. Diese verschiedenen Aktivitäten werden durch ein Zusammenspiel der unterschiedlichen Modultypen erklärt. Endothelzellen interagieren mit Tenascin-C über die Integrine $\alpha2\beta1$ und $\alpha v\beta1$. Eine wichtige Zellbindungsregion liegt in den 3 C-terminalen Fibronektin-III-Modulen und in der sich anschließenden Fibrinogen-γ-Domäne (Fischer et al. 1997).

Tenascin-R wird ausschließlich im zentralen Nervensystem exprimiert und hier besonders während den ersten Entwicklungsstadien (Rathjen et al. 1991). Maustenascin-R ist ein abstoßendes Substrat für Neuronen, Osteozyten und Fibroblasten, während sich retinale Zellen aus Hühnchen an Tenascin-R anheften, aber keine Neuriten auswachsen. Durch Immunfluoreszenzstudien wurde Tenascin-X in der extrazellulären Matrix, welche Muskelzellen des Herz- und Skelettmuskels umgibt, und auch in Haut und Gefäßwänden lokalisiert, es wurde jedoch nicht im Nervengewebe gefunden. Über seine Funktion ist noch wenig bekannt (Matsumoto et al. 1994).

3.2.4 Proteoglykane einschließlich Hyaluronan

3.2.4.1 Hyaluronan

Hyaluronan (HA) ist als hochmolekulares und lineares Polymer aus dem Disaccharid (β1–3)-D-Glukuronsäure-(β1–4)-N-Azetyl-D-Glukosamin ein Mitglied der Glykosaminoglykane (Abb. 3.23). Es unterscheidet sich aber in mehrfacher Hinsicht von Glykosaminoglykan(GAG)-Ketten der Proteoglykane. Zunächst besitzt HA ein sehr hohes Molekulargewicht zwischen 10^6 und 10^7 mit einer ausgedehnten Länge von 2–25 μm. Ferner enthält es weder Sulfatgruppen noch epimerisierte Glukuronsäurereste. Der wichtigste Unterschied besteht in der Biosynthese. HA wird durch Hyaluronansynthetase, eine in die Plasmamembran integrierte Glykosyltransferase, an der Innenfläche der Plasmamembran synthetisiert und gleichzeitig mit der Synthese aus der Zelle ausgestoßen, d. h. in den extrazellulären Raum hineinsynthetisiert, während die GAG der Proteoglykane im Golgi-Apparat an einen Proteinkern gebunden aufgebaut werden (Weigel et al. 1997).

HA ist ein weit verbreitetes extrazelluläres sowie Zelloberflächenpolysaccharid. HA bildet ein ausgedehntes, steifes, ineinander gewundenes Netzwerk, welches aufgrund seiner hydrophilen Eigenschaften ein enormes Volumen von Wasser immobilisiert und so die physikalischen Eigenschaften des Gewebes bestimmt. Dies gilt besonders für die HA-reichen Gewebe von Synovium, Nabelschnur, Haut und Unterhaut. Im Knorpel bildet HA eine spezielle makromolekulare Organisation aus, indem es unter Beteiligung des Bindungsprotein mit dem Proteoglykan Aggrekan interagiert. In anderen Geweben bilden sich ähnliche makromolekulare Strukturen, an denen Proteoglykane wie z.B. Versikan, Brevikan und Neurokan beteiligt sind (Laurent u. Fraser 1992).

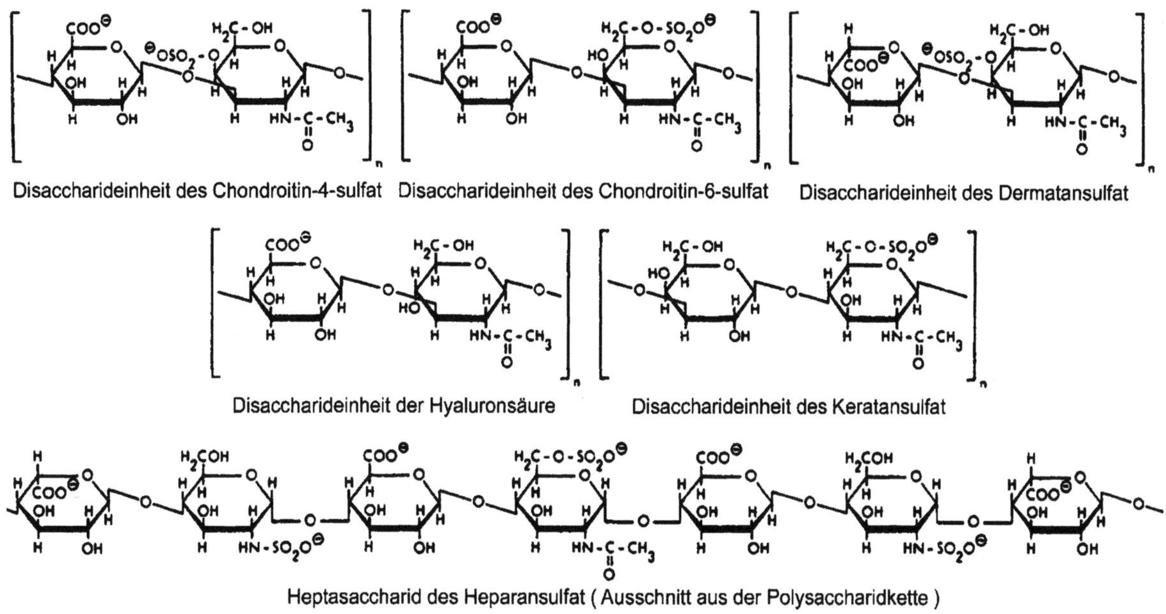

Disaccharideinheit des Chondroitin-4-sulfat   Disaccharideinheit des Chondroitin-6-sulfat   Disaccharideinheit des Dermatansulfat

Disaccharideinheit der Hyaluronsäure   Disaccharideinheit des Keratansulfat

Heptasaccharid des Heparansulfat (Ausschnitt aus der Polysaccharidkette)

Abb. 3.23. Struktur der verschiedenen Glykosaminoglykanketten. Es sind die sich wiederholenden Disaccharideinheiten für Hyaluronan, Chondroitinsulfat, Dermatansulfat und Keratansulfat angegeben. Die Variationen im Heparin sind in einem Heptasaccharid gezeigt

Eine weitere wichtige Eigenschaft des HA ist die Fähigkeit, mit Zellen zu interagieren, was vorwiegend über die Rezeptoren CD44 und RHAMM (receptor for HA mediated motility) geschieht. Dadurch wird das Verhalten der Zellen, wie Proliferation und Migration, beeinflusst und kontrolliert. Die perizelluläre Matrix, die wandernde und proliferierende Zellen während der Embryonalentwicklung, Wundheilung und Tumorgenese umgibt, ist besonders reich an HA. Hierbei wird HA einmal durch die beiden Rezeptoren CD44 und RHAMM fixiert, zum anderen wird frisch synthetisierte HA durch die HA-Synthase in der Membran zurückgehalten. Zusätzlich wird durch Interaktion der an den Zelle verhafteten HA und HA bindenden Proteoglykane ein hoch hydratisiertes, perizelluläres Milieu geschaffen (Sherman et al. 1994).

3.2.4.2 Linkprotein (LP)

Das Linkprotein ist kein Proteoglykan. Da sich aber die Struktur des Linkproteins komplett in den G1-Domänen der HA bindenden Proteoglykane wie Aggrekan, Versikan u. a. wiederfindet, wird es an dieser Stelle besprochen (Abb. 3.26). Das Linkprotein findet man in allen Knorpelgeweben, wo es ternäre Komplexe mit dem Knorpelproteoglykan Aggrekan und der HA bildet. Seine Aufgabe ist es, die Bindung zwischen HA und Aggrekan zu stabilisieren (Binette et al. 1994). Das Linkprotein ist auch in anderen Nichtknorpelgeweben gegen-

wärtig, wo es ähnlich wie im Knorpel die Funktion hat, die Bindung zwischen HA und anderen Proteoglykanen, wie Versikan und Neurokan, zu verfestigen. Das Linkprotein besteht aus einem N-terminalen immunoglobulären Modul und 2 sich wiederholenden, einander homologen Motiven. Während die beiden sich wiederholenden Domänen für die Bindung an HA verantwortlich sind, beteiligt sich das immunoglobulinähnliche Modul an der Interaktion mit Aggrekan (Goetinck et al. 1987).

3.2.4.3 Glykosaminoglykan(GAG)-Ketten

Unter dem Begriff Proteoglykane fasst man alle Proteine zusammen, die Glykosaminoglykan-(GAG)-Ketten tragen. Die Mitglieder dieser Gruppe können sehr unterschiedlich sein. So kann die Größe des Proteinmaterials zwischen 10000 und 400000 schwanken. Sie können nur eine, aber auch an die 100 GAG-Ketten enthalten. Trotz dieser großen Variabilität des Proteinanteils wird ihr Verhalten ganz wesentlich durch die sauren, Wasser bindenden Eigenschaften der GAG-Ketten bestimmt.

Die Funktionen der Proteoglykane in der extrazellulären Matrix sind vielfältig. Sie bestimmen durch ihr Wasserbindungsvermögen ganz wesentlich die biomechanischen Eigenschaften der extrazellulären Matrix. Sie wirken in den Basalmembranen als biologisches Filter und haben zellbindende und -abstoßende Eigenschaften. Sie fördern die Angiogenese und induzieren das Auswachsen von

Neuronen. Sie haben die Fähigkeit, Wachstumshormone zu binden, zu speichern und wieder abzugeben, und beeinflussen so das Verhalten der Zellen.

Die Struktur der verschiedenen GAG-Ketten ist in Abb. 3.23 wiedergegeben. Das Grundgerüst ist im Hyaluronan verwirklicht, welches selbst kein Proteoglykan ist, da es nicht an ein Protein gebunden ist. Die Grundeinheit, die sich vielmals wiederholen kann, ist das Disaccharid [D-Glukuronsäure-β(1–3)-D-N-Azetylglukosamin-β(1–4)]n. Im Chondroitinsulfat (CS) sind die Positionen 4 und 6 des Azetylglukosamins seltener als die Position 2 der Glukuronsäure mit einem Sulfatrest besetzt. Das Dermatansulfat (DS) unterscheidet sich von CS durch die Epimerisierung der Glukuronsäure zur Iduronsäure, wobei nicht alle Glukuronsäuren erfasst sein müssen. Im Heparin [D-Glukuronsäure-β(1–4)D-N-Azetylglukosamin-a(1–4)]n geschieht im Gegensatz zu den CS- und DS-Ketten die Verknüpfung der beiden Hexosen innerhalb der Disaccharideinheit von Position 1 nach 4, während die Disaccharideinheiten a-glykosidisch miteinander verbunden sind, was die gestreckte Struktur der Ketten verändert. Die Disaccharideinheiten können sehr unterschiedlich durch teilweise Epimerisierung der Glukuronsäure zur Iduronsäure, durch N-Deazetylierung verbunden mit N-Sulfatierung sowie Sulfatierung in Position 2 der Iduronsäure sowie in Position 3 und 6 des Glukosamins modifiziert sein. Heparansulfat unterscheidet sich von Heparin durch einen geringeren Sulfatierungsgrad. Als Letztes ist Keratansulfat [D-Galaktose-β-(1–4)D-N-Azetylglukosamin-β-(1–3)]n zu nennen, ein Polymer aus Galaktose und N-Azetylglukosamin, das in Position 6 des Azetylglukosamins ein Sulfat trägt. Alle GAG-Ketten sind über ein Tetrasaccharid GlcA-Gal-Gal-Xyl O-glykosidisch an die Hydroxylgruppe eines Serins oder Threonins gebunden, die dem Sequenzmotiv Asp-Asp-X-Ser/Thr-Gly-X-Gly angehören. Eine Ausnahme macht Keratansulfat, das nicht nur O-, sondern auch N-glykosidisch an das Protein gebunden sein kann.

3.2.4.4 Proteoglykane

Die Proteoglykane sind in 2 Gruppen eingeteilt, in die SLRP (small-*leucine*-rich-proteoglykans) und die modularen Proteoglykane. Die SLRP sind kompakte Proteine, die sich aus kurzen, sich wiederholenden Einheiten zusammensetzen, in denen die Positionen der Leucinreste konserviert sind. Die modularen Proteoglykane sind lange, Multidomänenmoleküle, die sich aus verschiedenen Bausteinen oder Modulen zusammensetzen, die auch am Aufbau anderer Proteine beteiligt sein können. Im Gegensatz zu den SLRP sind sie hochglykosyliert (Iozzo u. Murdoch 1996).

Kleine, leucinreiche Proteoglykane (SLRP)

Die 5 Mitglieder der SLRP-Gruppe

- Dekorin,
- Biglykan,
- Fibromodulin,
- Lumikan und
- Epiphykan

sind trotz ihres ähnlichen Aufbaus genetisch verschiedene Proteine. Die N-terminale Region von Dekorin, Biglykan und Epiphykan trägt 1–2 Dermatan- oder Chondroitinsulfatketten, die bei Fibromodulin und Lumikan durch Tyrosinsulfatreste ersetzt sind. Man nimmt an, dass diese sauren Gruppierungen mit kationischen Domänen auf Proteinen der extrazellulären Matrix oder der Zelloberflächen interagieren. Weiterhin ist die Region durch 4 hoch konservierte Cysteinreste mit der Konsensussequenz Cx$_{2–3}$-Cx-Cx$_{6–9}$C ausgezeichnet, wobei Position X von jedem Aminosäurerest eingenommen werden kann (Abb. 3.24). Der zentrale Hauptteil der Moleküle besteht aus 8 bzw. 10 sich wiederholenden Domänen, in denen die Stellung von Leucin und Asparagin konserviert ist. Der Karboxylendbereich enthält eine Schleife von etwa 32 Aminosäureresten, die durch eine Intrakettendisulfidbrücke stabilisiert ist (Abb. 3.25) (Iozzo u. Murdoch 1996, Iozzo 1998). Anhaltspunkte über die räumliche Struktur der SLRP erhielt man durch den Vergleich mit der Kristallstruktur des Ribonukleaseinhibitors. Dieses Molekül besteht aus 15 sich wiederholenden 28–29 Resten langen leu-

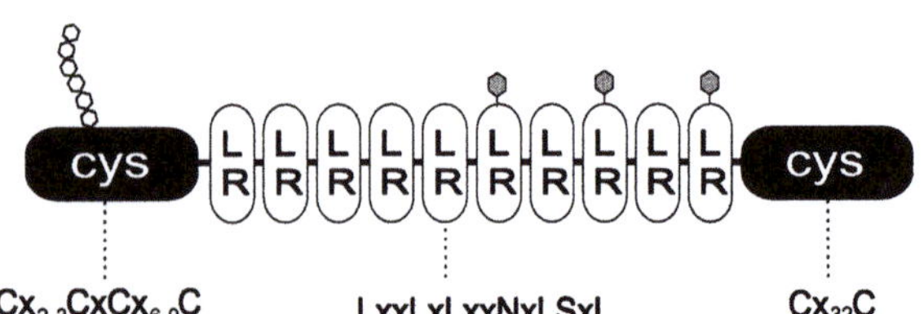

Abb. 3.24. Schematische Darstellung der Struktur des Dekorins. Die anderen SLRP wie Biglykan, Fibromodulin, Lumikan und Epiphikan sind sehr ähnlich aufgebaut. Die N- und C-terminalen Bereiche enthalten 4 bzw. 2 Cysteinreste (s. auch Abb. 3.23). Der zentrale Teil besteht aus 8 oder 10 leucinreichen Modulen, in denen die Stellung der Leucinreste hochkonserviert ist. Die Konsensussequenzen für die Cysteinreste und die Leucinreste sind angegeben. Die GAG-Kette der N-terminalen Domäne ist durch eine Reihe von *Sechsecken*, die möglichen Bindungsstellen für N-gebundene Oligosaccharide durch ein *schattiertes Sechseck* symbolisiert

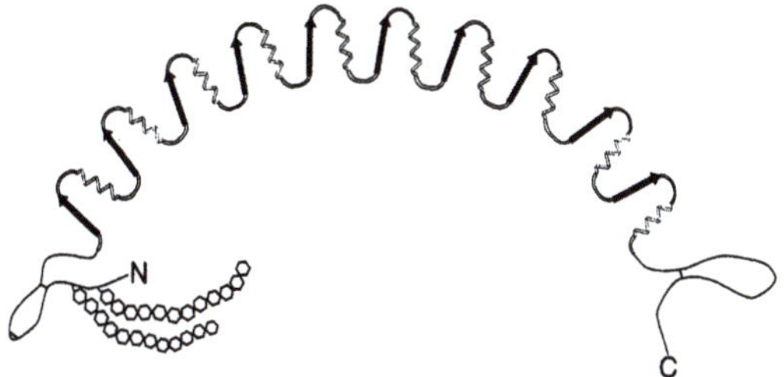

Abb. 3.25. Diagramm der räumlichen Struktur des Dekorins. Es wurde abgeleitet von der Struktur des Ribonukleaseinhibitors, der ebenfalls aus leucinreichen Wiederholungen besteht. Diese sind hufeisenförmig angeordnet. Dabei kleiden die leucinreichen β-Stränge unter Bildung einer Faltblattstruktur die innere Oberfläche des Hufeisens aus, während die α-Helices nach außen zu liegen kommen. Die N- und C-terminalen Bereiche werden durch 1 bzw. 2 Intrakettendisulfidbindungen zusammengehalten. Der N-terminale Abschnitt enthält 2 GAG-Ketten, die als *Sechseckreihen* gekennzeichnet sind, wiedergegeben mit Genehmigung von Fisher (1999)

cinreichen Domänen, die aber im Unterschied zu den SLRP nicht durch cysteinhaltige N- und C-terminale Bereiche flankiert sind. Die gesamte Struktur erinnert an ein Hufeisen, in dem sich β-Blätter und α-Helices in einer antiparallelen Anordnung abwechseln. Die 17 parallelen β-Ketten formieren sich zu einer gebogenen Faltblattstruktur, welche die innere Oberfläche des Hufeisens auskleidet, während die 16 α-Helices auf der Außenseite zu liegen kommen. Auffallend ist, dass die konservierten Leucinreste alle auf den inneren β-Ketten zu finden sind (Kobe u. Deisenhofer 1994). Eine ähnlich gebogene, hydrophobe Oberfläche, welche die Interaktion mit anderen Proteinen begünstigt, nimmt man auch für SLRP an (Abb. 3.25). Verschiedene SLRP binden an die Fibrillen bildenden Kollagentypen I, II, III, V, VI und XIV, wobei sich das stäbchenförmige Kollagenmolekül in die Hufeisenform einpasst. Dabei sind besonders die zentrischen, leucinreichen Bereiche 4–6 an der Bindung beteiligt, während die GAG-Ketten dabei keine Rolle spielen.

In In-vitro-Versuchen wird die Fibrillogenese durch die Gegenwart von SLRP verzögert (Vogel et al. 1984). Die schließlich gebildeten Fibrillen zeigen kleinere Durchmesser. Auch in vivo spielen die SLRP bei der Kontrolle der Fibrillenbildung eine wichtige Rolle. Bei der Entwicklung der Schwanzsehne von Mäusen steigt post partum der Durchmesser der Fibrillen deutlich an, was von einem signifikanten Rückgang des fibrillengebundenen Dekorins begleitet ist (Scott u. Orford 1981). Besonderen Einblick in die Funktion der SLRP erhielt man durch Ausschalten individueller Gene (Iozzo 1999). So zeigen Mäuse mit ausgeschaltetem Dekoringen eine ungewöhnlich geringe Reißfestigkeit der Haut, die von einem locker gepackten Netzwerk von Fibrillen mit variierendem Durchmesser begleitet ist. Das Ausschalten des Biglykangens führt zum Phänotyp der Osteoporose. Biglykan scheint also bei der Kontrolle der Knochenbildung und Knochenmasse eine Rolle zu spielen. Mäuse, die kein Fibromodulin bilden können, zeigen einen anormalen Sehnenphänotyp, in dem die Fibrillen wesentlich dünner sind als beim Wildtyp. Die Unfähigkeit, Lumikan zu bilden, führt zu mechanisch instabiler Haut und zur Trübung der Kornea, was durch das Auftreten von dickeren Fibrillen erklärt werden kann. Neben Kollagen interagieren SLRP auch mit anderen Proteinen. Als ein Beispiel sei die Bindung von TGF-β an Dekorin, Biglykan, Lumikan und Fibromodulin genannt. So führt die gesteigerte Synthese von Dekorin zu Wachstumshemmung, Veränderung der Morphologie und der Adhäsionseigenschaften von TGF-β-abhängigen Zellen (Yamaguchi et al. 1990). Desgleichen blockiert die Zugabe von rekombinantem Dekorin das TGF-β-abhängige Wachstum von Zellen, ein Nachweis, dass dieser Effekt auf einer Neutralisation von TGF-β durch Dekorin beruht. SLRP beeinflussen aber auch TGF-β-unabhängige Proliferation von Zellen, wie z.B. das Wachstum einer großen Anzahl von Tumorzellen (De Luca et al. 1996).

Modulare Proteoglykane

Der Proteinanteil dieser Proteoglykane ist aus verschiedenen, sich z.T. wiederholenden Bausteinen oder Modulen zusammengesetzt, die auch in Proteinen Verwendung finden. Die multimodularen Proteoglykane bestehen aus 2 Subfamilien, den Hyaluronan- und Lectin bindenden Proteoglykanen *Versikan*, *Aggrekan*, *Neurokan* und *Brevikan* sowie den nicht Hyaluronan bindenden Mitgliedern wie *Perlkcan*, *Agrin* und *Testikan*.

Hyaluronan und Lektin bindende Proteoglykane (Hyalektane). Die Mitglieder der erste Hyaluronan und Lectin bindenden Gruppe, Versikan, Agrikan, Neurokan und Brevikan, werden in der Literatur auch als Hyalektane bezeichnet (Iozzo 1998). Ihr Proteinanteil besteht aus 3 Regionen,

- dem N-terminalen Hyaluronan bindenden Bereich,
- dem C-terminalen, Lektin bindenden Bereich sowie
- der Zentraldomäne, welche die GAG-Ketten trägt.

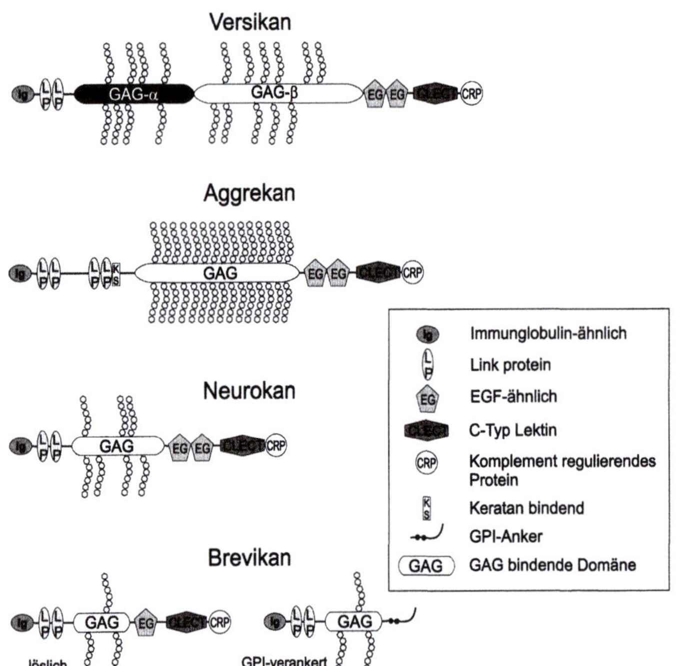

Abb. 3.26. Die modulare Struktur der Hyaluronan und Lectin bindenden Proteoglykane (Hyalektane). Die N- und C-terminalen Bereiche sind bei allen homolog, während sich die GAG tragenden zentralen Domänen voneinander unterscheiden. Von den Spleißvarianten des Versikans und des Aggrekans sind nur die längsten Formen angegeben. Die im zentralen Bereich gebundenen GAG-Ketten sind als *Reihen von Sechsecken* symbolisiert

Während die N- und C-terminalen Bereiche aller Hyalektane einander homolog sind, ist die zentrale Region großen Variationen unterworfen (Abb. 3.26). Der N-Terminus wird von einer Ig-Domäne gebildet. Es folgt der eigentliche Hyaluronan bindende Modul, der aus 2 sich wiederholenden 100 Aminosäurereste langen Untereinheiten besteht und homolog zu dem Linkprotein ist. Die Ig-Domäne ist verantwortlich für die Interaktion mit dem Hyaluronan bindenden Linkprotein, das die Bindung des Versikans an das Hyaluronan verstärkt (LeBaron et al. 1992). Der N-terminale Abschnitt des Aggrekans enthält eine zusätzliche Domäne, die dem Hyaluronan bindenden Modul ähnelt, aber keine Affinität zu Hyaluronan aufweist (Roughley u. Lee 1994). Das C-terminale Ende enthält eine Reihe von Strukturmotiven, welche für die Selektinfamilie charakteristisch sind:

- 2 EGF-ähnliche EG-Module,
- 1 C-Typ-Lektin-Modul und
- 1 CRP(complement regulation protein)-Motiv.

Die C-Typ-Lektin-Domäne von Versikan, aber auch von Aggrekan, bindet kalziumabhängige Karbohydrate einschließlich Galaktose und Fruktose (Drickamer 1993). Das karboxylständige CRP-Motiv wird auch in Mitgliedern der Selektinfamilie gefunden, von denen man annimmt, dass sie an die Komplementkomponenten C3b–C4b binden und die C3/C5-Konvertase regulieren.

Der zentrale Bereich des Versikans besteht aus 2 Abschnitten, dem GAGα und dem GAGβ (Abb. 3.26). Aufgrund von alternativen Spleißen findet man 4 Versikanvarianten: die einen α- und einen β-Bereich enthalten, die entweder nur den α- oder den β-Bereich besitzen und schließlich die kleinste Variante, die nur aus den N- und C-terminalen Domänen besteht. Die zentralen α- und β-Teilabschnitte enthalten bis zu 30 Bindungsstellen für GAG-Ketten, aber auch zusätzlich Bindungsstellen für O- und N-gebundene Oligosaccharide (Dours-Zimmermann u. Zimmermann 1994).

Der zentrale GAG bindende Bereich des Aggrekans zeigt trotz deutlicher Unterschiede gewisse Ähnlichkeit mit dem β-GAG-Bereich des Versikans. Der N-terminale Abschnitt ist reich an Prolin, Glutaminsäure und Serin und hat 20–80 Bindungsstellen für Keratansulfat. Der darauf folgende Abschnitt enthält etwa 100 CS bindende Ser-Gly-Motive, die in Gruppen von sich wiederholenden Sequenzen auftreten (Roughley u. Lee 1994). Das menschliche Aggrekan zeigt einen Polymorphismus mit variabler Anzahl dieser sich wiederholenden Einheiten (variable number of tandem repeats, VNTR), was zu Allelen mit verschiedener Anzahl von Ser-Gly-Motiven in einzelnen Individuen führt. Die C-terminale, Lektin bindende Domäne hat aufgrund von alternativen Spleißen größere Variationsmöglichkeiten als Versikan und Neurokan. So können sowohl beide EG-Module als auch das CRP-Modul entfernt werden (Oh et al. 1994).

Das dritte Mitglied der Hyalektanfamilie ist das Neurokan, das in großen Mengen im postnatalen Gehirn gefunden wird und dessen Synthese in Abhängigkeit der Entwicklungsstufen gesteuert wird (Rauch et al. 1992). Die N- und C-terminalen Domänen zeigen 40–60% Identität mit Aggrekan und Versikan, während der zentrale Bereich mit nur 7 GAG-Ketten keine signifikante Homologie zeigt (Margolis u. Margolis 1994). Ein anderes CS-Proteoglykan des Gehirns ist Brevikan mit einer besonders kurzen zentralen Domäne. Brevikan existiert in 2 Isoformen, einer löslichen und einer zellständigen GPI(Phosphatidylinositol)-verankerten Form (Yamada et al. 1994). Die lösliche Form hat, wie die anderen Hyalektane, den üblichen C-terminalen Teil, bestehend aus dem EG-, dem C-Typ-Lektin und dem CRP-Modul. In der zellständigen Form ist dieser Teil durch einen Abschnitt mit hydrophoben Aminosäuren, der einem GPI-Anker ähnelt, ersetzt.

Den Einfluss und die Wichtigkeit des Aggrekans auf die biomechanischen Eigenschaften der extrazellulären Matrix erkennt man am besten beim artikularen Knorpel. Dort bindet es an das reichlich vorhandene Hyaluronan und bildet so riesige makromolekulare Aggregate, die mit ihren negativ geladenen GAG-Ketten Gegenionen und damit Wasser binden (Roughley u. Lee 1994). Diese hypertonischen Gele sind in den Hohlräumen des Kollagenfasernetzwerks eingeschlossen und bilden so eine kissenförmige Konstruktion, die Druckbelastungen elastisch und reversibel standhalten kann. Inwieweit durch Bindung der Lektin bindenden Domäne des Aggrekans an Oligosaccharide von Glykoproteinen die makromolekulare Organisation noch erweitert wird, ist unbekannt. Auf ähnliche Weise scheint das Versikan, das über wesentlich

weniger GAG-Ketten verfügt, den Gefäßwänden die elastischen Eigenschaften zu verleihen und den pulsierenden Blutdruck auszugleichen. Die biologische Bedeutung des Neurokans im Gehirn ist noch nicht in Einzelheiten geklärt, jedoch wurde in In-vitro-Versuchen gezeigt, dass Neurokan-N-CAM-(neural cell adhesion molecule)-vermittelte Adhäsion Migration und Gefäßwachstum beeinflusst.

Modulare Proteoglykane die kein Hyaluronan binden.
Die Proteinkerne von Perlekan, Agrin und Testikan haben keine besondere Ähnlichkeit, auch wenn sie z. T. aus ähnlichen Modulen zusammengesetzt und vorwiegend mit Heparansulfatketten besetzt sind. Perlekan sieht im Elektronenmikroskop nach Rotationsbedampfung wie eine mit 5 Perlen besetzte Kette aus, die den Aufbau des Proteinkerns aus 5 Domänen widerspiegelt (Iozzo 1999). Die erste N-terminale Domäne besteht aus einer Region, die reich an sauren Aminosäuren ist und 3 mit Heparansulfatketten besetzte Ser-Gly-Motive enthält (Abb. 3.27). Es folgt das SEA-Modul, das in *Spermprotein*, *Enterokinase* und *Agrin* gefunden wird (De Luca et al. 1996). Die 2. Domäne besteht aus 4 LDL-Rezeptor-Klasse-A-ähnlichen Modulen und einem Ig-ähnlichen Modul. Domäne 3 zeigt mit ihren Laminin-EGF-ähnlichen LE-Modulen und den Laminindomäne-IV(L4)-Modulen Ähnlichkeit mit den Lamininketten. Domäne IV wird bei der Maus aus 14 und beim Menschen aus 21 Ig-ähnlichen Motiven gebildet. Die 5. Domäne ist mit den 3 Laminin-G-Modulen (LG), die durch EGF-ähnliche EG-Module getrennt sind, dem C-terminalen Bereich des Agrins ähnlich.

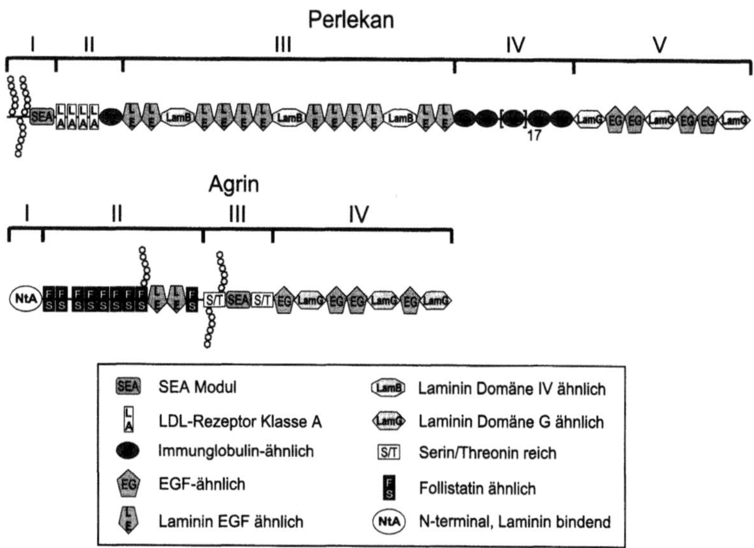

Abb. 3.27. Modulare Struktur der Proteoglykane Perlekan und Agrin. Perlekan zeigt im Elektronenmikroskop 5 Domänen, I–V, die Grenzen der Domänen sind angegeben. GAG-Ketten werden durch *Sechseckreihen* angezeigt

Perlekan ist Bestandteil aller Basalmembranen, findet sich aber auch in anderen Geweben, wie z. B. im Knorpel und in der extrazellulären Matrix des Knochenmarks. Mit Hilfe seiner polyanionischen GAG-Ketten reguliert Perlekan die Filtriereigenschaften der glomerulären, aber auch anderer vaskulärer Basalmembranen (Iozzo et al. 1994). Untersuchungen von Mäusen, die kein Perlekan mehr synthetisieren können, haben gezeigt, dass es für die Bildung von Basalmembranen während der embryonalen Entwicklung bis zum 9,5. Tag entbehrlich, ab diesem Zeitpunkt aber für die biomechanische Stabilität der Basalmembranen essenziell ist (Olsen 1999). So sterben die Embryonen am 10.–12. Tag, da die perlekanfreien Basalmembranen im Herz dem intraventrikulären Blutdruck nicht widerstehen können. Man nimmt an, dass die Stabilität der Basalmembran durch die Interaktion und Bindungsfähigkeit des Perlekanproteinkerns mit anderen Komponenten der Basalmembran, wie z. B. Laminin und Nidogen, gewährleistet wird. Überraschend war, dass überlebende Embryonen schwere Skelettdefekte aufwiesen. Obgleich Perlekan in sich entwickelnden Knorpeln exprimiert wird und die Differenzierung von Chondrozyten fördern kann, ist diese essenzielle Rolle des Perlekans während des Knorpelwachstums und der endochondrialen Verknöcherung unerwartet und muss weiter erforscht werden.

Agrin ist ein Produkt der motorischen Neuronen und wurde ursprünglich aus dem elektrischen Organ des Torpedorochens isoliert. Der 130 Aminosäurereste lange N-terminale Bereich des Proteinkerns bindet Laminin-1 und wird als NtA (N-terminal in Agrin) bezeichnet (Ruegg 1996) (Abb. 3.27). Es folgt eine Reihe von 9 Follistatinmodulen, in die 2 Laminin-EGF-ähnliche LE-Motive eingeschoben sind. In der Mitte des Moleküls befindet sich ein SEA-Modul, das von 2 Serin-Threonin-reichen Abschnitten flankiert ist, die typische Motive für die Bindung von Heparansulfatketten besitzen. Der C-terminale Teil mit den Laminin-G-ähnlichen LG- und den Laminin-EGF-ähnlichen LE-Motiven ähnelt dem Karboxylende des Perlekans (Bowe u. Fallon 1995).

Agrin hat die Fähigkeit, in Myoblastenkulturen Azetylcholinrezeptoren zu aggregieren. Anschließende Untersuchungen haben ergeben, dass das Molekül von motorischen Neuronen sezerniert und in der Basalmembran des synaptischen Spalts abgelagert wird, wo es nicht nur die Aggregation des Azetylcholinrezeptors, sondern auch der Azetylcholinesterase bewirkt. Auch andere Komponenten des synaptischen Spalts, wie Membranproteine

der Zelloberfläche und Zytoskelettelemente, scheinen nach dem Auftreten von Agrin einer Neuordnung unterworfen zu werden, was auf die Rolle des Agrins bei der Organisation des synaptischen Spalts hinweist (Ruegg 1996).

3.2.5 Komponenten des Knorpels und des Knochens

3.2.5.1 Bone-Sialoprotein

Bone-Sialoprotein ist ein phosphoryliertes und sulfatiertes Glykoprotein, das hauptsächlich in mineralisierten Geweben zu finden ist. Es besitzt eine hohe Affinität zu Hydroxylapatit (Stubbs et al. 1997) und bindet Zellen über RGD-abhängige und RGD-unabhängige Mechanismen. Im Knochen wird Bone-Sialoprotein von Osteoblasten, Osteozyten und auch von den Knochen resorbierenden Osteoklasten synthetisiert (Bianco et al. 1991). Es ist besonders angereichert in kollagenarmen Bereichen zwischen neu gebildeter Knochen- und Knorpelanlage oder in erwachsenen Knochen während des Umbaus zwischen neuen und alten Knochen (Fisher et al. 1983). Außerhalb des Knochens kommt Bone-Sialoprotein in den mineralisierten Geweben Dentin, Zement und im kalzifizierenden Knorpel vor (Bianco et al. 1991). Bone-Sialoprotein findet man auch in Tumoren, die eine Tendenz haben, im Knochen Metastasen zu bilden. So hat Mammakarzinom, das im Mammogramm Mikrokalzifikationen zeigt, eine besondere Vorliebe, Knochenmetastasen zu bilden (Bellahcene et al. 1994). Das Gleiche gilt für Lungen-, Prostata- und Schilddrüsenkrebs (Waltregny et al. 1998, Bellahcene et al. 1998).

Das humane Bone-Sialoprotein besteht aus 317 Aminosäureresten, von denen 16 Reste als Propeptid abgespalten werden. Es hat keine Disulfidbrücken, ist auf der ganzen Länge hydrophil und liegt in Lösung wahrscheinlich als Stäbchen vor (Abb. 3.28) (Fisher et al. 1990). Es enthält 3 polyglutaminsäurereiche Domänen, von denen man zunächst angenommen hat, dass sie für die Affinität zu Hydroxyapatit verantwortlich sind. Aus Untersuchungen von rekombinanten Fragmenten weiß man, dass sich die Fähigkeit, Hydroxyapatit zu binden, über das ganze Moleküle erstreckt (Stubbs et al. 1997). Des Weiteren gibt es 3 tyrosinreiche Domänen, von denen die beiden im Karboxylendbereich, die ein RGD-haltiges Motiv flankieren, sulfatiert werden. Etwa 50% der Molekülmasse sind N- oder O-gebundene Oligosaccharide, die

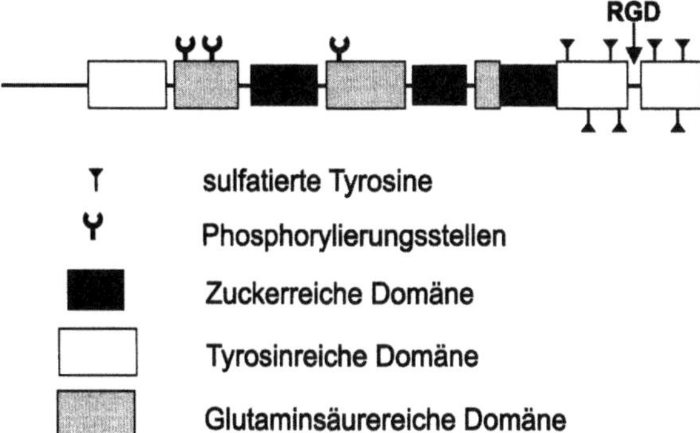

Abb. 3.28. Die Domänenstruktur des Bone-Sialoproteins. Der saure Charakter des Moleküls wird durch polyglutaminsäurehaltige Regionen und durch die Sulfatierung der Tyrosinreste bestimmt, die vorwiegend in der C-terminalen, tyrosinreichen Region stattfindet. Zusätzlich werden Serin- und Threoninreste phosphoryliert

sich im Wesentlichen in 2 oligosaccharidreichen Bereichen befinden (Bellahcene et al. 1994). Der saure Charakter des Bone-Sialoproteins wird neben den Sulfatgruppen des Tyrosins, durch Phosphorylierung von Serin- und Threoninresten bestimmt.

Die In-vivo-Aktivitäten von Bone-Sialoprotein sind nicht geklärt. In vitro bindet es Kollagen sowie Zellrezeptoren einschließlich der Integrine. Da es in vitro auch die Bildung von Hydroxylapatitkristallen initiieren kann (Hunter et al. 1996), nimmt man an, dass Bone-Sialoprotein in verschiedenen pathologischen Zuständen für eine Mineralisierung verantwortlich ist (Bellahcene et al. 1994). Neuerdings wird Bone-Sialoprotein als Marker für Mammakarzinome, die Knochenmetastasen bilden (Bellahcene et al. 1996), für zunehmenden Knochenabbau und in Synovialflüssigkeit für steigende Zerstörung von Gelenken verwendet (Saxne et al. 1995).

3.2.5.2 Osteopontin

Osteopontin ist ein saures Glykoprotein in Knochen, Zähnen, im Innenohr und in epithelialen Schichten. Im Knochen wird es durch Osteoblasten und Osteoklasten synthetisiert und im Osteoid an den Grenzflächen von kalzifizierten Knochen und in verschiedenen Knochenoberflächen gefunden (Moore et al. 1991). In der Niere wird es vorwiegend von renalen Epithelzellen exprimiert und in löslicher Form in den Urin abgegeben. Bei Verletzungen und Wiederherstellungsprozessen einschließlich atherosklerotischer Blutgefäße, Herzinfarkt, Tumorwachstum, kalzifizierenden Herzklappen und nephritischen Nieren ist Osteopontin erhöht und korreliert mit entzündeten fibrotischen

und kalzifizierenden Regionen (Denhardt u. Guo 1993).

Osteopontin ist etwa 300 Aminosäurereste groß. Posttranslationale Modifikationen umfassen N- und O-Glykosylierung, Serin- und Threoninphosphorylierung und Sulfatisierung. Aufgrund des hohen Gehalts an Asparagin- und Glutaminsäure sowie der phosphorylierten Reste ist Osteopontin stark elektronegativ. Zu Osteopontin homologe Proteine wurden bisher noch nicht gefunden. Es besitzt aber Zellbindungsmotive, Kalzium- und Heparinbindungsstellen, die denen in anderen adhäsiven Proteinen ähneln (Denhardt u. Guo 1993).

Genauere Vorstellungen über die biologische Rolle von Osteopontin müssen noch erarbeitet werden. In In-vitro-Versuchen wurde gezeigt, dass es Adhäsion, Wanderung und Überleben einer Reihe von verschiedenen Zellen mittels Interaktion über Integrine fördert (Smith et al. 1996, Nasu et al. 1995). Da Osteopontin die Bildung von Kalziumoxalat- und Hydroxylapatitkristallen inhibiert, nimmt man an, dass es im Urin und in anderen Körperflüssigkeiten die Bildung von Kalziumniederschlägen verhindert. Basierend auf den in vitro und in vivo beobachteten Aktivitäten schreibt man Osteopontin eine Rolle bei der Biomineralisation, der Entzündung, der Tumorigenese, der Angiogenese und der Wundheilung zu (Denhardt u. Guo 1993).

3.2.5.3 Osteoprotegerin

Osteoprotegerin ist ein neues Mitglied der *Tumornekrosefaktorrezeptorfamilie* (TNFR) (Simonet et al. 1997), das zum Unterschied von bisher bekannten Mitgliedern keine Transmembrandomäne besitzt und deswegen von den Zellen sezerniert wird. Rekombinantes Osteoprotegerin blockiert in vitro die terminale Stufe der Osteoklastenreifung, sodass ihm eine Schlüsselrolle beim Metabolismus des Knochens zugesprochen wird.

Das Osteoprotegerinmolekül, das aus 400 Aminosäureresten besteht, kann strukturell und funktionell in 2 Hälften eingeteilt werden (Abb. 3.29). Die N-terminale Domäne enthält neben dem 21 Aminosäurereste langen Propeptid 4 sich wiederholende cysteinreiche Module, die zu allen Mitgliedern der TNFR-Familie, wie TNFR-1, TNFR-2, CD40, CB30 und OX40, homolog und für die Ligandenerkennung verantwortlich sind (Smith et al. 1994). Der C-terminale Teil zeigt keine Homologie zu anderen Proteinen und hat keine Bindungsfunktion, ist aber für die Bildung von disulfidvernetzten Dimeren verantwortlich, die sich während der Sekretion aus der Zelle bilden.

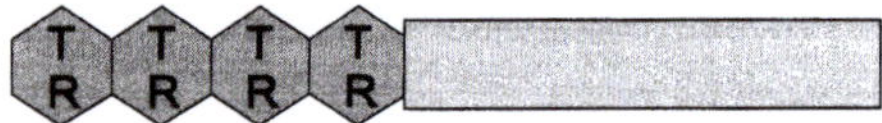

Abb. 3.29. Modulare Struktur des Osteoprotegerins. Die N-terminale Hälfte besteht aus 4 TNFR-Modulen, die man auch in der Tumornekrosefaktorrezeptorfamilie findet. Die C-terminale Hälfte ist für die Dimerisierung des Moleküls verantwortlich

Abb. 3.30. Modulare Struktur des Cartilage-Matrixproteins. Das Molekül besteht aus 2 A-Modulen des Von-Willebrand-Faktors (*VA*), welche durch ein EGF-Modul (*EG*) getrennt sind. Die C-terminale Heptatdomäne (*cc*) ist für die Bildung von Trimeren verantwortlich

Überexpression von Osteoprotegerin führt zu Osteopetrose, wie in transgenen Mäusen gezeigt wurde. Dies stimmt überein mit der in vitro gefundenen Fähigkeit von Osteoprotegerin, die Reifung von Osteoklasten zu inhibieren (Lacey et al. 1995). Kürzlich wurde ein Polypeptidligand des Osteoprotegerins gefunden, der mit TNF verwandt ist, die Bildung von Osteoklasten stimuliert und reife Osteoklasten aktiviert. Es wird daher vermutet, dass Osteoprotegerin als löslicher Tumornekrosefaktorrezeptor den TNF-ähnlichen Osteoprotegerinliganden neutralisiert und regulierend in den Knochenumbau eingreift (Lacey et al. 1998).

3.2.5.4 Cartilage-Matrixprotein

Das Cartilage-Matrixprotein ist ein Hauptbestandteil der Knorpelmatrix verschiedener Organe. In der Wachstumszone der endochondrialen Ossifikation wird es speziell von den Chondrozyten der Reifungszone synthetisiert (Paulsson u. Heinegard 1982). Das Protein findet man sowohl in der Wachstumszone als auch in der angrenzenden hypertrophen Zone. Es wird als Marker für postmitotische Chondrozyten verwendet (Chen et al. 1995).

Das Cartilage-Matrixprotein existiert in der extrazellulären Matrix als ein Homotrimer. Das Monomer besteht aus je 2 190 Reste langen A-Modulen des Von-Willebrand-Faktors, die durch ein EGF-ähnliches EG-Modul mit 40 Aminosäureresten getrennt sind (Kiss et al. 1989). Am C-Terminus befindet sich zusätzlich ein Bereich mit Heptatwiederholungen, der durch die Bildung einer Coiled-coil-Überstruktur für die Trimerisierung verantwortlich ist (Abb. 3.30) (Beck et al. 1996). Dieser Bereich enthält 2 Cysteinreste, die durch Disulfidbrücken die Untereinheiten kovalent miteinander vernetzen. Die A-Module findet man auch in anderen Proteinen, wie z.B. im Von-Willebrand-Faktor, in den Kollagenen VI, VII, XII und XIV und in den α1- und α2-Untereinheiten der Integrine, wo sie auch als I-Domäne bezeichnet werden (Jenkins et al. 1990).

Das Cartilage-Matrixprotein hat Affinitäten zu Kollagenfibrillen, wobei die Kollagenbindungsstellen in den beiden A-Modulen lokalisiert sind. Man nimmt an, dass das Cartilage-Matrixprotein die Fibrillenbildung des Kollagens und so die Organisation der Knorpelmatrix beeinflusst (Tondravi et al. 1993). In Zellkultur kann es aber auch ein eigenes fibrilläres Netzwerk aufbauen. Cartilage-Matrixprotein interagiert auch mit Agrekan, wobei es während der Reifung und Alterung des Gewebes auch zu kovalenten Quervernetzungen kommen kann (Hauser et al. 1996).

3.2.5.5 Osteonektin (SPARC, BM40)

Osteonektin, das auch als SPARC (secreted protein acidic and rich in cysteine) und BM40 bezeichnet wird, ist ein Glykoprotein, das vorwiegend in der Umbauphase von Geweben während der Entwicklung, der Wundheilung und Krankheiten exprimiert wird. Es interagiert sowohl mit extrazellulären Matrixproteinen als auch mit Zellen und scheint so an der Regulierung von Zell-Matrix-Interaktion mit beteiligt zu sein (Brekken u. Sage 2001). Das Vertebratenosteonektin ist 298–304 Aminosäurereste lang und besteht aus 4 verschiedenen Domänen:

- einer sauren N-terminalen Domäne (I),
- einem cysteinreichen follistatinähnlichen Modul (II),
- einer α-helikalen Domäne (III) und
- einer Ca^{2+}-bindenden EF-Hand enthaltenden Domäne (IV) (Abb. 3.31).

Durch posttranslationale Glykosylierung entstehen gewebespezifisch 2 Isoformen, eine sekretierte und eine Knochenform. Erstere enthält eine Karbohydratkomponente vom komplexen Typ mit Sialinsäure- und Fukoseresten, während die Knochenform mit einem mannosereichen Karbohydrattyp bestückt ist (Lane u. Sage 1994). Die räumliche Struktur der Domänen III und IV wurde mit Hilfe eines rekombinanten Fragments durch Röntgenstrukturanalyse aufgeklärt (Hohenester et al. 1996).

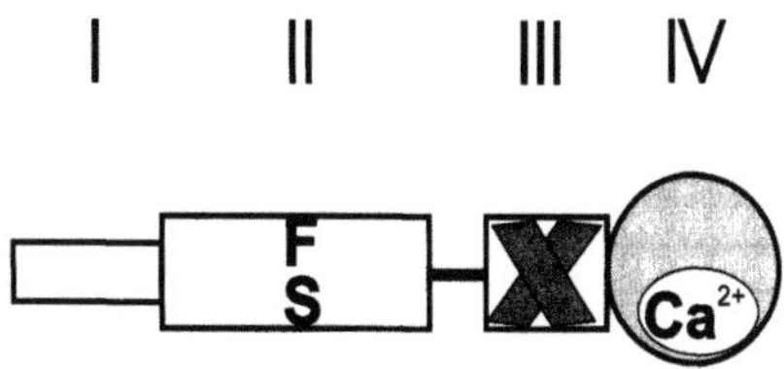

Abb. 3.31. Die modulare Struktur des Osteonektins (SPARC). Domäne I enthält 2 glutamatreiche Regionen und bindet Ca^{2+}-Ionen. Domäne II enthält ein follistatinähnliches Modul. Domäne III hat eine α-helikale Struktur, und Domäne IV ist ein Ca^{2+} bindendes Modul mit einer EF-Hand

Besonders stark wird Osteonektin in im Umbau befindlichen und in mineralisierenden Geweben exprimiert, es wird aber auch in Tumorgewebe und atherosklerotischen Plaques gefunden. In In-vitro-Versuchen beeinflusst Osteonektin die Zelladhäsion, den Zellzyklus und die Genexpression. In Kultur von Fibroblasten, vaskulären Endothelzellen sowie glatten Muskelzellen verhindert Osteonektin die Ausbreitung und fördert die Abrundung von Zellen und löst fokale Zellkontakte auf (Murphy-Ullrich et al. 1995). Extrazelluläre Proteasen wie Plasmin spalten von dem follistatinähnlichen Modul 2 Peptide, Lysyl-Glycyl-Histidyl-Lysin (KGHK) und Glycyl-Histidyl-Lysin (GHK) ab, die in vivo die Proliferation von vaskulären Endothelzellen stimulieren und die Angiogenese fördern (Lane et al. 1994). Im Knochen inhibiert Osteonektin das Kristallwachstum von Hydroxyapatit, was zu der Ver-

mutung führt, dass es regulierend in die Ossifikation eingreift. Darüber hinaus bindet es an andere Komponenten der extrazellulären Matrix, wie z.B. an die Kollagene I, III, IV, V und VIII, Thrombospondin und Vitronektin (Lane u. Sage 1994).

Bisher konnten keine Erkrankungen auf Mutationen von Osteonektin zurückgeführt werden. Mäuse mit einem inaktiven Gen zeigen keine offensichtliche Abnormalitäten, scheinen aber eine Störung der Wundheilung zu haben.

3.2.6 Komponenten in Blutplasma und in der extrazellulären Matrix der Gefäßwände

3.2.6.1 Fibronektin

Fibronektin findet man im Blutplasma und in der extrazellulären Matrix. Es ist sowohl in Embryonen als auch in Erwachsenen weit verbreitet und kommt v.a. in Regionen aktiver Morphogenese, Zellwanderung und Entzündung vor. So tritt es z.B. während der Wundheilung und in fibrotischen Prozessen vermehrt auf. Im Gegensatz dazu zeigen Tumorzellen einen verringerten Gehalt an Fibronektin. Es fördert durch die Affinität zu einer Reihe von Integrinrezeptoren die Adhäsion und die Ausbreitung vieler Zellen (Hynes 1990, Peters u. Mosher 1994).

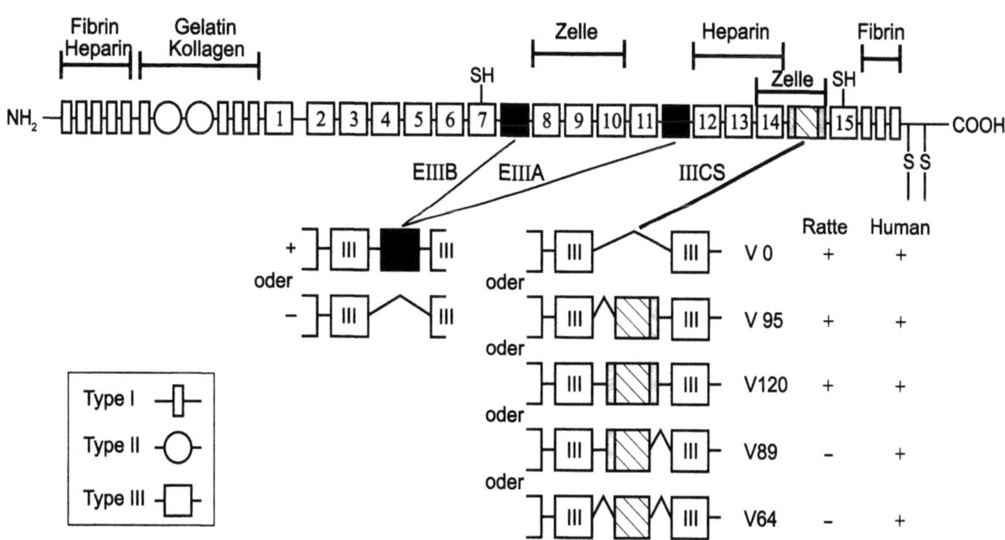

Abb. 3.32. Modulare Struktur des Fibronektins. Das Molekül ist aus 3 verschiedenen, sich wiederholenden Modulen Typ I, II und III aufgebaut. Die Module *EIIIA*, *EIIIB* (*schwarz gefüllt*) oder *IIICS* (*gestreift*) können durch Spleißen entweder entfernt oder zugefügt werden. *EIIIA* und *EIIIB* sind Typ-III-Module, während *IIICS* zu den Fibronektinmodulen III nicht homolog ist. Die Bindungsstellen für extrazelluläre Liganden wie Fibrin, Heparin und Gelatine sowie Kollagen sind angegeben. Zellbindungsstellen befinden sich in den Modulen III 8, 9, und 10 und in IIICS, wiedergegeben mit Genehmigung von Hynes (1990)

Obwohl es nur ein Fibronektin-Gen gibt, kommt es aufgrund von alternativen Spleißvorgängen in mehr als 20 verschiedenen Formen vor (Ffrench-Constant 1995). Das Fibronektinmolekül ist ein Dimer aus 2 Untereinheiten mit einem MG von 250 000, die über ihre C-terminalen Enden durch Disulfidbrücken zusammengehalten werden. Das Molekül kann als Homodimer aus 2 gleichen Untereinheiten, aber auch als Heterodimer aus 2 verschiedenen Spleißvarianten bestehen. Zum Aufbau des Fibronektin verwendet die Natur 3 verschiedene Bausteine, die Typ-I-, Typ-II- und Typ-III-Module (Abb. 3.32). Die 12 etwa 45 Aminoseäurereste langen Typ-I-Module sind für die Interaktion mit Fibrin, Heparin und Kollagen verantwortlich. So binden die 5 N-ständigen Typ-I-Module Fibrin (Seidl u. Hormann 1983) und Heparin (Smith u. Furcht 1982) und die 3 C-terminalen Module Fibrin (Hayashi u. Yamada 1983). Der Kollagen- bzw. Gelatine bindende Abschnitt besteht aus 2 Typ-II- und 4 benachbarten Typ-I-Modulen. Es ist aber nicht klar, inwieweit die Typ-I-Module an der Kollagenbindung beteiligt sind (Ingham et al. 1989). Der zentrale Bereich des Fibronektins wird von 15–17 Typ-III-Modulen gebildet, die etwa je 90 Aminosäurereste lang sind. Diese Region enthält neben einer 2. hoch affinen Heparinbindungsstelle (III 12–14) (Skorstengaard et al. 1986) den wichtigen Zellbindungsbereich der Module III-8–III-10 (Pierschbacher et al. 1981). Auf Modul III-10 befindet sich das Sequenzmotiv RGD, das v. a. mit dem Integrinzellrezeptor $\alpha5\beta1$, aber auch mit anderen Integrinen reagiert. Die Module III-8 und III-9 enthalten zusätzlich Sequenzbereiche, welche die Bindung von III-10 an die Integrine synergistisch unterstützen (Obara et al. 1988). Das verbindende Segment III (IIICS), welches zwischen III-14 und III-15 eingeschoben ist, besitzt 2 zusätzliche Zellbindungsstellen, die mit dem Integrin $\alpha4\beta1$ reagieren. In dieser Region befinden sich 3 Spleißstellen, die in der Ratte für 3 und beim Menschen für 5 Spleißvarianten verantwortlich sind. In Abhängigkeit vom Zelltyp können die Varianten beide, nur eine oder keine Zellbindungsstelle besitzen (Ffrench-Constant 1995, Hershberger u. Culp 1990).

Die Typ-III-Module 1–15 sind in allen Fibronektinmolekülen vorhanden, während die beiden zusätzlichen Module EIIIA und EIIIB vorwiegend in den zellulären Fibronektinen vorkommen und differenziellen Spleißvorgängen unterworfen sind. Die Gegenwart dieser 2 zusätzlichen Domänen korreliert zeitlich und räumlich mit Perioden der Morphogenese und Migration. So enthält Fibronektin von Embryonen EIIIA und EIIIB, während dies bei Fibronektin aus erwachsenen Geweben nicht der Fall ist (Hershberger u. Culp 1990, Oyama et al. 1989). Die Module Typ I, II und III des Fibronektins werden auch als Bausteine in anderen Proteinen verwendet, so z.B. Typ I im Gewebeplasminogenaktivator, Typ II in Prothrombin und fibrolytischen Enzymen und Typ III im Tenascin und in der globulären Domäne der Kollagenketten $\alpha1(VII)$, $\alpha2(XII)$, und $\alpha1(XIV)$.

Die räumliche Struktur aller 3 Modultypen wurde mit Methoden der Röntgenkristallographie und des MRT untersucht. Besonders interessant ist die Struktur des Typ-III-10-Moduls, welches das zellbindende RGD-Motiv enthält. Dieses Modul besteht hauptsächlich aus β-Strängen, die 2 β-Faltblattstrukturen bilden. Die RGD-Sequenz befindet sich in einer Schleife, die 2 β-Stränge miteinander verknüpft. Sie besitzt eine flexible Struktur und ist dem umgebenden Lösungsmittel zugewandt (Main et al. 1992).

Im Blut existiert Fibronektin als eine kompakte Scheibe, in der die beiden Arme aufgrund von abwechselnd sauren und basischen Bereichen gefaltet sind. Durch Zugabe von Polyanionen oder durch Erhöhung der Ionenstärke entfaltet sich das Molekül zu einer länglichen Form, die nicht nur für andere Liganden besser zugänglich ist, sondern auch über intermolekulare, elektrostatische und hydrophobe Interaktionen zu fibrillären makromolekularen Strukturen aggregieren kann (Jilek u. Hörmann 1979, Vuento et al. 1980, Hörmann u. Richter 1986).

Fibronektin wurde in Mischfibrillen zusammen mit Kollagen I gefunden. Es kann aber auch unabhängig von Kollagen Fibrillen bilden. Bei der Aggregation der dimeren Fibronektinmoleküle scheinen Zellen eine aktive Rolle zu spielen. So blockieren Antikörper gegen die zentrale Zellbindungsstelle im Modul III-8 des Fibronektins oder gegen das Integrin $\alpha5\beta1$, den Zellrezeptor für Fibronektin, die Zusammenlagerung zu Fibrillen (McDonald et al. 1987, Fogerty et al. 1990). Wichtig für den Aggregationsprozess sind die N-terminalen Bereiche des dimeren Moleküls, da ein Fragment mit einem MG von 70 000, das den N-terminalen Bereich des Fibronektins enthält, ebenfalls die Inkorporation der Moleküle in Fibrillen verhindert (McKeown-Longo u. Mosher 1985).

3.2.6.2 Vitronektin

Vitronektin, das auch als S-Protein bezeichnet wird, ist ein multifunktionelles Glykoprotein, das sowohl in Blutplasma als auch in der extrazellulä-

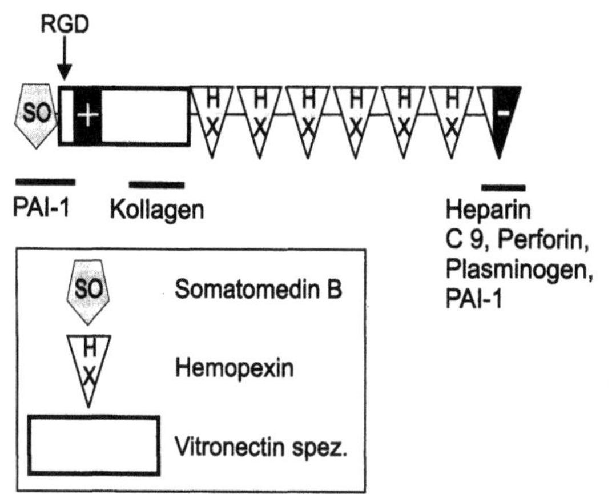

Abb. 3.33. Modulare Struktur des Vitronektins. Das Molekül existiert in einer geschlossenen und in einer offenen Form. Es wird angenommen, dass die stark negative Region des N-terminalen Bereichs und die basische Region am C-Terminus die geschlossene Form stabilisieren

ren Matrix vorkommt. In Gewebekultur fördert es die Anheftung sowie die Ausbreitung von Zellen. Es bindet an den Komplementkomplex C5b–7, verhindert so die komplementvermittelte Lyse von Zellen und ist an der Regulation der Blutgerinnung beteiligt, indem es die Aktivitäten des Thrombin-Antithrombin-Komplexes und des Plasminogenaktivatorinhibitors (PAI-1) moduliert (Tomasini u. Mosher 1991, Preissner 1991).

Vitronektin ist ein relativ kleines Protein mit einem MG von etwa 75 000 (Suzuki et al. 1985). Es kann enzymatisch in 2 Bruchstücke mit einem MG von 65 000 und 10 000 gespalten werden, die aber durch eine Disulfidbrücke zusammengehalten werden. Der N-terminale Bereich wird durch einen 44 Aminosäurereste langen Somatomedin-B-Modul gebildet, der eine Bindungsstelle für den Plasminogenaktivatorinhibitor-1 besitzt. Unmittelbar an das Somatomedin-B-Modul schließt sich eine etwa 100 Aminosäurereste lange Domäne an, die das Zellbindungsmotiv RGD, eine stark saure Region, eine mögliche Quervernetzungsstelle sowie eine Kollagenbindungsstelle mit schwacher Affinität zu verschiedenen Kollagentypen in ihrer nativen, tripelhelikalen Form enthält (Gebb et al. 1986). Der Rest des Moleküls besteht aus 7 sich wiederholenden, etwa 38 Aminosäurereste langen Hämopexinmodulen, von denen das C-terminale Modul einen Heparin bindenden Bereich mit einem hohen Gehalt an basischen Aminosäuren besitzt (Abb. 3.33), (Preissner u. Müller-Berghaus 1987). Hämopexinmodule findet man auch als Bausteine einiger Matrixmetalloproteasen, wie der interstitiellen Kolla-

genase (MMP-1) oder der Gelatinase (MMP-9) (Hunt et al. 1987).

Vitronektin zirkuliert im Blut vorwiegend in einer geschlossenen, inaktiven Form, in der die Bindungsstellen für Zellen und Liganden wie Heparin nicht zugänglich sind. Es wird spekuliert, dass die geschlossene Form durch die Interaktion der N-terminalen sauren mit der C-terminalen basischen Region zusammengehalten wird (Izumi et al. 1989). Die offene aktive Form des Vitronektins, die im Plasma nur in geringen Mengen vorkommt, hat die Fähigkeit, sich mit dem Komplementkomplex CB5–7 zu assoziieren und so die komplementvermittelte Zelllyse zu verhindern (Podack et al. 1977). Zusätzlich wird der Plasminogenaktivatorinhibitor-1, der die Urokinasen sowie den Gewebetypplasminogenaktivator reguliert, durch Bindung an Vitronektin stabilisiert (Suzuki et al. 1985). Schließlich inhibiert Vitronektin in Gegenwart von Glykosaminoglykanen die schnelle Inaktivierung des Thrombins und des Faktors Xa durch Antithrombin 3 (Seiffert u. Loskutoff 1991) und greift so regulierend in das Komplement- und Koagulationssystem ein. Im Gewebe bildet die offene Form Multimere, die in Gegenwart von Transglutaminase zu unlöslichen, stabilen Polymeren quervernetzt werden (Sane et al. 1990). Diese multimeren Formen binden Zellen vorwiegend über Integrinrezeptoren wie $\alpha v\beta 1$ (Marshall et al. 1995) und $\alpha IIb\beta 3$ (Thiagarajan u. Kelly 1988) und wirken als Anheftungs-, Ausbreitungs- und Wanderungsfaktoren.

3.2.6.3 Thrombospondin

Die Thrombospondin(TSP)-Familie umfasst gegenwärtig 5 Mitglieder, TSP-1, TSP-2, TSP-3, TSP-4 und COMP, das *Cartilage-oligomeric-matrix-Protein*. Das am besten untersuchte TSP-1 wurde als Sekretionskomponente von Plättchen entdeckt. Es hat vielfältige Funktionen. So ist es an der Aktivierung von Plasmin und der Aggregation von Plättchen beteiligt. In Zellkultur bewirkt es die Adhäsion und die Ausbreitung von Zellen und das Anwachsen von Neuriten. TSP-1 interagiert mit extrazellulären Matrixkomponenten, wie Proteoglykanen, Fibrinogen, Fibronektin, Laminin sowie Kollagen (Bornstein 1992, Roberts 1996).

Das TSP-1-Molekül ist ein Trimer aus 3 gleichen Untereinheiten. Im Elektronenmikroskop erscheinen diese Untereinheiten als flexible Stäbchen, die an beiden Enden durch globuläre Domänen begrenzt sind (Abb. 3.34). An die N-terminale Domäne schließt sich eine Region mit Heptatwiederholungen an, die durch die Ausbildung einer Coil-

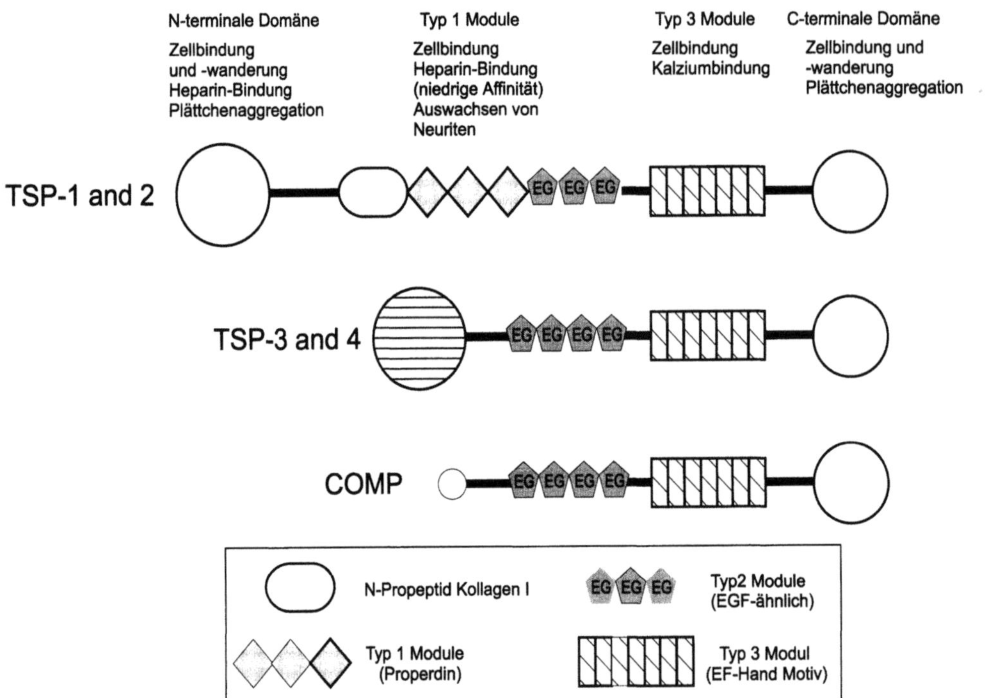

Abb. 3.34. Modulare Struktur der Thrombospondinfamilie. Die N- und C-terminalen globularen Domänen sind spezifisch für Thrombospondin. Die N-terminalen Domänen von *TSP-1* und *TSP-2* sowie *TSP-3* und *TSP-4* sind ähnlich groß, zeigen aber keine Sequenzhomologien. *TSP-1* und *TSP-2* schließen sich über die Heptatmodule unter Bildung einer Coiled-coil-Struktur zu trimeren Molekülen zusammen, während *TSP-3* und *TSP-4* als Pentamere vorliegen. Die Funktion der einzelnen Domänen von *TSP-1* sind angegeben

ed-coil-Struktur für die Bildung des trimeren Moleküls sorgt, das in diesem Bereich durch Disulfidbindungen stabilisiert wird (Engel et al. 1994). Es folgt ein Modul mit Ähnlichkeit zur N-terminalen Prokollagendomäne. Der Hauptteil des flexiblen Stäbchens wird von 3 Typen sich wiederholender Module gebildet. Die Typ-1-Region besteht aus 3 properdinähnlichen Modulen, die Typ-2-Region enthält 3 EGF-ähnliche Module, während die Typ-3-Region aus 7 Kalzium bindenden EF-Hand-Modulen aufgebaut ist. TSP-1 hat mehrere Zellbindungsstellen. Eine starke Affinität zu Zellen zeigt die Heparinbindungsstelle der N-terminalen Domäne (Lawler et al. 1988). Sie bindet Proteoglykane einschließlich Syndekan und auch Zelloberflächensulfatide. Die Zelladhäsion kann durch Heparin und durch Antikörper gegen die N-terminale Domäne blockiert werden. Eine weitere Zellbindungsstelle findet sich in der C-terminalen Domäne. Zusätzlich enthält das benachbarte EF-Hand-Modul ein RGDA-Zellbindungsmotiv. Die Zellen binden über Integrine wie $\alpha IIb\beta3$, $av\beta3$ und $\alpha3\beta1$ an TSP-1. Verschiedene wichtige Funktionen des TSP-1 wie die Förderung des Auswachsens von Neuriten, die Inhibition von Angiogenese und die Aktivierung von TGF-β werden den 3 proper-

dinähnlichen Modulen der Typ-I-Region zugeschrieben (Tolsma et al. 1993, Adams u. Lawler 1993).

TSP-2 ist dem TSP-1 sehr ähnlich. Es besitzt eine gleiche Domänenkomposition und zeigt eine ähnliche Verteilung im Gewebe (Bornstein et al. 2000). Dagegen ist die molekulare Architektur der 3 kleinen Mitglieder der TSP-Familie unterschiedlich. So sind die N-terminalen Domänen anders aufgebaut, und es fehlen die prokollagenähnlichen und die 3 properdinähnlichen Module, während 4 anstatt 3 EF-Hand-Module vorhanden sind (Vos et al. 1992, Lawler et al. 1993, Oldberg et al. 1992). Auch die makromolekulare Struktur ist verschieden. Während TSP-1 und TSP-2 aus 3 Untereinheiten aufgebaut sind, bilden TSP-3, TSP-4 und COMP Pentamere (Qabar et al. 1995). Zusätzlich zeigen die 3 TSP ein begrenztes Expressionsmuster. TSP-3 tritt vorwiegend in der sich entwickelnden Lunge auf, während TSP-4 hauptsächlich im Skelett- und Herzmuskel und im entwickelten Nervensystem zu finden ist. TSP-4 ist ein bevorzugtes Substrat für Neuronen und fördert das Auswachsen von Neuriten. Die COMP-Expression ist auf Knorpel beschränkt. Allen TSP gemeinsam ist die Fähigkeit, Kalzium zu binden, was sie zur Kalziumsequestrierung auf Zelloberflächen und in der extrazellulären Matrix befähigt.

Die wichtige Funktion der Kalziumbindung zeigt sich bei der autosomalen erblichen Pseudoachondroplasie (PSACH), die mit extremem Minderwuchs, Schottergelenken, Gelenkerosionen und frühzeitigem Auftreten von Osteoarthrose einhergeht. Sie ist zurückzuführen auf Mutationen der sich wiederholenden EF-Hand-Motive des COMP, die zu Defekten der Kalzium bindenden Strukturen führen (Briggs et al. 1995). Ähnliche Mutationen treten bei der multiplen epiphysealen Dysplasie (MED) auf.

3.2.6.4 Von-Willebrand-Faktor

Der Von-Willebrand-Faktor(vWF) ist ein multimeres Glykoprotein, das bei der Hemmung von Blutungen, die durch Gewebeverletzungen verursacht wurden, eine wichtige Rolle spielt. Das Protein befindet sich sowohl im Blut, gelöst in Plasma oder im Inneren von Plättchen, als auch in endothelialen Zellen und in der subendothelialen Matrix der Gefäßwände. Es dient als Träger des antihämophilen Faktors VIII im zirkulierenden Blut, vermittelt Plättchenadhäsion und die Bildung von Thromben an Orten vaskulärer Verletzungen (Ruggeri u. Ware 1993).

Der vWF wird in einer 2813 Aminosäurereste großen Vorläuferform synthetisiert. Er besteht aus einem Signalpeptid von 22 Resten, einem ungewöhnlich großen Propeptid von 714 Resten und dem 2050 Reste langen funktionellen, reifen Protein (Abb. 3.35). vWF ist aus verschiedenen, sich wiederholenden Modulen zusammengesetzt, die mit A–D bezeichnet werden und in folgender Reihenfolge angeordnet sind: D1, D2, D′, D3, A1, A2, A3, D4, B1, B2, B3. Dazu kommt ein C-terminaler Bereich (C1-C2) von 151 Resten, der keine innere Homologie zu den anderen Modulen erkennen lässt (Ruggeri u. Ware 1993). Das Propeptid des

vWF besteht aus den Modulen D1 und D2 und wird noch innerhalb der Zelle abgespalten und als Von-Willebrand-Antigen II aus der Zelle entlassen. Es hat eine Kollagen bindende Domäne, die das Von-Willebrand-Antigen II befähigt, die kollageninduzierte Plättchenaggregation zu verhindern. Es scheint so an der Regulierung der Thrombengröße am Ort vaskulärer Verletzungen beteiligt zu sein (Takagi et al. 1991).

Die Ausbildung der multimeren aktiven Form des vWF erfolgt in mehreren Stufen (Abb. 3.36). Im endoplasmatischen Retikulum entstehen zunächst Dimere, in denen sich 2 Vorläufermoleküle mit ihren C-terminalen Bereichen zusammenschließen und durch Disulfidbrücken versetzt werden. Im Golgi-Apparat lagern sich die Dimeren mit Hilfe der Propeptide zusammen. Nach Stabilisierung der so gebildeten Disulfidbindungen werden sie abgespalten und als Von-Willebrand-Antigen aus der Zelle entlassen (Voorberg et al. 1991). In Endothelzellen und Plättchen wird der multimere vWF zunächst in Granula wie den Weibel-Palade-Körpern bzw. den α-Granula gespeichert, um erst nach entsprechender Stimulierung der Zellen abgegeben zu werden.

Bei der Plättchenadhäsion hat der vWF eine Brückenfunktion zwischen Gefäßwand und spezifischen Rezeptoren der Plättchen. Der in Blutplasma gelöste vWF reagiert zunächst nicht mit Plättchen. Nur die vWF-Moleküle der subendothelialen Matrix oder die vWF-Moleküle des Plasmas, die an exponierter Stelle der verletzten Gefäßwand adsorbiert worden sind, können mit dem Plättchenglykoprotein(GP)1b-1X-V-Komplex interagieren und so die Adhäsion der Plättchen an die Gefäßwand initiieren (Turitto et al. 1985). Gleichzeitig kommt es zur Aktivierung der αIIbβ3-Integrinrezeptoren. Diese erhalten so die Fähigkeit, über das RGD-Motiv auf der C-terminalen Region des vWF zu binden und so die Plättchenaggregation einzuleiten (Ware et al. 1991).

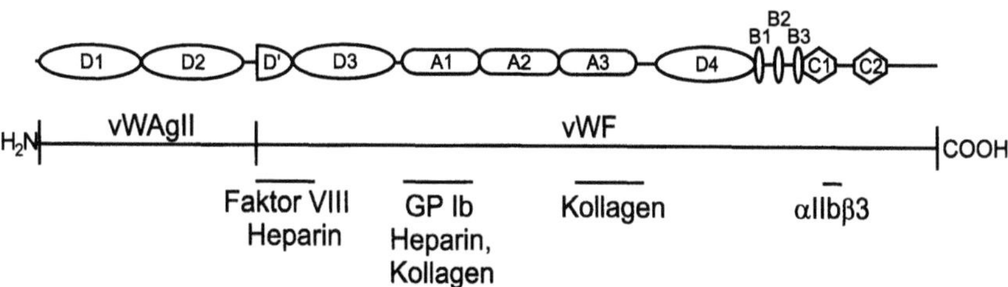

Abb. 3.35. Modulare Struktur des Von-Willebrand-Faktors. Das aus den Domänen *D1* und *D2* bestehende, 742 Aminosäurereste große Propeptid wird als Von-Willebrand-Antigen II abgespalten. Die Bindungsstellen für Faktor VIII, Heparin, Glykoprotein(GP), Ib-Kollagen und für den Integrinrezeptor αIIbβ3 sind angegeben

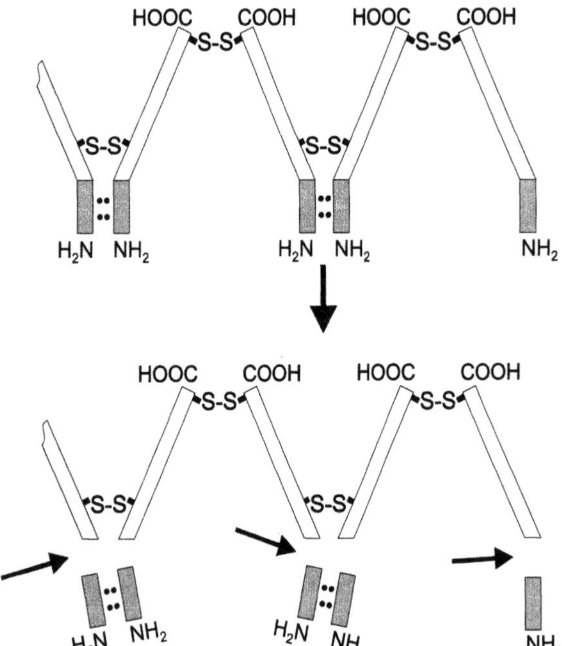

Abb. 3.36. Schematische Darstellung der Bildung des multimeren Von-Willebrand-Faktors. Zunächst erfolgen die Dimerisierung und kovalente Verknüpfung über den C-Terminus, anschließend die Zusammenlagerung der Dimeren zu Multimeren über die N-Termini und schließlich nach Stabilisierung durch Disulfidbrücken die Abspaltung des Von-Willebrand-Antigens II

Die Matrixkomponenten, die für die Bindung des im Plasma gelösten vWF verantwortlich sind, wurden noch nicht identifiziert. In-vitro-Versuche haben jedoch gezeigt, dass vWF mit Kollagen interagiert. Die Bindungsstelle wurde auf den Modulen A1 und A2 lokalisiert. Ähnliche A-Module wurden auch in anderen Proteinen, wie z.B. in den Integrinuntereinheiten α1, α2, αL, αM, αX und αE, wo sie auch als I-Domänen bezeichnet werden, oder auch im Cartilage-Matrixprotein, gefunden (Pareti et al. 1987). Die räumliche Struktur der A-Domänen der αL- und αM-Integrinuntereinheiten wurde durch Röntgenstrukturanalyse aufgeklärt (Celikel et al. 1998). Der A1-Modul des vWF enthält neben der Kollagenbindungsstelle auch einen Bereich mit Affinität zu Heparin.

Funktionsstörungen des vWF führen zu dem autosomal-dominant vererblichen Von-Willebrand-Syndrom mit verlängerter Blutungszeit. Bei dem größten Teil der Patienten ist das Von-Willebrand-Syndrom Typ 1 (70%) auf eine verringerte Konzentration des vWF im Plasma zurückzuführen. Die genetische Ursache ist noch nicht mit Sicherheit abgeklärt. In dem selten auftretenden Von-Willebrand-Syndrom Typ 3 konnte kein vWF nachgewiesen werden, was auf eine Deletion des

Gens zurückgeführt wird. In den übrigen Patienten mit dem Von-Willebrand-Syndrom Typ 2 wurden verschiedene funktionelle und strukturelle Abnormalitäten festgestellt. Sie sind zumeist auf Mutationen einzelner Aminosäurereste zurückzuführen, welche die Interaktion des vWF mit den Zellrezeptoren oder den extrazellulärer Matrixsubstraten stören, die an der Thrombusbildung beteiligt sind (Ruggeri u. Ware 1993, Ware u. Ruggeri 1995, Ginsburg et al. 1989).

3.2.6.5 Fibrinogen/Fibrin

Fibrinogen wird von Hepatozyten synthetisiert. Es hat ein Molekulargewicht von 340000 und besteht aus 2 Paaren von nicht identischen Untereinheiten, den Aα-, Bβ- und γ-Ketten mit Längen von 610, 461 bzw. 411 Aminosäureresten (Abb. 3.37) (Huang et al. 1993b). Alle 3 Ketten enthalten eine Domäne mit Heptatwiederholungen, mit denen sie sich unter Bildung einer 3-strängigen Coiled-coil-Struktur zu Heterotrimeren zusammenlagern (Doolittle et al. 1978). Zur Bildung des kompletten Fibrinogenmoleküls schließen sich 2 trimere Hälften über ihre N-Termini zusammen, die dann durch ein komplexes Muster von Disulfidbrücken miteinander verbunden werden (Huang et al. 1993a). Im Elektronenmikroskop erkennt man das Molekül als eine Einheit von 3 globulären Domänen. Die zentrale E Domäne enthält die N-Termini der durch einen Disulfidknoten zusammengehaltenen 6 Untereinheiten, während die beiden endständigen D Domänen die C-terminalen Regionen der Bβ- und der γ-Ketten repräsentieren. Die C- und D-Domänen sind mit der zentralen E-Domäne durch Stäbchen verbunden, die die Coiled-coil-Helix-Strukturen widerspiegeln. Der C-terminale Abschnitt der Aα-Kette bildet einen flexiblen Arm, der im Elektronenmikroskop nur schwer zu erkennen ist. Die Aggregation des Fibrinogens zu dem polymeren Fibrin wird durch die Proteinase α-Thrombin eingeleitet, welche am N-Terminus das 16 Aminosäurereste lange Fibrinopeptid A abspaltet. Der neue N-Terminus der α-Kette hat nun die Fähigkeit, an das C-terminale Ende der γ-Ketten zu binden. Es bilden sich Protofibrillen, in denen die Fibrinmoleküle lateral und gegeneinander versetzt angeordnet sind. In einem 2. Schritt spaltet α-Thrombin am N-Terminus der Bβ-Kette das 14 Reste lange Fibrinopeptid B ab, was zu einer weiteren Aggregation zu dickeren Fibrinfibrillen führt (Lewis et al. 1985). Die E- und D-Domänen enthalten Bindungsstellen für Ca^{2+}-Ionen, die ebenfalls wichtig für die Aggregation sind. An-

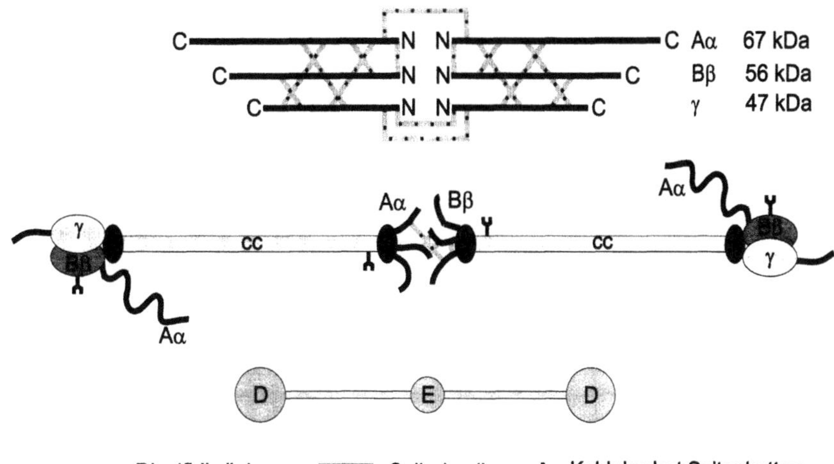

Abb. 3.37. Schematische Darstellung der Struktur des Fibrinogens. Die Aα-, Bβ- und γ-Ketten schließen sich mit ihren Heptatdomänen unter Bildung einer Coiled-coil-Struktur zu Trimeren zusammen, die dann über die N-Termini zum Molekül aggregieren und durch Disulfidbrücken miteinander vernetzt werden

schließend bilden sich, durch das Enzym Transglutaminase katalysiert, kovalente Bindungen zwischen den α- und γ-Ketten aus, die die Fibrinfibrillen stabilisieren und unlöslich machen (Doolittle 1984). Zur Aufrechterhaltung der normalen Hämostase werden Fibrinogen-Fibrin-Polymere von der Serinproteinase Plasmin kontrolliert abgebaut, sodass die Bildung von nützlichen Gerinnseln zwar erlaubt, aber die Entstehung von zu großen Aggregaten, die zum Verschluss von Gefäßen führen, vermieden wird (Gabriel et al. 1992).

Eine weitere wichtige Eigenschaft des Fibrinogens ist die Interaktion mit Plättchen über das Integrin αIIbβ$_3$. αIIbβ$_3$ von nicht aktivierten Plättchen reagiert nicht mit gelöstem, sondern nur mit an Oberflächen adsorbiertem Fibrinogen. Dadurch werden die Plättchen aktiviert, sodass αIIbβ$_3$ nun auch an gelöstes Fibrinogen, an vWF und Vitronektin bindet, was zu Adhäsion und Aggregation von Plättchen führt (Savage u. Ruggeri 1991). Besonders wichtig für die Plättchenaggregation erwies sich der C-Terminus der γ-Kette. Fibrinogenmoleküle, die rekombinante γ-Ketten enthalten, bei denen am C-Terminus die letzten 4 Aminosäuren durch 20 andere Reste ersetzt wurden, können sich noch zu Fibrinfibrillen zusammenlagern, ihre Fähigkeit zu Plättchen zu aggregieren, haben sie jedoch verloren (Farrell et al. 1992).

3.3 Strukturen der Basalmembran

3.3.1 Epidermale-dermale Übergangszone – ein Beispiel einer supramolekularen Funktionseinheit der extrazellulären Matrix

Die in Abschnitt 3.2 „Komponenten der extrazellulären Matrix" beschriebenen Komponenten sind nach Isolierung aus dem Gewebe oder auch nach rekombinanter Synthese als einzelne Substanzen charakterisiert worden. Von ihnen ist die Struktur, die Fähigkeit, in vitro mit Zellen und anderen Komponenten der extrazellulären Matrix zu interagieren, sowie das Auftreten im Gewebe während der Embryonalentwicklung und im erwachsenen Gewebe bekannt. Diese Kenntnisse erleichtern oder ermöglichen es, die Aufgabe einer Komponente in ihrer natürlichen Umgebung, eingefügt in eine supermolekulare Organisation der extrazellulären Matrix, näher zu beurteilen. Ein gut untersuchtes Beispiel einer supermolekularen Organisation ist die Grenzzone zwischen den epidermalen Zellen und der darunter liegenden Dermis, die für die Funktionsfähigkeit der Haut von großer Bedeutung ist.

Die zentrale Struktur dieser Übergangszone ist der dichte Teil der Basalmembran, die *Lamina densa*, die einerseits als Unterlage der basalen Keratinozyten dient und andererseits mit der darunter liegenden Dermis engen Kontakt aufweist (Abb. 3.38). Die Lamina densa enthält 2 voneinander unabhängige Netzwerke, das des Kollagen IV, welches v. a. für die Stabilität und die elastischen Eigenschaften verantwortlich ist, und das des Laminin-1, welches die Interaktion mit den Zellen vermittelt. Kollagen IV und Laminin-1 haben keine

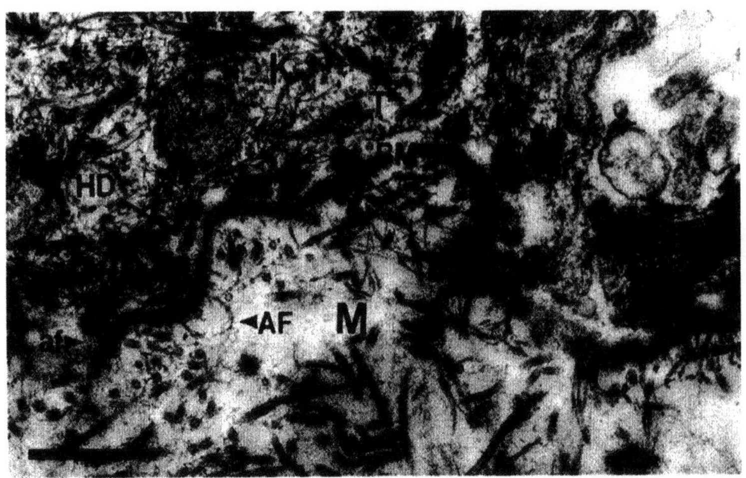

Abb. 3.38. Elektronenmikroskopisches Bild einer epidermalen-dermalen Verbindungszone menschlicher Haut; *K* Keratinozyt; *HD* Hemidesmosom; *M* Matrix der Dermis; *T* intermediale Keratinfilamente; *BM* Basalmembran; *AF* Ankerungsfibrillen auf Ankerungsfilamenten, *Balken* 250 nm, Wiedergabe mit Genehmigung von Burgeson (1996)

Affinität zueinander. Die beiden Netzwerke werden vielmehr durch das Nidogen, das mit beiden Proteinen zu interagieren vermag, verbunden. Dieser Brückenfunktion des Nidogens kommt eine entscheidende Bedeutung für den Aufbau der makromolekularen Struktur der Basalmembran zu. Dies wurde durch das Ausschalten der Nidogenbindungsstelle auf der γ1-Kette des Laminins durch Mutation gezeigt. Transgene Mäuse, in denen das Wildtygen der γ1-Kette durch das mutierte Gen ersetzt worden war, konnten keine intakten Basalmembranen mehr bilden und waren nicht lebensfähig. Darüber hinaus hat Nidogen auch Affinitäten zu anderen Komponenten der Basalmembran, wie z. B. zu Perlekan oder Fibulin, für deren Integration in die Basalmembran es ebenfalls verantwortlich zu sein scheint (Timpl u. Brown 1996).

Im Elektronenmikroskop erscheint dieser Teil der Basalmembran als Lamina densa (Abb. 3.38). Ihr schließt sich eine lichtere Zone, die *Lamina lucida* an, die die Verbindungszone zu den basalen Keratinozyten darstellt. Auffallend sind die Verankerungsfilamente, deren Hauptbestandteile das Laminin-5 ($a3B\beta3\gamma3$) und das Laminin-6/7 ($a3B\beta1/2\gamma1$) darstellen, die durch kovalente Bindung miteinander verknüpft sind (Abb. 3.16c) (Burgeson 1996). Dieser Laminin-5–6/7-Komplex enthält alle notwendigen Bindungsstellen, um die Rezeptoren auf der Zelloberfläche mit den Komponenten der Lamina densa zu verbinden. Das Laminin-5 bindet mit den C-terminalen G-Domänen der $a3$-Kette an den Integrinrezeptor $a6\beta4$, während der Laminin-6/7-Teil mit den Selbstaggregationsdomänen an den N-Termini der $\beta1/2$- und der γ1-Kette mit den entsprechenden Domänen des Laminin-1 in Verbindung treten kann. Zuzüglich enthält die γ1-Kette des Laminin-6/7 die Nidogenbindungsstelle.

Im Inneren der Zellen erkennt man im Elektronenmikroskop die *Hemidesmosomen*. Sie bestehen im Wesentlichen aus 2 Komponenten, dem Bullous-pemphigoid-Antigen-1 (BAG1), MG 230000, einem Mitglied der Plakinfamilie, und dem Plektin mit einem MG von 500000. Beide Proteine können hier nicht näher besprochen werden. Die Hemidesmosomen stellen den Kontakt her zwischen dem Keratinnetzwerk des Zytoskeletts und den zytosolischen Domänen der β4-Integrinkette und dem membranständigen Kollagen XVII, das als Bullous-pemphigoid-Antigen-2 (BAG2) entdeckt wurde. Im Elektronenmikroskop (Abb. 3.39) sieht man, wie von dem Zytoskelett der Keratinozyten über die Hemidesmosomen und die Transmembranrezeptoren eine Verbindung zu den Verankerungsfilamenten und darüber hinaus durch die Lamina densa zu den Verankerungsfibrillen besteht. Diese werden durch die lateral angeordneten Kollagen-VII-Dimeren gebildet (Abb. 3.10). Die an beiden N-terminalen Enden liegenden globulären Domänen binden einmal an die Basalmembran und zum anderen an die so genannten Verankerungsplaques im Stroma. Die globulären Domänen des Kollagens VII haben Affinität zu $a3$-Ketten des Laminin-5, sodass man annimmt, dass die Verankerungsfibrillen mit dem einen Ende direkt an den Verankerungsfilamenten ansetzen und mit dem anderen Ende mit Komponenten des Stromas wie Kollagen I und Fibronektin Kontakt haben.

Die Funktion der einzelnen Komponenten der epidermalen-dermalen Verbindungszone ist durch das Auftreten einer klinisch und genetisch heterogenen Gruppe von Blasenerkrankungen der Haut, der *Epidermolysis bullosa* (EB), untermauert und z. T. erst geklärt worden. Bei Patienten mit EB ist die epidermale-dermale Übergangszone so geschwächt, dass sich an bestimmten Stellen Schich-

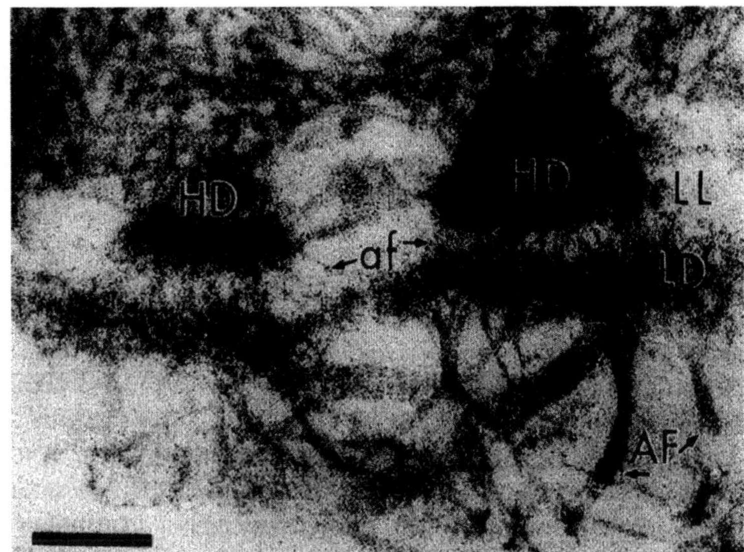

Abb. 3.39. Höhere Vergrößerung des Verankerungskomplexes der dermalen-epidermalen Verbindungszone, *HD* Hemidesmosom, *af* Ankerungsfilament; *AF* Ankerungsfibrillen; *LL* Lamina lucida; *LD* Lamina densa; *Balken* 10 nm, Wiedergabe mit Genehmigung von Burgeson (1996)

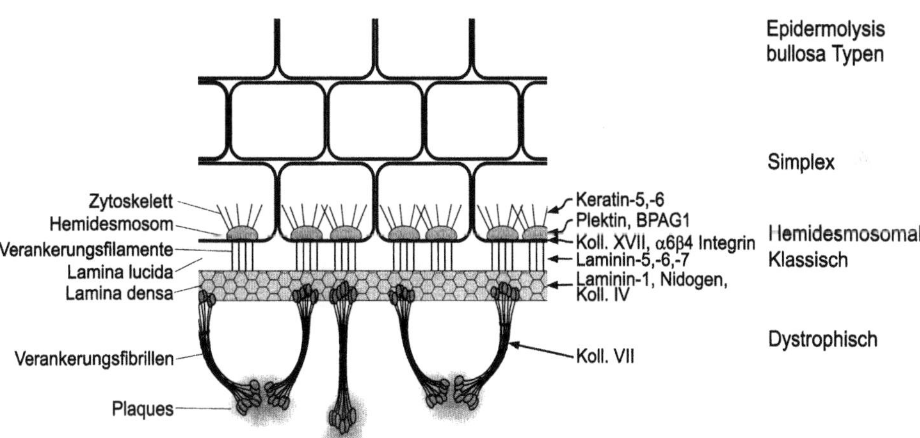

Abb. 3.40. Schematische Darstellung einer dermalen-epidermalen Verankerungszone der Haut. Die Komponenten sind den einzelnen Zonen zugeordnet. Die Spaltebenen der verschiedenen Formen der Epidermolysis bullosa (simplex, hemidesmosomal, klassisch, dystrophisch) sind angegeben

ten von der Unterlage abheben und es zur Blasenbildung und Erosion der Haut kommt (Abb. 3.40).

In der *Simplexform* der EB trennt sich die oberste Schicht der Keratinozyten von der Unterlage ab. Dies ist auf die Mutation der Keratine K5 und K14 zurückzuführen, was zu einer Schwächung des Zytoskeletts dieser Zellen führt. Es gibt eine *hemidesmosomale Variante* der EB-Simplex, in der eine Trennung zwischen den basalen Keratinozyten und der Lamina lucida erfolgt. Dies ist die Folge von Mutationen einiger Komponenten des Hemidesmosomkomplexes, dem Pektin, dem membranständigen Kollagen XVII sowie den Integrinuntereinheiten α6 und β4. In der *klassischen (funktionalen) Form der EB* beobachtet man die Spaltung des Gewebes entlang der Lamina lucida. Hier wurden Mutationen in den Ketten α3β2 und γ2 des Laminin-5, der we-

sentlichen Komponente der Verankerungsfilamente, gefunden. In der schwersten, der *dystrophischen Form* der EB hebt sich die Zellschicht samt der Basalmembran von der Dermis ab. Der Grund dafür ist der Ausfall der durch das Kollagen VII gebildeten Verankerungsfibrillen.

Eine eingehende Besprechung der in den einzelnen Komponenten gefundenen Mutationen und ihrer klinischen Auswirkungen kann hier nicht vorgenommen werden. Am häufigsten wurden aber vorzeitige Stoppkodons eingeführt, die zu verstümmelten und nicht mehr funktionellen Molekülen führen. Zur weiteren Information über den klinischen Verlauf dieser Gruppe von Erkrankungen sowie über den Zusammenhang mit den Mutationen sei auf die zusammenfassenden Artikel von Uitto et al. (1994) und Burgeson (1996) verwiesen.

3.3.2 Basalmembranen der neuromuskulären Synapsen und der Glomeruli der Nieren

Basalmembranen erscheinen im Elektronenmikroskop uniform. Sie können aber nach ihrer Funktion sehr unterschiedlich aufgebaut sein. Ein Beispiel ist die Basalmembran des Skelettmuskels, welche die Myofibrillen umgibt. Anstelle des sonst vorherrschenden Laminin-1 ($\alpha1\beta1\gamma1$) tritt hier Laminin-2 ($\alpha2\beta1\gamma1$) auf. Diese nicht synaptischen Basalmembran des Skelettmuskels unterscheidet sich von der Basalmembran der neuromuskulären Synapsen, die nur etwa 0,1% der Myofibrillenoberfläche ausmachen. Die „normale"$\alpha1$(IV)- und $\alpha2$(IV)-Ketten enthaltende Isoform des Kollagens IV ist hier durch $\alpha3$(IV)- und $\alpha4$(IV)-Ketten ersetzt. Anstelle des Laminin-2 findet man die $\alpha5$-, $\beta2$- und $\gamma1$-Ketten des Laminin-10. Ein weiteres wichtiges Molekül der neuromuskulären Synapse ist die Azetylcholinesterase, welche mit einem tripelhelikalen Schwanz in der Basalmembran verankert ist. Entscheidend für die Organisation einer funktionellen Synapse ist die Fähigkeit des Agrins den zellmembranständigen Azetylcholinrezeptor und damit auch die Azetylcholinesterase der extrazellulären Matrix zu „clustern". Das Agrinmolekül, das diese Fähigkeit aufweist, wird in den Motorneuronen gebildet und enthält, im Gegensatz zu dem von den Myofibrillen exprimierten Agrin, ein spezielles Exon. Die Analyse einer mutierten Maus, die diese für das „clustern" des Azetylcholinrezeptors notwendigen Exons nicht synthetisieren kann, zeigte nur wenige oder keine funktionsfähigen Synapsen (Ruegg 1996, Gautam et al. 1996).

Auch die Basalmembran der Nierenglomeruli unterscheidet sich in ihrem Aufbau von der gängigen Basalmembran. Anstelle der $\alpha1$(IV) und $\alpha2$(IV) enthaltenden Isoform des Kollagens IV werden hier die Ketten $\alpha3$(IV), $\alpha4$(IV) und $\alpha5$(IV) synthetisiert. Das durch diese Isoformen gebildete Netzwerk hat aufgrund eines höheren Quervernetzungsgrads engere Maschen, die wohl der speziellen Aufgabe dieser Basalmembran als Filterbarriere besser angepasst sind. Mutationen dieser Ketten führen zum Alport-Syndrom, einer progressiven Glomerulonephritis mit defekter Serumfiltration. Bei diesen Patienten sind die $\alpha3$(IV)-, $\alpha4$(IV)- und $\alpha5$(IV)-Ketten wieder durch die $\alpha1$(IV)- und $\alpha2$(IV)-Ketten ersetzt. Da das Alport-Syndrom normalerweise erst im Alter von 20–30 Jahren auftritt, kann das Fehlen der $\alpha3$(IV)-, $\alpha4$(IV)- und $\alpha5$(IV)-Ketten durch das Netzwerk des „normalen" Kollagens IV in der Jugend zunächst kompensiert werden (Hudson et al. 1993).

3.4 Zellrezeptoren für Komponenten der extrazellulären Matrix (ECM)

Zellen kommunizieren mit ECM-Komponenten über eine Reihe von transmembranen Glykoproteinen, Proteoglykanen, Gangliosiden und Glykolipiden. Am häufigsten sind die Integrine. Daneben gibt es aber eine Reihe zusätzlicher Rezeptoren, wie CD44, ein auf vielen Zellen zu findender Hyaluronan bindender Rezeptor oder die Mitglieder der Syndekanfamilie, die als membranständige Proteoglykane mit Fibronektin, Thrombospondin und verschiedenen Kollagentypen interagieren. In den neuromuskulären Synapsen spielt das Dystroglykan eine Rolle, das zu Laminin und Agrin eine Affinität hat. Weitere Rezeptoren sind Ganglioside und andere Glykolipide, von denen gezeigt worden ist, dass sie an Laminin, Fibronektin und Thrombin binden. Am wichtigsten und häufigsten sind die Integrine (Hynes, R. O. 1990). Es sind heterodimere Glykoproteine, die aus nicht kovalent assoziierten α- und β-Untereinheiten bestehen. Es gibt 15 α- und 8 β-Untereinheiten, die sich zu 23 verschiedenen Integrinen zusammenschließen können. Diese Integrine interagieren praktisch mit allen ECM-Komponenten, wie Kollagen, Fibronektin, Laminin, Osteopontin, Tenascin, Thrombospondin, Von-Willebrand-Faktor, Vitronektin, Fibrinogen und Agrin. Ein Hauptbindungsmotiv für Integrine, das fast in allen ECM-Komponenten vorkommt, ist die Aminosäuresequenz Arginin-Glyzin-Aspartat (RGD). Dieses Motiv wurde am gründlichsten im Fibronektin untersucht, wo es im Modul III-10 lokalisiert ist. Die räumliche Struktur dieses Moduls ist bekannt. Es besteht aus 7 β-Strängen, die in 2 β-Faltblattstrukturen angeordnet und durch Peptidschleifen miteinander verbunden sind. Das RGD-Motiv befindet sich in einer dieser Schleifen, die sich durch besondere Beweglichkeit auszeichnet, sodass sich das Motiv RGD in die Bindungstaschen von vielen Integrinen einschmiegen kann. Es gibt aber auch konformationsabhängige Bindungsstellen, wie z.B. im tripelhelikalen Kollagen IV. Die Aminosäurereste, die für die Bindung an das $\alpha2\beta1$-Integrin verantwortlich sind, befinden sich auf den 3 verschiedenen Peptidketten der Tripelhelix. Es ist verständlich, dass eine Denaturierung der tripelhelikalen Struktur die Bindungsstelle zerstört (Kühn u. Eble 1994).

Die Integrinketten enthalten 2 Strukturmerkmale, die auch in den ECM-Komponenten vorhanden sind. Dies ist einmal die so genannte I-Domäne der $\alpha1$-, $\alpha2$-, αE-, αL- und αM-Ketten. Sie ist homolog zu den A-Modulen, wie sie im Von-Willebrand-Faktor oder Cartilage-Matrixprotein zu finden sind und dort eine besondere Affinität zu Kollagen haben (Pareti et al. 1987). Ein weiteres, mit ECM-Komponenten gemeinsames Strukturmerkmal der α- und β-Untereinheiten ist das so genannte EF-Hand-Motiv, eine Peptidsequenz, die bivalente Kationen zu binden vermag. Sie besteht aus einer Peptidschleife, die in den Positionen 1, 3, 5, 7, 9 und 12 durch Aminosäuren mit Sauerstoff enthaltenden Seitenketten besetzt ist und die bivalenten Kationen koordinativ in einer oktaedrischen Anordnung fixiert (Kretsinger 1976). Solche EF-Hand-Motive sind in ECM-Komponenten, wie Nidogen und Thrombospondin, zu finden. Die Interaktion von Integrinen mit Liganden der ECM ist von divalenten Kationen wie Magnesium, Kalzium und Strontium abhängig. Man muss daher annehmen, dass das EF-Hand-Motiv ganz wesentlich an dieser Bindung beteiligt ist.

3.5 Ausblick

In den letzten Jahrzehnten hat die Erforschung der extrazellulären Matrix (ECM) große Erfolge zu verzeichnen. Dies bezieht sich zunächst auf die Isolierung und Charakterisierung vieler auch in geringen Mengen oder in labiler Form vorliegender Komponenten. Eine wesentliche Erkenntnis dieser Untersuchungen war, dass ECM-Komponenten, aber auch Proteine anderer Herkunft, aus einer großen Anzahl von Modulen oder Bausteinen bestimmter Struktur und Funktion bestehen, die zum Aufbau auch unterschiedlicher Moleküle mehrfach verwendet werden. Über die einzelnen Komponenten hinaus wurde unser Wissen auch über die Entstehung, den Aufbau und die Funktion makromolekularer Organisationen erweitert, wenn auch heute unsere Kenntnisse über die Selbstaggregation der Komponenten im extrazellulären Raum und der Einfluss der Zellen auf diese Vorgänge noch unbefriedigend sind.

Besonders wichtig und erfolgreich waren die Untersuchungen über den Einfluss der ECM und ihrer Einzelkomponenten auf das Verhalten von Zellen während der Embryonalentwicklung und der physiologischen Funktion des erwachsenen Gewebes. Die Arbeiten haben besonders der Entwicklungsbiologie neue Impulse gegeben.

Diese Erfolge sind ganz wesentlich der Verwendung von Methoden der Molekularbiologie und der Genetik zu verdanken. Ein immer öfter angewandter Weg, die Funktion einzelner Komponenten zu erforschen, sind die Ausschaltung bestimmter Gene in der Maus, und die Beobachtung der defizienten Maus während der Embryonalentwicklung oder auch nach der Geburt. Überraschenderweise findet man gerade bei Komponenten der ECM oft keine offensichtlichen Veränderungen. Dies mag daran liegen, dass viele der Komponenten in mehreren, ähnlichen Genprodukten vorliegen oder dass auch strukturell nicht besonders ähnliche Moleküle eine Reihe von homologen Modulen enthalten, die die Funktion des fehlenden Moleküls zumindest teilweise übernehmen können. Diese funktionelle Redundanz erschwert zwar die Aufgabe des Forschers, ist aber ein Zeichen dafür, dass die Natur die extrazelluläre Matrix gegen Ausfälle einzelner Komponenten gut geschützt hat.

Die ECM ist heute ein sich schnell entwickelndes Gebiet, und es besteht die begründete Hoffnung, dass die neuen, zu erwartenden Erkenntnisse nicht nur für diagnostische Zwecke verwendet werden können, sondern auch neue therapeutische Ansätze beflügeln.

Danksagung
Für die Mithilfe bei der Erstellung des Manuskripts und der Abbildungen möchte ich mich bei Johanna Kirchisner und Albert Ries bedanken.

3.6 Literatur

Adams JC, Lawler J (1993) Diverse mechanisms for cell attachment to platelet thrombospondin. J Cell Sci 104: 1061–1071

Argraves WS, Dickerson K, Burgess WH, Ruoslahti E (1989) Fibulin, a novel protein that interacts with the fibronectin receptor beta subunit cytoplasmic domain. Cell 58: 623–629

Argraves WS, Tran H, Burgess WH, Dickerson K (1990) Fibulin is an extracellular matrix and plasma glycoprotein with repeated domain structure. J Cell Biol 111: 3155–3164

Beck K, Hunter I, Engel J (1990) Structure and function of laminin: anatomy of a multidomain glycoprotein. FASEB J 4: 148–160

Beck K, Gambee JE, Bohan CA, Bachinger HP (1996) The C-terminal domain of cartilage matrix protein assembles into a triple-stranded alpha-helical coiled-coil structure. J Mol Biol 256: 909–923

Bella J, Eaton M, Brodsky B, Berman HM (1994) Crystal and molecular structure of a collagen-like peptide at 1.9 A resolution. Science 266: 75–81

Bellahcene A, Merville MP, Castronovo V (1994) Expression of bone sialoprotein, a bone matrix protein, in human breast cancer. Cancer Res 54: 2823–2826

Bellahcene A, Menard S, Bufalino R, Moreau L, Castronovo V (1996) Expression of bone sialoprotein in primary human breast cancer is associated with poor survival. Int J Cancer 69: 350–353

Bellahcene A, Albert V, Pollina L, Basolo F, Fisher LW, Castronovo V (1998) Ectopic expression of bone sialoprotein in human thyroid cancer. Thyroid 8: 637–641

Bianco P, Fisher LW, Young MF, Termine JD, Robey PG (1991) Expression of bone sialoprotein (BSP) in developing human tissues. Calcif Tissue Int 49: 421–426

Binette F, Cravens J, Kahoussi B, Haudenschild DR, Goetinck PF (1994) Link protein is ubiquitously expressed in noncartilaginous tissues where it enhances and stabilizes the interaction of proteoglycans with hyaluronic acid. J Biol Chem 269: 19.116–19.122

Bork P, Downing AK, Kieffer B, Campbell ID (1996) Structure and distribution of modules in extracellular proteins. Q Rev Biophys 29: 119–167

Bornstein P (1992) Thrombospondins: structure and regulation of expression. FASEB J 6: 3290–3299

Bornstein P, Armstrong LC, Hankenson KD, Kyriakides TR, Yang Z (2000) Thrombospondin 2, a matricellular protein with diverse functions. Matrix Biol 19: 557–568

Borradori L, Sonnenberg A (1996) Hemidesmosomes: roles in adhesion, signaling and human diseases. Curr Opin Cell Biol 8: 647–656

Bowe MA, Fallon JR (1995) The role of agrin in synapse formation. Annu Rev Neurosci 18: 443–462

Brekken RA, Sage EH (2001) SPARC, a matricellular protein: at the crossroads of cell-matrix communication. Matrix Biol 19: 815–827

Briggs MD, Hoffman SM, King LM et al. (1995) Pseudoachondroplasia and multiple epiphyseal dysplasia due to mutations in the cartilage oligomeric matrix protein gene. Nat Genet 10: 330–336

Brown JC, Timpl R (1995) The collagen superfamily. Int Arch Allergy Immunol 107: 484–490

Brown JC, Wiedemann H, Timpl R (1994) Protein binding and cell adhesion properties of two laminin isoforms (AmB1eB2e, AmB1sB2e) from human placenta. J Cell Sci 107: 329–338

Bruckner-Tuderman L, Nilssen O, Zimmermann DR et al. (1995) Immunohistochemical and mutation analyses demonstrate that procollagen VII is processed to collagen VII through removal of the NC-2 domain. J Cell Biol 131: 551–559

Bruns RR, Press W, Engvall E, Timpl R, Gross J (1986) Type VI collagen in extracellular, 100-nm periodic filaments and fibrils: identification by immunoelectron microscopy. J Cell Biol 103: 393–404

Burgeson RE (1996) Laminins in epidermal structures. In: Ekblom P, Timpl R (eds) The laminins. Harwood Academic Publishers, Reading, MA, pp 65–96

Burgeson RE, Chiquet M, Deutzmann R et al. (1994) A new nomenclature for the laminins. Matrix Biol 14: 209–211

Byers PH (1990) Brittle bones - fragile molecules: disorders of collagen gene structure and expression. Trends Genet 6: 293–300

Celikel R, Varughese KI, Madhusudan, Yoshioka A, Ware J, Ruggeri ZM (1998) Crystal structure of the von Willebrand factor A1 domain in complex with the function blocking NMC-4 Fab. Nat Struct Biol 5: 189–194

Chen Q, Johnson DM, Haudenschild DR, Goetinck PF (1995) Progression and recapitulation of the chondrocyte differentiation program: cartilage matrix protein is a marker for cartilage maturation. Dev Biol 172: 293–306

Chiquet-Ehrismann R (1995) Tenascins, a growing family of extracellular matrix proteins. Experientia 51: 853–862

Chiquet-Ehrismann R, Hagios C, Matsumoto K (1994) The tenascin gene family. Perspect Dev Neurobiol 2: 3–7

Dalgleish R (1997) The human type I collagen mutation database. Nucleic Acids Res 25: 181–187

Davidson JM, Zang MC, Zoia O, Giro MG (1995) Regulation of elastin synthesis in pathological states. Ciba Found Symp 192: 81–99

De Luca A, Santra M, Baldi A, Giordano A, Iozzo RV (1996) Decorin-induced growth suppression is associated with up-regulation of p21, an inhibitor of cyclin-dependent kinases. J Biol Chem 271: 18.961–18.965

Denhardt DT, Guo X (1993) Osteopontin: a protein with diverse functions. FASEB J 7: 1475–1482

De Paepe A, Nuytinck L, Hausser I, Anton-Lamprecht I, Naeyaert JM (1997) Mutations in the COL5A1 gene are causal in the Ehlers-Danlos syndromes I and II. Am J Hum Genet 60: 547–554

Diab M, Wu JJ, Eyre DR (1996) Collagen type IX from human cartilage: a structural profile of intermolecular cross-linking sites. Biochem J 314: 327–332

Doolittle RF (1984) Fibrinogen and fibrin. Annu Rev Biochem 53: 195–229

Doolittle RF, Goldbaum DM, Doolittle LR (1978) Designation of sequences involved in the „coiled-coil" interdomainal connections in fibrinogen: constructs of an atomic scale model. J Mol Biol 120: 311–325

Dours-Zimmermann MT, Zimmermann DR (1994) A novel glycosaminoglycan attachment domain identified in two alternative splice variants of human versican. J Biol Chem 269: 32.992–32.998

Drickamer K (1993) Ca2+ dependent carbohydrate recognition domains in animal proteins. Curr Opin Struct Biol 3: 393–400

Ekblom P, Timpl R (eds) The laminins. Harwood Academic Publishers, Reading, MA

Ekblom M, Klein G, Mugrauer G et al. (1990) Transient and locally restricted expression of laminin A chain mRNA by developing epithelial cells during kidney organogenesis. Cell 60: 337–46

Engel J, Prockop DJ (1991) The zipper-like folding of collagen triple helices and the effects of mutations that disrupt the zipper. Annu Rev Biophys Chem 20: 137–152

Engel J, Efimov V, Maurer P (1994) Domain organization of extracellular matrix proteins and their evolution. Development [Suppl] 120: 35–42

Farrell DH, Thiagarajan P, Chung DW, Davie EW (1992) Role of fibrinogen alpha and gamma chain sites in platelet aggregation. Proc Natl Acad Sci USA 89: 10.729–10.732

Fässler R, Schnegelsberg PN, Dausman J et al. (1994) Mice lacking alpha 1 (IX) collagen develop noninflammatory degenerative joint disease. Proc Natl Acad Sci USA 91: 5070–5074

French-Constant C (1995) Alternative splicing of fibronectin. Many different proteins but for different functions. Exp Cell Res 221: 261–271

Fischer D, Brown-Ludi M, Schulthess T, Chiquet-Ehrismann R (1997) Concerted action of tenascin-C domains in cell adhesion, anti-adhesion and promotion of neurite outgrowth. J Cell Sci 110: 1513–1522

Fisher LW, Whitson SW, Avioli LV, Termine JD (1983) Matrix sialoprotein of developing bone. J Biol Chem 258: 12.723–12.727

Fisher LW, McBride OW, Termine JD, Young MF (1990) Human bone sialoprotein. Deduced protein sequence and chromosomal localization. J Biol Chem 265: 2347–2351

Fogerty FJ, Akiyama SK, Yamada KM, Mosher DF (1990) Inhibition of binding of fibronectin to matrix assembly sites by anti-integrin (alpha 5 beta 1) antibodies. J Cell Biol 111: 699–708

Fox JW, Mayer U, Nischt R et al. (1991) Recombinant nidogen consists of three globular domains and mediates binding of laminin to collagen type IV. EMBO J 10: 3137–3146

Fujiwara S, Shinkai H, Mann K, Timpl R (1993) Structure and localization of O- and N-linked oligosaccharide chains on basement membrane protein nidogen. Matrix 13: 215–222

Fuss B, Wintergerst ES, Bartsch U, Schachner M (1993) Molecular characterization and in situ mRNA localization of the neural recognition molecule J1-160/180: a modular structure similar to tenascin. J Cell Biol 120: 1237–1249

Gabriel DA, Muga K, Boothroyd EM (1992) The effect of fibrin structure on fibrinolysis. J Biol Chem 267: 24.259–24.263

Gautam M, Noakes PG, Moscoso L et al. (1996) Defective neuromuscular synaptogenesis in agrin-deficient mutant mice. Cell 85: 525–535

Gebb C, Hayman EG, Engvall E, Ruoslahti E (1986) Interaction of vitronectin with collagen. J Biol Chem 261: 16.698–16.703

Gerecke DR, Gordon MK, Wagman DW, Champliaud MF, Burgeson RE (1994) Hemidesmosomes anchoring filaments and anchoring fibrils: components of a unique attachment complex. In: Yurchenco PD, Birk DE, Mecham RP (eds) Extracellular matrix assembly and structure. Academic Press, San Diego, pp 417–39

Ginsburg D, Konkle BA, Gill JC et al. (1989) Molecular basis of human von Willebrand disease: analysis of platelet von Willebrand factor mRNA. Proc Natl Acad Sci 86: 3723–3727

Godyna S, Diaz-Ricart M, Argraves WS (1996) Fibulin-1 mediates platelet adhesion via a bridge of fibrinogen. Blood 88: 2569–2577

Goetinck PF, Stirpe NS, Tsonis PA, Carlone D (1987) The tandemly repeated sequences of cartilage link protein contain the sites for interaction with hyaluronic acid. J Cell Biol 105: 2403–248

Handford PA, Downing AK, Reinhardt DP, Sakai LY (2000) Fibrillin: from domain structure to supramolecular assembly. Matrix Biol 19: 457–470

Hauser N, Paulsson M, Heinegard D, Morgelin M (1996) Interaction of cartilage matrix protein with aggrecan. Increased covalent cross-linking with tissue maturation. J Biol Chem 271: 32.247–32.252

Hayashi M, Yamada KM (1983) Domain structure of the carboxyl-terminal half of human plasma fibronectin. J Biol Chem 258: 3332–3340

Helbling-Leclerc A, Zhang X, Topaloglu H et al. (1995) Mutations in the laminin alpha 2-chain gene (LAMA2) cause merosin-deficient congenital muscular dystrophy. Nat Genet 11: 216–218

Hershberger RP, Culp LA (1990) Cell-type-specific expression of alternatively spliced human fibronectin IIICS mRNAs. Mol Cell Biol 10: 662–671

Hohenester E, Maurer P, Hohenadl C, Timpl R, Jansonius JN, Engel J (1996) Structure of a novel extracellular Ca(2+)-binding module in BM-40. Nat Struct Biol 3: 67–73

Holmgren SK, Taylor KM, Bretscher LE, Raines RT (1998) Code for collagen's stability deciphered. Nature 392: 666–667

Hörmann H, Richter H (1986) Models for the subunit arrangement in soluble and aggregated plasma fibronectin. Biopolymers 25: 947–958

Huang S, Cao Z, Davie EW (1993a) The role of amino-terminal disulfide bonds in the structure and assembly of human fibrinogen. Biochem Biophys Res Commun 190: 488–495

Huang S, Mulvihill ER, Farrell DH, Chung DW, Davie EW (1993b) Biosynthesis of human fibrinogen. Subunit interactions and potential intermediates in the assembly. J Biol Chem 268: 8919–8926

Hudson BG, Reeders ST, Tryggvason K (1993) Type IV collagen: structure, gene organization, and role in human diseases. Molecular basis of Goodpasture and Alport syndromes and diffuse leiomyomatosis. J Biol Chem 268: 26.033–26.036

Hulmes DJS (1992) The collagen super family: diverse structures and assemblies. Essays Biochem 27: 49–67

Hunt LT, Barker WC, Chen HR (1987) A domain structure common to hemopexin, vitronectin, interstitial collagenase, and a collagenase homolog. Protein Seq Data Anal 1: 21–6

Hunter GK, Hauschka PV, Poole AR, Rosenberg LC, Goldberg HA (1996) Nucleation and inhibition of hydroxyapatite formation by mineralized tissue proteins. Biochem J 317: 59–64

Hynes RO (1990) Fibronectins. Springer, Berlin Heidelberg New York

Ingham KC, Brew SA, Migliorini MM (1989) Further localization of the gelatin-binding determinants within fibronectin. Active fragments devoid of type II homologous repeat modules. J Biol Chem 264: 16.977–16.980

Iozzo RV (1998) Matrix proteoglycans: from molecular design to cellular function. Annu Rev Biochem 67: 609–652

Iozzo RV (1999) The biology of the small leucine-rich proteoglycans. Functional network of interactive proteins. J Biol Chem 274: 18.843–18.846

Iozzo RV, Murdoch AD (1996) Proteoglycans of the extracellular environment: clues from the gene and protein side offer novel perspectives in molecular diversity and function. FASEB J 10: 598–614

Iozzo RV, Cohen IR, Grassel S, Murdoch AD (1994) The biology of perlecan: the multifaceted heparan sulphate proteoglycan of basement membranes and pericellular matrices. Biochem J 302: 625–639

Izumi M, Yamada KM, Hayashi M (1989) Vitronectin exists in two structurally and functionally distinct forms in human plasma. Biochim Biophys Acta 990: 101–108

Jenkins RN, Osborne-Lawrence SL, Sinclair AK et al. (1990) Structure and chromosomal location of the human gene encoding cartilage matrix protein. J Biol Chem 265: 19.624–19.631

Jilek F, Hörmann H (1979) Fibronectin (cold-insoluble globulin), VI. Influence of heparin and hyaluronic acid on the binding of native collagen. Hoppe Seylers Z Physiol Chem 360: 597–603

Jobsis GJ, Keizers H, Vreijling JP et al. (1996) Type VI collagen mutations in Bethlem myopathy, an autosomal dominant myopathy with contractures. Nat Genet 14: 113–115

Jones PL, Jones FS (2000) Tenascin-C in development and disease: gene regulation and cell function. Matrix Biol 19: 581–596

Juvonen M, Pihlajaniemi T, Autio-Harmainen H (1993) Location and alternative splicing of type XIII collagen RNA in the early human placenta. Lab Invest 69: 541–551

Keating MT (1995) Genetic approaches to cardiovascular disease. Supravalvular aortic stenosis, Williams syndrome, and long-QT syndrome. Circulation 92: 142147

Kellokumpu S, Sormunen R, Heikkinen J, Myllyla R (1994) Lysyl hydroxylase, a collagen processing enzyme, exemplifies a novel class of luminally-oriented peripheral membrane proteins in the endoplasmic reticulum. J Biol Chem 269: 30.524–30.529

Kiss I, Deak F, Holloway RG et al. (1989) Structure of the gene for cartilage matrix protein, a modular protein of the extracellular matrix. Exon/intron organization, unusual splice sites, and relation to alpha chains of beta 2 integrins, von Willebrand factor, complement factors B and C2, and epidermal growth factor. J Biol Chem 264: 8126–8134

Kivirikko KI, Myllyla R (1985) Post-translational processing of procollagens. Ann NY Acad Sci 460: 187–201

Kivirikko KI, Myllyla R, Pihlajaniemi T (1989) Protein hydroxylation: prolyl 4-hydroxylase, an enzyme with four cosubstrates and a multifunctional subunit. FASEB J 3: 1609–1617

Klein G, Ekblom M, Fecker L, Timpl R, Ekblom P (1990) Differential expression of laminin A and B chains during development of embryonic mouse organs. Development 110: 823–837

Kobe B, Deisenhofer J (1994) The leucine-rich repeat: a versatile binding motif. Trends Biochem Sci 19: 415–421

Kohfeldt E, Sasaki T, Gohring W, Timpl R (1998) Nidogen-2: a new basement membrane protein with diverse binding properties. J Mol Biol 282: 99–109

Kretsinger RH (1976) Calcium-binding proteins. Annu Rev Biochem 45: 239–266

Kühn K (1987) The classical collagens: types I, II and III. In: Mayne R, Burgeson RE (eds) Structure and function of collagen Types. Academic Press, San Diego, pp 1–42

Kühn K (1994) Basement membrane (type IV) collagen. Matrix Biol 14: 439–445

Kühn K, Eble J (1994) The structural basis of integrin-ligand interactions. Trends Cell Biol 4: 256–261

Kuivaniemi H, Tromp G, Prockop DJ (1997) Mutations in fibrillar collagens (types I, II, III, and XI), fibril-associated collagen (type IX), and network-forming collagen (type X) cause a spectrum of diseases of bone, cartilage, and blood vessels. Hum Mutat 9: 300–315

Lacey DL, Erdmann JM, Teitelbaum SL, Tan HL, Ohara J, Shioi A (1995) Interleukin 4, interferon-gamma, and prostaglandin E impact the osteoclastic cell-forming potential of murine bone marrow macrophages. Endocrinology 136: 2367–2376

Lacey DL, Timms E, Tan HL et al. (1998) Osteoprotegerin ligand is a cytokine that regulates osteoclast differentiation and activation. Cell 93: 165–176

Lane TF, Sage EH (1994) The biology of SPARC, a protein that modulates cell-matrix interactions. FASEB J 8: 163–173

Lane TF, Iruela-Arispe ML, Johnson RS, Sage EH (1994) SPARC is a source of copper-binding peptides that stimulate angiogenesis. J Cell Biol 125: 929–943

Laurent TC, Fraser JR (1992) Hyaluronan. FASEB J 6: 2397–404

Lawler J, Weinstein R, Hynes RO (1988) Cell attachment to thrombospondin: the role of ARG-GLY-ASP, calcium, and integrin receptors. J Cell Biol 107: 2351–2361

Lawler J, Duquette M, Whittaker CA, Adams JC, McHenry K, DeSimone DW (1993) Identification and characterization of thrombospondin-4, a new member of the thrombospondin gene family. J Cell Biol 120: 1059–1067

LeBaron RG, Zimmermann DR, Ruoslahti E (1992) Hyaluronate binding properties of versican. J Biol Chem 267: 10.003–10.010

Lecka-Czernik B, Moerman EJ, Jones RA, Goldstein S (1996) Identification of gene sequences overexpressed in senescent and Werner syndrome human fibroblasts. Exp Gerontol 31: 159–174

Lewis SD, Shields PP, Shafer JA (1985) Characterization of the kinetic pathway for liberation of fibrinopeptides during assembly of fibrin. J Biol Chem 260: 10.192–10.199

Linsenmayer TF, Fitch JM, Birk DE (1990) Heterotypic collagen fibrils and stabilizing collagens. Controlling elements in corneal morphogenesis? Ann N Y Acad Sci 580: 143–160

Lukens LN (1976) Time of occurrence of disulfide linking between procollagen chains. J Biol Chem 251: 3530–3538

Main AL, Harvey TS, Baron M, Boyd J, Campbell ID (1992) The three-dimensional structure of the tenth type III module of fibronectin: an insight into RGD-mediated interactions. Cell 71: 671–678

Mann K, Deutzmann R, Aumailley M et al. (1989) Amino acid sequence of mouse nidogen, a multidomain basement membrane protein with binding activity for laminin, collagen IV and cells. EMBO J 8: 65–72

Marchant JK, Hahn RA, Linsenmayer TF, Birk DE (1996) Reduction of type V collagen using a dominant-negative strategy alters the regulation of fibrillogenesis and results in the loss of corneal-specific fibril morphology. J Cell Biol 135: 1415–1426

Margolis RU, Margolis RK (1994) Aggrecan-versican-neurocan family proteoglycans. Methods Enzymol 245: 105–126

Marshall JF, Rutherford DC, McCartney AC, Mitjans F, Goodman SL, Hart IR (1995) Alpha v beta 1 is a receptor for vitronectin and fibrinogen, and acts with alpha 5 beta 1 to mediate spreading on fibronectin. J Cell Sci 108: 1227–1238

Matsumoto K, Saga Y, Ikemura T, Sakakura T, Chiquet-Ehrismann R (1994) The distribution of tenascin-X is distinct and often reciprocal to that of tenascin-C. J Cell Biol 125: 483–493

Mayer U, Timpl R (1994) Nidogen, a versatile binding protein of basement membranes. In: Yurchenco PD, Birk D, Mecham RP (eds) Extracellular matrix assembly and structure. Academic Press, Orlando, FL, pp 389–416

Mayne R, Brewton RG (1993) New members of the collagen superfamily. Curr Biol 5: 883–890

Mayne R, Brewton RG, Mayne PM, Baker JR (1993) Isolation and characterization of the chains of type V/type XI collagen present in bovine vitreous. J Biol Chem 268: 9381–9386

McDonald JA, Quade BJ, Broekelmann TJ et al. (1987) Fibronectin's cell-adhesive domain and an amino-terminal matrix assembly domain participate in its assembly into fibroblast pericellular matrix. J Biol Chem 262: 2957–2967

McKeown-Longo PJ, Mosher DF (1985) Interaction of the 70,000-mol-wt amino-terminal fragment of fibronectin with the matrix-assembly receptor of fibroblasts. J Cell Biol 100: 364–374

Mecham RP, Davies EC (1994) Elastic fiber structure and assembly. In: Yurchenco PD, Birk DE, Mecham RP (eds) Extracellular matrix assembly and structure. Academic Press, San Diego, pp 281–314

Milewicz DM, Urban Z, Boyd C (2000) Genetic disorders of the elastic fiber system. Matrix Biol 19: 471–480

Miner JH, Patton BL, Lentz SI et al. (1997) The laminin alpha chains: expression, developmental transitions, and chromosomal locations of alpha1–5, identification of heterotrimeric laminins 8–11, and cloning of a novel alpha3 isoform. J Cell Biol 137: 685–701

Miosge N, Gotz W, Sasaki T, Chu ML, Timpl R, Herken R (1996) The extracellular matrix proteins fibulin-1 and fibulin-2 in the early human embryo. Histochem J 28: 109–116

Miyagoe Y, Hanaoka K, Nonaka I et al. (1997) Laminin alpha2 chain-null mutant mice by targeted disruption of the Lama2 gene: a new model of merosin (laminin 2)-deficient congenital muscular dystrophy. FEBS Lett 415: 33–39

Moore MA, Gotoh Y, Rafidi K, Gerstenfeld LC (1991) Characterization of a cDNA for chicken osteopontin: expression during bone development, osteoblast differentiation, and tissue distribution. Biochemistry (Mosc) 30: 2501–2508

Mundlos S, Olsen BR (1997) Heritable diseases of the skeleton. Part II: Molecular insights into skeletal development-matrix components and their homeostasis. FASEB J 11: 227–233

Muragaki Y, Mariman EC, Beersum SE van et al. (1996) A mutation in the gene encoding the alpha 2 chain of the fibril-associated collagen IX, COL9A2, causes multiple epiphyseal dysplasia (EDM 2). Nat Genet 12: 103–105

Murphy-Ullrich JE, Lane TF, Pallero MA, Sage EH (1995) SPARC mediates focal adhesion disassembly in endothelial cells through a follistatin-like region and the Ca(2+)-binding EF-hand. J Cell Biochem 57: 341–350

Murshed M, Smyth N, Miosge N et al. (2000) The absence of nidogen 1 does not affect murine basement membrane formation. Mol Cell Biol 20: 7007–7012

Myers JC, Yang H, D'Ippolito JA, Presente A, Miller MK, Dion AS (1994) The triple-helical region of human type XIX collagen consists of multiple collagenous subdomains and exhibits limited sequence homology to alpha 1(XVI). J Biol Chem 269: 18.549–18.557

Nasu K, Ishida T, Setoguchi M, Higuchi Y, Akizuki S, Yamamoto S (1995) Expression of wild-type and mutated rabbit osteopontin in *Escherichia coli*, and their effects on adhesion and migration of P388D1 cells. Biochem J 307: 257–265

Nishimura I, Muragaki Y, Olsen BR (1989) Tissue-specific forms of type IX collagen-proteoglycan arise from the use of two widely separated promoters. J Biol Chem 264: 20.033–20.041

Niyibizi C, Eyre DR (1994) Structural characteristics of cross-linking sites in type V collagen of bone. Chain specificities and heterotypic links to type I collagen. Eur J Biochem 224: 943–950

Noakes PG, Gautam M, Mudd J, Sanes JR, Merlie JP (1995a) Aberrant differentiation of neuromuscular junctions in mice lacking s-laminin/laminin beta 2. Nature 374: 258–262

Noakes PG, Miner JH, Gautam M, Cunningham JM, Sanes JR, Merlie JP (1995b) The renal glomerulus of mice lacking s-laminin/laminin beta 2: nephrosis despite molecular compensation by laminin beta 1. Nat Genet 10: 400–406

Norenberg U, Wille H, Wolff JM, Frank R, Rathjen FG (1992) The chicken neural extracellular matrix molecule restrictin: similarity with EGF-, fibronectin type III-, and fibrinogen-like motifs. Neuron 8: 849–863

Obara M, Kang MS, Yamada KM (1988) Site-directed mutagenesis of the cell-binding domain of human fibronectin: separable, synergistic sites mediate adhesive function. Cell 53: 649–657

Oh SP, Kamagata Y, Muragaki Y, Timmons S, Ooshima A, Olsen BR (1994) Isolation and sequencing of cDNAs for proteins with multiple domains of Gly-Xaa-Yaa repeats identify a distinct family of collagenous proteins. Proc Natl Acad Sci USA 91: 4229–4233

Oldberg A, Antonsson P, Lindblom K, Heinegard D (1992) COMP (cartilage oligomeric matrix protein) is structurally related to the thrombospondins. J Biol Chem 267: 22.346–22.350

Olsen BR (1995) New insights into the function of collagens from genetic analysis. Curr Opin Cell Biol 7: 720–727

Olsen BR (1999) Life without perlecan has its problems. J Cell Biol 147: 909–912

O'Reilly MS, Boehm T, Shing Y et al. (1997) Endostatin: an endogenous inhibitor of angiogenesis and tumor growth. Cell 88: 277–285

Oyama F, Murata Y, Suganuma N, Kimura T, Titani K, Sekiguchi K (1989) Patterns of alternative splicing of fibronectin pre-mRNA in human adult and fetal tissues. Biochemistry (Mosc) 28: 1428–1434

Pan TC, Zhang RZ, Mattei MG, Timpl R, Chu ML (1992) Cloning and chromosomal location of human alpha 1(XVI) collagen. Proc Natl Acad Sci USA 89: 6565–6569

Pan TC, Kluge M, Zhang RZ, Mayer U, Timpl R, Chu ML (1993) Sequence of extracellular mouse protein BM-90/fibulin and its calcium-dependent binding to other basement-membrane ligands. Eur J Biochem 215: 733–740

Parente MG, Chung LC, Ryynanen J et al. (1991) Human type VII collagen: cDNA cloning and chromosomal mapping of the gene. Proc Natl Acad Sci USA 88: 6931–6935

Pareti FI, Niiya K, McPherson JM, Ruggeri ZM (1987) Isolation and characterization of two domains of human von Willebrand factor that interact with fibrillar collagen types I and III. J Biol Chem 262: 13.835–13.841

Paulsson M (1996) Biosynthesis, tissue distribution and isolation of laminins. In: Ekblom P, Timpl R (eds) The laminins. Harwood Academic Publishers, Reading, MA, pp 1–25

Paulsson M, Heinegard D (1982) Radioimmunoassay of the 148-kilodalton cartilage protein. Distribution of the protein among bovine tissues. Biochem J 207: 207–213

Paulsson M, Dziadek M, Suchanek C, Huttner WB, Timpl R (1985) Nature of sulphated macromolecules in mouse Reichert's membrane. Evidence for tyrosine O-sulphate in basement-membrane proteins. Biochem J 231: 571–579

Peters DMP, Mosher DF (1994) Formation of fibronectin extracellular matrix. In: Yurchenco PD, Birk DE, Mecham RP (eds) Extracellular matrix assembly and structure. Academic Press, San Diego, pp 315–350

Pierschbacher MD, Hayman EG, Ruoslahti E (1981) Location of the cell-attachment site in fibronectin with monoclonal antibodies and proteolytic fragments of the molecule. Cell 26: 259–267

Pihlajaniemi T, Rehn M (1995) Two new collagen subgroups: membrane-associated collagens and types XV and XVII. Prog Nucleic Acid Res Mol Biol 50: 225–262

Podack ER, Kolb WP, Muller-Eberhard HJ (1977) The SC5b-7 complex: formation, isolation, properties, and subunit composition. J Immunol 119: 2024–2029

Pöschl E, Mayer U, Stetefeld J et al. (1996) Site-directed mutagenesis and structural interpretation of the nidogen binding site of the laminin gamma1 chain. EMBO J 15: 5154–5159

Preissner KT (1991) Structure and biological role of vitronectin. Annu Rev Cell Biol 7: 275–310

Preissner KT, Müller-Berghaus G (1987) Neutralization and binding of heparin by S protein/vitronectin in the inhibition of factor Xa by antithrombin III. Involvement of an inducible heparin-binding domain of S protein/vitronectin. J Biol Chem 262: 12.247–12.253

Prockop DJ, Hulmes DJS (1994) Assembly of collagen fibrils de novo from soluble precursors: polymerization and copolymerization of procollagen, pN-collagen and mutated collagens. In: Yurchenco PD, Birk DE, Mecham RP (eds) Extracellular matrix assembly and structure. Academic Press, San Diego, pp 47–90

Pulkkinen L, Christiano AM, Airenne T, Haakana H, Tryggvason K, Uitto J (1994a) Mutations in the gamma 2 chain gene (LAMC2) of kalinin/laminin 5 in the junctional forms of epidermolysis bullosa. Nat Genet 6: 293–297

Pulkkinen L, Christiano AM, Gerecke D et al. (1994b) A homozygous nonsense mutation in the beta 3 chain gene of laminin 5 (LAMB3) in Herlitz junctional epidermolysis bullosa. Genomics 24: 357–360

Qabar A, Derick L, Lawler J, Dixit V (1995) Thrombospondin 3 is a pentameric molecule held together by interchain disulfide linkage involving two cysteine residues. J Biol Chem 270: 12.725–12.729

Rathjen FG, Wolff JM, Chiquet-Ehrismann R (1991) Restrictin: a chick neural extracellular matrix protein involved in cell attachment co-purifies with the cell recognition molecule F11. Development 113: 151–164

Rauch U, Karthikeyan L, Maurel P, Margolis RU, Margolis RK (1992) Cloning and primary structure of neurocan, a developmentally regulated, aggregating chondroitin sulfate proteoglycan of brain. J Biol Chem 267: 19.536–19.547

Reinhardt DP, Keene DR, Corson GM et al. (1996) Fibrillin-1: organization in microfibrils and structural properties. J Mol Biol 258: 104–116

Reinhardt DP, Ono RN, Notbohm H, Muller PK, Bachinger HP, Sakai LY (2000) Mutations in calcium-binding epidermal growth factor modules render fibrillin-1 susceptible to proteolysis. A potential disease-causing mechanism in Marfan syndrome. J Biol Chem 275: 12.339–12.345

Reiser K, McCormick RJ, Rucker RB (1992) Enzymatic and nonenzymatic cross-linking of collagen and elastin. FASEB J 6: 2439–2449

Rich A, Crick FCH (1961) The molecular structure of collagen. J Mol Biol 3: 483–508

Roark EF, Keene DR, Haudenschild CC, Godyna S, Little CD, Argraves WS (1995) The association of human fibulin-1 with elastic fibers: an immunohistological, ultrastructural, and RNA study. J Histochem Cytochem 43: 401–411

Roberts DD (1996) Regulation of tumor growth and metastasis by thrombospondin-1. FASEB J 10: 1183–1191

Roughley PJ, Lee ER (1994) Cartilage proteoglycans: structure and potential functions. Microsc Res Tech 28: 385–397

Ruegg MA (1996) Agrin, laminin beta 2 (s-laminin) and ARIA: their role in neuromuscular development. Curr Opin Neurobiol 6: 97–103

Ruggeri ZM, Ware J (1993) von Willebrand factor. FASEB J 7: 308–316

Sage H, Bornstein P (1995) Matrix components produced by endothelial cells: type VIII collagen, SPARC and thrombospondin. In: Haralson MA, Hassell JR (eds) Extracellular matrix. A practical approach. ERL Press, Oxford, pp 131–160

Sakai LY, Keene DR, Engvall E (1986) Fibrilin, a new 350 kD glycoprotein, is a component of extracellular microfibrils. J Cell Biol 103: 2499–2509

Sane DC, Moser TL, Parker CJ, Seiffert D, Loskutoff DJ, Greenberg CS (1990) Highly sulfated glycosaminoglycans augment the cross-linking of vitronectin by guinea pig liver transglutaminase. Functional studies of the cross-linked vitronectin multimers. J Biol Chem 265: 3543–3548

Sasaki T, Gohring W, Pan TC, Chu ML, Timpl R (1995) Binding of mouse and human fibulin-2 to extracellular matrix ligands. J Mol Biol 254: 892–899

Sasaki T, Mann K, Wiedemann H et al. (1997) Dimer model for the microfibrillar protein fibulin-2 and identification of the connecting disulfide bridge. EMBO J 16: 3035–3043

Savage B, Ruggeri ZM (1991) Selective recognition of adhesive sites in surface-bound fibrinogen by glycoprotein IIb-IIIa on nonactivated platelets. J Biol Chem 266: 11.227–11.233

Sawada H, Konomi H, Hirosawa K (1990) Characterization of the collagen in the hexagonal lattice of Descemet's membrane: its relation to type VIII collagen. J Cell Biol 110: 219–227

Saxne T, Zunino L, Heinegard D (1995) Increased release of bone sialoprotein into synovial fluid reflects tissue destruction in rheumatoid arthritis. Arthritis Rheum 38: 82–90

Scott JE (1996) Proteodermatan and proteokeratan sulfate (decorin, lumican/fibromodulin) proteins are horseshoe shaped. Implications for their interactions with collagen. Biochemistry (Mosc) 35: 8795–8799

Scott JE, Orford CR (1981) Dermatan sulphate-rich proteoglycan associates with rat tail-tendon collagen at the d band in the gap region. Biochem J 197: 213–216

Seidl M, Hormann H (1983) Affinity chromatography on immobilized fibrin monomer, IV. Two fibrin-binding peptides of a chymotryptic digest of human plasma fibronectin. Hoppe Seylers Z Physiol Chem 364: 83–92

Seiffert D, Loskutoff DJ (1991) Evidence that type 1 plasminogen activator inhibitor binds to the somatomedin B domain of vitronectin. J Biol Chem 266: 2824–2830

Sherman L, Sleeman J, Herrlich P, Ponta H (1994) Hyaluronate receptors: key players in growth, differentiation, migration and tumor progression. Curr Opin Cell Biol 6: 726–733

Simonet WS, Lacey DL, Dunstan CR et al. (1997) Osteoprotegerin: a novel secreted protein involved in the regulation of bone density. Cell 89: 309–319

Skorstengaard K, Jensen MS, Petersen TE, Magnusson S (1986) Purification and complete primary structures of the heparin-, cell-, and DNA-binding domains of bovine plasma fibronectin. Eur J Biochem 154: 15–29

Smith DE, Furcht LT (1982) Localization of two unique heparin binding domains of human plasma fibronectin with monoclonal antibodies. J Biol Chem 257: 6518–6523

Smith CA, Farrah T, Goodwin RG (1994) The TNF receptor superfamily of cellular and viral proteins: activation, costimulation, and death. Cell 76: 959–962

Smith LL, Cheung HK, Ling LE et al. (1996) Osteopontin N-terminal domain contains a cryptic adhesive sequence recognized by alpha9beta1 integrin. J Biol Chem 271: 28.485–28.491

Spring J, Beck K, Chiquet-Ehrismann R (1989) Two contrary functions of tenascin: dissection of the active sites by recombinant tenascin fragments. Cell 59: 325–334

Stubbs JT, Mintz KP, Eanes ED, Torchia DA, Fisher LW (1997) Characterization of native and recombinant bone sialoprotein: delineation of the mineral-binding and cell adhesion domains and structural analysis of the RGD domain. J Bone Miner Res 12: 1210–1222

Suzuki S, Oldberg A, Hayman EG, Pierschbacher MD, Ruoslahti E (1985) Complete amino acid sequence of human vitronectin deduced from cDNA. Similarity of cell attachment sites in vitronectin and fibronectin. EMBO J 4: 2519–2524

Takagi J, Fujisawa T, Sekiya F, Saito Y (1991) Collagen-binding domain within bovine propolypeptide of von Willebrand factor. J Biol Chem 266: 5575–5579

Thiagarajan P, Kelly K (1988) Interaction of thrombin-stimulated platelets with vitronectin (S-protein of complement) substrate: inhibition by a monoclonal antibody to glycoprotein IIb-IIIa complex. Thromb Haemost 60: 514–517

Timpl R, Brown JC (1996) Supramolecular assembly of basement membranes. Bioessays 18: 123–132

Timpl R, Chu ML (1994) Microfibrillar collagen type VI. In: Yurchenco PD, Birk DE, Mecham RP (eds) Extracellular matrix assembly and structure. Academic Press, San Diego, pp 207–242

Timpl R, Engel J (1987) Type VI collagen. In: Mayne R, Burgeson RE (eds) Structure and function of collagen types. Academic Press, San Diego, pp 105–143

Tolsma SS, Volpert OV, Good DJ, Frazier WA, Polverini PJ, Bouck N (1993) Peptides derived from two separate domains of the matrix protein thrombospondin-1 have anti-angiogenic activity. J Cell Biol 122: 497–511

Tomasini BR, Mosher DF (1991) Vitronectin. Prog Hemost Thromb 10: 269–305

Tondravi MM, Winterbottom N, Haudenschild DR, Goetinck PF (1993) Cartilage matrix protein binds to collagen and plays a role in collagen fibrillogenesis. Prog Clin Biol Res 383B: 515–522

Tran H, Mattei M, Godyna S, Argraves WS (1997) Human fibulin-1D: molecular cloning, expression and similarity with S1-5 protein, a new member of the fibulin gene family. Matrix Biol 15: 479–493

Turitto VT, Weiss HJ, Zimmerman TS, Sussman II (1985) Factor VIII/von Willebrand factor in subendothelium mediates platelet adhesion. Blood 65: 823–831

Uitto J, Pulkkinen L, Christiano AM (1994) Molecular basis of the dystrophic and junctional forms of epidermolysis bullosa: mutations in the type VII collagen and kalinin (laminin 5) genes. J Invest Dermatol 103: 39S–46S

Van der Rest M, Bruckner P (1994) Collagens: diversity at the molecular and supramolecular levels. Current Opin Struct Biol 3: 430–436

Van der Rest M, Garrone R (1991) Collagen family of proteins. FASEB J 5: 2814–2823

Vaughan L, Mendler M, Huber S et al. (1988) D-periodic distribution of collagen type IX along cartilage fibrils. J Cell Biol 106: 991–997

Vidal F, Baudoin C, Miquel C et al. (1995) Cloning of the laminin alpha 3 chain gene (LAMA3) and identification of a homozygous deletion in a patient with Herlitz junctional epidermolysis bullosa. Genomics 30: 273–280

Vogel KG, Paulsson M, Heinegard D (1984) Specific inhibition of type I and type II collagen fibrillogenesis by the small proteoglycan of tendon. Biochem J 223: 587–597

Voorberg J, Fontijn R, Calafat J, Janssen H, Mourik JA van, Pannekoek H (1991) Assembly and routing of von Willebrand factor variants: the requirements for disulfide-linked dimerization reside within the carboxy-terminal 151 amino acids. J Cell Biol 113: 195–205

Vos HL, Devarayalu S, Vries Y de, Bornstein P (1992) Thrombospondin 3 (Thbs3), a new member of the thrombospondin gene family. J Biol Chem 267: 12.192–12.196

Vuento M, Vartio T, Saraste M, Bonsdorff CH von, Vaheri A (1980) Spontaneous and polyamine-induced formation of filamentous polymers from soluble fibronectin. Eur J Biochem 105: 33–42

Waltregny D, Bellahcene A, Van Riet I et al. (1998) Prognostic value of bone sialoprotein expression in clinically localized human prostate cancer. J Natl Cancer Inst 90: 1000–1008

Ware JL, Ruggeri ZM (1995) In: High KA, Roberts S (eds) Molecular basis of thrombosis and hemostasis. Marcel Dekker, New York, pp 197–214

Ware J, Dent JA, Azuma H et al. (1991) Identification of a point mutation in type IIB von Willebrand disease illustrating the regulation of von Willebrand factor affinity for the platelet membrane glycoprotein Ib-IX receptor. Proc Natl Acad Sci USA 88: 2946–2950

Warman ML, Abbott M, Apte SS et al. (1993) A type X collagen mutation causes Schmid metaphyseal chondrodysplasia. Nat Genet 5: 79–82

Weigel PH, Hascall VC, Tammi M (1997) Hyaluronan synthases. J Biol Chem 272: 13997–14000

Yamada H, Watanabe K, Shimonaka M, Yamaguchi Y (1994) Molecular cloning of brevican, a novel brain proteoglycan of the aggrecan/versican family. J Biol Chem 269: 10.119–10.126

Yamaguchi Y, Mann DM, Ruoslahti E (1990) Negative regulation of transforming growth factor-beta by the proteoglycan decorin. Nature 346: 281–284

Yurchenco PD, Cheng YS (1993) Self-assembly and calcium-binding sites in laminin. A three-arm interaction model. J Biol Chem 268: 17.286–17.299

Zhang H, Apfelroth SD, Hu W et al. (1994) Structure and expression of fibrillin-2, a novel microfibrillar component preferentially located in elastic matrices. J Cell Biol 124: 855–863

4 Bioartfizieller Gewebeersatz – Tissue Engineering

Wilhelm K. Aicher, Jürgen Fritz und Ina Kötter

Inhaltsverzeichnis

4.1 Allgemeine Einleitung

Virchow erkannte, dass nicht nur die Gewebe aus Zellen aufgebaut sind, sondern dass auch die Lebensvorgänge in Gesundheit und Krankheit vom Metabolismus einzelner Zellen abhängen. Daher hat am Ende des 19. und im 20. Jahrhundert die Entwicklung der Methoden zur sterilen In-vitro-Kultur von humanen Zellen große Hoffnungen geweckt, dass gesunde, expandierte Zellen Verletzungen heilen oder durch Krankheit beschädigtes Gewebe funktionell ersetzen könnten (Mooey u. Mikos 1999). So ist es gelungen, zunächst Tumorzellen und später auch nicht transformierte Zellen aus den verschiedensten Organen zu isolieren und in vitro zu expandieren (Doyle et al. 1998). In diesem Zusammenhang darf nicht übersehen werden, dass sowohl die Entwicklung der Techniken zur Isolierung vitaler und funktioneller Zellen aus so verschiedenen Geweben wie Lymphknoten, Leber oder Knochen als auch die Methoden der Zellkultur, funktionelle Analysen, der Transfer von in vi-

tro expandierten Zellen in Rezipienten, die gesamten Studien zur Problematik der immunologischen Kompatibilität von Spender zum Empfänger und vieles mehr nur mir Hilfe von Tierversuchen durchgeführt werden konnte.

Zurzeit werden v. a. auf den Gebieten der neurodegenerativen Erkrankungen wie Morbus Parkinson, Morbus Alzheimer oder bei Organerkrankungen, die mit Hormondefizienzen einhergehen wie Typ-I-Diabetes, größte Anstrengungen unternommen, mit Zellen, welche in vitro expandiert werden, eine funktionelle Substitution zu erreichen (Kempermann u. Gage 1999, Horner et al. 2000, Papas et al. 1999, Pollok et al. 1998). Da die meisten Parenchymzellen in den Geweben hoch differenziert sind und im Laufe der Differenzierung das Potenzial zur Proliferation zurück geht, sind proliferationskompetente Vorläuferzellen oder Stammzellen wichtiges Ausgangsmaterial der Expansion von Zellen zum Tissue Engineering. Solche Vorläuferzellen wurden in verschiedenen Geweben, so auch in der Haut nachgewiesen (O' Shaughnessy et al. 2000). Wichtigste Quelle für z. B. hämatopoeti-

Ganten/Ruckpaul (Hrsg.)
Molekularmedizinische Grundlagen
von rheumatischen Erkrankungen
© Springer-Verlag Berlin Heidelberg 2003

sche und mesenchymale Vorläuferzellen ist das Knochenmark (Friedenstein et al. 1966, 1968, Owen et al. 1988). Selbst im Gehirn, dem bis in jüngste Zeit kaum regeneratives Potenzial zugeordnet worden war, wurden inzwischen Stammzellen entdeckt, die möglicherweise die Therapie neuronaler Erkrankungen revolutionieren (McKay et al. 2000, Kempermann u. Gage 1999).

Wegen des relativ guten Selbstheilungspotenzials der Haut und des Bindegewebes sind in jüngster Zeit große Fortschritte in der Entwicklung und Anwendung des Tissue Engineering v. a. für Haut-, Knorpel- und Knochenersatz erzielt worden (Taylor et al. 2000, Ronfard et al. 2000, Temenoff et al. 2000, Thomson et al. 1998, 1999), sodass heute für die Versorgung von schweren Hautdefekten oder begrenzten Knorpel- oder Knochendefekten bereits industriell gefertigte Gewebe und Zellen zur Verfügung stehen. Der klinische Bedarf für Hautersatz ist sehr groß, denn jährlich benötigen Brandverletzte und Patienten mit chronischen Wunden einen Hautersatz, um den Flüssigkeits- und Elektrolytverlust, Stoffwechselentgleisung oder Infektionen zu vermeiden. Wenn möglich, wird autologe Haut auf die Wunde transplantiert, denn die autologe Haut ist der „Goldstandard" hierfür. Bei großflächigem Hautdefekt scheidet die autologe Transplantation aber aus, hier müssen andere Methoden, u. a. das Tissue Engineering, in Betracht gezogen werden. Die Industrie beobachtet daher mit größtem Interesse die Entwicklung verschiedener Strategien, um die Methoden der Zellzüchtung von Keratinozyten und Fibroblasten zu optimieren. Industriell gefertigte Zellsuspensionen zur Versorgung von Hautwunden stehen dem Dermatologen zur Verfügung (Ronfard et al. 2000).

Wichtig ist auch – neben der Qualität der Zellen – die Entwicklung organspezifischer Matrizes, in welche die Zellen ggf. eingebracht werden können (Thomson et al. 1995). Durch Zugabe von Zytokinen und Wachstumsfaktoren in diese Matrizes oder zu den Zellsuspensionen können das Wachstum der Zellen in vitro beschleunigt oder modifiziert und auch die spätere Integration in den Defekt verbessert werden (Heidaran et al. 2000). In Tierversuchen wurde das Tissue Engineering mit gentechnisch veränderten Zellen, die z. B. rekombinante Wachstumsfaktoren exprimieren, entwickelt. Kliniknahe Behandlungen z. B. von Haut-, Knorpel- oder Knochendefekten wurden erfolgreich durchgeführt. Die Verwendung von gentechnisch veränderten Zellen zur Transplantation bei Patienten, die z. B. autokrin Wachstumsfaktoren sekretieren können, steht aber wegen der Sicher-

heitsbedenken (Transfektion von Zellen mit Expressionsvektoren, vgl. News in Science vom 17.12.1999, S 244), wegen rechtlicher Bedenken und ethischer Fragen erst am Anfang der Entwicklung.

Eine ähnliche Situation wie beim Hautersatz durch Tissue Engineering ergibt sich für den Knochenersatz (Vogelin et al. 2000). Autologer Knochen wird häufig als kortikospongiöser Span vom Beckenkamm oder von Trochanter major, Femur und Fibula gewonnen und ist nach wie vor ein bewährtes Transplantat. Allein in den USA werden jährlich 450 000 autologe Knochentransplantationen durchgeführt. Durch die Verwendung von Osteosyntheseplatten zur Fixierung des autologen Knochentransplantats hat sich die Situation der Patienten nach Knochenverletzungen in den letzten 30 Jahren erheblich verbessert. Allogene Spenderknochen finden klinisch ebenfalls häufig Anwendung. Wegen des Risikos der Übertragung von Infektionen müssen Knochenspender sehr sorgfältig ausgesucht werden (Vilmar u. Bachmann 1996).

Zur Überbrückung von größeren Knochenschäden werden neben den Knochentransplantaten auch zellfreie Mineralien (z. B. Hydroxyapatite, Trikalziumphosphate), Schmelzen, keramische Werkstoffe oder Polymere als Gerüstsubstanzen eingesetzt (Holy et al. 2000). Diese Substanzen werden von Knochenzellen besiedelt. Dadurch kann die Heilung gefördert werden. Die Polymere werden häufig aus Laktonen oder Estern synthetisiert. Diese Gruppe von Polymeren zeichnet sich dadurch aus, dass sie in situ resorbierbar sind (Lu et al. 2000). Durch geeignete Wahl der chemischen Komponenten lässt sich die Halbwertszeit der Degradation steuern. Zudem können die mineralischen oder polymeren Gerüstsubstanzen mit Wachstumsfaktoren wie z. B. BMP-2 oder BMP-6 angereichert oder mit autologen Knochenzellen besiedelt werden (Urist 1965). Die Anreicherung von Knochenpasten oder festen Gerüstsubstanzen mit Wachstumsfaktoren ist trotz optimistischer Darstellung der Hersteller noch nicht über das Stadium experimenteller bzw. präklinischer Studien hinaus gewachsen. Nur für einzelne, sehr spezielle Fragestellungen wurde unlängst der Einsatz von rekombinantem BMP-7 genehmigt (Juni 2001). Neben der Beimpfung der Gerüstsubstanzen mit Wachstumsfaktoren könnten Zellen auch mit solchen Gerüstsubstanzen kombiniert und transplantiert werden. Im Bereich des Tissue Engineering von Knochen mit adulten mesenchymalen Stammzellen sind gerade in jüngster Zeit erhebliche Fortschritte erzielt worden, die sich für autologe Transplantationsmethoden und Tissue Engineering empfehlen (Pittenger et al. 1999).

Die Techniken des Tissue Engineering basieren einerseits auf den Erfahrungen, die mit Bluttransfusionen einerseits und durch Gewebetransplantationen andererseits erzielt wurden. In einer Reihe von systematischen Untersuchungen ab dem Jahr 1901 konnte der spätere Nobelpreisträger Karl Landsteiner nachweisen, dass humane Blutzellen durch einfache Agglutinationstests in die Blutgruppen A, B und 0 einzuteilen sind. Durch das von Landsteiner begründete Blutgruppensystem war es erstmals möglich, sowohl Serum als auch Zellen von Spendern auf Empfänger relativ sicher zu übertragen.

Eine zentrale Rolle für den Erfolg des Tissue Engineering stellen auch die verfeinerten Techniken der Chirurgie dar. Insbesondere die Fortschritte, die im Bereich der Tumorchirurgie, Organ- und Gewebetransplantation erreicht wurden, waren wegweisend: Solide Tumoren konnten im Tierversuch passagiert werden, aber das Transplantat wurde gewöhnlich nach einer gewissen Zeit abgestoßen. Bereits 1912 erschien ein Buch von Georg Schöne zum Thema *heteroplastische und homoplastische Transplantation.*

Er fasste den damaligen Stand des Wissens wie folgt zusammen:
1. Heteroplastische Transplantation von Zellen über Speziesgrenzen hinweg scheitert generell (heteroplastisch entspricht xenogen).
2. Allogene Transplantationen von Zellen innerhalb einer Spezies in ein nicht eng verwandtes Individuum scheitern meistens.
3. Autologe Transplantation von Zellen in dasselbe Individuum ist beinahe immer erfolgreich.
4. Allogene Rezipienten derselben Spezies können ein Transplantat primär tolerieren, aber später abstoßen.
5. Die Abstoßung eines 2. Transplantats vom selben Donor ist beschleunigt, d.h. der Rezipient wird sensibilisiert.
6. Je näher verwandt Donor und Rezipient sind, desto größer ist die Chance auf eine erfolgreiche Transplantation.
7. Diese Transplantationsregeln treffen sowohl auf die Transplantation von Tumorgewebe als auch auf die Transplantation von gesundem Gewebe zu.

Wenig später, im Jahr 1916, wurden diese immunologischen Erkenntnisse, die weitgehend an Inzuchtmäusen gewonnen worden waren, durch E.E. Tyzzer mit dem genetischen Hintergrund als wesentlicher Ursache für die Mechanismen der Gewebeabstoßung oder -toleranz verknüpft. Histologische Untersuchungen der Transplantate in adulten Rezipienten wiesen den Lymphozyten eine zentrale Rolle bei der Gewebeabstoßung zu; zeitgleich wurde bewiesen, dass im Embryo keine Gewebeabstoßung nachweisbar ist (Paul 1998). Der Blick der immunologischen Forschung richtete sich damals auf die Antikörperproduktion, serologische Reaktionen und Tumorabstoßung. Die Probleme der Transplantation von Zellen oder Geweben und Autoimmunität waren zunächst experimentell nicht lösbar. Erst in den 40er Jahren publizierten P. Medawar und T. Gibson mehrere Studien zum Thema Hauttransplantation und Abstoßung des Transplantats. Sie zeichneten in Tierversuchen den Verlauf der Abstoßungsreaktion, die Entwicklung der Entzündung durch Infiltration von Lymphozyten und die histologischen Veränderungen im Transplantat auf. Im Wesentlichen wird bis heute nach den von Medawar und Gibson erarbeiteten Grundsätzen transplantiert.

Die ersten erfolgreichen Nierentransplantationen wurden Mitte der 50er Jahre des 20. Jahrhunderts durchgeführt. Die Überlebensrate für 12 Monate betrug damals allerdings nur etwa 50%. Durch die Einführung von spezifischen Immunsuppressiva wie Cyclosporin A vor etwa 25 Jahren wurde es möglich, die Lebensdauer und -qualität der operierten Patienten deutlich zu verbessern, und die Überlebensrate für das 1. Jahr nach der Operation stieg auf über 80%. Nierentransplantate machen nach wie vor, mit über 60% der transplantierten Organe, den Hauptteil solcher Operationen aus. In den letzten 20 Jahren wurden weltweit etwa 1/2 Mio. Patienten mit einem Organtransplantat (Niere, Leber, Herz, Lunge, Pankreas) versorgt. Der Bedarf in den westlichen Ländern ist allerdings nach wie vor höher als die Spenderzahlen. Allein in Deutschland warten jährlich etwa 4000 Patienten auf eine Spenderniere, dem gegenüber stehen nur etwa 2000 Organe zur Verfügung. Durch die Verbesserung der Techniken des Tissue Engineering hofft man hier, Abhilfe zu schaffen.

Aus dem oben Geschilderten wird klar, dass erfolgreiche Entwicklungen im Bereich des Tissue Engineering ohne die intensive Kooperation medizinischer, biologischer und chemischer Experten nicht möglich sind (Abb. 4.1). Ein generelles Problem vermag aber auch die verfeinerte Technologie des Tissue Engineering nicht zu lösen: Die komplexe Steuerung der Ausbildung von enervierten Organen im Zusammenspiel mit hormonellen oder

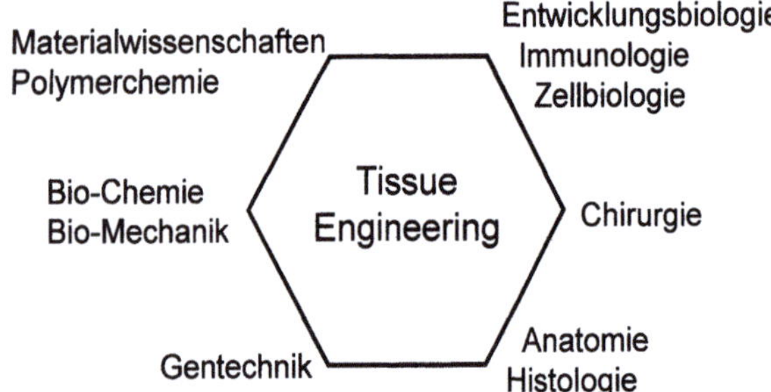

Abb. 4.1. Tissue Engineering. Ziel eines erfolgreichen Tissue Engineering ist es, möglichst viele der Organfunktionen zu rekonstituieren. Neben den zentralen medizinischen Disziplinen (Chirurgie, Anatomie, Histologie) spielen auch chemische, physikalische und verschiedene biologische Fragestellungen eine wichtige Rolle

Zytokinsignalen wird in nächster Zeit in vitro trotz Chiptechnologie und Gentechnik kaum lösbar sein. Die Fortschritte auf dem Gebiet des reinen Gewebeersatzes von Knorpel und Blutzellen sollen aber im Folgenden vor dem Hintergrund der Möglichkeiten zur Behandlung von Rheumapatienten bzw. Arthrosepatienten im Detail besprochen werden.

4.2 Isolierung und Kultur von Zellen zum Tissue Engineering

4.2.1 Labor

Die Techniken und Methoden des Tissue Engineering basieren im Wesentlichen auf den Standardtechniken experimenteller Zellkultur (Jakoby u. Pastan 1979). Ein Zellkulturlabor benötigt 4 wesentliche funktionelle Einheiten:

1. Einrichtungen zur Reinigung, Sterilisation und Vorbereitung aller Instrumente, Chemikalien, Nährlösungen und Diagnostika
2. Arbeitsplätze für sterile Manipulation der Gewebe und Zellen
3. Ausrüstungen für Zellkulturroutine (Mikroskop, Zentrifuge)
4. Lager, Kühl- und Gefrierschränke, Tiefkühllager (flüssiges N_2)

Diese Einrichtungen werden je nach Anforderungen wesentlich erweitert; insbesondere wenn das Tissue Engineering zum Zweck der Transplantation von Zellen oder Geweben in Patienten dient. Die Zellen, die bei den Prozessen des Tissue Engineering zum Einsatz kommen, stellen ein Arznei-

mittel dar. Daher müssen alle Einrichtungen, Geräte, Chemikalien und Arbeitsschritte den Bestimmungen des Arzneimittelgesetzes und anderen nationalen oder internationalen Normen genügen.

Biologische Transplantate, wie z. B. autoklavierte Knochen, deren Grundgerüst mit humanen autologen Zellen beimpft sind, unterliegen ebenfalls dem Arzneimittelgesetz und nicht dem Transplantationsgesetz. Die Herstellung von zellulären Arzneimitteln muss durch die Bundesbehörden entsprechend zugelassen werden. Zellfreie Transplantate oder Implantate generell stellen dagegen Medizinprodukte dar, die durch eine benannte Stelle lediglich zertifiziert werden.

4.2.2 Gewinnung von Chondrozyten oder Osteoblasten zur In-vitro-Expansion

Autologe Knorpeltransplantation ist nach dem aktuellen Stand der Technik zur Behandlung von größeren, aber begrenzten Knorpeldefekten die Methode der Wahl. Bei den meisten Verfahren werden bestimmte diagnostische Einschluss- bzw. Ausschlusskriterien für autologe Knorpelzelltransplantation angewendet (Tabelle 4.1).

Aus nicht belastetem Knorpel wird arthroskopisch eine Stanze entnommen. Dieser Knorpel-Knochen-Zylinder wird steril asserviert und unverzüglich in ein Zellkulturlabor zur Zellisolation verbracht.

Nach mechanischer Zerkleinerung des Gelenkknorpels wird in mehreren sequenziellen Verdauungsschritten die Knorpelmatrix aufgebrochen um so die darin enthaltenen Chondrozyten zu isolieren. Chondrozyten machen in gesundem hyalinem Knorpel weniger als 10% der Gewebemasse aus, die extrazelluläre Matrix stellt 90% der Gewebemasse oder mehr dar. Die Isolierung der Zellen mit Matrixproteasen muss daher besonders zellschonend durchgeführt werden. Die Chondrozyten

Tabelle 4.1. Diagnostische Kriterien zur autologen Transplantation von Knorpelzellen

Einschlusskriterien	Ausschlusskriterien
Begrenzter chondraler Defekt < 14 cm^2	Osteoarthrose
Osteochondraler Defekt <7 mm Tiefe	Rheumatoide Arthritis
Osteochondrosis dissecans	Infektiöse (reaktive) Arthritis Große (>14 cm^2) oder sehr tiefe (>9 mm) osteochondrale Defekte

werden dann in Monolayerkulturen unter sterilen Bedingungen vermehrt, bis die zur Transplantation erforderliche Zellzahl erreicht ist. Folgendes Protokoll hat sich bewährt:

- Knorpel in 50 ml Zentrifugationsröhrchen 2-mal mit PBS waschen und Überstand absaugen
- In Petrischalen Knochen und mineralisierten Knorpel mit Skalpell entfernen
- Knorpel in 50 ml Zentrifugationsröhrchen 2-mal mit PBS waschen, Überstand absaugen
- Gewebe mit PBS überdecken und mit Skalpell klein schneiden
- enzymatischer Vorverdau mit Kollagenase (1500 U/ml) + Dispase (25 U/ml) für 30 min bei 37 °C, angedauten Knorpel mit PBS waschen, Überstand abtrennen
- Knorpel in 10 ml Kollagenase (1500 U/ml) 6 h bei 37 °C inkubieren, dann 10 ml Dispase (25 U/ml) zugeben und weitere 30 min inkubieren
- Suspension vorsichtig mit einer weiten Pipette durchmischen und Zellen 2-mal mit Medium (RPMI, DMEM o. Ä., Serum) waschen
- Bestimmung der Ausbeute, Zellkultur im Vollmedium mit Serum

Die Gewinnung von Osteoblasten erfolgt prinzipiell nach den gleichen Schritten. Als Ausgangsmaterial dienen die Spongiosa des Beckenkamms oder spongiöse Biopsate des Femurs. Lediglich die mechanische Zerkleinerung der Spongiosa erfordert entsprechendes Instrumentarium. Die Osteoblasten werden wiederum von den Knochensplittern durch einen kurzen enzymatischen Verdau abgelöst und in Monolayerkulturen expandiert. Da die Knochensplitter nach der Inkubation mit Kollagenase noch Osteoblasten enthalten, können auch die Knochenstücke im Medium inkubiert werden, um daraus weitere Zellen zu gewinnen. In solchen Präparationen können neben den Osteoblasten auch osteogene Vorläuferzellen nachgewiesen werden, welche eine höhere Proliferationsrate als reife Osteoblasten besitzen und sich daher für das Tissue Engineering empfehlen (Nöth 2001).

4.3 Proliferation und Differenzierung von hämatopoetischen Stammzellen

Embryonale Stammzellen (ES) stellen totipotente Stammzellen dar, da sie in geeignetem Medium und auf so genannten Feederzellen beinahe unbegrenzt proliferieren können, ohne das Potenzial zu verlieren, durch Differenzierung und weitere Pro-

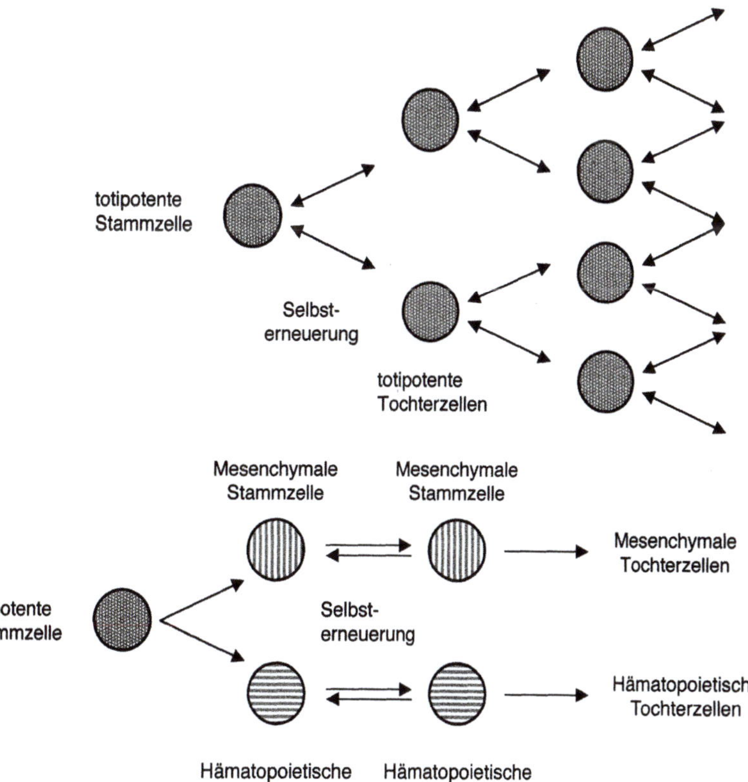

Abb. 4.2. Totipotente und pluripotente Stammzellen: Totipotente Stammzellen proliferieren ohne Differenzierung und erhalten das gesamte genetische Differenzierungspotenzial. Pluripotente, d. h. determinierte Stamm - bzw. Vorläuferzellen differenzieren sich parallel zur Proliferation und verlieren zunehmend das ursprüngliche Differenzierungspotenzial

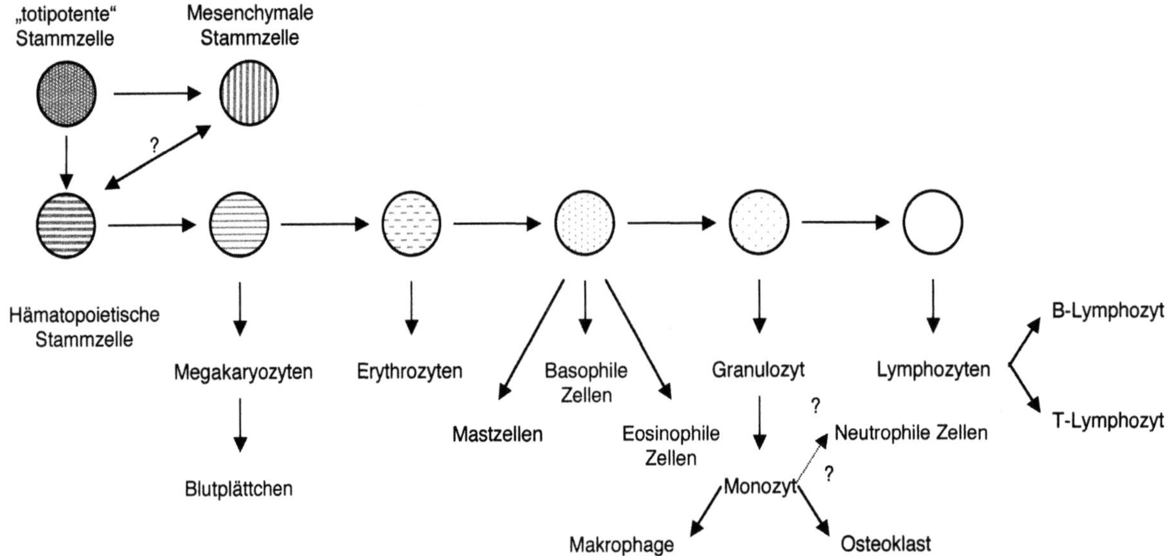

Abb. 4.3. Sequenzielle Differenzierung von hämatopoetischen Stammzellen: hämatopoetische Vorläuferzellen differenzieren sich in myeloide und lymphoide Zellen, Blutplättchen und Erythrozyten. Die Entwicklung erfolgt durch genetisch festgelegte, intrinsische Signale und durch externe Stimuli im Knochenmark (d.h. Wachstumsfaktoren). Die Entwicklung lymphoider Zellen erfordert darüber hinaus spezifische Matrixrezeptorsignale zur Vermeidung der Autoreaktivität. Das abnehmende Differenzierungspotenzial der Zellen auf den verschiedenen Differenzierungsstufen ist durch abnehmende Zeichnung der Zellen dargestellt

liferation komplette Organismen zu bilden. Im Gegensatz dazu sind die mesenchymalen Stammzellen und die hämatopoetischen Stammzellen pluripotente Stammzellen, da sie sich nur in verschiedene Zellen dieser Linien differenzieren können (Abb. 4.2). Wie dargestellt, können sich totipotente Stammzellen symmetrisch teilen und behalten dabei das komplette Differenzierungspotenzial (grau gepunktete Zellen, Doppelpfeil Abb. 4.2, oben). Die Selbsterneuerung erfolgt also bei jeder Zellteilung. Pluripotente Stammzellen regenerieren nur Stammzellen dieser Linie, wie z.B. mesenchymale oder hämatopoetische Stammzellen (gestreifte Zellen), aber nicht totipotente Stammzellen (Abb. 4.2, unten). Zudem erfolgt die Selbsterneuerung dieser bereits determinierten Zellen auch nach einer primären Differenzierung (lineage determination).

Pluripotente Stammzellen findet man z.B. im adulten Knochenmark (Kessinger u. Sharp 1997). Dort teilen sie sich unsymmetrisch und bilden z.B. die Vorläuferzellen für alle Blutzellen (Abb. 4.3). Blutzellen und ihre Vorläuferzellen lassen sich funktionell und histologisch grob in die Gruppe der Lymphozyten (B-, T-Zellen), granulären Leukozyten (Makrophagen, Eosinophile, Basophile, Neutrophile, Mastzellen) Blutplättchen und Erythrozyten einteilen. Die genauere Spezifikation erfolgt durch Färbung der Zellen mit Antikörpern gegen die so genannten Cluster-determination-(CD)-Antigene. Mit Hilfe monoklonaler Antikörper ist in den letzten 2 Dekaden eine beinahe lückenlose Kartierung der Entwicklungsschritte von den hämatopoetischen Stammzellen (CD34[+]) zu funktionellen Effektorzellen der verschiedenen Linien erfolgt. Die Entwicklung der Blutzellen erfolgt einerseits unabhängig von äußeren Signalen oder Antigenstimuli nach einem Muster intrinsischer, d.h. genetisch programmierter Signale. Andererseits sind auch Rezeptor-Ligand-Signale, einschließlich der B-Zell- und T-Zell-Rezeptor-Signale (d.h. Antigensignale) für die Entwicklung der Zellen notwendig (Melchers et al. 1994, Shortman u. Wu 1996, Melchers u. Rolink 1998, Kuo u. Leiden 1999).

So entsteht auf jeder Differenzierungsstufe ein Gleichgewicht von Zellen: die Population wird durch Differenzierung kontinuierlich aus der Vorläuferpopulation aufgefüllt, durch Differenzierung in andere Zellen wird dieser Zellpool entleert. Transplantierte Stammzellen können folglich dieses dynamische Gleichgewicht aller hämatopoetischen Zellen im Rezipienten ebenfalls etablieren. Analoges gilt auch z.B. für mesenchymale Vorläuferzellen im Knochen, wo ebenfalls eine Gewebehomöostase eingestellt wird.

Für Lymphozyten ergibt sich in sofern eine Sondersituation, da sie spezialisierte, hoch variable Antigenrezeptoren exprimieren (B-Zell-Rezeptor:

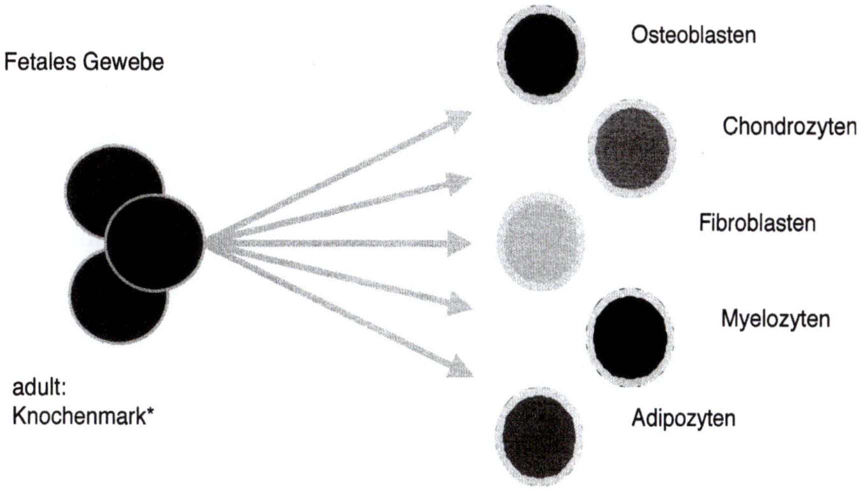

Abb. 4.4. Differenzierung von mesenchymalen Stammzellen: mesenchymale Stammzellen (MSC) finden sich bei Erwachsenen im Knochenmark. MSC differenzieren in Fett- und Muskelzellen sowie Fibroblasten, Osteoblasten und Chondrozyten. Die Differenzierung erfolgt weitgehend unabhängig von Matrixsignalen durch Wachstumsfaktoren. Daher können in vitro aus MSC durch Zugabe von Wachstumsfaktoren, Hormonen oder anderen Stoffen zur Nährlösung die verschiedenen, funktionell differenzierten Zellen (Effektorzellen) erzeugt werden

Immunglobulin, T-Zell-Rezeptor). Die Spezifität und Variabilität dieser Rezeptoren wird dadurch erreicht, dass die Gensegmente, die für die Antigen bindenden Domänen kodieren, willkürlich zusammengefügt werden (Rekombination der V-, D- und J-Elemente). Dabei können auch nichtfunktionelle oder selbstreaktive Rezeptoren gebildet werden. Zur Entwicklung funktioneller Lymphozyten bzw. funktioneller Antigenrezeptoren sind daher neben Zytokinen und Wachstumsfaktoren auch Antigensignale notwendig (Melchers et al. 1994, Jameson et al. 1995, von Böhmer u. Fehling 1997). So werden Lymphozyten, die nichtfunktionelle Rezeptoren ausbilden, durch Apoptose eliminiert, da sie kein stimulierendes Signal durch den Antigenrezeptor erhalten können. Selbstreaktive Zellen erhalten ein starkes Signal durch den Antigenrezeptor. Dadurch wird auch in diesen Zellen ein Apoptosesignal ausgelöst. Störungen in diesem Selektionsprozess der Entwicklung von B- und T-Zellen werden, neben anderen Faktoren, als wichtige Ursache für die Entstehung von Autoimmunerkrankungen, wie rheumatoider Arthritis, verantwortlich gemacht.

4.4 Mesenchymale Stammzellen

Humane mesenchymale Stammzellen finden sich im adulten Knochenmark und können sich in Osteoblasten, Chondrozyten, Adipozyten, Fibroblasten und Muskelzellen sowie Stromazellen des Marks differenzieren (Pittenger et al. 1999) (Abb. 4.4). Pluripotente Stammzellen wurden auch aus humanem fetalem Gewebe isoliert und können ebenfalls in verschiedene Zellen differenzieren. Aus Studien zur Wundheilung im Allgemeinen ist bekannt, dass nach Verletzung, Erkrankung oder Bestrahlung pluripotente Stammzellen oder determinierte Vorläuferzellen in den verschiedensten Geweben nachweisbar und an der Regeneration des Defekts beteiligt sind (Pittenger et al. 1999, und dort angegebene Referenzen). Adulte mesenchymale Stammzellen werden aus dem Knochenmark des Beckenkamms isoliert und exprimieren Oberflächenmoleküle, die sich mit mAK SH2 und SH3 färben lassen. Mesenchymale Stammzellen exprimieren zudem CD29, CD44, CD71, CD133 und andere Zellantigene, aber kein CD34 (Marker für hämatopoetische Stammzellen), CD14 (LPS-Rezeptor, Monozytenmarker) oder CD45 (leucocyte common antigen, LCA). Sie proliferieren in vitro und bilden charakteristische Monolayer aus (Prockop 1997). Unter definierten Bedingungen ist es gelungen, in vitro aus mesenchymalen Stammzellen Adipozyten, Chondrozyten und Osteoblasten zu differenzieren (Abb. 4.4). Die Differenzierung der Stammzellen in Adipozyten wurde durch Aktivierung der Glukoseaufnahme durch Zugabe von Insulin und Dexamethason sowie anderer Komponenten erreicht. Chondrogene Differenzierung wurde durch Kultivierung der Stammzellen in serumfreiem Medium unter Zugabe von TGF-β3 induziert. Osteogene Differenzierung wurde durch Zugabe von β-Glyzerophosphat, Askorbinsäure und Dexamethason zu Zellen, kultiviert in Vollmedium mit 10% FCS, induziert (Pittenger et al. 1999). In diesen Arbeiten wurde erstmalig nachgewiesen, dass humane mesenchymale Stammzellen aus adulten Spendern das Potenzial zur Proliferation und gerichteten Differenzierung in vitro behalten. Allerdings ist die Effizienz der Differenzierung mesenchymaler Zellen in funktionelle Effektorzellen noch sehr gering. Durch Verbesserung der Methodik könnten aber in Zukunft mesenchymale Stammzellen erwachsener Patienten zur autologen Versorgung von z.B. Knochen- oder Knorpeldefekten dienen.

4.5 Extrazelluläre Matrix

Lange Zeit wurde die extrazelluläre Matrix nur als Gerüst zur mechanischen Unterstützung der Zellen, zur Organisation der Gewebe und Organe, Übertragung von Druck- oder Zugkräften oder als Gleitlager zur Verschiebung von Organen betrachtet. Seit den 60er Jahren gibt es aber systematische Untersuchungen, in welchen nachgewiesen wurde, dass die extrazelluläre Matrix die Differenzierung von Zellen beeinflusst (Bissell et al. 1982; Hauschka u. Konigsberg 1966). Die Matrixmoleküle binden dabei an spezifische Rezeptoren auf der Zelloberfläche. Die Aktivierung der Rezeptoren aktiviert Signalkaskaden im Zytoplasma, welche die Genexpression im Kern der Zielzelle aktivieren. Eine weitere wichtige Funktion der Matrix besteht darin, Wachstumsfaktoren zu binden. Durch die Strukturen der Matrix und die proteolytische Degradation werden die Regeneration des Gewebes und auch die Migration von Zellen im Gewebe von der Matrix beeinflusst (Roskelley et al. 1994, 1995 a,b). Diese komplexen Interaktionen zwischen Matrix und Zellen werden z.B. beim Tissue Engineering von hyalinem Knorpel genutzt: Chondrozyten proliferieren in Monolayerkulturen. In dieser Phase der Expansion verlieren die Chondrozyten aber zunehmend die chondrogenen Eigenschaften. Die Expression von Kollagen Typ II nimmt ab, die Expression von Kollagen Typ I nimmt relativ zu (de Haart et al. 1999). Durch Kultivierung der expandierten Chondrozyten im dreidimensionalen Gerüst aus Alginat, Kollagenvlies oder Polymer redifferenzieren die Chondrozyten und exprimieren wiederum Kollagen Typ II. Alternativ können auch Wachstumsfaktoren die Redifferenzierung begünstigen.

Die Wechselwirkung der Zellen untereinander und mit der Matrix wird durch 4 Gruppen von Adhäsionsrezeptoren vermittelt: die Cadherine, Selektine und Rezeptoren der Immunglobulinfamilie vermitteln Zell-Zell-Interaktionen. Die Integrine vermitteln sowohl Zell-Zell-Kontakte als auch Zell-Matrix-Interaktionen (Hynes et al. 1992). Die Integrine bilden Dimere aus, die aus einer α- und einer β-Kette zusammengesetzt werden. Derzeit sind mehr als 20 Gene, die für die α- und β-Ketten kodieren, bekannt. Durch die Dimerbildung werden verschiedene $\alpha\beta$-Kombinationen mit spezifischen Bindungseigenschaften gebildet. So bindet z.B. das α1β1-Integrin an Kollagen und Laminin, das α5β1-Integrin dagegen an Fibronektin. Die Bindungen der Integrine an die Matrixmoleküle sind sequenzspezifisch. Die Integrinrezeptoren binden Tripeptide oder etwas längere Sequenzen der Matrixmoleküle. Das α5β1-Integrin bindet an ein Arginin-Glycin-Aspartat(RGD)-Peptid, das im Fibronektinprotein zu finden ist. Durch Koppelung von RGD-Peptiden mit polymeren Gerüstsubstanzen oder anderen Peptiden können die Matrix-Zell-Interaktionen in vitro gezielt untersucht werden. Solche Peptide bzw. mit Peptiden modifizierte Polymergerüste könnten auch für das Tissue Engineering genutzt werden.

4.6 Wachstumsfaktoren, Zytokine und Hormone

Neben den Zellen und der Matrix stellen Wachstumsfaktoren, Zytokine und Hormone die 3. entscheidende Komponente für erfolgreiches Tissue Engineering dar. Diese Faktoren werden klassisch in Morphogene und Mitogene unterteilt, da die Regeneration von Geweben und auch das Tissue Engineering Vorgänge der embryonale Entwicklung und Morphogenese wiederholt (Reddi 1998). Knochen hat eine bemerkenswerte Regenerationsfähigkeit. Daher wurden viele Studien zu Regeneration und zum Tissue Engineering an Knochen und Knochenextrakten durchgeführt. Die Implantation von demineralisierten Extrakten aus Knochen induziert die Neubildung von Knochen im Muskel oder subkutan (Herr et al. 1996, Urist 1965, 1995). Die Aufreinigung der Extrakte führte zur Isolierung der BMP (bone morphogenetic protein). BMP aktivieren und unterhalten die Regeneration von Knorpel und Knochen. Darüber hinaus steuern BMP die Musterbildung in Vertebraten (Hogan 1996) und spielen in anderen Geweben ebenfalls eine wichtige Rolle (You et al. 1999). Eine Deletion des BMP-2-Gens in der Maus durch so genannten Knockout (ko) in embryonalen Stammzellen resultiert in einer Lethalmutation (Zhang u. Bradley 1996); die Induktion der Mesodermbildung ist gestört in BMP-4ko-Mäusen (Winnier et al. 1995). Die Deletion von BMP-7 (OP-1) führt zu Fehlentwicklungen der Anlagen für Nieren und Augen (Karsenty et al. 1996). BMP-7-Signale spielen beim Zusammenwirken von Epithelzellen mit mesenchymalen Zellen eine Rolle (Hofmann et al. 1996). Die BMP und andere Mitogene und Morphogene (Ligand) binden an den Zielzellen an Rezeptoren. Die Bindung der Liganden an den Rezeptor aktiviert eine Kaskase der Signalübertragung in den Zellkern der Zielzelle. Im Kern wird dadurch die Expression der entsprechenden Zielgene aktiviert. Im Falle der BMP geschieht dies über Phosphorylierung von so genannten Smad-Faktoren (Smad-R). Daher stellt die TGF-β-BMP-Gen-Familie eine interessante Gruppe von Faktoren für experimentelle gentechnische Untersuchungen zur Verbesserung des Knorpel- und Knochenengineering dar.

Die Induktion der Regeneration von Knochen und Knorpel durch Mitogene und Morphogene wird im Folgenden am Beispiel der Implantation von demineralisiertem Knochen zur Behandlung von Knochendefekten erläutert. Die Induktion der Regeneration erfolgt in 3 Phasen:
1. chemotaktische Anreicherung von Vorläuferzellen
2. Proliferation der Vorläuferzellen
3. Differenzierung der Zellen und Aufbau neuer Knochenmatrix.

Die demineralisierte Knochenmatrix besteht hauptsächlich aus Typ-I-Kollagen. Die Bindung mesenchymaler Vorläuferzellen an diese Matrizes (s. Kapitel 4.5) stellt ein mitogenes Signal dar. Nach einer initialen Proliferation differenzieren die Vorläuferzellen in etwa 5–10 Tagen zu Osteo-

blasten und exprimieren das Enzym alkalische Phosphatase. Die alkalische Phosphatase erreicht nach 10–12 Tagen die höchste Aktivität. Zu diesem Zeitpunkt wird auch eine Vaskularisierung der Regenerationszone evident, und hämatopoetisches Knochenmark bildet sich nach 21 Tagen aus (Reddi 1984). Ähnlich verläuft die Knorpel- und Knochenbildung in der Embryonalentwicklung. Die Differenzierung von Knorpel- und Knochenzellen verläuft über weite Strecken parallel: Die Chondrozyten an den Enden der Knochenanlagen differenzieren zu Knorpel bildenden artikulären Chondrozyten, während die Chondrozyten in den Wachstumszonen der Knochen hypertroph werden, eine Kollagen-I-reiche Matrix zur Kalzifikation und enchondralen Knochenbildung aufbauen. Die phänotypische Differenzierung und Stabilität der artikulären Chondrozyten spielen für das Tissue Engineering von Knorpel eine wichtige Rolle (s. Kapitel 4.7). Diese Stabilität wird u. a. durch Zytokine und Wachstumsfaktoren wie TGF-β3, BMP und v. a. durch GDF-5 (CDMP1) gesteuert (Chang et al. 1994, Tsumaki et al. 1999). GDF-5 gilt derzeit als ein zentraler Faktor, der die artikuläre Chondrogenese stabilisiert. GDF-6 (CDMP2, BMP-13) scheint eine wichtige Rolle bei der Differenzierung hypertropher Chondrozyten in der Wachstumsplatte von Knochen zu spielen (Valcourt et al. 1999). GDF-6 und GDF-7 (CDMP3, BMP-12) können die Differenzierung von mesenchymalen Zellen in Myoblasten hemmen und dadurch die Chondrogenese indirekt beeinflussen (Inada et al. 1996) (Abb. 4.4).

4.7 Tissue Engineering von Knorpel zur operativen Behandlung von vollschichtigen Gelenkknorpelschäden

Der bioartifizielle Gewebeersatz findet im Rahmen der autologen Chondrozytentransplantation (ACT) bereits heute klinischen Einsatz. Neben anderen Möglichkeiten der biologischen Rekonstruktion können mit diesem Verfahren insbesondere isolierte Gelenkknorpelschäden erfolgreich saniert werden. Hierbei wird die beim Gelenkknorpelschaden typischerweise unzureichende bis fehlende Zellproliferation von Chondrozyten durch eine In-vitro-Zellisolation und -vermehrung dieser Zellen kompensiert (Bobic 1999, 2000, Gillogly u. Newfield 2000).

Das eingeschränkte Heilungsvermögen des hyalinen Gelenkknorpels nach Verletzungen unterschiedlicher Ursache ist seit langem bekannt. Begründet ist dies im Wesentlichen in seiner außergewöhnlichen Struktur und Anatomie. Hyaliner Knorpel besitzt keine direkte Nerven- oder Gefäßversorgung. Seine Ernährung erfolgt hauptsächlich über längere Diffusionsstrecken hinweg aus der Synovia des Gelenkbinnenraums. Die hochspezialisierten und differenzierten Knorpelzellen sind in der kompakten extrazellulären Matrix des Knorpels weitgehend „eingemauert" und dadurch immobilisiert. Darüber hinaus besitzt der zellarme Gelenkknorpel keinen physiologischen Zugang zu gewebespezifischen Stammzellpopulationen. Nach seiner Verletzung bleiben daher in der Regel Immigrationsprozesse und Vermehrungsschritte von spezialisierten Vorläuferzellen in der Defektzone aus, wie man sie z.B. von Heilungsprozessen in anderen Binde- und Stützgeweben kennt.

Das Fehlen dieses wichtigen und frühen Teils einer intrinsischen Regenerationsantwort führt wiederum, abhängig von der Art und dem Ausmaß der Gelenkschädigung, zu einem vollständigen Ausbleiben der Defektauffüllung oder zu einer solchen mit biomechanisch minderwertigem Ersatzgewebe.

Die wesentliche biologische Aufgabe der autologen Knorpelzelltransplantation ist es, diesen fehlenden Teilschritt der intrinsischen Heilung zu kompensieren und hierdurch eine möglichst vollständige Ausheilung des Knorpelschadens im Sinn der Restitutio ad integrum einzuleiten. Die transplantierten Zellen müssen also in der Lage sein, das bestehende Defektareal in vitalem Zustand zu besiedeln, um anschließend durch die Synthese und die Sekretion knorpelspezifischer Matrixproteine den Defekt schrittweise mit biomechanisch hochwertiger Knorpelgrundsubstanz wieder aufzubauen.

4.7.1 Indikation

Für die autologe Knorpelzelltransplantation besteht derzeit ein eng umschriebenes Indikationsspektrum, von dessen strenger Beachtung der Operationserfolg wesentlich abhängt. Grundsätzlich eignen sich vollschichtige Gelenkknorpelschäden in den Hauptbelastungszonen von Knie- und Sprunggelenk, die zu allen Seiten mit einer tragfähigen Knorpelschulter umgeben sind, für eine biologische Rekonstruktion durch die autologe Knorpelzelltransplantation. Gelenkknorpelschäden infolge degenerativer oder entzündlicher Gelenkerkrankungen stellen derzeit keine Erfolg versprechende Indikation für dieses Verfahren dar.

Am häufigsten finden sich durch die ACT therapierbare Knorpelschäden als Folge einer Verletzung oder einer Osteochondrosis dissecans in den Belastungszonen der Femurkondylen, an der Patellarückfläche (sehr häufig nach Patellaluxation) oder im oberen Sprunggelenk auf der Talusrolle.

Den ersten relativ sicheren Hinweis auf die Größe und die Lokalisation eines Knorpelschadens liefert häufig das MRT (Abb. 4.5). Bereits anhand der Kernspinbilder kann mit hoher Wahrscheinlichkeit die Art der Therapie vorhergesagt werden. Unabhängig davon muss jeder operativen Therapie eine diagnostische Arthroskopie des betroffenen Gelenks vorausgehen.

Sofern nach allen Seiten des Defekts eine tragfähige Knorpelschulter erhalten ist, können Defektgrößen bis zu etwa 14 cm^2 durch eine autologe Knorpelzelltransplantation behandelt werden. Die Defekttiefe sollte nicht mehr als 7 mm betragen. Ist dies der Fall, muss der knöcherne Defektgrund zunächst mit autologer Spongiosa aufgefüttert werden.

Da die autologe Knorpelzelltransplantation ein aufwändiges und teures Verfahren zur biologischen Gelenkflächenrekonstruktion ist, sollte die Indikation auch und gerade bei kleineren Knorpelschäden wohl erwogen werden. Vielfach kommen Patienten, informiert durch verschiedene neuere Pressemitteilungen, mit klaren Vorstellungen in die Praxis, wie mit ihrem Knorpelschaden zu verfahren ist. Hier ist Aufklärung notwendig:

Kleinere Schäden, bis etwa 1 cm^2, können mit hoher Wahrscheinlichkeit mit Tissue-response-Verfahren, z.B. der Mikrofrakturtechnik, ausreichend therapiert werden. Eine Arthrotomie ist hier nicht erforderlich. Das Gleiche gilt für Knorpelschäden in weniger stark belasteten Gelenkflächen, wie z.B. der Patella. Dies umso mehr, je jünger die Patienten sind, weil gerade jugendliches Mesenchymalgewebe ein hohes Reparaturpotenzial besitzt. In jedem Fall sollte der Verlauf einer operativen Therapie stets per MRT kontrolliert werden, um Therapieversager frühzeitig zu erkennen und Folgeschäden zu vermeiden.

Gelenkknorpelschäden mittlerer Größe, d.h. von etwa 3–4 cm^2 Ausdehnung, sind in aller Regel durch eine autologe Knorpel-Knochen-Transplantation im Sinn einer Mosaikplastik zu therapieren (Abb. 4.6). Dieses Verfahren ist mit einem geringeren Kostenaufwand verbunden und in einer Sitzung durchführbar. Bei günstiger Defektlokalisation kann die Mosaikplastik häufig auch rein arthroskopisch durchgeführt werden.

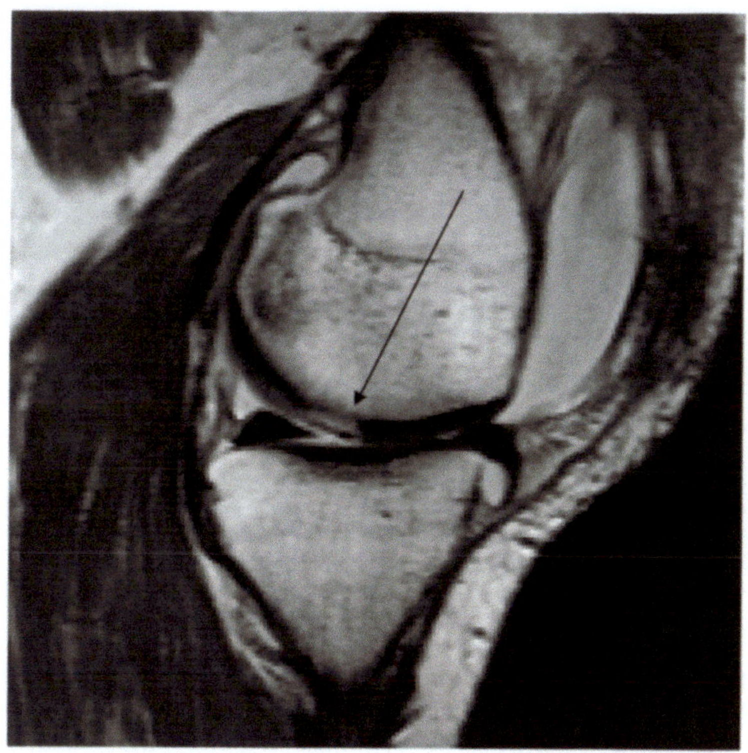

Abb. 4.5. Vollschichtiger Gelenkknorpel-schaden in der Hauptbelastungszone des Femurkondylus: MRT-Aufnahme eines Kniegelenks. Die Gelenkknorpelschicht ist komplett aufgelöst (*Pfeil*), die Druckbelas-tung trifft direkt auf den Femurkopf. Aufgrund der Defektgröße ist eine ACT angezeigt

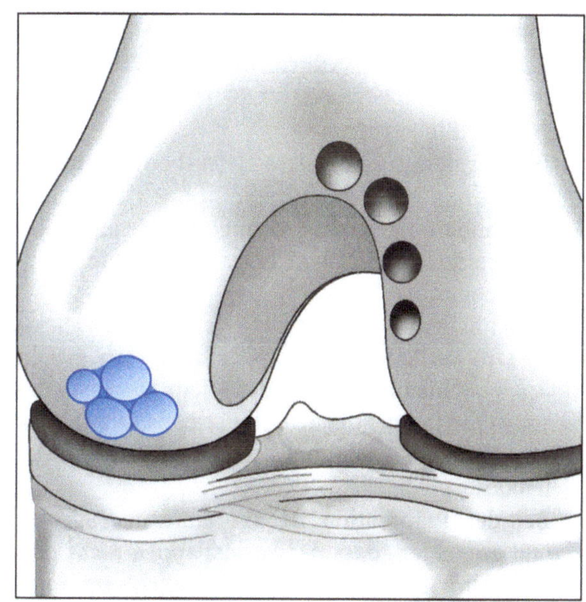

Abb. 4.6. Prinzip der Mosaikplastik: Knorpelstanzen werden an einer unbelasteten Stelle entnommen und direkt in den Defektbereich transplantiert. Die Entnahmestelle heilt durch Bildung von Faserknorpel aus, in den Defekt wird hyaliner Knorpel transplantiert. Der transplantierte hyaline Knorpel ist mechanisch relativ stabil. Kleinste Defektareale zwischen den transplantierten Knorpelstanzen im Defektareal werden evtl. ebenfalls durch Bindegewebe gefüllt

Je größer der Defekt, umso ungünstiger sind die Primärstabilität der Knorpel-Knochen-Zylinder und das klinische Ergebnis. Außerdem können nicht beliebig viele autologe Zylinder schadlos entnommen werden.

Ab Defektgrößen von etwa 3–4 cm^2 Ausdehnung wird daher zunehmend die ACT zur biologischen Oberflächenrekonstruktion geschädigter Gelenkflächen empfohlen (Abb. 4.7).

4.7.2 Operationstechnik der autologen Chondrozytentransplantation (ACT)

Die ACT ist ein zweizeitiges Operationsverfahren. Im Rahmen der diagnostischen Arthroskopie, die zur Indikationsstellung zwingend erforderlich ist, wird aus einem nichttragenden Gelenkanteil, z.B. der interkondylären Notch, ein Knorpel-Knochen-Zylinder von wenigen mm Durchmesser entnommen. Das Biopsat wird sofort in eine sterile Nährlösung gegeben und unverzüglich in ein entsprechendes Speziallabor verbracht. Dort werden die in der Knorpelmatrix enthaltenen Chondrozyten durch enzymatische Verdauung isoliert und vermehrt. Nach Erreichen der erforderlichen Zellzahl werden die Zellen wieder in Lösung gebracht

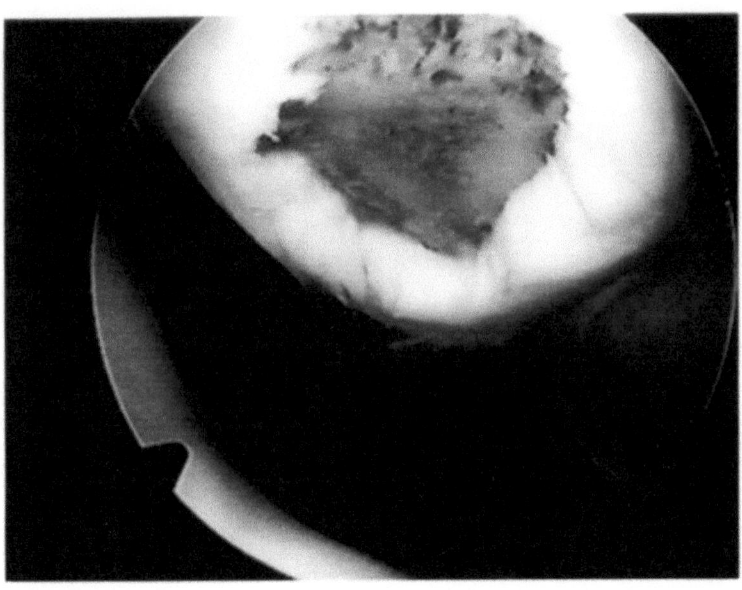

Abb. 4.7. Arthroskopischer Aspekt eines vollschichtigen Gelenkknorpelschadens an der Patella. Der Knorpel ist bis auf die darunter liegende Knochenschicht zerstört, einzelne Durchbrüche im Defektboden zeigen Blutungen an, die von ACT behandelt werden müssen

und sind so für die Retransplantation bereit (s. Kapitel 4.2).

Chondrozyten verlieren mit zunehmender Kultivierungsdauer in einem zweidimensionalen Kultursystem ihre knorpeltypischen Eigenschaften (Dedifferenzierung), was die Qualität des Transplantats entsprechend verschlechtert. Dabei nimmt insbesondere die Expression von Kollagen Typ II, das für die Qualität des hyalinen Gelenkknorpels sehr wichtig ist, bereits nach einer In-vitro-Passage enorm ab. Durch moderne Kultivierungsverfahren konnten die Expansionszeiten in vitro inzwischen deutlich verkürzt werden, die Anzucht von Knorpelzellen zur ACT ist heute in weniger als 14 Tagen möglich, womit ein Qualitätsverlust weitgehend vermieden wird.

Die Qualität der Knorpelzellen ist zusammen mit einer sehr strengen Indikationsstellung und einer präzisen Operationstechnik für den Erfolg der autologen Knorpelzelltransplantation entscheidend.

Die Knorpelzelltransplantation kann in Regional- oder Allgemeinanästhesie durchgeführt werden. Je nach Defektlokalisation wird ein parapatellarer Zugang zum Kniegelenk, entweder medial oder lateral, empfohlen (Abb. 4.8). Aus dem eröffneten Kniegelenk wird ein Abstrich entnommen, und der Defektbereich wird dargestellt. Sofern der Defektbereich ganz oder teilweise mit bindegewebigem Ersatzfaserknorpel überzogen ist, muss dieser entfernt werden. Die Defektränder müssen mit dem Skalpell senkrecht bis zur subchondralen Knochenlamelle ausgeschnitten werden. Es ist darauf zu achten, dass die Defektränder im vitalen, hyalinen Gelenkknorpel geschnitten werden. Nun wird von den Rändern aus nach zentral hin mit einem scharfen Löffel oder dem Luer das Ersatzfasergewebe von der subchondralen Knochenlamelle abgelöst. Hierbei ist mit äußerster Sorgfalt darauf zu achten, dass die subchondrale Knochenlamelle nicht durchbrochen wird. Es dürfen keine Blutungen am Defektboden auftreten. Falls Blutungen erkannt werden sollten, müssen diese mit Suprarenin unterspritzt oder z. B. mit etwas Fibrinkleber gestillt werden.

Der sorgfältig präparierte Defektboden zeigt die subchondrale Knochenlamelle ohne Einbrüche oder Einblutungen und ohne Restfasergewebe, scharfkantig begrenzt von einem vitalen, tragfähigen Gelenkknorpelrand.

Anschließend wird der zur Deckung der Defektzone erforderliche Periostlappen z. B. vom gleichseitigen Schienbeinkopf oder dem Periost des Femurkondylus gehoben. Der Periostlappen hat in seiner Flächenausdehnung dieselbe Größe wie der Gelenkknorpeldefekt.

Bei der Präparation ist mit äußerster Sorgfalt darauf zu achten, dass der Periostlappen nicht perforiert wird. Dieser soll möglichst dicht am Knochen abgesetzt werden, damit das Kambiumlayer auf dem Periostlappen erhalten bleibt. Das Kambium enthält neben mesenchymalen Vorläuferzellen (Abb. 4.4) eine ganze Reihe verschiedener Wachstumsfaktoren, die das Differenzierungsverhalten und die spezifische Matrixsyntheseleistung der transplantierten Chondrozyten günstig beeinflussen können.

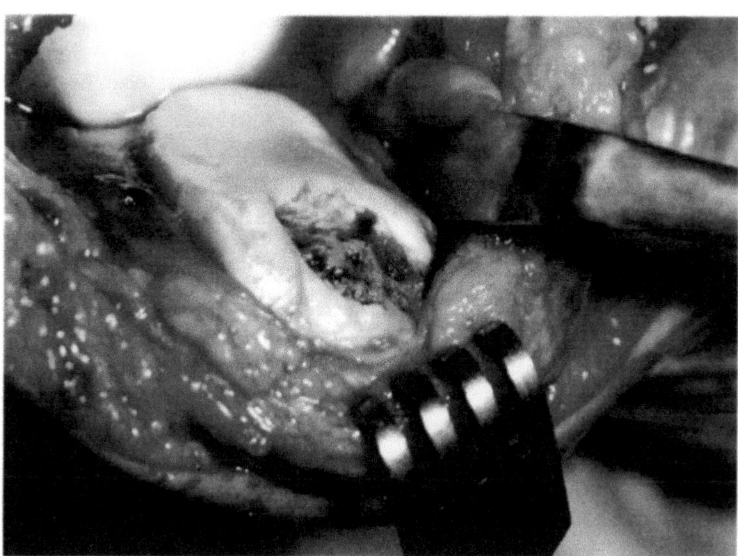

Abb. 4.8. Vollschichtiger Gelenkknorpelschaden an der Patella. Der Defektbereich wird scharfkantig begrenzt, Bindegewebe (Fibroblasten/Kollagen Typ I) wird entfernt, Blutungen werden gestillt und der Defektboden wird versiegelt. Der Defektbereich wird für die ACT vorbereitet (s. Abb. 4.9)

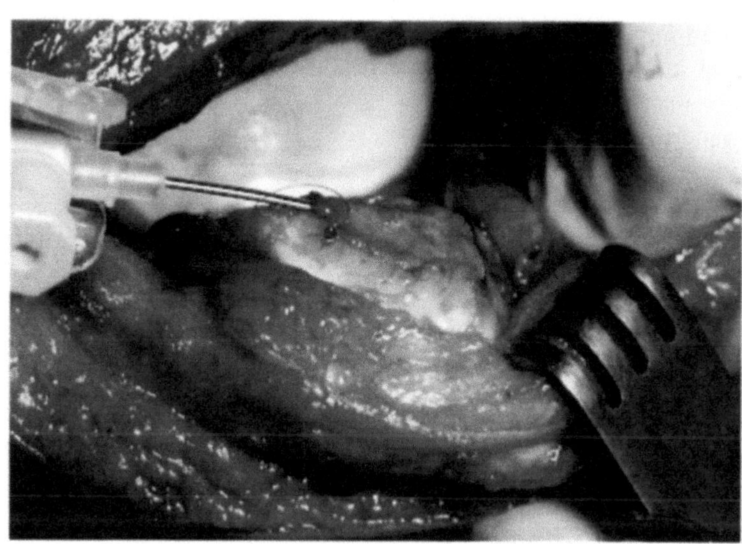

Abb. 4.9. Defektdeckung mit Periostlappen und Implantation der Zellsuspension. Der präparierte Defektbereich (s. Abb. 4.8) wird mit einem Periostlappen verschlossen. Dabei muss die dem Knochen zugewandte Seite den Defekt decken, da dort sowohl vermehrt mesenchymale Vorläuferzellen zu finden sind als auch Wachstumsfaktoren sekretiert werden, welche die Ausbildung eines stabilen hyalinartigen Gelenkknorpels fördern. Unter den Periostlappen wird die Suspension der in vitro expandierten Chondrozyten gespritzt

Der Lappen wird nun mit feinem resorbierbarem Nahtmaterial mit den Knorpelrändern der Defektzone dicht vernäht. Auf diese Weise wird eine Defektkammer geschaffen. Am oberen Defektkammerpol wird eine periphere Verweilkanüle eingelegt, über die später die Zellsuspension in die Defektkammer appliziert wird (Abb. 4.9). Die Periostlappennaht wird nun mit Fibrinkleber wasserdicht versiegelt.

Nun wird die Knorpelzellkultur in die Defektkammer injiziert. Die Verweilkanüle wird danach vorsichtig entfernt und der Defektkammerpool mit einer letzten Naht oder einem Tropfen Fibrinkleber geschlossen. Da es sich bei Chondrozyten um so genannte Adhäsionszellen handelt, werden diese bereits nach wenigen Stunden adhärent und kleiden so die gesamte Defektkammer aus. Dieser Vorgang ist nach etwa 48 h abgeschlossen. Die Patienten sollten in dieser Zeit Bettruhe einhalten. Danach beginnen die transplantierten Chondrozyten mit dem Aufbau von Knorpelgrundsubstanz, d.h. extrazellulärer Matrix. Dieser Prozess dauert einschließlich der Matrixreifung viele Monate und wird durch eine intensive physiotherapeutische Beübung unterstützt. Das entstehende Knorpelregenerat zeigt eine starke Ähnlichkeit zu hyalinem Gelenkknorpel und wird daher in der Fachliteratur als „hyalinartig" oder „hyaline-like" beschrieben.

4.7.3 Differenzialindikation

Grundsätzlich besteht eine Indikation zur biologischen Rekonstruktion von Gelenkknorpelschäden bei jüngeren Patienten, damit möglichst die bekannten Sekundärschäden, wie z.B. eine frühzeitige Osteoarthrose, vermieden werden. Die obere Altersgrenze liegt nach den derzeitigen Erfahrungen etwa beim 50. Lebensjahr. Ebenso setzt man eine untere Altersgrenze etwa beim 16. Lebensjahr an, weil bekannt ist, dass Kinder und Jugendliche, insbesondere bei offenen Epiphysenfugen, noch sehr gut auf Tissue-response-Verfahren (z.B. Beck-Bohrungen oder Mikrofrakturierungen) ansprechen (Bobic 2000). Da diese Verfahren heute fast ausnahmslos arthroskopisch angewandt werden können, sind diese Eingriffe nur wenig traumatisierend, und der Versuch ist in jedem Fall gerechtfertigt; zumal invasivere Verfahren zu einem späteren Zeitpunkt bei Therapieversagen immer noch möglich sind. Aus diesem Grund ist ein jährliches Follow-up-Monitoring via MRT nach Tissue-response-Operationen angezeigt, um ein eventuelles Therapieversagen frühzeitig zu erkennen und entsprechend rechtzeitig reagieren zu können.

Innerhalb der geeigneten Altersgruppe wird die Indikation zur ACT grundsätzlich nach diagnostischer Arthroskopie gestellt. Hierbei müssen folgende Kriterien erfüllt sein: Der Defekt muss nach allen Seiten von einem stabilen, vitalen Knorpelrand umgeben sein. Es dürfen keine größeren degenerativen Schäden (Arthrose) erkennbar sein. Es dürfen keine entzündlichen Gelenkerkrankungen (Arthritis) vorliegen. Die Gelenkbinnenstrukturen (Kreuzbänder, Menisken) müssen intakt sein, andernfalls sind sie vorher oder zeitgleich zu sanieren. Der Defekt sollte nicht größer als 14 cm^2 und nicht tiefer als 7 mm sein (Tabelle 4.1).

Innerhalb dieser Indikationsgrenzen ist eine ACT erfolgreich anwendbar und (nach vorherigem Training) technisch einfach durchzuführen.

Da die autologe Knorpelzelltransplantation ein relativ aufwändiges und teures Verfahren darstellt, sollte sie nur dann angewendet werden, wenn einfachere Alternativverfahren voraussichtlich nicht einen gleichen Erfolg sicherstellen.

Daher wird bei kleineren Defekten von etwa 1–2 cm^2 zunächst eine Mikrofrakturierung empfohlen (Steadman et al. 1999). Das hierbei induzierte Narbenregenerat scheint bei diesen Defektgrößen nach heutiger Erkenntnis ausreichend belastbar zu sein.

Für Knorpeldefekte von etwa 3–4 cm^2 ist die Transplantation autologer Knorpel-Knochen-Zylin-

Tabelle 4.2. Indikationsstellung zur autologen Chondrozytentransplantation (ACT) und Alternativverfahren

	Tissue-response	Mosaikplastik	ACT
Kinder und Jugendliche	+++	–	–
Defekte von etwa 1–2 cm^2	+++	++	–
Defekte von etwa 1–4 cm^2	+	+++	++
Defekte von etwa 3–14 cm^2	–	+	+++

Empfehlungen zur Therapie von Knorpelschäden mit den 3 wesentlichen Verfahren: Tissue-response-Techniken (Mikrofrakturierung, Abrasion usw.), die v.a. dann eingesetzt werden können, wenn das Wachstum des Bewegungsapparats bei jungen Patienten noch nicht abgeschlossen ist und daher vermutlich noch ein Zugang mesenchymaler Vorläuferzellen in die Knorpelzonen des Gelenks besteht. Den Vorläuferzellen wird eine zentrale Rolle bei der Knorpelregeneration zugesprochen. Die Mosaikplastik empfiehlt sich bei kleineren Defekten, die autologen Chondrozytentransplantation bei begrenzten größeren Defekten

der im Sinn einer Mosaikplastik geeignet. In vielen Fällen kann die Mosaikplastik, genauso wie die Mikrofrakturierung, arthroskopisch angewendet werden. Außerdem muss in beiden Fällen nur einmal operiert werden! Bei größeren Defekte wird eine autologe Knorpelzelltransplantation empfohlen, weil das Narbenregenerat nach Mikrofrakturierung biomechanisch weniger belastbar ist als der durch ACT induzierte „hyalinartige Knorpel" und für Mosaikplastiken nicht beliebig viel Spenderzylinder entnommen werden können, ohne dem Gelenk an anderer Stelle zu schaden. Außerdem ist bei größeren Defektflächen innerhalb der konvexen Belastungszone, z.B. im Bereich des Femurkondylus, eine anatomische Rekonstruktion mit den flachen Knorpel-Knochen-Zylindern aus dem retropatellaren Gleitlager nicht einfach!

Die in Tabelle 4.2 dargestellte Übersicht soll eine grobe Orientierung zur Wahl des geeigneten Verfahrens geben.

4.7.4 Magnetresonanztomographie (MRT, Kernspindiagnostik)

In den vergangenen Jahren wurde eine deutliche Verbesserung der Bildqualität bei Kernspintomographie erreicht. Kernspintomographie ist heute ein hervorragendes Diagnostikum zur Beurteilung von Kniebinnen- und Gelenkknorpelschäden (Abb. 4.10a). Größe und Lokalisation eines Gelenkknorpelschadens können so bereits im Vorfeld weitgehend präzise bestimmt werden. Insbesondere werden auch zusätzliche Gelenkschäden (z. B. Meniskusverletzungen, Kreuzbandrupturen o. Ä.) erkannt, die dann im Vorfeld einer Knorpelzelltransplantation saniert werden können. Nichtinvasiv und ohne die Belastung durch ionisierende Strahlen ist die MR-Tomographie auch ein geeignetes Instrument zum postoperativen Follow-up nach jeder Art der Knorpelrekonstruktion (Abb. 4.10 b).

4.7.5 Klinische Ergebnisse

Die ACT wird seit 1987 durchgeführt. Heute liegen mehrjährige klinische Erfahrungen mit der ACT vor (Brittberg et al. 1994). In einen schwedischen Zentrum wurden zwischen 1987 und 1996 bereits 213 Patienten durch ACT behandelt, über 60 Patienten stimmten einer arthroskopischen Nachuntersuchung, 19 sogar einer Biopsie des transplantierten Gewebes zu. Die primäre Erfolgsrate lag bei 90% für Patienten mit femoralen Kondylenläsionen, bei 84% für Patienten mit Osteochondrosis dissecans und bei 58–75% für die Patienten mit anderen Defekten; mit klinisch guten und sehr guten Ergebnissen nach dem so genannten Cincinnati-Rating-Score (Peterson et al. 2000 a). Die Neubildung von „hyalinartigem" Gelenkknorpel wurde makroskopisch und histologisch nachgewiesen. Diese Befunde wurden auch von anderer Seite bestätigt (Richardson et al. 1999, Peterson et al.

2000 b). Der Begriff „hyalinartig" wurde gewählt, weil eine konstante Gewebequalität, die mit hyalinem Knorpel identisch wäre, bisher noch nicht in allen Fällen nachgewiesen werden konnte. Als Ursache hierfür werden falsche Indikationsstellungen sowie unterschiedliche Zellkulturbedingungen bzw. hieraus resultierend unterschiedliche Transplantatqualitäten und auch die in vitro beginnende Dedifferenzierung der Chondrozyten diskutiert. Auch intraoperative Verletzungen der subchondralen Knochenlamelle oder eine insuffiziente Periostlappendeckung können nach dem derzeitigen Kenntnisstand für ein Therapieversagen der ACT ursächlich sein. Weiterhin ist die Integration des in vitro expandierten Transplantats noch nicht optimal, und ein Durchbau der Matrixfasern des Transplantats mit dem nativen Knorpel findet nur in unzureichendem Maß statt (Lavender 2001). Insgesamt werden in klinischen Studien über einen Zeitraum von mehr als 10 Jahren Erfolgsraten von bis zu 90% (Peterson et al. 2000 b) angegeben. Unsere eigenen Erfahrungen mit der ACT zeigen deutlich, dass der Erfolg dieses Verfahrens im Wesentlichen von 3 Faktoren abhängig ist:

- der bereits erwähnten richtigen Indikationsstellung,
- der korrekten operativen Technik und v. a. auch
- einer hochwertigen Transplantat-, d. h. Zellqualität (Weise 2000).

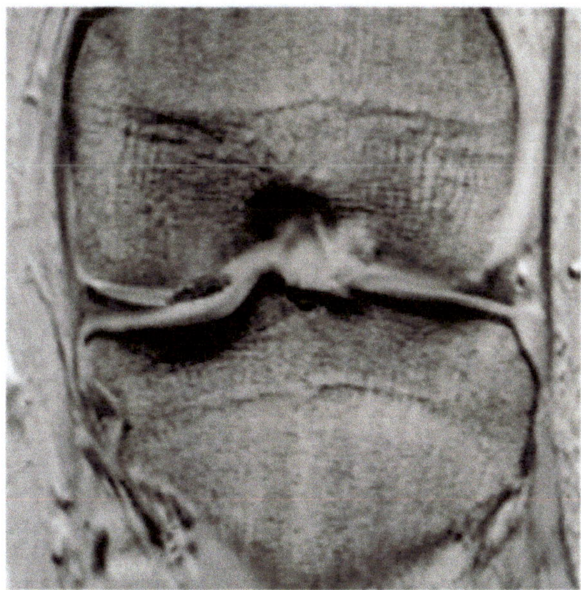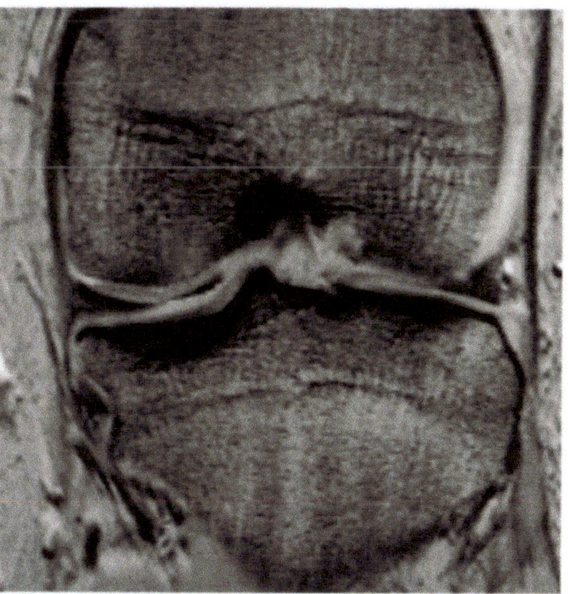

Abb. 4.10 a, b. Vergleichende MRT einer erfolgreichen autologen Chondrozytentransplantation, **a** Darstellung des Knorpeldefekts vor ACT, **b** dasselbe Gelenk 1 Jahr nach ACT. Der Defekt ist vollständig mit Knorpel bedeckt, die Schichtdicke des autolog transplantierten Gewebes entspricht dem ortsständigen Knorpel

4.7.6 Ausblick

Derzeit wird weltweit in verschiedenen Forschergruppen intensiv an einer Weiterentwicklung der autologen Knorpelzelltransplantation gearbeitet. Ziel ist es, ein trägergestütztes bioartifizielles Transplantat zu entwickeln, welches bereits eine gewisse Primärstabilität besitzt.

Ein solches trägergestütztes Transplantat kommt dem Grundgedanken des Tissue Engineering bereits sehr nahe und würde neben einer minimalinvasiven Applikation auch eine deutliche Indikationserweiterung erlauben. Mit einem solchen Transplantat könnten auch degenerative, möglicherweise auch Gelenkknorpelschäden chronisch-entzündlicher Genese durch „biologischen" Oberflächenersatz behandelt werden.

4.8 Qualitätskontrolle im Tissue Engineering von Gelenkknorpel

Genetische Ursachen sind mit erblichen oder erworbenen Krankheitsverläufen verschiedenster Organe und Gewebe assoziiert. So sind Mutationen der Kollagen kodierenden Gene, wie die Substitution einzelner Aminosäuren an der Entstehung von Knorpelerkrankungen beteiligt (Paassilta et al. 2001, Bleasel et al. 1999). Biophysikalische Untersuchungen mutierter Kollagene zeigen, dass die Topographie mutierter Kollagenfasern und damit die mechanische Belastbarkeit verändert sind (Adachi et al. 1999). Da solche Erkrankungen durch Punktmutation in einem Gen verursacht werden, ist die Voraussetzung dafür gegeben, dass gentherapeutische Strategien zur Behandlungen entwickelt werden können. Ziel ist es, das rekombinante Gen sicher, spezifisch und effektiv in die betroffene Zielzelle zu bringen und unter physiologischen Bedingungen stabil zu exprimieren.

Die Biotechnologie hat erfolgreich in vitro rekombinante Proteine zur Therapie erzeugt. Insbesondere im Bereich der Hormone, Wachstumsfaktoren, Zytokine und Zytokinantagonisten sind verschiedene Produkte auf dem Pharmamarkt erhältlich. Die therapeutische Applikation von in vitro erzeugten Proteinen gilt prinzipiell als ein relativ sicherer Behandlungsweg, weil der Patient nicht mit Gen kodierenden Molekülen (RNA, DNA) behandelt wird.

Die Gentherapie nutzt durchaus vergleichbare Methoden, wie sie bei der Herstellung rekombinanter Proteine in vitro eingesetzt werden, verfolgt aber eine eigene therapeutische Strategie: Anstatt das therapeutische Protein in vitro herzustellen, wird das bzw. Gen in die betroffenen Zellen eingeschleust. In den letzten Jahren wurden hunderte von klinischen Versuchen zur Erforschung der Behandlungssicherheit und -effizienz durchgeführt, der effektive Fortschritt klinisch anwendbarer Therapien ist jedoch nach wie vor langsam (Anderson 2000). Im Rahmen von rein experimentelle Studien wird jedoch die Technologie zur Expression rekombinanter Gene in Zellen und Geweben weiter entwickelt. Da im Kapitel 8 „Möglichkeiten der Gentherapie" die Methoden und das Potenzial der Gentherapie zur Behandlung der rheumatoiden Arthritis im Detail behandelt werden, wird an dieser Stelle auf einen Abriss des Standes der Entwicklung und der Methodik der Gentherapie im Zusammenhang mit Tissue Engineering verzichtet.

Molekularbiologische Methoden spielen aber in der Qualitätskontrolle des Tissue Engineering einer sehr wichtige Rolle: Der Phänotyp der in vitro expandierten Zellen kann durch Analyse der Expressionsmuster wichtiger genetischer Marker untersucht werden. Hierfür eignen sich v.a. die in den letzten Jahren erfolgreich entwickelten und seit dem Jahr 2000 für klinische Diagnostik zugelassenen Verfahren der echtzeitquantitativen Polymerasekettenreaktion (PCR). Die stabile Expression von Typ-II-Kollagen ist für die Qualität einer autologen Chondrozytentransplantation von großer Bedeutung (Dell'Accio et al. 2001). Daher wird das Verfahren der quantitativen PCR an diesem Beispiel erläutert.

4.8.1 Quantitative RT-PCR zur Qualitätskontrolle im Tissue Engineering von Knorpel

Durch das humane Genomprojekt sind sehr viele der relevanten Gene zur Qualitätskontrolle des Tissue Engineering aus den entsprechenden Genbanken abrufbar (EMBL, Heidelberg, Genbank Bethesda). Die Struktur des Gens (genomische DNA) wird im Vergleich zur kodierenden Boten-RNA (mRNA bzw. cDNA) dargestellt, und geeignete Sequenzbereiche werden in Exons gesucht, die durch ein oder mehrere Introns getrennt sind (Ehrlich 1989). Beim Design von Amplifikationsprimern zur PCR ist darauf zu achten, dass die Primer sehr spezifisch für das zu untersuchende Gen sind, d.h. z.B. im Fall der Kollagen-PCR ausschließlich Typ-II-Kollagen kodierende mRNA/cDNA amplifiziert wird und analog homologe mRNA/cDNA wie z. B. Typ I, III oder X kodierende mRNA nicht erfasst wird. Zudem ist es für eine optimale Amplifikation wichtig, dass die kinetische und thermodynamische Stabilität der Bindung der Oligonukleotidprimer an die Zielsequenz auf der cDNA vergleichbar sind und ähnliche Schmelztemperaturen haben, damit alle zu untersuchenden Gene mit vergleichbarer Effizienz amplifiziert werden. Zudem sollten extreme Unterschiede im AT- bzw. GC-Gehalt sowohl der Primer als auch der amplifizierten Sequenz vermieden werden. Auch die Produktlänge des Amplifikats sollte vergleichbar sein (Roche Molecular Biochemicals, The LightCyclerSystem, methodisches Handbuch). Verschiedene Softwareprogramme sich hilfreich bei der Etablierung neuer PCR-Primer (z. B. DNA strider, Oligo, DNA-Star, GeneWorks), falls geeignete Primerpaare nicht bereits verfügbar oder publiziert sind.

Die quantitative RT-PCR wurde nach dem klassischen Verfahren mit einem externen oder internen Standard durchgeführt (Mülhardt 2000). Bei der Methodik mit externem Standard werden ein 2. Gen oder eine 2. cDNA mit bekannter Konzentration und mit eigenen Primern amplifiziert und danach die Signalstärke mit dem Signal des zu untersuchenden Gens verglichen. Häufig werden hierfür z. B. Amplifikationen der β-Aktin-, GAPDH- oder Cyclophilin-cDNA verwendet, welche mit den spezifischen PCR-Primern ein 2. PCR-Produkt erzeugen (Abb. 4.11). Alternativ werden rekombinante DNA-Moleküle hergestellt, die mit denselben PCR-Primern in einem Reaktionsansatz amplifiziert werden können (interner Standard) wie das zu untersuchende Gen. Der interne Standard ergibt dabei aber ein PCR-Produkt anderer Länge (Abb. 4.12). Bei diesem Verfahren werden in mehreren Ansätzen unterschiedliche Mengen an rekombinanter Standard-DNA zu Aliquoten des zu untersuchenden Gens gegeben und in einem Reaktionsansatz amplifiziert (Grimbacher et al. 1997).

Die modernste und auch schnellste Methode zur Quantifizierung von DNA oder cDNA stellt die echtzeitquantitative PCR dar. Diese Methode arbeitet nach dem Prinzip, dass die PCR-Amplifikation z. B. in Glasröhrchen durchgeführt wird und nach jeder Amplifikationsrunde (bestehend aus Primerannealing, Primerextension und Aufschmelzen der PCR-Produkte) der Zuwachs an Produktmenge spektroskopisch bestimmt wird. Dazu wurden die PCR-Maschinen zusätzlich zu den Thermoelementen mit einer UV-Lichtquelle (in der Regel LED) und geeigneten CCD-Kameras ausgerüstet. Hierfür stehen mehrere Verfahren zur Verfügung.

Abb. 4.11. Quantifizierung der PCR-Amplifikation mit externem Standard. Die semiquantitative Bestimmung des zu untersuchenden Gens A (*oben*) im Vergleich zum externen Standard S (*unten*) erfolgt dadurch, dass die PCR-Amplifikationen in 2 getrennten Reaktionen mit jeweils spezifischen Primern für Gen A bzw. S durchgeführt werden. Es ist darauf zu achten, dass die PCR-Reaktionen im optimalen Zyklus abgebrochen werden, damit der Produktzuwachs pro Zyklus noch mit der zu quantifizierenden Menge korreliert. Dies hängt u. a. von der ursprünglichen Templatemenge, der „Amplifizierbarkeit" des Produkts, dessen Länge, der Schmelztemperatur usw. ab und muss empirisch für jede Reaktion bestimmt werden

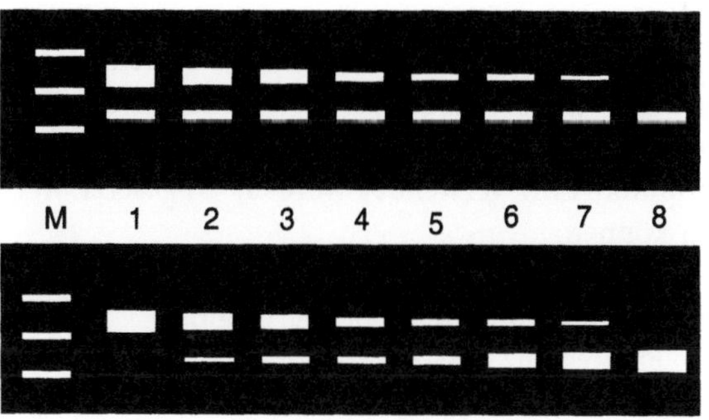

Abb. 4.12. Quantifizierung der PCR-Amplifikation mit internem Standard in kompetitiver PCR. Serielle Verdünnungen der DNA des zu untersuchenden Gens werden im Vergleich zu konstanten Mengen des rekombinanten internen Standards in einer Reaktion mit denselben PCR-Primern amplifiziert und gelelektrophoretisch aufgetrennt (*oben*). Alternativ werden serielle Verdünnungen der DNA des zu untersuchenden Gens im Vergleich zu inversen Verdünnungen des rekombinanten internen Standards untersucht (*unten*). Da die eingesetzte Menge an Standard in jeder Reaktion bekannt ist, kann in dem Ansatz, der identische Produktmengen erzeugt, auf die ursprüngliche Menge an DNA des zu untersuchenden Gens geschlossen werden (*weiße Rahmen*)

Das einfachste Verfahren nutzt die Fluoreszenz eines Farbstoffs, der an Doppelstrang-DNA (ds-DNA) bindet oder interkaliert. SYBR Green bindet an die „miner groove" von ds-DNA, dadurch wird nach UV-Anregung die Fluoreszenz massiv verstärkt. Die SYBR-Green-Fluoreszenz wird während der Primerextensionphase des PCR-Zyklus bei einer Wellenlänge von 530 nm gemessen. Nach dem Schmelzen der ds-DNA und der Freisetzung von

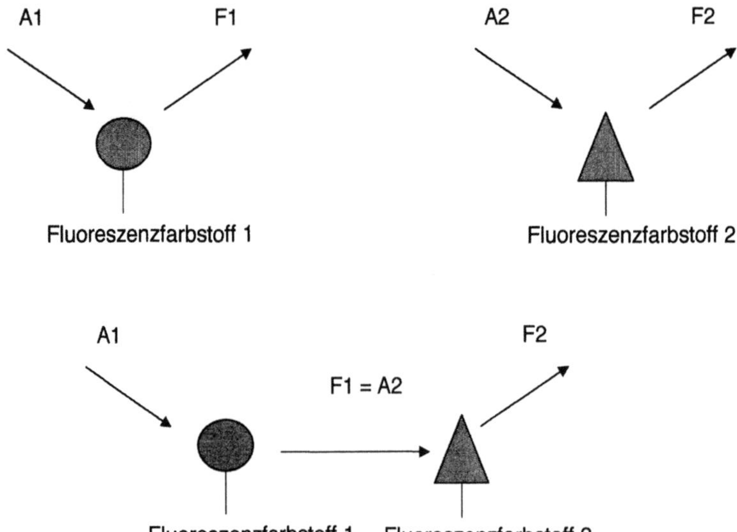

Abb. 4.13. Prinzip des Fluoreszenzresonanzenergietransfers (FRET). Fluoreszenzfarbstoffe werden durch kurzwelliges, energiereiches Licht angeregt (Absorptionswellenlänge) und geben längerwelliges, energieärmeres Licht ab (*oben*). Falls die Energie des abgegebenen Lichts des Farbstoffs 1 ausreicht, um den 2. Farbstoff anzuregen, kann durch räumliche Kopplung zweier Farbstoffe die Anregungsenergie von Farbstoff 1 auf Farbstoff 2 übertragen werden (FRET)

SYBR-Green wird die Fluoreszenz reduziert. Über einen weiten Konzentrationsbereich korreliert die Fluoreszenzstärke des ds-DNA-SYBR-Green-Komplexes mit der DNA-Konzentration in der Probe. Einer der Vorteile dieses Verfahrens besteht darin, dass bei dieser Methode der quantitativen PCR kostengünstige Oligonukleotide, wie sich auch für Endpunkt-PCR verwendet werden, eingesetzt werden können.

Das andere Verfahren nutzt das Prinzip der Fluoreszenzresonanzenergieübertragung (FRET) aus. Fluoreszenz entsteht dadurch, dass Farbstoff 1 durch eine Anregungswellenlänge A1 aktiviert wird und dadurch ein Fluoreszenzlicht F1 abgibt. A1 ist kurzwelliger als F1. Farbstoff 2 wird durch die Anregungswellenlänge A2 angeregt und gibt Fluoreszenzlicht F2 ab (Abb. 4.13, oben). Wenn nun F1 ausreichende Energie trägt, um Farbstoff 2 anzuregen und in räumlicher Nähe zu Farbstoff 2 angeregt wird, kann F1 = A2 sein und dadurch die Energie von Farbstoff 1 auf Farbstoff 2 übertragen: Dieser Effekt wird Fluoreszenzübertragung genannt (Abb. 4.13, unten). Regt man also mit A1 an, kann man die Emission von F1 und F2 messen, falls die Fluorochrome benachbart sind. Daher werden für solche Analysen spezifische Oligonukleotidpaare als Hybridisierungsproben mit Farbstoff 1 am 3′-Ende des so genannten Donoroligonukleotids und Farbstoff 2 am 5′-Ende des Akzeptoroligonukleotids hergestellt. Der Donorfarbstoff (z. B. Fluorescein) wird mit kurzwelligem Blaulicht angeregt und gibt Fluoreszenz der Wellenlänge 530 nm ab (F1). Dadurch wird bei räumlicher Nähe Farbstoff 2 angeregt (LCRed 640) und emittiert bei 640 nm. Die durch FRET erzeugte Signalstärke F2 ist direkt proportional zur DNA-Menge, die durch PCR erzeugt wurde. Verschiedene Varianten dieser Methode erlauben neben reinen Mengenbestimmungen auch Analysen von Punktmutationen, Spleißvarianten o. Ä. (Roche Molecular Biochemicals, The LightCyclerSystem, methodisches Handbuch). Nach einem ähnlichen FRET-Prinzip arbeitet auch das älteste der echtzeitquantitativen PCR-Verfahren, die so genannte TaqMan-Methode, bei welcher eine Hybridisierungsprobe beide Farbstoffe trägt und so ein Fluoreszenzsignal emittiert. Nach Bindung der Probe an das DNA-Template wird das Oligonukleotid durch die Exonukleaseaktivität der Taq-Polymerase abgebaut. Dadurch wird das Fluoreszenzsignal gequencht. Dieser Quencheffekt wird zur Messung genutzt (Mülhardt 2000).

4.8.2 Molekulare Marker für Knorpelqualität durch Tissue Engineering

Der durch Tissue Engineering erzeugte Gelenkknorpel sollte in seinen biomechanischen Eigenschaften möglichst nahe an die Qualität des hyalinen Gelenkknorpels heranreichen. Kritisch hierfür sind neben höchster Vitalität der zu transplantierenden Chondrozyten v. a. auch deren Kollagen-Typ-II- und die Proteoglykanexpression (Abb. 4.14). Bei Untersuchungen von Chondrozyten vor der Reimplantation in den Defekt gelten als positive Prognosefaktoren eine um den Faktor 20 höhere Kollagen-Typ-II-Expression im Vergleich zur Kollagen-Typ-I-Expression. Ebenso sind hohe Aggrekan-, BMP-2- und GDF-5-Expressionen er-

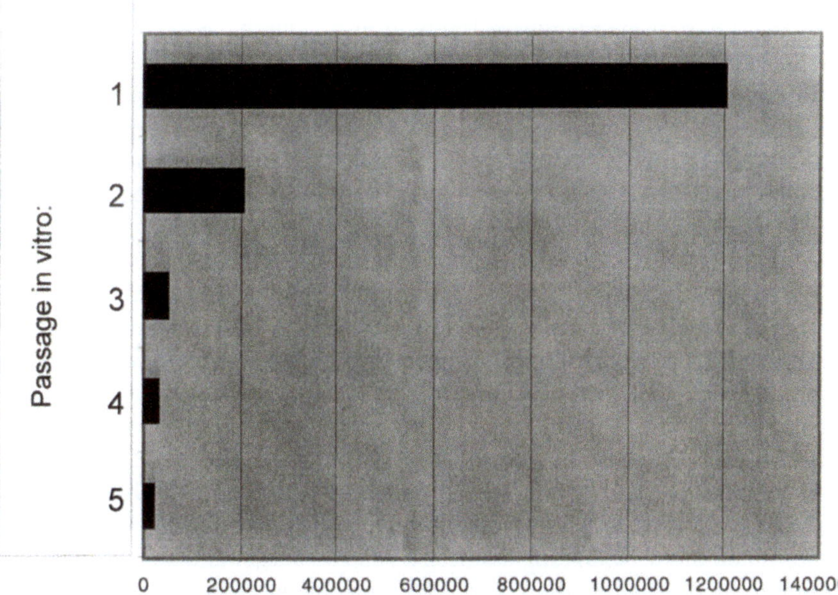

Abb. 4.14. Quantitative RT-PCR-Analyse der Kollagen Typ II kodierenden mRNA in Chondrozyten. mRNA wurde aus 5×10^5 Chondrozyten in Primärkultur (*1*) oder nach Subkultivierung (*2.–5. Passage*) extrahiert. Aus je 1 µg totaler RNA wurde cDNA synthetisiert. Die Transkriptmengen für externe Standardgene wie β-Aktin oder rekombinante DNA-Standards wurden durch Echtzeit-PCR (LightCycler) quantifiziert. Die Menge an Kollagen Typ II kodierender mRNA wurde in jedem Extrakt 3fach bestimmt. Angegeben sind Kopienzahlen der Kollagen-Typ-II-mRNA-Moleküle, abgeglichen mit den externen Standards je µl cDNA-Lösung

wünscht. Die im Vergleich zur Ex-vivo-Zelle oder Primärkultur erhöhte Expression von Kollagen Typ I, III oder X und v. a. eine erhöhte Expression von Interleukin-1 sind negative Prognosefaktoren bzw. Ausschlusskriterien (Empfehlung der Fachkommission Tissue Engineering der Deutschen Gesellschaft für Orthopädie und Orthopädische Chirurgie bzw. Deutschen Gesellschaft für Unfallchirurgie, Stand Sommer 2002). Jüngste Untersuchungen an einem In-vivo-Tissue-Engineering-Modell zur Testung von hyalinartigem Knorpel bestätigen diese Kriterien (Dell'Accio et al. 2001). Stabile Knorpelimplantate wurden durch Chondrozyten erzeugt, die sich durch hohe Kollagen-Typ-II- oder BMP-2-Expression auszeichneten.

4.9 Behandlung von Autoimmunerkrankungen mit hämatopoetischen Stammzellen

Autoimmunerkrankungen wie die rheumatoide Arthritis oder Kollagenosen (systemischer Lupus erythematodes, systemische Sklerodermie u. a.) werden häufig mit Immunsuppressiva und sogar Zytostatika behandelt, wobei v. a. bei längerer Behandlungsdauer ein hohes Risiko besteht, zytotoxische Effekte im Knochenmark auszulösen. Das Potenzial einer hochdosierten Chemotherapie mit anschließender Rückgabe hämatopoetischer Stammzellen zur Behandlung von schwersten Autoimmunerkrankungen, die resistent gegenüber anderen Therapien sind, wurde eher zufällig entdeckt. Als Patienten aufgrund eines hämatologischen oder onkologischen Krankheitsbildes wie aplastischer Anämie, Lymphom, multiplem Myelom usw. eine hoch dosierte myeloablative Chemotherapie mit anschließender autologer oder allogener Knochenmarktransplantation erhielten, konnte eine Besserung einer parallel bestehenden Autoimmunerkrankung festgestellt werden. Aufgrund dieser Beobachtungen und durch systematische Untersuchungen an Tiermodellen reifte das Konzept zur Therapie von Autoimmunerkrankungen durch Immunablation mittels hochdosierter Chemotherapie und autologer hämatopoetischer Stammzelltransplantation (s. Kapitel 4.3) (Tyndall u. Gratwohl 1999).

Bei den verschiedenen Autoimmunerkrankungen werden unterschiedliche Organe und Gewebe in unterschiedlichem Ausmaß betroffen. Dennoch gibt es einige gemeinsame Merkmale dieser Erkrankungen:

In der Regel gibt es eine familiäre Häufung und genetische Faktoren, die durch Konkordanzstudien an Zwillingen, Geschwistern usw. nachgewiesen wurden (Utz et al. 1993, Sommer et al. 1996). Der Beitrag der genetischen Faktoren zur Entstehung von Autoimmunerkrankungen variiert und liegt bei 15% für SLE, 20% für RA, 25% für MS und etwa 50% für Typ-I-Diabetes. Bei vielen Autoimmunerkrankungen spielt die Expression bestimmter HLA-Gene eine wichtige Rolle. Zudem sind die Gene, welche für die autoreaktiven Antigenrezeptoren auf B-Zellen bzw. für die Immunglobuline kodieren und v.a. die T-Zell-Rezeptor-Gene von größter Bedeutung (Paul 1998). Wegen der HLA-Klasse-II-Assoziation der RA werden v.a. CD4$^+$-T-Helfer-Zellen und deren T-Zell-Rezeptor-Repertoire mit dieser Autoimmunerkrankung assoziiert. Allerdings sind klinische Studien, die z.B. die Eliminierung von autoreaktiven T-Zellen durch monoklonale Antikörper (z.B. anti-CD4) bei RA-Patienten zum Ziel hatten, von sehr unterschiedlichem Erfolg gewesen. Eine mögliche Erklärung für die z.T. schlechten Therapieerfolge wäre die, dass die autoreaktiven T-Zellen in den Geweben oder Lymphknoten nicht ausreichend von den zytotoxischen Antikörpern gebunden wurden und die Untersuchungen des Therapieerfolgs an peripherem Blut keine Aussage über die Zahl ruhender CD4$^+$-T-Zellen in lymphoiden Geweben zulassen. Wahrscheinlich ist es möglich, dass auch eine sehr geringe Zahl autoreaktiver T-Zellen die Beschwerden propagiert. Diese Annahme wird dadurch unterstützt, dass bei Infektionen oder im Tiermodell ein bekanntes Antigen in bestimmbarer Dosierung wenige antigenspezifische T-Zellen am Ort der Infektion aktiviert. Die Mehrzahl infiltrierender T-Zellen wird rein chemotaktisch und antigenunabhängig rekrutiert. Zudem wird die Entzündung von myeloiden Zellen moduliert, die ebenfalls keine spezifischen Rezeptoren für Antigene exprimieren.

Die Reifung autoreaktiver T-Zellen wird im Thymus unterdrückt (zentrale Toleranzinduktion). Autoreaktive T-Zellen können dadurch gebildet werden, dass sie der Selektion und Deletion im Thymus entgangen sind. Dabei spielen die Affinität des T-Zell-Rezeptors an den Antigen-HLA-Komplex sowie die Dichte der Rezeptoren auf T-Zellen und Antigen präsentierenden Stromazellen im Thymus eine große Rolle. Die Aktivierung solcher autoreaktiver T-Zellen kann aber in den sekundären lymphoiden Geweben gehemmt werden (Anergie, periphere Toleranzinduktion). Eine Autoimmunerkrankung kann bei Patienten mit genetischer Disposition dann entstehen, wenn z.B. durch eine Infektionserkrankung autoreaktive, anergisierte T-Zellen unspezifisch aktiviert werden oder wenn Fremdantigene, die strukturell mit Autoantigenen verwandt sind, solche T-Zellen aktivieren (antigenes Mimikry).

In den letzten 5 Jahren wurden etwa 350 Patienten mit HSC zur Behandlung einer Autoimmunerkrankung transplantiert (Stand April 2000) (Tyndall u. Gratwohl 2000). Die Mehrzahl der Patienten (n=275) wurde im Rahmen einer internationalen Kooperation der Europäischen Liga gegen Rheumaerkrankungen (EULAR) erfasst. Nur etwa 1/10 dieser Patienten (n=40) waren RA-Patienten. Daher verfügen die in der EULAR-Kooperation zusammengeschlossenen Transplantationszentren heute über eine ausreichende Expertise, um in ausgewählten, besonderen Fällen, wenn alle anderen eingeführten Therapien versagen, oder bei extrem ungünstiger Prognose, recht sichere Aussagen über das Behandlungsrisiko oder den -erfolg zu treffen. In den letzten Jahren wurden mehrere technische Verbesserungen eingeführt: Ursprünglich wurden die Stammzellen aus dem Knochenmark der Spender entnommen. Diese Art von Behandlung wurde daher auch als Knochenmarktransplantation (KMT) bezeichnet (Marmont u. Van Bekkum 1995, Ikehara 1998).

Im Gegensatz zu anderen Transplantationen werden KMT bei Patienten durchgeführt, deren Immunsystem inaktiviert wurde. Im Idealfall ersetzt das Transplantat das jeweilige Immunsystem des Empfängers. Ein Problem nach KMT kann die Sensibilisierung der transplantierten Zellen gegen den Rezipienten darstellen; es kann sich eine so genannte Graft-versus-host-disease (GVHD) entwickeln (Noizat Pirenne et al. 1996), und auch Symptome der Autoimmunität können bereits wenige Jahre nach KMT auftreten (Snowden et al. 1998).

In jüngerer Zeit werden HSC aber nach Mobilisierung aus dem Knochenmark aus Vollblut angereichert. Die so genannte Mobilisierung von Stammzellen aus dem Knochenmark oder das „priming" werden durch Hochdosisbehandlung der Patienten mit zytotoxischen Wirkstoffen und Wachstumsfaktoren wie GCSF oder durch Wachstumsfaktoren allein eingeleitet (Tabelle 4.3) (McQuaker et al. 1999); eine Behandlung die durchaus Risiken birgt (Glass et al. 1996). Etwa 2 Wochen nach der Mobilisierung wird die Leukozytenfraktion durch Leukapherese aus dem Blut aufgereinigt. Die Expression des CD34-Moleküls auf der Zell-

Tabelle 4.3. Stammzellmobilisierung. Beispiel eines Therapieschemas für die Hochdosischemotherapie und autologe Stammzellreinfusion bei therapierefraktären und/oder prognostisch ungünstigen Autoimmunerkrankungen

Therapieschema

Chemotherapie

Medikament	Dosis	d1	d2	d3	d4	d5	Applikation
Cyclophosphamid	4000 mg/m²	x					i.v. über 2 h
Uromitexan	4000 mg/m²	x	x				i.v. über 24 h
Uromitexan	1000 mg/kg KG vor Cyclophosphamid, danach nach 3, 6 und 9 h	x					i.v. als Kurzinfusion
GCSF	10 µg/kg Tag	x	x	x	x	x	s. c.

Supportivtherapie

Tag	Medikament	Dosis	Applikation
1 und 2	Mischinfusion		i.v. über 24 h
	NaCl 0,9%	1500 ml	
	Sterofundin BG 5	1500 ml	
	Heparin-Natrium	10000 i E	
	KCL	100 mval	
Während Cyclophosphamid	Dexamethason	3-mal 8 mg (alle 8 h)	i.v. als Kurzinfusion
Vor Cyclophosphamid	Granisetron 3 mg		i.v. als Kurzinfusion

Hochdosischemotherapie

Medikament	Dosis	d-5	d-4	d-35	d-2	d-1	d-0	Applikation
Cyclophosphamid	Je 50 mg/kg KG	x	x	x	x			i.v. über 2 h
ATG-Fresenius	Je 20 mg/kg KG		x	x	x	x		i.v. über 10 h
Uromitexan	Je 50 mg/kg KG	x	x	x	x	x		i.v. über 24 h
Uromitexan	Je 25 mg/kgKG vor Cyclophosphamid, dann nach 3, 6 und 9 h	x	x	x	x			i.v. als Kurzinfusion
Periphere Blutstammzellretransfusion							x	

Supportivmaßnahmen

Tag	Medikament	Dosis	Applikation
–5 bis +1	Mischbeutel:		i.v. über 24 h
	NaCl 0,9%	1500 ml	
	Sterofundin BG 5	1500 ml	
	Heparin-Natrium	10000 i E	
	KCL	100 mval	
Während ATG/Cyclophosphamid	Dexamethason	3-mal 8 mg (alle 8 h)	i.v. als Kurzinfusion
Vor ATG	Dimetinden	1 Amp. a 4 mg	i.v.
	Ranitidin	1 Amp. a 50 mg	i.v.
Vor Cyclophosphamid	Granisetron	3 mg	i.v. als Kurzinfusion
Ab Therapiestart	Ofloxacin	200 mg 1-0-1	p.o.
Ab Therapiestart	Fluconazol	1-mal 200 mg	p.o.
Ab Therapiestart	Cotrimoxazol	1-0-1 Sa und So	p.o.
Ab Therapiestart	Acyclovir	400 mg 2-1-2	p.o.
Ab Therapiestart	Ranitidin	150 mg 0-0-1	p.o.

oberfläche wird genutzt, um HSC aufzureinigen (purging).

Zur erfolgreichen Transplantation werden mindestens 2×10^6 CD34$^+$-HSC/kg Körpergewicht und Transplantation benötigt. Diese Menge an Zellen kann heute aus etwa 500–1000 ml Vollblut isoliert werden. Bei autologer Stammzelltransplantation zur Behandlung von Autoimmunerkrankungen muss der Patient daher etwa 6 Wochen vor der eigentlichen Transplantation zur Mobilisierung der HSC einbestellt werden. Vor der eigentlichen Transplantation wird das Immunsystem des Patienten wiederum mit Hochdosischemotherapie oder auch durch Bestrahlung konditioniert, d.h. aktivierbare Lymphozyten werden entfernt. 2×10^6 CD34$^+$-HSC/kg Körpergewicht werden i.v. infundiert. Für etwa 2 Wochen müssen auch die anderen zellulären Bestandteile des Bluts (Erythrozyten, Blutplättchen) und Zytokine durch Blutkonserven zugeführt werden. Zusätzlich sind Antibiotikaprophylaxen für etwa 4–6 Wochen erforderlich, eine Substitution von Immunglobulinen erfolgt über einen etwas längeren Zeitraum (je nach individueller Rekonstitution des Blut bildenden Systems und des Immunsystems). Nach 2–4 Wochen sollten die transplantierten HSC in der Lage sein, neue Leukozyten, Erythrozyten und Blutplättchen zu bilden (Abb. 4.3). Unter den Zellen des Immunsystems werden nach KMT zuerst natürliche Killerzellen gebildet, gefolgt von B-Zellen und danach den CD8$^+$-T-Zellen. Da für die humoralen und zelluläre Immunabwehr immer CD4$^+$-T-Helfer-Zellen notwendig sind, wird eine erfolgreiche Stammzelltransplantation erst mit der Reifung der CD4$^+$-T-Helfer-Zellen abgeschlossen (Guillaume et al. 1998). Als Beispiel eines solchen Therapieschemas sei hier das in Tübingen zunächst bei therapierefraktären Autoimmunerkrankungen eingesetzte Schema tabellarisch dargestellt (Tabelle 4.3). Demnächst wird ein internationales Multizenterprotokoll zur Hochdosisimmunablation und anschließenden hämatopoetischen Stammzelltransplantation im Vergleich mit der konventionellen i.v. Cyclophosphamidpulstherapie bei systemischer Sklerodermie (ASTIS-Trial: autologous stem cell transplantation international scleroderma trial) aktiviert werden, bei dem ein sehr ähnliches Therapieschema eingesetzt werden wird.

Trotz großer Fortschritte bei der Analyse der Donorrezipientenverträglichkeit, der Techniken zur Mobilisierung von HSC, Aufreinigung von CD34$^+$-Zellen und Transplantation beträgt die Mortalitätsrate in Abhängigkeit von der Behandlung und der Konstitution des Patienten bei allogener Transplantation über einen Zeitraum von 12 Monaten mehr als 5%. Bei autologer Transplantation findet man eine durchschnittliche Mortalitätsrate von etwa 1–5 % bei Patienten, die keine GVHD entwickeln. Vermutlich aufgrund der Schwere der Autoimmunerkrankungen mit teilweise aufgrund der vorherigen Therapieresistenz bereits eingetretenen schweren Organschädigungen (insbesondere Einschränkungen von Lungen-, Herz- und Nierenfunktion) liegt bei Patienten mit Autoimmunerkrankungen die Mortalität höher als bei Patienten mit malignen hämatologischen Erkrankungen. Für

Patienten mit systemischer Sklerodermie, die eine Hochdosisimmunablation und autologe Stammzellretransfusion erhielten, lag die Mortalität bei 26%, wobei ein Großteil der Todesfälle nicht transplantationsbezogen war. Unter idealen Bedingungen sollte auch hier eine Mortalität von 10% zu erreichen sein (Tyndall u. Gratwohl 2000). Hierzu sind insbesondere die Frage der richtigen und rechtzeitigen (d.h. vor Eintreten schwer wiegender Organmanifestationen, die den Therapieerfolg beeinträchtigen, anhand prognostischer Faktoren) Indikation zu dieser Therapie sowie auch die Frage der Rekonstitution des Immunsystems (bildet sich tatsächlich ein „naives", d.h. nicht autoimmunes System aus, kommt es zu Erkrankungsrezidiven und, falls ja, sprechen diese dann evtl. doch auf konservativere therapeutische Maßnahmen an) zu klären. Weitere, randomisierte Multizenterstudien werden helfen, diese Fragen und den Stellenwert der Hochdosisimmunablation und Stammzellretransfusion bei Autoimmunerkrankungen zu beantworten.

4.10 Literatur

Adachi E, Katsumata O, Yamashina S, Prockop DJ, Fertala A (1999) Collagen II containing a Cys substitution for Arg-alpha1-519. Analysis by atomic force microscopy demonstrates that mutated monomers alter the topography of the surface of collagen II fibrils. Matrix Biol 18:189–196

Anderson WF (2000) Gene therapy scores against cancer. Gene therapy. The best of times, the worst of times. Human gene therapy. Nat Med 6:862–863

Bissell MJ, Hall HG, Parry G (1982) How does the extracellular matrix direct gene expression? J Theor Biol 99:31–68

Bleasel JF, Poole AR, Heinegard D et al. (1999) Changes in serum cartilage marker levels indicate altered cartilage metabolism in families with the osteoarthritis-related type II collagen gene COL2A1 mutation. Arthritis Rheum 42:39–45

Bobic V (1999) Autologe osteochondrale Implantate zur Behandlung von Gelenkknorpelschäden. Orthopade 28:19–25

Bobic V (2000) Autologous chondrocyte transplantation. Am Assoc Orthop Surg, Orlando, FL

Böhmer H von, Fehling HJ (1997) Strukture and function of the pre-T-cell receptor. In: Paul WE, Fathman CG, Metzger H (eds) Annual review of immunology. Annual Review, Palo Alto, pp 432–452

Brittberg M, Lindahl A, Nilsson A, Ohlsson C, Isaksson O, Peterson L (1994) Treatment of deep cartilage defects in the knee with autologous chondrocyte transplantation. N Engl J Med 331:889–895

Brown G, Bunce DM, Guy GR (1985) Sequential determination of lineage potential during hematopoiesis. Br J Cancer 52:681–686

Chang SC, Hoang B, Thomas JT et al. (1994) Cartilage-derived morphogenetic proteins. New members of the transforming growth factor-beta superfamily predominantly expressed in long bones during human embryonic development. J Biol Chem 269:28.227–28.234

Dell'Accio F, De Bari C, Lyuyten FP (2001) Molecular markers predictive of the capacity of expanded human articular chondrocytes to form stable cartilage in vivo. Arthrithis Rheum 44:1608–1619

De Haart M, Marijnissen WJ, Osch GJ van, Verhaar JA (1999) Optimization of chondrocyte expansion in culture. Effect of TGF beta-2, bFGF and L-ascorbic acid on bovine articular chondrocytes. Acta Orthop Scand 70:55–61

Doyle A, Griffiths JB, Newell DG (1998) Cell & tissue culture: laboratory procedures. Wiley & Sons, Chichester, UK

Ehrlich HA (1989) PCR technology. Stokton Press, New York

Friedenstein AJ, Petrakowa KV, Kurolesowa AI, Frolora GP (1968) Heterotopic transplantation of bone marrow: analysis of precursor cells for osteogenic and hematopoietic tissues. Transplantation 6:230–247

Friedenstein AJ, Piatetzky-Shapiro II, Petrakova KV (1966) Osteogenesis in transplants of bone marrow cells. J Embryol Exp Morpho 16:381–390

Gillogly SD, Newfield DM (2000) Treatment of articular cartilage defects of the knee with autologous chondrocyte implantation. Medscape Orthopedics & Sports Medicine, Medscape

Glass LF, Fotopoulos T, Messina JL (1996) A generalized cutaneous reaction induced by granulocyte colony-stimulating factor. J Am Acad Dermatol 34:455–9

Grimbacher B, Aicher WK, Peter HH, Eibel H (1997) Measurement of transcription factor c-fos and EGR-1 mRNA transcription levels in synovial tissue by quantitative RT-PCR. Rheumatol Int 17:109–112

Guillaume T, Rubinstein DB, Symann M (1998) Immune reconstitution and immunotherapy after autologous hematopoietic stem cell transplantation. Blood 92:1471–1490

Hauschka SD, Konigsberg IR (1966) The influence of collagen on the development of muscle clones. Proc Natl Acad Sci USA 55:119–126

Heidaran MA, Daverman R, Thomspon A et al. (2000) Extracellular matrix modulation of rhGDF-5-induced cellular differentiation. e.biomed 2:121–135

Herr G, Hartwig CH, Boll C, Kusswetter W (1996) Ectopic bone formation by composites of BMP and metal implants in rats. Acta Orthop Scand 67:606–610

Hofmann C, Luo G, Balling R, Karsenty G (1996) Analysis of limb patterning in BMP-7-deficient mice. Dev Genet 19:43–50

Hogan BLM (1996) Bone morphogenetic proteins: multifunctional regulators of vertebrate development. Genes Dev 10:1580–1594

Holy CE, Shoichet MS, Davies JE (2000) Engineering three-dimensional bone tissue in vitro using biodegradable scaffolds: investigating initial cell-seeding density and culture period. J Biomed Mater Res 51:376–382

Horner PJ, Power AE, Kempermann G et al. (2000) Proliferation and differentiation of progenitor cells throughout the intact adult rat spinal cord. J Neurosci 15:2218–2228

Hynes RO, George EL, Georges EN, Guan JL, Rayburn H, Yang JT (1992) Toward a genetic analysis of cell-matrix adhesion. Integrins: versatility, modulation, and signaling in cell adhesion. Cold Spring Harb Symp Quant Biol 57:249–258

Ikehara S (1998) Bone marrow transplantation for autoimmune diesases. Acta Haematol 99:116–132

Inada M, Katagiri T, Akiyama S et al. (1996) Bone morphogenetic protein-12 and -13 inhibit terminal differentiation of myoblasts, but do not induce their differentiation into osteoblasts. Biochem Biophys Res Commun 222:317–322

Jakoby WB, Pastan IH (1979) Cell and tissue culture. Academic Press, San Diego, CA

Jameson SC, Hogquist KA, Bevan MJ (1995) Positive selection of thymocytes. In: Paul WE, Fathman CG, Metzger H (eds) Annual review of immunology. Annual Review Inc, Palo Alto, pp 93–126

Karsenty G, Luo G, Hofmann C, Bradley A (1996) BMP 7 is required for nephrogenesis, eye development, and skeletal patterning. Ann N Y Acad Sci 785:98–107

Kempermann G, Gage FH (1999) New nerve cells for adult brains. Sci Am 280:48–53

Kessinger A, Sharp JG (1997) Tissue engineering of the hematopoietic stemm cell. In: Lanza RP, Langer R, Chick WL (eds) Principles of tissue engineering. Academic Press, Austin, TX, pp 563–573

Kuo CT, Leiden JM (1999) Transcriptional regulation of T lymphocyte development. In: Paul WE, Fathman CG, Metzger H (eds) Annual review of immunology. Annual Review, Palo Alto

Lavender X (2001) Annals of rheumatic disease. EULAR Convention, Prague

Lu L, Peter SJ, Lyman MD et al. (2000) In vitro degradation of porous poly(L-lactic acid) foams. Biomaterials 21:1595–1605

Marmont AM, Van Bekkum DW (1995) Stem cell transplantation for severe autoimmune diseases: new proposals but still unanswered questions. Bone Marrow Transplant 16:497–498

McKay R, Vescovi AL, Parati EA et al. (2000) Stem cells and the cellular organization of the brain. Isolation and cloning of multipotential stem cells from the embryonic human CNS and establishment of transplantable human neural stem cell lines by epigenetic stimulation. Post-traumatic regeneration, neurogenesis and neuronal migration in the adult mammalian brain. J Neurosci Res 59:298–300

McQuaker I, Haynes A, Stainer C, Byrne J, Russell N (1999) Mobilisation of peripheral blood stem cells with IVE and G-CSF improves CD34+ cell yields and engraftment in patients with non-Hodgkin's lymphomas and Hodgkin's disease. Bone Marrow Transplant 24:715–722

Melchers F, Rolink AG (1998) B-lymphocyte development and biology. In: Paul WE (ed) Fundamental immunology. Lippincott-Raven, Philadelphia, pp 183–224

Melchers F, Haasner D, Grawunder U et al. (1994) Role of IgH and L chains and surrogate H and L chains in the development of cells of the B lymphocyte lineage. In: Paul WE, Fathman CG, Metzger H (eds) Annual review of immunology. Annual Reviews Inc, Palo Alto, pp 209–226

Mooey DJ, Mikos AG (1999) Growing new organs. Sci Am 1999:60–65

Mülhardt C (2000) Molekularbiologie. Spektrum, Heidelberg

Noizat Pirenne F, Greenfeld JI, Hardy MA et al. (1996) UVB-irradiation of human bone marrow: potential for donor specific tolerance. A generalized cutaneous reaction induced by granulocyte colony-stimulating factor. Long-term outcome of autoimmune disease following allogeneic bone marrow transplantation. J Surg Res 61:267–274

Nöth U (2001) pers. Mitteilung

O'Shaughnessy RFL, Seery JP, Celis JE, Frischauf AM, Watt FM (2000) PA-FABP, a novel marker of human epidermal transit amplifying cells revealed by 2D protein gel electrophoresis and cDNA array hybridisation. FEBS Letters 486:149–154

Owen M, Friedenstein AJ, Piatetzky S, II, Petrakova KV (1988) Stromal stem cells: marrow-derived osteogenic precursors. Osteogenesis in transplants of bone marrow cells. Ciba Found Symp 136:42–60

Paassilta P, Lohiniva J, Goring HH et al. (2001) Identification of a novel common genetic risk factor for lumbar disk disease. JAMA 285:1843–1849

Papas KK, Long RC Jr, Sambanis A et al. (1999) Development of a bioartificial pancreas: I. long-term propagation and basal and induced secretion from entrapped betaTC3 cell cultures. Immuno-isolation of xenogenic islands of Langerhans in a tissue engineered autologous cartilage capsule]. Biotechnol Bioeng 66:219–230

Paul WE (1998) Fundamental Immunology. Raven Press, New York

Peterson L, Lirdahl A, Brittberg M, Nilson A (2000a) Durability of autologous chondrocyte transplantation of the knee. Am Assoc Orthop Surg, Orlando, FL, Abstract 125

Peterson L, Minas T, Brittberg M et al. (2000b) Two- to 9-year outcome after autologous chondrocyte transplantation of the knee. Clin Orthop 2000:212–234

Pittenger MF, Mackay AM, Beck SC et al. (1999) Multilineage potential of adult human mesechymal stem cells. Science 284:143

Pollok JM, Ibarra C, Broelsch CE, Vacanti JP (1998) Immunisolation xenogener Langerhansscher Inseln in einer mittels Tissue Engineering geformten autologen Knorpel-Kapsel. Zentralbl Chir 123:830–833

Prockop DJ (1997) Marrow stromal cells as stem cells for nonhematopoietic tissues. Science 276:71

Reddi AH (1984) Extracellular matrix and development. In: Piez KA, Reddi AH (eds) Extracellular matrix biochemistry. Elsevier, New York, pp 375–412

Reddi AH (1998) Role of morphogenetic proteins in skeletal tissue engineering and regeneration. Nat Biotechnol 16:247–252

Richardson JB, Caterson B, Evans EH, Ashton BA, Roberts S (1999) Repair of human articular cartilage after implantation of autologous chondrocytes. J Bone Joint Surg Br 81:1064–1068

Ronfard V, Rives JM, Neveux Y et al. (2000) Long-term regeneration of human epidermis on third degree burns transplanted with autologous cultured epithelium grown on a fibrin matrix PA-FABP, a novel marker of human epidermal transit amplifying cells revealed by 2D protein gel electrophoresis and cDNA array hybridisation. Transplantation 70:1588–1598

Roskelley CD, Desprez PY, Bissell MJ (1994) Extracellular matrix-dependent tissue-specific gene expression in mammary epithelial cells requires both physical and biochemical signal transduction. Proc Natl Acad Sci USA 91:12.378–12.382

Roskelley CD, Bissell MJ, Srebrow A, Desprez PY (1995a) Dynamic reciprocity revisited: a continuous, bidirectional flow of information between cells and the extracellular matrix regulates mammary epithelial cell function. Biochem Cell Biol 73:391–397

Roskelley CD, Srebrow A, Bissell MJ, Desprez PY (1995b) A hierarchy of ECM-mediated signalling regulates tissue-specific gene expression. Curr Opin Cell Biol 7:736–747

Shortman K, Wu L (1996) Early T lymphocyte progenitors. In: Paul WE, Fathman CG, Metzger H (eds) Annual review of immunology. Annual Review, Palo Alto, pp 29–48

Snowden JA, Kearney P, Kearney A et al. (1998) Long-term outcome of autoimmune disease following allogeneic bone marrow transplantation. Arthritis Rheum 41:453–459

Sommer N, Zipp F, Rosener M, Dichgans J, Martin R (1996) Der Einfluß genetischer Faktoren auf die Multiple Sklerose. Nervenarzt 67:457–464

Steadman JR, Rodkey WG, Briggs KK, Rodrigo JJ (1999) The microfracture technic in the management of complete cartilage defects in the knee joint. Orthopäde 28:26–32

Taylor G, Lehrer MS, Jensen PJ, Sun TT, Lavker RM (2000) Involvement of follicular stem cells in forming not only the follicle but also the epidermis. Cell 102:451–461

Temenoff JS, Mikos AG, Mooney DJ et al. (2000) Review: tissue engineering for regeneration of articular cartilage. Growing new organs. Biomaterials 21:431–440

Thomson RC, Yaszemski MJ, Powers JM, Mikos AG (1995) Fabrication of biodegradable polymer scaffolds to engineer trabecular bone. J Biomater Sci Polym Ed 7:23–38

Thomson RC, Yaszemski MJ, Powers JM, Mikos AG (1998) Hydroxyapatite fiber reinforced poly(alpha-hydroxy ester) foams for bone regeneration. Biomaterials 19:1935–1943

Thomson RC, Mikos AG, Beahm E et al. (1999) Guided tissue fabrication from periosteum using preformed biodegradable polymer scaffolds. Biomaterials 20:2007–2018

Tsumaki N, Tanaka K, Arikawa Hirasawa E et al. (1999) Role of CDMP-1 in skeletal morphogenesis: promotion of mesenchymal cell recruitment and chondrocyte differentiation. J Cell Biol 144:161–173

Tyndall A, Gratwohl A (1999) Hämatopoietische Stammzellbehandlung bei schweren Autoimmunopathien. Rheumatol Europa 28:76–80

Tyndall A, Gratwohl A (2000) Immune ablation and stem cells therapy in autoimmune disease: clinical experience. Arthritis Res 2:276–280

Urist MR (1965) Bone: formation by autoinduction. Science 150:893–899

Urist MR (1995) The first three decades of BMP research. Osteologie 4:207–223

Utz U, Biddison WE, McFarland HF, McFarlin DE, Flerlage M, Martin R (1993) Skewed T-cell receptor repertoire in genetically identical twins correlates with multiple sclerosis. Nature 364:243–247

Valcourt U, Ronziere MC, Winkler P, Rosen V, Herbage D, Mallein Gerin F (1999) Different effects of bone morphogenetic proteins 2, 4, 12, and 13 on the expression of cartilage and bone markers in the MC615 chondrocyte cell line. Exp Cell Res 251:264–274

Vilmar K, Bachmann KD (1996) Richtlinien zur Führung einer Knochenbank. Dtsch Ärzteblatt 93:2166

Vogelin E, Jones NF, Huang JI, Brekke JH, Toth JM (2000) Practical illustrations in tissue engineering: surgical considerations relevant to the implantation of osteoinductive devices. Tissue Eng 6:449–460

Weise K (2000) Die operative Behandlung von Gelenkknorpeldefekten unter besonderer Berücksichtigung der autologen Knorpelzelltransplantation: Grundlagen - Ergebnisse - Ausblick. OP J 16:150–159

Winnier G, Blessing M, Labosky PA, Hogan BL (1995) Bone morphogenetic protein-4 is required for mesoderm formation and patterning in the mouse. Genes Dev 9:2105–2116

You L, Kruse FE, Pohl J, Volcker HE (1999) Bone morphogenetic proteins and growth and differentiation factors in the human cornea. Invest Ophthalmol Vis Sci 40:296–311

Zhang H, Bradley A (1996) Mice deficient for BMP2 are nonviable and have defects in amnion/chorion and cardiac development. Development 122:2977–2986

5 Molekulare Marker des Knochen- und Knorpelstoffwechsels

Henning W. Woitge, Berthold Fohr und Markus J. Seibel

Inhaltsverzeichnis

5.1 Kurzdarstellung

Die Quantifizierung biochemischer Marker des Knochen- und Knorpelstoffwechsels hat in den letzten Jahren die Möglichkeiten der Diagnose und Verlaufskontrolle metabolischer Osteopathien und rheumatischer Erkrankungen deutlich verbessert. Die Entwicklung von Nachweismethoden zur Bestimmung osteo- und kartilotroper Parameter unterschiedlicher Herkunft, biochemischer Struktur und Funktion hat unser Verständnis von Matrixzusammensetzung, physiologischen Knochen- und Knorpelstoffwechselprozessen und den pathophysiologischen Vorgängen bei der Entwicklung von Erkrankungen in diesem Bereich erweitert. Die vorliegende Arbeit gibt zunächst einen Überblick über die wichtigsten, heute zur Verfügung stehenden, biochemischen Marker des Knochen- und Knorpelstoffwechsels. Anschließend werden neueste Untersuchungsergebnisse und die klinische Wertigkeit der Bestimmung dieser Substanzen bei den häufigsten rheumatischen Erkrankungen zusammengefasst.

5.2 Biochemische Marker des Knochenstoffwechsels

Knochen ist stoffwechselaktives Gewebe. Störungen des Knochenumsatzes können heute mittels der Quantifizierung knochenspezifischer Moleküle in Körperflüssigkeiten frühzeitig erkannt werden.

Zentrale Komponenten der Gewebehomöostase sind 3 unterschiedlich charakterisierte Typen von Knochenzellen:
- Knochen anbauende Osteoblasten,
- in extrazelluläre Matrix eingemauerte Osteozyten und
- Knochen resorbierende Osteoklasten.

Ganten/Ruckpaul (Hrsg.)
Molekularmedizinische Grundlagen
von rheumatischen Erkrankungen
© Springer-Verlag Berlin Heidelberg 2003

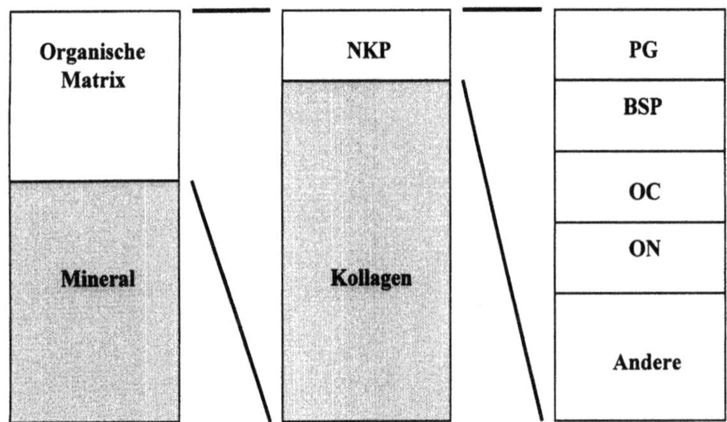

Abb. 5.1. Biochemie des Knochens. Knochen besteht aus einer organischen Matrix, die durch eine kalziumreiche Mineralphase verstärkt und mechanisch stabilisiert wird. Die organische Matrix selbst, die etwa 40% des Trockengewichts ausmacht, setzt sich zu 90% aus Kollagen Typ I und zu 10% aus nichtkollagenen Proteinen (*NKP*) zusammen. Unter den nichtkollagenen Proteinen dominieren Osteokalzin (*OC*) und Bone-Sialoprotein (*BSP*) mit einem Anteil von je etwa 15%. Kleinere Proteoglykane (*PG*) wie Biglykan und Dekorin sowie eine Vielzahl anderer Matrixkomponenten kommen hinzu

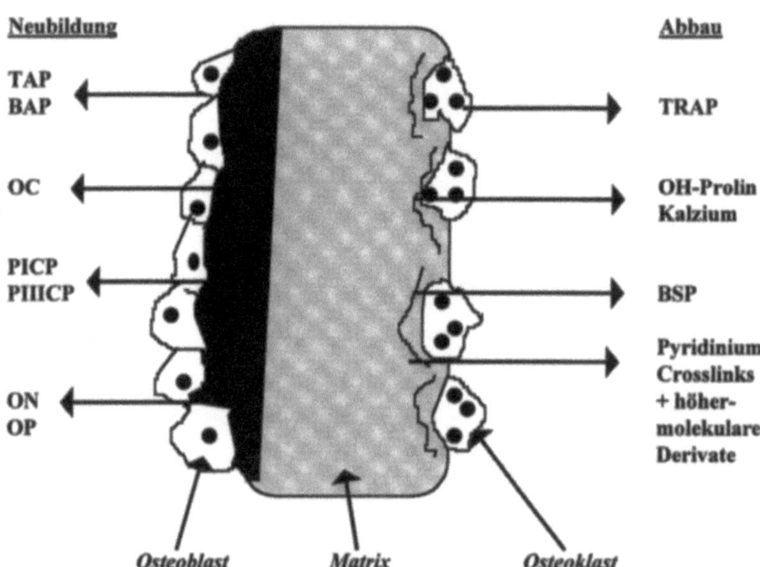

Abb. 5.2. Schematische Darstellung biochemischer Marker des Knochenstoffwechsels. Als enzymatische Marker der osteoblastären Aktivität gelten die alkalische Phosphatase als Gesamtwert (*TAP*) sowie das Knochenisoenzym, die knochenspezifische alkalische Phosphatase (*BAP*). Matrixassoziierte Aufbauvorgänge werden durch die Bestimmung von Osteokalzin (*OC*) und Kollagenpropeptiden (*PICP, PIIICP*) im Serum reflektiert. Die Plasmakonzentrationen der tartresistenten sauren Phosphatase (*TRAP*) als spezifisches Osteoklastenenzym korrelieren mit der Knochenresorptionsrate, ebenso wie bestimmte Degradationsprodukte der organischen Knochenmatrix: Hydroxy-(OH-)Prolin, Hydroxylysinglykoside und Kalziumausscheidung im Urin, Hydroxypyridiniumcrosslinks und quervernetzte Telopeptide; *BSP* Bone-Sialoprotein

Wichtige Funktionen dieser Zellen umfassen die Produktion verschiedener Matrixproteine und proteolytischer Enzyme.

Etwa 90% der organischen Knochenmasse besteht aus Kollagen. Hauptsächlich ist dies Typ-I-Kollagen, es konnten aber auch u.a. Typ-III- und Typ-V-Kollagen nachgewiesen werden. Nichtkollagene Matrixkomponenten sind Makromoleküle wie Osteokalzin, Bone-Sialoprotein und Osteopontin. Deren exakte Funktion ist nicht bekannt; wahrscheinlich spielen sie bei der Gewebemineralisation und -degradation und bei Zelladhäsionsprozessen wichtige Rollen (Abb. 5.1).

Tabelle 5.1. Biochemische Marker der Knochenformation

Marker	Material	Herkunft	Bestimmungs-methode	Spezifität
Gesamtwert der alkalischen Phosphatase	Serum	Knochen Leber Darm Niere (Plazenta)	Kolorimetrie	Verhältnis 1:1 zwischen Leber- und Knochenisoenzym bei gesunden Erwachsenen
Knochenspezifische alkalische Phosphatase	Serum	Knochen	Kolorimetrie Elektrophorese Präzipitation Immunoassay	Spezifisches Produkt der Osteoblasten. Bei einigen Nachweismethoden Kreuzreaktivität mit Leberisoenzym
Osteokalzin	Serum	Knochen Thrombozyten	Immunoassay	Spezifisches Produkt der Osteoblasten Verschiedene immunoreaktive Formen in der Zirkulation
C-terminales Propeptid von Typ-I-Prokollagen	Serum	Knochen (Bindegewebe, Haut)	Immunoassay	Spezifisches Produkt proliferierender Osteo- und Fibroblasten
N-terminales Propeptid von Typ-I-Prokollagen	Serum	Knochen (Bindegewebe, Haut)	Immunoassay	Spezifisches Produkt proliferierender Osteo- und Fibroblasten

Biochemische Marker des Knochenstoffwechsels können eingeteilt werden nach:

- ihrer Herkunft (z.B. Produkte der Knochenzellen, Moleküle der organischen und anorganischen Knochenmatrix)
- ihrer biochemischen Struktur (z.B. enzymatische Marker der Knochenzellen, Präkursoren oder Degradationsprodukte der kollagenen und nichtkollagenen Knochenmatrix)
- ihrer Funktion (z.B. Marker der Knochenformation oder -resorption, Adhäsionsmoleküle).

Keines dieser Klassifikationssysteme ist exklusiv. Bei der Diskussion einiger heute zur Verfügung stehender Knochenstoffwechselmarker wird daher auf die Verwendung eines strikten Schemas verzichtet. Abb. 5.2 gibt einen Überblick über die wichtigsten biochemischen Parameter des Knochenmetabolismus. Die Tabellen 5.1 und 5.2 fassen biochemische Marker der Knochenformation (Tabelle 5.1) und Knochenresorption (Tabelle 5.2) mit Hinblick auf Herkunft und Spezifität zusammen.

5.2.1 Marker der Knochenformation

Marker der Knochenformation sind in Tabelle 5.1 aufgelistet.

5.2.1.1 Alkalische Phosphatase

Die alkalische Phosphatase (AP) ist ein ubiquitär im Körper vorkommendes Enzym, welches von einer Vielzahl verschiedener Gewebe produziert wird. 95% der Gesamtaktivität der AP im Serum stammen aber aus Hepatozyten und Osteoblasten (Moss 1992). Die Messung des knochenspezifischen Isoenzyms der AP wird heute als hochspezifischer Parameter der osteoblastären Aktivität und damit der Knochenformation erachtet (Van Straalen et al. 1991). Verschiedene Methoden existieren zur Bestimmung der Knochen-AP im Serum, u.a. Hitzeinaktivierung, Lektinpräzipitation und Immunelektrophorese (Behr u. Barnert 1986, Moss u. Whitby 1975, Rosalki et al. 1993, Van Hoof et al. 1988). Als kostengünstigste und einfachste Verfahren gelten zurzeit aber verschiedene Immunoassays, die unter Verwendung spezifischer Antikörper entweder die Aktivität oder die molekulare Masse der osteoblastären AP quantifizieren (Gomez et al. 1995, Woitge et al. 1996).

5.2.1.2 Osteokalzin

Osteokalzin (OC) ist einer der wesentlichen Bestandteile der nichtkollagenen Knochenmatrix (Gundberg et al. 1984). Das Protein hat ein Molekulargewicht (MG) von etwa 5000 und wird während der Mineralisationsphase von Osteoblasten in die extrazelluläre Matrix sezerniert (Lian u. Fried-

Marker	Material	Herkunft	Bestimmungs-methode	Spezifität
Bone-Sialoprotein	Serum	Knochen Dentin	Immunoassay	Matrixprotein osteoblastärer Herkunft; Freisetzung aus der Knochenmatrix während osteoklastärer Knochenresorption; z. T. paraneoplastische Synthese
Pyridinolin	Urin	Knochen Knorpel Sehnen Blutgefäße	HPLC Immunoassays	Kollagen, höchste Konzentrationen in Knorpel und Knochen. Nicht nachweisbar in der Haut. Spezifisch für matures Kollagen
Deoxypyridinolin	Urin	Knochen Dentin	HPLC Immunoassay	Kollagen, höchste Konzentrationen in Knochen. Nicht nachweisbar in Knorpel und Haut. Spezifisch für matures Kollagen
C-terminales quervernetztes Telopeptid von Typ-I-Kollagen	Serum Urin	Knochen Haut	Immunoassay	Kollagen Typ I, höchste Konzentrationen wahrscheinlich in Knochen. Kann auch von neu gebildetem Kollagen stammen
N-terminales quervernetztes Telopeptid von Typ-I-Kollagen	Serum Urin	Knochen Haut	Immunoassay	Kollagen Typ I, höchste Konzentrationen wahrscheinlich in Knochen
Hydroxyprolin	Urin	Knochen Knorpel Bindegewebe Haut, Blut	Kolorimetrie HPLC	Alle fibrillären Kollagentypen und kollagene Proteine, inklusive C1q und Elastin. Vorkommen in neu gebildetem und maturem Kollagen
Hydroxylysinglykoside	Urin	Knochen Bindegewebe Haut Serumkomplement	HPLC	Kollagene und kollagene Proteine
Tartratresistente saure Phosphatase	Plasma Serum	Knochen Blutzellen	Kolorimetrie Immunoassay	Osteoklasten Thrombozyten Erythrozyten

man 1987). Etwa 70–80% des von Osteoblasten neu synthetisierten und freigesetzten OC werden direkt in der extrazellulären Knochenmatrix abgelagert, wo es den größten Anteil der nichtkollagenen Proteinfraktion ausmacht. Nur ein kleiner Teil gelangt in die allgemeine Zirkulation. Das im menschlichen Knochen abgelagerte OC enthält 3 γ-Karboxyglutamat-Reste an den Positionen 17, 21 und 24, die durch eine posttranslationale und Vitamin-K-abhängige Modifikation entstehen. Diese Glutamatreste ermöglichen die Bindung von Kalzium.

Die genaue Funktion des Moleküls ist nicht bekannt. Es wird eine Rolle bei der Regulation der Knochenmineralisation bzw. der Osteoblastenreifung, aber auch bei der Aktivierung von Osteoklasten und der Chemotaxis von Tumorzellen diskutiert (Seibel et al. 1997). Der OC-Serum-Spiegel gilt als spezifischer Marker der Knochenformation (Brown et al. 1984). Die Serumspiegel von OC korrelieren gut mit der histomorphometrisch nachgewiesenen Knochenformationsrate (Calvo et al. 1996, Carpenter et al. 1992, Delmas et al. 1985). Eine weitere Entwicklung betrifft die Quantifizierung alleine des unterkarboxylierten OC im Serum. Dieser Parameter scheint insbesondere bei älteren Menschen mit einem erhöhten Frakturrisiko assoziiert zu sein (Szulc et al. 1993).

OC ist relativ instabil und wird nach Eintritt in die Zirkulation rasch metabolisiert. Neben dem intakten, karboxylierten OC-Molekül findet man also auch verschiedene niedermolekulare OC-Fragmente (Fournier et al. 1989, Gundberg u. Weinstein 1986). Eine Vielzahl verschiedener Immunoassays zur Bestimmung der Serumkonzentrationen von OC stehen heute zur Verfügung (Bouillon et al.

1992, Delmas et al. 1983, Hosoda et al. 1992, Jüppner et al. 1986, Monoghan et al. 1993, Price u. Nishimoto 1980). Diese Assays differieren nicht nur durch unterschiedliche Techniken (RIA, IRMA, Lumineszenzassay, ELISA), sondern werden auch durch die zirkulierenden OC-Fragmente in unterschiedlichem Ausmaß verfälscht (Seibel 1997). Insbesondere bei fortgeschrittener Niereninsuffizienz kommt es zur vermehrten Akkumulation von OC-Fragmenten im Serum (Delmas et al. 1983, Epstein et al. 1985). Die Praxis hat zudem gezeigt, dass verschiedene Immunoassays in der Regel stark unterschiedliche Messergebnisse liefern und die Resultate daher nicht miteinander vergleichbar sind (Delmas et al. 1990, Seibel 1997). Der klinische Nutzen von OC-Messungen ist aufgrund dieser Problematik eingeschränkt.

5.2.1.3 Propeptide von Typ-I-Kollagen

Typ-I-Kollagen wird von Osteoblasten hergestellt und als Einzelstränge in die Matrix sezerniert. Nach enzymatischer Abspaltung spezifischer N- und C-terminaler Extensionspeptide bilden die Einzelstränge die charakteristische Dreifachhelix des maturen Kollagens (Fessler et al. 1975, Merry et al. 1976). Einige der intakten terminalen Prokollagenfragmente werden vor der extrazellulären Formation der Kollagenfibrillen in die Zirkulation freigesetzt und können mittels Immunoassays quantifiziert werden (Ebeling et al. 1992, Melkko et al. 1990). Theoretisch stellen diese Verbindungen daher sensitive Marker der Knochenformation dar. In der klinischen Routine ist ihr Nutzen aber durch die relativ geringe Antikörperspezifität begrenzt.

5.2.2 Marker der Knochenresorption

Marker der Knochenresorption sind in Tabelle 5.2 aufgeführt.

5.2.2.1 Bone-Sialoprotein

Bone-Sialoprotein (BSP) ist ein stark phosphoryliertes Glykoprotein, das ungefähr 5–10% der nichtkollagenen Knochenmatrix ausmacht. Sein Molekulargewicht liegt bei etwa 70 000–80 000 (Fisher et al. 1983, Heinegard u. Oldberg 1989). Das Protein wird von aktiven Osteoblasten und Odontoblasten synthetisiert, konnte aber auch in osteoklastenähnlichen Zelllinien nachgewiesen werden (Chen et al. 1991, Shapiro et al. 1993). Die

primäre Proteinstruktur beinhaltet eine Integrinerkennungsregion (so genannte RGD-Sequenz) (Oldberg et al. 1988, Ross et al. 1993). Osteoklasten können über die Expression von Rezeptoren der Integrinfamilie (z. B. Vitronektinrezeptor) mit dieser RGD-Sequenz interagieren. Man nimmt daher an, dass BSP eine zentrale Rolle bei der supramolekularen Organisation der extrazellulären Matrix spielt (Helfrich et al. 1992). Mittels Radioimmunoassay kann BSP seit einiger Zeit im Serum bestimmt werden (Karmatschek et al. 1997). Die gemessenen Serumkonzentrationen reflektieren am ehesten Knochenresorptionsprozesse (Seibel et al. 1996, Woitge et al. 1999).

5.2.2.2 Hydroxyprolin (OHP)

Hydroxyprolin (OHP) entsteht intrazellulär durch die posttranslationale Hydroxylierung von Prolin und trägt wesentlich zur Stabilität von Kollagen bei. Im reifen Kollagen macht es etwa 12–14% des totalen Aminosäuregehalts aus. Freies OHP, wie es z. B. während der Degradation von Knochenkollagenen entsteht, wird nicht wiederverwertet und gelangt über die Zirkulation in den Urin. Hier kann es in freier oder peptidgebundener Form durch kolorimetrische Assays oder mittels HPLC quantifiziert werden (Kivirikko 1970, Deacon et al. 1987).

In der Praxis gilt die Ausscheidung von Hydroxyprolin im Urin als Maß der Knochenresorptionsrate. Allerdings reduzieren eine Reihe von Umständen den Wert der Messung dieses Parameters in der Klinikroutine: So kommt OHP nicht nur in anderen kollagenen Bindegeweben wie z. B. in der Haut vor (Prockop et al. 1979), sondern wird auch bei der Metabolisierung von Elastin und C1q freigesetzt (Robins 1980). Bestimmte Nahrungsmittel (Gelatine, Fleisch) enthalten relevante Mengen an OHP, sodass die Messung von OHP nur bei Einhaltung einer OHP-freien Kost über mindestens 12–24 h verwertbare Informationen bringt. Zusätzlich entstammt ein nicht unbedeutender Anteil des im Urin ausgeschiedenen OHP dem Abbau neu synthetisierter Kollagene (Smith 1980). Außerdem werden etwa 90% des zirkulierenden OHP-Pools in der Leber metabolisiert und gelangen nicht in den Urin (Lowry et al. 1985). Die Bestimmung der OHP-Ausscheidung im Urin ist also eine eher unspezifische Methode zur Evaluation der Knochenresorptionsrate und wurde in der Praxis mittlerweile durch spezifischere Verfahren ersetzt.

5.2.2.3 Hydroxylysinglykoside (OH-LYS-GLK)

Hydroxylysin entsteht analog zum Hydroxyprolin in der posttranslationalen Phase der Kollagensynthese. Es erscheint in glykosylierter Form als Glykosylgalaktosyl- bzw. als Galaktosylhydroxylysin (Cunningham et al. 1967). Auch OH-LYS-GLK werden als Bestandteile des Kollagenmoleküls in die Knochenmatrix eingebaut und im Rahmen des Kollagenabbaus in die Zirkulation freigesetzt. Die Quantifizierung der OH-LYS-GLK erfolgt im Urin und hat gegenüber OHP als Marker der Knochenresorption den Vorteil, dass OH-LYS-GLK vom Körper nicht mehr metabolisiert werden können (Cunningham et al. 1967). Außerdem finden sich in verschiedenen Geweben wie z. B. Haut und Knochen unterschiedliche Verteilungsmuster der OH-LYS-GLK. Aus der Relation dieser Glykosidverbindungen zueinander sind daher Rückschlüsse hinsichtlich der Gewebespezifität möglich (Segrest u. Cunningham 1970). Die Bestimmung im Urin erfolgt mittels HPLC nach vorangehender Derivatisierung (Moro et al. 1984).

5.2.2.4 Hydroxypyridiniumcrosslinks und quervernetzte Telopeptide von Typ-I-Kollagen

Die Hydroxypyridiniumcrosslinks Pyridinolin (PYD) und Deoxypyridinolin (DPD) und deren verwandte Telopeptidderivate sind spezifische Komponenten des maturen Kollagens. Sie werden erst nach einer gewissen Zeit der Kollagenreifung gebildet und sind für die Stabilität des extrazellulären Kollagenfasernetzes mit verantwortlich (Seibel et al. 1992). Während der Knochenresorption werden die ausgereiften Matrixkollagene proteolytisch abgebaut, was u. a. zur Freisetzung von PYD, DPD und den Telopeptidderivaten führt. Da im Körper für diese komplex aufgebauten Strukturen keine weitere Verwendungsmöglichkeit besteht, werden sie mehr oder weniger unverändert im Urin ausgeschieden.

Im Gegensatz zum OHP wird die Messung der Hydroxypyridiniumcrosslinks nicht durch die Neubildung von Kollagen beeinflusst, sodass eine Spezifität für knochenresorptive Prozesse besteht. Diese so genannte Prozessspezifität begründet sich auch auf der nachgewiesenen engen Korrelation zwischen der Crosslinkausscheidung im Urin und histomorphometrischen Knochenresorptionsparametern (Delmas et al. 1991). Sowohl PYD als auch DPD besitzen eine hohe Spezifität für skelettales Gewebe (so genannte Gewebespezifität). PYD stammt hauptsächlich aus der Knochenmatrix, kommt aber auch in anderen Geweben wie Knorpel und Gefäßen vor. DPD ist dagegen hochspezifisch für Knochengewebe. Beide Derivate sind nicht in der Haut nachweisbar (Eyre et al. 1984, Robins 1982). Durch die Kombination aus Prozess- und Gewebespezifität wird die Bestimmung von DPD im Urin als derzeit beste Methode zur Erfassung der Knochenresorptionsrate im Urin angesehen (Boucek et al. 1981, Eyre et al. 1988, Robins u. Duncan 1987, Seibel et al. 1992, Uebelhart et al. 1990).

Der quantitative Nachweis von PYD und DPD im Urin erforderte bislang die technisch relativ aufwändige, wenngleich hochsensitive HPLC-Methode, die auf der natürlichen Fluoreszenz der peptidfreien Crosslinkmoleküle beruht (Black et al. 1988). Da dieses Verfahren für den routinemäßigen Einsatz im klinischen Labor zu teuer und aufwändig ist, bestimmt die Entwicklung verschiedener Immunoassays zur Quantifizierung von PYD und DPD im Urin und Serum das wissenschaftliche Interesse. Seit einigen Jahren besteht die Möglichkeit des immunologischen Nachweises der freien bzw. niedrigmolekularen Crosslinks im Urin mittels ELISA (Robins et al. 1994, Seyedin et al. 1993, Woitge et al. 1999). Die Messergebnisse korrelieren meist gut mit den durch HPLC ermittelten Werten (Robins et al. 1994, Seibel et al. 1994).

Von der Bestimmung der peptidfreien Crosslinks im Urin lässt sich ein weiterer methodischer Ansatz abgrenzen, der die peptidgebundenen Formen immunologisch nachzuweisen versucht. Hintergrund dieses Verfahrens ist die Tatsache, dass die Quervernetzung von Kollagenen stets eine spezifische Region des Moleküls, das so genannte Telopeptid, miteinbezieht. Hierbei lassen sich wie bei den Prokollagenen auch im ausgereiften Molekül endständige amino- (N-) und karboxyterminale (C-terminale) Telopeptide unterscheiden. Unter Einbeziehung bestimmter Quervernetzungskomponenten können diese quantifiziert werden. Zur Messung der N- und C-terminalen Telopeptide im Urin wurden eine Reihe verschiedener Assays entwickelt und in ihrer experimentellen und klinischen Anwendung getestet (Bonde et al. 1994, Fledelius et al. 1997, Hanson et al. 1992, Woitge et al. 1999). Neben den mittlerweile in einer großen Anzahl von Studien etablierten Messungen der genannten Parameter im Urin erlauben neueste Entwicklungen auf diesem Gebiet auch die Konzentrationsbestimmung einiger dieser Komponenten im Serum (Bonde et al. 1997, Clemens et al. 1997, Hassager et al. 1994, Risteli et al. 1993, Woitge et al. 1999).

5.2.2.5 Tartratresistente saure Phosphatase

Die saure Phosphatase ist ähnlich wie die alkalische Phosphatase ein ubiqitär vorkommendes Enzym. Es sind mindestens 5 verschiedene Isoenzyme aus Prostata, Knochen, Thrombozyten, Erythrozyten und Milz bekannt. Das tartratresistente Isoenzym der sauren Phosphatase („tartrate-resistent acid phosphatase", TRAP) ist osteoklastenspezifisch (Lam et al. 1980, 1982, Minkin 1982), kommt allerdings in geringerer Konzentration auch in Erythrozyten vor. Nach der Probenentnahme ist auf eine ausreichende Stabilisierung des Enzyms zu achten (z.B. mittels Zitratpuffer), da die TRAP bei Raumtemperatur innerhalb kürzester Zeit deutlich an Aktivität verliert (>20%). Vor allem aus diesem logistischen Grund konnte sich die Bestimmung der TRAP trotz einfacher und zuverlässiger Messmethoden (kolorimetrisch, radioimmunometrisch) bislang in der Klinikroutine nicht durchsetzen (Bais u. Edwards 1976, Halleen et al. 1998, 1999, Lam et al. 1982, Lau et al. 1987, Nakanishi et al. 1998).

5.3 Biochemische Marker des Knorpelstoffwechsels

Knorpel besteht aus einer kollagenen und einer nichtkollagenen extrazellulären Matrix sowie Chondrozyten als zellulärer Komponente. Die kollagene Matrix besteht hauptsächlich aus Typ-II-Kollagen, welches ungefähr 50% des Knorpeltrockengewichts ausmacht. Andere im Knorpel vorkommende Kollagene sind Typ IX, XI und, in geringerer Menge, auch Typ I (ungefähr 10% der Kollagenfraktion des hyalinen Knorpels) sowie Kollagen Typ III, VI, XII, und XIV.

Die nichtkollagene Knorpelfraktion besteht aus einer Reihe verschiedener extrafibrillärer Makromoleküle (z.B. Aggrekan, Hyaluronan und „link protein"). Diese Komponenten besitzen die Eigenschaft, Matrixproteine des Knorpels zu binden. Interfibrilläre nichtkollagene Proteine sind Dekorin, Fibromodulin, Dermatan- und Keratansulfat, Matrilin-1 und „cartilage oligomeric matrix protein".

Marker des Knorpelstoffwechsels (Tabelle 5.3) können bestimmt werden aus der Synovialflüssigkeit der betroffenen Gelenke oder aus der Zirkulation (Konzentrationsbestimmungen im Plasma oder Serum). Letzteres hat den Vorteil einer nichtinvasiven Methode, wobei jedoch die Bestimmung

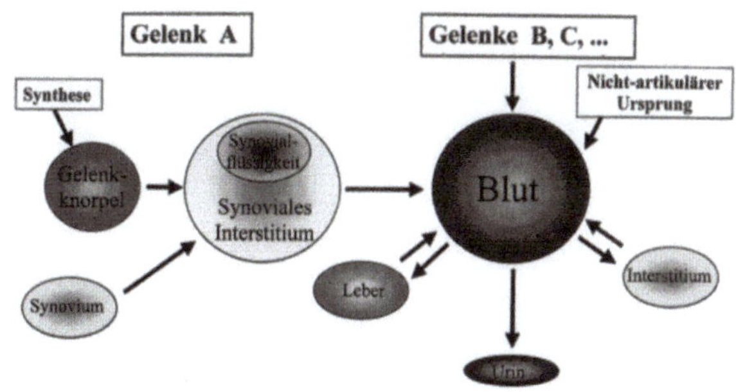

Abb. 5.3. Problematik der Konzentrationsbestimmung von Knorpelstoffwechselmarkern im Blut. In einem hypothetischen Gelenk A reflektieren Knorpelmatrixparameter das Gleichgewicht zwischen Synthese und Abbau. „Abgebaute" Moleküle gelangen aus dem Gelenkknorpel in die Synovialflüssigkeit und von dort in das synoviale Interstitium. Nach z.T. weiterer Degradation gelangen die Markermoleküle in die Zirkulation und vermischen sich dort mit ähnlichen Verbindungen aus anderen Gelenken oder aus nichtartikulären Geweben. Aus dem Plasma gelangt ein Teil der Knorpelmarker in das Interstitium, wird weiter verstoffwechselt (hauptsächlich in der Leber) oder über den Urin ausgeschieden, nach Simkin u. Bassett (1995)

der Knorpelabbauprodukte im betroffenen Gelenk häufig genauere Aussagen über den Schweregrad der Erkrankung zulässt als Plasma- oder Serummessungen. Abbildung 5.3 orientiert über die besonderen Schwierigkeiten bei der Quantifizierung von Knorpelmarkerkonzentrationen in der Zirkulation.

Tabelle 5.2 gibt einen Überblick über die zurzeit gebräuchlichsten Marker des Knorpelstoffwechsels.

5.3.1 Aggrekan und Proteinfragmente

Proteoglykane sind integrale Strukturkomponenten des Knorpels und dienen der Fixierung der Position der Fibrillen in der extrazellulären Matrix. Das wesentliche Proteoglykan im Knorpel ist Aggrekan, ein ausgedehntes Kernprotein, an das eine große Zahl von Glykosaminoglykanketten gebunden ist [hauptsächlich Chondroitinsulfat (CS) und Keratansulfat (KS)]. Weitere Proteoglykanmonomere aggregieren, um mittels eines „link-protein" an eine Hyaluronatkette zu binden und größere molekulare Komplexe zu bilden. Mit der Zeit werden diese Proteoglykanmonomere innerhalb des Kollagennetzwerks im Knorpel immobilisiert.

Während der Degradation des Knorpels werden viele dieser Komponenten in die synoviale Flüssigkeit freigesetzt und gelangen von hier in die Zirkulation. Konzentrationen von Aggrekan, CS oder KS und verwandten Epitopen im Serum oder an-

Tabelle 5.3. Biochemische Marker des Knorpelstoffwechsels

Marker	Marterial	Herkunft	Biochemische Eigenschaften	Funktion
Aggrekan	Serum	Knorpel	Strukturelle Komponente der extrazellulären Knorpelmatrix	Strukturelle Integrität + Organisation des Knorpels. Flüssigkeitsspiegel reflektieren Aggrekan- und Proteoglykansynthese sowie -degradation
Aggrekankernprotein	Synovialflüssigkeit			
Keratansulfat Chondroitinsulfatepitope Oligomeres Knorpelmatrixprotein (cartilage oligomeric matrix protein, COMP)	Serum Synovialflüssigkeit	Knorpel Synovium	Strukturelle Komponente der extrazellulären Knorpelmatrix	Strukturelle Integrität + Organisation des Knorpels. Flüssigkeitsspiegel reflektieren Knorpeldegradation und Matrixreparatur
C-terminales Propeptid von Typ-II-Prokollagen	Serum Synovialflüssigkeit	Knorpel	Teil des Kollagen-Typ-II-Präkursormoleküls	Kollagensynthese. Flüssigkeitsspiegel reflektieren chondroblastäre Aktivität
Metalloproteinasen und Inhibitoren	Serum	Knorpel	Proteolytische Enzyme und Inhibitoren aus Chondrozyten und Synovialzellen	Organisation, Umsatz + Reparatur der extrazellulären Knorpelmatrix. Flüssigkeitsspiegel reflektieren Matrixdegradation und -reparatur
Stromelysin	Synovialflüssigkeit	Synovium		
Interstitielle Kollagenase Gewebeinhibitoren von Metalloproteinasen Hyaluronsäure	Serum	Synovium Bindegewebe	Strukturelle Komponente der extrazellulären Knorpelmatrix	Strukturelle Integrität + Organisation des Knorpels. Flüssigkeitsspiegel reflektieren Synovial- und Bindegewebemetabolismus
N-terminales Propeptid von Typ-III-Prokollagen	Serum Synovialflüssigkeit	Synovium Knochen	Teil des Kollagen-Typ-III-Präkursormoleküls	Kollagensynthese. Flüssigkeitsspiegel reflektieren Synovialzell- und fibroblastäre Aktivität

deren Körperflüssigkeiten können daher als sensitive Marker des Knorpelabbaus und/oder -stoffwechsels betrachtet werden (Dahlberg et al. 1992).

5.3.2 Oligomeres Knorpelmatrixprotein („cartilage oligomeric matrix protein", COMP)

Das oligomere Knorpelmatrixprotein (COMP) ist ein knorpelspezifisches, nichtkollagenes Molekül der extrazellulären Matrix. Allerdings konnte in einer kürzlich von Di Cesare et al. (1997) veröffentlichten Studie gezeigt werden, dass auch die menschliche Synovialflüssigkeit COMP enthält. Das Protein besitzt eine molekulare Masse von ungefähr 524 000 und besteht aus 5 Untereinheiten (Hedbom et al. 1992). Obwohl seine exakte Funk-

tion im Knorpelmetabolismus weiterhin unbekannt ist, gilt es als Marker der Gewebedegradation und der Matrixreparatur. Hohe Serumspiegel von COMP werden als Korrelat aktiver Knorpel- oder Gelenkdestruktion angesehen.

5.3.3 Kollagen-Typ-II-Propeptide

Die Quantifizierung des C-terminalen Endes von Kollagen-Typ-II-Propeptiden scheint ein Maß der chondroblastären Aktivität zu sein. Es wird während der Abspaltung der Prokollagenmoleküle und der Einbindung des Kollagens in die extrazelluläre Matrix in die Zirkulation freigesetzt. Neuere Studien zeigen, dass dieser Marker während der frühen oder mittleren Phase der Osteoarthritis erhöht, aber in der späten Phase erniedrigt ist. Diese Ergebnisse sind nicht überraschend, da das durch hohe Spiegel des Moleküls gekennzeichnete Gewebereparaturpotenzial im Endstadium der Osteoarthritis vermindert ist (Lohmander et al. 1996).

5.3.4 Proteolytische Enzyme und Inhibitoren

Während der Kollagendegradation werden verschiedene Proteinasen aus Chondrozyten und Synovialzellen aktiviert. Kollagenase, eine Matrixmetalloproteinase, besitzt die herausragende Eigenschaft, die Tripelhelix der Typ-II-Kollagen-Struktur zu spalten. Ihre und die Aktivität anderer Proteinasen können mittels verschiedener Immunoassays gemessen werden. Unter physiologischen Verhältnissen werden diese proteolytischen Enzyme eng durch spezifische Inhibitoren kontrolliert. Die Quantifizierung der Inhibitoren und ihrer relativen Aktivität im Vergleich zu den Metalloproteinasen gelten als gute Indikatoren pathologischer Prozesse des Knorpelstoffwechsels (Murphy 1995).

5.4 Klinische Anwendung spezifischer Marker des Knochen- und Knorpelstoffwechsels bei entzündlichen Gelenkerkrankungen

5.4.1 Diagnostische und prognostische Wertigkeit verschiedener Marker des Knochen- und Knorpelstoffwechsels bei entzündlichen Gelenkerkrankungen

In den letzten Jahren wurde die Hoffnung geäußert, dass der Einsatz spezifischer Marker des Knochen- und Knorpelstoffwechsels zur Verbesserung der Frühdiagnose und der Differenzierung zwischen rheumatischen und degenerativen Gelenkerkrankungen führen könnte. Besonders bei der Osteoarthritis als der häufigsten degenerativen Gelenkerkrankung wird die Frühdiagnose selten durch die alleinige Anwendung klinischer und radiologischer Kriterien ermöglicht.

Mansson et al. (1995) berichteten über ein unterschiedliches Muster der Serumkonzentrationen verschiedener Marker des Knochen- und Knorpelstoffwechsels bei arthritischen Patienten mit beschleunigter oder langsamer Gelenkdestruktion. Serumspiegel von BSP und Prokollagen-Typ-II-C-Propeptid waren in beiden Gruppen erhöht. Im Gegensatz hierzu fanden sich erhöhte Serumkonzentrationen des Chondroitinepitops 846 nur bei Patienten mit langsamer Gelenkdestruktion, was für eine gesteigerte Aggrekansynthese als Kennzeichen zellulärer Reparaturvorgänge spricht. COMP-Serumspiegel waren dagegen bei Patienten mit schneller Gelenkdestruktion signifikant höher als bei Patienten mit langsamer Gelenkdestruktion. Die Autoren schlussfolgerten, dass die Quantifizierung dieser Marker im Serum bei der Differenzierung zwischen verschiedenen Typen der erosiven Gelenkdestruktion und bei der Einschätzung der Krankheitsprogression während einer frühen Krankheitsphase hilfreich sein kann.

Petersson et al. (1998) führten sequenzielle Serummessungen verschiedener Makromoleküle des Knorpel- oder Knochenstoffwechsels im Frühstadium der Kniegelenkosteoarthritis durch. Die Autoren konnten demonstrieren, dass die Serumkonzentrationen von COMP und BSP bei Patienten mit radiologischen Kennzeichen der Kniegelenkosteoarthritis signifikant während der Follow-up-Untersuchungen anstiegen, während bei Patienten ohne radiologische Veränderungen keine Erhöhung nachzuweisen war. Wenn also bei der Osteoarthritis pathologische Prozesse im knorpeligen und subchondralen Knochen parallel ablaufen, können diese Veränderungen durch die Bestimmung verschiedener Makromoleküle mit unterschiedlicher Gewebespezifität widergespiegelt werden.

Im Gegensatz zu den Ergebnisse bei der Osteoarthritis großer Gelenke konnten Fex et al. (1997) zeigen, dass die Serumkonzentrationen von COMP und BSP von geringer prädiktiver Wertigkeit bei der Destruktion kleiner Gelenke von Patienten mit rheumatoider Arthritis im Frühstadium sind. Allerdings korrelierten die Serumspiegel von Hyaluronan, gemessen zu Beginn der Studie, mit dem radiologischen Befund bei der Verlaufskontrolle nach 5 Jahren. Hyaluronan erwies sich aber nicht als besserer Prädiktor im Vergleich zur Erythrozytensedimentationsrate oder dem C-reaktiven Protein. Insgesamt war also die klinische Wertigkeit der gemessenen Makromoleküle bei der Identifizierung von Patienten, die zur Destruktion kleiner Gelenke neigen, vergleichsweise niedrig.

In einer kürzlich veröffentlichten Studie von Belcher et al. (1997) fanden sich erhöhte Konzentrationen von Chondroitinsulfatepitopen und reduzierte Spiegel von Keratansulfatepitopen, Glykosaminoglykanen und Hyaluronan in der synovialen Flüssigkeit von Patienten mit Osteoarthritis. Diese Konstellation unterschied sich von den Verhältnissen bei rheumatoider Arthritis mit reduzierten synovialen Konzentrationen von Chondroitinsulfatepitopen, Glykosaminoglykanen und Hyaluronan.

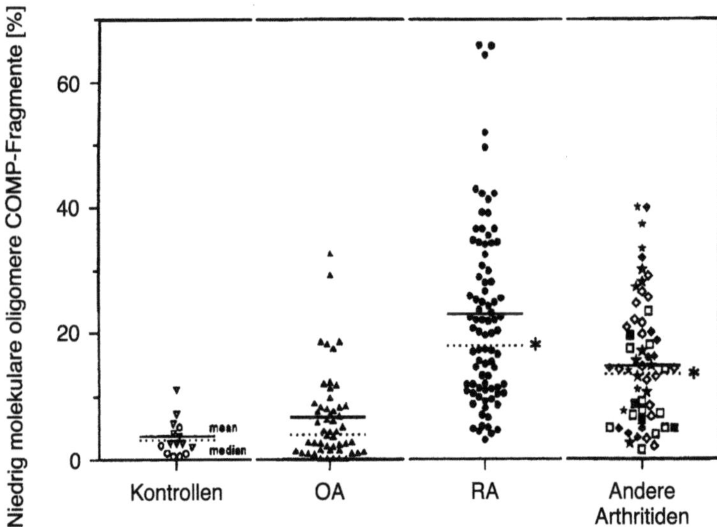

Abb. 5.4. Niedrigmolekulares oligomeres Knorpelmatrixprotein (*COMP*) bei entzündlichen Gelenkerkrankungen. Niedrigmolekulare *COMP*-Fragmente (% der Fragmente mit einem MG von 50 000–70 000 bezogen auf Moleküle mit einem MG zwischen 50 000 und 150 000) in der Synovialflüssigkeit von gesunden Kontrollen (*Kreise* lebende; *Dreieck* verstorbene Kontrollen) und Patienten mit Osteoarthritis (*OA*), rheumatoider Arthritis (*RA*) und anderen Formen der inflammatorischen Arthritis (*Raute* nicht näher klassifiziert; *Quadrat* reaktive Arthritis; *Stern* andere; *geschlossene* bzw. *offene Symbole* HLA-B27-positiv bzw. -negativ). Die Spiegel von niedrigmolekularem COMP sind erhöht bei RA und anderen Formen der inflammatorischen Arthritis, nicht jedoch bei OA. *$p<0{,}01$ verglichen mit Kontrollen bzw. OA, nach Neidhart et al. (1997)

Überdies unterschied sich das Markerprofil auch in den verschiedenen Untergruppen der Osteoarthritis (Osteoarthritis der großen Gelenke, nodal generalisierte Osteoarthritis und Osteoarthritis mit Kalziumpyrophosphatkristallapposition). Dies könnte ein Hinweis auf das Vorliegen unterschiedlicher pathogenetischer Faktoren bei den verschiedenen Typen der degenerativen Gelenkerkrankungen sein. Die Quantifizierung unterschiedlicher Marker des Knorpelabbaus in der synovialen Flüssigkeit von Patienten mit Gelenkerkrankungen kann also möglicherweise die Diagnostik und die klinische Einschätzung der aktuellen Situation verbessern.

Das Potenzial von COMP als spezifischem Knorpelabbauprodukt bei der Differenzierung zwischen verschiedenen Formen der Gelenkerkrankungen wurde von Neidhart et al. (1997) untersucht. Höchste COMP-Konzentrationen fanden sich im Gelenkknorpel und Meniskus. Serum- und Synovialflüssigkeitsanalysen zeigten höhere COMP-Konzentrationen bei Patienten mit Osteoarthritis, rheumatoider Arthritis und anderen Formen der inflammatorischen Arthritis als bei gesunden Kontrollpersonen. Außerdem fanden sich unterschiedliche Verteilungsmuster verschieden großer COMP-Fragmente in der Synovialflüssigkeit in Abhängigkeit von der Grunderkrankung (Abb. 5.4).

Hinsichtlich der Differenzierung zwischen den lokalen und den generalisierten Effekten bei entzündlichen Gelenkerkrankungen erscheint die vergleichende Analyse zwischen Markerkonzentrationen in der Synovialflüssigkeit (lokal) und im Serum (generalisiert) von Bedeutung. Salisbury u. Sharif (1997) konnten beispielsweise zeigen, dass die OC-Konzentrationen in der Synovialflüssigkeit von Patienten mit Osteoarthritis, rheumatoider Arthritis und bei gesunden Kontrollpersonen signifikant niedriger waren als die jeweiligen Serumkonzentrationen. Dagegen fanden sich höhere Konzentrationen von Keratansulfat und Hyaluronat in der Synovialflüssigkeit als im Serum, unabhängig von der Grunderkrankung. Die Autoren äußerten die Vermutung, dass die in der Synovialflüssigkeit gemessenen OC-Spiegel aus der Zirkulation stammen und somit eine generalisierte Störung des Knochenstoffwechsels repräsentieren. Demgegenüber reflektieren die dem Knorpelstoffwechsel entstammenden Makromoleküle eher eine lokale Alteration und liegen daher in der Synovialflüssigkeit in höheren Konzentrationen vor als im Serum.

Ein neuer Ansatz zur Verbesserung der Diagnose und Differenzierung von Patienten mit Gelenkerkrankungen unter Verwendung biochemischer Marker liegt in der Quantifizierung so genannter „advanced glycation end"(AGE)-Produkte. Das Rational zur Messung dieser Markers bei der rheumatoiden Arthritis ist darin zu sehen, dass die Erkrankung aufgrund der chronischen Inflammation einen Zustand an erhöhtem oxidativem Stress repräsentiert. Hierdurch kommt es zu einer verstärkten Glykoxidation und damit zu einer Erhöhung der AGE-Proteinspiegel. Pentosidin ist ein AGE-Produkt, welches im Rahmen eines kombinierten Glykations-Oxidations-Prozesses zwischen Karbonylgruppen aus Karbohydraten und Aminogruppen aus Proteinen gebildet wird. Pentosidinkonzentrationen im Plasma und der Synovialflüssigkeit waren bei Patienten mit rheumatoider Arthritis signifikant erhöht im Vergleich zu Patienten mit Osteoarthritis, Diabetes mellitus oder gesunden Kontrollpersonen (Miyata et al. 1998). Außerdem fanden sich signifikante Korrelationskoeffizienten zwischen Pentosidinspiegeln und anderen inflammatorischen Markern (C-reaktives Protein, Erythrozytensedimentationsrate, Leukozyten, Thrombozyten) bei Patienten mit rheumatoider Arthritis. Die Bestimmung von Pentosidin kann daher möglicherweise als Index der chronischen Inflammation dienen.

Entzündliche und immobilisierende Erkrankungen des rheumatischen Formenkreises zählen zu den häufigsten Ursachen der sekundären Osteopathien. So lassen sich z. B. bei der rheumatoiden Arthritis nicht nur eine entzündlich bedingte lokale Demineralisation des periartikulären Knochens, sondern in vielen Fällen auch eine generalisierte Osteopenie bzw. Osteoporose nachweisen. Diese ist z. T. der Immobilisation und kortikoidvermittelten Effekten (Lukert et al. 1986, Peretz et al. 1989) zuzuschreiben, beruht zum anderen aber auch auf der inhibierenden Wirkung entzündlicher Mediatoren auf den Knochenstoffwechsel (Harris 1990, Krane et al. 1990, Peel et al. 1991). Während Phasen vermehrter entzündlicher Aktivität lässt sich bei Patienten mit rheumatoider Arthritis eine gesteigerte Knochenresorption beobachten: Die Urinausscheidung von Hydroxyprolin, Hydroxylysinglykosiden und Hydroxypyridiniumcrosslinks ist erhöht (Robins et al. 1991, Seibel et al. 1989). Demgegenüber scheint die Knochenneubildung unverändert oder sogar supprimiert, wie anhand normaler bzw. erniedrigter Serumspiegel für Prokollagen Typ I oder Osteokalzin nachzuweisen ist (Marhoffer et al. 1991, Oikarinen et al. 1992, Peretz et al. 1989, Pietschmann et al. 1989).

5.4.2 Therapie- und Verlaufskontrolle

Ein weiteres mögliches Anwendungsgebiet der Quantifizierung biochemischer Marker des Knochen- und Knorpelstoffwechsels liegt in der Therapieüberwachung von Patienten mit akuten oder chronischen Gelenkerkrankungen. Besonders bei der Einführung neuer Therapieschemata ist die biochemische Verlaufskontrolle von Interesse. Eine von Ronday et al. (1998) publizierte Studie zeigte, dass die Hemmung der Plasminogenaktivierung mittels Applikation von Tranexamsäure zu einer Reduktion der Gelenkdestruktion bei Patienten mit rheumatoider Arthritis führte. Die Wirksamkeit der Therapie konnte mittels Nachweis einer signifikanten Reduktion der Urinausscheidung der Hydroxypyridiniumcrosslinks im Verlauf kontrolliert werden (Abb. 5.5).

Die Bestimmung verschiedener Marker aus unterschiedlichen Bindegeweben könnte zu einer Verbesserung der Einschätzung der Prognose von Gelenkerkrankungen nach Beginn der therapeutischen Intervention führen. Bei Patienten mit rheumatoider Arthritis im Frühstadium führte die Administration niedrig dosierten Prednisolons (7,5 mg/Tag) zu einer Reduktion der erosiven Progression, während die klinischen Symptome unbeeinflusst blieben. Marker des Knorpelstoffwechsels (hier: Glykosaminoglykan, Keratansulfat) zeigten im Wesentlichen keine Änderungen der Serumkonzentrationen während der Behandlungsperiode. Demgegenüber waren die Serumkonzentrationen von OC als Marker des Knochenstoffwechsels und von Hyaluronat und dem N-Propeptid von Typ-III-Prokollagen als Marker des Synovialstoffwechsels signifikant reduziert. Aus diesen Ergebnissen wurden 2 wesentliche Schlussfolgerungen gezogen:

1. die knöchernen Erosionen an der Grenze zum Gelenkknorpel scheinen nicht zu einem signifikanten Knorpelverlust bei der rheumatoiden Arthritis im Frühstadium zu führen;
2. die Gabe von Prednisolon bewirkt eine Reduktion der synovialen Inflammation, aber gleichzeitig auch eine Suppression des Knochenstoffwechsels (Sharif et al. 1998).

5.4.3 Genetische Marker entzündlicher Gelenkerkrankungen

In letzter Zeit wurden Versuche unternommen, genetische Marker zur Risikoeinschätzung für die Entwicklung entzündlicher Gelenkerkrankungen

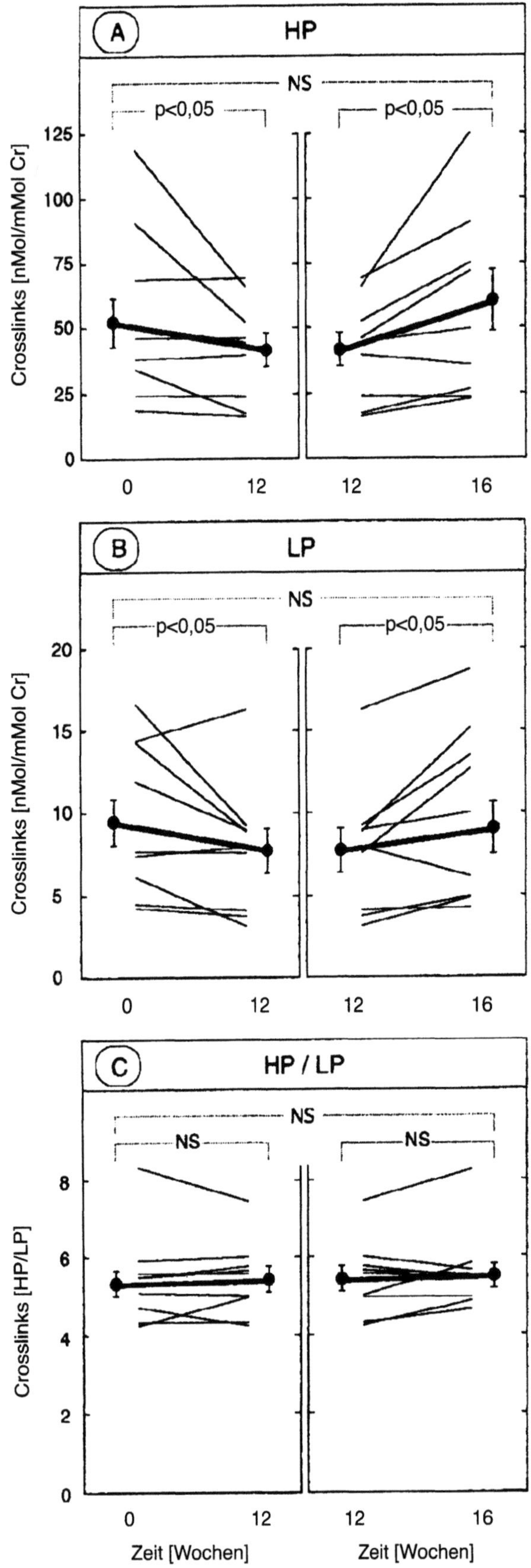

zu definieren. So konnte z.B. bei einer familiären Variante der Osteoarthritis eine Mutation des Typ-II-Prokollagen-Gens nachgewiesen werden. Loughlin et al. (1995) identifizierten 27 Osteoarthritispatienten als heterozygote Träger eines Sequenzdimorphismus in der kodierenden Region des COL2A1-Gens. Aufgrund der Demonstration einer unterschiedlichen Allelexpression bei einigen der Patienten äußerten die Autoren die Vermutung, dass eine bestimmte seltene Variante des COL2A1-Allels eine Prädisposition zur Entwicklung der Osteoarthritis darstellen könnte. Andere Arbeitsgruppen fanden eine Assoziation zwischen dem Allelpolymorphismus des Vitamin-D-Rezeptor-Gens und einem erhöhten Risiko zur Entwicklung der Osteoarthritis im Bereich des Kniegelenks (Keen et al. 1997, Uitterlinden et al. 1997). Weitere mögliche genetische Marker sind spezifische Allele oder Genotypen des Knorpelmatrixproteins oder des „link proteins" (Meulenbelt et al. 1997) sowie ein Polymorphismus des Östrogenrezeptorgens (Ushiyama et al. 1998).

Es ist sehr unwahrscheinlich, dass bei der Mehrzahl der Patienten mit Osteoarthritis eine einzelne Genmutation als wesentlicher diagnostischer Marker definiert werden kann. Ein genetischer Einfluss bei der Entwicklung dieser multifaktoriellen Erkrankung ist aber offensichtlich. Diese Annahme wird durch das Resultat einer kürzlich veröffentlichten Zwillingsstudie mit 130 ein- und 120 zweieiigen weiblichen Zwillingen im Alter von 48–70 Jahren erhärtet. Die Autoren berichteten über eine eindeutige genetische Prädisposition (zwischen 39–65%) für das Auftreten radiologischer Veränderungen im Sinne einer Osteoarthritis im Bereich der Hand- und Kniegelenke bei den untersuchten Frauen (Spector et al. 1996). Ergebnisse aus der Framingham-Studie lassen das Vorliegen eines rezessiven Gens neben der multifaktoriellen Komponente als Ursache der Osteoarthritis sehr wahrscheinlich erscheinen (Felson et al. 1998). Zukünftige Forschungsaktivitäten in diesem Bereich werden sicherlich zu einer weiteren Klä-

Abb. 5.5 A–C. Hydroxypyridiniumcrosslinks als Verlaufsparameter bei rheumatoider Arthritis. Pyridinolin (*HP*), Deoxypyridinolin (*LP*) und *HP-LP*-Verhältnis bei Patienten mit rheumatoider Arthritis während einer 12-wöchigen Behandlung mit Tranexamsäure und 4 Wochen nach Therapieende. Die Daten sind dargestellt als Mittelwert±SEM (*fettgedruckte Linien*) und als Einzelwerte (*dünne Linien*). Gruppenunterschiede wurden mittels Wilcoxon-Rangsummen-Test für gepaarte Stichproben ermittelt, bei einem Signifikanzniveau von *p*<0,05, nach Ronday et al. (1998)

rung der genetischen Voraussetzungen für die Entwicklung der Osteoarthritis und damit möglicherweise zu einer Verbesserung des Verständnisses und der Diagnose von entzündlichen Gelenkerkrankungen führen.

5.4.4 Glukokortikoidinduzierte Osteopathien

Der negative Effekt von Glukokortikoiden auf den Knochenstoffwechsel ist seit den Arbeiten von Cushing aus dem Jahre 1932 bekannt. Cushings Erstbeschreibung des endogenen Glukokortikoidexzesses beinhaltete u. a. die Beobachtung einer erhöhten Knochenfrakturrate unter den betroffenen Patienten (Cushing 1935). Seit der erstmaligen Anwendung von Kortison in der Behandlung der rheumatoiden Arthritis 1948 (Hench et al. 1949) spielt die Glukokortikoidtherapie in nahezu jedem Fachbereich der Medizin eine nicht mehr wegzudenkende Rolle. Curtis et al. (1954) beschrieben erstmals einen Knochenmasseverlust unter prolongierter Therapie mit oralen Kortikosteroiden. Seither wird die hoch dosierte, systemische Applikation von Glukokortikoiden mit einem progredienten Knochenverlust assoziiert (Reid 1989). Histologische Untersuchungen am Knochen wiesen eine gesteigerte Knochenresorptionsaktivität bei supprimierter Knochenformation unter Kortisonbehandlung nach (Bressot et al. 1979, Nordin et al. 1981).

Die chronische Applikation von Glukokortikosteroiden stellt heutzutage die häufigste Ursache einer iatrogen ausgelösten metabolischen Osteopathie dar. Sie ist damit einer der wichtigsten Risikofaktoren überhaupt für verstärkten Knochenmasseverlust und neu auftretende Knochenbrüche. Der jährliche Knochenmasseverlust liegt unter hoch dosierter Glukokortikoidtherapie zwischen 5% und 15%, wobei allerdings große individuelle Unterschiede vorkommen (Gennari u. Civitelli 1986, Reid u. Heap 1990, Sambrook et al. 1994). Die Gründe für diese unterschiedlichen Reaktionsmuster sind noch weitgehend unklar. Möglicherweise spielen hier aber genetische Unterschiede eine wichtige Rolle.

Die durch pharmakologische Dosen von Glukokortikoiden induzierte Osteopenie ähnelt klinisch weitestgehend einer „low turnover"-Osteoporose. Die für diese Vorgänge verantwortlichen molekularen und zellulären Mechanismen sind multifaktoriell und bisher nur unvollständig aufgeklärt. Es lassen sich aber 2 wesentliche pathogenetische Faktoren festhalten:
- die direkte Suppression der Osteoblastenaktivität durch Glukokortikoide sowie

- eine gesteigerte Knochenresorption bei möglicherweise Parathormon(PTH)-induzierter Osteoklastenstimulation.

Als zusätzlicher Mechanismus kommt die Hemmung der intestinalen Kalziumabsorption unter Glukokortikoidbehandlung in Frage. Außerdem wirken Glukokortikoide auf renaler Ebene direkt kalzurisch (Hahn 1980). Abbildung 5.6 zeigt die Zusammenhänge steroidinduzierter Knochenstoffwechselstörungen.

Die bei der glukokortikoidinduzieren Osteopathie zu beobachtenden biochemischen Veränderungen im Routinelabor sind gering. Die Serumkonzentrationen von Kalzium, Phosphat und Vitamin-D-Metaboliten liegen häufig im Normbereich bei meist normalen bis leicht erhöhten PTH-Spiegeln im Serum (Hahn 1980, Reid et al. 1986).

Die Ausscheidung von Kalzium im Urin ist häufig in den ersten Jahren nach Therapiebeginn erhöht. Dies lässt sich auf den kalzurischen Effekt der Glukokortikoide auf renaler Ebene zurückführen, neben der Elimination des aufgrund reduzierter Osteoblastenaktivität nicht in den Knochen eingebauten Serumkalziums. Nach einigen Jahren chronischer Steroidapplikation normalisiert sich die Kalziumausscheidung im Urin in den meisten Fällen (Hahn 1995).

Spezifische Marker der Knochenformation spiegeln die Osteoblastenhemmung relativ genau wider. Bereits wenige Tage nach einmaliger Kortikoidapplikation ist ein reversibler Abfall der Os-

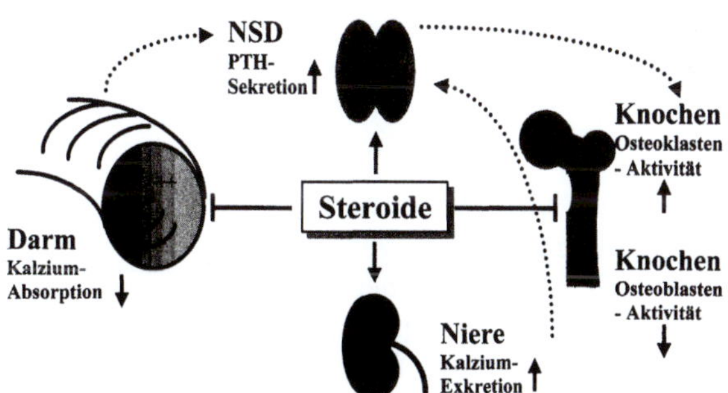

Abb. 5.6. Wirkungen von Glukokortikoiden auf Kalziumhomöostase und Knochenstoffwechsel. Die durch pharmakologische Dosen von Glukokortikoiden induzierte Osteopenie ähnelt klinisch weitestgehend einer „low turnover"-Osteoporose. Die für diese Vorgänge verantwortlichen molekularen und zellulären Mechanismen sind multifaktoriell und bisher nur unvollständig aufgeklärt. Wesentliche pathogenetische Faktoren sind die direkte Suppression der Osteoblastenaktivität durch Glukokortikoide, eine gesteigerte Knochenresorption bei möglicherweise Parathormon(*PTH*)-induzierter Osteoklastenstimulation, die Hemmung der intestinalen Kalziumabsorption unter Glukokortikoidbehandlung und ein direkt kalzurischer Glukokortikoideffekt auf renaler Ebene

teokalzin- und Prokollagen-Typ-I-Konzentrationen im Serum zu beobachten (Ekenstam et al. 1988, Gram et al. 1998, Oikarinen et al. 1992). Der Gesamtwert für alkalische Phosphatase sowie der für knochenspezifische alkalische Phosphatase im Serum bleiben dagegen im Wesentlichen unverändert (Gram et al. 1998) oder sinken leicht ab (Prummel et al. 1991, Reid et al. 1986).

Die kurzfristige Gabe von Glukokortikoiden führt offensichtlich zu einer temporären Suppression der Knochenresorption (Conti et al. 1996, Gram et al. 1998, Lukert et al. 1986, Peretz et al. 1989). Die längerfristige Kortisonbehandlung bewirkt dagegen eine Normalisierung (Ebeling et al. 1998) oder sogar eine vermehrte Urinausscheidung spezifischer Marker der Kollagendegradation (Gonnelli et al. 1997). Dieses so genannte „Uncoupling" der Knochenstoffwechselhomöostase, die supprimierte Knochenformation bei normaler bis gesteigerter Knochenresorption, ist als Teilursache des progredienten Knochenmasseverlusts unter Steroidtherapie zu werten.

Klinische Fragestellungen im Zusammenhang mit einer Glukokortikoidtherapie, bei denen die Quantifizierung biochemischer Parameter des Knochenstoffwechsels in Zukunft von Nutzen erscheint, umfassen:

- prätherapeutische Risikoklassifikation des individuellen Patienten vor Beginn einer Kortisontherapie,
- Einschätzung der jeweils aktuellen Knochenstoffwechselsituation im weiteren Therapieverlauf (Erfassung individueller Reaktionsmuster auf Kortikosteroide),
- Verbesserung der Möglichkeiten zur schnellen Intervention (Kortisonreduktion oder Einleitung einer knochenprotektiven Therapie).

Neben der kortisoninduzierten Osteopathie gibt es noch eine ganze Reihe von Medikamenten, die mit Störungen des Knochenstoffwechsels assoziiert sind und hier langfristig zu Komplikationen führen können. Einen Überblick über die wichtigsten mit Knochenstoffwechselstörungen assoziierten Medikamente gibt Tabelle 5.4.

Tabelle 5.4. Medikamente, die zu Änderungen des Knochenstoffwechsels führen können

Überwiegend Suppression	Überwiegend Stimulation
Bisphosphonate	Cyclosporine
Östrogene	Antikonvulsiva
Kalzitonin	Fluoride
Glukokortikoide	Schilddrüsenhormon
Heparin	

5.5 Fazit für die Praxis

In den vergangenen 2 Jahrzehnten führten ausgedehnte Forschungsaktivitäten zur Entwicklung und klinischen Etablierung einer Reihe von molekularen Markern aus Knochen, Knorpel und Synovialgewebe, die sich z. T. durch sehr hohe Prozess- und Gewebespezifität auszeichnen. Bei der Diagnostik und Verlaufsbeobachtung von entzündlichen Gelenkerkrankungen und assoziierter sekundärer Osteopathien, d. h. Knochenbeteiligungen im Rahmen primär extraossärer Grunderkrankungen, kann die Quantifizierung spezifischer Marker des Knochen- und Knorpelstoffwechsels aus der Synovialflüssigkeit und der Zirkulation von großem Nutzen sein. Klinische Fragestellungen umfassen

- den Wert einzelner Marker des Knochen- und Knorpelstoffwechsels bei der Frühdiagnose, Differenzialdiagnose und Prognose von entzündlichen Gelenkerkrankungen und assoziierter sekundärer Osteopathien,
- den Nutzen dieser Marker zur Abschätzung des Krankheitsstadiums und des richtigen Zeitpunkts zur therapeutischen Intervention,
- die Brauchbarkeit der Marker des Knochen- und Knorpelstoffwechsels als Follow-up-Parameter zur Einschätzung der Krankheitsaktivität und des Therapieverlaufs.

Gerade in Hinblick auf die multifaktoriellen und sehr komplexen metabolischen Störungen im Rahmen der Grunderkrankung müssen die Ergebnisse aber immer im Zusammenhang mit anderen klinischen und Bild gebenden Verfahren gewertet werden. Aufgrund der Vielzahl von Einflussfaktoren und der z. T. sehr komplizierten Interpretationsmöglichkeiten ist der Einsatz biochemischer Knochen- und Knorpelstoffwechselmarker bei entzündlichen Gelenkerkrankungen und assoziierten sekundären Knochenerkrankungen zurzeit im Wesentlichen Fachzentren vorbehalten. Bei entsprechend vernünftiger Indikationsstellung können diese Parameter aber sehr wertvolle zusätzliche Informationen geben, die das Management der zugrunde liegenden Erkrankung entscheidend beeinflussen können.

5.6 Literatur

Bais R, Edwards JB (1976) An optimized continous-monitoring procedure for semiautomated determination of serum acid phosphatase activity. Clin Chem 22:2025–2028

Behr W, Barnert J (1986) Quantification of bone alkaline phosphatase in serum by precipitation with wheat-germ lectin: a simplified method and its clinical plausibility. Clin Chem 32:1960–1966

Belcher C, Yaqub R, Fawthrop F, Bayliss M, Doherty M (1997) Synovial fluid chondroitin and keratan sulfate epitopes, glycosaminoglycans, and hyaluronan in arthritic and normal knees. Ann Rheum Dis 56:299–307

Black D, Duncan A, Robins SP (1988) Quantitative analysis of the pyridinium crosslinks of collagen in urine using ion-paired reversed-phase high-performance liquid chromatography. Anal Biochem 169:197–203

Bonde M, Qvist P, Fledelius C, Riis BJ, Christiansen C (1994) Evaluation of an immunoassay for quantitation of type I collagen degradation products in urine. Clin Chem 40:2022–2025

Bonde M, Garnero P, Fledelius C, Quist P, Delmas PD, Christiansen C (1997) Measurement of bone degradation products in serum using antibodies reactive with an isomerized form of an 8 amino acid sequence of the C-telopeptide of type I collagen. J Bone Miner Res 12:1028–1034

Boucek RJ, Noble NJ, Gunja-Smith Z, Butler WT (1981) The Marfan syndrome: a deficiency in chemically stable collagen crosslinking. N Engl J Med 305:988–991

Bouillon R, Vanderschueren D, Van Herck E et al. (1992) Homologous radioimmunoassay of human osteocalcin. Clin Chem 38:2055–2060

Bressot C, Meunier PJ, Chapuy MC, Lejeune E, Edouard C, Darby AJ (1979) Histomorphometric profile, pathophysiology and reversibility of corticosteroid induced osteoporosis. Metab Bone Dis Rel Res 1:303–311

Brown JP, Delmas PD, Malaval L, Edouard C, Chapuy MC, Meunier PJ (1984) Serum bone Gla-protein: a specific marker for bone formation in postmenopausal osteoporosis. Lancet 1:1091–1093

Calvo MS, Eyre DR, Gundberg CM (1996) Molecular basis and clinical application of biochemical markers of bone turnover. Endocr Rev 17:333–368

Carpenter TO, Mackowiak SJ, Troiano N, Gundberg CM (1992) Osteocalcin and its message: relationship to bone histology in magnesium-deprived rats. Am J Physiol 263:E107–E114

Chen JK, Shapiro HS, Wrana JL, Reimers S, Heersche JN, Sodek J (1991) Localization of bone sialoprotein (BSP) expression to sites of mineralized tissue formation in fetal rat tissues by in situ hybridization. Matrix 11:133–143

Clemens JD, Herrick MV, Singer FR, Eyre DR (1997) Evidence that serum Ntx (collagen-type I N-telopeptides) can act as an immunochemical marker of bone resorption. Clin Chem 43:2058–2063

Conti A, Sartorio A, Ferrero S, Ferrario S, Ambrosi B (1996) Modifications of biochemical markers of bone and collagen turnover during corticosteroid therapy. J Endocrinol Invest 19:127–130

Cunningham LW, Ford JD, Segrest JP (1967) The isolation of identical hydroxylysyl glycosides from hydrolysates of soluble collagen and from human urine. J Biol Chem 242:2570–2571

Curtis PH jr, Clark WS, Herndon CH (1954) Vertebral fractures resulting from prolonged cortisone and corticotropin therapy. JAMA 156:467–469

Cushing H (1935) The basophil adenomas of the pituitary body and their clinical manifestations. Bull John Hopkins Hosp 50:137–195

Dahlberg L, Ryd L, Heinegard D, Lohmander LS (1992) Proteoglycan fragments in joint fluid; influence of arthrosis and inflammation. Acta Orthop Scand 63:417–423

Deacon AC, Hulme P, Hesp R et al. (1987) Estimation of whole body bone resorption rate: a comparison of urinary total hydroxyproline excretion with two radioisotopic tracer methods in osteoporosis. Clin Chim Acta 166:297

Delmas PD, Stenner D, Wahner HW, Mann KG, Riggs BL (1983) Increase in serum bone gamma-carboxyglutamic acid protein with aging in women. Implications for the mechanism of age-related bone loss. J Clin Invest 71:1316–1321

Delmas PD, Wilson DM, Mann KG, Riggs BL (1983) Effect of renal function on plasma levels of bone Gla-protein. J Clin Endocrinol Metab 57:1028–1030

Delmas PD, Malaval L, Arlot ME, Meunier PJ (1985) Serum bone Gla-protein compared to bone histomorphometry in endocrine diseases. Bone 6:339–341

Delmas PD, Price PA, Mann KG (1990) Validation of the bone Gla protein (osteocalcin) assay. J Bone Miner Res 5:5–11

Delmas PD, Schlemmer A, Gineyts E, Riis B, Christiansen C (1991) Urinary excretion of pyridinoline crosslinks correlates with bone turnover measured on illiac crest biopsy in patients with vertebral osteoporosis. J Bone Miner Res 6:639–644

Di Cesare PE, Carlson CS, Stollerman ES, Chen FS, Leslie M, Perris R (1997) Expression of cartilage oligimeric matrix protein by human synovium. FEBS Lett 412:249–252

Ebeling PR, Peterson JM, Riggs BL (1992) Utility of type I procollagen propeptide assays for assessing abnormalities in metabolic bone diseases. J Bone Miner Res 7:1243–1250

Ebeling PR, Erbas B, Hopper JL, Wark JD, Rubinfeld AR (1998) Bone mineral density and bone turnover in asthmatics treated with long-term inhaled or oral glucocorticoids. J Bone Miner Res 13:1283–1289

Ekenstam E, Stalenheim G, Hallgren R (1988) The acute effect of high dose corticosteroid treatment on serum osteocalcin. Metabolism 37:141–144

Epstein S, Traberg H, Raja R, Poser J (1985) Serum and dialysate osteocalcin levels in hemodialysis and peritoneal dialysis patients and after renal transplantation. J Clin Endocrinol Metab 60:1253–1256

Eyre DR, Koob TJ, Van Ness KP (1984) Quantitation of hydroxypyridinium crosslinks in collagen by high-performance liquid chromatography. Anal Biochem 137:380–388

Eyre DR, Dickson IR, Van Ness KP (1988) Collagen crosslinking in human bone and articular cartilage. Biochem J 252:495–500

Felson DT, Couropmitree NN, Chaisson CE et al. (1998) Evidence for a Mendelian gene in a segregation analysis of generalized radiographic osteoarthritis: the Framingham study. Arthritis Rheum 41:1064–1071

Fessler LI, Morris NP, Fessler JH (1975) Procollagen: biological scission of amino and carboxyl extension peptides. Proc Natl Acad Sci USA 72:4905–4909

Fex E, Eberhardt K, Saxne T (1997) Tissue-derived macromolecules and markers of inflammation in serum in early rheumatoid arthritis: relationship to development of joint destruction in hands and feet. Br J Rheumatol 36:1161–1165

Fledelius C, Johnsen AH, Cloos PAC, Bonde M, Qvist P (1997) Characterization of urinary degradation products derived from type I collagen. Identification of a beta-isomerized Asp-Gly sequence within the C-terminal telopeptide (alpha1) region. J Biol Chem 272:9755–9763

Fisher LW, Whitson SW, Avioli LV, Termine JD (1983) Matrix sialoprotein of developing bone. J Biol Chem 258:12.723–12.727

Fournier B, Gineyts E, Delmas PD (1989) Evidence that free gamma carboxyglutamic acid circulates in serum. Clin Chim Acta 182:173–182

Gennari C, Civitelli R (1986) Glucocorticoid-induced osteoporosis. Clin Rheum Dis 12:637–654

Gomez B Jr, Ardakani S, Ju J et al. (1995) Monoclonal antibody assay for measuring bone-specific alkaline phosphatase activity in serum. Clin Chem 41:1560–1566

Gonnelli S, Rottoli P, Cepollaro C et al. (1997) Prevention of corticosteroid-induced osteoporosis with alendronate in sarcoid patients. Calcif Tissue Int 61:382–385

Gram J, Junker P, Nielsen HK, Bollerslev J (1998) Effects of short-term treatment with prednisolone and calcitriol on bone and mineral metabolism in normal men. Bone 23:297–302

Gundberg CM, Weinstein RS (1986) Multiple immunoreactive forms of osteocalcin in uremic serum. J Clin Invest 77:1762–1767

Gundberg CM, Hauschka P, Lian JB, Gallop PM (1984) Osteocalcin: Isolation, characterization and detection. In: Moldave K (ed) Methods in enzymology. Academic Press, New York, pp 516–544

Hahn TJ (1980) Drug-induced disorders of vitamin D and mineral metabolism. Clin Endocrinol Metab 9:107–127

Hahn TJ (1995) Steroid and drug-induced osteopenia. In: Favus MJ (ed) Primer on the metabolic bone diseases and disorders of mineral metabolism. Lippincott-Raven, Philadelphia, New York, pp 250–255

Halleen JM, Hentunen TA, Karp M, Kakonen SM, Pettersson K, Vaananen HK (1998) Characterization of serum tartrate-resistant acid phosphatase and development of a direct two-site immunoassay. J Bone Miner Res 13:683–687

Halleen JM, Karp M, Viloma S et al. (1999) Two-site immunoassays for osteoclastic tartrate resistant acid phosphatase based on characterization of six monoclonal antibodies. J Bone Miner Res 14:464–469

Hanson DA, Weis MA, Bollen AM, Maslan SL, Singer FR, Eyre DR (1992) A specific immunoassay for monitoring human bone resorption: quantitation of type I collagen cross-linked N-telopeptides in urine. J Bone Miner Res 7:1251–1258

Harris ED Jr (1990) Rheumatoid arthritis. Pathophysiology and implications for therapy. N Engl J Med 322:1277–1289

Hassager C, Jensen LT, Pødenphant J, Thomsen K, Christiansen C (1994) The carboxy-terminal pyridinoline cross-linked telopeptide of type I collagen in serum as a marker of bone resorption: the effect of nandrolone decanoate and hormone replacement therapy. Calcif Tissue Int 54:30–33

Hedbom E, Antonsson P, Hjerpe A et al. (1992) Cartilage matrix proteins: an acidic oligomeric protein (COMP) detected only in cartilage. J Biol Chem 267:6132–6136

Heinegard D, Oldberg Å (1989) Structure and biology of cartilage and bone matrix noncollageneous macromolecules. FASEB J 3:2042–2051

Helfrich MH, Nesbitt SA, Dorey EL, Horton MA (1992) Rat osteoclasts adhere to a wide range of RGD (Arg-Gly-Asp) peptide-containing proteins, including the bone sialoproteins and fibronectin, via a beta 3 integrin. J Bone Miner Res 7:335–343

Hench PS, Kendall EC, Slocumb CH, Polley HF (1949) The effect of a hormone of the adrenal cortex (17-hydroxy-11-dehydrocorticosterone: compound E) and of pituitary adrenocorticotropic hormone on rheumatoid arthritis: preliminary report. Proc Staff Meet Mayo Clin 24:181–197

Hosoda K, Eguchi H, Nakamoto T et al. (1992) Sandwich immunoassay for intact human osteocalcin. Clin Chem 38:2233–2238

Jüppner H, Schettler T, Giebel G, Wenner S, Hesch RD (1986) Radioimmunoassay for human osteocalcin using an antibody raised against the synthetic human (h37–49) sequence. Calcif Tissue Int 39:310–315

Karmatschek M, Maier I, Seibel MJ, Woitge HW, Ziegler R, Armbruster FP (1997) Improved purification of human bone sialoprotein and development of a homologous radioimmunoassay. Clin Chem 43:2076–2082

Keen RW, Hart DJ, Lanchbury JS, Spector TD (1997) Association of early osteoarthritis of the knee with a Taq I polymorphism of the vitamin D receptor gene. Arthritis Rheum 40:1444–1449

Kivirikko KI (1970) Urinary excretion of hydroxyproline in health and disease. Int Rev Connect Tissue Res 5:93–163

Krane SM, Conca W, Stephenson ML, Amento EP, Goldring MB (1990) Mechanisms of matrix degradation in rheumatoid arthritis. Ann NY Acad Sci 580:340–354

Lam KW, Lee PF, Li CY, Yam LT (1980) Immunological and biochemical evidence for identity of tartrate-resistant isoenzymes of acid phosphatases from human serum and tissue. Clin Chem 26:420–422

Lam KW, Siemens M, Sun T, Li CY, Yam LT (1982) Enzyme immunoassay for tartrate-resistant acid phosphatase. Clin Chem 28:467–470

Lau KH, Onishi T, Wergedal JE, Singer FR, Baylink DJ (1987) Characterization of and assay for human tartrate-resistant acid phosphatase activity in serum: potential use to assess bone resorption. Clin Chem 33:458–462

Lian JB, Friedman PA (1987) The vitamin K-dependent synthesis of gamma-carboxyglutamic acid by bone microsomes. J Biol Chem 253:6623–6626

Lohmander LS, Yoshihara Y, Roos H, Kobayashi T, Yamada H, Shinmei M (1996) Procollagen II C-propetide in joint fluid: changes in concentration with age, time after knee injury and osteoarthritis. J Rheumatol 23:1765–1769

Loughlin J, Irven C, Athanasou N, Carr A, Sykes B (1995) Differential allelic expression of the type II collagen gene (COL2A1) in osteoarthritic cartilage. Am J Hum Genet 56:1186–1193

Lowry M, Hall DE, Brosnan JT (1985) Hydroxyproline metabolism by the rat kidney: distribution of renal enzymes of hydroxyproline catabolism and renal conversion of hydroxyproline to glycine and serine. Metabolism 34: 955–961

Lukert BP, Higgins JC, Stoskopf MM (1986) Serum osteocalcin is increased in patients with hyperparathyroidism and decreased in patients receiving glucocorticoids. J Clin Endocrinol Metab 62:1056–1058

Mansson B, Carey D, Alini M et al. (1995) Cartilage and bone metabolism in rheumatoid arthritis. Differences between rapid and slow progression of disease identified by serum markers of cartilage metabolism. J Clin Invest 95:1071–1077

Marhoffer W, Schatz H, Stracke H, Ullmann J, Schmidt K, Federlin K (1991) Serum osteocalcin levels in rheumatoid arthritis: a marker for accelerated bone turnover in late onset rheumatoid arthritis. J Rheumatol 18:1158–1162

Melkko J, Niemi S, Risteli L, Risteli J (1990) Radioimmunoassay of the carboxyterminal propeptide of human type I procollagen. Clin Chem 36:1328–1332

Merry AH, Harwood R, Woolley DE, Grant ME, Jackson DS (1976) Identification and partial characterization of the non-collagenous amino- and carboxy-terminal extension peptides of cartilage procollagen. Biochem Biophys Res Commun 71:83–90

Meulenbelt I, Bijkerk C, Wildt SC de et al. (1997) Investigation of the association of the CRTM and CRTL1 genes with radiographically evident osteoarthritis in subjects from the Rotterdam study. Arthritis Rheum 40:1760–1765

Minkin C (1982) Bone acid phosphatase: Tartrate-resistant acid phosphatase as a marker of osteoclast function. Calcif Tissue Int 34:285–290

Miyata T, Ishiguro N, Yasuda Y et al. (1998) Increased pentosidine, an advanced glycation end product, in plasma and synovial fluid from patients with rheumatoid arthritis and its relation with inflammatory markers. Biochem Biophys Res Commun 244:45–49

Monoghan DA, Power MJ, Fottrell PF (1993) Sandwich enzyme immunoassay of osteocalcin in serum with use of an antibody against human osteocalcin. Clin Chem 39:942–947

Moro L, Modricky C, Stagni N, Vittur F, Bernard B de (1984) High-performance liquid chromatographic analysis of urinary hydroxylysyl glycosides as indicators of collagen turnover. Analyst 109:1621–1622

Moss DW (1992) Perspectives in alkaline phosphatase research. Clin Chem 38:2386–2392

Moss DW, Whitby LG (1975) A simplified heat-inactivation method for investigating alkaline phosphatase isoenzymes in serum. Clin Chim Acta 61:63–71

Murphy G (1995) Matrix metalloproteinases and their inhibitors. Acta Orthop Scand 66:55–60

Nakanishi M, Yoh K, Uchida K, Maruo S, Matsuoka A (1998) Improved method for measuring tartrate-resistant acid phosphatase activity in serum. Clin Chem 44:221–225

Neidhart M, Hauser N, Paulsson M, Dicesare PE, Michel BA, Häuselmann HJ (1997) Small fragments of cartilage oligomeric matrix protein in synovial fluid and serum as markers for cartilage degradation. Br J Rheumatol 36:1151–1160

Nordin BEC, Marshall DH, Francis RM, Crilly RG (1981) The effects of sex steroids and corticosteroid hormones on bone. J Steroid Biochem 15:171–174

Oikarinen A, Autio P, Vuori J et al. (1992) Systemic glucocorticoid treatment decreases serum concentrations of carboxyterminal propeptide of type I procollagen and aminoterminal propeptide of type III procollagen. Br J Dermatol 126:172–178

Oldberg A, Franzen A, Heinegard D, Pierschbacher M, Ruoslahti E (1988) Identification of a bone sialoprotein receptor in osteosarcoma cells. J Biol Chem 263:19.433–19.436

Peel NF, Eastell R, Russell RG (1991) Osteoporosis in rheumatoid arthritis - the laboratory perspective. Br J Rheum 30:84–85

Peretz A, Praet JP, Bosson D, Rozenberg S, Bourdoux P (1989) Serum osteocalcin in the assessment of corticosteroid induced osteoporosis. Effect of long and short term corticosteroid treatment. J Rheumatol 16:363–367

Peretz A, Praet JP, Rozenberg S, Bosson D, Famaey JP, Bourdoux P (1989) Osteocalcin and bone mineral content in rheumatoid arthritis. Clin Rheumatol 8:42–48

Petersson IF, Boegård T, Svensson B, Heinegård D, Saxne T (1998) Changes in cartilage and bone metabolism identified by serum markers in early osteoarthritis of the knee joint. Br J Rheumatol 37:46–50

Pietschmann P, Machold KP, Woloszczuk W, Smolen JS (1989) Serum osteocalcin concentrations in patients with rheumatoid arthritis. Ann Rheum Diseases 48:654–657

Price PA, Nishimito SK (1980) Radioimmunoassay for the vitamin K-dependent protein of bone and its discovery in plasma. Proc Natl Acad Sci USA 77:2234–2238

Prockop DJ, Kivirikko KI, Tuderman L, Guzman NA (1979) The biosynthesis of collagen and its disorders (first of two parts). N Engl J Med 301:13–23

Prummel MF, Wiersinga WM, Lips P, Sanders GT, Sauerwein HP (1991) The course of biochemical parameters of bone turnover during treatment with corticosteroids. J Clin Endocrinol Metab 72:382–386

Reid IR (1989) Pathogenensis and treatment of steroid osteoporosis. Clin Endocrinol 30:83–103

Reid IR, Heap SW (1990) Determinants of vertebral mineral density in patients receiving long term glucocorticoid therapy. Arch Intern Med 150:2545–2548

Reid IR, Chapman GE, Fraser TRC et al. (1986) Low serum osteocalcin levels in glucocorticoid-treated asthmatics. J Clin Endocrinol Metab 62:379–383

Risteli J, Elonaa I, Niemi S, Novamo A, Risteli L (1993) Radioimmunoassay for the pyridinoline cross-linked carboxyterminal telopeptide of type I collagen: a new serum marker of bone collagen degradation. Clin Chem 39:635–640

Robins SP (1980) Turnover of collagen and its precursors. In: Viidik A, Wust J (eds) Biology of collagen. Academic Press, New York, p 135

Robins SP (1982) Turnover and crosslinking of collagen. In: Weiss JB, Jayson (eds) Collagen in health and disease. Churchill Livingstone, Edinburgh, pp 160–175

Robins SP, Duncan A (1987) Pyridinium crosslinks of bone collagen and their location in peptides isolated from rat femur. Biochim Biophys Acta 914:233–239

Robins SP, Seibel MJ, McLaren AM (1991) Collagen markers in urine in human arthritis. In: Maroudas A, Kuettner K (eds) Methods in cartilage research. Academic Press, London, pp 348–352

Robins SP, Woitge HW, Hesley R, Ju J, Seyedin S, Seibel MJ (1994) Direct enzyme-linked immunoassay for urinary deoxypyridinoline as a specific marker for measuring bone resorption. J Bone Miner Res 9:1643–1649

Ronday HK, Te Koppele JM, Greenwald RA et al. (1998) Tranexamic acid, an inhibitor of plasminogen activation, reduces urinary collagen cross-link excretion in both experimental and rheumatoid arthritis. Br J Rheumatol 37:34–38

Rosalki SB, Foo AY, Burlina A et al. (1993) Multicenter evaluation of iso-ALP test kit for measurement of bone alkaline phosphatase activity in serum and plasma. Clin Chem 39:648–652

Ross FP, Chappel J, Alvarez JI et al. (1993) Interactions between the bone matrix proteins osteopontin and bone sialoprotein and the osteoclast integrin alpha v beta 3 potentiate bone resorption. J Biol Chem 268:9901–9907

Salisbury C, Sharif M (1997) Relations between synovial fluid and serum concentrations of osteocalcin and other markers of joint tissue turnover in the knee joint compared with peripheral fluid. Ann Rheum Dis 56:558–561

Sambrook PN, Kelly PJ, Koegh A et al. (1994) Bone loss after cardiac transplantation: a prospective study. J Heart Lung Transplant 13:116–121

Segrest JP, Cunningham LW (1970) Variations in human urinary O-hydroxylysyl glycoside levels and their relationship to collagen metabolism. J Clin Invest 49:1497–1509

Seibel MJ (1997) Laborchemische Diagnostik des Knochenstoffwechsels. In: Seibel MJ, Stracke H (Hrsg) Metabolische Osteopathien. Schattauer, Stuttgart New York, S 104–141

Seibel MJ, Duncan A, Robins SP (1989) Urinary hydroxypyridinium crosslinks provide indices of cartilage and bone involvement in arthritic diseases. J Rheumatol 16:964–970

Seibel MJ, Robins SP, Bilezikian JP (1992) Urinary pyridinium crosslinks of collagen. Specific markers of bone resorption in metabolic bone disease. Trends Endocrinol Metab 3:263–270

Seibel MJ, Woitge H, Scheidt-Nave C et al. (1994) Urinary hydroxypyridinium crosslinks of collagen in population-based screening for overt vertebral osteoporosis: Results of a pilot study. J Bone Miner Res 9:1433–1440

Seibel MJ, Woitge HW, Pecherstorfer M et al. (1996) Serum immunoreactive bone sialoprotein as a new marker of bone turnover in metabolic and malignant bone disease. J Clin Endocrinol Metab 81:3289–3294

Seibel MJ, Baylink DJ, Farley JR et al. (1997) Basic science and clinical utility of biochemical markers of bone turnover – a congress report. Exp Clin Endocrinol Diabetes 105:125–133

Seyedin S, Kung VT, Daniloff YN et al. (1993) Immunoassay for urinary pyridinoline: the new marker of bone resorption. J Bone Miner Res 8:635–641

Shapiro HS, Chen J, Wrana JL, Zhang Q, Blum M, Sodek J (1993) Characterization of porcine bone sialoprotein: primary structure and cellular expression. Matrix 13:431–440

Sharif M, Salisbury C, Taylor DJ, Kirwan JR (1998) Changes in biochemical markers of joint tissue metabolism in a randomized controlled trial of glucocorticoid in early rheumatoid arthritis. Arthritis Rheum 41:1203–1209

Simkin PA, Bassett JE (1995) Cartilage matrix molecules in serum and synovial fluid. Curr Opin Rheumatol 7:346–351

Smith R (1980) Collagen and disorders of bone. Clin Sci 59:215–223

Spector TD, Cicuttini F, Baker J, Loughlin J, Hart D (1996) Genetic influences on osteoarthritis in women: a twin study. BMJ 312:940–943

Szulc P, Chapuy MC, Meunier PJ, Delmas PD (1993) Serum undercarboxylated osteocalcin is a markers of the risk of hip fracture in elderly woman. J Clin Invest 91:1769–1774

Uebelhart D, Gineyts EC, Chapuy MC, Delmas PD (1990) Urinary excretion of pyridinium crosslinks: a new marker of bone resorption in metabolic bone disease. Bone Miner Res 8:87–96

Uitterlinden AG, Burger H, Huang Q et al. (1997) Vitamin D receptor genotype is associated with radiographic osteoarthritis at the knee. J Clin Invest 100:259–263

Ushiyama T, Ueyama H, Inoue K, Nishioka J, Ohkubo I, Hukuda S (1998) Estrogen receptor gene polymorphism and generalized osteoarthritis. J Rheumatol 25:134–137

Van Hoof VO, Lepoutre LG, Hoylaerts MF, Chevigne R, De-Broe ME (1988) Improved agarose electrophoretic method for separating alkaline phosphatase isoenzymes in serum. Clin Chem 34:1857–1862

Van Straalen JP, Sanders E, Prummel MF, Santers GTB (1991) Bone alkaline phosphatase as indicator of bone formation. Clin Chim Acta 201:27–34

Woitge HW, Seibel MJ, Ziegler R (1996) Comparison of total and bone-specific alkaline phosphatase in patients with nonskeletal disorder or metabolic bone diseases. Clin Chem 42:1796–1804

Woitge HW, Pecherstorfer M, Li Y et al. (1999) Novel serum markers of bone resorption: clinical assessment and comparison with established urinary indices. J Bone Miner Res 14:792–801

6 Autoantigene

Mit einem Beitrag von FALK HIEPE

Inhaltsverzeichnis

* Dieser Beitrag stammt von Falk Hiepe

Ganten/Ruckpaul (Hrsg.)
Molekularmedizinische Grundlagen
von rheumatischen Erkrankungen
© Springer-Verlag Berlin Heidelberg 2003

6.1 Antigene

6.1.1 Definition und allgemeine Eigenschaften

Antigene sind Substanzen, welche eine Immunantwort auslösen und mit den Immunzellen (T- und B-Lymphozyten) bzw. den von ihnen gebildeten Produkten (Antikörpern, s. Kapitel 7 „Autoantikörper bei rheumatischen Erkrankungen") in spezifischer Weise interagieren. Immunantwort auslösende komplette Antigene werden auch als Immunogene bezeichnet. Inkomplette Antigene (Haptene) können allein keine Antwort induzieren, sondern wirken nur nach Kopplung mit bestimmten Trägermolekülen (Carrier) immunogen, reagieren dann aber mit den für sie spezifischen Antikörpern. Komplette Antigene können natürlicher, artifizieller oder synthetischer Herkunft sein (Tabelle 6.1).

Je nachdem, ob T-Lymphozyten für die Generation einer Immunantwort erforderlich sind, werden T-Zell-abhängige und T-Zell-unabhängige Antigene unterschieden. Die Struktur der T-Zell-abhängigen Antigene ist im Gegensatz zur Struktur der T-Zell-unabhängigen Antigene komplexer Natur (Proteine, Nukleoproteine, Glykoproteine, Lipoproteine). T-Zell-abhängige Antigene führen zur Induktion von Antikörpern aller Isotypen und bewirken ein immunologisches Gedächtnis, während T-Zell-unabhängige Antigene eine polyklonale B-Zell-Stimulation mit ausschließlicher Produktion von IgM-Antikörpern evozieren und kein immunologisches Gedächtnis auslösen. Mit Ausnahme der Superantigene erfordert die Immunantwort auf T-Zell-abhängige Antigene eine Prozessierung dieser Antigene zu Peptiden und Präsentation durch Moleküle des Histokompatibilitätskomplexes (major histocompatibility complex, MHC).

6.1.2 Antigendeterminanten (Epitope)

Diejenigen Regionen der Antigene, welche die Immunantwort auslösen, werden als Antigendeterminanten oder Epitope bezeichnet. Sie interagieren mit den Antigen bindenden Regionen (Paratope) der T-Zell-Rezeptoren (T-Zell-Epitope) oder B-Zell-Rezeptoren bzw. Immunglobuline (B-Zell-Epitope). Ein antigenes Molekül kann mehrere unterschiedliche Epitope besitzen. Diese können linearer oder konformationeller Natur sein. Lineare Epitope sind relativ kurze Abschnitte der primären Struktur (der Polypeptidkette) eines Proteins. Sie können an der Oberfläche eines in der nativen Faltung vorliegenden Proteins vorhanden sein oder auch erst nach Proteindenaturierung freigelegt werden. Konformationelle Epitope sind komplexere räumliche Strukturen, die bedingt durch die sekundäre oder tertiäre Faltung des Antigens oder die quaternäre Anordnung von Antigenen in aus mehreren Komponenten bestehenden hochmolekularen Komplexen zustande kommen.

Tabelle 6.1. Einteilung der Antigene nach Herkunft, Struktur und Wirksamkeit

Antigengruppe	Charakteristika	Beispiele
Natürliche Antigene	Meist komplex aufgebaute, hochmolekulare Produkte lebender Organismen (Proteine, Polysaccharide, Nukleinsäuren, Lipide)	Mikrobielle Antigene, Autoantigene
Artifizielle Antigene	Chemisch modifizierte oder rekombinante natürliche Antigene	Rekombinante Vakzine
Synthetische Antigene	Synthetisch hergestellte, in lebenden Organismen nicht vorkommende Antigene	Polyaminosäuren
Inkomplette Antigene (Haptene)	Nur mit Trägermolekülen immunogen wirkende Antigene	Anilin, 2,4-Dinitrophenyl (DNP)
T-Zell-abhängige Antigene	Antigene, welche nur unter Mitwirkung von T-Lymphozyten eine Immunantwort auslösen	Komplex strukturierte natürliche Antigene
T-Zell-unabhängige Antigene	Polymer strukturierte Antigene, welche ohne Mitwirkung von T-Lymphozyten eine Immunantwort auslösen können	Bakterielle Polysaccharide oder Lipopolysaccharide
Superantigene	T-Zell-abhängige Antigene, welche ohne prozessiert werden zu müssen, eine Immunantwort auslösen	Bakterielle Toxine

6.1.3 Immunogenität und Autoimmunität

Die Immunogenität ist abhängig von einer Reihe chemischer und physikalischer Charakteristika des Antigens (wie etwa Ladung oder Hydrophobizität) sowie von genetischen Faktoren, wobei v.a. die für die Antigenpräsentation verantwortlichen MHC-Gene von Bedeutung sind. Wesentlich für die Immunogenität ist natürlich die Fremdheit des Antigens dem entsprechenden Organismus gegenüber. Das bedeutet jedoch nicht, dass Immunantworten nicht auch gegen körpereigene Strukturen (Autoantigene) induziert werden können. Auch hierbei spielt, genauso wie bei der gegen Fremdantigene gerichteten Immunantwort, der genetische Hintergrund eine wesentliche Rolle; so zeigen alle Autoimmunerkrankungen eine mehr oder weniger stark ausgeprägte Assoziation mit bestimmten MHC-Klasse-II-Allelen (z.B. HLA-DR3 oder DR4).

Autoimmunreaktionen sind aber nicht notwendigerweise pathologisch. So existieren autoreaktive Lymphozyten und Antikörper (so genannte natürliche Autoantikörper) auch in völlig gesunden Menschen, unterliegen dort aber immunregulatorischen Prozessen, welche eine Toleranz gegenüber den entsprechenden Autoantigenen bewirken (s. auch Abschnitt 6.2.2 „Autoantigenität und Toleranzbruch" bzw. Kapitel 7 „Autoantikörper bei rheumatischen Erkrankungen").

6.2 Autoimmunität bei rheumatischen Erkrankungen

6.2.1 Zielstrukturen

Rheumatische Autoimmunerkrankungen (Kollagenosen, chronische Polyarthritis, Antiphospholipidsyndrom, systemische nekrotisierende Vaskulitiden) sind durch pathologische Autoimmunreaktionen gekennzeichnet, die im Allgemeinen nicht wie bei organspezifischen Autoimmunerkrankungen gegen die spezifisch in einem bestimmten Organ exprimierten Antigene gerichtet sind (Ausnahme: knorpelspezifische Antigene), sondern gegen Antigene, die ubiquitär in vielen, oft sogar allen Zellen und Geweben exprimiert sind bzw. lösliche Komponenten des Blutes darstellen. Wie in Tabelle 6.2 dargestellt, werden bei den verschiedenen Erkrankungen unterschiedliche Antigene erkannt, wobei manche Autoantikörper eine bemerkenswert hohe Krankheitsspezifität zeigen. Dies kann nicht nur

Tabelle 6.2. Autoantigene bei systemischen Autoimmunerkrankungen

Erkrankungsgruppe	Autoantigene	Erläuterungen
Kollagenosen	Ubiquitär exprimierte hochkonservierte Antigene, meist Bestandteile von Nukleinsäure-Protein- oder Protein-Protein-Komplexen	Abschnitte 3–6
Chronische Polyarthritis	Immunglobulin G (IgG)	Abschnitt 9
	Zitrullinierte Antigene	Abschnitt 10
	Ubiquitär exprimierte hochkonservierte Antigene	Abschnitt 4.1.3
		Abschnitt 11, 13
	Knorpelspezifische Antigene	Abschnitt 12
Antiphospholipidsyndrom	Phospholipide und assoziierte Proteine	Abschnitt 8
Systemische Vaskulitiden	Enzyme neutrophiler Granulozyten	Abschnitt 7

eine wertvolle Hilfestellung für die Diagnostik bedeuten, sondern lässt auch auf eine Rolle in der Pathogenese schließen.

So sind bei den Kollagenosen die Hauptzielstrukturen der Autoreaktivität vorwiegend intrazelluläre Autoantigene, welche folgende Charakteristika aufweisen (Tan u. Chan 1993; von Muhlen u. Tan 1995; Hiepe 2000):

1. Sie sind permanente oder temporäre Komponenten multimolekularer subzellulärer Partikel wie Nukleinsäure-Protein- oder Multiproteinkomplexe (Tabelle 6.3).
2. Sie sind ubiquitär exprimiert und hochkonserviert, d.h. in (nahezu) allen Zellen vorkommend und weder zell- noch speziesspezifisch.
3. Sie sind in essenzielle zelluläre Prozesse involviert (Chromatinorganisation, Transkription, Spleißen von Prä-mRNA, usw.; s. auch Tabelle 6.3).
4. Die Autoepitope sind meist in funktionellen Regionen lokalisiert, Autoantikörper können oft die Funktion inhibieren.
5. Sie besitzen häufig besondere Strukturmotive (RNA-Bindedomänen, Zinkfinger, Leucinzipper, usw.).

Wie aus Tabelle 6.3 ersichtlich, sind makromolekulare Komplexe aus Nukleinsäuren (RNA oder DNA) und Proteinen die größte und auch für die Diagnostik der Kollagenosen wichtigste Gruppe von Autoantigenen. Sie bestehen aus zumindest ei-

Tabelle 6.3. Makromolekulare Komplexe als Zielstrukturen von Autoantikörpern bei rheumatischen Erkrankungen

Partikel	Charakteristik	Autoantigen(e)	Biologische Funktion
Nukleosom	DNA-Protein-Komplex	Doppelsträngige DNA (dsDNA) Histone: H1, H2A, H2B, H3, H4 (kleine basische Proteine von 11 000–22 000) Histon-DNA-Komplex (Nukleosom)	Trägerin der Erbinformation Organisation des Nukleosoms Grundeinheit des Chromatins
Zentromer	Zentromeren-DNA + assoziierte Proteine	Zentromerproteine A, B, C (17 000, 80 000, 140 000)	Beteiligt an der Koordination der Se- gregation der Chromosomen in sich teilenden Zellen
DNA-Replikati- onskomplex	Mit DNA assoziierter Multiproteinkomplex	PCNA (proliferating cell nuclear anti- gen) (34 000) Replikationsprotein A (RPA)	Beteiligt u.a. an DNA-Replikation, DNA-Reparatur, Zellzyklusregulation DNA-Replikation und -Reparatur
Spleißosom	U-snRNA-Protein-Kom- plexe (snRNP)	Sm-Antigen: „Core-Proteine" (11 000–26 000) der spleißosomalen snRNP (B/B', D, E, F, G) U1-RNP: U1-RNP-spezifische Proteine 70 000, A, C (68 000, 31 000, 19 000)	Spleißen der Prä-mRNA Spleißen der Prä-mRNA
	Prä-mRNA-Protein-Kom- plexe (hnRNP Komplexe)	hnRNP-A2 (RA33-Antigen) (36 000) hnRNP-A1 (34 000)	Spleißen der Prä-mRNA, Transport- protein für mRNA
Ro/La-RNP- Komplexe	hY-RNA-Protein-Komple- xe (hY1-, hY3-, hY4-, hY5-RNPs)	Ro60-Protein (60 000): bindet direkt an hY RNA La/SS-B-Antigen: 48 000-Phosphopro- tein, auch mit anderen kleinen RNA assoziiert (Prä-5S-RNA-prä-tRNA, vi- rale RNA) Ro52-Protein (52 000): bindet vermut- lich über Ro60 an hY RNA	Qualitätskontrolle bei Bildung der 5S-rRNA, vermutlich noch andere Funktionen, möglicherweise Schutz- funktion bei Zellstress Prozessierung von RNA-Polymerase- III-Transkripten, RNA-Chaperon DNA bindendes Protein unbekannter Funktion
Ribosom	rRNA-Protein-Komplex	Ribosomale Phosphoproteine P0, P1, P2 (13 000–34 000)	Wirksam im Elongationsschritt der Proteinsynthese
Signalerken- nungspartikel (SRP)	7SL-RNA-Protein-Kom- plexe	SRP54-, SRP68-, SRP72-Protein	Translokation neu synthetisierter Proteine von den Ribosomen ins endoplasmatische Retikulum
Box C/D snoRNP	snoRNA-Protein-Kom- plex (U3-RNP)	Fibrillarin (34 000)	Beteiligt an rRNA-Prozessierung und Ribosomenassembly
RNAse P-MRP- Komplex	snoRNA-Protein-Kom- plex	To/Th-Protein (40 000)	Endoribonuklease: sequenzspezi- fische RNA-Spaltung
RNA-Polymera- se-Komplex	Nukleolärer Multipro- teinkomplex	Verschiedene Untereinheiten der RNA- Polymerasen I, II und III	RNA-Transkription
Exosom	Nukleolärer Multipro- teinkomplex	PM/Scl-100- und PM/Scl-75-Antigen	Exoribonukleasen: beteiligt an der Prozessierung der rRNA und an der Regulation des mRNA-Abbaus
Aminoacyl- tRNA-Syntheta- se-Komplex	Multiproteinkomplex	Jo-1-Antigen: Histidyl-tRNA-Synthetase	Katalyse der Bindung einer bestimm- ten Aminosäure an die entsprechen- de tRNA
Proteasom	Multiproteinkomplexe	Untereinheit C9 des 20S-Proteasoms Ki-Protein: PA28-Untereinheit des PA28 Komplexes	Proteinabbau Antigenprozessierung Proteasomaktivator

Hinweise zur Krankheitsassoziation: s. Kapitel 7 „Autoantikörper bei rheumatischen Erkrankungen".

nem Molekül einer Nukleinsäure und meist mehreren Proteinen, die entweder direkt oder indirekt (über Wechselwirkungen mit anderen Proteinen) mit der Nukleinsäure interagieren. Typische Beispiele von Protein-DNA-Komplexen sind Strukturen wie Nukleosom und Zentromer, während Partikel wie Spleißosom oder Ribosom Ribonukleoprotein(RNP)-Komplexe darstellen (van Venrooij u. Pruijn 1995). Die Antigene der genannten Strukturen sind permanent mit DNA oder RNA assoziiert. Andere Antigene sind entsprechend ihrer Funktion nur temporär mit Nukleinsäuren assoziiert, wie etwa die DNA-Topoisomerase I, RNA-Polymerasen oder tRNA-Synthetasen. Im Allgemeinen sind die Reaktivitäten gegen die Proteinkomponenten derartiger Komplexe gerichtet, doch können manchmal auch Nukleinsäuren als Zielstrukturen fungieren, wobei insbesondere doppelsträngige Desoxyribonukleinsäure (dsDNA) zu nennen ist. In charakteristischer Weise ist die Immunantwort oft gegen mehrere Komponenten eines derartigen Partikels gerichtet; so findet man z.B. bei SLE-PatientInnen sehr häufig Antikörper gegen dsDNA und Histone (also Bestandteile des Nukleosoms) im selben Serum oder Antikörper gegen verschiedene Bestandteile des Spleißosoms. Diese Beobachtungen haben zur Formulierung des „Partikelkonzepts der Autoimmunität" geführt, demnach Toleranzbruch gegen eine Komponente eines makromolekularen Komplexes in der Folge zum Toleranzverlust gegen andere Komponenten führen kann (Tan u. Chan 1993). Dieser Vorgang wird durch intermolekulare Epitopausbreitung (intermolecular epitope spreading) erklärt (Craft u. Fatenejad 1997; James u. Harley 1998). Es wird angenommen, dass autoreaktive B-Zellen über ihre Antigenrezeptoren den gesamten Komplex binden und nach Internalisierung und Prozessierung dessen Bestandteile über MHC-II-Moleküle autoreaktiven T-Zellen präsentieren, die dann ihrerseits weitere autoreaktive B-Zellen anderer Spezifität stimulieren können. Dieser Prozess gilt natürlich nicht nur für Autoimmunreaktionen, sondern stellt einen generellen Mechanismus dar, der bei jeder gegen komplexe Strukturen gerichteten Immunantwort zu einer möglichst breit gestreuten Reaktion führen soll.

Neben diesen vornehmlich im Zellkern lokalisierten Antigenen sind noch die Gruppe der zytoplasmatischen Antigene neutrophiler Granulozyten zu nennen, gegen die Autoantikörper bei verschiedenen systemischen Vaskulitiden gebildet werden (Segelmark et al. 2000), sowie Phospholipide, die als Zielstrukturen der Antiphospholipidautoanti-

körper fungieren (Meroni et al. 2001). Bemerkenswerterweise sind die historisch ältesten Autoantikörper, die Rheumafaktoren (RF), eigentlich eher untypische Vertreter im Spektrum der nicht organspezifischen Autoantikörper, da sie gegen Immunglobulin G gerichtet sind und somit ein extrazelluläres Antigen erkennen (Jefferis 1995). In den vergangenen Jahren sind noch eine Reihe neuer Antigene charakterisiert worden, die keiner der erwähnten Gruppen zuzuordnen sind und sowohl für pathogenetische als auch diagnostische Fragestellungen Bedeutung erlangen könnten (Smolen u. Steiner 1998). Hier sind insbesondere zitrullinierte Antigene zu nennen, die fast ausschließlich bei chronischer Polyarthritis (CP) als Autoantigene fungieren (van Venrooij u. Pruijn 2000).

6.2.2 Autoantigenität und Toleranzbruch

Autoimmunität bedeutet Immunreaktivität von Antikörpern und/oder T-Lymphozyten gegen Komponenten (Autoantigene) des eigenen Organismus. Autoimmunität kann ohne schädliche Folgen für den Organismus sein und sogar eine wichtige Rolle bei der Immunhomöostase spielen oder aber zu chronisch-entzündlichen bzw. fibrosierenden Prozessen sowie (bei organspezifischen Autoimmunerkrankungen) zur funktionellen Beeinflussung von Autoantigenen und damit zur Manifestation von Autoimmunerkrankungen führen (Dighiero 1997; Lacroix-Desmazes et al. 1998; Schwartz u. Cohen 2000). Im gesunden Organismus verhindert ein wirksames Kontrollsystem, dass sich Immunreaktionen in einer für den Organismus schädigenden Weise gegen Autoantigene richten. Die spezifische Unterdrückung gefährlicher Reaktionen gegen körpereigene Strukturen wird als Autotoleranz bezeichnet (Dighiero u. Rose 1999; Gallucci u. Matzinger 2001). Verschiedene Mechanismen im Thymus (zentrale Tolerisierung) und in der Peripherie (periphere Tolerisierung) sorgen dafür, dass potenziell gefährliche autoreaktive Zellen eliminiert oder inaktiviert werden. Bei der Induktion einer pathologischen Autoimmunantwort sind diese Prozesse nicht mehr wirksam oder werden umgangen, es kommt zum Bruch der Autotoleranz. Wie aber können sich intrazelluläre Autoantigene mit essenziellen zellulären Funktionen in „schädliche Immunogene" verwandeln, welche eine starke und nachhaltige pathologische Autoimmunantwort induzieren? Die Ursachen dafür sind noch nicht völlig geklärt, doch dürften neben pathologischen Alterationen in der Immunregulation wahrschein-

Autoantigen	Modifikationen	Literatur
La-, Ro- und snRNP-Antigene	UV-induzierte Expression auf der Membran von Keratinozyten, UV-induzierte Apoptose	(Casciola-Rosen u. Rosen 1997)
Ro52-Antigen	TNF-a-induzierte Expression auf der Membran von Keratinozyten	(Dörner et al. 1995)
La/SS-B-Antigen	Generation eines Neoepitops durch Genmutation	(Bachmann 2000)
U1-RNP-70K, hnRNP-A1	Proteolytische Spaltung durch ICE-ähnliche Proteasen, Generation kryptischer T-Zell-Epitope	(Casciola-Rosen et al. 1994; Brockstedt et al. 1998)
Topoisomerase I	Fragmentierung durch metallkatalysierte Oxidationsreaktionen, Freisetzung kryptischer Peptide	(Casciola-Rosen et al. 1997)
RNA-Polymerase II Fibrillarin	Modifikation der antigenen Eigenschaften durch Quecksilber bzw. xenobiotisch induzierte Proteasen	(Pollard et al. 2000)
Plasminogen	Generation von Neoepitopen durch Rezeptor- oder Fibrinbindung	(Dominguez et al. 2001)
a-Fodrin	Spezifische Spaltung durch Granzym B zytotoxischer T-Zellen	(Nagaraju et al. 2001)

lich auch strukturelle Aberrationen der Autoantigene selbst (wie Mutationen, Modifikationen) sowie Aberrationen bei deren Expression und Präsentation (durch MHC-Moleküle) von entscheidender Bedeutung sein (Tabelle 6.4). So nimmt man an, dass Veränderungen der Struktur, Expression oder Lokalisation von Autoantigenen unter bestimmten Bedingungen (Immunregulationsstörungen, proinflammatorisches Milieu) eine pathologische Autoimmunität induzieren können. Obwohl die antigene Verwandtschaft zwischen Autoantigen und Antigenen mikrobieller Organismen wie Bakterien oder Viren („molekulares Mimikry") ebenfalls zur Induktion einer spezifischen Autoimmunreaktion führen kann (Rose 1998; Cohen 2001), scheinen jedoch die „autoantigengetriebenen" Prozesse für die Entstehung von rheumatischen Autoimmunerkrankungen wichtiger zu sein (Beispiele in Tabelle 6.4). Verschiedene Mechanismen, die zur Auslösung einer Autoimmunantwort führen können, werden in den folgenden Abschnitten kurz diskutiert.

6.2.2.1 Zelltod-assoziierte proteolytische Fragmentierung von Autoantigenen

Zellen, welche den apoptotischen oder nekrotischen Zelltod durchlaufen, sind eine wichtige Quelle für Fragmente intrazellulärer Antigene. Es gibt viele Hinweise, dass defekte Apoptose- und Phagozytosemechanismen eine zentrale Rolle in der Induktion von Autoantikörpern gegen nukleäre oder zytoplasmatisch lokalisierte Autoantigene spielen. Von Seiten der Autoantigene ist bedeutsam, dass durch strukturelle Modifikationen während der beim Zelltod ablaufenden Prozesse potenziell immunstimulatorische Epitope generiert werden können. Die häufigsten mit dem Zelltod assoziierten Modifikationen intrazellulärer Proteine sind proteolytische Spaltung und Hyperphosphorylierung. In Tabelle 6.5 sind die Ergebnisse der Untersuchungen zur proteolytischen Spaltung von für rheumatische Autoimmunerkrankungen relevanten Autoantigenen zusammengefasst (Casiano et al. 2000).

Die Analyse von Lysaten apoptotischer Zellen mittels Immunoblot (unter Verwendung humaner Autoimmunseren) zeigte, dass zwar einige der Autoantigene gespalten wurden, viele aber auch nach Apoptose intakt blieben. Allerdings kann eine limitierte Proteolyse dieser Antigene in mittels Immunoblot nicht detektierbare Fragmente nicht ausgeschlossen werden. Die primäre Nekrose zeigte ein ähnliches Spektrum an proteolytisch gespaltenen Autoantigenen, wobei die apoptoseresistenten Proteine auch nach Nekroseinduktion intakt blieben (Casiano et al. 1998). Die während der Apoptose oder primären Nekrose generierten proteolytischen Fragmente waren in fast allen untersuchten Fällen unterschiedlich. Fragmente gleichen oder ähnlichen Molekulargewichts wurden nur für Topoisomerase I (Molekulargewicht 70 000) und Poly(ADP-Ribose)-Polymerase (PARP) (Molekulargewicht 89 000) gefunden. Bei der Progression von

Tabelle 6.5. Spaltung von intrazellulären Proteinen bei unterschiedlichen Formen des Zelltods

Autoantigen	Apoptose	Primäre Nekrose	Sekundäre Nekrose	Granzym-B-vermittelt
Topoisomerase I	+	+	+	+
U1-RNP (70K)	+	+	+	+
PARP	+	+	+	+
La/SS-B	+	ng	+	+
UBF/NOR90	+	+	–	+
Fibrillarin	(+)	(+)	ng	+
DNA-PK	+	ng	ng	+
α-Fodrin	+	+	ng	ng
Golgin160	+	ng	ng	ng
Jo-1	–	–	+	+
Ku-70, PM/Scl, CENP-B	–	–	–	+
Ku-80, Histone, Ro/SS-A, Sm, ribosomale Proteine P0, P1, P2	–	–	–	–

\+ Proteolytische Fragmente mittels Immunoblot nachweisbar, (+) Proteolytische Fragmente nur mittels Immunopräzipitation nachweisbar, *ng* bisher nicht getestet (bzw. keine publizierten Ergebnisse vorliegend).

Apoptose zu sekundärer Nekrose wurde mit Ausnahme des NOR90- Antigens eine zusätzliche proteolytische Spaltung nur derjenigen intrazellulären Proteine beobachtet, welche bereits während der Apoptose fragmentiert wurden (Wu et al. 2001). Dagegen blieben die meisten der in der Apoptose und primären Nekrose resistenten Proteine auch nach sekundärer Nekrose offensichtlich intakt. Andererseits waren viele der getesteten Autoantigene, auch einige, welche nicht während Apoptose und Nekrose gespalten wurden, sensitiv gegenüber Granzym-B-vermittelter Proteolyse in vitro und bei T-Zell-vermittelter Zytolyse. Die proteolytischen Fragmente unterschieden sich allerdings von den bei Apoptose oder Nekrose generierten Fragmenten.

Die proteolytische Spaltung durch verschiedene Enzyme (Caspasen, Calpaine, lysosomale Proteasen, Granzym) bei apoptotischen, nekrotischen oder zytotoxischen Prozessen kann somit bei einer Reihe von Autoantigenen potenziell zur Generation „kryptischer" T-Zell-Epitope führen und einen Toleranzbruch zur Folge haben, der die bestehende Toleranz gegenüber den dominanten Epitopen unterläuft. Zwar werden apoptotische Zellen im Normalfall von Makrophagen phagozytiert und lösen im Gegensatz zu nekrotischem Material keine inflammatorische oder immunologische Reaktion aus, doch kann unter anormalen Bedingungen (z.B. bei chronisch-entzündlichen Prozessen) auch Material aus apoptotischen Zellen antigen wirken (Mevorach et al. 1998; Lorenz et al. 2000; Sauter et al. 2000). Dies allein ist aber sicher nicht ausreichend für die Induktion einer pathogenen Autoimmunität (Casiano et al. 2000; Grodzicky u. Elkon 2000; Verhasselt u. Goldman 2001).

6.2.2.2 Posttranslationale Modifikation von Autoantigenen

Es ist wiederholt beobachtet worden, dass Regionen mit speziellen posttranslationalen Modifikationen Hauptzielstrukturen von Autoimmunreaktionen darstellen können. Beispiele hierfür sind die Umwandlung von Arginin in Zitrullin durch Peptidylarginindeiminase (van Venrooij u. Pruijn 2000) (s. auch Abschnitt 6.10 „Zitrullinierte Antigene"), symmetrische oder asymmetrische Dimethylierungen durch Typ-I- bzw. Typ-II-Protein-Arginin-*N*-Methyltransferasen, Phosphorylierungen oder Oxidierungen. So stellt etwa der durch symmetrische Dimethylarginine modifizierte C-Terminus des SmD1-Proteins (eines der Kernproteine der U-snRNP-Komplexe) ein (lineares) Hauptepitop für Sm-Antikörper dar (Brahms et al. 2000). Asymmetrische Dimethylarginine finden sich beim Fibrillarin, hnRNP-A1 und hnRNP-A2 sowie Nukleolin.

Auch posttranslationale Phosphorylierungen können zur Generierung von Autoepitopen führen. Ein Beispiel dafür sind die als Spleißfaktoren fungierenden SR-Proteine, welche beim apoptotischen Zelltod hyperphosphoryliert werden (Utz et al. 1998; Neugebauer et al. 2000). Umgekehrt könnte auch die Dephosphorylierung von Phosphoproteinen, wie sie für das La/SSB-Autoantigen im Verlauf der Apoptose beobachtet wurde, die Immunogenität eines Proteins beeinflussen (Rutjes et al. 1999). Da derartige Modifikationen an sich nicht abnormal sind und unter normalen Bedingungen strikten Regulationsmechanismen unterliegen, bleibt abzuklären, ob und unter welchen Bedingungen posttranslationale Modifikationen eine Autoimmunreaktion induzieren können.

6.2.2.3 Xenobiotika und Autoantigenität

Xenobiotika sind körperfremde, nicht biologische Substanzen (Schadstoffe, Medikamente), welche das Immunsystem beeinflussen können. Einige dieser Stoffe können zur Induktion spezifischer Autoantikörper führen bzw. an deren Induktion beteiligt sein. In der Tabelle 6.6 sind Beispiele aufgezeigt, wo Xenobiotika für die Auslösung einer spezifischen Autoimmunantwort verantwortlich gemacht werden. Hierbei sind v.a. Modifikationen der Autoantigene, etwa durch Interaktion mit Xenobiotika oder Apoptoseinduktion von Bedeutung.

Im Tiermodell kann durch die Gabe von Quecksilberchlorid ($HgCl_2$) eine spezifische Autoimmunantwort gegen Fibrillarin, ein Protein kleiner nukleolärer RNP-Komplexe, induziert werden. Der $HgCl_2$-induzierte Zelltod von Makrophagen führte zu einer proteolytischen Spaltung von Fibrillarin mit Generation eines immunogenen Fragments mit einem Molekulargewicht (MG) von 19 000, welches weder beim apoptotischen noch beim nicht-apoptotischen Zelltod gefunden wurde (Pollard et al. 2000). Diese Ergebnisse zeigen, dass die Interaktion des Fibrillarins mit $HgCl_2$ und die folgende Spaltung dieses Proteins durch (induzierte) Proteasen zur veränderten Antigenität und letztendlich zur Induktion einer Autoimmunreaktion in (genetisch) suszeptiblen Mäusen führten.

Lungengängige Quarzstaubpartikel (SiO_2) haben einen adjuvanten Effekt auf das Immunsystem. In vitro wurde auch eine Apoptoseinduktion bei Alveolarmakrophagen und Lymphozyten nachgewiesen (Iyer et al. 1996; Aikoh et al. 1998) sowie eine chronische Stimulation von Makrophagen mit verstärkter Expression von TNF-a über die Beeinflussung des TNF-Gen-Promotors durch Quarzstaubpartikel (Savici et al. 1994). Somit könnte zumindest für die Topoisomerase I über Apoptosemodifikation (s. Tabelle 6.5) unter proinflammatorischen

Bedingungen (Makrophagenaktivierung durch SiO_2 mit Freisetzung proinflammatorischer Zytokine wie TNF-a oder IL-1) eine Autoantikörperinduktion in suszeptiblen Personen erklärt werden. Eine Beteiligung von zur ICE-Familie gehörenden Proteasen sowie die Degradation von PARP bei silikainduzierter Apoptose ist ebenfalls beschrieben worden (Iyer u. Holian 1997). Für die Induktion von Autoantikörpern gegen das Ro52-Antigen bei silikaexponierten Personen könnte wiederum die beschriebene, durch TNF-a induzierte Translokation der normalerweise intrazytoplasmatisch lokalisierten Proteine auf die Zelloberfläche von Bedeutung sein (Dörner et al. 1995).

Organische Lösungsmittel, welche ebenso wie Silika als exogene Faktoren für die Entwicklung einer Sklerodermie angesehen werden, können Modifikationen von Autoantigenen über die Generation von hochreaktiven Metaboliten verursachen. Dichlorazetylchlorid, ein Metabolit des Trichlorethylen, führt über Lipidperoxidation zu reaktiven Aldehyden. Es wird vermutet, dass über eine Reaktion zwischen Malonyldialdehyd und Autoantigenen Neoepitope generiert werden (Khan et al. 2001). Die Metaboliten des Vinylchlorids haben eine hohe Affinität für Sulfhydrylgruppen von Proteinen und könnten daher ebenso zur Modifizierung potenzieller Autoantigene mit nachfolgender Induktion einer Autoimmunantwort führen (Chiang et al. 1997).

6.2.2.4 Molekulares Mimikry

Molekulares Mimikry in Form der antigenen Verwandtschaft zwischen Autoantigenen und Antigenen von mikrobiellen Erregern wird v.a. bei organspezifischen Autoimmunerkrankungen (z.B. Myasthenia gravis, Typ-1-Diabetes) als möglicher Trigger der initialen Autoimmunantwort angesehen (Rose 1998; Cohen 2001). Ein Epitopmimikry,

Tabelle 6.6. Xenobiotika und spezifische Autoimmunantworten

Xenobiotika	Autoantigen	Autoantikörper induziert oder beschrieben bei	Literatur
$HgCl_2$ $AgNO_3$	Fibrillarin	Mäusen zum Studium der Mechanismen der Induktion spezifischer Autoimmunität	(Hultman et al. 1994; Pollard et al. 2000)
Procainamid	Histone	Procainamidtherapierten PatientInnen	(Rubin 1999)
Silikon	Kollagen I, II	Frauen mit Silikonimplantaten	(Rowley et al. 1996)
Silika (SiO_2)	CENP-B Topoisomerase I Ro-Antigene	Uranerzbergarbeitern	(Conrad u. Mehlhorn 2000)
Trichlorethylen	Topoisomerase I	SklerodermiepatientInnen	(Nietert et al. 1998)

d.h. gleiche oder strukturell ähnliche Epitope auf Autoantigenen von viralen oder bakteriellen Proteinen, kann sowohl auf B-Zell- als auch auf T-Zell-Ebene vorliegen (Wucherpfennig 2001). Epitopmimikry auf B-Zell-Ebene wurde auch für einige der intrazellulären Proteine beschrieben, welche Zielstrukturen bei rheumatischen Autoimmunerkrankungen darstellen. So haben beispielsweise das U1-RNP-spezifische 70K-Protein und das M1-Matrixprotein des Influenza-B-Virus ein identisches Sequenzmotiv (Guldner et al. 1990), und einige lineare Epitope des La-Antigens zeigen Sequenzhomologien mit verschiedenen viralen Proteinen (Haaheim et al. 1996). Des Weiteren ist eine dem immundominanten Epitop des ribosomalen Proteins L7 homologe Region bei der RNA-Polymerase von *Chlamydia trachomatis* gefunden worden (Hemmerich et al. 1998). Von besonderem Interesse sind in diesem Zusammenhang Sequenzhomologien der Sm-Proteine D und B/B′ mit dem EBV-assoziierten nukleären Antigen EBNA1 (Sabbatini et al. 1993; James et al. 1995). So ist beschrieben worden, dass EBV-infizierte PatientInnen Autoantikörper gegen Sm entwickeln können. Darüber hinaus konnte bei SLE-PatientInnen ein statistisch hochsignifikanter Zusammenhang mit vorangegangenen EBV-Infektionen nachgewiesen werden (James et al. 1997). Trotz all dieser Befunde ist aber nach wie vor ungewiss, welche Bedeutung derartigen Sequenzhomologien in der Autoimmunpathogenese zukommt (Hausmann u. Wucherpfennig 1997; James et al. 2001).

6.3 DNA-Protein-Komplexe

6.3.1 Antigene des Chromatins

DNA, die Trägerin der Erbinformation, liegt im Zellkern in strukturell hochorganisierter doppelsträngiger Form komplexiert mit zahlreichen Proteinen vor. Diese Megakomplexe wurden aufgrund ihrer charakteristischen Anfärbbarkeit als Chromatin bezeichnet und bestehen zu etwa je 40% aus DNA bzw. Histonen sowie zu 20% aus anderen Proteinen. Die für den Strukturaufbau des Chromatins wichtigsten Proteine sind die Histone. Autoantikörper können sowohl gegen die Einzelkomponenten des Chromatins gerichtet sein als auch gegen komplexere Substrukturen, insbesondere gegen Nukleosomen (s. auch Abschnitt 6.3.1.3 „Nukleosomen").

6.3.1.1 Doppelsträngige DNA

Doppelsträngige DNA stellt aufgrund ihrer Struktur und biochemischen Natur ein ungewöhnliches Antigen dar, das sich in mehrfacher Hinsicht von anderen (Protein)Autoantigenen unterscheidet. Bemerkenswert ist auch die hohe Spezifität der gegen sie gerichteten Antikörper, die fast ausschließlich bei PatientInnen mit SLE auftreten, sehr im Gegensatz zu gegen Einzelstrang-DNA gerichteten Antikörpern, die keinerlei Krankheitsspezifität zeigen und auch im Zug von Infektionen gebildet werden können. Antikörper gegen dsDNA (im Folgenden als Anti-DNA-Antikörper bezeichnet) sind meist gegen das Zucker-Phosphat-Rückgrat der dsDNA gerichtet, gehören wie die Mehrzahl der Autoantikörper der IgG-Klasse an und sind im Allgemeinen von hoher Affinität. Dies weist auf einen T-Zell-abhängigen Prozess hin, der vermutlich von histonspezifischen T-Zellen getrieben wird, da DNA selber nicht über MHC-Moleküle präsentiert wird und somit T-Zellen nicht direkt aktivieren kann (Datta et al. 1997; Lu et al. 1999). Hingegen können B-Zellen über ihre für dsDNA spezifischen Rezeptoren nukleosomale Komplexe binden, internalisieren und deren Proteinkomponenten (also Histone) in Form von Peptiden (über MHC-Klasse-II-Moleküle) histonspezifischen T-Zellen präsentieren und diese dadurch aktivieren. Die aktivierten T-Zellen stimulieren ihrerseits die präsentierenden B-Zellen, was in der Folge zum „class switch" (Umschaltung von IgM- auf IgG-Antikörper) und zur Affinitätsreifung der Antikörper führt.

Anti-DNA-Autoantikörper stellen den wichtigsten Markerautoantikörper für den SLE dar und treten schon frühzeitig, bisweilen sogar schon vor Ausbruch der Erkrankung auf (Arbuckle et al. 2001). Zudem und im Unterschied zu den meisten anderen Autoantikörpern zeigen sie eine gewisse Korrelation mit der Krankheitsaktivität (Spronk et al. 1995). Anti-DNA-Antikörper treten signifikant häufiger bei PatientInnen mit Nierenbeteiligung auf und spielen auch eine pathogenetische Rolle, da ihre Bindung bzw. die Anlagerung von DNA-Immunkomplexen an das Glomerulum zu schweren Schädigungen des Organs (Lupusnephritis) führen kann (Mohan u. Datta 1995; Suzuki et al. 1997; Zimmerman et al. 2001).

6.3.1.2 Histone

Histone sind eine Gruppe von 5 kleinen basischen Proteinen (H1, H2A, H2B, H3, H4), die in direkter Wechselwirkung mit DNA die Grundstruktur des

Chromatins bilden und molar gesehen die häufigsten Proteine der Zelle darstellen. Abgesehen von H1 gehören die Histone zu den phylogenetisch am stärksten konservierten Proteinen, so sind z.B. die Aminosäuresequenzen von H2A und H2B bei Mensch und Rind nahezu identisch. Die Komplexität der Antihistonimmunantwort ist nicht nur durch das Vorhandensein 5 verschiedener Histone bedingt, sondern auch und insbesondere dadurch, dass diese miteinander bzw. mit dsDNA Komplexe (Nukleosomen) bilden, die ihrerseits als eigenständige Autoantigenstrukturen fungieren können (s. unten). Wie kürzlich gezeigt werden konnte, sind Antihistonautoantikörper, insbesondere die gegen H1 gerichteten, für das vor mehr als 50 Jahren beschriebene LE-Zell-Phänomen verantwortlich, dessen Entdeckung einen Meilenstein in der Geschichte der rheumatologischen Autoimmunforschung darstellt (Schett et al. 1998b). Die Epitope aller 5 Histone sind detailliert charakterisiert worden und haben wichtige Rückschlüsse hinsichtlich der Struktur von Histonkomplexen ermöglicht (Stemmer u. Muller 1996).

Antihistonantikörper sind zwar relativ häufig bei SLE-PatientInnen nachweisbar, jedoch ist ihre diagnostische Bedeutung begrenzt, da sie auch bei anderen Kollagenosen sowie bei der CP auftreten können. Eine Ausnahme stellt der arzneimittelinduzierte Lupus erythematodes dar, bei dem Antihistonantikörper, insbesondere solche gegen das Histondimer H2A-H2B, bei Abwesenheit anderer Autoantikörper (v. a. anti-DNA) als charakteristische Marker gelten (Rubin 1999).

6.3.1.3 Nukleosomen

Nukleosomen bestehen aus einem aus jeweils 4 Homodimeren von H2A-H2B, H3 und H4 aufgebauten oktameren Histonkomplex, um den ein 146 Basenpaare umfassender DNA-Abschnitt 2-mal gewunden ist. Sie können durch limitierten DNAse-Verdau von nukleärer DNA gewonnen werden und stellen mit einem Durchmesser von etwa 10 nm die kleinsten Chromatinuntereinheiten dar. Nukleosomen sind durch 20–100 bp lange Sequenzen verbunden (so genannte Linker-DNA), die mit jeweils einem Molekül des Histons H1 (und anderen z. T. sequenzspezifischen Nichthistonproteinen) assoziiert sind. Die Nukleosomen liegen nun aber nicht wie Perlen auf einer Schnur aufgereiht vor, sondern in Form von dicht gepackten, kondensierten Chromatinfibern von 30 nm Durchmesser, die als Solenoide (der englische Ausdruck für Magnetspule) bezeichnet werden (Abb. 6.1). Die hohe Basizität der Histone führt zu einer starken Wechselwirkung mit der negativ geladenen DNA, was die äußerst dichte Packung dieses Riesenmoleküls ermöglicht. Durch Modifikation der Histone (Azetylierung bzw. Phosphorylierung) werden die Packungsdichte verringert und die DNA für Transkriptionsfaktoren zugänglich gemacht.

Antinukleosomenantikörper unterscheiden sich von den oben beschriebenen Anti-DNA- bzw. Antihistonantikörpern dahingehend, dass sie gegen Epitope des Komplexes und nicht gegen dessen Einzelkomponenten gerichtet sind. Allerdings kann nicht ausgeschlossen werden, dass Anti-DNA- bzw. Antihistonantikörper auch die im Nukleosom gebundenen Antigene erkennen und somit beim Nachweis der Antikörper mittels ELISA nicht nur nukleosomenspezifische Antikörper erfasst werden. Antinukleosomenantikörper zeigen eine im Vergleich zu Anti-DNA-Antikörpern höhere Sensitivität und können somit als wertvolle Ergänzung der SLE-Diagnostik betrachtet werden (Chabre et al. 1995; Bruns et al. 2000). Darüber hinaus kommt ihnen auch pathogenetische Bedeutung zu, da sie ebenso wie Anti-DNA-Antikörper bei der Lupusnephritis eine Rolle spielen (Van Bruggen et al. 1996; Amoura et al. 1999).

6.3.2 Antigene des Zentromers

Der Zentromerkomplex stellt eine Chromatinsubstruktur dar und enthält neben DNA (und Histonen) eine Reihe von zentromerspezifischen Proteinen, die als CENP (Zentromerproteine), INCENP (innere Zentromerproteine), CLIP (chromatid linking proteins) sowie p23 und p25b bezeichnet werden (Craig et al. 1999) (Abb. 6.2). Die 3 Proteine CENP-A (MG = 17 000), CENP-B (MG = 80 000) und CENP-C (MG = 140 000) stellen immundominante Antigene dar, gegen die etwa 20–30% der SklerodermiepatientInnen Autoantikörper bilden (Fritzler u. Rattner 2000). Dabei handelt es sich überwiegend um PatientInnen mit der prognostisch relativ günstigen Variante des CREST-Syndroms, bei der in 70–90% der Fälle Antizentromerantikörper (ACA) gefunden werden. ACA produzieren ein sehr charakteristisches Immunfluoreszenzmuster (Spots entsprechend der Anzahl der Chromosomen in den Interphasekernen sowie Anfärbung der Chromatinregion der mitotischen Zellen), das bereits die eindeutige Identifizierung dieser Antikörper ermöglicht (s. Kapitel 7 „Autoantikörper bei rheumatischen Erkrankungen").

Abb. 6.1. Strukturelle Organisation des Chromatins. Nukleosomen stellen die kleinsten Untereinheiten des Chromatins dar. Die Grundstruktur bilden oktamere Histonkomplexe, die aus je 2 Molekülen der Histone H2A, H2B, H3 und H4 aufgebaut sind, um die die Doppelstrang-DNA 2-mal gewunden ist. Der Durchmesser eines Nukleosoms beträgt etwa 10 nm. Histon H1 ist in der Linkerregion zwischen den Nukleosomen lokalisiert und hat eine essenzielle Funktion bei der Kondensation der Nukleosomen zu 30-nm-Chromatinfibern. Mit diesen ist noch eine Vielzahl weiterer Proteine assoziiert, die an der strukturellen Organisation des Chromatins beteiligt sind bzw. bei der Genregulation essenzielle Rollen spielen

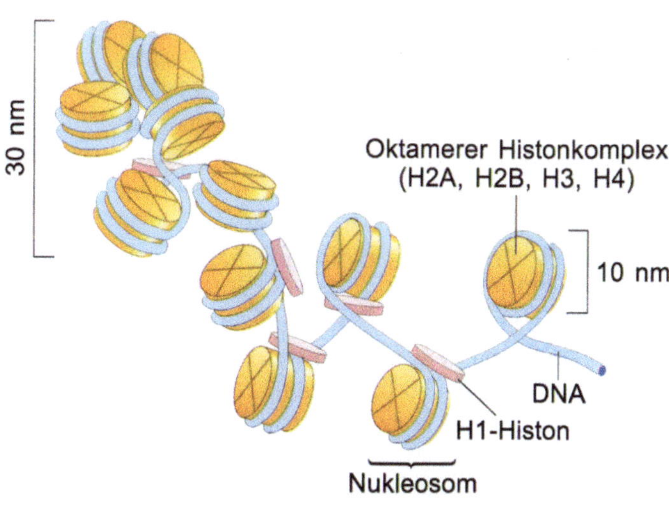

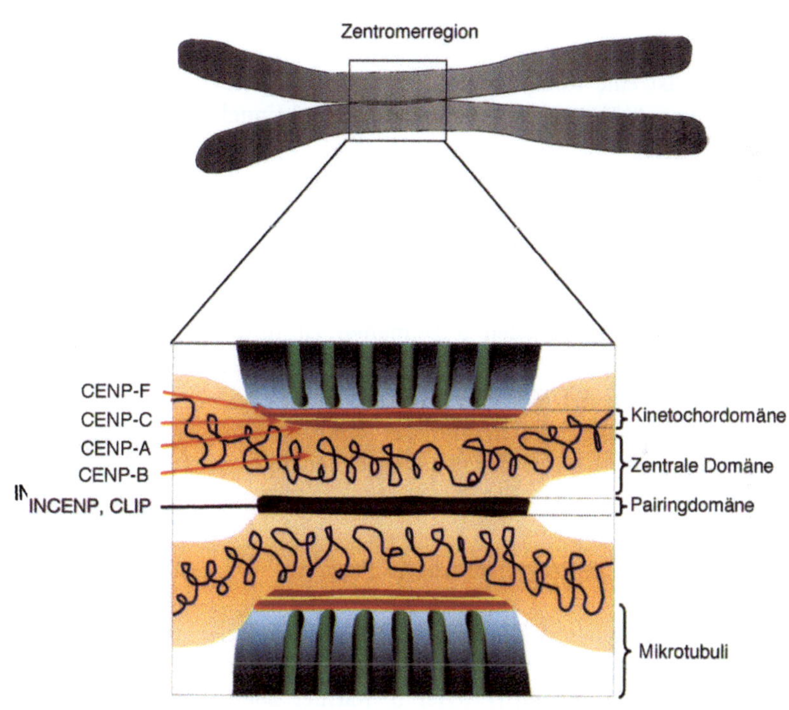

Abb. 6.2. Struktur des Zentromers. Die Anordnung der verschiedenen mit der Zentromer-DNA assoziierten Proteine ist schematisch wiedergegeben. *CENP* (Zentromerenprotein)-*A*, *CENP-C* und *CENP-F* sind in der Kinetochordomäne lokalisiert, wo die Mikrotubuli angreifen, *CENP-B* befinden sich in der zentralen Domäne, während die *INCENP* (innere Zentromerenproteine) und *CLIP* (chromatid linking proteins) in der die beiden Chromosomen verbindenden Pairingregion lokalisiert sind. *CENP-A*, *-B* und *-C* sind permanent mit Zentromer-DNA assoziiert, andere Proteine wie *CENP-F*, *INCENP* oder *CLIP* nur während der Mitose

6.3.2.1 CENP-A

Aufgrund der Aminosäuresequenzhomologie der C-terminalen Domäne mit dem Histon H3 wird CENP-A als zentromerspezifische Histonvariante angesehen. Es scheint das Histon 3 in einer besonderen nukleosomenähnlichen Substruktur der inneren Kinetochorregion der Zentromeren zu ersetzen (Warburton et al. 1997). Die Bedeutung des CENP-A für die Zellteilung ist derzeit noch unklar. Ein direkte Rolle in der „Verpackung" und Funktion des zentromeren Chromatins wird vermutet. Autoantikörper gegen CENP-A sind nicht gegen die Histon-H3-Domäne, sondern ausschließlich gegen 2 Epitope der 47 Aminosäuren umfassenden N-terminalen Region gerichtet, wobei das Aminosäuremotiv G/A-P-R/S-R-R als Hauptepitop charakterisiert wurde, das von allen Anti-CENP-A-Antikörper-positiven Seren erkannt wird (Mahler et al. 2000).

6.3.2.2 CENP-B

Das CENP-B-Protein enthält eine DNA bindende Domäne in der N-terminalen Region und eine dimerisierende Domäne in der C-terminalen Region.

Es formt ein DNA bindendes Dimer, das mit bestimmten als „CENP-B-Box" bezeichneten Satelliten-DNA-Sequenzen assoziiert ist und eine wichtige Rolle bei der Regulation der Struktur des zentromeren Heterochromatins spielt (Earnshaw u. Tomkiel 1992; Craig et al. 1999). Mittels Immunelektronenmikroskopie konnte gezeigt werden, dass CENP-B gleichmäßig über die zentrale Domäne unterhalb der Kinetochordomäne verteilt ist (Abb. 6.2). CENP-B stellt das Hauptzielantigen der Antizentromerantikörper dar, das von nahezu allen (in der Immunfluoreszenz positiven) Seren erkannt wird. Bisher sind 3 bzw. 4 autoantigene Epitope auf dem CENP-B-Protein beschrieben worden, wobei das C-terminal lokalisierte Hauptepitop von nahezu allen ACA-positiven Seren gebunden wird (Rothfield et al. 1987).

6.3.2.3 CENP-C

CENP-C ist eine Komponente der inneren Kinetochorregion (Abb. 6.2). Es besteht aus 3 funktionellen Einheiten:

- einer N-terminalen Oligomerisierungsdomäne,
- einer internen DNA bindenden Domäne und
- einer C-terminalen Dimerisierungsdomäne (Sugimoto et al. 1997).

Autoepitope sind in allen 3 Domänen zu finden (Sugimoto et al. 1998). Ebenso wie CENP-B bindet es an zentromere DNA. Es scheint an der Stabilisierung der Kinetochoren und der Mikrotubulusanheftung vor Beginn der Anaphase beteiligt zu sein.

6.3.2.4 Andere zentromerassoziierte Proteine

Von den übrigen mit Zentromer-DNA assoziierten Proteinen sind bislang nur wenige als Autoantigene beschrieben worden (Fritzler u. Rattner 2000). Eine seltene Zielstruktur von Antizentromerantikörpern ist das CENP-D-Protein (MG = 50000), das humane Homolog des „Regulators der Chromosomenkondensation" RCC1. Dem erst kürzlich beschriebenen CENP-H-Protein wird eine Rolle in der Organisation und Funktion der Kinetochoren zugeschrieben. Antikörper gegen dieses Protein sind in geringer Frequenz bei PatientInnen mit idiopathischem Raynaud-Phänomen beschrieben worden. Mit Hilfe eines Autoimmunserums konnte ein weiteres als CENP-G bezeichnetes Zentromerenprotein mit einem MG von 95000 identifiziert werden. Es ist in der inneren Kinetochorschicht lokalisiert und bindet die α1-Satelliten-DNA. Ne-

ben Zentromerproteinen, welche während des gesamten Zellzyklus in der Zentromerregion lokalisiert sind (CENP-A, CENP-B, CENP-C, CENP-D, CENP-G), gibt es auch Proteine, welche nur transient in den Mitosephasen an die Zentromeren binden (CENP-E, CENP-F, INCENP). CENP-F, auch bekannt als p330[d] oder Mitosin, ist ein über Autoimmunseren identifiziertes neues zellzyklusreguliertes Zentromerprotein. Autoantikörper gegen dieses Protein sind assoziiert mit Tumoren und Erkrankungen mit erhöhter Zellproliferation (Rattner et al. 1997), während Autoantikörper gegen das kinesinähnliche Protein CENP-E bisher nur bei PatientInnen mit Sklerodermie nachgewiesen wurden (Rattner et al. 1996) und mit Autoantikörpern gegen CENP-A und CENP-B assoziiert sind. Die im perizentromeren Heterochromatin der Metaphasechromosomen lokalisierten Proteine p23 und p25 sind ebenfalls Zielstrukturen von Autoimmunseren von SklerodermiepatientInnen und werden von den so genannten „Chromoautoantikörpern" erkannt. Diese Proteine sind an der Regulation von Chromatinfaltung und Gentranskription beteiligt. Anti-p25-Antikörper werden vorwiegend bei PatientInnen mit ACA-positiver systemischer Sklerodermie gefunden und binden die N-terminale Chromodomäne (*chromatin modification organizer*) oder die C-terminale Heterochromatin bindende Domäne (Furuta et al. 1998).

6.3.3 Temporär DNA-assoziierte Antigene

6.3.3.1 DNA-Topoisomerase I (Scl70-Antigen)

Die DNA-Topoisomerase I ist ein Enzym mit einem MG von etwa 100000, das die Strukturänderung der DNA von der so genannten „Supercoil-Form" in die relaxierte Form durch Bruch und anschließende Wiedervereinigung des DNA-Einzelstrangs katalysiert (Pommier 1998). Dieses sowohl im Nukleoplasma als auch im Nukleolus lokalisierte Enzym (bzw. dessen Abbauprodukt mit einem MG von 70000) stellt das wichtigste Autoantigen für die Diagnostik der Sklerodermie dar (Lee u. Craft 1995; Vazquez Abad u. Rothfield 1995). Die Epitope von Topoisomerase I wurden in etlichen Studien untersucht und sind über das gesamte Molekül verteilt, wobei sich ein Hauptepitop in der C-terminalen Region befindet, in der auch die katalytische Aktivität lokalisiert ist (Verheijen 1994).

Autoantikörper treten spezifisch bei SklerodermiepatientInnen auf, insbesondere solchen mit diffuser Sklerodermie, bei denen sie in 50–70% der

Fälle nachweisbar sind. Sie sind klinisch v. a. mit einem erhöhten Risiko zu Lungenfibrose und diffusem Hautbefall sowie einer ausgeprägten Raynaud-Symptomatik assoziiert und treten beim prognostisch günstigeren CREST-Syndrom nur selten auf.

6.3.3.2 DNA-abhängige Proteinkinase (Ku-Antigen)

Die als Ku-Antigen bekannten Autoantigene sind Bestandteile der DNA-abhängigen Proteinkinase (DNA-PK), die aus den – ein Heterodimer bildenden – DNA bindenden Proteinen p70 und p80 sowie der katalytischen Untereinheit p350 besteht (Takeda u. Dynan 2001). Die DNA-PK ist an der Reparatur von Doppelstrang-DNA-Brüchen sowie an der V(D)J-Rekombination von Immunglobulinen beteiligt. Autoantikörper gegen diesen Komplex reagieren meist mit p80 bzw. einem konformationellen Epitop auf dem p70-p80-Heterodimer, wohingegen Epitope auf p70 weniger häufig erkannt werden und Antikörper gegen p350 nur sehr selten vorkommen (Wang et al. 1997). Ku-Antikörper reagieren auch mit einer Reihe nukleärer Proteine mit Sequenzhomologien zu p70/p80, z. B. NFIV, TREF, EBP-80, E1BF und Ku-2. Ku-Antikörper sind bei 5–25% der PatientInnen mit Polymyositis bzw. Sklerodermie-Overlap-Syndrom nachweisbar und in 1–7% der PatientInnen mit Myositiden, sind aber keineswegs auf diese Erkrankungen beschränkt. So sind sie in etwa 20% bei primärer pulmonaler Hypertonie, in 5–10% beim SLE (meist in Kombination mit anderen ANA-Spezifitäten) und in bis zu 20% beim primären Sjögren-Syndrom zu finden, gelegentlich auch bei anderen Kollagenosen (Cooley et al. 1999). In der indirekten Immunfluoreszenz an HEp-2-Zellen zeigt sich ein dichtes feingranuläres nukleäres Muster mit Fluoreszenz der Nukleoli und häufig auch der Chromosomen.

6.3.3.3 PCNA

Das „proliferating cell nuclear antigen" (PCNA) bildet mit einer Reihe von Proteinen verschiedene DNA bindende Multiproteinkomplexe, welche in Prozesse wie DNA-Replikation, DNA-Reparatur und Zellzyklusregulation involviert sind (Takasaki et al. 2000). Im Komplex mit anderen DNA-Replikationsproteinen [DNA-Polymerasen, Replikationsprotein A (RPA), Replikationsfaktor C, RNAse H, DNA-Ligase I, Helicase] fungiert PCNA als ein Helferprotein der DNA-Polymerase. Durch Interaktion mit p21, Cyclin D und cyclinabhängigen

Kinasen ist PCNA auch an der Regulation des Zellzyklus beteiligt.

Autoantikörper gegen PCNA gelten als hochspezifisch für den SLE, sind jedoch nur selten (in etwa 3–7% der Fälle) zu finden. Das Vorkommen von PCNA-Antikörpern bei SLE-PatientInnen ist mit Nieren- und ZNS-Manifestationen sowie Thrombozytopenie assoziiert. Interessanterweise sind auch einige der mit PCNA assoziierten Proteine als Zielstrukturen für Autoantikörper bei SLE (RPA) und Tumoren (Cycline, cyclinabhängige Kinasen) identifiziert worden (Takasaki et al. 2001). Des Weiteren bestehen molekulare Interaktionen mit anderen Autoantigenen wie dem Ku- [s. Abschnitt 6.3.3.2 „DNA-abhängige Proteinkinase (Ku-Antigen)"] und dem Ki-Antigen bzw. dem Proteasomaktivator PA28 (Takasaki et al. 2000). In der indirekten Immunfluoreszenz an HEp-2-Zellen zeigen PCNA-Antikörper eine charakteristische pleomorphe nukleäre Fluoreszenz entsprechend der zellzyklusabhängigen Expression des PCNA: negativ in der G_1-Phase, schwach granulär positiv in der frühen S-Phase, granulär positiv bei Aussparung der Nukleoli in der mittleren S-Phase und granulär positiv mit Prominenz der Nukleoli in der späten S-Phase.

6.3.3.4 Poly(ADP-Ribose)-Polymerase

Poly(ADP-Ribose)-Polymerase (PARP) ist ein nukleäres Enzym mit einem MG von 116 000, welches spezifisch an (genotoxisch bedingte) DNA-Doppelstrangbrüche bindet. Es ist wesentlich an DNA-Reparaturmechanismen beteiligt. PARP ist modular strukturiert und besteht aus

- der N-terminalen DNA bindenden Domäne,
- der Caspase-3-sensitiven NLS (nuclear localization signal)-Domäne,
- einem zentralen regulierenden Element (automodification site) sowie
- der C-terminalen katalytischen Domäne.

Die DNA bindende Domäne enthält 2 Zinkfingermotive, welche an der Erkennung der DNA-Strangbrüche beteiligt sind. Autoantikörper gegen diese Motive sind in hoher Frequenz bei PatientInnen mit entzündlich-rheumatischen Erkrankungen (v. a. SLE) sowie chronisch-entzündlichen Darmerkrankungen nachweisbar (Decker et al. 1998). Diese Autoantikörper hemmen zwar nicht die Aktivität des Enzyms, verhindern aber vollständig die Spaltung der PARP durch Caspase 3 (Decker et al. 2000).

6.3.3.5 Mi-2

Das Protein Mi-2 (MG=240 000) ist Teil eines Komplexes, der bei der strukturellen Organisation des Chromatins eine essenzielle Rolle spielt und dadurch an der Regulation von Transkription und Zellproliferation beteiligt ist (Targoff 2000). Für Mi-2 wurde eine Helicaseaktivität beschrieben und eine Rolle bei der Transkriptionsaktivierung vermutet. Anti-Mi-2-Antikörper können bei 15–20% der DermatomyositispatientInnen nachgewiesen werden, treten aber bei Polymyositis kaum auf, weshalb sie für die Differenzialdiagnostik von relativ hohem Wert sind (Roux et al. 1998; Targoff 2000).

6.4 RNA-Protein Komplexe

6.4.1 Antigene des Spleißosoms

In eukaryontischen Zellen werden fast alle mRNA als große Vorläufermoleküle transkribiert, die als Prä-mRNA bezeichnet werden und durch Entfernung der Intronsequenzen, Polyadenylierung am 3′-Ende und Anfügen von Trimethylguanosin (der so genannten Cap-Struktur) am 5′-Ende zur reifen translatierbaren mRNA prozessiert und aus dem Nukleus ausgeschleust werden müssen. Diese Prozessierung findet an einer äußerst komplexen und dynamischen subzellulären Struktur statt, die als Spleißosom bezeichnet wird (Kramer 1996). Die wichtigsten Komponenten des Spleißosoms sind

- die so genannten kleinen nukleären (small nuclear, sn) RNP,
- die heterogenen nukleären (hn) RNP sowie

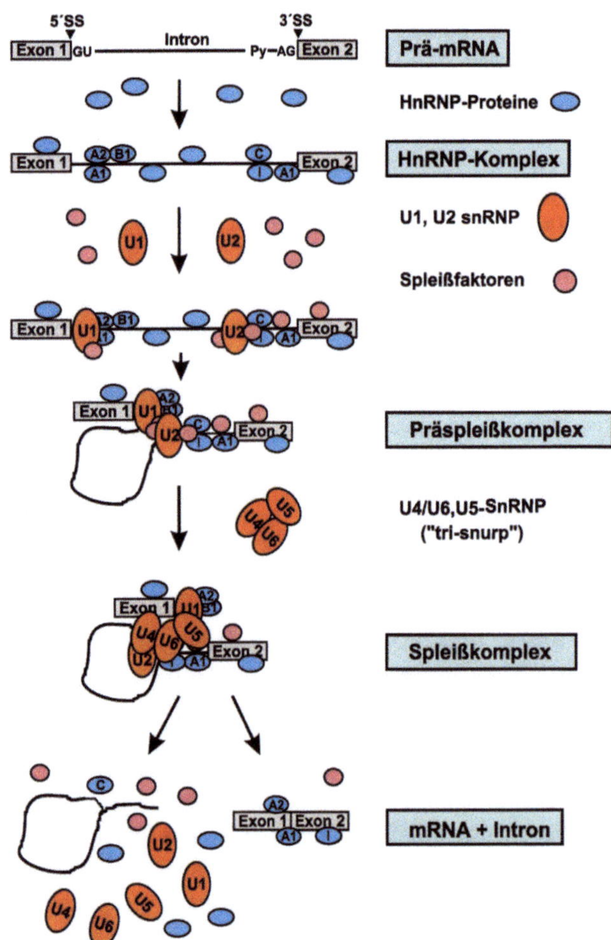

Abb. 6.3. Spleißen von Prä-mRNA. Der Spleißprozess, d.h. die Entfernung von Intronsequenzen mit anschließender Verknüpfung der Exons, ist hier in vereinfachter Form schematisch dargestellt. Frisch transkribierte Prä-mRNA (als 2 durch ein Intron getrennte Exons symbolisiert) assoziiert noch während des Transkriptionsvorgangs mit hnRNP-Proteinen, wodurch es zur Ausbildung von hnRNP-Komplexen kommt. In diesen ist die Prä-mRNA vor Ribonukleasen geschützt (Verpackung) und nimmt eine Struktur an, die die Assoziation mit den für den Spleißvorgang essenziellen snRNP ermöglicht. Dabei formiert sich zunächst durch Anlagerung von U1-snRNP an die 5′-Spleißstelle (*SS*) und von U2-snRNP an eine pyrimidinreiche Sequenz (*Py*) in der Nähe der 3′-SS der Präspleißkomplex. An diesen lagern sich in der Folge der trimere U4/U6-U5-snRNP-Komplex (tri-snurp) sowie zusätzliche Spleißfaktoren an, wodurch der aktive Spleißkomplex entsteht. Es erfolgt nun die Entfernung des Introns und die Verknüpfung (Spleißen) der beiden Exons. Die snRNP und die Mehrheit der hnRNP-Proteine dissoziieren anschließend ab, und die reife mRNA, bei der noch am 5′-Ende Trimethylguanosin (die so genannte Cap-Struktur) und am 3′-Ende Polyadenosin angefügt werden, kann nun aus dem Zellkern ins Zytoplasma transportiert werden. An diesem Vorgang sowie an der Regulation der Translation sind vermutlich auch einige hnRNP-Proteine beteiligt (z. B. hnRNP-A2, hnRNP-I/PTB oder hnRNP-K)

- eine Gruppe von Proteinen (Spleißfaktoren), die einen relativ hohen Anteil an Serin und Arginin aufweisen (die so genannten SR-Proteine).

Dazu ist zu bemerken, dass der Begriff Spleißosom eine funktionelle Maschinerie beschreibt, der bedingt durch die Heterogenität der Prä-mRNA und aufgrund der Dynamik des Spleißvorgangs keine klar definierbare Struktur (wie etwa dem Ribosom) zugeordnet werden kann (Abb. 6.3). Autoantikörper können gegen zahlreiche Komponenten des Spleißosoms gebildet werden, wobei sich Antikörper gegen snRNP-Antigene als besonders wertvoll für die Diagnostik des SLE erwiesen haben. Antikörper gegen hnRNP-Antigene können auch bei anderen systemischen Erkrankungen, insbesondere bei CP und Sklerodermie, auftreten und scheinen ebenfalls eine gewisse diagnostische Wertigkeit besitzen.

6.4.1.1 Sm-Proteine

Die snRNP stellen die funktionell wichtigsten Substrukturen des spleißosomalen Apparats dar (Will u. Lührmann 2001). Ihre Grundstruktur besteht aus je einer von insgesamt 5 kleinen snRNA, die wegen ihres hohen Gehalts an Uridin als U-snRNA (U1-, U2-, U4-, U5-, U6-RNA) bezeichnet werden, und den so genannten Sm-Proteinen (B, B', D1, D2, D3, E, F, G). Dabei binden die D-, E-, F- und G-Proteine direkt an RNA, während die beiden

durch alternatives Spleißen gebildeten Proteine B und B' über Wechselwirkung mit den D-Proteinen assoziiert sind. An diese Grundstruktur sind dann weitere Proteine angelagert, die für die jeweiligen U-RNA spezifisch sind (s. Abschnitt 6.4.1.2 „U1-snRNP assoziierte Proteine" und Abb. 6.4).

Anti-Sm-Antikörper sind v. a. gegen die Sm-Proteine B/B' (MG = 23 700 bzw. 24 600) und D (MG = 13 000) gerichtet, die als Hauptimmunogene des Sm-Partikels angesehen werden. Zwischen den beiden Proteinen bestehen allerdings keinerlei signifikante Sequenzhomologien oder immunologische Kreuzreaktivitäten. Ein strukturelles Charakteristikum von Sm-B sind 2 (Sm-B) bzw. 3 (Sm-B') prolinreiche Motive Pro-Pro-Pro-Gly-Met-Arg-Pro-Pro (PPPGMRPP) im C-terminalen Bereich, die auch Hauptepitope darstellen. Daneben sind noch eine Reihe von Strukturepitopen identifiziert worden (Hoch 1994). Ähnliche prolinreiche Motive existieren auch in den U1-snRNP-spezifischen Proteinen U1-A und U1-C, mit denen Anti-Sm-B-Antikörper auch kreuzreagieren können, und interessanterweise auch in einem viralen Protein, dem Epstein-Barr-nukleären Antigen 1 (EBNA-1). Dies gab Anlass zu Spekulationen über eine pathogenetische Kreuzreaktion zwischen EBNA-1 und Sm-B, die unter bestimmten Voraussetzungen zu einem Toleranzbruch gegen das Sm-B-Protein und in weiterer Folge auch zu Autoimmunreaktionen gegen andere spleißosomale Antigene führen könnte (Harley u. James 1999; James et al. 2001) (s. auch

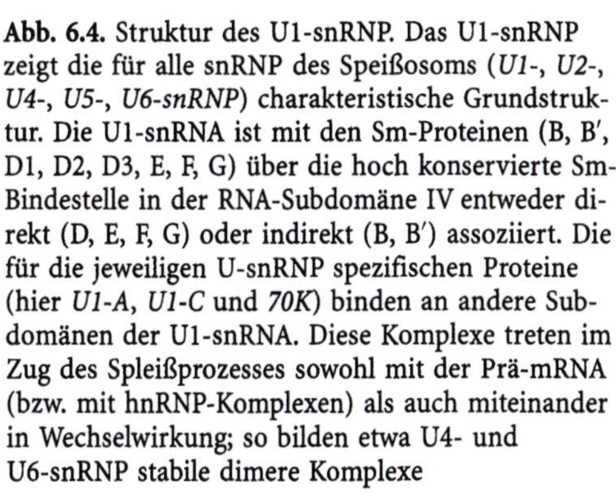

Abb. 6.4. Struktur des U1-snRNP. Das U1-snRNP zeigt die für alle snRNP des Speißosoms (*U1-*, *U2-*, *U4-*, *U5-*, *U6-snRNP*) charakteristische Grundstruktur. Die U1-snRNA ist mit den Sm-Proteinen (B, B', D1, D2, D3, E, F, G) über die hoch konservierte Sm-Bindestelle in der RNA-Subdomäne IV entweder direkt (D, E, F, G) oder indirekt (B, B') assoziiert. Die für die jeweiligen U-snRNP spezifischen Proteine (hier *U1-A*, *U1-C* und *70K*) binden an andere Subdomänen der U1-snRNA. Diese Komplexe treten im Zug des Spleißprozesses sowohl mit der Prä-mRNA (bzw. mit hnRNP-Komplexen) als auch miteinander in Wechselwirkung; so bilden etwa U4- und U6-snRNP stabile dimere Komplexe

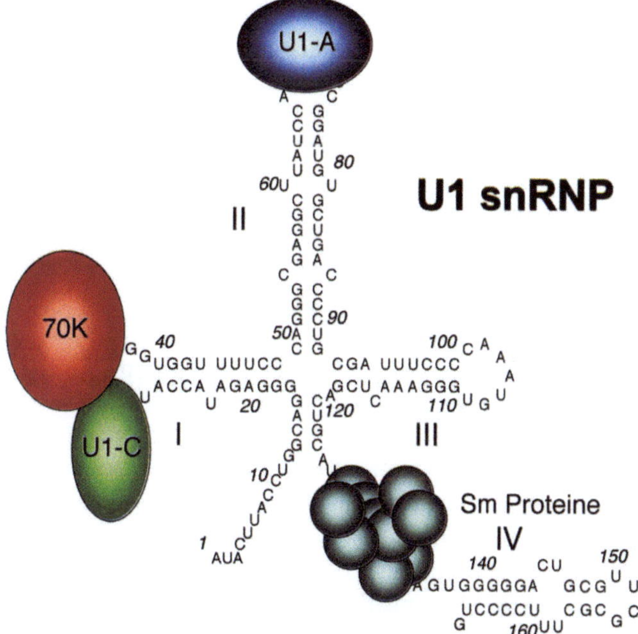

Abschnitt 6.2.2.4 „Molekulares Mimikry"). Im Tiermodell konnten durch wiederholte Immunisierungen mit diesem Sm-B-Peptid schließlich sogar die Bildung von Anti-DNA-Antikörpern sowie die Auslösung klinischer Manifestationen des SLE induziert werden (James et al. 1995).

Zwar gelten Anti-Sm-Antikörper als hochspezifisch für den SLE und sind deshalb trotz ihrer relativ geringen Prävalenz (10–15% bei europäischen PatientInnen) von großem diagnostischem Wert, doch ist die hohe Spezifität auf Antikörper gegen die Sm-D-Proteine beschränkt. Dabei ist die Dimethylierung von C-terminal gelegenen Argininresten essenziell für deren Erkennung durch Anti-Sm-Antikörper, ein (bereits in Abschnitt 6.2.2 „Autoantigenität und Toleranzbruch" erwähntes) Beispiel für die Bedeutung von posttranslationalen Modifikationen bei (Auto)Immunreaktionen (Brahms et al. 2000). Ähnlich wie bei den Sm-B-Proteinen scheinen die wichtigsten Antigendeterminanten im C-terminalen Bereich lokalisiert zu sein, der strukturell durch ein 9fach wiederholtes Gly-Arg(GR)-Motiv (Aminosäure 97–114) sowie durch das C-terminale Motiv Arg-Gly-Gly-Pro-Arg-Arg (RGGPRR) gekennzeichnet ist und ebenfalls bemerkenswerte Homologien zu einer Sequenz von EBNA-1 aufweist. In Epitopkartierungsstudien unter Verwendung synthetischer Peptide konnte gezeigt werden, dass annähernd 70% der SLE-Seren, aber weniger als 10% der Kontrollen Reaktivitäten gegen den GR-reichen C-terminalen Bereich (Aminosäure 93–119) enthielten (Riemekasten et al. 1998). Somit wäre dieser Anti-Sm-Nachweis rund 5-mal sensitiver als herkömmliche Assays, die das Gesamtprotein als Antigen verwenden, allerdings auch von geringerer Spezifität, worauf bei der Interpretation des Ergebnisses Rücksicht zu nehmen ist. Zur Erklärung dieses Phänomens wird angenommen, dass dieser Bereich im Gesamtprotein nicht oder nur schlecht für Antikörper zugänglich ist und ein so genanntes „kryptisches Epitop" darstellt (Bockenstedt et al. 1995; Lan u. Maclaren 1998).

6.4.1.2 U1-snRNP assoziierte Proteine

Das U1-snRNP (auch als U1-RNP oder nRNP bezeichnet) besteht aus der U1-RNA, den Sm-Proteinen sowie den 3 für dieses snRNP spezifischen Proteinen 70K, U1-A, und U1-C (Abb. 6.4). Das 70K- und das U1-A-Protein binden direkt an die RNA, während U1-C über Wechselwirkungen mit 70K assoziiert ist. Das U1-snRNP ist funktionell am 1. Schritt der Spleißreaktion beteiligt und lagert sich via Wechselwirkung der U1-RNA mit der

Prä-mRNA an der 5′-Spleißstelle an. Wie zahlreiche andere RNA bindende Proteine verfügen sowohl 70K als auch U1-A über 1 bzw. 2 so genannte Konsensussequenz-RNA-Bindedomänen (CS-RBD), konservierte Regionen von etwa 80 Aminosäuren, über die die Wechselwirkung mit RNA erfolgt. Derartige Domänen sind auch in anderen Autoantigenen zu finden, u. a. in hnRNP-Proteinen (Abschnitt 6.4.1.3 „Heterogene nukleäre Ribonukleoproteine"), im Ro/SS-A- und im La/SS-B-Antigen [Abschnitt 6.4.2 „Ro-Ribonukleoproteine (Ro/SS-A und La/SS-B-Antigene)"]. Des Weiteren enthält 70K noch 2 stark positiv geladene Regionen, die reich an Arginin und Serin sind, sowie einen kurzen Abschnitt, der signifikante Homologie zum p30^{gag}-Protein von Typ-C-Retroviren aufweist (Klein Gunnewick u. van Venrooij 1994). U1-C hingegen enthält ein Zinkfingermotiv, das für die Wechselwirkung mit 70K essenziell ist, sowie eine prolin- und methioninreiche C-terminale Region, die starke Homologien zu einem ähnlichen Motiv in U1-A aufweist.

Antikörper gegen U1-snRNP-Proteine sind in hohen Titern in allen Seren von PatientInnen mit dem Überlappungssyndrom „mixed connective tissue disease" (MCTD) nachweisbar und stellen ein Klassifikationskriterium dieser Erkrankung dar. Des Weiteren sind sie in Seren von 20–30% der SLE und bis zu 10% der SklerodermiepatientInnen in meist niedrigeren Titern zu finden. Bemerkenswerterweise wurde bei SLE-PatientInnen mit hohen Anti-U1-RNP-Titern eine signifikant erniedrigte Inzidenz von Lupusnephritis gefunden, wobei dieser „protektive" Effekt v. a. mit Antikörpern gegen das 70K-Antigen korrelierte (Reichlin u. Van Venrooij 1991).

Die Hauptepitope sind bei 70K und U1-A in den RNA-Binderegionen lokalisiert, bei U1-C in der Pro-Met-reichen Region. Unter den 3 Antigenen scheint das 70K-Protein immunodominant zu sein, da Antikörper dagegen häufig den beiden anderen Reaktivitäten vorausgehen (Greidinger u. Hoffman 2001). Das ist auch insofern interessant, als dieses Protein zu den bei verschiedenen Formen des Zelltods fragmentierten Autoantigenen zählt (s. auch Tabelle 6.5) und modifizierte Formen präferenziell von Autoantikörpern erkannt zu werden scheinen (Greidinger et al. 2000).

6.4.1.3 Heterogene nukleäre Ribonukleoproteine

Unter dem Begriff heterogene nukleäre Ribonukleoproteine (hnRNP) versteht man eine Gruppe von etwa 30 Proteinen, die schon während oder unmittelbar nach erfolgter Transkription an Prä-mRNA binden und die so genannten hnRNP-Komplexe bilden. An diese lagern sich in der Folge U1- und U2-snRNP und andere Proteine an, wodurch es zum Aufbau des präspleißosomalen Komplexes kommt (Dreyfuss et al. 1993). Neben dieser v. a. Struktur bildenden Rolle haben hnRNP-Proteine noch eine Reihe anderer Funktionen, wobei insbesondere die Regulation des Spleißprozesses, der Transport von reifer mRNA aus dem Zellkern und die Translationskontrolle zu erwähnen sind (Weighardt et al. 1996; Krecic u. Swanson 1999). HnRNP-Proteine stellen eine funktionell, aber nicht strukturell verwandte Familie von Proteinen dar. Gemeinsam ist ihnen die Fähigkeit, in mehr oder weniger sequenzspezifischer Weise mit Prä-mRNA bzw. mRNA zu assoziieren, sowie die Präsenz in spleißosomalen Komplexen. HnRNP zeigen eine modulare Struktur, die aus mehreren definierten Sequenzabschnitten (Domänen) besteht. So lassen sich in jedem hnRNP mehrere Domänen charakterisieren, von denen zumindest eine ein gut charakterisiertes RNA-Bindungsmotiv darstellt. Die 3 häufigsten sind

- die bereits erwähnte CS-RBD, die auch als RNA-Erkennungsmotiv (RNA recognition motif, RRM) oder RNP-80-Motiv bezeichnet wird,
- die RGG-Box, eine Domäne, die durch das mehrfach wiederholte Sequenzmotiv Arg-Gly-Gly (RGG) charakterisiert ist, und
- das KH-Motiv (KH steht für K-Homologie), das erstmals im hnRNP-K identifiziert wurde (Burd u. Dreyfuss 1994).

So gut wie alle hnRNP haben 2 oder mehrere solcher Domänen, sowie zumindest eine als Hilfsdomäne bezeichnete Region, die spezifisch für das jeweilige Protein ist und v. a. an Wechselwirkungen mit anderen Proteinen (aber auch RNA) beteiligt ist.

Autoantikörper gegen hnRNP-Proteine sind wiederholt bei verschiedenen rheumatischen Erkrankungen, v. a. bei SLE und MCTD, beschrieben worden, wobei insbesondere hnRNP-A2 ein immunodominantes Autoantigen darzustellen scheint (Steiner et al. 1996). Dieses Antigen, das ursprünglich als RA33-Antigen bezeichnet wurde (Steiner et al. 1992), hat eine für hnRNP-Proteine typische modulare Struktur und ist aus 2 aufeinanderfolgenden CS-RBD und einer Hilfsdomäne aufgebaut, die einen bemerkenswert hohen Anteil (45%) an Glyzinresten enthält. Autoantikörper gegen dieses Protein wurden nicht nur bei PatientInnen mit SLE und MCTD nachgewiesen, sondern bemerkenswer-terweise auch bei PatientInnen mit CP, bei der im Gegensatz zu den beiden anderen Erkrankungen keine Antikörper gegen snRNP-Antigene oder andere Proteine des spleißosomalen Apparats gebildet werden (Hassfeld et al. 1995). Aus diesem Grund könnte der Bestimmung dieser Antikörper eine gewisse Bedeutung bei der Diagnose der CP zukommen, insbesondere da sie auch bereits im Frühstadium der Erkrankung nachweisbar sein können (Hassfeld et al. 1993; Hueber et al. 1999). Die Hauptepitope sind in den RNA-Bindedomänen lokalisiert, wobei von MCTD-PatientInnen ein anderes Epitop erkannt wird als von RA- oder SLE-PatientInnen (Skriner et al. 1997). Antikörper gegen das nahe verwandte hnRNP-A1 wurden ebenfalls wiederholt beschrieben, dürften aber zumindest z. T. Kreuzreaktivitäten von Anti-hnRNP-A2-Antikörpern darstellen und von relativ geringer diagnostischer Relevanz sein (Astaldi Ricotti et al. 1989; Hassfeld et al. 1995).

Ein weiteres hnRNP-Autoantigen stellt hnRNP-I dar, das auch als „polypyrimidine tract binding protein" (PTB) bezeichnet wird, gegen das Autoantikörper v. a. bei SklerodermiepatientInnen nachgewiesen wurden (Montecucco et al. 1996). Dieses multifunktionelle Protein wurde vor kurzem auch als eine Komponente des im nächsten Abschnitt besprochenen Ro-RNP-Komplexes identifiziert und könnte daher sowohl biochemisch als auch immunologisch einen Konnex zwischen nukleären Spleißosomen und zytoplasmatischen Ro-RNP darstellen (Fabini et al. 2001).

6.4.2 Ro-Ribonukleoproteine (Ro/SS-A- und La/SS-B-Antigene)

Ro-RNP bestehen aus je 1 von 4 kleinen zytoplasmatischen RNA, die als Y RNA bezeichnet werden, und zumindest 2 stabil mit ihnen assoziierten Proteinen, einem Protein mit einem MG von 60 000, das als Ro60- oder SS-A (für Sjögren-Syndrom A)-Antigen bezeichnet wird, und dem Phosphoprotein La mit einem MG von 48 000, das auch unter der Bezeichnung SS-B bekannt ist (Pruijn et al. 1997; Labbe et al. 1999). Im Gegensatz zu Ro60 bindet das wesentlich reichlicher vorhandene La-Antigen nicht nur an Y RNA, sondern auch an die Vorläuferstufen anderer kleiner RNA (z. B. Transfer-RNA), die wie die Y RNA von RNA-Polymerase III transkribiert werden. Beide Proteine verfügen über je eine CS-RBD, weisen aber abgesehen davon keine signifikanten strukturellen Gemeinsamkeiten auf.

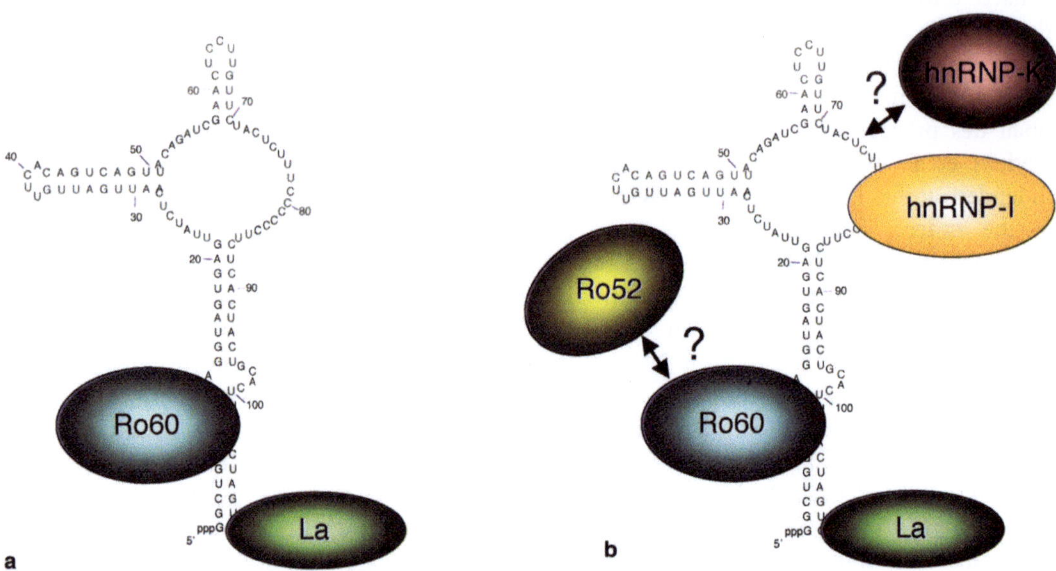

Abb. 6.5 a, b. Ro-Ribonukleoproteine. Ro-RNP bestehen aus je 1 der 4 kleinen Y RNA (Y1, Y3, Y4, Y5), die mit den beiden Proteinen La und Ro60 stabil assoziiert sind (**a**). Es wird angenommen, dass weitere Proteine mit dieser Grundstruktur in für die jeweilige Y RNA mehr oder weniger spezifischer Weise assoziieren können (ähnliche wie bei den U-snRNP). Eine derartige Assoziation konnte vor kurzem für hnRNP-I mit Y1- bzw. Y3-RNA nachgewiesen werden, wohingegen die stabile Bindung weiterer Proteine wie Ro52 oder hnRNP-K bisher nicht eindeutig gezeigt werden konnte (**b**)

Ein weiteres Protein mit einem MG von etwa 52000, das Ro52-Antigen, könnte über Bindung an Ro60 zumindest mit einer Subpopulation von Ro-RNP assoziiert sein, allerdings liegen diesbezüglich widersprüchliche Daten verschiedener Forschungsgruppen vor (Slobbe et al. 1992; Boire et al. 1995; Fabini et al. 2000). Ro52 weist keine typischen RNA-Bindedomänen auf und scheint auch nicht direkt mit irgendeiner zellulären RNA assoziiert zu sein, kann aber zumindest in vitro an DNA binden. Neuere Befunde deuten darauf hin, dass noch weitere Proteine mehr oder weniger stabil mit Ro-Partikeln assoziiert sein könnten (Cheng et al. 1996; Wang et al. 1999; Bouffard et al. 2000; Fabini et al. 2000), wobei insbesondere die beiden hnRNP-Proteine hnRNP-I und hnRNP-K zu nennen sind, deren Assoziation mit Y RNA vor kurzem nachgewiesen wurde (Fabini et al. 2001) (Abb. 6.5).

Über die Funktion von Ro-RNP- ist noch wenig bekannt, doch weisen jüngste Befunde auf eine mögliche Rolle bei der zellulären Stressantwort hin (Chen et al. 2000; Labbe et al. 2001). Andererseits sind sowohl für Ro60 als auch für La Funktionen gefunden worden, die unabhängig von deren Assoziation mit Y RNA sind. So ist La in die Prozessierung von tRNA und anderen RNA-Polymerase-III-Transkripten involviert (Wolin u. Matera 1999) und scheint überdies eine wichtige Rolle bei der Biogenese von U-snRNP zu spielen (Xue et al. 2000), während Ro60 spezifisch an defekte (fehlerhaft gefaltete) ribosomale 5S-RNA zu binden vermag und eine Rolle bei deren Abbau spielen dürfte (O'Brien u. Wolin 1994; Labbe et al. 1999).

Antikörper gegen Ro-Proteine sind bei etwa 50% der SLE-PatientInnen und bei bis zu 80% der PatientInnen mit primärem Sjögren-Syndrom nachweisbar, in niedrigerer Frequenz (bis zu 10%) allerdings auch bei anderen Kollagenosen und treten häufig gemeinsam auf (Bouffard et al. 1996). Eine Ausnahme stellt die Poly- bzw. Dermatomyositis dar, bei der Anti-Ro52-Antikörper (ohne begleitende Anti-Ro60-Antikörper) oft gemeinsam mit Anti-Jo1-Antikörpern vorkommen (Rutjes et al. 1997). Interessanterweise können in Versuchstieren durch Immunisierung mit nur einem der beiden Antigene auch Antikörper gegen das 2. Protein induziert werden, was im Sinne der „Partikelhypothese" (s. auch Abschnitt 2.1 „Zielstrukturen") als Hinweis auf eine biochemische Assoziation der beiden Antigene betrachtet werden kann (Keech et al. 1996).

Anti-Ro-Antikörper könnten eine pathogenetische Rolle beim neonatalem Lupus erythematodes (NLE) spielen, da sie bei praktisch allen betroffenen Kindern (sowie deren Müttern) nachweisbar sind und somit einen erheblichen Risikofaktor für den kongenitalen Herzblock des Kindes darstellen

(Buyon 1994; Buyon et al. 2001). Dies scheint aber nur auf Antikörper gegen Ro52 zuzutreffen, das in einer alternativ gespleißten Variante (Ro52β) im fetalen Herzen exprimiert wird (Buyon et al. 1997). Wie vor kurzem gezeigt wurde, besteht eine Kreuzreaktivität von Anti-Ro52-Antikörpern mit dem kardialen serotoninergen 5-HT4-Rezeptor, die auf einem kurzen Abschnitt zwischen den Aminosäuren 365 und 382 lokalisiert werden konnte (Eftekhari et al. 2000). Immunisierung von trächtigen Mäusen mit dem kreuzreaktiven 5-HT4-Peptid induzierte in den Nachkommen Symptome, die weitgehend denen des humanen NLE-Syndroms entsprachen (Eftekhari et al. 2001); Immunisierung mit dem Ro52-Antigen erbrachte ein ähnliches Resultat (Miranda Carus et al. 1998; Xiao et al. 2001). Diese Befunde lassen eine Beteiligung von kreuzreaktiven Anti-Ro52-Antikörpern am (allerdings seltenen) NLE als sehr wahrscheinlich erscheinen, während für Antikörper gegen das Ro60-Antigen keine Beteiligung nachgewiesen werden konnte.

Die Epitope beider Ro-Proteine sind in mehreren Studien untersucht worden, die relativ kohärente Ergebnisse erbracht haben. Dabei wurden sowohl auf Ro60 als auch auf Ro52 Epitope gefunden, die präferenziell von Antikörpern von SLE- bzw. Sjögren-Syndrom-PatientInnen erkannt wurden, während andere Epitope keine Präferenz für eine der beiden Erkrankungen zeigten (Scofield et al. 1999; Wahren Herlenius et al. 1999). Die pathogenetische Bedeutung dieser differenziellen Epitoperkennung ist derzeit aber noch unklar.

Antikörper gegen La sind bei etwa 60–70% der PatientInnen mit primärem Sjögren-Syndrom und bei etwa 20% der SLE-PatientInnen nachweisbar. Die Epitope sind über das gesamte Molekül verteilt, wobei sowohl die N-terminale Region als auch die benachbarte RNA-Bindedomäne (CS-RBD) immunodominant zu sein scheinen (Scofield et al. 1999). Interessanterweise enthält die N-terminale Region eine kurze Sequenz, die mit der des gag-Proteins des Katzensarkomaretrovirus homolog ist. Anti-La-Antikörper treten fast immer gemeinsam mit Anti-Ro-Antikörpern auf, wohingegen Anti-Ro-Antikörper beim SLE auch häufig ohne begleitende Anti-La-Antikörper vorkommen. Durch ihre hohe Inzidenz beim primären Sjögren-Syndrom haben Anti-La-Antikörper v. a. für die Differenzialdiagnostik dieser Erkrankung Bedeutung (Mavragani et al. 2000). Zudem weist die Mehrzahl der Mütter von Kindern mit kongenitalem Herzblock Anti-La-Antikörper auf, die somit ebenfalls einen signifikanten Risikofaktor darstellen, auch wenn eine direkte Beteiligung am NLE bislang nicht eindeutig nachgewiesen werden konnte.

6.4.3 Antigene des Ribosoms

Ribosomen sind im Gegensatz zu den Spleißosomen nicht nur funktionell, sondern auch strukturell klar definierte Partikel und stellen mit einem MG von etwa 4 200 000 die wahrscheinlich größten RNP-Komplexe der Zelle dar. Sie sind überwiegend im Zytoplasma lokalisiert, werden aber in den Nukleoli zusammengebaut, sodass sie sowohl als zytoplasmatische als auch als nukleoläre Antigene betrachtet werden können. Sie bestehen aus 2 großen und 2 kleinen RNA, die aufgrund ihrer Sedimentationseigenschaften im Dichtegradienten als 28S-, 18S-, 5,8S- und 5S-ribosomale RNA bezeichnet werden, und mehr als 80 verschiedenen Proteinen. Von diesen fungieren aber nur einige wenige als Zielstrukturen der systemischen Autoimmunantwort. Von diagnostischer Bedeutung sind v. a. die 3 nahe miteinander verwandten sauren Phosphoproteine P0, P1 und P2, die in der SDS-Gelelektrophorese mit MG von 38 000, 19 000 und 17 000 migrieren. Autoantikörper gegen diese Proteine treten fast ausschließlich beim SLE auf, sind allerdings nur bei etwa 5–10% der PatientInnen nachweisbar und v. a. gegen den hochkonservierten C-Terminus gerichtet, der bei den 3 Proteinen nahezu identisch ist (Elkon et al. 1994). Sie zeigen eine gewisse Korrelation mit einer neuropsychiatrischen Symptomatik (v. a. Depression) (Watanabe et al. 1996; Georgescu et al. 1997) und sind auch mit der Lupusnephritis assoziiert (Chindalore et al. 1998; Reichlin u. Wolfson Reichlin 1999).

Weiterhin sind basische Proteine des ribosomalen Komplexes (das 20 000-L12-, das 28 000-L7- und das 20 000-S10-Protein), die 28S-rRNA, der L5/5S-rRNA-Ribonukleoprotein-Komplex sowie ein Protein mit einem MG von 26 000 und ein Protein mit einem MG von 30 000 (Ja-Antigen) als autoantigene Zielstrukturen von SLE-Seren bekannt (Elkon et al. 1994). In der Immunfluoreszenz ergeben ribosomale Antikörper aufgrund der Lokalisation der Ribosomen im Zytoplasma und den Nukleoli ein sehr charakteristisches Muster (feingranuläre Färbung des Zytoplasmas sowie Anfärbung der Nukleoli).

6.4.4 Antigene des Signalerkennungspartikels

Die im Zytoplasma lokalisierten Signalerkennungspartikel (SRP: signal recognition particle) sind Ribonukleoproteinkomplexe, bestehend aus der kleinen 7SL-RNA und 6 verschiedenen Proteinen (SRP9, SRP14, SRP19, SRP54, SRP68 und SRP74). Sie sind verantwortlich für die Translokation neu synthetisierter Proteine von den Polysomen in das endoplasmatische Retikulum (Bui u. Strub 1999). SRP-Antikörper reagieren vorwiegend mit dem SRP54-Protein, z. T. auch mit SRP68 und SRP72, und gelten als diagnostische Marker der Polymyositis, sind jedoch nur selten nachweisbar (Genth u. Mierau 1995; Mimori 1996). Im Gegensatz zu MyositispatientInnen mit Aminoacyl-tRNA-Synthetase-Antikörpern (s. Abschnitt 6.4.5 „tRNA-Synthetasen") weisen PatientInnen mit SRP-Antikörpern keine Beteiligung von Gelenken, Lunge oder Haut auf. Die PatientInnen sprechen häufig nicht gut auf Immunsuppressiva an und haben unter den MyositispatientInnen die schlechteste Prognose. In der indirekten Immunfluoreszenz an HEp-2-Zellen sieht man eine diffuse granuläre zytoplasmatische Fluoreszenz.

6.4.5 tRNA-Synthetasen

Die tRNA-Synthetasen sind eine Familie von überwiegend im Zytoplasma lokalisierten Enzymen, die die Beladung der tRNA-Moleküle mit den für sie spezifischen Aminosäuren durchführen. Es sind phylogenetisch hochkonservierte Proteine, die in 2 Familien (Klasse-I- und Klasse-II-Synthetasen) unterteilt werden. Sie assoziieren in spezifischer Weise mit ihren jeweiligen tRNA und katalysieren (unter Verbrauch von ATP) die Ausbildung einer kovalenten Bindung zwischen deren 3′-Ende und der Karboxylgruppe der Aminosäure. Im Gegensatz zu den bisher beschriebenen RNA-Protein-Komplexen sind die tRNA-Synthetasen allerdings nicht permanent mit ihrer jeweiligen tRNA assoziiert und müssen daher als temporäre RNP-Komplexe betrachtet werden. Zu dieser Gruppe gehören auch eine Reihe von vorwiegend im Nukleolus lokalisierten Autoantigenen (z. B. RNA-Polymerase I), die im folgenden Abschnitt behandelt werden.

Autoantikörper gegen tRNA-Synthetasen werden fast ausschließlich von PatientInnen mit Poly- bzw. Dermatomyositis gebildet, wobei die Histidyl-tRNA-Synthetase, die auch als Jo-1-Antigen bezeichnet wird, das immunodominante Zielantigen

darstellt (Targoff 1993; Targoff 2000). Dieses Enzym mit einem MG von 50000 zeigt die für Klasse-II-tRNA-Synthetasen typische Struktur, wobei das Hauptepitop in der N-terminalen Region lokalisiert ist. Anti-Jo-1-Antikörper sind bei 30–40% der PatientInnen mit Polymyositis bzw. Dermatomyositis nachweisbar und treten insbesondere bei PatientInnen mit interstitieller Lungenfibrose auf, sodass ihr Nachweis auch von prognostischem Wert ist. Antikörper gegen andere Aminoacyl-tRNA-Synthetasen treten vergleichsweise selten auf (in weniger als 5% der Fälle). Dazu gehören Threonin-tRNA-Synthetase (PL-7), Alanin-tRNA-Synthetase (PL-12), Glycyl-tRNA-Synthetase (EJ) und Isoleucin-tRNA-Synthetase (OJ). In der Immunfluoreszenz ergeben tRNA-Synthetase-Antikörper eine relativ charakteristische granuläre zytoplasmatische Färbung.

6.5 RNA- und DNA-assoziierte Antigene des Nukleolus

Der Nukleolus als markante subnukleäre Struktur ist der Ort der Biosynthese der Ribosomen. Darüber hinaus sind dort weitere Funktionen lokalisiert, wie Prä-tRNA-Prozessierung, die Zusammensetzung der Signalerkennungspartikel sowie die Reifung der snRNA. Etwa 100 verschiedene kleine nukleoläre RNA (so genannte small nucleolar RNA, snoRNA), jede assoziiert mit einer Anzahl von Proteinen, sind in unterschiedlichen Substrukturen (snoRNP-Komplexen) organisiert (Pruijn 2000). Verschiedene Proteine sowohl dieser (z. B. Fibrillarin, Th/To) als auch anderer nukleolärer Komplexe (z. B. NOR-90, Nukleolin, Nukleophosmin, PM-Scl100, RNA-Polymerase I), in seltenen Fällen auch snoRNA, sind als Zielstrukturen von Autoantikörpern bei PatientInnen mit systemischen Autoimmunerkrankungen (v. a. Sklerodermie) und Tumoren beschrieben worden (Harvey et al. 1997). Die antinukleolären Antikörper zeigen in der indirekten Immunfluoreszenz verschiedene nukleoläre Muster, welche Hinweise auf die zugrunde liegende Spezifität geben können.

6.5.1 Pm/Scl-Antigene

Das PM/Scl-Antigen ist ein Komplex aus 11–16 unterschiedlichen Proteinen mit MG von 20000–110000. Dieser Komplex wird auch als Exosom bezeichnet, da er aus Exoribonukleasen besteht, die eine wesentliche Rolle bei der Prozessierung von Präkursoren verschiedener kleiner RNA (z.B. U-snRNA) sowie beim Abbau von mRNA spielen (Brouwer et al. 2001). Exosomen sind sowohl im granulären Anteil der Nukleoli als auch im Nukleoplasma lokalisiert. Die wichtigsten exosomalen Proteine sind die PM/Scl-Antigene (PM/Scl-100, PM/Scl-75) und die hRrp (ribosomales RNA-Processing)-Proteine (hRrp4p, hRrp40p, hRrp41p, hRrp42p, hRrp46p). Diese Proteine sind hochkonserviert: so ist das humane PM/Scl-100-Antigen homolog zum Rrp6-Protein der Hefe und zur RNAse D von *E. coli*, das PM/Scl-75-Antigen zum Rrp45-Protein (Hefe) und zu RNAse PH von *E. coli*.

Antikörper gegen den exosomalen Komplex sind meist gegen PM/Scl-100 und PM/Scl-75 gerichtet und können den gesamten Komplex präzipitieren. Sie treten fast ausschließlich bei PatientInnen mit Polymyositis-Sklerodermie-Überlappungssyndrom auf und gelten als spezifische Marker für dieses allerdings seltene Krankheitsbild (Ioannou et al. 1999; Brouwer et al. 2000). Die meisten der gegen PM/Scl-100 gerichteten Antikörper erkennen Epitope in der stark hydrophilen N-terminalen Region (Ge et al. 1996). Die Antikörper produzieren ein charakteristisches Immunfluoreszenzmuster, das sich durch starke homogene, glatt begrenzte Fluoreszenz der Nukleoli, häufig kombiniert mit einer schwachen Fluoreszenz des Nukleoplasmas auszeichnet.

6.5.2 RNA-Polymerasen

RNA-Polymerasen (RNAP) sind Multiproteinkomplexe, bestehend aus 8–14 Proteinen mit MG von 10000–220000. Es gibt 3 Klassen von RNAP (RNAP-I, -II und -III), die sich jeweils v.a. in den 2 großen Molekülen unterscheiden:

1. RNAP-I
   * Protein IA (190000) und
   * Protein IB (126000);
2. RNAP-II
   * Protein IIA (220000),
   * IIO, phosphorylierte Form von Protein IIA (240000)
   * IIB, proteolytische Form von Protein IIA (180000) sowie
   * Protein IIC (145000);
3. RNAP-III
   * Protein IIIA (155000) und
   * Protein IIIB (138000).

Während die RNAP-I im Nukleolus lokalisiert ist, sind RNAP-II und -III im Nukleoplasma zu finden. Die 3 RNAP haben auch unterschiedliche Funktionen: So ist RNAP-I für die Transkription von rRNA-Präkursormolekülen zuständig, RNAP-II für die Transkription der Prä-mRNA und RNAP-III für die Transkription verschiedener kleiner RNA, insbesondere tRNA, U-RNA und Y RNA.

Antikörper gegen RNAP treten fast ausschließlich bei Sklerodermie auf und sind bei etwa 10–20% der PatientInnen nachweisbar, wobei Antikörper gegen RNAP-I und -III vorherrschend sind (Bunn et al. 1998; Harvey et al. 1999; Kuwana et al. 1999). Diese Antikörper sind mit schwereren diffusen Sklerodermieformen assoziiert; positive PatientInnen haben meist eine ungünstige Prognose, bedingt durch eine erhöhte Frequenz an Herz-, Leber- und Nierenbeteiligung. In der indirekten Immunfluoreszenz an HEp-2-Zellen zeigen RNAP-I-Antikörper eine typische granuläre/punktierte nukleoläre Fluoreszenz, wobei die Nukleoli meist vom Nukleoplasma durch einen dunklen Hof abgegrenzt sind. In den mitotischen Zellen kann eine punktierte Fluoreszenz der Nukleolusorganisatoren (NOR) sichtbar sein.

6.5.3 Fibrillarin

Das Protein Fibrillarin hat ein MG von 34000 und ist die Hauptproteinkomponente der U3-snoRNP-Komplexe, welche an der Prozessierung der Prä-rRNA beteiligt sind. Fibrillarin ist auch Bestandteil anderer snoRNP und im Prozess der Ribosomenbiogenese im Nukleolus involviert. Strukturell auffallend ist der glyzin- und argininreiche N-terminale Teil, der eine RGG-Box enthält (ein konserviertes RNA-Bindemotiv, s. auch Abschnitt 6.4.1.3 „Heterogene nukleäre Ribonukleoproteine"), sowie der hohe Anteil an Dimethylargininen (s. auch Abschnitt 6.2.2.2 „Posttranslationale Modifikation von Autoantigenen"). Antikörper gegen Fibrillarin werden in 5–10% bei PatientInnen mit Sklerodermie gefunden und gelten auch als prognostische Marker bezüglich Dünndarmbeteiligung, Skelettmuskelbeteiligung sowie pulmonaler Hypertonie (Arnett et al. 1996). Selten sind sie auch bei hepatozellulärem Karzinom nachweisbar. Im Mausmodell sind Fibrillarinantikörper, wie in Abschnitt 6.2.2.3 „Xenobiotika und Autoantigenität" dargelegt, durch Quecksilbersalze induzierbar (Hultman u. Hansson-Georgiadis 1999; Pollard et al. 2000). Die indirekte Immunfluoreszenz an HEp-2-Zellen ergibt das für Fibrillarin typische granuläre (clumpy) nukleoläre Immunfluoreszenzmuster.

6.5.4 Nukleolin und Nukleophosmin

Nukleolin ist ein im Nukleolus lokalisiertes Phosphoprotein mit einem MG von 110 000, welches u. a. an der Bildung der Ribosomen beteiligt ist (Prä-rRNA-Processing-Faktor). Antikörper gegen diese nukleäre Komponente sind nur sehr selten nachweisbar, wobei keine Assoziation zu einer bestimmten Erkrankung zu bestehen scheint. So sind Nukleolinantikörper (v. a. vom IgM-Typ) u. a. bei PatientInnen mit SLE, akuter A-Hepatitis, infektiöser Mononukleose sowie chronischer Graft-versushost-disease (GvHD) gefunden worden.

Ein weiteres im Nukleolus lokalisiertes Phosphoprotein ist das Nukleophosmin, MG=37 000 (andere Bezeichnungen: B23, Numatrin, Ribocharin). Es gehört der Nukleoplasminfamilie an und ist u. a. an der späten Phase der Ribosomenbildung beteiligt. Autoantikörper gegen dieses Phosphoprotein sind ebenfalls nur sehr selten nachweisbar und zeigen keine Krankheitsspezifität. So wurden Nukleophosminantikörper gelegentlich bei Autoimmunerkrankungen (u. a. Sklerodermie), chronischer Graft-versus-host-disease (GvHD) und bei verschiedenen Karzinomen gefunden.

6.5.5 To/Th-Antigen

Das To- bzw. Th-Protein, MG=40 000, ist Bestandteil von 2 nahe miteinander verwandten RNP-Komplexen, der RNAse MRP bzw. der RNAse P, welche an der Prozessierung der Prä-rRNA sowie der Prä-tRNA beteiligt sind (van Eenennaam et al. 2000). Antikörper gegen das To/Th-Antigen gelten als Marker der Sklerodermie (Karwan 1998). Sie sind hier in 4–10% der Fälle nachweisbar und kommen häufiger bei den limitierten Formen vor. Die Prognose ist wegen häufiger pulmonaler Hypertonie schlecht. In der indirekten Immunfluoreszenz an HEp-2-Zellen zeigt sich eine homogene nukleoläre Fluoreszenz.

6.5.6 NOR-90

Das NOR-90-Antigen ist identisch mit dem *hum*anen „*u*pstream *b*inding *f*actor" (hUBF), ein mit den „*n*ucleolus *o*rganizer *r*egions" (NOR) assoziiertes Protein mit einem MG von 90 000, das an der Regulation der rRNA-Transkription beteiligt ist. Die NOR sind Orte der Reformation der Nukleoli nach der Mitose. NOR-90-Antikörper sind sehr selten nachweisbar und wurden ursprünglich als typisch für die Sklerodermie, das Raynaud-Phänomen und teilweise auch für das Sjögren-Syndrom angesehen. Nach neueren Ergebnissen besteht jedoch keine signifikante Assoziation mit einer bestimmten Erkrankung (Dick et al. 1995; Whitehead et al. 1998). So sind NOR-90-Antikörper u. a. bei PatientInnen mit CP, arzneimittelinduziertem Lupus, diskoidem Lupus, Zöliakie, Sarkoidose, alkoholischer Leberzirrhose und hepatozellulärem Karzinom gefunden worden. In der indirekten Immunfluoreszenz an HEp-2-Zellen sind eine granuläre bzw. punktierte Fluoreszenz der Nukleoli sowie eine Fluoreszenz einiger Dots in der Chromatinregion mitotischer Zellen (NOR) sichtbar.

6.6 Multiproteinkomplexe

6.6.1 Antigene des Proteasoms [1]

Das 20S-Proteasom ist ein hoch konservierter Proteasekomplex, der (bei Säugern) die zytoplasmatische Hauptmaschinerie für die Proteindegradation darstellt. Diese ist aus dem katalytischen Kern, dem 20S-Proteasom mit einem MG von ungefähr 750 000 aufgebaut, das mit dem 19S-Regulatorkomplex oder dem 11S-proteasomalen Aktivator interagiert. Das 20S-Proteasom hat eine zylindrische Struktur, die durch 4 Ringe gebildet wird. Jeder Ring besteht aus 7 verschiedenen, aber evolutionär verwandten Untereinheiten (Abb. 6.6, Tabelle 6.7). Die Proteine der äußeren Ringe gehören zu einer Proteinfamilie, die als *a*-Typ bezeichnet wird, während die inneren Ringe, die die aktiven Stellen tragen, Mitglieder der *β*-Typ-Familie sind (Feist et al. 2000; Takasaki et al. 2000).

Das Proteasom besitzt eine multikatalytische Protease, die für den ubiquitinabhängigen, selektiven Abbau von kurzlebigen und abnormalen Proteinen verantwortlich ist, eine grundlegende Funktion für die Zellhomöostase. Dies ist aber nicht die einzige Funktion des Proteasoms. So aktiviert es Transkriptionsfaktoren wie NFκB und kontrolliert den Zellzyklus durch Prozessierung von Zyklin. Außerdem sind Proteasomen an der Aktivierung und Regulation der Immunantwort via Generierung von Peptiden für die MHC-Klasse-I-Präsentation beteiligt, die mittels der Transportprotei-

---

[1] Dieser Beitrag stammt von Falk Hiepe

Tabelle 6.7. Untereinheiten des 20S-Proteasoms. Die durch Interferon-γ induzierten Untereinheiten sind β1i, β2i und β5i

Unterein-heit	MG	Funktion und Interaktionen
α1-IOTA	27400	NLS (nukleärer Transport?), RNA-se-Aktivität
α2-HC3	25700	NLS (nukleärer Transport?), phosphoryliert
α3-HC9	29500	NLS (nukleärer Transport?), bindet HTLV-1 TAX, phosphoryliert
α4-HC6	27900	NLS (nukleärer Transport?), bindet HBV HBx
α5-ZETA	26400	RNAse-Aktivität, phosphoryliert
α6-HC2	29600	Bindungsstelle für PA28
α7-HC8	28300	Phosphoryliert
β1-δ	21700	Katalytisch
β1i-LMP2	21300	Katalytisch
β2-Z	25200	Katalytisch
β2i-MECL1	24600	Katalytisch
β3-HC10-II	22900	
β4-HC7-I	22800	
β5-MB1	22500	
β5i-LMP7	22600	Katalytisch
β6-HC5	26500	Phosphoryliert
β7-HN3	24300	Bindet HTLV-1 TAX

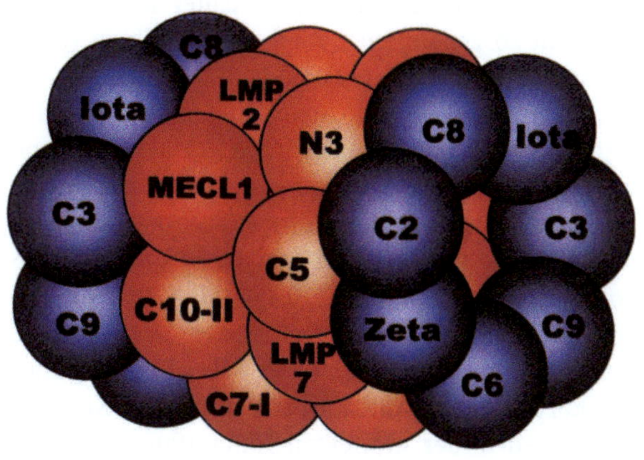

Abb. 6.6. Struktur des 20S-Proteasoms. Das 20S-Proteasom ist ein Multiproteinkomplex mit einem MG von ungefähr 750000, der den katalytischen Kern der proteasomalen Degradationsmaschinerie darstellt. Der Komplex hat eine zylindrische Struktur, die durch 4 Ringe gebildet wird. Jeder Ring besteht aus 7 verschiedenen, aber evolutionär verwandten Untereinheiten. Die Proteine der äußeren Ringe gehören zu einer Proteinfamilie, die als α-Typ-Familie bezeichnet wird, die inneren Ringe sind Mitglieder der β-Typ-Familie. Die proteolytische Aktivität ist in 3 β-Typ-Untereinheiten lokalisiert, während die α-Typ-Untereinheiten mit Regulatorproteinen wie dem 19S-Regulator oder dem PA28-Aktivator des Proteasoms interagieren (s. auch Tabelle 6.7)

ne TAP-1 und TAP-2 in das endoplasmatische Retikulum transportiert werden, wo sie an MHC-I-Moleküle binden. Unter dem Einfluss von Interferon-γ ändern sich die proteolytischen Eigenschaften des Proteasoms. Die 3 β-Typ-Untereinheiten LMP-7, LMP-2 und MECL-1 werden überexprimiert und in den proteasomalen Komplex integriert, wo sie die katalytischen Untereinheiten MB-1 d bzw. z ersetzen. Diese unterschiedliche Zusammensetzung der Proteasomen führt zu einer effektiven Verwendung der Spaltungsstellen und verbesserten Generation von Peptiden mit entsprechender Affinität für die MHC-Klasse-I-Bindungsdomäne. Während die proteolytische Aktivität auf 3 β-Typ-Untereinheiten begrenzt ist, interagieren die α-Typ-Untereinheiten mit Regulatorproteinen wie dem 19S-Regulator oder dem PA28-Aktivator des Proteasoms.

Die Proteasomen sind nicht nur im Zytoplasma lokalisiert. Sie lassen sich auch im Zellkern, insbesondere von Tumorzellen nachweisen. Vier der α-Typ-Untereinheiten tragen mutmaßliche nukleäre Lokalisierungssignale (NLS), die den Transport des Proteasoms in den Nukleus gewährleisten.

Autoantikörper, die mit dem Proteasom reagieren, wurden erstmals 1991 bei 35% der PatientInnen mit SLE beschrieben (Arribas et al. 1991). Als ein Hauptzielantigen konnte die α-Untereinheit HC9 identifiziert werden, mit der sowohl Seren von SLE- als auch von MyositispatientInnen relativ häufig reagierten, wobei die Antikörper in jeweils etwa 60% der Fälle detektierbar waren (Feist et al. 1996). Somit scheinen Antiproteasomantikörper die häufigste Autoantikörperreaktivität bei Myositis darzustellen. Allerdings besteht keine ausgeprägte Krankheitsspezifität, da antiproteasomale Antikörper auch bei annähernd 40% der PatientInnen mit primärem Sjögren-Syndrom gefunden wurden, wobei diese Seren mehrere Proteine der beiden Untereinheiten erkannten (Feist et al. 1999).

6.6.2 Antigene des Golgi-Komplexes und des Endosoms

Bisher sind 14 verschiedene Autoantigene des Golgi-Apparats mit MG zwischen 35000 und 380000 beschrieben worden, u.a. verschiedene Golgine (Golgin-67, Golgin-97, Golgin-95, Golgin-160, Golgin-245) und Makrogolgin (Giantin) (Fritzler u. Chan 2000). Sie sind in den zisternalen und vesikulären Membranen des Golgi-Apparats lokalisiert. Die Autoantikörperreaktivitäten scheinen selektiv gegen bestimmte α-helikale periphere (z.B. Golgine) und transmembranöse (z.B. Giantin) Proteine der zytoplasmatischen Oberfläche von Endosomen sowie des Golgi-Komplexes gerichtet zu sein, die reich an so genannten Coiled-coil-Domänen (stark verknäuelten Strukturen) sind. Autoantikörper gegen Golgine und Makrogolgin sind vorwiegend bei PatientInnen mit Kollagenosen (v. a. SLE und Sjögren-Syndrom), aber auch bei viralen Infekten nachweisbar. Gegen das frühe endosomale Antigen 1 (EEA1: early endosomal antigen 1) und das „zytoplasmic linker protein 170" (CLIP 170) sind Autoantikörper bei demyelinisierenden Neuropathien gefunden worden (Selak et al. 1999). Autoantikörper gegen Autoantigene des Golgi-Komplexes zeigen in der indirekten Immunfluoreszenz an HEp-2-Zellen eine irregulär grobgranuläre zytoplasmatische Fluoreszenz polar an einer Seite des Zellkerns (wie eine Kappe) aufgelagert, während Autoantikörper gegen endosomale Antigene eine grobgranuläre zytoplasmatische Fluoreszenz verursachen (Selak et al. 2000).

6.7 Antigene neutrophiler Granulozyten

Lysosomale Proteine der primären (azurophilen) und der sekundären (spezifischen) Granula neutrophiler Granulozyten stellen die Zielantigene von antineutrophil-zytoplasmatischen Antikörpern (ANCA) dar (Tabelle 6.8). Einige dieser Enzyme sind auch in monozytären Granula sowie intrazytoplasmatisch in Endothelzellen zu finden (Borregaard et al. 1995).

In der Immunfluoreszenz lassen sich bei ethanolfixierten Granulozyten 2 typische Färbemuster unterscheiden:

- ein zytoplasmatisches (cANCA), das einer Anfärbung der azurophilen Granula entspricht und durch Autoreaktivität gegen das Enzym Proteinase 3 (PR3) verursacht wird und
- ein perinukleäres (pANCA), dem v. a. Autoreaktivität gegen das Enzym Myeloperoxidase (MPO) zugrunde liegt. Daneben können noch weitere Enzyme myeloischer Zellen, wie z. B. Elastase, Lysozym, Laktoferrin, Cathepsin-G, BPI (bactericidal permeability increasing protein) ein mehr oder weniger typisches p-ANCA-Muster hervorrufen (Gross u. Csernok 1995; Segelmark et al. 2000).

ANCA gegen die genannten Zielproteine werden gebildet bei systemischen Vaskulitiden (cANCA bzw. pANCA mit den Zielantigenen PR3 bzw. MPO), chronisch-entzündlichen Darmerkrankungen und autoimmunen Lebererkrankungen (so genannte xANCA oder atypische ANCA mit verschiedenen und z. T. unbekannten Zielantigenen), bei der zystischen Fibrose (BPI-Antikörper), bei Kollagenosen, Silikosen sowie Infektionen (pANCA oder atypische ANCA mit verschiedenen und z. T. unbekannten Zielantigenen). Die größte klinische Bedeutung kommt den Autoreaktivitäten gegen PR3 und MPO zu (s. Abschnitte 6.7.1. „Proteinase 3", 6.7.2 „Myeloperoxidase").

Einige Autoantikörper gegen neutrophile Zielantigene können auch in der Pathogenese bestimm-

Tabelle 6.8. Autoantigene neutrophiler Granulozyten

Lokalisation	Autoantigen	Synonyma
Azurophile (primäre) Granula	Proteinase 3 (PR3)[a]	Wegener-Autoantigen AGP7 (azurophil granule protein 7) Myeloblastin p29
	Myeloperoxidase (MPO) Humane Leukozytenelastase (HLE)[a] Kathepsin G[a] Laktoferrin Azurozidin[a]	CAP37 (ein kationisches antimikrobielles Protein)
	BPI (bactericidal permeability increasing protein)	CAP57 (ein kationisches antimikrobielles Protein)
Spezifische (sekundäre) Granula	Lysozym (Proteinase 3)	
Gelatinase-Granula	Lysozym	
Sekretorische Vesikel	(Proteinase 3)	

[a] Serinproteasen mit starken Sequenzhomologien.

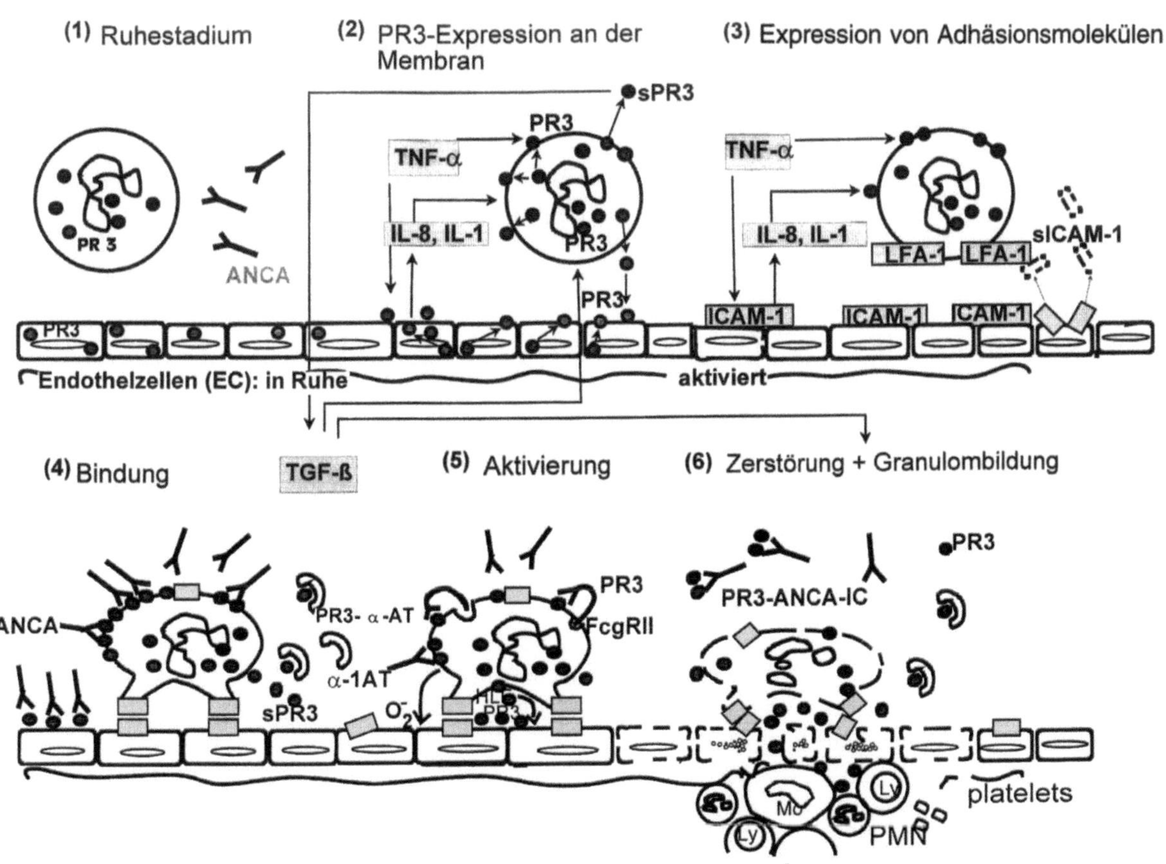

Abb. 6.7. ANCA-Zytokin-Sequenztheorie nach Gross: Proinflammatorische Zytokine (*TNF-a, IL-1, IL-8*) bewirken eine Translokation der intrazytoplasmatischen *PR3* auf die Zellmembran von Neutrophilen und Endothelzellen sowie die Expression von Adhäsionsmolekülen (z.B. *ICAM-1, LFA-1*) mit nachfolgender Adhäsion der Neutrophilen an Endothelzellen. Die Neutrophilen werden durch die Bindung der ANCA an PR3 zusätzlich aktiviert und degranulieren.

Freigesetzte lysosomale Proteine (welche nach der Adhäsion der Neutrophilen an Endothelzellen von zirkulierenden Enzyminhibitoren wie *a*-1-Antitrypsin nicht mehr erreicht werden) und toxische Sauerstoffradikale führen zur Lyse der Endothelzellen und schließlich zur nekrotisierenden Vaskulitis und Granulombildung, *PMN* polymorphkernige neutrophile Granulozyten, *PR3* Proteinase 3, *IC* Immunkomplex, *a-1AT* a-1-Antitrypsin

ter Erkrankungen eine Rolle spielen. So sind BPI-ANCA vom IgG-Typ bei der zystischen Fibrose signifikant mit einer *Pseudomonas-aeruginosa*-Kolonisation und restriktiven Lungenfunktionsstörungen assoziiert. Diese Antikörper können in vitro das Enzym BPI hemmen, was auf eine pathogenetische Bedeutung für die pulmonalen Manifestationen bei PatientInnen mit Pseudomonasinfektionen schließen lässt. Experimentelle und klinische Daten lassen auch vermuten, dass PR3- und MPO-ANCA in den Pathogeneseprozess von ANCA-assoziierten Vaskulitiden involviert sind (Gross u. Csernok 1995): Nach der von Gross u. Csernok (1995) formulierten ANCA-Zytokin-Sequenztheorie bewirken proinflammatorische Zytokine (TNF-*a*, IL-1, IL-8) eine Translokation der intrazytoplasmatischen PR3 auf die Zellmembran von Neutrophilen und Endothelzellen sowie die Expression von

Adhäsionsmolekülen mit nachfolgender Adhäsion der Neutrophilen an Endothelzellen. Die Neutrophilen werden durch die Bindung der ANCA an PR3 zusätzlich aktiviert und degranulieren. Freigesetzte lysosomale Proteine (welche nach der Adhäsion der Neutrophilen an Endothelzellen von zirkulierenden Enzyminhibitoren nicht mehr erreicht werden) und toxische Sauerstoffradikale führen zur Lyse der Endothelzellen und schließlich zur nekrotisierenden Vaskulitis (Abb. 6.7).

6.7.1 Proteinase 3

Dieses Enzym ist ein multifunktionelles Glykoprotein granulozytärer und monozytärer Zellen. Es gehört ebenso wie Azurozidin, Kathepsin G und HLE (Tabelle 6.8) zur Trypsinfamilie der Serinproteasen. PR3 ist identisch mit dem azurophilen Granulaprotein AGP7 und dem Myeloblastin. In der SDS-Polyacrylamidgelelektrophorese migriert PR3 als ein Triplett von 29 000–32 000. Diese Isoformen differieren möglicherweise ähnlich wie die humane Leukozytenelastase und das Kathepsin G in ihren Kohlenhydratstrukturen. PR3 ist vorwiegend in azurophilen Granula neutrophiler Granulozyten sowie in MPO-positiven Granula von Monozyten lokalisiert. Aber auch Endothelzellen und andere nichtmyeloide Zellen sollen nach Stimulation mit proinflammatorischen Zytokinen PR3 exprimieren (van der Geld et al. 2001).

Von der Proteinase 3 sind unterschiedliche Modifikationen mit verschiedener Funktion und pathogenetischer Bedeutung bekannt. Die reife und potenziell enzymatisch aktive Form, welche in den azurophilen und MPO-positiven Granula gespeichert wird, ist ein Produkt mehrerer Prozessierungsschritte, wie Abspaltung des Signalpeptids, Glykosylierung, Abspaltung des für myeloische Serinproteasen charakteristischen Propeptids sowie Bildung von 4 Disulfidbrücken. Eine Besonderheit der reifen PR3 ist die pH-abhängige Aktivierung/Inaktivierung durch Änderung der Konformation des Moleküls. PR3 ist als neutrale Serinprotease wesentlich an der Abtötung phagozytierter mikrobieller Erreger beteiligt.

Ein geringer Anteil der das Propeptid enthaltenden Proform des PR3 wird sezerniert. Es bleibt noch zu klären, ob die sezernierte PR3-Variante identisch mit der in den spezifischen Granula und in den sekretorischen Vesikeln gefundenen PR3 ist. Die sezernierte Proform ist wahrscheinlich ein negativer Feedback-Regulator der Granulopoese. Enzymatisch aktive PR3 wird auch auf der Plasmamembran ruhender neutrophiler Granulozyten und Monozyten exprimiert (mPR3). Bei Gesunden sind 3 verschiedene Phänotypen beschrieben worden: Expression von mPR3 in geringer (weniger als 20%), intermediärer oder hoher Frequenz auf der Membran neutrophiler Granulozyten. Bei PatientInnen mit ANCA-assoziierter Vaskulitis ist die Frequenz mPR3 exprimierender Neutrophiler erhöht. Auch wurde gezeigt, dass eine hohe Frequenz an mPR3 exprimierenden neutrophilen Granulozyten einen Risikofaktor für die Vaskulitis darstellt. Nach Neutrophilenaktivierung (z. B. durch TNF-α während einer viralen oder bakteriellen Infektion) wird der größte Anteil der freigesetzten PR3 auf der Plasmamembran exprimiert.

Antikörper gegen PR3 sind von besonderer diagnostischer Bedeutung, da sie weitgehend spezifische Markerantikörper für die Wegener-Granulomatose darstellen und bei dieser Erkrankung in der aktiven Phase bei mehr als 90% der PatientInnen nachweisbar sind. Sie sind auch für Verlaufskontrollen wertvoll, da die Titer signifikant mit der Krankheitsaktivität korrelieren. Selten sind PR3-ANCA auch bei der mikroskopischen Polyangiitis und dem Churg-Strauss-Syndrom zu finden.

Warum gerade die PR3 im Gegensatz zu den anderen Serinproteasen pathogenetisch bedeutsam ist, liegt in verschiedenen Besonderheiten der PR3 begründet (van der Geld et al. 2001):

- Ein Defekt in der Down-Regulation von PR3 auf promyelozytischer Stufe kann zur verstärkten myeloiden Differenzierung und damit Verstärkung des inflammatorischen Potenzials führen.
- Sowohl die enzymatisch aktive als auch die inaktive PR3-Form binden an Endothelzellen und können eine Aktivierung oder Apoptoseinduktion bewirken, was wiederum eine Verstärkung des inflammatorischen Potenzials bewirkt.
- Im Zug der Aktivierung von Neutrophilen wird die PR3 schnell aus den sekretorischen Vesikeln sezerniert und kann Gewebezerstörung verursachen, wenn sie nicht sofort inhibiert wird (s. auch ANCA-Zytokinsequenztheorie).
- Aberrante Expression von PR3, bedingt durch Sequenzpolymorphismen oder Variationen in der Promotorregion, könnte für die Induktion von Autoantikörpern bedeutsam sein.
- Eine hohe Rate mPR3 exprimierender Neutrophiler gilt als Risikofaktor für chronischentzündliche Prozesse vaskulärer Endothelien. Die Interaktion von mPR3 mit deren Autoantikörpern (PR3-ANCA) spielt wahrscheinlich eine Rolle bei der Auslösung der Vaskulitis bei der Wegener-Granulomatose (s. auch ANCA-Zytokinsequenztheorie).

6.7.2 Myeloperoxidase

Die Myeloperoxidase (MPO) ist ein kationisches, homodimeres Enzym mit einem MG von 146 000. Die Monomere selbst sind enzymatisch aktiv und bestehen jeweils aus einer Kette mit einem MG von 59 000 und einer Kette mit einem MG von 135 000. MPO ist reichlich in Neutrophilen vorhanden und macht etwa 5% der Gesamtproteinmenge aus. Sie katalysiert die Peroxidation von Chlorid zur Hypochlorid, was zur intrazellulären Abtötung phagozytierter Mikroorganismen sowie zur Inaktivierung von Proteaseinhibitoren führt. Wie schon bei der PR3 beschrieben, könnte die durch proinflammatorische Zytokine induzierte Expression von MPO auf der Plasmamembran pathogenetisch bedeutsam sein (Kallenberg 1998).

Antikörper gegen MPO stellen die wichtigste pANCA-Reaktivität dar und sind v. a. bei der mikroskopischen Polyangiitis (MPA) und der rapid-progressiven Glomerulonephritis (RPGN) nachweisbar (in 60–80% der Fälle). In geringer Frequenz sind MPO-ANCA auch bei der Wegener-Granulomatose und dem Churg-Strauss-Syndrom zu finden. Des Weiteren wurden diese Antikörper noch beim Goodpasture-Syndrom beschrieben, während sie bei Kollagenosen relativ selten auftreten. Obgleich PR3- und MPO-Antikörper in den azurophilen Granula lokalisiert sind, bedingen MPO-Antikörper ein anderes Immunfluoreszenzmuster (perinukleär) an ethanolfixierten neutrophilen Granulozyten. Die Ursache liegt in der stark positiven Ladung der MPO und der damit verbundenen Migration an die negativ geladene Kernmembran nach Alteration der Granulamembran durch Ethanol begründet. MPO-Antikörper erkennen fast ausschließlich Epitope der nativen MPO. Es ist zu beachten, dass noch eine relativ große Zahl weiterer Antigene ein pANCA-Muster erzeugen kann, so dass ein positiver pANCA-Befund nicht zwingend auf Anti-MPO-Antikörper hinweist. Die diagnostische Wertigkeit dieser anderen Antikörper ist allerdings noch nicht geklärt.

6.8 Phospholipide und assoziierte Proteine

Phospholipide (PL) bestehen aus einem Glyzerolgrundgerüst, an dem zum einen über Esterbindungen Fettsäuren und zum anderen über eine Phosphatgruppe polare Liganden (z. B. Serin) gebunden sind (Abb. 6.8). Negativ geladene und z. T. auch neutrale Phsopholipide sowie mit diesen assoziierte Proteine (Tabelle 6.9) stellen die Zielstrukturen der Antiphospholipidantikörper (aPL) dar, wobei das Kardiolipin und das mit diesem assoziierte β_2-Glykoprotein I (β_2-GPI) von besonderer Bedeutung sind. Phospholipide bilden als Bestandteile von Zellmembranen (Plasmamembran, Membranen subzellulärer Organellen) eine vorwiegend lamellare (Bilayer-)Struktur aus. In dieser Form scheinen die PL wenig immunogen zu sein. Einige Faktoren, welche die Immunogenität der PL beeinflussen und somit zur Induktion von aPL beitragen können, sind auf Veränderungen der dreidimensionalen Struktur der PL zurückzuführen (Lockshin u. Letendre 1992):

- Translokation der vorwiegend zytosolisch liegenden anionischen PL an die Außenseite der Zelle bei Aktivierung der Thrombozyten,
- hexagonale Struktur von Phospholipiden (funktionell bedingt oder pathologisch),
- Vorliegen in mizellarer Phase (nach Zell- oder Gewebezerstörung).

Die von den aPL erkannten antigenen Determinanten sind die Phosphodiester und strukturelle Epitope, die teilweise die Anwesenheit von Fettsäuren oder assoziierten Proteinen erfordern. So ist für die Bindung einer Subpopulation von Antikardioli-

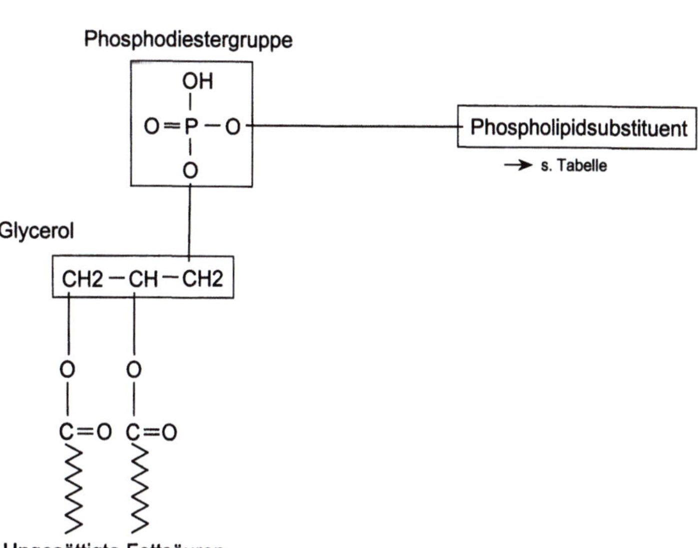

Abb. 6.8. Grundstruktur der Phospholipide. Phospholipide bestehen aus einem zentralen Glyzerolmolekül, an das zum einen über Esterbindungen Fettsäuren und zum anderen über eine Phosphatgruppe polare Liganden (z. B. Serin oder Cholin) gebunden sind

Tabelle 6.9. Übersicht über die Zielantigene der Antiphospholipidantikörper

Phospholipid	Substituent	Vorkommen
Anionisch		
Phosphatidsäure	Keine	
Phosphatidylserin	Serin	Integraler Bestandteil von Zellmembranen verschiedener Zellen (u. a. Thrombozyten, Endothelzellen)
Phosphatidylinositol	Inositol	
Phosphatidylglyzerol	Glyzerol	
Kardiolipin	Phosphatidylglyzerol	Integraler Bestandteil von Mitochondrienmembranen
Neutral		
Phosphatidylcholin	Cholin	Zellmembranen
Phosphatidylethanolamin	Ethanolamin	Zellmembranen
Assoziierte Proteine		
β-2-Glykoprotein I (Apolipoprotein H)		Bindet negativ geladene PL
Prothrombin		Bindet negativ geladene PL
Kininogen		Bindet Phosphatidylethanolamin

pinantikörpern (und anderen aPL gegen anionische PL) die Anwesenheit eines Kofaktors, des β_2-Glykoproteins 1 (β_2-GP1), erforderlich.

Autoantikörper gegen PL sind diagnostische Marker des Antiphospholipidsyndroms (APS), das durch venöse bzw. arterielle Thrombosen, Spontanaborte und Thrombozytopenie gekennzeichnet ist (Alarcon Segovia u. Cabral 2000). Sie sind jedoch nicht spezifisch für das APS, da sie auch bei einer Vielzahl anderer Erkrankungen, auch solchen mit nichtautoimmuner Pathogenese (z. B. bei mykobakteriellen Infektionen, Myokardinfarkt) und sogar bei chronischen DialysepatientInnen nachweisbar sind. Die pathogenetische Rolle der aPL ist noch nicht restlos geklärt, doch weisen Befunde aus Tiermodellen auf einen ursächlichen Zusammenhang zwischen diesen Antikörpern und den mit ihnen assoziierten klinischen Phänomenen hin (Pierangeli et al. 2000).

6.8.1 Kardiolipin und β_2-Glykoprotein I

Das Phospholipid Kardiolipin (CL) ist ein Diphosphatidylglyzerol (Abb. 6.8) und bindet an die C-terminale Domäne des β_2-GPI, das auch als Apolipoprotein H bezeichnet wird. Dieses besteht aus 326 Aminosäuren und weist 5 potenzielle Oligosaccharidbindungsstellen und einen Kohlenhydratanteil von etwa 19% auf. Das Protein ist phylogenetisch hoch konserviert und enthält 5 homologe Motive, welche auch als „short consensus repeats" (SCR) oder Sushi-Domänen bezeichnet werden. Die Domäne V ist die PL bindende Region, während eine diskontinuierliche Aminosäuresequenz in der Domäne IV das β_2-GPI-Autoepitop

bildet, welches nur zugänglich ist, wenn β_2-GPI mit negativ geladenen PL interagiert.

Die Plasmakonzentration von β_2-GPI beträgt etwa 200 mg/l. β_2-GPI bindet verschiedene negativ geladene makromolekulare Strukturen wie Phospholipide (CL, Phosphatidsäure, Phosphatidylserin, Phosphatidylinositol), Heparin, Lipoproteine und aktivierte Thrombozyten. Es hemmt den intrinsischen Weg der Blutgerinnung, die Prothrombinaseaktivität sowie die ADP-abhängige Thrombozytenaggregation. Weiterhin hemmt β_2-GPI die Aktivierung von Protein C. Dieser Effekt kann durch CL-Antikörper gesteigert werden (Ieko et al. 1999). Diese Hemmung der antikoagulatorischen Aktivität von aktiviertem Protein C bietet eine Erklärungsmöglichkeit für das Auftreten von Thrombosen bei PatientInnen mit CL-Antikörpern.

Autoantikörper gegen Kardiolipin (aCL) sind v. a. gegen einen Komplex aus Kardiolipin und β_2-GPI gerichtet und von Antikörpern gegen β_2-GPI oder gegen reines Kardiolipin zu unterscheiden (Koike 2000). Letztere korrelieren weniger gut mit dem APS und treten häufig bei verschiedenen infektiösen Erkrankungen auf, wohingegen Antikörper gegen den Kardiolipin-β_2-GPI-Komplex und/oder gegen β_2-GPI spezifischer für das APS sind und bei der Mehrzahl dieser PatientInnen im Serum nachgewiesen werden können. Dabei korrelieren insbesondere IgG-aCL stark mit venösen und arteriellen Thrombosen, Thrombozytopenie, Abortneigung und Endokardläsionen. Ähnliche Korrelationen wurden für Anti-β_2-GPI-Antikörper beschrieben, die auch isoliert, also ohne begleitende aCL auftreten können.

Über Interaktionen mit oxydierten Lipoproteinen könnten Autoantikörper gegen Kardiolipin und β_2-GPI auch an der akzelerierten Atherosklerose bei PatientInnen mit entzündlich-rheumatischen Erkrankungen beteiligt sein (Shoenfeld et al. 2001). Low-density-Lipoproteine (LDL) wirken nach Oxidation (oxLDL) atherogen. Durch die Oxidation werden neue Epitope exprimiert, die einerseits zur Erkennung durch so genannte Scavenger-Rezeptoren der Makrophagen führen und andererseits immunogen wirken, was zur Induktion von oxLDL-Antikörpern führen kann (Wu u. Lefvert 1995). Aber auch CL- und β_2-GPI-Antikörper können direkt oder über β_2-GPI mit oxLDL reagieren (Hasunuma et al. 1997). Derartige lipidreiche Immunkomplexe können über Fc-Rezeptoren durch Phagozytose in die Makrophagen gelangen und so die Schaumzellbildung zusätzlich fördern. Die atherogene Aktivität von β_2-GPI-Antikörpern wird noch durch Befunde aus Tiermodellen erhärtet. So konnte durch Immunisierung mit β_2-GPI in LDL-Rezeptor-defizienten Mäusen Atherosklerose induziert werden (George et al. 1998).

6.8.2 Andere Phospholipide

Neben dem Kardiolipin sind diverse andere Phospholipide als Zielstrukturen für Autoantikörper identifiziert worden (Tabelle 6.9), wobei insbesondere Autoantikörper gegen Phosphatidylserin für die Diagnostik des APS Bedeutung haben. Alle anderen aPL kommen in der Regel zusammen mit aCL und/oder Phosphatidylserinantikörpern vor und sind somit von geringer diagnostischer Relevanz. Nur in Einzelfällen sind Phosphatidylinositol- oder Phosphatidylethanolaminantikörper als alleinige aPL bei PatientInnen mit APS nachweisbar. PatientInnen mit multiplen aPL besitzen ein deutlich höheres Risiko für ein APS als PatientInnen, bei denen nur Kardiolipinantikörper nachweisbar sind.

6.9 Immunglobuline und Immunglobulin bindende Proteine

6.9.1 Immunglobulin G (Rheumafaktorantigen)

Das Auftreten von Rheumafaktoren (RF) bei PatientInnen mit CP wurde erstmals 1940 von Erik Waaler beschrieben. Somit stellen sie die historisch ältesten, nicht organspezifischen Autoantikörper dar. Sie sind gegen den invarianten Teil der schweren Kette von IgG gerichtet, der als Fc (fragment crystalline) bezeichnet wird und essenziell für die Bindung von Komplement und die Wechselwirkung mit dem (auf Immunzellen lokalisierten) Fc-Rezeptor ist (Jefferis et al. 1998). Im Gegensatz dazu enthalten die beiden identischen Fab-Fragmente (Fragmentantigen bindend) die hypervariablen Regionen, die für die hohe Diversität der Antikörper verantwortlich sind. Durch Verdau mit den Proteasen Papain bzw. Pepsin können dimere bzw. monomere Fc- und Fab-Fragmente gewonnen werden. Schwere Ketten lassen sich in 4 Subklassen einteilen ($\gamma 1$–$\gamma 4$), denen die 4 IgG-Subklassen (IgG1, IgG2, IgG3, IgG4) entsprechen, die sich u.a. in ihrer Fähigkeit, Komplement zu binden, unterscheiden. Die MG betragen etwa 146000 für IgG1, IgG2 und IgG4 und 170000 für IgG3.

RF können gegen alle 4 Subklassen gerichtet sein, wobei hinsichtlich der antigenen Determinanten 3 Hauptgruppen unterschieden werden können:

1. Pan-IgG-Determinanten, die auf allen Subklassen exprimiert werden,
2. Ga Determinanten, die auf IgG1, IgG2 und IgG4 zu finden sind, und
3. Gm-Determinanten, die spezifisch nur auf einer Subklasse exprimiert werden.

Dabei stellt die Ga-Determinante das Hauptepitop für RF dar, das interessanterweise auch die Bindungsstelle für das Staphylokokkenprotein A darstellt, das mit extrem hoher Affinität an IgG (aber auch andere Immunglobuline) bindet. Allotypspezifische RF sind v.a. gegen IgG1 und IgG3 gerichtet. Aufgrund der hohen Konservierung der Immunglobuline reagieren RF auch mit antigenen Determinanten anderer Spezies (heterologe Determinanten), sodass für den RF-Nachweis nicht unbedingt humanes IgG eingesetzt werden muss. Bemerkenswert ist die Hypogalaktosylierung von IgG bei PatientInnen mit CP, die durch eine verminderte Aktivität des Enzyms Galaktosyltransferase bedingt ist (Isenberg 1995; Axford 1999). Derartige Änderungen des Glykosylierungszustands sind nicht auf die CP beschränkt, sondern auch bei anderen chronisch-entzündlichen Erkrankungen beobachtbar und könnten eine Rolle bei der Induktion der Anti-IgG-Autoantikörper (also der RF) spielen.

Obwohl eine direkte Beteiligung von RF am pathologischen Geschehen der CP nicht eindeutig nachgewiesen werden konnte, scheinen sie doch einen erheblichen Risikofaktor für einen schweren Verlauf der Erkrankung darzustellen, da die

Präsenz von IgG-Fc-Immunkomplexen im Gelenk zur Propagierung des entzündlichen Prozesses beitragen kann (Mageed et al. 1997; Benoist u. Mathis 2000; Gause u. Berek 2001). Von Bedeutung ist auch der Zusammenhang von RF mit den mit CP assoziierten MHC-II-Allelen DR1 und DR4 (shared epitope): RF-positive TrägerInnen des HLA Allels DRB1*0401 zeigen ein signifikant erhöhtes Risiko für eine rapid progrediente erosive Arthritis (Weyand et al. 1998).

RF treten bei bis zu 70–80% der CP-PatientInnen auf, sind allerdings im Frühstadium der Erkrankung nur in weniger als der Hälfte der Fälle nachweisbar (Smolen 1996). Im Gegensatz zu anderen Autoantikörpern gehören sie überwiegend der IgM-Klasse an, auch wenn v. a. bei der CP RF anderer Subklassen ebenfalls auftreten können. Die diagnostische Wertigkeit der RF-Bestimmung ist dadurch eingeschränkt, dass diese Antikörper bei einer Vielzahl weiterer Erkrankungen auftreten können, etwa häufig im Verlauf von Infektionen und insbesondere auch bei den Kollagenosen. So sind sie in hohen Titern bei etwa 70% der PatientInnen mit primärem Sjögren-Syndrom nachweisbar, in niedrigeren Titern auch bei 20–30% der anderen Kollagenosen. Seronegativ sind hingegen die HLA-B27-assoziierten Spondylarthropathien (reaktive Arthritis, Morbus Reiter, Morbus Bechterew) und im Allgemeinen auch die Psoriasisarthritis und Osteoarthritis. Aus diesem Grund stellt die Bestimmung von RF nach wie vor das wichtigste serologische Kriterium in der Diagnostik der CP dar, zumal ihr aufgrund der Korrelation des RF mit schwereren Verlaufsformen auch prognostische Bedeutung zukommt (Scott 2000).

6.9.2 Komplementfaktor C1q

C1q ist ein aus insgesamt 18 Untereinheiten (mit MG von jeweils 22000–29000) aufgebauter basischer Glykoproteinkomplex, der an den Fc-Teil von Immunglobulinen in Immunkomplexen bindet, wodurch die Aktivierung der klassischen Komplementkaskade ausgelöst wird (Kishore u. Reid 2000). Die Untereinheiten bestehen aus 2 strukturell völlig unterschiedlichen Domänen, einem globulären „Kopf", über den C1q an die Fc-Regionen bindet, und einem kollagenähnlichen „Stiel", der die Hauptepitope für Autoantikörper enthält. Autoantikörper treten v. a. beim SLE auf, wo sie signifikant mit Nephritis korrelieren, aber auch bei anderen Kollagenosen (Siegert u. Daha 1998). Die Korrelation mit Nephritis legt eine pa-

thogenetische Bedeutung der C1q-Antikörper nahe, insbesondere auch im Hinblick auf die wichtige Rolle von C1q bei der Clearance von Immunkomplexen und apoptotischen Zellen (Walport et al. 1998). So führt bei Menschen eine (allerdings sehr seltene) genetisch bedingte C1q-Defizienz zu einer dem SLE sehr ähnlichen Erkrankung und C1q-knockout-Mäuse entwickeln antinukleäre Antikörper und Nephritis.

6.10 Zitrullinierte Antigene

Die enzymatische Deiminierung von Arginresten zu Zitrullin durch Peptidyl-Arginin-Deiminase (PAD) stellt eine posttranslationale Modifikation dar (s. auch Abschnitt 6.2.2.2 „Posttranslationale Modifikation von Autoantigenen"), die auch als Zitrullinierung bezeichnet wird (Abb. 6.9). Für die Rheumatologie ist diese Modifikation insofern von ganz besonderem Interesse, als zitrullinierte Antigene die Zielstrukturen der Antikeratinantikörper (AKA) darstellen (van Venrooij u. Pruijn 2000). Diese wurden erstmals 1979 beschrieben und zeichnen sich durch eine sehr hohe Krankheitsspe-

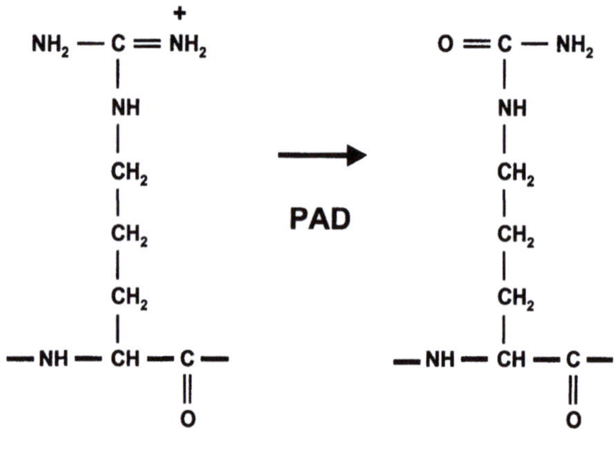

Abb. 6.9. Deiminierung (Zitrullinierung) von Proteinen durch Peptidyl-Arginin-Deiminase (PAD). Die enzymatische Deiminierung von Argininresten zu Zitrullin durch das Enzym Peptidyl-Arginin-Deiminase stellt eine posttranslationale Proteinmodifikation dar, die eine Änderung der Ladung des Proteins zur Folge hat, wodurch dessen biochemische Eigenschaften verändert werden. Zitrullinierung wurde bisher v. a. bei Proteinen des Zytoskeletts (z. B. Zytokeratin, Vimentin, Filaggrin) gefunden, dürfte aber ein generelles Phänomen darstellen, das insbesondere im Verlauf der Apoptose auftritt, wo dieser Modifikation eine regulatorische Funktion zukommen könnte

zifität für CP aus, wo sie (mittels Immunfluoreszenz an Rattenösophagusschnitten) bei etwa 40% der PatientInnen nachgewiesen werden können (Youinou u. Serre 1995).

Als eines der von AKA erkannten Antigene wurde das Protein Filaggrin identifiziert, das spezifisch in Keratin produzierenden Epithelzellen (Keratinozyten) exprimiert wird und dem Struktur bildende Funktionen (Vernetzung von Zytokeratinfilamenten) zukommen (Simon et al. 1993). Filaggrin wird als hochmolekulares Vorläuferprotein translatiert, das proteolytisch in 10–12 Untereinheiten (von jeweils 324 Aminosäuren) gespalten und posttranslational durch Phosphorylierung von Serinen und Deiminierung von Argininen modifiziert wird. Die Deiminierung ist essenziell für die Erkennung von Filaggrin durch AKA, die ausschließlich mit zitrulliniertem Filaggrin reagieren (Girbal Neuhauser et al. 1999). Bemerkenswerterweise reagieren AKA nicht nur mit Filaggrin, sondern auch mit Zitrullin enthaltenden synthetischen Peptiden, die nicht von Filaggrin abgeleitet sind (Schellekens et al. 1998). Derartige Reaktivitäten wurden in bis zu 75% der CP-Seren (insbesondere in RF-positiven), aber nur selten in Seren von PatientInnen mit anderen rheumatischen Erkrankungen nachgewiesen.

Es ist allerdings noch weitgehend unbekannt, wieviele Proteine durch PAD modifiziert werden. So konnte Zitrullinierung u. a. bei Keratin, Vimentin und bemerkenswerterweise auch beim „myelin basic protein" (einem der Hauptautoantigene der multiplen Sklerose) nachgewiesen werden, dessen Struktur dadurch stark verändert wird (Pritzker et al. 2000). Zwar ist noch nicht völlig klar, welche Funktion(en) dieser Modifikation zukommt, doch könnte sie eine wesentliche Rolle bei der Regulation von Zellproliferation und Apoptose spielen. So zeigen apoptotische Zellen einen besonders hohen Anteil an zitrullinierten Proteinen, und durch Behandlung lymphatischer Leukämiezellen mit PAD kann deren Proliferation inhibiert und Apoptose induziert werden (Asaga et al. 1998; Gong et al. 2000).

Jüngste Befunde haben den eindeutigen Nachweis von zitrullinierten Proteinen im Gelenk von CP-PatientInnen erbracht, wobei eines dieser Proteine als Fibrin identifiziert wurde (Masson-Bessiere et al. 2001). Somit könnten zitrulliniertes Fibrin bzw. Fibrinogen relevante Zielstrukturen der gegen zitrullinierte Antigene gerichteten Autoimmunität darstellen. Demnach wäre Filaggrin (als ausschließlich in Keratinozyten exprimiertes Protein) möglicherweise nur ein kreuzreagierendes Antigen, das nichtsdestoweniger als wertvolles

Substrat für die Diagnostik betrachtet werden kann. Es ist zu erwarten, dass in nächster Zeit noch weitere Zitrullin enthaltende Autoantigene gefunden werden, deren Identifikation zum Verständnis der Pathogenese der CP beitragen könnte.

In diesem Zusammenhang soll auch das Sa-Antigen erwähnt werden, ein Protein mit einem MG von 50 000, dessen Struktur und Funktion allerdings noch nicht aufgeklärt wurden (Despres et al. 1994). Hinsichtlich Sensitivität und Spezifität sind Anti-Sa-Antikörper den AKA vergleichbar und stellen somit sehr viel versprechende serologische Marker für die CP dar, insbesondere auch im Hinblick auf ihr Auftreten im Frühstadium der Erkrankung und unabhängig von RF (Hueber et al. 1999; Goldbach Mansky et al. 2000). Die hohe Spezifität sowie einige präliminäre Befunde haben zur Vermutung geführt, dass auch Sa ein zitrulliniertes Antigen sein könnte, möglicherweise eine Variante des Zytoskelettproteins Vimentin (Asaga et al. 1998; Menard et al. 2000). Da der derzeit einzig mögliche Nachweis mittels Immunoblot ein sehr aufwändiges Verfahren darstellt, haben Anti-Sa-Antikörper noch keinen Eingang in die rheumatologische Routinediagnostik gefunden, doch ist zu hoffen, dass die Aufklärung der Antigenstruktur die Etablierung eines einfacheren Detektionssystems (ELISA) ermöglichen wird.

6.11 Glukose-6-Phosphat-Isomerase

Glukose-6-Phosphat-Isomerase (GPI) ist ein hochkonserviertes Enzym des Zuckerstoffwechsels, das die Konversion von Glukose-6-Phosphat zu Fruktose-6-Phosphat bei der Glykolyse und der Glukoneogenese katalysiert. Es ist ein vornehmlich im Zytoplasma lokalisiertes Protein, dem aber auch extrazelluläre Funktionen wie Zytokin- und Wachstumsfaktoraktivitäten zukommen (Xu et al. 1996). GPI wurde ursprünglich als pathogenes Autoantigen in KRNxNOD-Mäusen, einem Tiermodell der CP, identifiziert (Kouskoff et al. 1996; Matsumoto et al. 1999). In diesem Modell wird eine chronisch-destruktive Arthritis durch einen transgenen T-Zell-Rezeptor hervorgerufen, der die Produktion von arthritogenen Autoantikörpern gegen GPI stimuliert (Ji et al. 1999). Da vor kurzem Anti-GPI-Antikörper auch bei PatientInnen mit CP nachgewiesen wurden, könnten diese nicht nur für die Diagnostik, sondern auch für die Pathogenese der CP von großer Bedeutung sein (Schaller et al. 2001).

6.12 Antigene des Gelenkknorpels

6.12.1 Kollagen

Kollagene sind die im Tierreich am häufigsten vorkommenden Proteine. Unter den mehr als 15 verschiedenen Kollagenen stellt das Typ-II-Kollagen die Hauptkomponente des Gelenkknorpels dar (Prockop u. Kivirikko 1995). Es ist wie alle Kollagene ein Glykoprotein mit der repetitiven Grundstruktur (Glycin-X-Y)$_n$, wobei etwa 30% der X- und Y-Positionen von Prolin bzw. Hydroxyprolin eingenommen werden (Cremer et al. 1998). Jeweils 3 identische Ketten sind miteinander in einer tripelhelikalen Superstruktur assoziiert, die ein MG von etwa 290 000 und eine Länge von 300 nm aufweist. Auffällig ist der hohe Anteil an posttranslational modifizierten Aminosäuren: So sind rund 45% der Prolin- und etwa 2/3 der Lysinreste hydroxyliert, von denen wieder ein Teil glykosyliert ist. Zusätzlich sind die 3 Ketten noch durch intermolekulare Brücken stabilisiert. Kollagen wird zunächst als Vorläufermolekül Prokollagen synthetisiert, das durch proteolytische Abspaltung C- und N-terminaler Propeptide zur reifen Form prozessiert wird, wobei auch den abgespaltenen Peptiden wichtige biologische Funktionen zukommen.

Vermutungen über eine mögliche pathogenetische Bedeutung von Kollagen als Autoantigen beruhen in erster Linie auf Tiermodellen der kollageninduzierten Arthritis (CIA), in denen eine destruierende erosive Arthritis in genetisch suszeptiblen Maus- und Rattenstämmen durch Immunisierung mit Kollagen II induziert werden kann (Holmdahl 1998; Anthony u. Haqqi 1999; Luross u. Williams 2001). Die Arthritis ist sowohl durch T-Zellen als auch durch Antikollagenantikörper transferierbar und stellt das am besten charakterisierte und auch am häufigsten verwendete Tiermodell der CP dar.

Autoantikörper gegen Kollagen II können in 30–70% der CP-PatientInnen nachgewiesen werden, insbesondere in den Frühstadien der Erkrankung (Cook et al. 1996), sind aber keineswegs auf die CP beschränkt, sondern können auch bei anderen rheumatischen Erkrankungen auftreten und sind deshalb als diagnostische Marker von eher geringer Relevanz (Morgan 1990; Smolen 1996). Somit scheinen diese Antikörper ein eher sekundäres Epiphänomen darzustellen, das im Zug und als Folge der Gelenkdestruktion auftritt. Andererseits können Kollagen-II-Peptide von mit CP assoziierten HLA-DR4-Molekülen gebunden und präsentiert werden, wobei das Peptid 261–273 das immunodominante T-Zell-Antigen darstellt. Obwohl die pathophysiologische Relevanz dieses Befunds noch unklar ist, kann er durchaus als Hinweis auf eine Rolle der Antikollagenautoimmunantwort beim pathogenetischen Geschehen der CP interpretiert werden (Holmdahl et al. 1999).

6.12.2 Andere Knorpelantigene

Neben Kollagen II sind in den letzten Jahren noch eine ganze Reihe zusätzlicher Knorpelproteine als Autoantigene bei CP und anderen Arthritiden beschrieben worden, auf die nicht im Detail eingegangen werden soll (Cope u. Sonderstrup 1998; Smolen u. Steiner 1998). Dazu gehören Cartilage-link-Protein (Guerassimov et al. 1998; Zhang et al. 1998), Aggrecan (Guerassimov et al. 1999) sowie ein als Glykoprotein 39 (gp39) bezeichnetes Chondrozytenprotein (Verheijden et al. 1997; Baeten et al. 2000). Obwohl in Versuchstieren durch Immunisierung mit diesen Antigenen eine der CIA ähnliche Arthritis induziert werden kann, ist ihre pathogenetische Bedeutung ebenso wie die des Kollagens II unklar.

6.13 Stressproteine

Stressproteine, die auch als Hitzeschockproteine bezeichnet werden, sind eine Gruppe von Proteinen, die unter Bedingungen des Zellstresses (z. B. hohe oder niedrige Temperatur, Hypoxie, proinflammatorisches Milieu) dramatisch hochreguliert werden. Aufgrund struktureller Kriterien werden sie in Familien unterteilt, die entsprechend den MG als 27 000-, 60 000-, 70 000- und 90 000-Hitzeschockproteinfamilien bezeichnet werden. Die Funktion der Stressproteine besteht darin, die korrekte dreidimensionale Faltung neu synthetisierter Proteine zu gewährleisten sowie Proteine bei ungünstigen Bedingungen (Stress) vor Denaturierung und Abbau zu schützen (Macario 1995; Moseley 2000). Aufgrund dieser Schutzfunktion werden Stressproteine (in Anlehnung an die früher gebräuchliche Bezeichnung für Aufsichtspersonen bzw. Anstandsdamen) auch als Chaperone bezeichnet.

Stressproteine sind evolutionär hochkonserviert und gehören zu den immunodominanten Antigenen infektiöser Mikroorganismen (Zugel u. Kaufmann 1999). Aufgrund des hohen Konservierungsgrads kann dies zu Kreuzreaktionen mit Stressproteinen des Wirts führen. Dies hat Anlass zu Vermutungen über eine Beteiligung der gegen bakterielle Stressproteine gerichteten Immunantwort an der Pathogenese von Autoimmunerkrankungen gegeben (Moseley 2000). So sind Autoreaktivitäten gegen 60 000-, 70 000- und 90 000-Stressproteine bei verschiedenen Autoimmunerkrankungen wiederholt beschrieben worden (Kindas Mugge et al. 1993; Conroy et al. 1994; Shingai et al. 1995; Hayem et al. 1999; Horvath et al. 2001). Allerdings ist die Signifikanz dieser Befunde unklar, da derartige Reaktivitäten auch bei gesunden Personen relativ häufig nachweisbar sind (Kindas Mugge et al. 1993; Tishler u. Shoenfeld 1996; Pockley et al. 1999). Einerseits kann es sich hierbei um Kreuzreaktivitäten mit bakteriellen Proteinen handeln, andererseits können aber auch „echte" Autoimmunreaktionen vorliegen, die im Zug von entzündlichen Erkrankungen auftreten und primär gegen die körpereigenen Stressproteine gerichtet sind.

Sowohl die erhöhte Temperatur im entzündeten Gewebe als auch proinflammatorische Zytokine (insbesondere TNF-a) bewirken eine Hochregulation und stark erhöhte Expression der Stressproteine, wodurch eine Immunantwort ausgelöst werden könnte (Latchman u. Isenberg 1994; Barker et al. 1996; Mallard et al. 1996; Schett et al. 1998 a). Diese ist aber nicht notwendigerweise pathologisch, sondern kann einen Teil der normalen Immunabwehr darstellen und sogar protektiver Natur sein (van Eden et al. 1998). So zeigten Kindern mit einer prognostisch günstigen Verlaufsform der juvenilen chronischen Arthritis eine signifikant erhöhte T-Zell-Reaktivität gegen hsp60 (de Graeff Meeder et al. 1995) und Präimmunisierung mit (mykobakteriellem) hsp60 führte in Tiermodellen der CP zur Resistenz gegen induzierbare Arthritis (van der Zee et al. 1998). In scheinbar paradoxer Weise kann andererseits im Modell der Adjuvansarthritis in suszeptiblen Ratten durch Applikation von Freund-Adjuvans eine Arthritis induziert werden, bei der das mykobakterielle hsp60 als auslösendes Antigen wirkt. Es hängt somit von der Art der Immunisierung und der dadurch ausgelösten Immunreaktion ab, ob ein bestimmtes Antigen krankheitsauslösend oder protektiv wirkt.

Die diagnostische Wertigkeit von Autoantikörpern gegen Stressproteine scheint aufgrund ihrer niedrigen Spezifität eher gering zu sein (Kindas Mugge et al. 1993; Tishler u. Shoenfeld 1996). Eine Ausnahme könnte das zur Gruppe der 70 000-Stressproteine gehörende grp78 (glucose rehulated protein 78 000) bilden, das auch als BiP (heavy chain binding protein) bezeichnet wird, gegen das Autoantikörper v. a. von PatientInnen mit CP gebildet zu werden scheinen (Blass et al. 2001). Dieses Protein ist überwiegend im endoplasmatischen Retikulum lokalisiert, wo es als typisches Chaperon die korrekte Faltung neu synthetisierter Proteine gewährleistet (Gething 1999). Dabei sind insbesondere die schweren Immunglobulinketten zu nennen, deren Bindung an grp78/BiP essenziell für deren Assoziation mit den leichten Ketten ist. Insofern besteht ein möglicherweise pathogenetisch bedeutsamer Zusammenhang zwischen BiP und Immunglobulinsynthese. Zudem wurde eine Überexpression von grp78/BiP in der rheumatoiden Synovialmembran beobachtet. Im Tiermodell konnte durch Präimmunisierung Resistenz sowohl gegen CIA als auch gegen Adjuvansarthritis bewirkt werden (Corrigall et al. 2001). Aufgrund dieser Daten (die allerdings noch durch andere Forschungsgruppen bestätigt werden müssen) könnte dieses Stressprotein sowohl für die Diagnostik als auch möglicherweise sogar für die Therapie der CP Bedeutung erlangen.

6.14 Ausblick

Zahlreiche Autoantigene sind bisher identifiziert und charakterisiert worden. Es ist zu erwarten, dass die neuen Möglichkeiten der Gen- und Proteinforschung (Genomics bzw. Proteomics) die Identifizierung weiterer relevanter Autoantigene ermöglichen sowie das Wissen über die genetischen Grundlagen der Autoimmunität erweitern werden. Das Screening von humanen cDNA-Expressionsbanken oder Peptidbanken mittels Seren von PatientInnen mit Autoimmunerkrankungen führte schon in der Vergangenheit zur Identifizierung einer Reihe von Autoantigenen mit diagnostischer oder pathogenetischer Relevanz. Durch den Einsatz von über Phagendisplay generierten rekombinanten monoklonalen humanen Autoantikörpern (single chain fragments of the variable region, scFv) als Proben für die Isolation von cDNA-Klonen (de Wildt et al. 1996; 1997), welche das korrespondierende Autoantigen kodieren, könnte die Effizienz der Identifizierung neuer Autoantigene weiter gesteigert werden. Über diesen Weg wurde kürzlich eine für das Felty-Syndrom diagnostisch relevante Autoimmunreaktivität gegen den eukaryontischen Elongationsfaktor 1A-1 gefunden

(Ditzel et al. 2000). Die Entdeckung eines neuen Gens bzw. des von diesem kodierten Proteins führte zur Identifizierung des bisher nicht bekannten SS-56-Autoantigens als neuer Zielstruktur von Autoantikörpern bei Sjögren-Syndrom- und SLE-PatientInnen (Billaut Mulot et al. 2001). Auch die weitere Aufklärung von Struktur und Funktion bekannter Autoantigene profitiert von den technischen Neuerungen (van der Geld et al. 2001).

Es ist zu hoffen, dass die Entdeckung neuer und die detaillierte biochemische Charakterisierung (im Sinn von posttranslationalen Modifikationen) bekannter Autoantigene weiter zur Beantwortung folgender Fragen beitragen wird:

- Was ist der initiale Auslöser einer pathogenen Autoimmunantwort?
- Welchen Zusammenhang gibt es zwischen exogenen und endogenen Faktoren?
- Welche Bedeutung haben posttranslationale Modifikationen von Autoantigenen?
- Wie kommt es zur Chronifizierung der Autoimmunantwort und zur Manifestation der Erkrankung?

Die Erforschung derjenigen Autoantigene bzw. Autoepitope, welche die pathologische Autoimmunantwort initiieren oder chronifizieren, könnte neue Interventionsmöglichkeiten zur Verhinderung oder Therapie von Autoimmunerkrankungen eröffnen. Wenn z.B. ein molekulares Mimikry zwischen Autoantigenen und Antigenen mikrobieller Erreger oder eine spezifische Modifikation von Autoantigenen durch exogene Einflüsse in ursächlichem Zusammenhang mit der Expression pathologischer Autoantikörper stehen, könnten sich daraus prophylaktische Möglichkeiten (allgemeine und spezifische Infektprophylaxe, Karenz gegenüber bestimmten Noxen) in suszeptiblen Personen (z.B. Träger bestimmter MHC-Allele oder noch zu identifizierender „Autoimmunresponsegene") ergeben.

Aus Experimenten mit Versuchstieren wird postuliert, dass antigenspezifische (bzw. autoepitopspezifische) Interventionen für die Therapie von Autoimmunerkrankungen durch Beeinflussung von Regulationsmechanismen der Autotoleranz in Frage kommen (Mocci et al. 2000; van Eden et al. 2000). Ergebnisse aus Tiermodellen müssen allerdings mit Vorsicht interpretiert werden, da diese nie die Komplexität der menschlichen Erkrankung aufweisen können. Auch wenn in Tiermodellen durch Immunisierung mit Autoantigenen oder durch den Transfer von Autoantikörpern bzw. autoreaktiven T-Zellen die entsprechende Autoimmunerkrankung induziert werden kann (Holmdahl

1998; McCluskey et al. 1998; Miranda Carus et al. 1998; Luross u. Williams 2001; Schaller et al. 2001; Sherer u. Shoenfeld 2001), lässt das noch keinen definitiven Schluss auf die pathogenetische Rolle des Antigens bei der humanen Erkrankung zu (s. etwa die unklare Rolle von Kollagen oder Stressproteinen in der Pathogenese der CP); ebensowenig muss ein negatives Ergebnis nicht unbedingt bedeuten, dass ein bestimmtes Antigen keine Relevanz für den Krankheitsprozess hat.

Zwar werden die zur Auslösung pathologischer Autoimmunreaktionen führenden Mechanismen noch nicht in allen Einzelheiten verstanden, doch haben die Charakterisierung und die Strukturaufklärung von Autoantigenen wesentlich zu einem besseren Verständnis der den systemischen Autoimmunerkrankungen zugrunde liegenden molekularen Prozesse beigetragen. So haben gerade einige der in jüngster Zeit gewonnenen neuen Erkenntnisse über Autoantigene (z.B. zitrullinierte Antigene, arthritogene Antikörper gegen GPI) wesentliche Beiträge zum Verständnis der Pathogenese dieser Erkrankungen geleistet.

6.15 Literatur

Aikoh T, Tomokuni A, Matsukii T et al. (1998) Activation-induced cell death in human peripheral blood lymphocytes after stimulation with silicate in vitro. Int J Oncol 12:1355–1359

Alarcon Segovia D, Cabral AR (2000) The anti-phospholipid antibody syndrome: clinical and serological aspects. Baillieres Best Pract Res Clin Rheumatol 14:139–150

Amoura Z, Piette JC, Bach JF, Koutouzov S (1999) The key role of nucleosomes in lupus. Arthritis Rheum 42:833–843

Anthony DD, Haqqi TM (1999) Collagen-induced arthritis in mice: an animal model to study the pathogenesis of rheumatoid arthritis. Clin Exp Rheumatol 17:240–244

Arbuckle MR, James JA, Kohlhase KF, Rubertone MV, Dennis GJ, Harley JB (2001) Development of anti-dsDNA autoantibodies prior to clinical diagnosis of systemic lupus erythematosus. Scand J Immunol 54:211–219

Arnett FC, Reveille JD, Goldstein R et al. (1996) Autoantibodies to fibrillarin in systemic sclerosis (scleroderma). An immunogenetic, serologic, and clinical analysis. Arthritis Rheum 39:1151–1160

Arribas J, Luz Rodriguez M, Alvarez Do Forno R, Castano JG (1991) Autoantibodies against the multicatalytic proteinase in patients with systemic lupus erythematosus. J Exp Med 173:423–427

Asaga H, Yamada M, Senshu T (1998) Selective deimination of vimentin in calcium ionophore-induced apoptosis of mouse peritoneal macrophages. Biochem Biophys Res Commun 243:641–666

Astaldi Ricotti GC, Bestagno M, Cerino A et al. (1989) Antibodies to hnRNP core protein A1 in connective tissue diseases. J Cell Biochem 40:43–47

Axford JS (1999) Glycosylation and rheumatic disease. Biochim Biophys Acta 1455:219–229

Bachmann M (2000) Somatic mutations, a mechanism for induction of autoimmunity. In: Conrad K, Humbel RL, Meurer M, Shoenfeld Y, Tan EM (eds) Autoantigens and autoantibodies: diagnostic tools and clues to understanding autoimmunity. Pabst Science Publishers, Lengerich, pp 187–241

Baeten D, Boots AM, Steenbakkers PG et al. (2000) Human cartilage gp-39+,CD16+ monocytes in peripheral blood and synovium: correlation with joint destruction in rheumatoid arthritis. Arthritis Rheum 43:1233–1243

Barker RN, Wells AD, Ghoraishian M et al. (1996) Expression of mammalian 60-kD heat shock protein in the joints of mice with pristane-induced arthritis. Clin Exp Immunol 103:83–88

Benoist C, Mathis D (2000) A revival of the B cell paradigm for rheumatoid ‚arthritis pathogenesis? Arthritis Res 2:90–94

Billaut Mulot O, Cocude C, Kolesnitchenko V et al. (2001) SS-56, a novel cellular target of autoantibody responses in Sjogren syndrome and systemic lupus erythematosus. J Clin Invest 108:861–869

Bläß S, Union A, Raymackers J et al. (2001) The stress protein BiP is overexpressed and is a major B and T cell target in rheumatoid arthritis. Arthritis Rheum 44:761–771

Bockenstedt LK, Gee RJ, Mamula MJ (1995) Self-peptides in the initiation of lupus autoimmunity. J Immunol 154:3516–3524

Boire G, Gendron M, Monast N, Bastin B, Menard HA (1995) Purification of antigenically intact Ro ribonucleoproteins; biochemical and immunological evidence that the 52-kD protein is not a Ro protein. Clin Exp Immunol 100:489–498

Borregaard N, Kjeldsen L, Lollike K, Sengelov H (1995) Granules and secretory vesicles of the human neutrophil. Clin Exp Immunol 101:16–19

Bouffard P, Laniel MA, Boire G (1996) Anti-Ro (SSA) antibodies: clinical significance and biological relevance. J Rheumatol 23:1838–1841

Bouffard P, Barbar E, Briere F, Boire G (2000) Interaction cloning and characterization of RoBPI, a novel protein binding to human Ro ribonucleoproteins. RNA 6:66–78

Brahms H, Raymackers J, Union A, Keyser F de, Meheus L, Luhrmann R (2000) The C-terminal RG dipeptide repeats of the spliceosomal Sm proteins D1 and D3 contain symmetrical dimethylarginines, which form a major B-cell epitope for anti-Sm autoantibodies. J Biol Chem 275:17.122–17.129

Brockstedt E, Rickers A, Kostka S et al. (1998) Identification of apoptosis-associated proteins in a human Burkitt lymphoma cell line. Cleavage of heterogeneous nuclear ribonucleoprotein A1 by caspase 3. J Biol Chem 273:28.057–28.064

Brouwer R, Hengstman GJ, Vree Egberts W et al. (2000) Autoantibody profiles in the sera of European patients with myositis. Ann Rheum Dis 60:116–123

Brouwer R, Pruijn GJ, Venrooij WJ van (2001) The human exosome: an autoantigenic complex of exoribonucleases in myositis and scleroderma. Arthritis Res 3:102–106

Bruns A, Blass S, Hausdorf G, Burmester GR, Hiepe F (2000) Nucleosomes are major T and B cell autoantigens in systemic lupus erythematosus. Arthritis Rheum 43:2307–2315

Bui N, Strub K (1999) New insights into signal recognition and elongation arrest activities of the signal recognition particle. Biol Chem 380:135–145

Bunn CC, Denton CP, Shi Wen X, Knight C, Black CM (1998) Anti-RNA polymerases and other autoantibody specificities in systemic sclerosis. Br J Rheumatol 37:15–20

Burd CG, Dreyfuss G (1994) Conserved structures and diversity of functions of RNA-binding proteins. Science 265:615–621

Buyon JP (1994) Neonatal lupus syndromes. Curr Opin Rheumatol 6:523–529

Buyon JP, Tseng CE, Di Donato F, Rashbaum W, Morris A, Chan EK (1997) Cardiac expression of 52beta, an alternative transcript of the congenital heart block-associated 52-kd SS-A/Ro autoantigen, is maximal during fetal development. Arthritis Rheum 40:655–660

Buyon JP, Kim MY, Copel JA, Friedman DM (2001) Anti-Ro/SSA antibodies and congenital heart block: necessary but not sufficient. Arthritis Rheum 44:1723–1727

Casciola Rosen L, Rosen A (1997) Ultraviolet light-induced keratinocyte apoptosis: a potential mechanism for the induction of skin lesions and autoantibody production in LE. Lupus 6:175–180

Casciola Rosen LA, Miller DK, Anhalt GJ, Rosen A (1994) Specific cleavage of the 70-kDa protein component of the U1 small nuclear ribonucleoprotein is a characteristic biochemical feature of apoptotic cell death. J Biol Chem 269:30.757–30.760

Casciola Rosen L, Wigley F, Rosen A (1997) Scleroderma autoantigens are uniquely fragmented by metal-catalyzed oxidation reactions: implications for pathogenesis. J Exp Med 185:71–79

Casiano CA, Ochs RL, Tan EM (1998) Distinct cleavage products of nuclear proteins in apoptosis and necrosis revealed by autoantibody probes. Cell Death Differ 5:183–190

Casiano CA, Wu X, Molinaro C (2000) Apoptosis, necrosis and the genesis of autoantibodies: an integral overview. In: Conrad K, Humbel RL, Meurer M, Shoenfeld Y, Tan EM (eds) Autoantigens and autoantibodies: diagnostic tools and clues to understanding autoimmunity. Pabst Science Publishers, Lengerich, pp 152–186

Chabre H, Amoura Z, Piette JC, Godeau P, Bach JF, Koutouzov S (1995) Presence of nucleosome-restricted antibodies in patients with systemic lupus erythematosus. Arthritis Rheum 38:1485–1491

Cheng ST, Nguyen TQ, Yang YS, Capra JD, Sontheimer RD (1996) Calreticulin binds hYRNA and the 52-kDa polypeptide component of the Ro/SS-A ribonucleoprotein autoantigen. J Immunol 156:4484–4491

Chen X, Quinn AM, Wolin SL (2000) Ro ribonucleoproteins contribute to the resistance of Deinococcus radiodurans to ultraviolet irradiation. Genes Dev 14:777–782

Chiang SY, Swenberg JA, Weisman WH, Skopek TR (1997) Mutagenicity of vinyl chloride and its reactive metabolites, chloroethylene oxide and chloroacetaldehyde, in a metabolically competent human B-lymphoblastoid line. Carcinogenesis 18:31–36

Chindalore V, Neas B, Reichlin M (1998) The association between anti-ribosomal P antibodies and active nephritis in systemic lupus erythematosus. Clin Immunol Immunopathol 87:292–296

Cohen IR (2001) Antigenic mimicry, clonal selection and autoimmunity. J Autoimmun 16:337–340

Conrad K, Mehlhorn J (2000) Diagnostic and prognostic relevance of autoantibodies in uranium miners. Int Arch Allergy Immunol 123:77–91

Conroy SE, Faulds GB, Williams W, Latchman DS, Isenberg DA (1994) Detection of autoantibodies to the 90 kDa heat shock protein in systemic lupus erythematosus and other autoimmune diseases. Br J Rheumatol 33:923–926

Cook AD, Rowley MJ, Mackay IR, Gough A, Emery P (1996) Antibodies to type II collagen in early rheumatoid arthritis. Correlation with disease progression. Arthritis Rheum 39:1720–1727

Cooley HM, Melny BJ, Gleeson R, Greco T, Kay TW (1999) Clinical and serological associations of anti-Ku antibody. J Rheumatol 26:563–567

Cope AP, Sonderstrup G (1998) Evaluating candidate autoantigens in rheumatoid arthritis. Springer Semin Immunopathol 20:23–39

Corrigall VM, Bodman Smith MD, Fife MS et al. (2001) The human endoplasmic reticulum molecular chaperone BiP is an autoantigen for rheumatoid arthritis and prevents the induction of experimental arthritis. J Immunol 166:1492–1498

Craft J, Fatenejad S (1997) Self antigens and epitope spreading in systemic autoimmunity. Arthritis Rheum 40:1374–1382

Craig JM, Earnshaw WC, Vagnarelli P (1999) Mammalian centromeres: DNA sequence, protein composition, and role in cell cycle progression. Exp Cell Res 246:249–262

Cremer MA, Rosloniec EF, Kang AH (1998) The cartilage collagens: a review of their structure, organization, and role in the pathogenesis of experimental arthritis in animals and in human rheumatic disease. J Mol Med 76:275–288

Datta SK, Kaliyaperumal A, Mohan C, Desai Mehta A (1997) T helper cells driving pathogenic anti-DNA autoantibody production in lupus: nucleosomal epitopes and CD40 ligand signals. Lupus 6:333–336

De Graeff Meeder ER, Eden W van, Rijkers GT et al. (1995) Juvenile chronic arthritis: T cell reactivity to human HSP60 in patients with a favorable course of arthritis. J Clin Invest 95:934–940

De Wildt RM, Finnern R, Ouwehand WH, Griffiths AD, Venrooij WJ van, Hoet RM (1996) Characterization of human variable domain antibody fragments against the U1 RNA-associated A protein, selected from a synthetic and patient-derived combinatorial V gene library. Eur J Immunol 26:629–639

De Wildt RM, Steenbakkers PG, Pennings AH, Hoogen FH van den, Venrooij WJ van, Hoet RM (1997) A new method for the analysis and production of monoclonal antibody fragments originating from single human B cells. J Immunol Methods 207:61–67

Decker P, Briand JP, Murcia G de, Pero RW, Isenberg DA, Muller S (1998) Zinc is an essential cofactor for recognition of the DNA binding domain of poly(ADP-ribose) polymerase by antibodies in autoimmune rheumatic and bowel diseases. Arthritis Rheum 41:918–926

Decker P, Isenberg D, Muller S (2000) Inhibition of caspase-3-mediated poly(ADP-ribose) polymerase (PARP) apoptotic cleavage by human PARP autoantibodies and effect on cells undergoing apoptosis. J Biol Chem 275:9043–9046

Despres N, Boire G, Lopez Longo FJ, Menard HA (1994) The Sa system: a novel antigen-antibody system specific for rheumatoid arthritis. J Rheumatol 21:1027–1033

Dick T, Mierau R, Sternfeld R, Weiner EM, Genth E (1995) Clinical relevance and HLA association of autoantibodies against the nucleolus organizer region (NOR-90). J Rheumatol 22:67–72

Dighiero G (1997) Natural autoantibodies, tolerance, and autoimmunity. Ann N Y Acad Sci 815:182–192

Dighiero G, Rose NR (1999) Critical self-epitopes are key to the understanding of self-tolerance and autoimmunity. Immunol Today 20:423–428

Ditzel HJ, Masaki Y, Nielsen H, Farnaes L, Burton DR (2000) Cloning and expression of a novel human antibody-antigen pair associated with Felty's syndrome. Proc Natl Acad Sci USA 97:9234–9239

Dominguez M, Cacoub P, Garcia de la Torre I et al. (2001) Autoantibodies to receptor induced neoepitopes of fibrinolytic proteins in rheumatic and vascular diseases. J Rheumatol 28:302–308

Dorner T, Hucko M, Mayet WJ, Trefzer U, Burmester GR, Hiepe F (1995) Enhanced membrane expression of the 52 kDa Ro(SS-A) and La(SS-B) antigens by human keratinocytes induced by TNF alpha. Ann Rheum Dis 54:904–909

Dreyfuss G, Matunis MJ, Pinol Roma S, Burd CG (1993) hnRNP proteins and the biogenesis of mRNA. Annu Rev Biochem 62:289–321

Earnshaw WC, Tomkiel JE (1992) Centromere and kinetochore structure. Curr Opin Cell Biol 4:86–93

Eden W van, Zee R van der, Paul AG et al. (1998) Do heat shock proteins control the balance of T-cell regulation in inflammatory diseases? Immunol Today 19:303–307

Eden W van, Wendling U, Paul L, Prakken B, Kooten P van, Zee R van der (2000) Arthritis protective regulatory potential of self-heat shock protein cross-reactive T cells. Cell Stress Chaperones 5:452–457

Eenennaam H van, Jarrous N, Venrooij WJ van, Pruijn GJ (2000) Architecture and function of the human endonucleases RNAse P and RNAse MRP. IUBMB Life 49:265–272

Eftekhari P, Salle L, Lezoualc'h F et al. (2000) Anti-SSA/Ro52 autoantibodies blocking the cardiac 5-HT4 serotoninergic receptor could explain neonatal lupus congenital heart block. Eur J Immunol 30:2782–2790

Eftekhari P, Roegel JC, Lezoualc'h F, Fischmeister R, Imbs JL, Hoebeke J (2001) Induction of neonatal lupus in pups of mice immunized with synthetic peptides derived from amino acid sequences of the serotoninergic 5-HT4 receptor. Eur J Immunol 31:573–579

Elkon KB, Bonfa E, Weissbach H, Brot N (1994) Antiribosomal antibodies in SLE, infection, and following deliberate immunization. Adv Exp Med Biol 347:81–92

Fabini G, Rutjes SA, Zimmermann C, Pruijn GJ, Steiner G (2000) Analysis of the molecular composition of Ro ribonucleoprotein complexes. Identification of novel Y RNA-binding proteins. Eur J Biochem 267:2778–2789

Fabini G, Raijmakers R, Hayer S, Fouraux MA, Pruijn GJ, Steiner G (2001) The heterogeneous nuclear ribonucleoproteins I and K interact with a subset of the ro ribonucleoprotein-associated Y RNAs in vitro and in vivo. J Biol Chem 276:20.711–20.718

Feist E, Dorner T, Kuckelkorn U et al. (1996) Proteasome alpha-type subunit C9 is a primary target of autoantibodies in sera of patients with myositis and systemic lupus erythematosus. J Exp Med 184:1313–1318

Feist E, Kuckelkorn U, Dorner T et al. (1999) Autoantibodies in primary Sjogren's syndrome are directed against proteasomal subunits of the alpha and beta type. Arthritis Rheum 42:697–702

Feist E, Dorner T, Kuckelkorn U, Scheffler S, Burmester G, Kloetzel P (2000) Diagnostic importance of anti-proteasome antibodies. Int Arch Allergy Immunol 123:92–97

Fritzler MJ, Chan EKL (2000) Autoantibodies to endosomes and the Golgi complex. In: Conrad K, Humbel RL, Meurer M, Shoenfeld Y, Tan EM (eds) Autoantigens and autoantibodies: diagnostic tools and clues to understanding autoimmunity. Pabst Science Publishers, Lengerich, pp 339–361

Fritzler M, Rattner JB (2000) Autoantibodies to the mitotic apparatus: Biological breakthroughs, clinical application, etiological complexity. In: Conrad K, Humbel RL, Meurer M, Shoenfeld Y, Tan EM (eds) Autoantigens and autoantibodies: diagnostic tools and clues to understanding autoimmunity. Pabst Science Publishers, Lengerich, pp 58–86

Furuta K, Hildebrandt B, Matsuoka S et al. (1998) Immunological characterization of heterochromatin protein p25beta autoantibodies and relationship with centromere autoantibodies and pulmonary fibrosis in systemic scleroderma. J Mol Med 76:54–60

Gallucci S, Matzinger P (2001) Danger signals: SOS to the immune system. Curr Opin Immunol 13:114–119

Gause A, Berek C (2001) Role of B cells in the pathogenesis of rheumatoid arthritis: potential implications for treatment. Biodrugs 15:73–79

Ge Q, Wu Y, James JA, Targoff IN (1996) Epitope analysis of the major reactive region of the 100-kd protein in PM-Scl autoantigen. Arthritis Rheum 39:1588–1595

Geld YM van der, Limburg PC, Kallenberg CG (2001) Proteinase 3, Wegener's autoantigen: from gene to antigen. J Leukoc Biol 69:177–190

Genth E, Mierau R (1995) Diagnostische Bedeutung Sklerodermie- und Myositis-assoziierter Autoantikorper. Z Rheumatol 54:39–49

George J, Afek A, Gilburd B et al. (1998) Induction of early atherosclerosis in LDL-receptor-deficient mice immunized with beta2-glycoprotein I. Circulation 98:1108–1115

Georgescu L, Mevorach D, Arnett FC, Reveille JD, Elkon KB (1997) Anti-P antibodies and neuropsychiatric lupus erythematosus. Ann N Y Acad Sci 14:823:263–269

Gething MJ (1999) Role and regulation of the ER chaperone BiP. Semin Cell Dev Biol 10:465–472

Girbal Neuhauser E, Durieux JJ, Arnaud M et al. (1999) The epitopes targeted by the rheumatoid arthritis-associated antifilaggrin autoantibodies are posttranslationally generated on various sites of (pro)filaggrin by deimination of arginine residues. J Immunol 162:585–594

Goldbach Mansky R, Lee J, McCoy A et al. (2000) Rheumatoid arthritis associated autoantibodies in patients with synovitis of recent onset. Arthritis Res 2:236–243

Gong H, Zolzer F, Recklinghausen G von, Havers W, Schweigerer L (2000) Arginine deiminase inhibits proliferation of human leukemia cells more potently than asparaginase by inducing cell cycle arrest and apoptosis. Leukemia 14:826–829

Greidinger EL, Hoffman RW (2001) The appearance of U1 RNP antibody specificities in sequential autoimmune human antisera follows a characteristic order that implicates the U1-70 kd and B'/B proteins as predominant U1 RNP immunogens. Arthritis Rheum 44:368–375

Greidinger EL, Casciola Rosen L, Morris SM, Hoffman RW, Rosen A (2000) Autoantibody recognition of distinctly modified forms of the U1-70-kd antigen is associated with different clinical disease manifestations. Arthritis Rheum 43:881–888

Grodzicky T, Elkon KB (2000) Apoptosis in rheumatic diseases. Am J Med 108:73–82

Gross WL, Csernok E (1995) Immunodiagnostic and pathophysiologic aspects of antineutrophil cytoplasmic antibodies in vasculitis. Curr Opin Rheumatol 7:11–19

Guerassimov A, Zhang Y, Banerjee S et al. (1998) Autoimmunity to cartilage link protein in patients with rheumatoid arthritis and ankylosing spondylitis. J Rheumatol 25:1480–1484

Guerassimov A, Zhang Y, Cartman A et al. (1999) Immune responses to cartilage link protein and the G1 domain of proteoglycan aggrecan in patients with osteoarthritis [published erratum appears in Arthritis Rheum 1999 Jun;42(6):1303]. Arthritis Rheum 42:527–533

Guldner HH, Netter HJ, Szostecki C, Jaeger E, Will H (1990) Human anti-p68 autoantibodies recognize a common epitope of U1 RNA containing small nuclear ribonucleoprotein and influenza B virus. J Exp Med 171:819–829

Haaheim LR, Halse AK, Kvakestad R, Stern B, Normann O, Jonsson R (1996) Serum antibodies from patients with primary Sjogren's syndrome and systemic lupus erythematosus recognize multiple epitopes on the La(SS-B) autoantigen resembling viral protein sequences. Scand J Immunol 43:115–121

Harley JB, James JA (1999) Epstein-Barr virus infection may be an environmental risk factor for systemic lupus erythematosus in children and teenagers. Arthritis Rheum 42:1782–1783

Harvey G, Black C, Maddison P, McHugh N (1997) Characterization of antinucleolar antibody reactivity in patients with systemic sclerosis and their relatives. J Rheumatol 24:477–484

Harvey GR, Butts S, Rands AL, Patel Y, McHugh NJ (1999) Clinical and serological associations with anti-RNA polymerase antibodies in systemic sclerosis. Clin Exp Immunol 117:395–402

Hassfeld W, Steiner G, Graninger W, Witzmann G, Schweitzer H, Smolen JS (1993) Autoantibody to the nuclear antigen RA33: a marker for early rheumatoid arthritis. Br J Rheumatol 32:199–203

Hassfeld W, Steiner G, Studnicka Benke A et al. (1995) Autoimmune response to the spliceosome. An immunologic link between rheumatoid arthritis, mixed connective tissue disease, and systemic lupus erythematosus. Arthritis Rheum 38:777–785

Hasunuma Y, Matsuura E, Makita Z, Katahira T, Nishi S, Koike T (1997) Involvement of beta 2-glycoprotein I and anticardiolipin antibodies in oxidatively modified low-density lipoprotein uptake by macrophages. Clin Exp Immunol 107:569–573

Hausmann S, Wucherpfennig KW (1997) Activation of autoreactive T cells by peptides from human pathogens. Curr Opin Immunol 9:831–838

Hayem G, De Bandt M, Palazzo E et al. (1999) Anti-heat shock protein 70 kDa and 90 kDa antibodies in serum of patients with rheumatoid arthritis. Ann Rheum Dis 58:291–296

Hemmerich P, Neu E, Macht M, Peter HH, Krawinkel U, Mikecz A von (1998) Correlation between chlamydial infection and autoimmune response: molecular mimicry between RNA polymerase major sigma subunit from *Chlamydia trachomatis* and human L7. Eur J Immunol 28:3857–3866

Hiepe F (2000) The particle nature of intracellular autoantigens. In: Conrad K, Humbel RL, Meurer M, Shoenfeld Y, Tan EM (eds) Autoantigens and autoantibodies: Diagnostic tools and clues to understanding autoimmunity. Pabst Science Publishers, Lengerich, pp 26–38

Hoch SO (1994) The Sm antigens. In: Venrooij WJ van, Maini RN (eds) Manual of biological markers of disease, vol B. Kluwer Academic Publishers, Dordrecht Boston London, pp 2.4/1–2.4/23

Holmdahl R (1998) Genetics of susceptibility to chronic experimental encephalomyelitis and arthritis. Curr Opin Immunol 10:710–717

Holmdahl R, Andersson EC, Andersen CB, Svejgaard A, Fugger L (1999) Transgenic mouse models of rheumatoid arthritis. Immunol Rev 169:161–173

Horvath L, Czirjak L, Fekete B et al. (2001) Levels of antibodies against C1q and 60 kDa family of heat shock proteins in the sera of patients with various autoimmune diseases. Immunol Lett 75:103–109

Hueber W, Hassfeld W, Smolen JS, Steiner G (1999) Sensitivity and specificity of anti-Sa autoantibodies for rheumatoid arthritis. Rheumatology Oxford 38:155–159

Hultman P, Enestrom S, Turley SJ, Pollard KM (1994) Selective induction of anti-fibrillarin autoantibodies by silver nitrate in mice. Clin Exp Immunol 96:285–291

Hultman P, Hansson-Georgiadis H (1999) Methyl mercury-induced autoimmunity in mice. Toxicol Appl Pharmacol 154:203–211

Ieko M, Ichikawa K, Triplett DA et al. (1999) Beta2-glycoprotein I is necessary to inhibit protein C activity by monoclonal anticardiolipin antibodies. Arthritis Rheum 42:167–174

Ioannou Y, Sultan S, Isenberg DA (1999) Myositis overlap syndromes. Curr Opin Rheumatol 11:468–474

Isenberg DA (1995) Humoral immunity and glycosylation abnormalities in rheumatoid arthritis. Clin Exp Rheumatol 13:12s17–20

Iyer R, Holian A (1997) Involvement of the ICE family of proteases in silica-induced apoptosis in human alveolar macrophages. Am J Physiol 273:L760–L767

Iyer R, Hamilton RF, Li L, Holian A (1996) Silica-induced apoptosis mediated via scavenger receptor in human alveolar macrophages. Toxicol Appl Pharmacol 141:84–92

James JA, Harley JB (1998) B-cell epitope spreading in autoimmunity. Immunol Rev 16:185–200

James JA, Gross T, Scofield RH, Harley JB (1995) Immunoglobulin epitope spreading and autoimmune disease after peptide immunization: Sm B/B′-derived PPPGMRPP and PPPGIRGP induce spliceosome autoimmunity. J Exp Med 181:453–461

James JA, Kaufman KM, Farris AD et al. (1997) An increased prevalence of Epstein-Barr virus infection in young patients suggests a possible etiology for systemic lupus erythematosus. J Clin Invest 100:3019–3026

James JA, Harley JB, Scofield RH (2001) Role of viruses in systemic lupus erythematosus and Sjogren syndrome. Curr Opin Rheumatol 13:370–376

Jefferis R (1995) Rheumatoid factors, B cells and immunoglobulin genes. Br Med Bull 51:312–331

Jefferis R, Lund J, Pound JD (1998) IgG-Fc-mediated effector functions: molecular definition of interaction sites for effector ligands and the role of glycosylation. Immunol Rev 16:359–376

Ji H, Korganow AS, Mangialaio S et al. (1999) Different modes of pathogenesis in T-cell-dependent autoimmunity: clues from two TCR transgenic systems. Immunol Rev 16:139–146

Kallenberg CG (1998) Autoantibodies to myeloperoxidase: clinical and pathophysiological significance. J Mol Med 76:682–687

Karwan RM (1998) Further characterization of human RNAse MRP/RNAse P and related autoantibodies. Mol Biol Rep 25:95–101

Keech CL, Gordon TP, McCluskey J (1996) The immune response to 52-kDa Ro and 60-kDa Ro is linked in experimental autoimmunity. J Immunol 157:3694–3699

Khan MF, Wu X, Ansari GA (2001) Anti-malondialdehyde antibodies in MRL+/+ mice treated with trichloroethene and dichloroacetyl chloride: possible role of lipid peroxidation in autoimmunity. Toxicol Appl Pharmacol 170:88–92

Kindas Mugge I, Steiner G, Smolen JS (1993) Similar frequency of autoantibodies against 70-kD class heat-shock proteins in healthy subjects and systemic lupus erythematosus patients. Clin Exp Immunol 92:46–50

Kishore U, Reid KB (2000) C1q: structure, function, and receptors. Immunopharmacology 49:159–170

Klein Gunnewick JMT, Venrooij WJ van (1994) Autoantigens contained in the U1 small nuclear ribonucleoprotein complex. In: Venrooij WJ van, Maini RN (eds) Manual of biological markers of disease, vol B. Kluwer Academic Publishers, Dordrecht Boston London, pp 3.1/1–20

Koike T (2000) Anticardiopilin antibody – specificity and pathogenesis. In: Conrad K, Humbel RL, Meurer M, Shoenfeld Y, Tan EM (eds) Autoantigens and autoantibodies: diagnostic tools and clues to understanding autoimmunity. Pabst Science Publishers, Lengerich, pp 383–396

Kouskoff V, Korganow AS, Duchatelle V, Degott C, Benoist C, Mathis D (1996) Organ-specific disease provoked by systemic autoimmunity. Cell 87:811–822

Kramer A (1996) The structure and function of proteins involved in mammalian pre-mRNA splicing. Annu Rev Biochem 65:367–409

Krecic AM, Swanson MS (1999) hnRNP complexes: composition, structure, and function. Curr Opin Cell Biol 11:363–371

Kuwana M, Okano Y, Kaburaki J, Medsger TA, Wright TM (1999) Autoantibodies to RNA polymerases recognize multiple subunits and demonstrate cross-reactivity with RNA polymerase complexes. Arthritis Rheum 42:275–284

Labbe JC, Hekimi S, Rokeach LA (1999) Assessing the function of the Ro ribonucleoprotein complex using *Caenorhabditis elegans* as a biological tool. Biochem Cell Biol 77:349–354

Labbe JC, Burgess J, Rokeach LA, Hekimi S (2001) ROP-1, an RNA quality-control pathway component, affects *Caenorhabditis elegans* dauer formation. Proc Natl Acad Sci USA 97:13.233–13.238

Lacroix-Desmazes S, Kaveri SV, Mouthon L et al. (1998) Self-reactive antibodies (natural autoantibodies) in healthy individuals. J Immunol Methods 216:117–137

Lan MS, Maclaren NK (1998) Cryptic epitope and autoimmunity. Diabetes Metab Rev 14:333–334

Latchman DS, Isenberg DA (1994) The role of hsp90 in SLE. Autoimmunity 19:211–218

Lee B, Craft JE (1995) Molecular structure and function of autoantigens in systemic sclerosis. Int Rev Immunol 12:129–144

Lockshin MD, Letendre CH (1992) Antiphospholipid antibody/lupus anticoagulant workshop. Arthritis Rheum 35:1234–1237

Lorenz HM, Herrmann M, Winkler T, Gaipl U, Kalden JR (2000) Role of apoptosis in autoimmunity. Apoptosis 5:443–449

Lu L, Kaliyaperumal A, Boumpas DT, Datta SK (1999) Major peptide autoepitopes for nucleosome-specific T cells of human lupus. J Clin Invest 104:345–355

Luross JA, Williams NA (2001) The genetic and immunopathological processes underlying collagen-induced arthritis. Immunology 103:407–416

Macario AJ (1995) Heat-shock proteins and molecular chaperones: implications for pathogenesis, diagnostics, and therapeutics. Int J Clin Lab Res 25:59–70

Mageed RA, Borretzen M, Moyes SP, Thompson KM, Natvig JB (1997) Rheumatoid factor autoantibodies in health and disease. Ann N Y Acad Sci 5:815.296–815.311

Mahler M, Mierau R, Bluthner M (2000) Fine-specificity of the anti-CENP-A B-cell autoimmune response. J Mol Med 78:460–467

Mallard K, Jones DB, Richmond J, McGill M, Foulis AK (1996) Expression of the human heat shock protein 60 in thyroid, pancreatic, hepatic and adrenal autoimmunity. J Autoimmun 9:89–96

Masson-Bessiere C, Sebbag M, Girbal-Neuhauser E et al. (2001) The major synovial targets of the rheumatoid arthritis-specific antifilaggrin autoantibodies are deiminated forms of the alpha- and beta-chains of fibrin. J Immunol 166

Matsumoto I, Staub A, Benoist C, Mathis D (1999) Arthritis provoked by linked T and B cell recognition of a glycolytic enzyme. Science 286:1732–1735

Mavragani CP, Tzioufas AG, Moutsopoulos HM (2000) Sjogren's syndrome: autoantibodies to cellular antigens. Clinical and molecular aspects. Int Arch Allergy Immunol 123:46–57

McCluskey J, Farris AD, Keech CL et al. (1998) Determinant spreading: lessons from animal models and human disease. Immunol Rev 16:4209–4229

Menard HA, Lapointe E, Rochdi MD, Zhou ZJ (2000) Insights into rheumatoid arthritis derived from the Sa immune system. Arthritis Res 2:429–432

Meroni PL, Raschi E, Testoni C, Tincani A, Balestrieri G (2001) Antiphospholipid antibodies and the endothelium. Rheum Dis Clin North Am 27:587–602

Mevorach D, Zhou JL, Song X, Elkon KB (1998) Systemic exposure to irradiated apoptotic cells induces autoantibody production. J Exp Med 188:387–392

Mimori T (1996) Structures targeted by the immune system in myositis. Curr Opin Rheumatol 8:521–527

Miranda Carus ME, Boutjdir M, Tseng CE, DiDonato F, Chan EK, Buyon JP (1998) Induction of antibodies reactive with SSA/Ro-SSB/La and development of congenital heart block in a murine model. J Immunol 161:5886–5892

Mocci S, Lafferty K, Howard M (2000) The role of autoantigens in autoimmune disease. Curr Opin Immunol 12:725–730

Mohan C, Datta SK (1995) Lupus: key pathogenic mechanisms and contributing factors. Clin Immunol Immunopathol 77:209–220

Montecucco C, Caporali R, Cobianchi F, Biamonti G (1996) Identification of autoantibodies to the I protein of the heterogeneous nuclear ribonucleoprotein complex in patients with systemic sclerosis. Arthritis Rheum 39:1669–1676

Morgan K (1990) What do anti-collagen antibodies mean? Ann Rheum Dis 49:62–65

Moseley P (2000) Stress proteins and the immune response. Immunopharmacology 48:299–302

Muhlen CA von, Tan EM (1995) Autoantibodies in the diagnosis of systemic rheumatic diseases. Semin Arthritis Rheum 24:323–358

Nagaraju K, Cox A, Casciola-Rosen L, Rosen A (2001) Novel fragments of the Sjögren's syndrome autoantigens alpha-fodrin and type 3 muscarinic acetylcholine receptor generated during cytotoxic lymphocyte granule-induced cell death. Arthritis Rheum 44:2376–2386

Neugebauer KM, Merrill JT, Wener MH, Lahita RG, Roth MB (2000) SR proteins are autoantigens in patients with systemic lupus erythematosus. Importance of phosphoepitopes. Arthritis Rheum 43:1768–1778

Nietert PJ, Sutherland SE, Silver RM et al. (1998) Is occupational organic solvent exposure a risk factor for scleroderma? Arthritis Rheum 41:1111–1118

O'Brien CA, Wolin SL (1994) A possible role for the 60-kD Ro autoantigen in a discard pathway for defective 5S rRNA precursors. Genes Dev 8:2891–2903

Pierangeli SS, Gharavi AE, Harris EN (2000) Experimental thrombosis and antiphospholipid antibodies: new insights. J Autoimmun 15:241–247

Pockley AG, Bulmer J, Hanks BM, Wright BH (1999) Identification of human heat shock protein 60 (Hsp60) and anti-Hsp60 antibodies in the peripheral circulation of normal individuals. Cell Stress Chaperones 4:29–35

Pollard KM, Pearson DL, Bluthner M, Tan EM (2000) Proteolytic cleavage of a self-antigen following xenobiotic-induced cell death produces a fragment with novel immunogenic properties. J Immunol 165:2263–2270

Pommier Y (1998) Diversity of DNA topoisomerases I and inhibitors. Biochimie 80:255–270

Pritzker LB, Joshi S, Gowan JJ, Harauz G, Moscarello MA (2000) Deimination of myelin basic protein. 1. Effect of deimination of arginyl residues of myelin basic protein on its structure and susceptibility to digestion by cathepsin D. Biochemistry 39:5374–5381

Prockop DJ, Kivirikko KI (1995) Collagens: molecular biology, diseases, and potentials for therapy. Annu Rev Biochem 64:403–434

Pruijn GJM (2000) Autoantigens in the nucleolus of human cells. In: Conrad K, Humbel RL, Meurer M, Shoenfeld Y, Tan EM (eds) Autoantigens and autoantibodies: diagnostic tools and clues to understanding autoimmunity. Pabst Science Publishers, Lengerich, pp 41–57

Pruijn GJ, Simons FH, Venrooij WJ van (1997) Intracellular localization and nucleocytoplasmic transport of Ro RNP components. Eur J Cell Biol 74:123–132

Rattner JB, Rees J, Arnett FC, Reveille JD, Goldstein R, Fritzler MJ (1996) The centromere kinesin-like protein, CENP-E. An autoantigen in systemic sclerosis. Arthritis Rheum 39:1355–1361

Rattner JB, Rees J, Whitehead CM et al. (1997) High frequency of neoplasia in patients with autoantibodies to centromere protein CENP-F. Clin Invest Med 20:308–319

Reichlin M, Van Venrooij WJ (1991) Autoantibodies to the URNP particles: relationship to clinical diagnosis and nephritis. Clin Exp Immunol 83:286–290

Reichlin M, Wolfson Reichlin M (1999) Evidence for the participation of anti-ribosomal P antibodies in lupus nephritis. Arthritis Rheum 42:2728–2729

Riemekasten G, Marell J, Trebeljahr G et al. (1998) A novel epitope on the C-terminus of SmD1 is recognized by the majority of sera from patients with systemic lupus erythematosus. J Clin Invest 102:754–763

Rose NR (1998) The role of infection in the pathogenesis of autoimmune disease. Semin Immunol 10:5–13

Rothfield N, Whitaker D, Bordwell B, Weiner E, Senecal JL, Earnshaw W (1987) Detection of anticentromere antibodies using cloned autoantigen CENP-B. Arthritis Rheum 30:1416–1419

Roux S, Seelig HP, Meyer O (1998) Significance of Mi-2 autoantibodies in polymyositis and dermatomyositis. J Rheumatol 25:395–396

Rowley MJ, Cook AD, Mackay IR, Teuber SS, Gershwin ME (1996) Comparative epitope mapping of antibodies to collagen in women with silicone breast implants, systemic lupus erythematosus and rheumatoid arthritis. Curr Top Microbiol Immunol 210:307–316

Rubin RL (1999) Etiology and mechanisms of drug-induced lupus. Curr Opin Rheumatol 11:357–363

Rutjes SA, Vree Egberts WT, Jongen P, Van Den Hoogen F, Pruijn GJ, Van Venrooij WJ (1997) Anti-Ro52 antibodies frequently co-occur with anti-Jo-1 antibodies in sera from patients with idiopathic inflammatory myopathy. Clin Exp Immunol 109:32–40

Rutjes SA, Utz PJ, Heijden A van der, Broekhuis C, Venrooij WJ van, Pruijn GJ (1999) The La (SS-B) autoantigen, a key protein in RNA biogenesis, is dephosphorylated and cleaved early during apoptosis. Cell Death Differ 6:976–986

Sabbatini A, Bombardieri S, Migliorini P (1993) Autoantibodies from patients with systemic lupus erythematosus bind a shared sequence of SmD and Epstein-Barr virus-encoded nuclear antigen EBNA I. Eur J Immunol 23:1146–1152

Sauter B, Albert ML, Francisco L, Larsson M, Somersan S, Bhardwaj N (2000) Consequences of cell death: exposure to necrotic tumor cells, but not primary tissue cells or apoptotic cells, induces the maturation of immunostimulatory dendritic cells. J Exp Med 191:423–434

Savici D, He B, Geist LJ, Monick MM, Hunninghake GW (1994) Silica increases tumor necrosis factor (TNF) production, in part, by upregulating the TNF promoter. Exp Lung Res 20:613–625

Schaller M, Burton DR, Ditzel HJ (2001) Autoantibodies to GPI in rheumatoid arthritis: linkage between an animal model and human disease. Nat Immunol 2:746–753

Schellekens GA, Jong BA de, Hoogen FH van den, Putte LB van de, Venrooij WJ van (1998) Citrulline is an essential constituent of antigenic determinants recognized by rheumatoid arthritis-specific autoantibodies. J Clin Invest 101:273–281

Schett G, Redlich K, Xu Q et al. (1998a) Enhanced expression of heat shock protein 70 (hsp70) and heat shock factor 1 (HSF1) activation in rheumatoid arthritis synovial tissue. Differential regulation of hsp70 expression and HSF1 activation in synovial fibroblasts by proinflammatory cytokines, shear stress, and antiinflammatory drugs. J Clin Invest 102:302–311

Schett G, Steiner G, Smolen JS (1998b) Nuclear antigen histone H1 is primarily involved in lupus erythematosus cell formation. Arthritis Rheum 41:1446–1455

Schwartz M, Cohen IR (2000) Autoimmunity can benefit self-maintenance. Immunol Today 21:265–268

Scofield RH, Farris AD, Horsfall AC, Harley JB (1999) Fine specificity of the autoimmune response to the Ro/SSA and La/SSB ribonucleoproteins. Arthritis Rheum 42:199–209

Scott DL (2000) Prognostic factors in early rheumatoid arthritis. Rheumatology 12:4–9

Segelmark M, Westman K, Wieslander J (2000) How and why should we detect ANCA? Clin Exp Rheumatol 18:629–635

Selak S, Chan EK, Schoenroth L, Senecal JL, Fritzler MJ (1999) Early endosome antigen. 1: An autoantigen associated with neurological diseases. J Invest Med 47:311–318

Selak S, Woodman RC, Fritzler MJ (2000) Autoantibodies to early endosome antigen (EEA1) produce a staining pattern resembling cytoplasmic anti-neutrophil cytoplasmic antibodies (C-ANCA). Clin Exp Immunol 122:493–498

Sherer Y, Shoenfeld Y (2001) Antiphospholipid syndrome, antiphospholipid antibodies, and atherosclerosis. Curr Atheroscler Rep 3:328–333

Shingai R, Maeda T, Onishi S, Yamamoto Y (1995) Autoantibody against 70 kD heat shock protein in patients with autoimmune liver diseases. J Hepatol 23:382–390

Shoenfeld Y, Sherer Y, Harats D (2001) Artherosclerosis as an infectious, inflammatory and autoimmune disease. Trends Immunol 22:293–295

Siegert CE, Daha MR (1998) C1q as antigen in humoral autoimmune responses. Immunobiology 199:295–302

Simon M, Girbal E, Sebbag M et al. (1993) The cytokeratin filament-aggregating protein filaggrin is the target of the so-called „antikeratin antibodies," autoantibodies specific for rheumatoid arthritis. J Clin Invest 92:1387–1393

Skriner K, Sommergruber WH, Tremmel V et al. (1997) Anti-A2/RA33 autoantibodies are directed to the RNA binding region of the A2 protein of the heterogeneous nuclear ribonucleoprotein complex. Differential epitope recognition in rheumatoid arthritis, systemic lupus erythematosus, and mixed connective tissue disease. J Clin Invest 100:127–135

Slobbe RL, Pluk W, Venrooij WJ van, Pruijn GJ (1992) Ro ribonucleoprotein assembly in vitro. Identification of RNA-protein and protein-protein interactions. J Mol Biol 227:361–366

Smolen JS (1996) Autoantibodies in rheumatoid arthritis. In: Venrooij WJ van, Maini RN (eds) Manual of biological markers of disease, vol C. Kluwer Academic Publishers, Dordrecht Boston London, pp 1.1/1–18

Smolen JS, Steiner G (1998) Are autoantibodies active players or epiphenomena? Curr Opin Rheumatol 10:201–206

Spronk PE, Limburg PC, Kallenberg CG (1995) Serological markers of disease activity in systemic lupus erythematosus. Lupus 4:86–94

Steiner G, Hartmuth K, Skriner K et al. (1992) Purification and partial sequencing of the nuclear autoantigen RA33 shows that it is indistinguishable from the A2 protein of the heterogeneous nuclear ribonucleoprotein complex. J Clin Invest 90:1061–1066

Steiner G, Skriner K, Smolen JS (1996) Autoantibodies to the A/B proteins of the heterogeneous nuclear ribonucleoprotein complex: novel tools for the diagnosis of rheumatic diseases. Int Arch Allergy Immunol 111:314–319

·Stemmer C, Muller S (1996) Histone autoantibodies other than (H2A-H2B)-DNA autoantibodies. In: Peter JB, Shoenfeld Y (eds) Autoantibodies. Elsevier Science, Amsterdam, pp 373–384

Sugimoto K, Kuriyama K, Shibata A, Himeno M (1997) Characterization of internal DNA-binding and C-terminal dimerization domains of human centromere/kinetochore autoantigen CENP-C in vitro: role of DNA-binding and self-associating activities in kinetochore organization. Chromosome Res 5:132–141

Sugimoto K, Kuriyama K, Himeno M, Muro Y (1998) Epitope mapping of human centromere autoantigen centromere protein C (CENP-C); heterogeneity of anti-CENP-C response in rheumatic diseases. J Rheumatol 25:474–481

Suzuki N, Mihara S, Sakane T (1997) Development of pathogenic anti-DNA antibodies in patients with systemic lupus erythematosus. FASEB J 11:1033–1038

Takasaki Y, Kaneda K, Takeuchi K, Yano T, Hashimoto H (2000) Antibodies to PCNA and Ki - a linked set of autoimmune response associated with cellular function of target antigens. In: Conrad K, Humbel RL, Meurer M, Shoenfeld Y, Tan EM (eds) Autoantigens and autoantibodies: diagnostic tools and clues to understanding autoimmunity. Pabst Science Publishers, Lengerich, pp 88–109

Takasaki Y, Kogure T, Takeuchi K et al. (2001) Reactivity of anti-proliferating cell nuclear antigen (PCNA) murine monoclonal antibodies and human autoantibodies to the PCNA multiprotein complexes involved in cell proliferation. J Immunol 166:4780–4787

Takeda Y, Dynan WS (2001) Autoantibodies against DNA double-strand break repair proteins. Front Biosci 6:D1335–D1345

Tan EM, Chan EK (1993) Molecular biology of autoantigens and new insights into autoimmunity. Clin Invest 71:327–330

Targoff IN (1993) Humoral immunity in polymyositis/dermatomyositis. J Invest Dermatol 100:116s–123s

Targoff IN (2000) Update on myositis-specific and myositis-associated autoantibodies. Curr Opin Rheumatol 12:475–481

Tishler M, Shoenfeld Y (1996) Anti-heat-shock protein antibodies in rheumatic and autoimmune diseases. Semin Arthritis Rheum 26:558–563

Utz PJ, Hottelet M, Venrooij WJ van, Anderson P (1998) Association of phosphorylated serine/arginine (SR) splicing factors with the U1-small ribonucleoprotein (snRNP) autoantigen complex accompanies apoptotic cell death. J Exp Med 187:547–560

Van Bruggen MC, Kramers C, Berden JH (1996) Autoimmunity against nucleosomes and lupus nephritis. Ann Med Interne (Paris) 147:485–489

Vazquez Abad D, Rothfield NF (1995) Autoantibodies in systemic sclerosis. Int Rev Immunol 12:145–157

Venrooij W van, Pruijn GJM (1995) Ribonucleoprotein complexes as autoantigens. Curr Opin Immunol 7:819–824

Venrooij WJ van, Pruijn GJ (2000) Citrullination: a small change for a protein with great consequences for rheumatoid arthritis. Arthritis Res 2:249–251

Verhasselt V, Goldman M (2001) From autoimmune responses to autoimmune disease: what is needed? J Autoimmun 16:327–330

Verheijen R (1994) DNA topoisomerase I. In: Venrooij WJ van, Maini RN (eds) Manual of biological markers of disease, vol B. Kluwer Academic Publishers, Dordrecht Boston London, pp 5.1/3–5.1/16

Verheijden GF, Rijnders AW, Bos E et al. (1997) Human cartilage glycoprotein-39 as a candidate autoantigen in rheumatoid arthritis. Arthritis Rheum 40:1115–1125

Wahren Herlenius M, Muller S, Isenberg D (1999) Analysis of B-cell epitopes of the Ro/SS-A autoantigen. Immunol Today 20:234–240

Walport MJ, Davies KA, Botto M (1998) C1q and systemic lupus erythematosus. Immunobiology 199:265–285

Wang J, Dong X, Stojanov L, Kimpel D, Satoh M, Reeves WH (1997) Human autoantibodies stabilize the quaternary structure of Ku antigen. Arthritis Rheum 40:1344–1353

Wang D, Buyon JP, Zhu W, Chan EK (1999) Defining a novel 75-kDa phosphoprotein associated with SS-A/Ro and identification of distinct human autoantibodies. J Clin Invest 104:1265–1275

Warburton PE, Cooke CA, Bourassa S et al. (1997) Immunolocalization of CENP-A suggests a distinct nucleosome structure at the inner kinetochore plate of active centromeres. Curr Biol 7:901–904

Watanabe T, Sato T, Uchiumi T, Arakawa M (1996) Neuropsychiatric manifestations in patients with systemic lupus erythematosus: diagnostic and predictive value of longitudinal examination of anti-ribosomal P antibody. Lupus 5:178–183

Weighardt F, Biamonti G, Riva S (1996) The roles of heterogeneous nuclear ribonucleoproteins (hnRNP) in RNA metabolism. Bioessays 18:747–756

Weyand CM, Klimiuk PA, Goronzy JJ (1998) Heterogeneity of rheumatoid arthritis: from phenotypes to genotypes. Springer Semin Immunopathol 20:5–22

Whitehead CM, Fritzler MJ, Rattner JB (1998) The relationship of ASE-1 and NOR-90 in autoimmune sera. J Rheumatol 25:2126–2130

Will CL, Luhrmann R (2001) Spliceosomal UsnRNP biogenesis, structure and function. Curr Opin Cell Biol 13:290–301

Wolin SL, Matera AG (1999) The trials and travels of tRNA. Genes Dev 13:1–10

Wu R, Lefvert AK (1995) Autoantibodies against oxidized low density lipoproteins (oxLDL): characterization of antibody isotype, subclass, affinity and effect on the macrophage uptake of oxLDL. Clin Exp Immunol 102:174–180

Wu X, Molinaro C, Johnson N, Casiano CA (2001) Secondary necrosis is a source of proteolytically modified forms of specific intracellular autoantigens: implications for systemic autoimmunity. Arthritis Rheum 44:2642–2652

Wucherpfennig KW (2001) Structural basis of molecular mimicry. J Autoimmun 16:293–302

Xiao GQ, Qu Y, Hu K, Boutjdir M (2001) Down-regulation of L-type calcium channel in pups born to 52 kDa SSA/Ro immunized rabbits. Faseb J 15:1539–1545

Xu W, Seiter K, Feldman E, Ahmed T, Chiao JW (1996) The differentiation and maturation mediator for human myeloid leukemia cells shares homology with neuroleukin or phosphoglucose isomerase. Blood 87:4502–4506

Xue D, Rubinson DA, Pannone BK, Yoo CJ, Wolin SL (2000) U snRNP assembly in yeast involves the La protein. EMBO J 19:1650–1660

Youinou P, Serre G (1995) The antiperinuclear factor and antikeratin antibody systems. Int Arch Allergy Immunol 107:508–518

Zee R van der, Anderton SM, Prakken AB, Liesbeth Paul AG, van Eden W (1998) T cell responses to conserved bacterial heat-shock-protein epitopes induce resistance in experimental autoimmunity. Semin Immunol 10:35–41

Zhang Y, Guerassimov A, Leroux JY et al. (1998) Induction of arthritis in BALB/c mice by cartilage link protein: involvement of distinct regions recognized by T and B lymphocytes. Am J Pathol 153:1283–1291

Zimmerman R, Radhakrishnan J, Valeri A, Appel G (2001) Advances in the treatment of lupus nephritis. Annu Rev Med 2001:5263–5278

Zugel U, Kaufmann SH (1999) Role of heat shock proteins in protection from and pathogenesis of infectious diseases. Clin Microbiol Rev 12:19–39

7 Autoantikörper bei rheumatischen Erkrankungen

Harald Burkhardt und Reinhard E. Voll

Inhaltsverzeichnis

Ganten/Ruckpaul (Hrsg.)
Molekularmedizinische Grundlagen
von rheumatischen Erkrankungen
© Springer-Verlag Berlin Heidelberg 2003

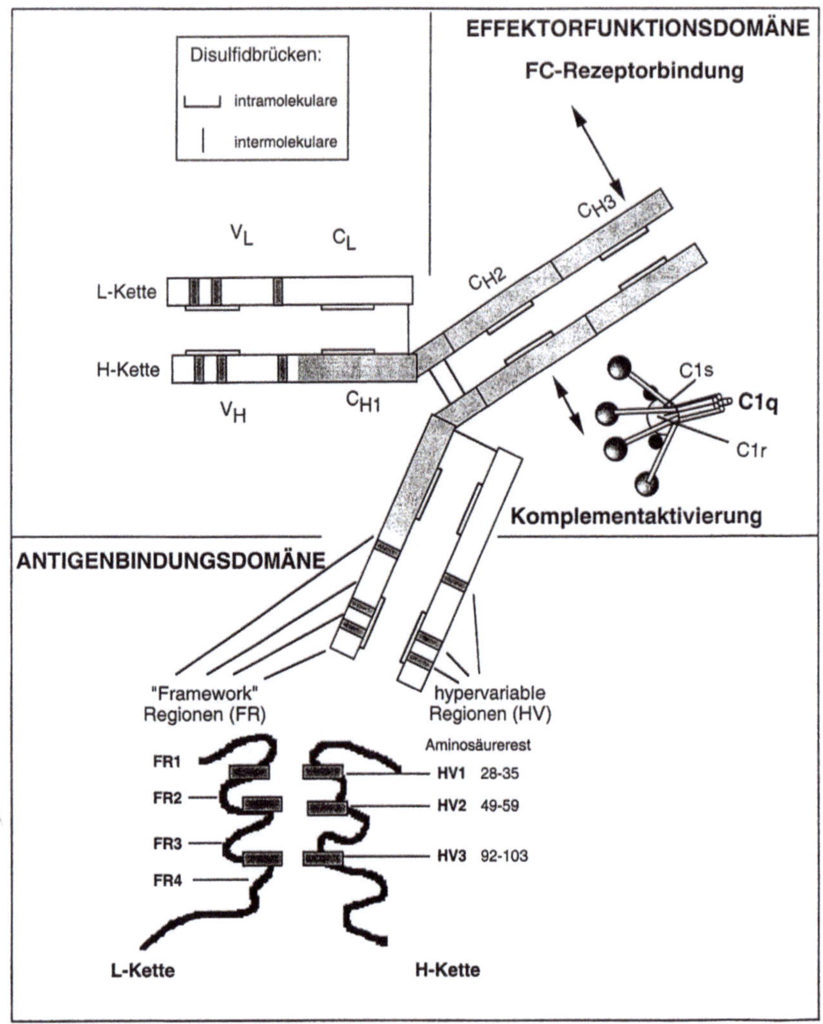

Abb. 7.1. Antikörperstruktur: Die Grundstruktur eines Immunglobulinmoleküls der IgG-Klasse ist aus schweren (H)-Ketten und leichten (L)-Ketten, die durch Disulfidbrücken zusammengehalten werden, aufgebaut. Die hypervariablen Regionen (*HV1–HV3*), die direkt zur Antigenbindung beitragen, sind in den variablen Abschnitten V_L und V_H der Immunglobulinketten im *unteren Teil* der Abbildung in einer schematisierten Aufsicht auf die Bindungstasche in ihrer Topographie besonders hervorgehoben. C_L konstanter Teil der leichten Kette, C_{H1}, C_{H2} und C_{H3} konstante Domänen der schweren Ketten. Die C_{H2}- und C_{H3}-Abschnitte bilden die Effektorfunktionsdomäne und vermitteln Interaktionen mit den in Tabelle 7.1 aufgeführten Fc-Rezeptoren bzw. der Komplementkomponente C1

7.1 Antikörper

7.1.1 Immunglobuline: Struktur und Merkmale

Antikörper oder Immunglobuline (Ig) werden von B-Lymphozyten synthetisiert und dienen der Antigenerkennung. Es wird zwischen sezernierten und zellmembrangebundenen Antikörpern unterschieden, wobei die Membranform den Antigenrezeptor der B-Zellen darstellt. Entsprechend der klonalen Selektionstheorie, wie sie 1959 von Burnett formuliert wurde, tragen B-Zellen jeweils distinkte membranständige Immunglobuline, durch deren Antigenbindungseigenschaft die Spezifität jedes Klons definiert ist (Burnett 1959). Die Erkennung eines exogenen oder auch autologen Antigens durch B-Zellen erfolgt durch die Bindung an das membrangebundene Immunglobulin mit entsprechen-

der Ligandenspezifität. Nach Aktivierung und Proliferation produzieren die in Plasmazellen weiter differenzierten Tochterzellen des ausgewählten B-Zell-Klons die sezernierte Form von Immunglobulinen derselben Antigenspezifität, die sie ursprünglich als membranständiger B-Zell-Rezeptor besaßen. Antikörper sind bifunktionelle Moleküle, die einerseits der spezifischen Antigenerkennung dienen und andererseits Interaktionen mit Effektormolekülen bzw. Effektorzellen im Dienste einer wirksamen Antigenelimination vermitteln. Die Anforderung an das Gesamtrepertoire von Antikörpern, eine maximale Vielzahl von Antigenstrukturen potenziell binden zu können, spiegelt sich strukturell in der variablen Gestaltung der Antigenbindungsdomäne wider, während die Interaktionsdomänen mit den Effektorsystemen in einem zwischen den verschiedenen Immunglobulinklassen nur gering unterschiedlichen konstanten Teil lokalisiert sind (Abb. 7.1) (Übersicht in: Natvig u. Kunkel 1973, Hasemann u. Capra 1989). Die verschiedenen Antikörperklassen und -subklassen werden als Isotypen bezeichnet. Es handelt sich um Glykoproteine, die in ihrer gemeinsamen Grundstruktur von 4 Polypeptidketten, 2 schweren Ketten (heavy-chains, H-Ketten, MG = 50 000–70 000) und 2 leichten Ketten (L-Ketten, MG = 25 000), gebildet und durch Disulfidbrücken und Protein-Protein-Wechselwirkungen stabilisiert werden. Die H- und L-Ketten sind zu globulären Regionen gefaltet, die aufgrund einiger konservierter struktureller Charakteristika wie Länge, antiparallele β-Faltblatt-Strukturen und Disulfidbrücken als typische Immunglobulindomänen bezeichnet werden. L-Ketten enthalten 2 derartige Domänen, H-Ketten je nach Isotyp des Immunglobulins 4–5. Jeweils die aminoterminale Domäne der H- und L-Kette zeichnen sich durch Unterschiede in der Aminosäuresequenz zwischen verschiedenen Antikörpern aus und bilden gemeinsam die Antigenbindungsregion (variable Region; VH für H-Ketten und VL für L-Ketten). Die karboxyterminalen Regionen weisen innerhalb einer Klasse bzw. Subklasse und jeweils innerhalb der beiden Arten von L-Ketten (κ und λ) identische Aminosäuresequenzen auf. Diese konstanten Regionen der verschiedenen Isotypen und Subklassen bestimmen die Effektorfunktionen der Antikörper.

7.1.2 Immunglobulinisotypen

Unter den verschiedenen Immunglobulinisotypen wird der größte Teil von der Klasse der IgG gebildet. Die IgG werden in 4 Subklassen unterteilt:

- IgG1,
- IgG2,
- IgG3 und
- IgG4,

deren strukturelle Unterschiede durch die unterschiedliche Verwendung der γ-Ketten bedingt sind (γ 1–4). Die schweren Ketten der IgG bestehen aus einer variablen und 3 konstanten Domänen (CH1–3). Das Molekulargewicht des IgG beträgt etwa 150 000, wobei auf jede Leichtkette (etwa 212 Aminosäuren) 23 000 und auf jede Schwerketten (etwa 450 Aminosäuren) 50 000–70 000 entfallen, je nach Subklasse. IgG-Moleküle üben wichtige Effektorfunktionen aus z. B. bei der Aktivierung der Komplementkaskade, die über die initiale Bindung von C1q an die CH2-Domäne erfolgt. Hinsichtlich dieser Funktion bestehen subklassenspezifische Unterschiede mit der stärksten Aktivierung des klassischen Komplementweges durch IgG3, gefolgt von IgG1 und IgG2. IgG4 kann Komplement nur über den alternativen Weg aktivieren. Mit der CH3-Domäne ist als weitere Effektorfunktion die Bindung an so genannte FC-Rezeptoren auf Lymphozyten, Makrophagen und anderen Leukozyten verbunden (Tabelle 7.1), Interaktionen, an denen vorrangig IgG1 und IgG3 beteiligt sind. Antigen, das mit IgG komplexiert ist, kann über die Bindung an FC-Rezeptoren auf Makrophagen besonders gut phagozytiert werden. Erfolgt die IgG-Bindung an zelluläre Oberflächenantigene, kann über FC-Rezeptoren auf zytotoxischen Zellen eine Abtötung der IgG-beladenen Zelle ausgelöst werden (so genannte antikörpervermittelte zelluläre Zytotoxizität).

IgM-Moleküle stellen die phylo- und ontogenetisch am frühesten auftretenden Antikörper dar. Das membranständige IgM ist ein Monomer und wird von den neu entstehenden B-Zellen (in bestimmten Differenzierungsstadien zusammen mit IgD) als Antigenrezeptor benutzt. Als sezernierte Form kommt IgM im Serum (10% der Gesamt-Ig) in der Regel als Pentamer mit einem Molekulargewicht von etwa 900 000 vor, gelegentlich auch in Form anderer multimerer Komplexe und selten als

Tabelle 7.1. Übersicht über die unterschiedlichen FC-Rezeptoren, ihre Bindungsaffinität für unterschiedliche Immunglobulinisotypen und ihre zelluläre Expression

FC-Rezeptor	FCεRI	FCγRII	FCγRIII	FCγRI	FCεRII
Bindungsaffinität für IgG-Isotypen	IgE 10^{10} M^{-1}	IgG1 2×10^6 M^{-1} IgG1>IgG3 = IgG4>IgG2	IgG1 5×10^5 M^{-1} IgG1 = IgG3	IgG1 10^8 M^{-1} IgG1>IgG3 = IgG4>IgG2	IgE Niedrige Affinität
Zellen	Mastzellen	Makrophagen Neutrophile Eosinophile Thrombozyten B-Zellen	NK-Zellen Neutrophile Eosinophile Makrophagen	Makrophagen Neutrophile Eosinophile	Eosinophile FDC Aktivierte B-Zellen

Monomer. IgM-Moleküle verfügen über 4 konstante Domänen. In der pentameren Form werden sie durch eine so genannte J-Kette mit einem Molekulargewicht von 15 000, die kovalent an Cysteinreste im C-Terminus der μ-Kette bindet, zusammengehalten. IgM zeigen eine hohe Affinität zu Komplement.

IgD kommt nur in äußerst geringer Konzentration im humanen Serum (<0,2% der Serumimmunglobuline) vor. Membranständige und auch lösliche Formen des IgD sind Monomere. Als Membranimmunglobulin wird es zusammen mit IgM auf vielen B-Zellen gefunden und dient als charakteristischer Marker des Reifestadiums der B-Zellen.

IgA-Immunglobuline besitzen eine besondere Bedeutung für den Schutz der Schleimhäute gegen eine bakterielle Invasion und stellen die in Sekreten (z.B. Speichel, Tränen, Intestinalsekrete) am häufigsten vertretene Immunglobulinklasse. Im Serum zirkuliert IgA als zweithäufigste Immunglobulinklasse überwiegend in monomer Form, jedoch kommen 15% auch als Dimere und sehr selten als Polymere vor. Die IgA-Dimere werden durch eine J-Kette zusammengehalten. Man unterscheidet bei den kohlenhydratreichen, nicht Komplement bindenden IgA-Molekülen 2 Subklassen

- IgA1 und
- IgA2.

Das sekretierte IgA enthält noch zusätzlich ein nicht kovalent gebundenes Glykoprotein mit einem MG von 70 000, das als Sekretions- bzw. Transportmolekül dient und nicht von den B-Zellen, sondern von Epithelzellen synthetisiert wird.

Freies IgE ist im Serum nur in geringer Konzentration physiologisch nachweisbar. Es löst durch Bindung seines FC-Teils an IgE-Rezeptoren auf basophilen Granulozyten und Mastzellen Degranulationsreaktionen aus, die vasoaktive Substanzen und Entzündungsmediatoren freisetzen. Das IgE ist für die Parasitenabwehr wichtig und spielt bei der Überempfindlichkeitsreaktion vom Soforttyp eine wesentliche Rolle.

7.1.3 Allotypen

Unter Allotypen werden Isotypvarianten verstanden, die auf Punktmutationen in den konstanten Immunglobulinregionen beruhen und daher nur in einem Teil der Individuen einer Spezies nachweisbar sind. Humane Antikörperallotypen unterscheiden sich meist nur in einem einzigen Aminosäureaustausch und sind für die verschiedenen IgG-Isotypen (IgG1–4), für IgA2, IgM und die Leichtkette κ beschrieben. Die IgG-Allotypen werden mit Gm, die IgA- als Am, die IgM- als Mm und die κ-Varianten mit Km bezeichnet (Grubb 1995).

7.1.4 Antigenbindungsstelle

Die V-Regionen der H- und L-Ketten haben eine Länge von 110 Aminosäuren mit Sequenzvariabilität zwischen unterschiedlichen Antikörpern je nach Spezifität. Trotz der Variabilität tauchen Charakteristika auf, die es erlauben, die V-Regionen in 3 grobe Klassen einzuordnen:

- VK,
- VL und
- VH.

VK-typische Sequenzen finden sich nur in Kombination mit Ck und Vl nur mit bestimmten Cl. VH-typische Sequenzen werden dagegen in Kombination mit allen CH-Sequenzen der verschiedenen Subklassen gefunden. Aufgrund der Homologien zwischen verschiedenen V-Sequenzen lassen sich verschiedene Subgruppen und Familien abgrenzen. Innerhalb der variablen Regionen gibt es Bereiche, die sich durch ein besonders hohes Maß an Variabilität auszeichnen und die daher als hypervariable Domänen bezeichnet werden. Die hypervariablen Bereiche sind wiederum in relativ konstante Bereiche (framework) eingebettet. Biochemische Analysen in Kombination mit Röntgenstrukturanalysen haben gezeigt, dass 3 hypervariable Domänen der L-Kette und 4 der H-Kette Kontaktregionen für die Interaktion mit dem Antigen darstellen und deshalb kritisch für die Bindung sind (Abb. 7.1) (Davies u. Metger 1983, Davies u. Cohen 1996, Braden et al. 1998).

7.1.5 Idiotypen

Anhand von Antikörpern, die spezifisch gegen homogene Immunglobuline einer definierten Spezifität gerichtet sind, wurde der Begriff der Idiotypen definiert. Man versteht darunter die Summe der antigenen Determinanten (Idiotope), die mit individuellen V-Regionen assoziiert sind (Jefferies 1993). Antiidiotypische Antikörper erkennen daher verschiedene Idiotope, die auf der VH- oder VL-Kette lokalisiert sein können oder aber erst durch die Kombination beider Ketten entstehen. Antiidiotypische Antikörper, die näher an der Antikörperbindungsstelle binden, können Antigen-Antikörper-Interaktionen blockieren; unter bestimmten Umständen kann der antiidiotypische Antikörper in der Komplementarität seiner Bindungsdomäne zum Idiotypen sogar ein Replikat des ursprünglichen Antigens ausformen.

7.1.6 Organisation und Struktur der Immunglobulingene

Die Genloci für die schweren (H-Ketten) der Immunglobuline befinden sich auf dem Chromosomen 14. In der Keimbahnkonfiguration, wie sie in unreifen Zellen vorliegt, sind diese Gensegmente in 4 getrennten Abschnitten gelagert:

- etwa 50 funktionell aktive V-Gene kodieren für die Aminosäuren 1–95 der variablen Region (V-Region)
- 10–30 D-Gene kodieren für die Aminosäuren 96–101 (Diversity-Gene) und
- 6 Gene kodieren für die Aminosäuren 102–110 (Joining-Gene).

Weitere Gene bestimmen den konstanten Teil der schweren Kette (Konstantgene). Vor jedem V-Gen befinden sich eine L-Sequenz (Leader). Während der B-Zell-Reifung werden die einzelnen Gensegmente für die Immunglobuline rearrangiert (Abb. 7.2), wobei zunächst ein D-Gen mit einem J-Gen verknüpft wird (D-J-Rearrangement), indem der dazwischen liegende DNA-Abschnitt deletiert wird. Von der DJ-Sequenz und dem Gen für den konstanten Teil des IgM (C-M) werden eine mRNA abgelesen und ein vorläufiges DJ-CM-Protein synthetisiert. In der weiteren Reifung finden Umlagerungsvorgänge der V-Gene statt, sodass ein V-Gen (mit dazugehörigem L-Segment) neben die rearrangierten DJ-Gene gebracht wird (V-DJ-Rearrangement). Es wird nun eine VDJ-CM-mRNA abgelesen und ein entsprechendes Protein synthetisiert, aus welchem nach Abspaltung der L-Sequenz die M-schwere Kette des Immunglobulins entsteht. Aus etwa 50 V-Genen, 10–30 D-Genen und 6 J-Genen ergibt sich eine Zahl von etwa 3×10^3–9×10^3 möglichen Kombinationen der Aminosäuresequenzen für den variablen Teil der schweren Kette, wobei dieser Umlagerungsprozess des Schwerkettenlocus als somatische Rekombination bezeichnet wird. Eine analoge Rearrangierung von Gensegmenten erfolgt auch für die leichte Kette, wobei sich die einzelnen Gene für die κ-Ketten auf dem Chromosomen 2 mit etwa 35–40 funktionell aktiven V-Genen sowie 5 verschiedenen J-Genen befinden, die kodierenden Sequenzabschnitte für die λ-Leichtketten finden sich dagegen auf dem Chromosom 22. Im Unterschied zum Rearrangement der schweren Kette fehlen bei den Leichtketten die D-Segmente, sodass für die somatische Rekombination der variablen Kettenabschnitte lediglich ein VJ-Rearrangement erforderlich ist. Durch die somatische Rekombination aus einer Vielzahl von Gensegmenten sowie die Paarung jeweils einer schweren Kette mit einer κ- oder λ-Leichtkette ergibt sich eine sehr große mögliche Diversität des gesamten Antikörperrepertoires (Übersicht: Rajewsky 1996, Oettinger 1999). Diese Diversifizierung des Immunglobulinrepertoires wird noch erhöht durch DNA-Mutationen während der Ontogenese, durch Fehler im Rahmen der Deletion und Rekombination der V/D- und J-Gene, bei denen Nukleotide aus sonst nicht abgelesenen DNA-Sequenzabschnitten eingebaut werden können. Außerdem führen im Rahmen der so genannten Keimzentrumsreaktionen (s. unten) Punktmutationen in den V-Gen-Segmenten zu einem Austausch von Aminosäuren in der Antigenbindungsregion und können somit die Affinität der synthetisierten Antikörper verändern, was die Affinitätsreifung ermöglicht (Berek u. Milstein 1987, Neuberger et al. 2000).

Die Rearrangierung des VH- und VL-Locus findet zeitlich nachgeordnet im Rahmen der B-Zell-Ontogenese statt. Es erfolgt die Rearrangierung des H-Locus auf dem Chromosom 14 im Prä-B-Zell-Stadium, wobei zunächst ein DJ-CM-Protein, später auch ein VDJ-CM-Protein, das dann einer kompletten M-Kette entspricht, auf der Zellmembran exprimiert wird. Da zu diesem Zeitpunkt die Leichtkettenloci noch nicht rearrangiert sind, erfolgt in diesen Stadien auf der Zelloberfläche zunächst die Koexpression mit einer Surrogatleichtkette, die aus 2 Segmenten, die V-präB und λ5 genannt werden, besteht. Es handelt sich um leichtkettenähnliche Proteine, deren Gene auf den Chromosomen 22 lokalisiert sind. Die M-Kette bildet zusammen mit der V-präB/λ5-Surrogatleichtkette den Prä-B-Zell-Rezeptor, der somit nur von B-Zell-Vorläufern, die eine funktionelle M-Kette rearrangiert haben, gebildet werden kann. Die Expression des Prä-B-Zell-Rezeptors ist essenziell für die weitere Entwicklung der Prä-B-Zelle: Prä-B-Zell-Rezeptor-vermittelte Signale unterbinden das Rearrangement des Schwerkettenlocus auf dem Schwesterchromosom (so genannte allelische Exklusion), verhindern den apoptotischen Zelltod, induzieren die Proliferation und weitere Differenzierung einschließlich der Rearrangierung des

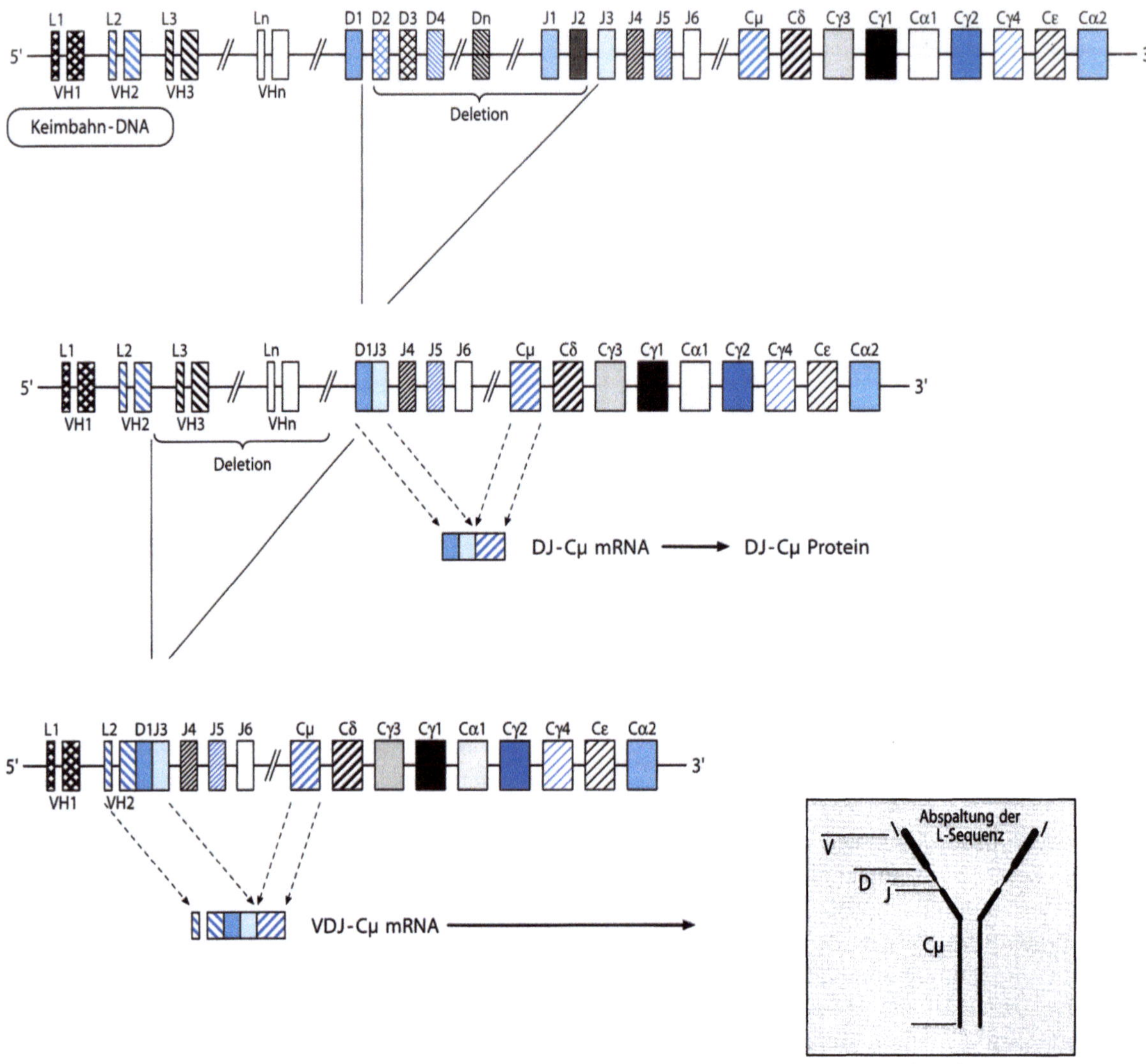

Abb. 7.2. Organisation und Rearrangierung des humanen Schwerkettenlocus. In der Keimbahnkonfiguration liegen die multiplen V-, D- und J-Segmente in getrennten Segmenten vor. Vor jedem V-Segment befindet sich ein L-Segment, das für eine so genannte Leader-Sequenz kodiert, die lediglich als Signatur für den intrazellulären Transport an die Zelloberfläche dient und im reifen Genprodukt proteolytisch abgespalten wird. Während der B-Zell-Reifung werden jeweils ein V-Segment mit dazugehörigem L-, ein D- und ein J-DNA-Segment durch Genumlagerung verknüpft (Rearrangierung), wobei die nicht verwendeten Genabschnitte zwischen den V-, D- und J-Elementen deletiert werden. Zunächst erfolgt eine Fusion der D- und J-Elemente, erst nachfolgend die Verknüpfung eines V-Segmentes mit dem bereits fusionierten DJ-Abschnitt. Die L-Segmente und C-Segmente verbleiben in der genomischen DNA im Unterschied zu den fusionierten DJ- bzw. VDJ-Abschnitten in separaten Exonbereichen. Die Verknüpfung der L- und C-Segmente erfolgt erst nach dem Ablesen eines primären RNA-Transkriptes durch Spleißen. Im Unterschied zur Rearrangierung der Gensegmente sind die posttranskriptionalen Modifikationen *durch gestrichelte Linien* hervorgehoben

Leichtkettenlocus (Melchers et al. 1995, Hess et al. 2001). Da das Schwerkettengenrearrangement ein komplexer und störanfälliger Prozess ist, gelingt es vielen B-Zell-Vorläufern nicht, eines ihrer Schwerkettenallele erfolgreich, d.h. im richtigen Leseraster und ohne Stoppkodon, zu rekombinieren. Diese für den Körper nutzlosen Zellen können keinen Prä-B-Zell-Rezeptor bilden, erhalten somit kein Überlebenssignal und sterben durch Apoptose.

Sofern die Umlagerung eines Leichtkettenlocus erfolgreich abgelaufen ist und eine Leichtkette synthetisiert wird, werden die weiteren Umlagerungen auf dem Leichtkettenlocus unterdrückt. Hat z.B. eine Zelle eine produktive Umlagerung auf dem κ-Locus durchgeführt, wird die Umlagerung des λ-Locus supprimiert, um sicherzustellen, dass die B-Zelle nur immer einen Typ von Leichtketten produziert, ein Kontrollmechanismus, den man als

Leichtkettenrestriktion. bezeichnet. Die naiven B-Zellen haben auf ihrer Oberfläche sowohl IgM- als auch IgD-Immunglobuline. Ihre weitere Differenzierung erfolgt dann nach Aktivierung durch Antigenkontakt in der so genannten Keimzentrumsreaktion (s. unten).

7.1.7 Immunglobuline: Klassenswitch

Im zeitlichen Verlauf einer Immunantwort werden Immunglobuline unterschiedlicher Klassen gebildet. So produzieren reifende B-Zellen zunächst IgM. Im Lauf des Reifungsprozesses werden die rearrangierten VDJ-Sequenzabschnitte in unmittelbarer Nachbarschaft zu anderen C-Genen angeordnet. Vor jedem C-Gen ist eine so genannte S(Switch)-Sequenz lokalisiert, die den Umlagerungsprozess während des Immunglobulinklassenwechsels steuert, indem aufgrund ihrer starken Sequenzhomologie zu anderen S-Sequenzen eine homologe Rekombination ermöglicht wird, die zur Deletion der zwischen dem VDJ-Segment und dem neuen C-Gen liegenden CM-Sequenzabschnitte führt (Abb. 7.3) (Übersicht: Wabl u. Steinberg 1996, Stavnezer 1996).

7.1.8 B-Zell-Aktivierung: Keimzentrumsreaktion

Ruhende unstimulierte Lymphfollikel, z.B. im fetalen Lymphknoten, bestehen aus einem Netzwerk follikulärer dendritischer Zellen (FDC) in einem lockeren Kontakt mit kleinen IgM- und IgD-positiven follikulären B-Zellen. Nach Antigenkontakt entsteht ein sekundärer Lymphfollikel durch die Ausbildung charakteristischer Keimzentren: Bereits nach wenigen Tagen des Antigenkontaktes kommt es im Zentrum des Follikels zu einem exponentiellen Wachstumsschub von B-Zellen, die sich zunächst zu großen Zellen mit prominentem Zytoplasma entwickeln (primäre B-Blasten) und durch ihre Expansion kleine ruhende Zellen an den Rand des Follikels drängen (Übersicht: Kelsoe 1996, Tarlington u. Smith 2000). Wenige Tage später sind die Blasten in der basalen so genannten dunklen Zone des Keimzentrums konzentriert, in der die zytoplasmatischen Ausläufer der FDC ein feines lockeres Netzwerk bilden. Die so genannten Zentroblasten mit ihrer hohen Proliferationsrate differenzieren in kleine Zellen mit gelappten Kernen, die so genannten Zentrozyten, die aus der dunklen Zone in die so genannte helle Zone des Keimzentrums auswandern, in der sie in engem Kontakt zu einem sehr dichten Netz dendritischer Zellen lokalisiert sind. Ein großer Teil der Zentrozyten stirbt durch Apoptose

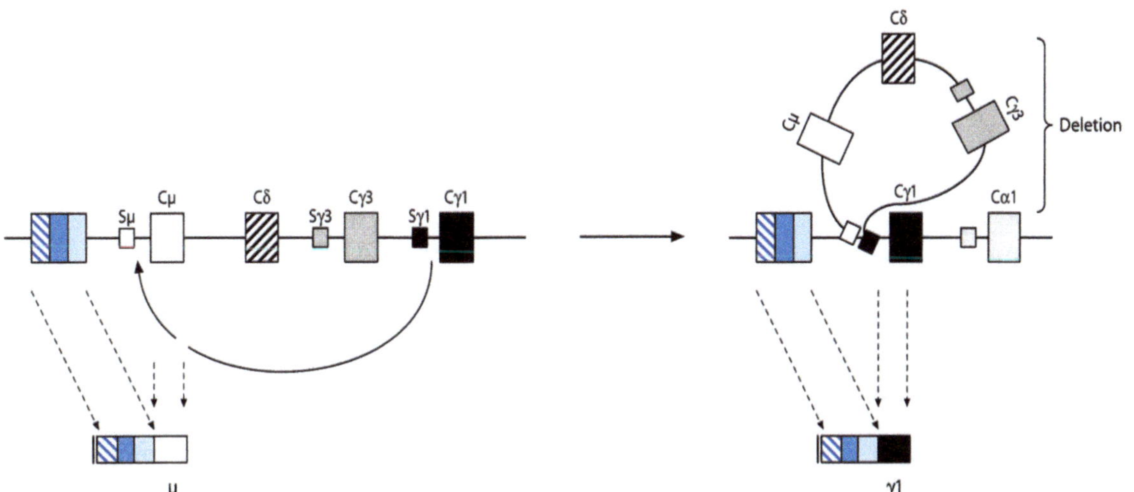

Abb. 7.3. Immunglobulinklassenwechsel. Die Organisation des Schwerkettenlocus begünstigt bei der Transkription aufgrund der Nähe zu den rearrangierten VDJ-Sequenzabschnitten die nächstgelegenen C-Gen-Loci $C\mu$ und $C\delta$. Die B-Zellen schalten aber im Lauf einer Immunantwort von der Produktion einer Immunglobulinklasse auf eine andere um und nutzen für diesen „Switch" einen weiteren Rearrangierungsschritt. Vor den jeweiligen C-Gen-Segmenten liegen bestimmte DNA-Sequenzen, die als Switchregionen (S) bezeichnet werden und untereinander Homologien aufweisen. Aufgrund dieser Homologien werden Genumlagerungen im Sinne einer homologen Rekombination, wie beispielhaft anhand der Assoziation von $S\mu$ und $S\gamma1$ gezeigt, ermöglicht, die zur Deletion der zwischen den jeweiligen S-Sequenzen liegenden C-Elemente führt, im dargestellten Beispiel von $C\mu$, $C\delta$ und $C\gamma3$. Als Ergebnis wird mRNA für einen Antikörper gleicher Spezifität, jedoch differenten Isotyps gebildet (ursprünglich: IgM, nach dem Switch: IgG1)

und wird durch zahlreiche Makrophagen phagozytiert. Zentroblasten und Zentrozyten zeigen eine hohe Expression des CD38-Antigens und haben im Gegensatz zu den follikulären und extrafollikulären B-Zellen die Oberflächenmarker CD23 und CD39 verloren. Die Phase der Zentroblastenexpansion ist begleitet von somatischen Hypermutationen in den V-Gen-Segmenten der rearrangierten Immunglobulingene, deren Transkription vorübergehend eingestellt wird, sodass die Zentroblastenoberflächen Ig-negativ sind. Die Zentrozyten dagegen exprimieren wieder Immunglobulin, das ihnen eine Interaktion mit dem auf der Membran von FDC präsentierten Antigen ermöglicht. Dieser Antigenkontakt vermittelt antiapoptotische Signale. Weitere Überlebenssignale erhalten die Zentrozyten darüber hinaus von T-Zellen in der hellen Zone, wobei das CD40-Molekül eine wichtige Rolle spielt. Die Zentrozyten können dann erneut in die Zellteilung als Zentroblasten eintreten, wobei umstritten ist, ob repetitive Antigenkontakte und klonale Expansionen eine gegenläufige Zellmigration zwischen der hellen und dunklen Zone erfordern oder ob diese Vorgänge sequenziell im Rahmen einer wellenförmigen unidirektionalen Wanderung der B-Zellen durch das FDC-Netzwerk erfolgen. Durch Punktmutationen im Rahmen der Hypermutation kann sich die Affinität der kodierten Oberflächenimmunglobuline für das Antigen weiter steigern, sodass durch diesen Mechanismus im Rahmen der Keimzentrumsreaktion B-Zellen selektioniert werden, die hochaffine antigenadaptierte Antikörper produzieren. Umgekehrt führt eine Punktmutation, die den Verlust der Affinität zum Antigen bedingt, zum Ausbleiben der notwendigen Überlebenssignale über den B-Zell-Rezeptor und somit zum apoptotischem Zelltod. Als Selektionskriterien für die B-Zelle können daher die Affinität ihres Oberflächenrezeptors für die auf der FDC-Oberfläche präsentierten Antigendeterminanten sowie die von den T-Zellen gegebenen Überlebenssignale gelten. Der Zentrozyt kann anschließend weiter differenzieren und als Gedächtnis-B-Zelle oder Plasmablast das Keimzentrum verlassen. Neben der Affinitätsreifung durch somatische Hypermutation findet auch der Immunglobulinklassenwechsel (Switch) während der Keimzentrumsreaktion statt.

7.1.9 Mechanismen der B-Zell-Toleranz

Physiologischerweise unterliegen autoreaktive B-Zellen verschiedenen Kontrollmechanismen, um Autoimmunität zu verhindern (Übersicht in: Goodnow 1996). So werden die noch unreifen B-Zellen zentral im Knochenmark bereits aus dem Repertoire durch Apoptose eliminiert, um evtl. spätere Aktivierungen potenziell die Gewebe- und Organintegrität bedrohender Zellpopulationen in sekundären lymphatischen Organen im Rahmen einer Immunreaktion zu verhindern (Nemazee u. Bürki 1989, Chen et al. 1995). Die Elimination der B-Zellen mit autoreaktiven Rezeptoren erfolgt dabei mit einer kurzen zeitlichen Verzögerung, um in der Phase der Leichtkettenrearrangierung mit noch transkriptionell aktivierten RAG-Genen Zeit für ein sekundäres Rearrangement zu geben, durch das die selbstreaktive leichte Kette durch eine andere mit distinkter Spezifität ersetzt werden kann. Dieser neben der Deletion wirksame zentrale Kontrollmechanismus der B-Zell-Spezifität wird als „receptor-editing" bezeichnet (Gay et al. 1993, Tiegs et al. 1993). Selbstreaktive B-Zellen mit hoher Avidität für monovalente Selbstdeterminanten werden präferenziell eliminiert, während B-Zellen mit niedriger Affinität für abundante Autoantigene der zentralen Selektion entgehen können, es sei denn, dass diese Autoantigene den B-Zellen in einer multivalenten Form, z.B. auf der Membran von Erythrozyten verankert, präsentiert werden. So führt die hochgradige Kreuzvernetzung durch hochavide multivalente Autoantigene wie Zelloberflächenantigene zur klonalen Deletion der entsprechenden B-Zellen im Knochenmark. Diese Bedingungen werden jedoch nur von einer limitierten Anzahl potenzieller Autoantigene erfüllt, sodass die zentralen Toleranzmechanismen nicht absolut die Passage autoreaktiver B-Lymphozyten aus dem Knochenmark verhindern und weitere Selektionsprozesse in den peripheren lymphatischen Geweben erfordern. So konnte eine Negativselektion von B-Zellen mit Spezifität für ein lösliches Modellautoantigen (Lysozym) in der Milz und in den Lymphknoten von lysozymtransgenen Mäusen nachgewiesen werden (Cyster et al. 1994). Die entsprechenden lysozymspezifischen B-Zellen werden durch Apoptose nach ihrer Einwanderung in die äußere den Lymphfollikel umgebende T-Zell-Zone, an der sie in ihrer Migration stoppen, eliminiert. Der Eliminationsprozess ist dabei abhängig von der kontinuierlichen Bindung des löslichen Autoantigens sowie der Kompetition mit anderen das Antigen nicht bindenden B-Zellen. Es liegt daher die Hypothese nahe, dass die Antigen-Rezeptor-Interaktion Signale in den B-Zellen induziert, die eine weitere Wanderung und den engen Kontakt mit dem Netzwerk der follikulären dendritischen Zellen verhindern. Da die follikulären dendritischen

Zellen Chemokine freisetzen (Cyster et al. 2000) und antiapoptotische Signale an die rezirkulierenden B-Zellen vermitteln, erklärt der Selektionsnachteil von B-Zellen mit bereits abgesättigten Rezeptorvalenzen in der Kompetition um die Überlebenssignale ihre Elimination vor Erreichen des FDC-Netzwerkes (Cyster et al. 1994, 1995). Von diesem Kontrollmechanismus autoreaktiver B-Zellen abgrenzbar ist die Toleranzinduktion durch Anergie, bei der Modulationen des B-Zell-Rezeptors, eine reduzierte Oberflächenexpression des Ig-Moleküls (Bell et al. 1994) oder eine veränderte Signaltransduktion (Cooke et al. 1994) nachweisbar sind. B-Zellen, die nach dem Erreichen der peripheren lymphatischen Organe aktiviert werden, können ebenfalls noch durch Apoptoseinduktion eliminiert werden (Shinohara et al. 1988). Im Rahmen der Antigenpräsentation an CD4$^+$-T-Zellen wird die Apoptose durch die Interaktion des FAS-Rezeptors (CD-95) auf der B-Zelle mit dem FAS-Liganden auf den T-Zellen getriggert, ein Eliminationsmechanismus, für den insbesondere autoreaktive B-Zellen mit durch chronische Antigenbindung desensibilisierten Rezeptoren empfindlich zu sein scheinen (Rathmell et al. 1995). Diese Negativselektion aktivierter autoreaktiver B-Zellen ist daher auch in CD95-defizienten lpr-Mäusen gestört, in denen es zur Akkumulation autoreaktiver Plasmablasten in der T-Zell-Zone kommt (Jacobson et al. 1995). Naive B-Zellen werden dagegen nach Aktivierung durch Antigenkontakt gegen die CD95-induzierte Apoptose resistent und erfahren über den T-Zell-Kontakt essenzielle kostimulatorische Signale für die klonale Expansion und weitere Reifung im Keimzentrum, z.B. über CD40-CD40-Ligand-Interaktionen. Der kritische Einfluss der Interaktion mit CD4$^+$-T-Zellen für die positive bzw. negative Selektion von B-Zellen in sekundären lymphatischen Organen unterstreicht die Bedeutung dieser Zellpopulation für die Regulation der humoralen (Auto)immunität und ist daher auch von besonderer Bedeutung im Kontext der Pathogenese rheumatischer Erkrankungen. Bei einigen dieser Erkrankungen, die mit der Bildung z.T. krankheitsspezifischer Autoantikörper einhergehen, weisen Assoziationen zu bestimmten Allelen des HLA-DR-Locus (Nepom u. Ehrlich 1991) mit seiner Bedeutung für die Antigenpräsentation an CD4$^+$-T-Zellen auf pathogenetisch relevante Störungen der Regulation von Immunantworten auf dieser Ebene hin. Tief greifende Störungen der zentralen B-Zell-Toleranz oder der FAS-abhängigen Apoptose, die in entsprechend defizienten Tieren zu einem dem systemischen Lupus erythematodes

ähnlichen Phänotyp führen, konnten bisher für die humanen Erkrankungen des rheumatischen Formenkreises nicht nachgewiesen werden.

7.2 Autoantikörper

7.2.1 Natürliche Autoantikörper und pathogenetisch relevante Autoantikörper

Die Bildung von Autoantikörpern gehört zu den auffälligsten Charakteristika klassischer Autoimmunerkrankungen, jedoch ist die pathogenetische Relevanz dieses Phänomens für die klinischen Manifestationen häufig noch unklar. So kommen Autoantikörper nicht nur obligat bei nahezu allen Autoimmunerkrankungen vor, sondern sie lassen sich auch im Blut gesunder Individuen nachweisen (Lacroix-Desmazes et al. 1998). Die Existenz natürlich vorkommender Autoantikörper widerspricht dabei ganz offensichtlich dem klassischen, ursprünglich von Paul Ehrlich formulierten Postulat vom „horror autotoxicus" (Ehrlich u. Morgenroth 1901), demzufolge die fälschlicherweise ausbleibende Elimination autoreaktiver Lymphozytenklone obligat mit der Entwicklung von Krankheit assoziiert ist. Die Betrachtung von humoraler Autoimmunität hat sich vielmehr aufgrund ihres häufigen Nachweises im Präimmunstatus und in frühen ontogenetischen Stadien von B-Zell-Vorläufern gewandelt hin zu der Vorstellung eines notwendigen Selbsterkennungsmechanismus für die Entwicklung eines normalen Immunrepertoires (Jerne 1974). Mit der veränderten Betrachtungsweise von Autoimmunität weg von einem zwangsläufig fatalen Betriebsunfall der Selbsttoleranz in Richtung auf ein physiologisches Phänomen erscheint es dringlich, die Bedingungen zu definieren, unter denen Autoantikörperbildung nicht mehr als natürlich, sondern krankheitsassoziiert betrachtet werden muss. Für die Charakterisierung der Autoantikörper im Kontext von Gesundheit vs. Krankheit eignen sich serologische, immunchemische und zunehmend genetische Variablen, um beispielsweise über differente Antigenbindungsprofile, Ligandenaffinitäten, Idiotypenexpression oder Verwendungen verschiedener Gensegmente für die Kodierung der variablen Antigen bindenden Regionen Unterschiede herauszuarbeiten.

Kumulative Daten über natürliche Autoantikörper zeigen, dass sie praktisch in jedem Individuum mit reaktiver humoraler Immunität gebildet werden können, dass sie meist vom IgM-Isotyp sind, obgleich auch andere Isotypklassen wie IgG oder IgA vorkommen, und dass ihre Bindungsaffinität für multiple Selbst- und Fremdantigene in der Regel gering ist (Lydyard et al. 1990, Zouali et al. 1988, Casali u. Notkins 1989). Autoantikörper mit einem derartigen phänotypischen Profil sind charakteristisch für die Fetal- bzw. Neonatalperiode, sie werden aber auch häufig bei B-Zell-Neoplasien, z. B. dem Morbus Waldenström (Naparstek et al. 1985) oder der chronisch lymphatischen Leukämie (Sthoeger et al. 1989) gebildet. Im Gegensatz hierzu sind pathogenetisch relevante Autoantikörper gekennzeichnet durch die Korrelation ihres Titers mit dem Krankheitsverlauf, den lokalen Nachweis im Bereich der Gewebe- bzw. Organschädigung, eine Prävalenz des IgG-Isotyps sowie eine limitierte oder gar monospezifische Antigenreaktivität mit einer in der Regel hohen Affinität der Ligandenbindung (Hahn 1982, Yoshida et al. 1987). Das serologische Profil von Autoantikörpern, den natürlichen wie den pathogenetisch relevanten, ist damit kein exklusives Charakteristikum von Autoreaktivität; vielmehr ähnelt es sehr konventionellen Antikörperbildungen gegen exogene Antigene im Rahmen primärer und sekundärer Immunantworten. Die Pathogenität von Autoantikörpern ist jedoch nicht absolut mit den oben genannten Eigenschaften korreliert, da es sowohl experimentelle Belege für pathogenetisch relevante Autoantikörper des IgM-Isotyps als auch Hinweise auf natürliche IgG-Autoantikörper gibt (Winfield et al. 1977).

7.2.1.1 Autoantikörperidiotypen

Eine Möglichkeit, um das Verhältnis zwischen natürlichen und pathogenen Autoantikörperantworten besser zu charakterisieren, besteht in der Charakterisierung der entsprechenden Autoantikörperidiotypen. Idiotypen stellen Marker der variablen Struktur der Antikörper in ihren Antigenbindungsregionen dar, und ihre Definition erlaubt daher die Verwandtschaften zwischen Autoantikörpern aus verschiedenen Individuen in unterschiedlichen immunologischen Kontexten zu vergleichen. Darüber hinaus hat die Bestimmung der Idiotypen eine Bedeutung aufgrund der Möglichkeit eines modulierenden Einflusses von Idiotyp-Antiidiotyp-Interaktionen im Rahmen der Regulation von Immunantworten. So sind insbesondere humane Autoimmunantworten mit Spezifität für die Fc-Regionen von Immunglobulinen des IgG-Isotyps, d. h. Rheumafaktoren auf ihre Idiotypdeterminanten untersucht worden. Diese Untersuchungen haben gezeigt, das in einem bemerkenswerten Ausmaß die entsprechenden Autoantikörper gemeinsame kreuzreaktive Idiotypen aufweisen, sodass beispielsweise der so genannte Wa-Idiotyp in mehr als 65% monoklonaler IgM-Rheumafaktoren nachweisbar ist (Kunkel et al. 1973). Die Expression entsprechend hoher Frequenzen von Idiotypen ist auch für Antikörper mit anderen Spezifitäten gut dokumentiert z. B. für Ro, Sm oder Thyreoglobuline (Gaither u. Harley 1989, Monestier et al. 1986). Besondere Beispiele für kreuzreaktive Idiotypen haben sich auch in Anti-DNA-Autoantikörpern nachweisen lassen, die mit dem systemischen Lupus erythematodes assoziiert sind, wie beispielsweise der 8.12-, 16/6- oder der 4.6.3,3I-Idiotyp, die unabhängig in DNA bindenden Autoantikörpern nachgewiesen wurden und in den zirkulierenden Antikörpern von 50% der Patienten mit systemischen Lupus erythematodes nachweisbar sind. Während ursprünglich der 4.6.3 kreuzreagierende Idiotyp auf einem natürlichen Anti-DNA-Antikörper nachgewiesen wurde, lässt er sich häufig auch in SLE-Seren detektieren, und der 16/6-Idiotyp, entdeckt auf einem lupusassoziierten IgM-anti-DNA-Autoantikörper findet sich ebenso auf krankheitsassoziierten Antikörpern des IgG-Isotyps und auch auf natürlichen IgM-anti-DNA-Autoantikörpern (Übersicht in: Schoenfeld u. Isenberg 1987 sowie Bell et al. 1987). Autoantikörperassoziierte, kreuzreagierende Idiotypen sind auch häufiger während der frühen B-Zell-Entwicklung und auf Paraproteinen in Assoziation mit B-Zell-Neoplasien nachweisbar (Kipps et al. 1988). Diese Idiotypenverwandtschaft von Autoantikörpern zu Immunglobulinen, die in der Fetal- bzw. Neonatalperiode und von malignen B-Zell-Klonen gebildet werden, weisen auf die genetische Nähe der entsprechenden B-Zell-Populationen hin. Ferner legen sie den Schluss nahe, dass Autoantikörper, die in gesunden Individuen, in Assoziation mit der frühen Ontogenese, maligner B-Zell-Lymphoproliferation und Autoimmunerkrankungen nachweisbar sind, durch strukturell sehr ähnliche Keimbahngene kodiert werden und mit hoher Prävalenz in der Population konserviert sind.

7.2.1.2 CD5⁺-B-Zellen: Eine Zellpopulation mit besonderer Bedeutung für die humorale Autoimmunität?

Eine spezielle Population von B-Zellen, die durch die Expression des Oberflächenglykoproteins CD5 charakterisiert ist, wurde in besonderer Weise mit der Produktion von Autoantikörpern in Zusammenhang gebracht. Im Unterschied zu konventionellen B-Zellen, die während des gesamten Lebens kontinuierlich aus Knochenmarkstammzellen nachgebildet werden, scheinen die Populationen der CD5-positiven B-Zellen aus Vorläufern zum Zeitpunkt der Fetal- bzw. Neonatalperiode zu differenzieren, um dann entweder als langlebige oder selbstreplikative Zellpopulationen lebenslang zu persistieren (Hayakawa et al. 1986, Förster u. Rajewsky 1987). Obgleich Einwände gegen die Betrachtung des CD5 als linienspezifischer Marker existieren, die die Expression dieses Glykoproteins lediglich als Hinweis für einen Aktivierungszustand der B-Zellen (Werner-Favre et al. 1989) sehen, gründet sich das Interesse an dieser Zellpopulation im Zusammenhang mit Autoimmunität auf ihre Eigenschaft zur Bildung polyreaktiver Autoantikörper sowie der z. T. dramatischen Expansion dieser B-Zell-Population bei murinen, aber auch humanen systemischen Autoimmunerkrankungen. Beispielsweise kann diese Subpopulation von normal 10% auf über 50% der gesamten peripheren B-Zellen bei Patienten mit rheumatoider Arthritis oder primärem Sjögren-Syndrom ansteigen (Dauphinee et al. 1988, Smith u. Olson 1990). Darüber hinaus finden sich die CD5-positiven B-Zellen auch in der Fetalperiode im Vergleich zum adulten Immunsystem überrepräsentiert, und es wurde ihnen daher eine mögliche Bedeutung für die Ausbildung eines normalen Immunrepertoires in der Entwicklung zugeschrieben (Plater-Zyberk et al. 1989, Lalor et al. 1989). Die serologischen Eigenschaften der von CD5-positiven B-Zellen sezernierten Antikörper hinsichtlich des IgM-Isotyps, ihrer Polyreaktivität, niedrigen Affinität sowie auch ihrer Idiotypencharakterisierung sind charakteristisch für natürliche Autoantikörper, obwohl die Bildung dieser natürlichen Autoantikörper nicht auf die CD5-positive B-Zell-Population beschränkt bleibt. Somit scheinen sowohl die CD5-negative konventionelle als auch die CD5-positive B-Zell-Population zur Bildung von natürlichen Autoantikörpern beizutragen. Dies gilt wohl auch für die gesteigerte Autoantikörperproduktion in murinen Autoimmunmodellen, aber auch in humanen systemischen Autoimmunerkrankungen. Der Grad allerdings, in dem die verschiedenen B-Zell-Subpopulationen zur Bildung pathogener Autoantikörper beitragen, ist nicht klar, und mag auch in den verschiedenen humanen Autoimmunerkrankungen unterschiedlich sein.

7.2.1.3 V-Gen-Analyse von Autoantikörpern: Hinweise für polyklonale B-Zell-Aktivierung oder Antigenselektion?

Die Expression von autoreaktiven Antikörpern und die Verwandtschaft kreuzreaktiver Idiotypen im normalen Immunrepertoire legen den Schluss nahe, dass die Genabschnitte, die für das Potenzial der humoralen Selbsterkennung kodieren, in der Gesamtpopulation weit verbreitet sein müssen. Es war jedoch zunächst unklar, ob die Fähigkeit zur Bindung von Autoantigenen direkt durch die V-Gen-Elemente in Keimbahnkonfiguration kodiert wird oder ob Modifikationen durch somatische Mutation hierfür erforderlich sind. Weitere Fragen betrafen das Ausmaß, in dem das verfügbare V-Gen-Repertoire für die Bildung von Autoantikörpern genutzt wird und ob es die Verwendung spezifischer V-Gen Elemente erlaubt, zwischen natürlichen Autoantikörpern einerseits, pathogenen Autoantikörpern andererseits und Antikörpern in Antwort auf exogene Antigene zu unterscheiden. Das in den letzten Jahren gewachsene Wissen über die Organisation der murinen und humanen variablen Schwere- und Leichtkettenloci erlaubt es jetzt, zumindest partiell, Anworten auf diese Fragen zu geben.

Entsprechende genetische Studien haben gezeigt, dass Autoantikörper, sowohl natürliche als auch krankheitsassoziierte, VH- und VL-Gen-Elemente in Keimbahnkonfiguration verwenden können (Sanz et al. 1989b). Die Tatsache der Verwendung nicht mutierter V-Gene in Antikörpern mit Selbstreaktivität unterstützt die Betrachtung, dass Autoreaktivität ein integraler Bestandteil des geerbten V-Gen-Repertoires ist, und sehr wahrscheinlich, zurzeit allerdings noch nicht klare, physiologische Funktionen erfüllt. Beispiele für die Verwendung nicht mutierter Gene in krankheitsassoziierten Autoantikörpern finden sich sowohl für Anti-DNA-Antikörper (Siminovitch et al. 1989) im Zusammenhang mit dem SLE als auch für Autoantikörper mit Rheumafaktoraktivität (Goni et al. 1985); darüber hinaus gibt es ähnliche Belege auch in murinen Modellen pathologischer Autoimmunität. Obgleich diese Befunde konsistent mit den serologischen Nachweisen kreuzreaktiver Idiotypen in Autoantikörpern sind, wird dadurch die bedeutende Rolle somatischer Mutationen für die Affinitätsreifung zu hochaffinen Antikörpern nicht in Frage gestellt, für die es im Kontext verschiedener Autoimmunantworten hinreichende Belege gibt.

Neben der Verwendung keimbahnkonfigurierter Gene hat die genetische Analyse von Autoimmunantworten ergeben, dass in Autoantikörpern, sowohl natürlichen als auch krankheitsassoziierten, häufig eine relativ kleine Palette von V-Gen-Elementen Verwendung findet, die auch im fetalen bzw. neonatalen Prä-B-Zell- und adulten naiven B-Zell-Repertoire überrepräsentiert ist. Ein Beispiel hierfür sind die VH-Gene, die für den natürlichen Anti-DNA-Autoantikörper Kim 4.6, den Antikardiolipinantikörper Kim 13.1 und den Antithyreoglobulinantikörper AB25 kodieren und dazu eine Identität mit 3 VH-Genen FL2–2, 51PI und 30 Pi aufweisen (Siminovitch et al. 1990, Sanz et al. 1989a, Perlmutter et al. 1985, Nickerson et al. 1989), die mit dem fetalen VH-Gen-Repertoire assoziiert sind. Erstaunlich ist dabei, dass die genannten identischen keimbahnkonfigurierten V-Gene in einem breiteren Spektrum von Autoantikörpern mit unterschiedlichen Antigenspezifitäten und in unterschiedlichen Individuen identifiziert wurden. Diese Befunde weisen auf einen hohen Grad der Konservierung bestimmter V-Gene in der Bevölkerung hin. Die molekulare Basis für die häufige Verwendung autoantikörperassoziierter V-Gen-Elemente in verschiedenen Immunantworten ist dabei derzeit noch unklar, jedoch weist ihr wiederholter Nachweis in genetisch heterogenen Populationen auf eine physiologische Bedeutung von Autoreaktivität und einen Selektionsdruck hin, der zu einer evolutionären Konservierung dieser Gene geführt hat.

Die Bedeutung des Antigens, sei es exogen oder endogen, für die Induktion und Aufrechterhaltung von humoraler Autoimmunität ist insbesondere im Hinblick auf systemische Autoimmunerkrankungen, die mit Autoantikörperbildungen gegen ubiquitäre subzelluläre Komponenten assoziiert sind, noch immer Gegenstand intensiver Diskussionen. Die Kontroverse betrifft hierbei die Frage, ob die im Zusammenhang mit der Krankheitsentstehung z. B. beim SLE auftretende Expansion autoreaktiver B-Zell-Klone, Folge einer generalisierten antigenunabhängigen polyklonalen B-Zell-Aktivierung darstellt oder alternativ den Einfluss eines antigengetriebenen Selektionsmechanismus reflektiert. In Hinblick auf die Pathogenese des SLE können sowohl die an Patientenmaterial erhobenen Daten als auch die Befunde experimenteller Tiermodelle dahingehend gedeutet werden, dass sowohl das Modell der polyklonalen Aktivierung als auch antigengetriebene Mechanismen zur Induktion und Aufrechterhaltung pathogener Autoimmunantworten beitragen. So lassen sich beispielsweise im Krankheitsverlauf des murinen SLE-Modells in der MRL/LPR-Maus Veränderungen des VH-Gen-Repertoires peripherer Plasmazellen nachweisen, das sich von einer initial eher statistischen Verteilung, entsprechend den Erwartungen an eine polyklonale B-Zell-Aktivierung, hin zu einem restringierten Verwendungsmuster einer antigenabhängigen Autoimmunantwort, entwickelt (Komisar et al. 1989). Darüber hinaus konnten im Mausmodell, aber auch an humanen Anti-DNA-Autoantikörpern, serologische Charakteristika wie IgG-Isotyp, hohe Affinität und Monospezifität nachgewiesen werden, wie sie typisch für sekundäre Immunantworten auf exogene Antigene sind und deren wahrscheinlich antigengetriebene Selektion durch entsprechende V-Gen-Sequenzanalysen aus individuellen Tieren unterstützt wurde. So zeigen die Sequenzdaten, dass diese Autoantikörper klonal verwandt sind, aus einer limitierten Anzahl von B-Zell-Vorläufern stammen und darüber hinaus zahlreiche nichtstochastische Mutationen in ihren V-Genen aufweisen. Entsprechende Befunde, die einen antigenabhängigen Reifungsprozess von Anti-DNA-Antikörpern unterstützen, konnten auch anhand der V-Gen-Analyse von B-Zell-Hybridomen erhoben werden, die aus dem peripheren Blut von SLE-Patienten etabliert wurden (Winkler et al. 1992).

Insgesamt sprechen diese Befunde für ein Szenario einer unspezifischen polyklonalen B-Zell-Expansion in frühen Phasen der Autoimmunerkrankung, gefolgt von einer späteren antigengetriebenen Affinitätsreifung der Autoantikörper verbunden mit einer zunehmenden Pathogenität des Autoimmungeschehens.

Während der alleinige Nachweis von Autoantikörpern im Zusammenhang mit der Entwicklung einer Autoimmunerkrankung nicht notwendigerweise für die pathogenetische Relevanz der B-Zell-Antwort spricht, ist für eine Reihe von krankheitsassoziierten Autoantikörperantworten deren kausaler Zusammenhang mit der Manifestation klinischer Krankheitssymptome gesichert. So können Antikörper direkt zur Gewebeschädigung, beispielsweise über die komplementvermittelte Zelllyse beitragen, wie bei autoimmunhämolytischen Anämien oder der Thyreoiditis Hashimoto. Autoantikörper können auch direkt zelluläre Dysfunktionen induzieren über ihre Bindung an Oberflächenrezeptoren mit nachfolgend erhöhter Stimulation oder verbunden mit einer Rezeptorligandenblockade bzw. einer Herunterregulation bestimmter spezifischer Funktionen wie sie beispielsweise bei der Myasthenia gravis oder der endokrinen Ophthalmopathie (Morbus Basedow) im Zusammenhang mit Autoimmunerkrankungen der Schilddrüse nachweisbar sind. Dennoch ist bei anderen, insbesondere systemischen Autoimmunerkrankungen wie dem SLE der Zusammenhang zwischen nicht organspezifischen Autoantikörpern und der Entstehung von Gewebe- bzw. Organschädigungen wie an der Niere weniger klar, obgleich das destruktive Potenzial derartiger Autoantikörper beispielsweise mit Anti-DNA-Spezifität durch den passiven Transfer entsprechender monoklonaler Antikörper im Tiermodell durchaus belegt ist (Mendlovic et al. 1988). Für die gewebeschädigende Wirkung der Antikörper in den genannten Transferexperimenten scheint jedoch eine Reihe von Variablen kritisch zu sein, z.B. der Idiotyp des verwendeten Anti-DNA-Antikörpers, der genetische Hintergrund der jeweiligen murinen Inzuchtstämme, hormonelle Einflüsse sowie noch weitere Faktoren, die in ihrer gesamten Komplexizität gegenwärtig noch nicht verstanden sind.

7.3 Rheumatoide Arthritis

Die rheumatoide Arthritis (RA) des Menschen ist eine chronische Erkrankung, deren Hauptmanifestationsort die Gelenke sind. Sie zeichnet sich durch eine chronisch rezidivierende Gelenkentzündung aus, in deren Verlauf es zu Knorpel- und Knochendestruktionen in den betroffenen Gelenken kommt (Übersicht: Burkhardt 1999). Der Entzündungsprozess ist jedoch nicht auf die arthritischen Gelenke beschränkt. Nicht selten kommt es auch zu einer systemischen Beteiligung im Rahmen einer sekundären Vaskulitis. Diese Befunde weisen daraufhin, dass bei der RA sowohl systemische als auch lokale Komponenten eine wichtige Rolle spielen.

Eine Reihe von Studien lieferte experimentelle Belege für die Hypothese, dass eine Autoimmunreaktion gegen körpereigene Proteine sowohl auf der T-Zell- als auch auf der B-Zell-Ebene für die Pathogenese der rheumatoiden Arthritis relevant sein könnte. Ein wichtiges Indiz ist die starke Assoziation sowohl der Krankheit als auch der Krankheitsschwere mit Subtypen des Transplantationsantigens HLA-DR4 (Gregersen et al. 1987). Zusätzliche Hinweise auf eine direkte Beteiligung von T-Zellen ergeben sich aus dem klinischen Erfolg von Therapieformen, die präferenziell gegen T-Zellen gerichtet sind (Cyclosporin A, Anti-CD4) und aus dem Nachweis oligoklonal expandierter Subpopulationen von T-Zellen im arthritischen Gelenk und in der Zirkulation, die proinflammatorische, so ge-

nannten „Th-1-Zytokine" (z.B. IFNγ) produzieren (Kalden et al. 1998, Miossec 2000). Die Aktivierungszeichen der zellulären Immunabwehr sind begleitet von der Stimulation humoraler Autoimmunreaktionen wie z.B. der Rheumafaktorproduktion. Die Beteiligung von B-Zellen in der Pathogenese wird weiter gestützt durch den Nachweis von Antikörpern (Ak) gegen Knorpelantigene sowie die antigenspezifische Expansion und Reifung von B-Zellen in lymphoiden Aggregaten der Synovialmembran, die an Keimzentren in lymphatischen Geweben erinnern (Schröder et al. 1996). Neben den eingewanderten Entzündungszellen (Lymphozyten, Monozyten und Makrophagen sowie Granulozyten) sind auch ortsständige Zellen wie die Fibroblasten in der RA-Synovialmembran und die Chondrozyten am Destruktionsprozess des Knorpels beteiligt. Diese Zellen setzen unter dem Einfluss von Entzündungsmediatoren wie Interleukin-1β oder TNF-α proteolytische Enzyme frei, die den Knorpel direkt schädigen. So kommt es im Rahmen der chronischen Aktivierung der Lymphozytenpopulationen zu einer Dysregulation des Zytokinnetzwerkes, die katabole Prozesse in den Gelenken fördert. Für die Initiierung der komplexen Regulationsstörung in den Gelenkkompartmenten sind immer wieder bakterielle (Mykobakterien) oder virale Erreger (EBV, CMV, Retroviren) als persistierendes infektiöses Agens oder als Induktor kreuzreagierender gelenkspezifischer Autoimmunreaktionen (molekulares Mimikry: Oldstone 1989) diskutiert worden. Der kausale Zusammenhang zwischen Infektion und RA-Pathogenese ist jedoch weiterhin unklar.

7.3.1 Autoantikörper bei der rheumatoiden Arthritis

7.3.1.1 Rheumafaktoren

Die Bildung von Autoantikörpern mit Spezifität für die Fc-Fragmente von IgG ist ein auffälliges serologisches Charakteristikum der RA, das erstmalig 1940 von Waaler beschrieben wurde (Milgrom 1988). Derartige Autoantikörper werden als Rheumafaktoren (RF) bezeichnet; sie sind jedoch weder spezifisch für die rheumatoide Arthritis (RA) noch lassen sie sich bei allen RA-Patienten nachweisen. Trotz dieser Limitationen gilt der Nachweis von RF als eines von 7 Klassifikationskriterien der RA (Arnett et al. 1988) und klinisch sind der Schweregrad der Erkrankung sowie das Auftreten extraartikulärer Manifestationen mit ei-

Tabelle 7.2. Häufigkeit des Rheumafaktornachweises bei verschiedenen Erkrankungen, nach: Mierau u. Genth (2000); Shmerling u. Delbanco (1991)

Krankheit	Häufigkeit [%]
Rheumatische Erkrankungen	
Essenzielle gemischte Kryoglobulinämie Typ II	100
Sjögren-Syndrom	75–95
Rheumatoide Arthritis	70–90
Mischkollagenose (MCTD)	50–60
Systemischer Lupus erythematodes	15–35
Systemische Sklerose	20–30
Chronische Sarkoidose	5–30
Systemische Vaskulitiden	5–20
Arthrose	Wie Gesunde
Chronische Lebererkrankungen	
Chronisch-aktive Hepatitis, primär-biliäre Zirrhose usw.	15–70
Chronische Lungenerkrankungen	
Lungenfibrose, Silikose, Asbestose usw.	10–50
Infektionenserkrankungen	
Subakute bakterielle Endokarditis	25–65
Bakterielle Infektionen z.B. mit Brucellen, Mykobakterien, Spirochäten	5–60
Parasitäre Infektionen, B. mit Plasmodien, Schistosomen	20–90
Virale Infektionen, z.B. mit Hepatitis-B-, Hepatitis-C-Virus, HIV, CMV, EBV, Influenza, Röteln	15–65
Neoplasien, besonders nach Chemotherapie oder Bestrahlung	5–25
Gesunde	
Bis 50 Jahre	<5
Über 70 Jahre	10–25

nem positiven RF assoziiert. RF sind unter den Immunglobulinklassen IgA, IgE, IgG und IgM gefunden worden, jedoch ist für die diagnostische Bestimmung der Nachweis von IgM-RF am gebräuchlichsten. Die multivalente Bindungsfähigkeit des IgM-RF wird dabei zur wirksamen Agglutination IgG-beladener Partikel z.B. Latexpartikel (so genannter „Latextest") oder Hammelerythrozyten („Agglutinationstest") ausgenutzt. Die RF-bedingte Kreuzvernetzung der partikulären Strukturen führt zu sichtbaren Flockungs- bzw. Agglutinationsreaktionen, die über Verdünnungsreihen des Serums semiquantitativ zur Titerbestimmung genutzt werden können. Die Häufigkeit des RF-Nachweises bei verschiedenen Erkrankungen ist in Tabelle 7.2 zusammengefasst.

Die Rheumafaktoraktivität ist gegen verschiedene antigene Determinanten in den Fc-Regionen der Immunglobuline gerichtet und schließt u.a. verschiedene allotypische Varianten in den $C\gamma2$- und $C\gamma3$-Regionen ein. Die Erkennung subklassenspezifischer Allotypvarianten durch einige RF er-

klärt dabei ein z.T. differenzielles Bindungsverhalten an IgG unterschiedlicher Subklassen (Robbins et al. 1993). So ist der Histidinrest 435 ein essenzieller Bestandteil des so genannten Ga-Epitopes, das sowohl eine Bindungsdeterminante für Rheumafaktoren als auch für das Staphylokokkenprotein A (SPA) in der $C\gamma3$-Region darstellt und in nicht reaktiven Allotypen der IgG3-Subklasse fehlt. Die enge strukturelle Verwandtschaft der Bindungsdeterminanten in der $C\gamma3$-Region für RF und SPA spiegelt sich auch in der Kreuzreaktivität einiger gegen SPA gerichteter Antikörper wider, die auch an RF binden. Somit sind RF von potenzieller Bedeutung als Antiidiotypen antimikrobieller Antikörper (Oppliger et al. 1987) mit entsprechenden Implikationen für die Regulation von Antikörperantworten im Zusammenhang mit Infektionen. Eine physiologische Rolle von RF im Rahmen der Infektabwehr wird auch an ihrer Bildung als Begleitphänomen bei vielen Infektionserkrankungen deutlich. Es wird dabei angenommen, dass v.a. der IgM-RF durch zusätzliche Bindung an gering antikörperbeladene Fremdstoffe die Opsonisierungsmöglichkeit verstärkt und somit eine beschleunigte Clearance von Immunkomplexen herbeiführt. Die RF weisen dabei eine sehr niedrige Affinität auf, und es findet im Rahmen von Infektionserkrankungen in der Regel kein IgG-Klassenwechsel statt, sodass die RF selbst in fortgeschrittenen Stadien immer noch überwiegend vom IgM-Typ sind. Physiologischerweise finden sich B-Zellen, die RF auf ihrer Oberfläche exprimieren, auch in hoher Zahl in normalen Individuen mit präferenzieller Lokalisation in der Mantelzone, nicht jedoch in den Keimzentren der Lymphknoten. Diese Zellen können IgG binden und das in zirkulierenden Immunkomplexen gebundene Antigen akkumulieren, um es dann nach Internalisation und Prozessierung wieder den T-Zellen im Kontext der MHC-Klasse-II-Moleküle zu präsentieren (Roosnek u. Lanzavecchia 1991). Während die physiologischen Funktionen von RF im Wesentlichen auf nicht sekretierte Formen und den IgM-Isotyp beschränkt bleiben, kommt es im Rahmen der RA zu charakteristischen Unterschieden. So finden sich im Serum von RA-Patienten RF mit Bindungsfähigkeit an IgG aller Subklassen. Die in vitro bestimmte RF-Produktion durch isolierte Lymphozytenpopulationen scheint allerdings je nach ihrer Herkunft aus dem Blut oder der Synovialmembran bezüglich der Sublassenspezifität zu variieren mit einer Präferenz synovialer RF für IgG3, während IgG1 und IgG2 dominante Ziele der von zirkulierenden B-Zellen gebildeten RF darstellen (Robbins

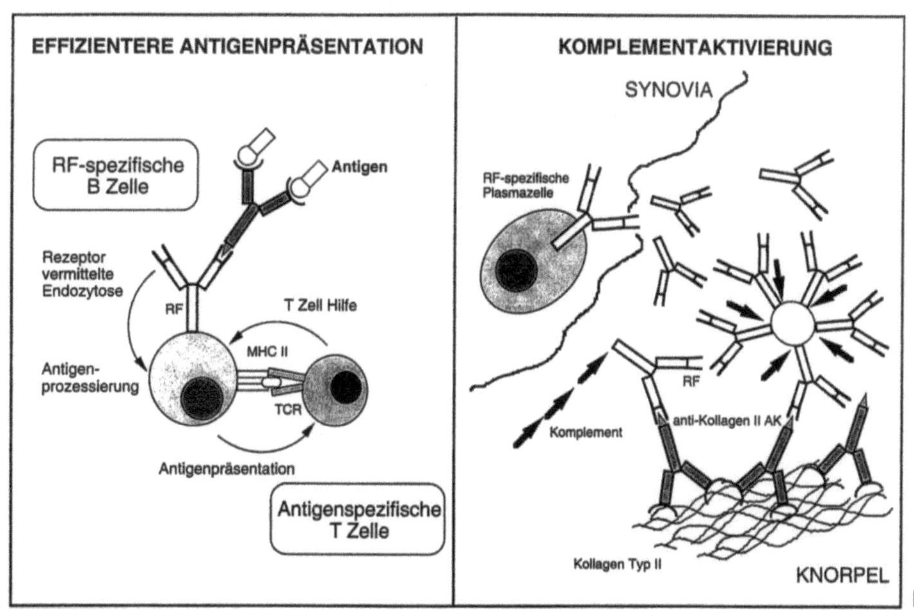

Abb. 7.4 a, b. Die mögliche pathogenetische Bedeutung von Rheumafaktoren (*RF*) in der Gelenkentzündung: **a** RF-spezifische B-Zellen können sehr effizient Immunkomplexe, d.h. in Bindung an andere Immunglobuline vorliegende Antigene, über die in ihrer Zellmembran verankerten RF aufnehmen und prozessieren. Das prozessierte Antigen kann dann über MHC-Klasse-II-Moleküle den jeweiligen antigenspezifischen T-Zellen präsentiert werden. In dieser Kooperation können einerseits die RF-spezifischen B-Zellen T-Zell-Hilfe erhalten, mit dem Resultat einer gesteigerten RF-Produktion, andererseits ist der Antigenkontakt für die T-Zellen auch ein Signal zur Produktion proinflammatorischer Zytokine. **b** In der Synovialmembran kann die lokale Produktion von RF die Komplementaktivierung durch knorpelspezifische z. B. gegen Kollagen II gerichtete Autoantikörper steigern

u. Wistar 1985). Die relative Selektivität synovialer RF für IgG3 mag mit dem erhöhten Anteil dieser Subklasse an der gesamten synovialen Antikörperproduktion in vitro (Hoffman et al. 1982) im Vergleich zur Verteilung der IgG-Zusammensetzung im peripheren Blut zusammenhängen. RF-spezifische B-Zellen werden dabei in einer um den Faktor 4 erhöhten Frequenz in der rheumatoiden Synovialmembran gegenüber dem Blut nachgewiesen und die im Serum zirkulierenden RF stammen zumindest teilweise aus synovialen Plasmazellen. Diese lokale Produktion von RF – präferenziell vom IgG-Isotyp (IgG 79%, IgA 12%, IgM 10%) – im Gelenk trägt dazu bei, dass im RA-Knorpel im Gegensatz zum normalen oder arthrotischen Knorpel Ablagerungen von RF nachweisbar sind. Im Unterschied zu den im Rahmen von B-Zell-Neoplasien gebildeten RF mit einer stark limitierten Nutzung der diversen Leichtkettengensegmente zugunsten einer starken Dominanz der VkIIIb-Untergruppe weisen die RF in der RA eine sehr viel höhere Variabilität in der Verwendung unterschiedlicher V-Gen-Elemente auf (Victor et al. 1991). Darüber hinaus unterscheiden sich die RF in der RA durch eine höhere Affinität und den Nachweis somatischer Mutationen

(Randen et al. 1993). Diese Befunde molekularbiologischer Analysen von RF weisen darauf hin, dass neben einer polyklonalen Aktivierung von B-Zellen für ihre vermehrte Sekretion in der rheumatoiden Synovialmembran die Hilfe durch antigenspezifische T-Zellen sehr wahrscheinlich ist. Ein hypothetisches Szenario, das konzeptionell auch dem Aspekt einer Korrelation zwischen RF-Produktion und bestimmten RA-assoziierten Allelen des HLA-DRB1-Locus Rechnung trägt, soll im Folgenden beispielhaft Erwähnung finden. Die HLA-Haplotypen DRB1 0401, 0404 und 0101 zeichnen sich durch eine Konsensussequenz QK(R)RAA in der hypervariablen Region der Aminosäureposition 70–74 aus, die beispielsweise auch im gp110-Protein des Epstein-Barr-Virus (EBV) vorkommt (Roudier et al. 1989). Das virale Protein als allogene T-Zell-Determinante ist ein starker Induktor proliferativer T-Zell-Antworten, die auch die vermehrte Bildung gp110-spezifischer Antikörper nach EBV-Infektion unterstützen. Das gp110 könnte als Bestandteil zirkulierender Immunkomplexe an RF-spezifische B-Zellen binden, die es dann in prozessierter Form an QKRAA-spezifische T-Zellen präsentieren. Auf diese Weise könnten RF-spezifische B-Zellen die für die Sekretion affinitätsgereifter IgG-RF notwendige T-Zell-Hilfe im Rahmen einer gegen das EBV gerichteten Immunantwort erhalten. Trotz der Attraktivität dieser Modellvorstellung, die auch eine immer wieder postulierte, jedoch nicht bewiesene Bedeutung von EBV in der RA-Pathogenese integriert, muss die Ursache für die vermehrte RF-Produktion in der RA-Synovialmembran weiter als unklar angesehen werden. Ebenso offen wie die kausalen Zusammenhänge, die zur Produktion von RF in der RA führen, bleibt auch die Frage nach ihrer pathogenetischen Bedeutung. Die erleichterte Präsentation immunkomplexgebundener Antigene an synoviale T-Zellen ist eine bereits erwähnte, potenziell auch pathogenetisch relevante Funktion RF-spezifischer B-Zellen (Abb.7.4). Im Tiermodell konnten darüber hinaus durch den Transfer eines monoklonalen RF mit Kryoglobulineigenschaften und Spezifität für IgG2a Nierenschädigungen und eine Vaskulitis der Haut induziert werden (Reininger et al. 1990). Die Hautvaskulitis erwies sich dabei als strikt abhängig von der RF-Aktivität des transferierten Antikörpers, da sie in IgG2a-defizienten Mäusen nicht induzierbar war, und belegt damit die pathogenetische Bedeutung von RF-IgG2a-Immunkomplexen. Diese tierexperimentellen Versuche sind somit auch als Modell für den Zusammenhang zwischen RF-Titern und der Inzidenz einer extraartikulären Beteiligung bei der RA von potenzieller Bedeutung (Vollertsen u. Conn 1990). Eine wichtige Funktion von IgM-RF ist die Komplementaktivierung, die im entzündeten Gelenk nicht von geringer Bedeutung ist. So kann die Komplementbindung IgG enthaltender Immunkomplexe durch RF beträchtlich gesteigert werden, was von besonderer Bedeutung ist, sofern die Immunkomplexierung durch die Spezifität der enthaltenen Antikörper direkt mit dem Knorpelgewebe erfolgt (Abb. 7.4).

7.3.1.2 Antikörper gegen knorpelspezifische Proteine

Potenziell relevante Zielstrukturen eines arthritogenen Autoimmunprozesses sind knorpelspezifische Antigene, wie z.B. das Kollagen Typ II, gegen das bei etwa 70% der RA-Patienten IgG-Autoantikörper im entzündeten Gelenk nachgewiesen werden können. Es lassen sich in Patientenseren Autoantikörper mit Spezifität sowohl für das native Kollagen Typ II als auch gegen denaturierte Determinanten nachweisen. Da die verschiedenen Vertreter der aus über 20 distinkten Typen bestehenden Kollagenfamilie alle aus repetitiven Aminosäurentripletts der Sequenz Gly-X-Y aufgebaut

sind, wobei X und Y variable Positionen repräsentieren, führen Antikörperantworten gegen nichtkonformationsabhängige Determinanten häufig zu Kreuzreaktivitäten mit mehreren Kollagentypen. Diese Diskriminierung zwischen Antikörperantworten gegen denaturierte bzw. native Kollagenstrukturen scheint im Hinblick auf die potenzielle pathogenetische Bedeutung relevant, da im tierexperimentellen Modell der kollageninduzierten Arthritis (CIA) die Krankheitsentwicklung nach Immunisierung von DBA/1-Mäusen mit Kollagen Typ II strikt an die native tripelhelikale Konformation des Antigens gebunden ist (Holmdahl et al. 1990). Für die Arthritogenität im Mausmodell sind sowohl kollagenspezifische T- als auch B-Zell-Antworten relevant. Die Bedeutung der B-Zellen im Tiermodell (Holmdahl et al. 1995) ist belegt durch die Tatsache, dass μ-Ketten-defiziente kongene Mausstämme auf einem CIA-suszeptiblen Hintergrund nach Immunisierung mit Kollagen Typ II trotz erhaltener kollagenspezifischer T-Zell-Reaktivität keine Arthritis entwickeln (Svensson et al. 1998). Die Assoziation der CIA-Suszeptibilität mit bestimmten Allelen des dem humanen MHC II analogen Ia-Locus und therapeutische Erfolge von Antikörpern, die gegen den T-Zell-Rezeptor gerichtet sind, sprechen für die pathogenetische Bedeutung der T-Zell-Erkennung präsentierter Kollagenpeptide. Analogien zu dem tierexperimentell aufgezeigten Zusammenhang zwischen arthritisassoziierten MHC-II-Allelen und der Autoantikörperbildung gegen Kollagen Typ II finden sich auch in Untersuchungen der synovialen B-Zell-Antwort von RA-Patienten gegen Kollagen II, die präferenziell in HLA-DR4-positiven Individuen nachgewiesen werden konnte. Es ist daher von besonderem Interesse, dass auch in HLA-DRB1*0401-transgenen Mausstämmen erosive Arthritiden durch Immunisierung mit Kollagen Typ II induziert werden konnten. Es wird sowohl in dem transgenen humanisierten Mausmodell (Andersson et al. 1998) als auch in CII-spezifischen T-Zell-Antworten der Wildtypstämme (DBA/1) (Malmström et al. 1996) der gleiche Kollagenabschnitt als arthritogene T-Zell-Determinante (Aminosäurerest 256–270) (Michaelson et al. 1994) erkannt, der auch als Zielstruktur humaner T-Zell-Reaktivität in der Synovialflüssigkeit von RA-Patienten identifiziert werden konnte (Kim et al. 1999). Eigene Untersuchungen belegen darüber hinaus, dass RA-Patienten präferenziell Autoantikörper gegen Epitope auf dem Kollagen-Typ-II-Molekül bilden, denen auch im Mausmodell der kollageninduzierten Arthritis eine pathogenetisch relevante Bedeutung zukommt

(Schulte et al. 1998). Diese Befunde stützen die Hypothese einer Bedeutung evolutionär konservierter Strukturen für die Induktion und Unterhaltung arthritogener Immunantworten gegen gelenkspezifische Autoantigene. Allerdings kommen neben dem Kollagen Typ II weitere knorpelspezifische Antigene als mögliche Zielstrukturen immunologischer Autoaggressivität in Betracht, gegen die Autoantikörperbildungen in unterschiedlicher Häufigkeit im Serum von RA-Patienten nachweisbar sind. Erwähnenswert sind in diesem Zusammenhang die knorpelspezifischen Kollagene Typ IX und XI, das Aggrekan als Hauptbestandteil der nichtkollagenen Knorpelmatrix sowie das COMP (cartilage oligomeric matrix protein). Für diese Antigene ist tierexperimentell ebenfalls belegt, dass sie durch Immunisierung experimentelle Autoimmunarthritiden induzieren können (Glant et al. 1987, Cremer et al. 1991, Carlsen 1998). Im Gegensatz zu Kollagen-II-spezifischen Autoantikörpern (Wooley et al. 1984) ist jedoch in den genannten Tiermodellen ein Arthritistransfer durch die Antikörper allein bisher nicht belegt.

Serologische Bestimmungen von Antikörpern mit Spezifität für Knorpelantigene haben aus verschiedenen Gründen noch keine Relevanz für die Diagnostik erlangt. Eine häufig durch methodische Probleme bedingte Variabilität der Antikörpernachweise führte in der Vergangenheit zu sehr unterschiedlichen Prozentsätzen positiver Ergebnisse im Gesamtkollektiv von RA-Patienten und ließ keine klaren Zusammenhänge zur Aktivität oder zum Schweregrad der klinischen Manifestationen erkennen. Neben Problemen, die aus möglichen unspezifischen Interaktionen zwischen Serumkomponenten (z. B. Fibronektin oder DNA) mit Bindegewebeantigenen (z. B. Kollagen) in Nachweisverfahren wie dem ELISA zu Fehlinterpretationen Anlass geben können, besteht ein Hauptproblem darin, dass Serumantikörper gegen Knorpelantigene nur sehr unzureichend die Verhältnisse im entzündeten Gelenk reflektieren. So konnten in 21 von 27 untersuchten RA-Patienten, nicht jedoch in Patienten mit anderen Gelenkerkrankungen, synoviale B-Zellen nachgewiesen werden, die Kollagen-II-spezifische Autoantikörper des IgG-Isotyps bilden; jedoch war in keinem dieser Fälle ein signifikanter Serumtiter nachweisbar (Tarkowski et al. 1989). Trotz fehlender Nachweise im peripheren Blut waren Antikörper gegen Kollagen II sehr wohl im RA-Knorpel und in C1q bindenden Immunkomplexen in der Synovialflüssigkeit detektierbar (Jasin 1985). Diese Studien belegen, dass die variablen Nachweise knorpelspezifischer Autoantikör-

per nicht gegen ihre potenziell wichtige Rolle in der Perpetuations- und Destruktionsphase der RA sprechen. Für die pathogenetische Bedeutung Kollagen-II-spezifischer Autoantikörper spricht darüber hinaus, dass sie bei RA-Patienten überwiegend zu den Komplement bindenden IgG1- und IgG3-Subklassen gehören und somit Effektorfunktionen im Rahmen einer immunkomplexvermittelten Knorpelschädigung erfüllen können wie sie für die Antikörper entsprechender Spezifität im Modell der CIA bereits belegt sind.

7.3.1.3 Antikörper gegen nichtknorpelspezifische Antigene

In Seren von RA-Patienten sind Autoantikörper mit Spezifitäten für eine Reihe nichtknorpelspezifischer Antigene detektierbar, die aufgrund bisher vorliegender Studienergebnisse von potenzieller prognostischer Bedeutung in frühen Arthritisstadien sind. Zu diesen Autoantikörperspezifitäten gehören das so genannte SA-Antigen, Profilaggrin, Filaggrin, Calpastatin sowie das A2-Protein des heterogenen Ribonukleoproteins (hnRNP-A2) (Ménard et al. 2000, Skriner et al. 1997).

Das hnRNP-A2 ist ein mit dem Spleißosom assoziiertes Kernprotein, gegen das Autoantikörper in RA- (35%), SLE-(20%) und MCTD-Patienten (40–60%) nachweisbar sind. Die Feinspezifität der Antikörperantworten ließ jedoch eine Diskriminierung zwischen den Antikörpern zu. Autoantikörper gegen hnRNP-A2 in RA- und SLE-Seren sind gegen eine Domäne des Proteins gerichtet, die auch funktionell für die RNA-Bindung wichtig ist, während die Bindung der MCTD-Autoantikörper in einer distinkten Region erfolgt (Skriner et al. 1997). Die Frage nach der Ursache der Autoimmunreaktion gegen dieses nukleäre Protein in den Patienten ist ebenso unklar wie ihre Bedeutung im Rahmen der Pathogenese.

Ursprünglich wurde das SA-Antigen über die Reaktivität des Patientenserums SA mit gewebespezifischen Proteinbanden in Höhe von 50000 im Western-Blot elektrophoretisch aufgetrennter humaner Milz-, Plazenta- und rheumatoider Synovialextrakte definiert. Es ist jedoch kürzlich gelungen, das SA-Antigen als Vimentin strukturell zu charakterisieren (Ménard et al. 2000). Für die Autoantikörpererkennung scheint jedoch eine posttranslationale Modifikation des Antigens erforderlich zu sein, die beispielsweise auch für die Autoantigenität von Profilaggrin und Filaggrin von Bedeutung ist. Diese Proteine werden nämlich in vivo enzymatisch durch so genannte Peptidylarginindeaminasen (PAD) modifiziert, sodass Argininreste in Zitrullin konvertiert werden (Schellekens et al. 1998). Filaggrin ist ein Zytokeratinfilamente aggregierendes Protein, das in späten Phasen der terminalen Differenzierung epithelialer Zellen aus einem hochmolekularen Vorläufer, dem Profilaggrin, gebildet wird. Profilaggrin liegt gespeichert in Keratohyalingranula in perinukleärer Lokalisation als saures phosphoryliertes, aus 10–12 Filaggrinuntereinheiten aufgebautes Protein vor. Profilaggrin wird dephosphoryliert und damit der enzymatischen Proteolyse zugänglich, wodurch die zunächst basischen Filaggrineinheiten (MG = 37 000) freigesetzt und sekundär in saure Varianten durch die PAD-Prozessierung umgewandelt werden. Mit Hilfe synthetischer Peptide konnte gezeigt werden, dass das zitrullinierte Filaggrin eine Antigendeterminante ist, die von zirkulierenden Autoantikörpern in RA-Patienten in Frühstadien der Erkrankung mit hoher Spezifität erkannt wird. Ferner gelang es, nachzuweisen, dass die mit Hilfe zitrullinierter Filaggrinpeptide aus Patientenseren affinitätsgereinigten Antikörper serologische Eigenschaften zeigen, die in der Vergangenheit als RA-spezifische Phänomene unter den Termini Antikeratinantikörper (AKA, indirekte Immunfluoreszenzfärbung des Stratum corneum im Rattenösophagus) bzw. perinukleäre Faktoren (APF, indirekte Immunfluoreszenzfärbung von Keratohyalingranula in der Wangenschleimhaut) klassifiziert wurden. Während die Spezifität dieser Antikörper für die Diagnosestellung in Frühphasen der RA sehr hoch ist und ihnen auch ein prädiktiver Wert für schwere Arthritisverläufe zukommt, ist die mögliche Bedeutung im Rahmen der Pathogenese weitgehend unklar. Da Profilaggrin erst in späten Stadien der Epithelzelldifferenzierung gebildet wird und das reife und modifizierte Filaggrin ausschließlich im Stratum corneum der Haut vorkommt, erscheint es schwer vorstellbar, wie es dem Immunsystem zugänglich ist, insbesondere scheint eine Expression in Gelenkkompartimenten unwahrscheinlich. So könnten die Antikörper gegen zitrullinierte Epitope möglicherweise aus einer Immunantwort gegen ein noch unbekanntes kreuzreagierendes Protein (oder mehrere Proteine) stammen. Das SA-Antigen Vimentin ist beispielsweise in der Synovia präsent und wird präferenziell während der Apoptose zitrulliniert, mit der Folge einer Proteindenaturierung und Disintegration der Intermediärfilamente. Durch posttranslationale Proteinmodifikationen, z.B. im Rahmen der Apoptose oder aber durch Mikroorganismen, die über PAD-Aktivitäten körpereigene Proteine im

Rahmen einer Infektion modifizieren, könnten Neoepitope als Trigger arthritogener Immunreaktionen entstehen. Zitrulliniertes Vimentin kann in vitro rasch durch die kalziumabhängige zytosolische Cysteinproteinase Calpain abgebaut werden. Interessanterweise kann Calpain auch Knorpelmatrixkomponenten degradieren, und es finden sich in RA-Seren Autoantikörper, die gegen den spezifischen Inhibitor von Calpain Calpastatin (in bis zu 50% der Patienten) gerichtet sind (Ménard u. el-Amine 1996). Ob die Calpastatin bindenden Antikörper mit ihrer Spezifität für die enzyminhibitorische Sequenz auch in vivo das Antiproteasepotenzial funktionell so stark beeinträchtigen, dass eine verstärkte Proteolyse durch Calpain im Gelenk resultiert, ist unklar.

7.4 Mit dem Auftreten antinukleärer Antikörper assoziierte Erkrankungen

Zahlreiche entzündlich-rheumatische Krankheiten, insbesondere Kollagenosen, sind mit dem Nachweis antinukleärer Antikörper (ANA) assoziiert. Bereits im 1948 beschrieb Hargraves die LE-Zellen in Knochenmarkproben von SLE-Patienten als erstes ANA-assoziiertes Phänomen. Kurze Zeit später wurde entdeckt, dass das Phänomen der LE-Zellen von einem Plasmafaktor abhängig ist (Haserick u. Bortz 1949), und zwar von Autoantikörpern gegen Kernbestandteile, wodurch Zellkerne für die Phagozytose durch Granulozyten opsoniert werden (Holman u. Kunkel 1957). Der Nachweis von LE-Zellen wurde – noch bevor man das Phänomen erklären konnte – zur ergänzenden Diagnostik von SLE, medikamenteninduziertem Lupus und Sjögren-Syndrom eingesetzt.

Die Entwicklung der indirekten Immunfluoreszenztechnik erlaubte erstmals den direkten Nachweis antinukleärer Antikörper auf Gewebeschnitten (Friou 1957). Somit stand nun ein sensitives Testverfahren zum Nachweis verschiedenster ANA-Spezifitäten zur Verfügung, die anhand ihres charakteristischen Fluoreszenzmusters unterschieden werden konnten (s. auch Abb. 7.5). Erst Immundiffusion und Immuno-/Western-Blot-Analyse erlaubten jedoch einzelne Autoantigene näher zu charakterisieren bzw. zu identifizieren. Die Untergruppe der ANA, die gegen extrahierbare nukleäre Antigene gerichtet und daher der Analyse mittels Immundiffusion oder Immunoblot zugänglich ist, wird auch als ENA bezeichnet.

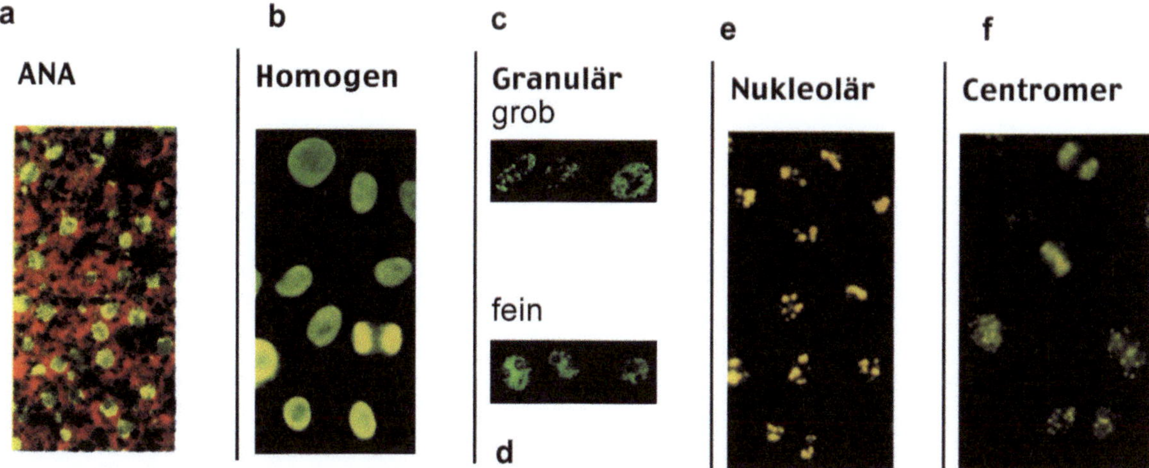

Abb. 7.5 a–f. Indirekte Immunfluoreszenz zum Nachweis antinukleärer Antikörper (ANA), **a** Nachweis von ANA auf Rattenleberschnitten, **b** ANA auf HEp2-Zellen – homogenes Fluoreszenzmuster wie z. B. bei Antikörpern gegen dsDNA und Histone, **c** ANA auf HEp2-Zellen – grobgranuläres Fluoreszenzmuster wie z. B. bei Antikörpern gegen Sm, U1-RNP, Ro/SS-A, **d** ANA auf HEp2-Zellen – feingranuläres Fluoreszenzmuster wie z. B. bei Antikörpern gegen La/SS-B, Ku, Mi-2. **e** ANA auf HEp2-Zellen – nukleoläre Fluoreszenz wie z. B. bei Antikörpern gegen Scl-70, PM-Scl, RNA-Polymerase I. **f** ANA auf HEp2-Zellen – Zentromerfluoreszenz bei Antikörpern gegen Zentromer- und Kinetochorproteine. [Abbildungen aus Eger u. Kalden (2001), mit freundlicher Genehmigung des Thieme-Verlags und der Autoren]

Obwohl einige Autoantikörper hochspezifisch und nahezu Diagnose sichernd für bestimmte Erkrankungen sind, lassen sich die meisten Autoantikörperspezifitäten bei verschiedenen Erkrankungen nachweisen, allerdings mit unterschiedlicher Häufigkeit. Umgekehrt findet sich in der Regel nicht bei allen Patienten mit einer bestimmten Autoimmunerkrankung das gleiche Autoantikörpermuster. Dennoch hilft eine gezielte Autoantikörperdiagnostik in Zusammenschau mit den klinischen, radiologischen und weiteren Laborbefunden entscheidend bei der Diagnose bzw. Differenzialdiagnose entzündlich-rheumatischer Erkrankungen und ist bei Frühformen bzw. uncharakteristischen klinischen Verläufen oft diagnostisch wegweisend. Im Folgenden werden zunächst die gebräuchlichsten Nachweisverfahren für ANA und andere Autoantikörper kurz erläutert. Anschließend werden diagnostisch bedeutende Autoantikörperspezifitäten, gegliedert nach Erkrankungen, bei denen sie bevorzugt auftreten, beschrieben. In Tabelle 7.3 sind

- wesentliche Zielantigene antinukleärer Antikörper,
- diagnostische Nachweisverfahren und
- Krankheitsassoziationen

zusammengefasst.

7.4.1 Nachweisverfahren für antinukleäre Antikörper

Als Probenmaterial für den ANA-Nachweis genügen in der Regel 1–2 ml Serum, ggf. auch Plasma, das bei Umgebungstemperatur ins Labor transportiert wird. Als sensitiver Screeningtest hat sich die indirekte Immunfluoreszenz auf humanen Zelllinien oder auch Nagerleberschnitten bewährt. Da die Zielantigene unterschiedlich im Zellkern verteilt sind, ergeben sich distinkte Fluoreszenzmuster (Abb. 7.5), die dann eine gezielte Identifizierung der Autoantikörperspezifität mittels ELISA (enzyme-linked immunosorbent assay), Immunoblotanalyse, Immundiffusion oder (Radio-)Immunpräzipitation ermöglichen. Umgekehrt schließt ein negatives Ergebnis im sensitiven Immunfluoreszenztest, der meist auf proliferierenden humanen Zellkulturlinien oder evtl. auf Organschnitten durchgeführt wird, das Vorhandensein relevanter Titer gegen nukleäre Antigene weitgehend aus. Im Falle eines fortbestehenden klinischen Verdachts sollte die Untersuchung jedoch nach einigen Wochen nochmals wiederholt werden, da Autoantikörperphänomene gelegentlich erst im weiteren Krankheitsverlauf nachweisbar werden. Spricht das klinische Bild am ehesten für einen SLE, kann bei negativem ANA-Screening die Bestimmung von Autoantikörpern gegen SS-A/Ro, Ribosomen und Phospholipide bzw. β_2-Glykoprotein 1 die Ver-

Tabelle 7.3. Antinukleäre Autoantikörper, modifiziert und ergänzt nach: Peng u. Craft (2001)

Antigen	Funktion	Kernfluoreszenzmuster	Nachweisverfahren	Krankheitsassoziation
Chromatinassoziierte Antigene				
dsDNA	Genetische Information	Homogen, ringförmig	ELISA, RIA, Farr, *Crithidia-luciliae*-FT	SLE
ssDNA	Artifiziell	–	ELISA	SLE, medikamenteninduzierter Lupus, RA
Histone				
H1, H2A, H2B, H3, H4	„Verpackung" der DNA: Nukleosomen erlauben hochgradige Kondensation der DNA. Genregulation (Azetylierung, Deazetylierung)	Homogen, ringförmig	ELISA, RIA, IB	SLE, medikamenteninduzierter Lupus, PSS, PBC
H3		Grobgranulär	ELISA, RIA, IB	SLE, UCTD
Ku	Transkriptionsregulation	Diffus-feingranulär	IB, ID, IP	SLE, overlap (Polymyositis/PSS), PSS
Spleißosomkomponenten				
Sm	RNA-Spleißen	Grobgranulär	ELISA, IB, ID, IP	SLE
U1-snRNP	RNA-Spleißen	Grobgranulär	ELISA, IB, ID, IP	SLE, MCTD
U2-snRNP	RNA-Spleißen	Grobgranulär	ELISA, IB, ID, IP	SLE, MCTD, overlap
U4/6-snRNP	RNA-Spleißen	Grobgranulär	ELISA, IB, ID, IP	Sjögren-Syndrom, PSS
U5-snRNP	RNA-Spleißen	Grobgranulär	ELISA, IB, ID, IP	SLE, MCTD
U7-snRNP	RNA-Spleißen	Grobgranulär	ELISA, IB, ID, IP	SLE
U11-snRNP	RNA-Spleißen	Grobgranulär	ELISA, IB, ID, IP	PSS
Andere Ribonukleoproteine				
Ro/SS-A	RNA-Transport?	Granulär (negativ auf Rattenleber)	ELISA, ID, IB, IP	Sjögren-Syndrom, SKLE, SLE, neonataler LE, PSS, PBC
La/SS-A	Transkriptionskontrolle?	Feingranulär	ELISA, ID, IB, IP	Sjögren-Syndrom, SKLE, SLE, neonataler LE
Mi-2		Homogen bis feingranulär	ELISA, IP, ID	DM
MA-I		Grobgranulär		Sjögren-Syndrom
p80-Coilin		1–4 Punkte		Sjögren-Syndrom
RNA-Polymerasen				
RNA-Polymerase I	Transkription der ribosomalen RNA	Punktförmig nukleolär	IP, IB	PSS
RNA-Polymerase II	Transkription der mRNA	Feingranulär (evtl. nukleolär)	IP, IB	PSS, SLE, MCTD
RNA-Polymerase III	Transkription der tRNA und anderer kleiner RNA-Moleküle	Feingranulär (evtl. nukleolär)	IP, IB	PSS
Ribosomale RNP	Translation	Nukleolär, zytoplasmatisch	ELISA, IFT, IB, IP	SLE
Topoisomerase I (Scl-70)	Helicase (erlaubt Relaxation der DNA-Superhelix während Replikation/Transkription)	Feingranulär, nukleolär-ringförmig	ELISA, IFT, IB, IP	PSS
U3-snoRNP (Fibrillarin)	Prozessierung der ribosomalen Prä-rRNA	Klumpig nukleolär	IB, IP	PSS
To/Th-snoRNP	RNA-Aktivität, Prozessierung der Prä-tRNA	Diffus, vorwiegend nukleolär	IP	PSS
NOR 90/hUBF	Transkriptionsfaktor	10–20 nukleäre Punkte	IB, IP	PSS, SLE, Sjögren-Syndrom
PM-Scl/PM-1	Prozessierung der ribosomalen 5,8S-rRNA, Regulation der Zellproliferation	Homogen nukleolär, feingranulär nukleär	ID, IB, IP	PM, DM, PSS, Overlap

IB Immunoblot, *ID* Immundiffusion, *IP* Immunpräzipitation, *RIA* Radioimmunoassay, *DM* Dermatomyositis, *PBC* primär biliäre Zirrhose, *PM* Polymyositis, *PSS* progressive systemische Sklerose, *UCTD* undifferenzierte Bindegewebserkrankung, *SKLE* subakut kutaner Lupus erythematodes.

dachtsdiagnose erhärten. Besteht klinisch der Verdacht auf eine bestimmte Kollagenose, ist es durchaus gerechtfertigt neben dem Screeningtest gleich auch die entsprechende Spezialdiagnostik zu veranlassen, z. B. Nachweis von Anti-dsDNA im ELISA oder Farr-Assay bei Verdacht auf systemischen Lupus erythematodes.

Die wichtigsten Verfahren zur Detektion und Charakterisierung von ANA werden kurz vorgestellt, für die eingehende Erläuterung technischer Details sei jedoch auf die entsprechende Spezialliteratur verwiesen (z. B. Thomas 2000).

7.4.1.1 Indirekter Immunfluoreszenztest

Zum ANA-Screening im Immunfluoreszenztest sind als Substrat v. a. methanolfixierte proliferierende humane Zelllinien wie die epitheliale Larynxkarzinomlinie HEp-2 geeignet. Alternativ werden auch Nagetierorganschnitte, meist Rattenlebergefrierschnitte, verwendet (Abb. 7.5 a). Vorteile der Gewebeschnitte gegenüber den humanen Zellkulturlinien sind die fehlende Interferenz mit Blutgruppen- und heterophilen Antikörpern. Außerdem besteht bei Zellkulturzellen die Gefahr, dass eine Mykoplasmen- oder Virusinfektion zur Reaktion mit entsprechenden Antikörpern und somit falsch-positiven Resultaten führt, wobei zumindest die Mykoplasmenkontamination vom erfahrenen Untersucher am Fluoreszenzmuster erkannt werden dürfte. Wegen der im Vergleich zu Gewebeschnitten höheren Konzentrationen an nukleären und zytoplasmatischen Zielantigenen in humanen Zellkulturzellen wie HEp-2 stellen sie jedoch das sensitivere Nachweissystem für die meisten ANA dar und werden daher bevorzugt eingesetzt, zumal sie auch eine bessere Differenzierung des Fluoreszenzmusters erlauben (Abb. 7.5 b–f). Antikörper gegen das relativ niedrig exprimierte SS-A/Ro können jedoch auch auf HEp-2-Zellen dem Nachweis entgehen. Trotz dieser gewissen Einschränkung bleibt die indirekte Immunfluoreszenz aber ein hochsensitiver Suchtest für ANA.

Die auf einem Objektträger fixierten Zellen bzw. Gewebeschnitte werden mit dem verdünnten Patientenserum inkubiert, sodass evtl. vorhandene ANA binden können. Ungebundene Antikörper werden gründlich abgewaschen. Der Nachweis gebundener ANA erfolgt mittels fluoreszeinkonjugierter Antikörper gegen menschliches Immunglobulin. Nach erneutem Waschen werden die Zellen im Fluoreszenzmikroskop beurteilt, wobei das Fluorescein im UV-Licht grün leuchtet. Das Fluoreszenzmuster lässt bereits gewisse Rückschlüsse

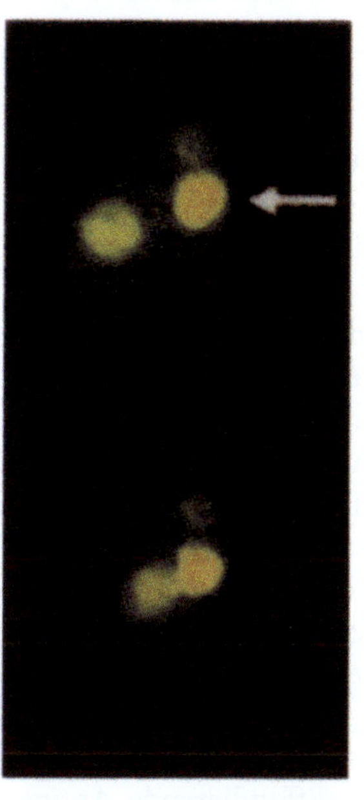

Abb. 7.6. *Crithidia-luciliae*-Immunfluoreszenztest zum sensitiven und spezifischen Nachweis von Antikörpern gegen native, doppelsträngige (ds) DNA, wie sie im Kinetoplasten des Flagellaten *Crithidia luciliae* zu finden ist. Während der Zellkern von Crithidien, wie der anderer eukaryonter Zellen, auch bei Antikörpern gegen Histone oder andere Kernproteine leuchtet, ist die Fluoreszenz des Kinetoplasten, der ein Riesenmitochondrium darstellt und somit keine Histone oder andere eukaryonte Kernproteine besitzt, spezifisch für Antikörper gegen dsDNA (*Pfeil*). [Abbildung aus Eger u. Kalden (2001), mit freundlicher Genehmigung des Thieme-Verlags und der Autoren]

auf mögliche Antikörperspezifitäten zu (s. Tabelle 7.3, Abb. 7.5). Bei positivem Ergebnis wird der ANA-Titer durch Serienverdünnungen des Serums ermittelt. Obwohl Ringversuche durchgeführt werden und Referenzseren der WHO zur Verfügung stehen, lassen sich wegen der subjektiven Auswertung im Mikroskop die ANA-Titer verschiedener Labors nicht direkt vergleichen.

Auch der *Crithidia-luciliae*-Test zum verlässlichen und hochspezifischen Nachweis von Antikörpern gegen native, doppelsträngige (ds)DNA beruht auf dem Prinzip der indirekten Immunfluoreszenz. Hierbei werden die Hämoflagellaten der Spezies *Crithidia luciliae* als Substrat für die Immunfluoreszenz auf Objektträgern fixiert. *Crithidia luciliae* besitzt ein modifiziertes Riesenmitochondrium, den so genannten Kinetoplast, der reichlich stabile, zirkuläre dsDNA ohne kontaminierende RNA oder eukaryonte nukleäre Proteine wie Histone enthält. Dadurch wird der *Crithidia-luciliae*-Immunfluoreszenztest zu einem sehr spezifischen und sensitiven Nachweissystem für Anti-dsDNA-Antikörper (Abb. 7.6).

7.4.1.2 Doppelimmundiffusion nach Ouchterlony

Bei der radialen Doppelimmundiffusion nach Ouchterlony werden z.B. Kalbsthymusextrakte in ein ausgestanztes Loch in einem Agarosegel und das Patientenserum und ein Referenzserum mit bekannter Antigenspezifität in benachbarte Löcher eingebracht. Antigen und Antikörper diffundieren nun aufeinander zu und bilden eine sichtbare Präzipitatlinie. Typischerweise entsteht das Präzipitat in einem Bereich, wo Antigen und Antikörper ungefähr in äquimolarer Konzentration vorliegen, sodass es zu einer Kreuzvernetzung kommt. Die Spezifität des präzipitierenden Antikörpers wird im Vergleich mit Referenzseren ermittelt, wobei die Präzipitatlinien bei gleicher Antigenspezifität konfluieren. Bei verschiedener Spezifität kreuzen sich die Präzipitatlinien.

Die Immundiffusion eignet sich nur für lösliche bzw. in der Agarosematrix diffundierende Antigene, also z.B. nicht für DNA. Außerdem dürfen die Antigene nicht instabil sein, z.B. lassen sich ribonukleasesensitive Antigene nicht in der Immundiffusion nachweisen.

Obwohl die Methode einfach zu handhaben ist und keine spezielle instrumentelle Laborausstattung benötigt, wird sie heute in der Routinediagnostik kaum mehr eingesetzt, da sie relativ insensitiv ist und lediglich semiquantitative Ergebnisse liefert.

7.4.1.3 Gegenstromelektrophorese

Die Gegenstromelektrophorese ist ein etwas sensitiveres Nachweisverfahren als die radiale Immundiffusion. Negativ geladene Antigene werden an der Kathode aufgetragen und bewegen sich im elektrischen Feld in einer Gelmatrix auf die positiv geladenen Antikörper im zu testenden Patientenserum, das an der Anode aufgetragen wird, zu. Daher beschränkt sich dieses Nachweisverfahren auf entgegengesetzt geladene Antigen-Antikörper-Kombinationen. Ähnlich wie bei der radialen Immundiffusion bildet sich eine Präzipitatlinie, die anhand von Referenzseren einer bestimmten Antigenspezifität zugeordnet werden kann.

7.4.1.4 ELISA

Der ELISA (enzme-linked immunosorbent assay) stellt ein einfaches, schnelles und sehr sensitives Verfahren zur Detektion und Quantifizierung verschiedenster (Auto-)Antikörperspezifitäten dar. Es-

senzielle Voraussetzung für die Spezifität eines ELISA ist, dass das Antigen in hochreiner Form zur Verfügung steht. Oft werden dazu rekombinante Proteine eingesetzt. Das Antigen (z.B. Proteinantigene, dsDNA, ssDNA) ist in den Vertiefungen der ELISA-Platte an die Kunststoffoberfläche gekoppelt. Die Patientenseren sowie positive und negative Kontrollseren werden in den Vertiefungen inkubiert. Nach einem Waschschritt werden an das Antigen gebundene Antikörper mit einem enzymkonjugierten (meist Peroxidase oder alkalische Phosphatase) Zweitantikörper gegen menschliches Immunglobulin markiert. Alternativ kann ein biotinylierter (d.h. mit Biotin markierter) Zweitantikörper verwendet werden. In diesem Fall wird in einem zusätzlichen Schritt enzymkonjugiertes Avidin, das mit sehr hoher Affinität an Biotin bindet, zur Detektion des biotinylierten Zweitantikörpers verwendet. Durch diese Verstärkungsreaktion wird die Sensitivität des ELISA-Systems erhöht. Nach erneutem gründlichem Waschen erfolgt die Substratreaktion, bei der das antikörper- bzw. avidinkonjugierte Enzym die Entstehung eines Farbstoffes katalysiert. Die Messung erfolgt im so genannten ELISA-Reader, einem speziellen Photometer, das die Absorption des Farbstoffes in allen Vertiefungen der ELISA-Platte einzeln bestimmt. Mittlerweile stehen für die meisten diagnostisch relevanten nukleären Antigene kommerzielle ELISA-Systeme zur Verfügung.

7.4.1.5 Immunoblot (Western-Blot)

Der Immunoblot oder Western-Blot ist ein sensitives und besonders spezifisches Verfahren zum Nachweis von Antikörpern gegen Proteinantigene. Das Antigen kann, muss aber nicht notwendigerweise gereinigt verfügbar sein, da spezifische von unspezifischen Reaktionen aufgrund des Molekulargewichts der Bande unterschieden werden können.

Zunächst wird ein ggf. angereicherter Zellextrakt (z.B. ein Kernextrakt), der ein oder mehrere zu analysierende Proteinantigene enthält, in der SDS-Polyacrylamidgelelektrophorese (SDS-PAGE) dem Molekulargewicht entsprechend aufgetrennt. Die Proteine werden anschließend ebenfalls im elektrischen Feld auf eine Nitrozellulose- oder Kunststoffmembran transferriert (eigentlicher Western-Blot). Durch Inkubation mit einem immunologisch weitgehend inerten Protein, z.B. Rinderserumalbumin, erfolgt die Blockierung freier Proteinbindungsstellen auf der Membran, was die unspezifische Adsorption von Antikörpern verhindert. Die Membran wird in Streifen geschnitten, die jeweils das Spektrum der im Ausgangsmaterial enthaltenen Proteine aufweisen, wobei diese jedoch nun ihrem Molekulargewicht entsprechend in Banden angeordnet sind. In dieser Form sind Western-Blot-Streifen für zahlreiche nukleäre Proteinantigene kommerziell verfügbar. Die Western-Blot-Streifen werden in verdünntem Patientenserum und Referenzseren mit bekannter Antigenspezifität inkubiert, anschließend gewaschen und mit peroxidasekonjugiertem Anti-human-IgG- bzw. -IgM-Antiserum versetzt, das sich an Antikörper bindet, die wiederum an ihrem Antigen auf dem Western-Blot-Streifen haften. Nach einem abschließenden Waschschritt erfolgt die Farbreaktion, wobei ein Substrat von der Peroxidase enzymatisch umgesetzt und somit die mit Antikörpern beladene Antigenbande gefärbt wird.

Ein Bandenvergleich mit den Referenzseren und mitgeführten Molekulargewichtsstandards erlaubt die Ermittlung der jeweiligen Antikörperspezifität. Da die Polypeptide auf der Membran als Folge der SDS-PAGE weitgehend denaturiert sind, werden konformationsabhängige Epitope nicht erkannt, woraus ein gewisser Sensitivitätsverlust resultiert [beschrieben z.B. für SS-A/Ro (Boire et al. 1991)].

Wegen des höheren Arbeitsaufwandes wird der Immunoblot in der Routinediagnostik zunehmend verdrängt, v.a. von den einfacheren und sensitiveren ELISA-Verfahren. Dank seiner hohen Spezifität, insbesondere in den Händen des erfahrenen Untersuchers, dient der Immunoblot jedoch weiterhin als wichtiger Bestätigungstest, z.B. bei fraglichen ELISA-Ergebnissen.

7.4.1.6 Radioimmunpräzipitation

Die Radioimmunpräzipitation ist ein sensitives und spezifisches Verfahren zur Bestimmung der Autoantikörperspezifität.

Mit radioaktiven Isotopen markierte Zellextrakte oder gereinigte Antigene werden mit den zu testenden Seren inkubiert (Flüssigphasentest) und anschließend präzipitiert, was z.B. durch Protein-A-konjugierte Sepharose erreicht wird. Das Präzipitat wird unter denaturierenden Bedingungen von den Antikörpern und der Sepharose dissoziiert und in der SDS-PAGE entsprechend dem Molekulargewicht getrennt. Anschließend wird das radioaktiv markierte präzipitierte Antigen mittels Autoradiographie sichtbar gemacht.

Die Identifizierung erfolgt anhand von Molekulargewichtsstandards bei der SDS-PAGE und v.a. mit Hilfe von Referenzseren bekannter Spezifität.

Dieses sehr spezifische und hochsensitive Verfahren bleibt wegen des relativ hohen Arbeitsaufwandes speziellen Fragestellungen vorbehalten. Unter anderem lassen sich Antikörper gegen konformationsabhängige Epitope erfassen. Auch geringe Mengen des Antigens, das nicht in gereinigter Form zur Verfügung stehen muss, reichen für den Nachweis aus.

Der sehr spezifische und sensitive *Farr-Radioimmunassay* zum routinemäßigen Nachweis von Anti-dsDNA-Antikörpern beruht ebenfalls auf dem Prinzip der Radioimmunpräzipitation. Hierbei binden die Anti-dsDNA-Antikörper in der Flüssigphase an radioisotopenmarkierte dsDNA. Die Antikörper-DNA-Komplexe werden mittels Ammoniumsulfatfällung präzipitiert, während freie dsDNA im Überstand verbleibt. Die Radioaktivität im Präzipitat wird quantifiziert und ist ein Maß für die Anti-dsDNA-Aktivität im untersuchten Serum.

7.4.2 Autoantikörper bei systemischem Lupus erythematodes

Der systemische Lupus erythematodes (SLE) zeichnet sich durch eine Vielzahl von Autoantikörperphänomenen gegen
- extrazelluäre Proteine,
- zellmembranassoziierte Strukturen,
- Zytoplasma- und insbesondere
- Kernantigene

aus. Dabei ist die Mehrzahl der Autoantikörper gegen chromatinassoziierte Antigene oder Ribonukleoproteinstrukturen gerichtet. Mit geeigneten Methoden lassen sich bei etwa 99% der SLE-Patienten antinukleäre Antikörper nachweisen (Tan et al. 1982).

Die Ätiopathogenese des SLE ist noch weitgehend ungeklärt und sicherlich heterogen. Neben einer genetischen Prädisposition spielen Umweltfaktoren bei der Manifestation der Erkrankung eine wichtige Rolle, was sich aus einer Konkordanz von 40–60% bei monozygoten Zwillingen schließen lässt. Exogene Manifestations- bzw. schubauslösende Faktoren sind v.a. Infektionen und UV-Bestrahlung, beides ist mit einem vermehrten Auftreten apoptotischen und nekrotischen Zelltodes verbunden und damit mit der Freisetzung von potenziellen Autoantigenen (Herrmann et al. 2000). Interessanterweise richtet sich die Autoantikörperantwort insbesondere gegen solche zelluläre Proteine, die im Rahmen des Granzym-B-induzierten Zelltodes gespalten werden. Die Spaltung bestimmter Proteine z.B. durch Granzym B könnte die Epitophierarchie bei der Antigenprozessierung modifizieren, wodurch Neoepitope bzw. kryptische Epitope, gegen die keine Toleranz besteht, dem Immunsystem präsentiert werden würden (Casciola-Rosen et al. 1999). Zusätzlich könnte ausgedehnter apoptotischer Zelltod die normalerweise rasche und nicht-inflammatorische Phagozytose sterbender Zellen durch das Makrophagensystem überfordern (Voll et al. 1997a, Fadok et al. 1998), zumal zumindest bei einigen SLE-Patienten ein Phagozytosedefekt für apoptotische Zellen beschrieben wurde (Herrmann et al. 1998, 2000).

Im Folgenden wird auf wichtige Autoantikörperspezifitäten, die typischerweise beim SLE gefunden werden, näher eingegangen.

7.4.2.1 Antikörper gegen doppelsträngige DNA

DNA ist der Träger der genetischen Information und befindet sich im Zellkern, komplexiert mit Histonen und anderen DNA-assoziierten Proteinen, als so genanntes Chromatin. Antikörper gegen native, doppelsträngige (ds)DNA erkennen das Desoxyribosephosphatrückgrat des DNA-Doppelstranges. Seltener werden konformationsspezifische Antikörper gegen die Z-Form der nativen DNA gefunden.

Der Nachweis von Anti-dsDNA-Antikörpern erfolgt üblicherweise im ANA-Fluoreszenztest, wobei sich ein homogenes oder auch ringförmiges Fluoreszenzmuster zeigt. Ein positiver ANA-Fluoreszenztest wird bestätigt
- in der sehr spezifischen Immunpräzipitation nach Farr,
- in der *Crithidia-luciliae*-Immunfluoreszenz oder
- im ELISA,

wobei Letzterer sehr sensitiv ist, aber z.T. auch mit Antikörpern gegen einzelsträngige DNA kreuzreagiert. Höhere Antikörpertiter gegen dsDNA sind weitgehend spezifisch für den SLE.

In neueren Untersuchungen wurde festgestellt, dass viele Anti-dsDNA-Antikörper eigentlich gegen Histon-DNA-Komplexe, also Nukleosomen, gerichtet sein dürften, die sie mit noch höherer Affinität als proteinfreie dsDNA binden. Während auch bei Gesunden oder Patienten mit anderen rheumatischen Erkrankungen niedrigtitrige, vorwiegend IgM-Autoantikörper mit relativ geringer Avidität zu dsDNA gefunden werden, lassen sich bei SLE-Patienten vorwiegend hochavide IgG- und IgA-Autoantikörper nachweisen, die meist zahlreiche Mutationen in ihren hypervariablen Regionen bzw.

den CDR (*c*omplementarity *d*etermining *r*egions) aufweisen (van Es et al. 1991, Winkler et al. 1992). Somit haben diese Autoantikörper sowohl Immunglobulinklassenswitch als auch Affinitätsreifung durchgemacht, beide Prozesse sind in der Regel abhängig von T-Zell-Hilfe. Daher ist eine (auto)antigenabhängige Affinitätsreifung der Anti-dsDNA-Autoantikörper wahrscheinlich, wobei Nukleosomen bzw. Chromatin, freigesetzt aus apoptotischen oder nekrotischen Zellen, wohl die Zielantigene darstellen dürften. In der Tat wurden von SLE-Patienten T-Zell-Klone isoliert, die DNA-assoziierte Proteine wie Histone und HMG-Proteine spezifisch erkennen und die Produktion von Anti-dsDNA-Antikörpern in autologen B-Zellen stimulieren können (Desai-Mehta et al. 1995, Voll et al. 1997b).

Der Nachweis von Anti-dsDNA-Antikörpern besitzt in erster Linie herausragende diagnostische Bedeutung. So macht der Befund hochtitriger Anti-dsDNA-Antikörper bei einem Patienten, der sonst lediglich Arthralgien oder lupusverdächtige Hauterscheinungen hat, bereits die Diagnose eines SLE sehr wahrscheinlich, auch wenn die international anerkannten Diagnosekriterien des American College of Rheumatology (ACR) nicht erfüllt sind. Darüber hinaus kann anhand des Anti-dsDNA-Antikörpertiters im intraindividuellen Verlauf mit gewissen Einschränkungen die Krankheitsaktivität abgeschätzt werden. Während ein Abfall der Anti-dsDNA-Antikörper, z.B. unter immunsuppressiver Therapie, in der Regel für eine wirksame Kontrolle der Krankheitsaktivität bzw. für eine Remission spricht, wird jedoch gelegentlich auch im Krankheitsschub ein Abfall der dsDNA-Antikörpertiter beobachtet. In diesen Fällen steigen meist gleichzeitig die im Blut zirkulierenden Immunkomplexe an, aus denen sich dsDNA-Antikörper und Nukleinsäuren isolieren lassen. Somit dürfte in diesen Fällen der scheinbare Abfall des Anti-dsDNA-Antikörpertiters durch die Komplexierung der Antikörper mit vermehrt anfallenden Autoantigenen hervorgerufen werden. Außer beim SLE finden sich Anti-dsDNA-Antikörper seltener auch bei der „mixed connective tissue disease" (MCTD).

Vermutlich spielen die Anti-dsDNA-Antikörper eine nicht unerhebliche pathogenetische Rolle, besonders bei der Genese der Lupusnephritis. So korrelierte in einer japanischen Studie der Anti-DNA-Antikörpertiter mit dem Auftreten und dem Schweregrad der histologisch untersuchten Nierenbeteiligung (Okamura et al. 1993). Außerdem lassen sich immunhistochemisch bei Lupusnephritiden regelmäßig Anti-dsDNA-Antikörperablagerungen und Zeichen der konsekutiven Komplementaktivierung im Bereich der geschädigten Glomeruli bzw. glomerulären Basalmembranen nachweisen. Suzuki et al. (1993) zeigten, dass die kationischen Anti-DNA-Antikörper mit dem polyanionischen Heparansulfat, einem Hauptbestandteil der glomerulären Basalmembran, kreuzreagieren, und postulierten, dass dies zur lokalen Bildung von Antigen-Antikörper-Komplexen, Komplementaktivierung und Entstehung der Lupusnephritis beitragen könnte (Suzuki et al. 1993). Neben der Kreuzreaktivität mit renalen Antigenen dürften sich auch im Blut zirkulierende Immunkomplexe im Bereich der glomerulären Kapillarwand ablagern und zur Komplementaktivierung und Nierenschädigung führen (Morioka et al. 1996; Hahn 1998).

Immunkomplexe können sich auch an den Gefäßwänden anderer Organe ablagern und so eine Immunkomplexvaskulitis verursachen und erscheinen somit als ein wesentlicher Faktor in der Pathogenese des SLE. Immunkomplexe von mittlerer Größe werden in der Regel vom mononukleären Phagozytensystem weniger effizient aus der Zirkulation eliminiert als große Immunkomplexe und besitzen daher ein größeres pathogenes Potenzial (Gauthier u. Emlen 1997). Eine verminderte Expression von Komplementrezeptoren, z.B. von CR1 auf Erythrozyten, Granulozyten und Monozyten, verzögert die Beseitigung zirkulierender C3b/C4b-beladener Immunkomplexe aus der Zirkulation und erhöht das Risiko immunkomplexvermittelter Organschäden. Auch bestimmte Fcγ-Rezeptor-IIa-Allele mit niedrigerer Affinität beeinträchtigen die Phagozytose zirkulierender Immunkomplexe und sind mit früher auftretenden und ausgeprägteren Organschäden assoziiert (Manger et al. 1998).

Direkte Evidenz für die Pathogenität von Anti-dsDNA-Antikörpern stammt aus tierexperimentellen Untersuchungen, wobei sich in Mäusen nach der Injektion von humanen Anti-dsDNA-Antikörpern eine Immunkomplexnephritis entwickelte (Vlahakos et al. 1992, Ehrenstein et al. 1995). Das pathogene Potenzial einzelner Anti-dsDNA-Autoantikörper ist offensichtlich entscheidend von ihrem Paratop bzw. dem erkannten Epitop, ihrer elektrostatischen Ladung und vom Isotyp abhängig, wobei v.a. die Fähigkeit zur Komplementfixierung und Kryoglobulineigenschaften bei tierexperimentellen Übertragungen mit hohem nephropathogenem Potenzial assoziiert schienen. Es ist aber z.B. noch nicht endgültig verstanden, warum von 2 hochaffinen monoklonalen Maus-anti-dsDNA-Antikörpern des Komplement bindenden

IgG2a-Isotyps nur der eine durch die Übertragung auf gesunde Mäuse eine Nephritis induzierte, der andere aber nicht (Ohnishi et al. 1994). Entsprechend neuerer Befunde scheinen bestimmte Anti-dsDNA-Antikörper lebende Zellen in vitro penetrieren zu können (Golan et al. 1997). Die Interpretation dieser Untersuchungen und mögliche funktionelle Konsequenzen in vivo, z.B. eventuelle zytotoxische Eigenschaften dieser Antikörper, sind jedoch noch Gegenstand der Diskussion.

Die Bestimmung von Anti-dsDNA-Antikörpern ist indiziert
- bei Verdacht auf SLE oder einer MCTD,
- zur ANA-Differenzierung bei positivem Immunfluoreszenzscreening (besonders bei homogenem oder ringförmigem Fluoreszenzmuster) und
- zur Verlaufs- bzw. Aktivitätsbeurteilung bei bekanntem SLE.

7.4.2.2 Antikörper gegen einzelsträngige DNA

Antikörper gegen denaturierte, einzelsträngige (single stranded, ss) DNA binden direkt an die frei liegenden Purin- und Pyrimidinbasen des DNA-Einzelstranges und zeigen oft eine gewisse Sequenzspezifität. Der Nachweis von Anti-ssDNA-Antikörpern erfolgt im ELISA oder „Radioimmunoassay" (RIA). Der ANA-Fluoreszenztest hingegen ist typischerweise negativ, da in Zellen praktisch keine ssDNA vorliegt. Anti-ssDNA-Antikörper werden während aktiver Phasen des SLE in 80–90%, während inaktiver Phasen nur in etwa 40% nachgewiesen. Allerdings werden Anti-ssDNA-Antikörper auch bei Patienten mit medikamenteninduziertem Lupus in etwa 50%, diskoidem Lupus in etwa 20%, rheumatoider Arthritis in 30–50% der Fälle beobachtet. Ferner werden Anti-ssDNA-Antikörper bei chronisch-aktiver Hepatitis, infektiöser Mononukleose und anderen rheumatischen Krankheiten bzw. Infektionserkrankungen gehäuft gefunden. Wegen der relativ geringen Spezifität ist die Bestimmung der Anti-ssDNA-Antikörper zu diagnostischen Zwecken in der Regel entbehrlich.

7.4.2.3 Antikörper gegen Histone

Die Histone und die chromosomalen Nichthistonproteine bilden zusammen mit der DNA das Chromatin, wobei Histone und DNA jeweils knapp 50% der Chromatinmasse ausmachen. Somit stellen die Histone auch einen nicht unerheblichen Teil der zellulären Proteine. Histone finden sich nur in Eukaryonten und sind bei diesen evolutionär hoch konserviert, besonders die nukleosomalen Histone

H2A, H2B, H3 und H4, weniger die H1-Histone, die auch „Linker-Histone" genannt werden. Dank ihres hohen Anteils an den basischen Aminosäuren Lysin und Arginin sind die relativ kleinen Histone positiv geladen und ermöglichen die dichte Packung der stark negativ geladenen DNA. Die DNA ist dabei über eine Länge von 146 Basenpaaren 2-mal um einen Histonkern, bestehend aus jeweils 2 Molekülen H2A, H2B, H3 und H4 (so genannter Histonoktamer) gewunden. Diese regelmäßig wiederkehrende Organisationseinheit wird als Nukleosom bezeichnet. Zwischen den einzelnen Nukleosomen befindet sich jeweils ein Stück frei beweglicher DNA von bis zu 80 Basenpaaren Länge, die an H1-Histone gebundene „Linker-DNA". Im Elektronenmikroskop beobachtet man daher ein perlschnurartiges Bild der in Nukleosomen organisierten DNA, wobei die Perlen den Nukleosomen entsprechen, die durch die Linker-DNA verbunden sind.

Wie wir heute wissen, spielen Histone nicht nur für die dichte Packung der DNA, sondern besonders auch für die Genregulation eine wichtige Rolle. Im Rahmen der Transkriptionskontrolle werden Histone gezielt an bestimmten Lysinresten azetyliert, wodurch sie ihre positive Ladung und somit ihre Affinität zur DNA verlieren und diese für eine effiziente Transkription zugänglich machen. Umgekehrt kann die lokale Deazetylierung von Histonen die Transkription eines Gens beenden. Die posttranslationale Modifikation von Histonen durch Azetylierung und Phosphorylierung ändert auch die antigenen Eigenschaften der Histone, was zur Entstehung einer Autoimmunreaktion beitragen könnte.

Autoantikörper können sich gegen einzelne Histone (H1, H2A, H2B, H3 und H4) oder aber gegen Histonkomplexe bzw. Nukleosomen richten. Histonreaktive T-Helferzellen, die sowohl den histon- als auch dsDNA-spezifischen B-Zellen bei Immunglobulinklassenwechsel und Affinitätsreifung helfen können, wurden aus SLE-Patienten isoliert (Desai-Mehta et al. 1995, Voll et al. 1997 b).

Antihistonantikörper erzeugen im ANA-Fluoreszenztest ein homogenes oder ringförmiges Fluoreszenzmuster, lediglich Antikörper gegen Histon H3 führen zu einer eher grobgranulären Kernfluoreszenz. Der spezifische Nachweis von Antihistonantikörpern und die Ermittlung der Subspezifität gegen H1, H2A, H2B, H3 oder H4 erfolgt im ELISA, in der Immunoblot- oder evtl. Immunodotanalyse. Ob Antihistonantikörper ein wesentliches pathogenetisches Potenzial besitzen, ist noch unklar.

Antihistonantikörper finden sich in Abhängigkeit von der Nachweismethode bei 50–80% der SLE-Patienten, meist zusammen mit Antikörpern gegen dsDNA. Der Großteil der Antikörper ist gegen H1 und H2B gerichtet, gefolgt von Antikörpern gegen H2A, H3 und H4. Fast immer sind Antikörper gegen Histone bei medikamenteninduziertem Lupus, der z. B. nach der Einnahme von Hydralazin, Isoniazid, D-Penicillamin, Carbamazepin oder Procainamid auftreten kann, nachzuweisen, sodass ein Fehlen dieser Autoantikörper einen medikamenteninduzierten Lupus unwahrscheinlich macht. Beim medikamenteninduzierten Lupus sind die Antihistonantikörper oft mit Antikörpern gegen ssDNA assoziiert, im Gegensatz zum SLE lassen sich jedoch praktisch nie Antikörper gegen dsDNA nachweisen. Interessanterweise hängt die Feinspezifität der Antihistonantikörper, d. h. gegen welche Histone bzw. Epitope die Immunantwort gerichtet ist, teilweise vom auslösenden Agens ab. Unter Therapie mit den genannten Medikamenten kommt es auch zum alleinigen Auftreten von Antihistonantikörpern, ohne dass gleichzeitig klinische Symptome des medikamenteninduzierten Lupus fassbar wären. Üblicherweise sind sowohl die klinischen Symptome als auch die Antihistonantikörper nach Absetzen des auslösenden Medikamentes rückläufig.

Bei der rheumatoiden Arthritis werden Antihistonantikörper nur gelegentlich, dann eher niedrigtitrig und meist gegen Histon H1 gerichtet, gefunden. Höhere Titer werden v. a. bei extraartikulären Manifestationen, besonders beim Felty-Syndrom, beobachtet (Cohen u. Webb 1989). Auch die bei der juvenilen chronischen Arthritis, besonders bei der Oligoarthritis Typ 1, nachweisbaren ANA besitzen z. T. Antihistonspezifität (Monestier et al. 1990). Bei etwa 30% der Patienten mit progressiver systemischer Sklerose sind die Antihistonantikörper positiv, seltener auch bei Patienten mit zirkumskripter Sklerodermie.

Antihistonantikörper werden jedoch auch bei nichtrheumatologischen Erkrankungen gefunden, z. B. im Rahmen von

- EBV-Infektionen,
- der Chagas-Krankheit,
- primär biliärer Zirrhose (50–70%) und
- Autoimmunhepatitis (etwa 35%) (Peng u. Craft 2001, Mierau u. Genth 2000).

Ferner sind Antihistonantikörper mit

- verschiedenen Malignomen,
- monoklonalen Gammopathien,
- sensorischen Neuropathien und
- Schizophrenie

assoziiert (Peng u. Craft 2001).

Die Bestimmung von Antihistonantikörpern ist v. a. beim Verdacht auf medikamentenassoziierten Lupus indiziert, daneben auch zur weiteren Differenzierung eines chromosomenassoziierten oder selten grobgranulären (anti-H3) ANA-Fluoreszenzmusters bei negativem Anti-dsDNA-Nachweis. Gelegentlich ist die Bestimmung auch beim Verdacht auf SLE sinnvoll, insbesondere wenn spezifischere Autoantikörperphänomene fehlen.

7.4.2.4 Antikörper gegen Ku

Das chromatinassoziierte Ku-Antigen besteht aus einer p70- und einer etwas größeren p80-Untereinheit. Ku reguliert die katalytische Aktivität einer DNA-abhängigen Proteinkinase, die vermutlich an der DNA-Reparatur und der VDJ-Rekombination beteiligt ist. Ku dürfte durch die spezifische Erkennung von DNA-Doppel- und Einzelstrangbrüchen und -lücken einen entscheidenden initialen Schritt des Reparaturmechanismus vermitteln (Featherstone u. Jackson 1999). Im ANA-Fluoreszenztest zeigen Anti-Ku-Antikörper zellzyklusabhängig ein diffus granuläres nukleäres bzw. nukleoläres Fluoreszenzmuster. Der spezifische Nachweis erfolgt mittels Immunoblot, Immundiffusion oder Immunpräzipitation.

Anti-Ku-Antikörper finden sich
- bei 30–40% der SLE-Patienten,
- bei über 50% der Patienten mit Morbus Basedow,
- beim Sklerodermie-Polymyositis-Overlap-Syndrom,
- beim primären Sjögren-Syndrom,
- bei rheumatoider Arthritis und
- bei primärer pulmonaler Hypertonie.

Anti-p70-Antikörper scheinen mit dem Sklerodermie-Polymyositis-Overlap-Syndrom assoziiert, Anti-p80-Antikörper dagegen eher mit Sklerodermie oder SLE (Suwa 1990). Wegen der noch teilweise unklaren diagnostischen Signifikanz sowie der anscheinend relativ geringen diagnostischen Sensitivität und Spezifität ist die Bestimmung von Anti-Ku-Antikörpern kein Bestandteil der Routinediagnostik, sondern bleibt speziellen Fragestellungen vorbehalten.

7.4.2.5 Antikörper gegen RNA-Polymerase II

Die RNA-Polymerase II transkribiert alle Protein kodierenden Gene und einige kleine Kern-RNA-Gene. Im ANA-Fluoreszenztest zeigen Antikörper gegen RNA-Polymerase II ein punktförmiges Fluoreszenzmuster, die Identifizierung erfolgt mittels Immunoblot oder Immunpräzipitation. Die Antikörper finden sich bei 9–14% der SLE-Patienten und scheinen nach den bisherigen Erkenntnissen relativ spezifisch für den SLE und Overlap-Syndrome (Satoh et al. 1994). In der Routinediagnostik spielt die Bestimmung von Anti-RNA-Polymerase-II-Antikörpern derzeit keine Rolle.

7.4.2.6 Antikörper gegen PCNA (proliferating cell nuclear antigen)/Ga/LE-4

PCNA (proliferating cell nuclear antigen), das auch als Ga oder LE-4 bezeichnet wird, besitzt ein Molekulargewicht von 36000. An der DNA-Replikationsgabel ist PCNA mit den DNA-Polymerasen δ und ε assoziiert und fördert die effiziente DNA-Replikation. PCNA wird zellzyklusabhängig exprimiert und spielt bei der Zellzykluskontrolle anscheinend vielfältige Rollen (Galperin et al. 1996; Tsurimoto 1998).

Im ANA-Immunfluoreszenztest stellen sich zellzyklusabhängig nur bestimmte Zellen mit einem granulären nukleären, z. T. auch nukleolärem Fluoreszenzmuster dar. Der Nachweis von Antikörpern gegen PCNA erfolgt im ELISA, im Immunoblot, in der Immundiffusion oder in der Gegenstromelektrophorese. Die Antikörper sind spezifisch für den SLE, finden sich aber nur bei 3–6% der Patienten (Takeuchi et al. 1996). Eine weiter gehende klinische Bedeutung der Anti-PCNA-Antikörper ist bisher nicht bekannt.

7.4.2.7 Antikörper gegen snRNP (small nuclear ribonucleoproteins): Sm- und U1-snRNP-Antikörper

Die so genannten snRNP (*small nuclear ribonucleoproteins*) sind kleine Partikel aus Ribonukleinsäure und Protein, die im Zellkern gefunden werden. Die snRNP sind maßgeblich an der Prozessierung beteiligt, insbesondere am „Spleißen" der primären RNA-Transkripte zur reifen Messenger-RNA (mRNA). Beim Spleißen werden die nicht kodierenden Introns aus dem Primärtranskript entfernt und die für das jeweilige Genprodukt kodierenden Exons direkt aneinandergefügt. Alle snRNP enthalten eine kleine, uridinreiche RNA, wobei eine U1-, U2-, U4/U6-, U5, U7-, U11- und U12- snRNA unterschieden werden (Peng u. Craft 2001). Neben dem Ribonukleinsäureanteil bestehen die snRNP aus einer Reihe kleiner Proteine, wobei B'/B, D1, D2, D3, E, F und G allen snRNP gemeinsam sind. Hinzu kommen weitere, für den jeweiligen snRNP-Typ spezifische Proteine (Peng u. Craft 1996).

Antikörper gegen Sm

Antikörper gegen Sm reagieren mit den allen snRNP gemeinsamen Polypeptiden B'/B und gleichzeitig mit zumindest einem der D-Polypeptide, wobei die antigenen Determinanten charakteristischerweise ribonukleaseresistent sind (Sm steht für Smith, den Namen der Patientin, bei der diese Antikörperspezifität erstmals festgestellt wurde).

Im ANA-Fluoreszenztest imponieren Anti-Sm-Antikörper mit einer distinkten grobgranulären Kernfluoreszenz. Zur Bestimmung der Sm-Reaktivität im Serum werden ELISA, Immunoblot oder die Immundiffusion eingesetzt.

Der Nachweis von Anti-Sm-Antikörpern in einem spezifischem Testsystem kommt fast nur beim SLE vor und ist somit ein entscheidendes diagnostisches Kriterium (Peng u. Craft 1996). Der hohen Spezifität steht allerdings eine niedrige diagnostische Sensitivität gegenüber, da nur 20–30% der SLE-Patienten Anti-Sm-Antikörper aufweisen, wobei Sm-Antikörper bei schwarzen SLE-Patienten häufiger als bei weißen SLE-Patienten gefunden werden (Peng u. Craft 1996; von Mühlen u. Tan 1995). Der Nachweis von Sm-Antikörpern ist meist auch mit dem Auftreten von Anti-U1-snRNP-Antikörpern vergesellschaftet (Mierau u. Genth 2000). Entgegen anfänglicher Berichte ist das Auftreten von Sm-Antikörpern vermutlich nicht mit einem distinkten klinischen Verlauf des SLE assoziiert, ebensowenig gibt es Evidenz für eine unmittelbare pathogenetische Rolle der Sm-Antikörper. Die Bestimmung von Anti-Sm-Antikörpern ist angezeigt beim Verdacht auf SLE und zur Differenzierung von ANA mit grobgranulärem Fluoreszenzmuster.

Antikörper gegen U1-snRNP

Antikörper gegen U1-snRNP sind spezifisch für snRNP der Klasse U1 und erkennen Epitope auf den U1-snRNP-spezifischen Polypeptiden A (MG = 33 000), C (MG = 22 000) oder einer weiteren Proteinkomponente mit einem geschätzten Molekulargewicht von etwa 70 000 (Guldner 1992; Galperin et al. 1996). Übliche Nachweismethoden sind die Immundiffusion nach Ouchterlony, Gegenstromelektrophorese, Immunpräzipitation und Immunoblotanalyse sowie der ELISA. Obwohl sich die Mehrzahl der Antikörper gegen Proteinkomponenten von U1-RNP zu richten scheint, erweisen sich besonders die Präzipitationstests als ribonukleaseempfindlich, was auch zur Unterscheidung von Anti-Sm-Antikörpern genutzt wird.

Antikörper gegen U1-snRNP finden sich bei 30–40% der SLE-Patienten, häufig zusammen mit Anti-Sm-Antikörpern. Der Nachweis von Anti-U1-snRNP-Antikörpern ist zwar assoziiert mit aktiver Erkrankung, aber mit milderen Verlaufsformen, oft ohne Nephritis. Dafür manifestieren sich häufiger Myositis, Arthralgien bzw. nichterosive Arthritis und typische Overlap-Symptome hin zur Sklerodermie wie Raynaud-Phänomen, Sklerodaktylie, Schluckstörungen durch Ösophagushypomotilität und Zeichen der interstitiellen Lungenbeteiligung (Fibrose) (Margaoux et al. 1998).

Der Nachweis von Anti-U1-snRNP-Antikörpern stellt ein obligates Diagnosekriterium für die MCTD (mixed connective tissue disease, Sharp-Syndrom) dar und ist folglich bei allen MCTD-Patienten positiv (Burdt et al. 1999). Die MCTD ist neben dem Nachweis von Anti-U1-snRNP-Antikörpern dadurch charakterisiert, dass Symptome mehrerer entzündlich-rheumatischer Erkrankungen nebeneinander auftreten, sodass die Zuordnung zur einer Entität nicht zweifelsfrei möglich ist. So können Symptome des SLE, der Sklerodermie, der Polymyositis und der rheumatoiden Arthritis nebeneinander vorkommen. Patienten mit hohen Antikörpertitern gegen U1-snRNP zeigen vorwiegend sklerodermiforme Erscheinungen und Arthralgien bzw. eine Arthritis, hingegen findet man bei niedrigeren Titern eher eine SLE-ähnliche Ausprägung (Sharp et al. 1972). Interessanterweise ist die Höhe der Anti-snRNP-Antikörpertiter auch mit dem immungenetischen Hintergrund korreliert, wobei sich eine Assoziation mit HLA-DR4 vorwiegend bei Patienten mit hohen Titern findet (Genth et al. 1987). Die Bestimmung von U1-snRNP-Antikörpern kann diagnostisch weiterführen beim Verdacht auf MCTD, SLE, systemische Sklerose, Polymyositis oder nicht zuzuordnenden Symptomen einer noch undifferenzierten Kollagenose, außerdem zur Differenzierung von ANA mit grobgranulärem Fluoreszenzmuster.

7.4.2.8 Antikörper gegen Ro/SS-A und La/SS-B

Wie snRNP-Moleküle sind auch Ro/SS-A und La/SS-B Ribonukleoproteinpartikel. *Ro/SS-A* besteht aus einem Protein mit einem MG von 60 000 und 5 kleinen RNA-Molekülen, die als hY1, hY2, hY3, hY4 und hY5 bezeichnet werden. Vor einigen Jahren wurde ein 2. Ro-Protein mit einem MG von 52 000 beschrieben, dessen Beziehung zu dem großen Ro-Protein noch nicht völlig verstanden ist (Chan u. Andrade 1992). Die biologische Funktion der Ro-Ribonukleinpartikel ist noch weitgehend unklar, aber es gibt Hinweise, dass Ro an der Entsorgung fehlerhafter ribosomaler 5S-rRNA-Vorläufer oder generell an einem nukleozytoplasmatischen Transportsystem für RNA-Polymerase-III-Transkripte beteiligt sein könnte (O'Brien u. Wolin 1994; Campos-Almaraz et al.1999). Das *La/SS-B-Antigen* mit einem MG von etwa 48 000 scheint in die Prozessierung von RNA-Polymerase-III-Transkripten, z.B. t-RNA, involviert zu sein und dürfte auch als molekulares „Chaperone" für diese dienen, zumindest in Hefezellen (Fan et al. 1998; Pannone et al. 1998). Interessanterweise werden die im Ro-Ribonukleoprotein enthaltenen hY RNA ebenfalls von der RNA-Polymerase III synthetisiert. Zusammen mit anderen Ribonukleoproteinen dürften Ro und La in einem makromolekularen Komplex vorliegen, wobei das große Ro-Protein eine Ankopplungsstelle für das bestimmte RNA-Sequenzmotive erkennende La-Protein zu bilden scheint. Diese physische Assoziation im gleichen Komplex könnte auch erklären, warum Ro- und La-Antikörper häufig gemeinsam auftreten.

Antikörper gegen Ro und La zeigen im ANA-Fluoreszenztest ein granuläres Muster, wobei Anti-Ro-Antikörper wegen der geringen Ro-Konzentration in vielen Substratzellen dem Nachweis oft entgehen. Die spezifische Bestimmung erfolgt im ELISA, im Immunoblot und auch in Präzipitationstests wie der Immundiffusion nach Ouchterlony bzw. der Gegenstromelektrophorese. Bei den Präzipitationstests muss ein Substrat mit ausreichender Konzentration des Ro-Antigens eingesetzt werden, d.h. statt Kaninchen- oder Kalbsthymusextrakt z.B. Extrakte menschlicher Zellkulturlinien.

Etwa 40% der SLE-Patientenseren reagieren mit dem Ro-Antigen, hingegen nur 10–15% mit dem La-Antigen. Antikörper gegen La kommen – mit wenigen Ausnahmen – nur bei Patienten mit Anti-Ro-Aktivität vor. Beim subakut kutanen Lupus erythematodes finden sich sogar in 60–90% der Fälle Antikörper gegen Ro (Mierau u. Genth 2000). Außerdem ist der Nachweis von Anti-Ro-Antikörpern assoziiert mit Komplement-C3- und -C4-Defizienz (70–90% der Fälle sind anti-Ro-positiv), Photosensibilität, Lungenbeteiligung, Nephritis, Lymphopenie, Rheumafaktorpositivität und bestimmten HLA-Klasse-II-Allelen (HLA-DQ1, -DQ2, -DR3 und -DR2) (Übersicht in: Peng u. Craft 2001). Bei den knapp 1% ANA-negativen SLE-Patienten finden sich in etwa 60% Antikörper gegen Ro, sodass in diesen Fällen der Anti-Ro-Nachweis einen hohen diagnostischen Stellenwert besitzt (von Mühlen u. Tan 1995). Höhere Antikörpertiter gegen Ro, besonders bei gleichzeitigem Nachweis von anti-La, sind bei SLE-Patienten häufig mit Xerostomie und Xerophthalmie vergesellschaftet, also

mit Symptomen eines sekundären Sjögren-Syndroms. Der Nachweis von Anti-La-Antikörpern ist mit dem sekundären Sjögren-Syndrom, einer späten Manifestation des SLE, einem geringeren Risiko für Nierenbeteiligung und bestimmten HLA-Klasse-II-Allelen (DR3, DQ1 und DQ2) assoziiert (Brucato et al. 1999; St. Clair 1992).

Vor allem das *Sjögren-Syndrom* ist hochgradig mit dem Nachweis von Anti-Ro- und Anti-La-Antikörpern korreliert. Es ist durch die lymphozytäre Infiltration und progrediente Zerstörung der exokrinen Drüsen charakterisiert, wodurch das Leitsymptom der Sicca-Symptomatik mit Keratokonjunctivitis sicca und Xerophthalmie entsteht. Die Speicheldrüsen sind oftmals deutlich vergrößert und induriert. Neben trockenen Schleimhäuten können sich auch Anazidität des Magens und Pankreasfunktionsstörungen manifestieren. Wenn Symptome des Sjögren-Syndroms im Rahmen einer anderen entzündlich-rheumatischen Erkrankung, meist einer rheumatoiden Arthritis, auftreten, wird vom *sekundären Sjögren-Syndrom* gesprochen. Beim *primären Sjögren-Syndrom*, d.h. ohne zugrunde liegende entzündlich-rheumatische Erkrankung, werden bei 70–100% der Patienten Antikörper gegen Ro und bei 40–95% Antikörper gegen La gefunden, wobei Patienten mit diesen Autoantikörpern ein erhöhtes Risiko haben, neben der autoimmunologischen Zerstörung der exokrinen Drüsen zusätzlich eine Vaskulitis oder Lymphadenopathie zu entwickeln. Auch bei anderen entzündlich-rheumatischen Erkrankungen wie der chronischen Polyarthritis finden sich gelegentlich Anti-Ro- und Anti-La-Antikörper, v.a. wenn sich ein sekundäres Sjögren-Syndrom entwickelt. Trotz der hochgradigen Assoziation der Antikörper gegen Ro und La mit dem Sjögren-Syndrom ist bisher ein kausaler Zusammenhang mit der autoimmunologischen Zerstörung des exokrinen Drüsengewebes nicht belegt.

Eine wichtige pathogenetische Bedeutung scheinen die Anti-Ro-Antikörper jedoch beim *neonatalen Lupus* und beim *kongenitalen Herzblock* zu besitzen. Es handelt sich hier um Paradebeispiele transplazentar erworbener Autoimmunerkrankungen, wobei mütterliche IgG-Autoantikörper das Gewebe des Fetus schädigen. Der neonatale Lupus äußert sich meist in einem photosensiblen Exanthem und/oder unterschiedlichen Zytopenien, Erscheinungen, die entsprechend der Halbwertszeit der maternen IgG-Antikörpern innerhalb einiger Wochen nach der Geburt spontan rückläufig sind. Der kongenitale Herzblock entwickelt sich intrauterin, vermutlich durch eine direkte Schädigung des Reizleitungsgewebes durch eine Untergruppe der Anti-Ro-Antikörper und kann zum Tod des Fetus führen. Trotz umfangreicher Forschungsarbeiten ist der genaue Entstehungsmechanismus der fetalen Myokarditis mit Schädigung des Reizleitungssystems noch weitgehend unverstanden. Bei praktisch allen Müttern von Neugeborenen bzw. Feten mit neonatalem Lupus oder kongenitalem Herzblock lassen sich Antikörper gegen Ro und meist auch gegen La nachweisen. Umgekehrt entwickeln aber nur 5–10% der Kinder von Müttern mit Anti-Ro-Antikörpern offensichtliche Symptome eines neonatalen Lupus oder eines kongenitalen Herzblocks. Das fetale Risiko steigt mit

- der Höhe des Antikörpertiters,
- dem Nachweis von Anti-Ro-Antikörpern auch im Immunoblot,
- dem gleichzeitigem Nachweis von Anti-La-Antikörpern und
- besonders, wenn bereits ein Geschwister entsprechende Symptome entwickelt hatte (Buyon et al. 1993).

Dies deutet darauf hin, dass bestimmte Subgruppen der Anti-Ro-Antikörper pathogener sein dürften als andere. Neuere Untersuchungen zeigen, dass auch klinisch unauffällige Kinder von anti-Ro-positiven Müttern häufig eine verlängerte QT-Zeit besitzen, sodass die Häufigkeit subklinischer Schäden des Reizleitungssystems sehr viel häufiger sein dürfte als bisher angenommen (Cimaz et al. 2000). Wegen der möglichen therapeutischen Interventionsmöglichkeiten ist die Bestimmung von Anti-Ro- und Anti-La-Antikörpern wichtiger Bestandteil der Schwangerschaftsüberwachung bei Patientinnen mit Kollagenosen oder auch nur verdächtigen Symptomen. Allerdings sind zahlreiche Mütter mit Anti-Ro-Antikörpern vor und während der Schwangerschaft noch klinisch weitgehend unauffällig oder haben nur milde Symptome, sodass die entsprechende Diagnostik, engmaschige gezielte Schwangerschaftsüberwachung und erforderlichenfalls Therapie nicht durchgeführt werden. Erst im weiteren Verlauf entwickelt die Mehrzahl dieser Mütter ein Sjögren-Syndrom, einen SLE oder auch eine undifferenzierte Kollagenerkrankung.

Der Nachweis von Anti-Ro-Antikörpern besitzt nur relativ geringe diagnostische Spezifität, da sich diese Antikörper nicht nur bei verschiedenen Kollagenosen, sondern auch bei etwa 0,5% gesunder Frauen finden. Der Anti-La-Nachweis besitzt eine höhere diagnostische Spezifität bei deutlich geringerer Sensitivität. Die Untersuchung ist indiziert beim Verdacht auf primäres oder sekundäres Sjögren-Syndrom, subakutem kutanem Lupus erythematodes, SLE, besonders auch bei negativem ANA-Fluoreszenztest, und möglichst vor, zumindest aber in der Schwangerschaft von Patientinnen mit Kollagenosen bzw. entzündlich-rheumatischen Erkrankungen und bei kongenitalem Herzblock bzw. neonatalem Lupus.

7.4.2.9 Antikörper gegen Ribosomen

Die Ribosomen katalysieren die Proteinbiosynthese, wobei der genetische Kode auf der mRNA mittels spezifischer tRNA-Moleküle in eine definierte Abfolge von Aminosäuren translatiert wird. Die Proteinbiosynthese findet im Zytoplasma, entweder im Zytosol oder am rauhen endoplasmatischen Retikulum, statt. Die eukaryonten Ribosomen bestehen aus einer kleinen 40S- und einer großen 60S-Untereinheit und sind aus mindestens 80 verschiedenen Proteinen und 4 verschiedenen ribosomalen rRNA-Molekülen aufgebaut. Die entscheidende katalytische Rolle scheinen weniger die Proteine, sondern die evolutionär hoch konservierten rRNA-Moleküle zu spielen.

Die RNA-Polymerase I transkribiert eine 45S-rRNA, die in eine 28S-, 18S- und 5,8S-rRNA geschnitten wird. Die 5S-rRNA hingegen wird von der RNA-Polymerase III synthetisiert. Noch in den Nukleoli formen die 4 rRNA-Spezies mit den ribosomalen Proteinbestandteilen die große und kleine Ribosomenuntereinheit, die dann ins Zytoplasma transportiert werden.

Antikörper gegen ribosomale P-Proteine erkennen 3 alaninreiche Phosphoproteine der großen 60S-Untereinheit:

- P0 mit einem Molekulargewicht von 38 000,
- P1 mit einem MG von 19 000 und
- P2 mit einem MG von 17 000.

Die gleichzeitige Reaktivität der Autoantikörper mit allen 3 Proteinen dürfte durch ein gemeinsames Epitop im Karboxyterminus der P-Proteine bedingt sein (von Mühlen u. Tan 1995; Galperin et al. 1996). Entsprechend der subzellulären Verteilung der Ribosomen zeigen sich im ANA-Fluoreszenztest eine nukleoläre und gleichzeitig zytoplasmatische Fluoreszenz. Die Identifizierung von antiribosomalen Antikörpern erfolgt in der Immundiffusion, im Immunoblot, im ELISA oder in der Immunpräzipitation.

Antikörper gegen ribosomale P-Proteine gelten als weitgehend spezifisch für den SLE und werden bei 10–20% der Patienten nachgewiesen (Teh u. Isenberg 1994; von Mühlen u. Tan 1996). Der

Nachweis von Antikörpern gegen ribosomale P-Proteine scheint mit neuropsychiatrischen Manifestationen des SLE einschließlich Psychosen assoziiert zu sein, was jedoch nicht in allen Studien bestätigt wurde (Elkon et al. 1992; Teh u. Isenberg 1994).

7.4.2.10 Antiphospholipidantikörper, Antikörper gegen β_2-Glykoprotein I, Lupusantikoagulans

In vitalen Zellen und nichtaktivierten Thrombozyten befinden sich negativ geladene Phospholipide, besonders das Phosphatidylserin, fast ausschließlich in der inneren Schicht der doppelschichtigen Zellmembran. Diese Membranasymmetrie wird durch aktive Prozesse aufrechterhalten. Beim apoptotischen und nekrotischen Zelltod geht die Membranasymmetrie verloren, und Phosphatidylserin und andere anionische Phospholipide werden exponiert. Physiologischerweise bindet sich das Serumprotein β_2-Glykoprotein I an das nun zugängliche Phosphatidylserin. Durch Bindung an die negativ geladene Membranoberfläche wird in dem β_2-Glykoprotein I eine Konformationsänderung und somit vermutlich die Exposition eines kryptischen Epitops induziert (Lockshin 2001). Phosphatidylserin und vermutlich β_2-Glykoprotein I spielen eine wichtige Rolle bei der Erkennung und raschen Beseitigung apoptotischer und wohl auch nekrotischer Zellen durch Makrophagen, die entsprechende Rezeptorsysteme besitzen. Auch im Rahmen der Thrombozytenaktivierung kommt es zur Exposition negativ geladener Phospholipide auf der Thrombozytenmembran, wodurch u. a. eine geeignete aktive Oberfläche für den Ablauf der plasmatischen Gerinnungskaskade geschaffen wird.

Im Gegensatz zu Antiphospholipidantikörpern, die bei Infektionskrankheiten wie der Syphilis auftreten und direkt an negativ geladene Phospholipide binden, stellt das eigentliche Zielantigen der Antiphospholipidantikörper beim SLE und primären Antiphospholipidsyndrom das β_2-Glykoprotein I dar. Durch Bindung an negativ geladene Zelloberflächen werden wahrscheinlich kryptische Epitope exponiert, außerdem wird auf der Zellmembran eine hohe Antigendichte erreicht. Somit reagieren die „rheumatologischen" Antiphospholipidantikörper nur in Anwesenheit von β_2-Glykoprotein I, das normalerweise im Serum enthalten ist, mit Phospholipiden. Umgekehrt binden sie in Abwesenheit von negativ geladenen Phospholipiden meist nicht an β_2-Glykoprotein I. Essenziell sowohl für die Phospholipidbindung als auch die Antige-

nität sind bestimmte Disulfidbrücken und ein Oktapeptid in der 5. Domäne des β_2-Glykoprotein I.

Einerseits werden Antiphospholipidantikörper im Serum mit Hilfe von Festphasentests wie dem gut standardisierten Antikardiolipin-ELISA quantifiziert, der bevorzugt β_2-Glykoprotein-I-vermittelte Phospholipidbindung misst. Als Einheit werden GPL- und MPL-Units/ml für Ig*G*- bzw. Ig*M*-Antikörper gegen *Phospholipide* verwendet. Inzwischen stehen auch ELISA-Systeme für den spezifischen Nachweis von Antikörpern gegen phospholipidfreies β_2-Glykoprotein I zur Verfügung. Bestimmte konformationsabhängige Antikörper gegen β_2-Glykoprotein I dürften diesen Tests zwar entgehen, sie zeigen jedoch bei niedrigerer Sensitivität eine höhere Spezifität für SLE- und antiphospholipidsyndromrelevante Antikörper und besitzen im Vergleich zum Antikardiolipin-ELISA einen höheren positiven prädiktiven Wert für das auftreten antiphospholipidsyndromassoziierter klinischer Symptome (Cabiedes et al. 1995; Day et al. 1998). Andererseits können Antiphospholipidantikörper durch ihre inhibitorischen Wirkungen auf Blutgerinnungstests im Zitratplasma bestimmt werden. Die so nachgewiesenen Antiphospholipidantikörper werden als Lupusantikoagulans (LAC) bezeichnet. LAC äußert sich hierbei in verlängerten phospholipidabhängigen Gerinnungstests wie der aktivierten partiellen Thromboplastinzeit. Um zu bestätigen, dass der phospholipidabhängige Screeningtest tatsächlich durch die Anwesenheit von Antiphospholipidantikörpern verlängert ist, darf sich die Gerinnungszeit nicht durch Mischen mit thrombozytenarmem Normalspenderplasma normalisieren, aber durch die Zugabe von Phospholipiden. Außerdem müssen ggf. andere Gerinnungsstörungen wie eine Hemmkörperhämophilie (z. B. durch Anti-Faktor-VIII-Antikörper) oder eine Heparinkontamination ausgeschlossen werden.

Die verschiedenen Testsysteme erfassen z. T. unterschiedliche Antiphospholipidantikörpergruppen und sind eher als komplementäre, denn alternative Nachweisverfahren einzuordnen. So lassen sich bei etwa 80% der Patienten mit LAC auch Antikardiolipinantikörper nachweisen, umgekehrt sind nur 20% der Patienten mit Antikardiolipinantikörpern für LAC positiv (Lockshin 2001). Syphilistests wie der VDRL-Test weisen v. a. Antikörper nach, die unmittelbar an Phospholipide binden, d. h. nicht vermittelt über β_2-Glykoprotein I. Diese direkt an negativ geladene Phospholipide bindenden Antikörper treten im Rahmen verschiedener Infektionen auf, v. a. mit *Treponema pallida* und anderen Treponemen, *Borrelia burgdorferi*, Leptospiren und

HIV. Diese infektionsassoziierten Antiphospholipidantikörper sind nicht mit erhöhter Thromboseneigung, Frühaborten usw. verknüpft.

Antiphospholipidantikörper sind bei bis zu 70% der SLE-Patienten nachweisbar und mit dem Auftreten von venösen und arteriellen Thrombosen, Coombs-positiver hämolytischer Anämie, Thrombozytopenie und rezidivierenden Aborten assoziiert (von Mühlen u. Tan 1995; Khamashta u. Hughes 1995). Das Risiko für klinische Manifestationen steigt mit der Titerhöhe und ist bei IgG-Antikörpern höher als bei IgM-Antikörpern. Prospektive Studien zeigten, dass erhöhte Antiphospholipidantikörpertiter den klinischen Symptomen vorausgehen.

Das *primäre Antiphospholipidsyndrom* ist gekennzeichnet durch den Nachweis erhöhter Antiphospholipidantikörper bzw. eines positiven LAC und gleichzeitig das Auftreten klinischer Symptome wie Livedo reticularis/racemosa, thrombembolische Ereignisse, rezidivierende Aborte, neurologische Manifestationen, Thrombozytopenie oder hämolytische Anämie, ohne dass eine entzündlich rheumatische Systemerkrankung zugrunde liegt. Antiphospholipidantikörper werden neben dem SLE öfters auch bei anderen entzündlich-rheumatischen Erkrankungen gefunden, mit oder ohne Symptome eines dann sekundären Antiphospholipidsyndroms. Ferner sind Lymphome und myeloproliferative Syndrome, Myokardinfarkt und Morbus Addison mit erhöhten Antiphospholipidantikörpern assoziiert. Auch bei klinisch Gesunden werden in etwa 5% niedrigtitrige Antiphospholipidantikörper gefunden, mit steigender Frequenz im höheren Lebensalter.

Obwohl gegen β_2-Glykoprotein I gerichtete Antiphospholipidantikörper bzw. LAC eine pathogenetische Rolle bei der Entstehung thrombembolischer Ereignisse bzw. des intrauterinen Fruchttodes spielen, reicht ihre Gegenwart alleine vermutlich nicht für die Auslösung klinisch relevanter Symptome. Die Antikörper sind oft sehr lange vor thrombotischen Ereignissen nachweisbar, und manche Patienten bleiben trotz hoher Titer symptomfrei. Vermutlich müssen ein Gefäßtrauma oder eine Zellaktivierung vorausgehen, um eine manifeste Thrombose entstehen zu lassen. Bei der Thrombozytenaktivierung, beim apoptotischen und nekrotischen Tod von Endothel-, Throphoblast- und anderen Zellen gelangt das negativ geladene Phosphatidylserin auf die Außenseite der Zellmembran. Im Blut zirkulierendes β_2-Glykoprotein I bindet an das nun exponierte Phosphatidylserin und ermöglicht durch eine Konformationsänderung des β_2-Glykoprotein I auch die Bindung von Antiphospholipidantikörpern. Dies könnte zur Aktivierung von Zellen, Expression von Adhäsonsmolekülen und Aktivierung des Gerinnungssystems führen (Bordron et al. 1998; Simantov et al. 1995). Besonders in der Plazenta, vermutlich aber auch anderswo, verdrängen Antiphospholipidantikörper anscheinend das antikoagulatorische Annexin V aus der Phosphatidylserinbindung und dürften dadurch die Entstehung intraplazentarer Thrombosen begünstigen (Rand et al. 1997). Verschiedene tierexperimentelle Untersuchungen implizieren ebenfalls eine wesentliche pathogenetische Bedeutung der Antiphospholipidantikörper für die Thromboseentstehung: So konnten in Mäusen durch Immunglobulinübertragung von Patienten mit Antiphospholipidsyndrom Thrombosen und die Resorption von Feten induziert werden (Pierangeli et al. 1995; Shoenfeld u. Ziporen 1998).

Die Bestimmung von Antiphospholipidantikörpern (möglichst sowohl im Kardiolipin- oder β_2-Glykoprotein-I-ELISA als auch in einem Gerinnungstest) ist indiziert
- bei Verdacht auf SLE,
- bei der Routine- und besonders Schwangerschaftsüberwachung von SLE-Patienten,
- zur Diagnose und Verlaufskontrolle bei primärem und sekundärem Antiphospholipidsyndrom,
- zur Abklärung rezidivierender Aborte,
- zur Abklärung thrombembolischer Ereignisse,
- zur Abklärung von Thrombozytopenien und
- zur Abklärung einer verlängerten aktivierten partiellen Thromboplastinzeit.

7.4.2.11 Weitere Autoantikörper bei SLE

Beim SLE werden noch zahlreiche weitere Autoantikörperphänomene gefunden, deren diagnostische und klinische Bedeutung z. T. noch unklar sind. Viele Autoantigene sind weder molekularbiologisch noch in ihrer funktionellen Bedeutung charakterisiert. Hier sollen nur einige der bekannteren erwähnt werden. Anti-Ki/SL-Antikörper sind gegen ein nukleäres Antigen mit einem MG von 32 000 gerichtet, das zwar molekularbiologisch charakterisiert, aber in seiner Funktion noch unverstanden ist. Die Antikörper finden sich bei bis zu 20% der SLE-Patienten, aber auch bei anderen entzündlich-rheumatischen Systemerkrankungen, der Hashimoto-Thyreoditis, Autoimmunthrombozytopenie und idiopathischen Lungenfibrose.

Weitere Autoantikörper beim SLE sind z.B. gegen Proteine der nukleären Matrix, Karboanhydrase, Hitzeschockproteine, Cyclophilin, perinukleäre zytoplasmatische Antigene neutrophiler Granulozyten und verschiedene Transkriptionsfaktoren gerichtet (Peng u. Craft 2001).

Ferner werden Antikörper gegen Oberflächenantigene von Erythro-, Thrombo- und Leukozyten gefunden. Antierythrozytäre Antikörper können Ursache einer Coombs-positiven autoimmunhämolytischen Anämie sein. Antithrombozytäre Antikörper sind mit Immunthrombopenien assoziiert, wahrscheinlich werden die antikörperbeladenen Thrombozyten rasch vom retikuloendothelialen System, besonders in der Milz, eliminiert. Thrombopenien kommen gehäuft beim Antiphospholipidsyndrom vor, wobei hier Antikörper mit der Oberfläche aktivierter und somit Phosphatidylserin exponierender Thrombozyten reagieren dürften. Ein möglicher Wirkmechanismus der hochdosierten i. v. Immunglobulintherapie bei Immunthrombopenien ist vermutlich die Blockade der Fc-Rezeptoren des retikuloendothelialen Systems. Die beim SLE beobachteten Lympho- und Neutropenien dürften teilweise ebenfalls autoantikörpervermittelt sein.

7.4.3 Autoantikörper bei progressiver systemischer Sklerose und CREST-Syndrom

Die progressive systemische Sklerose (PSS, systemische Sklerose, systemische Sklerodermie) ist eine Multisystemerkrankung bisher unklarer Ätiologie, die durch eine generalisierte Fibrosierung und Sklerosierung des kollagenen Bindegewebes charakterisiert ist. Während sich die Erkrankung initial meist an der Haut, insbesondere den Fingerspitzen, klinisch manifestiert, sind ebenfalls innere Organe wie Lunge und Nieren betroffen, was für die Prognose der PSS entscheidend ist. Von der PSS muss als eigenständiges Krankheitsbild die zirkumskripte Sklerodermie abgegrenzt werden, die nur ein umschriebenes Hautareal betrifft, aber nicht die inneren Organe, und eine gute Prognose besitzt. Es gibt unterschiedliche Varianten der PSS, die sich hinsichtlich des klinischen Erscheinungsbilds, der Lokalisation und des Ausmaßes der Organbeteiligungen, der Progredienz, der assoziierten Autoantikörper und der Prognose deutlich unterscheiden. So sind bei der diffusen Sklerodermie neben den distalen Extremitäten und dem Kopf auch die proximalen Extremitäten und der Rumpf von den Hautveränderungen betroffen. Diese schwere Verlaufsform mit ungünstiger Prognose ist häufig Anti-Scl-70 positiv. Die limitierte Sklero-

dermie oder das CREST-Syndrom (Calcinosis cutis, Raynaud-Phänomen, „esophageal dysmotility", Sklerodaktylie, Teleangiektasien) zeichnet sich zusätzlich zu den im Akronym erwähnten Symptomen durch Hautbefall nur im Gesichts- und Nackenbereich sowie distal von Ellbogen- und Kniegelenk und eine vergleichsweise gute Prognose wegen geringer Organbeteiligung aus. Es besteht eine starke Assoziation mit Kinetochor- und Zentromerantikörpern. Seltener ist eine Krankheitsvariante mit Veränderungen der inneren Organe, aber ohne sichtbaren Befall des Integuments (sine scleroderma). Ferner kommen zahlreiche Übergangsformen zu anderen entzündlich-rheumatischen Erkrankungen wie dem SLE vor.

Histopathologisch zeigt sich bei der PSS eine ausgeprägte Verdickung der Haut durch übermäßige Ablagerung von Kollagen und Matrixbestandteilen wie Fibronektin und Glykosaminoglykan, besonders in der unteren Dermis und oberen Subkutis. Außerdem findet man perivaskuläre und interstitielle Infiltrate von Histiozyten und Lymphozyten, wobei es sich bei Letzteren überwiegend um $CD4^+$-Helferzellen handelt. Die lymphozytären Infiltrate könnten Ausdruck einer lokalen Immunreaktion sein, gegen Fremd- oder Autoantigene, und durch Zytokinausschüttung Fibroblasten stimulieren. Ein wesentlicher Faktor in der Pathogenese scheint die deutlich vermehrte Bildung von biochemisch normalem Kollagen I und III durch auch in vitro überaktive Fibroblasten. Es wurde daher die klonale Vermehrung solcher hypersekretorischer stark proliferierender und relativ apoptoseresistenter Fibroblasten als wesentlicher Schritt in der Pathogenese vorgeschlagen (Jelaska et al. 1996; Jelaska u. Korn 1997). Die vermehrte Matrixbildung durch Fibroblasten könnte durch die gesteigerte Bildung von Zytokinen, v.a. TGF-β, TNF und PDGF (platelate-derived growth factor) induziert werden (Seibold 2001). Die Degradation der extrazellulären Matrix ist hingegen bei PSS-Patienten normal.

Schon in der Frühphase der Erkrankung finden sich ausgeprägte Veränderungen der Arteriolen und Kapillaren. Intima und oft auch Adventitia der Arterien sind durch Kollagenablagerungen stark verdickt und das Lumen ist z. T. stark eingeengt. Zumal die Gefäßveränderungen auch für die Organfunktion entscheidender als die Fibrose des interstitiellen Bindegewebes sein dürften, spielen sie wahrscheinlich eine pathogenetisch zentrale Rolle.

Da die Graft-versus-host-disease zu sklerodermieartigen Haut- und Lungenveränderungen führen kann und bei PSS-Patienten häufiger als bei

Kontrollen Evidenz für persistierende fetale Zellen in der Zirkulation, aber auch in betroffenen Hautabschnitten gefunden wurde, wird von einigen Autoren eine Art „Graft-versus-host"-Mechanismus für die Genese der PSS postuliert (Nelson 1996; Artlett et al. 1998).

Die Erstmanifestation eines Raynaud-Phänomens sollte immer auch an eine beginnende Sklerodermie denken lassen. Auf geeigneten Substratzellen wie der Larynxkarzinomlinie HEp-2 finden sich bei bis zu 98% der PSS-Patienten antinukleäre Antikörper, auch schon relativ früh im Krankheitsverlauf (Fritzler 1993; Genth und Mierau 1995). Daher macht ein sicher negativer ANA-Fluoreszenztest die Diagnose einer PSS unwahrscheinlich. Die Autoantikörperantwort richtet sich bei der PSS charakteristischerweise gegen nukleäre, besonders nukleoläre Antigene, z.B. RNA-Polymerasen, Topoisomerase I oder die Zentromere bzw. Kinetochore. Anders als beim SLE kommen bei der PSS oft nur ein oder allenfalls wenige Autoantikörperspezifitäten nebeneinander vor, die dann für die jeweilige Verlaufsform relativ typisch sind. Da sich die verschiedenen Varianten der PSS hinsichtlich Organbeteiligung, Progredienz und Prognose mitunter deutlich unterscheiden, hilft der differenzierte Autoantikörpernachweis nicht nur bei der Subklassifizierung, sondern auch bei der Beurteilung der Prognose und der Wahl einer adäquaten Therapie. Im Gegensatz zum SLE gibt es bisher keinen sicheren Anhalt dafür, dass bestimmte Autoantikörper in die Pathogenese der Erkrankung eingreifen.

7.4.3.1 Antikörper gegen Topoisomerase I/Scl-70

Die DNA-Topoisomerase I, eine Helicase, ist für die Relaxation bzw. Entwindung der vielfach verwundenen DNA-Superhelix während der Transkription und der DNA-Replikation verantwortlich. Die Autoantikörper sind überwiegend gegen die katalytisch aktive C-terminale Domäne der Topoisomerase I gerichtet. Ursprünglich wurden sie als Scl-70-Antikörper bezeichnet, da sie ein aus Rattenleberextrakten isoliertes Protein mit einem MG von 70 000 erkannten. Nach der molekulargenetischen Identifizierung des Antigens als DNA-Topoisomerase I, die ein Molekulargewicht von 100 000 hat, erwies sich das Scl-70 als proteolytisches Spaltprodukt der Helicase.

Im ANA-Fluoreszenztest verursachen Antitopoisomerase-I-Antikörper ein diffuses feingranuläres Färbemuster im Zellkern und den Nukleoli. Die Identifizierung der Antitopoisomerase-I-Spezifität geschieht mittels Immundiffusion, Immunoblot oder ELISA. Antikörper gegen Topoisomerase I sind bei 22–40% der PSS-Patienten detektierbar und besitzen eine diagnostische Spezifität von nahezu 100%. Nur sehr selten werden die Antikörper bei anderen Kollagenosen gefunden, etwas häufiger bei der Verwendung sehr sensitiver Detektionsverfahren. Der Nachweis von Antitopoisomerase-I-Antikörpern ist vorwiegend mit der diffusen Sklerodermie assoziiert und somit schon in Frühstadien für eine eher schlechte Prognose prädiktiv. Ferner besteht eine Assoziation mit Herzbeteiligung, Lungenfibrose und Neoplasien, insbesondere der Lunge. Antitopoisomerase-I-Antikörper kommen gehäuft zusammen mit bestimmten HLA-Antigenen vor (HLA-DR-5, -B8, -DR3, -DR52, -DRw11 und DR2).

Die Bestimmung ist indiziert bei Verdacht auf PSS, zur Subtypisierung und prognostischen Einschätzung einer PSS sowie zur diagnostischen Klärung feingranulärer ANA.

7.4.3.2 Antikörper gegen Zentromer und Kinetochor

Als Zentromer wird die primäre Einschnürung der Chromosomen während der Mitose bezeichnet. Jedes Chromosom enthält genau ein Zentromer, der für die Aufteilung der Chromosomen in die Tochterzellen essenziell ist. Die Zentromerregion enthält DNA-Sequenzen, an die spezifisch Proteine binden, die den Kinetochor ausbilden. Der Kinetochor ist eine trilaminäre Struktur, an der die Mikrotubuli der Mitosespindel ansetzen, um die Chromosomen während der Kernteilung auseinanderzuziehen und den entstehenden Tochterzellen zuzuordnen (Dobie et al. 1999). Die ursprünglich als Zentromerantikörper beschriebenen Autoantikörper sind, wie wir heute wissen, eigentlich gegen mindestens 4 der Kinetochorbestandteile gerichtet, und werden daher auch richtiger als Kinetochorantikörper bezeichnet. Die 4 wesentlichen Kinetochorantigene werden als CENP-A, CENP-B, CENP-C und CENP-D bezeichnet, wobei die meisten CENP-positiven Patientenseren gegen CENP-B und zusätzlich mindestens ein weiteres CENP-Antigen gerichtet sind (von Mühlen u. Tan 1995; Galperin et al. 1996).

Antizentromerantikörper lassen sich am besten an mitotisch aktiven Zellen darstellen, weshalb Zellkulturlinien wie Hep-2 oder HeLa als Substrat für die indirekte Immunfluoreszenz verwendet werden sollten. Am Interphasekern zeigen sich 46 (bei euploiden Zellen), den Zentromeren der 46 Chromosomen entsprechende fluoreszierende

Punkte. Die eindeutige Zuordnung zu den Metaphasechromosomen sichert die Diagnose von Antizentromerantikörpern. Weitere spezifische Nachweisverfahren sind Immunoblot und ELISA mit rekombinantem CENP-B- und CENP-A-Antigen.

Antizentromerantikörper lassen sich bei 22–36% der PSS-Patienten nachweisen und korrelieren stark mit der limitierten Sklerodermie/CREST-Syndrom (*Calcinosis cutis*, *Raynaud-Phänomen*, *„esophageal dysmotility"*, *Sklerodaktylie*, *Teleangiektasien*), wo sie in bis zu 80% der Fälle gefunden werden (von Mühlen u. Tan 1995; Galperin et al. 1996). Allerdings sind Antizentromerantikörper nicht spezifisch für das CREST-Syndrom. Der Großteil der Patienten mit positiven Zentromerantikörpern leidet lediglich an einem Raynaud-Syndrom, hat aber ein hohes Risiko, weitere sklerodermieassoziierte Symptome zu entwickeln (Fritzler 1993). Auch quarzstaubexponierte Personen, besonders wenn sie bereits sklerodermiforme Symptome zeigen, besitzen häufiger Antikörper gegen Zentromere. Beschrieben wurde die Antizentromeraktivität auch bei primär biliärer Zirrhose, besonders wenn diese sklerodermieassoziiert war. Zentromerantikörper treten bevorzugt bei Patienten mit bestimmten HLA-Klasse-II-Antigenen (HLA-DR1, -DR4 und DRw8) auf.

Indiziert ist die Suche nach Antizentromerantikörpern bei Verdacht auf PSS bzw. CREST-Syndrom und im Rahmen der Abklärung eines Raynaud-Syndroms. Wegen des bevorzugten Auftretens beim CREST-Syndrom und des vergleichsweise benigneren Verlaufs hilft die Bestimmung auch bei der Subtypisierung einer PSS und der Prognoseeinschätzung.

7.4.3.3 Antikörper gegen RNA-Polymerasen

RNA-Polymerasen sind für die Transkription, d.h. Umschreibung der genomischen DNA in RNA verantwortlich. Man kennt 3 eukaryonte RNA-Polymerasen, die unterschiedliche Gene transkribieren. So ist die RNA-Polymerase I für die Transkription der ribosomalen rRNA im Nukleolus verantwortlich, die RNA-Polymerase II transkribiert alle Protein kodierenden Gene und einige kleine nukleäre RNA-Moleküle und die RNA-Polymerase III synthetisiert die tRNA-Moleküle und die 5S-rRNA. Die RNA-Polymerasen sind aus mehreren Untereinheiten aufgebaut, wobei einige allen 3 Polymerasen gemeinsam sind.

Antikörper gegen RNA-Polymerase I imponieren im ANA-Immunfluoreszenztest als punktförmige nukleoläre Fluoreszenz, Antikörper gegen die RNA-Polymerasen II und III hingegen als feingranuläre Kernfluoreszenz. Die Bestimmung erfolgt mittels Immunpräzipitation radioaktiv markierter Zellextrakte, evtl. auch im Immunoblot, und bleibt Speziallabors vorbehalten.

Antikörper gegen RNA-Polymerasen sind bei bis zu 25% der PSS-Patienten nachweisbar. Sie sind bevorzugt mit der diffusen Sklerose und folglich mit schweren Verläufen unter Einbeziehung von Herz und Nieren assoziiert (Kuwana et al. 1999). Viele Patientenseren reagieren mit 2 oder allen 3 RNA-Polymerasekomplexen gleichzeitig, was z. T. durch Reaktivität gegen gemeinsame Untereinheiten bedingt sein dürfte (Kuwana et al. 1999). Antikörper gegen RNA-Polymerase I und III erscheinen recht spezifisch für die PSS, während Antikörper gegen die RNA-Polymerase II auch beim SLE und der MCTD nachweisbar sein können.

Wegen des relativ hohen technischen Aufwands und der bisher mangelnden Standardisierung bleibt die Bestimmung derzeit noch Einzelfällen bzw. besonderen Fragestellungen vorbehalten. Sie kann aber durchaus zur Diagnosesicherung und Prognosebeurteilung beim Verdacht auf PSS bzw. zur Differenzierung entsprechender ANA-Fluoreszenzmuster (feingranuläre nukleäre oder nukleoläre Fluoreszenz) wertvoll sein.

7.4.3.4 Antikörper gegen Fibrillarin/U3-snoRNP

Fibrillarin ist Bestandteil der U3-snoRNP (kleiner nukleolärer Ribonukleoproteinpartikel U3) und findet sich vorwiegend in der fibrillären Region des Nukleolus, woraus sich der Name ableitet. Das U3-snoRNP ist an der Prozessierung der ribosomalen Prä-rRNA beteiligt. Fibrillarin ist ein basisches Protein mit einem MG von 34000, das zahlreiche N^G,N^G-Dimethylargininreste enthält (Lee und Craft 1995).

Im ANA-Fluoreszenztest zeigen Antifibrillarinantikörper eine klumpige nukleoläre Fluoreszenz. Der Nachweis erfolgt im Immunoblot mit Nukleolusextrakten oder besser rekombinantem Antigen. Alternativ kann eine Radioimmunpräzipitation durchgeführt werden.

Antifibrillarinantikörper finden sich nur bei 6–8% der PSS-Patienten, gelten jedoch als weitgehend PSS-spezifisch. Beim Einsatz sehr sensitiver Nachweisverfahren wurden diese Autoantikörper aber auch bei anderen Patienten mit systemischen entzündlich-rheumatischen Erkrankungen beschrieben (Kasturi et al. 1995). Antifibrillarinantikörper scheinen mit diffuser Sklerodermie, Lungenbeteiligung und pulmonaler Hypertonie, Muskel- und Herzbeteiligung assoziiert zu sein (Okano et al. 1992; von Mühlen u. Tan 1995; Lee u. Craft 1995). Viele Patienten mit positivem Antifibrillarinnachweis zeigen jedoch nur diskrete sklerodermiforme Symptome.

Die diagnostische Bestimmung von Antifibrillarinantikörpern ist indiziert beim Verdacht auf PSS und zur Identifizierung eines klumpigen nukleolären Fluoreszenzmusters.

7.4.3.5 Antikörper gegen PM-Scl

Das nukleoläre PM-Scl-Antigen, ein Komplex von mindestens 11 Proteinen, scheint an der Prozessierung der ribosomalen 5,8S-rRNA und an der Regulation der Zellproliferation beteiligt zu sein, genauere Analysen dieser und evtl. weiterer Funktionen stehen jedoch aus (Peng u. Craft 2001).

Im ANA-Fluoreszenztest auf HEp2-Zellen zeigen Anti-PM-Scl-Antikörper eine homogene Färbung des Nukleolus, daneben ist oft eine feingranuläre Kernfluoreszenz sichtbar. Der spezifische Nachweis erfolgt mit Hilfe der Immundiffusion, Gegenstromelektrophorese und zunehmend mit Immunoblot- und ELISA-Systemen, die rekombinante Antigene verwenden. Reaktionen mit dem 100 000-, 75 000- und 37 000-Protein werden am häufigsten beobachtet.

Nur durchschnittlich 3% der PSS-Patienten haben Antikörper gegen PM-Scl. Da über 90% der Patienten mit dieser Autoantikörperspezifität zumindest einige PSS-assoziierte Symptome aufweisen, gilt der Nachweis als relativ spezifisch für die PSS. Er scheint eher mit der limitierten Sklerose verknüpft. Am häufigsten ist jedoch die Assoziation mit einem Myositis-Sklerodermie-Overlap-Syndrom, das bei etwa 50% der Patienten mit PM-Scl-Antikörpern diagnostiziert wird. Umgekehrt wird diese Antikörperspezifität immerhin bei 25% der Overlap-Patienten gefunden. Ferner erscheinen PM-Scl-Antikörper auch mit arthritischen Verläufen, dermatomyositistypischen und ekzematösen Hautveränderungen sowie Kalzinose verknüpft. Insgesamt ist die Prognose PM-Scl-positiver Patienten vergleichsweise günstig. Bemerkenswert ist die nahezu 100%ige Assoziation der PM-Scl-Antikörper mit dem Histokompatibilitätsantigen HLA-DR3 (Oddis et al. 1992).

Sinnvoll ist die PM-Scl-Bestimmung beim Verdacht auf PSS, Poly- und Dermatomyositis, besonders bei Symptomen eines Overlap-Syndroms mit PSS-assoziierten Symptomen; außerdem zur Differenzierung von ANA mit homogener nukleolärer Fluoreszenz.

7.4.3.6 Antikörper gegen To/Th-snoRNP

Das To/Th-snoRNP gehört zu den kleinen nukleolären Ribonukleoproteinen. Es hat RNAse-Aktivität und findet sich einerseits als 7-2 RNA-Moleküle enthaltender Komplex im Nukleolus, wo es an der Prozessierung der Prä-tRNA und ribosomaler RNA-Primärtranskripte beteiligt sein dürfte. Andererseits ist das To/Th-snoRNP auch als 8-2 RNA-Moleküle enthaltender Komplex in den Mitochondrien nachweisbar, wo To/Th-snoRNP anscheinend an der Replikation der mitochondrialen DNA beteiligt ist (Übersicht in: Lee u. Craft 1995).

In der Immunfluoreszenz zeigen Antikörper gegen To/Th-snoRNP eine vorwiegend nukleoläre Fluoreszenz. Zur Spezifizierung ist in erster Linie die Radioimmunpräzipitation geeignet.

Die weitgehend PSS-spezifischen Antikörper werden bei 4–16% der PSS-Patienten gefunden und weisen auf eine limitierte Sklerodermie hin, die jedoch im Vergleich zu To/Th-negativen Patienten eine etwas schlechtere Prognose besitzen soll. Ferner wurden Assoziationen mit dem Sklerödem der Finger und Dünndarmbefall beschrieben (Falkner et al. 1998).

Diagnostisch sinnvoll ist die Bestimmung von Anti-To/Th-Antikörpern beim Verdacht auf PSS und zur Differenzierung von ANA mit nukleolärer Färbung, allerdings stehen derzeit für die Routinediagnostik kaum geeignete Testsysteme zur Verfügung.

7.4.3.7 Weitere Autoantikörper bei PSS

Antikörper gegen das Ku-Antigen wurden bereits unter Abschnitt 7.4.2.4 „Antikörper gegen Ku" beschrieben und finden sich u.a. bei der PSS und besonders bei Overlap-Syndromen mit der Polymyositis.

Anti-NOR90/hUBF-Antikörper sind gegen den Transkriptionsfaktor hUBF (human upstream binding factor), der in den Nukleolusorganisatorregionen (NOR) vorkommt, gerichtet. Entgegen anfänglichen Berichten sind Anti-NOR/hUBF-Antikörper nicht PSS-spezifisch, sondern werden seltener auch beim SLE, Sjögren-Syndrom, bei rheumatoider Arthritis und Neoplasien gefunden (Fujii et al. 1996). Auch Antikörper gegen einen weiteren Transkriptionsfaktor, nämlich SP-1, wurden vorwiegend bei Patienten mit Raynaud-Syndrom und anderen Symptomen einer undifferenzierten Kollagenose beschrieben.

Zahlreiche weitere Autoantikörper können vereinzelt bei PSS nachgewiesen werden. So lassen sich z. B. bei einigen PSS-Patienten Antikörper gegen Karboanhydrase, Histone, die DNA-assoziierten HMG-Proteine, gegen HSP-90 (heat shock protein 90), Zentriolen, Mikrofilament und tRNA-Moleküle nachweisen. Die diagnostische und klinische Signifikanz dieser Autoantikörperphänomene ist jedoch noch weitgehend unklar.

7.4.4 Autoantikörper bei entzündlichen Muskelerkrankungen

Die entzündlichen Muskelerkrankungen bilden eine heterogene Krankheitsgruppe, die sich durch klinische Symptome wie
* Muskelschwäche bis hin zur Atrophie,
* histologisch nachweisbare entzündliche Veränderungen im Bereich der Muskulatur,
* biochemische und elektromyographische Zeichen einer Muskelschädigung sowie
* dem Auftreten von Autoimmunphänomenen

auszeichnen. Die Ätiopathogenese der idiopathischen entzündlichen Muskelerkrankungen ist allenfalls ansatzweise verstanden, dürfte jedoch für die einzelnen Myositiden unterschiedlich sein. Neben den Hauptformen Polymyositis, Dermatomyositis und Einschlusskörperchenmyositis kommen Begleitmyositiden im Rahmen anderer entzündlich-rheumatischer Systemerkrankungen und besonders in Form von „Overlap-Syndromen" vor. Poly- und Dermatomyositis sind generalisierte entzündliche Erkrankungen der quergestreiften Muskulatur, wobei sich bei der Dermatomyositis auch verschiedenartige Hautveränderungen manifestieren. Es besteht eine ausgeprägte Assoziation mit Malignomen, weshalb beim Auftreten einer Poly- oder Dermatomyositis immer eine sorgfältige Tumorsuche erforderlich ist. Als ätiologische Faktoren werden eine genetische Disposition, chronische Infektionen, zelluläre und humorale Autoimmunmechanismen, evtl. getriggert durch infektiöse Agenzien, diskutiert. Die Einschlusskörperchenmyositis ist durch vakuolenartige Einschlüsse mit basophilen Granula und Randsaum charakterisiert, die sich im Zytoplasma und Kern der Muskelzellen befinden. Sie nimmt meist einen gutartigeren Verlauf als Polymyositis und Dermatomyositis. Bei etwa 90% der idiopathischen Myositiden lassen sich Autoantikörperphänomene nachweisen, die sich bevorzugt gegen zytoplasmatische Antigene (in etwa 90% der Fälle), insbesondere den Proteinbiosyntheseapparat richten (Targoff 1994; Peng u. Craft 2001). Während Auto-

antikörper gegen die quergestreifte Muskulatur zwar häufig beobachtet werden, fehlt ihnen weitestgehend die diagnostische Spezifität. Dagegen kann der Nachweis anderer Autoantikörper, z. B. gegen Jo-1, helfen, prognostisch und klinisch abgrenzbare Syndrome zu definieren.

Kürzlich wurden Antikörper gegen Proteasonen bei ca. 60% der Patienten mit Poly- und Dermatomyositis, ca. 60% der SLE-Patienten und ca. 40% der untersuchten Patienten mit primärem Sjögren-Syndrom nachgewiesen (Feist et al. 1996). Die diagnostische Wertigkeit dieser Befunde bleibt abzuwarten.

7.4.4.1 Antikörper gegen Aminoacyl-tRNA-Synthetasen (Anti-Jo-1, -PL-7, -PL-12, -EJ und -OJ)

Die Aminoacyl-tRNA-Synthetasen sind zytoplasmatische Enzyme, die die Kopplung einer bestimmten Aminosäure an ihre spezifische tRNA katalysieren. Die tRNA-Moleküle erkennen jeweils ein für ihre Aminosäure kodierendes Basentriplett auf der mRNA und ermöglichen somit die getreue Translation des genetischen Kodes in eine spezifische Aminosäuresequenz. Nach der Übertragung der Aminosäure auf die wachsende Peptidkette am Ribosom muss die tRNA erneut durch ihre spezifische Aminoacyl-tRNA-Synthetase mit der entsprechenden Aminosäure beladen werden. Somit spielen Aminoacyl-tRNA-Synthetasen in der Proteinbiosynthese eine zentrale Rolle.

Antisynthetaseantikörper zeigen im indirekten Immunfluoreszenztest eine zytoplasmatische Fluoreszenz. Die spezifische Bestimmung erfolgt im ELISA, sofern die jeweilige Aminoacyl-tRNA-Synthetase in rekombinanter oder gereinigter Form zur Verfügung steht, ansonsten in der Immunpräzipitation oder im Immunoblot. Auch Doppelimmundiffusion und Gegenstromelektrophorese finden Verwendung (Targoff 1994).

Antikörper gegen die individuellen Aminoacyl-tRNA-Synthetasen kommen mit unterschiedlicher Frequenz vor, sind aber mit ähnlichen klinischen Manifestationen assoziiert. Bei fast 40% der Patienten mit Polymyositis und Dermatomyositis finden sich die myositisspezifischen Antikörper gegen eine Aminoacyl-tRNA-Synthetase. Interessanterweise werden praktisch nie Kreuzreaktionen mit anderen Aminoacyl-tRNA-Synthetasen beobachtet, sodass fast kein Patient Antikörper gegen 2 verschiedene Synthetasen besitzt. Der Nachweis dieser Antikörper ist mit einer charakteristischen klinischen Erscheinungsform assoziiert, die als Antisynthetasesyndrom bezeichnet wird. Dieses Syndrom ist neben einer Polymyositis durch interstitielle Lungenbeteiligung, Synovitiden, Raynaud-Phänomen, Mechanikerhände, Sklerodaktylie, Teleangiektasien, v. a. im Gesicht, Kalzinosis und Sicca-Symptomatik gekennzeichnet (Targoff 1994).

Mit 20–30% sind Antikörper gegen die Histidyl-tRNA-Synthetase (Anti-Jo-1) am häufigsten. Sie sind eher mit der Polymyositis als der Dermatomyositis assoziiert, ein Großteil der anti-Jo-1-positiven Patienten trägt das HLA-DR3-Antigen. Hingegen gehen die mit einer Prävalenz von jeweils 1–5% (bezogen auf Patienten mit entzündlichen Muskelerkrankungen) deutlich selteneren anderen Anti-Aminoacyl-tRNA-Synthetase-Spezifitäten eher mit Dermatomyositis und dem HLA-DRw52-Antigen einher.

Primär ist die Bestimmung von Anti-Jo beim Verdacht auf Poly- oder Dermatomyositis bzw. Antisynthetasesyndrom indiziert, bei negativem Befund kann sich in diagnostisch unklaren Fällen die Bestimmung der selteneren Antisynthetasespezifitäten lohnen, auch wenn diese nur in Speziallabors durchgeführt wird.

7.4.4.2 Antikörper gegen das Signalerkennungspartikel

Signalerkennungspartikel sind zytoplasmatische Ribonukleoproteine, die den Transport entstehender sekretorischer oder membranständiger Proteine in das endoplasmatische Retikulum vermitteln. Antikörper gegen Signalerkennnungspartikel lassen sich mittels Radioimmunpräzipitation oder Immunoblot spezifisch nachweisen. Sie treten in etwa 4% der Myositispatienten in Abwesenheit weiterer myositisspezifischer Antikörper auf. Der Nachweis ist mit akutem oder subakutem Beginn der Polymyositis, schwerem Verlauf, Herzbeteiligung und schlechtem Ansprechen auf die Therapie korreliert (Love et al. 1991). Indiziert ist die Bestimmung beim Verdacht auf Poly- oder Dermatomyositis.

7.4.4.3 Antikörper gegen Mi-2

Das Mi-2-Antigen ist Teil eines nukleären Multiproteinkomplexes, der vermutlich an der Regulation des zellulären Proliferationszyklus beteiligt ist. Der Komplex besitzt Histondeazetylase- und Nukleosomenumbauaktivität (Zhang et al. 1998). Die Histondeazetylase entfernt Azetylreste von Histonen, die sich dann wieder mit der DNA in Nukleosomen organisieren. Die Autoantikörperantwort richtet sich vornehmlich gegen die Untereinheit mit einem MG von 240 000, die molekularbio-

logisch gut charakterisiert ist. Demnach interagiert MI-2 u. a. mit Transkriptionsfaktoren der Ikarus-Familie, die in der Lymphopoese eine wichtige Rolle spielen.

Mi-2-Antikörper zeigen im ANA-Fluoreszenztest eine homogene nukleäre Fluoreszenz. Zum spezifischen Nachweis sind Immundiffusion und Gegenstromelektrophorese geeignet, oder ELISA und Immunoblot mit rekombinantem Antigen. Die Antikörper finden sich bei 15–20% der Patienten mit Dermatomyositis. Dieser eher geringen Sensitivität steht eine hohe diagnostische Spezifität gegenüber, da über 95% der Patienten mit nachweisbaren Anti-Mi-2-Antikörpern an einer Dermatomyositis leiden. Mi-2-Antikörper-positive Patienten tragen nahezu immer das HLA-DR7-Antigen (Love et al. 1991; Targoff 1994).

7.4.4.4 Antikörper gegen PMS1

PMS1 stellt ein DNA-Reparaturenzym dar, das falsche Basenpaarungen korrigiert. Als Nachweisverfahren für Antikörper gegen PMS1 eignet sich besonders die Immunpräzipitation. Entsprechend jüngerer, noch relativ kleiner Untersuchungen besitzen zwar nur etwa 7,5% der Patienten mit autoimmuner Myositis Anti-PMS1-Antikörper, diese scheinen aber weitestgehend spezifisch für die Myositis zu sein (Casiola-Rosen et al. 2001). Es bleibt abzuwarten, ob sich diese initial viel versprechenden Ergebnisse an großen Patientenkollektiven bestätigen lassen, bevor Anti-PMS1 in die klinische Routinediagnostik aufgenommen wird.

7.4.5 Autoantikörper bei systemischen Vaskulitiden

Vaskulitiden stellen eine heterogene Krankheitsgruppe dar, die pathohistologisch durch eine Entzündung der Blutgefäße charakterisiert ist. Man unterscheidet primäre Vaskulitiden, deren Ursache unbekannt ist, und sekundäre Vaskulitiden, die sich im Rahmen anderer Erkrankungen, z.B. Infektionen oder Kollagenosen, manifestieren. Solange die Ätiopathogenese der Vaskulitiden nicht verstanden ist, muss ihre Klassifikation vorläufig bleiben. Ein nicht zuletzt wegen seiner Einfachheit weit verbreitetes Klassifikationsschema wurde 1992 auf einer internationalen Konsensuskonferenz in Chapel Hill entworfen: Die Chapel-Hill-Klassifikation unterscheidet Vaskulitiden der großen, mittleren und kleinen Gefäße (Tabelle 7.4) (Jennette et al. 1992). Mögliche Pathomechanismen der Vasku-

Tabelle 7.4. Chapel-Hill-Klassifikation der Vaskulitiden (Jennette et al. 1992)

Betroffene Gefäße	Erkrankung
Vaskulitis der großen Gefäße	Riesenzellarteriitis (Arteriitis cranialis) Takayasu-Arteriitis
Vaskulitis der mittelgroßen Gefäße	Panarteriitis nodosa Morbus Kawasaki
Vaskulitis der kleinen Gefäße	Morbus Wegener Churg-Strauss-Syndrom Mikroskopische Polyanagiitis (Panarteriitis) Purpura Schönlein-Henoch Essenzielle kryoglobulin- ämische Vaskulitis Kutane leukozytoklastische Vaskulitis

litiden sind die Ablagerung von Komplement aktivierenden Immunkomplexen, wodurch es zur Entzündungsreaktion und Gefäßschädigung kommt. Kryoglobuline können in kühleren Gefäßregionen, besonders im Bereich der Akren, präzipitieren und zum Gefäßverschluss sowie zur Komplementaktivierung und Entzündungsreaktion führen. Autoantikörper gegen Granulozytenbestandteile, insbesondere gegen Proteinase 3 (c-ANCA: *c*ytoplasmatic *a*nti-*n*eutrophilic *c*ytoplasmatic *a*ntibodies) und Myeloperoxidase (p-ANCA: *p*erinukleäre ANCA), könnten einerseits durch Aktivierung der Granulozytendegranulation, andererseits durch Erkennung ihrer Antigene auf dem Gefäßendothel einen wichtigen Beitrag zur Pathogenese der ANCA-positiven Vaskulitiden leisten. Bei der Riesenzellarteriitis wird u. a. eine zellvermittelte Immunreaktion gegen Gefäßwandbestandteile im Bereich der elastischen Fasern als wesentlicher Pathomechanismus diskutiert.

Das klinische Bild dieser insgesamt eher seltenen Krankheiten ist sehr variabel und wechselhaft, weshalb Vaskulitiden oft lange verkannt werden. Obwohl verschiedene Vaskulitiden jeweils bestimmte Organsysteme bevorzugt befallen (z.B. Morbus Wegener mit Beteiligung des Respirationstraktes und der Nieren), kommen dennoch unterschiedliche Befallsmuster vor. Auch die Größe der beteiligten Gefäße hat Einfluss auf das klinische Bild. So äußert sich eine Vaskulitis kleiner Gefäße z.B. als Polyneuritis, Purpura mit palpablen kleinen Knötchen, Lungenblutung oder Mikrohämaturie. Der Befall mittelgroßer Gefäße führt üblicherweise zu Organinfarkten, z. B im Bereich der Extremitäten, des Gehirns, des Herzens und der Nie-

re. Der (teilweise) Verschluss größerer Gefäße manifestiert sich in Form von belastungsabhängigen Schmerzen bzw. Ischämiezeichen, die größere Körperabschnitte betreffen, z.B. eine oder mehrere Extremitäten.

Die Verdachtsdiagnose einer Vaskulitis beruht meist auf dem typischen klinischen Bild und den bei systemischen Vaskulitiden praktisch immer erhöhten serologischen Entzündungsparametern. Weitere Laborbefunde können wichtige Hinweise auf den Typ und die Genese der Vaskulitis geben: Deutlich erhöhte Immunkomplexe und Komplementerniedrigung sprechen für eine Immunkomplexvaskulitis, erhöhte Kryoglobuline für eine kryoglobulinbedingte Vaskulitis, eine floride Hepatitis B kann mit einer Panarteriitis nodosa assoziiert sein, eine Hepatitis-C-Infektion hingegen eher mit einer gemischten Kryoglobulinämie. Eine ausgeprägte Eosinophilie und erhöhte IgE-Immunkomplexe sind Zeichen einer Churg-Strauss-Vaskulitis. Ein weiterer zentraler Bestandteil der Vaskulitisdiagnostik ist der Nachweis von Autoantikörpern gegen zytoplasmatische Proteine der neutrophilen Granulozyten, der so genannten ANCA. ANCA, die erstmals 1982 von Davies u. Kollegen beschrieben wurden, finden sich bei Patienten mit systemischen nekrotisierenden Vaskulitiden. Die Zielantigene der ANCA sind Enzyme, die vorwiegend in den azurophilen Granula neutrophiler Granulozyten lokalisiert sind (Mayet 2000). Die wichtigsten Zielantigene wurden inzwischen mit Hilfe molekularbiologischer Methoden charakterisiert und stehen z. T. als rekombinant hergestellte Proteine für die spezifische Antikörperdiagnostik zur Verfügung. Man unterscheidet

- c-ANCA („*c*ytoplasmic", „*c*lassical"), die im Immunfluoreszenzstest ein zytoplasmatisches Färbemuster ergeben und gegen Proteinase 3 gerichtet sind,
- p-ANCA (*p*erinukleär), die auf ethanolfixierten neutrophilen Granulozyten ein perinukleäres Färbemuster zeigen und zumeist mit Myeloperoxidase reagieren, und schließlich
- a-ANCA, die ein *a*typisches zytoplasmatisches Fluoreszenzmuster ergeben. Der Nachweis von a-ANCA ist nicht mit Vaskulitiden assoziiert, sondern mit chronisch-entzündlichen Darmerkrankungen und primär sklerosierender Cholangitis.

Der ANCA-Nachweis hat sowohl die Diagnostik als auch die Therapie- und Verlaufsbeurteilung der so genannten pauciimmunen Vaskulitiden entscheidend bereichert.

Allerdings erlauben klinisches Bild und Laborergebnissse in aller Regel nur Verdachtsdiagnosen, die definitive Diagnosesicherung sollte, wenn immer möglich, mittels einer Biopsie aus einer betroffenen Gefäßregion erfolgen, was natürlich nicht immer möglich ist. Die Zusammenschau aller Befunde lässt meist die eindeutige diagnostische Einordnung der Vaskulitis zu.

7.4.5.1 c-ANCA/Antikörper gegen Proteinase 3

Antineutrophilen zytoplasmatische Antikörper mit dem klassischen zytoplasmatischen Fluoreszenzmuster (c-ANCA) sind gegen die Proteinase 3 gerichtet. Diese trypsinähnliche Serinprotease ist ein kationisches Glykoprotein mit einem Molekulargewicht von etwa 29000 und einer Länge von 228 Aminosäuren und findet sich in myelomonozytären Zellen, vorwiegend in den primären oder azurophilen Granula (a-Granula) neutrophiler Granulozyten und in den Lysosomen von Monozyten und Makrophagen (Charles et al. 1992). Nach Aktivierung neutrophiler Granulozyten, die in vitro z.B. durch TNF erfolgen kann, verschmelzen die a-Granula mit der Zellmembran und setzen so ihren Zell- und Matrix-schädigenden Inhalt frei. Proteinase 3, deren natürlicher Inhibitor das a1-Antitrypsin ist, kann u.a. Laminin, Fibronektin, Elastin und Kollagen Typ IV proteolytisch spalten.

Der Nachweis von c-ANCA erfolgt im indirekten Immunfluoreszenztest auf ethanolfixierten neutrophilen Granulozyten. Ein feingranuläres zytoplasmatisches Fluoreszenzmuster ist typisch für c-ANCA. Eine Kontrolle auf Lymphozyten oder z.B. HEp-2-Zellen muss negativ sein, um eine Reaktion mit nichtgranulozytenspezifischen zytoplasmatischen Antigenen auszuschließen. Dank der nun gentechnologisch hergestellten Proteinase 3 stehen spezifische ELISA- und RIA-Systeme zur Verfügung, mit deren Hilfe positive Ergebnisse im ANCA-Immunfluoreszenztest immer bestätigt werden sollten.

Am stärksten assoziiert ist der Nachweis von c-ANCA mit dem Morbus Wegener (Wegener-Granulomatose). Bei aktiver systemischer Vaskulitis in unbehandelten Patienten mit klinischem Vollbild, d.h. gleichzeitigem Befall der oberen Luftwege, der Lunge und der Nieren, ist die Proteinase-3-Antikörperbestimmung am häufigsten positiv, und die diagnostische Sensitivität erreicht etwa 90% (Hoffman u. Specks 1998). Fehlt die renale Beteiligung, werden Proteinase-3-Antikörper nur noch in 75% der Fälle nachgewiesen. Die diagnostische Spezifität für den Morbus Wegener liegt bei positivem c-ANCA-Befund und gleichzeitigem Proteinase-3-Antikörpernachweis bei etwa 95%. An einer ANCA-assoziierten Vaskulitis der kleinen Gefäße leiden sogar über 99% der Patienten mit Antikörpern gegen Proteinase 3 (Hagen et al. 1998). Die Bestimmung von Proteinase-3-Antikörpern bzw. c-ANCA eignet sich auch gut zur Verlaufs- bzw. Therapiekontrolle, da die Titer mit der Krankheitsaktivität korrelieren. Ein Anstieg der Proteinase-3-Antikörper geht häufig einem Rezidiv um Wochen voraus und erlaubt daher eine frühzeitige therapeutische Intervention.

Außer beim Morbus Wegener lassen sich Antikörper gegen Proteinase 3 auch bei mikroskopischer Polyangiitis (45% der Fälle), idiopathischer Glomerulonephritis (25%), Churg-Strauss-Syndrom (10%) und selten bei der klassischen Panarteriitis nodosa nachweisen. Das typische Fluoreszenzmuster der c-ANCA lässt sich jedoch auch gelegentlich bei monoklonalen Gammopathien, Infektionserkrankungen wie Pneumonie, septischer Endokarditis und HIV-Infektion finden, hierbei handelt es sich jedoch praktisch nie um Antikörper gegen Proteinase 3 oder Myeloperoxidase.

Antikörper gegen die Proteinase 3 spielen wahrscheinlich eine wesentliche Rolle in der Pathogenese der Vaskulitis. So wird die Proteinase 3 während der Aktivierung von neutrophilen Granulozyten (z.B. durch TNF oder IL-8) an die Zelloberfläche transloziert, wo sie für Antikörper zugänglich ist. Nun können c-ANCA die weitere Aktivierung und Degranulation von neutrophilen Granulozyten auslösen und durch die Ausschüttung von Proteasen und die Bildung freier Sauerstoffradikale und Stickoxide die Gefäße schädigen. Außerdem scheinen bestimmte c-ANCA die Bindung von a1-Antitrypsin an Proteinase 3 zu blockieren, wodurch die proteolytische Wirkung der Proteinase 3 nicht mehr ausreichend neutralisiert wird. Abhängig vom erkannten Epitop ist jedoch auch eine inhibitorische Wirkung auf die Aktivität der Proteinase 3 beschrieben (Hoffman u. Specks 1998). Obwohl umstritten ist, ob Proteinase 3 in Endothelzellen synthetisiert wird, ist Proteinase 3 offensichtlich im Zytoplasma von Endothelzellen zu finden. Im Rahmen der Zellaktivierung, z.B. induziert durch die proinflammatorischen Zytokine TNF und IL-1, wird die Proteinase 3 auf der Endothelzellmembran nachweisbar (Mayet et al. 1993). Die Bindung von Antikörpern an die oberflächenexprimierte Proteinase 3 scheint Adhäsionsmoleküle zu induzieren, wodurch die Adhäsion neutrophiler Granulozyten ans Gefäßendothel verstärkt wird, zumindest in vitro (Mayet u. Meyer zum Büschenfelde, 1993).

Die Bestimmung von c-ANCA und Proteinase-antikörpern ist indiziert beim Verdacht auf

- eine systemische Vaskulitis,
- eine idiopathische Glomerulonephritis und
- zur Verlaufs- und Therapiekontrolle bei c-ANCA-positiven Vaskulitiden.

7.4.5.2 p-ANCA/Antikörper gegen Myeloperoxidase

Das perinukleäre Fluoreszenzmuster der p-ANCA auf ethanolfixierten humanen neutrophilen Granulozyten wird überwiegend durch spezifische Bindung der Antikörper an Myeloperoxidase verursacht. Die Myeloperoxidase ist ab dem Promyelozytenstadium in Zellen der myeloiden Reihe exprimiert und bildet in neutrophilen Granulozyten etwa 5% des gesamten Proteingehalts. Wie die Proteinase 3 befindet sich auch die Myeloperoxidase vorwiegend innerhalb der azurophilen Granula. Die Myeloperoxidase ist entscheidend an der Erzeugung reaktiver Sauerstoffradikale beteiligt, die wesentlich zur Zerstörung phagozytierter Mikroorganismen innerhalb der Phagolysosomen beitragen. Während der Aktivierung neutrophiler Granulozyten wird die Myeloperoxidase zusammen mit den anderen Enzymen der azurophilen Granula sezerniert. Durch die kationische Ladung der Myeloperoxidase wird die Affinität zu anionischen Strukturen wie der glomerulären Basalmembran begünstigt, wodurch es bevorzugt dort zu Schädigungen kommen könnte.

In der indirekten Immunfluoreszenz auf ethanolfixierten Granulozyten zeigen p-ANCA eine scharf begrenzte perinukleäre Fluoreszenz, während sich in Lymphozyten keine oder allenfalls eine sehr geringe Fluoreszenz findet. Neben der Myeloperoxidase erzeugen auch Antikörper gegen andere kationische Proteine wie Elastase, Cathepsin G, Laktoferrin und Lysozym ein perinukleäres Fluoreszenzmuster. Um eine Verwechslung mit bestimmten ANA auszuschließen, muss ein parallel durchgeführter ANA-Fluoreszenztest, z. B. auf HEp-2-Zellen, negativ sein. Die perinukleäre Fluoreszenz auf ethanolfixierten Granulozyten spiegelt nicht die natürliche Verteilung der Myeloperoxidase wider, es handelt sich vielmehr um ein (nützliches) Artefakt durch die Ethanolfixierung. Positiv geladene Proteine wie die Myeloperoxidase lagern sich an den negativ geladenen Zellkern an, nachdem sie aus den Granula freigesetzt wurden. Auf formalinfixierten Neutrophilen hingegen zeigen Antimyeloperoxidaseantikörper eine zytoplasmatische Fluoreszenz, da Formaldehyd Proteine vernetzt und somit an Ort und Stelle fixiert. Zur Spezifizierung der p-ANCA stehen mittlerweile kommerzielle ELISA- und RIA-Systeme mit rekombinanter Myeloperoxidase zur Verfügung.

Die im Rahmen von Vaskulitiden nachweisbaren p-ANCA sind meist gegen Myeloperoxidase gerichtet. Am häufigsten findet man sie bei nekrotisierender pauciimmuner Glomerulonephritis (90%), beim Churg-Strauss-Syndrom (60%) und bei mikroskopischer Polyangiitis (45%), seltener bei der klassischen Panarteriitis nodosa (15%) und beim Morbus Wegener (10%). Auch der hydralazininduzierte Lupus und das Goodpasture-Sydrom können mit Antikörpern gegen Myeloperoxidase einhergehen (Mayet 2000).

p-ANCA mit Laktoferrinspezifität scheinen mit dem Felty-Syndrom assoziiert. Auch bei Kollagenosen, Autoimmunhepatitis und chronisch-entzündlichen Darmerkrankungen werden gelegentlich p-ANCA gefunden, die dann meist nicht gegen Myeloperoxidase, sondern z. B. gegen Elastase, Lysozym oder Cathepsin B gerichtet sind (Lesavre et al. 1993).

Ähnlich wie Antikörper gegen Proteinase 3 dürften auch Antikörper gegen Myeloperoxidase pathogenetische Bedeutung haben. Allerdings verursacht die Autoantikörperbildung allein im Tiermodell noch keine Glomerulonephritis, sondern erst, wenn es z. B. zusätzlich zu einer Granulozytenaktivierung kommt (Brouwer et al. 1993). Indiziert ist die Bestimmung von Antikörpern gegen p-ANCA bzw. Myeloperoxidase beim Verdacht auf Vaskulitis oder idiopathische Glomerulonephritis.

7.4.5.3 Weitere Autoantikörper bei Vaskulitiden

Antikörper gegen Endothelzellen sind mit Morbus Kawasaki assoziiert, lassen sich aber auch beim SLE gelegentlich nachweisen. Beim Morbus Winiwarter-Bürger können gehäuft Antikörper gegen Elastin nachgewiesen werden.

7.5 Ausblick

Viele Zielantigene für Autoantikörper dürften bisher noch nicht identifiziert sein, und für zahlreiche bereits bekannte Autoantigene – einschließlich einige hier erwähnte – stehen aussagekräftige Studien über Krankheitsassoziationen, diagnostische Sensitivität und Spezifität noch aus. Die technischen Weiterentwicklungen werden unseren Wissenszuwachs in Zukunft jedoch beschleunigen. So ist es heute mit Hilfe moderner molekularbiologischer Methoden meist relativ schnell möglich, das kodierende Gen für ein als potenziell diagnostisch wertvoll identifiziertes Antigen zu klonieren und das entsprechende Protein rekombinant in großer Menge und hoher Reinheit für die Entwicklung diagnostischer Tests herzustellen.

Warum es bei bestimmten Erkrankungen zu definierten Autoantikörperphänomenen kommt, beginnen wir erst ansatzweise zu verstehen. Auch ist das Wissen um die funktionelle Bedeutung von Autoantikörperreaktionen in der Pathogenese entzündlich-rheumatischer Erkrankungen noch sehr fragmentarisch und beschränkt sich – wie oben dargestellt – zurzeit auf wenige Ausnahmefälle. Die Aufklärung der zugrunde liegenden Immunmechanismen bleibt daher eine spannende Herausforderung an eine moderne immunologisch-rheumatologische Forschung auf dem Weg zu klareren ätiopathogenetischen Konzepten als Voraussetzung für die Entwicklung wirksamer neuer Therapiestrategien für die Behandlung entzündlich-rheumatischer Erkrankungen.

7.6 Literatur

Andersson EC, Hansen BE, Jacobsen H et al. (1998) Definition of MHC and T cell receptor contacts in the HLA-DR4 restricted immunodominant epitope in type II collagen and characterization of collagen-induced arthritis in HLA-DR4 and human CD4 transgenic mice. Proc Natl Acad Sci USA 95: 7574–7579

Arnett FC, Edworthy SM, Bloch DA et al. (1988) The American Rheumatism Association 1987 revised criteria for the classification of rheumatoid arthritis. Arthritis Rheum 31: 315–324

Artlett CM, Smith JB, Jimenez SA (1998) Identification of fetal DNA and cells from skin lesions from women with systemic sclerosis. N Engl J Med 338: 1186–1191

Bell SE, Goodnow CC (1994) A selective defect in IgM antigen receptor synthesis and transport causes loss of cell surface IgM expression on tolerant B lymphocytes. EMBO J 13: 816–826

Bell DA, Cairns E, Cikalo K, Ly V, Block J, Pruzanski W (1987) Antinucleic acid autoantibody responses of normal human origin: antigen specificity and idiotypic characteristics compared to patients with systemic lupus erythematosus and patients with monoclonal IgM. J Rheumatol [Suppl 13] 14: 127–131

Berek C, Milstein C (1987) Mutation drift and repertoire shift in the maturation of the immune response. Immunol Rev 96: 23–41

Boire G, Lopez-Longo FJ, Lapointe S et al. (1991) Sera from patients with autoimmune disease recognize conformational determinants on the 60-dk Ro/SS-A protein. Arthritis Rheum 34: 722–730

Bordron A, Dueymes MY, Levy Y et al. (1998) Anti-endothelial cell antibody binding makes negatively charged phospholipids accessible to antiphospholipid antibodies. Arthritis Rheum 41: 1738–1747

Braden BC, Goldman ER, Mariuzza RA, Poljak RJ (1998) Anatomy of an antibody molecule: structure, kinetics, thermodynamics and mutational studies of the antilysozyme D1.3. Immunol Rev 163: 45–57

Brouwer E, Huitema MG, Klok PA et al. (1993) Anti-myeloperoxidase-associated proliferative glomerulonephrtitis: an animal model. J Exp Med 177: 905–914

Brucato A, Buyon JP, Horsfall AC et al. (1999) Fourth international workshop on neonatal lupus syndromes and the Ro/SS-A – La/SS-B system. Clin Exp Rheum 17: 130–136

Burdt MA, Hoffman RW, Deutscher SL et al. (1999) Long-term outcome in mixed connective tissue disease: longitudinal clinical and serologic findings. Arthritis Rheum 42: 899–909

Burkhardt H (1999) Neue Aspekte zur Pathogenese der rheumatoiden Arthritis. In: 37. Bayerischer Internistenkongreß, München 20–22 November 1998. Zuckschwerdt, München, S 36–30

Burnett FM (1959) The clonal selection theory of acquired immunity. Cambridge University Press, Cambridge

Buyon JP, Winchester RJ, Slade SG et al. (1993) Identification of mothers at risk for congenital heart block and other neonatal lupus syndromes in their children. Comparison of enzmye-linked immunosorbent assay and immunoblot for measurement of anti-SS-A/Ro and anti-SS-B/La antibodies. Arthritis Rheum 36: 1263–1273

Cabiedes J, Cabral AR, Alarcón-Segovia D (1995) Clinical manifestations of the antiphospholipid syndrome in patients with systemic lupus erythematosus associate more strongly with anti-beta$_2$-glycoprotein-1 than with antiphospholipid antibodies. J Rheumatol 22: 1899–1906

Campos-Almaraz M, Barbosa-Cisneros O, Herrera-Esparza R (1999) Ro 60 ribonucleoprotein inhibits transcription inhibits transcription by T3 RNA polymerase in vitro. Rev Rhum Engl Ed 66: 310–314

Carlsen S, Hansson AS, Olsson H, Heinegard D, Holmdahl R (1998) Cartilage oligomeric matrix protein (COMP)-induced arthritis in rats. Clin Exp Immunol 114: 477–484

Casali P, Notkins AL (1989) CD5+ B lymphocytes, polyreactive antibodies and the human B-cell repertoire. Immunol Today 10: 364–368

Casiola-Rosen LA, Andrade F, Ulanet D, Wong WB, Rosen A (1999) Cleavage by granzyme B is strongly predictive of autoantigen status: implications for initiation of autoimmunity. J Exp Med 190: 815–826

Casciola-Rosen LA, Pluta AF, Plotz PH et al. (2001) The DNA mismatch repair enzyme PMS1 is a myositis-specific autoantigen. Arthritis Rheum 2001 ;44: 389–396

Chan EK, Andrade LE (1992) Antinuclear antibodies in Sjögren's syndrome. Rheum Dis Clin North Am 18: 551

Charles LA, Falk RJ, Jennette JC (1992) Reactivity of neutrophil cytoplasmic autoantibodies with mononuclear phagocytes. J Leuk Biol 51: 65–68

Chen C, Nagy Z, Radic MZ et al. (1995) The site and stage of anti-DNA B-cell deletion. Nature 373: 252–255

Cimaz R, Stramba-Badiale M, Brucato A, Catelli L, Panzeri P, Meroni PL (2000) QT interval prolongation in asymptomatic anti-SSA/Ro-positive infants without congenital heart block. Arthritis Rheum 43: 1049–1053

Cohen MG, Webb J (1989) Antihistone antibodies in rheumatoid arthritis and Felty's syndrom. Arthritis Rheum 32: 1319–1324

Cooke MP, Heath AW, Shokat KM et al. (1994) Immunoglobulin signal transduction guides the specificity of B cell-T cell interactions and is blocked in tolerant self-reactive B cells. J Exp Med 179: 425–438

Cremer MA, Terato K, Seyer JM et al. (1991) Immunity to type XI collagen in mice. Evidence that the alpha 3(XI) chain of type XI collagen and the alpha 1(II) chain of type II collagen share arthritogenic determinants and induce arthritis in DBA/1 mice. J Immunol 146: 4130–4137

Cyster JG, Goodnow CC (1995) Antigen-induced exclusion from follicles and anergy are separate and complementary processes that influence peripheral B cell fate. Immunity 3: 691–701

Cyster JG, Hartley SB, Goodnow CC (1994) Competition for follicular niches excludes self-reactive cells from the recirculating B-cell repertoire. Nature 371: 389–395

Cyster JG, Ansel KM, Reif K et al. (2000) Follicular stromal cells and lymphocyte homing to follicles. Immunol Rev 176: 181–193

Dauphinee M, Tovar Z, Talal N (1988) B cells expressing CD5 are increased in Sjogren's syndrome. Arthritis Rheum 31: 642–647

Davies DR, Cohen GH (1996) Interactions of protein antigens with antibodies. Proc Natl Acad Sci USA 93: 7–12

Davies DR, Metzger H (1983) Structural basis of antibody function. Annu Rev Immunol 1: 87–117

Davies DJ, Moran JE, Niall JF et al. (1982) Segmental necrotizing glomerulonephritis with antineutrophil antibody: possible arbovirus aetiology. BMJ 285: 606

Day HM, Thiagarajan P, Ahn C et al. (1998) Autoantibodies to β2-glycoprotein I in systemic lupus erythematosus and primary antiphospholipid syndrome – clinical correlations in comparison with other antiphospholipid antibody tests. J Rheumatol 25: 667–674

Desai-Mehta A, Mao C, Rajagopalan S, Robinson T, Datta SK (1995) Structure and specificity of T cell receptors expressed by potentially pathogenic anti-DNA autoantibody-inducing T cells in human lupus. J Clin Invest 95: 531–541

Dobie KW, Hari KL, Maggert KA et al. (1999) Centromere proteins and chromosome inheritance: a complex affair. Curr Opin Gene Dev 9: 206–217

Eger G, Kalden J (2001) Immunologie internistischer Erkrankungen. In: Greden H (Hrsg) Innere Medizin. Thieme, Stuttgart New York

Ehrlich P, Morgenroth J (1901) Über Hämolysine: Fünfte Mitteilung. Berlin Klin Wochenschrift 38: 251–256

Ehrenstein MR, Katz DR, Griffiths MH et al. (1995) Human IgG anti-DNA antibodies deposit in kidneys and induce proteinuria in SCID mice. Kidney Int 48: 705–711

Elkon KB, Bonfa E, Brot N (1992) Antiribosomal antibodies in systemic lupus erythematosus. Rheum Dis Clin North Am 18: 377–390

Es JH van, Gmelig Meyling FH, Akker WR van de, Aanstoot H, Derksen RH, Logtenberg T (1991) Somatic mutations in the variable regions of a human IgG anti-double-stranded DNA autoantibody suggest a role for antigen in the induction of systemic lupus erythematosus. J Exp Med 173: 461–470

Fadok VA, Bratton DL, Konowal A, Freed PW, Westcott JY, Henson PM (1998) Macrophages that have ingested apoptotic cells in vitro inhibit proinflammatory cytokine production through autocrine/paracrine mechanisms involving TGF-β, PGE2, and PAF. J Clin Invest 101: 890–898

Falkner D, Wilson J, Medsger TA Jr et al. (1998) HLA and clinical associations in systemic sclerosis patients with anti-Th/To antibodies. Arthritis Rheum 41: 74–80

Fan H, Goodier JL, Chamberlain JR et al. (1998) 5' processing of tRNA precursors can be modulated by the human La antigen phosphoprotein. Mol Cell Biol 18: 3201–3211

Featherstone C, Jackson SP (1999) Ku, a DNA repair protein with multiple cellular functions? Mutat Res 434: 3–15

Feist E, Dorner T, Kuckelkorn U, Schmidtke G, Micheel B, Hiepe F, Burmester GR, Kloetzel PM (1996) Proteasome alpha-type subunit C9 is a primary target of autoantibodies in sera of patients with myositis and systemic lupus erythematosus. J Exp Med 184: 1313–1318

Förster I, Rajewsky K (1987) Expansion and functional activity of Ly-1+ B cells upon transfer of peritoneal cells into allotype-congenic, newborn mice. Eur J Immunol 17: 521–528

Friou GJ (1957) Clinical application of lupus serum nucleoprotein reaction using fluorescent antibody technique. J Clin Invest 36: 890

Fritzler MJ (1993) Autoantibodies in scleroderma. J Dermatol 20: 257–268

Fujii T, Mimori T, Akizuki M (1996) Detection of autoantibodies to nucleolar transcription factor NOR 90/hUBF in sera of patients with rheumatic diseases, by recombinant autoantigen-based assays. Arthritis Rheum 39: 1313–1318

Gaither KK, Harley JB (1989) A shared idiotype among human anti-Ro/SSA autoantibodies. J Exp Med 169: 1583–1588

Galperin C, Leung PSC, Gershwin ME (1996) Molecular biology of autoantigens in rheumatic diseases. Rhem Dis Clin North Am 22: 175–210

Gauthier VJ, Emlen JW (1997) Immune complexes in systemic lupus erythematosus. In: Wallace DJ, Hahn BH (eds) Dubois' lupus erythematosus, 5th edn. Williams & Wilkins, Baltimore, pp 207

Gay D, Saunders T, Camper S, Weigert M (1993) Receptor editing: an approach by autoreactive B cells to escape tolerance. J Exp Med 177: 999–1008

Genth E, Mierau R (1995) Diagnostische Bedeutung Sklerodermie- und Myositis-assoziierter Autoantikörper. Z Rheumatol 54: 39–49

Genth E, Zamowski H, Mierau R, Wohltmann D, Hartl PW (1987) HLA-DR4 und Gm(1,3;5,21) are associated with U1-RNP antibody positive connective tissue disease. Ann Rheum Dis 46: 189–196

Glant TT, Mikecz K, Arzoumanian A, Poole AR (1987) Proteoglycan-induced arthritis in BALB/c mice. Clinical features and histopathology. Arthritis Rheum 30: 201–212

Golan TD, Sigal D, Sabo E, Shemuel Z, Guedj D, Weinberger A (1997) The penetrating potential of autoantibodies into live cells in vitro coincides with the in vivo staining of epidermal nuclei. Lupus 6: 18–26

Goni F, Chen PP, Pons-Estel B, Carson DA, Frangione B (1985) Sequence similarities and cross-idiotypic specificity of L chains among human monoclonal IgM kappa with anti-gamma-globulin activity. J Immunol 135: 4073–4079

Goodnow CC (1996) Balancing immunity and tolerance: deleting and tuning lymphocyte repertoires. Proc Natl Acad Sci USA 93: 2264–2271

Gregersen PK, Silver J, Winchester RJ (1987) The shared epitope hypothesis. An approach to understanding the molecular genetics of susceptibility to rheumatoid arthritis. Arthritis Rheum 30: 1205–1213

Grubb R (1995) Advances in human immunoglobulin allotypes. Exp Clin Immunogenet 12: 191–197

Guldner HH (1992) Mapping of epitopes recognized by anti-(U1)RNP autoantibodies. Mol Biol Rep 16: 155–164

Hagen EC, Daha MR, Hermans J et al. (1998) Diagnostic value of standardized assays for anti-neutrophil cytoplasmic antibodies in idiopathic systemic vasculitis. EC/BCR Project for ANCA Assay Standardization. Kidney Int 53: 743–753

Hasemann CA, Capra JD (1989) Immunoglobulins: structure and function. In: Paul WE (ed) Fundamental immunology, 2nd edn. Raven Press, New York, pp 209–233

Hahn BH (1982) Characteristics of pathogenic subpopulations of antibodies to DNA. Arthritis Rheum 25: 747–752

Hahn BH (1998) Antibodies to DNA. N Engl J Med 338: 1359–1368

Hargraves MM, Richmond H, Morton R (1948) Presentation of two bone marrow elements: the „tart" cell and the „L.E. cell". Proc Staff Meet Mayo Clin 23: 25

Haserick JR, Bortz DW (1949) Normal bone marrow inclusion phaenomena induced by lupus erythematosus plasma. J Invest Dermatol 13: 47

Hayakawa K, Hardy RR, Stall AM, Herzenberg LA, Herzenberg LA (1986) Immunoglobulin-bearing B cells reconstitute and maintain the murine Ly-1 B cell lineage. Eur J Immunol 16: 1313–1316

Herrmann M, Voll RE, Zoller OM, Hagenhofer M, Ponner BB, Kalden JR (1998) Impaired phagocytosis of apoptotic cell material by monocyte-derived macrophages from patients with systemic lupus erythematosus. Arthritis Rheum 41: 1241–1250

Herrmann M, Voll RE, Kalden JR (2000) Etiopathogenesis of systemic lupus erythematosus. Immunol Today 21: 424–426

Hess J, Werner A, Wirth T, Melchers F, Jäck H-M, Winkler TH (2001) Induction of pre-B cell proliferation after de novo synthesis of the pre-B cell receptor. Proc Natl Acad Sci USA 98: 1745–1750

Hoffman GS, Specks U (1998) Antineutrophil cytoplasmic antibodies. Arthritis Rheum 41: 1521–1537

Hoffman WL, Goldberg MS, Smiley JD (1982) Immunoglobulin G3 subclass production by rheumatoid synovial tissue cultures. J Clin Invest 69: 136–144

Holman HR, Kunkel HG (1957) Affinity between the lupus erythematosus serum factor and cell nuclei and nucleoprotein. Science 126: 162

Holmdahl R, Andersson M, Goldschmidt TJ, Gustafsson K, Jansson L, Mo JA (1990) Type II collagen autoimmunity in animals and provocations leading to arthritis. Immunol Rev 118:193–232

Holmdahl R, Vingsbo C, Mo JA et al. (1995) Chronicity of tissue-specific experimental autoimmune disease: a role for B cells? Immunol Rev 144: 109–135

Jacobson BA, Panka DJ, Nguyen KA, Erikson J, Abbas AK, Marshak-Rothstein A (1995) Anatomy of autoantibody production: dominant localization of antibody-producing cells to T cell zones in Fas-deficient mice. Immunity 3: 509–519

Jasin HE (1985) Autoantibody specificities of immune complexes sequestered in articular cartilage of patients with rheumatoid arthritis and osteoarthritis. Arthritis Rheum 28: 241–248

Jefferis R (1993) What is an idiotype? Immunol Today 14: 119–121

Jelaska A, Korn JH (1997) Apoptosis as a selection factor in the pathogenesis of scleroderma. Arthritis Rheum 40: S200

Jelaska A, Arakawa M, Broketa G, Korn JH (1996) Heterogeneity of collagen synthesis in normal and systemic sclerosis skin fibroblasts. Increased proportion of high collagen-producing cells in systemic sclerosis fibroblasts. Arthritis Rheum 39: 1338–1346

Jennette JC, Falk RJ, Andrassy K et al. (1992) Nomenclature of systemic vasculitides: proposal of an international conference. Arthritis Rheum 37: 187–192

Jerne NK (1974) Towards a network theory of the immune system. Ann Immunol (Paris) 125C: 373–389

Kalden JR, Breedveld F, Burkhardt H, Burmester GR (1998) Immunological treatment of autoimmune diseases. Adv Immunol 68: 331–418

Kasturi KN, Hatakeyama A, Spiera H, Bona CA (1995) Anti-fibrillarin autoantibodies present in systemic sclerosis and other connective tissue disease interact with similar epitopes. J Exp Med 181: 1027–1036

Kelsoe G (1996) Life and death in germinal centers (redux). Immunity 4: 107–111

Khamashta MA, Hughes GRV (1995) Antiphospholipid antibodies and antiphospholipid syndrome. Curr Opin Rheumatol 7: 389–394

Kim HY, Kim WU, Cho ML et al. (1999) Enhanced T cell proliferative response to type II collagen and synthetic peptide CII (255–274) in patients with rheumatoid arthritis. Arthritis Rheum 42: 2085–2093

Kipps TJ, Robbins BA, Kuster P, Carson DA (1988) Autoantibody-associated cross-reactive idiotypes expressed at high frequency in chronic lymphocytic leukemia relative to B-cell lymphomas of follicular center cell origin. Blood 72: 422–428

Komisar JL, Leung KY, Crawley RR, Talal N, Teale JM (1989) Ig VH gene family repertoire of plasma cells derived from lupus-prone MRL/lpr and MRL/++ mice. J Immunol 143: 340–347

Kunkel HG, Agnello V, Joslin FG, Winchester RJ, Capra JD (1973) Cross-idiotypic specificity among monoclonal IgM proteins with anti-gamma-globulin activity. J Exp Med 137: 331–342

Kuwana M, Okano Y, Kaburaki J et al. (1999) Autoantibodies to RNA polymerases recognize multiple subunits and demonstrate cross-reactivity between RNA-polymerase complexes. Arthritis Rheum 42: 275–284

Lacroix-Desmazes S, Kaveri SV, Mouthon L et al. (1998) Self-reactive antibodies (natural autoantibodies) in healthy individuals. J Immunol Methods 216: 117–137

Lalor PA, Stall AM, Adams S, Herzenberg LA (1989) Permanent alteration of the murine Ly-1 B repertoire due to selective depletion of Ly-1 B cells in neonatal animals. Eur J Immunol 19: 501–506

Lee B, Craft JE (1995) Molecular structure and function of autoantigens in systemic sclerosis. Int Rev Immunol 12: 129–144

Lesavre P, Noel LH, Gayno S et al. (1993) Atypical autoantigen targets of perinuclear antineutrophil cytoplasm antibodies (p-ANCA): specificity and clinical associations. J Autoimmun 6: 185–195

Lockshine MD (2001) Antiphospholipid antibody syndrom. In: Ruddy S, Harris ED, Sledge CB (eds) Segent JS, Budd RC (ass eds) Kelley's textbook of rheumatology, 6th edn. Saunders, Philadelphia, pp 1145–1152

Love LA, Leff RL, Fraser DD et al. (1991) A new approach to the classification of idiopathic inflammatory myopathy: myositis-specific autoantibodies define useful homogeneous patient groups. Medicine (Baltimore) 70: 360–374

Lydyard PM, Quartey-Papafio R, Bröker B et al. (1990) The antibody repertoire of early human B cells. I. High frequency of autoreactivity and polyreactivity. Scand J Immunol 31: 33–43

Malmström V, Michaelsson E, Burkhardt H, Mattsson R, Vuorio E, Holmdahl R (1996) Systemic versus cartilage-specific expression of a type II collagen-specific T-cell epitope determines the level of tolerance and susceptibility to arthritis. Proc Natl Acad Sci USA 93: 4480–4485

Manger K, Repp R, Spriewald BM et al. (1998) Fc gamma receptor IIa polymorphism in Caucasian patients with systemic lupus erythematosus: association with clinical symptoms. Arthritis Rheum 41: 1181–1189

Margaux J, Hayem G, Palazzo E et al. (1998) Clinical usefulness of antibodies to U1snRNP proteins in mixed connective tissue disease and systemic lupus erythematosus. Rev Rhum Engl Ed 65: 378–386

Mayet WJ (2000) Autoantikörper bei systemischer Vaskulitis. In: Thomas L (Hrsg) Labor und Diagnose. Indikation und Bewertung von Laborbefunden für die medizinische Diagnostik, 5. erweiterte Aufl. TH-Books, Frankfurt/Main, S 859–864

Mayet WJ, Meyer zum Büschenfelde KH (1993) Antibodies to proteinase 3 increase adhesion of neutrophils to human endothelial cells. Clin Exp Immunol 94: 440–446

Mayet WJ, Csernok E, Szymkowiak C, Gross WL, Meyer zum Büschenfelde KH (1993) Human endothelial cells express proteinase 3, the target antigen of anti-cytoplasmic antibodies in Wegener's granulomatosis. Blood 82: 1221–1229

Melchers F, Rolink A, Grawunder U et al. (1995) Positive and negative selection events during B lymphopoiesis. Curr Opin Immunol 7: 214–227

Ménard HA, el-Amine M (1996) The calpain-calpastatin system in rheumatoid arthritis. Immunol Today 17: 545–547

Ménard HA, Lapointe E, Rochdi MD, Zhou ZJ (2000) Insights into rheumatoid arthritis derived from the Sa immune system. Arthritis Res 2: 429–432

Mendlovic S, Brocke S, Shoenfeld Y et al. (1988) Induction of a systemic lupus erythematosus-like disease in mice by a common human anti-DNA idiotype. Proc Natl Acad Sci USA 85: 2260–2264

Michaelsson E, Malmström V, Reis S, Engström A, Burkhardt H, Holmdahl R (1994) T-cell recognition of carbohydrates on type II collagen. J Exp Med 80: 745–749

Mierau R, Genth E (2000) Autoantikörper bei systemischen entzündlich-rheumatischen Erkrankungen (Kollagenosen). In: Thomas L (Hrsg) Labor und Diagnose. Indikation und Bewertung von Laborbefunden für die medizinische Diagnostik, 5. erweiterte Aufl. TH-Books, Frankfurt/Main, S 824–851

Milgrom F (1988) Development of rheumatoid factor research through 50 years. Scand J Rheumatol Suppl 75: 2–12

Miossec P (2000) Are T cells in rheumatoid synovium aggressors or bystanders? Curr Opin Rheumatol 12: 181–185

Monestier M, Manheimer-Lory A, Bellon B et al. (1986) Shared idiotypes and restricted immunoglobulin variable region heavy chain genes characterize murine autoantibodies of various specificities. J Clin Invest 78: 753–759

Monestier M, Losman JA, Fasy TM et al. (1990) Antihistone antibodies in antinuclear antibody-positive juvenile arthritis. Arthritis Rheum 33: 1836–1841

Morioka T, Fujigaki Y, Batsford SR et al. (1996) Anti-DNA antibody derived from a systemic lupus erythematosus (SLE) patient forms histone-DNA-anti-DNA complexes that bind to rat glomeruli in vivo. Clin Exp Immunol 104: 92–96

Mühlen CA von, Tan EM (1995) Autoantibodies in the diagnosis of systemic rheumatic diseases. Semin Arthritis Rheum 24: 323–358

Naparstek Y, Duggan D, Schattner A et al. (1985) Immunochemical similarities between monoclonal antibacterial Waldenström's macroglobulins and monoclonal anti-DNA lupus autoantibodies. J Exp Med 161: 1525–1538

Natvig JB, Kunkel HG (1973) Human immunoglobulins: classes, subclasses, genetic variants, and idiotypes. Adv Immunol 16: 1–59

Nelson JL (1996) Maternal-fetal immunology and autoimmune disease: is some autoimmune disease auto-alloimmune or allo-autoimmune? Arthritis Rheum 39: 191–194

Nemazee DA, Bürki K (1989) Clonal deletion of B lymphocytes in a transgenic mouse bearing anti-MHC class I antibody genes. Nature 337: 562–566

Nepom GT, Erlich H (1991) MHC class-II molecules and autoimmunity. Annu Rev Immunol 9: 493–525

Neuberger MS, Ehrenstein MR, Rada C et al. (2000) Memory in the B-cell compartment: antibody affinity maturation. Philos Trans R Soc Lond B Biol Sci 355: 357–360

Nickerson KG, Berman J, Glickman E, Chess L, Alt FW (1989) Early human IgH gene assembly in Epstein-Barr virus-transformed fetal B cell lines. Preferential utilization of the most JH-proximal D segment (DQ52) and two unusual VH-related rearrangements. J Exp Med 169: 1391–1403

O'Brien CA, Wolin SL (1994) A possible role for the 60-kD Ro autoantigen in a discard pathway for defective 5S rRNA precursors. Genes Dev 8: 2891–2903

Oddis CV, Okano Y, Rudert WA et al. (1992) Serum autoantibody to the nucleolar antigen PM-Scl. Clinical and immunogenetic associations. Arthritis Rheum 35: 1211–1217

Oettinger MA (1999) V(D)J recombination: on the cutting edge. Curr Opin Cell Biol 11:325–329

Ohnishi K, Ebling FM, Mitchell B et al. (1994) Comparison of pathogenic and nonpathogenic murine antibodies to DNA: antigen binding and structural characteristics. Int Immunol 6: 817–830

Okamura M, Kanayama Y, Amastu K et al. (1993) Significance of enzyme linked immunosorbent assay for antibodies to double stranded and single stranded DNA in patients with lupus nephritis: correlation with renal histology. Ann Rheum Dis 52: 14–20

Okano Y, Steen VD, Medsger TA Jr (1992) Autoantibodies to U3 nucleolar ribonucleoprotein (fibrillarin) in patients with systemic sclerosis. Arthritis Rheum 35: 95–100

Oldstone MB (1989) Molecular mimicry as a mechanism for the cause and a probe uncovering etiologic agent(s) of autoimmune disease. Curr Top Microbiol Immunol 145: 127–135

Oppliger IR, Nardella FA, Stone GC, Mannik M (1987) Human rheumatoid factors bear the internal image of the Fc binding region of staphylococcal protein A. J Exp Med 166: 702–710

Pannone BK, Xue D, Wolin SL (1998) A role for the yeast La protein in U6 snRNP assembly: evidence that the La protein is a molecular chaperone for RNA polymerase III transcripts. EMBO J 17: 7442–7453

Peng SL, Craft J (1996) Spliceosomal snRNPs autoantibodies. In: Peter JB, Shoenfeld J (eds) Autoantibodies. Elsevier, Amsterdam New York, p 774

Peng S, Craft J (2001) Antinuclear antibodies. In: Ruddy S, Harris ED, Sledge CB (eds) Segent JS, Budd RC (ass eds) Kelley's textbook of rheumatology, 6th edn. Saunders, Philadelphia, pp 161–174

Perlmutter RM, Kearney JF, Chang SP, Hood LE (1985) Developmentally controlled expression of immunoglobulin VH genes. Science 227: 1597–1601

Pierangeli SS, Liu XW, Barker JH et al. (1995) Induction of thrombosis in a mouse model by IgG, IgM, and IgA immunoglobulins from patients with antiphospholipid syndrome. Thromb Haemost 74: 1361–1367

Plater-Zyberk C, Brennan FM, Feldmann M, Maini RN (1989) „Fetal-type" B and T lymphocytes in rheumatoid arthritis and primary Sjogren's syndrome. J Autoimmun [Suppl] 2: 233–241

Rajewsky K (1996) Clonal selection and learning in the antibody system. Nature 381: 751–758

Rand JH, Wu XX, Andree HA et al. (1997) Pregnancy loss in the antiphospholipid-antibody syndrome – a possible thrombogenic mechanism. N Engl J Med 337: 154–160

Randen I, Pascual V, Victor K et al. (1993) Synovial IgG rheumatoid factors show evidence of an antigen-driven immune response and a shift in the V gene repertoire compared to IgM rheumatoid factors. Eur J Immunol 23: 1220–1225

Rathmell JC, Cooke MP, Ho WY et al. (1995) CD95 (Fas)-dependent elimination of self-reactive B cells upon interaction with CD4+ T cells. Nature 376: 181–184

Reininger L, Berney T, Shibata T, Spertini F, Merino R, Izui S (1990) Cryoglobulinemia induced by a murine IgG3 rheumatoid factor: skin vasculitis and glomerulonephritis arise from distinct pathogenic mechanisms. Proc Natl Acad Sci USA 87: 10.038–10.042

Robbins DL, Wistar R Jr (1985) Comparative specificities of serum and synovial cell 19S IgM rheumatoid factors in rheumatoid arthritis. J Rheumatol 12: 437–443

Robbins DL, Kenny TP, Snyder LL, Ermel RW, Larrick JW (1993) Allotypic dependency of the specificity and avidity of human monoclonal IgM rheumatoid factors derived from rheumatoid synovial cells. Arthritis Rheum 36: 389–393

Roosnek E, Lanzavecchia A (1991) Efficient and selective presentation of antigen-antibody complexes by rheumatoid factor B cells. J Exp Med 173: 487–489

Roudier J, Petersen J, Rhodes GH, Luka J, Carson DA (1989) Susceptibility to rheumatoid arthritis maps to a T-cell epitope shared by the HLA-Dw4 DR beta-1 chain and the Epstein-Barr virus glycoprotein gp110. Proc Natl Acad Sci USA 86: 5104–5108

Sanz I, Casali P, Thomas JW, Notkins AL, Capra JD (1989a) Nucleotide sequences of eight human natural autoantibody VH regions reveals apparent restricted use of VH families. J Immunol 142: 4054–4061

Sanz I, Dang H, Takei M, Talal N, Capra JD (1989b) VH sequence of a human anti-Sm autoantibody. Evidence that autoantibodies can be unmutated copies of germline genes. J Immunol 142: 883–887

Satoh M, Ajmani AK, Ogasawara T et al. (1994) Autoantibodies to RNA polymerase II are common in systemic lupus erythematosus and overlap syndrome. Specific recognition of the phosphorylated (IIO) form by a subset of human sera. J Clin Invest 94: 1981–1989

Schellekens GA, Jong BA de, Hoogen FH van den, Putte LB van de, Venrooij WJ van (1998) Citrulline is an essential constituent of antigenic determinants recognized by rheumatoid arthritis-specific autoantibodies. J Clin Invest 101: 273–281

Schröder AE, Greiner A, Seyfert C, Berek C (1996) Differentiation of B cells in the nonlymphoid tissue of the synovial membrane of patients with rheumatoid arthritis. Proc Natl Acad Sci USA 93: 221–225

Schulte S, Unger C, Mo JA et al. (1998) Arthritis-related B cell epitopes in collagen II are conformation-dependent and sterically privileged in accessible sites of cartilage collagen fibrils. J Biol Chem 273: 1551–1561

Seibold JR (2001) Scleroderma. In: Ruddy S, Harris ED, Sledge CB (eds) Segent JS, Budd RC (ass eds) Kelley's textbook of rheumatology, 6th edn. Saunders, Philadelphia, pp 1211–1239

Sharp GC, Irvin WS, Tan EM, Gould RG, Holman HR (1972) Mixed connective tissue disease: an apparently distinct rheumatic disease syndrom associated with a specific antibody to an extractable nuclear antigen (ENA). Am J Med 52: 148–159

Shinohara N, Watanabe M, Sachs DH, Hozumi N (1988) Killing of antigen-reactive B cells by class II-restricted, soluble antigen-specific CD8+ cytolytic T lymphocytes. Nature 336: 481–484

Shmerling RH, Delbanco TL (1991) The rheumatoid factor: an analysis of clinical utility. Am J Med 91: 528–534

Shoenfeld Y, Isenberg D (1987) DNA antibody idiotypes: a review of their genetic, clinical, and immunopathologic features. Semin Arthritis Rheum 16:245–252

Shoenfeld Y, Ziporen L (1998) Lessons from experimentel APS models. Lupus 7: S158–161

Simantov R, LaSala J, Lo SK et al. (1995) Activation of cultured vascular endothelial cells by antiphospholipid antibodies. J Clin Invest 96: 2211–2219

Siminovitch KA, Misener V, Kwong PC, Song QL, Chen PP (1989) A natural autoantibody is encoded by germline heavy and lambda light chain variable region genes without somatic mutation. J Clin Invest 84: 1675–1678

Siminovitch KA, Misener V, Kwong PC et al. (1990) A human anti-cardiolipin autoantibody is encoded by developementally restricted heavy and light chain variable region genes. Autoimmunity 8: 97–105

Skriner K, Sommergruber WH, Tremmel V et al. (1997) Anti-A2/RA33 autoantibodies are directed to the RNA binding region of the A2 protein of the heterogeneous nuclear ribonucleoprotein complex. Differential epitope recognition in rheumatoid arthritis, systemic lupus erythematosus, and mixed connective tissue disease. J Clin Invest 100: 127–135

Smith HR, Olson RR (1990) CD5+ B lymphocytes in systemic lupus erythematosus and rheumatoid arthritis. J Rheumatol 17: 833–835

St. Clair EW (1992) Anti-La antibodies. Rheum Dis Clin North Am 18: 359–376

Stavnezer J (1996) Immunoglobulin class switching. Curr Opin Immunol 8:199–205

Sthoeger ZM, Wakai M, Tse DB et al. (1989) Production of autoantibodies by CD5-expressing B lymphocytes from patients with chronic lymphocytic leukemia. J Exp Med 169: 255–268

Suwa A (1990) Studies on the antigenic epitopes reactive with autoantibody in patients with PSS-PM overlap syndrome. Keio Igaku 67: 865

Suzuki N, Harada T, Mizushima Y, Sakane T (1993) Possible pathogenic role of cationic anti-DNA autoantibodies in the development of nephritis in patients with systemic lupus erythematosus. J Immunol 151: 1128–1136

Svensson L, Jirholt J, Holmdahl R, Jansson L (1998) B cell-deficient mice do not develop type II collagen-induced arthritis (CIA). Clin Exp Immunol 111: 521–526

Takeuchi K, Kaneda K, Kawakami I et al. (1996) Autoantibodies recognizing proteins copurified with PCNA in patients with connective tissue diseases. Mol Biol Rep 23: 243–246

Tan EM, Cohen AS, Fries JF et al. (1982) The 1982 revised criteria for the classification of systemic lupus erythematosus Arthritis Rheum 25: 1271–1277

Targoff IN (1994) Immune manifestations of inflammatory muscle disease. Rheum Dis Clin North Am 20: 857–880

Tarkowski A, Klareskog L, Carlsten H, Herberts P, Koopman WJ (1989) Secretion of antibodies to types I and II collagen by synovial tissue cells in patients with rheumatoid arthritis. Arthritis Rheum 32: 1087–1092

Tarlinton DM, Smith KG (2000) Dissecting affinity maturation: a model explaining selection of antibody-forming cells and memory B cells in the germinal centre. Immunol Today 21: 436–441

Teh LS, Isenberg DA (1994) Antirobosomal P protein antibodies in systemic lupus erythematosus. A reappraisal. Arthritis Rheum 37: 307–315

Thomas L (2000) Immunchemische Techniken. In: Thomas L (Hrsg) Labor und Diagnose. Indikation und Bewertung von Laborbefunden für die medizinische Diagnostik, 5. erweiterte Aufl. TH-Books, Frankfurt/Main, S 1464–1478

Tiegs SL, Russell DM, Nemazee D (1993) Receptor editing in self-reactive bone marrow B cells. J Exp Med 177: 1009–1020

Tsurimoto T (1998) PCNA, a multifunctional ring on DNA. Biochim Biophys Acta 1443: 23–39

Victor KD, Randen I, Thompson K et al. (1991) Rheumatoid factors isolated from patients with autoimmune disorders are derived from germline genes distinct from those encoding the Wa, Po, and Bla cross-reactive idiotypes. J Clin Invest 87: 1603–1613

Vlahakos DV, Foster MH, Adams S et al. (1992) Anti-DNA antibodies form immune deposits at distinct glomerular and vascular sites. Kidney Int 41: 1690–1700

Voll RE, Herrmann M, Roth EA, Stach C, Kalden JR, Girkontaite I (1997a) Immunosuppressive effects of apoptotic cells. Nature 390: 350–351

Voll RE, Roth EA, Girkontaite I et al. (1997b) Histone-specific Th0 and Th1 clones derived from systemic lupus erythematosus patients induce double-stranded DNA antibody production. Arthritis Rheum 40: 2162–2171

Vollertsen RS, Conn DL (1990) Vasculitis associated with rheumatoid arthritis. Rheum Dis Clin North Am 16: 445–461

Wabl M, Steinberg C (1996) Affinity maturation and class switching. Curr Opin Immunol 8: 89–92

Werner-Favre C, Vischer TL, Wohlwend D, Zubler RH (1989) Cell surface antigen CD5 is a marker for activated human B cells. Eur J Immunol 19:1209–1213

Winfield JB, Faiferman I, Koffler D (1977) Avidity of anti-DNA antibodies in serum and IgG glomerular eluates from patients with systemic lupus erythematosus. Association of high avidity antinative DNA antibody with glomerulonephritis. J Clin Invest 59: 90–96

Winkler TH, Fehr H, Kalden JR (1992) Analysis of immunoglobulin variable region genes from human IgG anti-DNA hybridomas. Eur J Immunol 22: 1719–1728

Wooley PH, Luthra HS, Singh SK, Huse AR, Stuart JM, David CS (1984) Passive transfer of arthritis to mice by injection of human anti-type II collagen antibody. Mayo Clin Proc 59: 737–743

Yoshida M, Yoshida H, Muso E et al. (1987) Clonotypic comparison of IgG anti-DNA antibodies of healthy subjects and systemic lupus erythematosus patients: studies on heterogeneity and avidity. Immunol Lett 15: 139–144

Zhang Y, LeRoy G, Seelig HP et al. (1998) The dermatomyositis-specific autoantigen Mi2 is a component of a complex containing histone deacetylase and nucleosome remodeling activities. Cell 95: 279–289

Zouali M, Stollar BD, Schwartz RS (1988) Origin and diversification of anti-DNA antibodies. Immunol Rev 105: 137–159

8 Möglichkeiten der Gentherapie

Thomas Pap, Renate E. Gay und Steffen Gay

8.1 Grundlagen der Gentherapie

Wie in den vorangegangenen Kapiteln gezeigt, haben die letzten Jahre wichtige Fortschritte in der Erforschung der molekularen Ursachen rheumatischer Erkrankungen gebracht. Dies hat nicht nur zu Veränderungen vormals gültiger Vorstellungen von Ätiologie und Pathogenese dieser Krankheiten geführt, sondern auch die Entwicklung neuer Therapiestrategien vorangetrieben. Zu nennen sind hier

- die Entwicklung neuer immunsuppressiver Basistherapeutika,
- die Verfügbarkeit nichtsteroidaler Entzündungshemmer mit hoher COX-2-Selektivität und
- die Einführung von rekombinanten Zytokinen bzw. von Zytokininhibitoren.

Die Hemmung des Tumornekrosefaktor α (TNF-α) durch gentechnisch hergestellte und modifizierte Rezeptorproteine bzw. monoklonale Antikörper gehört inzwischen zur etablierten Therapie der rheumatoiden Arthritis (RA) und hat zu einem wirklichen Durchbruch geführt (Feldmann u. Maini 2001).

Dennoch sind die medikamentösen Möglichkeiten zur Behandlung rheumatischer Erkrankungen begrenzt. So benötigt die Mehrzahl von Patienten mit RA weiterhin eine aggressive und potenziell nebenwirkungsträchtige Kombinationstherapie. Diese besteht in der Regel aus der Verabfolgung von nichtsteroidalen Entzündungshemmern, dem frühen und energischen Einsatz krankheitsmodifizierender Basistherapeutika und Steroiden. Auch wenn die Entzündungsaktivität bei vielen Patienten so verringert und die Gelenkzerstörung ver-

Ganten/Ruckpaul (Hrsg.)
Molekularmedizinische Grundlagen
von rheumatischen Erkrankungen
© Springer-Verlag Berlin Heidelberg 2003

langsamt werden können, versagt die medikamentöse Therapie oft. Die Ursachen dafür liegen nicht nur in unvollständigen Kenntnissen über entscheidende Mechanismen der Krankheitsentstehung. Vielmehr ist eine spezifische Beeinflussung relevanter Pathomechanismen in den erkrankten Gelenken bisher kaum möglich. Die systemische Applikation sowohl pharmakologischer als auch biologischer Medikamente zielt v. a. auf eine eher unspezifische Entzündungsmodulation bzw. Immunsuppression. Damit kann zwar in einen wichtigen Teil des rheumatischen Geschehens eingegriffen werden. Untersuchungen zeigen jedoch, dass die Kopplung von Entzündungsgeschehen und Gelenkzerstörung bei der RA nicht sehr eng ist (Mulherin et al. 1996). Vielmehr spielen auch entzündungsunabhängige zelluläre Aktivierungsmechanismen eine wesentliche Rolle (Pap et al. 2000 b). Die Modulation solcher zellinterner Signal- und Aktivierungswege durch systemisch applizierte Medikamente ist aber einer Reihe von Einschränkungen unterworfen. Neben rein pharmakologischen Schwierigkeiten ist hier von Bedeutung, dass die bei RA dysregulierten Signalwege auch wichtige Funktionen bei physiologischen Prozessen wie der Geweberegeneration haben.

Auf der Suche nach alternativen Behandlungsstrategien haben gentherapeutische Ansätze in den letzten Jahren zunehmend an Attraktivität gewonnen (Pap et al. 2000 a; Gouze et al. 2001). Dieses Kapitel soll in die Prinzipien und Möglichkeiten gentherapeutischer Ansätze bei rheumatischen Erkrankungen einführen sowie einen Überblick über den gegenwärtigen Stand – besonders bei RA – liefern. Darüber hinaus soll gezeigt werden, welche zukünftigen Entwicklungen aus heutiger Sicht zu erwarten sind.

8.1.1 Prinzipien in der Gentherapie erworbener rheumatischer Erkrankungen

Alle Proteine einer Zelle werden durch Gene kodiert. Diese bestehen aus einer bestimmten Sequenz von Nukleotiden innerhalb der Desoxyribonukleinsäure (deoxyribonucleic acid, DNA). Im kodierenden Anteil der Gene wird durch diese Abfolge von Nukleotiden die Aminosäuresequenz des Proteins verschlüsselt. Über die Zwischenstufe der Botenribonukleinsäure (messenger ribonucleic acid, mRNA) wird von der Zelle das Protein synthetisiert (Abb. 8.1). Obwohl die genetische Information der DNA linear angeordnet ist, weisen Gene neben kodierenden Abschnitten (Exons) auch verschieden große nichtkodierende Segmente (Introns) auf. Daneben gehören zu jedem Gen regulatorische Elemente, wie Promotoren und Enhancer, die über Bindungsstellen für nukleäre Transkriptionsfaktoren verfügen und die Expression der Proteine steuern.

Das Konzept der Gentherapie beruht auf diesen molekularen Prinzipien der Verarbeitung genetischer Information. Durch die Übertragung von Genen bzw. von veränderten, zumeist inhibitorischen Genkonstrukten in erkrankte Zellen soll die Proteinsynthese im Sinne eines therapeutischen Effekts modifiziert werden. Ursprünglich wurde das Konzept der Gentherapie für die Behandlung von monogenen Erbleiden entwickelt. Die Idee bestand darin, einen bekannten genetischen Defekt durch den Transfer des intakten Gens zu korrigieren. Das fehlende bzw. nicht funktionelle Protein sollte so in den erkrankten Zellen wieder produziert und die Erkrankung kausal therapiert werden. Auch wenn es nach heutigem Kenntnisstand eine genetische Komponente für die Suszeptibilität und die Schwere von rheumatischen Erkrankungen wie der RA gibt, sind rheumatische Erkrankungen keine Erbleiden. Vielmehr handelt es sich um erworbene, multifaktoriell bedingte Erkrankungen, bei denen auf der Grundlage eines genetischen Hintergrundes (weitgehend unbekannte) Umweltfaktoren eine entscheidende Rolle spielen. Rheumatische Erkrankungen sind also nicht durch die Korrektur eines definierten genetischen Defektes zu therapieren. Unsere wachsenden Kenntnissen über molekulare Pathomechanismen haben aber zu der Erkenntnis geführt, dass die Gentherapie auch hier neue Möglichkeiten bietet. Der Grundgedanke dabei ist einfach: Anstelle der direkten Applikation eines Therapeutikums wird ein Gen(abschnitt) in das erkrankte Gewebe übertragen. Dieses Genkonstrukt kann entweder ein therapeutisches Protein kodieren oder die Expression fehlregulierter, pathologisch überexprimierter Proteine hemmen. Suffiziente Methoden des Transfers und der Expression von Genkonstrukten in Zielzellen vorausgesetzt, wird bei dieser Therapieform durch die Zellen selbst über ihre gesamte Lebensdauer ein therapeutisches Protein produziert, und die molekulare Pathologie wird am Ort der Erkrankung korrigiert.

Damit lässt sich die Problematik des Gentransfers in 3 entscheidende Fragen fassen:
1. Was für Gene bzw. Genkonstrukte sollen übertragen werden, um einen therapeutischen Effekt zu erzielen?

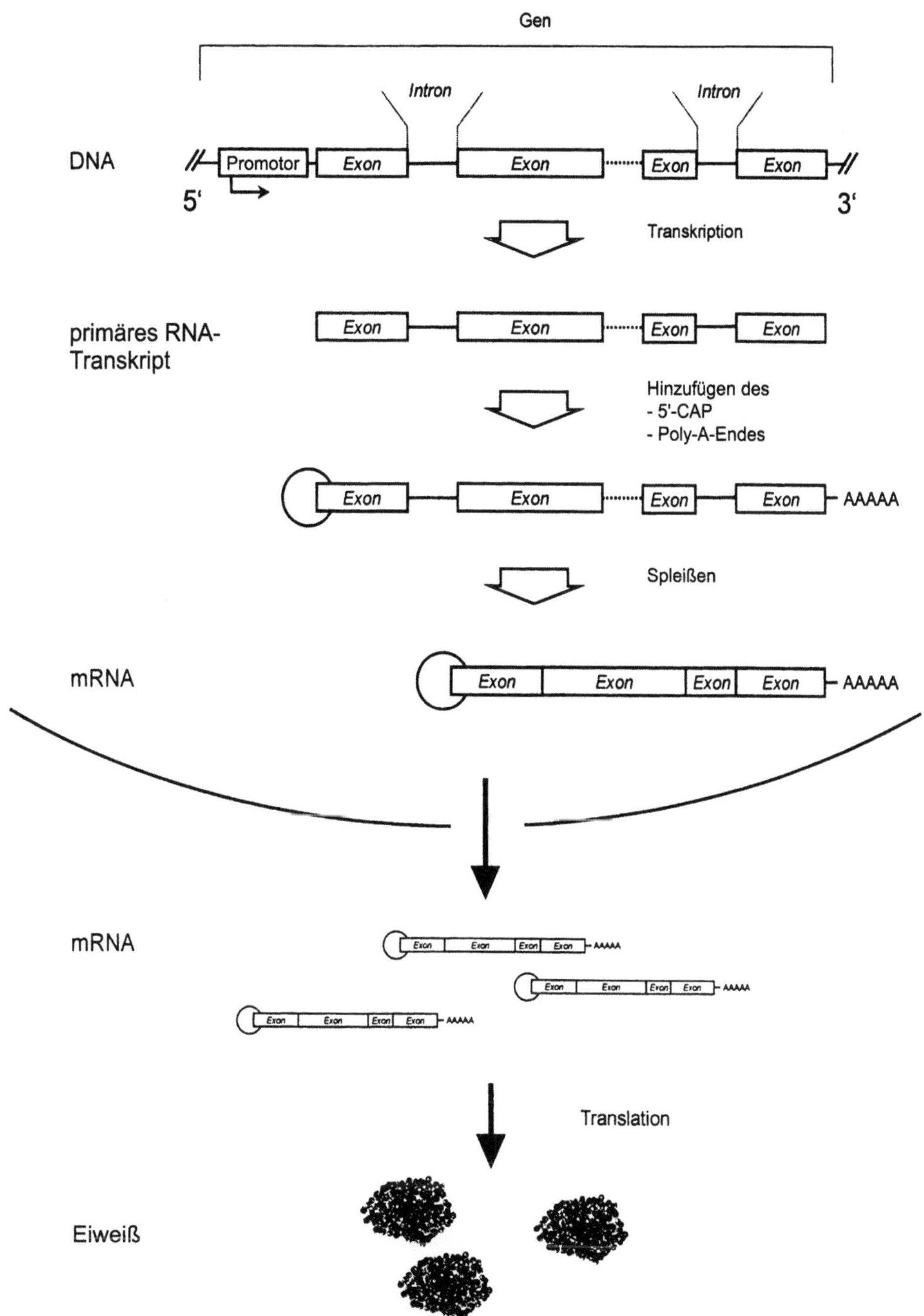

Abb. 8.1. Verarbeitung der genetischen Information in einer Zelle. Die genetische Information ist in der doppelsträngigen DNA enthalten. Gene, in denen jeweils die Information für ein bestimmtes Protein verschlüsselt ist, enthalten neben den kodierenden Anteilen (*Exons*) auch nichtkodierende Abschnitte (*Introns*) und regulatorische Elemente (*Promotoren* und *Enhancer*). Von der DNA wird im Zellkern ein primäres RNA-Transkript abgeschrieben. An diesem werden Modifikationen wie das Hinzufügen des 5'-CAP und des Poly-A-Endes vorgenommen, bevor die reife mRNA den Zellkern verlässt und im Zytoplasma in das entsprechende Protein translatiert wird

2. Wie müssen Genkonstrukte aufgebaut und verpackt sein, damit sie effektiv in die entsprechenden Zielzellen gelangen und dort exprimiert werden?
3. Auf welche Weise sollen die fertigen Genkonstrukte am Patienten appliziert werden?

Vereinfacht stellen also die Fragen nach dem „Was" (d.h. den Zielgenen) und dem „Wie" (d.h. der Applikation) die zentralen Probleme der Gentherapie rheumatischer Erkrankungen dar. Diese Fragen stehen allerdings nicht unabhängig voneinander. Vielmehr bedingt die Art des zu exprimierenden Proteins bis zu einem gewissen Grad auch seine Übertragung. Hier sind 2 Möglichkeiten denkbar:

1. die Übertragung extrazellulär abgegebener, sezernierter Proteine oder
2. der Gentransfer intrazellulär wirkender Proteine.

8.1.1.1 Gentransfer sezernierter Proteine

Kodiert das transferierte Gen einen sezernierten Botenstoff, z.B. ein Zytokin, Chemokin oder einen Wachstumsfaktor, wird dieser von der veränderten Zelle abgegeben und entfaltet seine Wirkung über zelluläre Rezeptoren. Hier werden also die Zelle und damit der Körper selbst zum Produzenten eines biologischen Therapeutikums. Dieser Ansatz stellt aus Sicht des „Wie" die einfachste Variante dar, da er die geringsten Anforderungen an den Übertragungsmechanismus stellt. Einerseits ist – zumindest bei lokaler Applikation – eine Zellspezifität kaum nötig. Die Übertragung des Gens in gesunde Zellen bzw. an der Pathogenese unbeteiligte Zellpopulationen eines Gelenkes hätte keinen grundsätzlich anderen Effekt als die Übertragung des Gens in erkrankte Synoviozyten. Andererseits werden beim Gentransfer sezernierter Proteine die geringsten Anforderungen an die Anzahl von Zellen gestellt, die das übertragene Gen wirklich exprimieren. Bereits eine geringe Zahl von gentechnisch veränderten Zellen reicht aus, um einen therapeutischen Effekt zu erzielen. Infolgedessen kommt für den Gentransfer von sezernierten Proteinen neben der direkten Applikation des Genkonstrukts bzw. seines Transportvehikels in den Körper (*In-vivo-Gentransfer*) auch ein *Ex-vivo-Ansatz* in Betracht. Dabei werden zunächst durch eine Biopsie einzelne Zellen aus der Gelenkinnenhaut entnommen. Außerhalb des Körpers wird dann das Gen übertragen, und die gentechnisch veränderten Zellen werden schließlich in den Körper zurückgebracht. Hier werden sie erneut in den Zellverband des Gelenkes integriert, synthetisieren das Protein und geben es kontinuierlich ab.

Der erfolgreiche Einsatz von „Biologicals" zur Therapie rheumatischer Erkrankungen wie der RA lässt jedoch die Frage nach dem Stellenwert der Gentherapie bei der Applikation sezernierter Proteine aufkommen. Theoretisch bestehen diverse Vorteile der Gentherapie gegenüber biologischen Medikamenten (Pap et al. 1999d; Chernajovsky et al. 1995; Ghivizzani et al. 2000): Zunächst umgeht die Gentherapie pharmakologische Probleme bei der Herstellung applizierbarer Proteine, da das Protein von den gentechnisch veränderten Körperzellen selbst produziert wird. Außerdem kann die wiederholte, oft mehrfach wöchentliche Applikation reduziert werden, wenn die Produktionsdauer des Proteins nur durch die Lebensdauer der Zellen limitiert ist. Während schließlich bei „Biologicals" eine hohe systemische Konzentration für einen ausreichenden lokalen Effekt notwendig ist, könnte – eine gewebespezifische Expression der entsprechenden Konstrukte vorausgesetzt – eine hohe lokale Konzentration ohne systemische Konzentrationsspitzen erzielt werden. Diesen theoretischen Vorteilen stehen gegenwärtig jedoch Nachteile gegenüber, die in der Mehrzahl den unzureichenden Entwicklungsstand der Gentherapie reflektieren. Wenn die aufgezeigten Vorteile zur Geltung kommen sollen, werden nämlich viel höhere Anforderungen an den Gentransfer gestellt als die genannten Minimalbedingungen. Gegenwärtige Übertragungssysteme für Gene sind kaum in der Lage, Genkonstrukte bei systemischer Applikation zielgerichtet in die Gelenkinnenhaut zu übertragen und dort über mehrere Monate zu exprimieren.

8.1.1.2 Gentransfer intrazellulär wirkender Proteine oder Genkonstrukte

Die zum Gentransfer sezernierter Proteine alternative Möglichkeit besteht in der Übertragung von Genen bzw. Genkonstrukten, die intrazellulär verbleibende, regulatorische Proteine kodieren oder selbst regulatorische Funktionen ausüben. Beide Möglichkeiten greifen tief in die Funktionsweise einer Zelle ein und umgehen ganz bewusst rezeptorvermittelte Mechanismen. Damit stellen sie andere Anforderungen an die Spezifität des Gentransfers. Unter Berücksichtigung der Komplexität regulatorischer Mechanismen in verschiedenen Zelltypen und deren Abhängigkeit von Zellzyklus und -entwicklung scheint es unabdingbar, dass diese Genkonstrukte zellspezifisch übertragen werden. Das heißt, solch ein Gentransfer darf nur eine bestimmte Zellpopulation (z.B. synoviale Fibroblasten bei RA) betreffen. Außerdem sind hier *Ex-vivo-Ansätze* natürlich nicht sinnvoll. Da der Gentransfer von zellinternen Signalmodulatoren keinen unmittelbaren Effekt über die gentechnisch veränderte Zelle hinaus hat, muss das Genkonstrukt in möglichst alle erkrankten Zellen eines Gelenkes übertragen werden, um einen Effekt zu erzielen. Dies ist nur mittels *In-vivo-Verfahren* möglich.

Um pathologisch aktivierte Signalkaskaden intrazellulär zu modulieren, werden zum Gentransfer häufig dominant-negative Mutanten verwendet. Dominant-negative (dn) Mutanten werden durch gezielte Veränderung der Gensequenz von Signalproteinen hergestellt. Durch diese Veränderungen (z. B. Entfernung eines Genabschnitts, der die katalytischen Domäne kodiert) entstehen Signalproteine mit veränderten Eigenschaften. Sie binden zwar an nachfolgende Substrate, können ihre spezifische Funktion jedoch nicht mehr ausüben. Über eine Kompetition der Mutanten mit den (meist viel schwächer exprimierten) eigentlichen Signalmolekülen entsteht eine Hemmwirkung.

Ein anderer Ansatz zur intrazellulären Hemmung von Proteinen stellt die Übertragung von Antisensekonstrukten und Ribozymen dar. Dabei handelt es sich um Genkonstrukte, die nicht für ein bestimmtes Protein kodieren, sondern selbst in die Proteinsynthese eingreifen. Antisensekonstrukte sind Genabschnitte, deren Sequenz der mRNA eines bestimmten Gens genau entgegengesetzt (komplementär) ist. Antisense-RNA bindet an die „eigentliche" RNA und verhindert deren Translation. Bei genügend starker Expression von Antisense-RNA in einer Zielzelle wird so die Proteinsynthese unterdrückt (vgl. Abb. 8.1).

Ribozyme hingegen sind kurze (etwa 30–40 Nukleotide umfassende) RNA-Moleküle, die selbst eine katalytische Funktion haben. Ribozyme binden ebenfalls an komplementäre mRNA-Abschnitte, sind aber zusätzlich in der Lage, diese komplementäre mRNA zu spalten. Hierdurch wird ebenfalls die Translation von mRNA in das entsprechende Protein unterdrückt.

8.1.2 Gentransfer vs. Gentherapie

Bereits diese einleitende Darstellung verdeutlicht, dass trotz klar umrissener Konzepte zum Gentransfer die Anforderungen für eine wirkliche therapeutische Anwendung sehr hoch sind. In den letzten Jahren wurden verschiedene Verfahren zur Übertragung von Genkonstrukten in Synovialzellen entwickelt, die z. T. Gegenstand dieses Kapitels sind. Diese Verfahren sind sowohl bei *In-vitro-Studien* als auch in tierexperimentellen Untersuchungen eingesetzt worden. Obwohl die Mehrzahl dieser Untersuchungen mit dem Ziel durchgeführt wurde, über eine bessere Kenntnis von Pathomechanismen den Weg zu neuen Therapien zu ebnen, bestand oft kein direkter therapeutischer Anspruch. Vielmehr wurde in diesen Untersuchungen die Methode der Übertragung von Genen in Synovialzellen angewendet, um neue Erkenntnisse über

bestimmte Signalwege und Krankheitsprozesse zu gewinnen. Allenfalls sollte die grundsätzliche Möglichkeit erforscht werden, durch gezielte Modulation einzelner Moleküle mittels Übertragung von Genen den Krankheitsprozess zu modulieren (proof of principle). In diesen Fällen wird von *Gentransfer* gesprochen. So konnte in Gentransferuntersuchungen, bei denen das Gen für den Entzündungsmediator Interleukin-1 (IL-1) in Kaninchengelenken überexprimiert wurde, die Rolle dieses Zytokins für die Entstehung arthritischer, RA-artiger Veränderungen herausgearbeitet werden (Ghivizzani et al. 1997a). Vergleichbare Untersuchungen in unserem Labor hatten zum Ziel, den Tumorsuppressor p53 mittels retroviralem Gentransfer eines viralen Hemmproteins zu blockieren. Dadurch sollte untersucht werden, ob Mutationen des p53-Gens, wie sie bei einzelnen RA-Patienten beschrieben sind (Firestein et al. 1997), zur Aggressivität von Fibroblasten beitragen können. Wir konnten nachweisen, dass fehlendes p53 in der Tat zu einem aggressiven Verhalten synovialer Zellen führt, indem auch normale synoviale Fibroblasten durch Hemmung von p53 ein RA-ähnliches Verhalten zeigen (Pap et al. 2001). Solche Untersuchungen sind für das Verständnis der Pathogenese rheumatischer Erkrankungen sehr wichtig. Allerdings besteht hier keine unmittelbare therapeutische Intention. Daher ist es wichtig, den Bergriff Gentherapie von dem des Gentransfers klar abzugrenzen. Bei der *Gentherapie* steht neben den Methoden des Gentransfers der therapeutische Anspruch klar im Vordergrund. Erfolgreicher Gentransfer bedeutet aber keineswegs die Implikation einer therapeutischen Anwendung im Sinne einer Gentherapie. Sowohl im Interesse von Patienten mit rheumatischen Erkrankungen als auch im Interesse der Methode muss vor einer Gleichsetzung beider gewarnt werden. Hier könnten Erwartungen geweckt werden, die derzeit nicht zu erfüllen sind.

8.2 Übertragungssysteme für Gentransfer

Wie bereits skizziert, spielt die Frage nach dem „Wie" des Gentransfers eine zentrale Rolle. Sie gewinnt mit unseren wachsenden Kenntnissen über die Pathogenese rheumatischer Erkrankungen und damit über potenzielle Angriffsmechanismen noch an Bedeutung, da die Perspektive klinischer Studien viel höhere Anforderungen an Übertragungssysteme stellt, als der Einsatz bei *In-vitro-Untersuchungen* oder Tiermodellen.

8.2.1 Anforderungen an Übertragungssysteme für die Gentherapie

Im Allgemeinen wird bei der Übertragung von Genen in Körperzellen von *Transfektion* oder *Transduktion* gesprochen, d.h. Zielzellen werden mit Hilfe eines bestimmten Übertragungssystems transfiziert bzw. transduziert. Das übertragene Gen wird *Transgen* genannt. *Effizienz*, *Spezifität* und *Sicherheit* stellen zentrale Anforderungen an Übertragungssysteme für den Gentransfer dar.

8.2.1.1 Effizienz

Die effiziente Übertragung der Genkonstrukte auf die Zielzellen bzw. in das Zielgewebe sowie deren lang andauernde Expression in den transduzierten Zellen sind die wichtigsten Anforderungen an moderne Übertragungssysteme. Unter *Transduktionseffizienz* wird der prozentuale Anteil von Zellen der Gesamtpopulation verstanden, der durch ein Übertragungssystem transduziert wird. Die Transduktionseffizienz hängt wesentlich vom verwendeten Mechanismus ab, die äußere Zellmembran als wichtigste biologische Barriere zu überwinden. Rezeptorvermittelte Eintrittsmechanismen, wie sie Viren verwenden, führen zu einer höheren Transduktionseffizienz als passive Wege, die Zellmembran zu überwinden. Außerdem wird die Transduktionseffizienz von Eigenschaften der Zielzellen bestimmt. Hierzu gehören Zellzyklus bzw. Proliferationsrate sowie die Expression von Oberflächenrezeptoren auf den Zielzellen.

Die Effizienz des Gentransfers hängt außerdem von der *Expressionsdauer* eines Gens in den transduzierten Zellen ab, d.h. von der Zeit, die ein Transgen in der Zielzelle aktiv ist. Genkonstrukte werden nach ihrer Übertragung in die Zielzelle überwiegend nicht in das Genom der Wirtszelle integriert, sondern bleiben episomal. Bei Teilung der transduzierten Zellen findet daher keine Vervielfältigung (Replikation) des Transgens durch den Replikationsapparat der Wirtszelle statt, und nur eine der beiden Tochterzellen erhält das Transgen. Außerdem kann (v.a. unter den Bedingungen des zellulären Stresses) die Zielzelle das Genkonstrukt wieder „abstoßen". Man spricht daher von einer transienten Transfektion. Nur einige Viren (z.B. Retroviren) sind in der Lage, nach dem Eintritt in die Zielzelle, ihre genetische Information zielgerichtet in das Genom der Zielzelle einzubauen und damit für ein Verbleiben in allen Tochterzellen zu sorgen. Diese Zellen werden stabil transduziert. Eine noch wichtigere Rolle für die Expres-

sionsdauer spielen allerdings die regulatorischen Elemente, d.h. Promotoren und Enhancer, unter deren Kontrolle das Transgen exprimiert wird. Es werden Promotoren benötigt, die über einen langen Zeitraum eine stabile und hohe Expression des Transgens sichern. Bisher werden v.a. konstitutiv aktive, virale Promotoren wie der „cytomegalovirus major immediate early promoter/enhancer" (im Folgenden einfach CMV-Promotor) eingesetzt. Der CMV-Promotor zeigt sowohl in synovialen Fibroblasten als auch Makrophagen eine hohe Expressionsstärke (Goossens et al. 2000). Auch andere virale Promotoren wie der Simian-Virus-40(SV40)- oder Rous-Sarkoma-Virus(RSV)-Promotor wurden häufiger verwendet (Baragi et al. 1995). Allerdings zeigen auch starke virale Promotoren oft eine zeitlich begrenzte Expressionsdauer. So wird der CMV-Promotor bereits nach etwa 4 Wochen unabhängig vom übrigen Aufbau des Vektorsystems und der Transduktionsmethode durch zellinterne Mechanismen inaktiviert. Hierbei scheinen Methylierungsvorgänge am Promotor eine wichtige Rolle zu spielen (Prosch et al. 1996). Ähnliche Probleme treten bei anderen Promotoren auf. Die Entwicklung neuer bzw. modifizierter Promotor/Enhancer-Systeme hat daher einen hohen Stellenwert. Das Ziel besteht darin, die Expressionsdauer und -stärke zu verbessern und über gezielte Modifikationen zu einer zell- bzw. gewebespezifischen Expression zu gelangen.

8.2.1.2 Spezifische Expression

Die Übertragung von Genen sollte idealerweise nur eine definierte Zellpopulation im Gesamtorganismus betreffen. Die spezifische Expression übertragener Gene ist daher eine weitere Anforderung an moderne Übertragungssysteme. Sie bezieht sich einerseits auf die Unterscheidung zwischen den eigentlichen Zielzellen und Zellpopulationen im Zielgewebe, die nicht transduziert werden sollen. Spezifität meint aber auch die Unterscheidung zwischen „kranken" und „gesunden" Zellen.

Grundsätzlich bestehen 2 Möglichkeiten, eine solche Spezifität zu erreichen:

- Einerseits kann ein Übertragungssystem dafür sorgen, dass ein Transgen nur in eine bestimmte Zellpopulation gelangt (cell specific targeting). Dies ist v.a. dann möglich, wenn Zielzellen über Oberflächenrezeptoren verfügen, die sie von anderen Zellen unterscheiden und die für den Eintritt des Genkonstrukts genutzt werden können. Bei synovialen Zellen (besonders Fibroblasten) ist diese Voraussetzung allerdings kaum gegeben.

• Die alternative Möglichkeit zu einer Spezifität im Gentransfer zu gelangen, besteht darin, eine breitere Population von Zielzellen zu transduzieren (im Synovium z. B. sowohl Makrophagen als auch Fibroblasten und hier nicht nur „erkrankte", sondern auch potenziell normale Zellen), gleichzeitig aber dafür zu sorgen, dass eine Expression nur in ganz bestimmten Zellen (z. B. pathologisch veränderte synoviale Fibroblasten) erfolgt (cell specific expression). Dies kann erreicht werden, indem für die Expression des Transgens ein Promotor gewählt wird, der nur in diesen Zellen aktiv ist. Das heißt, hier würde die Expression eines Transgens über die Auswahl eines bestimmten Promotors direkt an die Pathogenese der Erkrankung gekoppelt.

8.2.1.3 Sicherheit

Sicherheitsaspekte spielen bei Überlegungen zur Gentherapie eine ganz entscheidende Rolle. Dies liegt v. a. an den initial erwähnten Vorteilen einer gentherapeutischen Intervention gegenüber konventionellen pharmakologischen Therapieansätzen. Die Aussicht auf eine lang anhaltende, spezifisch in zelluläre Regulationsmechanismen eingreifende Modulation biologischer Vorgänge bedeutet natürlich auch potenziell schwer zu kontrollierende unerwünschte Effekte. Sicherheitsbedenken beziehen sich dabei auf *somatische Effekte*, eventuelle *Keimbahnveränderungen* und auf *Umweltrisiken*.

Unter *somatischen Effekten* wird die mögliche Beeinflussung anderer als der erwünschten Zielzellen summiert. Die systemische Applikation von Genkonstrukten wird ohne ein zellspezifisches Targeting (s. oben) nicht nur synoviale Zellen, sondern auch strukturell verwandte Gewebe betreffen. Aber auch bei lokaler Applikation in die Gelenke muss überprüft werden, ob andere als residente Zellen transduziert werden. Solche nicht residenten Zellen könnten sich über direkte Migration bzw. die (Blut)zirkulation im Körper ausbreiten und Fernwirkungen entfalten. Neben der Möglichkeit einer Ausbreitung (spreading) über bewegliche Zellen muss auch an die Weiterleitung über Zellfortsätze gedacht werde. So ist gezeigt worden, dass adenovirale Genkonstrukte von Nervenendigungen aufgenommen und retrograd im Neuron transportiert werden können (Kuo et al. 1995). Genkonstrukte könnten bei lokaler Applikation in ein Gelenk über solche Transportmechanismen auf die Gegenseite weitergeleitet werden. Ob kontralaterale Effekte, wie sie in einigen Gentransferstudien bei Arthritis beobachtet wurden (Ghivizzani

et al. 1998) auf solche Mechanismen zurückzuführen sind, ist derzeit nicht bekannt. Unerwünschte somatische Effekte betreffen aber auch unbeabsichtigte Auswirkungen auf die Zielzellen selbst. Hierunter ist v. a. eine potenzielle *Insertionsmutagenese* zu verstehen, wie sie bei der Verwendung von Übertragungssystemen auftreten kann, die das Genkonstrukt in das Genom der Wirtszelle integrieren. Wie erwähnt, stellt die Integration eines Genkonstrukts in das Genom der Wirtszelle potenziell einen Vorteil dar. Allerdings wird hier davon ausgegangen, dass die Integration des Gens in das Wirtsgenom keinen „Schaden" anrichtet. Auch wenn das offensichtlich in den allermeisten Fällen gewährleistet ist, besteht doch die Möglichkeit, dass das übertragene Gen an einer Stelle des Wirtsgenoms eingefügt wird, an der eine schwerwiegende Mutation entsteht. Diesen Vorgang wird als Insertionsmutagenese (insertional mutagenesis) bezeichnet. Führte ein solcher Vorgang zur Entartung der Zielzelle und damit zu einem Malignom, wären die Folgen fatal. Daher muss durch entsprechendes Design des Übertragungssystems sichergestellt sein, dass die Integration an einer definierten, „ungefährlichen" Stelle stattfindet.

Neben somatischen Effekten müssen potenzielle *Keimbahnveränderungen* gründlich untersucht und ausgeschlossen werden. Sie können als Sonderfall somatischer Effekte auf germinale Zellen aufgefasst werden und bergen das Risiko einer dauerhaften Fixierung genetischer Veränderungen im Genpool.

Schließlich sind bei der therapeutischen Anwendung von Gentransfertechniken *Umweltrisiken* auszuschließen. Hier sind v. a. die Freisetzung und das Überleben gentechnisch veränderter Organismen (z. B. als Übertragungssystem eingesetzter Viren) in der Umwelt zu nennen. Die Unfähigkeit, sich selbstständig zu vermehren, ist zwar eines der wichtigsten Kriterien für die Verwendung von Mikroorganismen als Transportvehikel für Genkonstrukte. Es muss aber auch sichergestellt sein, dass die Vehikel diese Fähigkeit nicht wieder erlangen können.

8.2.2 Gegenwärtige Übertragungssysteme für den Gentransfer bei RA

Gegenwärtige Methoden des Gentransfers können in virale und nichtvirale unterschieden werden. Zu den *nichtviralen* Methoden gehören v. a. chemische Verfahren wie die Kalziumphosphatpräzipitation und physikalische Methoden wie die Elektroporation. Sie spielen für eine potenzielle klinische Anwendung nur eine marginale Rolle, da sie unter In-vivo-Bedingungen entweder toxisch oder apparativ aufwändig sind. Außerdem sind sie in Bezug auf tiefer liegende Strukturen nur schwer anwendbar. Auch wenn es einzelne Beispiele der Anwendung von Elektroporation v. a. bei Tumorerkrankungen bzw. oberflächlichen Geweben wie der Muskulatur gibt (Matsubara et al. 2001; Yamashita et al. 2001; Pradat et al. 2001), sollen sie hier nicht weiter ausgeführt werden.

Auch die *Lipofektion* gehört zu den nichtviralen Methoden, nimmt aber eine gewisse Sonderstellung ein. Sie beruht auf der Verpackung von Genkonstrukten in Liposomen und deren direkter Applikation auf die Zellen bzw. in die Gewebe. Vor allem aus Sicherheits- und Praktikabilitätsgründen (der Umgang mit Viren kann vermieden werden, Liposomen sind zumeist nicht toxisch und äußerst einfach anzuwenden) wird die Lipofektion häufig für *In-vitro-Untersuchungen* verwendet. Lipofektion ist auch in einigen präklinischen Untersuchungen (Arancibia-Carcamo et al. 1998) bzw. in klinischen Phase-I-Studien eingesetzt worden (Veelken et al. 1997). Allerdings ist die Transduktionseffizienz trotz verschiedener Modifikationen eher gering.

Viren werden am häufigsten verwendet, um Gene in menschliche Zellen zu übertragen. Sie besitzen ein im Laufe der Evolution perfektioniertes System, Wirtszellen zu infizieren und dabei ihre genetische Information in der befallenen Zelle zur Expression zu bringen. Durch die Verwendung rezeptorvermittelter Mechanismen erreichen sie eine hohe Transduktionseffizienz. Allerdings sind diverse Modifikationen notwendig, um Viren als Vehikel für den Gentransfer einzusetzen. Diese Modifikationen müssen garantieren, dass potenziell pathogene, virale Gene aus dem Virusgenom entfernt und durch das Transgen ersetzt werden. Außerdem muss sichergestellt sein, dass sich die zum Gentransfer verwendeten Viren in den Zielzellen bzw. im Zielgewebe nicht selbstständig vermehren können. Gegenwärtig stehen verschiedene „fertige" virale Vektoren zur Verfügung, die zur Herstellung replikationsdefekter Viruspartikel verwendet werden.

8.2.2.1 Retrovirale Systeme

Retroviren sind die häufigsten viralen Übertragungssysteme für Gene. Sie sind einfach herzustellen und besitzen eine ausreichende Kapazität, Genkonstrukte aufzunehmen. Retroviren integrieren zudem in das Genom der Wirtszelle und sorgen damit für eine stabile Transduktion.

Abbildung 8.2 gibt einen Überblick über die Schritte, die notwendig sind, um aus einem Retrovirus – hier ein Mäuseleukämievirus – einen retroviralen Vektor herzustellen. Die Genabschnitte für die Virushülle werden dabei entfernt und das Transgen an deren Stellen eingefügt. Oft werden zusätzlichen Modifikationen an dem Virus vorgenommen, z. B. ein Antibiotikaresistenzgen eingefügt. Dadurch ist es möglich, die mit dem Virus erfolgreich transduzierten Zellen zu selektionieren. Über die Zugabe eines für nicht resistente Zellen tödlichen Antibiotikums in vitro kann eine reine Population von Zellen gewonnen werden, die das Transgen exprimieren (auf mögliche Unterschiede zwischen der Expression des Transgens und des Antibiotikaresistenzgens bei der Verwendung verschiedener Promotoren soll hier nicht näher eingegangen werden). Da das veränderte Retrovirus keine Gene enthält, die eine Virushülle kodieren, kann es sich später in seiner Zielzelle nicht vermehren und ist in ihr „gefangen". Das bedeutet aber auch, dass spezielle Zellen erforderlich sind, um aus dem retroviralen Vektor komplette (also mit Hülle versehene) Viruspartikel herzustellen. Diese Zellen werden Verpackungszellen genannt, da sie zusätzlich zu ihrem eigenen Genom Gene enthalten, die bestimmte Virushüllproteine kodieren, also die replikationsdefekten Viren „verpacken". Werden solche Verpackungszellen mit einem retroviralen Vektor (z. B. durch Lipofektion) transfiziert, können sie komplette, aber selbst replikationsdefekte Viruspartikel herstellen. Ein retrovirales Übertragungssystem besteht also einerseits aus dem retroviralen Vektor und andererseits aus der Verpackungszelle. Der Vektor legt die Eigenschaften des Transgens in der Zielzelle fest, während die Verpackungszelle das Wirtsspektrum und die Transduktionseffizienz bestimmt.

Es ist in diesem Zusammenhang von Bedeutung, dass Retroviren nur sich teilende Zellen infizieren können und daher für den Gentransfer in ruhende Zellen ungeeignet sind. Da synoviale Fibroblasten keine hohe Proliferationsrate aufweisen (Nykanen et al. 1986; Mohr et al. 1986; Aicher et al. 1994), wurden retrovirale Systeme zunächst überwiegend für *Ex-vivo-Ansätze* verwendet. Die Möglichkeit, RA-Fibroblasten in vitro stabil mit Retroviren zu transduzieren, hat dazu geführt, dass retrovirale Vektoren in einer Reihe von Studien eingesetzt wurden, bei denen die Modulation des aggressiven Verhaltens dieser Zellen im SCID-Maus-Modell untersucht wurde. Interessanterweise konnten Ghivizzani et al. (1997b) aber zeigen, dass unter den Bedingungen einer entzündeten Sy-

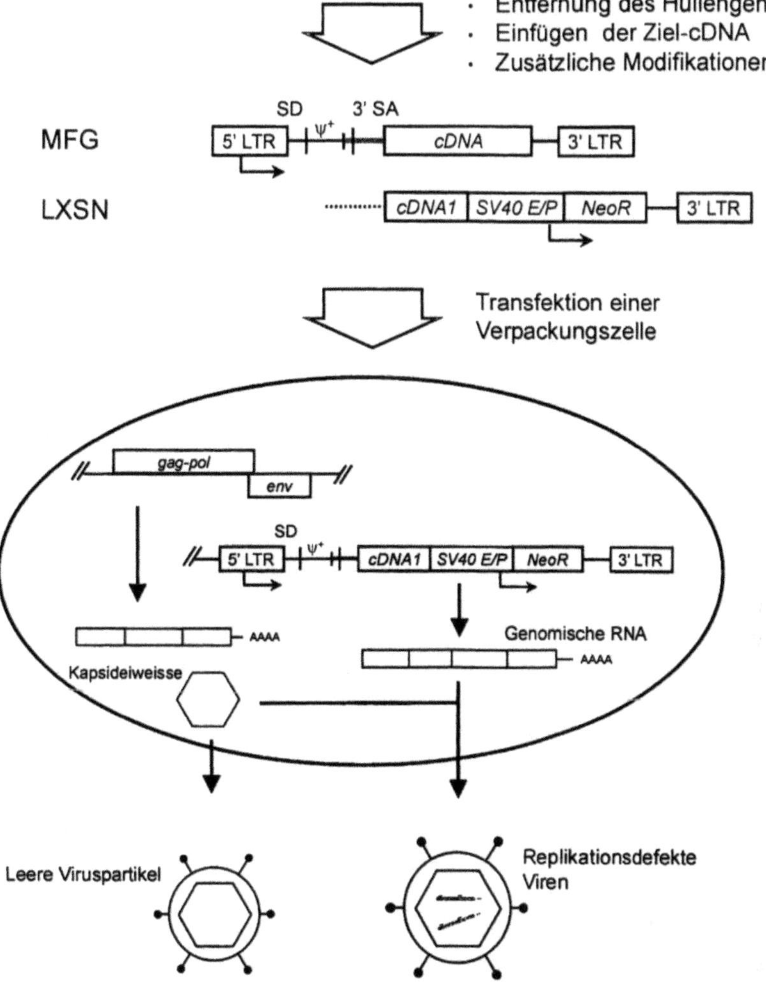

Abb. 8.2. Herstellung replikationsdefekter Retroviren für den Gentransfer. Ausgangspunkt ist das Genom eines Retrovirus, z. B. des Mäuseleukämievirus *MoMuLV*. Zunächst werden wichtige virale Gene wie das Hüllengen (*env*) entfernt. Dies gewährleistet, dass sich das Virus später nicht vermehren kann. Außerdem kann an dieser Stelle später die cDNA des Transgens eingefügt werden. Zusätzliche Modifikationen wie das Einbringen eines Antibiotikaresistenzgens sichern die einfache Handhabung des Konstruktes bei der Herstellung der replikationsdefekten Viruspartikel. Schließlich werden Verpackungszellen mit dem retroviralen Vektor transfiziert. Die Verpackungszellen enthalten zusätzlich zu ihrem eigenen Genom die genetische Information für die Herstellung von Virushüllen. Daher entstehen in den Verpackungszellen komplette, aber selbst replikationsdefekte Retroviren, die Zielzellen infizieren und das Transgen tragen. Zusätzlich entstehen auch leere Virushüllen

novialmembran effektiver *In-vivo-Gentransfer* auch mit Retroviren möglich ist. Sie verwendeten einen Retrovirus, der das menschliche Wachstumshormon (hGH) trug und konnten zeigen, dass in entzündeten Gelenken von Kaninchen eine den In-vitro-Ergebnissen vergleichbare Transduktionseffizienz erreicht werden kann. Ähnliche tierexperimentelle Ergebnisse wurden auch von anderen Gruppen publiziert (Makarov et al. 1995; Nguyen et al. 1998). Jorgensen et al. (1997) konnten schließlich zeigen, dass auch humanes RA-Gewebe unter Zugabe von TNF-α erfolgreich mit Retroviren transduziert wird.

8.2.2.2 Adenovirale Vektoren

Aufgrund ihrer Fähigkeit, auch sich nicht teilende Zellen zu infizieren, werden Adenoviren sowohl bei In-vitro- als auch bei In-vivo-Studien eingesetzt. Adenoviren sind im Vergleich zu Retroviren recht groß und enthalten als Genom eine doppelsträngige lineare DNA mit einer Länge von etwa 32–36 kb. Unter den insgesamt 48 Serotypen humaner Adenoviren wird v. a. Serotyp 5 (Ad5) für den Gentransfer bei rheumatischen Erkrankungen verwendet. Dieses Virus transduziert nicht nur humane Synoviozyten, sondern wurde auch in einer Reihe von Tiermodellen rheumatischer Erkrankungen erfolgreich eingesetzt. Im 36 kb langen Ad5-Genom ist v. a. die E1-Region von Interesse, da der produktive Infektionszyklus mit der Transkription des E1a-Gens beginnt. Dessen Produkt wirkt im Sinne einer Kaskade auf die Expression der anderen frühen viralen Gene. Wird der produktive Zyklus vollendet, führt dies zur Lyse der infizierten Wirtszelle. Das heißt umgekehrt, dass die Deletion des E1-Bereiches zu replikationsdefekten Ad5-Mutanten führt, die keine Lyse der Zielzelle bewirken. Daher werden für den Gentransfer meistens Ad5-Mutanten verwendet, die Deletionen der E1-Region (z.T. zusätzlich der E3-Region) aufweisen. In diese Regionen können dann die entsprechenden Transgene eingefügt werden. Allerdings sind mit der Größe und relativen Komplexität des adenoviralen Genoms auch einige Probleme verbunden. So werden von gegenwärtig zur Verfügung stehenden E1- und E3-Deletionsmutanten weiterhin virale Proteine exprimiert. Bei In-vivo-Applikation sind diese potenziell immunogen und können neben der Bildung von Antikörpern eine Entzündungsreaktion induzieren. Hinzu kommt, dass Adenoviren sehr weit verbreitet sind und die Mehrzahl von Patienten natürlicherweise neutralisierende Antikörper gegen Adenoviren besitzen. Goossens et al. (2001a) konnten zeigen, dass die Synovialflüssigkeit von 70% der RA-Patienten neutralisierende Antikörper gegen Ad5 enthielt, die einen Ad5-vermittelten Gentransfer in Synoviozyten behinderten. Die Aktivität neutralisierender Antikörper kann jedoch bei einer Reihe von Patienten umgangen werden, wenn adenovirale Vektoren verwendet werden, die auf anderen Serotypen beruhen. So war in der Studie von Goossens et al. (2001a) die neutralisierende Aktivität von Synovialflüssigkeit gegen Ad35 deutlich geringer als gegen Ad5.

In letzter Zeit hat sich das Interesse vermehrt auf die Interaktion von Adenoviren mit Oberflächenrezeptoren auf den Zielzellen gerichtet. Vor allem der Coxsackie-Adenovirusrezeptor (CAR) spielt bei der Infektion von Wirtszellen durch Adenoviren eine wichtige Rolle. Leider wird CAR auf synovialen Fibroblasten kaum exprimiert, was die Transduktionseffizienz signifikant zu limitieren scheint (Goossens et al. 2001b). Daher ist versucht worden, Ad5 mit den „fiber"-Proteinen anderer Serotypen auszustatten und dadurch die Effizienz der adenoviralen Transduktion zu erhöhen. Daten aus einer niederländischen Untersuchung zeigen, dass die Verwendung des „fiber"-Proteins von Ad16 bei Ad5 (d.h. Ad5.fib16) zu einer Transduktionseffizienz synovialer Fibroblasten führt, die deutlich höher ist als bei Verwendung einfacher Ad5. Dabei wird die Spezifität der Infektion nicht beeinträchtigt. Solche Modifikationen verbessern

daher das potenzielle therapeutische Fenster beim Gentransfer in Synovialgewebe (Goossens et al. 2001b). Neben dem CAR spielt die Interaktion von RGD(Arg-Gly-Asp)-Aminosäuremotiven in Ad-Hüllproteinen mit $a_v\beta_3$- und $a_v\beta_5$-Integrinen auf den Zielzellen eine wichtige Rolle bei der adenoviralen Infektion (Karayan et al. 1997). Daher ist vorgeschlagen worden, durch gezielte Modifikation solcher RGD-Strukturen die Bindung von Adenoviren an Zielzellen zu fördern und so eine höhere Zellspezifität des adenoviralen Gentransfers zu erreichen. Dieser Ansatz ist für die RA sehr attraktiv, da a_v-Integrine eine wichtige Rolle bei der Invasion synovialer Fibroblasten in den Gelenkknorpel spielen und auf synovialen Fibroblasten exprimiert werden (Wang et al. 1997). Allerdings konnte von Crofford et al. (1999) nachgewiesen werden, dass durch die Bindung von Adenoviren an $a_v\beta$-Integrine bestimmte intrazelluläre Signalkaskaden getriggert werden. Dadurch kommt es zu einer vermehrten Produktion von COX-2 und möglicherweise auch von Matrixmetalloproteinasen (Crofford et al. 1999). Die Bedeutung dieser Befunde für den Gentransfer bei RA kann derzeit nicht sicher eingeschätzt werden, doch bestehen hier möglicherweise Einschränkungen für die Verwendung von Adenoviren zum Gentransfer in synoviale Zellen.

8.2.2.3 Alternative Übertragungssysteme

Neben retroviralen und adenoviralen Systemen wird verstärkt auch an alternativen Übertragungssystemen gearbeitet, die entweder auf anderen Viren beruhen oder versuchen, die Vorteile des viralen Gentransfers mit denen nichtviraler Übertragungsmethoden, z.B. der Lipofektion, zu verbinden. Adenoassoziierte Viren (adeno-associated virus, AAV) sind nicht pathogene humane Parvoviren, die ein einzelsträngiges Genom von 4,68 kb enthalten und so genannte „inverted terminal repeats" (ITR) für ihre Replikation aufweisen. AAV-abgeleitete Vektoren sind wegen ihrer geringen Entzündungsreaktion und langen Expressionsdauer des Transgens auch als Übertragungssystem in Tiermodellen der Arthritis eingesetzt worden. So konnten Zhang et al. (2000) kürzlich zeigen, dass durch den Gentransfer des löslichen Rezeptors für TNF-a in einem rekombinanten AAV (rAAV) der TNF-a-Effekt in TNF-transgenen Mäusen wirksam unterdrückt und die Schwere der auftretenden Arthritis reduziert werden können. Eine andere Studie verglich die Transduktionseffizienz von rAAV bei gesunden Mäusen mit der bei arthritischen

TNF-α-transgenen Mäusen und konnte zeigen, dass rAAV präferenziell Fibroblasten und Chondrozyten in arthritischen Gelenken infiziert (Goater et al. 2000). Hier ist offensichtlich eine natürliche Spezifität vorhanden, deren Ursache allerdings nicht ganz klar ist. Inzwischen konnte in weiteren Studien nachgewiesen werden, dass rAAV-basierte Übertragungssysteme sich nicht teilende Gelenkzellen wie Chondrozyten infizieren (Arai et al. 2000) und zu einer wirksamen Expression von Zytokinen wie IL-4 führen (Cottard et al. 2000). Allerdings sind rAAV relativ aufwändig herzustellen, und ihre Kapazität ist auf etwa 5 kb limitiert. In Bezug auf andere virale Übertragungssysteme konnten Oligino et al. (1999) zeigen, dass auch auf Herpes-simplex-Virus (HSV) basierende Vektoren erfolgreich für den *In-vitro-* und *In-vivo-Gentransfer* eingesetzt werden können.

Obwohl sich Liposomen nicht als Alternative zu viralen Übertragungssystemen etablieren konnten, zielen einige Anstrengungen auf eine Verbindung von Liposomen mit viralen Elementen (Kaneda et al. 1999). So wurden Fusionsproteine aus der Hülle des Sendai-Virus (engl. auch „hemagglutinating virus of Japan", HVJ) in Liposomen eingebaut. Derart veränderte und mit viralen Proteinen ausgestattete Liposomen weisen eine sehr viel höhere Transduktionseffizienz auf als bei der herkömmlichen Lipofektion zu erreichen ist (Kaneda 1999). Dadurch kann auch bei direktem intraartikulärem Gentransfer eine ausreichend hohe Anzahl von Zellen transduziert werden (Tomita et al. 1997).

Andere Transfermethoden zielen auf den Ex-vivo-Gentransfer von gentechnisch veränderten Zellen, die zwar nicht synovialisspezifisch sind, aber nach systemischer Applikation in die Gelenke gelangen und dort über längere Zeit therapeutische Proteine sezernieren. So wurde von Annenkov u. Chernajovsky (2000) in T-Zellen ein chimärer Oberflächenrezeptor aus Bestandteilen des C2-Antikörpers gegen Kollagen Typ II und Teilen des T-Zell-Rezeptors ζ (TCRζ) zur Expression gebracht. Solche Zellen können dann aufgrund ihrer Kollagen-Typ-II-Spezifität als Gen-„Carrier" bei Arthritis eingesetzt werden (Annenkov u. Chernajovsky 2000).

8.3 Pathogenetische und experimentelle Basis der Gentherapie bei RA

Gentherapeutische Ansätze für rheumatische Erkrankungen basieren sowohl auf aktuellen Konzepten zu deren Pathogenese als auch auf den verfügbaren In-vitro- und Tiermodellen, die eine experimentelle Überprüfung ermöglichen. Diese sind für die verschiedenen Krankheiten natürlich unterschiedlich. Da die RA die häufigste entzündlich rheumatische Erkrankung ist und gentherapeutische Ansätze hier am fortgeschrittensten sind, soll in diesem Beitrag auf Konzepte eingegangen werden, die Grundlage für die Gentherapie bei der RA sind.

8.3.1 Pathogenese der RA

Wie in den vorangegangenen Kapiteln dargestellt, handelt es sich bei der RA um eine chronische, sich progressiv ausbreitende Systemerkrankung, die vorwiegend die Gelenke befällt und zu deren fortschreitender Zerstörung führt. Obwohl die Ätiologie der RA weiterhin unbekannt ist, haben Untersuchungen der vergangenen Jahre zu einem deutlich besseren Verständnis zumindest der Pathogenese geführt. Danach ist der Krankheitsprozess der RA durch die Trias
- synoviale Hyperplasie,
- chronische Entzündung und
- pathologische Immunreaktionen

charakterisiert. Als Ergebnis dieser sich gegenseitig beeinflussenden Phänomene kommt es zum Einwachsen des hyperplastischen, rheumatoiden Synoviums in den Knorpel und später den Knochen (Pap et al. 1999a). Für gentherapeutische Ansätze ist von Bedeutung, dass in den vergangenen Jahren das ursprüngliche Konzept einer reinen Autoimmunerkrankung weitgehend aufgegeben wurde und einer differenzierteren Wichtung der Rolle verschiedener Zelltypen im rheumatoiden Synovium gewichen ist (Pap et al. 1999b). Danach resultiert die progressive Zerstörung des Gelenkknorpels bei RA aus dem Zusammenspiel von T-Zellen, Makrophagen und aktivierten Fibroblasten (Gay et al. 1993). Besonders die Rolle aktivierter Fibroblasten ist zuletzt vermehrt in den Mittelpunkt gerückt (Firestein 1996; Müller-Ladner et al. 1997a). Diese Zellen sind unmittelbar an der Gelenkzerstörung beteiligt und unterscheiden sich substanziell von normalen synovialen Fibroblasten

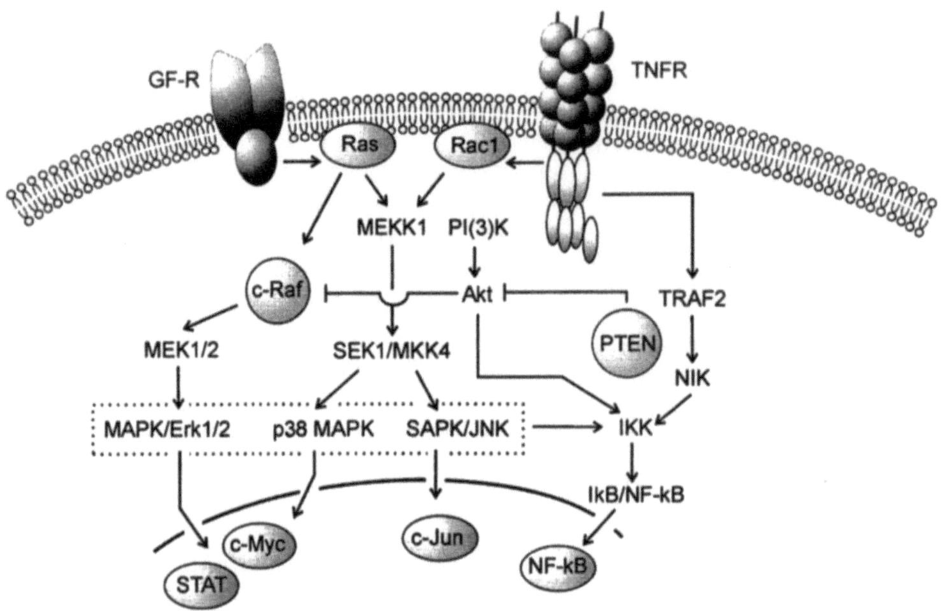

Abb. 8.3. Signalübertragung über den MAPK-Signalweg in RA-Fibroblasten. Unter Kontrolle regulatorischer Moleküle wie *Raf-1* werden über den Ras-Raf-MAPK-Signalweg Informationen über membranständige Rezeptoren (*GF-R*) an Transkriptionsfaktoren weitergegeben. Zusätzlich bestehen Verknüpfungen zu anderen intrazellulären Signalwegen z.B. dem Akt-Signalweg

und Fibroblasten bei Osteoarthrose (Pap et al. 2000 b; Müller-Ladner 1995; Firestein 1996). Die Unterschiede beziehen sich sowohl auf eine veränderte Morphologie (Fassbender 1983) als auch auf ihr Verhalten in vitro und in vivo. Veränderte Fibroblasten finden sich v. a. in der synovialen Deckzellschicht und sind durch ihre Größe und eher rundliche Form charakterisiert. Sie haben große Zellkerne mit mehreren, prominenten Nukleoli. Außerdem verfügen sie über spezifische Eigenschaften, die in ähnlicher Weise auch bei Tumorzellen gefunden werden. Dazu gehören ein verändertes Wachstum in vitro (Lafyatis et al. 1989) sowie die Fähigkeit, sich an der Knorpelmatrix anzuheften und diese aktiv zu zerstören (Müller-Ladner et al. 1996). Diese Zellen werden daher „transformiert erscheinende Fibroblasten", „tumor-like fibroblasts" oder – wie im Folgenden – aktivierte Fibroblasten genannt.

Die Rolle proinflammatorischer Zytokine bei der Stimulierung solch aktivierter Fibroblasten zu einem aggressiven Verhalten ist intensiv untersucht worden (Miossec 1995; Arend 1997). Dabei konnte gezeigt werden, dass z.B. TNF-α und IL-1 in der Lage sind, die Produktion von Adhäsionsmolekülen und Matrix zerstörenden Enzymen zu stimulieren. Im Ergebnis dieser Untersuchungen gilt es als gesichert, dass die Entzündungsprozesse im Synovium zur rheumatischen Gelenkzerstörung beitra-

gen und daher ein potenzielles Ziel gentherapeutischer Ansätze sind.

Allerdings konnte auch gezeigt werden, dass die Aggressivität synovialer Fibroblasten auch in Abwesenheit entzündlicher Stimuli über eine sehr lange (die Wirkdauer solcher Zytokine deutlich übersteigende) Zeit fortbesteht (Müller-Ladner et al. 1996). Daher sind in den vergangenen Jahren Anstrengungen unternommen worden, die aktivierten synovialen Fibroblasten auf molekularer Ebene zu charakterisieren: Sie zeigen im Gegensatz zu normalen synovialen Fibroblasten oder Fibroblasten bei Osteoarthrose (OA) eine deutliche Hochregulierung von Protoonkogenen und Transkriptionsfaktoren, die von der Gegenwart proinflammatorischer Zytokine unabhängig ist. Verschiedene Befunde legen den Schluss nahe, dass sowohl die veränderte Morphologie als auch das aggressive Verhalten aktivierter Fibroblasten auf diese Veränderungen zurückzuführen sind (Müller-Ladner et al. 1995). Die Expression von Protoonkogenen und Transkriptionsfaktoren führt zur Expression und Aktivierung verschiedener *Adhäsionsmoleküle* und *Matrix degradierender Enzyme*, die die Anheftung aktivierter Fibroblasten an den Gelenkknorpel und dessen fortschreitender Zerstörung vermitteln.

Bisher sind eine Reihe von Regulationswegen untersucht worden, die zur Aktivierung synovialer

Fibroblasten bei RA beitragen. Hier spielen *Signalübertragungswege* wie der „mitogen activated protein kinase" (MAPK)-Signalweg eine wichtige Rolle (Abb. 8.3). Der MAPK-Signalweg verknüpft externe Stimuli mit zellinternen Signalwegen und gibt diese an Transkriptionsfaktoren weiter (Schett et al. 2000). Transkriptionsfaktoren binden an die Promotoren verschiedener Gene und sind für deren Aktivierung verantwortlich.

Zu den wichtigsten *Transkriptionsfaktoren* gehört der „nuklear faktor kappa B" (NFκB). NFκB wird über verschiedene intrazelluläre Signalwege und durch externe Stimulation z.B. über TNF-α induziert. Er scheint ein wichtiger Faktor für die Perpetuation der RA zu sein und eine Schlüsselrolle im Rahmen der Synovitis zu spielen (Marok et al. 1996; Miagkov et al. 1998). Jüngste Untersuchungen zeigen, dass NFκB neben der Transkription von Zytokinen und Matrix degradierenden Enzymen auch Signale steuert, die den programmierten Zelltod verhindern und so zum Überleben von Zellen beitragen.

Der programmierte Zelltod oder *Apoptose* gilt als einer der wichtigsten Mechanismen, durch den eine kontrollierte Regeneration von Geweben erreicht und defekte Zellen aus dem Gewebeverband eliminiert werden. Neben zellinternen Stimuli, v. a. als Reaktion auf genotoxischen Stress, kann Apoptose durch Stimulation von außen induziert werden. Dabei spielt der Oberflächenrezeptor Fas/Apo-1 (CD95) eine entscheidende Rolle. Die Bindung des Fas-Liganden (FasL) an Fas/Apo-1 induziert eine Signalkaskade, die über Effektormoleküle zur Apoptose führt. Aktivierte synoviale Fibroblasten bei RA exprimieren im Vergleich zu normalen synovialen Zellen vermehrt Fas/Apo-1 auf der Oberfläche (Nakajima et al. 1995; Matsumoto et al. 1996; Asahara et al. 1997). Zusätzlich konnte auch die Produktion des FasL in aktivierten Fibroblasten nachgewiesen werden (Asahara et al. 1997). Diese Befunde führten zunächst zur Vermutung einer erhöhten Apoptoserate (Firestein et al. 1995). Durch mehrere Befunde der letzten Jahre konnte aber gezeigt werden, dass sich nur bei wenigen dieser Zellen morphologische Zeichen der Apoptose finden (Nakajima et al. 1995) und eine auffällige Diskrepanz zwischen der Expression von Fas/Apo-1 und der Anzahl apoptotischer Zellen besteht. Darüber hinaus belegen Ergebnisse von Aicher et al. (1996) sowie eigene Untersuchungen, dass aktivierte Fibroblasten trotz Expression des Fas/Apo-1-Moleküls auf der Zelloberfläche nicht durch FasL zur Apoptose zu bringen sind. In den letzten Jahren konnte nachgewiesen werden, dass

Moleküle, die der Apoptose entgegenwirken, in aktivierten synovialen Fibroblasten vermehrt exprimiert werden. Einige von ihnen – wie z.B. Bcl-2 – scheinen im Rahmen entzündungsbedingter, eher defensiver Mechanismen hochreguliert zu werden, während für andere ein spezifisches Vorkommen in aktivierten rheumatoiden Fibroblasten wahrscheinlich ist.

8.3.2 Tiermodelle für Gentransferstudien bei RA

Obwohl unsere Erkenntnisse zur Pathogenese der RA wesentlich durch tierexperimentelle Untersuchungen gewonnen wurden, existiert kein Tiermodell der RA, das die Pathogenese der Erkrankung in toto reflektiert. Dies ist deshalb wichtig herauszustellen, weil die Untersuchungen zur Effektivität von gentherapeutischen Ansätzen auf die gleichen Tiermodelle aufbauen, die in der Erforschung der Pathogenese eingesetzt werden. Einschränkungen einzelner Tiermodelle, die Pathogenese der RA widerzuspiegeln, haben deshalb auch Auswirkungen auf Gentransferuntersuchungen und deren Interpretation. Ein geeignetes Tiermodell für Gentherapieuntersuchungen sollte nicht nur relevante Aspekte der menschlichen Erkrankung widerspiegeln, sondern auch die Untersuchung von Schlüsselmechanismen der Krankheitsentstehung nah an den menschlichen Verhältnissen ermöglichen.

8.3.2.1 Antigeninduzierte Arthritiden

Aus Sicht der Immunpathogenese haben v. a. die Modelle der Adjuvansarthritis (adjuvans arthritis, AA) und später der kollageninduzierten Arthritis (collagen induced arthritis, CIA) bei Nagetieren wie Ratten, Mäusen und Kaninchen wichtige Erkenntnisse zur Pathogenese der RA geliefert. Bei der Adjuvansarthritis werden eine Mineralölsuspension (inkomplettes Freund-Adjuvans) bzw. eine Mineralölsuspension mit durch Hitze abgetöteten Mykobakterien (komplettes Freund-Adjuvans) verwendet, um eine Immunreaktion und damit eine Arthritis auszulösen. Bei der CIA wird Typ-II-Kollagen – ein Hauptbestandteil des Gelenkknorpels – gemeinsam mit komplettem Freund-Adjuvans bestimmten empfänglichen Mäusen intradermal injiziert. Die Tiere entwickeln daraufhin sowohl eine humorale Immunreaktion (mit Bildung von Antikörpern gegen das Typ-II-Kollagen) als auch eine zelluläre Immunantwort (Durie et al. 1994; Myers et al. 1997). Diese führt zu einer progressiven Arthritis, die durch Akkumulation von Lymphozyten, synoviale Hyperplasie und Knochenzerstörung charakterisiert ist.

Vor allem Studien zur Rolle entzündlicher Prozesse sind in diesen sowie abgeleiteten Modellen durchgeführt worden. Der Vorteil dieser Modelle besteht in der Möglichkeit, komplexe Interaktionen zwischen Entzündungszellen und synovialen Fibroblasten unter den Bedingungen einer artifiziellen, antigenstimulierten Entzündung zu studieren. Allerdings werden in den Modellen v.a. die immunologischen Aspekte der menschlichen RA nachgebildet. Es gelingt unter Verwendung dieser Modelle daher kaum, das vom Entzündungsgeschehen entkoppelte aggressive Verhalten synovialer Fibroblasten zu untersuchen.

8.3.2.2 SCID-Maus-Modell der RA

Aus diesem Grund wurde das SCID-Maus-Modell der RA entwickelt, das derzeit eines der wichtigsten In-vivo-Modelle zum Studium der aggressivinvasiven Eigenschaften von aktivierten synovialen Fibroblasten darstellt (Müller-Ladner et al. 1996; Pap et al. 1998). Abbildung 8.4 zeigt dieses Modell. Es beruht auf der Implantation von Fibroblasten aus der Synovialmembran von RA-Patienten oder von Kontrollzellen gemeinsam mit normalem menschlichem Knorpel unter die Nierenkapsel von Mäusen mit schwerem kombiniertem Immundefekt (severe combined immunodeficiency, SCID). Da die Mäuse wegen ihres Immundefektes die Implantate nicht abstoßen, erlaubt dieses Modell das Studium der Knorpelzerstörung durch aktivierte synoviale Fibroblasten in der Abwesenheit menschlicher Entzündungszellen. Die Implantation unter die Nierenkapsel sichert dabei eine ausreichende Versorgung der Implantate mit Blut, den engen Kontakt der Fibroblasten mit dem Knorpelgewebe sowie eine geringe Tendenz zur Narbenbildung und damit dem Einwachsen muriner Fibroblasten. Schließlich ermöglicht das Platzieren der Implantate unter die Nierenkapsel der Mäuse das leichte Wiederfinden nach 60 Tagen. Nach dieser Zeit werden die Implantate aus den Mäusen entfernt und histologisch untersucht. Dabei zeigt sich, dass RA-Fibroblasten tief in den mit implantierten Knorpel einwachsen und diesen – wie bei der RA – progressiv zerstören. Normale Fibroblasten oder solche von Patienten mit OA zeigen dieses Verhalten nicht (Abb. 8.4). Von Interesse ist dabei v.a., dass die progressive Knorpelzerstörung durch RA-Fibroblasten in Abwesenheit menschlicher Entzündungszellen geschieht und voranschreitet (Pap et al. 1999c; Müller-Ladner et al. 1996). Aus diesen Untersuchungen wurde gefolgert, dass wichtige Charakteristika aktivierter synovialer Fibroblasten bei RA nicht auf eine alleinige Aktivierung durch

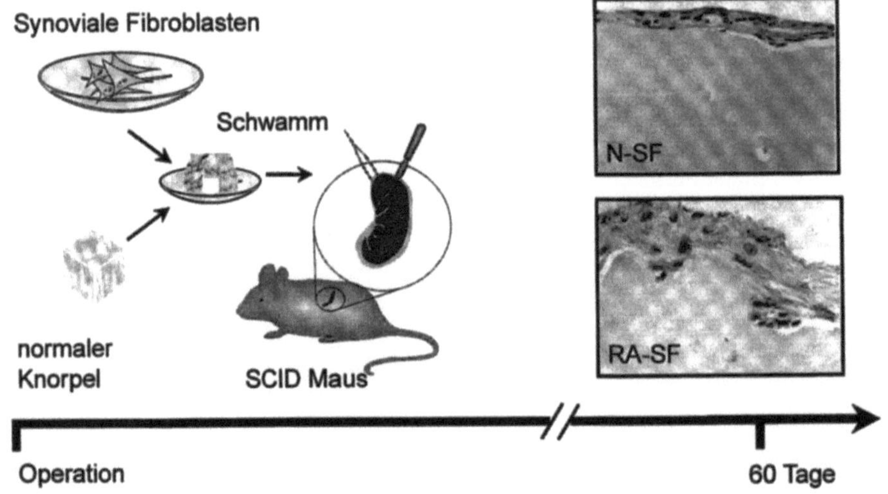

Abb. 8.4. Das SCID-Maus-Modell der RA. Synoviale Fibroblasten von RA-Patienten (oder Kontrollfibroblasten) werden gemeinsam mit normalem menschlichem Knorpel unter die Nierenkapsel von Mäusen mit schwerem kombiniertem Immundefekt operiert. Da die Mäuse nicht über funktionelle T- und B-Lymphozyten verfügen, stoßen sie die Implantate nicht ab. Die Verwendung eines inerten Schwammes sichert den engen Kontakt der Fibroblasten mit dem Knorpel. Nach 60 Tagen werden die Implantate entnommen und die Zerstörung des Knorpels durch die Fibroblasten in Abwesenheit menschlicher Entzündungszellen untersucht. Während sich normale synoviale Fibroblasten (*N-SF*) locker an den Knorpel anlegen, ohne ihn zu zerstören, haften sich RA-Fibroblasten (*RA-SF*) an den Knorpel an und wachsen invasiv in die Knorpelmatrix. Beachtenswert ist auch die unterschiedliche Morphologie von normalen und RA-Fibroblasten

Entzündungsmediatoren zurückzuführen sind, sondern intrinsische Eigenschaften dieser Zellen darstellen. Die Eignung dieses Modells zum Studium der Eigenschaften von aktivierten Fibroblasten ist in mehreren Arbeiten nachgewiesen worden [eine Übersicht findet sich in Pap et al. (1999b)]. Die derzeit wichtigste Anwendung des SCID-Maus-Modells stellen Untersuchungen zur Wirksamkeit gentherapeutischer Ansätze dar (Pap et al. 1999d). Die Möglichkeit, den Effekt von Gentransfer in synoviale Fibroblasten nahe an der In-vivo-Situation, jedoch ohne den entzündlichen Kontext zu untersuchen, hat zu einer breiten Anwendung des Modells geführt.

8.4 Zielgene

Die Exploration von Zielgenen ist für die Gentherapie rheumatischer Erkrankungen wie der RA von zentraler Bedeutung. Der gegenwärtige Stand der Forschung zur Modulation der rheumatischen Gelenkzerstörung mittels Gentransfer wurde auf dem „First Workshop of the European Study Group of Gene Therapy in Osteoarticular Diseases" 1998 zusammengefasst. Dabei wurden konkrete Ziele für den Gentransfer bei RA vorgeschlagen (Jorgensen u. Gay 1998). Diese beinhalten:

1. die Modulation der zytokinvermittelten Stimulation synovialer Zellen durch den Transfer von Genen für Zytokinrezeptoren oder antiinflammatorische Zytokine,
2. die Hemmung der vom Entzündungsgeschehen entkoppelten Aktivierung synovialer Zellen durch den Gentransfer dominant-negativer Mutanten von hochregulierten Signalmolekülen oder regulatorischer Proteine,
3. die Induktion von Apoptose in synovialen Zellen durch die Hemmung antiapoptotischer Moleküle oder den Gentransfer von Apoptoseinduktoren,
4. die Hemmung der Adhäsion synovialer Zellen (besonders Fibroblasten) an den Gelenkknorpel und den artikulären Knochen sowie
5. die Hemmung Matrix zerstörender Enzyme durch den Gentransfer von regulatorischen Genkonstrukten oder inhibitorischen Proteinen.

8.4.1 Zytokine und Wachstumsfaktoren

Zytokine und Wachstumsfaktoren sind bis dato das Hauptziel gentherapeutischer Ansätze bei RA. Dies liegt einerseits an der eingangs erwähnten Tatsache, dass der Gentransfer sezernierter Proteine im Vergleich zur Übertragung intrazellulär wirkender Signalmoleküle eine deutlichere therapeutische Perspektive hat. Andererseits ist die Rolle proinflammatorischer Zytokine in der Pathogenese der RA am besten untersucht.

8.4.1.1 Interleukin-1 (IL-1)

IL-1 spielt im Entzündungsgeschehen bei RA eine zentrale Rolle und ist an der Stimulierung synovialer Zellen zur Knorpelzerstörung beteiligt. Daher wurde schon vor mehreren Jahren die Idee entwickelt, durch selektive Hemmung von IL-1 sowohl den Entzündungsprozess als auch die rheumatische Gelenkzerstörung günstig zu beeinflussen. Ausgangspunkt für die konkrete Strategie zur IL-1-Hemmung ist dabei die Tatsache, dass IL-1 einen natürlichen Gegenspieler, den Interleukin-1-Rezeptor-Antagonisten (IL-1RA), besitzt, der die Wirkung von IL-1 reguliert. IL-1RA kann zwar am IL-1-Rezeptor binden, besitzt aber keine intrinsische Aktivität. Daher verhindert IL-1RA über diesen kompetitiven Mechanismus die Wirkung von IL-1. Parallel zu gentherapeutischen Ansätzen wird gegenwärtig die direkte Applikation des rekombinant hergestellten IL-1RA verfolgt. Erste klinische Studien haben hier ermutigende Resultate gebracht (Bresnihan et al. 1998). Diese Studien werden aber dadurch erschwert, dass für eine effektive Hemmung des IL-1-Effektes ein sehr hoher molarer Überschuss von IL-1RA erforderlich ist. Ob solche Konzentrationen in betroffenen Gelenken durch systemische Applikation von rekombinantem IL-1RA erreicht werden können, ist gegenwärtig nicht klar. Interessanterweise konnten Makarov et al. bereits 1996 zeigen, dass lokal exprimierter IL-1RA in seiner therapeutischen Effektivität um etwa 4 Größenordnungen wirksamer ist als die systemische Administration des rekombinanten sIL-1RA-Proteins (Makarov et al. 1996).

Vor allem die Arbeitsgruppe von Evans und Robbins hat in Bezug aus den Gentransfer von IL-1RA Pionierarbeit geleistet. Sie konnten zeigen, dass synoviale Fibroblasten erfolgreich mit dem IL-1RA-Gen transduziert werden können (Bandara et al. 1993) und dass durch den Gentransfer von IL-1RA der IL-1-Effekt unterdrückt werden kann (Hung et al. 1994). Diese Befunde dienten als experimentelle Bestätigung, dass der Gentransfer antiinflammatorischer Zytokine bei rheumatischen Erkrankungen möglich ist. In einer Reihe folgender Studien wurde dann versucht, durch lokalen oder systemischen Transfer des IL-1RA-Gens einen wirksamen Anti-IL-1-Effekt zu erreichen. Bakker et al. (1997) konnten nachweisen, dass die lokale Produktion von IL-1RA die IL-1-Wirkung bei CIA wirksam hemmt und den Knorpel vor Zerstörung schützt. In anderen Studien wurde gezeigt, dass Gentransfer mit IL-1RA auch die Konzentration von IL-1 im Gelenk reduziert, was eine Hemmung der IL-1-Produktion über autokrine Mechanismen nahe legt. Diese Daten belegten, dass der Verlauf von entzündlichen Gelenkerkrankungen im Tierexperiment durch Gentransfer zuverlässig moduliert werden kann. Sie haben in der Folge die Durchführung der erster Gentherapiestudie bei Patienten mit RA vorangetrieben (Evans et al. 1996). Der Weg hierzu wurde weiter durch eine Studie im SCID-Maus-Modell erleichtert. In dieser Untersuchung wurde normaler menschlicher Knorpel gemeinsam mit IL-1RA-transduzierten Fibroblasten von RA-Patienten in SCID-Mäuse implantiert. Die Untersuchungen zeigten, dass durch die Verwendung retroviraler Vektoren die Überexpression von IL-1RA in menschlichen Fibroblasten über mindestens 60 Tage möglich ist und ausreichend hohe Konzentrationen an IL-1RA erreicht werden können. Zwar fand sich in diesem von Entzündungszellen unabhängigem Modell der Knorpelzerstörung kein signifikanter Effekt auf die fibroblastenvermittelte Knorpelzerstörung, die perichondrozytäre Degradation konnte aber signifikant vermindert werden (Müller-Ladner et al. 1997b).

1996 wurde die erste klinische Studie zum Gentransfer bei RA geplant (Evans et al. 1996). In einer von der amerikanischen Arzneimittelbehörde FDA geprüften und zugelassenen Studie wurden insgesamt 9 Patienten eingeschlossen. Bei diesen wurde vor einer geplanten Endoprothetik der Fingergrundgelenke (Metakarpophalangeal- bzw. MCP-Gelenke) ein Ex-vivo-Gentransfer durchgeführt. Zunächst wurde den Patienten zur Isolierung und nachfolgenden Kultivierung synovialer Fibroblasten Synovialgewebe aus den MCP-Gelenken entnommen. Durch retroviralen Gentransfer wurde dann das IL-1RA-Gen in die Zellen eingefügt. Nach ausgiebiger Testung der transduzierten Zellen wurden die veränderten Fibroblasten in die Fingergrundgelenke zurückinjiziert. Später wurden die geplante Endoprothetik durchgeführt und dabei die MCP-Gelenke mit den transfizierten Fibroblasten entfernt. Die immunologische und molekularbiologische Aufarbeitung der Präparate ist derzeit noch nicht abgeschlossen. Es muss hervorgehoben werden, dass das Ziel dieser „feasibility"-Studie v. a. in der Beurteilung der Durchführbarkeit und der Sicherheit dieses Gentransferansatzes und nicht in der einer umfassenden Untersuchung der Wirksamkeit der Gentherapie mittels IL-1RA bestand. Weitere Untersuchungen hierzu sind geplant (Evans et al. 2000).

8.4.1.2 Tumornekrosefaktor α (TNF-α)

Aufbauend auf der überzeugenden Anwendung rekombinanter TNF-α-Hemmproteine wurden in den vergangenen Jahren auch Gentransferansätze zur TNF-α-Inhibition untersucht. Mageed et al. (1998) konnten zeigen, dass die Übertragung des p75-Rezeptors von TNF-α (TNFp75R) die Ausbildung einer CIA bei Mäusen wirksam unterdrückte. Allerdings wurde in dieser Studie der Effekt von TNFp75R nicht direkt studiert. Vielmehr untersuchten die Autoren, ob der Ex-vivo-Gentransfer von Splenozyten arthritischer DBA/1-Mäuse mit dem TNFp75R die Entwicklung arthritischer Symptome und Erosionen in SCID-Mäusen verhindert, denen diese Zellen passiv übertragen wurden. Quattrocchi et al. (1999) untersuchten in einer anderen Studie direkte Effekte eines Gentransfers mit dem humanen p55-Rezeptor von TNF-α (TNFp55R) bei Mäusen mit CIA (Quattrocchi et al. 1999). Sie konnten nachweisen, dass die einmalige Applikation eines adenoviralen Konstruktes mit dem TNFp55R-Gen die CIA für etwa 10 Tage bessert. Allerdings folgte diesem günstigen Effekt ein deutlicher „Rebound" der Entzündung, der offenbar mit einer verstärkten Antikörperantwort gegen Typ-II-Kollagen und das TNFp55R-Protein verbunden war. Ähnliche Beobachtungen wurden in einer anderen Studie gemacht, bei der Ratten mit CIA das Gen für ein Fusionsprotein aus dem humanen TNFp55R und der schweren Kette des Maus-IgG übertragen wurde (Le et al. 1997). Der Gentransfer erfolgte sowohl systemisch als auch intraartikulär mittels eines adenoviralen Vektors. In den Tieren waren über 8 Tage TNFp55R-Spiegel nachweisbar. Diese waren zunächst von einer deutlichen Besserung der Arthritis begleitet. Damit war der intraartikuläre Gentransfer in Bezug auf die Übertragung des Gens erfolgreich. Es fanden sich aber deutliche, adenoviral bedingte Entzündungsreaktionen und über die gesamte Beobachtungszeit kein messbarer Einfluss auf die Arthritis. Diese Ergebnisse reflektieren deutlich den gegenwärtigen Stand des Gentransfers für RA, der durch große konzeptionelle Fortschritte gekennzeichnet ist, aber z. T. noch unbefriedigende Ergebnisse in der wirklichen Beeinflussung arthritischer Symptome und der Gelenkzerstörung zeigt.

8.4.1.3 Interleukin-4 (IL-4)

In letzter Zeit ist neben der Übertragung von Inhibitoren proinflammatorischer Zytokine auch der Gentransfer potenziell antiinflammatorischer Zytokine in den Mittelpunkt des Interesses gerückt. Einige antiinflammatorische Zytokine wie das IL-4 werden natürlicherweise von Th$_2$-Zellen gebildet und wirken z. T. als Gegenspieler proinflammatorischer Proteine. IL-4 hemmt so nicht nur IL-1, sondern stimuliert auch die natürliche Produktion des IL-1RA (Vannier et al. 1992). Daher ist gefolgert worden, dass der Gentransfer des IL-4-Gens einen potenziell günstigen Effekt besonders auf die Gelenkzerstörung haben könnte. Unter Verwendung eines In-vivo-Ansatzes mit adenoviralen IL-4-Gen-Konstrukten konnten Lubberts et al. (1999) in der Tat zeigen, dass die Knorpel- und Knochenzerstörung in der CIA verhindert werden kann. Übereinstimmend mit Daten, die keinen Effekt von IL-4 auf die TNF-α-Produktion belegten, war in dieser Studie keine Hemmung der synovialen Entzündung zu beobachten. Neuere In-vivo-Untersuchungen sowohl mit adenoviralen (Kim et al. 2000) als auch mit retroviralen Konstrukten (Boyle et al. 1999) ergaben hingegen sowohl einen Effekt auf die Gelenkzerstörung als auch auf die Gelenkschwellung. Allerdings wurden letztere Untersuchungen im AIA-Modell der Ratte durchgeführt. Hier wird deutlich, wie sehr tierexperimentelle Untersuchungen vom verwendeten Modellsystem abhängen.

Zudem haben sich zuletzt auch Probleme in der Übertragung des IL-4-Gens gezeigt. Entsprechend der Untersuchungen von Relic et al. (2001) spielt IL-4 beim Schutz humaner synovialer Fibroblasten vor Apoptose eine wichtige Rolle. In Anbetracht der erwähnten Störungen im programmierten Zelltod aktivierter synovialer Fibroblasten bei RA ist daher ein therapeutischer Effekt beim Menschen eher fraglich. Es ergibt sich sogar die Möglichkeit, dass der Gentransfer von IL-4 beim Menschen die synoviale Hyperplasie verstärken könnte.

8.4.1.4 Interleukin-10 (IL-10)

Interleukin-10 ist ein Zytokin mit immunsuppressiven und potenziell antientzündlichen Eigenschaften. Verschiedene Untersuchungen belegten, dass IL-10 sowohl die Produktion von IL-1 als auch TNF-α hemmt. Außerdem unterdrückt IL-10 die Proliferation von T-Zellen. Diese Effekte konnten auch in Arthritismodellen gezeigt werden (Lubberts et al. 1998). Neben klinischen Untersuchungen zur direkten systemischen Administration von rekombinantem humanem IL-10 (Smeets et al. 1999) sind daher auch Studien zum Gentransfer des IL-10-Gens in Tiermodellen durchgeführt worden (Lubberts et al. 2000). Insbesondere in den klinischen Studien zur direkten Applikation des rekombinanten humanen IL-10 (rhIL-10) bei RA-Patienten zeigte sich allerdings nur ein begrenzter Effekt. Dies liegt offensichtlich daran, dass hIL-10 neben seinen immunsuppressiven Eigenschaften auch immunstimulatorische Effekte vermittelt. Interessanterweise existiert ein virales Homolog des humanen IL-10, das vom Eppstein-Barr-Virus produziert wird und nicht über die immunstimulatorischen Eigenschaften des hIL-10 verfügt. Das virale IL-10 (vIL-10) könnte somit eine Alternative bei Gentransferansätzen sein. Apparailly et al. (1998) haben als Erste Studien zum Gentransfer von vIL-10 mit adenoviralen Konstrukten durchgeführt. Sie konnten zeigen, dass eine einzelne systemische Applikation eines solchen Adenovirus das Entstehen der CIA bei Mäusen wirksam unterdrückt. In ähnlichen Untersuchungen von Ma et al. (1998) konnte ein klarer Effekt auf das Entstehen einer CIA beobachtet werden. Allerdings war kein Effekt auf eine bereits etablierte CIA nachweisbar. Außerdem entwickelten die in dieser Studie behandelten Tieren sowohl eine zelluläre als auch eine humorale Immunantwort gegen Ad(vIL10). Auch in Bezug auf IL-10 konnten Whalen et al. (1999) und Lechman et al. (1999) nach lokaler Applikation in ein Gelenk einen systemischen Effekt auf andere Gelenke nachweisen, ohne dass relevante Serumspiegel an vIL-10 nachweisbar waren. Allerdings kann die Frage, ob der Gentransfer von IL-10 eine therapeutische Option darstellt zurzeit nicht beantwortet werden.

8.4.1.5 Kombination von Zytokinen und Wachstumsfaktoren

Aus den genannten Untersuchungen ergibt sich, dass Zytokine nicht nur sehr unterschiedliche Effekte in der Pathogenese der RA haben. Vielmehr verändert sich das Zytokinprofil offensichtlich im Verlauf der Erkrankung. Daher mag die Modulation eines einzelnen Zytokins nicht ausreichen, um sowohl die Entzündung als auch die Zerstörung betroffener Gelenke erfolgreich zu modulieren. Ein

Vorteil gentherapeutischer Ansätze könnte konsequenterweise darin bestehen, dass mehrere Zytokine und Zytokinrezeptoren durch den Einsatz eines einzigen Genkonstruktes gleichzeitig übertragen werden. Außerdem wäre es möglich, zusammen mit entzündungsmodulierenden Zytokinen auch die Gene von Wachstumsfaktoren zu übertragen, die einen knorpelprotektiven Effekt ausüben. Jüngste Untersuchungen zeigten nämlich, dass z. B. der Gentransfer des IGF-1 (insulin-like growth factor-1) die Proteoglykansynthese im Gelenkknorpel wirksam stimulieren kann, ohne dabei die Entzündung oder den Knorpelabbau zu beeinflussen (Mi et al. 2000).

Erste Untersuchungen zum gemeinsamen Gentransfer verschiedener Zytokine sind bereits durchgeführt worden. Von Ghivizzani et al. (1998) wurde der gemeinsame Gentransfer von löslichen IL-1- und TNF-Rezeptoren im Kaninchenmodell der AIA untersucht. Hier zeigte sich eine deutliche Reduktion sowohl der Arthritis als auch der Knorpelzerstörung, wenn die Gene der beiden löslichen Rezeptoren gemeinsam übertragen wurden. Interessanterweise konnte auch in dieser Studie ein signifikanter kontralateraler Effekt bei intraartikulärer Applikation in ein arthritisches Kniegelenk nachgewiesen werden. Untersuchungen von Müller-Ladner et al. (1999) zeigten im SCID-Maus-Modell einen günstigen Effekt des gemeinsamen Gentransfers von IL-1RA und IL-10. Die Transduktion von aktivierten synovialen Fibroblasten mit dem IL-1RA- und dem IL-10-Gen führte in dieser Studie sowohl zu einer Verminderung der perichondrozytären Matrixzerstörung als auch der Invasion synovialer Fibroblasten in den Knorpel.

8.4.2 Signalmoleküle

Trotz der gezeigten Ergebnisse zur Beeinflussung von Entzündungsprozessen ist es wichtig, herauszustellen, dass die Entzündung nur einen Aspekt in der Pathogenese der RA darstellt. Aufbauend auf den skizzierten Erkenntnissen zur Rolle aktivierter Fibroblasten bei der Gelenkzerstörung hat sich das Interesse daher zunehmend auf die Modulation von Signalmolekülen in diesen aktivierten Zellen konzentriert.

8.4.2.1 Zellinterne Signalkaskaden

Wie in Abb. 8.3 dargestellt, werden Signale innerhalb von Zellen über Kaskaden weitergegeben, die für eine Koordination extrazellulärer Signale mit intrazellulären Ereignissen sorgen. Die Unterbrechung solcher Signalkaskaden kann daher zu einer komplexen Modulation mehrerer Stimuli führen.

Im Rahmen bisheriger Arbeiten mit der Arbeitsgruppe Mölling haben wir untersucht, welche Wirkung die Unterbrechung des Ras-Raf-MAPK-Signalweges auf die Aggressivität synovialer Fibroblasten bei RA hat. Dazu wurde die cDNA für eine dn-Mutante des Signalmoleküls Raf-1 in einen retroviralen Vektor kloniert. Mit den daraus hergestellten replikationsdefizienten Retroviren wurden dann aktivierte synoviale Fibroblasten von RA-Patienten infiziert. In ersten Untersuchungen konnte gezeigt werden, dass die Inhibition von Raf-1 zu einer deutlichen Verringerung, nicht jedoch zur Aufhebung der Invasivität aktivierter synovialer Fibroblasten führt (Nawrath et al. 1998). Im SCID-Maus-Modell ergab sich eine um 20% niedrigere Invasion, die von einer geringeren Expression Matrix zerstörender Enzyme wie der Matrixmetalloproteinase-1 (MMP-1) und MMP-13 begleitet war. Andere Studien haben den Nachweis erbracht, dass auch durch Hemmung bestimmter Thyrosinkinasen ein günstiger Effekt auf die Knochenzerstörung erzielt werden kann (Takayanagi et al. 1999).

Jüngste Untersuchungen zu einer möglichen Beeinflussung der Proliferation synovialer Fibroblasten mittels Gentransfer haben ebenfalls interessante Ergebnisse geliefert. So konnten Taniguchi et al. (1999) zeigen, dass eine Überexpression des Zellzyklusregulators p16^{INK4a} mittels adenoviralem Gentransfer die synoviale Zellproliferation hemmt und die Gelenkentzündung im Tiermodell unterdrückt.

8.4.2.2 Transkriptionsfaktor NFκB

Es wurde bereits darauf hingewiesen, dass NFκB eine Schlüsselrolle bei der RA einnimmt, da es Prozesse der synovialen Entzündung und Hyperplasie verknüpft (Miagkov et al. 1998). Jüngste Untersuchungen zeigen auch, dass NFκB ganz wesentlich die Transkription von Matrix degradierenden Enzymen steuert (Vincenti et al. 1998; Bondeson et al. 2000) und so direkt zur Gelenkzerstörung beiträgt. Die Aktivierung von NFκB vollzieht sich in einem mehrstufigen Prozess und wird durch die inhibitorischen Bindungsproteine IκBα/β reguliert. Die Bindung an IκBα/β verhindert die Translokation von NFκB in den Zellkern und damit dessen Wirkung. Wird IκBα/β durch spezielle Kinasen (IKK) phosphoryliert, dissoziiert es vom IκBα/β-NFκB-Komplex und gibt NFκB frei (Abb.

8.3). Wie inzwischen durch mehrere Untersuchungen belegt, könnte eine spezifische Inhibition von NFκB einen therapeutischen Effekt in Bezug auf Entzündung, Hyperplasie und Gelenkzerstörung haben. Makarov et al. (1997) konnten z.B. mittels retroviralem Gentransfer des NFκB-Gegenspielers IκBα eine Hemmung von NFκB nachweisen (Makarov et al. 1997). Unter Verwendung eines ähnlichen, jedoch adenoviralen Konstruktes konnten Bondeson et al. (2000) zeigen, dass die Blockade von NFκB zu einer Hemmung der proinflammatorischen nicht jedoch der antiinflammatorischen Signalübertragung führt. Diese Studien belegen, dass die NFκB-Hemmung ein möglicherweise viel versprechendes Konzept für die RA darstellt. Allerdings zeigt sich hier auch besonders klar die Notwendigkeit, den Gentransfer von Signalmolekülen zellspezifisch durchzuführen. Da NFκB eine zentrale Regulationsfunktion in vielen Zellen zukommt, hätte eine Hemmung von NFκB in gesunden Zellen bzw. im nichtsynovialen Gewebe wahrscheinlich schwer wiegende Folgen.

8.4.3 Apoptose

Die Frage, ob die synoviale Hyperplasie eher die Folge einer gesteigerten Proliferation synovialer Zellen oder die Folge komplexer Störungen im programmierten Zelltod ist, wird kontrovers diskutiert. Aufbauend auf einer Reihe von Untersuchungen, in denen Veränderungen der Apoptose synovialer Zellen (sowohl von Makrophagen als auch von T-Zellen und Fibroblasten) nachgewiesen wurden, zielen verschiedene gentherapeutische Ansätze auf eine Modulation der Apoptose.

8.4.3.1 Gentransfer des Fas-Liganden (FasL)

Auf die Diskrepanz zwischen der Expression des Apoptoserezeptors Fas auf der Oberfläche aktivierter synovialer Fibroblasten und der Anzahl apoptotischer Zellen im RA-Synovium wurde bereits hingewiesen. Ein möglicher gentherapeutischer Ansatz besteht darin, durch Überexpression von FasL den programmierten Zelltod auszulösen. So wurde z.B. von Zhang et al. (1997) ein adenovirales Konstrukt entwickelt, das FasL in arthritischen Gelenken von DBA/1-Mäusen mit CIA überexprimiert. Dabei fand sich, dass die Injektion des replikationsdefekten Virus in die entsprechenden Gelenke zu einer Induktion der Apoptose in synovialen Zellen führte und eine Verringerung der Arthritis brachte. Yao et al. (2000) konnten bei In-vi-

tro-Versuchen an menschlichen RA-Fibroblasten ähnliche Befunde erheben und gleichzeitig am Kaninchenmodell zeigen, dass der direkte Gentransfer in arthritische Gelenke die Apoptose synovialer Fibroblasten erhöht, ohne gleichzeitig einen (unerwünschten) Effekt auf Knorpelzellen zu haben.

Okamoto et al. (1998) verfolgten einen anderen Ansatz. Sie transfizierten humane synoviale Fibroblasten mit dem FasL und testeten die Transfektanten anschließend auf zytotoxische Eigenschaften gegenüber aktivierten synovialen Fibroblasten von RA-Patienten. Dabei zeigte sich, dass die FasL-Transfektanten durch Zell-zu-Zell-Kontakt mit RA-Fibroblasten Apoptose auslösen können.

8.4.3.2 Downstream-Signalmechanismen

Obwohl die Mechanismen, die in RA-Fibroblasten eine Apoptoseresistenz vermitteln, nicht bekannt sind, existieren offenbar regulatorische Moleküle, die eine Signalübertragung vom Fas-Rezeptor an nachgeschaltete Signalkaskaden blockieren. Hier sind u. a. das FLICE inhibierende Protein (FLICE inhibitory protein, FLIP) (Perlman et al. 1999; 2001) und das antiapoptotische Molekül Sentrin-1 von Interesse (Franz et al. 2000). Bei Sentrin-1 (synonyme sind SUMO-1, GMP1, UBL1, PIC1) handelt es sich um ein kleines, dem Ubiquitin verwandtes Protein (small ubiquitin-like protein), das kovalent an andere Proteine bindet und diese modifiziert. Im Gegensatz zur Ubiquitinylierung führt die Bindung von Sentrin-1/SUMO-1 (d.h. die „Sentrinization" oder „Sumolation") jedoch nicht zu einer raschen Degradation der Proteine. Vielmehr bewirkt sie eine Veränderung der Affinität zu anderen Proteinen und beeinflusst damit die Interaktion der betreffenden Proteine mit anderen Faktoren. Für die Regulation der Apoptose in RA-SF ist besonders die Interaktion mit Fas/Apo-1 von Interesse. Okura et al. (1996) konnten zeigen, dass Sentrin-1 an eine zytoplasmatische Domäne (fas associated death domain, FADD) des Fas/Apo-1-Rezeptors bindet und die Überexpression von Sentrin-1 Zellen wirksam gegen den Fas-induzierten Zelltod schützt. Dies ist deshalb von Bedeutung, weil wir kürzlich zeigen konnten, dass Sentrin-1 in aktivierten synovialen Fibroblasten erhöht exprimiert wird (Franz et al. 2000).

An konkreten Möglichkeiten, diese Apoptosehemmung mittels Gentransfer aufzuheben, wird gearbeitet. Erste Untersuchungen von Kobayashi et al. (2000) zielten darauf ab, die FADD in synovialen Zellen mittels adenoviralem Gentransfer überzuexprimieren. Die Ergebnisse belegen, dass über einen solchen Weg die Anzahl apoptotischer Zellen deutlich zu steigern ist.

8.4.4 Matrix zerstörende Enzyme

Die progressive Zerstörung von Gelenkknorpel und Knochen unterscheidet die RA wesentlich von anderen Arthritiden. Sie wird nach unseren gegenwärtigen Kenntnissen durch die gemeinsame Wirkung einer Reihe von Matrix zerstörenden Enzymen vermittelt, unter denen besonders die MMP, Kathepsine und Serinproteasen wie Plasmin von Bedeutung sind.

Die Hemmung Matrix zerstörender Enzyme durch Gentransfer stellt ein lohnendes Ziel gentherapeutischer Ansätze dar, da hier in den bisher am schwersten zu beeinflussenden Teil der RA eingegriffen werden würde. Neben möglichen Eingriffen in Signalwege, die zur (Über)Expression von Matrix zerstörenden Enzymen führen, sind im Wesentlichen 3 Möglichkeiten vorstellbar, die Wirkung Matrix zerstörender Enzyme zu modulieren:

1. Eine Inhibition der Enzymproduktion könnte durch direkten Eingriff in die Translation von mRNA in das entsprechende Protein erfolgen. Hierzu stehen verschiedene Antisensetechniken sowie Ribozyme zur Verfügung.
2. Die Hemmung der Enzymwirkung kann alternativ durch die Überexpression natürlich vorkommender Antagonisten oder
3. die Entwicklung „künstlicher" Inhibitoren erfolgen.

8.4.4.1 Matrixmetalloproteinasen (MMP) und deren Inhibitoren

Verschiedene Studien haben eine Beteiligung der MMP an der Matrixzerstörung bei RA nachgewiesen (Pap et al. 2000 c; Gravallese et al. 1991; Firestein u. Paine 1992; Konttinen et al. 1998). Die MMP-Familie besteht aus mehr als 20 Mitgliedern, die durch ein Zinkmolekül im aktiven Zentrum charakterisiert sind. Zu ihnen gehören Kollagenasen (MMP-1, MMP-13), die Gelatinasen A und B (MMP-2 und MMP-9) und auch Stromelysin (MMP-3). Die kürzlich beschriebenen membrangebundenen MMP (membrane-type MMP, MT-MMP) fallen ebenfalls in diese Enzymfamilie. Sie zeichnen sich durch eine transmembrane Domäne aus und wirken auf der Zelloberfläche. Normalerweise wirken v. a. die Gewebeinhibitoren der MMP (tissue inhibitors of metalloproteinases, TIMP) als deren natürliche Gegenspieler. Obgleich in verschiedenen Studien eine erhöhte Expression von TIMP im RA-Synovium gefunden wurde, besteht bei RA offenbar eine Dysbalance in der Wirkung von MMP und TIMP „zugunsten" der MMP. Die Mechanismen, durch die diese Dysbalance zustande kommt und aufrechterhalten wird, sind nicht vollständig bekannt. Bisher sind nur wenige Untersuchungen zum Gentransfer von MMP-Inhibitoren bei Arthritis publiziert, aber mehrere Gruppen arbeiten an Möglichkeiten, z. B. durch Überexpression von TIMP die Knorpeldestruktion zu verringern. Diese Studien werden durch die Komplexität der Interaktionen unter den MMP und ihren Inhibitoren erschwert. So zeigen z. B. Untersuchungen an Stromelysin(MMP-3)-knockout-Mäusen (Mudgett et al. 1998), dass trotz nachgewiesener Bedeutung für die arthritische Gelenkzerstörung ein Fehlen des Enzyms offenbar kompensiert werden kann. Die Hauptfrage ist also, welche MMP gehemmt bzw. welche TIMP sinnvollerweise überexprimiert werden sollten.

8.4.4.2 Plasmin

Plasmin kommt offensichtlich eine besondere Rolle in der Pathogenese der RA zu. Ronday et al. (1996) konnten zeigen, dass Plasmin in der Synovialmembran von Patienten mit RA deutlich stärker exprimiert wird als in der von Patienten mit OA. Dies ist von Interesse, da Plasmin nicht nur eine Reihe extrazellulärer Matrixbestandteile degradieren kann, sondern auch an der Aktivierung von krankheitsrelevanten Matrixmetalloproteinasen (MMP) wie Kollagenasen und MMP-3 beteiligt ist. Damit ist Plasmin ein wichtiges Enzym, das im Sinne einer Kaskade auch für die Wirkung anderer MMP verantwortlich ist.

Wir haben daher mit der Gruppe von Huizinga Untersuchungen zur pathogenetischen Bedeutung von Plasmin für die RA durchgeführt und konnten zeigen, dass die Plasminaktivierung eine wichtige Rolle bei der Invasion aggressiver RA-Fibroblasten in den Knorpel spielt (van der Laan et al. 2000). Dazu wurde Plasmin auf der Oberfläche aggressiver synovialer Fibroblasten von RA-Patienten durch adenoviralen Gentransfer eines Hybridproteins spezifisch gehemmt. Dieses Protein bestand aus einem Plasmininhibitor (bovine pancreatic trypsin inhibitor, BPTI) und dem aminoterminalen Fragment des uPA-Rezeptors (aminoterminal fragment, ATF). Dabei konnten wir zeigen, dass die Invasion aktivierter synovialer Fibroblasten in eine artifizielle, knorpelartige Matrix in vitro um 74% inhibiert wird. Die Verwendung dieses Genkonstruktes im SCID-Maus-in-vivo-Modell der RA ergab ebenfalls eine deutliche, mehr als 30%ige Reduktion der Invasivität von RA-Fibroblasten über 60 Tage. Diese Untersuchungen belegen, dass die Hemmung von Matrix zerstörenden Enzymen die Knorpelzerstörung signifikant hemmen kann.

8.5 Resümee

Der Transfer von Genen statt fertiger Proteine stellt ein neues und interessantes Konzept zur Therapie rheumatischer Erkrankungen dar. Es nutzt die zellulären Mechanismen der Proteinsynthese und verbindet die Möglichkeiten des spezifischen Eingriffs in relevante Krankheitsprozesse mit einer gezielten Wirkung am Ort der molekularen Pathologie. Obwohl es bis zu einer breiten klinischen Anwendung noch ein weiter und beschwerlicher Weg ist, zeigen die vorliegenden experimentellen Daten das große Potenzial dieser Technologie. Die Vorstellungen über potenzielle Ziele für Gentherapie bei RA sind bereits fortgeschritten. Sie beinhalten

- die Modulation von Entzündungsvorgängen,
- den Eingriff in fehlregulierte Signalkaskaden und
- die Hemmung Matrix zerstörender Enzyme.

Ein Hauptproblem stellt gegenwärtig die effiziente, spezifische und sichere Übertragung von Genen bzw. Genkonstrukten in erkrankte Zielzellen des rheumatischen Gewebe dar. Obwohl virale Übertragungssysteme hier offenbar das größte Potenzial haben, müssen noch wesentliche Weiterentwicklungen erfolgen.

8.6 Literatur

Aicher WK, Heer AH, Trabandt A et al. (1994) Overexpression of zinc-finger transcription factor Z-225/Egr-1 in synoviocytes from rheumatoid arthritis patients. J Immunol 152:5940–5948

Aicher WK, Peter HH, Eibel H (1996) Human synovial fibroblasts are resistant to Fas induced apoptosis. Arthritis Rheum 39:S75

Annenkov A, Chernajovsky Y (2000) Engineering mouse T lymphocytes specific to type II collagen by transduction with a chimeric receptor consisting of a single chain Fv and TCR zeta. Gene Ther 7:714–722

Apparailly F, Verwaerde C, Jacquet C, Auriault C, Sany J, Jorgensen C (1998) Adenovirus-mediated transfer of viral IL-10 gene inhibits murine collagen-induced arthritis. J Immunol 160:5213–5220

Arai Y, Kubo T, Fushiki S et al. (2000) Gene delivery to human chondrocytes by an adeno associated virus vector. J Rheumatol 27:979–982

Arancibia-Carcamo CV, Oral HB, Haskard DO, Larkin DF, George AJ (1998) Lipoadenofection-mediated gene delivery to the corneal endothelium: prospects for modulating graft rejection. Transplantation 65:62–67

Arend WP (1997) The pathophysiology and treatment of rheumatoid arthritis. Arthritis Rheum 40:595–597

Asahara H, Hasunuma T, Kobata T et al. (1997) In situ expression of protooncogenes and Fas/Fas ligand in rheumatoid arthritis synovium. J Rheumatol 24:430–435

Bakker AC, Joosten LA, Arntz OJ et al. (1997) Prevention of murine collagen-induced arthritis in the knee and ipsilateral paw by local expression of human interleukin-1 receptor antagonist protein in the knee. Arthritis Rheum 40:893–900

Bandara G, Mueller GM, Galea-Lauri J et al. (1993) Intraarticular expression of biologically active interleukin 1-receptor-antagonist protein by ex vivo gene transfer. Proc Natl Acad Sci USA 90:10.764–10.768

Baragi VM, Renkiewicz RR, Jordan H, Bonadio J, Hartman JW, Roessler BJ (1995) Transplantation of transduced chondrocytes protects articular cartilage from interleukin 1-induced extracellular matrix degradation. J Clin Invest 96:2454–2460

Bondeson J, Brennan F, Foxwell B, Feldmann M (2000) Effective adenoviral transfer of IkappaBalpha into human fibroblasts and chondrosarcoma cells reveals that the induction of matrix metalloproteinases and proinflammatory cytokines is nuclear factor-kappaB dependent. J Rheumatol 27:2078–2089

Boyle DL, Nguyen K, Zhuang S, McCormack JE, Chada S, Firestein GS (1999) Intra-articular retroviral IL-4 gene therapy in rat adjuvant arthritis: clinical efficacy and enhanced TH2 function. Arthritis Rheum 42:S106–S106

Bresnihan B, Alvaro-Gracia JM, Cobby M et al. (1998) Treatment of rheumatoid arthritis with recombinant human interleukin-1 receptor antagonist. Arthritis Rheum 41:2196–2204

Chernajovsky Y, Feldmann M, Maini RN (1995) Gene therapy of rheumatoid arthritis via cytokine regulation: future perspectives. Br Med Bull 51:503–516

Cottard V, Mulleman D, Bouille P, Mezzina M, Boissier MC, Bessis N (2000) Adeno-associated virus-mediated delivery of IL-4 prevents collagen-induced arthritis. Gene Ther 7:1930–1939

Crofford LJ, Bian H, Petruzelli LM, McDonagh KT, Roessler BJ (1999) Adenovirus binding to cultured synoviocytes triggers signalling through the MAPK pathway and induced expression of cyclooxygenase-2 and interleukin-8. Arthritis Rheum 42:S164–S164

Durie FH, Fava RA, Noelle RJ (1994) Collagen-induced arthritis as a model of rheumatoid arthritis. Clin Immunol Immunopathol 73:11–18

Evans CH, Robbins PD, Ghivizzani SC et al. (1996) Clinical trial to assess the safety, feasibility, and efficacy of transferring a potentially anti-arthritic cytokine gene to human joints with rheumatoid arthritis. Hum Gene Ther 7:1261–1280

Evans CH, Ghivizzani SC, Herndon JH et al. (2000) Clinical trials in the gene therapy of arthritis. Clin Orthop 2000:S300–S307

Fassbender HG (1983) Histomorphological basis of articular cartilage destruction in rheumatoid arthritis. Coll Relat Res 3:141–155

Feldmann M, Maini RN (2001) Anti-TNFa therapy of rheumatoid arthritis: what have we learned? Annu Rev Immunol 19:163–196

Firestein GS (1996) Invasive fibroblast-like synoviocytes in rheumatoid arthritis. Passive responders or transformed aggressors? Arthritis Rheum 39:1781–1790

Firestein GS, Paine M (1992) Expression of stromelysin and TIMP in rheumatoid arthritis synovium. Am J Pathol 140:1309–1314

Firestein GS, Yeo M, Zvaifler NJ (1995) Apoptosis in rheumatoid arthritis synovium. J Clin Invest 96:1631–1638

Firestein GS, Echeverri F, Yeo M, Zvaifler NJ, Green DR (1997) Somatic mutations in the p53 tumor suppressor gene in rheumatoid arthritis synovium. Proc Natl Acad Sci USA 94:10.895–10.900

Franz JK, Pap T, Hummel KM et al. (2000) Expression of sentrin, a novel antiapoptotic molecule, at sites of synovial invasion in rheumatoid arthritis. Arthritis Rheum 43:599–607

Gay S, Gay RE, Koopman WJ (1993) Molecular and cellular mechanisms of joint destruction in rheumatoid arthritis: two cellular mechanisms explain joint destruction? Ann Rheum Dis [Suppl 1] 52:S39–S47

Ghivizzani SC, Kang R, Georgescu HI et al. (1997a) Constitutive intra-articular expression of human IL-1 beta following gene transfer to rabbit synovium produces all major pathologies of human rheumatoid arthritis. J Immunol 159:3604–3612

Ghivizzani SC, Lechman ER, Tio C et al. (1997b) Direct retrovirus-mediated gene transfer to the synovium of the rabbit knee: implications for arthritis gene therapy. Gene Ther 4:977–982

Ghivizzani SC, Lechman ER, Kang R et al. (1998) Direct adenovirus-mediated gene transfer of interleukin 1 and tumor necrosis factor alpha soluble receptors to rabbit knees with experimental arthritis has local and distal anti-arthritic effects. Proc Natl Acad Sci USA 95:4613–4618

Ghivizzani SC, Oligino TJ, Glorioso JC, Robbins PD, Evans CH (2000) Gene therapy approaches for treating rheumatoid arthritis. Clin Orthop 2000:S288–S299

Goater J, Muller R, Kollias G et al. (2000) Empirical advantages of adeno associated viral vectors in vivo gene therapy for arthritis. J Rheumatol 27:983–989

Goossens PH, Schouten GJ, Heemskerk B et al. (2000) The effect of promoter strength in adenoviral vectors in hyperplastic synovium. Clin Exp Rheumatol 18:547–552

Goossens PH, Vogels R, Pieterman E et al. (2001a) The influence of synovial fluid on adenovirus-mediated gene transfer to the synovial tissue. Arthritis Rheum 44:48–52

Goossens PH, Havenga MJ, Pieterman E et al. (2001b) Infection efficiency of type 5 adenoviral vectors in synovial tissue can be enhanced with a type 16 fiber. Arthritis Rheum 44:570–577

Gouze E, Ghivizzani SC, Robbins PD, Evans CH (2001) Gene therapy for rheumatoid arthritis. Curr Rheumatol Rep 3:79–85

Gravallese EM, Darling JM, Ladd AL, Katz JN, Glimcher L (1991) In situ hybridization studies on stromelysin and collagenase mRNA expression in rheumatoid synovium. Arthritis Rheum 34:1071–1084

Hung GL, Galea-Lauri J, Mueller GM et al. (1994) Suppression of intra-articular responses to interleukin-1 by transfer of the interleukin-1 receptor antagonist gene to synovium. Gene Ther 1:64–69

Jorgensen C, Gay S (1998) Gene therapy in osteoarticular diseases: where are we? Immunol Today 19:387–391

Jorgensen C, Demoly P, Noel D et al. (1997) Gene transfer to human rheumatoid synovial tissue engrafted in SCID mice. J Rheumatol 24:2076–2079

Kaneda Y (1999) Development of a novel fusogenic viral liposome system (HVJ-liposomes) and its applications to the treatment of acquired diseases. Mol Membr Biol 16:119–122

Kaneda Y, Saeki Y, Morishita R (1999) Gene therapy using HVJ-liposomes: the best of both worlds? Mol Med Today 5:298–303

Karayan L, Hong SS, Gay B, Tournier J, D'Angeac AD, Boulanger P (1997) Structural and functional determinants in adenovirus type 2 penton base recombinant protein. J Virol 71:8678–8689

Kim SH, Evans CH, Kim S, Oligino T, Ghivizzani SC, Robbins PD (2000) Gene therapy for established murine collagen-induced arthritis by local and systemic adenovirus-mediated delivery of interleukin-4. Arthritis Res 2:293–302

Kobayashi T, Okamoto K, Kobata T et al. (2000) Novel gene therapy for rheumatoid arthritis by FADD gene transfer: induction of apoptosis of rheumatoid synoviocytes but not chondrocytes. Gene Ther 7:527–533

Konttinen YT, Ceponis A, Takagi M et al. (1998) New collagenolytic enzymes/cascade identified at the pannus-hard tissue junction in rheumatoid arthritis: destruction from above. Matrix Biol 17:585–601

Kuo H, Ingram DK, Crystal RG, Mastrangeli A (1995) Retrograde transfer of replication deficient recombinant adenovirus vector in the central nervous system for tracing studies. Brain Res 705:31–38

Laan WH van der, Pap T, Ronday HK et al. (2000) Cartilage degradation and invasion by rheumatoid synovial fibroblasts is inhibited by gene transfer of a cell surface-targeted plasmin inhibitor. Arthritis Rheum 43:1710–1718

Lafyatis R, Remmers EF, Roberts AB, Yocum DE, Sporn MB, Wilder RL (1989) Anchorage-independent growth of synoviocytes from arthritic and normal joints. Stimulation by exogenous platelet-derived growth factor and inhibition by transforming growth factor-beta and retinoids. J Clin Invest 83:1267–1276

Le CH, Nicolson AG, Morales A, Sewell KL (1997) Suppression of collagen-induced arthritis through adenovirus-mediated transfer of a modified tumor necrosis factor alpha receptor gene. Arthritis Rheum 40:1662–1669

Lechman ER, Jaffurs D, Ghivizzani SC et al. (1999) Direct adenoviral gene transfer of viral IL-10 to rabbit knees with experimental arthritis ameliorates disease in both injected and contralateral control knees. J Immunol 163:2202–2208

Lubberts E, Joosten LA, Helsen MM, Berg WB van den (1998) Regulatory role of interleukin 10 in joint inflammation and cartilage destruction in murine streptococcal cell wall (SCW) arthritis. More therapeutic benefit with IL-4/IL-10 combination therapy than with IL-10 treatment alone. Cytokine 10:361–369

Lubberts E, Joosten LA, Chabaud M et al. (1999) Prevention of bone erosion in murine collagen arthritis by local interleukin-4 gene therapy. Arthritis Rheum 42:S106–S106

Lubberts E, Joosten LA, Van Den BL et al. (2000) Intra-articular IL-10 gene transfer regulates the expression of collagen-induced arthritis (CIA) in the knee and ipsilateral paw. Clin Exp Immunol 120:375–383

Ma Y, Thornton S, Duwel LE et al. (1998) Inhibition of collagen-induced arthritis in mice by viral IL-10 gene transfer. J Immunol 161:1516–1524

Mageed RA, Adams G, Woodrow D, Podhajcer OL, Chernajovsky Y (1998) Prevention of collagen-induced arthritis by gene delivery of soluble p75 tumour necrosis factor receptor. Gene Ther 5:1584–1592

Makarov SS, Olsen JC, Johnston WN et al. (1995) Retrovirus mediated in vivo gene transfer to synovium in bacterial cell wall-induced arthritis in rats. Gene Ther 2:424–428

Makarov SS, Olsen JC, Johnston WN et al. (1996) Suppression of experimental arthritis by gene transfer of interleukin 1 receptor antagonist cDNA. Proc Natl Acad Sci USA 93:402–406

Makarov SS, Johnston WN, Olsen JC et al. (1997) NF-kappa B as a target for anti-inflammatory gene therapy: suppression of inflammatory responses in monocytic and stromal cells by stable gene transfer of I kappa B alpha cDNA. Gene Ther 4:846–852

Marok R, Winyard PG, Coumbe A et al. (1996) Activation of the transcription factor nuclear factor-kappaB in human inflamed synovial tissue. Arthritis Rheum 39:583–591

Matsubara H, Maeda T, Gunji Y et al. (2001) Combinatory anti-tumor effects of electroporation-mediated chemotherapy and wild-type p53 gene transfer to human esophageal cancer cells. Int J Oncol 18:825–829

Matsumoto S, Müller-Ladner U, Gay RE, Nishioka K, Gay S (1996) Ultrastructural demonstration of apoptosis, Fas and Bcl-2 expression of rheumatoid synovial fibroblasts. J Rheumatol 23:1345–1352

Mi Z, Ghivizzani SC, Lechman ER et al. (2000) Adenovirus-mediated gene transfer of insulin-like growth factor 1 stimulates proteoglycan synthesis in rabbit joints. Arthritis Rheum 43:2563–2570

Miagkov AV, Kovalenko DV, Brown CE et al. (1998) NF-kappaB activation provides the potential link between inflammation and hyperplasia in the arthritic joint. Proc Natl Acad Sci USA 95:13.859–13.864

Miossec P (1995) Pro- and antiinflammatory cytokine balance in rheumatoid arthritis. Clin Exp Rheumatol [Suppl 12] 13:S13–S16

Mohr W, Hummler N, Peister B, Wessinghage D (1986) Proliferation of pannus tissue cells in rheumatoid arthritis. Rheumatol Int 6:127–132

Mudgett JS, Hutchinson NI, Chartrain NA et al. (1998) Susceptibility of stromelysin 1-deficient mice to collagen-induced arthritis and cartilage destruction. Arthritis Rheum 41:110–121

Mulherin D, Fitzgerald O, Bresnihan B (1996) Clinical improvement and radiological deterioration in rheumatoid arthritis: evidence that the pathogenesis of synovial inflammation and articular erosion may differ. Br J Rheumatol 35:1263–1268

Müller-Ladner U (1995) T cell-independent cellular pathways of rheumatoid joint destruction. Curr Opin Rheumatol 7:222–228

Müller-Ladner U, Kriegsmann J, Gay RE, Gay S (1995) Oncoges in rheumatoid synovium. Rheum Dis Clin North Am 21:675–690

Müller-Ladner U, Kriegsmann J, Franklin BN et al. (1996) Synovial fibroblasts of patients with rheumatoid arthritis attach to and invade normal human cartilage when engrafted into SCID mice. Am J Pathol 149:1607–1615

Müller-Ladner U, Gay RE, Gay S (1997a) Cellular pathways of joint destruction. Curr Opin Rheumatol 9:213–220

Müller-Ladner U, Roberts CR, Franklin BN et al. (1997b) Human IL-1Ra gene transfer into human synovial fibroblasts is chondroprotective. J Immunol 158:3492–3498

Müller-Ladner U, Evans CH, Franklin BN et al. (1999) Gene transfer of cytokine inhibitors into human synovial fibroblasts in the SCID mouse model. Arthritis Rheum 42:490–497

Myers LK, Rosloniec EF, Cremer MA, Kang AH (1997) Collagen-induced arthritis, an animal model of autoimmunity. Life Sci 61:1861–1878

Nakajima T, Aono H, Hasunuma T et al. (1995) Apoptosis and functional Fas antigen in rheumatoid arthritis synoviocytes. Arthritis Rheum 38:485–491

Nawrath M, Hummel KM, Pap T et al. (1998) Effect of dominant negative mutants of raf-1 and c-myc on rheumatoid arthritis synovial fibroblasts in the SCID mouse model. Arthritis Rheum 41:S95–S95

Nguyen KH, Boyle DL, McCormack JE, Chada S, Jolly DJ, Firestein GS (1998) Direct synovial gene transfer with retroviral vectors in rat adjuvant arthritis. J Rheumatol 25:1118–1125

Nykanen P, Bergroth V, Raunio P, Nordstrom D, Konttinen YT (1986) Phenotypic characterization of 3H-thymidine incorporating cells in rheumatoid arthritis synovial membrane. Rheumatol Int 6:269–271

Okamoto K, Asahara H, Kobayashi T et al. (1998) Induction of apoptosis in the rheumatoid synovium by Fas ligand gene transfer. Gene Ther 5:331–338

Okura T, Gong L, Kamitani T et al. (1996) Protection against Fas/APO-1- and tumor necrosis factor-mediated cell death by a novel protein, sentrin. J Immunol 157:4277–4281

Oligino T, Ghivizzani SC, Wolfe D et al. (1999) Intra-articular delivery of a herpes simplex virus IL-1Ra gene vector reduces inflammation in a rabbit model of arthritis. Gene Ther 6:1713–1720

Pap T, Müller-Ladner U, Hummel KM, Gay RE, Gay S (1998) Studies in the SCID mouse model. In: Evans CH, Robbins P (eds) Gene therapy in inflammatory diseases. Birkenhäuser, Basel

Pap T, Gay RE, Gay S (1999a) Rheumatoid arthritis. In: Theofilopoulos AN (ed) The molecular pathology of autoimmune diseases. Gorgon & Breach, Harwood Academic Publishers

Pap T, Franz JK, Gay RE, Gay S (1999b) Has research on lymphocytes hindered progress in rheumatoid arthritis? In: Bird H, Snaith M (eds) Challenges in rheumatoid arthritis. Blackwell Science, Oxford, pp 61–77

Pap T, Franz JK, Hummel KM, Jeisy E, Gay R, Gay S (1999c) Activation of synovial fibroblasts in rheumatoid arthritis: lack of expression of the tumour suppressor PTEN at sites of invasive growth and destruction. Arthritis Res 2:59–64

Pap T, Müller-Ladner U, Gay R, Gay S (1999d) Gene therapy in rheumatoid arthritis: how to target joint destruction? Arthritis Res 1:5–9

Pap T, Gay RE, Gay S (2000a) Gene transfer: from concept to therapy. Curr Opin Rheumatol 12:205–210

Pap T, Müller-Ladner U, Gay RE, Gay S (2000b) Fibroblast biology. Role of synovial fibroblasts in the pathogenesis of rheumatoid arthritis. Arthritis Res 2:361–367

Pap T, Shigeyama Y, Kuchen S et al. (2000c) Differential expression pattern of membrane-type matrix metalloproteinases in rheumatoid arthritis. Arthritis Rheum 43:1226–1232

Pap T, Aupperle KR, Gay S, Firestein GS, Gay RE (2001) Invasiveness of synovial fibroblasts is regulated by p53 in the SCID mouse in vivo model of cartilage invasion. Arthritis Rheum 44:676–681

Perlman H, Pagliari LJ, Georganas C, Mano T, Walsh K, Pope RM (1999) FLICE-inhibitory protein expression during macrophage differentiation confers resistance to fas-mediated apoptosis. J Exp Med 190:1679–1688

Perlman H, Pagliari LJ, Liu H, Koch AE, Haines GK III, Pope RM (2001) Rheumatoid arthritis synovial macrophages express the Fas-associated death domain-like interleukin-1beta-converting enzyme-inhibitory protein and are refractory to Fas-mediated apoptosis. Arthritis Rheum 44:21–30

Pradat PF, Finiels F, Kennel P et al. (2001) Partial prevention of cisplatin-induced neuropathy by electroporation-mediated nonviral gene transfer. Hum Gene Ther 12:367–375

Prosch S, Stein J, Staak K, Liebenthal C, Volk HD, Kruger DH (1996) Inactivation of the very strong HCMV immediate early promoter by DNA CpG methylation in vitro. Biol Chem Hoppe Seyler 377:195–201

Quattrocchi E, Walmsley M, Browne K et al. (1999) Paradoxical effects of adenovirus-mediated blockade of TNF activity in murine collagen-induced arthritis. J Immunol 163:1000–1009

Relic B, Guicheux J, Mezin F et al. (2001) Il-4 and IL-13, but not IL-10, protect human synoviocytes from apoptosis. J Immunol 166:2775–2782

Ronday HK, Smits HH, Van Muijen GN et al. (1996) Difference in expression of the plasminogen activation system in synovial tissue of patients with rheumatoid arthritis and osteoarthritis. Br J Rheumatol 35:416–423

Schett G, Tohidast-Akrad M, Smolen JS et al. (2000) Activation, differential localization, and regulation of the stress-activated protein kinases, extracellular signal-regulated kinase, c-JUN N-terminal kinase, and p38 mitogen-activated protein kinase, in synovial tissue and cells in rheumatoid arthritis. Arthritis Rheum 43:2501–2512

Smeets TJ, Kraan MC, Versendaal J, Breedveld FC, Tak PP (1999) Analysis of serial synovial biopsies in patients with rheumatoid arthritis: description of a control group without clinical improvement after treatment with interleukin 10 or placebo. J Rheumatol 26:2089–2093

Takayanagi H, Juji T, Miyazaki T et al. (1999) Suppression of arthritic bone destruction by adenovirus-mediated csk gene transfer to synoviocytes and osteoclasts. J Clin Invest 104:137–146

Taniguchi K, Kohsaka H, Inoue N et al. (1999) Induction of the p16INK4a senescence gene as a new therapeutic strategy for the treatment of rheumatoid arthritis. Nat Med 5:760–767

Tomita T, Hashimoto H, Tomita N et al. (1997) In vivo direct gene transfer into articular cartilage by intraarticular injection mediated by HVJ (Sendai virus) and liposomes. Arthritis Rheum 40:901–906

Vannier E, Miller LC, Dinarello CA (1992) Coordinated anti-inflammatory effects of interleukin 4: interleukin 4 suppresses interleukin 1 production but up-regulates gene expression and synthesis of interleukin 1 receptor antagonist. Proc Natl Acad Sci USA 89:4076–4080

Veelken H, Mackensen A, Lahn M et al. (1997) A phase-I clinical study of autologous tumor cells plus interleukin-2-gene-transfected allogeneic fibroblasts as a vaccine in patients with cancer. Int J Cancer 70:269–277

Vincenti MP, Coon CI, Brinckerhoff CE (1998) Nuclear factor kappaB/p50 activates an element in the distal matrix metalloproteinase 1 promoter in interleukin-1beta-stimulated synovial fibroblasts. Arthritis Rheum 41:1987–1994

Wang AZ, Wang JC, Fisher GW, Diamond HS (1997) Interleukin-1beta-stimulated invasion of articular cartilage by rheumatoid synovial fibroblasts is inhibited by antibodies to specific integrin receptors and by collagenase inhibitors. Arthritis Rheum 40:1298–1307

Whalen JD, Lechman EL, Carlos CA et al. (1999) Adenoviral transfer of the viral IL-10 gene periarticularly to mouse paws suppresses development of collagen-induced arthritis in both injected and uninjected paws. J Immunol 162:3625–3632

Yamashita YI, Shimada M, Hasegawa H et al. (2001) Electroporation-mediated interleukin-12 gene therapy for hepatocellular carcinoma in the mice model. Cancer Res 61:1005–1012

Yao Q, Glorioso JC, Evans CH et al. (2000) Adenoviral mediated delivery of FAS ligand to arthritic joints causes extensive apoptosis in the synovial lining. J Gene Med 2:210–219

Zhang H, Yang Y, Horton JL et al. (1997) Amelioration of collagen-induced arthritis by CD95 (Apo-1/Fas)-ligand gene transfer. J Clin Invest 100:1951–1957

Zhang HG, Xie J, Yang P et al. (2000) Adeno-associated virus production of soluble tumor necrosis factor receptor neutralizes tumor necrosis factor alpha and reduces arthritis. Hum Gene Ther 11:2431–2442

9 Molekulare Grundlagen der Behandlung rheumatischer Erkrankungen

Hanns-Martin Lorenz

Inhaltsverzeichnis

9.1 Einleitung

Da die Pathogenese der chronischen Arthritiden und Autoimmunopathien, wie sie in diesem Buch dargestellt sind, nicht vollkommen geklärt ist, existiert auch kein kausaler Therapieansatz. Dennoch sind viele Prozesse, die auf molekularer Ebene zur Initiierung und/oder Perpetuierung der chronischen Entzündungsreaktionen führen, bekannt und akzeptiert. Da aber auch hier der Stellenwert der wichtigsten zu neutralisierenden proinflammatorischen Komponenten im gesamten Entzündungsgeschehen bei der jeweiligen Erkrankung unbekannt ist, zielen die geläufigen, so genannten Basistherapeutika (oder disease-modifying anti-rheumatic drugs, DMARD) auf eine ganze Reihe von entzündungsfördernden Mechanismen. Einzige Ausnahme sind hier die Immunbiologika, allen voran die Tumornekrosefaktor a (TNF-a) oder Interleukin-1 (IL-1) neutralisierenden Antikörper und Konstrukte, die spezifisch ihr Zielantigen erkennen und entweder hemmen oder durch Bindung an Membranmoleküle über nachgeordnete Signalketten die Zielzelle in ihrer Funktion alterieren. Die in der Behandlung rheumatischer Erkrankungen vornehmlich verwendeten Medikamente sind neben nichtsteroidalen Antirheumatika (NSAR) und Glukokortikoiden die etablierten Basistherapeutika Methotrexat, Azathioprin, Cyclophosphamid, Cyclosporin A, Antimalarika wie Chloroquin und Hydroxychloroquin, Goldsalze, D-Penicillamin, Sulfasalazin und Leflunomid. In der Zukunft werden die Immunbiologika einen größeren Spielraum in der Therapie v. a. der aggressivsten Verläufe einnehmen. Die molekulare Grundlage der Wirkmechanismen dieser Medikamente soll im Folgenden dargestellt werden.

9.2 Nichtsteroidale Antirheumatika

Die Gruppe der nichtsteroidalen Antirheumatika (NSAR) setzt sich aus chemisch nur teilweise verwandten Substanzen mit entzündungshemmenden, Fieber senkenden und Schmerz stillenden Eigenschaften zusammen. Die Substanzklassen umfassen

- heterozyklische Enole (Pyrazolone wie Phenylbutazon, Oxicame wie Meloxicam),
- Alkanone (Nabumeton) oder
- Karboxylsäuren (Salizylate, Essigsäurederivate wie Indometacin, Fenamate wie Flufenamat, Propionsäurederivate wie Ibuprofen).

Neu sind Präparate, die spezifisch die Cyclooxygenase (COX) 2 hemmen. Die NSAR gehören zur „Grundausstattung" der Therapie von Patienten mit chronischen Autoimmunopathien wegen ihrer guten analgetischen Wirkung, die antiinflammatorische Potenz ist vergleichsweise nur gering ausgeprägt. Ein wichtiger Bestandteil des Wirkmechanismus der NSAR beruht auf der Hemmung der

Ganten/Ruckpaul (Hrsg.)
Molekularmedizinische Grundlagen
von rheumatischen Erkrankungen
© Springer-Verlag Berlin Heidelberg 2003

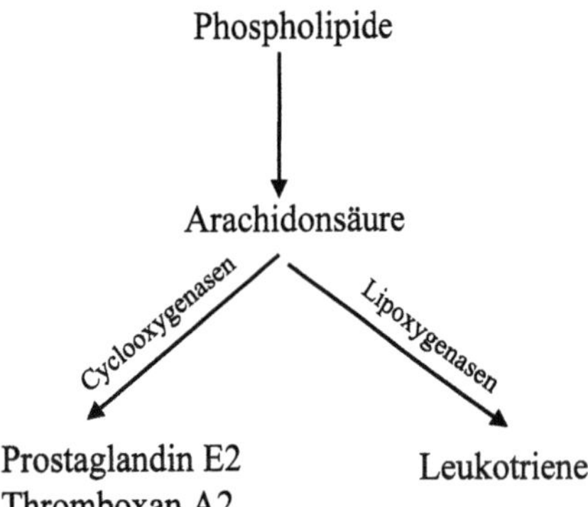

Abb. 9.1. Wirkmechanismus der NSAR: Aus Phospholipiden wird Arachidonsäure gebildet, aus welcher unter Katalyse von COX Prostaglandine und Thromboxane und unter Katalyse von Lipoxygenasen Leukotriene entstehen

Synthese der Prostaglandine. Dabei wird aus Phospholipiden zunächst Arachidonsäure gebildet, woraus dann unter dem Einfluss von COX 1 oder COX 2 Prostaglandine und Thromboxane entstehen (Abb. 9.1). Prostaglandine erniedrigen die Erregbarkeitsschwelle der Nozizeptoren für physikalische und chemische Reize (Higgs 1980), ohne selbst den Schmerzrezeptor zu erregen. Eine gewisser zentral wirkender analgetischer Effekt ist für einige NSAR beschrieben, der ebenfalls indirekt über eine zentral vermittelte Hemmung der Prostaglandinsynthese wirken könnte (Carlsson et al. 1988). Darüber hinaus sind Prostaglandine für die Schleimproduktion im Gastrointestinum und damit zur Schleimhautprotektion wichtig. Des Weiteren wirken sie bronchodilatatorisch. Dabei ist die COX 1 konstitutiv z.B. im Gastrointestinum und der Niere exprimiert, während die Synthese der COX 2 erst im Rahmen eines entzündlichen Geschehens induziert wird (Vane u. Botting 1998). Neuerdings wird schon eine COX 3 vermutet (Willoughby et al. 2000). Viele Autoren favorisieren die Hypothese, dass die therapeutischen Effekte der NSAR auf die Hemmung der COX 2 zurückzuführen sind, wohingegen die Entstehung vieler Nebenwirkungen COX-1-abhängig ist (Vane u. Botting 1998). Dies war die Basis dafür, COX-2-selektive NSAR zu synthetisieren, und führte zur Entwicklung, klinischen Testung und Markteinführung der bisher einzigen selektiven COX-2-Hemmstoffe Celecoxib und Rofecoxib. Klinische Studien lassen vermuten, dass diese COX-2-selektiven Inhibitoren tatsächlich eine geringere Nebenwirkungsrate v.a. im Gastrointestinum aufweisen. Da neuere Erkenntnisse eine Expression der COX 2 auch in der Niere belegen, ist bei Patienten mit Niereninsuffizienz die gleiche Zurückhaltung wie bei nichtselektiven NSAR geboten.

Die Entstehung der Nebenwirkungen lässt sich z.T. auf die Hemmung der COX zurückführen. So ist die Thrombozytenaggregation durch reversible oder irreversible (Azetylsalizylsäure azetyliert die Hydroxylgruppe am Serin 350 der COX irreversibel) Hemmung der Prostaglandin- und Thromboxansynthese zu erklären. Da die Thrombozyten keinen Zellkern haben und die Nachbildung neuer COX somit unmöglich ist, müssen nach Azetylsalizylsäuregabe erst neue Thrombozyten heranreifen, um diesen Aggregationsblock zu überwinden (4–5 Tage). Andere NSAR haben hier nur einen reversiblen und unterschiedlich stark ausgeprägten Effekt. So konnte gezeigt werden, dass die IC50 für die Freisetzung von Thromboxan A2 aus Thrombozyten für Indomethazin bei 0,02 µM, für Tiaprofensäure bei 0,07 µM, für Meclofenamat bei 44,9 µM und für Diclofenac bei 63,2 µM liegt (Schror et al. 1980). Daher ist bei Patienten mit koronarer Herzerkrankung und einer chronisch-entzündlichen Autoimmunerkrankung immer die Gabe von Azetylsalizylsäure notwendig, die alleinige Medikation mit etwa Diclofenac hat eine deutlich geringere Thrombozyten hemmende Wirkung. Durch Hemmung der COX werden aus der Arachidonsäure vermehrt bronchokonstriktorisch wirksame Leukotriene und weniger bronchodilatatorische Prostaglandine gebildet. Beide Komponenten fördern somit die Entstehung einer Bronchospastik (pseudoallergisches Asthma v.a. nach Azetylsalizylsäure), aber auch ein direkt allergisches Geschehen ist möglich. An der Niere kann es (in bis zu 5% der Patienten) zu einer Wasser- und Elektrolytretention kommen. Weitere renale Nebenwirkungen sind Papillennekrosen (v.a. nach Phenazetin) sowie interstitielle Nephritiden. In 6–10% der Patienten kommt es zu gastrointestinalen Nebenwirkungen mit Gastritiden, Ulzerationen und Blutungen (nochmals potenziert durch die parallele Einnahme von Glukokortikoiden).

9.3 Glukokortikoide

Neben den NSAR und den Basistherapeutika im engen Sinn stellen die Glukokortikoide den 3. festen Bestandteil der etablierten antiinflammatorischen Therapie zumindest in der Frühtherapie oder der Behandlung von Entzündungsschüben dar. Dies gilt insbesondere, da Glukokortikoide die einzigen Medikamente sind, die schnell, effektiv und kostengünstig zu einer Limitierung des entzündlichen Geschehens führen. Leider ist die Monotherapie in hoher Dosierung über lange Zeit wegen der schwer wiegenden Art und hohen Rate von Nebenwirkungen obsolet (Boers 1999, Kirwan u. Russell 1998, Morrison u. Capell 1999, Myles 1985, Weisman 1995). Dies hatte zur Folge, dass der effektive Nutzen der Glukokortikoide, v. a. der protrahierten Therapie in niedriger Dosierung z. B. bei chronisch destruierenden Arthritiden, nie in klinischen Studien überprüft wurde.

Physiologisch wirksamer Metabolit der Nebennierenrindenhormone ist das Hydrokortison. Die ersten synthetischen Glukokortikoide Prednison (Δ_1-Dehydrokortison) und Prednisolon (Δ_1-Dehydrokortisol) mit einer etwa 5fachen Hydrokortisonpotenz werden weltweit als Standard angesehen, sodass die anderen synthetischen Glukokortikoide in Prednisolon- bzw. Prednisonäquivalenzdosen angegeben werden.

Die Wirkmechanismen der Glukokortikoide werden in

- genomische Effekte und
- nichtgenomische Effekte

unterteilt. Die DNA-abhängigen Wirkungen, die erst nach Stunden greifen können, werden über spezifische zytoplasmatische Steroidrezeptoren vermittelt. Diese Rezeptoren sind interindividuell unterschiedlich dicht exprimiert, intraindividuell jedoch organunspezifisch relativ einheitlich festgelegt. Für die unterschiedlichen Effekte der Glukokortikoide werden offensichtlich auch keine verschiedenen Rezeptoren engagiert. Dies erklärt, warum sich Wirkungen und Nebenwirkungen verschiedener Steroide unabhängig vom verwendeten Präparat prinzipiell nicht unterscheiden können. Der Rezeptorbesatz unterliegt einem negativen Feed-back-Mechanismus. Die Tatsache, dass Lymphozyten von untherapierten Patienten mit chronischer Polyarthritis geringere Konzentrationen an Steroidrezeptoren aufweisen, wird mit den im Rahmen des entzündlichen Geschehens erhöhten Kortisolkonzentrationen erklärt (Schlaghecke et al. 1992).

Der Steroid-Rezeptor-Komplex wirkt nach Abspaltung des Hitzeschockproteins (hsp) 90 und Translokation in den Zellkern als Transkriptionsfaktor durch Bindung an „glucocorticiod-responsive elements" in den Promotoren bestimmter Gene. Die Transkription kann dadurch initiiert werden, vornehmlich werden jedoch die antiinflammatorischen Effekte durch die Hemmung der Transkription von entzündungsfördernden Genprodukten vermittelt (Tabelle 9.1). Die nicht-

Tabelle 9.1. Genomische Glukokortikoidwirkung

Art der Wirkung	Genfamilie	Gene bzw. Moleküle
Hemmung	Zytokine	IL-1, IL-2, IL-3, IL-4, IL-6, IL-8 TNF-α, GM-CSF
	Molekülexpression auf Zelloberflächen	E-Selektin auf Endothelzellen MHC Klasse II auf Monozyten IL-2-Rezeptoren auf T-Lymphozyten
	Eicosanoidstoffwechsel	Thromboxan A2 Prostaglandin E2 Leukotriene Plättchen aktivierender Faktor Radikalenbildung

genomischen Wirkmechanismen werden am ehesten über Signaltransduktion durch membranständige Steroidrezeptoren vermittelt. Dies führt in verschiedenen Zelltypen zur Membranstabilisierung, verminderten Kationenpermeabilität, zur Reduktion der ATP-Bildung und zum programmierten Zelltod v. a. aktivierter Zellen.

Aus dem breiten Nebenwirkungsspektrum der Glukokortikoide sind für die Langzeitbehandlung vornehmlich die Entstehung der Osteoporose herauszustreichen. Dies wird durch eine Verminderung der intestinalen Kalziumresorption, Steigerung der renalen Kalziumausscheidung mit kompensatorisch gesteigertem Parathormon und vermindertem Kalzitonin, Stimulation der Osteoklasten und Hemmung der Osteoblasten sowie Hemmung anaboler Hormone vermittelt. Die Glukokortikoidtherapie sollte somit immer von Anfang an schon prophylaktisch von einer Kalzium- und Vitamin-D-Medikation begleitet sein.

9.4 Methotrexat

Methotrexat (MTX) ist das bei der Therapie der chronischen Polyarthritis am meisten eingesetzte DMARD, da es allgemein als das Medikament mit der besten Effizienz bei relativ günstigem Nebenwirkungsprofil erachtet wird. So konnten retrospektive Studien bei der RA belegen, dass das „Überleben" eines DMARD, d. h. das Nichtabsetzen, bei MTX über einen Zeitraum von mehreren Jahren vergleichsweise am günstigsten ist (Wolfe et al. 1990).

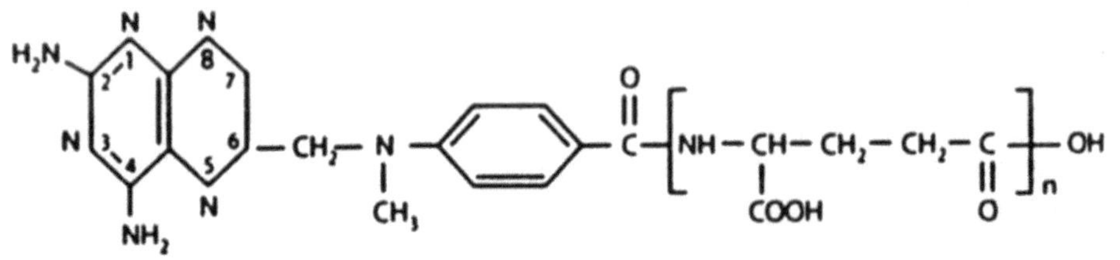

Abb. 9.2. Methotrexat

MTX, die 2-4-Diamino-*N*-10-Methylpteroylglutaminsäure, ist ein Folsäureanalogon mit einer Aminosubstitution für Hydroxyl an der Position 4 und einer Methylgruppe anstelle von Wasserstoff an Position 10 (Abb. 9.2). Nach einer Resorption von im Mittel 70% wird MTX vorwiegend unverändert renal ausgeschieden, geringere Mengen werden auch hepatobiliär exkretiert (Edelman et al. 1984, Sinnett et al. 1989). Eine eingeschränkte Nierenfunktion erhöht die Plasmaspiegel und die Toxizität (Bressolle et al. 1998). MTX und sein Metabolit 7-Hydroxy-MTX können 1 Woche in konstanter Konzentration intrazellulär in Form von Polyglutamaten nachgewiesen werden (Chabner et al. 1985, Kremer JM 1986).

Der entscheidende molekulare Wirkmechanismus des MTX ist letztendlich unbekannt. In der bei der Therapie der Autoimmunopathien verwendeten niedrigen Dosierung ist die eigentliche folsäureantagonisierende Wirkung mit der Hemmung der Dihydrofolatreduktase und der konsekutiven Verminderung der Purinsynthese (wie sie in der Chemotherapie ausgenutzt wird) allenfalls für die Entstehung der Nebenwirkungen wie Stomatitis oder Knochenmarksuppression verantwortlich. Diskutiert wird, dass andere folsäureabhängige Enzyme in ihrer Funktion entscheidender gehemmt sind und somit den therapeutischen Effekt des MTX vermitteln (Baggott et al. 1986). Allerdings konnte gezeigt werden, dass die Zufuhr von Folsäure (üblicherweise am Tag nach MTX-Gabe in MTX-angepasster Dosierung) die therapeutische Effizienz bei der RA nicht mindern kann (Cronstein 1996, Morgan et al. 1994). Auf der anderen Seite sind die tetrahydrofolatabhängige Methylierung von Homocystein zu Methionin und die Weitersynthese (unter ATP-Zugabe) zu S-Adenosylmethionin ein für viele Moleküle und Prozesse wichtiges Prinzip für die Synthese von Polyaminen und die Bereitstellung von Methylgruppen (Phospholipide, DNA, RNA, Proteine). Bei der RA wurden zudem erhöhte Mengen an Polyaminen beschrieben (Furumitsu et al. 1993, Yukioka et al. 1992), die z. T. für die verminderte In-vitro-Synthese von IL-2 verantwortlich gemacht wurden (Flescher et al.

1989). Ob nun die Verminderung der Transmethylierungsreaktionen und/oder der Synthese der Polyamine bei der Vermittlung der MTX-Effekte entscheidend zum Tragen kommt, bleibt weiterhin unklar.

In den vergangenen Jahren konnten mehrere immuninhibierende Effekte des MTX auf immunkompetente Zellen und Systeme beschrieben werden, ohne dass schon verstanden wäre, welcher dieser Mechanismen der für die potente Immunsuppression des MTX entscheidende Mechanismus ist. So wurde die Freisetzung von Adenosin (als Konsequenz der Inhibition einer folsäureabhängigen Ribonukleotidtransformylase) am Ort des entzündlichen Geschehens beschrieben (in vitro und in vivo) (Asako et al. 1993, Cronstein et al. 1991, 1993). Die Elimination des freigesetzten Adenosins durch die Zugabe der Adenosindesaminase konnte die antiinflammatorischen Effekte revertieren (Cronstein et al. 1993). Weitere Unterstützung fand diese Hypothese durch Studien, in denen gezeigt werden konnte, dass Adenosinkinaseinhibitoren (Cronstein et al. 1995, Firestein et al. 1994, 1995, Rosengren et al. 1995) und Sulfasalazin (ein direkter Inhibitor der Ribonukleotidtransformylase) (Gadangi et al. 1996) ähnliche antiinflammatorische Effekte über die Freisetzung von Adenosin bewirken. Adenosin selbst bindet an spezifische Rezeptoren, die z. B. auf Granulozyten exprimiert werden. Zugabe von Adenosin zu aktivierten neutrophilen Granulozyten führte zur Verminderung der Superoxidfreisetzung, der Zellaggregation und zur Gewebezerstörung (Cronstein et al. 1986, 1985). Auch bei Granulozyten von RA-Patienten unter MTX-Therapie konnte eine verminderte Superoxidproduktion nachgewiesen werden (Laurindo et al. 1995). Für das MTX wurden noch weitere immuninhibitorische Effekte nachgewiesen, die sich größtenteils mit den Effekten des Adenosins decken. So wurden eine verminderte lymphozytäre Proliferation, eine Änderung des Phänotyps zu Suppressorlymphozyten mit erhöhter Produktion des TH2-Zytokins IL-4 und Tr1-Zytokins IL-10 sowie eine verminderte Produktion der Zytokine IL-1, TNF-*a*, IL-6 und IL-8 aus Monozyten/Makrophagen oder anderen mononukleären Zellen bzw. in der Synovialflüssigkeit sowie eine Erhöhung der IL-1RA-Konzentrationen für Adenosin und/oder MTX beschrieben (Barrera et al. 1995, Bouma et al. 1994, Connolly et al. 1988, Constatin et al. 1996, Hu et al. 1988, Lacki et al. 1995, Le Moine et al. 1996, Parmely et al. 1993, Sajjadi et al. 1996, Seitz et al. 1992, 1995, Thomas u. Carroll 1993). Auch die Proliferation von Fibroblasten ist unter MTX vermindert (Rosenblatt et al. 1978). Darüber hinaus wird diskutiert, dass die für MTX nachgewiesene Verminderung der Kollagenaseproduktion ohne Veränderung der gewebeprotektiven TIMP-1-Sekretion (Firestein et al. 1994, Martel-Pelletier et al. 1994) ebenfalls über einen Adenosinrezeptor vermittelt wird (Boyle et al. 1996). In einem murinen Entzündungsmodell konnten die antiinflammatorischen Effekte des MTX durch einen Antagonisten des Adenosin-A2-Rezeptors revertiert werden (Cronstein et al. 1993). Auch eine Nebenwirkung des MTX, die Förderung des Größenwachstums von Rheumaknoten bei RA-Patienten, die zur Bildung der Rheumaknoten tendieren, könnte über den Adenosin-A1-Rezeptor vermittelt sein (Merrill et al. 1997). Neben dieser adenosinfokussierten Wirkung sind alternative Hypothesen beschrieben worden, die aber z.T. widersprüchlich diskutiert werden. So konnte in einigen Studien gezeigt werden, dass die Produktion von Rheumafaktoren unter MTX vermindert ist, was als möglicher Hinweis für eine Inhibition des humoralen Immunsystems gedeutet wurde (Alarcon et al. 1990, Olsen et al. 1987). Dies wurde jedoch in einer anderen Studie so nicht gesehen (Andersen et al. 1985).

Abb. 9.3. Azathioprin

9.5 Azathioprin und Cyclophosphamid

Da beide Substanzen einen DNA-fokussierten und damit ähnlichen zytotoxischen Wirkmechanismus aufweisen, sollen sie in einem Kapitel zusammen abgehandelt werden.

Azathioprin (Abb. 9.3) ist ein oral verfügbares zytotoxisches Purinanalogon. Der Wirkmechanismus basiert somit auf einer direkten Hemmung der DNA-Synthese schnell proliferierender immunkompetenter Zellen (im Menschen vornehmlich Lymphozyten und Granulozyten). Darüber hinaus wirken einige Metaboliten des Azathioprins wie z.B. das 6-Methyl-Thiopurinribonukleotid als Hemmstoffe des ersten Enzyms der Purinbiosynthese (Phosphoribosylpyrophosphatamidotransfer-

ase) (Krynetski et al. 1996). Passend zu diesem antiproliferativen Effekt des Azathioprins konnte in Studien die Verminderung der T- und B-Lymphozyten-Zahlen nachgewiesen werden (ten Berge et al. 1981). Darüber hinaus sind allerdings nur recht wenige Details zu den immunologischen Konsequenzen einer Azathioprintherapie bekannt. So wurden in einem Bericht abfallende IL-6-Serumkonzentrationen beschrieben (Barrera et al. 1996), wohingegen eine andere Publikation keine Änderung der IL-6- oder IL-2R-Werte im Serum fand (Crilly et al. 1994). Die Chemotaxis von neutrophilen Granulozyten, Monozyten und Lymphozyten sowie die Zytotoxizität von NK-Zellen in vitro scheinen durch Azathioprin verringert zu sein (Czeuz et al. 1990). Da der Azathioprinmetabolismus vornehmlich dem der endogenen Purine gleicht, wird vermutet, dass die intrazelluläre Aktivität Purin metabolisierender Enzyme die Toxizität unter Azathioprin vorbestimmt. Dies konnte in einer kleinen retrospektiven Studie auch belegt werden (Kerstens et al. 1995).

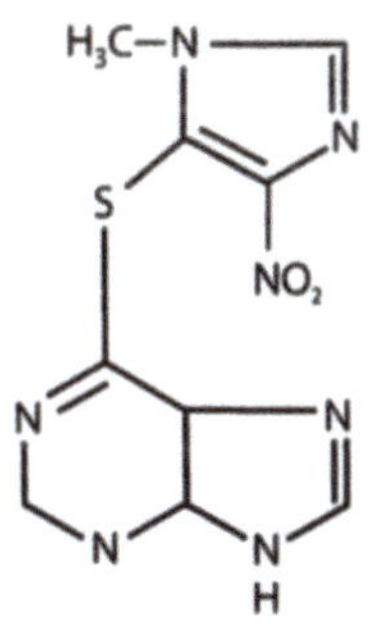

Cyclophosphamid (Abb. 9.4) als das effektivste, aber auch nebenwirkungsreichste Immunsuppressivum wird nur bei massivem Organbefall eingesetzt und nicht zur chronischen Anwendung über Jahre empfohlen. Ab einer kumulativen Dosis von über 100 g steigt die Inzidenz von Nebenwirkungen deutlich an (Reinhold-Keller et al. 2000). Seine Einführung hat aber wesentlich dazu beigetragen, dass die 5-Jahres-Überlebenszeit bei SLE-Patienten innerhalb von 40 Jahren von 50 auf 90% gestiegen ist (Bono et al. 1999). Cyclophosphamid ist ein alkylierendes Agens, das sich kovalent an DNA (v.a. Guanin) und Proteine bindet. Dadurch kommt es zur Quervernetzung der DNA mit der Folge somatischer Mutationen, der Beeinträchtigung der DNA-Replikation und des Zelltods sich schnell teilender Zellen (Lacki et al. 1996, Meyn et al. 1994). Dies konnte auch in Langzeitverläufen bei der Therapie von Autoimmunopathien am Abfall von

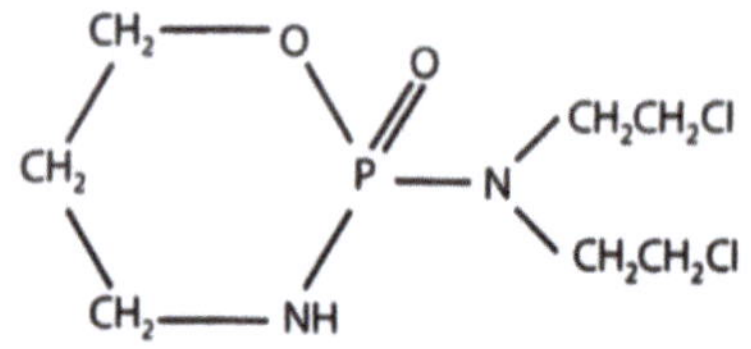

Abb. 9.4. Cyclophosphamid

CD4-positiven T-Lymphozyten (Feehally et al. 1984) im peripheren Blut sowie in Milz und Thymus (Smialowicz et al. 1985) beobachtet werden. Darüber hinaus ist eine Unterdrückung der zytotoxischen T-Zell-Antwort sowie (bei SLE-Patienten) der humoralen B-Lymphozyten-Aktivität beschrieben (Cupps et al. 1982, Merluzzi et al. 1981). Weitere Details der molekular-immunologischen Veränderungen unter Cyclophosphamidtherapie sind nicht bekannt.

9.6 Cyclosporin A

Cyclosporin A (CSA; Abb. 9.5) bindet intrazellulär an Cyclophilin und supprimiert dadurch die Aktivierung der kalziumabhängigen Phosphatase Kalzineurin (Halloran 1996). Kalzineurin dephosphoryliert NFAT (nuclear factor of activated T cells), der die Kernmembran nur im dephosphorylierten Zustand penetrieren kann und an bestimmte Promotoren bindet. Hier ist v. a. der IL-2-Promotor zu erwähnen. So scheint CSA vornehmlich in aktivierten T-Lymphozyten immunsuppressiv zu wirken, indem es die IL-2- und IFN-γ-Synthese und -Sekretion vermindert (Schreiber u. Crabtree 1992). Allerdings konnte in weiteren Studien gezeigt werden, dass CSA weniger T-Zell-spezifisch ist als allgemein angenommen. So wurden eine Steigerung der mRNA-Synthese des immunsuppressiven Zytokins TGF-β (Tomono et al. 1996, Wolf et al. 1995) sowie eine Verminderung der (TGF-β-induzierten) VEGF-mRNA und -Proteinsekretion in Fibroblasten (Yoon et al. 2000), eine verminderte Chemotaxis von Neutrophilen und Lymphozyten (Adams et al. 1990, Spisani et al. 2000) sowie eine supprimierte mRNA-Synthese des Osteoklastendifferenzierungsfaktors und der Osteoklastenaktivität in vitro (Awumey et al. 1999) beschrieben. Darüber hinaus ist NFATp als Suppressorgen in chondrogenen mesenchymalen Stammzellen exprimiert, sodass in diesen Zellen ebenfalls eine hemmende Wirkung von CSA denkbar wäre. Des Weiteren wurden eine verminderte TNF-α-mRNA und -Proteinproduktion von B-Lymphozyten und Makrophagen unter dem Einfluss von CSA publiziert (Remick et al. 1989, Smith et al. 1994). Der positive Effekt des CSA in der Behandlung von Autoimmunopathien ist somit nicht allein durch die Hemmung der T-Lymphozyten zu erklären.

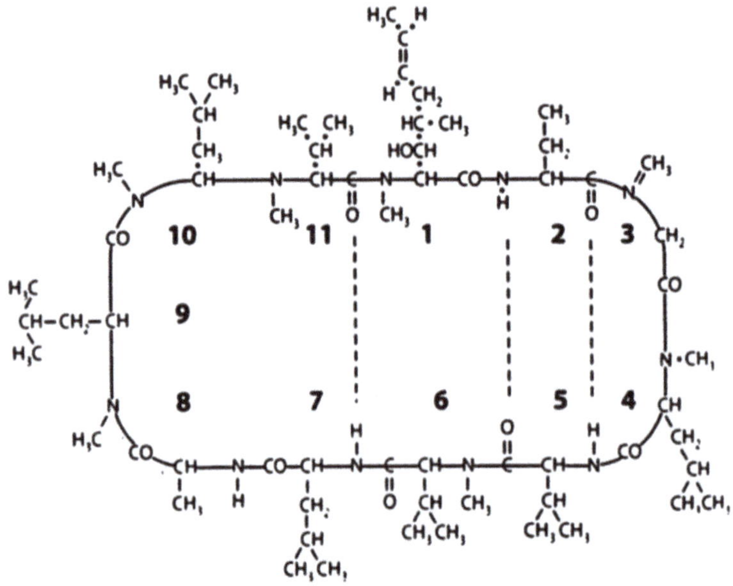

Abb. 9.5. Cyclosporin A

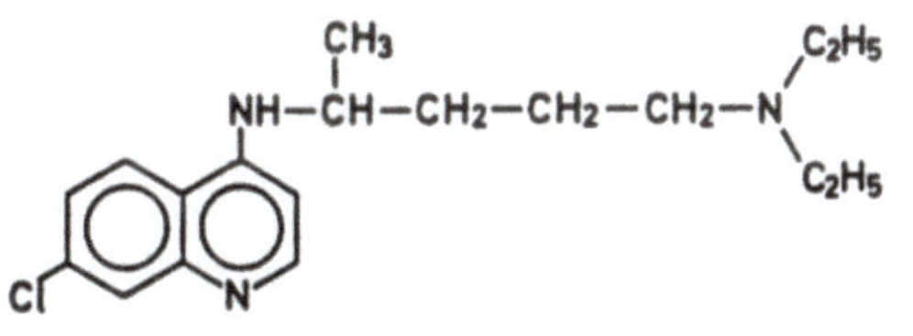

Abb. 9.6. Chloroquin

9.7 Antimalarika (Chloroquin, Hydroxychloroquin)

Antimalarika wie Hydroxychloroquin oder Chloroquin (Abb. 9.6) akkumulieren nach passiver Diffusion intrazellulär in sauren Vesikeln (Fox u. Kang 1993, Tett et al. 1990). Hier führen sie durch Wasserretention zum Anschwellen der Lysosomen des Zytosols und erhöhen den pH (Fox u. Kang 1993, Tett et al. 1990), was eine Inhibition lysosomaler Enzyme zur Folge hat. Diese sauren Vesikel sind für die geeignete Antigenerkennung und -prozessierung sowie für den Abbau der im Rahmen der Apoptose anfallenden DNA-Fragmente von Bedeutung (Odaka u. Mizuochi 1999). In der Folge der (Hydroxy)Chloroquinakkumulation kommt es zu einer reduzierten Antigenpräsentation in MHC-Klasse-II-Molekülen und zu einer verminderten T-Lymphozyten-Stimulation auf kryptische Selbstantigene, weniger auf hochaffine exogene Antigene (Fox 1996). Als weitere Konsequenz wurde eine verminderte Freisetzung verschiedener Zytokine wie des IL-4, IFN-γ, IL-6 oder des TNF-a aus Lymphozyten oder Monozyten in verschiedenen Zellstimulationssystemen oder Vollblut beschrieben (Karres et al. 1998, van den Borne et al. 1997). Wohl auch als Konsequenz des speziellen Wirkmechanismus der Antimalarika werden Enzyme wie die DNA-Polymerase, die Phospholipase A2 oder die induzierbare NO-Synthase inhibiert. Die Wirkung auf Phospholipase A2 könnte auch die in vitro und in vivo dokumentierte Änderung der Thrombozytenfunktion erklären (Loudon 1988, Nosal et al. 1995). Die Triglyzerid- und Cholesterinkonzentrationen im Blut nehmen unter (Hydroxy)Chloroquin ab, was möglicherweise an einem veränderten intrazellulären Transport liegt (Hodis et al. 1993, Munro et al. 1997, Rahman et al. 1999, Wallace et al. 1990). Diabetiker profitieren davon insofern, als Antimalarika den Abbau von Insulin reduzieren und es somit zu einem um 30% reduzierten Insulinbedarf kommt (Quatraro et al. 1990). Letztlich wird auch ein Effekt der Antimalarika auf Schmerz vermittelnde Neurotransmitter

diskutiert (Middleton et al. 1995), da viele Patienten schon eine Besserung der Schmerzsymptomatik berichten, bevor eine klinisch und serologisch messbare Reduktion der Entzündung nachweisbar ist.

9.8 Goldsalze

Die molekularen Konsequenzen einer Immunsuppression (vornehmlich eingesetzt bei RA) mit Goldsalzen (Abb. 9.7) sind vielleicht die mannigfaltigsten unter allen etablierten Immunsuppressiva [Übersicht in Burmester u. Barthel (1996)], wenngleich der eigentliche Wirkmechanismus wenig spezifisch aufgeklärt ist. Auf der Ebene der humoralen Immunantwort ist eine Reduktion der Rheumafaktorensekretion (in vivo und in vitro) und einiger Komplementfaktoren beschrieben (Hanly et al. 1986, Olsen u. Jasin 1984, Schultz et al. 1974), selten kann es zu einer Hypogammaglobulinämie kommen. Die B- und T-Lymphozyten-Zahlen nehmen im Lauf der Therapie mit Goldsalzen sowohl im peripheren Blut als auch in der Synovialmembran ab (Hanly u. Bresnihan 1985, Soden et al. 1991), darüber hinaus kommt es zu einem Expressionsabfall der MHC-Klasse-II-Moleküle MHC-DP und -DQ (Walters et al. 1987). In vitro werden die Proliferation humaner T-Lymphozyten sowie deren

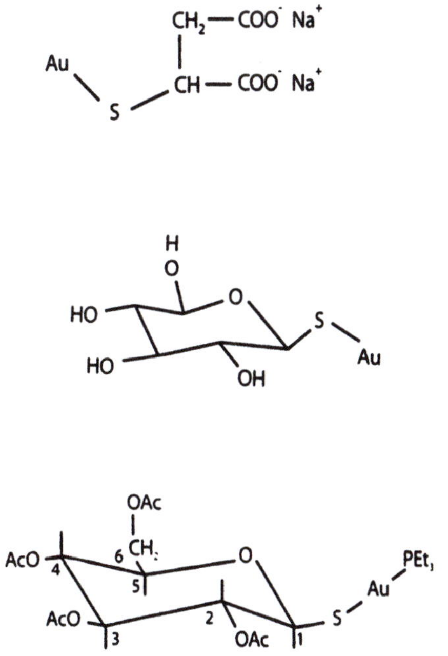

Abb. 9.7. Goldsalze: Natriumaurothiomalat, Aurothioglukose, Auranofin

IL-2-Rezeptor-Expression und IL-2-Synthese inhibiert (Griem et al. 1995, Hashimoto et al. 1994), dagegen normalisiert sich die bei unbehandelten RA-Patienten typische verminderte T-Zell-Stimulierbarkeit (Burmester u. Barthel 1996). Interessant ist auch die Beobachtung, dass Goldsalze nicht nur die Entwicklung eine Erkrankung in der adjuvansinduzierten Arthritis der Maus unterdrücken können, sondern auch die Arthritissymptome einer Maus nach dem Transfer von Milzzellen goldbehandelter Tiere deutlich gebessert waren (Cannon u. McCall 1990). Ähnlich wie für die Antimalarika ist auch für die Goldsalze eine Akkumulation in den für die Antigenpräsentation und -prozessierung wichtigen sauren zytoplasmatischen Vesikeln beschrieben, dies soll vornehmlich Peptide mit schwefelhaltigen Aminosäuren (Cystein, Methionin) betreffen (Griem et al. 1995). Die Chemotaxis sowie die Nachreifung und Emigration von Monozyten aus dem Knochenmark werden durch Goldsalze limitiert (Hirohata et al. 1997, Ho et al. 1978). Dies schlägt sich auch in der verminderten Anzahl von Makrozyten in der Synovialmembran nieder, die darüber hinaus auch funktionell inhibiert zu sein scheinen, was sich in der verminderten Zytokinsekretion (TNF-α, IL-1β, IL-6, IL-8) widerspiegelt (Bondeson u. Sundler 1995, Seitz et al. 1992, 1997, Yadav et al. 1997, Yanni et al. 1994). Die verminderte zelluläre Emigration aus Gefäßen ins Gewebe, die an der verminderten synovialen Leukozytenzahl zum Ausdruck kommt (s. oben), ist zumindest z. T. gut durch eine geringere Expression des endothelialen Adhäsionsmoleküls ELAM-1 unter Goldtherapie erklärt (Corkill et al. 1991). Auch in anderen mesenchymalen Zellen wie den synovialen Fibroblasten hemmen Goldsalze die Zytokinproduktion [MCP-1, IL8: (Loetscher et al. 1994)], die Osteoklastenfunktion konnte in vitro gehemmt werden (Hall et al. 1996). Die Chemotaxis, die Kalziumaufnahme, die Superoxidfreisetzung neutrophiler Granulozyten sowie die phagozytäre Aktivität der Makrophagen und Granulozyten werden ebenfalls durch Goldsalze limitiert (Davis et al. 1983, Harth et al. 1985, Ishitani et al. 1995, Mowat 1978). Ähnlich wie das für die NSAR beschrieben scheinen Goldsalze die Prostaglandin-E2-Synthese zu hemmen, wobei für das oral verfügbare Auranofin eine COX-2-Spezifität vermutet wird (Penneys et al. 1974, Yamashita et al. 1997). Eine direkte Hemmung durch Anlagerung an die katalytischen Domänen etwa von Matrixmetalloproteinasen (Tschesche et al. 1994) oder indirekte Inhibition durch verminderte Freisetzung aus Lysosomen [saure Phosphatasen, β-Glukuroni-

dase, Cathepsin (Ennis et al. 1968, Penneys et al. 1974)] komplettieren die bunte Facette der goldsalzbedingten immunsuppressiven Mechanismen. Gut dazu passend konnte in Tiermodellen gezeigt werden, dass Goldsalze potent die von Makrophagenprodukten induzierte Angiogenese supprimieren können (Koch et al. 1991). Ob sich diese mannigfaltigen Effekte der Goldsalze durch die Hemmung der Bindung verschiedener nukleärer Faktoren wie AP-1, AP-2, NF-1 oder TFIID schlüssig erklären lassen, ist offen (Handel et al. 1993).

9.9 D-Penicillamin

D-Penicillamin (D-Pen; Abb. 9.8) ist eine Aminosäure mit einer Thiolseitenkette, die in Form zweier Enantiomere als L- oder D-Penicillamin vorliegen kann. Die L-Form weist eine hohe Toxizität auf, sodass nur die D-Form in vivo eingesetzt wird (Munro u. Capell 1997). Die Effektivität des D-Pen scheint abhängig von seiner Kupfer bindenden Aktivität zu sein, was in vitro zur Oxidation seiner Thiolgruppe und zur Freisetzung von Wasserstoffperoxid führt (Lipsky 1984, Lipsky u. Ziff 1980, Walters et al. 1987). Ebenfalls in vitro, aber auch in vivo konnte D-Pen die Proliferation von Fibroblasten und Endothelzellen hemmen (Matsubara u. Hirohata 1988, Matsubara et al. 1989). Auch das T- und B-Lymphozyten-Wachstum konnte in vitro, ebenfalls in Abhängigkeit von seiner Kupfer chelierenden Eigenschaft, gehemmt werden (Hirohata u. Lipsky 1994, Lipsky 1984). Des Weiteren wurde in einer klinischen Studie gezeigt, dass sich unter D-Pen-Therapie bei Patienten mit RA sowohl die lymphozytäre Infiltration des Synoviums als auch die Expression der MHC-Moleküle HLA-DP und -DQ über 6 Monate signifikant vermindert (Walters et al. 1987). Direkt oder indirekt (verminderte T-Zell-Hilfe) hemmt D-Pen die Immunglobulinsynthese in vitro (Lewins et al. 1982). D-Pen wirkt durch eine wiederum kupferabhängige Dismutase als Fänger freier Radikale aus neutrophilen Granulozyten (Howard-Lock et al. 1986, Ledson et al. 1992, Roberts u. Robinson 1985) und hemmt di-

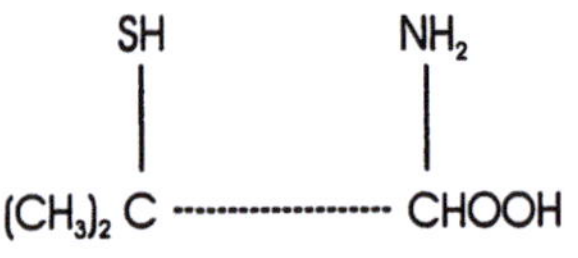

Abb. 9.8. D-Penicillamin

6.2.2.3 Xenobiotika und Autoantigenität

Xenobiotika sind körperfremde, nicht biologische Substanzen (Schadstoffe, Medikamente), welche das Immunsystem beeinflussen können. Einige dieser Stoffe können zur Induktion spezifischer Autoantikörper führen bzw. an deren Induktion beteiligt sein. In der Tabelle 6.6 sind Beispiele aufgezeigt, wo Xenobiotika für die Auslösung einer spezifischen Autoimmunantwort verantwortlich gemacht werden. Hierbei sind v. a. Modifikationen der Autoantigene, etwa durch Interaktion mit Xenobiotika oder Apoptoseinduktion von Bedeutung.

Im Tiermodell kann durch die Gabe von Quecksilberchlorid ($HgCl_2$) eine spezifische Autoimmunantwort gegen Fibrillarin, ein Protein kleiner nukleolärer RNP-Komplexe, induziert werden. Der $HgCl_2$-induzierte Zelltod von Makrophagen führte zu einer proteolytischen Spaltung von Fibrillarin mit Generation eines immunogenen Fragments mit einem Molekulargewicht (MG) von 19000, welches weder beim apoptotischen noch beim nichtapoptotischen Zelltod gefunden wurde (Pollard et al. 2000). Diese Ergebnisse zeigen, dass die Interaktion des Fibrillarins mit $HgCl_2$ und die folgende Spaltung dieses Proteins durch (induzierte) Proteasen zur veränderten Antigenität und letztendlich zur Induktion einer Autoimmunreaktion in (genetisch) suszeptiblen Mäusen führten.

Lungengängige Quarzstaubpartikel (SiO_2) haben einen adjuvanten Effekt auf das Immunsystem. In vitro wurde auch eine Apoptoseinduktion bei Alveolarmakrophagen und Lymphozyten nachgewiesen (Iyer et al. 1996; Aikoh et al. 1998) sowie eine chronische Stimulation von Makrophagen mit verstärkter Expression von TNF-α über die Beeinflussung des TNF-Gen-Promotors durch Quarzstaubpartikel (Savici et al. 1994). Somit könnte zumindest für die Topoisomerase I über Apoptosemodifikation (s. Tabelle 6.5) unter proinflammatorischen Bedingungen (Makrophagenaktivierung durch SiO_2 mit Freisetzung proinflammatorischer Zytokine wie TNF-α oder IL-1) eine Autoantikörperinduktion in suszeptiblen Personen erklärt werden. Eine Beteiligung von zur ICE-Familie gehörenden Proteasen sowie die Degradation von PARP bei silikainduzierter Apoptose ist ebenfalls beschrieben worden (Iyer u. Holian 1997). Für die Induktion von Autoantikörpern gegen das Ro52-Antigen bei silikaexponierten Personen könnte wiederum die beschriebene, durch TNF-α induzierte Translokation der normalerweise intrazytoplasmatisch lokalisierten Proteine auf die Zelloberfläche von Bedeutung sein (Dörner et al. 1995).

Organische Lösungsmittel, welche ebenso wie Silika als exogene Faktoren für die Entwicklung einer Sklerodermie angesehen werden, können Modifikationen von Autoantigenen über die Generation von hochreaktiven Metaboliten verursachen. Dichlorazetylchlorid, ein Metabolit des Trichlorethylen, führt über Lipidperoxidation zu reaktiven Aldehyden. Es wird vermutet, dass über eine Reaktion zwischen Malonyldialdehyd und Autoantigenen Neoepitope generiert werden (Khan et al. 2001). Die Metaboliten des Vinylchlorids haben eine hohe Affinität für Sulfhydrylgruppen von Proteinen und könnten daher ebenso zur Modifizierung potenzieller Autoantigene mit nachfolgender Induktion einer Autoimmunantwort führen (Chiang et al. 1997).

6.2.2.4 Molekulares Mimikry

Molekulares Mimikry in Form der antigenen Verwandtschaft zwischen Autoantigenen und Antigenen von mikrobiellen Erregern wird v. a. bei organspezifischen Autoimmunerkrankungen (z. B. Myasthenia gravis, Typ-1-Diabetes) als möglicher Trigger der initialen Autoimmunantwort angesehen (Rose 1998; Cohen 2001). Ein Epitopmimikry,

Tabelle 6.6. Xenobiotika und spezifische Autoimmunantworten

Xenobiotika	Autoantigen	Autoantikörper induziert oder beschrieben bei	Literatur
$HgCl_2$ $AgNO_3$	Fibrillarin	Mäusen zum Studium der Mechanismen der Induktion spezifischer Autoimmunität	(Hultman et al. 1994; Pollard et al. 2000)
Procainamid	Histone	Procainamidtherapierten PatientInnen	(Rubin 1999)
Silikon	Kollagen I, II	Frauen mit Silikonimplantaten	(Rowley et al. 1996)
Silika (SiO_2)	CENP-B Topoisomerase I Ro-Antigene	Uranerzbergarbeitern	(Conrad u. Mehlhorn 2000)
Trichlorethylen	Topoisomerase I	SklerodermiepatientInnen	(Nietert et al. 1998)

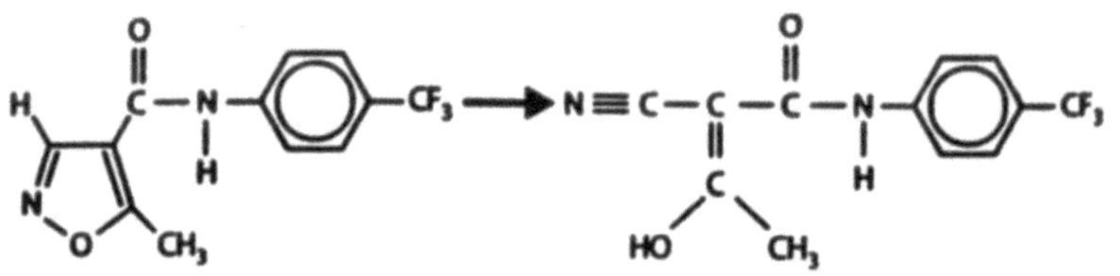

Abb. 9.10. Leflunomid, aktiver Metabolit A77 1726

zyklusregulatorgens p53 sowie des IL-10-Rezeptors, aber zu einer Verminderung der Expression des IL-8-Rezeptors führt (Mirmohammadsadegh et al. 1998). Schließlich konnten Manna et al. (2000) zeigen, dass Leflunomid auch verschiedene TNF-α-vermittelte intrazelluläre Signalwege inhibieren kann einschließlich der Aktivierung der zentralen und pluripotenten nukleären Faktoren NFκB und AP-1. Diese zuletzt beschriebenen Leflunomideffekte waren allerdings wiederum durch Zugabe von Uridin reversibel, sodass die Hemmung der Pyrimidinbiosynthese auch für die Hemmung der TNF-α-mediierten intrazellulären Signaleffekte verantwortlich zu sein scheint, wobei die exakten biochemischen Zusammenhänge dieser prinzipiell nicht voneinander abhängigen zellulären Ereignisse zurzeit noch schwer verständlich sind.

9.12 Immunbiologika

Durch das bessere Verständnis der Pathogenese vieler chronisch entzündlicher Erkrankungen und den Fortschritt in der Generierung und Synthese von gegen proinflammatorische Proteine oder bestimmte Zelloberflächenmoleküle gerichteten Immunbiologika konnten in den letzten Jahren bei verschiedenen Erkrankungen diese spezifischen modernen Therapeutika eingesetzt und getestet werden. Prototyp und Modellerkrankung der Erkrankungen aus dem rheumatologisch-immunologischen Formenkreis, bei der die Effizienz der meisten Immunbiologika getestet wurde, ist hierbei wiederum die chronische Polyarthritis. Dabei sind neben Antikörpern, die an Oberflächenmoleküle von immunkompetenten Zellen binden (toxingekoppelte oder „nackte" Antikörper gegen CD4, CD5, CD7, CD20, CD25, CDw52, CD54), v.a. Zytokine (IFN-β oder -γ, IL-4, IL-10, IL-1-Rezeptor-Antagonist) oder an Zytokine bindende Antikörper oder Fusionskonstrukte, die Effekte von TNF-α, IL-6 oder IL-1 neutralisieren, getestet worden [Übersicht z.B. in (Lorenz 2000)]. Hier haben sich v.a. die gegen TNF-α (chimärer Maus-

Mensch-Antikörper cA2, lösliches TNF-Rezeptor-humaner-IgG$_1$-Fusionsprodukt Etanercept, humaner Anti-TNF-α-Antikörper D2E7) oder IL-1 gerichteten Immunbiologika durchgesetzt. Interessant war die Fragestellung, was die Konsequenz der gezielten TNF-α-Neutralisation in Patienten mit chronisch-entzündlichen Autoimmunopathien ist. Als kurzzeitige Änderung ergaben sich einige zelluläre Verschiebungen mit einem kurzzeitigen Anstieg der CD4$^+$- und CD8$^+$-Lymphozyten und einem prolongierterem Abfall der Monozyten (Lorenz et al. 1996, Ohshima et al. 1999, Taylor et al. 2000). Die Serumkonzentrationen von IL-6, IL-1β und des löslichen ICAM-1 nahmen nach TNF-α-Blockade mit dem chimären Antikörper cA2 in Patienten mit aktiver chronischer Polyarthritis signifikant ab (Lorenz et al. 1996), wohingegen die Spiegel von IL-10 eher zuzunehmen schienen (Ohshima et al. 1996, 1999). Die Abnahme des löslichen ICAM-1 im Serum scheint den Expressionsstatus im Gewebe oder auf dem Gefäßendothel zu reflektieren, da Tak et al. (1996) eine verminderte Expression der Adhäsionsmoleküle ICAM-1 und VCAM-1 im Synovialgewebe nach therapeutischer TNF-α-Inhibition fanden. In denselben Proben konnten die Autoren eine Abnahme des lymphozytären Infiltrats nachweisen. Darüber hinaus berichteten Paleolog et al. (1996), dass nach Anti-TNF-α-Therapie der VEGF sowohl aus kultivierten Synovialbiopsaten vermindert freigesetzt wird als auch die Konzentrationen von VEGF, ICAM-1 und E-Selektin in Seren von Patienten mit chronischer Polyarthritis abfallen (Paleolog 1998, Paleolog et al. 1996). Dementsprechend konnte anhand von kernspintomographischen Reihenuntersuchungen gezeigt werden, dass die Kontrastmittelakkumulation im Synovium nach TNF-α-Blockade deutlich abnimmt, was als Zeichen einer verminderten Vaskularisierung des entzündeten Gewebes gedeutet wurde (Kalden-Nemeth et al. 1997). Schließlich konnten Brennan et al. (1997) zeigen, dass auch die Konzentrationen der Matrixmetalloproteinasen 1 und 3 sowie des TIMP (tissue inhibitor of metalloproteinases) nach TNF-α-Blockade deutlich abfallen. Ob dies die letztendlich entscheidenden Mechanismen sind, die für die nachgewiesene Gewebeprotektion unter Anti-TNF-a(und MTX)-Therapie verantwortlich sind (Maini et al. 1999), ist unklar. Theoretisch könnte die rapide Schmerzreduktion nach Infusion des chimären TNF-a-Antikörpers cA2 auch auf eine verminderte Freisetzung von neuronalen Transmittern zurückzuführen sein, da im peripheren Blut TNF-a als einer der zentralen Zytokine für die Schmerzvermittlung definiert werden konnte (Cunha et al. 1992). Angesichts der pleiotropen Eigenschaften des TNF-a verwundert die Vielfalt der beschriebenen Veränderungen nach TNF-a-Inhibition nicht.

Die In-vivo-Blockade des IL-1 durch Injektion (hoher Dosen) des rekombinanten IL-1-Rezeptor-Antagonisten (IL-1RA) führte ebenfalls zu einer Reduktion der Gelenkdestruktion (Bresnihan et al. 1998, Watt u. Cobby 1996). Müller-Ladner et al. (1996, 1997) konnten in Experimenten, in denen sie Fibroblasten mit IL-1RA oder löslichem TNF-Rezeptor transfizierten, zeigen, dass IL-1RA, nicht aber die löslichen TNF-Rezeptoren die Knorpeldegradation in einem In-vivo-Implantationsmodell hemmen kann. Dies konnte von anderen Arbeitsgruppen in Mausmodellen der akuten oder chronischen Arthritis bestätigt werden (Joosten et al. 1996, Kuiper et al. 1998). Aus diesen Versuchen lässt sich folgern, dass IL-1 für die Knorpeldegradation offensichtlich eine pathogenetisch bedeutendere Rolle spielt als TNF-a. Eine Kombinationstherapie mit spezifischen TNF-a- und IL-1-Blockern sollte somit der Monotherapie in der Prävention der Gelenkdestruktion überlegen sein.

9.13 Ausblick

Basierend auf diesen molekularen Grundlagen der antiinflammatorischen Therapie und der immer noch mangelhaften Erfolgsrate in der Langzeittherapie der chronisch destruierenden Autoimmunopathien geht man zunehmend – analog zu den Chemotherapieprotokollen in der Onkologie und Hämatologie – zur Kombinationstherapie bei therapieresistenten Verläufen über. Für die Überlegungen, welche Kombinationen etablierter Basistherapeutika sinnvoll erscheinen, kann die Kenntnis der Wirkungsweise und der molekularen Konsequenzen der Therapie mit den einzelnen Medikamenten hilfreich sein. So verspricht z.B. eine Kombination von Cyclosporin A oder Leflunomid mit Methotrexat, Chloroquin oder den Anti-TNF-a-Prinzipien theoretisch synergistische Effekte. Diese konnte

auch schon durch In-vitro-Experimente oder In-vivo-Therapie-Studien für einige dieser Kombinationen untermauert werden (Grünke et al. 2000, Kremer et al. 2000, Tirri et al. 1997, van den Borne et al. 1998, Weinblatt et al. 1999). Aus den bisher guten Toxizitätsergebnissen auch der Kombinationstherapieregimes ergibt sich eine deutliche Erweiterung der Therapiepalette, die auch notwendig ist, um auch den Patienten mit aggressivsten Verläufen eine individuell adaptierte Behandlungsform anbieten zu können.

Darüber hinaus sind weitere mehr oder weniger unselektive Immunsuppressiva in der klinischen Testung, die die Möglichkeiten einer optimierten Therapie chronisch entzündlicher Erkrankungen des rheumatischen Formenkreises in der nahen Zukunft erweitern werden (Mykophenolsäure, FK506, Deoxyspergualin). Des Weiteren werden auch weiterhin selektive Immunbiologika getestet, deren Wert in der Therapie der verschiedenen Autoimmunopathien nicht vorhersehbar ist. So ist die einhellige Meinung, dass es etwa bei der Behandlung der chronischen Polyarthritis trotz der erarbeiteten Fortschritte, die durch die TNF-a-Blockade erzielt werden konnten, notwendig ist, die Studienlage weiter zu optimieren (Etanercept/MTX-Studie mit Erfassung radiologischer Daten; Veröffentlichung der D2E7-Studienergebnisse; Kombination von D2E7 mit MTX). Darüber hinaus werden neue Immunbiologika [Polyethylenglykol(PEG)-gekoppelter TNF-Rezeptor Typ I, PEG-TNF-a-Antikörper, löslicher TNF-Rezeptor Typ I; CTLA4Ig-Konstrukt, CD40-Ligand-Antikörper, Antikörper gegen IFN-γ, IL-6, IL-12, IL-15, IL-18, Komplemente] oder Hemmstoffe der TNF-a-Translation (Peptide, Antisense-Konstrukte) oder TNF-a-Synthese-Induktion (Inhibitoren des NFκB, der p38-MAP-Kinase, Phosphodiesterase IV, des TNF-a-converting-Enzyms) getestet (Übersicht in Tabelle 9.2).

Prinzipiell davon unterscheiden sich Antagonisten der Komplementkonvertase oder Kollagenase sowie Ansätze zur Vakzinierung oder T-Zell-Anergisierung. Für Patienten mit MTX-Unverträglichkeit ist die Testung alternativer Basistherapeutika in Kombination mit den TNF-a-Blockern wichtig, auch eine Kombination mit anderen Immunbiologika (Anti-CD4-Antikörper, IL-4, IL-10, IL-1RA) ist sinnvoll. Der Einsatz von TNF-a-Blockern bei Patienten mit einer Früh-RA ist derzeit in Studien unter Erprobung in der (vielleicht naiven) Hoffnung, die Erkrankung durch diese frühe und effektive Intervention in eine lang anhaltende Remission bringen zu können. Damit verbunden ist die Frage, inwieweit eine Auslassstudie, in der nach

Tabelle 9.2. Übersicht über neue Therapieentwicklungen in der RA

Art	Entwicklungen
Ausstehende Studien/ Publikation von Studienergebnissen	Ergebnisse zu den D2E7-Studien D2E7 oder Etanercept in Kombination mit MTX: v. a. in Bezug auf die radiologische Progression Andere Kombinationspartner anstatt MTX für die Therapie mit Anti-TNF-Agenzien Auslassstudien nach Remissionsinduktion der RA durch Anti-TNF/MTX Andere Immunbiologika als Kombinationspartner mit Anti-TNF-Agenzien: CD4-Antikörper, IL-4, IL-10, IL-1RA
Neue Anti-TNF-Agenzien	PEG-TNFRI, PEG-TNF-α-fragmentierter Antikörper, löslicher TNFRI TNF-antisense-Konstrukt, translationshemmende Peptide TNF-Synthese-Inhibitoren: Inhibitoren des NFκB, P38-Kinase, Phosphodiesterase IV, TNF-converting-Enzym
Neue Zielantigene	CTLA4-Ig, CD20, CD40L; Antikörper gegen IFN-γ, IL-6, IL-12, IL-15, IL-18, Komplemente, neue CD4-Antikörper Inhibitoren der Komplementkonvertasen, Kollagenasen
Innovative Therapieprinzipien	T-Zell-Anergisierung, Vakzinierung gegen TNF-α Angiogeneseinhibitoren

Remissionsinduktion mit TNF-α-Blockern und MTX entweder die Therapie nur mit dem DMARD weitergeführt wird oder auf ein anderes Basistherapeutikum in Monotherapie oder Kombination umgestellt wird (z. B. Leflunomid/MTX), ein anhaltendes krankheitsinaktivierendes Ergebnis erzielen kann. Hier wird sich in den nächsten Jahren Grundlegendes verändern, sodass man optimistisch konstatieren darf, dass die Erkenntnisse der Grundlagenforschung nun auch bei diesen chronisch-entzündlichen Erkrankungen in Behandlungskonzepte umgesetzt werden können, die die Therapiemöglichkeiten enorm zunehmen lassen.

9.14 Literatur

Adams DH, Wang LF, Neuberger JM, Elias E (1990) Inhibition of leukocyte chemotaxis by immunosuppressive agents. Specific inhibition of lymphocyte chemotaxis by cyclosporine. Transplantation 50:845–850

Alarcon GS, Schrohenloher RE, Bartolucci AA, Ward JR, Williams HJ, Koopman WJ (1990) Suppression of rheumatoid factor production by methotrexate in patients with rheumatoid arthritis. Evidence for differential influences of therapy and clinical status on IgM and IgA rheumatoid factor expression. Arthritis Rheum 33:1156–1161

Andersen PA, West SG, O'Dell JR, Via CS, Claypool RG, Kotzin BL (1985) Weekly pulse methotrexate in rheumatoid arthritis. Clinical and immunologic effects in a randomized, double-blind study. Ann Intern Med 103:489–496

Asako H, Wolf RE, Granger DN (1993) Leukocyte adherence in rat mesenteric venules: effects of adenosine and methotrexate. Gastroenterology 104:31–37

Awumey EM, Moonga BS, Sodam BR et al. (1999) Molecular and functional evidence for calcineurin-A alpha and beta isoforms in the osteoclast: novel insights into cyclosporin A action on bone resorption. Biochem Biophys Res Commun 254:248–252

Baggott JE, Vaughn WH, Hudson BB (1986) Inhibition of 5-aminoimidazole-4-carboxamide ribotide transformylase, adenosine deaminase and 5'-adenylate deaminase by polyglutamates of methotrexate and oxidized folates and by 5-aminoimidazole-4-carboxamide riboside and ribotide. Biochem J 236:193–200

Barrera P, Haagsma CJ, Boerbooms AM et al. (1995) Effect of methotrexate alone or in combination with sulphasalazine on the production and circulating concentrations of cytokines and their antagonists. Longitudinal evaluation in patients with rheumatoid arthritis. Br J Rheumatol 34:747–755

Barrera P, Boerbooms AM, Putte LB van de, Meer JW van der (1996) Effects of antirheumatic agents on cytokines. Semin Arthritis Rheum 25:234–253

Bird HA (1995) Sulphasalazine, sulphapyridine or 5-aminosalicyclic acid – which is the active moiety in rheumatoid arthritis. Br J Rheumatol [Suppl 2] 34 :16–19

Boers M (1999) The case for corticosteroids in the treatment of early rheumatoid arthritis. Rheumatology 38:95–97

Bondeson J, Sundler R (1995) Auranofin inhibits the induction of interleukin-1beta and tumor necrosis factor alpha mRNA in macrophages. Biochem Pharmacol 50:1753–1759

Bono L, Cameron JS, Hicks JA (1999) The very long-term prognosis and complications of lupus nephritis and its treatment. QJM 92:211–218

Borne BE van den, Dijkmans BA, Rooij HH de, Cessie S le, Verweij CL (1997) Chloroquine and hydroxychloroquine equally affect tumor necrosis factor-alpha, interleukin 6, and interferon-gamma production by peripheral blood mononuclear cells. J Rheumatol 24:55–60

Borne BE van den, Landewe RB, Goei The HS et al. (1998) Combination therapy in recent onset rheumatoid arthritis: a randomized double blind trial of the addition of low dose cyclosporine to patients treated with low dose chloroquine. J Rheumatol 25:1493–1498

Bouma MG, Stad RK, Wildenberg FA van den, Buurman WA (1994) Differential regulatory effects of adenosine on cytokine release by activated human monocytes. J Immunol 153:4159–4168

Boyle DL, Sajjadi FG, Firestein GS (1996) Inhibition of synoviocyte collagenase gene expression by adenosine receptor stimulation. Arthritis Rheum 39:923–930

Brennan FM, Browne KA, Green PA, Jaspar JM, Maini RN, Feldmann M (1997) Reduction of serum matrix metalloproteinase 1 and matrix metalloproteinase 3 in rheumatoid arthritis patients following anti-tumour necrosis factor-alpha (cA2) therapy. Br J Rheumatol 36:643–650

Bresnihan B, Alvaro-Gracia JM, Cobby M et al. (1998) Treatment of rheumatoid arthritis with recombinant human interleukin-1 receptor antagonist. Arthritis Rheum 41:2196–2204

Bressolle F, Bologna C, Kinowski JM, Sany J, Combe B (1998) Effects of moderate renal insufficiency on pharmacokinetics of methotrexate in rheumatoid arthritis patients. Ann Rheum Dis 57:110–113

Burmester GR, Barthel HR (1996) Wirkmechanismen von Gold bei der Behandlung der rheumatoiden Arthritis. Z Rheumatol 55:299–306

Cannon GW, McCall S (1990) Inhibition of the passive transfer of adjuvant induced arthritis by gold sodium thiomalate. J Rheumatol 17:436–438

Carlsson KH, Monzel W, Jurna J (1988) Depression by morphine and non-opioid analgesic agents, metamizol (dipyrone), lysine acetylsalicylate, and paracetamol, of activity in rat thalamus neurons evoked by electrical stimulation of nociceptive afferents. Pain 32:313–326

Chabner BA, Allegra CJ, Curt GA et al. (1985) Polyglutamation of methotrexate. Is methotrexate a prodrug? J Clin Invest 76:907–912

Cherwinski HM, Cohn RG, Cheung P et al. (1995) The immunosuppressant leflunomide inhibits lymphocyte proliferation by inhibiting pyrimidine biosynthesis. J Pharmacol Exp Ther 275:1043–1049

Chong AS, Huang W, Liu W et al. (1999) In vivo activity of leflunomide: pharmacokinetic analyses and mechanism of immunosuppression. Transplantation 68:100–109

Connolly KM, Stecher VJ, Danis E, Pruden DJ, LaBrie T (1988) Alteration of interleukin-1 production and the acute phase response following medication of adjuvant arthritic rats with cyclosporin-A or methotrexate. Int J Immunopharmacol 10:717–728

Constatin A, Loubet-Lescoulie P, Lambert N, Coppin H, Mazieres B, Cantagrel A (1996) Cytokine expression assessed by competitive RT-PCR in rheumatoid arthritis: in vitro modulation by methotrexate. Arthritis Rheum [Suppl 9] 39 :S126

Corkill MM, Kirkham BW, Haskard DO, Barbatis C, Gibson T, Panayi GS (1991) Gold treatment of rheumatoid arthritis decreases synovial expression of the endothelial leukocyte adhesion receptor ELAM-1. J Rheumatol 18:1453–1460

Crilly A, McInnes IB, Capell HA, Madhok R (1994) The effect of azathioprine on serum levels of interleukin 6 and soluble interleukin 2 receptor. Scand J Rheumatol 23:87–91

Cronstein BN (1995) The antirheumatic agents sulphasalazine and methotrexate share an anti-inflammatory mechanism. Br J Rheumatol [Suppl 2] 34:30–32

Cronstein BN (1996) Molecular therapeutics. Methotrexate and its mechanism of action. Arthritis Rheum 39:1951–1960

Cronstein BN, Rosenstein ED, Kramer SB, Weissmann G, Hirschhorn R (1985) Adenosine; a physiologic modulator of superoxide anion generation by human neutrophils. Adenosine acts via an A2 receptor on human neutrophils. J Immunol 135:1366–1371

Cronstein BN, Levin RI, Belanoff J, Weissmann G, Hirschhorn R (1986) Adenosine: an endogenous inhibitor of neutrophil-mediated injury to endothelial cells. J Clin Invest 78:760–770

Cronstein BN, Eberle MA, Gruber HE, Levin RI (1991) Methotrexate inhibits neutrophil function by stimulating adenosine release from connective tissue cells. Proc Natl Acad Sci USA 88:2441–2445

Cronstein BN, Naime D, Ostad E (1993) The antiinflammatory mechanism of methotrexate. Increased adenosine release at inflamed sites diminishes leukocyte accumulation in an in vivo model of inflammation. J Clin Invest 92:2675–2682

Cronstein BN, Naime D, Firestein G (1995) The antiinflammatory effects of an adenosine kinase inhibitor are mediated by adenosine. Arthritis Rheum 38:1040–1045

Cunha FQ, Poole S, Lorenzetti BB, Ferreira SH (1992) The pivotal role of tumor necrosis factor alpha in the development of inflammatory hyperalgesia. Br J Pharmacol 107:660–664

Cuperus RA, Muijsers AO, Wever R (1985) Antiarthritic drugs containing thiol groups scavenge hypochlorite and inhibit its formation by myeloperoxidase from human leukocytes. A therapeutic mechanism of these drugs in rheumatoid arthritis? Arthritis Rheum 28:1228–1233

Cupps TR, Edgar LC, Fauci AS (1982) Suppression of human B lymphocyte function by cyclophosphamide. J Immunol 128:2453–2457

Czeuz R, Barnes P, Panayi GS (1990) Natural killer cells in the blood of patients with rheumatoid arthritis treated with azathioprine. Br J Rheumatol 29:284–287

Danis VA, Franic GM, Brooks PM (1991) The effect of slow-acting anti-rheumatic drugs (SAARDS) and combinations of SAARDS on monokine production in vitro. Drugs Exp Clin Res 17:549–554

Davis P, Johnston C, Miller C, Wong K (1983) Effects of gold compounds on the function of phagocytic cells. II. Inhibition of superoxide radical generation by tripeptide-activated polymorphonuclear leukocytes. Arthritis Rheum 26:82–86

Edelman J, Biggo DF, Tandy N, Russell AS (1984) Low dose methotrexate kinetics in arthritis. Clin Pharm Ther 35:382–386

Ennis RS, Granda JL, Posner AS (1968) Effect of gold salts and other drugs on the release and activity of lysosomal hydrolases. Arthritis Rheum 11:756–764

Feehally J, Beattie TJ, Brenchley PE et al. (1984) Modulation of cellular immune function by cyclophosphamide in children with minimal-change nephropathy. N Engl J Med 310:415–420

Firestein GS, Boyle D, Bullough DA et al. (1994) Protective effect of an adenosine kinase inhibitor in septic shock. J Immunol 152:5853–5859

Firestein GS, Paine MM, Boyle DL (1994) Mechanisms of methotrexate action in rheumatoid arthritis: selective decrease in synovial collagenase gene expression. Arthritis Rheum 37:193–200

Firestein GS, Bullough DA, Erion MD et al. (1995) Inhibition of neutrophil adhesion by adenosine and an adenosine kinase inhibitor. The role of selectins. J Immunol 154:326–334

Flescher E, Bowlin TL, Ballester A, Houk R, Talal N (1989) Increased polyamines may downregulate interleukin 2 production in rheumatoid arthritis. J Clin Invest 83:1356–1362

Fox R (1996) Anti-malarial drugs: possible mechanisms of action in autoimmune disease and prospects for drug development. Lupus [Suppl 1] 5:S4–S10

Fox RI, Kang HI (1993) Mechanisms of action of antimalarial drugs: inhibition of antigen processing and presentation. Lupus]Suppl 1] 2:S9–12

Furumitsu Y, Yukioka K, Kojima A et al. (1993) Levels of urinary polyamines in patients with rheumatoid arthritis. J Rheumatol 20:1661–1665

Gadangi P, Longaker M, Naime D et al. (1996) The anti-inflammatory mechanism of sulfasalazine is related to adenosine release at inflamed sites. J Immunol 156:1937–1941

Griem P, Takahashi K, Kalbacher H, Gleichmann E (1995) The antirheumatic drug disodium aurothiomalate inhibits CD4$^+$ T cell recognition of peptides containing two or more cystein residues. J Immunol 155:1575–1587

Grünke M, Schiller M, Hieronymus T et al. (2000) Synergistic effects of combinations of established DMARDs and immunobiological drugs in vitro. Arthritis Rheum 43:S364

Hall TJ, Jeker H, Nyugen H, Schaeublin M (1996) Gold salts inhibit osteoclastic bone resorption in vitro. Inflamm Res 45:230–233

Halloran PF (1996) Molecular mechanisms of new immunosuppressants. Clin Transplant 10:118–123

Handel ML, Sivertsen S, Watts CK, Day RO, Sutherland RL (1993) Comparative effects of gold on the interactions of transcription factors with DNA. Agents Actions Suppl 44:219–223

Hanly JG, Bresnihan B (1985) Reduction of peripheral blood lymphocytes in patients receiving gold therapy for rheumatoid arthritis. Ann Rheum Dis 44:299–301

Hanly JG, Hassan J, Whelan A, Feighery C, Bresnihan B (1986) Effects of gold therapy on the synthesis and quantity of serum and synovial fluid IgM, IgG, and IgA rheumatoid factors in rheumatoid arthritis patients. Arthritis Rheum 29:480–487

Harth M, McCain GA, Orange JF (1985) The effects of auranofin and gold sodium aurothiomalate on the chemoluminescent response of stimulated synovial tissue cells from patients with rheumatoid arthritis. J Rheumatol 12:881–884

Hashimoto K, Witehurst CE, Lipsky PE (1994) Synergistic inhibition of T cell proliferation by gold sodium thiomalate and auranofin. J Rheumatol 21:1020–1026

Higgs GA (1980) Arachidonic acid metabolism, pain and hyperalgesia: the mode of action of non-steroid mild analgesics. Br J Clin Pharmacol 10:233S–235S

Hirohata S, Lipsky PE (1994) Comparative inhibitory effects of bucillamine and D-penicillamine on the function of human B-cells and T-cells. Arthritis Rheum 37:942–950

Hirohata S, Yanagida T, Hashimoto H et al. (1997) Differential influences of gold sodium thiomalate and bucillamine on the generation of CD14$^+$ monocyte-lineage cells from bone marrow of rheumatoid arthritis patients. Clin Immunol Immunopathol 84:290–295

Ho PP, Young AL, Southard GL (1978) Methyl ester of N-formylmethionyl-leucyl-phenylalanine: chemotactic responses of human blood monocytes and inhibition of gold compounds. Arthritis Rheum 21:133–136

Hodis HN, Quismorio FP, Wickham E, Blankenhorn DH (1993) The lipid, lipoprotein, and apolipoprotein effects of hydroxychloroquine in patients with systemic lupus erythematosus. J Rheumatol 20:661–665

Howard-Lock HE, Lock CJ, Mewa A, Kean WF (1986) D-Penicillamine: chemistry and clinical use in rheumatic disease. Semin Arthritis Rheum 15:261–281

Hu SK, Mitcho YL, Oronsky AL, Kerwar SS (1988) Studies on the effect of methotrexate on macrophage function. J Rheumatol 15:206–209

Ishitani K, Matsuura A, Honda H (1995) Auranofin inhibits calcium uptake into opsonized-zymosan-stimulated neutrophils obtained from rats. Inflamm Res 44:482–485

Joosten LA, Helsen MM, Loo FA van de, Berg WB van den (1996) Anticytokine treatment of established type II collagen-induced arthritis in DBA/1 mice. A comparative study using anti-TNF alpha, anti-IL-1 alpha/beta, and IL-1Ra. Arthritis Rheum 39:797–809

Kalden-Nemeth D, Grebmeier J, Antoni C, Manger B, Wolf F, Kalden JR (1997) NMR monitoring of rheumatoid arthritis patients receiving anti-TNF-alpha monoclonal antibody therapy. Rheumatol Int 16:249–255

Karres I, Kremer JP, Dietl I, Steckholzer U, Jochum M, Ertel W (1998) Chloroquine inhibits proinflammatory cytokine release into human whole blood. Am J Physiol 274:R1058–1064

Kerstens PJ, Stolk JN, De Abreu RA, Lambooy LH, Putte LB van de, Boerbooms AA (1995) Azathioprine-related bone marrow toxicity and low activities of purine enzymes in patients with rheumatoid arthritis. Arthritis Rheum 38:42–45

Kirwan JR, Russell AS (1998) Systemic glucocorticoid treatment in rheumatoid arthritis – a debate. Scand J Rheumatol 27:247–251

Koch AE, Burrows JC, Polverini PJ, Cho M, Leibovich SJ (1991) Thiol-containing compounds inhibit the production of monocyte/macrophage-derived angiogenic activity. Agents Actions 34:350–357

Kremer JM GJ, Streckfuss A, Kamen B (1986) Methotrexate metabolism analysis in blood and liver of rheumatoid arthritis patients. Association with hepatic folate deficiency and formation of polyglutamates. Arthritis Rheum 29:832–835

Kremer JM, Caldwell JR, Cannon GW et al. (2000) The combination of leflunomide and methotrexate in patients with active rheumatoid arthritis who are failing on methotrexate treatment alone. Arthritis Rheum 43:S224

Krynetski EY, Tai HL, Yates CR et al. (1996) Genetic polymorphism of thiopurine S-methyltransferase: clinical importance and molecular mechanisms. Pharmacogenetics 6:279–290

Kuiper S, Joosten LA, Bendele AM et al. (1998) Different roles of tumour necrosis factor alpha and interleukin 1 in murine streptococcal cell wall arthritis. Cytokine 10:690–702

Lacki JK, Klama K, Mackiewicz SH, Mackiewicz U, Muller W (1995) Circulating interleukin 10 and interleukin-6 serum levels in rheumatoid arthritis patients treated with methotrexate or gold salts: preliminary report. Inflamm Res 44:24–26

Lacki JK, Leszczynski P, Mackiewicz SH (1996) Intravenous cyclophosphamide combined with methylprednisolone in the treatment of severe refractory rheumatoid arthritis: the effect on lymphocytes. J Invest Allergol Clin Immunol 6:232–236

Laurindo IM, Mello SB, Cossermelli W (1995) Influence of low dose methotrexate on superoxide anion production by polymorphonuclear leukocytes from patients with rheumatoid arthritis. J Rheumatol 22:633–638

Le Moine O, Stordeur P, Schadene L et al. (1996) Adenosine enhances IL-10 secretion by human monocytes. J Immunol 156:4408–4414

Ledson MJ, Bucknall RC, Edwards SW (1992) Inhibition of neutrophil oxidant secretion by D-penicillamine: scavenging of H_2O_2 and HOCl. Ann Rheum Dis 51:321–325

Lewins EG, Cripps AW, Clancy RL, Major GA (1982) Penicillamine-induced immunosuppression: in vitro studies of inhibition of immunoglobulin synthesis. J Rheumatol 9:677–684

Lipsky PE (1984) Immunosuppression by D-penicillamine in vitro. Inhibition of human T lymphocyte proliferation by copper – or ceruloplasmin dependent generation of hydrogen peroxide and protection by monocytes. J Clin Invest 73:53–65

Lipsky PE, Ziff M (1980) Inhibition of human helper T cell function in vitro by D-penicillamine and $CuSO_4$. J Clin Invest 65:1069–1076

Loetscher P, Dewald B, Baggiolini M, Seitz M (1994) Monocyte chemoattractant protein 1 and interleukin-8 production by rheumatoid synoviocytes: effects of anti-rheumatic drugs. Cytokine 6:162–170

Lorenz H-M (2000) Biological agents: a novel approach to the therapy of rheumatoid arthritis. Exp Opin Invest Drugs 9:1479–1490

Lorenz H-M, Antoni C, Valerius T et al. (1996) In vivo blockade of TNF-alpha by i. v. infusion of a chimeric, monoclonal TNF-alpha antibody in patients with rheumatoid arthritis: short term cellular and molecular effects. J Immunol 156:1646–1653

Loudon JR (1988) Hydroxychloroquine and postoperative thromboembolism after total hip replacement. Am J Med 85:57–61

Madhok R, Wijelath E, Smith J, Watson J, Surrock RD, Capell HA (1991) Is the beneficial effect of sulfasalazine due to inhibition of synovial neovascularization? J Rheumatol 18:199–202

Maini R, St Clair EW, Breedveld F et al. (1999) Infliximab (chimeric anti-tumour necrosis factor alpha monoclonal antibody) versus placebo in rheumatoid arthritis patients receiving concomitant methotrexate: a randomised phase III trial. ATTRACT Study Group. Lancet 354:1932–1939

Manna SK, Mukhopadhyay A, Aggarwal BB (2000) Leflunomide suppresses TNF-induced cellular responses: effects on NF-kappaB, activator protein-1, c-Jun N-terminal protein kinase, and apoptosis. J Immunol 165:5962–5969

Martel-Pelletier J, McCollum R, Fujimoto N, Obata K, Cloutier JM, Pelletier JP (1994) Excess of metalloproteinases over tissue inhibitor of metalloproteinases may contribute to cartilage degradation in osteoarthritis and rheumatoid arthritis. Lab Invest 70:807–815

Matsubara T, Hirohata K (1988) Suppression of human fibroblast proliferation by D-penicillamine and copper sulfate in vitro. Arthritis Rheum 31:964–972

Matsubara T, Saura R, Hirohata K, Ziff M (1989) Inhibition of human endothelial cell proliferation in vitro and neovascularization in vivo by D-penicillamine. J Clin Invest 83:158–167

Merluzzi VJ, Kenney RE, Schmid FA, Choi YS, Faanes RB (1981) Recovery of the in vivo cytotoxic T-cell response in cyclophosphamide-treated mice by injection of mixed-lymphocyte-culture supernatants. Cancer Res 41:3663–3665

Merrill JT, Shen C, Schreibman D et al. (1997) Adenosine A1 receptor promotion of multinucleated giant cell formation by human monocytes: a mechanism for methotrexate-induced nodulosis in rheumatoid arthritis. Arthritis Rheum 40:1308–1315

Meyn RE, Stephens LC, Hunter NR, Milas L (1994) Induction of apoptosis in murine tumors by cyclophosphamide. Cancer Chemother Pharmacol 33:410–414

Middleton GD, McFarlin JE, Lipsky PE (1995) Hydroxychloroquine and pain thresholds. Arthritis Rheum 38:445–446

Mirmohammadsadegh A, Homey B, Abts HF, Kohrer K, Ruzicka T, Michel G (1998) Differential modulation of pro- and anti-inflammatory cytokine receptors by N-(4-trifluoromethylphenyl)-2-cyano-3-hydroxy-crotonic acidamide (A77 1726), the physiologically active metabolite of the novel immunomodulator leflunomide. Biochem Pharmacol 55:1523–1529

Morgan SL, Baggott JE, Vaughn WH et al. (1994) Supplementation with folic acid during methotrexate therapy for rheumatoid arthritis. A double-blind, placebo-controlled trial. Ann Intern Med 121

Morrison E, Capell HA (1999) Corticosteroids in rheumatoid arthritis – the case against. Rheumatology 38:97–100

Mowat AG (1978) Neutrophil chemotaxis in rheumatoid arthritis. Effect of D-penicillamine, gold salts, and levamisole. Ann Rheum Dis 37:1–8

Müller-Ladner U, Roberts CR, Franklin BN et al. (1996) Gene transfer of the TNF-a receptor p55 into human synovial fibroblasts and implantation into the SCID mouse. Arthritis Rheum 39:S307

Müller-Ladner U, Roberts CR, Franklin BN et al. (1997) Human IL-1Ra gene transfer into human synovial fibroblasts is chondroprotective. J Immunol 158:3492–3498

Munro R, Capell HA (1997) Penicillamine. Br J Rheumatol 36:104–109

Munro R, Morrison E, McDonald AG, Hunter JA, Madhok R, Capell HA (1997) Effect of disease modifying agents on the lipid profiles of patients with rheumatoid arthritis. Ann Rheum Dis 56:374–377

Myles A (1985) Corticosteroid treatment in rheumatoid arthritis. Br J Rheumatol 24:125–127

Norga K, Grillet B, Masure S, Paemen L, Opdenakker G (1996) Human gelatinase B, a marker enzyme in rheumatoid arthritis, is inhibited by D-penicillamine: anti-rheumatic activity by protease inhibition. Clin Rheumatol 15:31–34

Nosal R, Jancinova V, Petrikova M (1995) Chloroquine inhibits stimulated platelets at the arachidonic acid pathway. Thromb Res 77:531–542

Odaka C, Mizuochi T (1999) Role of macrophage lysosomal enzymes in the degradation of nucleosomes of apoptotic cells. J Immunol 163:5346–5352

Ohshima S, Saeki Y, Mima T et al. (1996) Possible mechanism for the long-term efficacy of anti-TNF alpha antibody (cA2) therapy in RA. Arthritis Rheum [Suppl 9] 39:S242

Ohshima S, Saeki Y, Mima T et al. (1999) Long-term follow-up of the changes in circulating cytokines, soluble cytokine receptors, and white blood cell subset counts in patients with rheumatoid arthritis (RA) after monoclonal anti-TNF alpha antibody therapy. J Clin Immunol 19:305–313

Olsen NJ, Jasin HE (1984) Decreased pokeweed mitogen-induced IgM and IgM rheumatoid factor synthesis in rheumatoid arthritis patients treated with gold sodium thiomalate or penicillamine. Arthritis Rheum 27:985–994

Olsen NJ, Callahan LF, Pincus T (1987) Immunologic studies of rheumatoid arthritis patients treated with methotrexate. Arthritis Rheum 30:481–488

Paleolog EM, Hunt M, Elliott MJ, Feldmann M, Maini RN, Woody JN (1996) Deactivation of vascular endothelium by monoclonal anti-tumor necrosis factor alpha antibody in rheumatoid arthritis. Arthritis Rheum 39:1082–1091

Paleolog EM, Young S, Stark AC, McCloskey RV, Feldmann M, Maini RN (1998) Modulation of angiogenic vascular endothelial growth factor by tumor necrosis factor a and interleukin-1 in rheumatoid arthritis. Arthritis Rheum 41:1258–1265

Parmely MJ, Zhou WW, Edwards CKd, Borcherding DR, Silverstein R, Morrison DC (1993) Adenosine and a related carbocyclic nucleoside analogue selectively inhibit tumor necrosis factor-alpha production and protect mice against endotoxin challenge. J Immunol 151:389–396

Penneys NS, Ziboh V, Gottlieb NL, Katz S (1974) Inhibition of prostaglandin synthesis and human epidermal enzymes by aurothiomalate in vitro: possible actions of gold in pemphigus. J Invest Dermatol 63:356–361

Quatraro A, Consoli G, Magno M et al. (1990) Hydroxychloroquine in decompensated, treatment-refractory non-insulin-dependent diabetes mellitus. A new job for an old drug? Ann Intern Med 112:678–681

Rahman P, Gladman DD, Urowitz MB, Yuen K, Hallett D, Bruce IN (1999) The cholesterol lowering effect of antimalarial drugs is enhanced in patients with lupus taking corticosteroid drugs. J Rheumatol 26:325–330

Rains CP, Noble S, Faulds D (1995) Sulphasalazine. A review of its pharmacological properties and therapeutic efficacy in the treatment of rheumatoid arthritis. Drugs 50:137–156

Reinhold-Keller E, Beuge N, Latza U et al. (2000) An interdisciplinary approach to the care of patients with Wegener's granulomatosis: long-term outcome in 155 patients. Arthritis Rheum 43:1021–1032

Remick DG, Nguyen DT, Eskandari MK, Strieter RM, Kunkel SL (1989) Cyclosporine A inhibits TNF production without decreasing TNF mRNA levels. Biochem Biophys Res Commun 161:551–555

Roberts DE, Curd JG (1990) Sulfonamides as anti-inflammatory agents in the treatment of Wegener's granulomatosis. Arthritis Rheum 33:1590–1593

Roberts NA, Robinson PA (1985) Copper chelates of antirheumatic and anti-inflammatory agents: their superoxide dismutase-like activity and stability. Br J Rheumatol 24:128–136

Rodenburg RJT, Ganga A, Lent PLEM van, Putte LBA van de, Venrooij WJ van (2000) The antiinflammatory drug sulfasalazine inhibits tumor necrosis factor a expression in macrophages by inducing apoptosis. Arthritis Rheum 43:1941–1950

Rosenblatt DS, Whitehead VM, Vera N, Pottier A, Dupont M, Vuchich MJ (1978) Prolonged inhibition of DNA synthesis associated with the accumulation of methotrexate polyglutamates by cultured human cells. Mol Pharmacol 14:1143–1147

Rosengren S, Bong GW, Firestein GS (1995) Anti-inflammatory effects of an adenosine kinase inhibitor. Decreased neutrophil accumulation and vascular leakage. J Immunol 154:5444–5451

Ruckemann K, Fairbanks LD, Carrey EA et al. (1998) Leflunomide inhibits pyrimidine de novo synthesis in mitogen-stimulated T-lymphocytes from healthy humans. J Biol Chem 273:21.682–21.692

Sajjadi FG, Takabayashi K, Foster AC, Domingo RC, Firestein GS (1996) Inhibition of TNF-alpha expression by adenosine: role of A3 adenosine receptors. J Immunol 156:3435–3442

Schlaghecke R, Kornely E, Wollenhaupt J, Specker C (1992) Glucocorticoid receptors in rheumatoid arthritis. Arthritis Rheum 35:740–744

Schreiber SL, Crabtree GR (1992) The mechanism of action of cyclosporin A and FK506. Immunol Today 13:136–142

Schror K, Sauerland S, Kuhn A, Rosen R (1980) Different sensitivities of prostaglandin-cyclooxygenases in blood platelets and coronary arteries against non-steroidal anti-inflammatory drugs. Naunyn Schmiedebergs Arch Pharmacol 313:69–76

Schultz DR, Volonakis JE, Arnold PI (1974) Inactivation of C1 in rheumatoid synovial fluid, purified C1 and C1 esterase, by gold compounds. Clin Exp Immunol 17:395–400

Seitz M, Dewald B, Ceska M, Gerber N, Baggiolini M (1992) Interleukin-8 in inflammarory rheumatic diseases: synovial fluid levels, relation to rheumatoid factors, production by mononuclear cells, and effects of gold sodium thiomalate and methotrexate. Rheumatol Int 12:159–164

Seitz M, Loetscher P, Dewald B et al. (1995) Methotrexate action in rheumatoid arthritis: stimulation of cytokine inhibitor and inhibition of chemokine production by peripheral blood mononuclear cells. Br J Rheumatol 34:602–609

Seitz M, Loetscher P, Dewald B, Towbin H, Baggiolini M (1997) In vitro modulation of cytokine, cytokine inhibitor, and prostaglandin E release from blood mononuclear cells and synovial fibroblasts by antirheumatic drugs. J Rheumatol 24:1471–1476

Siemasko K, Chong AS, Jack HM, Gong H, Williams JW, Finnegan A (1998) Inhibition of JAK3 and STAT6 tyrosine phosphorylation by the immunosuppressive drug leflunomide leads to a block in IgG1 production. J Immunol 160:1581–1588

Sinnett MJ, Groff GD, Raddatz DA, Franck WA, Bertino JSJ (1989) Methotrexate pharmacokinetics in patients with rheumatoid arthritis. J Rheumatol 16:745–748

Smedegard G, Bjork J (1995) Sulphasalazine: mechanism of action in rheumatoid arthritis. Br J Rheumatol [Suppl 2] 34:7–15

Smialowicz RJ, Luebke RW, Riddle MM, Rogers RR, Rowe DG (1985) Evaluation of the immunotoxic potential of chlordecone with comparison to cyclophosphamide. J Toxicol Environ Health 15:561–574

Smith CS, Ortega G, Parker L, Shearer WT (1994) Cyclosporine A blocks induction of tumor necrosis factor-alpha in human B-lymphocytes. Biochem Biophys Res Commun 204:383–390

Soden M, Rooney M, Whelan A, Feighery C, Bresnihan B (1991) Immunohistological analysis of the synovial membrane: search for predictors of the clinical course in rheumatoid arthritis. Ann Rheum Dis 50:673–676

Spisani S, Fabbri E, Rizzuti O et al. (2000) Inhibition of neutrophil responses by cyclosporine. Ann Rheum Dis 59:122

Stevens C, Lipman M, Fabry S, Moscovitch-Lopatin M et al. (1995) 5-Aminosalicylic acid abrogates T cell proliferation by blocking interleukin-2 production in peripheral blood mononuclear cells. J Pharmacol Exp Ther 272:399–406

Tak PP, Taylor PC, Breedveld FC et al. (1996) Decrease in cellularity and expression of adhesion molecules by antitumor necrosis factor alpha monoclonal antibody treatment in patients with rheumatoid arthritis. Arthritis Rheum 39:1077–1081

Taylor PC, Peters AM, Paleolog E et al. (2000) Reduction of chemokine levels and leukocyte traffic to joints by tumor necrosis factor alpha blockade in patients with rheumatoid arthritis. Arthritis Rheum 43:38–47

Ten Berge RJ, Schellekens PT, Surachno S, The TH, Ten Veen JH, Wilmink JM (1981) The influence of therapy with azathioprine and prednisone on the immune system of kidney transplant recipients. Clin Immunol Immunopathol 21:20–32

Tett S, Cutler D, Day R (1990) Antimalarials in rheumatic diseases. Baillieres Clin Rheumatol 4:467–489

Thomas R, Carroll GJ (1993) Reduction of leukocyte and interleukin-1 beta concentrations in the synovial fluid of rheumatoid arthritis patients treated with methotrexate. Arthritis Rheum 36:1244–1252

Tirri G, La Montagna G, Salaffi F et al. (1997) Combination therapy with cyclosporin and hydroxychloroquine in early active severe rheumatoid arthritis. Arthritis Rheum 40:S97

Tomono M, Toyoshima K, Ito M, Amano H (1996) Calcineurin is essential for DNA synthesis in Swiss 3T3 fibroblasts. Biochem J 317:675–680

Tschesche H, Bläser J, Kleine T et al. (1994) Inhibition of matrix metalloproteinases in rheumatoid arthritis and the crystallographic binding mode of a peptide inhibitor. Ann N Y Acad Sci 732:400–402

Vane JR, Botting RM (1998) Mechanism of action of nonsteroidal anti-inflammatory drugs. Am J Med 104:2S–8S

Wahl C, Liptay S, Adler G, Schmid RM (1998) Sulfasalazine: a potent and specific inhibitor of nuclear factor kappa B. J Clin Invest 101:1163–1167

Wallace DJ, Metzger AL, Stecher VJ, Turnbull BA, Kern PA (1990) Cholesterol-lowering effect of hydroxychloroquine in patients with rheumatic disease: reversal of deleterious effects of steroids on lipids. Am J Med 89:322–326

Walters MT, Smith JL, Moore K, Evans PR, Cawley MI (1987) An investigation of the action of disease modifying antirheumatic drugs on the rheumatoid synovial membrane: reduction in T lymphocyte subpopulations and HLA-DP and DQ antigen expression after gold or penicillamine therapy. Ann Rheum Dis 46:7–16

Watt I, Cobby M (1996) Recombinant human IL-1 receptor antagonist (rhIL-1ra) reduces the rate of joint erosion in rheumatoid arthritis (RA). Arthritis Rheum [Suppl 9] 39:S123

Weber CK, Liptay S, Wirth T, Adler G, Schmid RM (2000) Suppression of NF-kappaB activity by sulfasalazine is mediated by direct inhibition of IkappaB kinases alpha and beta. Gastroenterology 119:1209–1218

Weinblatt ME, Kremer JM, Coblyn JS et al. (1999) Pharmacokinetics, safety, and efficacy of combination treatment with methotrexate and leflunomide in patients with active rheumatoid arthritis. Arthritis Rheum 42:1322–1328

Weisman MH (1995) Corticosteroids in the treatment of rheumatologic diseases. Curr Opin Rheumatol 7:183–190

Willoughby DA, Moore AR, Colville-Nash PR (2000) COX-1, COX-2, and COX-3 and the future treatment of chronic inflammatory disease. Lancet 355:646–648

Wolf G, Thaiss F, Stahl RA (1995) Cyclosporine stimulates expression of transforming growth factor-beta in renal cells. Possible mechanism of cyclosporines antiproliferative effects. Transplantation 60:237–241

Wolfe F, Hawley DJ, Cathey MA (1990) Termination of slow acting antirheumatic therapy in rheumatoid arthritis: a 14-year prospective evaluation of 1017 consecutive starts. J Rheumatol 17:994–1002

Yadav R, Misra R, Naik S (1997) In vitro effect of gold sodium thiomalate and methotrexate on tumor necrosis factor production in normal healthy individuals and patients with rheumatoid arthritis. Int J Immunopharmacol 19:111–114

Yamashita M, Niki H, Yamada M, Watanabe-Kobayashi M, Mue S, Ohuchi K (1997) Dual effects of auranofin on prostaglandin E2 production by rat peritoneal macrophages. Eur J Pharmacol 325:221–227

Yanni G, Nabil M, Farahat MR, Poston RN, Panayi GS (1994) Intramuscular gold decreases cytokine expression and macrophage numbers in the rheumatoid synovial membrane. Ann Rheum Dis 53:315–322

Yoon C-H, Cho M-L-, Min S-Y et al. (2000) Cyclosporine A inhibits vascular endothelial growth factor production in cultured rheumatoid synovial fibroblasts. Ann Rheum Dis 59:188

Yukioka K, Wakitani S, Yukioka M et al. (1992) Polyamine levels in synovial tissues and synovial fluids of patients with rheumatoid arthritis. J Rheumatol 19:689–692

10 Rheumatoide Arthritis

Ulf Müller-Ladner

Inhaltsverzeichnis

10.1 Einführung

Die schriftliche Dokumentation von rheumatischen Erkrankungen begann vor etwa 2400 Jahren. Zu diesem Zeitpunkt wurden in 18 der Aphorismen des Hippokrates Gelenkveränderungen beschrieben. Der Begriff „Rheuma" wurde aber erst im letzten Jahrhundert vor unserer Zeitrechnung in die Medizin eingeführt. Die Bedeutung von „Rheuma" ist hierbei gleichzusetzen mit derjenigen, die Hippokrates mit dem Term „Katarrh" umschrieben hatte. Beiden gemeinsam ist, dass sie eine Substanz oder einen Zustand beschreiben, welcher – von einem Gelenk zum anderen – fließt.

Die Einordnung des „Rheumatismus" als eine systemische muskulo-skelettale Erkrankung wurde von Guillaume Baillou während seiner Lebenszeit 1558–1616 formuliert, aber erst 1642 veröffentlicht.

Die eigentliche rheumatoide Arthritis (RA) nach unseren heutigen Kriterien trat allerdings vor den Reisen von Christoph Kolumbus nach Amerika auf dem alten Kontinent nicht auf, während in Grabstätten der Ureinwohner Amerikas mehr als 6000 Jahre alte Skelette gefunden wurden, die die typischen Veränderungen der RA aufwiesen. Sollte z. B. ein infektiöses Agens als Trigger mitgewirkt haben, müsste allerdings postuliert werden, dass die Wikinger bei ihren früheren Fahrten nicht bis in dessen Verbreitungsgebiet vorgestoßen waren.

Die schriftlich niedergelegte Dokumentation der RA begann im Jahr 1800 in Paris. In diesem Jahr beschrieb Augustin-Jacob Landré-Beauvais 9 Frauen, die er einer speziellen Verlaufsform der Gicht zuordnete und deren Krankheitsverläufe er mit dem Namen „Goutte asthénique primitive" versah. Der heutige gebräuchliche Name für die Erkrankung, „rheumatoide Arthritis", wurde erstmals

Ganten/Ruckpaul (Hrsg.)
Molekularmedizinische Grundlagen
von rheumatischen Erkrankungen
© Springer-Verlag Berlin Heidelberg 2003

1859 von dem Pathologen und Mediziner Sir Archibald Garrod v. a. in der Abgrenzung zur damals häufigen Gicht verwendet. In Großbritannien wurde die RA aber erst 1922 als eigenständige Erkrankung in die Lehrbücher aufgenommen, in den USA dauerte dies bis zum Jahre 1941. Der Begriff „Rheumatologe" wurde ebenfalls erst im letzten Jahrhundert durch Bernard Comroe im Jahre 1940 geprägt, die Fachdisziplin Rheumatologie wurde 1949 durch Joseph L. Hollander im ersten Lehrbuch dieser neuen Disziplin in die Medizin eingeführt.

10.2 Beschreibung des Krankheitsbilds

10.2.1 Klinik und Genetik

Die derzeit geltenden Kriterien für die Klassifikation der RA basieren auf den 1958 eingeführten Kriterien der damaligen American Rheumatism Association (ARA-Kriterien). Diese Kriterien wurden 1987 durch das (umbenannte) American College of Rheumatology revidiert und haben ihre Gültigkeit bis heute erhalten (Arnett et al. 1988) (Tabelle 10.1). Sie besitzen eine Sensitivität und Spezifität von etwa 90%, angewandt auf die mitteleuropäische bzw. nordamerikanische Bevölkerung ergeben sich hierdurch Prävalenzen von 0,3–1,5%. Die Prävalenz der RA ist bei Frauen etwa 2- bis 3-mal höher als bei Männern. Einzelne kleinere Bevölkerungsgruppen, z. B. nordamerikanische Indianerstämme, weisen höhere Prävalenzen dieser Erkrankung von bis zu 6% auf, was eine genetische Prädisposition bei dieser Erkrankung als wahrscheinlich ansehen lässt. In manchen Familien tritt die RA gehäuft auf, und eineiige Zwillinge haben ein bis zu 60fach erhöhtes Risiko für diese Erkrankung. Aus epidemiologischen Studien lässt sich auch ableiten, dass ein Verwandter 1. Grads eine etwa 16fach höhere Wahrscheinlichkeit gegenüber der Normalbevölkerung hat, ebenfalls an einer RA zu erkranken. Ein weiterer genetischer Faktor, der mit der RA eng verknüpft ist, ist die Häufung bestimmter Allele des Haupthistokompatibilitätskomplexes, insbesondere in der HLA-DR-Region. Das initial am häufigsten gefundene Allel bei der RA war das HLA-DRB1*04. Hieraus leitete sich auch die „shared epitope hypothesis" für die RA ab, nachdem bei verschiedenen ethnischen Gruppen der kritische Bereich in der 3. hypervariablen Region im Bereich der Aminsäurepositionen 70–74 lokalisiert werden konnte (Gregersen et al. 1987). Detailliertere Untersuchungen konnten dann zeigen, dass der HLA-DRB1*04-Subtyp mit einem schwereren Verlauf einhergeht, während der HLA-DRB1*01-Subtyp eher mit milderen Krankheitsverläufen assoziiert ist (Weyand et al. 1992). Für das so genannte Felty-Syndrom, eine besonders schwer verlaufende, von Autoimmunvorgängen geprägte Variante der RA, zeigte sich eine hohe Assoziation mit der Allelkombination HLA DRB1*0401/0404 (Weyand et al. 1996).

10.2.2 Sozioökonomische Folgen der Erkrankung

Die progrediente Gelenkdestruktion, zusammen mit den andauernden Schmerzen, ist auch mit nicht unerheblichen sozialen und ökonomischen Auswirkungen auf das tägliche familiäre Umfeld und das Berufsleben verbunden. Die Zahl der Arztbesuche pro Jahr ist bei Patienten mit rheumatoider Arthritis doppelt so hoch wie bei der Normalbevölkerung. Ähnliche Werte ergeben sich für die Zahl der Krankenhausaufenthalte. Auch die Notwendigkeit der operativen Intervention, v. a. an den betroffenen Gelenken, ist ein erheblicher Kostenfaktor im Gesundheitswesen. In den USA wurden z. B. 1985 10% der 37 Mio. Gelenkoperationen aufgrund arthritisbedingter Veränderungen durchgeführt.

Unbehandelt führt die RA auch heutzutage bei 50% der Patienten innerhalb der ersten 2 Jahre der Erkrankung zu einer dauerhaften Schädigung der betroffenen Gelenke. Diese hohe Rate an progressiver Einschränkung der Gelenkfunktion wird dazuhin durch die Tatsache illustriert, dass weniger als 50% der Patienten mit rheumatoider Arthritis nach 10 Jahren noch in ihrem ursprünglichen Beruf tätig sind. Sozioökonomische Umfragen in der amerikanischen Bevölkerung zeigten weiterhin,

Tabelle 10.1. Diagnosekriterien der RA (Arnett et al. 1988). Für die Diagnose müssen 4 der 7 Kriterien erfüllt sein, die Kriterien 1–4 müssen für mindestens 6 Wochen bestanden haben

Nummer	Kriterium
1.	Morgensteifigkeit von mindestens 1 h Dauer
2.	Arthritis von 3 oder mehreren Gelenken
3.	Arthritis der Hände (PIP, MCP, Handgelenke)
4.	Symmetrische Arthritis
5.	Rheumaknoten
6.	Rheumafaktor im Serum
7.	Radiologische Veränderungen (Erosionen/Osteoporose) an den betroffenen Gelenken

dass während einer Dekade Krankheitsdauer die Patienten mit rheumatoider Arthritis im Schnitt eine 50%ige Reduktion ihrer Monatseinkünfte hinnehmen mussten.

10.3 Pathophysiologie

10.3.1 Zelluläre und humorale Mediatoren

Die Umwandlung der normalen Gelenkhaut, des Synoviums, in ein entzündliches, aggressiv wachsendes Gewebe bedingt die Teilnahme aller im Synovium ortsständigen und aus dem Blutkreislauf eingewanderten Zellen, insbesondere von Leukozyten und ihren Subtypen sowie von Endothelzellen und v. a. von Synoviozyten.

10.3.1.1 T-Zellen

T-Zellen und die von ihnen ausgeschütteten Zytokine sind nach heutigem Wissen mit die treibenden Kräfte der entzündlichen Aktivität im rheumatoiden Synovium, obwohl ihre exakte Funktion in der Pathogenese der RA immer noch ungeklärt ist (Firestein et al. 1990). Im rheumatoiden Synovium gehört die Mehrzahl der Zellen zur T-Zell-Reihe. Diese sind zu einem größeren Anteil als im peripheren Blutstrom und der Synovialflüssigkeit vom CD4-Typ (Konttinen et al. 1981, Mejier et al. 1982). Aktivitätsmarker wie CD45RO und VLA-1 (very late antigen-1) können ebenfalls auf deren Oberfläche nachgewiesen werden, finden sich aber auch bei vielen anderen rheumatischen Erkrankungen. Histologisch können sowohl Lymphozytenaggregate als auch eine diffuse Lymphozyteninfiltration gesehen werden, wobei die synoviale Gelenk destruierende Deckzellschicht normalerweise frei von Lymphozyten ist.

Der Hauptteil der rheumatologischen Forschung der letzten Jahre konzentrierte sich auf die Charakterisierung von Antigen erkennenden T-Zell-Rezeptoren, um evtl. ein oder mehrere für die RA spezifische Antigene zu erfassen (Goronzy u. Weyand 1995). Die genetische Prädominanz von HLA-DR4-Molekülen auf den Antigen präsentierenden Zellen des RA-Synoviums (Stastny et al. 1978) – wobei HLA-DR4 auch bei weiteren rheumatischen Erkrankungen, wie der rezidivierenden Polychondritis (Lang et al. 1993) und der Lyme-Arthritis überrepräsentiert ist – sowie die verschiedenen Klone von T-Zellen im rheumatoiden Synovium

(Stamenkovic et al. 1988, Goronzy u. Weyand 1995) unterstützten diese Untersuchungen. Interessanterweise lassen sich aber bei der RA im Gegensatz zum systemischen Lupus erythematodes (Linker-Israeli et al. 1992) nur wenig T-Zell-Zytokine wie Interleukin-2 (IL-2), IL-4 oder Interferon-γ im Zentrum des Geschehens nachweisen (Firestein et al. 1990). Insgesamt lassen deshalb die bisherigen Ergebnisse darauf schließen, dass T-Zellen einerseits als Marker der entzündlichen Aktivität im rheumatoiden Synovium anzusehen sind, andererseits durch Interaktion mit den Antigen präsentierenden Zellen bei genetischer Prädisposition (z. B. HLA-DR4) für die Geschwindigkeit des destruktiven Ablaufs im Gelenk mitverantwortlich sind (Weyand u. Goronzy 1992).

Neuere Ansätze zur Rolle der T-Zellen in der Pathogenese der RA beinhalten auch die Überlegung eines über die Grenzen des Synoviums hinaus veränderten T-Zell-Pools (Weyand 2000), welcher statt der normalen Diversifizierung eine klonale Expansion weniger, dafür größerer T-Zell-Klone aufweist. Besonders wichtig scheinen hierbei autoreaktive CD4-T-Zellen zu sein, denen das kostimulierende Molekül CD28, der Rezeptor für B7, fehlt. Da diese T-Zellen offensichtlich nicht B-Zell-stimulierend wirken, da der entsprechende CD40-Ligand ebenfalls nicht an ihrer Oberfläche exprimiert wird (Weyand et al. 1998), dagegen aber das zytotoxische Molekül Perforin synthetisieren (Namekawa et al. 1998), könnte ihre Rolle sowohl gelenkschädigend (Weyand 2000) als auch gelenkprotektiv (Tak et al. 1994; Müller-Ladner et al. 1995) sein.

10.3.1.2 Neutrophile Leukozyten

Neutrophile Leukozyten finden sich v. a. bei aktiv entzündlichen Stadien der RA in größerer Zahl in der Synovialflüssigkeit (Mohr et al. 1975). Die Leukozyten werden möglicherweise durch in den Blutkreislauf ausgeschüttete chemotaktische Moleküle (u. a. auch Komplementfaktoren) angelockt und treten dann nach Adhäsion an das terminale synoviale Gefäßbett durch gefäßpermeabilisierende Moleküle wie Granzym A (Simon et al. 1987), die von zytotoxischen T-Zellen produziert werden (Lowin et al. 1994, Müller-Ladner et al. 1995), in den Entzündungsbereich ein. Diese Migration ist im rheumatoiden Synovium deutlich stärker ausgeprägt als im Synovium von Patienten mit Osteoarthritis (Jones et al. 1991). Eine typische Adhäsion im Gefäßbereich ist z. B. möglich durch die Interaktion des CD11B/CD18-Oberflächenmoleküls auf Neutrophilen mit ICAM-1 (intercellular adhesion molecule-1) (Hakkert et al. 1991). Obwohl neutrophile Leukozyten in der rheumatoiden synovialen Deckzellschicht kaum angetroffen werden (Fassbender 1983) und eine RA-spezifische pathophysiologische Funktion der Neutrophilen im rheumatoiden Synovium nicht gesichert ist, könnte ihre Fähigkeit, Prostaglandine und Proteasen freizusetzen, die Entzündung und Gelenkdestruktion in einem weiten Bereich modulieren. Die Bindungsfähigkeit der Neutrophilen an Fc-Rezeptoren ermöglicht ihre Adhärenz an Gelenkknorpel über darin eingebettete Immunkomplexe. Insbesondere der so genannte „respiratory burst", die schnelle Neutrophilendegranulation, führt zur Freisetzung von Enzymen, wie Matrixmetalloproteinase-8, Elastase und dem Kollagenase aktivierenden Kathepsin G. Diese Enzyme können dann den Knorpel für die Anlagerung von Synovialzellen adhärent machen und daher direkt oder indirekt am Knorpelabbau beteiligt sein. Interessanterweise gibt es Hinweise auf knorpeleigene Verteidigungsmechanismen gegen die neutrophile Destruktion. Chondrozyten können Stickoxid (NO) ausschütten, welches möglicherweise die Adhäsion und Wasserstoffperoxidproduktion von Neutrophilen durch Hemmung der Aktinpolymerisierung unterdrückt (Clancy et al. 1990).

10.3.1.3 Endothelzellen

Endothelzellen können hauptsächlich als „Magnet" für das Einfangen von Entzündungszellen aus dem Blutstrom angesehen werden (Ziff 1991). Die Bindung von Leukozyten erfolgt über Adhäsionsmoleküle wie
- ICAM-1 (Hakkert et al. 1991),
- VCAM-1 (vascular cell adhesion molecule-1) (Kriegsmann et al. 1995 a) und
- E-Selektin, auch ELAM-1 (endothelial leucocyte adhesion molecule-1) genannt (Koch et al. 1991, Kriegsmann et al. 1995 b).

Zielzellen sind sowohl Lymphozyten mit ihrem Gegenrezeptor LFA-1 (leukocyte function antigen-1) als auch Neutrophile, die CD11b/CD18 an ihrer Oberfläche exprimieren (Hakkert et al. 1991). Zytokine können die Expression von Adhäsionsmolekülen verstärken. TNF-α induziert eine Zunahme von ELAM-1 und VCAM-1. IL-1 fördert ebenfalls die ELAM-1-Expression (Cotran et al. 1987). Die Präsenz von Adhäsionsmolekülen für Entzündungszellen auf Endothelzellen ist aber kein für die RA spezifisches Charakteristikum, da ver-

gleichbare Interaktionen auch bei anderen rheumatischen Erkrankungen und anderen Organsystemen beschrieben wurden, so z.B. in entzündlichen Hautarealen bei der Sklerodermie (Kahaleh et al. 1994).

10.3.1.4 Synoviozyten

Die physiologische Hauptfunktion der Synoviozyten in der Deckzellschicht der Synovialmembran ist die Versorgung des Gelenkinnenraums und des Knorpels mit Sauerstoff, Plasmaproteinen und „Schmier"-Molekülen wie Hyaluronsäure. Unterschieden werden synoviale Makrophagen (früher Typ-A-Synoviozyten genannt), die an ihrer Oberfläche Makrophagenmarker wie CD11b, CD14, CD33 und CD68 exprimieren (Graabaek et al. 1982, Edwards et al. 1987, Wilkinson et al. 1992), von synovialen Fibroblasten (früher Typ-B-Synoviozyten genannt).

Synoviale Makrophagen weisen phagozytische Aktivität auf, können aber auch Antigene prozessieren und diese mittels HLA-Klasse-II-Molekülen (autoreaktiven) T-Zellen präsentieren. Neben dieser zellulären Verstärkung der entzündlichen Vorgänge im rheumatischen Gelenk synthetisieren synoviale Makrophagen v.a. inflammatorisch wirkende Moleküle, u.a. Prostaglandine (Fuiji et al. 1988) und Zytokine wie TNF-α (Burmester et al. 1997). Im Gegensatz hierzu ist die Versorgung des Gelenkinnenraums mit Hyaluronsäure zur Sicherstellung der Gleitfähigkeit die physiologische Hauptaufgabe der *synovialen Fibroblasten*. Daneben nehmen diese, mit Knorpel abbauenden Enzymen ausgestatteten Zellen, Signale auf, agieren und reagieren durch Wachstumsfaktoren und sind – wie unten detailliert beschrieben – wahrscheinlich mit die entscheidende Kraft für die Gelenkzerstörung bei der RA (Gay et al. 1993, Firestein 1996, Firestein u. Zvaifler 2002).

10.3.1.5 Zytokine

Zytokine und eine Reihe von Wachstumsfaktoren sind Proteine und Glykoproteine ohne Immunglobulincharakter und dienen meist als Zellsignale zwischen Zellen desselben Organismus. Der Wissenszuwachs um die Zytokine führte in den letzten Jahren zur Entdeckung komplexer Zytokinnetzwerke. Obwohl die grundlegenden Untersuchungen an Lymphozyten durchgeführt wurden, wurde schnell evident, dass die Zytokinproduktion nicht allein an periphere Blutzellen gebunden ist. Im proliferierenden entzündlichen rheumatoiden Synovium sind v.a. synoviale Fibroblasten, Makrophagen und nicht die T-Zellen Hauptproduzenten von proinflammatorischen Zytokinen (Firestein et al. 1990). Dies gilt auch für reaktive Arthritiden (Burmester et al. 1995). Als Beispiel gilt die Lyme-Arthritis, bei der die Borrelien die IL-6-Produktion von Fibroblasten direkt stimulieren können und so deutlich zur Entzündungsaktivität beitragen.

Bei der RA umfassen die spontan oder nach Stimulation im Synovium nachgewiesenen Zytokine die Interleukine-1α, -1β, -6, -7, -8, -10, -11, -13, -15, -16, -17, -18, Interferon-α und den Tumornekrosefaktor-α (TNF-α). Daneben werden von diesen Zellen auch Wachstumsfaktoren wie FGF (fibroblast growth factor), EGF (epidermal growth factor), PDGF (platelet derived growth factor), TGF (transforming growth factor), IGF (insulin like growth factor), GM-CSF (granulocyte-macrophage colony stimulating factor) und M-CSF (macrophage colony stimulating factor) synthetisiert. Keiner dieser Faktoren konnte allerdings bisher als spezifisch für die RA identifiziert werden (Kumkumian et al. 1989, Westacott et al. 1990, Firestein et al. 1990, Alvaro-Garcia et al. 1990, Lotz et al. 1991, Koch et al. 1991, Brennan et al. 1991, Maier et al. 1993, Firestein et al. 1994, Keyszer et al. 1995 a).

Für die synoviale Proliferation werden hauptsächlich diese Wachstumsfaktoren (s. unten) als Stimuli angesehen (Allen et al. 1990, Kumkumian et al. 1989), während die Akkumulation von Entzündungszellen wahrscheinlich zum großen Teil auf die Ausschüttung von erst vor kurzem charakterisierten und im Synovium nachgewiesenen chemotaktischen Zytokinen wie IL-15 (McInnes u. Liew 1998) und IL-16 (Franz et al. 1997) zurückzuführen ist. Von der Vielzahl der Zytokine sind derzeit hauptsächlich IL-1 und TNF-α, die von Makrophagen, aber auch von synovialen Fibroblasten produzierten Zytokine, Zielmoleküle der inzwischen neu eingeführten Therapiestrategien (Bandara et al. 1993, Maini et al. 1994, Taylor et al. 1994, Furst et al. 2002). Eine Synopsis der im Synovium nachgewiesenen Zytokine und Wachstumsfaktoren zeigt Tabelle 10.2.

10.3.1.6 Chemokine

Eine zunehmende Bedeutung in der Pathophysiologie der RA gewinnen in jüngster Zeit auch Moleküle aus der wachsenden Familie der Chemokine, wobei ihre spezielle Rolle in der Entwicklung der Entzündung und synovialen Proliferation bisher noch nicht vollständig aufgeklärt ist. Zum Beispiel wird das Chemokin *MIP-1β* (macrophage inflammatory protein-1β), welches v.a. chemotaktisch auf mononukleäre Zellen wirkt, in stärkerem Maß bei der Osteoarthritis als bei der RA gefunden (Koch et al. 1995 a). Die Zytokinstimulation durch TNF-α und IL-1β in diesem experimentellen Ansatz resultierte in einem signifikanten Anstieg von MIP-1β. MIP-1β konnte daneben auch in etwa 60% der Zellen der Grenzzellschicht im Synovium von Patienten mit Osteoarthritis nachgewiesen werden. Im Gegensatz hierzu war das Chemokin „*growth-related gene product-α*" deutlich intensiver im rheumatoiden Synovium als im Synovium von Patienten mit Osteoarthritis zu finden. Für dieses Chemokin wurde v.a. eine Rolle in der Chemoattraktion von Neutrophilen postuliert (Koch et al. 1995 b). Interessanterweise bestehen auch direkte Verbindungen zwischen der Regulation von proinflammatorischen Zytokinen und Chemokinen. Vor allem bei der RA scheint hier insbesondere IL-10 deutlich hemmend auf die Ausschüttung von entzündungssteigernden Chemokinen einzuwirken (Kunkel et al. 1996). Insgesamt ist daher zu vermuten, dass viele verschiedene Zytokine im aktiven Erkrankungsprozess der RA in die Pathogenese involviert sind, sodass die Analyse der selektiven Funktion eines Zytokins oder Chemokins einer therapeutischen Modulation vorausgehen sollte.

10.3.1.7 Wachstumsfaktoren

Wachstumsfaktoren sind spezialisierte Zytokine, welche dadurch gekennzeichnet sind, dass sie die Proliferation von Zellen in Kultur anregen oder

Tabelle 10.2. Zytokinproduktion im rheumatoiden Synovium

Zytokine	Produziert von	Im Synovium nachgewiesen
IL-1α/β	Makrophagen, Fibroblasten	+
IL-3	T-Zellen	(+)
IL-6	Makrophagen/Fibroblasten-T-Zellen	+/+/(+)
IL-7	Fibroblasten	+
IL-8	Makrophagen/Fibroblasten	+
IL-10	Makrophagen/Fibroblasten (?)	+
IL-11	Makrophagen/Fibroblasten (?)	+
IL-12	Makrophagen/B-Zellen, T-Zellen	+/?/?
IL-13	T-Zellen/Fibroblasten	+/+
IL-15	Endothelzellen/Makrophagen	+
IL-16	Fibroblasten/T-Zellen	+/?
IL-17	? (T-Zellen)	+
IL-18	Fibroblasten	+
Interferon-α	Makrophagen	+
TNF-α	Makrophagen/T-Zellen	+/−

unterstützen. Viele dieser Wachstumsfaktoren sind in großer Menge im rheumatoiden Synovium vorhanden.

Von diesen ist *TGF-β* (*transforming growth factor-beta*) möglicherweise der Wichtigste, da er von den meisten Zellen im Synovium gebildet wird (vorwiegend von Makrophagen und mononukleären Zellen). Interessanterweise wird TGF-β auch in Gelenkflüssigkeit von Patienten ohne Entzündungszeichen im Synovialgewebe gefunden und es wird vermutet, dass bei diesen Patienten die T-Zell-Funktion durch TGF-β unterdrückt wird. TGF-β wirkt auf viele verschiedene Zellen mit z. T. konträren Effekten. Es induziert die Kollagensynthese in Fibroblasten und vermindert gleichzeitig die Kollagenasesynthese, was in einer verstärkten Kollagenablagerung im Extrazellulärraum resultiert. Dieser Effekt ist normalerweise für die Wundheilung entscheidend, trägt aber in nicht geringem Maße zum Umbau des synovialen Gewebes sowie zur Fibrose bei. Wichtiger für die Autoimmun- und rheumatischen Erkrankungen ist der Effekt von TGF-β auf die Immunfunktionen. TGF-β kann nicht nur die IL-1-Rezeptor-Expression vermindern, es kann auch in verschiedenen Tiermodellen eine Arthritis hervorrufen (Allen et al. 1990). Im Gegensatz hierzu konnte auch gezeigt werden, dass TGF-β deutlich immunsupprimierende Eigenschaften besitzt. In dem Tiermodell der „streptococcal cell wall arthritis" konnte die i.v. Gabe von TGF-β die Erkrankung deutlich bessern (Brandes et al. 1991). Neuere Therapieformen zielen z. T. auf die immunmodulatorischen Eigenschaften des TGF-β. Hierzu gehört die experimentelle Anwendung des Oxindols Tenidap. In einem Tiermodell der antigeninduzierten Arthritis führte die Gabe von Tenidap zu einer deutlichen Reduktion von TGF-β-mRNA sowie einer signifikanten Verminderung der Synthese des Matrixproteins Fibronektin (Sánchez-Pernaute et al. 1997).

Ein weiterer Wachstumsfaktor, der v.a. für die Proliferation von Synovialzellen, insbesondere synovialen Fibroblasten, eine Rolle spielt, ist der *PDGF* (*platelet derived growth factor*) (Müller-Ladner et al. 1994). Die Rezeptoren für PDGF konnten ebenfalls im Synovium lokalisiert werden, und die Interaktion von PDGF mit seinem Rezeptor führt zu den am stärksten stimulierenden Signalen bezüglich der Zellproliferation bei kultivierten synovialen Fibroblasten. Andere Untersucher konnten PDGF-B-Ketten-mRNA auch in Endothelzellen und im synovialen Bindegewebe nachweisen, während gesundes Synovium diesen Wachstumsfaktor nicht aufwies (Reuterdahl et al. 1991). Innerhalb der

Gruppe der Wachstumsfaktoren wird PDGF daher als stärkstes Mitogen v.a. für synoviale Fibroblasten im rheumatoiden Synovium angesehen.

Der *FGF* (*fibroblast growth factor*) wirkt v.a. als autokriner Signaltransduktor hinsichtlich des Wachstums von synovialen Fibroblasten. Die Interaktion mit der synovialen Matrix wird v.a. durch Proteoglykane, die stark negativ geladen sind, hergestellt, da diese eine erhöhte Bindungsaffinität zu FGF besitzen. Insbesondere bFGF (basic FGF) findet sich sowohl in der Gelenkflüssigkeit als auch in kultivierten synovialen Fibroblasten als auch im Synovium von Patienten mit rheumatoider Arthritis (Nakashima et al. 1994). Ebenso werden FGF-Rezeptoren von diesen Zellen exprimiert und dienen wahrscheinlich zur autokrinen Signalverstärkung bei der Hyperplasie des Synoviums. Interessanterweise kann FGF auch angiogenetisch wirken und induziert die Proliferation von Gefäßen im rheumatoiden Synovium.

Ein weiterer Faktor, der entscheidend für die Vaskularisierung des rheumatoiden Synoviums sein könnte, ist *VEGF* (*vascular endothelial growth factor*). Vor allem Hypoxämie stimuliert die Synthese von VEGF, insbesondere in der synovialen Grenzzellschicht (Paleolog et al. 1996). Die Expression von VEGF ist auch direkt mit der proinflammatorischen Wirkung verschiedener Zytokine, insbesondere mit IL-1 und TNF-α assoziiert, da Letztere die VEGF-Expression deutlich steigern. Die Neutralisation von IL-1 und TNF-α konnte in einem experimentellen Ansatz auch die Expression von VGEF deutlich reduzieren (Paleolog et al. 1998) und bietet daher Ansatzpunkte für eine therapeutische Intervention durch Hemmung der Neovaskularisation.

10.3.1.8 Zyklooxygenasen

Ergebnisse aus neueren Untersuchungen zeigen auch, dass das Zusammenspiel zwischen den Protoonkogenen und den Mediatoren der Entzündung die Pathophysiologie der RA beeinflussen können. Insbesondere die Induktion von Zyklooxygenasen (*Cox-1* und *Cox-2*) durch die Onkogene *ras* und *src* sowie die Wachstumsfaktoren PDGF, FGF und TGF weist auf die komplex regulierten Zusammenhänge im rheumatoiden Synovium hin (O'Banion et al. 1992). Die Aktivierung des Prostaglandinstoffwechsels und nachfolgend der Entzündung erfolgt hierbei über die Phospholipase A_2 und die Arachidonsäure hin zu den Zyklooxygenasen (oder Prostaglandinsynthetasen) (Piomelli 1993). Im rheumatoiden Synovium vorhandene proinflammatorische Zytokine wie IL-1, IL-6 und TNF-*a* verstärken hierbei wie bei anderen entzündlichen Erkrankungen die erhöhte Zyklooxygenaseproduktion im rheumatoiden Synovium. Die durch proinflammatorische Vorgänge induzierbare Cox-2 scheint hierbei eine größere Rolle zu spielen als die konstitutiv exprimierte Cox-1 (Siegle et al. 1998). Dies spiegelt auch die intensive Entwicklungs- und Zulassungsaktivität der pharmazeutischen Industrie bezüglich hochspezifischer Cox-2-Inhibitoren wie Celecoxib und Rofecoxib wider. Interessanterweise zeigen auch „Basistherapeutika" einen Effekt auf Zyklooxygenasen, die positiven Wirkungen von Methotrexat auf den Verlauf der RA können z.B. auch auf dessen Hemmwirkung auf Cox-2 zurückgeführt werden (Mello et al. 2000.)

10.3.2 Molekularbiologische Mechanismen

10.3.2.1 Trigger

Verschiedene infektiöse Agenzien, insbesondere Retroviren, werden seit längerer Zeit als Trigger für die Initiation der autoimmunen Phänomene bei rheumatischen Erkrankungen diskutiert (Gay u. Kalden 1994). Viele Untersucher favorisieren auch den Einfluss von Retroviren auf die Pathogenese der RA. Diese Hypothese wurde durch zahlreiche Untersuchungen in den letzten Jahren untermauert, wobei keiner der bisher bekannten Retroviren als spezifisches Agens für die RA identifiziert werden konnte. Mittels Immunhistochemie sowie Immunelektronenmikroskopie konnten aber in Gelenkflüssigkeit virusähnliche Partikel nachgewiesen werden (Stransky et al. 1993). Diese Partikel zeigten eine Größe von 200 nm sowie einen Kern von 70 nm und sind bis heute nicht klassifiziert, wobei die räumliche Struktur dieser viralen Partikel am ehesten der von Typ-C-Retroviren entspricht.

Die Assoziation einer *retroviralen Infektion* mit der Aktivierung von Protoonkogenen nach genomischer Inkorporation des Virus wurde für zahlreiche Viren nachgewiesen (Hayward et al. 1981). Dies spiegelt sich darin wider, dass die meisten für Onkogene bzw. Protoonkogene verwendeten Abkürzungen nach den damit assoziierten Viren benannt wurden. Beispiele sind das *src*-Onkogen, welches nach dem 1911 von Rous beschriebenen Rous-Sarkomavirus benannt wurde, sowie das im rheumatoiden Synovium nachgewiesene Protoonkogen *sis*, welches nach dem Affensarkomvirus (*simian sarcoma virus*) benannt wurde. Letzteres ist

insbesondere in die Aktivierung des Wachstumsfaktors PDGF involviert. Der Bezug zur RA und der synovialen Proliferation ergibt sich bei dieser Stoffwechselkette v.a. daraus, dass PDGF auf Fibroblasten deutlich mitogen wirkt (Lafyatis et al. 1989). Zudem zeigt die Hochregulierung von PDGF eine deutliche Korrelation mit der Aktivierung von bFGF, was zusätzlich die synoviale Proliferation verstärkt (Remmers et al. 1991). Auch der eigentliche Matrixabbau im rheumatoiden Synovium bzw. rheumatischen Gelenk weist Verbindungen zu retroviralen Gensequenzen auf, z.B. reguliert das Protoonkogen *ras* die Matrix abbauende Cysteinprotease Kathepsin L (Joseph et al. 1987). Sowohl *ras* als auch Kathepsin L werden hierbei ausgeprägt im rheumatoiden Synovium, v.a. an Stellen der Invasion in den Knochen und Knorpel, von synovialen Fibroblasten exprimiert (Trabandt et al. 1992).

Eine Besonderheit in der Rheumatologie, insbesondere hinsichtlich der Hypothese eines retroviralen Agens als Auslöser für diese Erkrankung, stellt die der RA sehr ähnliche *HTLV-1-getriggerte Arthritis* dar. Diese Form der symmetrischen Polyarthritis findet sich v.a. in Japan, daneben auch bei einigen Urwaldstämmen in Südamerika. In vivo konnte gezeigt werden, dass eine HTLV-1-Infektion von synovialen Fibroblasten in der Hochregulierung von Protoonkogenen resultierte, nachfolgend wurden auch die Interleukine-1*β* und -6 verstärkt exprimiert (Aono et al. 1993, 1994, 1998). Interessanterweise wurden nur bestimmte Protoonkogene selektiv hochreguliert, hierzu gehörte v.a. *fos*, nicht dagegen *myc* oder *ras* (Fujii et al. 1988). Des Weiteren ist das im Genom von HTLV-1 enthaltene *tax*-Gen auch mit in die Synthese von SDF-1 (stromal cell derived factor-1), einem starken Chemokin, involviert, welches nachfolgend Entzündungszellen wie Lymphozyten sowohl anlocken als interessanterweise in hohen Konzentrationen auch abstoßen kann (Poznansky et al. 2000).

Zu den weiteren Faktoren, die durch eine retrovirale Infektion, z.B. durch eine HTLV-1-Infektion induziert werden, gehören so genannte *„early growth response"* Gene, d.h. Gene, die direkt nach der Stimulation hochreguliert werden. In HTLV-1-transformierten Zellen konnte nachgewiesen werden, dass das Zinkfingergen Z-225, auch *egr-1* (early growth response gene-1) genannt, konstitutiv exprimiert wird (Wright et al. 1990). Diese Hochregulierung ist Ausdruck der Zellaktivierung, insbesondere deswegen, da *egr-1* eng mit der Aktivierung von weiteren Protoonkogenen und Signaltransduktionsfaktoren assoziiert ist (Aicher et al.

1994). Hierzu gehören *c-fos* sowie der Transkriptionsfaktor NFκB. Daneben wurden Bindungsstellen für egr-1 auch in Genen gefunden, die ebenfalls eng mit der Pathophysiologie der RA assoziiert sind, u. a. *myc* und *ras*.

Ähnlich der HTLV-1-Arthritis konnte auch im Tiermodell die Genese einer Autoimmunerkrankung nach *Inkorporation eines retroviralen Segments* in das Genom der Zielzelle nachvollzogen werden. In homozygoten Tieren der MRL-*lpr/lpr*-Maus führt die Mutation eines einzelnen Gens (*lpr*) zu einer sowohl der RA als auch dem systemischen Lupus erythematodes ähnlichen Erkrankung (Watanabe-Fukunaga et al. 1992). Diese Mutation im *lpr*-Gen ist das direkte Resultat einer Insertion eines endogenen Retrovirussegments, dem „early retrotransposon" inmitten des *fas*-Apoptosegens (Watanabe-Fukunaga et al. 1992, Wu et al. 1993, 1994). Ähnlich wie bei der RA kommt es hierbei zu einer Transformation der synovialen Fibroblasten und einer Invasion des Synoviums in den daneben liegenden Knorpel und Knochen. Auch hier konnte die Koexpression der Onkogene *ras* und *myc* mit den Kathepsinen B und L sowie mit Kollagenase immunhistochemisch nachgewiesen werden (Trabandt et al. 1991, Trabandt 1992). Interessanterweise sind während der initialen Knorpeldestruktionsphase Entzündungszellen im Gelenk nur in geringer Zahl vorhanden, diese finden sich erst in den späteren, entzündlichen Stadien der Erkrankung (O'Sullivan et al. 1985, Tanaka et al. 1988). Dieses Tiermodell bot durch die Kenntnis des exakten Mutationsorts im Genom auch die Möglichkeit einer experimentellen molekularbiologischen Korrektur dieser Gensequenz mit nachfolgender deutlicher Reduktion der Krankheitssymptomatik in den Tieren (Wu et al. 1993).

Neben der Aufklärung von spezifischen Stoffwechselwegen im Verlauf der RA könnte der Nachweis einer spezifisch bei der RA exprimierten retroviralen Sequenz direkten Einfluss auf therapeutische Ansatzpunkte haben. So konnte z. B. gezeigt werden, dass mittels *Antisense-Technologie* die Gentranskription retroviraler Segmente in vitro deutlich minimiert werden konnte (Nakajima et al. 1993, Archambault et al. 1994).

10.3.2.2 Protoonkogengesteuerte Mechanismen der Zellaktivierung

Die größten Fortschritte um das pathophysiologische Wissen rheumatischer Erkrankungen durch molekularbiologische Analysen wurden in den letzten Jahren auf dem Gebiet der Genregulation, insbesondere der Onkogene, erzielt. Der Term „Onkogen", der ursprünglich mit Tumoren assoziiert wurde, bedeutet hierbei nicht Malignität, sondern einen Marker für eine erhöhte Proliferation und/oder Zellmetabolismus. Besonders hervorzuheben sind die physiologisch vorkommenden Protoonkogene, die eine wichtige Funktion in der Entwicklungsbiologie spielen und die erst durch bestimmte Stimuli oder eine Mutation pathologisch exprimiert werden. Insbesondere die Protoonkogene *ras* und *myc* konnten direkt in den am Knorpel anliegenden synovialen Fibroblasten zusammen mit den Kathepsinen B und L sowie mit Kollagenase gefunden werden (Trabandt et al. 1992).

In der Regel sind solche aktivierenden Gene auch der Beginn einer Kaskade molekularer Schalter. So regulieren wie oben beschrieben die Protoonkogene *ras* und *sis* sowie deren Genprodukte u. a. die Wachstumsfaktoren PDGF bzw. die Cysteinproteinase Kathepsin L. Weitere im RA-Synovium hochregulierte Protoonkogene sind *fos* und *jun*, die zusammen mit *egr-1* an der Regulation der Kollagenaseproduktion beteiligt sind (Trabandt et al. 1992). Zusammen formen Fos und Jun das Protein AP-1 (Aktivatorprotein 1) (Angel et al. 1991). Der Effekt von Protoonkogenen ist hierbei nicht auf die synoviale Seite der Gelenkdestruktion beschränkt, auch die chondrozytäre Expression im rheumatoiden Gelenkknorpel scheint zur Gelenkdestruktion beizutragen (Tsuji et al. 2000). Interessanterweise regulieren sowohl zahlreiche Wachstumsfaktoren als auch Glukokortikoide (Jonat et al. 1990, Karin et al. 1993) die Produktion von AP-1 (Muegge et al. 1989). Aus diesem Grund ist auch die Modulation von AP-1 ein wichtiger therapeutischer Ansatzpunkt.

Viele der Protoonkogene werden durch Zytokine reguliert, z. B. zeigen synoviale Fibroblasten eine deutlich verstärkte Proliferationsrate und eine Abnahme der Kontaktinhibition unter TNF-*a*-Einfluss. Hierbei konnte gezeigt werden, dass diese Effekte v. a. durch die TNF-*a*-gesteuerte Induktion von *egr-1* verursacht wird (Grimbacher et al. 1998). Ähnliche Effekte dieses Zytokins konnten auch für die Gentranskription dokumentiert werden. So ist TNF-*a* in der Lage, in synovialen Fibroblasten sowohl NFκB zu aktivieren als auch die durch dessen physiologischen Inhibitor IκB vermittelte Antagonisierung von NFκB zu hemmen (Gerritsen et al. 1998). Einige dieser Mechanismen sind v. a. in synovialen Fibroblasten im rheumatoiden Synovium aktiviert. So konnten z. B. Wakisaka et al. (1998) zeigen, dass diese Zellen nicht nur AP-1 und NFκB exprimieren, IL-1 konnte in diesen Zellen durch Translokation dieser Transkriptionsfaktoren in den Zellkern dieselben aktivieren (Wakisaka et al. 1998).

10.3.2.3 Tumorsuppressorgene

Besondere Aufmerksamkeit wird derzeit den Tumorsuppressorgenen hinsichtlich ihrer Rolle in der Pathophysiologie der RA zuteil. Es konnte z.B. nachgewiesen werden, dass im rheumatoiden Synovium somatische Mutationen des Tumorsuppressorgens *p53* auftreten. Hieraus wurde die Hypothese formuliert, dass möglicherweise durch eine kontinuierliche entzündliche Aktivität synoviale Zellen mit Mutationen im *p53*-Gen mit nachfolgender fehlender Proliferationshemmung generiert werden (Aupperle et al. 1998). Eine Konsequenz hieraus könnte z.B. sein, dass v.a. Zellen der synovialen Deckzellschicht eine verlängerte Lebenszeit, verbunden mit einer längeren Expression von Matrix abbauenden Enzymen an der synovialen Interaktionszone mit Knorpel und Knochen aufweisen könnten. Diese Vorstellung wurde durch Versuche im SCID-Maus-Modell (s. unten) der RA unterstützt, in dem normale Fibroblasten, deren Genom ein mutiertes p53-Gen enthielten, ein deutlich aggressiveres Verhalten gegenüber Knorpel entwickelten (Pap et al. 1999). Nicht geklärt werden konnte allerdings, ob die gefundenen Mutationen im *p53*-Gen im Synovium ausschließlich in synovialen Fibroblasten lokalisiert sind, da z.B. in RA-Patientengruppen aus Deutschland und Japan in synovialen Fibroblasten keine oder nur vereinzelt Mutationen nachzuweisen waren (Kullmann et al. 1999, Inazuka et al. 2000), während sie bei Patienten aus USA und Frankreich auch im zentralen „Tumormutations"-Exon 6 nachzuweisen waren (Firestein et al. 1996, 1997, Rème et al. 1998).

Ein weiteres Tumorsuppressorgen, welches zum aggressiven Verhalten der synovialen Fibroblasten und somit zur Gelenkdestruktion beitragen könnte, ist PTEN. PTEN weist nicht nur Tyrosinphosphataseaktivität auf sondern zeigt auch Homologien zu den Zytoskeletonproteinen Tensin und Auxilin (Li et al. 1997). Des Weiteren ist PTEN auch für die Fas-vermittelte Apoptose von Zellen mitverantwortlich (Di Cristofano et al. 1997). Ein Fehlen von PTEN resultiert also in einer verminderten Apoptoserate bzw. evtl. gesteigerter Proliferation. Im rheumatoiden Synovium konnte nachgewiesen werden, dass zwar in den tieferen Schichten, dem Sublining, ausreichend PTEN-

mRNA synthetisiert wurde, dieser Tumorsuppressor aber in der Grenzzellschicht nahezu nicht vorhanden war (Pap et al. 2000). Zusammen mit der Beobachtung, dass lediglich 40% der kultivierten rheumatoiden Fibroblasten PTEN exprimieren und diese Zellen auch im Tiermodell der SCID-Maus ein aggressiveres Verhalten gegenüber Knorpel aufweisen (Pap et al. 1999), könnte hierdurch die wenig gehemmte Aktivität der rheumatoiden synovialen Fibroblasten gegenüber artikulären Gelenkstrukturen auch in vivo erklärt werden.

10.3.2.4 Apoptose

Eine der meistgestellten Fragen hinsichtlich der Pathogenese der RA, insbesondere der Proliferation im rheumatoiden Synovium, betrifft die Proliferationsrate der synovialen Fibroblasten. Übereinstimmende Ergebnisse in kultivierten Synovialzellen (Aicher et al. 1994) und im rheumatoiden Synovium (Mohr 1975) von Patienten mit rheumatoider Arthritis zeigen aber, dass die teilungsfähigen Zellen des Synoviums (synoviale Fibroblasten) bei der RA keine erhöhte Proliferationsrate aufweisen. Auf der anderen Seite lassen vielfältige Hinweise darauf schließen, dass die Aktivierung synovialer Fibroblasten bei der RA ohne Mithilfe von T-Zellen auf eine Verschiebung im Zellzyklus, d.h. der Balance zwischen physiologischem Zelltod (Apoptose) und Proliferation, zurückzuführen ist.

Die aufeinanderfolgenden Ereignisse, die zur Entscheidung zwischen Zelltod oder Proliferation führen, wurden daher von Carson u. Ribeiro (1993) in einem wahrscheinlich auch für die RA und insbesondere rheumatoide Fibroblasten geltenden Sequenzmodell hypothetisch dargestellt. Hierbei führt ein primärer Stimulus zunächst zur Hochregulierung eines Protoonkogens, z.B. *myc*. Sowohl *myc* als auch weitere Aktivierungsmarker wie PCNA (proliferating cell nuclear antigen) können immunhistochemisch in der Deckzellschicht des rheumatoiden Synoviums nachgewiesen werden (Trabandt et al. 1992, Qu et al. 1994). Nach dieser initialen Aktivierung entscheidet dann ein sekundärer Stimulus, ob die Zelle apoptotisch wird oder proliferiert. Die Apoptose einer Zelle wird hierbei durch die Expression von Oberflächenmolekülen der Tumornekrosefaktorfamilie oder durch das Apoptose induzierende Rezeptormolekül Fas eingeleitet. Auch Steroidrezeptoren können die Apoptose einleiten. Fällt andererseits die Entscheidung in Richtung Proliferation, werden Apoptose inhibierende Moleküle exprimiert. Ein potenter Hemmer der Apoptose ist z.B. das

Protoonkogen *bcl-2*, welches zuerst bei B-Zell-Lymphomen beschrieben wurde. Es hemmt terminale Schritte der Apoptose (Hockenbery et al. 1990) und ist sowohl an der Kernmembran als auch am endoplasmatischen Retikulum als auch an der inneren Mitochondrienmembran lokalisiert. Eine Expression von Bcl-2 verändert den Zellzyklus hin zu einer verminderten Apoptose bzw. zu einem verlängerten Überleben der Zelle.

Insgesamt ist anzunehmen, dass die Regulation der Apoptose im rheumatoiden Synovium in ein komplexes Netzwerk eingebunden ist. Neuere Daten deuten z.B. darauf hin, dass das Ausmaß der Apoptose, das durch die Interaktion von Fas und Fas-Ligand im rheumatoiden Synovium eingeleitet wird, von der individuellen zellulären Fas-Expression abhängig ist, da z.B. eine niedrige basale Expression von Fas eher die Proliferation der Zelle, denn deren Apoptose fördert (Freiberg et al. 1997). Weiterhin kann die Regulation der Apoptose von bestimmten Gewebskompartmenten im rheumatoiden Synovium abhängig sein. Diese Hypothese wird durch die Beobachtung unterstützt, dass mononukleäre, Fas-Ligand exprimierende Zellen nicht bis in die synoviale Grenzzellschicht vordringen können, da sie durch Interaktion mit löslichem Fas-Ligand direkt nach Durchschritt durch die Gefäße apoptotisch werden (Nozawa et al. 1997). Die Regulation der Apoptose bietet aus diesen Gründen ein interessantes Feld für neue Entwicklungen in der Pharmakotherapie. Die Gabe des Immunsuppressivums Rapamycin, welches nicht nur die wachstumsfaktorenabhängige Proliferation von Synovialzellen unterdrückt, sondern auch die Expression von Bcl-2 deutlich vermindert, konnte z.B. in kultivierten rheumatoiden synovialen Fibroblasten eine erhöhte Empfindlichkeit gegenüber einer Fas-induzierten Apoptose auslösen (Migita et al. 1997). Auch Paclitaxel, ein Medikament, welches v.a. für die Behandlung von malignen Erkrankungen verwendet wird, konnte die Proliferation von synovialen Fibroblasten durch Hemmung des Zellzyklus und die Induktion von Apoptose deutlich vermindern (Hui et al. 1997).

10.3.2.5 Adhäsionsmoleküle

Die direkte Interaktion von Zellen mit anderen Zellen oder der umgebenden Matrix wird v.a. durch zellmembrangebundene Moleküle und Matrixproteine gesteuert. Diese so genannten Adhäsionsmoleküle finden sich auf der Zelloberfläche aller Zellen im Synovium und lassen sich den Unterfamilien der Integrine, der Selektine oder der Im-

munglobulinsuperfamilie zuordnen (Springer 1990). Obwohl sich bei der RA und der Osteoarthritis lösliche Formen von Adhäsionsmolekülen im Plasma und der Synovialflüssigkeit nachweisen lassen, finden die entscheidenden Abläufe direkt im Synovium statt.

Das Interaktionsprofil der synovialen Makrophagen im rheumatoiden Synovium umfasst u.a. *interzelluläre Adhäsionsmoleküle* wie ICAM-1 und ICAM-3, die beide mit den entsprechenden Integrinen, LFA-1 (leukocyte function antigen-1) und LFA-3, auf Leukozyten binden können (Hale et al. 1989, Koch et al. 1991, El-Gabalany et al. 1994, Skeczanecz et al. 1994). Für ICAM-1 gelang auch der Nachweis, dass die Expression von Adhäsionsmolekülen durch Zytokine stimuliert werden kann. ICAM-1 wird von kultivierten Synoviozyten normalerweise in nur geringem Maße gebildet. Dagegen steigt nach Stimulation mit proinflammatorischen Zytokinen wie IL-1, TNF-α oder Interferon-γ die Produktion von ICAM-1 deutlich an (Chin et al. 1990). Dass die Hemmung von Adhäsionsmolekülen den Verlauf einer rheumatischen Erkrankung positiv beeinflussen kann, zeigen klinische Studien mit Patienten mit rheumatoider Arthritis. Die Applikation von ICAM-1-Antikörpern resultierte in einem veränderten Zytokinmuster und bei bestimmten Patienten auch in einer klinischen Verbesserung der Symptome bei insgesamt nur relativ geringen Nebenwirkungen (Kavanaugh et al. 1994, Schulze-Koops et al. 1995).

Selektine wie E-Selektin, P-Selektin und L-Selektin sind ebenfalls im Synovium von RA-Patienten exprimiert (Johnson et al. 1993). Ihre Wirkung ist hauptsächlich im synovialen Gefäßsystem in der Interaktion zwischen Endothelzellen und mononukleären Zellen lokalisiert. Zusammen mit den oben beschriebenen Adhäsionsmolekülen etablieren sie ein Gewebsmilieu, welches proinflammatorische Zellen kontinuierlich anzieht. Neuere Daten weisen daraufhin, dass möglicherweise die Bestimmung von löslichen Adhäsionsmolekülen als Marker für Untergruppen von Patienten mit rheumatoider Arthritis verwendet werden kann. Zum Beispiel zeigten Littler et al. (1997), dass die löslichen Formen von ICAM-1 und ICAM-3 sowie L-Selektin und P-Selektin in Seren von Patienten mit rheumatoider Arthritis deutlich erhöht waren. Hierbei korrelierte P-Selektin signifikant mit der Krankheitsaktivität.

Auch die Interaktion von im Synovium aktiven Zellen wird durch Adhäsionsmoleküle moduliert. Zum Beispiel führt die Bindung von ICAM-1, welches auf synovialen Fibroblasten exprimiert wird, mit LFA-1 auf T-Lymphozyten nicht nur zu kleinen Zellaggregaten von ICAM-1-positiven synovialen Fibroblasten und LFA-1-positiven T-Lymphozyten, durch diese Bindung wurde auch in den synovialen Fibroblasten IL-1 hochreguliert (Nakatsuka et al. 1997). Interessanterweise lassen sich auch therapeutische Effekte von derzeit verwendeten Medikamenten durch eine Interaktion mit adhäsionsmolekülabhängigen Stoffwechselwegen erklären. So führte z. B. die Applikation von Methylprednisolon nicht nur zu einer deutlichen Reduktion der Expression von E-Selektin im synovialen Gefäßbett, sondern auch von ICAM-1 in der synovialen Grenzzellschicht (Youssef et al. 1996).

Die Beteiligung der Adhäsionsmoleküle an der entzündlichen Aktivität im rheumatoiden Synovium ist für die Pathogenese der Erkrankung hinsichtlich des Einwanderns von entzündungsfördernden Zellen von großer Bedeutung. Die so genannten *Very-late-Antigene* (VLA-4 und -5, CD49d, und -e) steigern u. a. die Migration von Monozyten durch eine dichte Fibroblastenschicht (Shang et al. 1998). Im rheumatoiden Synovium führte die Blockade des Liganden von VLA-4, VCAM-1, zu einer deutlichen Reduktion der Wanderung von Lymphozyten durch das Endothel, die Migration durch die Fibroblastenschicht konnte allerdings weniger deutlich gehemmt werden (Shang et al. 1998). Eine mögliche Erklärung ist, dass hier ein weiterer Mechanismus, die Bindung zum 2. Liganden des VLA-4, der Fibronektinisoform CS-1 (Connecting Segment 1), welcher ebenfalls von RA-Fibroblasten exprimiert wird, von entscheidender Bedeutung ist (Müller-Ladner et al. 1996). Auch die VLA-4-Interaktionen werden durch die Gabe von Therapeutika verändert, z. B. führte die Anwendung von nichtsteroidalen Antirheumatika bei der RA zu einer deutlichen Verminderung der VCAM-VLA-abhängigen Adhäsion von peripheren Lymphozyten (Gonzalez-Alvaro et al. 1998). Möglicherweise werden die Expression von Adhäsionsmolekülen und die nachfolgende Verstärkung der entzündlichen Aktivität auch durch schmerzregulatorische Neuropeptide reguliert, da nachgewiesen werden konnte, dass z. B. Substanz P nicht nur von Fibroblasten im Synovium exprimiert wird, sondern auch, dass dieser Neurotransmitter die Effekte von proentzündlichen Zytokinen auf die Hochregulierung von VCAM deutlich verstärken kann (Lambert et al. 1998).

Die Präsenz verschiedener immunkompetenter Zellen im Synovium von Patienten mit rheumatoider Arthritis gehört zu den hervorstechenden histologischen Charakteristika, v. a. bei aktiver Erkrankung (Fassbender et al. 1983, Firestein et al.

1990, Gay et al. 1993). Adhäsionsmoleküle spielen eine entscheidende Rolle bei der Aktivierung dieser immunologischen Mechanismen im rheumatoiden Synovium (Hakkert et al. 1995). Vor allem die Interaktion von Oberflächenrezeptoren auf Lymphozyten, Endothelzellen und Synovialzellen, zusammen mit ihren Liganden in der synovialen Matrix, insbesondere Fibronektin (Hynes et al. 1990), sind entscheidend für die Dynamik dieser Stoffwechselvorgänge. Pluripotente Moleküle könnten hier bei der RA eine entscheidende Rolle spielen. Neben der CS-1-VLA-4-VCAM-1-Interaktion ist seit kurzem bekannt, dass noch weitere Matrixmoleküle die Gelenkdestruktion beeinflussen. Ein Beispiel ist Osteopontin, welches von vielen transformierten Zellarten gebildet wird, mit verschiedenen Integrinen interagiert, chemotaktisch wirkt und von synovialen Fibroblasten an der Invasionszone intensiv exprimiert wird (Petrow et al. 2000). Aus diesen Ergebnissen lässt sich auch ableiten, dass die Interaktion dieser Adhäsionsmolekülbindungspartner möglicherweise in der Anhaftung des Synoiums an den Knorpel und dadurch in der Invasion in den Gelenkknorpel eine Rolle spielt. Die Hemmung eines oder mehrerer dieser Adhäsionsmoleküle stellt daher eine therapeutische Option in der Behandlung der RA dar.

10.3.2.6 Mediatoren der Gelenkdestruktion

Ein entscheidendes Ziel in der Behandlung der RA ist eine Verhinderung der progressiven Gelenkdestruktion. Pathomechanismen einer gesteigerten Funktion von Matrix abbauenden Proteasen im rheumatischen Gelenk lassen sich sowohl auf T-Zell-abhängige als auch auf T-Zell-unabhängige Stoffwechselwege zurückführen (Gay et al. 1993, Firestein u. Zvaifler 2002). Die wichtigste Rolle kommt hierbei den Metalloproteinasen, z. B. Kollagenase, einer Familie mit inzwischen mehr als 10 Mitgliedern (Birkedahl-Hansen 1995) und Cysteinproteinasen (Kathepsine) zu.

Kollagenase (Matrixmetalloproteinase 1, MMP-1) spaltet spezifisch in einem bestimmten Abschnitt der Tripelhelix aller 3 Kollagentypen, der interstitiellen Kollagene I, II und III (Birkedahl-Hansen et al. 1995). Kollagenase, auch Matrixmetalloproteinase-1 (MMP-1) genannt, wird v. a. von Fibroblasten und Endothelzellen produziert (Werb u. Alexander 1992). Die Aktivierung der Kollagenase erfolgt über eine Multienzymkaskade aus 2 Prokollagenasen mit einem Molekulargewicht (MG) von 53 000 und 57 000 (Birkedahl-Hansen 1995), während ihre Hemmung neben α_2-Makroglobulin v. a. durch

TIMP (*tissue inhibitor of metalloproteinases*) erfolgt (Werb u. Alexander 1992). Im rheumatoiden Synovium werden Kollagenase produzierende synoviale Fibroblasten und große Mengen von Kollagenase-mRNA gefunden (Trabandt et al. 1992). Auf der anderen Seite wird auch TIMP-mRNA synthetisiert (Okada et al. 1990), allerdings in geringerer Menge als MMP-1 (Firestein et al. 1992). Interessanterweise verringert eine Methotrexattherapie die MMP-1-Gen-Expression, nicht aber die TIMP-Produktion im rheumatoiden Synovium (Firestein et al. 1994), woraus sich ein Teil der gelenkprotektiven Wirkung von Methotrexat ableiten lässt.

Die Regulation der Aktivität von Metalloproteinasen wird von Wachstumsfaktoren und Zytokinen auf Genebene kontrolliert (Birkedahl-Hansen 1995). IL-1, TNF-*a*, TGF-*a*, EGF und PDGF stimulieren hierbei die Gentranskription von Matrixmetalloproteinasen. Hemmend auf diesen Vorgang wirken TGF-*β* und IL-4. Möglicherweise haben MMP auch direkt Einfluss auf die entzündliche Aktivität im Synovium, da bekannt ist, dass MMP proinflammatorische Zytokine wie TNF-*a* aktivieren können (McGeehan et al. 1997). Diese proinflammatorischen Zytokine, z.B. TNF-*a* und IL-1, steigern wiederum die Synthese von MMP-1, beeinflussen die Genexpression von TIMP gleichzeitig aber wenig. Es kann daher davon ausgegangen werden, dass die vom Synovium produzierte Menge von TIMP nicht in der Lage ist, die gesamte proteolytische Aktivität der produzierten Kollagenase zu inhibieren. Aus diesem Grund wurde nach weiteren potenten Kollagenaseinhibitoren gesucht (Lewis et al. 1997), und deren Anwendung auf die RA ist derzeit Gegenstand von umfangreichen klinischen Studien. Bisher am weitesten fortgeschritten war hier die Phase-III-Anwendungsstudie eines oralen Kollagenasehemmers (Lewis et al. 1997), bei dem weltweit mehr als 1000 Patienten in einer 5-armigen, doppelblinden, randomisierten Studie eingeschlossen wurden. Die Zwischenevaluation nach 1 Jahr zeigte aber keine reduzierte Gelenkdestruktion in den Verumgruppen, dazuhin traten sehr häufig Malignome bei den behandelten Patienten auf, sodass die Studie vorzeitig beendet werden musste.

Matrixmetalloproteinase-9 (Gelatinase-B) war zwar bei der RA in bis zu 67facher Konzentrationserhöhung in der Gelenkflüssigkeit gegenüber Osteoarthritis erhöht (Ahrens et al. 1996, Gruber et al. 1996), andere entzündliche Arthritisformen zeigten aber ebenfalls eine deutliche (bis zu 34fache) Konzentrationserhöhung (Ahrens et al. 1996). Andererseits zeigten gerade neuere Untersuchungen, welchen Beitrag die molekulare Forschung bei der RA leisten kann. IL-17, welches erst vor kurzem charakterisiert wurde, stimulierte in Kombination mit Prostaglandinen und Zyklooxygenase-2 nicht nur proinflammatorische Zytokine, sondern auch MMP-9 in synovialen Makrophagen (Jovanovic et al. 2000). Therapeutisch könnte diese Kaskade durch eine Hemmung von IL-17 möglicherweise die Gelenkdestruktion reduzieren, ein Ansatz, welcher im Tiermodell durch Gentransfer des inhibitorischen Zytokins IL-4 mit nachfolgender Reduktion der IL-17-Produktion und des artikulären Matrixabbaus eindrucksvoll unterstrichen werden konnte (Lubberts et al. 2000).

Jüngere Untersuchungen zeigen, dass auch weitere Mitglieder der Matrixmetalloproteinasefamilie in die Gelenkdestruktion bei der RA involviert sind. *Matrixmetalloproteinase-13* (Kollagenase-3) wird ebenfalls sowohl von Fibroblasten als auch von Makrophagen in der Grenzzellschicht stark exprimiert (Kozaci et al. 1997). Interessanterweise korreliert hierbei die Expression von MMP-13 mit der systemischen Entzündungsaktivität (Westhoff et al. 1999). Daneben konnte gezeigt werden, dass Chondrozyten durch Synthese und Ausschüttung dieser Matrixmetalloproteinase ebenfalls aktiv zum destruktiven Prozess beitragen (Moldovan et al. 1997). Insgesamt deuten die bisherigen Ergebnisse aber darauf hin, dass Matrixmetalloproteinasen eher im Rahmen des entzündlichen arthritischen Prozesses als spezifisch für die Gelenkdestruktion bei der RA anzusehen sind. Aktiviert werden die Matrixmetalloproteinasen, v.a. MMP-2 und MMP-13, durch eine weitere Gruppe von Enzymen, die *Membrane-type-Matrixmetalloproteinasen* (MT-MMP) (Sato et al. 1994). Insbesondere MT1-MMP und MT3-MMP können in der synovialen Grenzzellschicht nachgewiesen werden und dadurch zur artikulären Degradation von Matrix direkt beitragen, indem sie die osteoklastenabhängige Gelenkdestruktion steigern (Pap et al. 2000c).

Kathepsine, v.a. die Zysteinproteinasen Kathepsin B und L, besitzen ein weit reichendes destruktives Wirkspektrum im Gelenk. Die Kathepsine B und L können die Kollagene Typ II, IX und XI sowie Proteoglykane abbauen (Maciewicz et al. 1990, Nguyen et al. 1998). Die Zysteinproteinasen Kathepsin B und L gelten zusammen mit MMP-1 als treibende Enzyme bei der Gelenkdestruktion (Trabandt et al. 1991, 1992, Keyszer et al. 1998). Auch erst seit jüngerer Zeit bekannte „neuere" Kathepsine tragen wahrscheinlich zur Gelenkdestruktion, aber auch zum so genannten „Remodelling" innerhalb des rheumatoiden Synoviums bei. Ein Beispiel ist Kathepsin K, welche vorwiegend bei osteoklastenabhängigen Knochenabbauprozessen aktiv ist (Aibe et al. 1996). Da bei der RA nicht nur progressiver Knorpel-, sondern auch Knochenabbau stattfindet und histologische Untersuchungen darauf hindeuten, dass Osteoklasten aktiv an der Knochenresorption beteiligt sind (Bromley u. Woolley 1984), wurde die Expression von Kathepsin K speziell an den Stellen im synovialen Gelenk, an denen eine knöcherne Erosion zu finden war, untersucht. Kathepsin-K-mRNA war in sämtlichen Gewebeproben im rheumatoiden Synovium zu finden, wobei sich interessanterweise zahlreiche Kathepsin-K-mRNA-positive Zellen um lymphozytäre Zellinfiltrate ansammelten. Im Gegensatz hierzu produzierten nur relativ wenige Zellen im gesunden Synovium (10–30% gegenüber 90% bei RA) Kathepsin-K-mRNA (Hummel et al. 1998). Da die meisten Beschreibungen zur Kathepsin-K-Expression zeigten, dass v. a. Osteoklasten, welche aus der Monozyten-Makrophagen-Reihe abstammen, dieses Enzym exprimieren, wurde primär erwartet, dass in Doppelmarkierungsexperimenten sich v. a. Makrophagen für die Synthese dieses Enzyms im Synovium verantwortlich zeigen würden. Entgegen dieser Erwartung konnten aber nur wenig CD68-positive synoviale Makrophagen nachgewiesen werden, welche Kathepsin-K-mRNA exprimieren (Hummel et al. 1998). Die Vermutung, dass synoviale Fibroblasten Hauptproduzent von Kathepsin K im Synovium sind, wurde durch den experimentellen Nachweis von Kathepsin-K-mRNA durch Anwendung der RT-PCR sowie eines Ribonuklease-protection-Assays an Fibroblastenkulturen von Patienten mit rheumatoider Arthritis unterstützt. Hierbei konnte in sämtlichen Fibroblastenzelllinien von Patienten mit RA Kathepsin-K-mRNA nachgewiesen werden, während die myelomonozytären Kontrollzelllinien U-937 und HL-60 dieses Enzym nicht synthetisierten. An Resektionspräparaten von kleinen Fingergelenken wurde untersucht, ob Kathepsin K auch an Stellen der Invasion des Synoviums in den Knochen von Patienten mit rheumatoider Arthritis exprimiert wird. Hierbei konnte gezeigt werden, dass Kathepsin K nicht nur in fibroblastenähnlichen und mononukleären Zellen an der Invasionszone in den Knochen produziert wird, sondern sehr intensiv auch in mehrkernigen Riesenzellen. Daneben zeigte sich eine Koexpression dieses Enzyms mit Kathepsin B, ebenfalls einem typischen Marker für Gelenkdestruktion im rheumatoiden Synovium. Doppelmarkierungsexperimente konnten nachweisen, dass sich Makrophagen und Riesenzellen mit dem Makrophagenmar-

ker CD68 anfärben ließen, sodass davon auszugehen ist, dass hier eine Kooperation von Fibroblasten und Makrophagen bzw. mehrkernigen Riesenzellen in der Destruktion des Knochens im rheumatoiden Gelenk vorliegt. Diese Ergebnisse gaben auch eine Antwort auf die in den SCID-Maus-Experimenten aufgefallene Besonderheit, dass bei gemeinsamer Implantation von synovialen Fibroblasten mit Gelenkknorpel und Knochen in diese Tiere für eine längere Zeit nur eine Invasion der Fibroblasten in den knorpeligen Anteil des Implantats zu sehen war (Müller-Ladner et al. 1996). Konkret folgern lässt sich hieraus, dass für die Knorpeldestruktion die enzymatische Aktivität der Fibroblasten ausreicht, dass für die Knochendestruktion aber eine Kooperation mit CD68-positiven Osteoklasten bzw. mehrkernigen Riesenzellen stattfinden muss. Daneben ist Kathepsin K wahrscheinlich in den Umbau von interstitieller Matrix im Synovium involviert, wobei einer der Haupteffekte wahrscheinlich die Beschleunigung der Wanderung von Lymphozyten durch die interstitielle Synovialmatrix sein könnte.

Eine erhöhte Produktion Matrix abbauender Kathepsine findet sich auch in Synoviozyten bei Patienten mit Osteoarthritis. Hierbei ist aber entscheidend, dass die Wirkung dieser Proteinasen bei der RA im Gegensatz zur Osteoarthritis dadurch eine unterschiedliche Dimension annimmt, dass sich nur bei der RA das proliferierende Synovium an den Knorpel anhaftet (Keyszer et al. 1995 b). Neben den beschriebenen Proteasen gibt es noch eine weitere Reihe von Matrixmetalloproteinasen, Zysteinproteinasen und Serinproteinasen, die im Zusammenhang mit rheumatischen Erkrankungen und der rheumatischen Gelenkdestruktion immunhistologisch und molekularbiologisch beschrieben wurden, wobei für keines dieser Enzyme eine spezifische Funktion bei der RA nachgewiesen werden konnte (Wolley et al. 1977, Unemori et al. 1988, 1991, McCachren et al. 1990, 1991, Gravallese et al. 1991).

Zusätzlich zu diesen enzymatischen Abbauprozessen spielen noch weitere Stoffwechselwege bei der Gelenkdestruktion eine wichtige Rolle. Hierzu gehören die zytokinmodulierte Freisetzung von freien Radikalen, wie die des *Stickoxids* (NO), sowie die Hochregulation der Stickoxidsynthetase in verschiedenen Zellen im rheumatoiden Synovium (Grabowski et al. 1996, 1997). Auch hier bieten sich potenzielle Ansätze für eine therapeutische Intervention, da gezeigt werden konnte, dass Stickoxid deutlich hemmend auf die Chondrozytenmigration und die Anheftung an Matrix einwirkt (Frenkel et al. 1996).

Ein weiteres, erst vor kurzem beschriebenes System des Matrixum- und -abbaus im rheumatischen Gelenk zentriert sich um die Serinproteinase *Plasmin*. Plasmin selbst kann nicht nur die Zellwanderung induzieren, sondern aktiviert auch Matrixmetalloproteinasen und wirkt direkt proteolytisch. Interessanterweise ist der Rezeptor für den Plasminogenaktivator im rheumatoiden Synovium v. a. in der synovialen Grenzzellschicht lokalisiert (Busso et al. 1997). In vitro konnte gezeigt werden, dass osteoklastenähnliche Zellen von Mäusen, die einen urokinaseähnlichen Plasminogenaktivator auf der Oberfläche trugen, fähig waren, sowohl mineralisierte als auch nichtmineralisierte Knochenmatrix abzubauen. Therapeutisch könnte dieser Stoffwechselweg dahingehend ausgenutzt werden, dass eine Überexpression oder Gabe von löslichem Plasminogenrezeptor, ähnlich wie in vitro (Ronday et al. 1996, 1997) sowohl die osteoklastenabhängige Matrixdestruktion als auch die Knorpelinvasion durch synoviale Fibroblasten (Van der Laan et al. 2000) in vivo verhindert. Daneben findet sich eine weitere Serinproteinase, *Thrombin*, die ebenfalls aus der Regulation der Blutgerinnung bekannt ist, im rheumatischen Synovium. Für diese Serinproteinase ergibt sich auch eine Verbindung zu den chemotaktischen Molekülen, da Thrombin nicht nur die vaskuläre Permeabilität und die Proliferation von Fibroblasten erhöht, sondern auch chemotaktisch auf Entzündungszellen wirkt. Der Rezeptor für Thrombin konnte v. a. auf Makrophagen im rheumatoiden Synovium lokalisiert werden, während diese Zellen im osteoarthritischen oder normalen Synovium keine Expression dieses Rezeptors aufwiesen (Morris et al. 1996).

10.4 Diagnostik und Therapie

10.4.1 Klassische Diagnostik und Therapie

10.4.1.1 Klassische Diagnostik

Die klinische Diagnostik der RA wird dadurch erschwert, dass der Verlauf zu Beginn der Erkrankung sehr variabel sein kann und dass laborchemische Parameter mit hoher Sensitivität und Spezifität bis heute fehlen – ein Manko, welches möglicherweise durch die neueren molekularbiologischen Techniken in Verbindung mit einer direkten Synovialbiopsie eliminiert werden kann. Die Problematik der klinischen Diagnostik kommt

auch in den *Klassifikations*kriterien für die RA zum Ausdruck (Tabelle 10.1, Arnett et al. 1988), in welchen für die Klassifikation einer andauernden Gelenkerkrankung als „rheumatoide Arthritis" eine Beobachtungszeit von mindestens 6 Wochen gefordert wird (*Anm: die Problematik der Diagnosestellung ist den meisten rheumatologischen Erkrankungen zu eigen, Kriterien dienen daher auch in der Regel dazu, eine rheumatische Erkrankung von einer anderen klinisch verwandten rheumatischen Erkrankung abzugrenzen, nicht um diese mit den zu erfüllenden Kriterien zu diagnostizieren*). Trotz dieser Schwierigkeiten und der ausgeprägten Variabilität der Erkrankung v. a. in der Anfangsphase kristallisiert sich bei den meisten Patienten schon nach kurzer Zeit das typische klinische Bild einer symmetrischen Polyarthritis v. a. der Metakarpo-, proximalen Interphalangeal- und Handgelenke mit lang dauernder morgendlicher Steifigkeit heraus. Bei 60–85% der Patienten finden sich mittel- bis hochtitrige Rheumafaktoren, d. h. nachweisbare Anti-IgG-Antikörper meist vom IgM-Isotyp, und z. T. lassen sich radiologisch bereits erste Zysten und Erosionen im Bereich der oben genannten Gelenke nachweisen. Interessanterweise korreliert die Höhe der Rheumafaktoren in einigen Studien mit der Schwere des Verlaufs der Erkrankung, mit der Zahl der Rheumaknoten und mit extraartikulären Manifestationen, sie werden daher auch als wichtigster prognostischer Faktor für die Gelenkfunktion und -destruktion angesehen (Scott 2000). Punktable (Knie)gelenkergüsse weisen in der Regel Zellzahlen von mehr als 2000 Leukozyten/mm^3 verbunden mit einer verminderten Viskosität der Synovialflüssigkeit und Fehlen von Kristallen auf. Die entzündliche Aktivität der Erkrankung wird v. a. durch eine deutlich pathologische Blutsenkungsgeschwindigkeit sowie ein hohes C-reaktives Protein reflektiert, auch die Werte der Leukozyten und Thrombozyten im Vollblut liegen meist oberhalb des Referenzbereichs. Differenzialdiagnostische Schwierigkeiten bereiten v. a. Frühformen von Gelenkerkrankungen, die ebenfalls mit einem symmetrischen Befallsmuster ablaufen. Hierzu gehören der systemische Lupus erythematodes, die Transversalform der Psoriasisarthritis und rheumafaktornegative Spondylarthropathien. Auch sind Rheumafaktoren bei einer Reihe von Erkrankungen nachweisbar, welche mit Gelenkbeschwerden einhergehen können, z.B. verschiedene Viruserkrankungen, Sarkoidose, Borreliose usw.

10.4.1.2 Klassische Therapie

Die Erkenntnisse aus Langzeitbeobachtungen zum Verlauf der RA führten dazu, dass das lange Zeit gültige „sequenzielle" Therapiekonzept, d. h. das zeitlich hintereinander erfolgende Erproben von verschiedenen krankheitsmodifizierenden Substanzen auf den individuellen Krankheitsverlauf eines RA-Patienten, durch den frühzeitigen Einsatz von hochaktiven Substanzen meist in Kombination ersetzt wurde. Hintergrund hierfür ist, dass die Diagnose RA mit einer Minderung der Lebensdauer von über 10 Jahren gleichzusetzen ist – ähnlich wie bei Erkrankungen, die in der Bevölkerung als wesentlich lebensbedrohlicher eingeschätzt werden, u. a. einer koronaren 3-Gefäß-Erkrankung, einem Diabetes mellitus oder eines Non-Hodgkin-Lymphoms im Stadium IV. Risikofaktoren für eine gesteigerte Mortalität sind hierbei eine Beteiligung vieler Gelenke, zahlreiche extraartikuläre Manifestationen an Herz, Lunge, Augen, Niere usw., viele Rheumaknoten, hohe BSG, niedriges Bildungsniveau, männliches Geschlecht und hoher Steroidbedarf. Haupttodesursachen der RA sind einer amerikanischen Studie zufolge v. a. Infektionen, pulmonale und renale Sekundärerkrankungen sowie gastrointestinale Blutungen (Pincus et al. 1992).

Ziele der Therapie sind daher nicht nur das Vermindern von Entzündung und Schmerz an den betroffenen Gelenken, sondern v. a. der Funktionserhalt der Gelenke und Organsysteme und somit langfristig der Erhalt der Arbeitsfähigkeit des Patienten. Therapeutisch stützt sich die (Langzeit)-Therapie der RA-Patienten stets auf mehrere Säulen, neben der Medikation (s. unten) benötigen die Patienten meist dauerhaft eine begleitende physikalische, krankengymnastische, ergotherapeutische und psychologische Therapie, außerdem kommen bei schwerer Gelenkbeteiligung verschiedene operative Verfahren zum Einsatz.

10.4.1.3 Medikation

Aufgrund der Tatsache, dass in der Regel vom Auftreten der ersten typischen Symptome bis zur Diagnose mehr als ein halbes Jahr, manchmal bis zu 10 Jahren vergehen (Chan et al. 1994), besteht bei nahezu allen Patienten die Indikation zur medikamentösen Therapie. Zur Reduktion von Schmerz und Entzündung gehört zum Therapieplan stets der Einsatz von nichtsteroidalen Antirheumatika, welche vorwiegend durch Hemmung von Zyklooxygenasen (Cox-1 und Cox-2) die prostaglandin-

vermittelte Entzündungskomponente vermindern. Die typische Nebenwirkung von Mukosaschäden im Gastrointestinaltrakt mit dem Risiko einer lebensbedrohlichen Ulkusblutung wurde in den letzten Jahren durch die Entwicklung von hochspezifischen Cox-2-Hemmern hierbei weiter vermindert. Aktive Phasen benötigen meist auch den Einsatz von Kortikosteroiden zur Entzündungshemmung, wobei zur Vermeidung der bekannten vielfältigen Nebenwirkungen stets versucht werden sollte, langfristig mit einer Dosis von weniger als 0,1 mg/kg Körpergewicht auszukommen. Zum Erreichen dieses Ziels und zur Hemmung der Gelenkdestruktion werden verschiedene „disease modifying antirheumatic drugs: DMARD", im deutschen Sprachraum auch „Basistherapeutika" genannt, eingesetzt, wobei die Einführung der biologischen Therapieformen (s. unten) ein neues Kapitel in der Therapie der RA geöffnet hat. Pharmakotherapeutisch sind die DMARD sehr heterogen, es finden sich Zytostatika wie Cyclophosphamid und Methotrexat, Immunsuppressiva/-modulatoren wie Cyclosporin A, Azathioprin, Sulfasalazin und Leflunomid, Antimalarika wie Chloroquin und Hydroxychloroquin sowie Gold enthaltende Metallverbindungen. Auch Kortikosteroide in niedrigen Dosierungen werden von manchen Autoren zu den Basistherapeuika gezählt, obwohl die klinischen Ergebnisse v. a. hinsichtlich der Gelenkdestruktion sehr widersprüchlich sind (Paulus et al. 2000). Insgesamt am sichersten bezüglich Gelenkdestruktion und Besserung des Allgemeinzustands ist hierbei die Gabe von Methotrexat, v. a. in Kombination mit Sulfasalazin und Hydroxychloroquin, wobei Neuentwicklungen wie Leflunomid das Spektrum der therapeutischen Möglichkeiten auch in Zukunft erweitern werden (Emery et al. 2000).

10.4.1.4 Biologische Therapieformen

Aus der Fülle der molekularbiologischen Erkenntnisse der vergangenen Dekade kristallisierte sich eine Reihe von Molekülen heraus, welche in das Zytokinnetzwerk und T-Zell-Signaltransduktionswege im rheumatoiden Synovium hemmend eingreifen und inzwischen als „biologische Therapieformen" in zahlreichen Studien am Menschen getestet und z. T. bereits für die Behandlung der RA zugelassen wurden (Furst et al. 2002). Neben der Hemmung von IL-1 mittels des löslichen IL-1-Rezeptors Anakinra, steht hierbei die Hemmung von TNF-α, welches für viele proinflammatorische Vorgänge im rheumatoiden Synovium als treibender Motor angesehen wird im Zentrum des Interesses

(Brennan et al. 1992). 2 Strategien zur Hemmung von TNF-*a* werden derzeit therapeutisch angewandt, lösliche TNF-*a*-Rezeptoren und 2 verschiedene Anti-TNF-*a*-Antikörper. *Etanercept* ist ein Dimer, welches aus 2 extrazellulären Anteilen des löslichen p75-TNF-*a*-Rezeptors und dem angekoppelten Fc-Anteil von humanem IgG$_1$ besteht. Etanercept kann TNF-*a* und TNF-*β* binden und hemmt so die Interaktion von TNF mit dessen Rezeptor auf der Zelloberfläche. In klinischen Studien konnte dann gezeigt werden, dass Etanercept sowohl als Monosubstanz (Moreland et al. 1999) als auch in Kombination mit Methotrexat die klinischen Symptome der Erkrankung deutlich bessern kann (Weinblatt et al. 1999). *Infliximab* ist ein chimärer monoklonaler Antikörper, welcher ein Fusionsprotein aus einem humanem Fc-Gerüst und einem murinen Fab-Anti-TNF-*a*-Anteil darstellt. Ähnlich wie Etanercept konnte mit Infliximab eine Symptomminderung bei Patienten mit aktiver RA nachgewiesen werden (Elliott et al. 1994). In der Kombination mit Methotrexat konnte sogar bei vielen Patienten die Gelenkdestruktion über etwas mehr als 1 Jahr aufgehalten werden (Lipsky et al. 1999). Zukünftig wird auch der vollkommen humanisierter Anti-TNF-Antikörper Adalimumab zur Verfügung stehen. Trotz dieser aus Studien bekannten Vorteile dieser neuen Therapieformen sollten sowohl deren Einsatz als auch die Beendigung der Gabe nur unter intensiver Überwachung durchgeführt werden (Smolen et al. 2000, Furst et al. 2002). Hierbei könnte in Langzeitbeobachtungen auch geklärt werden, ob die beiden Wirkprinzipe löslicher Rezeptor und spezifischer Antikörper als gleichwertig anzusehen sind. Interessanterweise ist der Einsatz der TNF-*a*-Hemmer nicht nur auf die rheumatischen Erkrankungen beschränkt, auch bei chronisch-entzündlichen Darmerkrankungen wie beim Morbus Crohn konnten Verbesserungen im Krankheitsverlauf erzielt werden, wenngleich im gastroenterologischen Fachgebiet ein Einsatz dieser Substanzen mit mehr Skepsis bezüglich der Langzeitnebenwirkungen, v. a. der Entwicklung von Lymphomen durch die verminderte TNF-*a*-Aktivität, begegnet wird.

Die Antikörpertechnologie wurde auch zur Herstellung eines weiteren Hemmstoffs (neben Cyclosporin A) für IL-2, einem Molekül, welches v. a. in die klonale Expansion von T-Zellen involviert ist, verwendet. Der chimäre Antikörper *Basiliximab* bindet hierbei spezifisch an die *a*-Kette des IL-2-Rezeptors und hemmt so den IL-2-Signaltransduktionsweg (Onrust et al. 1999). T-Zell-kostimulatorische Moleküle sind ebenfalls Ziel von neuen therapeutischen Ansätzen. Hierzu gehören der *CD40-Ligand*, dessen Blockade durch monoklonale Antikörper im Tiermodell in einer Reduktion der Arthritis resultierte (Durie et al. 1993) sowie CD28, einem für die T-Zell-Proliferation kritischen Oberflächenmolekül. *CTLA-4-Ig*, die lösliche Form des CTLA-4-Rezeptors ist in der Lage, die CD28-getriggerte T-Zell-Aktivierung im RA-Tiermodell zu unterdrücken, da sie ähnlich dem natürlich vorkommenden CTLA-4-Rezeptor auf T-Zellen die CD28-getriggerte Stimulation inhibiert (Knoerzer et al. 1995, Quattrochi et al. 2000). Daneben befindet sich auch der Anti-B-Zell Antikörper Rituximab in klinischer Entwicklung für die RA.

10.4.2 Molekulare Diagnostik

10.4.2.1 Tiermodelle

Experimentelle Arthritismodelle sind ein wesentlicher Bestandteil zur Evaluation von pathophysiologischen Zusammenhängen, insbesondere der RA. Die Erzeugung einer experimentellen Arthritis in Tieren wird derzeit durch verschiedenste Techniken durchgeführt. Hierzu gehören die Immunisierung mit Knorpelkomponenten, die Injektion von unspezifischen Immunstimulanzien, die Applikation von infektiösen Agenzien oder deren Bestandteile sowie die Manipulation der genetischen Information in transgenen Tieren. Neuere Entwicklungen versuchen, die oft komplexen Tiermodelle nachzuahmen, z. B. durch dreidimensionale Kultursysteme, in denen die Gelenkzerstörung durch Interaktion von rheumatoiden Fibroblasten mit einer Knorpelmatrix simuliert wird (Neidhart et al. 2000).

Die Immunisierung von Tieren mit einem der beiden Hauptbestandteile des hyalinen Knorpels (Typ-II-Kollagen sowie das Proteoglykan Aggrecan) führt innerhalb kurzer Zeit zu einer autoimmunen Antwort und einer nachfolgenden polyartikulären Arthritis. Die so genannte *kollageninduzierte Arthritis* lässt sich in Mäusen, Ratten und Primaten auslösen, die proteoglykaninduzierte Arthritis hingegen konnte nur in einem Mausstamm (Balb-C) induziert werden. Die Pathophysiologie dieser Modelle beruht v. a. auf der immensen Immunantwort gegen die für die Immunisierung verwendeten Knorpelantigene, die sich sekundär gegen die entsprechenden Strukturen des Gelenkknorpels richtet. Im Verlauf dieser kollageninduzierten Arthritis kommt es auch zur Expression des Haupthistokompatibilitätskomplexes (MHC), v. a. der Klasse-II-Antigene. Autoreaktive CD4-T-Zellen sind wesentlich bei der Entwicklung dieser autoimmunen Form der Arthritis beteiligt. Parallelen zur humanen RA ergeben sich neben dieser T-Zell-Antwort durch die Produktion von Autoantikörpern und das kontinuierliche Freisetzen von Knorpelantigenen im Rahmen des entzündlichen Prozesses. In diesen Modellen der kollageninduzierten Arthritis finden ähnlich wie beim Menschen eine synoviale Hypertrophie und eine Pannusformation statt, gefolgt von einer progressiven Gelenkdestruktion.

Die Injektion von unspezifischen Immunstimulanzien mit einer so genannten Adjuvansfunktion (die Fähigkeit, eine indirekte Immunantwort zu indizieren) kann ebenfalls schwere Arthritiden in bestimmten Tierstämmen auslösen. Das klassische Beispiel für eine *Adjuvansarthritis* ist die Adjuvansarthritis der Ratte. Bei diesem Modell wird ein öliges Gemisch des so genannte Freund-Adjuvans (Mykobakterienbestandteile) appliziert. Hierauf folgt eine immunologische Reaktion gegen diese Antigene, wobei neuere Daten zeigen, dass möglicherweise so genannte Hitzeschockproteine das Hauptziel der immunologischen Reaktionen sind (van Eden et al. 1998). Auch bei dieser experimentellen Form kommt es zu einer Vermehrung von autoreaktiven T-Zellen sowie der Zunahme von B-Zell-Klonen mit einer damit verbundenen Produktion von Autoantikörpern v. a. gegen Knorpelantigene und Hitzeschockproteine. Auch Rheumafaktoren werden bei dieser Arthritisform als verstärkender Faktor beschrieben. Bei Kaninchen konnte durch die Injektion eines löslichen Antigens, zumeist methyliertem Rinderserumalbumin, in das Kniegelenk eine Adjuvansarthritis ausgelöst werden. Die sich darauf entwickelnde Arthritis ist allerdings auf das Gelenk beschränkt, in welches die Adjuvanslösung appliziert wurde. Auch diese Form der adjuvansinduzierten experimentellen Arthritis ähnelt dem Bild einer menschlichen RA, hier werden ebenfalls spezifische Immunmechanismen für die Progression der Erkrankung angesehen (Brackertz et al. 1997).

Trotz der Ähnlichkeiten, die antigeninduzierte Arthritiden mit der menschlichen RA aufweisen, sind Tiermodelle, die diese Erkrankung in toto widerspiegeln, nicht bekannt. Es existieren aber Mäusestämme, die *spontan Symptome der RA* und/oder des systemischen Lupus erythematodes entwickeln (O'Sullivan et al. 1995). Das hierbei am besten untersuchte und charakterisierte Modell für Autoimmunität, Entzündung und Arthritis ist die

MRL-*lpr/lpr*-Maus (Koopman u. Gay 1988). Es konnte gezeigt werden, dass eine Mutation eines einzelnen Gens (lpr: lymphoproliferativ) zu einer schweren Autoimmunerkrankung in homozygoten Tieren führt (Watanabe-Fukunaga et al. 1992). Diese genetische Mutation resultiert in einem lupusähnlichen Bild mit abnormaler T-Zell-Selektion im Thymus, Lymphosplenomegalie, Glomerulonephritis und Autoantikörperbildung. Die Mutation, die zu den beschriebenen Veränderungen führt, ist im Bereich des Fas-Apoptosegens zwischen Exon-2 und -3 auf Chromosom 19 lokalisiert (Wu et al. 1993). Sie wird durch den „Einbau" eines Retrotransposons, einer retroviralen Gensequenz, in das Fas-Gen verursacht. Besonders hervorzuheben ist, dass unter Anwendung von Gentherapie eine normale Expression für Fas erzielt werden konnte und konsekutiv in einem deutlichen Rückgang der pathologischen Veränderung resultierte (Wu et al. 1994). Interessanterweise entwickeln diese Tiere auch eine der RA ähnliche symmetrische Gelenksymptomatik und Arthritis. Dies schließt histologische Parallelen und Rheumafaktorbildung ein (O'Sullivan et al. 1985). Anhand dieses Modells konnte auch erstmals gezeigt werden, dass entzündliche Vorgänge nicht primär das histologische Bild der initialen Gelenkdestruktion bilden (Tanaka et al. 1988). Als erstes Zeichen von pathologischen Vorgängen im Gelenk konnte die Proliferation von synovialen Fibroblasten beobachtet werden. Darauf folgten die Anlagerung an und die Invasion in den Knorpel, begleitet und ermöglicht durch die Produktion von Knorpel abbauenden Enzymen, wie Kollagenase und Kathepsin L (Trabandt et al. 1990). Entzündungszellen und entzündliche Infiltrate waren erst nach initialer Knorpel- und Knochendestruktion der Erkrankung zu dokumentieren. Interessant ist ebenfalls, dass die Produktion von Autoantikörpern, wie z. B. Antikörper gegen Kollagen Typ II, erst nach der Zerstörung des Gelenkknorpels auftrat (O'Sullivan et al. 1995).

10.4.2.2 SCID-Maus-Modell der RA

Da durch die Ergebnisse der im oben beschriebenen Experimente die Hypothese untermauert wird, dass T-Zell-unabhängige Stoffwechselwege eine entscheidende Rolle in der Pathogenese der RA spielen, sollte untersucht werden, ob Fibroblasten von Patienten mit rheumatoider Arthritis ohne den Einfluss proinflammatorischer Stimuli anderer Zellen ähnliche molekulare phänotypische Eigenschaften aufweisen wie im rheumatoiden Synovi-

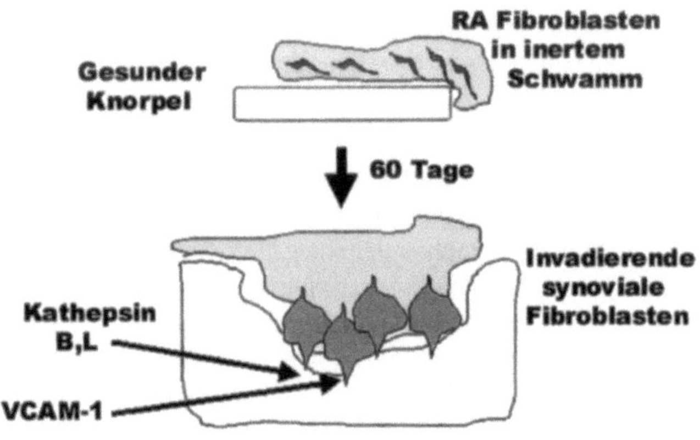

Abb. 10.1. Schematische Darstellung des SCID-Maus-Modells für die RA. Synovium oder isolierte synoviale Fibroblasten werden zusammen mit gesundem Knorpel subkutan oder unter die Nierenkapsel für mehrere Monate als Simulation eines humanen Gelenks implantiert, die SCID-Maus dient hierbei als „lebendes Reagenzglas"

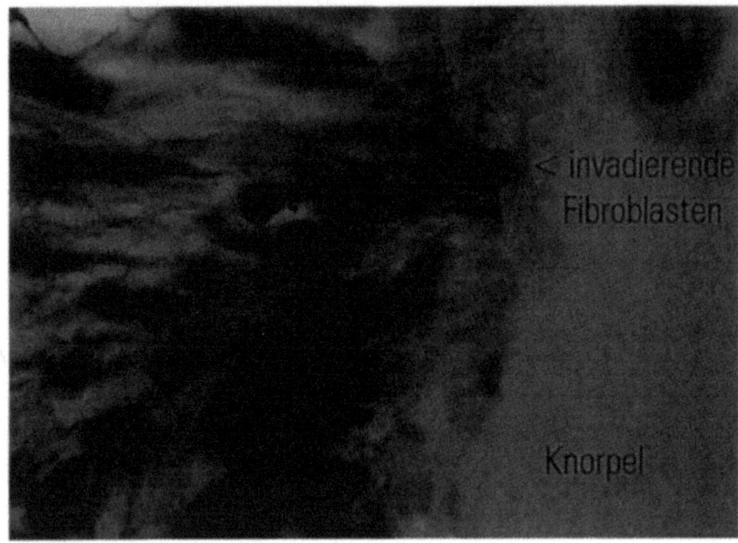

Abb. 10.2. Den koimplantierten Knorpel tief invadierende rheumatoide Fibroblasten im SCID-Maus-Modell der RA

um selbst (Gay u. Gay 1989). Die Grundlage dieser Experimente und des Tiermodells der SCID-Maus war die Beobachtung von Brinckerhoff u. Harris (1981), dass synoviale Fibroblasten in der Lage waren, pannusähnliche Strukturen zu entwickeln, nachdem sie in Nacktmäuse implantiert worden waren. Daneben konnte in weiteren In-vitro-Modellen nachgewiesen werden, dass synoviale Fibroblasten nicht nur in der Lage waren, an Knorpel zu adhärieren, sondern auch gesunden Knorpel zu invadieren. Ein weiterer Schritt zur Untersuchung der speziellen Funktion der synovialen Fibroblasten war die Entwicklung einer Koimplantationsmethode von rheumatoiden Synovium sowohl subkutan als auch unter die Nierenkapsel von immundefizienten SCID-Mäusen (Geiler et al. 1994). Hierbei zeigte sich, dass im Vergleich zu Synovium von Patienten mit Osteoarthritis, die zusammen mit gesundem Knorpel implantierten rheumatoi-

den Synovialgewebe nach kurzer Zeit ähnlich wie im rheumatoiden Gelenk ein aggressiv-invasives Verhalten gegenüber dem koimplantierten Knorpel entwickelten. Die Invasion des Synoviums begann hierbei bereits nach wenigen Wochen und konnte bis zu 1 Jahr verfolgt werden (Geiler et al. 1994). Daneben konnten verschiedene Matrix abbauende Enzyme v.a. an der Invasionszone nachgewiesen werden. Interessanterweise waren mittels Immunhistochemie in dem bereits durch die Implantationstechnik nicht vorhandenen T- und B-Zell-Milieu ebenfalls keine CD68-positiven Makrophagen an der Invasionszone zu erkennen. Vielmehr zeigten sich ähnlich wie im rheumatoiden Synovium zahlreiche transformiert erscheinende Fibroblasten. Hierauf basierend konnte ein neues Koimplantationsmodell für (synoviale) Fibroblasten und Knorpel unter Verwendung der immundefizienten SCID-Maus als Modell für die RA entwickelt wer-

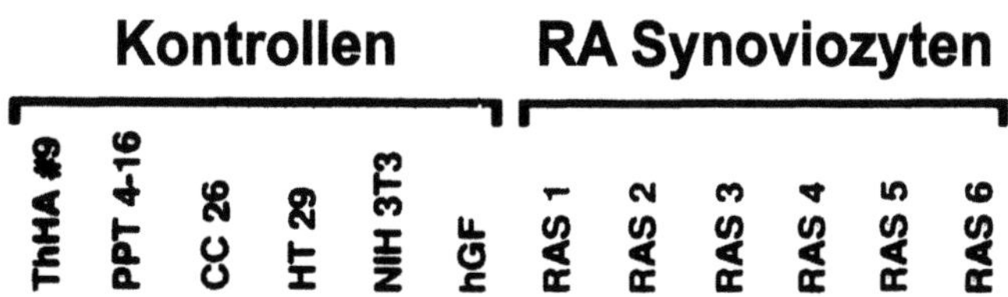

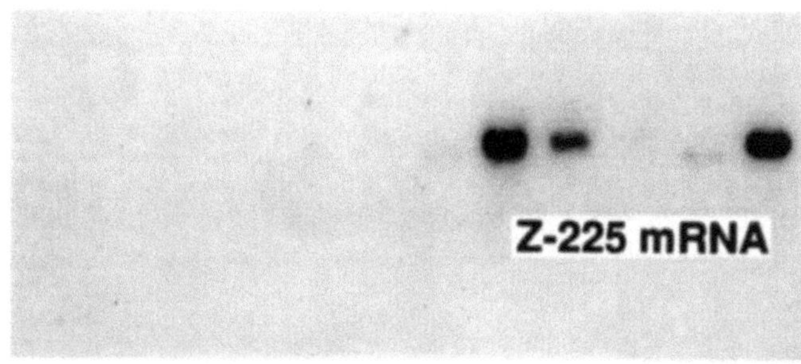

Abb. 10.3. Darstellung von „early-growth response gene-1" in synovialen Fibroblasten mittels Northern-Blot, aus Aicher et al. (1994)

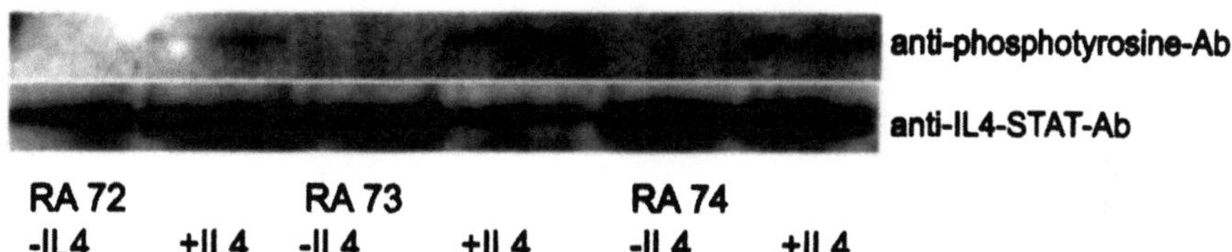

Abb. 10.4. IL-4 induziert eine rasche Tyrosinphosphorylierung von IL-4-STAT in RA-Fibroblasten. RA-Fibroblasten wurden mit und ohne IL-4 für 10 min inkubiert. Nach der Immunopräzipitation von IL-4-STAT wurde ein Western-Blot mit Antiphosphotyrosinantikörpern durchgeführt (*obere Bandenreihe*). Nach Stripping wurde erneut auf IL-4-STAT mittels monoklonalen Antikörpern getestet (*untere Bandenreihe*), aus Müller-Ladner et al. (2000)

den (Abb. 10.1), welches nicht nur die Charakterisierung der Fibroblasten einschließlich der Darstellung ihrer Aggressivität auch ohne externe Stimuli zuließ (Abb. 10.2), sondern auch als Basis für funktionelle Tests einschließlich gentherapeutischen Ansätzen verwendet wurde (Müller-Ladner et al. 1996, Neumann et al. 2002 b).

10.4.2.3 Molekulare Diagnostik

Die Einführung der neuen molekularbiologischen Techniken in ein Forschungsgebiet lässt sich am Beispiel der RA besonders gut nachverfolgen. Ziel dieser Techniken ist es, auf molekularer Ebene sowohl die Ursachen einer Erkrankung als auch die Effekte von artefiziellen Modulationen zu erfassen und deren Wert für einen späteren therapeutischen Einsatz zu beurteilen. Anhand der nachfolgend beschriebenen Methoden soll exemplarisch die Entwicklung dieses Gebiets während der letzten 10 Jahre dargestellt werden.

Blotten bedeutet die Übertragung von Makromolekülen, welche durch eine Gelelektrophorese getrennt wurden, auf eine immobilisierende Mem-

bran (z. B. Nitrozellulose) mit nachfolgender Sichtbarmachung der aufgetrennten Bestandteile des Ursprungsmaterials durch eine spezifische oder unspezifische Farbreaktion. Aicher et al. (1994) konnten so mittels eines *Northern-Blots* (Nachweis von mRNA) zeigen, dass rheumatoide synoviale Fibroblasten ohne Stimulation sehr intensiv das auch durch das HTLV-1-Virus hochregulierte Early-response-Gen egr-1/Z-225 exprimieren (Abb. 10.3). *Western-Blots* weisen elektrophoretisch aufgetrennte Proteine nach. Kombiniert man diese Technik mit einer Immunpräzipitation, d.h. „fischt" man mittels spezifischer Antikörper Proteine mit bestimmten Eigenschaften aus dem aufgetrennten Gemisch heraus, sind auch funktionelle Untersuchungen möglich. Mit dieser Technik konnte z. B. gezeigt werden, dass die Stimulation von IL-4 zu einer Tyrosinphosphorylierung des nachgeschalteten Gentranskriptionsfaktors IL-4STAT in rheumatoiden synovialen Fibroblasten führt (Müller-Ladner et al. 2000) (Abb. 10.4).

Eine der wichtigsten Entwicklungen der letzten Dekade zum Nachweis von mRNA im rheumatoiden Synovium ist die *In-situ-Hybridisierung*. Hier-

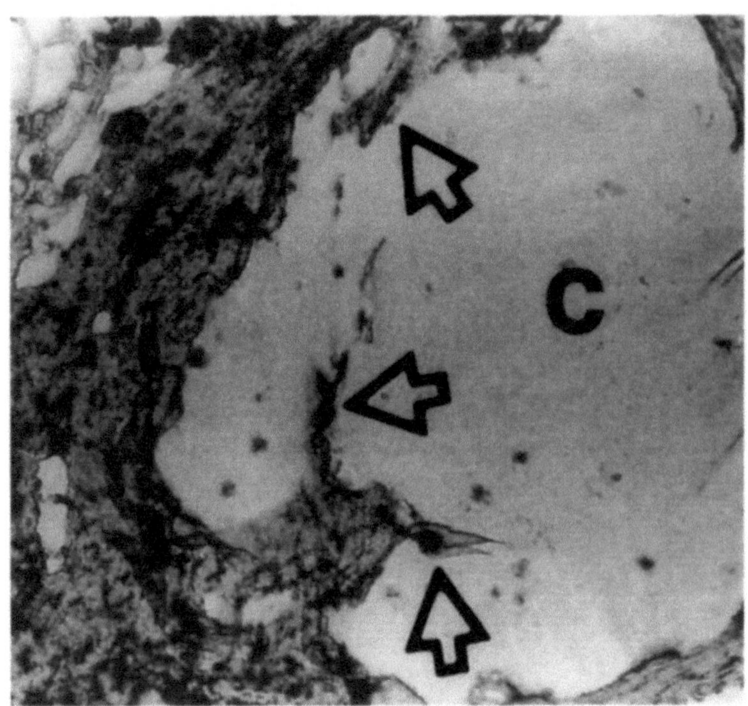

Abb. 10.5. Übersicht und Ausschnitt eines Implantats nach Transduktion der synovialen Fibroblasten mit IL-1-Rezeptor-Antagonist. Es zeigen sich tiefe Invasionszonen (*Pfeile*) der Fibroblasten in den Knorpel (*c*), wobei insbesondere von dem Knorpel nahe liegenden Fibroblasten intensiv IL-1-Rezeptor-Antagonist-mRNA exprimiert wird [In-situ-RT-PCR mit Immunogoldsilberentwicklung, schwarze Färbung; aus Müller-Ladner et al. (1997)]

bei werden der nachzuweisenden RNA exakt gegenläufige („antisense") radioaktiv oder nichtradioaktiv markierte Nukleotidketten synthetisiert und direkt auf Gewebeschnitten mit der gesuchten RNA hybridisiert. In einem 2. Schritt erfolgen dann die räumliche und zelluläre Lokalisation der gesuchten mRNA durch immunhistochemische Doppelmarkierung. Dieses Verfahren gehört mittlerweile zum Standardrepertoire eines molekulardiagnostisch arbeitenden rheumatologischen Labors (Kriegsmann et al. 1994, Müller-Ladner et al. 1996, Franz et al. 1997, Hummel et al. 1998, Pap et al. 2000).

Durch die Entwicklung der automatisierten *Polymerasekettenreaktion* (PCR), d.h. der 20- bis 30fach wiederholten Hitzetrennung von Doppelstrang-DNA und nachfolgender Verdoppelung der Einzelstränge durch Synthese von neuen Doppelsträngen mittels spezifischen Oligonukleotiden (so genannten „Primern") als Startsignal für eine DNA-Polymerase konnten auch im rheumatoiden Synovium in nur kleiner Zahl exprimierte Gene nachgewiesen werden. Ein Beispiel hierfür ist der Nachweis von IL-1Ra-mRNA mittels *In-situ-RT-PCR* in rheumatoiden Fibroblasten im SCID-Maus-Modell nach retroviralem Gentransfer von IL-1Ra (Müller-Ladner et al. 1997) (Abb. 10.5).

Neben der Suche nach bekannten Genen eignen sich spezielle molekularbiologische Techniken auch zum Aufspüren von nicht bekannten oder bisher nicht mit einer Erkrankung assoziierten Genen. Eines der sensitivsten Verfahren ist das *Differential display*. Hier wird unter Verwendung der PCR und mit speziell für dieses Verfahren entwickelten Primern aus der Gesamt-RNA einer Zelllinie oder Zellpopulation ein Abbild der exprimierten Gene bzw. deren mRNA geschaffen, ein so genannter Fingerprint. Die Banden (amplifizierte Gensegmente) lassen sich nachfolgend ausschneiden und deren Nukleotidsequenz über automatisierte Sequenzierverfahren ermitteln. Die Anwendung eines weiterentwickelten Differential display, *der RNA-arbitrarily-primed-PCR* (RAP-PCR) für Differential display konnte so ein spezifisch in den RA Fibroblasten exprimiertes Gen, welches das kinesinähnliche Zentromerprotein CENP-E kodiert, nachweisen (Kullmann et al. 1999) (Abb. 10.6). Interessanterweise konnte mit dieser Technik in Parallelversuchen gezeigt werden, dass synoviale Fibroblastenpopulationen von Patienten mit RA nur relativ wenige Unterschiede in ihrer Genexpression zu Fibroblastenpopulationen von Patienten mit anderen Gelenkerkrankungen, z.B. Osteoarthritis, aufweisen (Müller-Ladner et al. 1999).

Verändert man das Genexpressionsmuster einer Zellpopulation im Experiment durch definierte Stimuli, so kann es Ziel der Untersuchung sein, möglichst viele Gene, die herauf- oder herunter-

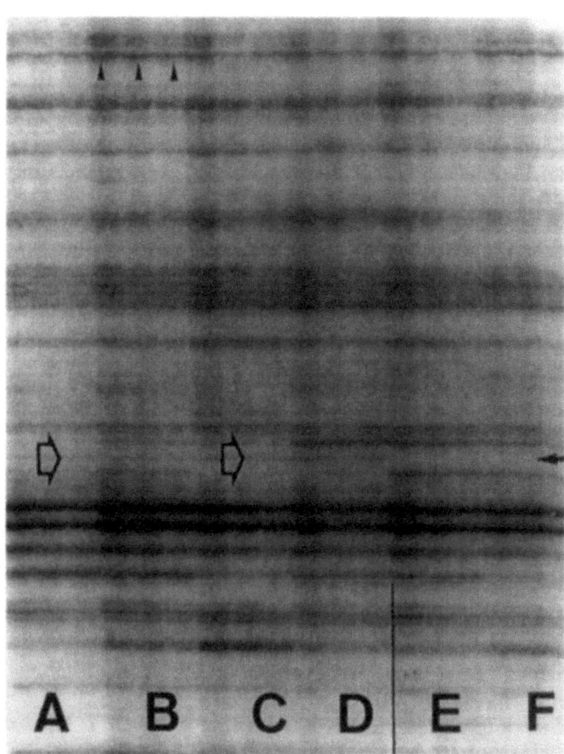

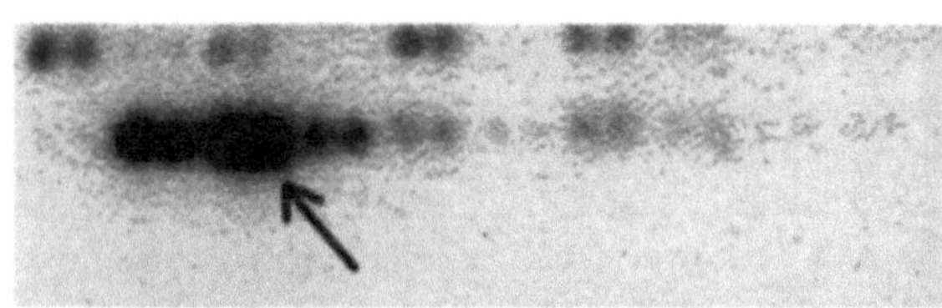

Abb. 10.6. RNA-Fingerprint (RAP-PCR) von synovialen Fibroblasten von 4 verschiedenen RA-Patienten im Vergleich mit 2 Patienten mit Osteoarthritis (Arthrose, OA). Jede RAP-PCR wird mit in 3fach-Ansätzen durchgeführt (*Pfeilspitzen*), *offener Pfeil* differenziell exprimiertes Genfragment aus RA-Fibroblasten (434 bp), welches von den OA-Fibroblasten nicht exprimiert wird (*kleiner Pfeil*), aus Kullmann et al. (1999)

Abb. 10.7. Hochregulierung von MDM2-like-p53-binding-Protein (*Pfeil*) nach Adenovirus-TNF-α-Rp55-Gentransfer in RA-Fibroblasten, aus Müller-Ladner u. Nishioka (2000)

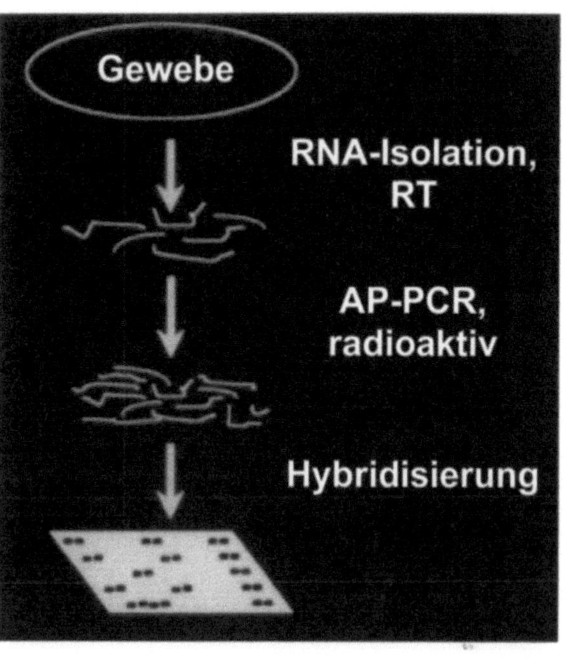

Abb. 10.8. Schematische Darstellung der hochsensitiven Kombination aus RAP-PCR und cDNA-Array zur Analyse differenzieller Genexpression

reguliert sein könnten, in einem Ansatz zu erfassen. Neben verschiedenen Subtraktionsverfahren wie z. B. der differenziellen Hybridisierung (Stuhlmüller et al. 2000) wird dies seit kurzer Zeit durch die so genannte (Mikro)-cDNA-*Array*-Technik ermöglicht. Hierbei werden DNA-Segmente definierter Gengruppen (z. B. von 200 verschiedenen Zytokinen und Signalmolekülen) industriell auf eine Membran positioniert und nachfolgend mit der radioaktiv markierten RNA der Zellpopulation hybridisiert. Über Auswertungsschemata lassen sich dann die Genexpressionsmuster für diesen Versuch visuell darstellen (Abb. 10.7, Müller-Ladner u. Nishioka 2000). Kombiniert man die DNA-Array-Technik nun mit der hochsensitiven RAP-PCR (Abb. 10.8), lassen sich auch spezifisch herauf- oder herunterregulierte Gene in RA-Fibroblasten, welche nur schwach exprimiert sind, sicher identifizieren (Neumann et al. 2002 a). Kombiniert man die Array Technologie mit der hochsensitiven Gewebe- und Zellgewinnung durch laser-mediated Microdissektion, so lässt sich in der Zukunft möglicherweise ein Genexpressionsbild der einzelnen Kompartimente des Gelenks herstellen (Judex et al. 2003).

Ein weiteres Problem der molekularen Analyse ist die Quantifizierung der differenziell exprimierten Gene einer Zelllinie oder -population. Goldstandard hierfür sind der Northern-Blot (s. oben), aber auch neuere Verfahren wie semiquantitative und quantitative PCR, welche als Referenz meistens konstitutionell in einer Zelle exprimierte Gene (so genannte „housekeeping genes") verwenden, sind inzwischen für Fragestellungen im rheumatoiden Synovium etabliert (Kullmann et al. 1999). Das derzeit eleganteste, aber noch sehr teure Verfahren ist die *Real-time-PCR* (Taq-Man®, Light Cycler®). Bei dieser Technik kann durch computer-

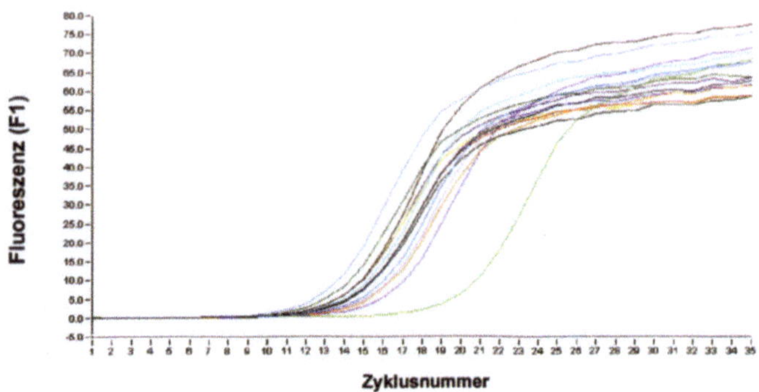

Abb. 10.9. Beispiel einer Real-time-PCR für mRNA aus RA-Fibroblasten. Bei dieser Technik kann durch computergestütztes „Zählen" von abgespaltenen Fluoreszenzmolekülen, die aus Oligonukleotiden während eines PCR-Zyklus freigesetzt werden, kontinuierlich die Zahl der vervielfältigten DNA-Segment-Kopien bestimmt werden. Diese ist propor-tional der Zahl der ursprünglichen RNA-Kopien eines Gens, daher lassen sich im linearen Bereich der PCR direkte Vergleiche von Proben gegen Kontrollen erfassen, *verschieden-farbige Linien* Anstieg der amplifizierten RNA-Kopien der einzelnen Proben

gestütztes „Zählen" von abgespaltenen Fluoreszenzmolekülen, die aus Oligonukleotiden während eines PCR-Zyklus freigesetzt werden, kontinuierlich die Zahl der vervielfältigten DNA-Segment-Kopien bestimmt werden. Diese ist proportional der Zahl der ursprünglichen RNA-Kopien eines Gens, daher lassen sich im linearen Bereich der PCR direkte Vergleiche von Proben gegen Kontrollen erfassen. Abb. 10.9 zeigt eine Real-time-PCR für RA-Fibroblasten.

10.4.3 Molekulare Therapie

Die Anwendung der molekularen Techniken ermöglicht auch erste therapeutische Eingriffe in die Effektormechanismen der RA. Unterschieden werden müssen hierbei
- der direkte Eingriff in die Genexpression bei der Überschreibung des Gens in mRNA und
- der indirekte Eingriff durch Transduktion krankheitsmodulierender Gene durch Vektoren, die so genannte Gentherapie.

10.4.3.1 Direkte Hemmung der Genexpression

Die Hemmung der synovialen Aktivierung, insbesondere der Aktivierung der destruktiven rheumatoiden Fibroblasten, kann auch dadurch erreicht werden, dass die Gene, welche das Zellwachstum der Fibroblasten steuern, spezifisch gehemmt werden. Ziel der *Antisense-Technik* ist hierbei, das Entstehen eines Genprodukts bereits während der ersten Schritte zu unterbinden, indem man dem zu transkribierenden Gen ein spiegelbildliches Genstück, das „Antisense-Oligonukleotid" gibt, welches sich an das kodierende „Sense"-Segment bindet und so dessen Überschreibung in Protein unterbindet. Unter Verwendung dieses Ansatzes konnte gezeigt werden, dass die Hemmung des Protoonkogens c-myc nicht nur in einer gesteigerten Apoptoserate der Fibroblasten resultiert, sondern auch einen Stoffwechselweg aktiviert, welcher unabhängig vom üblichen Fas-Apoptosegen abläuft (Hashiramoto et al. 1999). Ähnliche Ergebnisse zeigte die „Antisense-Behandlung" zur Hemmung des bei Tumorzellen hochregulierten PCNA (proliferating nuclear cell antigen) (Morita et al. 1999).

Interessanterweise resultierte in einem weiteren Ansatz das Antagonisieren des zentralen Transkriptionsfaktors NFκB in einer verminderten Bindung von NFκB an den proinflammatorischen Zyklooxygenasepromoter (Crofford et al. 1998) und zeigte als „proof of principle" damit einen der Regulationsmechanismen für diesen Entzündungsstoffwechselweg auf. Auch aus diesen Erkenntnissen ergeben sich konkrete therapeutische Ansätze. So konnten z.B. Morita et al. (1998) zeigen, dass die Applikation von Antisense-Oligonukleotiden gegen *fos* nicht nur die Expression des Transkriptionsfaktors AP-1 deutlich unterdrückt, sondern auch zu einer Verminderung der Proliferation synovialer Fibroblasten führt. Darüber hinaus konnte nachgewiesen werden (Wakisaka et al. 1998), dass die nichttransformierende Protoonkogenvariante *jun-D* ebenfalls das Wachstum von rheumatoiden Fibroblasten deutlich vermindert. Dies war zugleich mit einer deutlichen Reduktion der Synthese von Matrix abbauenden Enzymen in diesen Zellen verbunden.

10.4.3.2 Gentransfer und Zielgene

Im Verlauf der vergangenen Jahre wurden die molekularen Werkzeuge für den Gentransfer so weiterentwickelt, dass bereits in mehreren Fachdisziplinen erste klinische Studien erfolgreich durchgeführt werden konnten. Obwohl die RA keine Krankheit darstellt, die durch eine spezifische genetische Mutation gekennzeichnet ist, sind doch potenziell eine Reihe von pathophysiologisch wichtigen Stoffwechselvorgängen einem gentherapeutischen Ansatz zugänglich. Da die aktive Erkrankung zumeist in einer schnell fortschreitenden Gelenkdestruktion resultiert, ist es derzeit Ziel aller an der Entwicklung eines gentherapeutischen Ansatzes forschenden Gruppen, insbesondere die Gelenkdestruktion sowie die massive Entzündungsreaktion dauerhaft zu reduzieren (Evans et al. 1998, Jorgensen u. Gay 1998). Neben dem rein therapeutischen Potenzial bietet natürlich der Gentransfer von inhibitorische Moleküle kodierenden Gensequenzen die Möglichkeit zur Evaluation pathophysiologisch wichtiger Stoffwechselvorgänge und trägt so auch zum weiteren und tieferen Verständnis der Erkrankung bei.

Der Hauptschwerpunkt der Genforschung bei der RA liegt derzeit bei den Zytokinen, deren Rezeptoren und Bindungspartnern sowie nachfolgenden Signalwegen. Diese Tendenzen resultieren insbesondere daraus, dass mehrere Tiermodellstudien und auch erste Ergebnisse klinischer Studien einen deutlichen Effekt von inhibitorischen Zytokinen auf die entzündliche Aktivität bei der RA gezeigt hatten. Im Zentrum der weltweiten Untersuchungen stehen derzeit die Hemmung der proinflammatorischen Zytokine IL-1 und TNFα sowie die Verstärkung der Wirkung der entzündungshemmenden Moleküle IL-4 und IL-10.

Das Zytokin *IL-1* ist eines der Schlüsselenzyme für die Entzündung im rheumatoiden Synovium (Henderson u. Pettipher 1988). IL-1 wird hauptsächlich durch Makrophagen, Fibroblasten und Endothelzellen synthetisiert, eine intraartikuläre Injektion resultiert in einer schweren Arthritis im Tiermodell. Eine Besonderheit, v. a. bezüglich des Gelenkabbaus, ist die Fähigkeit des IL-1, synoviale Fibroblasten zur Produktion von Matrix abbauenden Enzymen wie Kollagenase und Stromelysin zu stimulieren. Daneben verstärkt es die Ausschüttung von chemotaktischen Zytokinen wie IL-8 und die Hochregulierung der Synthese von entzündungsfördernden Molekülen wie Stickstoffoxid (NO) (Dayer et al. 1986). Eine weiteres Charakteristikum von IL-1 ist, dass in vielen Geweben, wie auch im rheumatoiden Synovium, ein natürlich vorkommender Antagonist existiert, der so genannte IL-1-Rezeptor-Antagonist (IL-1Ra) (Arend u. Dayer 1990). IL-1Ra ist ein unterschiedlich glykosyliertes Protein (Arend u. Dayer 1995), seine Synthese wird ebenfalls durch Zytokine reguliert (Firestein et al. 1994). IL-1Ra bindet ebenso wie IL-1 an den Typ-1-IL-1-Rezeptor, zeigt aber im Gegensatz zu IL-1 keine intrinsische Aktivität. Im rheumatoiden Synovium wird IL-1Ra v. a. von Makrophagen und Fibroblasten synthetisiert (Arend 1993), während in Synovialgewebe von Patienten mit Osteoarthritis IL-1Ra hauptsächlich im Bereich der terminalen Gefäße gefunden wird. Die Menge an in Gewebe vorliegendem IL-1 bzw. IL-1Ra korreliert zu einem gewissen Grad auch mit dem Grad der Entzündung (Firestein et al. 1994, Chikanza et al. 1995, Koch et al. 1992). Im gesunden Synovium wird IL-1 in einem stabilen Verhältnis mit IL-1Ra synthetisiert, dieses Verhältnis verschiebt sich im rheumatoiden Synovium deutlich zu einer IL-1-Überproduktion (Firestein et al. 1994, Chikanza et al. 1995). Eine therapeutische Gegenregulation dieser IL-1-Überexpression durch Applikation von IL-1Ra wird zusätzlich dadurch erschwert, dass zur Antagonisierung der IL-1-Wirkung ein etwa 100facher molarer Überschuss von IL-1-Ra notwendig ist, welcher normalerweise durch intermittierende therapeutische Gaben, auch intraartikulär, nicht erreicht werden kann.

Das zweite proinflammatorische Zytokin, welches derzeit im Zentrum des Interesses steht, ist *TNF-α*. Die Eigenschaften von TNF-α ähneln denen des IL-1. Es wird von den meisten der Zellen des rheumatoiden Synoviums synthetisiert, hierzu gehören Fibroblasten, Makrophagen, Endothelzellen und Lymphozyten. In vielen Tiermodellen zeigte sich TNF-α als arthritogen und gilt daher als ein Hauptfaktor bei der Entwicklung von Entzündung im menschlichen rheumatoiden Gelenk (Arend und Dayer 1995, Brennan et al. 1992). TNF-α zeigt häufig auch einen additiven Effekt auf IL-1 für die Entzündung, so konnte z. B. in einem transgenen Mausmodell für TNF-α eine deutliche Hemmung der Arthritis durch die Applikation von IL-1Ra erreicht werden. Die besondere Bedeutung des TNF-α für die Pathophysiologie der RA wird dadurch unterstrichen, dass derzeit mehrere klinische Studien durchgeführt werden, die sämtlich auf eine Blockade der Wirkung dieses Zytokins zielen (Kalden u. Manger 1998, Rankin et al. 1995, Maini et al. 1997, Furst et al. 2002). 2 verschiedene Strategien werden hierbei beschritten, zum einen die Applikation von Antikörpern gegen TNF-α, des

Weiteren die Gabe von löslichem TNF-α Rezeptor (s. auch oben). Analog zu IL-1 existiert für TNF-α ein natürlicher Antagonist, es sind die von der Membran abgespaltenen löslichen Rezeptoren, wobei beide Isoformen, p55 und p75, im Synovium zu finden sind. Ähnlich wie bei IL-1 und IL-1Ra wird davon ausgegangen, dass im normalen Synovium eine Homöostase zwischen TNF-α und dessen löslichen Rezeptoren besteht (Lopez et al. 1995). In einer 1995 erschienen Publikation von Brennan et al. wird auch darauf hingewiesen, dass in vitro die Hemmung von löslichem TNF-α-Rezeptor die Effekte von TNF-α deutlich verstärken kann. Daneben konnte gezeigt werden, dass neben TNF-α die Konzentration an TNF-α-Rezeptor bei der RA sowohl im Synovium als auch in der Gelenkflüssigkeit gegenüber Osteoarthritis oder reaktiven Arthritiden als Zeichen der natürlichen Gegenregulation deutlich erhöht ist (Steiner et al. 1995).

Ein besonders attraktives Zielmolekül, insbesondere für einen gentherapeutischen Ansatz, ist das Zytokin *IL-10*, das eines der wenigen Zytokine mit inhibitorischen Eigenschaften im Synovium darstellt. IL-10 vermindert v.a. die Aktivität von IL-1, IL-2, IL-6, TNF-α und Interferon-γ. IL-10 wird hauptsächlich von Makrophagen, T-Zellen und Monozyten produziert, wobei dieses Zytokin bei einer Reihe von chronisch-entzündlichen Erkrankungen einschließlich der RA gefunden werden kann (Cush et al. 1995a). Erhöhte IL-10-Spiegel in der synovialen Gelenkflüssigkeit von Patienten mit rheumatoider Arthritis sowie im Serum dieser Patienten korrelierten interessanterweise auch mit den Konzentrationen des Rheumafaktors (Cush et al. 1995b).

Aufgrund der inhibitorischen Eigenschaften ergab sich daraus die Hypothese, dass die Zunahme von IL-10 bei der RA eine physiologische Antwort auf das aktivierte Immunsystem bei diesen Erkrankungen darstellt, vergleichbar zur Zunahme des IL-1-Rezeptors oder des löslichen TNF-α-Rezeptors. Ein weiterer Mechanismus, in den IL-10 involviert sein könnte, ist die Chemoattraktion von CD8-positiven Lymphozyten und natürlichen Killerzellen, welche v.a. in Abwehrmechanismen gegenüber infektiösen Agenzien, z.B. Retroviren, durch die Produktion von zytotoxischen Molekülen wie Granzym A und Perforin (Tak et al. 1994, Müller-Ladner et al. 1995) involviert sein könnten. Auch intrazellulär entfaltet IL-10 eine hemmende Wirkung, insbesondere werden die Tyrosinkinaseaktivität und der auch in synovialen Fibroblasten hochregulierte Ras-abhängige Signalweg (Chen et

al. 1998) negativ beeinflusst. Eine besondere Bedeutung gewinnt diese Hemmung dadurch, dass Ras die Matrix abbauende Cysteinproteinase Kathepsin L (Trabandt et al. 1992) aktiviert. Eine gentherapeutische Überexpression von IL-10 könnte daher die synoviale Pathophysiologie bei der RA gleich an mehreren Punkten angreifen.

10.4.3.3 Vektoren und ihre Anwendung

Viren als das Zielgen tragende Vektoren lassen sich inzwischen sehr einfach molekularbiologisch verändern, sodass insbesondere deren Infektiosität nach erfolgreicher Inkorporation in die Zielzelle ausgeschaltet werden kann. Derzeit werden hauptsächlich 3 verschiedene Typen von Viren, die diese Modifikationen erlauben, mit dem Ziel der Anwendung am Menschen verwendet: Retroviren, Adenoviren und die so genannten adenoassoziierten Viren (AAV). Retroviren und AAV, jedoch nicht Adenoviren selbst, integrieren ihr genetisches Material in die chromosomale DNA der Zellen, die sie primär infizieren. Dieser Transfer ist v.a. für eine Langzeitüberexpression des Gens oder Gene der Wahl v.a. für chronische Erkrankungen entscheidend. Molekularbiologisch hergestellte Vektoren, die sich aus Retroviren und AAV ableiten, zeigen zusätzlich den Vorteil, dass bei entsprechender Modifikation keine viralen Gene in den Zielzellen synthetisiert werden. Letzteres ist insbesondere für die Verminderung einer Immunantwort gegen diese Antigene wichtig und ist meist höher zu bewerten als die größere Infektiosität oder das größere verfügbare Spektrum von reinen Adenoviren. Für die Versuche in der SCID-Maus (s. unten) wurde zunächst die retrovirale Variante gewählt, da eine möglichst lange Expression des Zielgens gewünscht war. Als Vektor wurde eine Variante des Mäuseleukämievirus (MMLV), der MFG-Vektor (Bandara et al. 1993), verwendet. Diese Viren zeigen als einzigen Nachteil, dass sie ruhende Zellen nicht infizieren können, aufgrund der Proliferation der rheumatoiden Fibroblasten ist das hierbei nicht von wesentlicher Bedeutung.

Abbildung 10.10 zeigt in Übersicht den experimentellen Aufbau eines Gentransferexperiments unter Verwendung des SCID-Maus-Modells. Nach Inkorporation der Gensegmente in die Fibroblasten werden diese für 60 Tage zusammen mit gesundem Knorpel in die SCID-Maus implantiert und nachfolgend das Implantat pathohistologisch und molekularbiologisch untersucht. Das Kontrollgenprodukt β-Galaktosidase des Markergens lacZ wurde 48 h nach Transduktion von 50–70% der Fi-

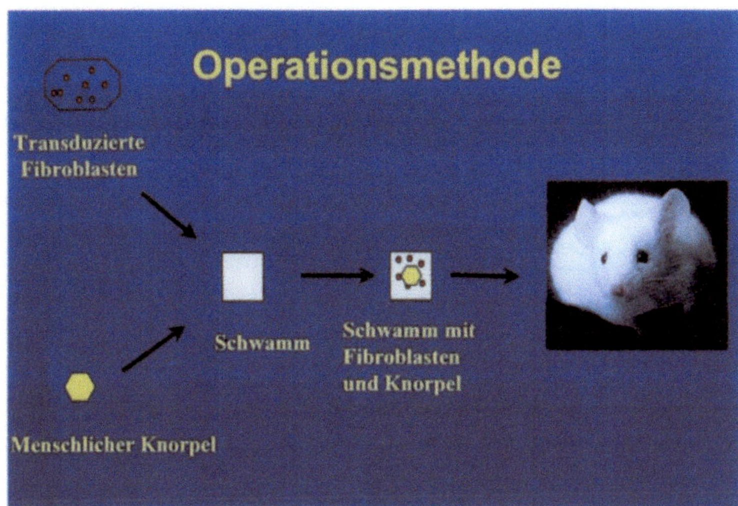

Abb. 10.10. Ablaufschema eines Gentransferversuchs mittels des SCID-Maus-Modells der RA

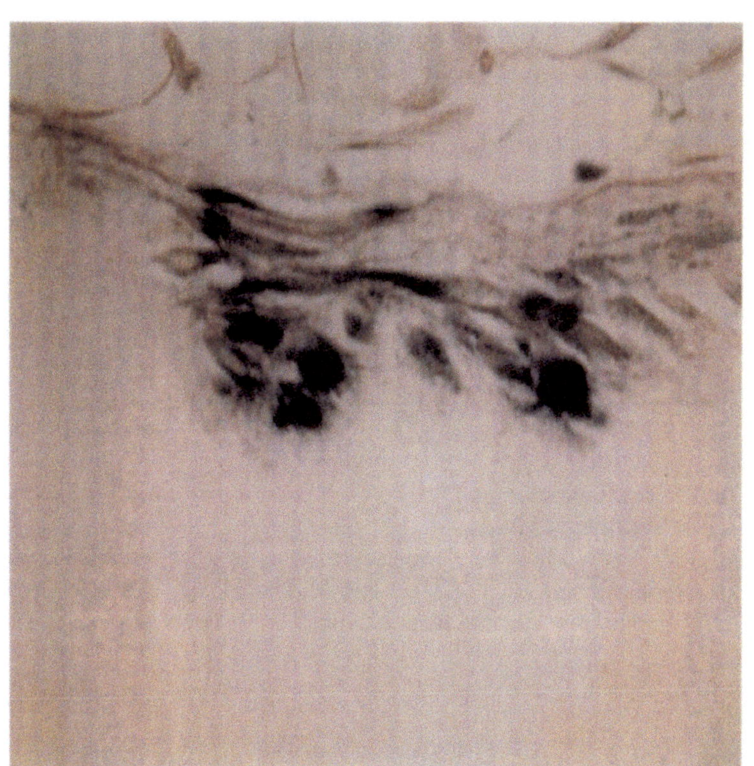

Abb. 10.11. Intensive Expression des lacZ-Markergens in synovialen Fibroblasten an der Invasionszone in den koimplantierten Knorpel, *intensive Blaufärbung* durch die Aktivität des Enzyms β-Galaktosidase hervorgerufen

broblasten exprimiert. Diese Inkorporation des Gens in die sich teilenden Fibroblasten konnte sowohl in der Zellkultur (Abb. 10.11) als auch bis 60 Tage nach Transduktion in den Implantaten nachgewiesen werden. Nach 72 Tagen, d.h. 12 Tage nach der Explantation, lagen die Werte des Proteins des transduzierten Gens, z.B. IL-1Ra (Abb. 10.12), im Überstand der parallel kultivierten Zellen immer noch über dem Wert bei der Implantation, d.h. für mehr als 2 Monate konnte das inhibitorische Genprodukt unter In-vivo-Bedingungen überexprimiert werden.

Eines der pathogenetisch wichtigsten Merkmale der RA-Fibroblasten ist deren Invasion in den benachbarten Knorpel. Das Potenzial der molekularen Medizin für eine zukünftige Anwendung am Menschen konnte auch bei diesem Problem unterstrichen werden. Im SCID-Maus-Modell konnte

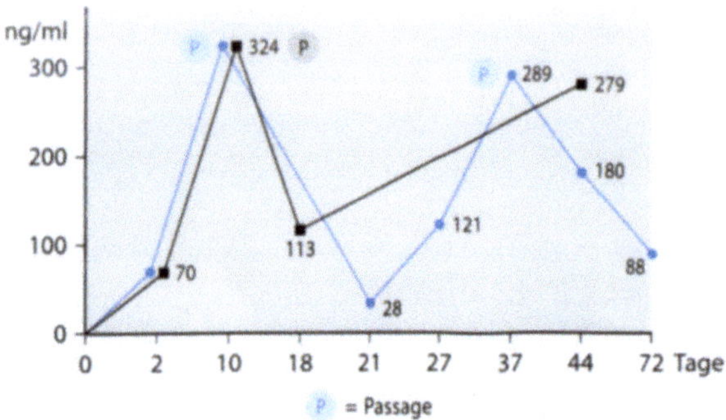

Abb. 10.12. Verlauf der IL-1Ra(IRAP)-Synthese bei verschiedenen synovialen Fibroblastenkulturen nach retroviraler Transduktion des IL-1Ra-Gens, *hellblaue Punkte* IL-1Ra-Proteinkonzentrationen im Überstand der ersten Kultur, *dunkelblaue Punkte* 2. Kultur. Deutlich nachweisen lässt sich bei beiden Kulturen ein Anstieg bis zur 1. Passage am 10. Tag. Nach einem kurzen Abfall der IL-1Ra-Konzentrationen (geringere Zellzahl nach Passage) steigen die IL-1Ra-Konzentrationen bei sich wieder teilenden Fibroblasten zügig wieder auf hohe Werte an (Kultur 1 bis zur 2. Passage am Tag 37, Kultur 2 bis zur Beendigung Tag 44)

mit der oben angeführten Versuchsanordnung gezeigt werden, dass IL-10-transduzierte rheumatoide Fibroblasten nahezu vollständig in ihrem invasiven Verhalten gegenüber koimplantiertem Knorpel gehemmt werden können (Neumann et al. 2002 b) (Abb. 10.2, Abb. 10.13).

10.5 Ausblick

10.5.1 Zusammenfassung

Mit der Entwicklung der Immunologie in der 2. Hälfte des letzten Jahrhunderts entstand zunächst die Hypothese eines ursächlich immunologisch gesteuerten Prozesses, diese Entwicklung war v. a. mit der Entdeckung von „krankheitsdefinierenden" Autoantikörpern, den Rheumafaktoren, verbunden [Übersicht in Zvaifler (1996)]. Hieraus begründete sich auch die Annahme, dass die Gelenkdestruktion rein durch eine Antigen-Antikörper-Reaktion gegen ein noch zu definierendes spezifisches Antigen mit nachfolgend persistierender Entzündung verursacht sei. Im weiteren Verlauf der experimentellen Ansätze zur Aufdeckung weiterer Pathomechanismen wurde schnell offensichtlich, dass die RA eine deutlich komplexere Krankheitsentität darstellt, als bislang angenommen. In dieser Zeit vor 1980 wurde daher im Rahmen der Aufschlüsselung des Komplementsystems auch eines der ersten „Alternativmodelle" vorgestellt. Dieses „Immunkomplexmodell" unterstützte die Hypothese von Komplement aktivierenden Rheumafaktor-Antigen-Komplexen als zentralen Mechanismus der Erkrankung (Ziff 1964, Zvaifler 1965).

Mit Beginn der letzten Dekade trat dann die T-Zelle in den Mittelpunkt des Interesses und der zunehmend molekularbiologisch geprägten experimentellen Ansätze. Hier entstand auch die Idee eines primär zell- und nicht antigenabhängigen Geschehens, die bis heute Gültigkeit hat. Insbesondere der Nachweis von Schlüsselmechanismen der Antigenerkennung, der Nachweis von proinflammatorischen T-Zell-Zytokinen, die deutliche Assoziation der RA mit bestimmten MHC-Molekülen, die große Zahl von T-Zellen im entzündlich veränderten Synovium und die T-Zell-Abhängigkeit wichtiger Tiermodelle der RA waren und sind für diese Interpretation der Pathogenese wegweisend (Firestein u. Zvaifler 1990, Panayi et al. 1992). Interessanterweise förderte der Versuch einer klini-

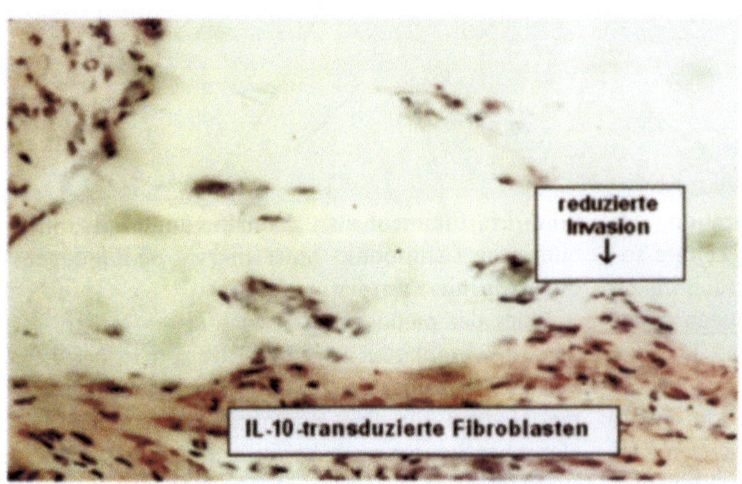

Abb. 10.13. Deutliche Hemmung der Invasivität der synovialen Fibroblasten nach Transduktion mit IL-10

schen Umsetzung dieser Ergebnisse die Entwicklung hin zu weiteren neuen Ansätzen zur Klärung der komplexen Vorgänge im rheumatoiden Synovium: Nachdem zu Beginn dieser Dekade große Hoffung auf eine Anti-CD4-T-Zell-Therapie gesetzt wurde, musste erkannt werden, dass zwar eine T-Zell-Depletion und Reduktion der Entzündung, aber keine Heilung oder langfristige Besserung der Erkrankung erreicht werden konnten (Tak et al. 1995).

Entscheidend für eine weitere „alternative" Sichtweise der Entstehung dieser Erkrankung, welche auch der Idee dieser Arbeit zugrunde liegt, war die Fokussierung auf das synoviale Gewebeareal, welches direkt an der Invasionsfront des proliferierenden Synoviums lokalisiert ist, der synovialen Deckzellschicht, welcher im englischen Sprachgebrauch als „lining layer" bezeichnet wird (Fassbender 1983, Gay u. Gay 1993, Firestein u. Zvaifler 2002). Im Gegensatz zu tieferen Schichten sind hier nur selten T-Zellen zu finden, auch mRNA für T-Zell-Zytokine lässt sich allenfalls in geringen Mengen nach Amplifikation mittels PCR nachweisen (Nguyen u. Firestein 1998). Geprägt ist diese Zone v. a. durch synoviale Makrophagen und Fibroblasten, deren Bedeutung v. a. durch den Nachweis eines beträchtlichen Anteils an der Produktion der im Synovium und der Synovialflüssigkeit vorhandenen Zytokine unterstrichen wurde (Firestein et al. 1988). Ein Schlüsselexperiment, welches dann wegweisend für die konkrete Entwicklung eines T-Zell-unabhängigen Mechanismus für die eigentliche Destruktion der knöchernen und knorpeligen Strukturen war und die Basis für die eingangs dargelegten Fragestellungen und die Erkenntnisse dieser Arbeit bildete, war der Nachweis einer invasiv-destruktiven Potenz des Lininglayers, d. h. der Nicht-T-Zell-Synoviozyten, über eine lange Zeitspanne im SCID-Maus-Modell der RA (Geiler et al. 1994, Müller-Ladner et al. 1996). Inzwischen haben weitere Untersuchungen ergeben, dass diese aktivierten synovialen Fibroblasten auch die Osteoklastensynthese stimulieren (Shigeyama et al. 2000) und gleichzeitig vom programmierten Zelltod (Apoptose) durch die Produktion eines Apoptoseinhibitors (z. B. Sentrin, Franz et al. 2000) geschützt werden und somit ihr invasives Verhalten dauerhaft fortsetzen können.

Stellt man diese Erkenntnisse dem T-Zell-geprägten Bild der RA gegenüber, ergibt sich durch den offensichtlichen Kontrast die Notwendigkeit, diese neue Sichtweise mit der bisherigen in Einklang zu bringen, will man nicht einfach „noch ein neues Weltbild der Pathogenese" zur (polari-sierenden) Diskussion stellen. Ähnlich wie beim T-Zell-Modell beruht die Idee der T-Zell-unabhängigen Stoffwechselwege auf einer Reihe von Momentaufnahmen, die sich in der Summe zwar zu einem Ganzen fügen, deren vollständige Nachahmung durch ein entsprechendes (Tier)Modell bis heute aussteht. Betrachtet man aber die Vorgänge im menschlichen RA-Gelenk und einem bestimmten Tiermodell, der MRL-*lpr/lpr*-Maus (s. oben) im Detail, könnte folgender Ablauf der Erkrankung postuliert werden, welcher beide Komponenten in Einklang bringt:

Nach Initiation der Erkrankung durch einen oder mehrere bisher unbekannte (virale?) Stimuli kommt es auf dem Boden einer genetischen Prädisposition zu einer Aktivation des Synoviums einschließlich vaskulär-permeabilisierender Veränderungen. Von den synovialen Makrophagen und Fibroblasten produzierte Zytokine führen parallel zu einer ersten entzündlichen Reaktion, welche nachfolgend kaskadenartig zu einem Influx proinflammatorischer Zellen, insbesondere T-Zellen, führt. Durch den begleitenden Zellzerfall mit Freisetzung verschiedenster Antigene kommt es zu einer weiteren Aktivierung und klonalen Expansion von CD4-positiven autoreaktiven T-Zellen (Lim et al. 1996, Ikeda et al. 1996), wobei hier deren Interaktion mit MHC-Klasse-II-Molekülen, insbesondere dem „shared epitope" (Gregersen et al. 1987), eine entscheidende Rolle spielen dürfte. So könnte ein Milieu geschaffen werden, in welchem inhibitorische Mechanismen nicht mehr zur adäquaten Gegenregulation in der Lage sind. Das Resultat ist ein irreversibler Prozess, welcher sowohl T-Zell-dominiert (hochakute entzündliche Verläufe oder Schübe) als auch lining-layer-dominiert (progrediente Gelenkdestruktion mit nur mäßiger Entzündung) verlaufen kann. Ein besonders interessanter Aspekt ist hierbei, ab welchem Stadium das klinisch und radiologisch (Mulherin et al. 1996) beobachtete Phänomen einer entzündungsunabhängigen Progression der Gelenkdestruktion durch das invasiv wachsende Synovialgewebe eintritt und ob die Hemmung von T-Zell-abhängigen oder -unabhängigen Mechanismen vor diesem Zeitpunkt die Erkrankung terminieren könnte.

Trotz der Attraktivität dieses neuen T-Zell-unabhängigen Konzepts für die Pathogenese der RA mit der Konsequenz des synovialen Fibroblasten als „key player" muss natürlich kritisch postuliert werden, dass die Initiation und Perpetuation dieser Erkrankung nicht allein durch die synovialen Fibroblasten verursacht werden. Argumente gegen diese Dominanz finden sich nicht nur in den oben angeführten T-Zell-abhängigen Phänomenen, sondern auch in der noch nicht geklärten Rolle der synovialen Makrophagen und B-Zellen sowie einem möglichen quantitativ substanziellen Beitrag der Chondrozyten an der Gelenkdestruktion. Ähnlich wie bei der reinen T-Zell-gerichteten Therapie steht dazuhin noch der klinische Beweis aus, inwieweit eine Hemmung von fibroblasten-„spezifischen" Mechanismen im Bereich der Adhäsion (VCAM-1, CS-1, Osteopontin), Aktivation und Transformation (Protoonkogene, z. B. CENP-E) und Destruktion (IL-1, z. B. Kathepsine B, L und K, Kollagenasen) klinisch in einem dauerhaften gelenkprotektiven Effekt resultiert.

10.5.2 Zukunftsentwicklungen

Obwohl die Ergebnisse aus dem SCID-Maus-Modell nicht nur hinsichtlich einer möglichen gentherapeutischen Strategie zur Therapie der RA, sondern auch bezüglich der Wahl des zu hemmenden Stoffwechselwegs eine verlockende Perspektive bieten, ist angesichts der begrenzten klinischen Erfolge bei anderen, z. T. molekular definierten Erkrankungen für die RA derzeit lediglich verhaltener Optimismus gerechtfertigt. Andererseits beinhaltet die Entwicklung neuer Vektortechnologien Möglichkeiten, derzeitige Schwachpunkte zu eliminieren. So konnte z. B. durch die Verwendung von adenoassoziierten Viren (AAV) nicht nur das antigene Potenzial minimiert werden, diese Vektoren waren u. a. auch in der Lage, tief in Knorpel einzudringen.

Neben der Wahl der Vektoren ist weiterhin zu klären, ob für die RA eher (lokale) Ex-vivo- oder (systemische) In-vivo-Ansätze die besseren Erfolge erbringen (Jorgensen u. Gay 1998). Beide Strategien beinhalten für die RA wichtige Vor- und Nachteile. Bei der Ex-vivo-Strategie können Gene gezielt in aus dem zu therapierenden Gelenk entnommene Zellen (Fibroblasten, Chondrozyten usw.) transduziert werden, ohne dass systemische Effekte aufgrund der Überexpression des entsprechenden Genprodukts befürchtet werden müssen. Auf der anderen Seite kann bei der Ex-vivo-Strategie nur eine begrenzte Zahl von Gelenken erreicht werden. Dieses Defizit könnte z. B. durch eine In-vivo-Gentherapie von zirkulierenden T-Zellen ausgeglichen werden. Ungeklärt sind auch nach wie vor die Langzeiteffekte einer artefiziellen genetischen Veränderung, wobei hier sicherlich Adenoviren ein geringeres mutagenes Potenzial als in das Genom der Zielzelle inkorporierte retrovirale Gensequenzen besitzen. Im derzeitigen Stadium der

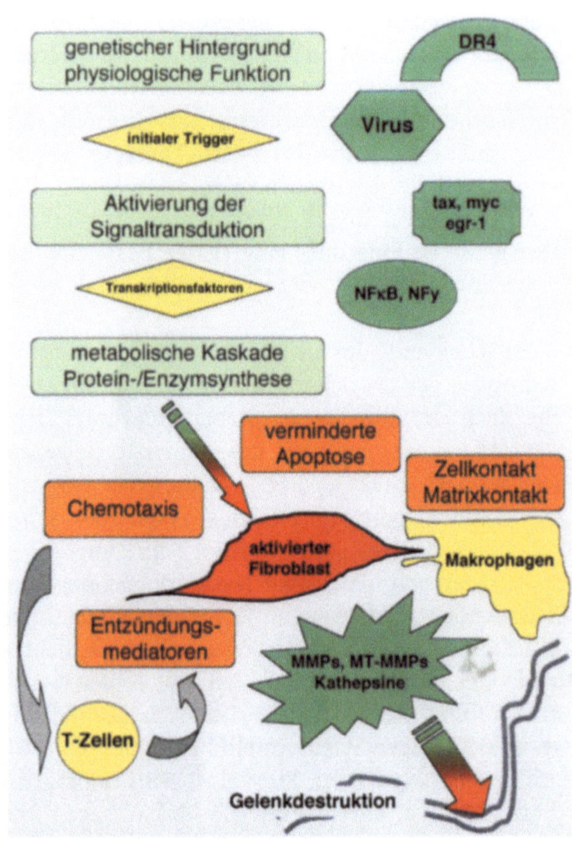

Abb. 10.14. Schematische Darstellung der Pathogenese der RA. Nach mehrstufiger Aktivierung produzieren die synovialen Fibroblasten zahlreiche Matrix abbauende Enzyme, wobei dieser Zustand durch Interaktion mit Entzündungszellen und verminderte Apoptose über einen langen Zeitraum aufrechterhalten werden kann

Entwicklung liegt der Wert der gentherapeutischen Versuche daher vorrangig auf der Bestätigung von hypothetisch formulierten Stoffwechselwegen der RA, z. B. der Umkehrung oder Hemmung der IL-1-abhängigen Knorpeldestruktion durch Chondrozyten oder der Analyse von Veränderungen in der Signaltransduktion nach Gentransfer von potenziell inhibitorischen Molekülen (Neumann et al. 1999).

Abschließend lässt sich zusammenfassen, dass durch den konsequenten Einsatz von neuen molekularbiologischen Techniken in den letzten Jahren zahlreiche neue Aspekte in der Pathogenese der RA evaluiert werden konnten. Diese Fortschritte weisen auch besonders auf den einzigartigen Charakter dieser Erkrankung innerhalb des rheumatischen Formenkreises hin, v. a. auf die spezifischen molekularen Veränderungen an der Invasionszone des proliferierenden Synoviums in die knorpeligen und knöchernen Gelenkstrukturen (Abb. 10.14).

10.6 Literatur

Ahrens D, Koch AE, Pope RM et al. (1996) Expression of matrix metalloproteinase 9 (96-kd gelatinase B) in human rheumatoid arthritis. Arthritis Rheum 39:1576–1587

Aibe K, Yazawa H, Abe K et al. (1996) Substrate specificity of recombinant osteoclast-specific cathepsin K from rabbits. Biol Pharm Bull 19:1026–1031

Aicher WK, Heer AH, Trabandt A et al. (1994) Overexpression of zinc-finger transcription factor Z-225/egr-1 in synoviocytes from RA patients. J Immunol 152:5940–5948

Allen JB, Manthey CL, Hand AR et al. (1990) Rapid onset synovial inflammation and hyperplasia induced by transforming growth factor beta. J Exp Med 171:231–247

Alvaro-Gracia JM, Zvaifler NJ, Firestein GS (1990) Cytokines in chronic inflammatory arthritis. V. Mutual antagonism between interferon-γ and tumor necrosis factor-alpha on HLA-DR expression, proliferation, collagenase production, and granulocyte-macrophage colony-stimulating factor production by rheumatoid arthritis synoviocytes. J Clin Invest 86:1790–1798

Alvaro-Gracia JM, Zvaifler NJ, Brown CB et al. (1991) Cytokines in chronic inflammatory arthritis. VI. Analysis of the synovial cells involved in granulocyte-macrophage colony-stimulating factor production and gene expression in rheumatoid arthritis and its regulation by IL-1 and tumor necrosis factor-alpha. J Immunol 146:3365–3371

Angel P, Karin M (1991) The role of Jun, Fos and the AP-1 complex in cell proliferation and transformation. Biochem Biophys Acta 1072:129–157

Aono H, Nakajima T, Hasunuma T et al. (1993) Regulation of synovial cell proliferation by HTLV-I tax gene. Arthritis Rheum [Suppl] 37:264

Aono H, Hasunuma T, Nakajima T et al. (1994) Induction of apoptosis and functional fas antigen in synoviocytes from patients with rheumatoid arthritis. Arthritis Rheum [Suppl] 37:310

Aono H, Fujisawa K, Hasunuma T et al. (1998) Extracellular human T cell leukemia virus type I tax protein stimulates the proliferation of human synovial cells. Arthritis Rheum 41:1995–2003

Archambault D, Stein CA, Cohen JS (1994) Phosphorothiate oligonucleotides inhibit the replication of lentiviruses and type D retroviruses, but not that of type C retroviruses. Arch Virol 139:97–109

Arend WP (1993) Interleukin-1 receptor antagonist. Adv Immunol 54:167–227

Arend WP, Dayer JM (1990) Cytokines and cytokine inhibitors or antagonists in rheumatoid arthritis. Arthritis Rheum 33:305–315

Arend WP, Dayer JM (1995) Inhibition of the production and effects of interleukin-1 and tumor necrosis factor-α in rheumatoid arthritis. Arthritis Rheum 38:151–160

Arnett FC, Edworthy SM, Bloch DA et al. (1998) The American Rheumatism Association 1987 revised criteria for the classification of rheumatoid arthritis. Arthritis Rheum 31:315–324

Aupperle KR, Boyle DL, Hendrix M et al. (1998) Regulation of synoviocyte proliferation, apoptosis, and invasion by the p53 tumor suppressor gene. Am J Pathol 152:1091–1098

Bandara G, Mueller GM, Galea-Lauri J et al. (1993) Intraarticular expression of biologically active interleukin 1-receptor-antagonist protein by ex vivo gene transfer. Proc Natl Acad Sci USA 90:10.764–10.768

Birkedahl-Hansen H (1995) Proteolytic remodeling of extracellular matrix. Curr Opin Cell Biol 7:728–735

Brackertz D, Mitchell GF, Mackay IR (1997) Antigen-induced arthritis in mice. I. Introduction of arthritis in various strains of mice. Arthritis Rheum 20:841–850

Brandes ME, Wakefield LM, Wahl SM (1991) Modulation of monocyte type I transforming growth factor-beta receptors by inflammatory stimuli. J Biol Chem 266:19.697–19.703

Brennan FM, Field M, Chu CQ, Feldmann M, Maini RN (1991) Cytokine expression in rheumatoid arthritis. Br J Rheumatol 30:76–80

Brennan FM, Maini RN, Feldmann M (1992) TNF-α – a pivotal role in rheumatoid arthritis. Br J Rheumatol 31:293–298

Brinckerhoff CE, Harris ED (1981) Survival of rheumatoid synovium implanted into nude mice. Am J Pathol 103:411–419

Bromley M, Woolley DE (1984) Histopathology of the rheumatoid lesion. Identification of cell types at sites of cartilage erosion. Arthritis Rheum 27:857–863

Burmester GR, Daser A, Kamradt T et al. (1995) Immunology of reactive arthritides. Annu Rev Immunol 13:229–250

Burmester GR, Stuhlmüller B, Keyszer G, Kinne RW (1997) Mononuclear phagocytes and rheumatoid synoviitis: mastermind or workhorse in arthritis. Arthritis Rheum 40:5–18

Busso N, Péclat V, So A, Sappino AP (1997) Plasminogen activation in synovial tissues: differences between normal, osteoarthritis, and rheumatoid arthritis joints. Ann Rheum Dis 56:550–557

Carson DA, Ribeiro JM (1993) Apoptosis and disease. Lancet 341:1251–1254

Chen V, Croft D, Purkis P, Kramer IM (1998) Co-culture of synovial fibroblasts and differentiated U937 cells is sufficient for high interleukin-6 but not interleukin-1β or tumor necrosis factor-alpha release. Br J Rheumatol 37:148–156

Chikanza IC, Roux-Lombard P, Dayer JM, Panayi GS (1995) Dysregulation of the in vivo production of interleukin-1 receptor antagonist in patients with rheumatoid arthritis. Pathogenetic implications. Arthritis Rheum 38:642–648

Chin JE, Winterrowd GE, Krzesicki RF, Sanders ME (1990) Role of cytokines in inflammatory synovitis. The coordinate regulation of intercellular adhesion molecule 1 and HLA class I and class II antigens in rheumatoid synovial fibroblasts. Arthritis Rheum 33:1776–1786

Clancy RM, Leszczynska-Piziak J, Abramson JB (1990) Nitric oxide stimulates the ADP-ribosylation of actin in human neutrophils. Biochem Biophys Res Commun 184:560–567

Cotran RS (1987) New roles for the endothelium in inflammation and immunity. Am J Pathol 129:407–413

Crofford LJ, Tan B, McCarthy CJ, Hla T (1997) Involvement of nuclear factor κB in the regulation of cyclooxygenase-2 expression by interleukin-1 in rheumatoid synoviocytes. Arthritis Rheum 40:226–236

Cush JJ, Kavanaugh AF (1995) Biologic interventions in rheumatoid arthritis. Rheum Dis Clin N Am 21:797–816

Cush JJ, Splawski JB, Thomas R et al. (1995) Elevated interleukin-10 levels in patients with rheumatoid arthritis. Arthritis Rheum 38:96–104

Di Cristofano A, Kotsi P, Peng YF et al. (1997) Impaired Fas response and autoimmunity in Pten +/- mice. Science 275:1943–1947

Durie FH, Fava RA, Foy TM et al. (1993) Prevention of collagen-induced arthritis with an antibody to gp 39, the ligand for CD40. Science 261:1328–1330

Edwards JCW (1987) Structure of synovial lining. In: Henderson B, Edwards JCW (ed) The synovial lining in health and disease. Chapman 655–665

Evans CH, Robbins PD, Ghivizzani SC et al. (1996) Clinical trial to assess the safety, feasibility and efficacy of transferring a potentially anti-arthritic cytokine gene to human joints with rheumatoid arthritis. Hum Gene Ther 7:1261–1280

Evans CH, Whalen JD, Ghivizzani SC, Robbins PD (1998) Gene therapy in autoimmune disease. Ann Rheum Dis 57:127–127

Fassbender HG (1983) Histomorphologic basis of articular cartilage destruction in rheumatoid arthritis. Coll Relat Res 3:141–155

Firestein GS (1996) Invasive fibroblast-like synoviocytes in rheumatoid arthritis: passive responders or transformed aggressors? Arthritis Rheum 39:1781–1790

Firestein GS, Zvaifler NJ (1990) How important are T cells in chronic rheumatoid synovitis? Arthritis Rheum 33:768–773

Firestein GS, Xu WD, Townsend K et al. (1988) Cytokines in inflammatory arthritis. J Exp Med 168:1573–1586

Firestein GS, Alvaro-Gracia JM, Maki R (1990) Quantitative analysis of cytokine gene expression in rheumatoid arthritis. J Immunol 144:3347–3353

Firestein GS, Paine MM, Littman BH (1991) Gene expression (collagenase, tissue inhibitor of metallo-proteinase, complement, and HLA-DR) in rheumatoid arthritis and osteoarthritis synovium: quantitative analysis and effect of intraarticular corticosteroids. Arthritis Rheum 34:1094–1105

Firestein GS, Boyle DL, Yu C et al. (1994a) Synovial interleukin-1 receptor antagonist and interleukin-1 balance in rheumatoid arthritis. Arthritis Rheum 37:644–652

Firestein GS, Paine MM, Boyle DL (1994b) Mechanisms of methotrexate action in rheumatoid arthritis. Selective decrease in synovial collagenase gene expression. Arthritis Rheum 37:193–200

Firestein GS, Nguyen K, Aupperle KR et al. (1996) Apoptosis in rheumatoid arthritis: p53 overexpression in rheumatoid arthritis synovium. Am J Pathol 149:2143–2151

Firestein GS, Echeverri F, Yeo M et al. (1997) Somatic mutations in the p53 tumor suppressor gene in rheumatoid arthritis synovium. Proc Natl Acad Sci USA 94:10.895–10.900

Firestein GS, Zvaifler NJ (2002) How important are T cells in chronic rheumatoid synovitis. II. T cell independent mechanisms from beginning to end. Arthritis Rheum 46:298–308

Franz JK, Kolb SA, Hummel KM et al. (1998) Interleukin-16, produced by synovial fibroblasts, mediates chemoattraction for CD4[+] T lymphocytes in rheumatoid arthritis. Eur J Immunol 28:2661–2671

Franz JK, Pap T, Hummel KM et al. (2000) Expression of sentrin, a novel anti-apoptotic molecule at sites of synovial invasion in rheumatoid arthritis. Arthritis Rheum 43:599–607

Freiberg RA, Spencer DM, Choate KA et al. (1997) Fas signal transduction triggers either proliferation or apoptosis in human fibroblasts. J Invest Dermatol 108:215–219

Frenkel SR, Clancy RM, Ricci JL et al. (1996) Effects of nitric oxide on chondrocyte migration, adhesion, and cytoskeletal assembly. Arthritis Rheum 39:1905–1912

Fuiji M, Sassone-Corsi P, Verma IM (1998) C-fos promotor trans-activation by the tax-1 protein of human T-cell leukemia virus type 1. Proc Natl Acad Sci USA 85:8526–8630

Furst DE, Breedveld FC, Kalden JR et al. (2002) Updated consensus statement on biological agents for the treatment of rheumatoid arthritis and other rheumatic diseases (May 2002). Ann Rheum Dis 61(Suppl 2):ii2–7

Gay S, Kalden JR (1994) Retroviruses and autoimmune rheumatic diseases. Clin Exp Immunol 98:1–5

Gay S, Gay RE, Koopman WJ (1993) Molecular and cellular mechanisms of joint destruction in rheumatoid arthritis: two cellular mechanisms explain joint destruction? Ann Rheum Dis 52:39–47

Geiler T, Kriegsmann J, Keyszer G et al. (1994) A new model for rheumatoid arthritis generated by engraftment of rheumatoid synovial tissue and normal human cartilage into SCID mice. Arthritis Rheum 37:1664–1671

Gerritsen ME, Shen C-P, Perry A (1998) Synovial fibroblasts and the sphingomyelinase pathway. Sphingomyelin turnover and ceramide generation are not signaling mechanisms for the actions of tumor necrosis factor-a. Am J Pathol 152:505–512

González-Alvaro I, Muñoz C, García-Vicuña R et al. (1998) Interference of nonsteroidal drugs with very late activation antigen 4/vascular cell adhesion molecule-1-mediated lymphocyte-endothelial cell adhesion. Arthritis Rheum 41:1677–1688

Goronzy JJ, Weyand CM (1995) T cells in rheumatoid arthritis. Paradigms and facts. Rheum Dis Clin N Am 21:655–674

Graabaek PM (1982) Ultrastructural evidence for two distinct types of synoviocytes in rat synovial membrane. J Ultrastructural Res 78:321–339

Grabowski PS, Macpherson H, Ralston SH (1996) Nitric oxide production in cells derived from the human joint. Br J Rheumatol 35:207–212

Grabowski PS, Wright PK, Van't Hof RJ et al. (1997) Immunolocalization of inducible nitric oxide synthase in synovium and cartilage in rheumatoid arthritis and osteoarthritis. Br J Rheumatol 36:651–655

Gravallese EM, Darling JM, Ladd AL et al. (1991) In situ hybridization studies of stromelysin and collagenase messenger RNA expression in rheumatoid synovium. Arthritis Rheum 34:1076–1084

Gregersen PK, Silver J, Winchester RJ (1987) The shared epitope hypothesis. An approach to understanding the molecular genetics of susceptibility to rheumatoid arthritis. Arthritis Rheum 30:1205–1213

Grimbacher B, Aicher WK, Peter HH, Eibel H (1998) TNF-a induces the transcription factor Egr-1, pro-inflammatory cytokines and cell proliferation in human skin fibroblasts and synovial lining cells. Rheumatol Int 17:185–192

Gruber BL, Sorbi D, French DL et al. (1996) Markedly elevated serum MMP-9 (gelatinase B) levels in rheumatoid arthritis: a potentially useful laboratory marker. Clin Immunol Immunpathol 78:161–171

Hakkert BC, Kuijpers TW, Leeuwenberg JFM et al. (1991) Neutrophil und monocyte adherence to and migration across monolayers of cytokine-activated endothelial cells. The contribution of CD18, ELAM-1, and VLA-4. Blood 78:2721–2726

Hale LP, Martin ME, McCollum DE et al. (1989) Immunohistologic analysis of the distribution of cell adhesion molecules within the inflammatory synovial microenvironment. Arthritis Rheum 32:22–30

Hashiramoto A, Sano H, Maekawa T et al. (1999) C-myc antisense oligodeoxynucleotides can induce apoptosis and down-regulate Fas expression in rheumatoid synoviocytes. Arthritis Rheum 42:954–962

Hayward WS, Neel BG, Astrin SM (1981) Activation of a cellular oncogene by promotor insertion in ALV-induced lymphoid leukosis. Nature 290:475–480

Henderson B, Pettipher ER (1989) Arthritogenic actions of recombinant IL-1 and tumour necrosis factor alpha in the rabbit. Evidence for synergistic interactions between cytokines in vivo. Clin Exp Immunol 75:306–310

Hockenbery D, Nuñez, Milliman C et al. (1990) Bcl-2 is an inner mitochondrial membrane protein that blocks programmed cell death. Nature 348:334–336

Hui A, Kulkarni GV, Hunter WL et al. (1997) Paclitaxel selectively induces mitotic arrest and apoptosis in proliferating bovine synoviocytes. Arthritis Rheum 40:1073–1084

Hummel KM, Petrow PK, Franz JK et al. (1998) Cysteine proteinase cathepsin K mRNA is expressed in synovium of patients with rheumatoid arthritis and is detected at sites of of synovial bone destruction. J Rheumatol 25:1887–1894

Hynes RO (1990) Fibronectins. Springer, Berlin Heidelberg New York

Ikeda Y, Masuko K, Nakai Y (1996) High frequencies of identical T cell clonotypes in synovial tissues of rheumatoid arthritis patients suggests the occurrence of common antigen-driven immune responses. Arthritis Rheum 39:446–453

Inazuka M, Tahira T, Horiuchi T et al. (2000) Analysis of p53 tumour suppressor gene somatic mutations in rheumatoid arthritis synovium. Rheumatology 39:262–266

Johnson BA, Haines GK, Harlow LA, Koch AE (1993) Adhesion molecule expression in human synovial tissue. Arthritis Rheum 36:137–146

Jonat C, Rahmsdorf HJ, Park KK et al. (1990) Antitumor promotion and antiinflammation: downmodulation of AP-1 (Fos/Jun) activity by glucocorticoid hormone. Cell 62:1189–1204

Jones AKP, Al-Janabi MA, Solanki K et al. (1991) In vivo leukocyte migration in arthritis. Arthritis Rheum 34:270–275

Jorgensen C, Gay S (1998) Gene therapy in osteoarticular diseases: where are we? Immunol Today 19:387–391

Joseph L, Lapid S, Sukhatme VP (1987) The major ras induced protein in NIH 3T3 cells is cathepsin L. Nucleic Acids Res 15:3186–3193

Jovanovic DV, Martel-Pelletier J, Di Battista JA et al. (2000) Stimulation of 92-kd gelatinase (matrix metalloproteinase 9) production by interleukin-17 in human monocyte/macrophages: a possible role in rheumatoid arthritis. Arthritis Rheum 43:1134–1144

Judex M, Neumann E, Lechner S et al. (2003) Laser-mediated microdissection facilitates area-specific gene expression in rheumatoid synovium. Arthritis Rheum 47:97–102

Kahaleh B (1994) Lymphocyte interactions with the vascular endothelium in systemic sclerosis. Clin Dermatol 12:361–367

Kalden JR, Manger B (1998) Biologic agents in the treatment of inflammatory rheumatic diseases. Curr Opin Rheumatol 10:174–178

Karin M, Yang-Yen HF, Chambard JC et al. (1993) Various modes of gene regulation by nuclear receptors for steroid and thyroid hormones. Eur J Clin Pharmacol 45:9–15

Kavanaugh AF, Davis SL, Nichols LA et al. (1994) Treatment of refractory rheumatoid arthritis with a monoclonal antibody to intercellular adhesion molecule 1. Arthritis Rheum 37:992–999

Keyszer GM, Heer AH, Kriegsmann J et al. (1995a) Detection of insulin-like growth factor I and II in synovial tissue specimens of patients with rheumatoid arthritis and osteo-arthritis by in situ hybridization. J Rheumatol 22:275–281

Keyszer GM, Heer AH, Kriegsmann J et al. (1995b) Comparative analysis of cathepsin L, cathepsin D, and collagenase mRNA expression in synovial tissues of patients with rheumatoid arthritis and osteoarthritis, by in situ hybridization. Arthritis Rheum 38:976–984

Keyszer G, Redlich A, Häupl T et al. (1998) Differential expression of cathepsins B and L compared with matrix metalloproteinases and their respective inhibitors in rheumatoid arthritis and osteoarthritis. A parallel investigation by semiquantitative reverse transcriptase-polymerase chain reaction and immunohistochemistry. Arthritis Rheum 41:1378–1387

Knoerzer DB, Karr RW, Schwartz BD, Mengle-Gaw LJ (1995) Collagen-induced arthritis in the BB rat. Prevention of disease by treatment with CTLA-4-Ig. J Clin Invest 96:987–993

Koch AE, Burrows JC, Haines GK et al. (1991) Immunolocalization of endothelial and leukocyte adhesion molecules in human rheumatoid and osteoarthritic synovial tissues. Lab Invest 64:313–320

Koch AE, Kunkel SL, Chensue SW et al. (1992) Expression of interleukin-1 and interleukin-1 receptor antagonist by human rheumatoid synovial tissue macrophages. Clin Immunol Immunpathol 65:23–29

Koch AE, Kunkel SL, Shah MR et al. (1995a) Macrophage inflammatory protein-1β: a C-C chemokine in osteoarthritis. Clin Immunol Immunpathol 77:307–314

Koch AE, Kunkel SL, Shah MR et al. (1995b) Growth-related gene product-a. A chemotactic cytokine for neutrophils in rheumatoid arthritis. J Immunol 55:3660–3666

Konttinen YT, Reitamo S, Ranki A et al. (1981) Characterization of the immunocompetent cells of rheumatoid synovium from tissue selections and eluates. Arthritis Rheum 24:71–79

Koopman WJ, Gay S (1988) The MRL-lpr/lpr mouse. A model for the study of rheumatoid arthritis. Scand J Rheumatol 74:284–289

Kozaci LD, Buttle DJ, Hollander AP (1997) Degradation of type II collagen, but not proteo-glycan, correlates with matrix metalloproteinase activity in cartilage explant cultures. Arthritis Rheum 40:164–174

Kriegsmann J, Keyszer GM, Geiler T et al. (1995a) Expression of E-selectin mRNA and protein in rheumatoid arthritis. Arthritis Rheum 38:750–754

Kriegsmann J, Keyszer GM, Geiler T et al. (1995b) Expression of vascular cell adhesion molecule-1 mRNA and protein in rheumatoid arthritis synovium demonstrated by in situ hybridization and immunohistochemistry. Lab Invest 72:209–213

Kullmann F, Judex M, Neudecker I et al. (1999a) Analysis of the p53 tumor suppressor gene in rheumatoid arthritis synovial fibroblasts. Arthritis Rheum 42:1594–1600

Kullmann F, Judex M, Ballhorn W et al. (1999b) Kinesin-like protein CENP-E is upregulated in rheumatoid synovial fibroblasts. Arthritis Res 1:71–80

Kumkumian GK, Lafyatis R, Remmers EF et al. (1989) Platelet-derived growth factor and IL-1 interactions in rheumatoid arthritis. Regulation of synoviocyte proliferation, prostaglandin production, and collagenase transcription. J Immunol 143:833–837

Kunkel SL (1996) Th-1 and Th-2-type cytokines regulate chemokine expression. Biol Signals 5:197–202

Lafyatis R, Remmers EF, Roberts AB et al. (1989) Anchorage independent growth regulation of synoviocytes from arthritic and normal joints: stimulation by exogenous platelet-derived growth factor and inhibition by transforming growth factor-beta and retinoids. J Clin Invest 83:1267–1276

Lambert N, Lescoulié PL, Yassine-Diab B et al. (1998) Substance P enhances cytokine-induced vascular cell adhesion molecule-1 (VCAM-1) expression on cultured rheumatoid fibroblast-like synoviocytes. Clin Exp Immunol 113:269–275

Lang B, Rothenfusser A, Lanchbury JS et al. (1993) Susceptibility to relapsing polychondritis is associated with HLA-DR4. Arthritis Rheum 36:660–664

Lewis EJ, Bishop J, Bottomley KMK et al. (1997) Ro 32–3555, an orally active collagenase inhibitor, prevents cartilage breakdown in vitro and in vivo. Br J Pharmacol 121:540–546

Li J, Yen C, Liaw D et al. (1997) PTEN, a putative protein tyrosine phosphatase gene mutated in human brain, breast, and prostate cancer. Science 275:1943–1947

Lim A, Toubert A, Pannetier C et al. (1996) Spread of clonal T-cell expansions in rheumatoid arthritis patients. Hum Immunol 48:77–83

Linker-Israeli M (1992) Cytokine abnormalities in human lupus. Clin Imunol Immunpathol 63:10–12

Lipsky P, van der Heijde DM, St. Clair EW et al. (2000) Infliximab and methotrexate in the treatment of rheumatoid arthritis. ATTRACT trial in rheumatoid arthritis with concomitant therapy study group. N Engl J Med 343:1594–1602

Littler AJ, Buckley CD, Wordworth P et al. (1997) A distinct profile of six soluble adhesion molecules (ICAM-1, ICAM-3, VCAM-1, E-selectin, L-selectin, and p-selectin) in rheumatoid arthritis. Br J Rheumatol 36:164–169

Lopez S, Halbwachs-Mecarelli L, Ravaud P et al. (1995) Neutrophil expression of tumor necrosis factor receptors (TNF-R) and of activation markers (CD11b, CD43, CD63) in rheumatoid arthritis. Clin Exp Immunol 101:25–32

Lotz M, Guerne PA (1991) Interleukin-6 induces the synthesis of tissue inhibitor of metallo-proteinases-1/erythroid potentiating activity (TIMP-1/EPA). J Biol Chem 266:2017–2020

Lowin B, Hahne M, Mattmann C, Tschopp J (1994) Cytolytic T-cell cytotoxicity is mediated through perforin and fas lytic pathways. Nature 370:650–652

Lubberts E, Joosten LAB, Chabaud M et al. (2000) IL-4 gene therapy for collagen arthritis suppresses synovial IL-17 and osteoprotegerin ligand and prevents bone erosion. J Clin Invest 105:1697–1710

Maciewicz RA, Wotton SF, Etherington DJ, Duance VC (1990) Susceptibility of the cartilage collagens type II, IX and XI to degradation by the cysteine proteinases, cathepsin D and L. FEBS Lett 269:189–193

Maier R, Ganu V, Lotz M (1993) Interleukin-11, an inducible cytokine in human articular chondrocytes and synoviocytes, stimulates the production of the tissue inhibitor of metalloproteinases. J Biol Chem 268:21.527–21.532

Maini RN, Elliott MJ, Charles PJ, Feldmann M (1994) Immunological intervention reveals reciprocal roles for tumor necrosis factor- and interleukin-10 in rheumatoid arthritis and systemic lupus erythematosus. Springer Semin Immunopathol 16:327–336

Maini RN, Elliott M, Brennan FM et al. (1997) TNF blockade in rheumatoid arthritis: implications for therapy and pathogenesis. APMIS 105:257–263

McCachren SS (1991) Expression of metalloproteinases and metalloproteinase inhibitor in human arthritic synovium. Arthritis Rheum 34:1085–1093

McCachren SS, Haynes BF, Niedel JE (1990) Localization of collagenase mRNA in rheumatoid arthritis synovium by in situ hybridization histochemistry. J Clin Immunol 10:19–27

McGeehan GM, Becherer JD, Bast RC Jr et al. (1994) Regulation of tumour necrosis factor-alpha processing by a metalloproteinase inhibitor. Nature 370:558–561

McInnes IB, Liew FY (1998) Interleukin 15: a proinflammatory role in rheumatoid arthritis synovitis. Immunol Today 19:75–79

Meijer CJLM, De Graaf-Reitsma CB, Lafeber GJM, Cats A (1982) In situ localization of lymphocyte subsets in synovial membranes of patients rheumatoid arthritis with monoclonal antibodies. J Rheumatol 9:359–365

Mello SBV, Barros DM, Silva ASF, Laurindo IMM, Novaes GS (2000) Methotrexate as a preferential cyclooxygenase 2 inhibitor in whole blood of patients with rheumatoid arthritis. Rheumatology 39:533–536

Mohr W, Beneke K, Mohing W (1975) Proliferation of synovial lining cells and fibroblasts. Ann Rheum Dis 34:219–224

Moldovan F, Pelletier JP, Hambor J et al. (1997) Collagenase-3 (matrix metalloproteinase 13) is preferentially localized in the deep layer of human arthritic cartilage in situ. In vitro mimicking effect by transforming growth factor β. Arthritis Rheum 40:1653–1661

Moreland LW, Schiff MH, Baumgartner SW et al. (1999) Etanercept therapy in rheumatoid arthritis. A randomized, controlled trial. Ann Intern Med 130:478–486

Morita Y, Kahsihara N, Yamamura M et al. (1997) Inhibition of rheumatoid synovial fibroblast proliferation by antisense oligonucleotides targeting proliferating cell nuclear antigen messenger RNA. Arthritis Rheum 40:1292–1297

Morris R, Winyard PG, Brass LF et al. (1996) Thrombin receptor expression in rheumatoid and osteoarthritic synovial tissue. Ann Rheum Dis 55:841–843

Muegge K, Durum SK (1989) From cell code to gene code: cytokines and transcription factors. New Biologist 1:239–247

Mulherin D, Fitzgerald O, Bresnihan B (1996) Clinical improvement and radiological deterioration in rheumatoid arthritis: evidence that the pathogenesis of synovial inflammation and articular erosion may differ. Br J Rheumatol 35:1263–1268

Müller-Ladner U, Nishioka K (2000) p53 in rheumatoid arthritis: friend or foe? Arthritis Res 2:175–178

Müller-Ladner U, Kriegsmann J, Uhde R et al. (1994) Gene expression of platelet derived growth factor (PDGF) in rheumatoid arthritis (RA) synovium. Arthritis Rheum [Suppl] 37:310

Müller-Ladner U, Kriegsmann J, Tschopp J et al. (1995) Demonstration of granzyme A and perforin mRNA in synovium of patients with rheumatoid arthritis. Arthritis Rheum 38:477–484

Müller-Ladner U, Franklin BN, Hummel KM et al. (1996a) Synovial fibroblasts of patients with rheumatoid arthritis engrafted in SCID mice invade normal human cartilage but not normal human bone. Arthritis Rheum [Suppl] 39:S284

Müller-Ladner U, Kriegsmann J, Gay RE, Gay S (1996b) A rapid new double-labeling technique for tissue specimens: immunogold-silver staining for in situ hybridization combined with alkaline-phosphatase anti alkaline phosphatase (APAAP) immunohistochemistry for antigens. Histochem J 28:133–140

Müller-Ladner U, Kriegsmann J, Franklin BN et al. (1996c) Synovial fibroblasts of patients with rheumatoid arthritis attach to and invade normal human cartilage when engrafted into SCID mice. Am J Pathol 149:1607–1615

Müller-Ladner U, Elices MJ, Kriegsmann JB et al. (1997a) Alternatively spliced CS-1 fibronectin isoform and its receptor VLA-4 in rheumatoid arthritis synovium. J Rheumatol 24:1873–1880

Müller-Ladner U, Roberts CR, Franklin BN et al. (1997b) Human IL-1Ra gene transfer into human synovial fibroblasts is chondroprotective. J Immunol 158:3492–3498

Müller-Ladner U, Judex M, Jüsten H-P et al. (1999) Analyse des Genexpressionsmusters in synovialen Fibroblasten von Patienten mit rheumatoider Arthritis mittels RNA-Fingerprint. Med Klin 94:228–232

Müller-Ladner U, Judex M, Ballhorn W et al. (2000) Activation of the IL-4 STAT pathway in rheumatoid synovium. J Immunol 164:3894–3901

Nakajima T, Kitajima I, Aono T et al. (1993) Effect of anti-tax antisense oligodeoxynucleotides on HTLV-I tax transformed synovial cells. Arthritis Rheum [Suppl] 36:268

Nakajima T, Aono H, Hasunuma T et al. (1995) Apoptosis and functional fas antigen in rheumatoid arthritis synoviocytes. Arthritis Rheum 38:485–491

Nakashima M, Eguchi K, Aoyagi T et al. (1994) Expression of basic fibroblast growth factor in synovial tissues from patients with rheumatoid arthritis: detection by immunohistological staining and in situ hybridization. Ann Rheum Dis 53:45–50

Nakatsuka K, Tanaka Y, Hübscher S et al. (1997) Rheumatoid synovial fibroblasts are stimulated by the cellular adhesion to T cells through lymphocyte function associated antigen-1/intercellular adhesion molecule-1. J Rheumatol 24:458–464

Namekawa T, Wagner UG, Goronzy JJ, Weyand CM (1998) Functional subsets of CD4 T cells in rheumatoid synovitis. Arthritis Rheum 41:2108–2116

Neidhart M, Gay RE, Gay S. (2000) Anti-interleukin-1 and anti-CD44 interventions producing significant inhibition of cartilage destruction in an in vitro model of cartilage invasion by rheumatoid arthritis synovial fibroblasts. Arthritis Rheum 43:1719–1728

Neumann E, Fleck M, Judex M et al. (2000) Alteration of proto-oncogene pattern in rheumatoid synovial fibroblasts following adenovirus-based TNF-αR p55 gene transfer. Arthritis Rheum [Suppl] 43:S100

Neumann E, Judex M, Kullmann F et al. (2002a) Identification of differentially expressed genes in rheumatoid arthritis by a combination of cDNA expression array and RAP-PCR. Arthritis Rheum 46:52–63

Neumann E, Judex M, Kullmann F et al. (2002b) Inhibition of cartilage destruction by double gene transfer of IL-1 Ra and IL-10 is mediated by the activin pathway. Gene Ther 9:1508–1519

Nguyen KH, Firestein GS (1998) Direct synovial gene transfer with retroviral vectros in rat adjuvant arthritis. J Rheumatol 25:1118–1125

Nguyen KHY, Boyle DL, McCormack JE et al. (1998) Direct synovial gene transfer with retroviral vectors in rat adjuvant arthritis. J Rheumatol 25:1118–1125

Nozawa K, Kayagaki N, Tokano Y et al. (1997) Soluble Fas (APO-1, CD95) and soluble fas ligand in rheumatic diseases. Arthritis Rheum 40:1126–1129

O'Banion MK, Levenson RM, Brinckmann UG, Young DA (1992) Glucocorticoid modulation of transformed cell proliferation is oncogene specific and correlates with effects on c-myc levels. Mol Endocrinol 6:1371–1380

Okada Y, Gonoij Y, Nakanishi I et al. (1990) Immunohistochemical demonstration of collagenase and tissue inhibitor of metalloproteinases (TIMP) in synovial lining cells of rheumatoid synovium. Virchows Arch 59:305–312

Onrust SV, Wiseman LR (1999) Basiliximab. Drugs 57:207–213

O'Sullivan FX, Gay RE, Gay S (1995) Spontaneous arthritis models. In: Henderson B, Pettipher R, Edwards J (eds) Mechanisms and models in rheumatoid arthritis. Academic Press, London, pp 471–483

Paleolog EM (1996) Angiogenesis: a critical process in the pathogenesis of RA – A role for VEGF? Br J Rheumatol 35:917–920

Paleolog EM, Young S, Stark AC et al. (1998) Modulation of angiogenic vascular endothelial growth factor by tumor necrosis factor α and interleukin-1 in rheumatoid arthritis. Arthritis Rheum 41:1258–1265

Panayi GS, Lanchbury JS, Kingsley GH (1992) The importance of the T cell in initiation and maintaining the chronic synovitis of rheumatoid arthritis. Arthritis Rheum 35:729–735

Pap T, Aupperle KR. Jeisy E et al. (1999) Inhibition of endogenous p53 by gene transfer increases the invasiveness of fibroblast-like synoviocytes in the SCID mouse model of rheumatoid arthritis (RA). Arthritis Rheum [Suppl] 42:S163

Pap T, Franz JK, Hummel KM et al. (2000a) Activation of synovial fibroblasts in rheumatoid arthritis: lack of expression of the tumor suppressor PTEN at sites of invasive growth and destruction. Arthritis Res 2:59–65

Pap T, Shigeyama Y, Kuchen S et al. (2000b) Differential expression of membrane-type matrix-metalloproteinases (MT-MMPs) in rheumatoid arthritis (RA). Arthritis Rheum 43:1226–1232

Paulus HE, Di Primeo D, Sanda M et al. (2000) Progression of radiographic joint erosion during low dose corticosteroid treatment of rheumatoid arthritis. J Rheumatol 27:1632–1637

Petrow PK, Hummel KM, Schedel J et al. (2000) Expression of osteopontin messenger RNA and protein in rheumatoid arthritis. Effects of osteopontin on the release of collagenase 1 from articular chondrocytes and synovial fibroblasts. Arthritis Rheum 43:1597–1605

Pincus T, Callahan LF (1992) Early mortality in RA predicted by poor clinical status. Bull Rheum Dis 41:1–4

Piomelli D (1993) Arachidonic acid in cell signaling. Curr Opin Cell Biol 5:274–280

Poznansky MC, Olszak IT, Foxall R et al. (2000) Active movement of T cells away from a chemokine. Nat Med 6:543–548

Qu Z, Garcia CH, O'Rourke LM et al. (1994) Local proliferation of fibroblast-like synoviocytes contributes to synovial hyperplasia. Results of proliferating cell nuclear antigen/-cyclin, c-myc, and nucleolar organizer region staining. Arthritis Rheum 37:212–220

Quattrochi E, Dallmann MJ, Feldmann M (2000) Adenovirus-mediated gene transfer of CTLA-4Ig fusion protein in the suppression of experimental autoimmune arthritis. Arthritis Rheum 43:1688–1697

Rankin ECC, Choy EHS, Kassimos D et al. (1995) The therapeutic effects of an engineered human anti-tumour necrosis factor alpha antibody (CDP571) in rheumatoid arthritis. Br J Rheumatol 34:334–342

Rème T, Travaglio A, Gueydon E, Adla L, Jorgensen C, Sany J (1998) Mutations of the tumour suppressor gene in erosive rheumatoid synovial tissue. Clin Exp Immunol 111:353–358

Remmers EF, Sano H, Lafyatis R et al. (1991) Production of platelet derived growth factor B chain (PDGF-B/c-sis) mRNA and immunoreactive PDGF B-like polypeptide by rheumatoid synovium: coexpression with heparin binding acidic fibroblast growth factor-1. J Rheumatol 18:7–13

Reuterdahl C, Tingstrom A, Terracio L et al. (1991) Characterization of platelet-derived growth factor beta-receptor expressing cells in the vasculature of human rheumatoid synovium. Lab Invest 64:321–329

Ronday HK, Smits HH, Van Muijen GN et al. (1996) Difference in expression of the plasminogen activation system in synovial tissue of patients with rheumatoid arthritis and osteoarthritis. Br J Rheumatol 35:416–423

Ronday HK, Smits HH, Quax PHA et al. (1997) Bone matrix degradation by the plasminogen activation system. Possible mechanism of bone destruction in arthritis. Br J Rheumatol 36:9–15

Sánchez-Pernaute O, López-Armada MJ, Hernández P et al. (1997) Antifibroproliferative effect of tenidap in chronic antigen-induced arthritis. Arthritis Rheum 40:2147–2156

Sato H, Takino T, Okada Y et al. (1994) A matrix metalloproteinase expressed on the surface of invasive tumor cells. Nature 370:61–65

Schulze-Koops H, Lipsky PE, Kavanaugh AF, Davis LS (1995) Elevated Th1- or Th2-like cytokine mRNA in peripheral circulation of patients with rheumatoid arthritis. Modulation by treatment with anti-ICAM-1 correlates with clinical benefit. J Immunol 155:5029–5037

Scott DL (2000) Prognostic factors in early rheumatoid arthritis. Rheumatology 39:S24–S29

Shang XZ, Issekutz AC (1998) Contribution of CD11a/CD18, CD11b/CD18, ICAM-1 (CD54) and-2 (CD102) to human monocyte migration through endothelium and connective tissue fibroblast barriers. Eur J Immunol 28:1970–1979

Shigeyama Y, Pap T, Künzler P, Simmen BR, Gay RE, Gay S (2000) Expression of osteoclast differentiation factor in rheumatoid arthritis. Arthritis Rheum 43:2523–2530

Siegle I, Klein T, Backmann JT et al. (1998) Expression of cyclooxygenase 1 and cyclooxygenase 2 in human synovial tissue: differential elevation of cyclooxygenase 2 in inflammatory joint diseases. Arthritis Rheum 41:122–129

Simon HG, Fruth U, Kramer MD, Simon MM (1987) A secretable serine protease with highly restricted specificity from cytolytic T lymphocytes inactivates retrovirus-associated reverse transcriptase. FEBS Lett 223:352–360

Skezanecz Z, Haines GK, Lin TR et al. (1998) Differential distribution of intercellular adhesion molecules (ICAM-1, ICAM-2, and ICAM-3) and the MS-1 antigen in normal and diseased human synovia. Arthritis Rheum 37:221–231

Smolen JS, Breedveld FC, Burmester GR et al. (2000) Consensus statement on the initiation and continuation of tumour necrosis factor blocking therapies in rheumatoid arthritis. Ann Rheum Dis 59:504–505

Springer TA (1990) Adhesion receptors of the immune system. Nature 346:425–433

Stamenkovic I, Stegagno M, Wright KA et al. (1988) Clonal dominance among T-lymphocyte infiltrates in arthritis. Proc Natl Acad Sci USA 85:1179–1183

Stastny P (1978) Association of the B-cell alloantigen DRw4 with rheumatoid arthritis. N Engl J Med 289:869–872

Steiner G, Studnicka-Benke A, Witzmann G et al. (1995) Soluble receptors for tumor necrosis factor and interleukin-2 in serum and synovial fluid of patients with rheumatoid arthritis, reactive arthritis and osteoarthritis. J Rheumatol 22:406–412

Stransky G, Moreland LW, Gay RE, Gay S (1993) Virus-like particles (VLP) in synovial fluids from patients with rheumatoid arthritis (RA). Br J Rheumatol 32:1044–1048

Stuhlmüller B, Ungethüm U, Scholze S et al. (2000) Identification of known and novel genes in activated monocytes from patients with rheumatoid arthritis. Arthritis Rheum 43:775–790

Tak PP, Kummer AJ, Hack CE et al. (1994) Granzyme-positive cytotoxic cells are specifically increased in early rheumatoid synovial tissue. Arthritis Rheum 37:1735–1743

Tak PP, Van der Lubbe PA, Cauli A et al. (1995) Reduction of synovial inflammation after anti-CD4 monoclonal antibody treatment in early rheumatoid arthritis. Arthritis Rheum 38:1457–1465

Tanaka A, O'Sullivan FX, Koopman WJ, Gay S (1988) Etiopathogenesis of the rheumatoid arthritis-like disease in MRL/l mice: II. Ultrastructural basis of joint destruction. J Rheumatol 15:10–16

Taylor DJ (1994) Cytokine combinations increase p75 tumor necrosis factor receptor binding and stimulate receptor shedding in rheumatoid synovial fibroblasts. Arthritis Rheum 37:232–235

Trabandt A, Gay RE, Fassbender HG, Gay S (1991) Cathepsin B in synovial cells at the site of joint destruction in rheumatoid arthritis. Arthritis Rheum 34:1444–1451

Trabandt A, Gay RE, Gay S (1992) Oncogene activation in rheumatoid synovium. APMIS 100:861–875

Tsui M, Hirakawa K, Kato A, Fujii K (2000) The possible role of c-fos expression in rheumatoid cartilage destruction. J Rheumatol 27:1606–1621

Unemori EN, Werb Z (1988) Collagenase expression of endogenous activation in rabbit synovial fibroblasts stimulated by the calcium ionophore. J Biol Chem 263:16.252–16.259

Unemori EN, Hibbs MS, Amento EP (1991) Constitutive expression of a 92-kD gelatinase (type V collagenase) by rheumatoid synovial fibroblasts and its induction in normal human fibroblasts by inflammatory cytokines. J Clin Invest 88:156–166

Van der Laan WH, Pap T, Ronday HK et al. (2000) Cartilage degradation and invasion by rheumatoid synovial fibroblasts is inhibited by gene transfer of a cell surface-targeted plasmin inhibitor. Arthritis Rheum 43:1710–1718

Van Eden W, Van der Zee R, Paul AG et al. (1998) Do heat shock proteins control the balance of T-cell regulation in inflammatory diseases? Immunol Today 19:303–307

Wakisaka S, Suzuki N, Takeno M et al. (1998) Involvement of simultaneous multiple transcription factor expression, including cAMP responsive element binding protein and OCT-1, for synovial cell outgrowth in patients with rheumatoid arthritis. Ann Rheum Dis 57:487–494

Watanabe-Fukunaga R, Brannan CI, Copeland NG et al. (1992) Lymphoproliferation disorder in mice explained by defects in fas antigens that mediates apoptosis. Nature 356:314–317

Weinblatt ME, Kremer JM, Bankhurst AD et al. (1999) A trial of etanercept, a recombinant tumor necrosis factor receptor:Fc fusion protein, in patients with rheumatoid arthritis receiving methotrexate. N Engl J Med 340:253–259

Werb Z, Alexander CM (1992) Proteinases and matrix degradation. In: Kelley WN, Harris ED Jr (eds) Textbook of rheumatology, 4th edn. Saunders, Philadelphia, pp 248–268

Westacott CI, Whicher JT, Barnes IC et al. (1990) Synovial fluid concentration of five different cytokines in rheumatic diseases. Ann Rheum Dis 49:676–681

Westhoff CS, Freudiger D, Petrow P et al. (1999) Characterization of collagenase-3 (matrix metalloproteinase 13) messenger RNA expression in the synovial membrane and synovial fibroblasts of patients with rheumatoid arthritis. Arthritis Rheum 42:1517–1527

Weyand CM (2000) New insights into the pathogenesis of rheumatoid arthritis. Rheumatology 39:S3–S8

Weyand CM, Goronzy JJ (1992) HIV infection and rheumatic diseases – autoimmune mechanisms in immunodeficient hosts. Z Rheumatol 51:55–64

Weyand CM, Hicok KC, Conn DL, Goronzy JJ (1992) The influence of HLA-DRB1 genes on disease severity in rheumatoid arthritis. Ann Intern Med 117:801–806

Weyand CM, McCarthy TG, Goronzy JJ (1995) Correlation between disease phenotype and genetic heterogeneity in rheumatoid arthritis. J Clin Invest 95:2120–2126

Weyand CM, Brandes JC, Schmid D, Fulbright JW, Goronzy JJ (1998) Functional properties of CD4$^+$ CD28$^-$ T cells in the ageing immune system. Mech Ageing Dev 102:131–147

Wilkinson LS, Pitsillides AA, Worrall JG, Edwards JCW (1992) Light microscopic characterization of the fibroblast-like synovial intimal cell (synoviocyte). Arthritis Rheum 35:1179–1184

Woolley DE, Crossley MJ, Evanson JM (1977) Collagenase at sites of cartilage erosion in the rheumatoid joint. Arthritis Rheum 20:1231–1239

Wright JJ, Gunter KC, Mitsuya H et al. (1990) Expression of a zinc finger gene in HTLV-I and HTLV-II transformed cells. Science 248:588–591

Wu J, Zhou T, He J, Mountz JD (1993) Autoimmune disease in mice due to integration of an endogenous retrovirus in an apoptosis gene. J Exp Med 178:461–468

Wu J, Zhou T, Zhang J et al. (1994) Correction of accelerated autoimmune disease by early replacement of the mutated lpr gene with the normal fas apoptosis gene in the cells of transgenic MRL-lpr/lpr mice. Proc Natl Acad Sci USA 91:1–5

Youssef PP, Triantafillou S, Parker A et al. (1996) Effects of pulse methylprednisolone on cell adhesion molecules in the synovial membrane in rheumatoid arthritis. Reduced E-selctin and intercellular adhesion molecule 1 expression. Arthritis Rheum 39:1970–1979

Ziff M (1964) Some immunologic aspects of the connective tissue diseases. Ann Rheum Dis 24:103–115

Ziff M (1991) Role of endothelium in chronic inflammatory synovitis. Arthritis Rheum 34:1345–1352

Zvaifler NJ (1996) A retrospective analysis of the pathogenesis of rheumatoid arthritis. Rev Rheum 63:791–796

11 Ätiopathogenese des systemischen Lupus erythematodes (SLE)

Martin Herrmann, Reinhard E. Voll, Udo Gaipl, Wasilis Kolowos und Joachim R. Kalden

Inhaltsverzeichnis

11.1 Einleitung

Die Ätiopathogenese des SLE, bislang nur partiell verstanden, ist ein multifaktorieller Prozess. Die Erkrankung entsteht vermutlich aus der Interaktion von Suszeptibilitätsgenen mit Umweltfaktoren wie Viren, anderen infektiösen Agenzien, Medikamenten, Chemikalien, UV-Exposition u. Ä. Suszeptibilitätsgene sind als Gene definiert, die das relative Risiko einer bestimmten Erkrankungsmanifestation erhöhen, ohne dass die meisten Individuen, die Träger dieses Gens sind, erkranken. Basierend auf Konkordanzanalysen bei Zwillingsstudien wird vermutet, dass mindestens 3 oder 4 solcher Gene für die Manifestation des SLE notwendig sind. Beweisend für eine genetische Prädisposition sind u. a. die um das 3- bis 10fache erhöhte Erkrankungswahrscheinlichkeit bei monozygoten im Vergleich zu dizygoten Zwillingen, das 8- bis 9fache relative Erkrankungsrisiko bei Verwandten ersten und zweiten Grads und Kopplungsanalysen, die die Erkrankung mit bestimmten Haplotypen und dem MHC-Locus assoziieren.

Die korrigierte Inzidenz der Rochester-SLE-Studie von 1980–1992 betrug 5,56/100 000 Personen, im Vergleich zu 1,51/100 000 in der Studie von 1950–1979. Die alters- und geschlechtskorrigierte Prävalenz von Januar 1993 lag bei 1,22/1000. In dieser Zeitspanne war eine Verdreifachung der Inzidenz des SLE zu beobachten. Vermutlich werden mit Hilfe moderner diagnostischer Verfahren auch mildere Verlaufsformen der Erkrankung entdeckt und effektive Therapieansätze verbessern entscheidend den Verlauf der Erkrankung und führen bei den meisten Patienten zu einer Remission (Uramoto et al. 1999). Obwohl sich die Überlebensrate der SLE-Patienten in den letzten 4 Jahrzehnten signifi-

Ganten/Ruckpaul (Hrsg.)
Molekularmedizinische Grundlagen
von rheumatischen Erkrankungen
© Springer-Verlag Berlin Heidelberg 2003

kant besserte, liegt sie immer noch deutlich unter der Überlebensrate der Normalbevölkerung (Uramoto et al. 1999).

Zur Pathogenese des SLE sind wiederholt Hypothesen publiziert worden. So wurde u.a. diskutiert, dass ein dysreguliertes Immunsystem im Verlauf des SLE zu einer alterierten T-Zell-Funktion führt, die mit zur Produktion unterschiedlicher Autoantikörper und zur Veränderungen der Onkogenexpression beiträgt (Kalden et al. 1991). Für eine Subgruppe der SLE-Patienten lässt sich, basierend auf intensiven Forschungsarbeiten der letzten Jahre, folgender pathophysiologischer Mechanismus vorschlagen:

- Eine erhöhte *Apoptoserate* und/oder eine reduzierte *Phagozytose* sterbender Zellen führen zur *Akkumulation* von Zellbestandteilen in unterschiedlichen Geweben.
- Nicht nur *Makrophagen,* sondern auch *dendritische Zellen* akquirieren Autoantigene, u.a. auch nukleäres Material sterbender Zellen.
- Potenziell autoreaktive T-Zellen werden durch *modifizierte Autoantigene* apoptierender Zellen aktiviert, die in der Spätphase des apoptotischen Zelltods gebildet werden.
- Aktivierte autoreaktive T-Zellen treiben B-Zellen, die Autoantigene erkennen, zur *Autoantikörperproduktion.*
- Autoreaktive Plasmazellen produzieren große Mengen an *Autoantikörpern.*
- Anti-dsDNA und *Immunkomplexe* werden in Organen abgelagert.
- Diese Immunkomplexe können humorale Mechanismen, wie das Komplementsystem, und zelluläre Mechanismen anwerfen, die häufig in eine *Zerstörung der betroffenen Organe* münden.

11.2 Klinisches Bild

Die Diagnose SLE basiert in der Regel auf der Klassifikation nach den ARA-Kriterien (Tan et al. 1982). Die Symptomatik zu Beginn des SLE kann ein einzelnes Organsystem betreffen oder aber Zeichen einer multisystemischen Erkrankung aufweisen. Autoantikörper sind meistens bereits bei Erkrankungsbeginn zu finden. Das Krankheitsbild variiert zwischen einem milden und intermittierenden bis hin zum persistierenden, fulminanten Verlauf. Die meisten Patienten zeigen Exazerbationen unterbrochen von Perioden relativer klinischer Remission. Echte Remissionen ohne klinische Symptomatik und ohne Therapie sind in etwa 20% der Fälle zu beobachten. Prominente systemische Symptome sind häufig und beinhalten Abgeschlagenheit, Leistungsknick, Übelkeit, Fieber, Anorexie und Gewichtsverlust und lassen differenzialdiagnostisch auch an Neoplasien oder Infektionskrankheiten denken.

Symptome im Bereich des muskuloskelettalen Systems sind irreführend und lassen v.a. in den Initialstadien an eine rheumatoide Arthritis denken. Oft wird ein symmetrischer, polyartikulärer Gelenkbefall mit Bevorzugung der proximalen Interphalangealgelenke, Kniegelenke, Handgelenke und der Metakarpophalangealgelenke beobachtet. Avaskuläre Nekrosen werden zunehmend als Ursache für Schmerzen und Funktionsstörung der Gelenke festgestellt und erfordern in vielen Fällen den chirurgischen Gelenkersatz mit Endoprothesen.

In vielen Fällen ist die Haut befallen. Läsionen sind das typische Schmetterlingserythem, eine noduläre Pannikulitis, diskoide Läsionen und eine Vaskulitis der Haut, v.a. im Bereich der Streckseiten der Unterarme und Finger. In der Haut finden sich die im Folgenden beschriebenen, fundamentalen pathophysiologischen Charakteristika des SLE. Immunkomplexablagerungen, vaskuläre und perivaskuläre Infiltrationen sowie mononukleäre Zellinfiltrationen gehören zum histopathologischen Bild von Patienten mit kutanem Lupus. In fast allen Fällen sind entlang des Übergangs der Epidermis zur Dermis Ablagerungen von Immunglobulinen (IgA, IgG und IgM) und Komplementkomponenten des klassischen sowie des alternativen Aktivierungswegs zu finden. Die immunfluoreszenzmikroskopische Untersuchung dieser Ablagerungen zeigt das charakteristische Bild des „Lupus-Bands" und wird auch als „Lupus-Band-Test" bezeichnet. Die dermal-epidermale Lokalisation dieser Ablagerungen kann durch Rückdiffusion von antigenem Material aus toten Keratinozyten in den subepidermalen Raum entstehen. In dieser hochvaskularisierten Umgebung könnten nach UV-Bestrahlung Zellfragmente toter Keratinozyten mit zirkulierenden Antikörpern interagieren, präzipitieren und als Immunaggregate die Gewebedestruktion initialisieren.

Die Lupusnephritis mit Proteinurie und Hämaturie findet sich in mehr als 50% der Patienten. In der lichtmikroskopischen Untersuchung von Nierenbiopsien fallen zunächst eine mesangiale Zellexpansion und eine Infiltration mononukleärer Zellen in das Mesangium auf. Diese minimalen

Veränderungen sind in der Regel nicht mit Nekrose oder Karyorrhexis assoziiert. Glomerulonephritiden mit erhöhter Proliferation und einer stärkeren inflammatorischen Zellinfiltration zeigen häufig Nekrosen, die durch Bildung sklerotischen und fibrotischen Gewebes zum irreversiblen Verlust von Glomeruli führen. Hämatoxylin-Eosin-Färbungen identifizieren häufig eine aufgrund von Komplement- und Immunglobulinablagerungen verdickte glomeruläre Basalmembran. Immunfluoreszenzfärbungen zeigen eine granuläre Deposition von Komplement und Immunglobulinen. Mit Hilfe des Elektronenmikroskops lassen sich subendotheliale von subepithelialen Ablagerungen in glomerulären Basalmembranen unterscheiden. Die immunchemische und biophysikalische Heterogenität der Immunkomplexe scheint sich in ihrer anatomischen Deposition widerzuspiegeln. So tendieren große Komplexe zu einer Ablagerung in den Arteriolen der Glomeruli, kationische Komplexe sind häufig an der negativ geladenen glomerulären Basalmembran zu finden.

Einige Läsionen sind typisch für den systemischen Lupus. „Haematoxylin bodies" oder auch „LE bodies" sind ovale oder spindelförmige basophile Strukturen, die eine Größe von 20 µm erreichen können. Biochemisch enthalten diese „haematoxylin bodies" Chromatin, degenerierte zytoplasmatische Organellen und Immunglobuline. Sie sind in fast allen Organen zu finden, am häufigsten aber im Endokard und in den Glomeruli. Phagozytose von „haematoxylin bodies" führt zur charakteristischen LE-Zelle, einem Phagozyten mit großen basophilen Inklusionen. Eine etwas weniger spezifische, aber dennoch charakteristische, mikroskopische Auffälligkeit ist die konzentrische arterielle Fibrose, die typischerweise in den Malphigi-Korpuskeln der Milz zu finden ist.

Zu den Autopsiebefunden bei SLE-Patienten zählt die nicht bakterielle verruköse Endokarditis, auch als Liebmann-Sachs-Endokarditis bekannt. Dabei handelt es sich um warzenartige Gebilde, die sich an endokardialen Strukturen bilden. Diese Warzen bestehen aus mononukleären Zellen, nekrotischem Zelldébris, Thrombozyten und proteinhaltigen Ablagerungen. Seit Einführung der Glukokortikoidtherapie ist die Liebmann-Sachs-Endokarditis jedoch eine eher seltenere Manifestation, ebenso wie die Myokarditis und Koronariitis (Kelley 1997, Petri 1998, Piette et al. 1999, Rahman u. Isenberg 1994, Sabbadini et al. 1999, Urowitz u. Gladman 1999).

11.3 Ätiopathogenese

11.3.1 Defekte des Komplementwegs

Eine ambivalente Rolle in der Ätiopathogenese des SLE spielt das humane Komplementsystem (Abb. 11.1). Auf der einen Seite trägt das durch Immunkomplexe aktivierte Komplementsystem mit zur Organzerstörung bei, auf der anderen Seite sind angeborene Defekte von Komplementfaktoren des klassischen Aktivierungswegs eng mit dem Auftreten eines SLE assoziiert (Hartung et al. 1992, Morgan u. Walport 1991). So ist der seltene selektive komplette Mangel an C1q der am besten definierte isolierte genetische Defekt, der zu einer lupusähnlichen Symptomatik führt (Petry 1998). Der Einfluss des C1q-Defekts auf lupusähnliche Reaktionen konnte in Mäusen mit einer gezielten Deletion von C1qa bestätigt werden (Botto et al. 1998). Diese Tiere zeigten eine verminderte Phagozytosekapazität für apoptotische Zellen. Die Akkumulation dieser Zellen in den Glomeruli scheint die Progression der Erkrankung zu beschleunigen (Botto et al. 1998).

Mäuse mit einer Deletion des Gens, welches für das Serumamyloid P (SAP) kodiert, entwickeln spontan antinukleäre Autoantikörper und eine schwere Glomerulonephritis. SAP bindet an Chromatin und verdrängt H1-Histone, was zu einer Solubilisierung des Chromatins führt. Weiterhin bindet SAP in vivo an Blebs apoptotischer Zellen und an nekrotische Zellfragmente. Diese Daten deuten auf eine physiologische Funktion von SAP in der Prävention von Autoimmunreaktionen gegen Chromatin durch eine Regulation der Chromatindegradation hin (Bickerstaff et al. 1999). Es ist seit geraumer Zeit bekannt, dass Patienten mit einem absoluten Mangel an bestimmten Komponenten des klassischen Komplementweges wie C4 (Agnello et al. 1972) und C2 (Hauptmann et al. 1974) SLE-Symptome entwickeln können. Eine Studie an 15 Patienten mit genetisch determinierten Komplementdefizienzen zeigte bei 1 von 3 Patienten mit einer C2-Defizienz einen typischen SLE und bei 8 von 8 Patienten mit C4-Defizienz eine lupusähnliche Symptomatik. 2 von 4 Patienten mit funktioneller C1q-Defizienz waren ebenfalls an einem SLE erkrankt. 5 von 9 komplementdefizienten Patienten mit SLE hatten nachweisbare antinukleäre Antikörpertiter, aber nur 2 hatten Antikörper gegen dsDNA. Der Patient mit einer C2-Defizienz, 4 von 8 mit einer C4-Defizienz sowie einer von 2 mit einer C1q-Defizienz hatten Anti-Ro(SS-A)-Antikör-

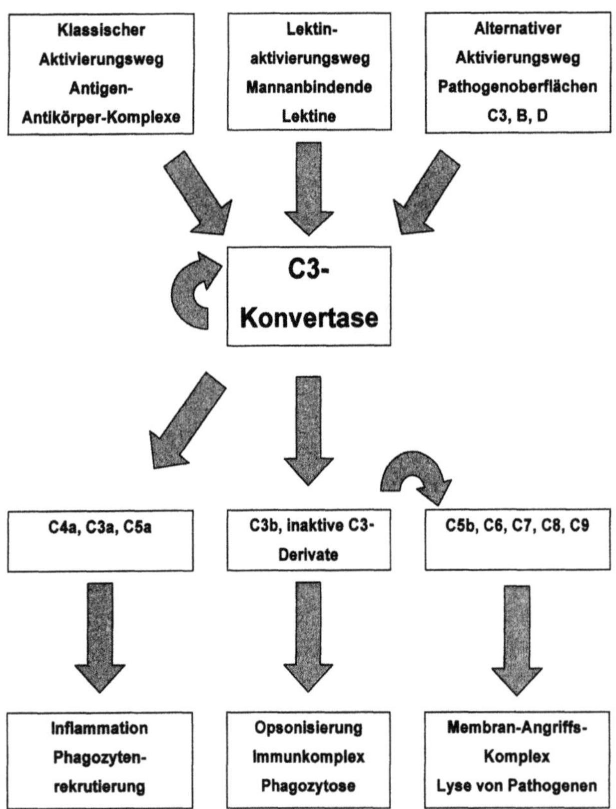

Abb. 11.1. Schematische Darstellung der Komplementaktivierung. Die Aktivierung von Komplement erfolgt über 3 Wege. Die klassische Aktivierung, getriggert durch Antikörper; die alternative Aktivierung, getriggert durch Oberflächen von Pathogenen; und die Aktivierung über den Lektinweg. Lektine sind Serumproteine, die an Glykosylreste auf der Oberfläche z.B. von Bakterien binden können. Diese Aktivierungswege führen über eine enzymatische Proteinkaskade zu den Effektormechanismen: Opsonisation unterschiedlicher Oberflächen, Rekrutierung von Entzündungszellen sowie direkte Zerstörung von Pathogenen. Die Bindung von IgG oder IgM an ein Pathogen führt über eine Serie von Spaltreaktionen zur Akkumulation der C3-*Konvertase*, die C3 spaltet und die Effektorfunktionen des Komplementsystems induziert. Das größere C3-Spaltprodukt *C3b* kann kovalent an Membranen binden und ist dadurch in der Lage, Pathogene zu opsonisieren. Die kleinen Spaltprodukte *C3a* und *C5a* sind potente lokale Entzündungsmediatoren. Die Bindung von *C3b* an die C3-*Konvertase* bildet die C5-Konvertase, die wiederum *C5* bindet und *C5a* und *C5b* abspaltet. *C5b* bindet an das Pathogen und triggert die Entstehung des Membranattackkomplexes, was zur Lyse des Pathogens führt

per. Die Frequenz des Auftretens von Anti-Ro-Antikörpern in der komplementdefizienten Population mit SLE war signifikant höher als die der SLE-Kontrollpopulation ohne Komplementdefizienz (Meyer et al. 1985).

Ein möglicher Mechanismus, der den Einfluss der klassischen Komplementfaktoren auf eine intakte periphere Toleranz erklärt, kommt aus einem Mausmodell. So wurde gezeigt, dass autoreaktive B-Zellen mit Defekten der Komplementrezeptoren CD21/CD35 oder solche, die in C4-defiziente Mäuse transferiert worden waren, nicht durch lösliche Autoantigene anergisiert werden konnten (Prodeus et al. 1998). Weiterhin zeigen die HLA-Haplotypen C2Q0, HLA-A10, B18, Dw2 und BfS eine Assoziation mit SLE (Schur 1978).

Neben der genetisch bedingten könnte aber auch eine lokale funktionelle C1q-Defizienz zur Entwicklung autoimmuner Prozesse beitragen. Eine derartige funktionelle C1q-Defizienz könnte z.B. durch Autoantikörper gegen C1q oder aber durch Komplementverbrauch induziert werden. So kann die Verteilung der Subklassen von Autoantikörpern gegen C1q, an eine feste Phase gebunden, nicht SLE-Patienten mit einer membranoproliferativen Glomerulonephritis (C1q-Autoantikörper: IgG3) von SLE-Patienten mit Glomerulonephritis (C1q-Autoantikörper: IgG2) unterscheiden (Prada u. Strife 1992). Bei Patienten mit einem SLE könnten Autoantikörper gegen C1q eine pathogenetische Rolle in der Beseitigung von IgG2-haltigen Immunkomplexen spielen (Haseley et al. 1997). Eine weitere Möglichkeit besteht durch die Bindung von Calretikulin an C1q. Calretikulin ist ein prävalentes Autoantigen beim SLE, es wird von Zellen im Zug einer ineffizienten Beseitigung von Vesikeln des endoplasmatischen Retikulums freigesetzt. Die Interaktion von Calretikulin mit C1q in der Zirkulation kann mit dem C1q-mediierten Abräumen von Immunkomplexen interferieren (Kovacs et al. 1998). Bei MRL/lpr-Mäusen war eine altersabhängige Produktion von Autoantikörpern gegen C1q zu beobachten, die mit einer Erniedrigung von C1q im Serum einherging (Trinder et al. 1995).

11.3.2 Weitergehende genetische Untersuchungen

Erste Ergebnisse systematischer Genomanalysen von SLE-Familien (Fong u. Boey 1998, Harley et al. 1998, Lindqvist u. Alarcon-Riquelme 1999, Shai et al. 1999, Tan u. Arnett 1998, Tsao et al. 1998,

Vyse u. Kotzin 1998) und Kopplungsanalysen an Kaukasiern (hier: Amerikaner europäischer Abstammung) deuten auf mindestens einen genetischen Defekt in der Nähe des D1S229-Locus hin, an der Identifikation des betroffenen Gens wird mit hohem Forschungsaufwand gearbeitet (Moser et al. 1999).

Zusätzlich wurde erarbeitet, dass ein Allel des polymorphen Fcγ-Rezeptors FcγRIIa sowohl die klinischen Manifestationen als auch den Verlauf des SLE beeinflusst, obwohl das Allel keinen genetischen Risikofaktor für das Auftreten der Erkrankung darstellt. So bindet FcγRIIa-H131 stärker an komplexiertes IgG2 und IgG3 als FcγRIIa-R131, was über einen unterschiedlichen Immunkomplexmetabolismus die Pathogenese modulieren könnte (Manger et al. 1998). Die Entkopplung der Generierung von Immunkomplexen von einer konsekutiven Entzündungsreaktion konnte in NZB/W-F1-Mäusen gezeigt werden, die eine gezielte Deletion des Gens, das für die γ-Kette des Fc-Rezeptors kodiert, aufwiesen. Bei diesen Tieren führte die Erkrankung nicht zu einer schweren Nephritis, obwohl Ablagerungen von aktiviertem Komplement und Immunkomplexen in der Niere nachweisbar waren (Clynes et al. 1998).

Um den potenziellen Einfluss von TNFα bzw. seines Rezeptors TNF-RII auf die Pathogenese des SLE zu analysieren, wurde mit einer PCR-SSCP-gestützten Methode genomische DNA des TNF-RII (Allel 196M und 196R) von 81 japanischen SLE-Patienten sowie 207 Normalspendern untersucht. Das TNF-RII-196R-Allel war statistisch signifikant mit der Suszeptibilität für SLE assoziiert (Komata et al. 1999).

In seltenen Fällen kann eine Mutation von Fas/Apo-1 (CD95) mit systemischer Autoimmunität, einschließlich SLE, assoziiert sein. Eine Fehlregulation der B-Lymphozyten dürfte ein wichtiger Schritt in diesem autoimmunen Prozess sein. Familienstudien deuten aber auf eine komplexe genetische und funktionelle Interaktion hin, die zur Manifestation dieser lupusähnlichen Symptomatik führt (Vaishnaw et al. 1999).

11.3.3 Eigenschaften monoklonaler humaner Anti-dsDNA-Autoantikörper

Die Beobachtung, dass Anti-dsDNA-Antikörpertiter zur Krankheitsaktivität des SLE bedingt korrelierbar sind, führte zur intensiven Untersuchung dieser Autoantikörper hinsichtlich ihrer Herkunft und ihrer pathogenetischen Rolle. Durch die Analyse dieser Antikörper, die bereits 1966 beschrieben wurden (Tan et al. 1966), konnten essenzielle Informationen für das Verständnis der Pathogenese des SLE erhalten werden. So wurden die variablen Regionen der Immunglobulingene monoklonaler Anti-dsDNA-Hybridome aus SLE-Patienten molekulargenetisch sequenziert und analysiert (Winkler et al. 1992, Winkler u. Kalden 1994).

Während ältere Untersuchungen auch im Serum gesunder Kontrollpersonen Anti-DNA-Antikörper nachwiesen, zeigten neuere Daten allerdings, dass diese Antikörper vom IgM-Isotyp sind und nur eine geringe Affinität für dsDNA besitzen. Diese so genannten „natürlichen Antikörper" sind durch eine Kreuzreaktivität gekennzeichnet und werden von unmutierten Gensegmenten kodiert. Die physiologische Funktion und Herkunft dieser „natürlichen Antikörper" sind nicht klar. Bei Mäusen werden sie von CD5$^+$-B-Zellen produziert. Sie stellen die ersten Immunglobuline dar, die während der Ontogenese gebildet werden. „Natürliche Antikörper" besitzen eine limitierte Diversität in der CDR3-Region („complementarity determining region") und eine geringe Diversifikation in der N-Region, was sie als erste Barriere gegen invadierende Pathogene geeignet zu machen scheint (Coutinho et al. 1992).

CD5$^+$-B-Zellen können auch als Antigen präsentierende Zellen für T-Zellen fungieren. Dies wurde u.a. für Rheumafaktor produzierende B-Zellen (Roosnek u. Lanzavecchia 1991) und mit Hilfe eines transgenen Mausmodells gezeigt (Tighe et al. 1993).

Im Gegensatz dazu haben die SLE-typischen Anti-dsDNA-Antikörper vom IgG-Isotyp eine hohe Avidität für dsDNA. Molekulare Analysen von Hybridomen aus Lupusmäusen (Shlomchik et al. 1990) und aus SLE-Patienten (van Es et al. 1991, Winkler et al. 1992) erbrachten, dass die meisten Anti-dsDNA-Antikörper sezernierenden Klone in ihrer CDR3 somatische Mutationen aufwiesen. Besonders interessant war dabei die Anhäufung solcher Mutationen, die zu Arginin und Asparagin führten. Diese positiv geladenen Aminosäuren begünstigen eine elektrostatische Bindung an die negativ geladene DNA. Basische Aminosäuren werden häufig in DNA-interagierenden Domänen DNA bindender Proteine beobachtet. Diese Mutationen kommen durch ein definiertes Leseraster des D-Elements der CDR3 zum Tragen, der durch Frameshift in der Vκ-Jκ-Verbindung oder durch somatische Mutationen induziert wird. Zusammenfassend weisen diese Analysen auf eine antigengetriebene T-Zell-abhängige Immunantwort

hin, die zu einer IgG-anti-dsDNA-Antikörperant-
wort führt.

Analysen der VH-Gene der monoklonalen Anti-
dsDNA-Antikörper zeigten eine häufigere Verwendung von Gensegmenten der VH3- und VH4-Gen-
familie (Isenberg et al. 1994), während die κ- und
leichten λ-Ketten normal repräsentiert waren. Im
Gegensatz dazu war keine VH-Restriktion für Anti-DNA-Antikörper des IgM-Isotyps erkennbar. Die
Natur der Epitope, die von Anti-dsDNA-Antikörper
erkannt werden, wird kontrovers diskutiert.

Mit Hilfe einer PCR-gestützten Methode für die
Detektion von Bindungsstellen von Anti-dsDNA-
Antikörpern und eines kompetitiven Farr-Assays
konnten wir zeigen, dass Anti-dsDNA-Antikörper
an definierte DNA-Sequenzen binden, die nicht die
klassische doppelsträngige B-DNA-Struktur aufweisen. Die Bindung erfolgte vielmehr präferenziell an DNA-Moleküle mit einem erhöhten Anteil
an Adenosintripletts, was zur so genannten „bend-
DNA"-Konformation führt (Herrmann et al. 1995).

11.3.4 Bedeutung der T-Zellen

Die fundamentalen immunologischen Prozesse der
erworbenen Immunität wie Affinitätsreifung, Ge-
dächtnisbildung und „Isotypswitch", sind weitgehend T-Zell-abhängige Prozesse, die in den
Keimzentren der sekundären lymphatischen Organe stattfinden (Abb. 11.2). Die Isolation potenziell
autoreaktiver T-Zellen aus dem peripheren Blut
von SLE-Patienten, die Antigene wie Histone oder
HMG (high mobility group proteins) erkennen,
führte zur Hypothese, dass Nukleosomen oder andere DNA-Protein-Komplexe über alterierte zelluläre Funktionen als pathogene Autoantigene immun-
pathologische Kaskaden triggern (Andreassen et
al. 1999, Berden et al. 1999, Desai-Mehta et al.
1995, Rekvig et al. 1992, 1998, Voll et al. 1997 b).
Im Fall einer Immunantwort gegen Nukleosomen
scheinen Histonpeptide von T-Zellen erkannt zu
werden, während der DNA-Anteil die B-Zell-Epitope ausbildet (Abb. 11.3). Nukleosomen sind möglicherweise noch in weiteren pathophysiologischen
Prozessen involviert. So konnten Nukleosomen,
nukleosomenspezifische Antikörper und Nukleo-
som-IgG-Komplexe in den Glomeruli von Patienten mit Lupusnephritis nachgewiesen werden.
Wahrscheinlich vermitteln Nukleosomen dabei
über die kationischen Histone die Bindung antinukleärer Antikörper an anionische Bestandteile
der glomerulären Basalmembran wie Heparansulfat oder Kollagen IV (Berden et al. 1999).

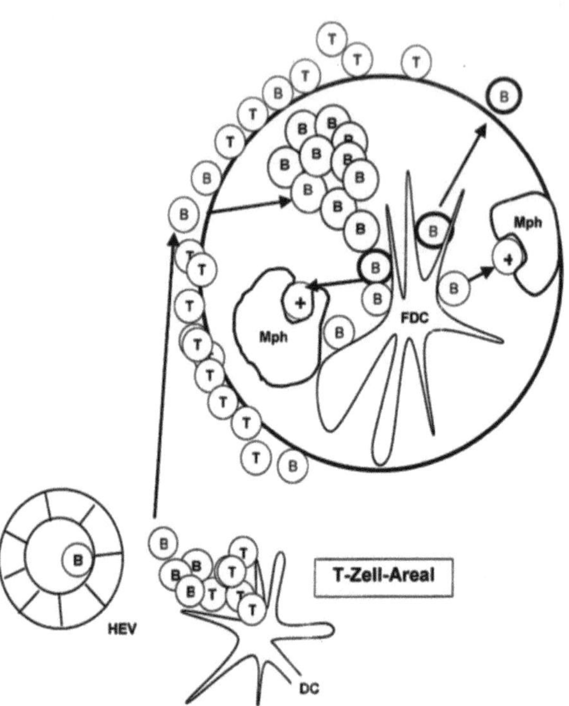

Abb. 11.2. Das Keimzentrum als Ort der Affinitätsreifung
und des „Isotypswitch" aktivierter B-Zellen. Zum initialen
Kontakt zwischen einer antigenspezifischen B-Zelle und der
entsprechenden T-Helferzelle kommt es in den T-Zell-Area-
len der sekundären lymphatischen Organe. Dieser Kontakt
induziert die Proliferation der naiven B-Zelle und in einigen
Fällen auch den „Isotypswitch". Einige dieser B-Zellen differenzieren zu Plasmazellen, andere migrieren in die Primär-
follikel. Dort gehen die B-Zellen unter dem Einfluss der follikulären dendritischen Zellen (*FDC*) in eine Phase intensiver Proliferation über und bilden das Keimzentrum. Im
Keimzentrum wird die proliferierende B-Zelle der somatischen Hypermutation und Affinitätsreifung unterworfen.
Während wohl vergleichsweise wenige B-Zellen durch die
Hypermutation im Bereich der Antigenbindungsstelle höher-
affine Antikörper synthetisieren, verlieren die meisten ihre
Affinität zum jeweiligen Antigen, erhalten daher über mem-
branständiges Immunglobulin kein Überlebenssignal mehr
und werden folglich apoptotisch. Die apoptotischen B-Zellen
werden rasch durch große, spezialisierte Phagozyten, die so
genannten Sternhimmelmakrophagen (*Mph*), phagozytiert,
sodass trotz der hohen Apoptoserate im Keimzentrum praktisch keine freien apoptotischen Zellen zu finden sind. So-
matisch mutierte B-Zellen, die eine Bindung an das Antigen
der *FDC* mit hoher Avidität entwickeln, überleben und verlassen die sekundären lymphatischen Organe

Autologe apoptotische Zellen und isolierte Histone induzierten in vitro bei Normalspendern und
SLE-Patienten eine T-Zell-Proliferation (Voll et al.
1997 b). Zelluläre Klonierungsexperimente bestätigten, dass diese T-Zellen spezifisch gegen Histone gerichtet waren. Überraschend war die Beobachtung, dass auch aus gesunden Probanden his-
tonspezifische T-Zell-Klone in vergleichbarer Fre-

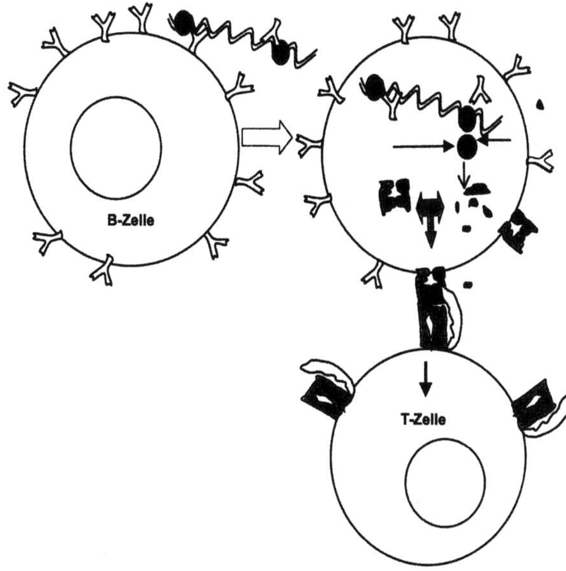

Abb. 11.3. B- und T-Zell-Epitope auf DNA-Protein-Komplexen. DNA-Protein-Komplexe, die z.B. im Zug einer sekundären Nekrose in den Extrazellularraum diffundieren, werden durch B-Zell-Rezeptoren am DNA-Teil spezifisch erkannt. Die B-Zelle internalisiert diesen Komplex und prozessiert den Proteinteil in Peptide, die im geeigneten HLA-Kontext spezifischen T-Zellen präsentiert werden. T-Zellen werden aktiviert und differenzieren in Effektorzellen, die wiederum B-Zellen aktivieren und Isotypswitch und Affinitätsreifung ermöglichen

quenz isoliert werden konnten. Dabei sind Unterschiede einer T-Zell-Immunantwort gegen Histone zwischen SLE-Patienten und Normalspendern möglich. So weisen Experimente auf eine erhöhte Antigenkonzentration und/oder eine abnormale Präsentation als kritische Faktoren für die Aktivierung dieser in vitro histonspezifischen, potenziell autoreaktiven T-Zellen hin. Eine Koinkubation der histonspezifischen T-Zellen mit autologen B-Zellen führte zur Produktion von Anti-dsDNA-Autoantikörpern. Diese Ergebnisse wurden sowohl im humanen System (Murakami et al. 1992, Shivakumar et al. 1989, Theocharis et al. 1995, Voll et al. 1997b) als auch im Tiermodell bestätigt (Ando et al. 1987, Datta et al. 1987, Mohan et al. 1995, Naiki et al. 1992, Sobel et al. 1994). Weiter untermauert wurde die Beteiligung von T-Zellen an der Ätiopathogenese des murinen Lupus durch Experimente mit thymektomierten (Steinberg et al. 1980), T-Zell-Rezeptor-defizienten (Mihara et al. 1988) und mit CD4-Antikörpern behandelten Mäusen (Wofsy u. Seaman 1987). Die Thymektomie induzierte die Erkrankung, die T-Zell-Rezeptor-defizienten und die Anti-CD4-Ab-behandelten Tiere erkrankten weniger häufig an murinem SLE.

11.3.5 Dysregulation der Apoptose

Basierend auf Experimenten mit MRL-lpr-Mäusen, einem Tiermodell für den SLE, konnte gezeigt werden, dass eine Dysregulation der Apoptose zur Induktion antinukleärer Antikörper führen kann. In diesem Mäusestamm liegt ein genetischer Defekt vor, der über eine defiziente Expression des Oberflächenmoleküls Fas/Apo-1 (CD95) zu einer SLE-ähnlichen Erkrankung führt. In diesem Modell mit einer insuffizienten Lymphozytenelimination kommt es zu einer Akkumulation autoreaktiver Lymphozyten mit der möglichen Folge einer Autoimmunerkrankung (Watson et al. 1992). Eine Studie berichtete über eine Fas-Liganden-Mutation in 1 der 75 untersuchten Patienten mit SLE (Wu et al. 1996). In der Mehrzahl der SLE-Patienten war jedoch der Fas-FasL-„pathway" funktionell (Bertolo et al. 1999, Kojima et al. 2000, Mysler et al. 1994). Patienten mit einer Mutation des Fas/Apo-1-Moleküls zeigten häufig eine Lymphoakkumulation, die meist mit einer hämolytischen Anämie und anderen Autoimmunsymptomen einherging. Dieses Krankheitsbild wird als Canale-Smith-Syndrom oder auch als „autoimmune lymphoproliferative Syndrome" (ALPS) bezeichnet (Canale u. Smith 1967, Drappa et al. 1996, Fisher et al. 1995, Rieux-Laucat et al. 1995), SLE-ähnliche Symptome werden dabei nicht beobachtet.

Eine erhöhte In-vitro-Apoptoserate kultivierter mononukleärer Zellen des peripheren Bluts von SLE-Patienten wurde in zahlreichen Studien beobachtet (Chan et al. 1997, Courtney et al. 1999, Emlen et al. 1994, Kovacs et al. 1997, Lorenz et al. 1997, Perniok et al. 1998a), scheint aber nicht spezifisch für den SLE zu sein und wurde auch bei verschiedenen anderen entzündlichen Erkrankungen wie der systemischen Vaskulitis (Lorenz et al. 1997), der MCTD und der rheumatischen Arthritis nachgewiesen (Courtney et al. 1999). Der Befund, dass die Zugabe von IL-2 zu kultivierten mononukleären Zellen des peripheren Bluts von SLE-Patienten die Apoptoserate normalisierte, weist mehr auf einen erhöhten Aktivierungszustand der T-Zellen des peripheren Bluts bei SLE-Patienten als auf einen Defekt der Apoptoseregulation hin (Lorenz et al. 1997). Interessant ist die erhöhte Spontanapoptose mononukleärer Zellen des peripheren Bluts bei SLE-Patienten im Zuge bakterieller Infektionen (Lorenz et al. 1997), die für die häufigen Erkrankungsschübe nach Infektionen mit verantwortlich sein könnte (Krieg 1995, Tsai et al. 1995).

11.3.6 Phagozytose apoptotischer und nekrotischer Zellen

Die Injektion von LPS in Mäuse führt zu einer verminderten Aufnahme zirkulierender Immunkomplexe in der Leber und einer polyklonalen B-Zell-Aktivierung mit der Bildung von Autoantikörpern sowie Immunkomplexablagerungen in der Niere. Die gestörte Phagozytose von Immunkomplexen ist nicht komplementabhängig, sondern scheint auf einer alterierten Fc-Rezeptor-Funktion und Endozytose zu basieren. Dieser Befund lieferte einen Hinweis darauf, dass die beschriebene Exazerbation des SLE nach einem bakteriellen Infekt eine Folge eines gestörten Metabolismus dieser Immunkomplexe sein kann (Cavallo u. Granholm 1990). Vergleiche der 4 am besten untersuchten Modelle des murinen Lupus, BXSB, MRL-lpr, NZB und NZB/W, mit normalen BALB/c-Mäusen zeigten einen frühen, progressiven und uniformen Defekt der Fc-Rezeptor-mediierten Immunkomplex-„Clearance" in allen analysierten „Lupusmäusen". Im Gegensatz dazu variierte die komplementvermittelte Immunkomplex-„Clearance" beträchtlich: von einer ausgeprägten Dysfunktion bei den MRL-lpr-Mäusen über eine normale Funktion bei BXSB-Mäusen bis zu einer erhöhten „Clearance" bei NZB- und NZB/W-Mäusen, wobei die Letzteren eine verminderte C3b-Deaktivierung aufwiesen (Meryhew et al. 1991). Die spezifische Inhibition der Phagozytose apoptotischer Zellen durch Nukleosomen in Makrophagen präautoimmuner MRL-lpr-Mäuse kann durch die dadurch bedingte Freisetzung weiterer Nukleosomen aus nicht phagozytierten apoptotischen Zellen in einen Circulus vitiosus münden, der die autoimmune Reaktion unterhält (Laderach et al. 1998).

Ein neuer Aspekt der Dysregulation der Apoptose betrifft, im Gegensatz zur Lymphozytenakkumulation bei Patienten mit Canale-Smith-Syndrom oder MRL-lpr-Mäusen, die „Clearance" apoptotischen Materials. Die Phagozytose apoptotischer Zellen wird durch eine komplizierte Interaktion zahlreicher Rezeptoren, Liganden und löslicher Adaptorproteine auf den Oberflächen der Phagozyten und der apoptierenden Zellen reguliert (Abb. 11.4). Zahlreiche Publikationen deuten auch beim humanen SLE auf einen defekten Phagozytose-

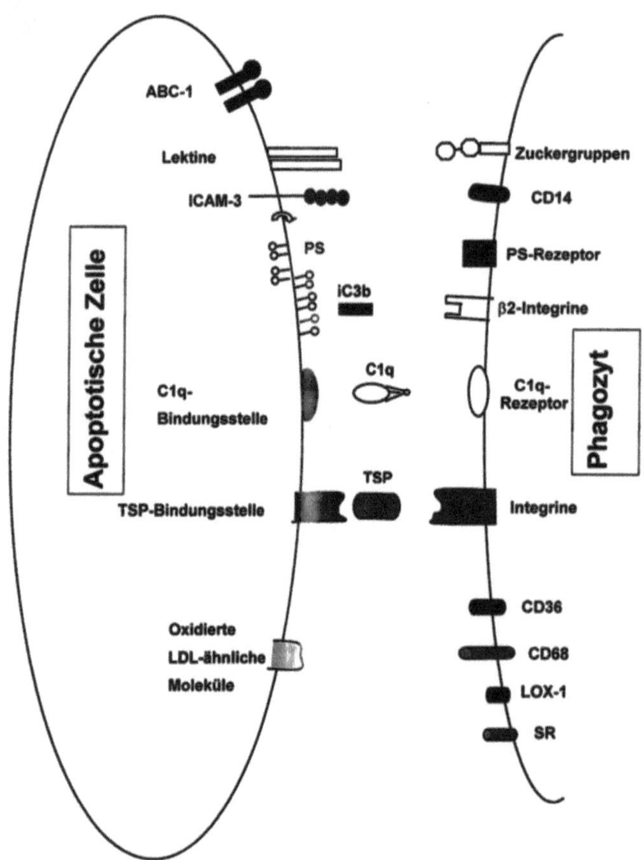

Abb. 11.4. Moleküle, die an der Phagozytose apoptierender Zellen beteiligt sind. Zahlreiche Rezeptor-Liganden-Systeme sind an der Phagozytose apoptotischer Zellen beteiligt. Zu den wichtigsten Mechanismen zählt die Erkennung von Phosphatidylserin auf der apoptotischen Zelle durch den Phosphatidylserinrezeptor auf Makrophagen. Phosphatidylserin befindet sich in der lebenden Zelle auf der Innenseite der Zellmembran; im Zuge der Apoptose wird Phosphatidylserin auf die äußere Zellmembran transloziert und fungiert als „Fresssignal"

mechanismus hin. So beobachteten Gyimesi et al. (1993) an Monozyten von SLE-Patienten eine erniedrigte Superoxidproduktion nach der Fcγ-Rezeptor-vermittelten Phagozytose.

Im humanen System zeigten wir für eine Subgruppe der SLE-Patienten, dass Monozyten, die in vitro zu Makrophagen differenzierten, eine signifikant erniedrigte Phagozytosekapazität für apoptotische Zellen entwickelten (Abb. 11.5). Dieser Umstand führte in vitro zur Akkumulation sekundär nekrotischer Zellen (Herrmann et al. 1998). Zusammen mit der gesteigerten Apoptoserate aktivierter Lymphozyten erklären diese Ergebnisse die erhöhte Anzahl von Zellen in der Frühphase der Apoptose und die großen Mengen an Nukleosomen und DNA, die in der Zirkulation der SLE-Patienten zu finden sind (McCoubrey-Hoyer et al. 1984, Perniok et al. 1998a, Raptis u. Menard 1980, Steinman 1984). Zusätzlich kann die Freisetzung von Calretikulin durch eine ineffiziente „Clearance" von Vesikeln des endoplasmatischen Retikulums die C1q-vermittelte Phagozytose von Immunkomplexen vermindern (Kovacs et al. 1998). Calretikulin ist dabei in der Lage, C1q direkt zu binden und somit zu neutralisieren.

Bei vielen SLE-Patienten sind hohe Serumkonzentrationen an Antiphospholipidantikörpern zu finden. Sie sind in der Lage, apoptierende Zellen zu opsonisieren. Die Bindung dieser Antikörper führt zu einer erheblich verbesserten Erkennung und „Clearance" apoptotischer Zellen durch Makrophagen und benötigt β2-GP1 als Kofaktor (Manfredi et al. 1998). Antiphospholipidantikörper induzieren dabei eine proinflammatorische Phagozytose apoptotischer Zellen, während die durch Scavenger-Rezeptoren vermittelte Phagozytose apoptotischer Zellen antiinflammatorisch verläuft

(Fadok et al. 1998a,b, 2000, Savill 1997, 1998, 1999, Savill et al. 1992, 1993, Voll et al. 1997a).

UV-Bestrahlung induziert in Keratinozyten Apoptose (Golan et al. 1992). Dies führt beispielsweise nach Sonnenexposition zu einem Anfluten apoptotischen Materials, das bei Gesunden mit intakter Phagozytose schnell und antiinflammatorisch beseitigt wird. Wird dabei die Kapazität des Phagozytosesystems überschritten, ändert apoptotisches Material das Vorzeichen seines immunologischen Potenzials. Nun schaltet es von der antiinflammatorischen Ebene frühapoptotischer Zellen (Voll et al. 1997a) auf die proinflammatorische Ebene sekundär nekrotischer Zellen um. In diesem inflammatorischen Milieu können Autoantigene, wie z.B. Oligonukleosomen und andere nukleäre Bestandteile, über Aktivierung des erworbenen Immunsystems die Kaskade der Pathogenese des SLE starten. Da Oligonukleosomen die Phagozytose apoptotischer Thymozyten von Makrophagen spezifisch inhibieren (Laderach et al. 1998), kann dadurch der Phagozytosedefekt von SLE-Patienten noch verstärkt werden. Im Fall einer massiven Überlastung der Abräummechanismen, beispielsweise durch einen Sonnenbrand, würde ein Circulus vitiosus entstehen, der über eine Aktivierung potenziell autoreaktiver T- und B-Zellen die Krankheitsmanifestation fördert (Voll et al. 1997b). Eine erhöhte Menge zirkulierender Nukleosomen allein reicht aber nicht aus, um eine SLE-ähnliche Symptomatik zu induzieren. So ist z.B. bei dialysepflichtigen, chemotherapierten oder bestrahlten Patienten eine erhöhte Nukleosomenkonzentration im Serum zu beobachten, ohne dass SLE-ähnliche Autoimmunreaktionen gegen nukleäre Antigene auslöst werden (Itescu 1996, Rumore et al. 1992, Utz et al. 1998).

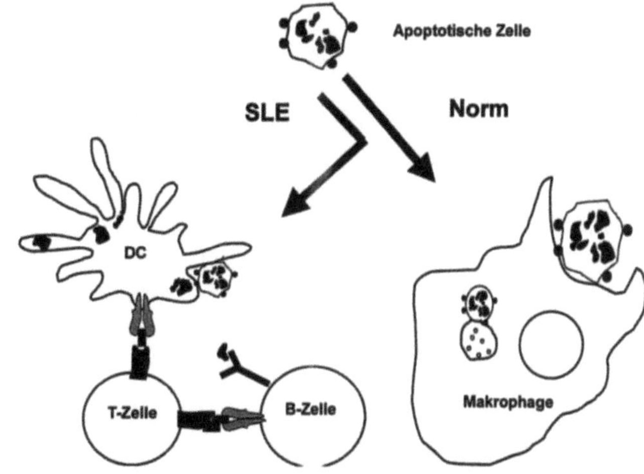

Abb. 11.5. Phagozytose apoptotischen Materials bei SLE-Patienten und Gesunden. Apoptierende Zellen werden von Makrophagen physiologischerweise antiinflammatorisch phagozytiert. Bei einer Subgruppe von SLE-Patienten ist die physiologische antiinflammatorische Phagozytose durch Makrophagen defekt. Dies dürfte alternativ zur vermehrten Phagozytose apoptotischen Materials durch dendritische Zellen (DC) führen. Dieser Phagozytoseweg ist, im Gegensatz zur antiinflammatorischen Makrophagenphagozytose, vermutlich inflammatorisch und in der Lage, spezifische T- und B-Zellen zu aktivieren

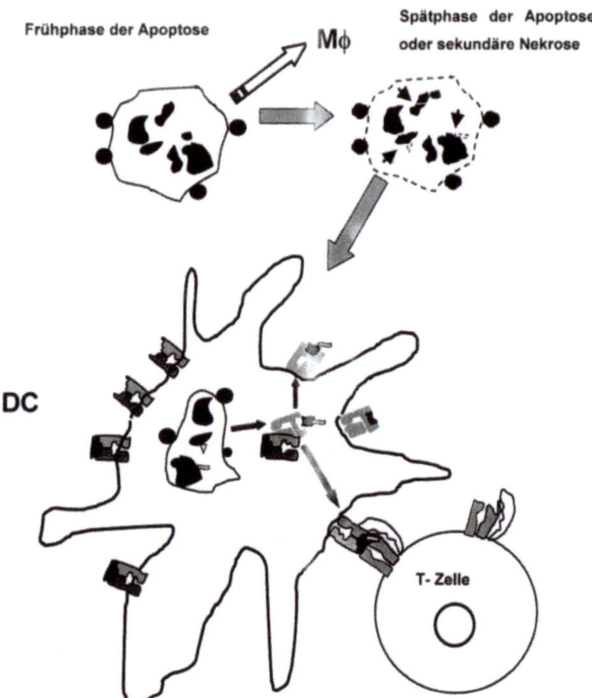

Abb. 11.6. Modifikation zellulärer Antigene im Zug der sekundären Nekrose. Apoptierende Zellen, die nicht in der Frühphase der Apoptose phagozytiert werden, sondern in einer späteren Phase der Apoptose oder erst im Stadium der sekundären Nekrose, modifizieren zelluläre Antigene (↓). Diese Modifikationen wie Phosphorylierung, Spaltung, Zitrullinierung usw. verändern den antigenen Charakter vieler Moleküle. Dieser Prozess kann dazu führen, dass eine Immunantwort gegen diese modifizierten Moleküle, gegen deren ursprüngliche Form immunologische Toleranz besteht, initiiert wird und wesentlich in den Erkrankungsprozess eingreift

Die bei einer Subgruppe von Patienten mit SLE beobachtete stark eingeschränkte Phagozytose apoptotischer Zellen führte zur der Hypothese, dass in den Geweben von SLE-Patienten apoptotische Zellen akkumulieren und sekundär nekrotisch werden. Als sekundäre Nekrose wird das terminale Stadium der Apoptose bezeichnet, während dem die Membranintegrität verloren geht. Dies führt zur Freisetzung von toxischen Substanzen, wie z. B. ATP, und auch von Inhaltsstoffen der Granula aus zytotoxischen T-Lymphozyten und Granulozyten. Dadurch kann die sekundäre Nekrose eine Entzündungsreaktion induzieren, die häufig zu einer Immunreaktion gegen modifizierte Antigene führt (Abb. 11.6) (Botto et al. 1998, Herrmann et al. 1996, 1998, Perniok et al. 1998b).

Zahlreiche Publikationen zeigten, dass eine Veränderung autologer Proteinantigene zu einer erhöhten Immunogenität dieser Moleküle führen kann. Zu den im Zuge der Apoptose beobachteten Modifikationen zählen

- Phosphorylierung oder Dephosphorylierung (Utz et al. 1997, 1998),
- Zitrullinierung (Schellekens et al. 1998),
- oxidativer Stress in Kombination mit Schwermetallen (Rosen et al. 1997),
- Quecksilberintoxikation (Enestrom u. Hultman 1995, Pollard et al. 1997, Takeuchi et al. 1995),
- die Aktivierung von Transglutaminasen (Melino u. Piacentini 1998) und
- Azetylierung (Utz et al. 1998).

Es sind mehr als 39 Proteine bekannt, die durch proteolytische Spaltung im Zuge der Apoptose eine Modifikation ihrer Primärsequenz erfahren. 17 dieser Proteine, viele davon sind Komponenten komplexer Partikel, werden häufig von Autoantikörpern aus SLE-Patienten erkannt (Utz et al. 1998). Ein weiteres Charakteristikum autoantigener Proteine stellt anscheinend ihre Spaltbarkeit durch das von zytotoxischen T-Zellen produzierte proapoptotische Granzym B dar. So wurden alle 28 untersuchten Proteine, gegen die sich häufig humorale Autoimmunität entwickelt, in vitro durch Granzym B, jedoch nur zum Teil durch Caspasen gespalten (Tabelle 11.1) (Casciola-Rosen et al. 1999, Takeda et al. 1999, Thomas et al. 2000). Eine proteolytische Spaltung kann die Epitophierarchie im Rahmen der Antigenpräsentation dramatisch verändern (Benichou et al. 1994, Grewal et al. 1995). So können kryptische Epitope durch aktivierte Caspasen in apoptierenden Zellen Immundominanz erlangen, was zur Präsentation von Epitopen führt, gegen die das Immunsystem keine Toleranz ausgebildet hat (Benichou et al. 1994, Moudgil et al. 1998). Weiterhin wurde berichtet,

Tabelle 11.1. SLE-typische Autoantigene, die durch Granzym B gespalten werden. In der linken Spalte sind die Moleküle, die durch Granzym B im Zuge der Apoptose gespalten werden, aufgelistet. In der rechten Spalte sind die entsprechenden Schnittstellen innerhalb dieser Moleküle aufgeführt

Autoantigene	Schnittstellen
DNA-PK$_{cs}$	VGPD^{2,698}-F
Topoisomerase I	IEAD^{15}-F
NuMA	VATD^{1,705}-A
Mi-2	VDPD^{1,312}-Y
La	LEED^{220}-A
PMS 1	ISAD^{496}-E
Fibrillarin	VGPD^{184}-G
PARP	VDPD^{536}-S
U1, MG 70 000	LGND^{409}-S
PMS2	VEKD^{493}-S
Isoleucyl-tRNA	VTPD^{983}-Q
Histidyl-tRNA	LGPD^{48}-E
Alanyl-tRNA	VAPD^{632}-R
RNA-Polymerase I	ICPD^{448}-M
Ki-67	VCTD^{1481}-K
PMScl	VEQD^{252}-M
CENP-B	VDSD^{457}-E
RNA-Polymerase II	ITPD^{370}-P
SRP-72	VTPD^{573}-P
Ku-70	ISSD^{79}-R
NOR-90	VRPD^{220}-A
DFF45 ICAD	DAVD^{224}-T

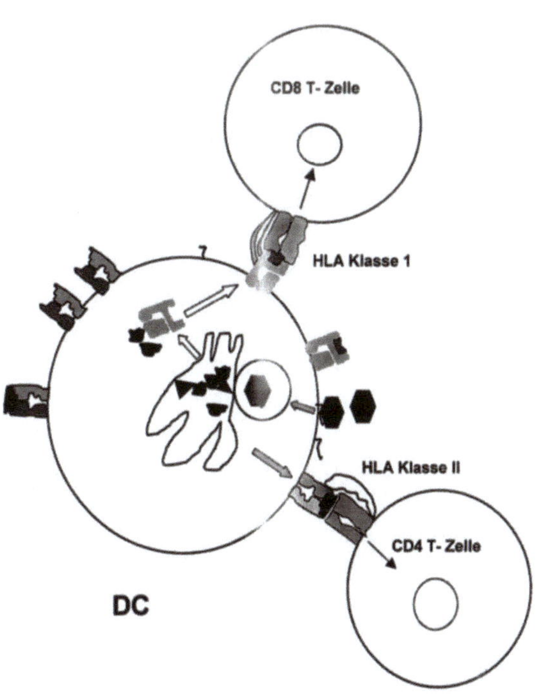

Abb. 11.7. „Cross priming" – die Präsentation phagozytierter Antigene auf HLA Klasse I. Antigene wie z.B. Viren (*schwarze Sechsecke*) werden von Antigen präsentierenden Zellen mit Hilfe spezifischer Rezeptoren endozytiert. Diese phagozytierten Partikel werden durch ein spezialisiertes Membran- und Vesikelsystem geschleust und schließlich auf HLA-Klasse-II-Molekülen spezifischen CD4$^+$-T-Zellen präsentiert (*graue Pfeile*). Professionelle Antigen präsentierende Zellen, besonders die dendritischen Zellen (DC), können diese phagozytierten Partikel über einen größtenteils noch unbekannten Prozessierungsweg, der durch das Zytoplasma der Zelle führt, über HLA Klasse I auch CD8$^+$-T-Zellen präsentieren (*weiße Pfeile*). Dieses Phänomen der Präsentation extrazellulärer Antigene auf HLA-Klasse-I-Molekülen wird auch als „cross priming" bezeichnet

dass DNA mit einer niedrigen Cytidinmethylierung eine erhöhte Immunogenität aufweist und in der Lage ist, die Synthese von Antikörpern gegen dsDNA und eine Immunkomplexnephritis zu induzieren (Krieg 1995, Yung et al. 1995).

Die Kolokalisation nukleärer und viraler Antigene in apoptotischen Vesikeln von Sindbis-Virus-infizierten Keratinozyten kann im Sinn einer Kreuzreaktion eine Immunreaktion auslösen (Rosen et al. 1995), die körpereigene Strukturen, z.B. nukleäre Proteine, bindet, mit der Folge einer möglichen Gewebeschädigung. So wird durch die Bildung von DNA-Protein-Komplexen in Mäusen und Ratten, die mit BK-Virus infiziert waren, ein Toleranzverlust gegen autologe dsDNA ausgelöst, der zur Produktion von spezifischen Autoantikörpern gegen dsDNA und Histone führt (Fredriksen et al. 1994, Rekvig et al. 1992). Immunisierungsstudien in Mäusen und Ratten mit Fragmenten des Autoantigens Sm-B bestätigten die Induktion von dsDNA-Autoantikörpern durch DNA-Protein-Komplexe (James et al. 1995).

Um eine primäre Immunantwort zu initiieren, sind in der Regel aktivierte dendritische Zellen essenziell. Sie können durch fremde Substanzen wie Viren, Bakterien und Pilze, aber auch durch gestresste autologe Zellen aktiviert werden (Gallucci

et al. 1999). Nekrotische oder viral infizierte, nicht aber apoptotische Zellen können unter bestimmten Umständen dendritische Zellen zur Reifung und Migration treiben und werden deshalb auch als „natürliches Adjuvans" bezeichnet (Gallucci et al. 1999). Auch die Initiation der Transplantatabstoßung und bestimmte Formen der Autoimmunität scheinen durch Stresszellen ausgelöst werden zu können (Gallucci et al. 1999). Jedoch ist die Aktivität nekrotischer Zellen, die dendritische Zellen reifen lässt, nicht unumstritten (Salio et al. 2000).

Zytotoxische T-Lymphozyten erkennen prozessierte zytoplasmatische Proteine, die auf HLA Klasse I von Antigen-präsentierenden Zellen präsentiert werden. Vor einiger Zeit wurde ein alternativer Klasse-I-Präsentationsweg entdeckt, der auch als „cross-priming" bezeichnet wird (Abb. 11.7). Dabei werden phagozytierte Antigene in das

Zytoplasma aufgenommen und so in den MHC-Klasse-I-Pathway eingeschleußt. Es wurde gezeigt, dass dendritische Zellen, nicht aber Makrophagen, Antigen aus apoptotischen Zellen an zytotoxische T-Lymphozyten präsentieren können (Albert et al. 1998). Das „cross-priming" kann sowohl zur Aktivierung der zytotoxischen T-Lymphozyten führen als auch dazu, dass diese toleriert werden. In Gegenwart großer Mengen apoptotischer Zellen können Antigene der von dendritischen Zellen phagozytierten apoptotischen Zellen Zugang zum Zytoplasma erlangen, um anschließend in einem proteasomabhängigen Prozess in den MHC-Klasse-I-Antigen-Präsentationsweg eingeschleußt zu werden (Albert et al. 1998, Bellone et al. 1997a,b, Ronchetti et al. 1999).

Daten aus der Tumorforschung untermauern die physiologische Relevanz dieses Mechanismus. So führte die Injektion syngener T-Lymphom-Zellen in C57BL/6-Mäuse neben einer humoralen auch zu einer stabilen CD4$^+$-T-Zell-abhängigen tumorspezifischen Antwort zytotoxischer T-Lymphozyten. Die Immunogenität der apoptotischen Zellen korrelierte mit der Balance der Zytokine IL-10 und IL-1β. Sie war in IL-10-Knockout-Mäusen ausgeprägter. Wurden autologe dendritische Zellen mit apoptotischen Tumorzellen gepulst und reinjiziert, wirkte dies protektiv auf eine anschließende Tumor-„challenge". Durch antigengepulste Makrophagen wurde keine Protektion gegenüber den Tumorzellen erreicht (Ronchetti et al. 1999). Diese Daten haben möglicherweise erheblichen Einfluss auf die Entwicklung immunologischer Tumorvakzine (Ronchetti et al. 1999).

11.3.7 Gewebe und Organschäden durch Anti-dsDNA-Antikörper

Ebenso wie die Entstehung der Anti-dsDNA-Antikörper nur unvollständig verstanden ist, bleibt auch der Mechanismus der Gewebezerstörung durch Anti-dsDNA-Antikörper weitgehend unklar. Suzuki et al. (1993) postulierten eine Bindung kationischer Anti-dsDNA-Antikörper an Heparansulfat, ein Glukosaminoglykan der glomerulären Basalmembran. Dies könnte über eine lokale Bildung von Immunkomplexen zur Lupusnephritis führen (Suzuki et al. 1993). Obwohl eine direkte Schädigung der Niere durch Antiheparansulfatantikörper postuliert wird, fehlen bislang noch eindeutige Beweise (Fillit et al. 1993, Pirner et al. 1994). Morioka et al. (1996) zeigten bei Ratten, dass Autoantikörper aus dem Serum von SLE-Patienten lösliche Nukleosomen-anti-dsDNA-Immunkomplexe bilden, die sich in vivo an die Kapillaren der Glomeruli anlagern (Morioka et al. 1996). Raz et al. (1993) beobachteten, dass murine monoklonale Anti-DNA-Antikörper an Nierengewebe binden. Die Serumantikörper, nicht aber monoklonale Antihiston- oder Anti-RNA-Antikörper, banden schwach an physiologisches Endothel und stark an verschiedene humane Tumorzelllinien. Dies wurde als Hinweis eines direkten pathogenen Effekts auf Zelloberflächen erachtet (Raz et al. 1993).

Durch die Generierung humaner Anti-dsDNA-Hybridome aus einem SLE-Patienten konnten wir diese Antikörper molekular analysieren. Es zeigte sich, dass 3 der 4 monoklonalen Anti-dsDNA-Antikörper eine hohe Affinität für dsDNA aufwiesen. Der niedrigaffine Anti-dsDNA-Antikörper band jedoch mit hoher Affinität an das Phospholipid Kardiolipin. Biologische Studien dieser Antikörper zeigten interessante und differenzierte Eigenschaften. In SCID-Mäusen lagerte sich der Antikörper 33.C9 in den Glomeruli, dem Mesangium und den Kapillaren der Niere ab und verursachte eine Proteinurie (Ehrenstein et al. 1995). Weiterhin zeigte der Antikörper 33.H11 eine Kreuzreaktivität mit dem ribosomalen Protein S1 und inhibierte die In-vitro-Translation von mRNA. Diese Inhibition wurde durch Inkubation des Retikulozytenlysats mit DNAse zusätzlich verstärkt. Da in Zellkultur gezeigt wurde, dass einige Anti-dsDNA-Antikörper in lebende Zellen penetrieren können, kann man über eine Suppression der Proteinbiosynthese als möglichen pathogenen Effekt von Anti-dsDNA-Antikörpern spekulieren (Tsuzaka et al. 1996a,b). Die oben beschriebenen biologischen Eigenschaften der monoklonalen Anti-dsDNA-Antikörper bilden die Grundlage einer Hypothese, die besagt, dass Anti-dsDNA-Antikörper über eine Kreuzreaktivität mit gewebespezifischen Antigenen zu spezifischer Gewebezerstörung führen können.

11.3.8 Immunkomplexvermittelte Organzerstörung

Die Injektion von Anti-dsDNA-Antikörpern in Mäuse führt zu glomerulären Immunablagerungen. Präformierte und auch in situ gebildete Immunkomplexe führen zu strukturellen und funktionellen Nierenveränderungen (Vlahakos et al. 1992). Die Pathogenität der Anti-dsDNA-Antikörper wird durch physikochemische Eigenschaften wie Ladung, Isotyp, Größe der Immunkomplexe und Kryopräzipitierbarkeit determiniert.

Tabelle 11.2. Histologische Klassifizierung der Lupusnephritis nach der WHO

Klasse	Bezeichnung	Histologische Merkmale
I	Normalbefund	Histologisch unauffällig
II	Mesangiale Glomerulonephritis	Geringe mesangiale Zellvermehrung, Immunkomplexablagerungen im Mesangium
III	Fokalproliferative Glomerulonephritis	Mesangiale und endotheliale Zellproliferation, Verbreiterung der Basalmembran, segmental subendotheliale Immunkomplexablagerungen
IV	Diffusproliferative Glomerulonephritis	Diffuse mesangiale und endotheliale Zellproliferationen und Basalmembranverbreiterungen bei mehr als 50% der Glomeruli
V	Membranöse Glomerulonephritis	Diffuse Verdickung der Kapillarwandungen, subepitheliale Immunkomplexablagerungen, keine oder allenfalls geringe Zellproliferation im Mesangium
VI	Chronisch-sklerosierende Glomerulonephritis	Meist Spätstadium der Lupusnephritis mit vernarbten Glomeruli und interstitieller Fibrose

Die Bindung an die Glomeruli ist eine ladungsabhängige Interaktion zwischen DNA, Histon oder Nukleosomen mit Molekülen der glomerulären Basalmembran wie z. B. Laminin oder Heparansulfat (Belmont et al. 1996, Mohan u. Datta 1995). Auch eine Bindung der nukleosomenhaltigen Immunkomplexe an anionische Partner der glomerulären Basalmembran wurde beschrieben (Faaber et al. 1986, Kramers et al. 1994, Madaio et al. 1987, Morioka et al. 1994, Termaat et al. 1992). Gebundene Immunkomplexe aktivieren die Komplementkaskade, mit der möglichen Folge einer erniedrigten Konzentration von C3 und C4 im Erkrankungsschub. Eine Zelllyse in der Niere durch den MAC (membrane attack complex) ist jedoch unwahrscheinlich, da Zellen von Säugetieren gegen Lyse durch autologes Komplement geschützt sind. Diese Schutzfunktion wird durch zahlreiche membranständige komplementinhibitorische Proteine wie z. B. CD21, CD35, CD46, CD55 und CD59 gewährleistet. Durch die lokale Aktivierung der Komplementkaskade kommt es zur Infiltration der betroffenen Gewebe durch Granulozyten und Lymphozyten (Belmont et al. 1996) sowie der Sekretion toxischer Substanzen wie z. B. lysosomaler Enzyme und Sauerstoffradikale mit der Folge einer Gewebeschädigung (Tabelle 11.2). Ähnliche Mechanismen scheinen auch bei der SLE-Vaskulitis bzw. anderen Organschädigungen zu greifen.

Die „Clearance" der Immunkomplexe scheint auch durch die Expression von Fc-Rezeptoren mit einer geringeren Affinität für einige IgG-Subklassen herabgesetzt zu werden, mit der Folge einer deutlich verlängerten Halbwertszeit. Wir konnten zeigen, dass SLE-Patienten mit dem Fcγ-Typ-II-Rezeptor-Genotyp R131 signifikant häufiger Proteinurie, hämolytische Anämie, Hypokomplementämie

und Anti-snRNP-Antikörper im Verlauf ihrer Erkrankung entwickeln (Manger et al. 1998). Des Weiteren wurden Dysfunktionen eines Nukleosomen-„Rezeptors" (Bennett et al. 1986, 1987), der Fc-Rezeptoren (Frank et al. 1979), der C3b-Rezeptoren (Taylor et al. 1983, Wilson u. Fearon 1984) und eine defekte Beseitigung von DNA-Nukleosomen-Komplexen (Christiansen et al. 1991, Morgan u. Walport 1991, Robey et al. 1985, Rynes 1982) als Pathogenitätsfaktoren diskutiert.

11.4 Therapie

Der SLE ist sowohl hinsichtlich der Organmanifestationen als auch des Schweregrads eine heterogene Erkrankung. Der Verlauf ist durch Remissionen und Exazerbationen gekennzeichnet. Therapiestudien werden durch die relativ niedrige Inzidenz und durch die pathophysiologische und klinische Heterogenität des SLE erschwert. Zur Beurteilung von Verlauf und Schweregrad der Erkrankung wurden verschiedene, vergleichsweise komplexe Systeme entwickelt:

- SLAM (Systemic Lupus Activity Index),
- SELENA/SLEDAI (modified Systemic Lupus Erythematosus Disease Activity Index),
- BILAG (British Isles Lupus Assessment Group),
- SIS (SLE Index Score),
- ECLAM (European Consensus Lupus Activity Measurement).

Irreversible Organschäden werden mit Hilfe des SLICC/ACR (Systemic Lupus International Collaborating Clinics/American College of Rheumatology Damage Index) analysiert. Die HRQOL

(Health Related Quality of Life Scale) hilft, die Beeinträchtigung der Lebensqualität durch die Erkrankung einzuschätzen (Brooks u. Liang 1999).

Die Diagnose eines SLE bedeutet zwar nicht grundsätzlich, dass die Indikation zu einer medikamentösen Therapie besteht, aber sie verlangt eine lebenslange regelmäßige medizinische Überwachung. Auch zunächst leichte Verlaufsformen ohne Beteiligung innerer Organe können jederzeit in schwere, organ- bzw. lebensbedrohliche Verläufe übergehen. In den USA leiden derzeit mehr als 500 000 Patienten an einem SLE. Über 50% dieser Patienten werden mit Kortikosteroiden und/oder Immunsuppressiva behandelt, etwa 30% der Patienten haben eine aktive Nephritis (Strand et al. 1999).

11.4.1 Übersicht über die wichtigsten zur Therapie des SLE eingesetzte Pharmaka

11.4.1.1 Nichtsteroidale antiinflammatorische Medikamente (NSAID)

NSAID, indiziert bei Symptomen des Bewegungsapparats einer insgesamt milden Verlaufsform, sind als Monotherapie in der Regel nicht ausreichend. Die klinische Besserung setzt typischerweise schon wenige Stunden bis Tage nach Beginn der Medikation ein. Die Entzündung ist eine physiologische lokale Reaktion auf eine Gewebeschädigung. Im Fall einer chronisch inflammatorischen Erkrankung wie dem SLE erscheint die homöostatische Restaurationskapazität der Mikroumgebung (microenvironment) überschritten zu sein, was über eine Amplifikation des Entzündungsprozesses durch Produkte des zerstörten Gewebes und Inhibition kompensatorischer Mechanismen zu einer Ausweitung der Entzündungsreaktion mit progressiver Gewebezerstörung und Funktionsverlust der betroffenen Gewebe und Organe führen kann. NSAID greifen über eine Entkopplung der oxidativen Phosphorylierung, Inhibition der lysosomalen Enzymfreisetzung, Inhibition der Komplementaktivierung, Antagonismus der Kininproduktion, Inhibition der Cyclooxygenase (COX) und Lipoxygenase, Inhibition der Phosphodiesterase und ein vermindertes Migrationsverhalten von Granulozyten und Monozyten in den Entzündungsprozess ein (Engelhardt et al. 1995).

11.4.1.2 Kortikosteroide

Kortikosteroide sind ein fundamentaler Bestandteil der medikamentösen Therapie bei SLE-Patienten. Glukosteroide hemmen die Kaskade der Inflammation auf unterschiedlichen Ebenen. Migration von Granulozyten und Monozyten in die Entzündungsgebiete, Antigenprozessierung, und -präsentation, T-, B-, und NK-Zell-Funktionen werden gehemmt. Die Inhibition der Zytokinproduktion erfolgt vorwiegend durch die Hemmung der Transkriptionsfaktoren NF-κB und AP-1 (fos-jun).

Die klinische Effektivität einer hoch dosierten Glukosteroidtherapie bei diffusproliferativer Glomerulonephritis wurde beeindruckend in einer retrospektiven Analyse von Pollak et al. (1996) gezeigt, die auf Daten vor der Verfügbarkeit von Hämodialyse und Nierentransplantation basiert: 2 Jahre nach der initialen diagnostischen Nierenbiopsie hatten die Patienten, die unter 40 mg Prednidson pro Tag erhielten, eine Überlebensrate von 0%, hingegen hatten Patienten, die mit einer Dosis zwischen 40 und 60 mg pro Tag über 4–6 Monate therapiert wurden, eine Überlebensrate von 55% (Pollak et al. 1968).

11.4.1.3 Chloroquin/Hydroxychloroquin

Die Antimalariamittel Chloroquin und Hydroxychloroquin haben sich besonders zur Kontrolle von Krankheitsmanifestationen im Bereich des Bewegungsapparats, zur Behandlung diskoider Hautläsionen, zur Besserung von Allgemeinsymptomen und zur Schubprophylaxe bewährt. Wegen der geringeren Nephrotoxizität und des wohl etwas niedrigeren Risikos einer Retinaschädigung bei nahezu gleicher Wirksamkeit wird dem Hydroxychloroquin oft der Vorzug gegenüber Chloroquin gegeben. Den wesentlichen Wirkmechanismus der Antimalariamittel dürfte die Erhöhung des pH-Werts in Zellkompartimenten mit physiologischerweise niedrigem pH darstellen, wodurch besonders Enzymaktivitäten, die einen niedrigen pH voraussetzen, gehemmt werden. Der erhöhte pH im endoplasmatischen Retikulum scheint auch den Komplex von MHC-Molekülen mit den invarianten Ketten zu stabilisieren, wodurch die Beladung der MHC-Moleküle mit niedrigaffinen Autoantigenen und somit die Autoantigenpräsentation inhibiert werden dürften (Fox u. McCune 1994). Außerdem inhibieren Antimalariamittel vermutlich auf transkriptionaler Ebene die Synthese zahlreicher proinflammatorischer Zytokine wie TNF, IL-1, IL-6 und Interferon γ, wobei Makrophagen stärker beeinflusst werden als Lymphozyten (van den Borne et al. 1997).

11.4.1.4 Azathioprin

Der Purinantagonist Azathioprin braucht 4–6 Wochen, um seine immunsuppressive Wirkung zu entfalten. Azathioprinmonotherapie ist daher im akuten Schub mit Organbeteiligung nicht ausreichend. Wenn nach etwa 6 Monaten kein klinischer Therapieerfolg eingetreten ist, muss das Umsetzen auf eine alternative Therapieform erwogen werden. Azathioprin wird vorwiegend bei SLE-Verläufen mit mäßiger Krankheitsaktivität ohne schwer wiegende akute Organbeteiligung eingesetzt, oft um Glukosteroide einzusparen. Nach 5–15 Jahren Beobachtung fanden sich bei Patienten unter Kombinationstherapie im Vergleich zur Glukosteroidmonotherapie eine bessere Nierenfunktion, geringere chronische Nierenschädigungen in der Nierenbiopsie, seltener schwere Krankheitsschübe und ein niedrigerer Glukosteroidbedarf (Balow et al. 1987, Bansal u. Beto 1997, Fox u. McCune 1994).

Azathioprin wird nach der Absorption rasch in 6-Mercaptopurin umgewandelt. Anschließend erfolgt intrazellulär die Synthese von Thiopurinnukleotiden, die von der Hypoxanthin-Guanosin-Phosphoribosyltransferase katalysiert wird. Man darf annehmen, dass folgende Mechanismen entscheidend zur immunsuppressiven Wirkung beitragen: Thioguanin inhibiert die Neusynthese und die Wiederverwertung der Purine. Somit fehlen der Zelle essenzielle Bausteine für die DNA-Synthese, was den antiproliferativen Effekt von Azathioprin zumindest teilweise erklärt. Außerdem wird Thioguanin in die RNA und DNA inkorporiert, wodurch die zytotoxischen Effekte zustande kommen dürften. So hemmt Azathioprin die Lymphozytenproliferation sowie die humorale und die zellvermittelte Immunantwort und die Aktivität der NK-Zellen.

11.4.1.5 Cyclophosphamid

Die i. v. Pulstherapie mit dem Alkylanz Cyclophosphamid in Kombination mit hoch dosierten Glukosteroiden gilt als die Standardtherapie der schweren Lupusnephritis und anderer schwerer und lebensbedrohlicher Organkomplikationen. So wird diese Therapieform insbesondere auch bei einer zerebralen Vaskulitis häufig gewählt. Cyclophosphamid wird erst im Organismus in das zytostatisch wirksame Alkylanz Phosphoramidmustard umgewandelt. Wegen der erheblichen Nebenwirkungen bleibt Cyclophosphamid schweren Krankheitsschüben mit hoher Entzündungsaktivität und Beteiligung von Nieren, Herz oder ZNS vorbehalten. Die Wahrscheinlichkeit, eine terminale Niereninsuffizienz zu entwickeln, war bei Patienten, die mit einer Kombination von Glukosteroiden und Cyclophosphamid behandelt wurden, um 40% geringer als bei alleiniger Glukosteroidtherapie. Die Cyclophospamidtherapie scheint insbesondere die Rezidivrate merklich zu reduzieren.

Der primäre Wirkungsmechanismus ist die Alkylierung der DNA, wodurch es, besonders während der Lymphozytenreifung, zum apoptotischen Zelltod kommt (Hemendinger u. Bloom 1996). Die Cyclophosphamidwirkung hat Effekte in allen Stadien des Zellzyklus. Cyclophosphamid führt zur einer Verminderung der Zahl an B- und T-Lymphozyten, erniedrigter Lymphozytenproliferation, Abnahme der Antikörpersynthese sowie verminderter zellvermittelter Immunreaktionen, insbesondere gegen neue Antigene. Bereits etablierte Gedächtnisantworten werden weniger beeinträchtigt (Fauci et al. 1971, Makinodan et al. 1970).

11.4.1.6 Methotrexat

Eine niedrig dosierte Methotrexat(MTX)-Therapie stellt die Alternative zur Azathioprinmedikation dar. Die Wirkmechanismen einer niedrig dosierten MTX-Therapie, wie sie bei Autoimmunopathien üblich ist, sind noch nicht komplett verstanden. Zentraler Angriffspunkt von MTX ist die Dihydrofolatreduktase, die Folsäure zu Dihydrofolat und Tetrahydrofolat reduziert. Diese reduzierten Formen der Folsäure werden für die Synthese von DNA- und RNA benötigt. Hieraus erklären sich die antiproliferativen Effekte von MTX. Außerdem ist Tetrahydrofolat für die Umwandlung von Homocystein zu Methionin und von Glycin zu Serin essenziell, und somit auch in die Proteinbiosynthese involviert. Der Antimetabolit MTX inaktiviert die Dihydrofolatreduktase. Intrazellulär akkumuliertes MTX hemmt weitere folatabhängige Enzyme wie die Thymidylatsynthetase und die 5-Aminoimidazol-4-Karboxamid-Ribonukleotid-Transformylase. Als Folge kommt es zu einer gesteigerten Freisetzung von Adenosin. Da extrazelluläres Adenosin über die Stimulation der Adenosin-A_2-Rezeptoren potente antiinflammatorische Eigenschaften besitzt und v. a. die Synthese proinflammatorischer Zytokine und die Funktion aktivierter neutrophiler Granulozyten inhibiert, dürfte ein wesentlicher Teil der antiinflammatorischen Effekte der niedrig dosierten MTX-Therapie über diesen Mechanismus zustande kommen (Cronstein et al. 1993). Während die Hochdosis-MTX-Gabe, wie sie in der Tumortherapie eingesetzt wird, stark lymphotoxisch wirkt und zu einer ausgeprägten Immunsuppression führt, verursacht die niedrig dosierte MTX-Therapie nur eine gering bis mäßige Suppression der allgemeinen zellvermittelten und humoralen Immunfunktion. Unter niedrig dosierter MTX-Therapie wird eine Abnahme der Serumimmunglobulinspiegel und der Autoantikörpertiter beobachtet (Alarcon-Segovia 1999, Andersen et al. 1985).

11.4.2 Neue und experimentelle Therapieansätze

11.4.2.1 Cyclosporin A

Wie eingangs beschrieben gibt es zahlreiche Hinweise, dass B- und T-Lymphozyten eine wichtige Rolle in der Pathogenese des SLE spielen. Daher ist zu erwarten, dass Immunsuppressiva, die vorwiegend die Funktion von T-Zellen hemmen, beim SLE wirksam sind. In offenen Therapiestudien an z.T. therapierefraktären Lupusnephrititiden kam es unter Cyclosporin kombiniert mit hoch dosierten Glukosteroiden zu einer Abnahme der Krankheitsaktivität und der Proteinurie sowie einer Stabilisierung der Nierenfunktion (Caccavo et al. 1997). In einer offenen Studie an unserer Klinik, an der 16 Patienten teilnahmen, profitierten die 10 Patienten mit einer Proteinurie am deutlichsten (Manger et al. 1996). Zusammenfassend scheint bei Patienten mit Lupusnephritis, Thrombozytopenien und hämolytischen Anämien auch ein Therapieversuch mit Cyclosporin A in Zentren mit entsprechender Erfahrung gerechtfertigt. Das gilt insbesondere für Patienten, die therapierefraktär gegenüber einer konventionellen Therapie sind.

Der molekulare Wirkmechanismus von Cyclosporin besteht in der Bindung an Cyclophilin. Der Komplex inhibiert die Serin-Threonin-Kinase Calcineurin. Dadurch wird die transkriptionale Aktivität von NF-AT inhibiert. Cyclosporin A blockiert so letztlich die Synthese des wichtigen T-Zell-Wachstumsfaktors IL-2. Außerdem ist Calcineurin auch an der Aktivierung des Transkriptionsfaktors NF-κB beteiligt, der eine zentrale Rolle in der Immun- und Entzündungsreaktion spielt, indem er zahlreiche proinflammatorische Zytokine wie IL-1, IL-2, IL-6, IL-8, Interferon-γ und TNF sowie Adhäsionsmoleküle usw. induziert. Daher ist Cyclosporin kein rein T-Zell-spezifisches Immunsuppressivum.

11.4.2.2 Mykophenolatmofetil

Mykophenolatmofetil, das v.a. zur Prävention der Allotransplantatabstoßung eingesetzt wird, dürfte in Zukunft auch die therapeutische Palette zur Behandlung des SLE bereichern. So zeigte eine kürzlich in Hongkong durchgeführte kontrollierte Studie, dass die Kombinationstherapie mit Mykophenolatmofetil und Prednisolon im Vergleich zur Therapie mit i.v. Cyclophosphamid und Prednisolon gefolgt von Azathioprin plus Prednisolon vergleichbar effizient, aber deutlich weniger nebenwirkungsbehaftet ist (Chan et al. 2000). Mykophenolatmofetil ist ein selektiver, reversibler Hemmstoff der Inosinmonophosphatdehydrogenase, wodurch die Guanosinnukleotidsynthese gehemmt wird. T- und B-Zellen sind besonders auf die De-novo-Synthese von Purinnukleotiden angewiesen, woraus die starke Sensitivität dieser Zellen auf Mykophenolatmofetil resultiert.

11.4.2.3 Dehydroepiandrosteron (DHEA)

Da Östrogene in die Pathogenese des SLE involviert sein dürften und gleichzeitig in SLE-Patienten oft reduzierte Spiegel des androgen wirkenden DHEA gefunden werden, wurde DHEA, das physiologischerweise in der Nebennierenrinde synthetisiert wird, in mehreren Studien zur Therapie des SLE eingesetzt. In einer doppelblinden plazebokontrollierten Studie, an der 28 Patientinnen mit leicht bis mäßig ausgeprägtem SLE teilnahmen, zeigten sich in der DHEA-behandelten Gruppe signifikant weniger Schübe. Auch die Krankheitsaktivität gemessen am SLEDAI war in der DHEA-Gruppe rückläufig (van Vollenhoven et al. 1995). Auch weitere Studien implizieren einen Glukosteroid einsparenden Effekt von DHEA bei Patienten mit mildem Lupus (Petri u. Robinson 1997, van Vollenhoven et al. 1999). Die wesentlichste Nebenwirkung von DHEA ist eine Akne, die bei fast jedem 2. Patienten auftritt.

11.4.2.4 Immunablation mit autologer Stammzelltransplantation

In Fällen von schwerstem therapierefraktären SLE wurde eine Immunablation mit anschließender autologer Stammzelltransplantation durchgeführt. Üblicherweise werden vor der immunablativen Therapie hämatopoetische Stammzellen mittels G-CSF in den peripheren Blutpool mobilisiert und mittels Zellapherese isoliert. Kontaminierende Lymphozyten werden weitestgehend beseitigt. Die

Rekonstitution der Granulopoese wird in der Regel mit G-CSF beschleunigt, was das Risiko der z.T. tödlichen Infektkomplikationen während der Aplasiephase reduziert. Die bisherigen kurz- bis mittelfristigen Nachbeobachtungen lassen hoffen, dass ein Großteil der vollständig immunablatierten Patienten zumindest für viele Monate krankheitsfrei bleibt (Burt et al. 1998). Allerdings kam es in einer früheren Studie, die eine weniger aggressive Immunablation beinhaltete, nach etwa 2 Jahren bei den meisten Patienten zum Wiederauftreten der Autoantikörper und auch zur erneuten Krankheitsmanifestation (Marmont 1998).

11.4.3 Biologische Agenzien

11.4.3.1 Hemmung der T-Zell-B-Zell-Interaktion

Aktivierte T-Zellen exprimieren CD40L auf der Oberfläche und interagieren mit CD40 auf Antigen-präsentierenden Zellen. Eine Blockade dieser Interaktion hemmt einerseits die Aktivierung der T-Zellen und andererseits die Antikörperproduktion und den Isotypswitch der B-Zellen. Weiterhin wird eine Aktivierung dendritischer Zellen und Makrophagen gehemmt. Blutlymphozyten von SLE-Patienten zeigen eine erhöhte CD40L-Expression nach Aktivierung in vitro (Vakkalanka et al. 1999). Weiterhin wurde eine erhöhte Expression von CD40 und CD40L im proximalen Tubulus und Glomeruli der Niere bei SLE-Patienten mit einer Grad-III–IV-Nephritis gefunden. 2 monoklonale antikörper gegen CD40L werden derzeit in klinischen Studien untersucht.

Die Interaktion zwischen CTLA-4 auf aktivierten T-Zellen und B7 auf Antigen präsentierenden Zellen inhibiert die T-Zell-Expansion, Zytokinesekretion und Immunreaktionen gegen Antigene. CTLA-Ig, ein Fusionsprotein der extrazelluären Domäne von CTLA-4 und dem Fc-Teil von IgG1, verhält sich wie ein löslicher Rezeptor für B7 und inhibiert die T-Zell-Aktivierung und T-Zell-abhängige B-Zell-Funktionen in vivo. In NZB/W-Mäusen blockierte die Injektion von murinem CTLA-4Ig die Autoantikörperproduktion und die Progression der Nephritis.

11.4.3.2 Hemmung der Autoantikörperproduktion

Die i.v. Gabe von Immunglobulin (IVIg) wird seit über 10 Jahren zur Therapie des SLE eingesetzt. IVIg scheinen vorwiegend bei der SLE-assoziierten Thrombozytopenie und beim Antiphospholipidsyn-

drom wirksam zu sein, kontrovers sind jedoch die Daten der Effektivität der IVIg zu Behandlung der Lupusnephritis (De Vita et al. 1996). Die idiotypische/antiidiotypische Regulation der Autoantikörperproduktion sowie der T-Zell-Funktion und ein proapoptotischer Effekt auf Lymphozyten (Prasad et al. 1998) werden als Wirkmechanismen der IVIg-Therapie diskutiert. Auch eine Blockade von Fc-Rezeptoren des retikuloendothelialen Systems und damit ein verlängertes Überleben autoantikörperbeladener Thrombozyten erscheinen möglich.

LJP394 ist ein B-Zell-Tolerogen bestehend aus 4 Oligonukleotiden, gebunden an ein Molekül Polyethylenglykol, und soll die spezifische Anti-DNA-Autoantikörperproduktion inhibieren. Eine einmalige i.v. Injektion von LJP394 verminderte die Anti-DNA-Autoantikörperwerte bereits nach 4h, und dieser Effekt war bis zu 4 Wochen nachweisbar. Eine plazebokontrollierte Doppelblindstudie an 49 SLE-Patienten zeigte eine dosisabhängige Reduktion der Anti-DNA-Autoantikörperwerte und eine gute Verträglichkeit der Medikation. In der anschließenden Phase-II/III-Studie zeigte sich jedoch kein signifikanter Einfluss auf den Verlauf der Lupusnephritis.

11.4.3.3 Inhibition der Anti-DNA-Autoantikörperdeposition

Ein wichtiger Schritt in der Pathogenese des SLE ist die gestörte Homöostase von Immunkomplexen, die über deren Ablagerung in unterschiedlichen Geweben erheblich zur Manifestation der Erkrankung beiträgt. Um diesen Mechanismus zu durchbrechen, wurde eine Behandlung mit rekombinanter DNAse in NZB/W-Mäusen durchgeführt. Bei diesen Tieren war die Anti-DNA-Autoantikörperproduktion erheblich vermindert. Eine Verbesserung hinsichtlich der Zytokinproduktion und des Krankheitsverlaufs wurde jedoch nicht beobachtet (Verthelyi et al. 1998). Eine Studie mit humaner rekombinanter DNAse führte zu ähnlichen Ergebnissen (Davis et al. 1999).

11.4.3.4 Inhibition der Komplementkaskade

Die Komplementaktivierung ist ein Marker der Krankheitsaktivität des SLE, korreliert mit dem Langzeitverlauf der Erkrankung, und wird als Therapiekontrolle verwendet. Die Aktivierung des klassischen sowie des alternativen Pathways führt u.a. zur Produktion des proinflammatorischen C5a-Moleküls und des C5b-9-Membranattackkomplexes. NZB/W-Mäuse, die mit einem Antikörper gegen C5a behandelt wurden, zeigten histologisch eine geringere Nierenschädigung und eine verminderte Proteinurie (Wang et al. 1996). Studien an SLE-Patienten sind geplant.

11.4.3.5 Modulation des Zytokinnetzwerks

IL-10 induziert zahlreiche biologische Effekte in unterschiedlichen Zielzellen. Es gilt als Wachstums- und Differenzierungsfaktor für B-Zellen, inhibiert die Makrophagen- und T-Zell-Aktivierung und führt zur verminderten Produktion von TGF-β. IL-10 ist bei Patienten mit SLE erhöht und korreliert mit der Krankheitsaktivität. In NZB/W-Mäusen führte eine Behandlung mit Anti-IL-10-Antikörpern zu einer verzögerten Manifestation der Erkrankung, die Gabe von IL-10 hingegen beschleunigte die Manifestation (Ishida et al. 1994). Die Gabe von Anti-IL-10-Antikörpern an 6 SLE-Patienten mit aktiver steroidabhängiger Erkrankung führte zu einer dramatischen Verbesserung der kutanen Manifestationen und zu unterschiedlichen Verläufen der Arthritiden und renalen Funktionen.

11.5 Ausblick

Obwohl die Ätiopathogenese des SLE auch heute noch nicht verstanden ist, wurden dank moderner molekularbiologischer Methoden und verschiedener SLE-Tiermodelle in den vergangenen Jahren wichtige Teilaspekte der Pathomechanismen aufgeklärt. Besonders interessant waren Untersuchungen an genmanipulierten Mäusen, z. B. der C1q-, DNAse-I-Knockout-Mäuse oder der fas-defizienten lpr-Maus, die ein SLE-ähnliches Krankheitsbild zeigen und somit mögliche pathogenetisch relevante, prädisponierende Gendefekte identifizieren helfen. Gerade das Beispiel der fas-Defizienz mahnt jedoch auch zur Vorsicht bei der Übertragung tierexperimenteller Ergebnisse auf die menschliche Erkrankung: Ein Defekt der fas-vermittelten Apoptose spielt beim SLE keine wesentliche Rolle. Dennoch werden genmanipulierte Mäuse zunehmend zur Identifizierung und Funktionsanalyse pathogenetisch relevanter Gene bzw. Genloci beitragen. So wurde kürzlich die Bedeutung des TNF-Homologs zTNF und seiner Rezeptoren TACI und BCMA für die B-Zell-Autoimmunität in der Maus aufgezeigt. Interessanterweise konnte man mit Hilfe eines gentechnologisch hergestell-

ten, löslichen TACI-Immunglobulin-Fusionsproteins den SLE-ähnlichen Krankheitsverlauf von NZB/W-F1-Mäusen deutlich mildern (Gross et al. 2000). Derartige neue Therapiekonzepte könnten relativ bald in klinischen Studien erprobt werden. Wie dieses Beispiel zeigt, ermöglicht das zunehmende Verständnis der Pathogenese von Autoimmunerkrankungen, therapeutische Angriffspunkte zu identifizieren und mit Hilfe molekularbiologischer bzw. moderner pharmakologischer Methoden (z. B. Drug-Design) spezifische Pharmaka zu entwickeln. Ein wichtiges Ziel ist, die derzeitige, nebenwirkungsreiche und unspezifische Immunsuppression durch möglichst spezifische und somit nebenwirkungsarme Therapeutika zu ersetzen.

11.6 Literatur

Agnello V, De Bracco MM, Kunkel HG (1972) Hereditary C2 deficiency with some manifestations of systemic lupus erythematosus. J Immunol 108:837–840

Alarcon-Segovia D (1999) Treatment needed to achieve remission of SLE. Lupus 8:566

Albert ML, Sauter B, Bhardwaj N (1998) Dendritic cells acquire antigen from apoptotic cells and induce class I-restricted CTLs. Nature 392:86–89

Andersen PA, West SG, O'Dell JR, Via CS, Claypool RG, Kotzin BL (1985) Weekly pulse methotrexate in rheumatoid arthritis. Clinical and immunologic effects in a randomized, double-blind study. Ann Intern Med 103:489–496

Ando DG, Sercarz EE, Hahn BH (1987) Mechanisms of T and B cell collaboration in the in vitro production of anti-DNA antibodies in the NZB/NZW F1 murine SLE model. J Immunol 138:3185–3190

Andreassen K, Bredholt G, Moens U, Bendiksen S, Kauric G, Rekvig OP (1999) T cell lines specific for polyomavirus T-antigen recognize T-antigen complexed with nucleosomes: a molecular basis for anti-DNA antibody production. Eur J Immunol 29:2715–2728

Balow JE, Austin HA, Tsokos GC, Antonovych TT, Steinberg AD, Klippel JH (1987) NIH conference. Lupus nephritis. Ann Intern Med 106:79–94

Bansal VK, Beto JA (1997) Treatment of lupus nephritis: a meta-analysis of clinical trials. Am J Kidney Dis 29:193–199

Bellone M, Iezzi G, Martin-Fontecha A et al. (1997a) Rejection of a nonimmunogenic melanoma by vaccination with natural melanoma peptides on engineered antigen-presenting cells. J Immunol 158:783–789

Bellone M, Iezzi G, Rovere P et al. (1997b) Processing of engulfed apoptotic bodies yields T cell epitopes. J Immunol 159:5391–5399

Belmont HM, Abramson SB, Lie JT (1996) Pathology and pathogenesis of vascular injury in systemic lupus erythematosus. Interactions of inflammatory cells and activated endothelium Arthritis Rheum 39:9–22

Benichou G, Fedoseyeva E, Olson CA, Geysen HM, McMillan M, Sercarz EE (1994) Disruption of the determinant hierarchy on a self-MHC peptide: concomitant tolerance induction to the dominant determinant and priming to the cryptic self-determinant. Int Immunol 6:131–138

Bennett RM, Peller JS, Merritt MM (1986) Defective DNA-receptor function in systemic lupus erythematosus and related diseases: evidence for an autoantibody influencing cell physiology. Lancet 1:186–188

Bennett RM, Kotzin BL, Merritt MJ (1987) DNA receptor dysfunction in systemic lupus erythematosus and kindred disorders. Induction by anti-DNA antibodies, antihistone antibodies, and antireceptor antibodies. J Exp Med 166:850–863

Berden JH, Licht R, Bruggen MC van, Tax WJ (1999) Role of nucleosomes for induction and glomerular binding of autoantibodies in lupus nephritis. Curr Opin Nephrol Hypertens 8:299–306

Bertolo F, De Vita S, Dolcetti R et al. (1999) Lack of Fas and Fas-L mutations in patients with lymphoproliferative disorders associated with Sjogren's syndrome and type II mixed cryoglobulinemia. Clin Exp Rheumatol 17:339–342

Bickerstaff MC, Botto M, Hutchinson WL et al. (1999) Serum amyloid P component controls chromatin degradation and prevents antinuclear autoimmunity. Nat Med 5:694–697

Botto M, Dell'Agnola C, Bygrave AE et al. (1998) Homozygous C1q deficiency causes glomerulonephritis associated with multiple apoptotic bodies. Nat Genet 19:56–59

Brooks EB, Liang MH (1999) Evaluation of recent clinical trials in lupus. Curr Opin Rheumatol 11:341–347

Burt RK, Traynor AE, Pope R et al. (1998) Treatment of autoimmune disease by intense immunosuppressive conditioning and autologous hematopoietic stem cell transplantation. Blood 92:3505–3514

Caccavo D, Lagana B, Mitterhofer AP et al. (1997) Long-term treatment of systemic lupus erythematosus with cyclosporin A. Arthritis Rheum 40:27–35

Canale VC, Smith CH (1967) Chronic lymphadenopathy simulating malignant lymphoma. J Pediatr 70:891–899

Casciola-Rosen L, Andrade F, Ulanet D, Wong WB, Rosen A (1999) Cleavage by granzyme B is strongly predictive of autoantigen status: implications for initiation of autoimmunity. J Exp Med 190:815–826

Cavallo T, Granholm NA (1990) Repeated exposure to bacterial lipopolysaccharide interferes with disposal of pathogenic immune complexes in mice. Clin Exp Immunol 79:253–259

Chan EY, Ko SC, Lau CS (1997) Increased rate of apoptosis and decreased expression of bcl-2 protein in peripheral blood lymphocytes from patients with active systemic lupus erythematosus. Asian Pac J Allergy Immunol 15:3–7

Chan TM, Li FK, Tang CS, Wong RW, Fang GX, Ji YL, Lau CS, Wong AK, Tong MK, Chan KW, Lai KN (2000) Efficacy of mycophenolate mofetil in patients with diffuse proliferative lupus nephritis. Hong Kong Guangzhou Nephrology Study Group. N Engl J Med 343:1156–1162

Christiansen FT, Zhang WJ, Griffiths M, Mallal SA, Dawkins RL (1991) Major histocompatibility complex (MHC) complement deficiency, ancestral haplotypes and systemic lupus erythematosus (SLE): C4 deficiency explains some but not all of the influence of the MHC. J Rheumatol 18:1350–1358

Clynes R, Dumitru C, Ravetch JV (1998) Uncoupling of immune complex formation and kidney damage in autoimmune glomerulonephritis. Science 279:1052–1054

Courtney PA, Crockard AD, Williamson K, McConnell J, Kennedy RJ, Bell AL (1999) Lymphocyte apoptosis in systemic lupus erythematosus: relationships with Fas expression, serum soluble Fas and disease activity. Lupus 8:508–513

Coutinho A, Freitas AA, Holmberg D, Grandien A (1992) Expression and selection of murine antibody repertoires. Int Rev Immunol 8:173–187

Cronstein BN, Naime D, Ostad E (1993) The antiinflammatory mechanism of methotrexate. Increased adenosine release at inflamed sites diminishes leukocyte accumulation in an in vivo model of inflammation. J Clin Invest 92:2675–2682

Datta SK, Patel H, Berry D (1987) Induction of a cationic shift in IgG anti-DNA autoantibodies. Role of T helper cells with classical and novel phenotypes in three murine models of lupus nephritis. J Exp Med 165:1252–1268

Davis JC Jr, Manzi S, Yarboro C et al. (1999) Recombinant human Dnase I (rhDNase) in patients with lupus nephritis. Lupus 8:68–76

Desai-Mehta A, Mao C, Rajagopalan S, Robinson T, Datta SK (1995) Structure and specificity of T cell receptors expressed by potentially pathogenic anti-DNA autoantibody-inducing T cells in human lupus. J Clin Invest 95:531–541

De Vita S, Ferraccioli GF, Dolcetti R et al. (1996) The role of molecular analyses of B-cell and T-cell clonality in the study of B-cell lymphomagenesis. Clin Exp Rheumatol [Suppl] 14:S21–29

Drappa J, Vaishnaw AK, Sullivan KE, Chu JL, Elkon KB (1996) Fas gene mutations in the Canale-Smith syndrome, an inherited lymphoproliferative disorder associated with autoimmunity. N Engl J Med 335:1643–1649

Ehrenstein MR, Katz DR, Griffiths MH et al. (1995) Human IgG anti-DNA antibodies deposit in kidneys and induce proteinuria in SCID mice. Kidney Int 48:705–711

Emlen W, Niebur J, Kadera R (1994) Accelerated in vitro apoptosis of lymphocytes from patients with systemic lupus erythematosus. J Immunol 152:3685–3692

Enestrom S, Hultman P (1995) Does amalgam affect the immune system? A controversial issue. Int Arch Allergy Immunol 106:180–203

Engelhardt G, Homma D, Schlegel K, Utzmann R, Schnitzler C (1995) Anti-inflammatory, analgesic, antipyretic and related properties of meloxicam, a new non-steroidal anti-inflammatory agent with favourable gastrointestinal tolerance. Inflamm Res 44:423–433

Faaber P, Rijke TP, Putte LB van de, Capel PJ, Berden JH (1986) Cross-reactivity of human and murine anti-DNA antibodies with heparan sulfate. The major glycosaminoglycan in glomerular basement membranes. J Clin Invest 77:1824–1830

Fadok VA, Bratton DL, Frasch SC, Warner ML, Henson PM (1998a) The role of phosphatidylserine in recognition of apoptotic cells by phagocytes. Cell Death Differ 5:551–562

Fadok VA, Bratton DL, Konowal A, Freed PW, Westcott JY, Henson PM (1998b) Macrophages that have ingested apoptotic cells in vitro inhibit proinflammatory cytokine production through autocrine/paracrine mechanisms involving TGF-beta, PGE2, and PAF. J Clin Invest 101:890–898

Fadok VA, Bratton DL, Rose DM, Pearson A, Ezekewitz RA, Henson PM (2000) A receptor for phosphatidylserine-specific clearance of apoptotic cells. Nature 405:85–90

Fauci AS, Wolff SM, Johnson JS (1971) Effect of cyclophosphamide upon the immune response in Wegener's granulomatosis. N Engl J Med 285:1493–1496

Fillit H, Shibata S, Sasaki T, Spiera H, Kerr LD, Blake M (1993) Autoantibodies to the protein core of vascular basement membrane heparan sulfate proteoglycan in systemic lupus erythematosus. Autoimmunity 14:243–249

Fisher GH, Rosenberg FJ, Straus SE et al. (1995) Dominant interfering Fas gene mutations impair apoptosis in a human autoimmune lymphoproliferative syndrome. Cell 81:935–946

Fong KY, Boey ML (1998) The genetics of systemic lupus erythematosus. Ann Acad Med Singapore 27:42–46

Fox DA, McCune WJ (1994) Immunosuppressive drug therapy of systemic lupus erythematosus. Rheum Dis Clin North Am 20:265–299.

Frank MM, Hamburger MI, Lawley TJ, Kimberly RP, Plotz PH (1979) Defective reticuloendothelial system Fc-receptor function in systemic lupus erythematosus. N Engl J Med 300:518–523

Fredriksen K, Osei A, Sundsfjord A, Traavik T, Rekvig OP (1994) On the biological origin of anti-double-stranded (ds) DNA antibodies: systemic lupus erythematosus-related anti-dsDNA antibodies are induced by polyomavirus BK in lupus-prone (NZBxZW) F1 hybrids, but not in normal mice. Eur J Immunol 24:66–70

Gallucci S, Lolkema M, Matzinger P (1999) Natural adjuvants: endogenous activators of dendritic cells. Nat Med 5:1249–1255

Golan TD, Elkon KB, Gharavi AE, Krueger JG (1992) Enhanced membrane binding of autoantibodies to cultured keratinocytes of systemic lupus erythematosus patients after ultraviolet B/ultraviolet A irradiation. J Clin Invest 90:1067–1076

Grewal IS, Moudgil KD, Sercarz EE (1995) Hindrance of binding to class II major histocompatibility complex molecules by a single amino acid residue contiguous to a determinant leads to crypticity of the determinant as well as lack of response to the protein antigen. Proc Natl Acad Sci USA 92:1779–1783

Gross JA, Johnston J, Mudri S et al. (2000) TACI and BCMA are receptors for a TNF homologue implicated in B-cell autoimmune disease. Nature 404:995–999

Gyimesi E, Kavai M, Kiss E, Csipo I, Szucs G, Szegedi G (1993) Triggering of respiratory burst by phagocytosis in monocytes of patients with systemic lupus erythematosus. Clin Exp Immunol 94:140–144

Harley JB, Moser KL, Gaffney PM, Behrens TW (1998) The genetics of human systemic lupus erythematosus. Curr Opin Immunol 10:690–696

Hartung K, Baur MP, Coldewey R et al. (1992) Major histocompatibility complex haplotypes and complement C4 alleles in systemic lupus erythematosus. Results of a multicenter study. J Clin Invest 90:1346–1351

Haseley LA, Wisnieski JJ, Denburg MR et al. (1997) Antibodies to C1q in systemic lupus erythematosus: characteristics and relation to Fc gamma RIIA alleles. Kidney Int 52:1375–1380

Hauptmann G, Grosshans E, Heid E, Mayer S, Basset A (1974) [Acute lupus erythematosus with total absence of the C4 fraction of complement]. Nouv Presse Med 3:881–882

Hemendinger RA, Bloom SE (1996) Selective mitomycin C and cyclophosphamide induction of apoptosis in differentiating B lymphocytes compared to T lymphocytes in vivo. Immunopharmacology 35:71–82

Herrmann M, Winkler TH, Fehr H, Kalden JR (1995) Preferential recognition of specific DNA motifs by anti-double-stranded DNA autoantibodies. Eur J Immunol 25:1897–1904

Herrmann M, Zoller OM, Hagenhofer M, Voll R, Kalden JR (1996) What triggers anti-dsDNA antibodies? Mol Biol Rep 23:265–267

Herrmann M, Voll RE, Zoller OM, Hagenhofer M, Ponner BB, Kalden JR (1998) Impaired phagocytosis of apoptotic cell material by monocyte-derived macrophages from patients with systemic lupus erythematosus. Arthritis Rheum 41:1241–1250

Isenberg DA, Ehrenstein MR, Longhurst C, Kalsi JK (1994) The origin, sequence, structure, and consequences of developing anti- DNA antibodies. A human perspective. Arthritis Rheum 37:169–180

Ishida H, Muchamuel T, Sakaguchi S, Andrade S, Menon S, Howard M (1994) Continuous administration of anti-interleukin 10 antibodies delays onset of autoimmunity in NZB/W F1 mice. J Exp Med 179:305–310

Itescu S (1996) Rheumatic aspects of acquired immunodeficiency syndrome. Curr Opin Rheumatol 8:346–353

James JA, Gross T, Scofield RH, Harley JB (1995) Immunoglobulin epitope spreading and autoimmune disease after peptide immunization: Sm B/B′-derived PPPGMRPP and PPPGIRGP induce spliceosome autoimmunity. J Exp Med 181:453–461

Kalden JR, Winkler TH, Herrmann M, Krapf F (1991) Pathogenesis of SLE: immunopathology in man. Rheumatol Int 11:95–100

Kelley W (1997) Textbook of rheumatology. Saunders, Philadelphia

Kojima T, Horiuchi T, Nishizaka H et al. (2000) Analysis of fas ligand gene mutation in patients with systemic lupus erythematosus. Arthritis Rheum 43:135–139

Komata T, Tsuchiya N, Matsushita M, Hagiwara K, Tokunaga K (1999) Association of tumor necrosis factor receptor 2 (TNFR2) polymorphism with susceptibility to systemic lupus erythematosus. Tissue Antigens 53:527–533

Kovacs B, Liossis SN, Dennis GJ, Tsokos GC (1997) Increased expression of functional Fas-ligand in activated T cells from patients with systemic lupus erythematosus. Autoimmunity 25:213–221

Kovacs H, Campbell ID, Strong P et al. (1998) Evidence that C1q binds specifically to CH2-like immunoglobulin gamma motifs present in the autoantigen calreticulin and interferes with complement activation. Biochemistry 37:17.865–17.874

Kramers C, Hylkema MN, Bruggen MC van et al. (1994) Anti-nucleosome antibodies complexed to nucleosomal antigens show anti-DNA reactivity and bind to rat glomerular basement membrane in vivo. J Clin Invest 94:568–577

Krieg AM (1995) CpG DNA: a pathogenic factor in systemic lupus erythematosus? J Clin Immunol 15:284–292

Laderach D, Bach JF, Koutouzov S (1998) Nucleosomes inhibit phagocytosis of apoptotic thymocytes by peritoneal macrophages from MRL+/+ lupus-prone mice. J Leukoc Biol 64:774–780

Lindqvist AK, Alarcon-Riquelme ME (1999) The genetics of systemic lupus erythematosus. Scand J Immunol 50:562–571

Lorenz HM, Grunke M, Hieronymus T et al. (1997) In vitro apoptosis and expression of apoptosis-related molecules in lymphocytes from patients with systemic lupus erythematosus and other autoimmune diseases. Arthritis Rheum 40:306–317

Madaio MP, Carlson J, Cataldo J, Ucci A, Migliorini P, Pankewycz O (1987) Murine monoclonal anti-DNA antibodies bind directly to glomerular antigens and form immune deposits. J Immunol 138:2883–2889

Makinodan T, Santos GW, Quinn RP (1970) Immunosuppressive drugs. Pharmacol Rev 22:189–247

Manfredi AA, Rovere P, Heltai S et al. (1998) Apoptotic cell clearance in systemic lupus erythematosus. II. Role of beta2-glycoprotein I. Arthritis Rheum 41:215–223

Manger K, Kalden JR, Manger B (1996) Cyclosporin A in the treatment of systemic lupus erythematosus: results of an open clinical study. Br J Rheumatol 35:669–675

Manger K, Repp R, Spriewald BM et al. (1998) Fcγ receptor IIa polymorphism in Caucasian patients with systemic lupus erythematosus: association with clinical symptoms. Arthritis Rheum 41:1181–1189

Marmont AM (1998) Stem cell transplantation for severe autoimmune diseases: progress and problems. Haematologica 83:733–743

McCoubrey-Hoyer A, Okarma TB, Holman HR (1984) Partial purification and characterization of plasma DNA and its relation to disease activity in systemic lupus erythematosus. Am J Med 77:23–34

Melino G, Piacentini M (1998) „Tissue" transglutaminase in cell death: a downstream or a multifunctional upstream effector? FEBS Lett 430:59–63

Meryhew NL, Shaver C, Messner RP, Runquist OA (1991) Mononuclear phagocyte system dysfunction in murine SLE: abnormal clearance kinetics precede clinical disease. J Lab Clin Med 117:181–193

Meyer O, Hauptmann G, Tappeiner G, Ochs HD, Mascart-Lemone F (1985) Genetic deficiency of C4, C2 or C1q and lupus syndromes. Association with anti-Ro (SS-A) antibodies. Clin Exp Immunol 62:678–684

Mihara M, Ohsugi Y, Saito K et al. (1988) Immunologic abnormality in NZB/NZW F1 mice. Thymus-independent occurrence of B cell abnormality and requirement for T cells in he development of autoimmune disease, as evidenced by an analysis of the athymic nude individuals. J Immunol 141:85–90

Mohan C, Datta SK (1995) Lupus: key pathogenic mechanisms and contributing factors. Clin Immunol Immunopathol 77:209–220

Mohan C, Shi Y, Laman JD, Datta SK (1995) Interaction between CD40 and its ligand gp39 in the development of murine lupus nephritis. J Immunol 154:1470–1480

Morgan BP, Walport MJ (1991) Complement deficiency and disease. Immunol Today 12:301–306

Morioka T, Woitas R, Fujigaki Y, Batsford SR, Vogt A (1994) Histone mediates glomerular deposition of small size DNA anti-DNA complex. Kidney Int 45:991–997

Morioka T, Fujigaki Y, Batsford SR et al. (1996) Anti-DNA antibody derived from a systemic lupus erythematosus (SLE) patient forms histone-DNA-anti-DNA complexes that bind to rat glomeruli in vivo. Clin Exp Immunol 104:92–96

Moser KL, Gray-McGuire C, Kelly J et al. (1999) Confirmation of genetic linkage between human systemic lupus erythematosus and chromosome 1q41. Arthritis Rheum 42:1902–1907

Moudgil KD, Sercarz EE, Grewal IS (1998) Modulation of the immunogenicity of antigenic determinants by their flanking residues. Immunol Today 19:217–220

Murakami M, Kumagai S, Sugita M, Iwai K, Imura H (1992) In vitro induction of IgG anti-DNA antibody from high density B cells of systemic lupus erythematosus patients by an HLA DR-restricted T cell clone. Clin Exp Immunol 90:245–250

Mysler E, Bini P, Drappa J et al. (1994) The apoptosis-1/Fas protein in human systemic lupus erythematosus. J Clin Invest 93:1029–1034

Naiki M, Chiang BL, Cawley D et al. (1992) Generation and characterization of cloned T helper cell lines for anti-DNA responses in NZB.H-2bm12 mice. J Immunol 149:4109–4115

Perniok A, Wedekind F, Herrmann M, Specker C, Schneider M (1998a) High levels of circulating early apoptotic peripheral blood mononuclear cells in systemic lupus erythematosus. Lupus 7:113–118

Perniok A, Wedekind F, Herrmann M et al. (1998b) High levels of circulating early apoptic peripheral blood mononuclear cells in systemic lupus erythematosus. Natural adjuvants: endogenous activators of dendritic cells. Lupus 7:113–118

Petri M (1998) Infection in systemic lupus erythematosus. Rheum Dis Clin North Am 24:423–456

Petri M, Robinson C (1997) Oral contraceptives and systemic lupus erythematosus. Arthritis Rheum 40:797–803

Petry F (1998) Molecular basis of hereditary C1q deficiency. Immunobiology 199:286–294

Piette JC, Fieschi C, Amoura Z (1999) Classification of vasculitis. N Engl J Med 341:1774–1775

Pirner K, Rascu A, Nurnberg W, Rubbert A, Kalden JR, Manger B (1994) Evidence for direct anti-heparin-sulphate reactivity in sera of SLE patients. Rheumatol Int 14:169–174

Pollak VE, Rosen S, Pirani CL, Muehrcke RC, Kark RM (1968) Natural history of lipoid nephrosis and of membranous glomerulonephritis. Ann Intern Med 69:1171–1196

Pollard KM, Lee DK, Casiano CA, Bluthner M, Johnston MM, Tan EM (1997) The autoimmunity-inducing xenobiotic mercury interacts with the autoantigen fibrillarin and modifies its molecular and antigenic properties. J Immunol 158:3521–3528

Prada AE, Strife CF (1992) IgG subclass restriction of autoantibody to solid-phase C1q in membranoproliferative and lupus glomerulonephritis. Clin Immunol Immunopathol 63:84–88

Prasad NK, Papoff G, Zeuner A et al. (1998) Therapeutic preparations of normal polyspecific IgG (IVIg) induce apoptosis in human lymphocytes and monocytes: a novel mechanism of action of IVIg involving the Fas apoptotic pathway. J Immunol 161:3781–3790

Prodeus AP, Goerg S, Shen LM et al. (1998) A critical role for complement in maintenance of self-tolerance. Immunity 9:721–731

Rahman MA, Isenberg DA (1994) Autoantibodies in systemic lupus erythematosus. Curr Opin Rheumatol 6:468–473

Raptis L, Menard HA (1980) Quantitation and characterization of plasma DNA in normals and patients with systemic lupus erythematosus. J Clin Invest 66:1391–1399

Raz E, Ben-Bassat H, Davidi T, Shlomai Z, Eilat D (1993) Cross-reactions of anti-DNA autoantibodies with cell surface proteins. Eur J Immunol 23:383–390

Rekvig OP, Fredriksen K, Brannsether B, Moens U, Sundsfjord A, Traavik T (1992) Antibodies to eukaryotic, including autologous, native DNA are produced during BK virus infection, but not after immunization with non-infectious BK DNA. Scand J Immunol 36:487–495

Rekvig OP, Andreassen K, Moens U (1998) Antibodies to DNA – towards an understanding of their origin and pathophysiological impact in systemic lupus erythematosus. Scand J Rheumatol 27:1–6

Rieux-Laucat F, Le Deist F, Hivroz C et al. (1995) Mutations in Fas associated with human lymphoproliferative syndrome and autoimmunity. Science 268:1347–1349

Robey FA, Jones KD, Steinberg AD (1985) C-reactive protein mediates the solubilization of nuclear DNA by complement in vitro. J Exp Med 161:1344–1356

Ronchetti A, Rovere P, Iezzi G et al. (1999) Immunogenicity of apoptotic cells In vivo: role of antigen load, antigen-presenting cells, and cytokines. J Immunol 163:130–136

Roosnek E, Lanzavecchia A (1991) Efficient and selective presentation of antigen-antibody complexes by rheumatoid factor B cells. J Exp Med 173:487–489

Rosen A, Casciola-Rosen L, Ahearn J (1995) Novel packages of viral and self-antigens are generated during apoptosis. J Exp Med 181:1557–1561

Rosen A, Casciola-Rosen L, Wigley F (1997) Role of metal-catalyzed oxidation reactions in the early pathogenesis of scleroderma. Curr Opin Rheumatol 9:538–543

Rumore P, Muralidhar B, Lin M, Lai C, Steinman CR (1992) Haemodialysis as a model for studying endogenous plasma DNA: oligonucleosome-like structure and clearance. Clin Exp Immunol 90:56–62

Rynes RI (1982) Inherited complement deficiency states and SLE. Clin Rheum Dis 8:29–47

Sabbadini MG, Manfredi AA, Bozzolo E et al. (1999) Central nervous system involvement in systemic lupus erythematosus patients without overt neuropsychiatric manifestations. Lupus 8:11–19

Salio M, Cerundolo V, Lanzavecchia A (2000) Dendritic cell maturation is induced by mycoplasma infection but not by necrotic cells. Eur J Immunol 30:705–708

Savill J (1997) Apoptosis in resolution of inflammation. J Leukoc Biol 61:375–380

Savill J (1998) Apoptosis. Phagocytic docking without shocking. Nature 392:442–443

Savill J (1999) Regulation of glomerular cell number by apoptosis. Kidney Int 56:1216–1222

Savill J, Hogg N, Ren Y, Haslett C (1992) Thrombospondin cooperates with CD36 and the vitronectin receptor in macrophage recognition of neutrophils undergoing apoptosis. J Clin Invest 90:1513–1522

Savill J, Fadok V, Henson P, Haslett C (1993) Phagocyte recognition of cells undergoing apoptosis. Immunol Today 14:131–136

Schellekens GA, Jong BA de, Hoogen FH van den, Putte LB van de, Venrooij WJ van (1998) Citrulline is an essential constituent of antigenic determinants recognized by rheumatoid arthritis-specific autoantibodies. J Clin Invest 101:273–281

Schur PH (1978) Genetics of complement deficiencies associated with lupus-like syndromes. Arthritis Rheum 21:S153–160

Shai R, Quismorio FP Jr, Li L et al. (1999) Genome-wide screen for systemic lupus erythematosus susceptibility genes in multiplex families. Hum Mol Genet 1999:639–644

Shivakumar S, Tsokos GC, Datta SK (1989) T cell receptor alpha/beta expressing double-negative (CD4–/CD8–) and CD4+ T helper cells in humans augment the production of pathogenic anti-DNA autoantibodies associated with lupus nephritis. J Immunol 143:103–112

Shlomchik M, Mascelli M, Shan H et al. (1990) Anti-DNA antibodies from autoimmune mice arise by clonal expansion and somatic mutation. J Exp Med 171:265–292

Sobel ES, Kakkanaiah VN, Kakkanaiah M, Cheek RL, Cohen PL, Eisenberg RA (1994) T-B collaboration for autoantibody production in lpr mice is cognate and MHC-restricted. J Immunol 152:6011–6016

Steinberg AD, Roths JB, Murphy ED, Steinberg RT, Raveche ES (1980) Effects of thymectomy or androgen administration upon the autoimmune disease of MRL/Mp-lpr/lpr mice. J Immunol 125:871–873

Steinman CR (1984) Circulating DNA in systemic lupus erythematosus. Isolation and characterization. J Clin Invest 73:832–841

Strand V, Gladman D, Isenberg D, Petri M, Smolen J, Tugwell P (1999) Outcome measures to be used in clinical trials in systemic lupus erythematosus. J Rheumatol 26:490–497

Suzuki N, Harada T, Mizushima Y, Sakane T (1993) Possible pathogenic role of cationic anti-DNA autoantibodies in the development of nephritis in patients with systemic lupus erythematosus. J Immunol 151:1128–1136

Takeda Y, Caudell P, Grady G et al. (1999) Human RNA helicase A is a lupus autoantigen that is cleaved during apoptosis. J Immunol 163:6269–6274.

Takeuchi K, Turley SJ, Tan EM, Pollard KM (1995) Analysis of the autoantibody response to fibrillarin in human disease and murine models of autoimmunity. J Immunol 154:961–971

Tan FK, Arnett FC (1998) The genetics of lupus. Curr Opin Rheumatol 10:399–408

Tan EM, Schur PH, Carr PI, Kunkel HG (1966) Desoxyribonucleic acid (DNA) and antibodies to DNA in the serum of patients with systemic lupus erythematosus. J Clin Invest 45:1732–1738

Tan EM, Cohen AS, Fries JF et al. (1982) The 1982 revised criteria for the classification of systemic lupus erythematosus. Arthritis Rheum 25:1271–1277

Taylor RP, Horgan C, Buschbacher R et al. (1983) Decreased complement mediated binding of antibody/3H-dsDNA immune complexes to the red blood cells of patients with systemic lupus erythematosus, rheumatoid arthritis, and hematologic malignancies. Arthritis Rheum 26:736–744

Termaat RM, Assmann KJ, Dijkman HB, Gompel F van, Smeenk RJ, Berden JH (1992) Anti-DNA antibodies can bind to the glomerulus via two distinct mechanisms. Kidney Int 42:1363–1371

Theocharis S, Sfikakis PP, Lipnick RN, Klipple GL, Steinberg AD, Tsokos GC (1995) Characterization of in vivo mutated T cell clones from patients with systemic lupus erythematosus. Clin Immunol Immunopathol 74:135–142

Thomas DA, Du C, Xu M, Wang X, Ley TJ (2000) DFF45/ICAD can be directly processed by granzyme B during the induction of apoptosis. Immunity 12:621–632

Tighe H, Chen PP, Tucker R et al. (1993) Function of B cells expressing a human immunoglobulin M rheumatoid factor autoantibody in transgenic mice. J Exp Med 177:109–118

Trinder PK, Maeurer MJ, Schorlemmer HU, Loos M (1995) Autoreactivity to mouse C1q in a murine model of SLE. Rheumatol Int 15:117–120

Tsai YT, Chiang BL, Kao YF, Hsieh KH (1995) Detection of Epstein-Barr virus and cytomegalovirus genome in white blood cells from patients with juvenile rheumatoid arthritis and childhood systemic lupus erythematosus. Int Arch Allergy Immunol 10:235–240

Tsao BP, Cantor RM, Kalunian KC, Wallace DJ, Hahn BH, Rotter JI (1998) The genetic basis of systemic lupus erythematosus. Proc Assoc Am Physicians 110:113–117

Tsuzaka K, Leu AK, Frank MB et al. (1996a) Lupus autoantibodies to double-stranded DNA cross-react with ribosomal protein S1. J Immunol 156:1668–1675

Tsuzaka K, Winkler TH, Kalden JR, Reichlin M (1996b) Autoantibodies to double-stranded (ds)DNA immunoprecipitate 18S ribosomal RNA by virtue of their interaction with ribosomal protein S1 and suppress in vitro protein synthesis. Clin Exp Immunol 106:504–508

Uramoto KM, Michet CJ Jr, Thumboo J et al. (1999) Trends in the incidence and mortality of systemic lupus erythematosus 1950–1992. Arthritis Rheum 42:46–50

Urowitz MB, Gladman DD (1999) Evolving spectrum of mortality and morbidity in SLE. Lupus 8:253–255

Utz PJ, Hottelet M, Schur PH, Anderson P (1997) Proteins phosphorylated during stress-induced apoptosis are common targets for autoantibody production in patients with systemic lupus erythematosus. J Exp Med 185:843–854

Utz PJ, Hottelet M, Venrooij WJ van, Anderson P (1998) Association of phosphorylated serine/arginine (SR) splicing factors with the U1-small ribonucleoprotein (snRNP) autoantigen complex accompanies apoptotic cell death. J Exp Med 187:547–560

Vaishnaw AK, Toubi E, Ohsako S et al. (1999) The spectrum of apoptotic defects and clinical manifestations, including systemic lupus erythematosus, in humans with CD95 (Fas/APO-1) mutations. Arthritis Rheum 42:1833–1842

Vakkalanka RK, Woo C, Kirou KA, Koshy M, Berger D, Crow MK (1999) Elevated levels and functional capacity of soluble CD40 ligand in systemic lupus erythematosus sera. Arthritis Rheum 42:871–881

Van den Borne BE, Dijkmans BA, Rooij HH de, Cessie S le, Verweij CL (1997) Chloroquine and hydroxychloroquine equally affect tumor necrosis factor-alpha, interleukin 6, and interferon-gamma production by peripheral blood mononuclear cells. J Rheumatol 24:55–60

Van Es JH, Gmelig Meyling FH, Akker WR van de, Aanstoot H, Derksen RH, Logtenberg T (1991) Somatic mutations in the variable regions of a human IgG anti-double-stranded DNA autoantibody suggest a role for antigen in the induction of systemic lupus erythematosus. J Exp Med 173:461–470

Van Vollenhoven RF, Engleman EG, McGuire JL (1995) Dehydroepiandrosterone in systemic lupus erythematosus. results of a double-blind, placebo-controlled, randomized clinical trial. Arthritis Rheum 38:1826–1831

Van Vollenhoven RF, Park JL, Genovese MC, West JP, McGuire JL (1999) A double-blind, placebo-controlled, clinical trial of dehydroepiandrosterone in severe systemic lupus erythematosus. Lupus 8:181–187

Verthelyi D, Dybdal N, Elias KA, Klinman DM (1998) DNAse treatment does not improve the survival of lupus prone (NZB x NZW)F1 mice. Lupus 7:223–230

Vlahakos DV, Foster MH, Adams S et al. (1992) Anti-DNA antibodies form immune deposits at distinct glomerular and vascular sites. Kidney Int 41:1690–1700

Voll RE, Herrmann M, Roth EA, Stach C, Kalden JR, Girkontaite I (1997a) Immunosuppressive effects of apoptotic cells. Nature 390:350–351

Voll RE, Roth EA, Girkontaite I et al. (1997b) Histone-specific Th0 and Th1 clones derived from systemic lupus erythematosus patients induce double-stranded DNA antibody production. Arthritis Rheum 40:2162–2171

Vyse TJ, Kotzin BL (1998) Genetic susceptibility to systemic lupus erythematosus. Annu Rev Immunol 16:261–292

Wang Y, Hu Q, Madri JA, Rollins SA, Chodera A, Matis LA (1996) Amelioration of lupus-like autoimmune disease in NZB/WF1 mice after treatment with a blocking monoclonal antibody specific for complement component C5. Proc Natl Acad Sci USA 93:8563–8568

Watson ML, Rao JK, Gilkeson GS et al. (1992) Genetic analysis of MRL-lpr mice: relationship of the Fas apoptosis gene to disease manifestations and renal disease-modifying loci. J Exp Med 176:1645–1656

Wilson JG, Fearon DT (1984) Altered expression of complement receptors as a pathogenetic factor in systemic lupus erythematosus. Arthritis Rheum 27:1321–1328

Winkler TH, Kalden JR (1994) Origin of anti-DNA autoantibodies in SLE. Lupus 3:75–76

Winkler TH, Fehr H, Kalden JR (1992) Analysis of immunoglobulin variable region genes from human IgG anti-DNA hybridomas. Eur J Immunol 22:1719–1728

Wofsy D, Seaman WE (1987) Reversal of advanced murine lupus in NZB/NZW F1 mice by treatment with monoclonal antibody to L3T4. J Immunol 138:3247–3253

Wu J, Wilson J, He J, Xiang L, Schur PH, Mountz JD (1996) Fas ligand mutation in a patient with systemic lupus erythematosus and lymphoproliferative disease. J Clin Invest 98:1107–1113

Yung RL, Quddus J, Chrisp CE, Johnson KJ, Richardson BC (1995) Mechanism of drug-induced lupus. I. Cloned Th2 cells modified with DNA methylation inhibitors in vitro cause autoimmunity in vivo. J Immunol 154:3025–3035

12 Spondylitis ankylosans

Jürgen Braun und Joachim Sieper

Inhaltsverzeichnis

12.1 Einführung

Die ankylosierende Spondylitis (AS) ist der Prototyp der Spondyloarthritiden (SpA). Die SpA sind eine heterogene Gruppe von entzündlich rheumatischen Erkrankungen, die durch akute und chronische Entzündungszustände in Sehnenansätzen und Gelenken von Wirbelsäule und Peripherie charakterisiert sind. Darüber hinaus haben die SpA weitere charakteristische klinische Gemeinsamkeiten (z.B. anteriore Uveitis, Enthesitis, Morbus-Crohn-ähnliche Darmsymptome). Die SpA weisen verschiedene überlappende Symptome auf (z.B. psoriatische Hautläsionen beim Reiter-Syndrom). Die SpA-Untergruppen zeigen zudem verschiedene Übergänge untereinander (z.B. reaktive Arthritis zu AS). 2 SpA können parallel auftreten (z.B. Arthritis bei Morbus Crohn, Psoriasis und AS).

Die verschiedenen Homonyme, welche früher und noch heute für die SpA verwendet wurden, sind:

- seronegative Spondarthropathien
- Spondarthritis

Ganten/Ruckpaul (Hrsg.)
Molekularmedizinische Grundlagen
von rheumatischen Erkrankungen
© Springer-Verlag Berlin Heidelberg 2003

- Spondylarthropathie
- Spondyloarthropathie
- HLA-B27-positive Arthritis

Eine substanzielle Differenz zwischen den Termini besteht nicht. Das Präfix „seronegative" ist historisch entstanden und inzwischen überflüssig; es bezieht sich auf die weitgehende Abwesenheit von Rheumafaktoren (s. Kapitel 10 „Rheumatoide Arthritis") bei den SpA.

12.2 Terminologie

Die Autoren haben in den letzten Jahren meist den Terminus Spondyl(o)arthropathie verwendet. Grundsätzlich ist die Verwendung *eines* allgemein akzeptierten übergeordneten Begriffs zu bevorzugen. Im angloamerikanischen Sprachgebrauch wird der Terminus „spondyloarthropathy" am häufigsten verwendet. Eine europäische Expertenkommission hat aber kürzlich den Terminus „spondyloarthritis" vorgeschlagen (Francois et al. 1995). Da

1. die Betonung des entzündlichen Charakters der Erkrankungen aus pathogenetischer Sicht betont werden sollte (und gegenüber Kostenträgern und Versicherern auch betont werden muss) und
2. eine europäische Lösung dieses Nomenklaturproblems zukunftsgerichtet angestrebt werden sollte,

verwenden wir hier den Terminus Spondyloarthritis.

Während in Deutschland für die ankylosierende Spondylitis vielfach der Terminus Morbus Bechterew verwendet wird, ist dies im übrigen Europa nicht üblich.

Tabelle 12.1. Erste historische Beschreibungen der Spondyloarthritiden

Beschreibungen	Autoren, Jahr
Ankylosierende Spondylitis	Connors 1649, Brodie 1888
Reaktive Arthritis/Reiter-Syndrom	Reiter 1916, Ahonen 1973
Psoriasisarthritis	Wright 1959
Arthritis bei CED	Bargen 1930
Undifferenzierte Spondylarthropathie	Khan u. van der Linden 1990
Enthesitis	Niepel 1961
HLA-B27-Assoziation	Brewerton, Schlosssstein 1973
Spondarthritis/Spondylarthropathie	Moll u. Wright 1974, ESSG 1991
Spondyloerthritis	Francois et al. 1995

12.3 Historische Perspektive

Die Medizingeschichte der SpA-Beschreibungen ist in Tabelle 12.1 kurz dargestellt.

12.4 Epidemiologie

Das mittlere Alter bei Krankheitsbeginn liegt bei den SpA-Untergruppen bei 20–40 Jahren, dies ist bei der rheumatoiden Arthritis (RA) unterschiedlich (Abb. 12.1). Das Verhältnis Männer:Frauen zeigt eine Tendenz zu mehr betroffenen Männern, dies ist aber unterschiedlich in den Untergruppen. Neben der rheumatoiden Arthritis (RA) sind die SpA die häufigsten entzündlich-rheumatischen Erkrankungen (Tabelle 12.2), wobei die AS und die undifferenzierte SpA (uSpA) die höchste Prävalenz aufweisen (Braun et al. 1998a, b).

Vor allem die AS (Brewerton et al. 1973, Schlosstein et al. 1973), aber auch die anderen

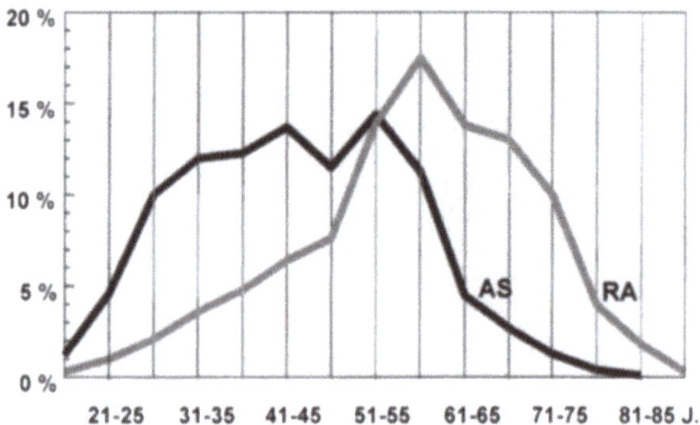

Abb. 12.1. Altersverteilung der Spondylitis ankylosans im Vergleich zur rheumatoiden Arthritis: Die AS beginnt deutlich früher, im Mittel bei 26 Jahren gegenüber 58 Jahren bei der RA (Daten der deutschen Kerndokumentation (Zink A et al. 1999)

Tabelle 12.2. Prävalenz der Spondyloarthritiden

Spondyloarthritiden	Häufigkeit [%]
Alle Spondyloarthritiden	0,6–2,0
Ankylosierende Spondylitis	0,2–1,4
Undifferenzierte Spondyloarthritis	0,2–0,7
Reaktive Arthritis	0,01
Psoriasis	1,0–3,0
Psoriasisarthritis	0,3
Chronisch entzündliche Darmerkrankungen (CED)	0,01
Arthritis bei CED	0,001

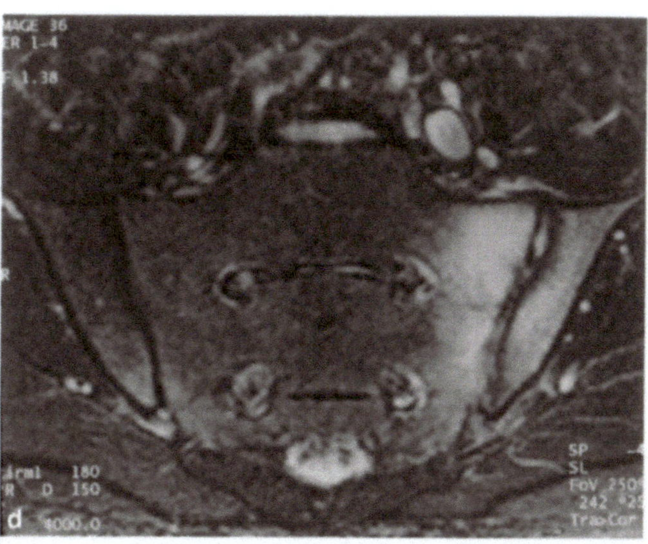

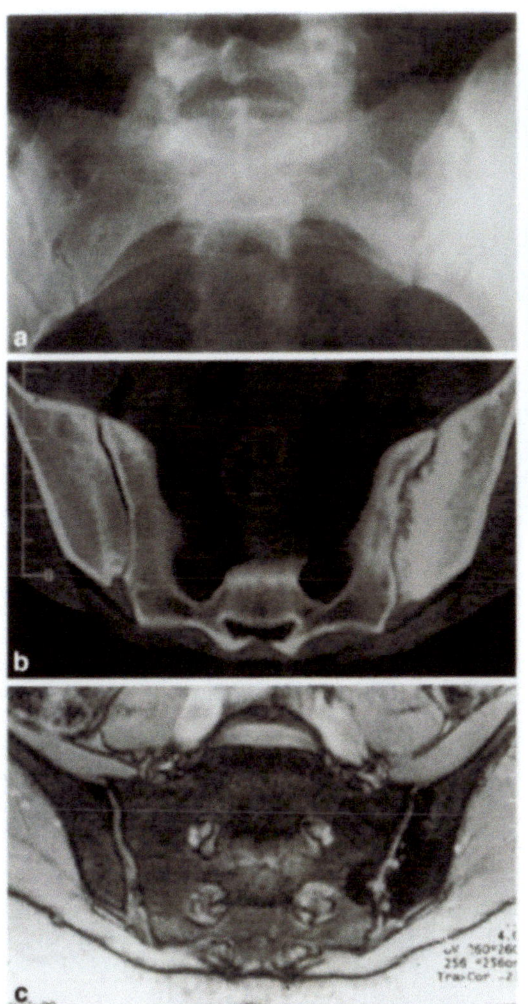

Abb. 12.2 a–d. Röntgen (a), CT (b) und MRT (c) T1 Wichtung: linksseitige v. a. chronische Sakroiliitis bei einem AS-Patienten, akute linksseitige Sakroiliitis bei einer uSpA-Patientin TIRM-Sequenz (d)

SpA sind mit dem MHC-Klasse-I-Antigen HLA-B27 assoziiert, die Stärke der Assoziation ist aber in den Untergruppen unterschiedlich (Tabelle 12.2) und korreliert mit speziellen Symptomen wie Spondylitis und Reiter-Syndrom.

Die Prävalenz der SpA korreliert mit der Häufigkeit von HLA-B27 in der Population; dies ist v. a. für die AS gezeigt worden. Nichtsdestoweniger ist aber bei Eskimopopulationen das Reiter-Syndrom häufiger als die AS.

Bei näheren Untersuchungen von Patienten, die sich mit Rückenschmerzen in Allgemeinarztpraxen in England vorstellten, wurde eine SpA-Prävalenz von 5% ermittelt.

Für die AS (van der Linden et al. 1984) und die Gesamtgruppe der SpA (Dougados et al. 1991) gibt es diagnostische bzw. Klassifikationskriterien.

Die SpA sind durch charakteristische klinische Symptome und Anamnesen verbunden:
- entzündlicher Rückenschmerz
- Sakroiliitis (Abb. 12.2)
- periphere Arthritis
- Enthesitis (Abb. 12.3 a, c)
- Daktylitis (Abb. 12.3 b)
- vorausgehende Infektion im Enteral- bzw. Urogenitaltrakt
- psoriatische Hautveränderungen (Abb. 12.4)
- Morbus-Crohn-ähnliche Darmveränderungen (Abb. 12.5)
- anteriore Uveitis
- Familiengeschichte von Spondyloarthritis, Psoriasis und Morbus Crohn

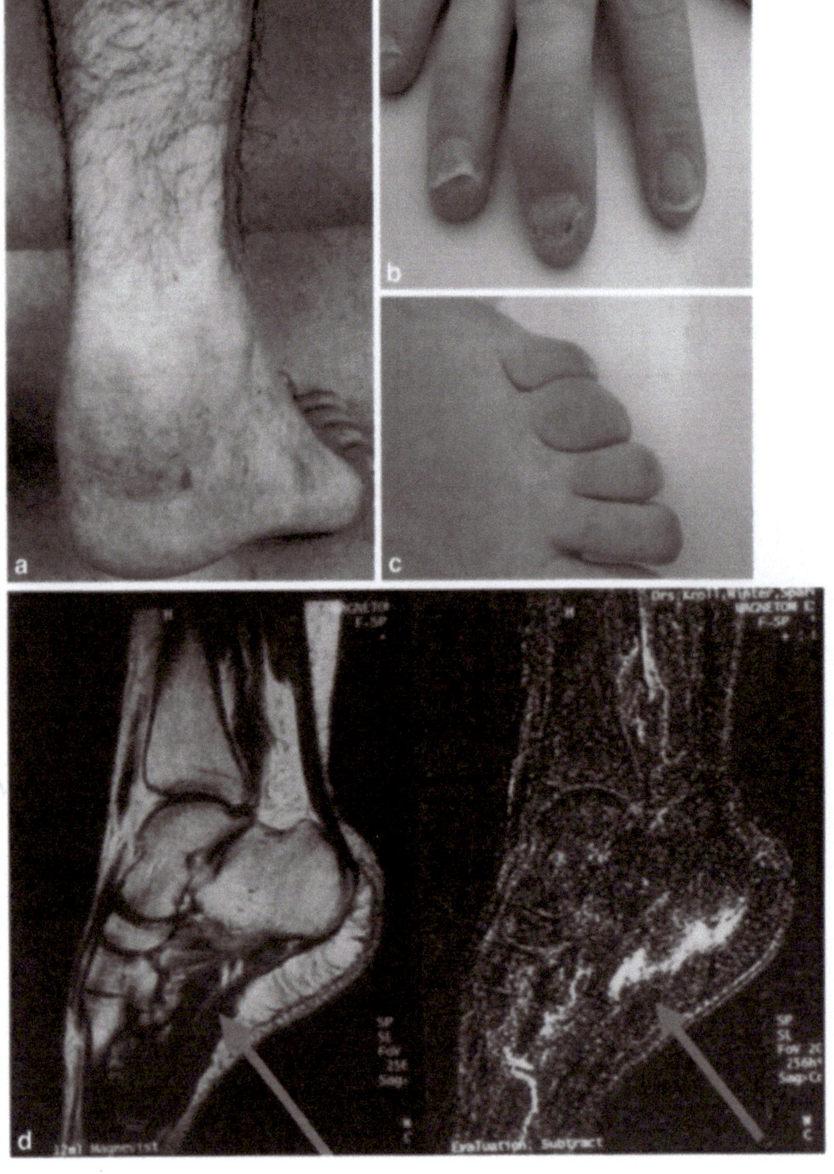

Abb. 12.3 a–d. Enthesitis am Achillessehnenansatz (**a**), Daktylitis am 3. Finger rechts bei Psoriasisarthritis, Onycholyse am 3. und 4. Finger (**b**); Daktylitis am 4. Strahl des linken Fußes bei Psoriasisarthritis (**c**); MRT: Fasciitis plantaris (**d**)

12.5 Spondylitis ankylosans

Die ankylosierende Spondylitis ist eine chronische entzündlich-rheumatische Erkrankung, die v. a. das Achsenskelett betrifft. Die Symptome beginnen fast immer im Bereich der Sakroiliakalgelenke (Braun u. Sieper 1996). Später geht die Erkrankung auf die Wirbelsäule über (Abb. 12.6–12.8), aber periphere Gelenke, Sehnenansatzstrukturen, die anteriore Uvea und die Aorta können ebenso beteiligt werden.

Die Diagnose wird v. a. auf der Basis von signifikanten radiologischen Veränderungen in den Sakroiliakalgelenken, der typischen Anamnese von entzündlichem Rückenschmerz (s. unten), Steifigkeit und Evidenz von limitierter Wirbelsäulenbeweglichkeit und/oder verminderter Thoraxexkursionsfähigkeit bei der körperlichen Untersuchung gestellt (van der Linden 1984). In seltenen Fällen zeigen die Sakroiliakalgelenke keine sicheren Auffälligkeiten, z. B. bei Patienten mit prädominantem HWS-Befall, wo dann aber in der Regel eindeutige Syndesmophyten nachweisbar sind.

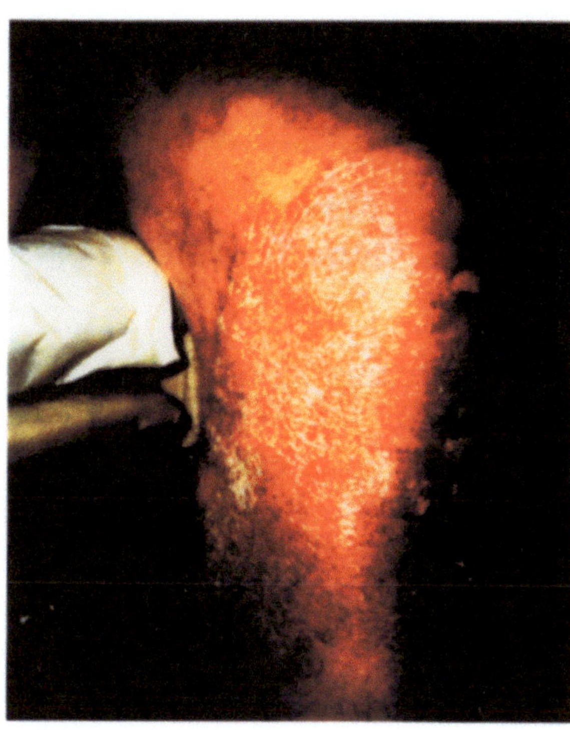

Abb. 12.4. Psoriasis und Psoriasisarthritis linkes Knie

12.5.1 Epidemiologie der AS

Die AS beginnt gewöhnlich im Alter von 26 Jahren (Abb. 12.1), kann aber auch durchaus schon im Jugendalter bei Kindern >12 Jahren und spät bei Patienten >50 Jahren auftreten. Das Mann-Frau-Verhältnis bei der AS ist ungefähr 2:1. Ungefähr 90% von kaukasischen AS-Patienten sind HLA-B27-positiv (s. unten).

12.5.2 Klinische Erscheinungsbilder und Verlauf der AS

Das häufigste initiale Symptom ist der entzündliche Rückenschmerz (Calin et al. 1977), am häufigsten im unteren Teil des Rückens und im Gesäß. Ungefähr 20–30% der Patienten haben initial eine akute periphere Arthritis der unteren Extremitäten, nicht selten mit Gelenkerguss als Frühsymptom. Diese Situation ist schwierig von der reaktiven Arthritis zu unterscheiden. Im Allgemeinen sind bei AS-Patienten periphere Gelenken in 30–40% der Fälle beteiligt.

Erst seit kurzer Zeit lassen sich in frühen Krankheitsphasen mittels MRT akut entzündliche Prozesse in der Wirbelsäule nachweisen: Typisch sind Spondylitis und Spondylodiszitis (Abb. 12.7).

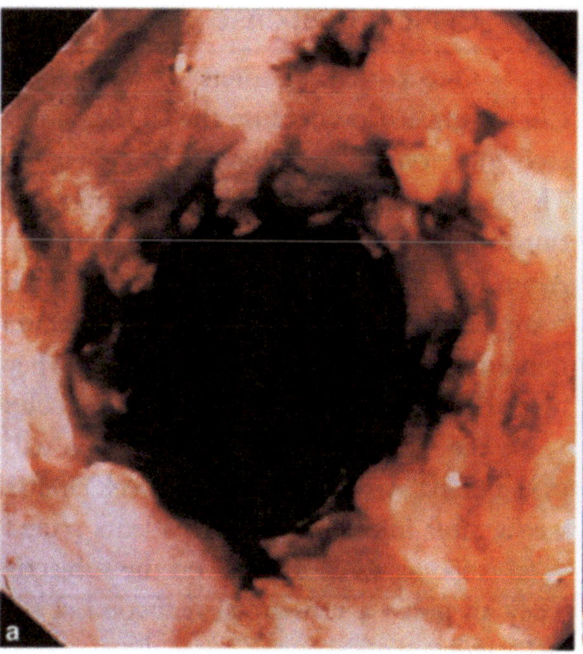
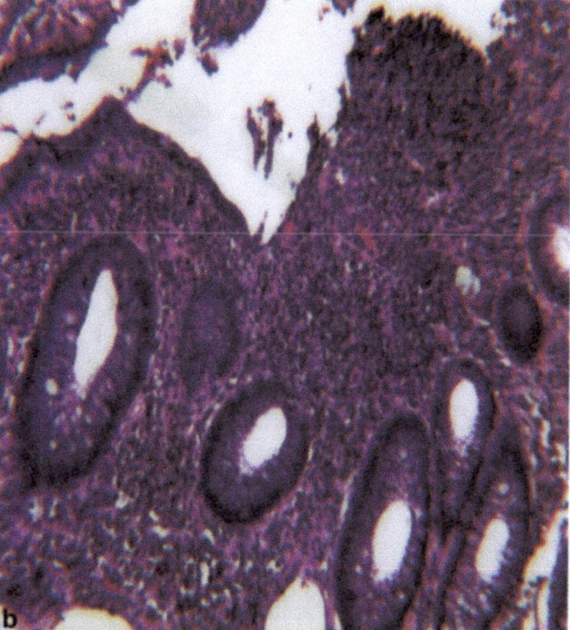

Abb. 12.5 a, b. Makroskopisch (a) und mikroskopisch (b) akute Kolitis bei Morbus Crohn (Endoskopie, Histologie, HE-Färbung)

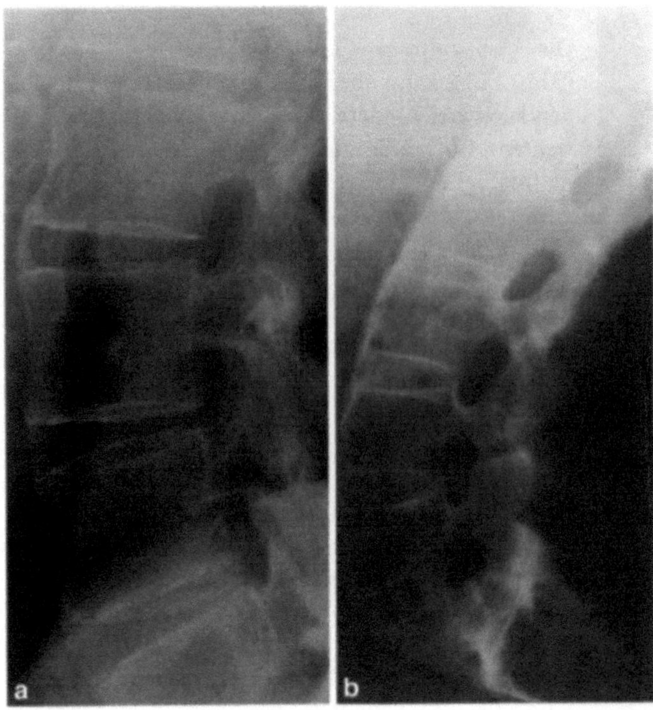

Abb. 12.6 a, b. Röntgen: (a) Syndesmophyten und (b) Ankylose bei 2 Patienten mit Spondylitis ankylosans

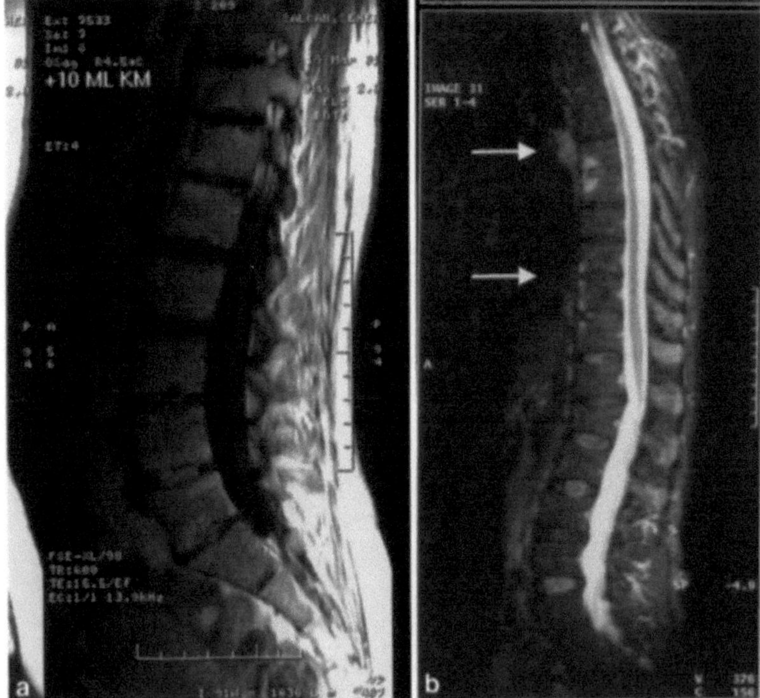

Abb. 12.7 a, b. MRT: akute Spondylitis (a) und Spondylodiszitis (b) bei 2 Patienten mit Spondylitis ankylosans

Im frühen Verlauf der Erkrankung gibt es meist keine Limitation von spinaler Beweglichkeit und Thoraxexkursion. Die später zunehmenden Behinderungen involvieren die laterale Beugung, die Vorwärtsbeugung und die Extension. Häufig entwickeln sich eine Abflachung der Lumbarlordose und eine Unfähigkeit, dies bei der Vorwärtsbeugung auszugleichen.

In fortgeschrittenen Krankheitsphasen entwickelt sich eine thorakale Kyphose mit begleitender Res-

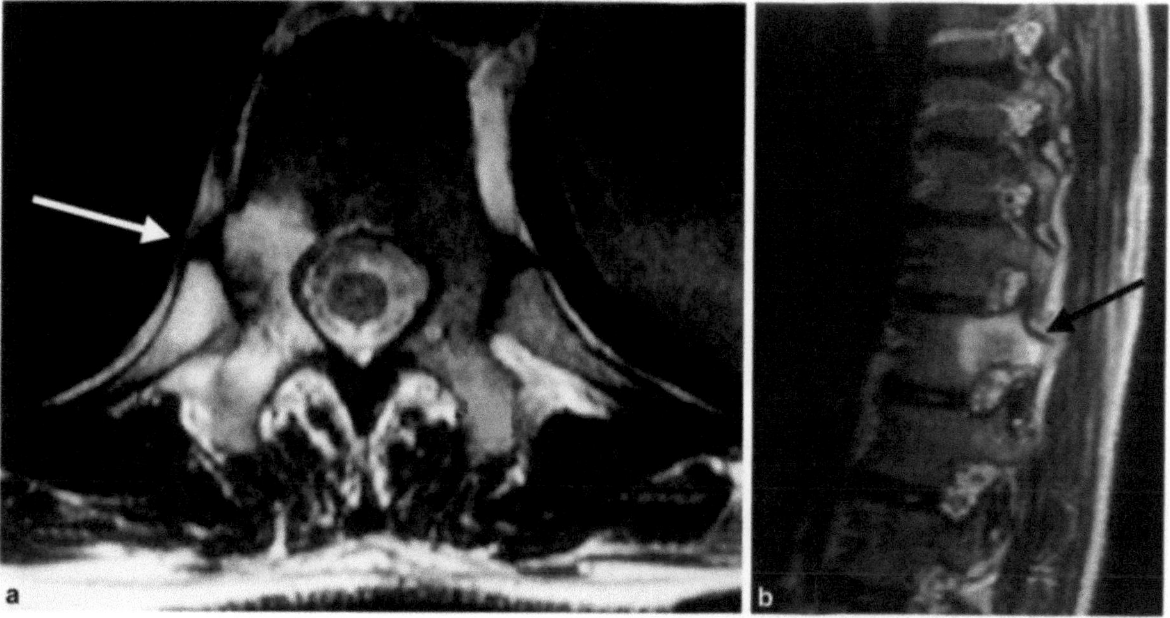

Abb. 12.8 a, b. MRT: Kostovertebralgelenkarthritis bei einer Patientin mit Spondylitis ankylosans, (a) koronar, (b) sagittal

triktion der thorakalen Rotationsfähigkeit und der Thoraxexkursionsfähigkeit aufgrund der Entzündung und konsekutiven Ankylose (Abb. 12.6) der kostovertebralen und kostotransversalen Gelenke (Abb. 12.8). In schweren Fällen ist die Beweglichkeit der Halswirbelsäule in allen Ebenen behindert, mit dramatischer Limitation der Lateralflexion. Die Kombination von zervikaler Versteifung und schwerer thorakaler Kyphose kann zu typischen Schwierigkeiten beim Geradeausschauen führen.

Eine *periphere Gelenkbeteiligung* tritt in 30–50% der Fälle auf. Bei etwa 20% der Patienten ist eine Arthritis des Knie und/oder Sprunggelenks das Erstsymptom, v. a. bei Kindern. Die Arthritis ist in der Regel oligoartikulär (<5 Gelenke) und meist asymmetrisch. Kleine Gelenke sind selten betroffen. Folgende Gelenke können beteiligt sein:

- Knie
- Sprunggelenke
- Hüftgelenke
- Schultern
- Handgelenke
- Temporomandibulargelenke
- Sternoklavikulargelenke
- Manubriosternalgelenk

Die *periphere Enthesitis* ist nicht häufig und tritt typischerweise an den Ansätzen der Achillessehne (Abb. 12.3 a) und der Plantarfaszie (Abb. 12.3 c) auf. Andere Lokalisationen sind die Darmbeinkante, der Sitzbeinhöcker, der große Trochanter und

andere Regionen wie Knie-, Schultern und Ellenbogengelenke. Hierbei ist die exakte pathoanatomische Diagnose z. T. nicht einfach, v. a. wenn keine offensichtliche Schwellung vorhanden ist. In solchen Fällen kann eine Gelenkultraschalluntersuchung hilfreich sein.

An der Wirbelsäule wurde eine *spinale Enthesitis* beschrieben (Ball et al. 1971). Diese Diagnose ist klinisch ebenfalls problematisch, da die Unterscheidung, welche anatomischen Strukturen früh und vorwiegend betroffen sind, hierbei besonders schwierig ist. Für die Differenzierung kommt allenfalls die Magnetresonanztomographie (MRT) in Frage, dies ist zurzeit aber noch wissenschaftlichen Fragestellungen vorbehalten. Möglicherweise sind die Gelenkkapselansätze der Kostosternal- und Wirbelgelenke früh und typisch betroffen (Abb. 12.9).

Eine *Daktylitis* von Fingern und Zehen (Abb. 12.3 b) tritt selten auf, dies ist beim Reiter-Syndrom und v. a. bei der Psoriasisarthritis häufiger.

Die häufigste *extraartikuläre Organbeteiligung* ist die *akute anteriore Uveitis*, welche zu jedem Zeitpunkt im Verlauf der Erkrankung bei insgesamt 30–40% der AS-Patienten typischerweise unilateral auftreten kann. Beide Augen können auch wiederholt betroffen sein, Rezidive sind häufig. Eine Regurgitation durch die Aortenklappe – sekundär nach *Aortitis* – tritt bei etwa 1% der AS-Patienten auf – am häufigsten in fortgeschrittenen Krankheitsstadien. Atrioventrikuläre Blockbilder können hiermit assoziiert sein, aber auch unabhängig auftreten.

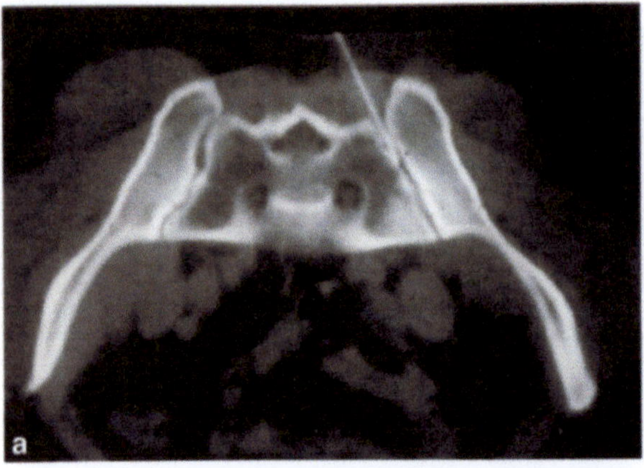

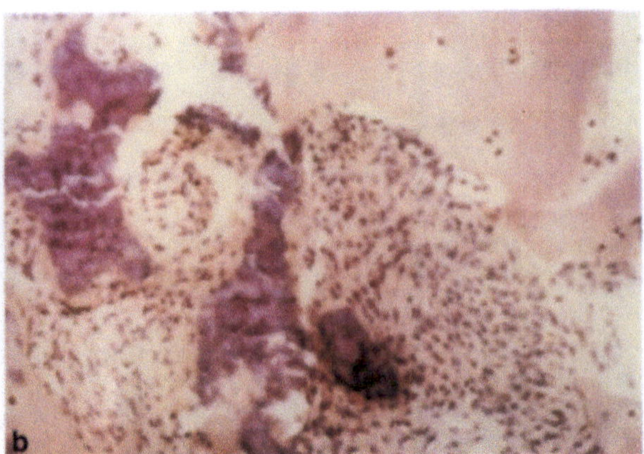

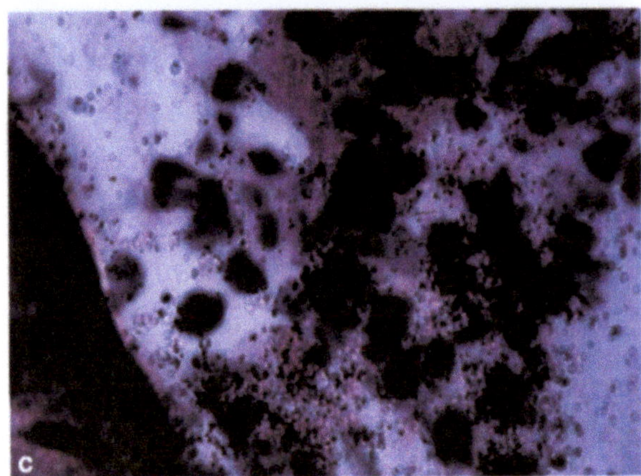

Abb. 12.9 a–c. CT-gesteuerte Punktion des Sakroiliakalgelenks bei einer Patientin mit Spondylitis ankylosans (**a**), typisches zelluläres Infiltrat (HE-Färbung) mit T-Zellen, Makrophagen, Knochenneubildung (**b**), TNF-α-mRNA bei Sakroiliitis (In-situ-Hybridisierung) (**c**)

Sehr wahrscheinlich auf der Basis einer durch die Verknöcherung der kleinen Rippenwirbelgelenke bedingten limitierten Expansionsfähigkeit des Thorax, die zu einer restriktiven Ventilationsstörung führt, kommt es zur *pulmonalen Fibrose* der apikalen Lungenanteile, die bei nicht mehr als 1% der AS-Patienten, v.a. in fortgeschrittenen Krankheitsstadien, auftritt.

Das gefürchtete *Cauda-equina-Syndrom* kann in schweren Fällen bei meist langjährig betroffenen Patienten auftreten. Hierbei kommt es zu Blasen- und Darmfunktionsstörungen. In der Myelographie sind lumbale Divertikel zu sehen. Die MRT ist hierbei heute Methode der Wahl.

Bis zu 1% der Patienten entwickeln eine Amyloidase, die sich vor allem an der Niere manifestiert.

12.6 Immunopathologie und Pathogenese

Die führenden klinischen Zeichen der AS sind spinale Entzündung und Ankylose. Deren Pathogenese ist bisher nur begrenzt bekannt. Klar ist, dass der überwiegende Anteil der AS genetisch determiniert ist, dies betrifft sowohl das Auftreten als auch die Schwere der Erkrankung. HLA-B27 macht nur etwa 1/3 dieser genetischen Last aus (Brown et al. 1998 a, b, c). Der Rest ist noch nicht bekannt (s. dort).

Als Auslöser sind grundsätzlich häufig vorkommende Infektionen, aber auch Traumen vorstellbar. Letztere sind bis jetzt allenfalls anekdotisch berichtet. Die Assoziation der AS mit bakteriellen Infektionen ist insgesamt sicher viel weniger klar als bei der reaktiven Arthritis. Antikörper gegen *Klebsiella pneumoniae* sind bei AS-Patienten häufiger als bei gesunden Kontrollen, aber ähnlich häufig bei Patienten mit chronischer entzündlichen Darmerkrankungen und bei Verwandten ersten Grades von AS-Patienten festgestellt worden. Das bedeutet, dass hier möglicherweise eine Assoziation mit erhöhter Darmpermeabilität besteht. Diese ist deutlich stärker mit der peripheren als mit der axialen Arthritis assoziiert. Im initial am häufigsten betroffenen Sakroiliakalgelenk (Abb. 12.2, 12.9 a) sind T-Zellen und Makrophagen dominant an der Entzündungsreaktion beteiligt (Abb. 12.9 b); CD4$^+$- und CD8$^+$-T-Zellen sind dort vorhanden

(Bollow et al. 2000). Das proinflammatorische Zytokin TNFα wurde sowohl auf der Protein- als auch auf der mRNA-Ebene (Abb. 12.9 c) nachgewiesen (Braun et al. 1995). Der Grund für den spezifischen Tropismus im Sakroiliakalgelenk und in der Wirbelsäule ist unklar. Die Tatsache, dass Sakroiliakal- und Wirbelsäulegelenke bei Infektionskrankheiten betroffen sind, die durch Mykobakterien und andere Mikroben bedingt sind, könnte für eine mikrobiell getriggerte Pathogenese auch der AS sprechen. Bisher konnten aber keine mit der reaktiven Arthritis assoziierten Bakterien im Sakroiliakalgelenk nachgewiesen werden. Die Beteiligung von spinalen und peripheren enthesealen Strukturen könnte einen wichtigen Faktor für die Ankylosierungstendenz bei der AS darstellen. TGFβ und BMP (bone morphogenic proteins) sind möglicherweise als Verbindungsglied zwischen Entzündung und Knochenneubildung von besonderer Bedeutung.

Tabelle 12.3. Pathogenetische Modelle der Spondyloarthritiden

Modell	Pathogenese
Modell des arthritogenen Peptids	Bakterielles Protein wird prozessiert/präsentiert durch HLA-B27 an CD8[+]-T-Zellen (Abb. 12.10)
Defiziente Immunantwort	Versagen von B27[+]-Antigen präsentierenden Zellen, Bakterien bzw. deren Bestandteile adäquat zu präsentieren und zu eliminieren
Molekulares Mimikry	Ähnlichkeit von bakteriellen und Selbststrukturen[a]
Autoimmunität	Selbststrukturen wie B27 entstammende Peptide, präsentiert durch Klasse I oder II

[a] Möglicherweise in Autoimmunität resultierend.

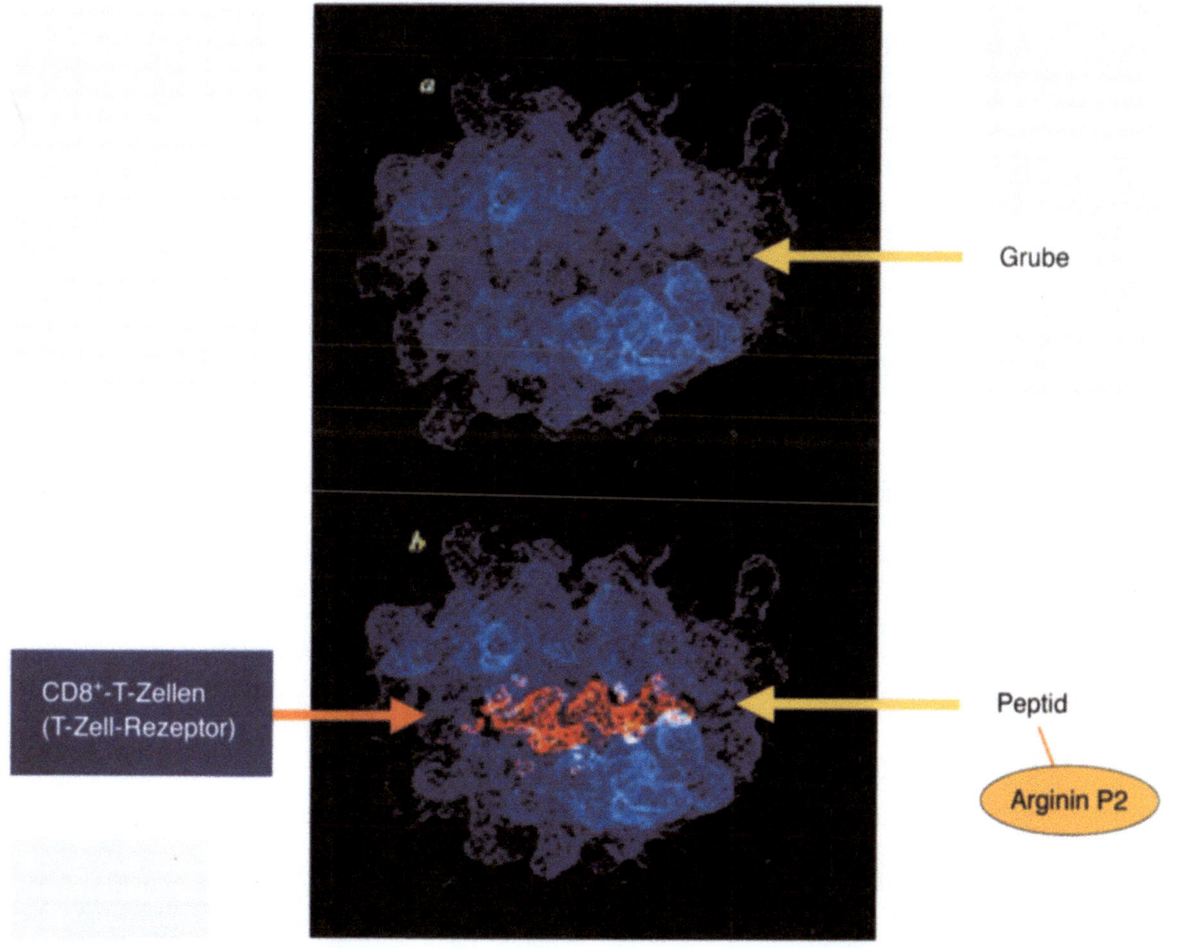

Abb. 12.10. HLA-B27, Computermodell

In Tabelle 12.3 ist ein kurzer einleitender Überblick über die heute am häufigsten diskutierten Modelle (Abb. 12.10) gegeben. Auf die Feinheiten wird in den kommenden Kapiteln noch eingegangen.

- Das klassische Modell des arthritogenen Peptids wird gestützt durch die Demonstration HLA-B27-restringierter CD8$^+$-T-Zell-Klone in der Synovialflüssigkeit von Patienten mit reaktiver Arthritis. Immundominante Peptidmotive und Peptide wurden beschrieben, aber ihre pathogenetische Relevanz ist noch unklar.
- Lipopolysaccharid und RNA von mit reaktiver Arthritis assoziierten Bakterien und eine Proliferation von CD4$^+$-T-Zellen auf bakterielle Antigene ist in der Synovialflüssigkeit von Patienten mit reaktiver Arthritis nachgewiesen worden. Zwischen dem Antigennachweis und der Proliferationsantwort ist keine Korrelation gefunden worden. Insgesamt ist es noch unklar, ob diese Immunantwort arthritogen oder heilungsfördernd ist.
- Auf der humoralen und der zellulären Ebene wurden Vorgänge von molekularem Mimikry (partielle Sequenzhomologie auf der Protein- und DNA-Ebene) zwischen bakteriellen Antigenen und Selbststrukturen, hauptsächlich vom HLA-B27-Molekül selbst, beschrieben.
- Darüber hinaus gibt es Daten, die suggerieren, dass HLA-B27-positive Individuen eine veränderte Immunreaktivität aufweisen – z. B. bedingt durch eine verminderte Fähigkeit von T-Zellen, TNFα zu sezernieren, oder auch eine im Vergleich zur RA verstärkte synoviale TH2-Antwort (Sekretion von zu wenig IFNγ, zu viel IL-4, IL-10); dies erschwert die Elimination von Bakterien.
- Eine Präsentation von HLA-B27 entstammenden Peptiden durch HLA-Klasse-II-Moleküle oder sogar durch HLA-Klasse-I-Moleküle wurde vorgeschlagen, um die Assoziation von HLA-B27 mit den SpA zu erklären.

12.7 Genetik

Den SpA sind nicht nur die klinischen Symptome gemeinsam. Es liegt darüber hinaus eine starke genetische Assoziation mit dem MHC-Klasse-I-Antigen HLA-B27 vor (Tabelle 12.4).

Zu beachten ist, dass die Prävalenz der SpA (v. a. der AS) mit der Prävalenz von HLA-B27 in verschiedenen Bevölkerungen korreliert (Tabelle 12.5). Interessant und noch unklar ist, dass in einer promiskuitiven Eskimopopulation (25% HLA-B27-positiv) mit hoher Chlamydiendurchseuchung das Risiko einer reaktiven Arthritis größer ist als das einer AS.

Tabelle 12.5 zeigt, dass es hinsichtlich der HLA-B27-Prävalenz ein Nord-Süd-Gefälle gibt. Darüber hinaus gibt es bislang noch unklare rassenbedingte Unterschiede. Die Ursache hierfür ist unklar. Dem Evolutions- bez. Selektionsgedanken folgend ist es wahrscheinlich, dass es im Norden vorteilhaft sein muss, HLA-B27-positiv zu sein. Analog scheint es im Rahmen einer HIV-Infektion gewisse Vorteile für HLA-B27-positive Patienten zu geben (Reveille 1998).

12.7.1 Familiäre Häufung und genetisches Risiko

HLA-B27 macht etwa 1/3 der gesamten Genlast aus, die die Entwicklung einer AS begünstigt. Die anderen Gene sind noch unbekannt (Brown u. Wordsworth 1997).

Tabelle 12.4. HLA-B27-Assoziation der Spondyloarthritiden (SpA)

SpA	HLA-B27-Prävalenz [%]
Ankylosierende Spondylitis	85–95
Reaktive Arthritis	30–80
Reiter-Syndrom	60–90
Psoriasisarthritis	
Periphere Arthritis	10–30
Achsenskelettbeteiligung	40–60
Arthritis assoziiert mit entzündlichen Darmerkrankungen	
Periphere Arthritis	10–30
Achsenskelettbeteiligung	40–0
Undifferenzierte Spondyloarthritis	50–70

Tabelle 12.5. HLA-B27-Prävalenz in verschiedenen Populationen

Population	Prävalenz [%]
Indianer	6–50
Eskimos	15–25
Nordeuropäer	10–25
Mitteleuropäer	6–9
Südeuropäer	4–6
Nordamerikaner	6–8
Südamerikaner	0–1
Afrikaner	1–5

Das Risiko, eine AS zu entwickeln, liegt bei HLA-B27-positiven Verwandten 1. Grads um den Faktor 10 höher als bei HLA-B27-positiven Individuen allgemein. HLA-B27 ist ein eindeutiger Risikofaktor für die AS (Faktor 10–50). Reaktive Arthritis, Psoriasis und CED sind zusätzliche unabhängige Risikofaktoren für die Entwicklung und den Schweregrad der Erkrankung. Das Risiko, eine AS zu entwickeln, ist bei HLA-B27-positiven Individuen mindestens 10fach erhöht. Das Risiko steigt auf 25–30% wenn ein Verwandter 1. Grads betroffen ist. Das ist bei dizygoten Zwillingen ähnlich, bei monozygoten Zwillingen steigt das Risiko jedoch auf 50–60%. Nicht nur das Auftreten, sondern auch die Schwere der Erkrankung sind genetisch determiniert (Hamersma et al. 2001).

Es gibt bekannte geschlechtsspezifische Vererbungsfaktoren bei der AS. Das X-Chromosom ist nicht beteiligt (Hoyle et al. 2000). Im Gegensatz zur rheumatoiden Arthritis entwickeln Männer die Erkrankung häufiger und tendenziell schwerer als Frauen, dies bezieht sich auf v. a. auf das radiologische Ausmaß der Wirbelsäulenbeteiligung, nicht auf die empfundene Krankheitslast. Es gibt zudem Daten, die zeigen, dass die Kinder von Frauen mit AS die Krankheit häufiger entwickeln als Kinder von männlichen AS-Patienten (Calin et al. 2000). Möglicherweise benötigen Frauen eine größere Anzahl von Suszeptibilitätsgenen als Männer, um die Krankheit selbst zu entwickeln, übertragen aber dadurch leichter.

Der Grad der familiären Häufung (clustering) wird als Risikoquotient λs angegeben. Dieser drückt die Krankheitshäufigkeit bei Verwandten geteilt durch die Prävalenz in der Gesamtbevölkerung aus. Während ein Wert von 1 keine familiäre Häufung anzeigt, liegt λs bei der AS bei 50. Zum Vergleich: Bei Psoriasis liegt λs zwischen 4 und 10 und bei chronisch entzündlichen Darmerkrankungen zwischen 6 und 10.

12.7.2 Für AS relevanter Genlocus

Der zentrale für die AS und andere SpA pathogenetisch relevante Genlocus ist der MHC (major histocompatibility complex). Der Anteil des MHC an der familiären Häufung wurde in einer englischen Familienstudie abgeschätzt, indem der erwartete Anteil von betroffenen Geschwistern, die 0 Haplotypen des gleichen Vorfahren (25%) aufweisen, durch den wirklich festgestellten Anteil geteilt wurde. Dadurch stellte man ein λs von 3,2 für den MHC fest. Dies deutet darauf hin, dass es außerhalb des MHC noch andere Genloci gibt, die bisher noch nicht bekannt sind.

Genomweite Screeningstudien und Familienstudien haben in den letzten Jahren zunehmend zur Aufklärung der Genetik der AS beigetragen. Ein Genomscan umfasst in der Regel etwa 300 polymorphe Marker, meist Mikrosatelliten (polymorphe Di- oder Trinukleotidwiederholungssequenzen), die über das Genom verteilt sind. Die Vererbung dieser Marker auf betroffene und nicht betroffene Nachkommen einer Familie wird hierbei systematisch untersucht und als Maximum-logarithm-of-odds(LOD)-Score (MLS) angegeben, das ist der $\log_{10}$ des Verhältnisses von erwarteten und beobachteten Fällen. Das bedeutet, dass ein MLS von 3 einem Verhältnis von 1000:1 zugunsten eines Zusammenhangs (Linkage) entspricht. Ein MLS >3 gilt als Beweis für Linkage, Werte zwischen 1 und 3 zeigen Regionen von Interesse an.

12.7.3 Linkage-Studien

In einer britischen Studie mit 105 Familien und 121 betroffenen Geschwistern (Brown et al. 1998 a, b, c) wurden unter Verwendung von 254 Mikrosatellitenmarkern 8 Regionen inklusive des MHC, die eine Assoziation zur AS anzeigen, identifiziert. Der MLS für den MHC war hierbei 8.1, den zweitstärksten Wert zeigte die Region 16q23. In einer ähnlichen Analyse wurden bei Psoriasis die Chromosomen 3p, 16q, CED, 6p und 16q und bei Morbus Crohn die Chromosomen 16 (LOD-Score 5,8), 12q, 6p sowie 3p21 und 5q31 als suszeptible Regionen identifiziert. Auf Chromosom 16 wurde inzwischen das NOD2-Gen als hauptverantwortlich für die Assoziation dieses Locus identifiziert (Cho 2001). NOD2 ist ein Gen, welches ein Protein kodiert, das Homologie zu „plant disease resistance gene"-Produkten aufweist, und die NFκB-Produktion stimuliert.

Im Rahmen eines genomweiten Scans bei 185 Familien mit 255 betroffenen Geschwistern wurden 2-Punkt- und Mehr-Punkt-Linkage-Analysen vorgenommen (Laval et al. 2001). Es wurden Regionen identifiziert, die eine Linkage mit AS auf den Chromosomen 1p, 2q, 6p, 9q, 10q, 16q und 19q anzeigen. Der MHC wurde als der Genlocus mit der stärksten Suszeptibilitätskomponente mit einem allgemeinen LOD-Score von 15,6 identifiziert. Das stärkste Non-MHC-Linkage liegt auf Chromosom 16q (LOD-Score 4,7). Diese Daten unterstreichen eine signifikante nicht-MHC-bezogene genetische Suszeptibilität bei AS und deuten wahrscheinliche Lokalisationen an.

12.7.4 Assoziationsstudien

Neben Linkage-Studien können Assoziationsstudien durchgeführt werden, wenn polymorphe Kandidatengene bekannt sind. Hierbei handelt es sich um Fall-Kontroll-Studien, in denen die Häufigkeit dieses Gens bei Patienten gegenüber Kontrollen gemessen wird. Wird eine Assoziation gefunden, gibt es 2 Erklärungen: entweder handelt es sich um einen direkten Zusammenhang eines Markerallels mit einem Phänotyp oder es liegt ein so genanntes „linkage disequilibirium" vor. Dieses weist auf eine Genkombination hin, in der bestimmte Allele häufiger zusammen vorkommen. Grundsätzlich sind die stärksten Assoziationen einer Erkrankung mit Kombinationen von Genen an verschiedenen Loci (Haplotyp).

Ein anderer wichtiger Punkt bei genetischen Studien ist die Homogenität der untersuchten Population, die Unterschiede zwischen Allelhäufigkeiten erklären kann (ethnic mismatching). Zur Vermeidung dieses Problems kann man 2 Tests durchführen:
- den „haplotype relative risk test" und
- den „transmission disequilibrium test",

beide nutzen interne Kontrollen. Statistisch gesehen haben gute Assoziationsstudien mehr Aussagekraft als Linkage-Studien – v.a. bei Genen, die nur einen geringen Einfluss auf die Erkrankung ausüben.

Wegen des enormen Polymorphismus und der Konservierung von bestimmten Haplotypen in Populationen ist es schwierig, eine Assoziation für einzelne Gene des 4 Mb umfassenden MHC nachzuweisen. Für viele SpA ist eine HLA-Klasse-I-Assoziation nachgewiesen. Die Klasse-I-Region umfasst 100 Gene und 2 Mb mit 3 Klassen (HLA A, B und C sowie 2 Klasse-I-bezogene Gene MICA und MICB). Beispiele sind HLA-B27 (AS, reaktive Arthritis), HLA Cw6 (PsA). MICA liegt nahe am HLA-B-Locus, hier wurde ein „linkage disequilibrium" nachgewiesen.

Nur HLA-B27-positive AS-Patienten, die HLA-Bw60-(HLA-B40-)positiv sind, haben ein etwa 3fach höheres Risiko, an AS zu erkranken, bei HLA-B27-negativen ist das nicht der Fall (Robinson et al. 1989).

Die HLA-Klasse II umfasst 17 HLA-Regionen. Die AS hat eine schwache Assoziation zu HLA-DRB1 in England (Brown et al. 1998a,b,c), in Deutschland zu HLA-DR4 gezeigt.

Die in der großen englischen Studie gefundene signifikante Assoziation zwischen DR1 und AS war unabhängig von HLA-B27 [OR 1,4, 95%-Konfidenzintervall (KI) 1,1–1,8, $p=0,02$; relatives Risiko (RR) 2,7, 95%-Konfidenzintervall 1,5–4,8, $p=0,0006$ bei Homozygoten; RR 2,1, 95%-Konfidenzintervall 1,5–2,8, 0,000006 bei Heterozygoten]. Außerdem wurde eine schwache Assoziation zwischen DR8 und AS, v.a. bei DR8-Homozygoten (RR 6,8, 95%-Konfidenzintervall 1,6–29,2, $p=0,01$; RR 1,6, 95%-Konfidenzintervall 1,0–2,7, $p=0,07$ bei Heterozygoten) gefunden. Eine negative Assoziation mit DR12 (OR 0,22, 95%-Konfidenzintervall 0,09–0,5, $p=0,001$) wurde festgestellt. HLA-DR7 war mit jüngerem Alter bei Beginn assoziiert. Keine anderen HLA-Klasse-I- oder -Klasse-II-Assoziationen mit der Krankheitslast oder -manifestationen wurden in dieser Studie festgestellt.

Im Genomscan wurden 50 Non-HLA-Regionen identifiziert, die eine AS-Assoziation aufweisen könnten. Obwohl MHC-Gene inklusive HLA-B27 nur etwa 20–50% des gesamten genetischen Risikos für die AS ausmachen, wurde bisher kein suszeptibles Nicht-MHC-Gen identifiziert. Nur für das Cytochrom-P450-2D6-Gen (CYP2D6, debrisoquine hydroxylase) auf Chromosom 22q13.1 gab es einige Daten, die eine Assoziation suggerierten. Deshalb wurde kürzlich eine Linkage-Studie des Chromosoms 22 bei 200 Familien mit an AS erkrankten Geschwisterpaaren durchgeführt, um eine Assoziation der Allele des CYP2D6-Gens zu untersuchen (Brown et al. 2000). In der Fall-Kontroll-Studie wurden 617 AS-Patienten und 402 gesunde Kontrollen untersucht. In der innerfamilären Assoziationsstudie wurden 361 Familien untersucht. Homozygotie für schlechte Metabolisierungsallele war mit AS assoziiert. Heterozygotie für das häufigste dieser Allele, CYP2D6*4, erhöhte aber nicht die Suszeptibilität für AS. Es wurde aber eine signifikante innerfamiläre Assoziation der CYP2D6*4-Allele mit AS demonstriert. Ein schwaches Linkage wurde zwischen CYP2D6 und AS gefunden. Der veränderte Metabolismus eines natürlichen Toxins oder Antigens durch das CYP2D6-Gen könnte der Grund der Assoziation dieser Allele mit AS sein.

Bei Untersuchungen des T-Zell-Rezeptor-TCR-B-Locus (s. unten) wurde geringe Evidenz für die Anwesenheit eines Suszeptibilitätsgens gefunden ($p=0,01$, LOD-Score 1,1, Brown et al. 1998a,b,c).

Bei einer französischen Familienstudie wurden ähnliche Häufigkeiten der HLA-A-, -C- und -DR-Allele auf HLA-B27-positiven Haplotypen bei SpA-Familien und der französischen Bevölkerung gefunden. Die einzige Ausnahme war HLA-DR13, welches bei Patienten überrepräsentiert war ($p<0,001$). Das HLA-DR4-Allel wurde häufiger auf

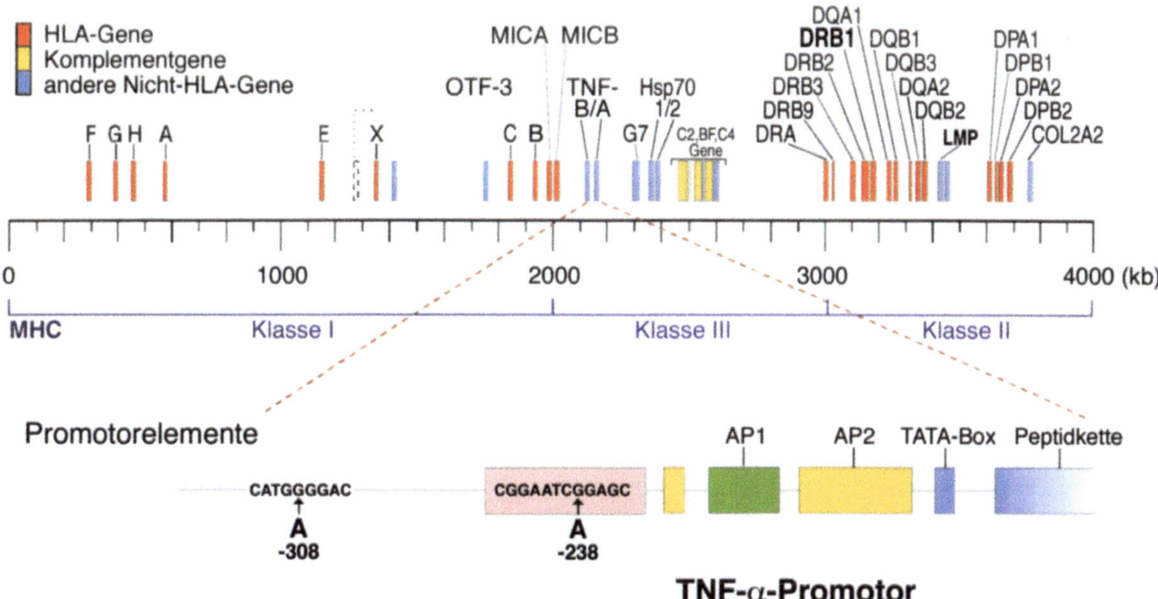

Abb. 12.11. TNF-α-Promotorregion

SpA-Patienten übertragen, und zwar unabhängig von der Linkage zu HLA-B27 ($p=0{,}05$); bei nicht betroffenen HLA-B27-positiven Geschwistern war dies direkt umgekehrt ($p=0{,}01$). Eine Beeinflussung des klinischen Bilds durch HLA-Allele war nicht zu erkennen (Said et al. 2002).

Da es einen eindeutigen Einfluss des Geschlechts auf die AS gibt, liegt es nahe, nach X-chromosomal-rezessiven Effekten zu suchen. Deshalb wurde eine X-chromosomale Linkage-Studie mit 234 betroffenen Geschwisterpaaren durchgeführt, um den Einfluss des X-Chromosoms auf die AS-Empfänglichkeit zu untersuchen (Hoyle et al. 2000). Hierbei wurde mittels Mehr-Punkt-Linkage-Analyse eine bedeutende genetische Mitbeteiligung ($\lambda \geq 1{,}5$) des X-Chromosoms an der AS ausgeschlossen. Die Pathogenese der AS kann also nicht durch X-Chromosom-kodierte genetische Effekte erklärt werden. Damit kann der Sex-Bias beim Auftreten und Übertragen der AS am besten durch ein polygenisches Modell mit einer höheren Schwelle für das Auftreten der Erkrankung bei Frauen erklärt werden.

Wichtige Komponenten des HLA-Klasse-I-Präsentationswegs und des Proteasoms sind LMP, Tapasin und TAP, die für die Digestion von Molekülen und die Generation von Peptiden zuständig sind. Bisher konnte keine überzeugende genetische Assoziation mit diesen wichtigen intrazellulären Faktoren gefunden werden.

Bei den HLA-Klasse-III-Genen sind v.a. TNFα und Hsp70 von Bedeutung. Das TNF-α-Gen (Abb. 12.11) liegt 250 kb entfernt von HLA-Klasse B und zeigt ein starkes „linkage disequilibrium" mit HLA-Klasse I und II. Der TNF-α-Locus zeigt einen extensiven Polymorphismus an der 5′-regulatorischen Region – eine mögliche Erklärung für die unterschiedliche Fähigkeit von Individuen, TNFα zu produzieren. Ob die bekannten Polymorphismen aber wirklich mit bestimmten Sekretionskapazitäten assoziiert sind, ist noch offen. Ob der 308.2-Polymorphismus mit einer 6fach gesteigerten TNF-α-Sekretion einhergeht, ist noch unklar (s. unten).

12.8 Molekulare Grundlagen

Mit wenigen Ausnahmen beschränken sich die Erkenntnisse molekularer Medizin auf immunologische Vorgänge um das HLA-B27-Molekül, welches entsprechend auch am besten untersucht ist. Neben den entzündlichen Prozessen stehen bei der AS aber die Knochenneubildung und Ankylosierung im Vordergrund. Hier gibt es eine Fülle von neu entdeckten Molekülen, die gerade in diesem Zusammenhang eine Rolle spielen könnten: v.a. die TGF-β-Familie, die BMP und das Osteoprotegerin sind hier zu nennen. Die Datenlage ist aber noch sehr mager. Deshalb liegt der Schwerpunkt dieses Kapitels auf HLA-B27.

12.8.1 HLA-B27-Subtypen, Peptidbindungsspezifität und Proteinfaltung

Die letztliche Relevanz von HLA-B27 für die Krankheitsentstehung ist noch unklar (Sieper u. Braun 1995). Verschiedene Hypothesen für die Pathogenese wurden in den letzten Jahrzehnten formuliert.

Es gibt unterschiedliche pathogenetische Modelle zur Erklärung des Gewebetropismus, der möglicherweise aberrierenden Immunantwort gegen bestimmte Bakterien verbunden mit der HLA-B27-Assoziation der SpA (Tabelle 12.6).

Die 25 heute bekannten Subtypen von HLA-B27 (Tabelle 12.7) kommen in unterschiedlicher Häufigkeit in verschiedenen Ländern bzw. Kontinenten vor (Tabelle 12.6).

Tabelle 12.6. Verbreitung der HLA-B27-Subtypen (Auswahl)

HLA-B27-Subtyp	Kontinent	AS-Assoziation
HLA-B2701	Arabien	+
HLA-B2702	Europa	+
HLA-B2703	Schwarzafrika	(+)
HLA-B2704	Asien	+
HLA-B2705	Europa	+
HLA-B2706	Asien	–?
HLA-B2708	HLA-B73	+
HLA-B2709	Sardinien	–?

Tabelle 12.7. HLA-B27-Subtypen-Allele

Subtypen		
B*2701	B*2708	B*2717
B*2702	B*2709	B*2718
B*2703	B*2710	B*2719
B*2704	B*2711	B*2720
B*27052[a]	B*2712	B*2721
B*27053[a]	B*2713[a]	B*2722
B*27054[a]	B*2714	B*2723
B*2706	B*2715	B*2724
B*2707	B*2716	B*2725

[a] Subtypen, die für dasselbe reife Protein kodieren.

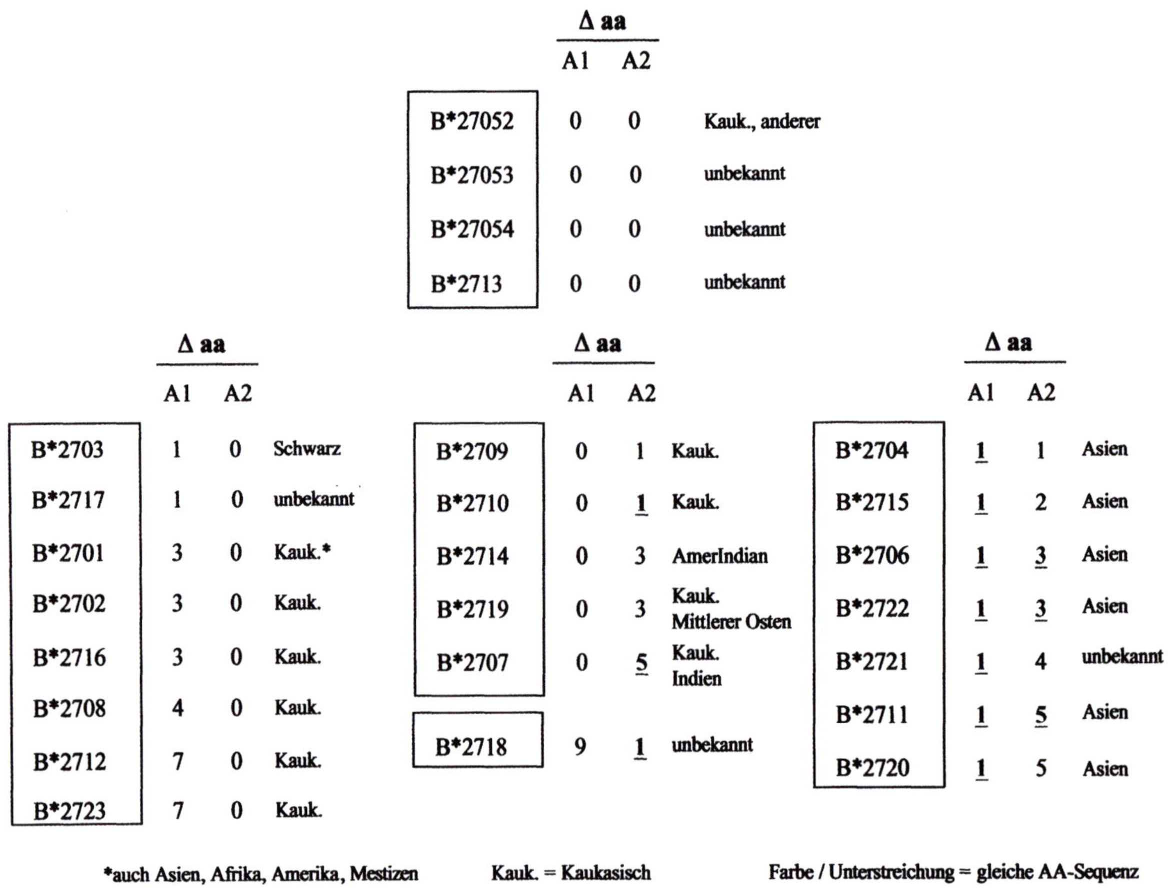

Abb. 12.12. HLA-B27, mögliche Herkunft der Allele

Aminosäurenvariationen der HLA-B27 Alpha 1 Domäne

	59	63	67	69	70	71	74	77	80	81	82	83
B*2705	Tyr	Glu	Cys	Ala	Lys	Ala	Asp	Asp	Thr	Leu	Leu	Arg
B*2713	—	—	—	—	—	—	—	—	—	—	—	—
B*2703	His	—	—	—	—	—	—	—	—	—	—	—
B*2717	Phe	—	—	—	—	—	—	—	—	—	—	—
B*2701	—	—	—	—	—	—	Tyr	Asn	—	Ala	—	—
B*2702	—	—	—	—	—	—	—	Asn	Ile	Ala	—	—
B*2716	—	—	—	Thr	Asn	Thr	—	—	—	—	—	—
B*2708	—	—	—	—	—	—	—	Ser	Asn	—	Arg	Gly
B*2712	—	—	—	Thr	Asn	Thr	—	Ser	Asn	—	Arg	Gly
B*2723	—	Asn	Phe	Thr	Asn	Thr	Tyr	Ser	—	—	—	—
B*2718	—	—	Ser	Thr	Asn	Thr	Tyr	Ser	Asn	—	Arg	Gly
B*2710	—	—	—	—	—	—	—	—	—	—	—	—
B*2709	—	—	—	—	—	—	—	—	—	—	—	—
B*2714	—	—	—	—	—	—	—	—	—	—	—	—
B*2719	—	—	—	—	—	—	—	—	—	—	—	—
B*2707	—	—	—	—	—	—	—	—	—	—	—	—
B*2704	—	—	—	—	—	—	—	Ser	—	—	—	—
B*2715	—	—	—	—	—	—	—	Ser	—	—	—	—
B*2706	—	—	—	—	—	—	—	Ser	—	—	—	—
B*2722	—	—	—	—	—	—	—	Ser	—	—	—	—
B*2721	—	—	—	—	—	—	—	Ser	—	—	—	—
B*2711	—	—	—	—	—	—	—	Ser	—	—	—	—
B*2720	—	—	—	—	—	—	—	Ser	—	—	—	—

Aminosäurenvariationen der HLA-B27 Alpha 2 Domäne

	94	95	97	103	113	114	116	131	152	163
B*2705	Thr	Leu	Asn	Val	Tyr	His	Asp	Ser	Val	Glu
B*2713	—	—	—	—	—	—	—	—	—	—
B*2703	—	—	—	—	—	—	—	—	—	—
B*2717	—	—	—	—	—	—	—	—	—	—
B*2701	—	—	—	—	—	—	—	—	—	—
B*2702	—	—	—	—	—	—	—	—	—	—
B*2716	—	—	—	—	—	—	—	—	—	—
B*2708	—	—	—	—	—	—	—	—	—	—
B*2712	—	—	—	—	—	—	—	—	—	—
B*2723	—	—	—	—	—	—	—	—	—	—
B*2718	—	—	—	—	—	—	—	—	Glu	—
B*2710	—	—	—	—	—	—	—	—	Glu	—
B*2709	—	—	—	—	—	—	His	—	—	—
B*2714	—	Trp	Thr	Leu	—	—	—	—	—	—
B*2719	Ile	Ile	Arg	—	—	—	—	—	—	—
B*2707	—	—	Ser	—	His	Asn	Tyr	Arg	—	—
B*2704	—	—	—	—	—	—	—	—	Glu	—
B*2715	—	—	—	—	—	—	—	—	Glu	Thr
B*2706	—	—	—	—	—	Asp	Tyr	—	Glu	—
B*2722	—	—	—	—	—	Asp	Tyr	—	Glu	—
B*2721	—	—	Arg	—	—	Asp	Tyr	—	Glu	—
B*2711	—	—	Ser	—	His	Asn	Tyr	Arg	—	—
B*2720	—	—	—	—	His	Asn	Tyr	Arg	Glu	—

Abb. 12.13. HLA-B27, Aminosäuresequenzen der HLA-B27-Subtypen

Das HLA-B27-Molekül umfasst eine Familie von 25 Allelen (Khan et al. 2000), die durch enge Sequenzhomologie verbunden sind. Es ist wahrscheinlich, das sie auf ein historisches gemeinsames Allel zurückgehen (Abb. 12.12). Die 25 Allele führen zur Expression von 23 verschiedenen Proteinprodukten, Subtypen von HLA-B27: HLA-B2701–B2723. Die Subtypen unterscheiden sich durch Aminosäuresequenzunterschiede (Abb. 12.13), v.a. in den Exons 2 und 3, die die α1- und -2-Domäne des HLA-B27-Moleküls kodieren. Diese Regionen sind für die Peptidbindung und die Erkennung von Alloantigenen verantwortlich. Auf die Subtypen wird in Abschnitt 12.8.4 „HLA-B27 Subtypen – Assoziationen und Unterschiede" näher eingegangen. Zunächst erfolgt eine Darstellung des trimolekularen Komplexes der MHC-Klasse-I-Moleküle mit Hinweisen auf die bekannten Besonderheiten von HLA-B27.

12.8.2 Struktur des trimolekularen Komplexes, Peptidspezifität und Motive von HLA-B27

Im Bereich der Antigenbindungsstelle von HLA-B27 wurde mit Röntgenkristallographie eine Elektronendichte nachgewiesen, die die Präsenz nonamerer Selbstpeptide in ausgedehnter Konformation (Abb. 12.14) nahe legt (Madden et al. 1991 1992). Der Nachweis von stabilen leeren HLA-B27-Molekülen an der Zelloberfläche wurde durch damals innovative Peptidbindungsstudien mit dem Influenzapeptid geführt (Benjamin et al. 1991). Leere HLA-Aw68-Moleküle waren dagegen wesentlich kurzlebiger. Bindung und Präsentation extrazellulärer Peptide durch HLA-B27 erscheinen damit möglich.

Die mittels HPLC-Verfahren gelungene Isolation eines Pools von 11 an HLA-B27 gebundenen endogenen Peptiden erlaubte eine Mikrosequenzanalyse der Bindungsspezifität des HLA-B27-Moleküls. Die gefundenen Nonamere entsprachen bekannten Proteinsequenzen in der Datenbank. Es waren Selbstpeptide, die aus häufigen zytosolischen Proteinen oder Nuklearproteinen stammten: Histone, riboso-

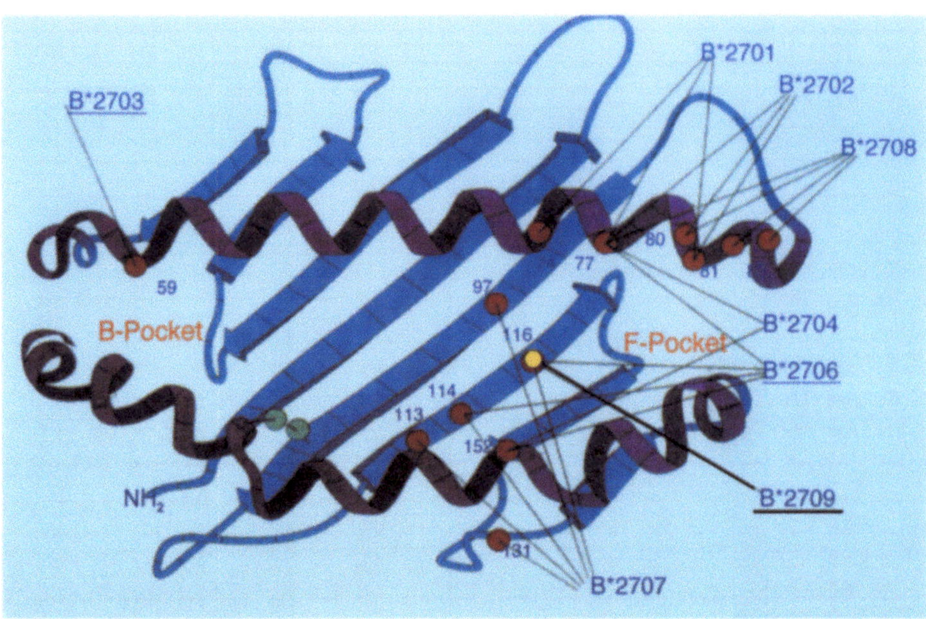

Abb. 12.14. HLA-B27-Taschen

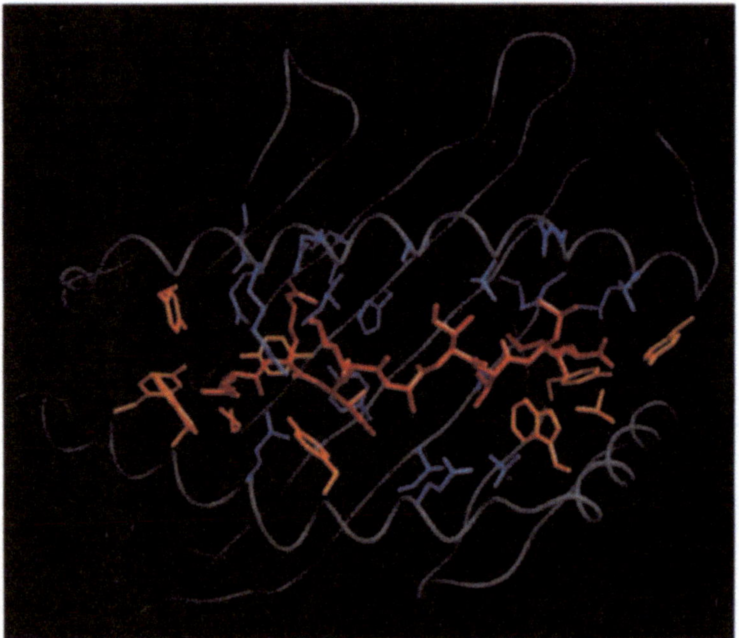

Abb. 12.15. Computergestützte Darstellung des HLA-B27-Moleküls auf der Grundlage kristallographischer Daten: Konformation und Peptidkontakte: An HLA-B27 gebundene Peptide haben eine gemeinsame Hauptkettenstruktur und -länge mit Arginin an Position 2 als Anker in einer HLA-B27-spezifischen Bindungsstelle. Ansicht von oben auf die Peptidbindungsstelle mit dem Nonapeptid RRIKAITLK (*rot*), welches mit 87 Atomen in 31 HLA-B27-Seitenketten kontaktiert. Die bei allen MHC-Klasse-I-Molekülen konservierten Peptidbindungsstellen (*gelb*), die eher peripher liegen, weisen intensive Kontakte mit dem Peptid auf, was zur Stabilität der dreidimensionalen Konformation und zur Variabilität hinsichtlich Länge und Sequenz im Zentrum beiträgt. Hier liegen die polymorphen Kontaktstellen, wo der spezifische Kontakt zu Peptid und zum T-Zellrezeptor stattfindet, nach Madden et al. (1992)

male Proteine und Mitglieder aus der Familie der Hitzeschockproteine mit einem MG von 90 000 (Jardetzky 1992).

Eine detaillierte Trennung der Peptidbindungsstellen der HLA-B27-Subtypen in Taschen (Abb. 12.14, 12.15), definiert durch die 2.6-A-Struktur von HLA-A*0201, zeigte, dass nur eine Tasche, die B(„45")-Tasche, welche unter allen HLA-B27-Subtypen konserviert ist, spezifisch für B27 ist. Funktionelle Studien mit mutanten HLA-B*2705-Molekülen mit Punktsubstitutionen in der B-Tasche zeigten, dass die Struktur insgesamt und insbesondere Glutamin an Position 45 eine kritische Rolle in der Zelloberflächenexpression, der Peptidbindung und der Präsentation von exogenen und endogenen Peptiden durch HLA-B*2705 spielt (Buxton et al. 1992). Allelspezifische Peptidmotive sind durch eine definierte Länge von 8–9 Aminosäuren charakterisiert, die vom betreffenden Klasse-I-Allel abhängt. Typischerweise sind 2 der 9 Positionen „Anker", die nur durch bestimmte einzelne Aminosäuren oder solche mit sehr ähnlichen Seitenketten besetzt werden können. Diese Anker sind in verschiedenen Klasse-I-Allelen unterschiedlich. Allelspezifische Klasse-I-Peptidligandenmotive z. B. für B*2705 sind nützlich, um T-Zell-Epitope vorherzusagen (Rammensee et al. 1993).

Zelloberflächenkomplexe von MHC-Klasse-I-Molekülen und gebundene Peptidantigene dienen als spezifische Erkennungselemente, die die zytotoxische Immunantwort kontrollieren. HLA-Klasse-I-Moleküle sind heterodimere Strukturen, die aus einer schweren a- und einer nicht kovalent gebundenen leichten β-Kette (β2-Mikroglobulin) bestehen. Kristallographische Arbeiten haben ergeben, dass sich die kritische Peptidbindungsregion, eine Grube, zwischen der a1- und der a2-Kette befindet und von Teilen dieser Ketten gebildet wird (Madden et al. 1992). Diese Grube besteht aus 6 Taschen (pockets) A–F, die Seitenketten des Peptids binden können (Abb. 12.15). Das detaillierte zusammengesetzte dreidimensionale Bild der 2.1A-Struktur von HLA-B27 zeigt eine kristallisierte Kollektion von HLA-B27-gebundenen Peptiden, die eine gemeinsame Struktur und Länge haben. Die Methode erlaubt auch die direkte Visualisierung der Konservierung von Arginin als Ankerseitenkette an P2 in der HLA-B27-spezifischen Tasche. Die enge Peptidbindung an MHC-Klasse-I-Moleküle scheint das Ergebnis von extensiven Kontakten an den Enden der Grube zwischen Peptidhauptkettenatomen und konservierten MHC-Seitenketten zu sein, die alle zur Stabilität des Peptids im dreidimensional gefalteten HLA-B27-Molekül beitragen. Die Konzentration von Bindungsinteraktionen an den Peptidtermini erlaubt eine erhebliche Sequenz- und eine geringe Längenvariabilität im Peptidzentrum. Die Beschreibung der Struktur des im menschlichen MHC-Klasse-I-Glykoproteins HLA-Aw68 gebundenen Influenzavirusnukleoproteinpeptids Np 91–99 mittels Röntgenkryokristallographie zeigte, dass beide Enden des Peptids substanziell in der Peptidbindungsgrube begraben sind, während die Peptidmitte, P4 to P8, dominant exponiert wird und direkt von T-Zell-Rezeptoren erkannt werden kann. Die Konformation des gebundenen viralen Peptids ist der Kollektion an HLA-B27 gebundener endogener Peptide mit unterschiedlichem Sequenzmotiv sehr ähnlich.

In Antigenpräsentationsstudien mit lymphoblastoiden Zellen von B*2702-positiven Individuen wurde die Unfähigkeit der Präsentation von 3 verschiedenen Virusepitopen an zytotoxische T-Zellen nachgewiesen, obwohl diese die adäquaten restringierenden HLA-B27-Moleküle auf der Zelloberfläche exprimierten (Pazmany et al. 1992). Dies suggerierte die Präsenz von möglicherweise HLA-verbundenen Faktoren, die mit der Antigenpräsentation von sonst normalen B2702-Molekülen interferieren (TAP usw.).

Das arthritogene Peptidmodell verlangt den Nachweis von HLA-B27-restringierten CD8-T$^+$-Zellen, isoliert aus arthritischen Gelenken, die Antigene erkennen. Der erste Hinweis auf das wirkliche Vorhandensein von solchen zytotoxischen T-Lymphozyten (CTL), die bakterielle Antigene und Autoantigene, präsentiert durch HLA-B27, erkennen, kam aus dem Labor von E. Maerker-Hermann, die zeigen konnte, dass arthritogene Bakterien wie Yersinien oder Salmonellen HLA-B27-restringierte bakterienspezifische CTL generieren können. Ein Panel von 354-$a\beta$-TCR-CD8$^+$-T-Zell-Klonen aus der Synovialflüssigkeit von 4 Patienten mit reaktiver Arthritis und 2 AS-Patienten wurde getestet. Bei 2 Patienten mit yersinien- bzw. salmonelleninduzierter Arthritis wurden Klone gefunden, die spezifisch infizierte B27-Zielzellen lysierten. Bei 5/6 Patienten wurden autoreaktive CTL identifiziert, die B27-restringiert nichtinfizierte Zelllinien lysierten (Hermann et al. 1993). Dies war in gewisser Weise ein Durchbruch und hat zu zahlreichen weiteren Studien und zur Identifikation von immundominanten Peptiden geführt (s. auch Kapitel 13 „Reaktive Arthritis"). Welche Bedeutung aber die CD8$^+$-zytotoxischen T-Zellen für die Pathogenese der HLA-B27-assoziierten Spondyloarthritiden letztlich wirklich haben, ist bis heute unklar geblieben. So ist die wichtige Frage, ob die so gemessene Immunantwort verstärkt, vermindert bzw. physiologisch oder pathologisch ist, noch ungeklärt.

Die HLA-B27-Subtypen binden ein überlappendes Set von Peptiden. Die größte Übereinstimmung ist in Position P2, in der Arginin gebunden wird. Dessen Seitenkette wird in der B-Tasche gebunden. Diese Tasche ist besonders und einzigartig beim HLA-B27-Molekül (und HLA-B73) und unterscheidet sie von anderen HLA-B-Molekülen. P2 und P9 sind die Anker der Peptidbindung. Wichtige Aminosäurepositionen in der B-Tasche sind His9, Thr24, Glu45 und Cys67. Die Positionen 45 und 67 sind für die Argininpräferenz an P2 kritisch. Die kritischen mehr polymorphen Positionen für das C-terminale Ende in der F-Tasche sind 77, 80, 81, 97 und 116; dadurch gibt es hier mehr Variationsmöglichkeiten und weniger Restriktion.

Die Feinspezifität der T-Zell-Erkennung von Peptidanalogen des Influenzanukleoproteinepitops NP 383–391 SRYWAIRTR, wurde mit HLA-B27-restringierten influenzaspezifischen zytotoxischen T-Zell-Klonen mit definiertem T-Zell-Rezeptor-Gebrauch analysiert. Sogar konservative Aminosäuresubstitutionen der Peptidpositionen P4, P7 und P8 beeinflussten die CTL-Erkennung. Diese Seitenketten haben wahrscheinlich direkten Kontakt zum TcR. Für an HLA-B27 gebundene Nonamerpeptide gelten die Positionen P1, P4 und P8 als Flaggenpositionen.

12.8.3 Proteinkonformation und schwere Ketten von HLA-B27

Die schwere Kette von HLA-B27 neigt während der intrazellulären Zusammensetzung (assembly) zur fehlerhaften Faltung (Abb. 12.16) der Proteine (misfolding). Dies geht mit nichtantigenbezogenen Präsentationseffekten und einer Induktion von proinflammatorischen Zytokinen einher (Colbert et al. 1993, 1994).

Neu synthetisierte Proteine wie MHC-Klasse-I-Moleküle werden in einer wichtigen Zellorganelle, dem endoplasmatischen Retikulum, gefunden, welches eine Vielzahl so genannter Chaperone enthält. Das sind Proteine, die vorübergehend an entstehende Eiweiße binden, um die korrekte Faltung und Bildung der Konformation zu unterstützen. Wenn das nicht geschieht, verbleiben die Proteinfragmente im ER, bis sie degradiert werden, damit keine falsch konformierten Proteine exprimiert werden. Die schweren Ketten der HLA-Klasse-I-Zelloberflächenmoleküle müssen im ER so gefaltet werden, dass sie in Assoziation mit β2-Mikroglobulin Peptide aufnehmen können. Dies ist nicht nur ein Ladungsvorgang, sondern auch für die Stabilität und Funktionalität des entstandenen Komplexes bedeutend. Es gibt mehrere Hinweise, dass HLA-B27 in diesem Prozess eine Ausnahmestellung einnimmt, der Grund ist noch unklar. Der Faltungsvorgang von HLA-B27 ist offensichtlich besonders langsam und störanfällig. Missgefaltete Moleküle und deglykosylierte schwere Ketten von HLA-B27 akkumulieren im Zytosol, wenn der Degradationsvorgang im Proteasom behindert ist. Dies führt zu einer Stressantwort im ER, die zur Aktivierung von NFκB führt, was eine Induktion proinflammatorischer Zytokine zur Folge hat. Dies wird auch als Antwort des natürlichen unspezifischen Immunsystems auf eindringende Pathogene angesehen. Eine fehlerhafte Faltung ist bei HLA-B27 wahrscheinlich häufig, obwohl die HLA-B27-Oberfächenexpression dadurch kaum beeinträchtigt wird. Die vermehrte Bildung von Schwerkettendimeren und Degradationsprodukten reicht aber aus, um eine ER-Überlastung zu bewirken, die eine Stressantwort bewirkt (Abb. 12.16).

Eine Erklärung für die starke HLA-B27-Assoziation ist die einzigartige Peptidbindungsspezifität von HLA-B27, die die Präsentation von arthritogenen Peptiden möglich macht. Hierfür ist v. a. die B-Tasche verantwortlich – eine Region der Peptidbindungsgrube die für allelspezifische Peptidbindungen verantwortlich ist und die bei HLA-B27 einzigartig im Vergleich zu den anderen HLA-B-Molekülen ist (Buxton et al. 1992). Die B-Tasche ist aber auch für die Fehlfaltung von HLA-B27-Schwerketten im ER verantwortlich, was zu deren Degradation im Zytosol führt. Dieser Phänotyp konnte tierexperimentell durch den Ersatz der HLA-B27-B-Tasche korrigiert werden: Die wichtige Rolle der Anker-Tasche für die allelspezifische Peptidpräsentation durch ein MHC-Klasse-I-Molekül wurde durch die Transplantation einer B-Tasche von einem HLA-A*0201- in ein HLA-B*2705-Molekül mittels gezielter Mutagenese nachgewiesen. Das dabei entstandene Protein B27.A2B bindet andere endogene Peptide als B*2705, was durch den kompletten Verlust der Fremderkennung und die fehlende Präsentation des streng HLA-B27-restringierten Influenzaviruspeptids [Nukleoprotein (383–391)] gegenüber zytotoxischen T-Zellen gezeigt wurde. Die Substitution von Arginin durch Leucin am dominanten P2-Anker führt bei A*0201-restringierten Peptiden, bei Nukleoprotein (383–391) und anderen B*2705-restringierten

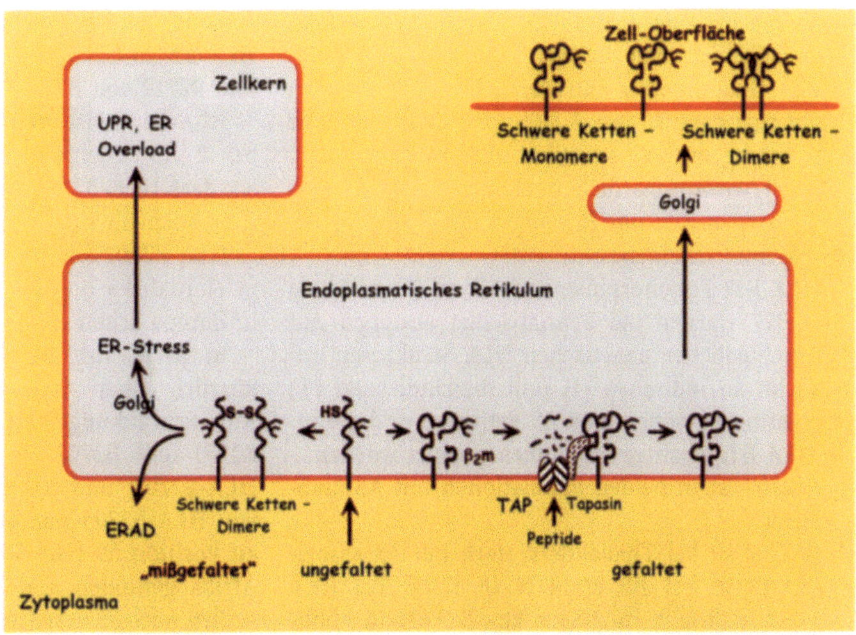

Abb. 12.16. HLA-B27, Zytosol, Faltungsvorgang

Peptiden zur Wiederherstellung der Erkennung von B27.A2B durch dieselben B*2705-restringierten peptidspezifischen zytotoxischen T-Zellen. Diese Ergebnisse zeigen, dass eine dominante polymorphe Tasche in HLA-Klasse-I-Molekülen durch die Interaktion mit den Ankerpositionen von Peptidantigenen zwischen Peptiden unterscheiden kann, die sich nur in einer Aminosäureposition unterscheiden. Dadurch wird die Allelspezifität der Peptidpräsentation determiniert. Die Faltung ist abhängig von verschiedenen bindungsrelevanten Aminosäuren in der Peptid bindenden Grube der B-Tasche des Moleküls. Die Substitution genau dieser Region reduzierte im Tierexperiment die Häufigkeit des „misfolding" dramatisch. Die HLA-B27-Subtypen unterscheiden sich in dieser Region nicht.

Proteinfehlfaltung führt bekanntermaßen zum Auftreten von sporadischen und genetisch bedingten Krankheiten. Die Akkumulation von missgefalteten Proteinen wird z. B. beim Morbus Alzheimer als pathogenetisch relevant angesehen. Neuestes Beispiel ist das für die Regulation des Eisenmetabolismus zuständige HFE-Protein, welches bei einer Mutation des HFE-Gens im Rahmen einer hereditären Hämochromatose für vermehrte Fehlfaltung und Degradation verantwortlich ist.

Freie HLA-B27-Schwerketten bilden ein disulfidgebundenes Homodimer, was entscheidend vom Cystein an Position 67 in der extrazellulären α1-Domäne abhängt. Trotz Abwesenheit von β2-Mikroglobulin wurden HLA-B27-Schwerkettenhomo-

dimere durch ein bekanntes Epitop stabilisiert. Die B27-Schwerkettenkomplexe wurden durch den konformationsspezifischen Antikörper W6/32, aber nicht durch ME1 erkannt. Diese konnten auch auf der Oberfläche von HLA-B27-transfizierten T2-Zellen nachgewiesen werden (Bowness et al. 1993, 1994, 1998). Diese Daten weisen auf die Möglichkeit der Präsentation von Peptiden in stabilen Schwerkettenhomodimeren von HLA-B27 hin. Dies könnte pathogenetisch bedeutsam sein.

Zusammengefasst können die für das HLA-B27-Molekül bekannten Besonderheiten des intrazellulären Konformationsprozesses einen möglichen Beitrag zur Pathogenese liefern.

Der Gesamteinfluss von Genen auf das Auftreten einer AS ist auf 95% geschätzt worden. Diese Kalkulation lässt einen Anteil von nur 5% für andere ursächliche Faktoren übrig. HLA-B27 ist aber nur für 1/3 der gesamten genetischen Last verantwortlich. HLA B60, HLA DR1 und möglicherweise auch TNF-α-Polymorphismen sind mit dem Auftreten einer AS assoziiert, aber deutlich schwächer. Andere Gene sind bisher nicht identifiziert worden.

12.8.4 HLA-B27-Subtypen – Assoziationen und Unterschiede

Es gibt jetzt 25 genetische Subtypen von HLA-B27, die durch PCR-Techniken identifiziert werden können. Viele sind selten und nur in Einzelfällen bzw. Familien entdeckt worden. Die Subtypen sind, wie für eine Auswahl in Tabelle 12.6 gezeigt, unterschiedlich über die Welt verteilt.

Das Hauptinteresse an den HLA-B27-Subtypen ergibt sich daraus, dass 3 Subtypen nicht oder nur sehr gering mit AS assoziiert sind (Tabelle 12.6). Dies ist wissenschaftlich hochinteressant, da sich die Subtypen z. T. nur in einigen Aminosäurepositionen unterscheiden.

HLA-B27-Polymorphismen in Exon 2 und 3 von HLA-B27 wurden bei 2 asiatischen Gruppen mit unterschiedlichen genetischen HLA-Strukturen untersucht: an indischen (I) und thailändischen (T) Populationen, wobei je 45 AS-Patienten und gesunde HLA-B27-positive Individuen getestet wurden.

1. B*2707 ist in beiden Populationen mit AS assoziiert.
2. B*2704 ist bei Thailändern stark mit AS assoziiert (91% bei AS vs. 47% in Kontrolle; RR= 11,5), während, im Gegensatz, B*2704 in ähnlicher Häufigkeit bei Indern mit und ohne AS gefunden wurde (41% in AS vs. 41% in Kontrolle).
3. B*2706 war bei den Kontrollen überrepräsentiert und bei AS-Patienten abwesend (0% bei AS vs. 47% in Kontrolle; $p < 0,000001$). Das B*2706-Allel hat gegenüber B*2704 2 Änderungen an Position 114 (Histidin zu Asparagin) und 116 (Asparagin zu Tyrosin) in den Taschen D und E (Lopez-Larrea et al. 1995).

Insgesamt 711 HLA-B27-positive Proben (davon 476 AS-Patienten) von Kaukasiern, Asiaten, Afrikanern, amerikanischen Indianern und polynesischen Populationen wurden untersucht, um eine transrassische Genanalyse der B27-Subtypen durchzuführen. Dabei ergaben sich folgende Ergebnisse:

1. B*2705 ist der dominante Subtyp in zirkumpolaren und subarktischen Regionen, während B*2702 auf Kaukasier, Juden, Araber und Berber beschränkt blieb.
2. B*2703 ist bei Westafrikanern mit AS assoziiert.
3. Obwohl B*2706 nicht mit AS assoziiert zu sein scheint, wurden 2 Patienten aus Nordchina gefunden, die diesen Subtyp hatten.
4. B*2709 wurde bisher nur bei Sarden gefunden, die keine AS hatten.

Der Subtyp B2705 ist der älteste, am besten konservierte Subtyp, von dem die meisten anderen abstammen. Einzelne Nukleotidsubstitutionen trennen ihn genetisch in B27052, B27053, B27054 und HLA-B2713.

Die Subtypen B2701, B2702, B2703, B2707, B2708, B2709, B2710, B2713 stammen alle direkt von B2705 ab, während B2704 von B2710 abstammt, B2706 und B2711, HLA-B2715 sowie HLA-B2720–22 von B2704 (asiatische Subtypen) und B2712 von B2708.

HLA-B2701 ist ein seltener Subtyp, der bis jetzt bei 2 AS-Patienten festgestellt wurde. Besonders ist, dass HLA-B2701 an P2 nicht nur Arginin, sondern auch Glutamin binden kann.

HLA-B2702 kommt v. a. (50% der B27-Positiven) in Nordafrika und im Mittleren Osten vor und ist in Europa selten (5–10%).

In Afrika ist die AS sehr selten, auch wenn kürzlich über SpA-ähnliche Manifestation der Aids-Erkrankung berichtet wurde. Die Subtypen B2705 und B2703 sind in Afrika am häufigsten. HLA-B2703 und HLA-B2717 unterscheiden sich von HLA-B2705 nur in einer Aminosäureposition: an Position 59 (His–Tyr). HLA-B2703 wird nur in Afrika gefunden und ist bei Patienten und Kontrollen nachgewiesen worden.

HLA-B2704 ist der in Asien vorherrschende Subtyp, der wie HLA-B2705 eine starke Assoziation mit AS aufweist. HLA-B2706 ist in Indonesien am häufigsten und ist kaum assoziiert. HLA-B2706 unterscheidet sich von HLA-B2704 nur in den Positionen 114 und 116. Dies beeinflusst die Peptidbindung in der F-Tasche.

HLA-B2708 und HLA-B2712 sind selten. Wichtig ist, dass sie mit den meisten Anti-B27-Antiseren nicht reagieren und deshalb beim Routinetyping nicht erkannt werden.

In Sardinien wurde für den Subtyp B2709 ebenfalls keine Assoziation zur AS gefunden, auf dem Festland sind aber einige B2709-positive SpA-Patienten gefunden worden. Der Unterschied zu HLA-B2705 besteht in einer Histidinsubstitution an P116. Dies beeinflusst die Peptidbindung in der F-Tasche.

HLA-B2707 (Indien, Europa), HLA-B2710, HLA-B2714 (USA) und HLA-B2719 (Libanon) sind sehr selten.

HLA-B2718 und HLA-B2723 sind insofern besonders, als sie kein Cys an Position 67 haben. Dies hat Auswirkungen auf die Peptidbindung. Möglicherweise noch interessanter ist eine andere Konsequenz: Cys67 ist essenziell für die (Sulfid)bindung der α-Ketten-Homodimere.

Der in Westafrika dominante HLA-B27-Subtyp B*2703 ist möglicherweise nicht so stark mit AS assoziiert wie der sehr ähnliche Subtyp B*2705, der sehr stark assoziiert ist. B*2703 wird von den meisten B*2705-alloreaktiven zytotoxischen T-Zell-Klonen nicht erkannt. B*2703 ist nicht in der Lage, ein gut bekanntes B*2705-restringiertes Influenza-A-Nukleoprotein(NP)-Peptid zu erkennen. Dies liegt an einer reduzierten Bindungsaffinität von B*2703 für dieses Peptid. Wenn an Position P1 des NP-Peptids Arginin für das natürlicherweise vorkommende Serin ersetzt wird, werden die Hochaffinitätsbindung und die effiziente Präsentation durch B*2703 wiederhergestellt. Das bedeutet, dass B*2703 nur einen Teil der Peptide von B*2705 präsentieren und binden kann, v. a. solche mit Arg oder Lys an P1.

Der B*2703-Subtyp von HLA-B27 bindet Peptide schlechter als B*2705, In einem Computermodell von B*2703 konnte gezeigt werden, dass es die Bewegung eines Wassermoleküls und der $\alpha1$-a-Helix ist, die es dem Histidin in der Position 59 erlaubt, wichtige Wasserstoffbrückenbindungen mit dem N-terminalen Peptidende in der A-Tasche aufrechtzuerhalten. Diese Bindung ist aber schwächer und resultiert letztlich im Verlust einer Wasserstoffbrückenbindung mit Glutamin 45 in der B-Tasche. Damit wurde gezeigt, dass B*2703, als Konsequenz dieses einzigartigen A-Tasche-Polymorphismus, eine größere Abhängigkeit von einem zusätzlichen Anker in der P1-Position hat, die für eine engere Peptidbindung erforderlich ist. Ob dies wirkliche klinisch erkennbare Konsequenzen hat, ist unklar.

Während die Reaktivität von B*2709- und B*2705-Allelen gegenüber einem EBV-Epitop von LMP2 (236–244) gleich war, unterschied sie sich gegenüber einem sequenzähnlichen Selbstpeptid (VIP1R 400–408), welches nur von B2705 erkannt wurde. Mittels IFN-γ-ELISPOT wurde bei AS-Patienten häufiger eine T-Zell-Antwort auf das Selbstpeptid VIP1R 400–408 gefunden als B*2705-positiven gesunden Kontrollen (Fiorillo et al. 2000). Dies ist ein interessanter Ansatz, dessen pathogenetische Relevanz aber noch offen ist.

Der HLA-B*2709-Subtyp unterscheidet sich nur in einer einzigen Aminosäureposition von HLA-B*2705 (His116:Asp116). Position 116 interagiert mit dem C-terminalen Peptidende. In einer italienischen Arbeit konnten CD8-T-Zellen die beiden HLA-B27-Subtypen unterscheiden, die dasselbe Epitop des latenten Membranproteins 2 von EBV präsentierten. Mittels mutagenetischer Analyse mit Alaninscanning wurde gezeigt, dass die relevanten Peptidpositionen in der Tat davon abhängen, ob HLA-B*2705- oder -B*2709-Moleküle das Epitop präsentieren (Fiorillo et al. 1998).

In einer spanischen Arbeit wurde die T-Zell-Epitop-Aufteilung (sharing) zwischen den beiden Subtypen mit allospezifischen, gegen B*2705 und B*2703 (mit B*2705 kreuzreaktiven T-Zell-Klonen)

gerichteten Klonen und Klonen gegen B*2709, hinsichtlich deren Fähigkeit B*2705- und B*2709-Zielzellen zu lysieren, untersucht. Die Anti-B*2705- und Anti-B*2703-CTL waren peptidabhängig, da sie TAP-defiziente B*2705-T2-transfizierte Zellen nicht lysieren konnten. Die Anti-B*2705- und Anti-B*2703-CTL-Klone konnten B*2709-Zielzellen lysieren (Lopez de Castro et al. 1998).

Effekte von HLA-B27 auf die intrazelluläre Signalverarbeitung und Prozessierung von Bakterien sind beschrieben worden. Die Ergebnisse sind aber uneinheitlich, und eine große Bedeutung ist wenig wahrscheinlich, da es bisher kaum Anhaltspunkte für ein grundsätzlich vermehrtes Infektionsrisiko von HLA-B27-positiven Individuen gibt.

12.9 T-Zell-Rezeptoren

HLA-B27 präsentiert als MHC-Klasse-I-Restriktionsmolekül antigene Oligopeptide an CD8$^+$-T-Zellen. In einer englischen Studie wurden 8 HLA-B27-restringierte Influenza-A-Virus-Nukleoprotein-383–391-spezifische zytotoxische T-Zell-Klone (CTL) von Patienten während einer natürlichen Infektion gewonnen. Eine T-Zell-Rezeptor-Analyse (TcR), gemessen mittels „anchored"-PCR, zeigte, dass der Gebrauch der TcR-a-Kette auf 3 dominante Va- (Va 12.1, 14.1, 22) und 2 dominante Ja-Segmente beschränkt war. Der Gebrauch der β-Kette war auch konserviert: Vβ7 wurde von 5 Klonen genutzt, obwohl nur insgesamt 2% aller peripheren Blutlymphozyten diese Vβ-Sequenz aufwiesen. Die TcR-β-Ketten-Verbindungsregion war hochgradig konserviert, auch zwischen unabhängigen Individuen, mit einer negativ geladenen Aminosäure der N-Region in Position 97 in fast allen Klonen. Peptidspezifische HLA-B27-restringierte CTL verwenden also nach einer Influenzavirusinfektion sehr ähnliche TcR, was ein Muster der TcR-Konservierung für MHC-Klasse-I-restringierte Antworten ist. Kein Unterschied wurde im TcR-Gebrauch zwischen dem HLA-B27-positiven Gesunden und den beiden Patienten mit Arthritis gefunden.

T-Zellen besitzen aufgrund eines Selektionsprozesses während ihrer Reifung im Thymus Entscheidungskompetenz darüber, ob MHC-präsentierte Peptidantigene von körpereigenen autologen Proteinen stammen oder Fragmente viraler oder bakterieller Proteine sind. Autologe Peptide werden von T-Zellen im gesunden Organismus toleriert, wogegen CD8$^+$-T-Zellen auf die Präsentation

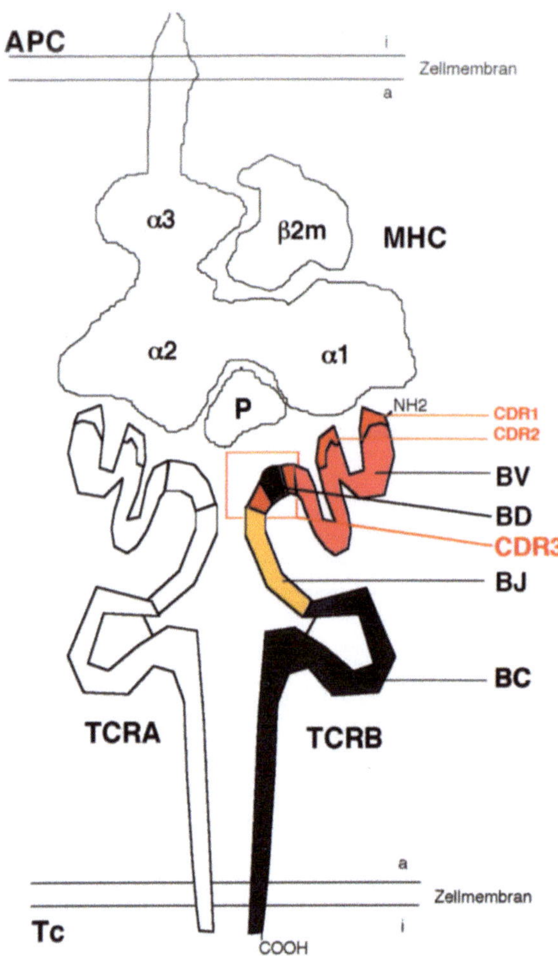

Abb. 12.17. αβ-T-Zell-Rezeptor auf der Zellmembran einer zytotoxischen T-Zelle (*unten*) interagiert mit einem MHC-Klasse-I-Molekül und dem von diesem präsentierten antigenen Peptid unter Ausbildung eines ternären Komplexes, *α1–3* α-Helices des MHC-Moleküls, *β2m* β2-Mikroglobulin, *APC* Antigen präsentierende Zelle, *BC* konstante Region der TCRB-Kette, *CDR* „complementary determining region", *BD* TCRB „diversity"-Segment, *BJ* TCRB „joining"-Segment, *P* MHC-präsentiertes Peptid, *Tc* T-Zelle, *TCRA* TCR-α-Kette, *TCRB* TCR-β-Kette, *BV* variable Region der TCRB

von Fremdpeptiden mit einer Lyse der befallenen Zelle antworten. Kann die T-Zelle Fremd und Selbst nicht unterscheiden, werden auch nichtinfizierte Zellen lysiert, was klinisch als Autoimmunerkrankung manifest werden kann. Von möglicherweise mit den SpA assoziierten gramnegativen Bakterien abgeleitete Peptide sind Selbstpeptiden strukturell ähnlich – ein Phänomen, das als „Molekulares Mimikry" bezeichnet wird (Baum et al. 1996, Misko et al. 1999). Die Präsentation solcher Peptide durch HLA-B27 kann zur Aktivierung von fremd-selbst-kreuzreaktiven CD8[+]-T-Zellen führen, die eine Autoimmunreaktion induzieren oder un-

terhalten können. Als wesentlicher immunpathogenetischer Mechanismus spielen auch beim Modell des arthritogenen Peptids peptidspezifische T-Zellen eine zentrale Rolle. Deren gezielte Eliminierung könnte eine in hohem Maß selektive therapeutische Maßnahme darstellen. Die funktionelle Charakterisierung reiner Populationen pathogenetisch relevanter T-Zellen wäre ein wichtiger Schritt zur Identifikation arthritogener Peptide.

Die Analyse von T-Zell-Rezeptoren (TCR) ist in diesem Zusammenhang von Bedeutung. T-Zell-Rezeptoren sind membranständige, bei CD4- und CD8-positiven T-Zellen aus einer α- und einer β-Kette (TCRA und TCRB) bestehende heterodimere Moleküle (Abb. 12.17). Aufgrund eines auf der Ebene der einzelnen reifenden T-Zelle stattfindenden somatogenetischen Rekombinationsprozesses (Abb. 12.18) haben T-Zellen differente TCR, was sie zu guten klonalen Markern macht. Die Funktion des TCR liegt darin, auf der Seite der T-Zelle den Kontakt zum Komplex aus MHC und präsentiertem Peptid herzustellen (Mazza et al. 1998) (Abb. 12.17). Die Affinität des T-Zell-Rezeptors zu einem MHC-Peptid-Komplex und die daraus resultierende Stabilität der Interaktion bedingen die Spezifität der T-Zelle und entscheiden über deren Aktivierung, Proliferation und Klonalität. Hierbei exprimieren alle durch Teilung entstandenen Zellen einen identischen T-Zell-Rezeptor. Der relative Anteil eines T-Zell-Klons an der Gesamtpopulation der T-Zellen in einem Organismus wird demnach primär durch die klonotypischen Strukturmerkmale des T-Zell-Rezeptors und die Eigenschaften des antigenen Liganden bestimmt. Die Klonalität einer T-Zell-Population zu einem gegebenen Zeitpunkt, d.h. die spezifische Zusammensetzung der Population aus einer Vielzahl von T-Zell-Klonen verschiedenen Umfangs, kann deshalb als Engramm zurückliegender Antigenkontakte verstanden werden.

Molekularbiologische Methoden ermöglichen die Analyse komplexer T-Zell-Populationen unter Nutzung der Feinstruktur des T-Zell-Rezeptors. Die Diversität des T-Zell-Repertoires wird durch eine Rekombinationsmaschinerie gewährleistet, die auf der Ebene der einzelnen reifenden T-Zellen präformierte, diskontinuierlich auf Chromosom 7 verteilte TCR-Gensegmente weitgehend nach dem Zufallsprinzip zusammenfügt. Der vorhandene Pool solcher Gensegmente besteht für die menschliche TCR-α-Kette aus 42 variablen (AV) und 61 „joining" (AJ) Segmenten, für die β-Kette aus 47 variablen (BV), 2 „diversity" (BD) und 13 „joining" (BJ) Segmenten. Nach dem Grad ihrer Homo-

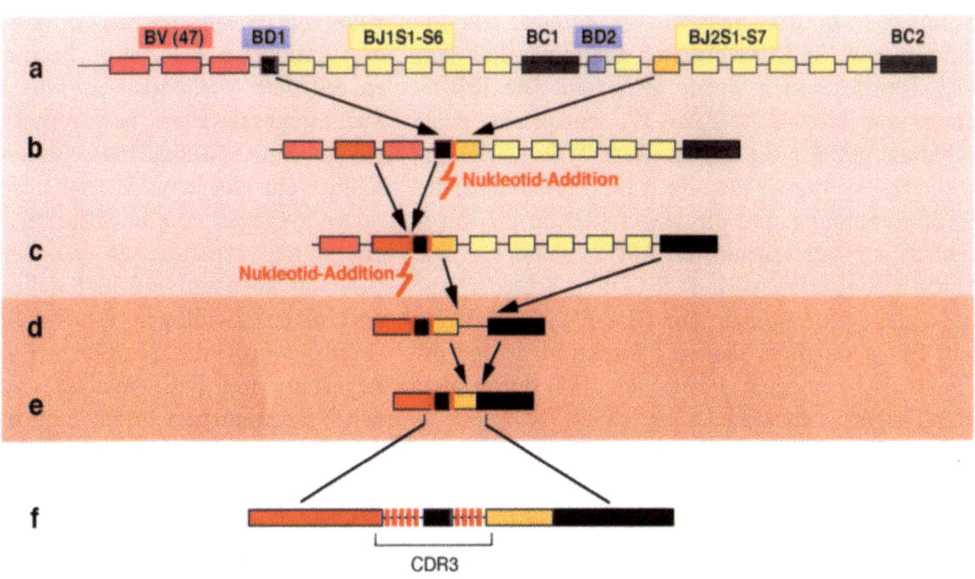

Abb. 12.18 a–f. Somatische Rekombination von Keimbahnsegmenten der T-Zell-Rezeptor-β-Kette während der Thymozytenreifung generiert klonotypische T-Zell-Rezeptoren, (**a**) nichtrearrangierte genomische DNA von T-Zell-Vorläufer-Zellen, (**b,c**) DJ- und VDJ-Rekombination auf genomischer Ebene, (**d,e**) posttranskriptionelles Spleißen führt zu einer vollständigen TCRB-mRNA (**f**)

logie werden die unterschiedlichen Segmente nomenklatorisch zu „Familien". Während der T-Zell-Reifung werden jeweils ein V- und ein J-Segment (für die α-Kette) bzw. ein V-, D- und J-Segment (für die β-Kette) zusammengefügt. Zufallsbedingt werden an den Segmentschnittstellen weitere Nukleotide eingefügt oder vorhandene deletiert (Abb. 12.18). Daraus resultierend liegt die größte Variabilität jeder TCR-Kette im Bereich der V-(D)-J-Schnittstellen, die nach ihrer Funktion, entscheidend zur Interaktion mit dem MHC-Peptid-Komplex beizutragen, auch CDR3 („complementarity-determining-region 3") genannt werden. Zusammengenommen erzeugen diese Mechanismen nicht nur eine hochgradig variable Nukleotid- und – daraus folgend – Aminosäuresequenz des fertigen Rezeptors, sondern auch eine Längenvariabilität von 15–45 Nukleotiden auf DNA- und mRNA-Ebene (Moss u. Bell 1995). Aufgrund der hohen Individualität der CDR3 ist dieser Bereich des TCR ein nahezu unverwechselbarer klonotypischer Marker. Zudem besitzt die Aminosäuresequenz der CDR3 expandierter T-Zell-Klone Informationswert bezüglich der physiko-chemischen Eigenschaften des korrespondierenden Peptidantigens (Abb. 12.15).

Viele Studien mit unterschiedlichsten infektiösen, autoimmunen oder tumorimmunologischen Fragestellungen zielen auf T-Zell-Rezeptor-Rearrangements (Halapi et al. 1999, Callan McMichael 1999, Moss u. Bell 1999).

Zur Analyse von TCR-Repertoires wurden RFLP-Analysen, Antikörper oder PCR-Primer mit einer Spezifität für die variablen Regionen des TCR zur Ermittlung der Häufigkeit verwendet, mit denen T-Zellen in komplexen T-Zell-Populationen individuelle V-Segmente exprimieren. Besser ist die T-Zell-Klonierung, mit der die TCR einzelner Klone auch bezüglich der CDR3 analysiert werden können. Diese Methode hat den Vorteil, dass die klonierten T-Zellen zudem einer funktionellen Analyse zugänglich sind. Der Nachteil dieses Ansatzes besteht darin, dass unter Anbetracht der enormen Zahl von T-Zellen im Körper nur eine verschwindend geringe, kaum repräsentative Zahl von T-Zellen analysiert werden kann. Zudem sind durch die Kulturbedingungen signifikante klonale Frequenzverschiebungen nicht ausgeschlossen.

Mit CDR3-Längen-Analysen können Abweichungen von der zu erwartenden Frequenz einzelner Klone in T-Zell-Populationen experimentell nachgewiesen werden (Maslanka et al. 1995, Gorski et al. 1994, Pannetier et al. 1993).

Die Rolle der TCR-„complementary-determining region"(CDR)3a-Positionen 93 und 100–102 wurde mittels „site-directed mutagenesis" nach Expression der TCRα- und -β-extrazellulären Domänen eines Klons als TCR-ζ-Fusionsheterodimer in basophilen Rattenleukämiezellen (RLZ) untersucht. Hierbei wurde zum ersten Mal eine direkte Bindung von Tetrameren HLA-B*2705/NP383–391-

Komplexen an transfizierte TCR gezeigt. Die Induktion von TCR-vermittelter Degranulation von RZL-Transfektanden wurde gemessen. Die Erkennung von HLA-B27/NP383–391 entspricht einer Schlüsselrolle für die konservierte TCRα-CDR3-Ja-kodierte Position Y102, da Y102-Mutationen die Tetramerbindung und die Degranulation in Anwesenheit von peptidgepulsten APC verhinderte. Die Modellierung der GRb-TCR-CDR3α-Schleife legt nahe, dass Y102 Kontakt zur HLA-B*2705-α1-Helix hat. Es ist möglich, dass die Selektion der germline-TCRAJ-kodierten Positionen 102 durch den MHC angetrieben wird.

Eine frühe Studie, die sich auf RFLP-Genotypisierung von konstanten Segmenten (CA und CB) von 43 Patienten mit AS und 23 Kontrollindividuen beschränkte, konnte keine signifikanten Unterschiede zwischen beiden Gruppen finden (Durand et al. 1988). Doherty et al. (1992) analysierten 1992 Lymphozyten von 5 Kindern mit SpA (1 AS, 1 reaktive Arthritis, 3 undifferenzierte seronegative Arthritis, von denen 4 HLA-B27-positiv waren) hinsichtlich TCRBV-Expression in peripherem Blut (PB) und Synovialflüssigkeit mit Hilfe BV-spezifischer PCR und Southern-Blot. Obwohl in der Synovialflüssigkeit im Vergleich mit dem Blut unterschiedliche BV-Familien dominierten, konnten die Autoren kein einheitliches interindivuelles Expressionsmuster feststellen. Es fällt jedoch auf, dass in der Synovialflüssigkeit unterschiedlicher Patienten BV13 oder BV14 deutlich überrepräsentiert waren. Dieselben, stark homologen BV-Familien BV13 und BV14 sowie eine weitere (BV17) wurden später gehäuft unter autoreaktiven oder bakterienspezifischen HLA-B27-restringierten synovialen T-Zell-Klonen von Patienten mit reaktiver Arthritis beschrieben (Hermann et al. 1993, Duchmann et al. 1996). Es scheint möglich, dass das HLA-B27-Molekül T-Zellen mit diesen BV-Segmenten bevorzugt selektiert, nachdem diese BV-Segmente vermehrt auch unter HLA-B27-restringierten alloreaktiven T-Zellen gefunden wurden (Bragado et al. 1990, Lauzurica et al. 1992). Auf die Wirkung von Superantigenen, die die Expansion von T-Zellen mit den genannten BV-Familien erklären könnte, gibt es bislang keinen Hinweis.

Analysen, die lediglich auf das BV-Repertoire fokussieren, sind bezüglich oligoklonaler Expansionen innerhalb von T-Zell-Populationen selten aussagekräftig. Dies wird besonders deutlich beim Vergleich zweier Studien an peripherem Blut von HLA-B27-positiven monozygoten Zwillingen, die entweder diskordant oder konkordant für AS waren. Eine initiale Analyse des BV-Repertoires mit Hilfe von BV-spezifischen Antikörpern konnte keine signifikante Assoziation bestimmter BV-Familien mit dem Vorhandensein von AS in einem der Zwillingsgeschwister nachweisen (Höhler et al. 1999). Eine CDR3-Längenanalyse, die im Anschluss am gleichen Material durchgeführt wurde, zeigte hingegen eine hochsignifikante Akkumulation klonal expandierter T-Zellen sowohl unter CD4- als auch unter CD8-T-Zellen bei den an AS erkrankten Zwillingen (Duchmann et al. 2001). Hierbei wurde das periphere T-Zell-Rezeptor-Vβ-Repertoire mit FACS-Analyse und 14 verschiedenen Vβ-Antikörpern in 11 monozygotischen Zwillingspaaren (9 AS, 2 uSpA) untersucht. Antikörper gegen *Klebsiella pneumoniae*, *Streptococcus pyogenes*, *Candida albicans*, *Proteus mirabilis* und *Escherichia coli* parallel wurden bestimmt und die Lymphozytenreaktivität gegen Bakterien mit Interferon-γ-ELISPOT-Assays untersucht. Die AS-Patienten zeigten gegenüber den Gesunden eine zelluläre Hyporeaktivität gegen *Klebsiella pneumoniae*, *Streptococcus pyogenes* und *Candida albicans* im ELISPOT, während die serologischen Ergebnisse keine Unterschiede zeigten. AS-konkordante Zwillinge hatten ausgeprägte Unterschiede im Vβ-Repertoire von CD4$^+$- und CD8$^+$-Lymphozyten.

Trotz der stark ausgeprägten Oligoklonalität besonders der CD8-Populationen, die auf eine Rolle konventioneller T-Zell-Antigene hinweist, konnten die Autoren in der bislang größten Studie mit AS-Patienten keine gemeinsamen CDR3-Sequenzmotive zwischen den 27 verschiedenen CDR3-Sequenzen expandierter Klone feststellen. Auch die Analyse von CDR3-Sequenzen aus der Synovialflüssigkeit von 2 AS-Patienten in einer anderen Studie (Dulphy et al. 1999) ergab, trotz des Vorliegens klonaler Expansionen, keinen Hinweis auf konservierte CDR3-Motive. Trotz der bislang vergleichsweise geringen Zahl analysierter CDR3-Sequenzen scheint sich abzuzeichnen, dass die Detektion von interindividuell relevanten („ubiquitären") TCR-Motiven bei AS-Patienten schwierig sein wird. Dies könnte darauf hinweisen, dass viele unterschiedliche Antigene zur T-Zell-Aktivierung bei AS beitragen, wäre aber nicht überraschend, da ein „epitope spreading" während der Chronifizierung einer AS eine entscheidende Rolle spielen könnte (Chan et al. 1998).

Eine alternative Hypothese reflektiert, dass eine T-Zell-Antwort auf eine begrenzte Zahl von Antigenen äußerst flexibel ausfallen kann. T-Zellen, die keine CDR3-Sequenzidentitäten aufweisen, können durchaus mit dem gleichen MHC-Peptid-Komplex interagieren.

Auf Letzteres deutet eine TCRB-CDR3-Analyse von HLA-B27-restringierten autoreaktiven oder bakterienspezifischen CTL-Klonen aus Synovialflüssigkeit von Patienten mit reaktiver Arthritis, die bei weitgehender Abwesenheit von formalen Sequenzidentitäten auf der physiko-chemischen Ebene (Polarität, Hydropathie) durchaus charakteristische Gemeinsamkeiten aufwiesen (May et al. 1996). Interessanterweise konnte später gezeigt werden, dass eine CDR3-Sequenz aus diesem Kollektiv völlig identisch zu einer CDR3-Sequenz aus einem wiederum großen Kollektiv untereinander verwandter Sequenzen von in vivo expandierten Synovialflüssigkeitsklonen verschiedener Patienten mit reaktiver Arthritis war (Dulphy et al. 1999). Auf diesen Befunden aufbauend wurde kürzlich eine intensive Sequenzdatenbankanalyse durchgeführt, die 36 identische oder nahezu identische TCRB-Ketten in 5 von 7 bislang analysierten Patienten identifizierte (May, pers. Mitteilung). Die detektierten Sequenzen stammten aus 4 verschiedenen Laboratorien aus Frankreich, Deutschland, England und Spanien, die jeweils unterschiedliche T-Zell-Charakterisierungsmethoden verwendet hatten. Es ist besonders interessant, dass einige der T-Zell-Klone mit diesem kanonischen TCR in vitro charakterisiert werden konnten und eine konsistent identische Reaktivität aufwiesen. Alle diese Klone waren HLA-B27-restringiert und lysierten nichtinfizierte Zielzellen, waren also „autoreaktiv". Diese Befunde können als Hinweis darauf verstanden werden, dass zumindest im Fall der reaktiven Arthritiden ein interindividuell vorhandenes HLA-B27-assoziiertes Autoantigen im arthritischen Entzündungsprozess eine Rolle spielt. Da die korrespondierenden T-Zell-Klone einer Analyse zugänglich sind, besteht Anlass zu der Hoffnung, dass die Eigenschaften und die Identität dieses potenziellen „arthritogenen Peptids" aufgeklärt werden können.

Trotz dieser Befunde sind noch viele Aspekte zum Verständnis von T-Zell-Rezeptoren und T-Zell-Antigenen bei AS und anderen SpA ungeklärt. So interessiert die Frage nach der Sequenz der Ereignisse, nach Ort und Natur der initialen Aktivierung von T-Zellen. Die Assoziation von gastrointestinalen Infektionen bzw. von intestinalen Morbus-Crohn-ähnlichen Läsionen mit SpA ließ den Verdacht aufkommen, dass intestinal durch Bakterien aktivierte T-Zellen, einmal in die periphere Zirkulation und in die Gelenke gelangt, dort ein Autoantigen erkennen und somit eine fortdauernde Entzündung induzieren könnten. Diese Hypothese stützend, wurden individuelle T-Zell-Klone mit ähnlichen TCRB-CDR3 in intestinalen Läsionen und der Synovialflüssigkeit eines HLA-B27-positiven Patienten expandiert vorgefunden (May et al. 2000).

12.10 Zytokinmuster und Spondyloarthritiden

Ergebnisse aus Zwillings- und Familienstudien erbrachten eindeutige Hinweise, dass ein großer Teil der Krankheitsempfänglichkeit von anderen Genen als HLA-B27 abhängt (Brown u. Wordsworth 1997). Einen besonderen Stellenwert nehmen dabei Zytokingene ein. Bakterielle Infektionen spielen als auslösendes Ereignis für viele Spondyloarthritiden eine wichtige Rolle (Maerker-Hermann u. Höhler 1998). Dieser Zusammenhang ist am überzeugendsten für die reaktive Arthritis gezeigt worden, bei der eine Infektion des Urogenital- und Gastrointestinaltrakts mit fakultativ oder obligat intrazellulären Keimen der Arthritis vorangeht (Sieper et al. 2000). Eine fehlgeleitete und/oder überschießende Immunantwort gegen arthritogene Erreger kann zu Kreuzreaktionen mit Autoantigenen führen und damit zu Entstehung und Chronizität der Arthritis beitragen (Maerker-Hermann u. Höhler 1998).

In vergleichenden Untersuchungen zeigten Patienten mit Spondyloarthritiden in entzündeten Gelenken deutlich höhere Spiegel von immunsuppressiv wirkenden Zytokinen wie Interleukin-4 und Interleukin-10 und niedrigere Konzentrationen von proinflammatorischen Zytokinen wie TNF-α und Interferon-γ als Patienten mit anderen Arthritiden wie z.B. der rheumatoiden Arthritis (Yin et al. 1999, Canete et al. 2000). Eine niedrige TNF-α-Produktion durch T-Zellen zu Beginn der Erkrankung ist mit einem chronischen Verlauf der reaktiven Arthritis assoziiert (Braun et al. 1999a,b). Im Gegensatz dazu zeigten Patienten mit hoher TNF-α-Sekretion in T-Zellen einen kurzen und selbstlimitierten Krankheitsverlauf.

In Zwillingsuntersuchungen waren 60% der Variation in der TNF-α-Produktion und 75% der Interleukin-10-Produktion unter genetischer Kontrolle (Westendorp et al. 1997). Damit erscheint die Sekretion bestimmter Zytokine in einem hohen Maß genetisch determiniert und durch Polymorphismen in Zytokingenen bedingt zu sein. Die dafür vorliegenden Hinweise, insbesondere für TNF-α, werden im Folgenden dargestellt.

12.11 TNF-α-Polymorphismen

Das TNF-α-Gen liegt auf dem kurzen Arm von Chromosom 6 im Bereich der HLA-Klasse-III-Region nur 250 kb zentromer von HLA-B (Abb. 12.11). Das TNF-α-Gen und damit die Produktion von TNF-α wird vornehmlich über die Genexpression, also die mRNA-Produktion und -stabilität, gesteuert. TNF-α ist ein stark stimulierbares Gen, welches unstimuliert wenig transkribiert wird. Die mRNA besitzt eine kurze Halbwertszeit. Der TNF-Locus hat eine Länge von 12 kb und enthält eine Reihe von polymorphen Abschnitten. Diese schließen neben 5 hochvariablen Mikrosatelliten (TNFa–TNFe) eine ganze Reihe von Einzelbasenaustauschen (SNP: single nucletotide polymorphism) ein. Besonders intensiv sind in den letzten Jahren die G:A-Transitionen an den Positionen –308 und –238 untersucht worden, die die häufigsten Varianten in westeuropäischen Populationen darstellen. Diese beiden Polymorphismen, die 308 und 238 Basenpaare (bp) vor dem Transkriptionsstartsignal liegen, werden nie gleichzeitig auf demselben Chromosom beobachtet (308A ist immer an ein 238G gekoppelt und umgekehrt). Weiterhin bestehen eine Reihe weiterer Promotorpolymorphismen (u. a. –163, –244, –376, –857, –863), die sehr viel seltener vorkommen und bisher nur unvollständig funktionell untersucht wurden. Der Austausch an Position –376 ist im Kopplungsungleichgewicht mit dem –238A-Austausch, wobei –376A nur mit einer Genfrequenz von 0,5% bei Westeuropäern beobachtet wird (Knight et al. 1999, Kaijzel et al. 1998). Die Assoziation einzelner SNP oder die Kombination mehrerer allelischer Varianten auf beiden homologen Chromosomen könnten auch den Erfolg von Therapien mit Zytokinhemmstoffen (z. B. Anti-TNF-Antikörper) beeinflussen.

12.11.1 TNF-α-Produktion und der Einfluss der TNF-α-Gen-Polymorphismen

TNF wird v.a. von monozytären Zellen, T-Zellen und in einem geringeren Maß auch von B-Zellen produziert. Die TNF-α-Produktion in den verschiedenen Zelltypen wird transkriptionell und posttranskriptionell reguliert. Viele Untersucher haben versucht, die funktionellen Zusammenhänge zwischen Polymorphismen des TNF-Gens und der TNF-α-Produktion zu klären. Dabei haben nur die wenigsten Untersuchungen gleichzeitig die TNF-α-Transkription und die TNF-α-Produktion in verschiedenen Zelltypen untersucht.

Frühe Untersuchungen hatten die Variabilität in der TNF-α-Sekretion mit HLA-Klasse-II-Allelen assoziiert (Jacob et al. 1990, Pociot et al. 1993). HLA-DR3-positive Haplotypen zeigten eine hohe TNF-α-Sekretion im Vergleich zu DR2-positiven Haplotypen mit niedriger TNF-Produktion. Das TNF308A-Allel, welches sich meist auf DR3-Haplotypen findet, konnte in einigen Untersuchungen sowohl mit einer verstärkten Transkription des TNF-α-Gens als auch mit einer erhöhten TNF-α-Produktion durch PBMC assoziiert werden (Wilson 1997, Kroeger et al. 1997, Louis et al. 1998, Bouma et al. 1996). Allerdings bleiben diese Ergebnisse im Licht einer Reihe von Arbeiten, die diese Befunde nicht bestätigen konnten, widersprüchlich (Brinkman et al. 1995, Kaijzel et al. 1998, Kaluza et al. 2000).

Die 238A-Variante scheint eine verringerte Transkription des TNF-α-Gens im Vergleich zum Wildtyppromotor oder der 308A-Variante zu bedingen (Kaluza et al. 2000). Entsprechend produzieren monozytäre Zellen aus dem peripheren Blut von 238A-heterozygoten Personen weniger TNF-α nach Stimulation mit verschiedenen Mitogenen. Allerdings bleiben auch diese Befunde widersprüchlich, da eine niederländisch Arbeitsgruppe keine Unterschiede in der Transkriptionsaktivität für das 238A-Allel fand (Kaijzel et al. 1998).

12.11.2 TNF und Spondylitis ankylosans

Beide Polymorphismen sind bei Patienten mit AS und Psoriasisarthritis untersucht worden. 2 große Studien, eine aus Deutschland (Höhler et al. 1998) und die andere aus Schottland (McGarry et al. 1999), fanden eine signifikant erniedrigte Häufigkeit des selteneren 308A-Allels bei Patienten mit ankylosierender Spondylitis – verglichen mit HLA-B27-positiven gesunden Kontrollen. 2 kleinere Studien konnten keine signifikanten Unterschiede in der Allelverteilung feststellen (Verjans et al. 1994, Fraile et al. 1998). In einer internationalen Untersuchung an englischen und deutschen AS-Patienten fand sich bei den deutschen AS-Patienten auch eine signifikant erhöhte Häufigkeit von 308A; diese wurde allerdings bei englischen Patienten nicht beobachtet (Milicic et al. 2000).

Diese zunächst widersprüchlichen Befunde sind auf der Grundlage unterschiedlicher Kopplungsungleichgewichte in den Populationen zu erklären. In der englischen Probandengruppe besteht ein starkes Kopplungsungleichgewicht zwischen HLA-B27 und DR1 (Brown et al. 1998 a,b,c), während bei den deutschen AS-Patienten HLA-B27 an DR4 gekoppelt ist (Höhler et al. 1997 a,b). Alternativ zu einem direkten Einfluss der TNF308A-Variante könnte ein weiteres HLA-Gen, das an diesen Polymorphismus gekoppelt ist, die Krankheitssuszeptibilität von HLA-B27-positiven Personen mit dem TNF308G-Allel erklären.

Mit Hilfe der sehr sensitiven Technik der intrazytoplasmatischen Zytokinfärbung konnte erst kürzlich gezeigt werden, dass T-Zellen von AS-Patienten und auch von HLA-B27-positiven gesunden Kontrollen deutlich weniger TNF-α und Interferon-γ sezernieren als T-Zellen von HLA-B27-negativen gesunden Kontrollen (Rudwaleit et al. 2001). Somit befindet sich entweder HLA-B27 selbst oder weitere Polymorphismen im Kopplungsungleichgewicht mit der TNF-α-Produktion. Träger des 308G-Allels produzierten weniger TNF-α als Personen, die das variante Allel 308A-trugen (Rudwaleit et al. 2001).

In dieser Studie wurden T-Zellen aus dem peripheren Blut von 65 Personen (25 HLA-B27-positive AS-Patienten, 18 gesunde HLA-B27-positive Kontrollen und 22 gesunde HLA-B27-negative Kontrollen) mit PMA/Ionomycin für 6 h stimuliert, für CD3 und CD8, intrazellulär für die Zytokine IFNγ, TNFα, IL4 und IL10 oberflächengefärbt und durch FACS analysiert. Die TNF-α-Produktion war mit dem Genotyp des TNF-α-Promotors an den –308- und –238-Polymorphismen assoziiert. Bei HLA-B27-positiven AS-Patienten (Median 5,1% für CD4$^+$-T-Zellen) waren TNF-α^+-T-Zellen weniger häufig als bei HLA-B27-negativen gesunden Kontrollen (Median 9,5%; $p = 0,008$). Der prozentuale Anteil von TNF-α^+-T-Zellen war aber ebenfalls bei gesunden HLA-B27-positiven Kontrollen (Median 7,48%) erniedrigt ($p=0,034$). Auch IFN-γ^+-T-Zellen waren weniger häufig bei AS und bei gesunden HLA-B27-positiven Kontrollen. Der relative Anteil von IL10$^+$/CD8$^+$-T-Zellen war höher bei AS-Patienten als in beiden Kontrollgruppen. Bei HLA-B27-positiven Individuen war die TNF1/2-Heterozygotie bei –308 mit einer höheren TNF-α-Produktion als die TNF1/1-Homozygotie (Median 9,97% vs. 5,11% für CD4$^+$-T-Zellen) assoziiert; dieser Zusammenhang war bei den HLA-B27-negativen Kontrollen nicht nachweisbar. Diese Genotyp-Phänotyp-Korrelation legt nahe, dass bei HLA-B27-positiven Menschen der Polymorphismus TNF2 bei –308 oder ein nahe stehendes Gen mit einer höheren TNF-α-Produktion einhergeht und damit einen Marker für einen protektiven Haplotyp darstellen könnte.

In einer kleinen spanischen Studie war der –238(A)-TNF-α-Polymorphismus bei 50% der B27-negativen Patienten mit –238-G/A- und -A/A-Genotyp im Vergleich mit B27-positiver AS (Odds-Ratio 4,3) und im Vergleich zur B27-negativen Kontrollgruppe (Odds-Ratio 5,9) vermehrt vorhanden, während die TNF-α-Genotypen bei B27-positiver AS und gesunden B27-positiven Kontrollen vergleichbar häufig vorkamen.

Psoriasis und Psoriasisarthritis zeigen eine enge Kopplung an bestimmte HLA-Klasse-I-Allele wie B13, B16 (B38 und B39), B57 und Cw6. Die TNF-Promotorvariante 238A findet sich mit signifikant erhöhter Häufigkeit unter Westeuropäern mit Psoriasis und Psoriasisarthritis (Arias et al. 1997, Höhler et al. 1997 a,b). Der 238A-Polymorphismus ist Teil des hochkonservierten Haplotyps C4A6-TNF238A-B57-Cw6, der unter Westeuropäern die stärkste Assoziation mit der Psoriasis zeigt und in seinem telomeren Abschnitt (jenseits von HLA-Cw6) ein mögliches Psoriasiskandidatengen trägt. Aufgrund des ausgeprägten Kopplungsungleichgewichts ist es unmöglich, den relativen Beitrag der TNF238A-Variante zur Psoriasis- und Psoriasisarthritissuszeptibilität einzuschätzen (Höhler et al. 1997a,b). Interessanterweise zeigen aber auch Patienten mit einer Arthritis psoriatica ähnlich wie die AS-Patienten ein deutlich selteneres Vorkommen der TNF308A-Variante.

Patienten mit Psoriasisarthritis unterscheiden sich von Psoriasispatienten durch eine sehr viel geringere Produktion von TNF-α durch PBMC nach Stimulation mit verschiedenen Mitogenen (Höhler, pers. Mitteilung). In einer Untersuchung von TNF-α-Mikrosatelliten fand sich unter den Patienten mit einer Arthritis psoriatica eine hochsignifikante, HLA-B27-unabhängige Häufung des Mikrosatellitenhaplotyps TNFa6c1d3 im Vergleich zur Psoriasisgruppe (Höhler, pers. Mitteilung). Der a6c1d3-Haplotyp war mit einer verminderten TNF-α-Sekretion assoziiert (Pociot et al. 1993).

Eine verminderte TNF-α-Produktion ist ein Charakteristikum auch anderer Spondyloarthritiden wie der Psoriasisarthritis. Neben einem deutlich selteneren Vorkommen der mit hoher TNF-Produktion assoziierten TNF308A-Variante scheinen noch weitere Polymorphismen für eine erniedrigte TNF-Produktion von Bedeutung zu sein, die z. B. an den a6c1d3-Mikrosatellitenhaplotyp gekoppelt sind.

Obwohl für die reaktive Arthritis die eindeutigsten Befunde bezüglich der Bedeutung von TNF für den Verlauf der Erkrankung vorliegen, gibt es nur sehr wenige immungenetische Daten zu dieser

Patientengruppe. In einer finnischen Untersuchung der TNFa-, -b- und -c-Mikrosatelliten zeigte sich eine Häufung der Mikrosatellitenallele a6 und c1, die beide mit einer niedrigen TNF-Produktion assoziiert worden sind (Tuokko et al. 1998).

12.11.3 Einfluss der Anti-TNF-α-Therapie

Trotz der hohen Wirksamkeit von Anti-TNF-Antikörpern in der Therapie der PsA, enteropathischer Arthritiden und der AS (s. unten) erscheinen die Spondyloarthritiden im Gegensatz zu anderen entzündlichen Gelenkerkrankungen v. a. durch eine relativ niedrige systemische TNF-α- und Interferon-γ-Sekretion und eine hohe Produktion von IL-4 und IL-10 charakterisiert zu sein. Sowohl für die reaktive Arthritis als auch die Psoriasisarthritis und die Spondylitis ankylosans gibt es deutliche Hinweise, dass die erniedrigte TNF-Produktion zumindest z. T. durch genetische Polymorphismen verursacht wird. Dieses mechanistische und stark vereinfachte Pathogenesebild wird sich hoffentlich schon in den nächsten Jahren verändern, wenn verstärkt die Interaktion verschiedener regulatorisch wirkender Zytokin- und Zytokinrezeptorpolymorphismen untersucht werden kann.

In einer belgischen Studie wurde der Effekt von Anti-TNF-α (s. unten) auf die T-Zell-Produktion von Th1- und Th2-Zytokinen bei Patienten mit SpA untersucht. Nach Stimulation mit PMA/Ionomycin wurden die intrazellulären Zytokine IL-2, IL-4, IL-10 und IFN-γ mittels Durchflusszytometrie bestimmt. Bei SpA-Patienten wurden weniger IFN-γ- ($p = 0{,}020$) und IL-2-positive ($p = 0{,}046$) CD8-negative T-Zellen gefunden, während IL-10 ($p = 0{,}001$), auch von NK-Zellen, vermehrt produziert wurde. Die Behandlung mit dem Anti-TNF-α-Antikörper Infliximab führte zu einer signifikanten und persistierenden Steigerung der IFN-γ- und IL-2-Produktion bei den behandelten SpA-Patienten.

Eine Behandlung mit Metronidazol besserte die zäkale Entzündung und eliminierte *Bacteroides* in den HLA-B27-transgenen Ratten mit zusätzlich operierter blinder Schlinge; Kontrollen hatten viel weniger Darmentzündung. Das Verhältnis von anaeroben zu aeroben Bakterien war bei den HLA-B27-transgenen Ratten 1000mal größer und das Verhältnis *Bacteroides* spp./Aerobiern 10000mal größer als bei den Kontrollen.

Die Ingestion von *Bacteroides vulgatus* führte bei keimfrei aufgezogenen HLA-B27-transgenen Ratten zu einer histologisch aggressiveren Kolitis und Gastritis als *Escherichia coli*.

12.12 Tiermodelle

Die essenzielle Bedeutung von HLA-B27 für die Pathogenese der SpA und der AS ist durch Tiermodelle z. T. eindrucksvoll bestätigt worden. 5 Modelle erscheinen besonders erwähnenswert:
- HLA-B27-transgene Ratten
- HLA-B27-transgene Mäuse
- ANKENT
- Ank/ank
- Spond

Das Modell der *HLA-B27-transgenen Ratten* (Hammer et al. 1990) fasziniert durch die Ähnlichkeiten der bei den Tieren auftretenden klinischen Veränderungen mit den SpA:
- Arthritis
- Spondylitis
- psoriasisähnliche Hautläsionen
- Kolitis

Diese Veränderungen treten nur bei einem bestimmten Rattenstamm bei einer hohen Zahl von Genkopien in normaler bakterienhaltiger Umgebung auf. Zellen aus dem Knochenmark und CD4$^+$-T-Zellen haben eine wichtige Bedeutung (Taurog et al. 1993, 1994, 1998). Der Besiedlung des Darms mit Pseudomonasspezies kommt offenbar eine wichtige Triggerfunktion zu (Rath et al. 1996, 1999 a,b, 2001).

Auch die *HLA-B27-transgenen Mäuse* bekommen Arthritis, histologisch etwas weniger beeindruckend als bei den Ratten (Khare et al. 1995, 1996, 1998). Bei diesem Modell spielt die gleichzeitige β2-Mikroglobulin-Defizienz eine wichtige Rolle. Die Präsentation von HLA-B27-Schwerketten bzw. die Präsentation von Peptiden durch Schwerkettenheterodimere könnte bei diesem Modell von Bedeutung sein.

Die Relevanz beider immunologisch hochinteressanten Modelle für die Pathogenese der AS muss aber als letztlich unklar bezeichnet werden.

Beim *ANKENT*-Mausmodell stehen die spontan auftretende Enthesitis und Ankylose im Vordergrund (Weinreich 1995, 1998). Der zusätzliche Effekt der HLA-B27-Transfektion ist allerdings eher marginal. Dies trifft auch für das *ank/ank*-Modell zu (Krug u. Taurog 2000). Beide Modelle eignen sich also insgesamt eher zum Studium von Enthesitis und Ankylose – 2 bedeutenden klinischen Zeichen der AS.

12.12.1 Modell der HLA-B27-transgenen Ratten

Bei HLA-B27-transgenen Ratten entwickelt sich eine spontane entzündliche Erkrankung, die große Ähnlichkeit zu den menschlichen Spondyloarthritiden aufweist, während HLA-B7-transgene Kontrollratten gesund bleiben. Zum Vergleich, nur wenige HLA-Cw6-transgene Ratten (HLA-Cw6 ist mit Psoriasis vulgaris assoziiert) entwickeln eine milde transiente Erkrankung. Bei den HLA-B27-transgenen Ratten erfordern die beiden wichtigsten Symptome, Kolitis und Arthritis, die Anwesenheit von T-Zellen, Darmbakterien und eine starke Expression von HLA-B27 in Zellen aus dem Knochenmark. Ratten mit einem veränderten B27 (Cys67-Ser-Substitution) verhalten sich ähnlich wie die Wildtyp-B27-transgenen, haben aber eine geringere Prävalenz von Arthritis. Ein ähnlicher Phänotyp wird bei B27-transgenen Ratten beobachtet, die ein virales Peptid koexprimieren, das B27 bindet. Erkrankte LEWIS- aber nicht F344-B27-Ratten entwickeln hohe IgA-Serumspiegel parallel zur Krankheitsprogression. Die Kolitis ist mit hohen Interferon-γ-, die Arthritis mit hohen Interleukin-6-Spiegeln assoziiert. Die Krankheit ist bei B27-LEW-, F344- und PVG-Ratten ähnlich, aber der DA-Hintergrund ist protektiv. Eine Präsentation von B27-Peptiden könnte zur Arthritis führen.

In das Genom suszeptibler HLA-B27-transgener Ratten wurde ein Minigenkonstrukt mit einem Peptid des Influenzanukleoproteins, NP383–391 (SRYWAIRTR), welches B27 mit großer Affinität bindet, durch Fortpflanzung mit dem entsprechenden Rattenstamm eingebaut. Das Peptid hat unmittelbare Affinität zum endoplasmatischen Retikulum durch das Signalpeptid des Adenovirus-E3/gp19-Proteins. Die tatsächliche Produktion des NP383–391-Peptids durch die B27(+)NP1(+)-Ratten wurde durch Massenspektrometrie bestätigt. Das NP1-Produkt ersetzte 90% der 3H-Arg-markierten endogenen Peptidfraktion in B27(+)-NP1(+)-Milzzellen. Männliche B27(+)NP1(+)-Ratten hatten signifikant weniger häufig Arthritis, während Kolitis nicht beeinflusst wurde (Zhou et al. 1998).

Kongenital ohne Thymus aufwachsende rnu/rnu-F344-Ratten mit dem B27-transgenen Locus der 33–3-Linie wurden mit transgenen Nacktratten verglichen, die keine Krankheitsmanifestationen aufwiesen. Dieser Schutz wurde aufgehoben durch Rekonstitution mit T-Zellen von euthymischen Spendern der 33–3-Linie, wobei CD4$^+$-T-Zellen in der Krankheitsübertragung effizienter als CD8$^+$-T-

Zellen waren. Tödlich bestrahlte erwachsene thymektomierte Ratten (ATX), nichttransgene Empfänger von intaktem Knochenmark, T-Zell-depletiertem Knochenmark, fetalen Leberzellen, oder Nacktrattenknochenmark von syngenen suszeptiblen Linien entwickelten alle die SpA-ähnliche Erkrankung. Damit ist die T-Zell-Abhängigkeit des Modells bewiesen (Breban et al. 1993, 1996).

In einer Untersuchung von Ratten, die transgen für HLA-B27 und menschliches β2-Mikroglobulin waren, zeigten von 5 Linien mit >1 Kopie der Transgene und hemizygoter Expression beider Transgene 2 Linien (21–4H und 33–3) eine spontane entzündliche Erkrankung, die den B27-assoziierten menschlichen Erkrankungen sehr ähnlich ist. 2 andere Linien, 21–4L und 25–6, blieben gesund – sogar bei Homozygotie für den Transgenlocus, während die 21–3-Linie mit der dritthöchsten Kopienummer eine ähnliche Erkrankung wie die 21–4H- and 33–3-Linien entwickelte. Bei allen Erkrankten wurde eine höhere Expression von B27 als bei den Resistenten gefunden – von Thymus-mRNA im Uterus, von Milz-mRNA nach 5 Tagen und auf Milzzellenoberflächen beim Auftreten der Erkrankung. Die Krankheitssuszeptibilität korreliert also mit der Genkopienummer und der Quantität von HLA-B27 auf lymphoiden Zellen. Die immunozytologische Analyse von Biopsaten aus dem distalen Kolon zeigte, dass das B27-Antigen auch in hoher Konzentration in Lamina-propria-Zellen exprimiert wird. Dies ist nicht einfach eine Konsequenz der Entzündungsreaktion,

1. weil es keine vergleichbare Veränderung bei der endogenen RT1-Klasse-I-Expression gab;
2. weil in den 21–4H-Ratten mit Adjuvansarthritis keine Veränderung der B27-Expression auftrat;
3. weil in den HLA-A2- und 21–4H-transgenen Ratten die A2-Expression die gleiche war wie bei gesunden Ratten; und
4. weil die Transgene in suszeptiblen und resistenten Stämmen gleichermaßen durch IFN-γ induziert werden konnten (Taurog 1999).

12.12.2 HLA-B27-transgene Mausmodelle

Um die Auswirkungen der β2-Mikroglobulin-Defizienz besser beurteilen zu können, wurden Mausstämme mit β2-Mikroglobulin-defizientem [β2m(0)] MHC-b-Haplotyp mit unterschiedlichem genetischem Hintergrund [C57BL/6J (B6), BALB/cJ, SJL/J, MRL/MpJ und B6,129] sowie transporterdefiziente Mäuse mit Antigenprozessierungsassoziation [TAP1(0)] auf einem B6,129-Hintergrund

und HLA-B27-transgene β2m(0)-Mäuse auf einem B6-Hintergrund nach Überstellung in normale keimhaltige Umgebung hinsichtlich des Auftretens von Arthritis verglichen. Arthritis trat bei TAP1(0)- und β2m(0)/Klasse-I-defizienten Mäusen mit einem gemischten B6,129-Genom in einer Häufigkeit von 30–50% auf, während 10–15% der B6-, SJL/J- und BALB/cJβ2m(0)-Mäuse diese Gelenkaffektion aufwiesen (Khare et al. 1995, 1996, 1998, 1999). MRL/MpJ-β2m(0)-Mäuse erkrankten nicht. Die Expression von B27 beeinflusste das Auftreten von Arthritis bei B27-transgenen B2m(0)-B6-Mäusen verglichen mit β2m(0)-B6-Kontrollen nicht. Also reicht die Klasse-I-Defizienz allein aus, um Arthritis zu induzieren. Die Häufigkeit der Erkrankung und die B27-spezifische Entzündung sind deutlich vom nicht-MHC-genetischen Hintergrund abhängig.

Um die Rolle von endogenen vs. exogenen Antigenen und die Rolle von transporterassoziierten Genen in der Entwicklung von Arthritis im Zusammenhang mit den β2m-freien Schwerketten auf der Zelloberfläche von HLA-B27-transgenen Mäusen zu untersuchen, wurden Knockout-Mäuse mit einer Defizienz für Tap-1 mit HLA-B27/menschlichen β(2)m-transgenen Mäusen gekreuzt. Da die B27(+)/humanen β(2)m(+)-doppelttransgenen Mäuse [ohne Maus-β(2)m und ohne Tap-1-Gen] die gleiche Arthritis entwickelten wie der Wildtyp mit Tap-1-Expression, gibt es keinen Anhalt dafür, dass Peptidtransporter (Tap) in irgendeiner Form in die Entwicklung von Arthritis bei B27(+)/humanen β(2)m-transgenen Tiere involviert sind.

Bei HLA-B27-transgenen Mäusen, die kein β2-Mikroglobulin (B27+-β2m$^{-/-}$) exprimieren, tritt Arthritis auf. Ohne β2m ist bei den B27+-β2m$^{-/-}$-Tieren kein HLA-B27-Transgen auf der Zelloberfläche nachweisbar. Nur geringe Mengen von CD8$^+$-T-Zellen werden bei diesen Tieren gefunden. Die meisten B27+-β2m$^{-/-}$-männlichen Mäuse entwickeln Nagelveränderungen, Haarverlust und Pfotenschwellung mit nachfolgender Ankylose. Die Arthritis tritt nur auf, wenn die B27+-β2m$^{-/-}$-Mäuse aus der keimfreien Umgebung entfernt werden.

Spontane Arthritis und eine Nagelaffektion bei HLA-B27-transgenen Mäusen ohne β2-Mikroglobulin [B27+-β2m(o)] und Bindungsuntersuchungen von B27-Peptiden an das HLA-B27-Molekül selbst nähren 2 Hypothesen:
1. B27-Peptide fungieren als Autoantigen.
2. HLA-B27 fungiert als Antigen präsentierendes Molekül.

In einer neueren Studie wurde die nach dem Transfer in die konventionell keimhaltige Umgebung spontan auftretende Arthritis bei transgenen Mäusen, die ein hybrides B27-Molekül mit der α1α2-Domäne des humanen B27 und der α3-Domäne des Maus-H-2Kd exprimieren, bestätigt, während Kontrollmäuse mit anderen MHC-Klasse-I-Transgenen (d.h. HLA-B7, HLA-Cw3 und H2-Dd) keine Arthritis bekamen. In einem MHC-„reassembly assay", wurde die Bindung von ähnlichen Peptiden an beide B27-Moleküle beobachtet. Dem hybriden B27-Molekül fehlt mindestens 1 der 3 Peptide aus der 3. hypervariablen (HV3)-Region von HLA-B27. Das HLA-B27-Molekül fungiert in diesem Modell also eher als Antigen präsentierendes Molekül als als Peptidspender.

Die Expression von HLA-B27 auf den Zelloberflächen von HLA-B27-transgenen Mäusen, bei denen das endogene β2-Mikroglobulin(β2m)-Gen durch das transgene humane β2m-Gen ersetzt wurde, ist ähnlich wie auf Zelloberflächen von menschlichen Zellen. Freie schwere Ketten von HLA-B27 wurden auch auf Thymusepithel und auf einer Subpopulation von B27 exprimierenden peripheren Blutzellen nachgewiesen. Vor allem männliche Mäuse entwickeln spontane Arthritis und Nagelveränderungen in den Hinterpfoten nach Transfer in konventionelle keimfreie Umgebung. Dagegen haben HLA-B27-transgene Mäuse mit Maus-β2m keine freien Schwerketten auf der Zelloberfläche und entwickeln keine Arthritis.

Die Hypothese, dass in dem HLA-B27-transgenen Mausmodell B27-Peptide durch MHC-Klasse-II-Moleküle pathogenetisch bedeutsam präsentiert werden, wurde in einer Studie untersucht, in der das MHC-Klasse-II-knockout-Gen Aβ(o) in die B27+-β2m(o)-Mäuse übertragen wurde. Diese haben keine H2-A- und keine H2-E-Moleküle. Da diese Mäuse Arthritis entwickeln, spielen die MHC-Klasse-II-Moleküle H2-A and H2-E offenbar keine große Rolle in der Pathogenese dieses B27-Modells. Die Behandlung der Mäuse in vivo mit monoklonalen Antikörpern gegen die Schwerkette von HLA-B27 reduzierte die Inzidenz von Arthritis bei den B27+-β2m(o)-Mäusen. Dies spricht für eine Bedeutung der schweren Ketten in der Pathogenese der B27-transgenen Mäuse.

Fehlgefaltete Membranproteine werden schnell degradiert – oft schon bald nach der Synthese und Insertion in das endoplasmische Retikulum (ER). In HLA-B27-transgenen Mäusen auf einem TAP1-defizienten Hintergrund kann die TAP-Mutation als „genetic switch" benutzt werden, um Kontrolle über das Ausmaß der korrekten Faltung von

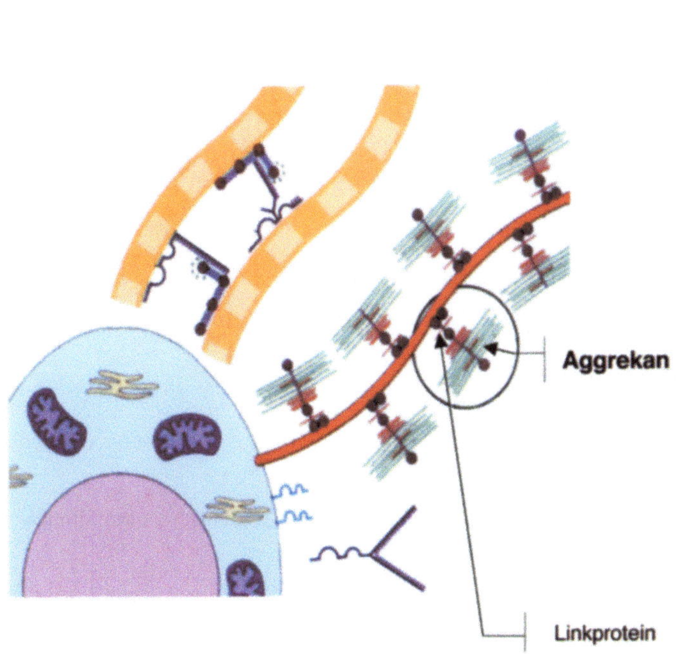
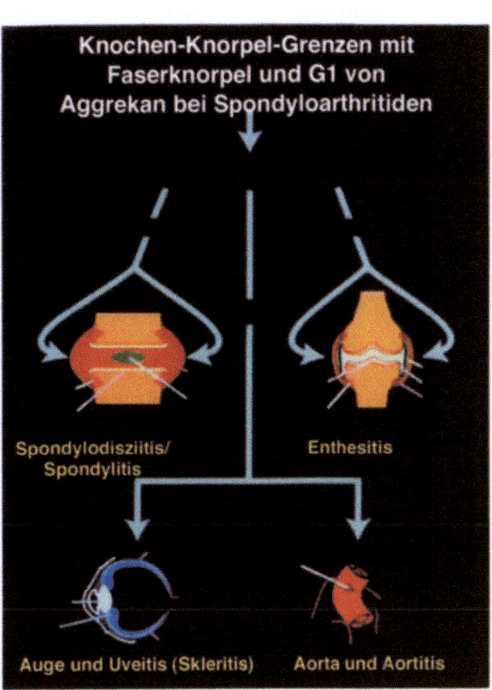

Abb. 12.19. Mögliche Bedeutung und anatomische Verbreitung des G1 von Aggrekan bei Spondylitis ankylosans

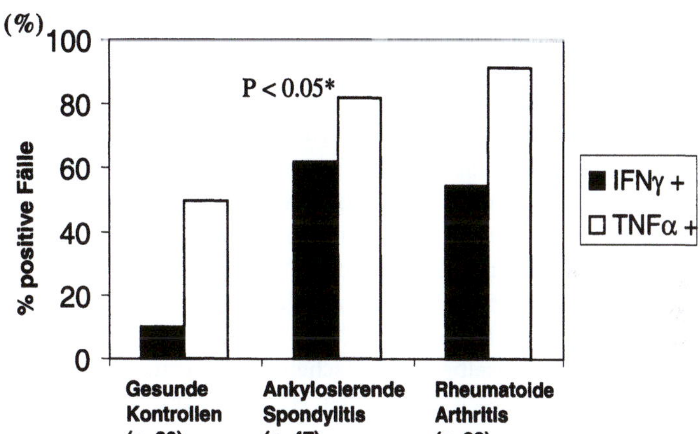

Abb. 12.20. Immunreaktionen auf G1 und andere Knorpelproteine bei Patienten mit Spondylitis ankylosans und rheumatoider Arthritis (FACS)

HLA-B27 zu erhalten, während die Syntheserate der konstituenten Untereinheiten unverändert bleibt. In den TAP1-defizienten HLA-B27-transgenen Tieren werden die HLA-B27-Moleküle fehlgefaltet (Colbert et al. 1993).

In der kanadischen Arbeitsgruppe um Zhang und Robin Poole (Abb. 12.19–12.21) wurde ein interessantes Tiermodell entwickelt, in dem sich ohne Einfluss von HLA-B27 eine erosive Polyarthritis und Spondylitis entwickelte. Eine Immunisierung mit der G1-Domäne des Proteoglykans Aggrekan induziert in BALB/c-Mäusen eine der AS ähnliche entzündliche Gelenksymptomatik mit Wirbelsäulenbeteiligung. 2 T-Zell-Epitope in den G1-Positionen 70–84 (Peptid G5) und 150–169 (Peptid G9) wurden als immundominant durch den Gebrauch von synthetischen Peptiden und aggrekanspezifischen T-Zell-Linien identifiziert. Mit einer T-Zell-Linie, die spezifisch ein Epitop der G1-Domäne von Aggrekan erkennt, kann durch adoptiven Transfer Arthritis induziert werden (Zhang et al. 1996).

In Kooperation mit A. Robin-Poole wurde kürzlich nachgewiesen, dass T-Zellen von vielen AS-Patienten bestimmte Peptide aus der G1-Domäne von Aggrekan (Abb. 12.19–12.21) erkennen (Zhiang, Pers. Mitteilung). Hierbei ist zum einen interessant, dass das G1 an typischen, bei den SpA betroffenen Sehnenansatz- und Faserknorpelregionen

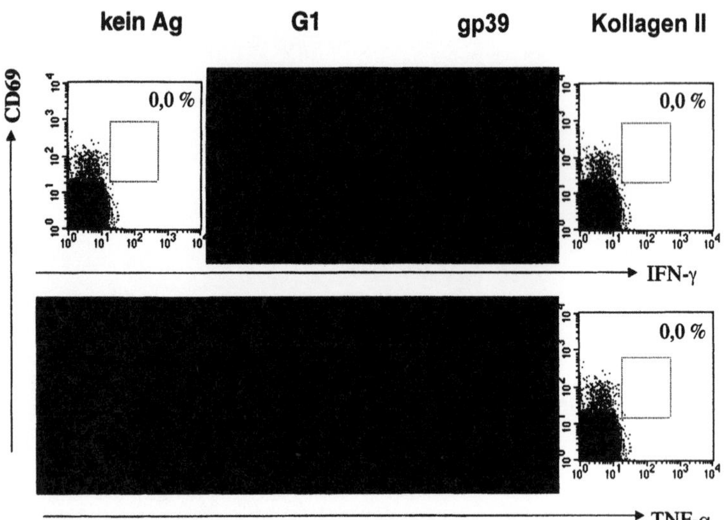

Abb. 12.21. FACS-Beispiel eines Patienten mit Spondylitis ankylosans, dessen CD4$^+$-T-Zellen *TNF-α* und *IFN-γ* nach Stimulation mit *G1* produzieren, nicht aber nach *Kollagen II* oder *gp39* oder keinem Antigen

vorhanden ist (Abb. 12.19). Bei einer Querschnittsstudie sprachen die CD4$^+$-T-Zellen von 60% von 47 AS-Patienten auf rekombinant hergestelltes G1 ebenso an wie die Hälfte der untersuchten RA-Patienten (Abb. 12.20), dies stand im Gegensatz zu anderen Knorpelantigenen (Kollagen II und gp39). Diese Immunantwort wurde mittels FACS-Technik (4-Farbenanalyse, A. Thiel, DRFZ, Berlin) gemessen (Abb. 12.21), wobei die TNFα- und die IFN-γ-Produktion der Zellen quantifiziert wurden.

Die ankylosierende Enthesitis (ANKENT) ist eine spontan auftretende Gelenkerkrankung mit progressiver Versteifung des Knöchels und/oder des Mittelfußgelenks bei Mäusen mit dem C57Black-Hintergrund sowie bei C57BL/10-Mäusen und Mäusen mit demselben genetischen Hintergrund und einem zusätzlich inserierten HLA-B27-Transgen (Weinreich et al. 1995, 1997).

Die ankylosierende Enthesitis beginnt mit einer kurzen Phase einer proliferativen Entzündung der Gelenke und angrenzenden Gewebe mit fibrinöser Exsudation, Leukozyteninfiltration und geringer Knochenerosion. Diese Entzündung wird bald von einer Proliferation von Knorpelzellen an den Insertionsstellen von Gelenkkapselbändern (Enthesien) begleitet. Die Ossifikation von Knorpelproliferaten und geringe desmale Ossifikation führen zur Bildung von breiten Osteophyten, die die Beweglichkeit beeinträchtigen. Die Fusion der Osteophyten führt teilweise zur Ankylose. Die Histopathologie der sukzessiven Stadien der murinen ankylosierenden Enthesitis, die Häufung bei Männern und bei HLA-B27-transgenen Mäusen erinnern an die AS, die Wirbelsäule ist jedoch nicht beteiligt.

Das Risiko, die Arthritis zu bekommen, steigt bei C57Bl/10-Mäusen durch das Transgen HLA-B*2702 und H2-Gene. Die Rolle der MHC-Klasse-I-Expression wurde untersucht, indem das Auftreten von ANKENT bei β2-Mikroglobulin(β2m)-knockout-Mäusen mit und ohne die Transgene für HLA-B*2702 und humanes β2m bestimmt wurde. Bei dem Knockout-Phänotyp ohne β2m trat ANKENT seltener auf ($p=0,016$). In Abwesenheit von β2m kann B*2702 nicht auf der Zellmembran detektiert werden, und es tritt keine Arthritis auf. Das durch HLA-B*2702 erhöhte Risiko für ANKENT bei C57Bl/10-Mäusen kann also nicht an der Insertion des Transgens liegen. B*2702 muss mit dem Maus-β2m (mo-β2m) koexprimiert werden. Die H2(b)-Klasse I und die HLA-B*2702/mo-β2m-Heterodimeren tragen also etwas zur Suszeptibilität für ANKENT bei.

Eine Untersuchung des Verhältnisses des Alters der Mutter bei der Geburt von ANKENT-Mäusen ergab, dass Mütter, die jünger als 8 Monate waren, signifikant häufiger erkrankte Kinder hatten. Diese Untersuchung war unabhängig von HLA-B27. Das Modell ist insgesamt gut zur Studie von Enthesitis und Ankylose geeignet, der Einfluss von HLA-B27 ist gering.

Ein Einfluss von HLA-B27 auf die Expression der murinen progressiven Ankylosis (MPA), einer durch ein einzelnes Gen verursachten autosomalrezessiven, der AS ähnlichen Erkrankung von ank-homozygoten Mäusen, konnte in einer kürzlich erschienenen Arbeit ebenfalls nicht gefunden werden (Krug 2000).

12.13 Rolle des Gastrointestinaltrakts mit seiner bakteriellen Besiedlung und der assoziierten Immunantwort

Die Prävalenz von SpA wurde kürzlich bei 103 Patienten mit chronisch entzündlichen Darmerkrankungen (Morbus Crohn und Colitis ulcerosa) untersucht, die nicht bereits in rheumatologischer Betreuung waren:

- 39% hatten eine klinische Gelenksymptomatik.
- 30% hatten entzündlichen Rückenschmerz.
- 10% litten an Synovitis.
- 7% hatten eine periphere Enthesopathie.

Die deutliche Mehrheit (90%) der Patienten mit rheumatischen Beschwerden erfüllte die Klassifikationskriterien für SpA, 10% diejenigen für AS, während bei 18% der CED-Patienten zusätzlich eine asymptomatische Sakroiliitis gefunden wurde, dies war mit der Krankheitsdauer korreliert. HLA-B27 wurde als zusätzlicher Risikofaktor für entzündlichen Rückenschmerz identifiziert.

Parallel in der intestinalen Mukosa und im Synovium expandierte T-Zell-Klone wurden bei einem SpA-Patienten mit peripherer Arthritis und Kolitis gefunden (Duchmann et al. 1996, 1999, 2001). Die klonalen T-Zell-Expansionen wurden mittels TCRB-CDR3-Längenanalyse und Sequenzieren in Kolon- und Synoviumbiopsaten nachgewiesen. Das synoviale TCRBV18(+)-T-Zell-Repertoire des Patienten wurde durch 2 CD8(+)-T-Zell-Klone dominiert, die ähnliche CDR3 verwandten. Beide Klone wurden an verschiedenen Stellen im Kolon und im peripheren Blut nachgewiesen.

Spezifität und Kreuzreaktivität von 96 T-Zell-Klonen, die aus Darmbiopsien und peripherem Blut hervorgegangen waren, wurden bei Patienten mit chronisch entzündlichen Darmerkrankungen untersucht. Die Analyse zeigte, dass *Bifidobacterium* und *Bacteroides* spezifisch die Proliferation von $CD4^+$-$TCR\alpha\beta^+$-T-Zell-Klonen bei der Lokalisationen stimulieren und dass eine erhebliche Kreuzreaktivität zwischen diesen beiden Anaerobiern und anderen Enterobakterien vorliegt. Eine Analyse von 210 T-Zell-Klonen von anderen Patienten und Kontrollen zeigte, dass die normale aerobe Darmflora spezifisch T-Zell-Klone aus dem peripheren Blut und aus fremden Darmbiopsien stimuliert. Einige dieser floraspezifischen T-Zell-Klone waren kreuzreaktiv mit definierten Enterobakterien. T-Zell-Klone, stimuliert durch die eigene aerobe Flora, wurden bei Patienten mit chronisch entzündlichen Darmerkrankungen nachgewiesen.

Der Einfluss von normalen luminalen Bakterien und anderen ausgewählten Bakterienstämmen auf die spontane gastrointestinale und systemische Entzündung wurde bei HLA-B27-transgenen Ratten untersucht (Rath et al. 1996, 1999 a, b, 2001), die entweder in keimfreier Umgebung gehalten oder definierten aeroben und anaeroben Mikroben ausgesetzt wurden. Die monatelang keimfrei aufgezogenen Ratten hatten keine Kolitis und keine Arthritis und auch keine vermehrte Zytokinexpression in Darmbiopsaten. Nur Cocktails, die normale Darmbakterienflora und Bakteroidesspezies enthielten, lösten bei den Tieren dann die Kolitis aus. Eindeutig ist, dass verschiedene Bakterien unterschiedlichen Einfluss auf die Darmentzündung haben.

Obwohl die präventive Behandlung mit Metronidazol oder Ciprofloxacin die Kolitis bei HLA-B27-transgenen Ratten signifikant abschwächt, hatte die Therapie bei etablierter Kolitis keinen Effekt. Die Kombination Vancomycin-Imipenem zeigte jeweils die größte Wirksamkeit. Die Daten zeigen, dass eine Subgruppe von residenten luminalen Bakterien die Kolitis induziert und dass letztlich eine komplexe Interaktion von gewöhnlichen aeroben und anaeroben Bakterien für die konstante Antigenstimulation im Rahmen der chronischen immunvermittelten Darmentzündung verantwortlich ist.

Die Rolle von HLA-B27 bei der Interaktion von Bakterien mit dem Wirt wurde in vitro durch die Messung von Invasion und intrazellulärem Überleben von *Salmonella enteritidis* in HLA-B27, HLA-B7 oder $\beta 2$-Mikroglobulin-transfizierten Mausfibroblasten untersucht (Virtala et al. 1997). Die Invasion von *Salmonella enteritidis* war in den 3 Transfektanten gleich effektiv. Insgesamt 6 und 10 Tage nach der Inkubation waren mehr lebende intrazelluläre Salmonellen in den HLA-B27-Transfektanden als in den anderen Zelllinien nachweisbar ($p < 0,05$). Eine verminderte NO-Produktion wurde in den HLA-B27-transfizierten Zellen nachgewiesen.

In einer anderen Studie wurde die Frage der ineffizienten Elimination von Arthritis triggernden Bakterien mittels transfizierten humanen monozytischen U937-Zelllinien untersucht. Die Expression des HLA-B27-Antigens beeinflusste die Aufnahme von *Salmonella enteritidis* in diese Zellen nicht. Die Elimination der Bakterien wurde durch HLA-B27 aber signifikant vermindert.

Im Gegensatz dazu untersuchte eine andere Arbeitsgruppe die Auswirkung der HLA-B27-Expression auf die Invasion von *Salmonella typhimurium* und *Yersinia enterocolitica* in menschlichen Zellen mit Hilfe von Standardassays mit isogenen Paaren von HeLa- (Epithelzellen), U937- (Promonozyten), C1R- (B-Lymphozyten)- und Jurkat-Zelllinien (T-Lymphozyten), alle humanen Ursprungs, und ihren respektiven HLA-B27-Transfektanten (Ortiz-Alvarez et al. 1998). Die prozentualen Anteile von intrazellulären *Salmonella typhimurium* und *Yersinia enterocolitica* in HeLa-, U937- und C1R-Zellen mit oder ohne B27 war hierbei statistisch nicht unterschiedlich.

Die Häufigkeit von HLA-B27 wurde bei salmonelleninfizierten Patienten und gesunden Kontrollen mittels Immunfluoreszenz und PCR bestimmt. Die Ausscheidung von Salmonellen wurde monatlich gemessen. Symptome wurden mittels Fragebogen ermittelt. Von den 198 salmonelleninfizierten Patienten waren 38 (19,2%) und von 100 gesunden Kontrollen 13 (13,0%) HLA-B27-positiv. Salmonellenausscheider waren gleich häufig bei B27-positiven und -negativen Patienten bzw. bei Patienten mit und ohne Gelenksymptomatik. Insgesamt hatten 35 Patienten (17,7%) salmonellengetriggerte Gelenksymptome. 3/14 Patienten (21,4%) mit Arthralgien, 5 von 13 Patienten (38,5%) mit wahrscheinlicher reaktiver Arthritis und 6 von 8 Patienten (75%) mit reaktiver Arthritis waren HLA-B27-positiv. Die Dauer und die Schwere der Gelenksymptome korrelierten mit HLA-B27-Positivität (Ekman et al. 2000).

Insgesamt sind die Anhaltspunkte für einen direkten Einfluss von HLA-B27 auf die Elimination von Bakterien mäßig. HLA-B27 ist aber eindeutig mit der Chronizität und der Schwere der Gelenkerkrankung assoziiert.

Alternatives Spleißen von MHC-Klasse-I-prä-mRNA (prä-mRNA) führt zur Generation von zellfreien löslichen Proteinanaloga. Dass dieser Vorgang auch bei HLA-B27 eine Rolle spielt, wurde mit Reverser-Transkriptase-Polymerasekettenreaktion und der Messung von löslichem HLA-B27 durch Immunpräzipitation, gefolgt von SDS-PAGE und Autoradiographie, nachgewiesen. Dieser Prozess konnte durch eine Invasion mit Salmonellen und Yersinien amplifiziert werden (Huang et al. 1997). Lösliches HLA-B27 könnte damit in der Pathogenese der SpA eine Rolle spielen.

In einer deutschen Studie wurden TAP-Polymorphismen bei HLA-B27-positiven AS-Patienten mit der Frage untersucht, ob menschliche TAP-Allele sich funktionell in ihrer Translokationsspezifität für HLA-B27 bindende Nonamere unterscheiden. Dies wurde mit einem markierten Reporterpeptid, das eine N-verbundene Glykosylierungs-

akzeptorseite enthielt, in Streptolysin-O-permeabilized-Zellen untersucht. Die verschiedenen TAP-Allele unterschieden sich nicht in ihrer Peptidspezifität und spielen deshalb in der Pathogenese der AS wahrscheinlich keine Rolle (Kuipers et al. 1996).

Bei AS-Patienten werden im Stuhl häufiger Klebsiellen gefunden als bei Kontrollen. Die mögliche Rolle von bestimmten *Klebsiella-pneumoniae*-Kapseltypen für die Pathogenese der AS wurde durch die Messung der Prävalenz von IgA-Antikörpern gegen 3 verschiedene *Klebsiella-pneumoniae*-Stämme (Kapseltypen 21, 30 und 43) in den Seren von 177 AS-Patienten und 100 gesunden Kontrollen mit ELISA-Techniken untersucht. Die medianen klebsiellaspezifischen Antikörpertiter waren bei AS-Patienten höher als bei den Kontrollen – unabhängig vom Serotyp. Die stärkste Reaktion fand sich beim Kapseltyp 30.

In einer anderen Studie wurden klebsiellaspezifische IgA-Antikörper sowie *E.-coli-* und *Proteus-mirabilis*-Antikörper mit Enzymimmunoassay und entzündliche Darmwandveränderungen mit Ileokolonoskopie bei 25 AS-Patienten, 8 Kontrollen und 100 Gesunden untersucht. Diese Parameter zeigten im direkten Vergleich eine klare Assoziation. Vermehrte IgA-Antikörperkonzentrationen gegen *Klebsiella pneumoniae* waren nur bei Patienten mit der axialen, nicht der peripheren Form der AS mit der Darmentzündung assoziiert, aber nicht alle Patienten hatten solche Antikörper (Maki-Ikola et al. 1998). Zusammengefasst ist eine kausale Rolle von Klebsiellen bei der AS bisher nicht nachgewiesen.

12.14 Klassische Diagnostik und Therapie

12.14.1 Spondyloarthritiden

Es gibt 5 SpA-Untergruppen, die auf klinischer Grundlage differenziert werden können:
- ankylosierende Spondylitis
- reaktive Arthritis, Reiter-Syndrom
- Psoriasisarthritis
- Arthritis assoziiert mit chronisch entzündlichen Darmerkrankungen
- undifferenzierte Spondyloarthritis

Im Gegensatz zu früheren Konzepten werden Morbus Behçet, Morbus Whipple und Morbus Still nicht mehr zu den SpA gerechnet.

Die Klassifikationskriterien für SpA und die klinischen Kriterien für das wichtigste und besonders charakteristische Symptom, den entzündlichen Rückenschmerz (ERS), werden häufig auch für die klinische Diagnosestellung genutzt. Die diagnostischen bzw. Klassifikationskriterien für Spondyloarthritiden wurden 1991 als ESSG-Kriterien veröffentlicht (Dougados et al. 1991):

1. Entzündlicher Rückenschmerz und/oder asymmetrische Oligoarthritis, v.a. der unteren Extremitäten
2. plus einer der folgenden Punkte:
   - Enthesitis
   - vorausgehende symptomatische Infektion
   - Psoriasis
   - Morbus-Crohn-ähnliche Darmläsionen
   - Familienanamnese

Zu beachten ist, dass Daktylitis – eine übergreifende Entzündung eines ganzen Strahls eines Fingers oder einer Zehe durch Tendovaginitis und Arthritis (Wurstfinger bzw. -zehe) –, anteriore Uveitis, radiographische Sakroiliitis und HLA-B27 nicht Teil dieser Kriterien, aber durchaus typisch für SpA sind. Wichtig ist auch, dass Patienten mit dem klinischen Bild einer peripheren Oligoarthritis ohne Wirbelsäulensymptome als Spondyloarthritis klassifiziert werden können, was in manchen Fällen zu Missverständnissen führen kann.

Der ERS ist meist durch Sakroiliitis bedingt, kann aber auch durch Enthesitis, eine lokale Entzündung von Sehnenansatzstrukturen, zu erklären sein. Die klinischen Kriterien für ERS sind:
- langsamer Beginn
- Beginn vor dem 45. Lebensjahr
- Dauer >3 Monate
- Morgensteifigkeit
- keine Besserung in Ruhe, aber durch Bewegung

Für die klinische Diagnose ERS müssen 4/5 dieser Kriterien erfüllt sein (Calin et al. 1977).

Für den klinischen Alltag sind noch andere Punkte von Bedeutung:
- nächtliches Erwachen
- alternierender Gesäßschmerz
- initial tief sitzend
- gutes Ansprechen auf nichtsteroidale Antiphlogistika
- andere klinische Zeichen von SpA (Enthesitis, Arthritis, anteriore Uveitis, positive Familienanamnese)
- Entzündungsparameter (CRP, BSG)
- HLA-B27

Allein aufgrund der HLA-B27-Befunde kann die Diagnose einer SpA nicht gestellt werden, die Wahrscheinlichkeit einer solchen Diagnose erhöht

sich aber um einen Faktor 10, wenn z.B. ein typischer ERS vorliegt. Für die Bestimmung von HLA-B27-Subtypen gibt es in der Klinik keine Indikation. Die konventionelle Bestimmung von HLA-B27 ist aber weniger sensitiv als die mit PCR-Technologie. Bei den Entzündungsparametern ist zu beachten, dass nicht alle SpA-Patienten erhöhte Werte aufweisen. Auch die Korrelation mit der Krankheitsaktivität ist nur mäßig.

Zu beachten ist, dass andere typische Veränderungen wie Syndesmophytenbildung oder andere SpA-Symptome nicht Teil dieser Kriterien sind.

Für eine eindeutige Diagnose einer AS ist demzufolge das radiologische Kriterium essenziell und zudem mindestens ein klinisches Kriterium erforderlich (s. unten). Wenn ausschließlich klinische Symptome bzw. Untersuchungsergebnisse vorliegen, kann die Diagnose einer wahrscheinlichen AS gestellt werden. Obwohl die 1984 modifizierten New-York-Kriterien von der Natur her Klassifikationskriterien für epidemiologische Studien sind, hat sich ihre Anwendung auch in der Praxis weitgehend durchgesetzt. Diese Kriterien sind:

1. klinische Parameter
   - entzündlicher Rückenschmerz
   - Limitation der Wirbelsäulenbeweglichkeit in 3 Ebenen
   - Einschränkung der Thoraxexkursionsfähigkeit
2. radiologische Parameter (s. auch dort)
   - Sakroiliitis mindestens
   - bilateral Grad II
   - unilateral Grad III oder IV

In sehr frühen Stadien ist die Sensitivität nicht ausreichend, das hat zur Entwicklung der ESSG-Kriterien für SpA geführt. Bei wenigen AS-Patienten sind die Sakroiliakalgelenk nicht oder nicht früh betroffen, auch dann greifen die Kriterien nicht.

Bei der AS gibt es eine erhebliche Diagnoseverzögerung – stärker bei Frauen (8 Jahre) als bei Männern (5 Jahre). Das liegt wahrscheinlich v.a. daran, dass Rückenschmerzen sehr häufig und die Kenntnisse über die Natur des entzündlichen Rückenschmerzes bei Praktikern und Nichtrheumatologen zu wenig verbreitet sind. Nicht zur Diagnosestellung, aber als früher Indikator könnte hier die Bestimmung von HLA-B27 wegweisende Funktion für die weitere Betreuung der Patienten einnehmen.

12.14.2 Differenzialdiagnose

Die Inzidenz und die Prävalenz von Rückenschmerzen sind sehr hoch – Lumbago ist in der Praxis eine der häufigsten Diagnosen. Initial ist die bandscheiben- bzw. nervenirritationsbedingte Ischialgie eine bedeutende Differenzialdiagnose – v. a., wenn der Beginn der Symptomatik plötzlicher Natur ist, dies trifft beim entzündlichen Rückenschmerz (ERS) meist nicht zu. Das führende klinische Symptom ERS kann auch durchaus einmal mit, allerdings eher bilateral, ausstrahlenden Schmerzen im unteren Rücken-Gesäß-Bereich einhergehen. Diese Ausstrahlung geht aber selten über die Knie hinaus, reicht fast nie in den Fuß und ist nicht mit Parästhesien assoziiert, ein Hustenimpulsschmerz ist möglich. Bild gebende Verfahren zur Entdeckung von Bandscheibenvorfällen wie MRT oder CT können erhebliche diagnostische Problems bereiten, weil solche Prolapse in bis zu 30% der Fälle bei asymptomatischen Individuen gefunden werden. Interessanterweise hat ein positiver HLA-B27-Befund prädiktiven Wert in Richtung einer ungünstigen Prognose hinsichtlich der Verbesserung klinischer Symptome nach einer Bandscheibenoperation.

Die *Skoliose* ist gewöhnlich kein typisches Symptom einer AS. Die diffuse idiopathische skelettale Hyperostose (DISH) oder Morbus Forestièr, der mit schwerer radiographischer Spondylose einhergeht, kann differenzialdiagnostisch sehr schwierig sein. In diesem Zusammenhang ist auch die fast nur bei Frauen auftretende Osteitis condensans ilii zu erwähnen, eine radiologische Differenzialdiagnose der Sakroiliitis. Es handelt sich hierbei um eine oft dreieckförmige Sklerosierungszone im ventrokaudalen Sakroiliakalgelenk.

Eine Sakroiliitis kann bei einer Vielzahl rheumatischer und infektiöser Erkrankungen (Tuberkulose, Bruzellose, bakterielle Arthritis durch Staphylokokken, Streptokokken) auftreten. Andere SpA gehen natürlich häufig mit einer Sakroiliitis einher.

12.14.3 Laborparameter

Die Blutkörperchensenkungsgeschwindigkeit (BSG) und das C-reaktive Protein sind bei 30–50% der Patienten in mäßiger Korrelation zur Krankheitsaktivität pathologisch verändert. Die Serum-IgA-Spiegel sind seltener erhöht. Milde, aber auch schwerere Formen von meist normochromer normozytärer Anämie wurden beobachtet.

Tabelle 12.8. Radiographische Graduierung der Sakroiliitis

Grad	Ausprägung
0	Normal
I	Minimale Veränderungen
II	Sklerose, einige Erosionen
III	Erhebliche Erosionen, Pseudodilatation des Gelenkspalts, unvollständige noch begrenzte Ankylose
IV	Schwere fast komplette Ankylose

12.14.4 Radiologische Veränderungen

Abhängig vom Alter, der Schwere, dem Stadium und der Dauer der Krankheit treten radiologische Veränderungen bei allen AS-Patienten auf. Das Sakroiliakalgelenk ist bei der AS pathognomonisch betroffen. Die radiologischen Veränderungen werden graduiert von 0 (normal) bis IV (Tabelle 12.8). Diese Veränderungen sind kritisch für die Diagnose der AS und für die Differenzierung gegenüber der uSpA (s. dort).

Schräge und andere Spezialaufnahmen der Sakroiliakalgelenke sind grundsätzlich nicht signifikant besser als normale a.-p.-Beckenübersichten, in Einzelfällen können sie aber die Sakroiliakalgelenke besser abbilden.

Vor allem für die Graduierung I und II wurde über relevante Inter- und Intrabeurteilervariabilität berichtet, was die Diagnosestellung der AS problematisieren kann. Sklerosierung, Erosionen, Gelenkspaltverschmälerung und Synchondrosen sind, z. T. altersabhängig, auch bei gesunden Individuen beobachtet worden.

12.14.4.1 MRT and CT

Bei der frühen AS können die Röntgenbilder des Sakroiliakalgelenks normal aussehen. In klinisch suspekten Fällen kann die Bild gebende Diagnostik mittels MRT verbessert werden (Abb. 12.2), indem die Diagnose „Sakroiliitis" und damit SpA oder uSpA auf eine objektive Grundlage gestellt wird. Im MRT kann die aktive Entzündung durch das Kontrastmittel-Enhancement (Anreicherung von Gadolinium-DTPA) oder durch spezielle MRT-Sequenzen wie STIR (short tau inversion recovery sequence), TIRM oder andere Fettsättigungstechniken, die die Visualisierung von ödematösen Regionen z. B. im Knochen optimieren, demonstriert werden. Um knöcherne Veränderungen wie Erosionen und Ankylose zu dokumentieren, ist eine CT der Sakroiliakalgelenke geeignet und in der Regel besser und sensitiver als die konventionelle Röntgendiagnostik.

12.14.4.2 Szintigraphie

Eine unilaterale Sakroiliitis kann auch mittels Szintigraphie vermutet werden. Bei bilateralem Befall ist das erheblich schwieriger, da die Spezifität dieser Methode ein bekanntes Problem darstellt. Mit einer Szintigraphie allein kann niemals die Diagnose einer AS gestellt werden.

12.14.4.3 Spinale Radiographie

Die für die Wirbelsäule charakteristische Läsion ist der Syndesmophyt – ein knöcherner Auswuchs, der vom Entzündungsgebiet der ligamentären/diskalen Insertion an der Ecke des Wirbelkörpers ausgeht (Abb. 12.6). Dieses frühe Ankylosezeichen wächst im Wesentlichen nach kranial, um mit dem nächsten Wirbelkörper zu fusionieren. Der Syndesmophyt ist vom Spondylophyten, dem degenerativ bedingten Osteophyten der Wirbelsäule, zu unterscheiden, der v. a. nach lateral wächst (s. auch DISH).

Bei der AS treten die frühesten Veränderungen am häufigsten in der unteren BWS und der oberen LWS auf. Als frühestes Zeichen ist bei einem Teil der Patienten eine Quadrierung der Wirbelkörper, die Formation so genannter Kastenwirbel (laterale Aufnahme) zu beobachten. Die kleinen Wirbelgelenke sind, in allen Stadien, sehr häufig betroffen, was radiologisch oft schwierig zu objektivieren ist. Als Folge einer stattgehabten Spondylitis kann es zu den so genannten glänzenden Ecken (Romanus-Läsion) bzw. bei Spondylodiszitis zur Anderson-Läsion kommen.

Mehr oder weniger ausgeprägte Kalzifizierungen des vorderen und hinteren Längsbands treten auf. In fortgeschrittenen Krankheitsstadien kommt es bei den schwer betroffenen AS-Patienten zu einer linearen Kalzifizierung der Wirbelkörperkanten und -fortsätze, die zu dem charakteristischen a.-p.-Röntgenbild der so genannten Bambusstabwirbelsäule führt.

Einzelne zarte Syndesmophyten sind für die definitive Diagnosestellung einer AS nicht geeignet, können aber eine Entwicklung in diese Richtung anzeigen.

12.14.4.4 Spinale MRT

Frühe spinale Entzündungszustände (Spondylitis, Spondylodiszitis) können mittels dynamischen MRT bzw. STIR- und TIRM-Techniken (Abb. 12.7, 12.8) abgebildet werden. Dies kann für eine Lokalisationsdiagnostik der Entzündung hilfreich sein.

Bei eigenen MRT-Untersuchungen stellten wir fest, dass eine Spondylodiszitis (v. a. L4/L5) auch bei uSpA auftritt und dass es Patienten mit einseitiger Sakroiliitis gibt, die keine SpA haben. Diese können als undifferenzierte Sakroiliitis klassifiziert werden.

12.15 Prognose

Bisher gibt es zu dieser Frage keine sehr guten Studien, aber einige Faktoren wurden für die Spondyloarthritiden identifiziert, die eine schlechtere Prognose anzeigen (Amor et al. 1994).

- Koxitis
- Limitation der LWS-Beweglichkeit
- Daktylitis
- Oligoarthritis
- junges Alter < 16 Jahre
- geringe Effektivität von NSAR
- BSG > 30/1. Stunde

Der etablierte Mythos lautet, dass es AS-Patienten meist sehr gut geht und dass sie eine gute Prognose haben. Diese Feststellung lässt außer Acht, dass 1/3 der Patienten behindert sind und häufig unter starken Schmerzen und einem reduzierten Gesundheitsstatus leiden – in einem Ausmaß, welches der Situation von RA-Patienten gleichkommt. Die AS brennt in der überwiegenden Mehrheit der Fälle nicht aus. Krankheitsaktivität und Schmerzen von AS-Patienten treten unabhängig von der Krankheitsdauer auf. Da die Erkrankung meist in der 3. Lebensdekade beginnt, sind viele junge Patienten betroffen. Im Vergleich zur RA haben AS-Patienten mehr Lebensjahre unter den Krankheitsauswirkungen zu leiden als RA-Patienten. Die Möglichkeiten, sich an die krankheitsassoziierten Probleme zu gewöhnen, sind bei jüngeren Patienten wahrscheinlich größer.

Deshalb sind noch relativ viele männliche (70%) und weibliche (45%) AS-Patienten im Alter von unter 60 Jahren berufstätig. Ein anderer wichtiger Unterschied zwischen RA und AS bezieht sich auf den unterschiedlichen Gelenktropismus der beiden entzündlich rheumatischen Erkrankungen: Geschwollene deformierte Handgelenke sind besser zu sehen als chronische Rückenschmerzen.

Die Behinderung der AS-Patienten ist durch Wirbelsäulenschmerzen und -steifigkeit, Hüftgelenkbeteiligung und Versteifung in ungünstiger Position bedingt.

Patienten mit schwerer Wirbelsäulenbeteiligung sind häufiger männlich als weiblich.

Eine Schwangerschaft hat offenbar keine klaren Auswirkungen auf den Verlauf der Erkrankung. Die Mortalität von AS-Patienten ist wahrscheinlich etwas erhöht, die Datenlage ist unzureichend. Mögliche Gründe für vorzeitigen Tod sind Amyloidose, NSA-Gastropathie (Ulzera, Blutung), Wirbelkörperfrakturen und schwere Organmanifestationen an Herz und Lunge.

12.16 Behandlung

Zwar gibt es keine kurative Therapie für die AS, aber einige gute Ansätze v.a. für symptomatische Behandlungsformen, die allerdings den Verlauf der Erkrankung nur begrenzt oder nicht beeinflussen können. Insgesamt gibt es 6 wesentliche therapeutische Optionen und Prinzipien:

1. akute antiinflammatorische Therapie
   - nichtsteroidale Antiphlogistika (NSA)
   - lokale intraartikuläre Kortikosteroide
   - (systemische Kortikosteroide)
2. potenziell krankheitsmodifizierende Therapie
   - Sulfasalazine
   - Methotrexat?
   - Gold?
   - Hydroxychloroquin?
   - Cyclosporin A?
   - Thalidomid??
3. biologische Agenzien
   - (Anti-TNF-a)
4. Bisphosphonate (Pamidronat)
5. Physiotherapie
6. chirurgische Eingriffe
   - Synovektomie
   - Arthrodesen
   - Endoprothesen
   - Aufrichtungsoperationen

NSA sind fast immer besser wirksam als Analgetika. In schweren Fällen ist eine Kombination von NSA und Opioiden möglich und z.T. erforderlich: Diclofenac (50–150 mg und mehr in extremen Fällen), Indometacin (50–150 mg) und Meloxicam (7,5–15 mg). Phenylbutazon kann in Extremfällen versucht werden, nachdem andere NSA nicht ausreichend wirksam waren. Bei älteren Patienten und solchen mit Magenproblemen können die neuen

COX-2-Hemmer (Rofecoxib 12,5–50 mg, Celecoxib 100–400 mg) versucht werden.

NSA verursachen gastrointestinale Nebenwirkungen (Dyspepsie bis Ulkusblutung) in etwa 25% der behandelten Patienten. Die Patienten müssen über das Auftreten und die Beschaffenheit der Symptome adäquat informiert werden. Eine prophylaktische Therapie mit Protonenpumpeninhibitoren (z.B. 20 mg Omeprazol) oder Misoprostol (4-mal 200 µg) ist bei Risikopatienten indiziert (Alter, Ulkusanamnese, Behinderung, Komorbidität).

Die meisten AS-Patienten sprechen nicht auf kleine bis mittlere Dosen Kortikosteroide an. In extremen Fällen mit zusätzlichen CED-bezogenen Darmsymptomen ist eine vorübergehend hochdosierte Steroidbehandlung indiziert und z.T. auch gelenkwirksam. Darüber hinaus scheinen, nach unserer Erfahrung, v.a. Frauen und HLA-B27-negative AS-Patienten z.T. auch auf eine niedrig dosierte Kortikoidtherapie anzusprechen.

In Deutschland gibt es kein für die Behandlung der AS zugelassenes Basistherapeutikum. Für Sulfasalazin in einer Dosis von 2–3 g/Tag liegen mit Abstand die meisten Daten vor. In etwa 60% der Patienten tritt nach im Mittel 2–4 Monaten eine Wirksamkeit auf, die nur z.T. länger anhält. Der Einfluss der Therapie auf die periphere Gelenkbeteiligung ist nachgewiesen und insgesamt überzeugender als der Effekt auf die axialen Symptome. Dies könnte aber v.a. daran liegen, dass in den meisten Studien fast ausschließlich Patienten mit sehr langer Krankheitsdauer >10 Jahre behandelt wurden. Insgesamt spricht die Datenlage dafür, Sulfasalazin bei Patienten in eher frühen Stadien mit deutlicher Krankheitsaktivität einzusetzen.

Das vordringliche Ziel der Physiotherapie sind die Aufrechterhaltung und Verbesserung der Funktion und Mobilität der Patienten durch regelmäßige Gymnastik und Training der Muskelkraft. Insbesondere Patienten mit spinaler Steifigkeit und Bewegungseinschränkung sollten täglich Krankengymnastik machen.

Chirurgisch-orthopädische Eingriffe sind v.a. bei Patienten mit schwerer Hüftgelenkbeteiligung (sekundäre Arthrose) erforderlich, wenn oft nur noch eine endoprothetische Behandlung hilft. Wenn Sichtprobleme wegen einer schweren thorakalen Kyphose vorliegen, kann z.B. eine Wirbelsäulenaufrichtungsoperation indiziert sein.

12.16.1 Neue Therapieformen

Die Symptome der AS zu Beginn der Erkrankung, falls sie nicht, wie häufig, anfangs asymptomatisch ist, betreffen am häufigsten Rücken und Wirbelsäule, nicht selten aber auch die peripheren Gelenke der unteren Extremitäten. Der entzündliche Rückenschmerz zeichnet sich aus durch:

- Alter < 40 Jahre
- langsamen Beginn
- Dauer > 3 Monate
- Besserung durch Bewegung
- Morgensteifigkeit
- nächtliches Erwachen
- Lokalisation tief sitzend
- wechselnde Gesäßseite
- Besserung nach NSAR
- andere SpA-Symptome
- Familienanamnese
- HLA-B27

In der Therapie der AS hat es in den zurückliegenden Jahrzehnten wenig Bewegung gegeben, da die therapeutischen Optionen doch sehr limitiert waren. Wie im Folgenden dargestellt, hat sich dies in den letzten beiden Jahren geändert.

Als neue therapeutischen Ansätze wurden kürzlich in ersten kleinen offenen Studien mit dem Aminobisphosphonat Pamidronat (Aredia) und mit Thalidomid (Contergan) über positive Effekte bei AS berichtet. Pamidronat hat neben den Wirkungen auf den Knochenstoffwechsel, welche in der Osteoporosetherapie von Nutzen sind, antiinflammatorische Wirkungen durch Unterdrückung proinflammatorischer Zytokine, wie Interleukin-1, $TNF\alpha$ und Interleukin-6, und Behinderung der Funktion Antigen präsentierender Makrophagen. Thalidomid wirkt auch durch Blockade der proinflammatorischen Wirkung von $TNF\alpha$ entzündungshemmend. Die ersten positiven Eindrücke der Wirksamkeit müssen jedoch in kontrollierten Studien bestätigt werden.

In Deutschland ist gerade das [224]Radiumchlorid ([224]Spondylat) für zunächst einen begrenzten Zeitraum zur Behandlung der schweren AS auf der Basis von älteren, jedoch nicht plazebokontrollierten Studien zugelassen worden (Braun et al. 2001 a,b). Viele Ärzte und Patienten aus dieser Zeit berichteten über eine gute Wirksamkeit. Dies muss jedoch in Zukunft durch kontrollierte Studien bestätigt werden, die heutigen Standards genügen. [224]Radiumchlorid lagert sich aufgrund der chemischen Ähnlichkeit zu Kalzium selektiv in Zonen vermehrten Kalziumaustausches ein. Infolge der geringen Reich-

weite der α-Strahlung wird das Zielgewebe deshalb weitgehend selektiv bestrahlt. Es werden heutzutage i.v. insgesamt 10-mal 1 Mbq [224]Radiumchlorid pro Woche appliziert. Die Therapie wird im Allgemeinen gut vertragen, es kann in seltenen Fällen zum Abfall der Leukozyten kommen, sodass Blutbildkontrollen während der Therapie notwendig sind. Des Weiteren können nach den ersten Injektionen selbstlimitierte Schmerzzunahmen auftreten.

Zur Einschätzung des Krebsrisikos wurden aus älteren Studien 1600 mit [224]Radiumchlorid behandelte Patienten länger als 20 Jahre nachbeobachtet. Es ergab sich keine Erhöhung der Gesamtzahl der Krebserkrankungen in der mit [224]Radiumchlorid behandelten Gruppe gegenüber einer Kontrollgruppe. Lediglich bei den Erkrankungen des hämatopoetischen Systems trat mit 1% der Patienten gegenüber 0,5% der Kontrollgruppe eine geringe, statistisch nicht signifikante Häufung auf. Somit kann ein allerdings höchstens sehr gering erhöhtes Risiko für die Entwicklung einer Leukämie nicht völlig ausgeschlossen werden.

12.17 Molekulare Diagnostik und Therapie

Die Bestimmung von HLA-B27 in der Klinik ist in frühen Phasen der SpA indiziert, wenn es darum geht, bei gegebenem klinischem Verdacht die Wahrscheinlichkeit für das Auftreten einer SpA zu erhöhen. Bei eindeutiger Klinik mit beweisender Bildgebung bringt die Bestimmung keinen zusätzlichen Gewinn. Bei irrelevanter Klinik oder dem Vorliegen von unspezifischen Rückenschmerzen kann es sogar verwirren, da Rückenschmerzen häufig sind und 7–9% der Menschen HLA-B27-positiv sind. Man geht davon aus, dass mindestens 80% der HLA-B27-positiven Personen keine SpA haben oder entwickeln.

In Deutschland ist eine Bestimmung der HLA-B27-Subtypen im klinischen Alltag nicht erforderlich, da hier die Subtypen HLA-B2705 und 02 weit mehr als 90% ausmachen, beide sind mit SpA assoziiert. In Thailand dagegen würde das Vorliegen von HLA-B2706 eher gegen die Diagnose einer SpA sprechen, da hier, im Gegensatz zum verwandten B2704, nur wenige Menschen mit diesem Subtyp eine AS haben. Für einen protektiven Effekt von B2706 gibt es aber keinen Hinweis.

Die Bestimmung von TNF-α-Serumspiegeln oder der TNF-α-Produktion bringt heute ebenfalls noch keinen zusätzlichen Erkenntnisgewinn.

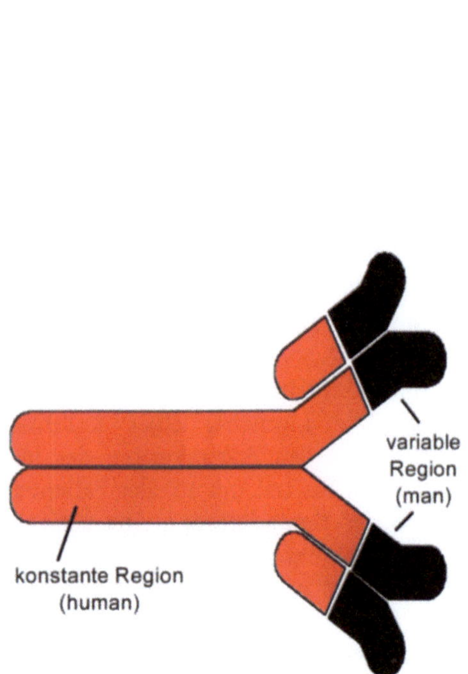

Abb. 12.22 a, b. Anti-TNF-α-biologische Medikamente, (**a**) monoklonaler chimärischer IgG$_1$-Antikörper gegen TNFα (Infliximab), (**b**) TNF-α-75 000- Rezeptor-Fusionsprotein (Etanercept)

12.17.1 Anti-TNF-α-Therapie

In entzündeten Sakroiliakalgelenken von AS-Patienten wurde, wie bei der Crohn-Kolitis, TNF-α nachgewiesen (Abb. 12.9 c), der wahrscheinlich eine wichtige Rolle im Krankheitsprozess der AS spielt. Mehr als die Hälfte der Patienten mit AS haben asymptomatische Morbus-Crohn-ähnliche Darmwandläsionen, was auf Überschneidungen dieser beiden Autoimmunerkrankungen in der Pathogenese hinweist. Für den Einsatz von Anti-TNF-α-Präparaten bei der AS sprachen der Nachweis größerer Mengen TNF-α bei Sakroliitis und die Wirksamkeit der Anti-TNF-α-Therapie bei Morbus Crohn. Vor 2 Jahren wurde in Berlin begonnen, den Anti-TNF-α-Blocker Infliximab (Remicade) und später auch das TNF-Rezeptorfusionsprotein Etanercept (Enbrel) (Abb. 12.22) bei aktiver AS zunächst in einer Pilotstudie einzusetzen (Brandt et al. 2000).

10 Patienten wurde in den Wochen 0, 2 und 6 Infliximab in einer Dosis von 5 mg/kg Körpergewicht i. v. appliziert. Ein signifikantes Ansprechen konnte bereits am ersten Tag nach der Therapie beobachtet werden. Besonders die Rückenschmerzen, die allgemeine Schwäche und die Morgensteifigkeit verbesserten sich, jedoch auch die periphe-

re Arthritis. 9 der 10 Patienten zeigten eine Verbesserung von mehr als 50% in einem Aktivitätsindex, gemessen mit einem international akzeptierten Fragebogen (BASDAI). Auch die Lebensqualität, gemessen mit dem so genannten „short-form 36"(SF36)-Fragebogen besserte sich signifikant innerhalb von 4 Wochen. Ein Patient zeigte nach den 3 Infusionen eine anhaltende Remission bis zum heutigen Tag. Als wesentliche Nebenwirkungen wurden allergische Reaktionen bei 3 Patienten beobachtet, die einen Abbruch dieser Therapie erforderlich machten. Diese Patienten wurden für weitere 9 Monate beobachtet. Die nächste Infliximabinfusion wurde erst dann gegeben, nachdem ein Rezidiv mit mindestens 80% der Ausgangsaktivität aufgetreten war. Dieses Kriterium war im Mittel nach 12 Wochen erfüllt, die ersten Symptome wurden von den Patienten jedoch bereits im Mittel nach 6 Wochen beobachtet. Alle Patienten zeigten wiederum eine gute Besserung nach erneuter Infusion. In einer anderen offenen Studie wurden 21 belgische Patienten aus dem gesamten Spektrum der Spondylarthropathien in der gleichen Art und Weise mit Infliximab therapiert. 10 dieser 21 Patienten erfüllten die AS-Kriterien und zeigten ebenfalls eine überzeugende Verbesserung. Die anderen Patienten erfüllten die Krite-

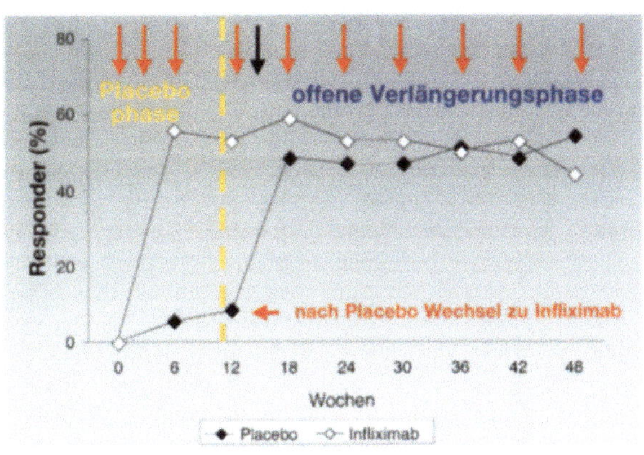

Abb. 12.23. Therapie der Spondylitis ankylosans mit dem Anti-TNF-*a*-Antikörper Infliximab über 1 Jahr (Braun et al. 2002), 48-Wochen-Daten

rien für eine Psoriasisarthritis oder undifferenzierte Spondylarthropathie und zeigten in den peripheren Gelenken auch eine deutliche Besserung unter dieser Behandlung.

Diese sehr überzeugenden Daten konnten nun in einer ersten, kontrollierten, nationalen Studie in Deutschland bestätigt werden (Braun et al. 2002). In dieser plazebokontrollierten Multizenterstudie über 12 Wochen mit 70 AS-Patienten zeigten sich sehr ähnliche Ergebnisse wie bei der Pilotstudie. Einschlusskriterien waren ein Aktivitätsindex (BASDAI) von >4 auf einer Skala von 0–10 (0: sehr gut, 10: sehr schlecht) und spinale Schmerzen auf einer visuellen Analogskala (VAS) von >4 auf einer Skala von 0–10 (0: sehr gut, 10: sehr schlecht). Ein hoch signifikanter Effekt konnte wiederum mit einer 50%igen Verbesserung im BASDAI in der Verumgruppe im Vergleich zur Plazebogruppe festgestellt werden, der Effekt hielt bei >70% der Patienten über 1 Jahr an (Abb. 12.23). Während der ersten 3 Monate Therapie war keine Häufung von Infektionen in der Infliximabgruppe gegenüber der Plazebogruppe aufgetreten. Ein Patient entwickelte eine Lymphknotentuberkulose, welche unter tuberkulostatischer Therapie abgeheilte. Ferner traten eine allergische Granulomatose der Lunge auf, die sich spontan nach Abbruch der Infliximabtherapie zurückbildete. Insgesamt handelte es sich um ein klinisch relevantes, etwa in diesem Ausmaß erwartetes Nebenwirkungsprofil.

Kollegen aus Gent, Belgien, haben ebenfalls kürzlich eine plazebokontrollierte Studie bei 40 Patienten mit dem gesamten Spektrum der Spondyloarthritiden durchgeführt. Auch sie konnten den in ihrer Pilotstudie (van den Bosch 2000) beobachteten Effekt bestätigen. Die 70 Patienten in der deutschen Studie werden nach der nun erfolgten Beendigung der plazebokontrollierten Phase für insgesamt 2 Jahre offen mit Infliximab behandelt werden. Aufgrund der Erfahrungen in der oben erwähnten Studie entschieden wir uns dafür, Infliximab alle 6 Wochen zu applizieren. Diese Ergebnisse werden wichtige Aufschlüsse über die Langzeitwirkung und die Nebenwirkungen der Infliximabtherapie bei AS geben. Insbesondere die Frage, ob durch diese Therapie die knöchernen ankylosierenden Veränderungen an der Wirbelsäule aufgehalten werden könnten, ist von hohem Interesse.

Zum jetzigen Zeitpunkt gibt es vorläufige Ergebnisse über die Behandlung von AS-Patienten mit dem löslichen TNF-*a*-Rezeptor Etanercept (Abb. 12.22) bzw. kleine offene Studien (Marzo-Ortega et al. 2001). Im Lancet wurde vor kurzem über günstige Effekte bei der PsA berichtet (Mease et al. 2000). Zum jetzigen Zeitpunkt werden weitere Studien mit diesem Medikament bei der AS durchgeführt bzw. befinden sich in der Planung.

Mit dem Nachweis der ausgesprochen starken Wirksamkeit einer Infliximabbehandlung bei kalkulierbarem Nebenwirkungsprofil ist zum ersten Mal ein Durchbruch in der Behandlung der AS erreicht worden. Insbesondere vor dem Hintergrund, dass bisher die Behandlungsoptionen bei der AS wesentlich limitierter waren als z.B. bei der RA. Soweit sich die Studien vergleichen lassen, scheint Infliximab im Vergleich zur RA bei der AS mindestens so gut, wenn nicht sogar besser wirksam zu sein. Der Nachweis einer antientzündlichen/immunsuppressiven Behandlung bei der AS sollte auch als Ermutigung dazu dienen, andere Therapieprinzipien in naher Zukunft intensiver zu untersuchen. Die unübersehbaren Erfolge müssen allerdings gegen die möglicherweise ernsten Nebenwirkungen (Tuberkulose, schwere Infektionen, z.T. mit Todesfolge) abgewogen werden.

12.18 Ausblick

In den nächsten Jahren sollte es gelingen, die Bedeutung der HLA-B27-Assoziation weiter einzugrenzen. Dabei geht es zum einen darum, die T-Zell-Antwort zu charakterisieren und zu klären, welche Bedeutung CD4$^+$- und CD8$^+$-T-Zellen haben, welche Proteine, Peptide und Epitope erkannt werden und inwieweit dies für die Pathogenese relevant ist. Hierzu gehört auch unabdingbar, dass die Rolle von HLA-B27 bei „normalen" Immunreaktionen charakterisiert wird, wobei zu klären ist, wo die Unterschiede zwischen Patienten und Gesunden liegen. In der Genetik wird viel Detailarbeit erforderlich sein, um die vielen anderen, weniger starken Einflussfaktoren auf den Krankheitsprozess zu erkennen und zu verstehen. Eine enge Korrelation von klinischen Befunden und genetischen Analysen ist erforderlich, da die AS kein homogenes Krankheitsbild ist, sondern sehr unterschiedliche Verläufe hervorbringt. Dies wird auch unsere Kenntnisse über prognostische Faktoren bereichern.

Danksagung. Wir bedanken uns bei M. Rudwaleit, T. Höhler, E. Maerker-Hermann, E. May, M. Bollow und B. Colbert sowie M. A. Khan für die z. T. essenzielle Unterstützung bei der Erstellung des Manuskripts und der Abbildungen.

12.19 Literatur

Allen RL, O'Callaghan CA, McMichael AJ, Bowness P (1999) HLA-B27 can form a novel beta 2-microglobulin-free heavy chain homodimer structure. J Immunol 162:5045–5048

Amor B, Santos RS, Nahal R, Listrat V, Dougados M (1994) Predictive factors for the longterm outcome on spondyloarthropathies. J Rheumatol 21:1883–1887

Arias AI, Giles B, Eiermann TH, Sterry W, Pandey JP (1997) Tumor necrosis factor-alpha gene polymorphism in psoriasis. Exp Clin Immunogenet 14:118–122

Ball J (1971) Enthesopathy of rheumatoid and ankylosing spondylitis. Ann Rheum Dis 30:213–223

Bardin T, Enel C, Cornelis F et al. (1992) Antibiotic treatment of venereal disease and Reiter's syndrome in a Greenland population. Arthritis Rheum 35:190–194

Baum H, Davies H, Peakman M (1996) Molecular mimicry in the MHC: hidden clues to autoimmunity? Immunol Today 17:64

Benjamin RJ, Madrigal JA, Parham P (1991) Peptide binding to empty HLA-B27 molecules of viable human cells. Nature 351:74–77

Bollow M, Fischer T, Reißhauer H, Sieper J, Hamm B, Braun J (2000) T cells and macrophages predominate in early and active sacroiliitis as detected by magnetic resonance imaging in spondyloarthropathies. Ann Rheum Dis 59:135–140

Bouma G, Crusius JB, Oudkerk Pool M et al. (1996) Secretion of tumour necrosis factor alpha and lymphotoxin alpha in relation to polymorphisms in the TNF genes and HLA-DR alleles. Relevance for inflammatory bowel disease. Scand J Immunol 43:456–463

Bowness P, Moss PA, Rowland-Jones S, Bell JI, McMichael AJ (1993) Conservation of T cell receptor usage by HLA B27-restricted influenza-specific cytotoxic T lymphocytes suggests a general pattern for antigen-specific major histocompatibility complex class I-restricted responses. Eur J Immunol 7:1417–1421

Bowness P, Allen RL, McMichael AJ (1994) Identification of T cell receptor recognition residues for a viral peptide presented by HLA B27. Eur J Immunol 24:2357–2363

Boyer GS, Templin DW, Bowler A et al. (1999) Spondyloarthropathy in the community: clinical syndromes and disease manifestations in Alaskan Eskimo populations. J Rheumatol 26:1537–1544

Bragado R, Lauzurica P, Lopez D, Lopez de Castro J (1990) T cell receptor V beta gene usage in a human alloreactive response. Shared structural features among HLA-B27-specific T cell clones. J Exp Med 171:1189

Brandt J, Bollow M, Häberle HJ, Sieper J, Braun J (1999) Studying patients with inflammatory back pain and arthritis of the lower limbs clinically and by magnetic resonance imaging: many, but not all patients with sacroiliitis have spondyloarthropathy. Rheumatology 38:831–836

Brandt J, Haibel H, Cornely D et al. (2000) Successful treatment of active ankylosing spondylitis with the anti-tumor necrosis factor alpha monoclonal antibody infliximab. Arthritis Rheum 43:1346–1352

Brandt J, Haibel H, Reddig J, Sieper J, Braun J (2001) Treatment of patients with severe ankylosing spondylitis with infliximab – a one year follow up. Arthritis Rheum 44:2936–2937

Braun J, Sieper J (1996) The sacroiliac joint in the spondylarthropathies. Curr Opin Rheumatol 7:275–283

Braun J, Bollow M, Eggens U et al. (1994) Use of dynamic magnetic resonance imaging with fast imaging in the detection of early and advanced sacroiliitis in spondylarthropathy patients. Arthritis Rheum 37:1039–1045

Braun J, Bollow M, Neure L et al. (1995) Use of immunohistologic and in situ hybridization techniques in the examination of sacroiliac joint biopsy specimens from patients with ankylosing spondylitis. Arthritis Rheum 38:499–505

Braun J, Tuszewski M, Ehlers S et al. (1997) Nested PCR strategy simultaneously targeting DNA sequences of multiple bacterial species in inflammatory joint diseases. II. Examination of sacroiliac and knee joint biopsies of patients with spondyloarthropathies and other arthritides. J Rheumatol 24:1101–1105

Braun J, Bollow M, Remlinger G et al. (1998a) Prevalence of spondylarthropathies in HLA-B27 positive and negative blood donors. Arthritis Rheum 41:58–67

Braun J, Bollow M, Sieper J (1998b) Radiologic diagnosis and pathology of the spondyloarthropathies. Rheum Dis Clin North Am 24:697–735

Braun J, Yin Z, Krause A, Liu L, Spiller I, Sieper J (1999a) A low TNF-secretion of peripheral blood mononuclear cells but no other T helper 1 or 2 cytokines correlates with chronicity in reactive arthritis. Arthritis Rheum 42:2039–2044

Braun J, Yin Z, Spiller I et al. (1999b) Low secretion of tumor necrosis factor alpha, but no other Th1 or Th2 cytokines, by peripheral blood mononuclear cells correlates with chronicity in reactive arthritis. Arthritis Rheum 42:2039–2044

Braun J, Khan MA, Sieper J (2000) Enthesitis and ankylosis in spondyloarthropathy: what is the target of the immune response? Ann Rheum Dis 59:985–994

Braun J, Keyser F de, Brandt J, Mielants H, Sieper J, Veys E (2001a) New treatment options in spondyloarthropathies: increasing evidence for significant efficacy of anti-tumor necrosis factor therapy. Curr Opin Rheumatol 4:245–249

Braun J, Lemmel M, Manger B, Rau R, Sörensen H, Sieper J (2001b) Therapy of ankylosing spondylitis with radiumchloride. Z Rheumatol 60:74–83

Braun J, Brandt J, Listing J et al. (2002) Treatment of active ankylosing spondylitis with infliximab – a double-blind placebo controlled multicenter trial. Lancet 359:1187-1193

Breban M, Hammer RE, Richardson JA, Taurog JD (1993) Transfer of the inflammatory disease of HLA-B27 transgenic rats by bone marrow engraftment. J Exp Med 178:1607–1616

Breban M, Fernandez-Sueiro JL, Richardson JA et al. (1996) T cells, but not thymic exposure to HLA-B27, are required for the inflammatory disease of HLA-B27 transgenic rats. J Immunol 156:794–803

Brewerton DA, Hart FD, Nicholls A, Caffrey M, James DC, Sturrock RD (1973) Ankylosing spondylitis and HL-A 27. Lancet 1:904–907

Brinkman BM, Zuijdeest D, Kaijzel EL, Breedveld FC, Verweij CL (1995) Relevance of the tumor necrosis factor alpha (TNF alpha) –308 promoter polymorphism in TNF alpha gene regulation. J Inflamm 46:32–41

Brown M, Wordsworth P (1997) Predisposing factors to spondyloarthropathies. Curr Opin Rheumatol 9:308–314

Brown MA, Pile KD, Kennedy LG et al. (1996) HLA class I associations of ankylosing spondylitis in the white population in the United Kingdom. Ann Rheum Dis 55:268–270

Brown MA, Kennedy LG, MacGregor AJ et al. (1997) Susceptibility to ankylosing spondylitis in twins: the role of genes, HLA, and the environment. Arthritis Rheum 40:1823–1828

Brown MA, Kennedy LG, Darke C et al. (1998a) The effect of HLA-DR genes on susceptibility to and severity of ankylosing spondylitis. Arthritis Rheum 41:460–465

Brown MA, Pile KD, Kennedy LG et al. (1998b) A genome-wide screen for susceptibility loci in ankylosing spondylitis. Arthritis Rheum 41:588–595

Brown MA, Rudwaleit M, Pile KD et al. (1998c) The role of germline polymorphisms in the T-cell receptor in susceptibility to ankylosing spondylitis. Br J Rheumatol 37:454–458

Brown MA, Edwards S, Hoyle E et al. (2000) Polymorphisms of the CYP2D6 gene increase susceptibility to ankylosing spondylitis. Hum Mol Genet 9:1563–1566

Buxton SE, Benjamin RJ, Clayberger C, Parham P, Krensky AM (1992) Anchoring pockets in human histocompatibility complex leukocyte antigen (HLA) class I molecules: analysis of the conserved B („45") pocket of HLA-B27. J Exp Med 175:809–820

Calin A, Porta J, Fries JF, Schurman DJ (1977) Clinical history as a screening test for ankylosing spondylitis. JAMA 237:2613–2614

Calin A, Brophy S, Blake D (1999) Impact of sex on inheritance of ankylosing spondylitis: a cohort study. Lancet 354:1687–1690

Callan MF, McMichael AJ (1999) T cell receptor usage in infectious disease. Springer Semin Immunopathol 21:37

Canete JD, Martinez SE, Farres J et al. (2000) Differential Th1/Th2 cytokine patterns in chronic arthritis: interferon gamma is highly expressed in synovium of rheumatoid arthritis compared with seronegative spondyloarthropathies. Ann Rheum Dis 59:263–268

Chan LS, Vanderlugt CJ, Hashimoto T et al. (1998) Epitope spreading: lessons from autoimmune skin diseases. J Invest Dermatol 110:103

Colbert RA, Rowland-Jones SL, McMichael AJ, Frelinger JA (1993) Allele-specific B pocket transplant in class I major histocompatibility complex protein changes requirement for anchor residue at P2 of peptide. Proc Natl Acad Sci USA 90:6879–6883

Colbert RA, Rowland-Jones SL, McMichael AJ, Frelinger JA (1994) Differences in peptide presentation between B27 subtypes: the importance of the P1 side chain in maintaining high affinity peptide binding to B*2703. Immunity 2:121–130

D'Amato M, Fiorillo MT, Galeazzi M, Martinetti M, Amoroso A, Sorrentino R (1995) Frequency of the new HLA-B*2709 allele in ankylosing spondylitis patients and healthy individuals. Dis Markers 12:215–217

Doherty PJ, Silverman ED, Laxer RM, Yang SX, Pan S (1992) T cell receptor V beta usage in synovial fluid of children with arthritis. J Rheumatol 19:463

Dougados M, Van der Linden S, Juhlin R et al. (1991) The European Spondylarthropathy Study Group preliminary criteria for the classification of spondylarthropathy. Arthritis Rheum 34:1218–1227

Duchmann R, May E, Ackermann B, Goergen B, Meyer zum Büschenfelde K-H, Märker-Hermann E (1996) HLA-B27-restricted cytotoxic T lymphocyte responses to arthritogenic enterobacteria or self-antigens are dominated by closely related TCRBV gene segments. A study in patients with reactive arthritis. Scand J Immunol 43:101

Duchmann R, May E, Heike M, Knolle P, Neurath M, Meyer zum Buschenfelde KH (1999) T cell specificity and cross reactivity towards enterobacteria, bacteroides, bifidobacterium, and antigens from resident intestinal flora in humans. Gut 44:812–818

Duchmann R, Lambert C, May E, Hohler T, Marker-Hermann E (2001) CD4+ and CD8+ clonal T cell expansions indicate a role of antigens in ankylosing spondylitis; a study in HLA-B27+ monozygotic twins. Clin Exp Immunol 123:315–322

Dulphy N, Peyrat MA, Tieng V et al. (1999) Common intra-articular T cell expansions in patients with reactive arthritis: identical beta-chain junctional sequences and cytotoxicity toward HLA-B27. J Immunol 162:3830

Durand JP, el-Zaatari AF, Krieg AM, Taurog JD (1988) Restriction fragment length polymorphism of T cell receptor alpha and beta chain genes in patients with ankylosing spondylitis. J Rheumatol 15:1115

Ekman P, Saarinen M, He Q et al. (2002) HLA-B27-transfected (salmonella permissive) and HLA-A2-transfected (salmonella nonpermissive) human monocytic U937 cells differ in their production of cytokines. Infect Immun 70:1609–1614

Eulderink F, Ivanyi P, Weinreich S (1998) Histopathology of murine ankylosing enthesopathy. Pathol Res Pract 194:797–803

Fiorillo MT, Meadows L, D'Amato M et al. (1997) Susceptibility to ankylosing spondylitis correlates with the C-terminal residue of peptides presented by various HLA-B27 subtypes. Eur J Immunol 27:368–373

Fiorillo MT, Greco G, Maragno M et al. (1998) The naturally occurring polymorphism Asp116→His116, differentiating the ankylosing spondylitis-associated HLA-B*2705 from the non-associated HLA-B*2709 subtype, influences peptide-specific CD8 T cell recognition. Eur J Immunol 28:2508–2516

Fraile A, Nieto A, Beraun Y, Vinasco J, Mataran L, Martin J (1998) Tumor necrosis factor gene polymorphisms in ankylosing spondylitis. Tissue Antigens 51:386–390

Francois R, Eulderink F, Bywaters EGL (1995) Commented glossary for rheumatic spinal diseases based on pathology. Ann Rheum Dis 54:615–625

Garcia-Peydro M, Marti M, Lopez de Castro JA (1999) High T cell epitope sharing between two HLA-B27 subtypes (B*2705 and B*2709) differentially associated to ankylosing spondylitis. J Immunol 163:2299–2305

Gorski J, Yassai M, Zhu X, Kissella B, Keever C, Flomenberg N (1994) Circulating T cell repertoire complexity in normal individuals and bone marrow recipients analyzed by CDR3 size spectratyping. Correlation with immune status. J Immunol 152:5109

Gran JT, Husby G (1993) The epidemiology of ankylosing spondylitis. Semin Arthritis Rheum 22:319–334

Gran JT, Skomsvoll JF (1997) The outcome of ankylosing spondylitis: a study of 100 patients. Br J Rheumatol 36:766–771

Granfors K, Merilahti-Palo R, Luukkainen R et al. (1998) Persistence of yersinia antigens in peripheral blood cells from patients with *Yersinia enterocolitica* O:3 infection with or without reactive arthritis. Arthritis Rheum 41:855–862

Griffin TA, Yuan J, Friede T et al. (1997) Naturally occurring A pocket polymorphism in HLA-B*2703 increases the dependence on an accessory anchor residue at P1 for optimal binding of nonamer peptides. J Immunol 159:4887–4897

Halapi E, Jeddi-Tehrani M, Osterborg A, Mellstedt H (1999) T cell receptor usage in malignant diseases. Springer Semin Immunopathol 21:19

Hamersma J, Cardon LR, Bradbury L et al. (2001) Is disease severity in ankylosing spondylitis genetically determined? Arthritis Rheum 44:1396–1400

Hammer RE, Maika SD, Richardson JA, Tang JP, Taurog JD (1990) Spontaneous inflammatory disease in transgenic rats expressing HLA-B27 and human beta 2m: an animal model of HLA-B27-associated human disorders. Cell 63:1099–1112

Hermann E, Yu DT, Meyer zum Büschenfelde KH, Fleischer B (1993) HLA-B27-restricted CD8 T cells derived from synovial fluids of patients with reactive arthritis and ankylosing spondylitis. Lancet 342:646

Hoehler T, Kruger A, Schneider PM et al. (1997a) A TNF-alpha promoter polymorphism is associated with juvenile onset psoriasis and psoriatic arthritis. J Invest Dermatol 109:562–565

Hoehler T, Schaper T, Schneider PM et al. (1997b) No primary association between LMP2 polymorphisms and extraspinal manifestations in spondyloarthropathies. Ann Rheum Dis 56:741–743

Hoehler T, Schaper T, Schneider PM, Meyer zum Buschenfelde KH, Marker-Hermann E (1998) Association of different tumor necrosis factor alpha promoter allele frequencies with ankylosing spondylitis in HLA-B27 positive individuals. Arthritis Rheum 41:1489–1492

Hoehler T, Hug R, Schneider PM et al. (1999) Ankylosing spondylitis in monozygotic twins: studies on immunological parameters. Ann Rheum Dis 58:435–440

Jacob CO, Fronek Z, Lewis GD, Koo M, Hansen JA, McDevitt HO (1990) Heritable major histocompatibility complex class II-associated differences in production of tumor necrosis factor alpha: relevance to genetic predisposition to systemic lupus erythematosus. Proc Natl Acad Sci USA 87:1233–1237

Jardetzky TS, Lane WS, Robinson RA, Madden DR, Wiley DC (1991) Identification of self peptides bound to purified HLA-B27. Nature 353:326–329

Kaijzel EL, Krugten MV van, Brinkman BM et al. (1998) Functional analysis of a human tumor necrosis factor alpha (TNF-alpha) promoter polymorphism related to joint damage in rheumatoid arthritis. Mol Med 4:724–33

Kaluza W, Reuss E, Grossmann S et al. (2000) Different transcriptional activity and in vitro TNF-alpha production in psoriasis patients carrying the TNF-alpha 238 A promoter polymorphism. J Invest Dermatol 114:1180–1183

Kennedy LG, Edmunds L, Calin A (1993) The natural history of ankylosing spondylitis. Does it burn out? J Rheumatol 20:688–692

Khan MA, Linden SM van der (1990) A wider spectrum of spondyloarthropathies. Semin Arthritis Rheum 20:107–113

Khare SD, Luthra HS, David CS (1995) Spontaneous inflammatory arthritis in HLA-B27 transgenic mice lacking beta 2-microglobulin: a model of human spondyloarthropathies. J Exp Med 182:1153–1158

Khare SD, Hansen J, Luthra HS, David CS (1996) HLA-B27 heavy chains contribute to spontaneous inflammatory disease in B27/human beta2-microglobulin (beta2m) double transgenic mice with disrupted mouse beta2 m. J Clin Invest 98:2746–2755

Khare SD, Bull MJ, Hanson J, Luthra HS, David CS (1998) Spontaneous inflammatory disease in HLA-B27 transgenic mice is independent of MHC class II molecules: a direct role for B27 heavy chains and not B27-derived peptides. J Immunol 160:101–106

Khare SD, Lee S, Bull MJ et al. (1999) Peptide binding alpha1 alpha2 domain of HLA-B27 contributes to the disease pathogenesis in transgenic mice. Hum Immunol 60:116–126

Khare SD, Lee S, Bull MJ, Hanson J, Luthra HS, David CS (2001) Spontaneous inflammatory disease in HLA-B27 transgenic mice does not require transporter of antigenic peptides. Clin Immunol 98(3):364–369

Kingsbury DJ, Mear JP, Witte DP, Taurog JD, Roopenian DC, Colbert RA (2000) Development of spontaneous arthritis in beta2-microglobulin-deficient mice without expression of HLA-B27: association with deficiency of endogenous major histocompatibility complex class I expression. Arthritis Rheum 43:2290–2296

Knight JC, Udalova I, Hill AV et al. (1999) A polymorphism that affects OCT-1 binding to the TNF promoter region is associated with severe malaria. Nat Genet 22:145–150

Kroeger KM, Carville KS, Abraham LJ (1997) The –308 tumor necrosis factor-alpha promoter polymorphism effects transcription. Mol Immunol 34:391–399

Krug HE, Taurog JD (2000) HLA-B27 has no effect on the phenotypic expression of progressive ankylosis in ank/ank mice. J Rheumatol 27:1257–1259

Kuon W, Holzhutter HG, Appel H et al. (2001) Identification of HLA-B27-restricted peptides from the *Chlamydia trachomatis* proteome with possible relevance to HLA-B27-associated diseases.J Immunol 167:4738–4746

Kvien T, Glennas A, Melby K et al. (1994) Reactive arthritis: incidence, triggering agents and clinical presentation. J Rheumatol 21:115–122

Lauzurica P, Bragado R, Lopez D, Galocha B, Lopez de Castro J (1992) Asymmetric selection of T cell antigen receptor alpha- and beta-chains in HLA-B27 alloreactivity. J Immunol 148:3624

Laval SH, Timms A, Edwards S et al. (2001) Whole-genome screening in ankylosing spondylitis: evidence of non-MHC genetic-susceptibility loci. Am J Hum Genet 68:918–926

Leirisalo-Repo M (1998) Prognosis, course of disease, and treatment of spondylarthropathies. Rheum Dis Clin North Am 24:737–751

Louis E, Franchimont D, Piron A, et al. (1998) Tumour necrosis factor (TNF) gene polymorphism influences TNF-alpha production in lipopolysaccharide (LPS)-stimulated whole blood cell culture in healthy humans. Clin Exp Immunol 113:401–406

Madden DR, Gorga JC, Strominger JL, Wiley DC (1991) The structure of HLA-B27 reveals nonamer self-peptides bound in an extended conformation. Nature 353:321–325

Madden DR, Gorga JC, Strominger JL, Wiley DC (1992) The three-dimensional structure of HLA-B27 at 2.1 A resolution suggests a general mechanism for tight peptide binding to MHC. Cell 70:1035–1048

Marker-Hermann E, Hohler T (1998) Pathogenesis of human leukocyte antigen B27-positive arthritis. Information from clinical materials. Rheum Dis Clin North Am 24:865–881

Marzo-Ortega H, McGonagle D, O'Connor P, Emery P (2001) Efficacy of etanercept in the treatment of the entheseal pathology in resistant spondylarthropathy: a clinical and magnetic resonance imaging study. Arthritis Rheum 44:2112–2117

Maslanka K, Piatek T, Gorski J, Yassai M, Gorski J (1995) Molecular analysis of T cell repertoires. Spectratypes generated by multiplex polymerase chain reaction and evaluated by radioactivity or fluorescence. Hum Immunol 44:28

Mau W, Zeidler H, Mau R et al. (1988) Clinical features and prognosis of patients with possible ankylosing spondylitis. Results of a 10-year followup. J Rheumatol 15:1109–1114

May E, Duchmann R, Ackermann B, Meyer zum Büschenfelde K-H, Märker-Hermann E (1996) T cell receptor beta junctional regions from HLA-B27-restricted T cells and HLA-B27 binding peptides display conserved hydropathy profiles in the absence of primary sequence homology. Int Immunol 8:1815

May E, Marker-Hermann E, Wittig BM, Zeitz M, Meyer zum Buschenfelde KH, Duchmann R (2000) Identical T-cell expansions in the colon mucosa and the synovium of a patient with enterogenic spondyloarthropathy. Gastroenterology 119:1745–1755

Mazza G, Housset D, Piras C et al. (1998) Glimpses at the recognition of peptide/MHC complexes by T-cell antigen receptors. Immunol Rev 163:18

McGarry F, Walker R, Sturrock R, Field M (1999) The –308.1 polymorphism in the promoter region of the tumor necrosis factor gene is associated with ankylosing spondylitis independent of HLA-B27. J Rheumatol 26:1110–1116

McGonagle D, Gibbon W, O'Connor P, Green M, Pease C, Emery P (1998) Characteristic magnetic resonance imaging entheseal changes of knee synovitis in spondylarthropathy. Arthritis Rheum 41:694–700

Mear JP, Schreiber KL, Munz C et al. (1999) Misfolding of HLA-B27 as a result of its B pocket suggests a novel mechanism for its role in susceptibility to spondyloarthropathies. J Immunol 163:6665–6670

Mease PJ, Goffe BS, Metz J, VanderStoep A, Finck B, Burge DJ (2000) Etanercept in the treatment of psoriatic arthritis and psoriasis: a randomised trial. Lancet 356:385–390

Milicic A, Lindheimer F, Laval S et al. (2000) Interethnic studies of TNF polymorphisms confirm the likely presence of a second MHC susceptibility locus in ankylosing spondylitis. Genes Immun 1:418–422

Misko IS, Cross SM, Khanna R et al. (1999) Crossreactive recognition of viral, self, and bacterial peptide ligands by human class I-restricted cytotoxic T lymphocyte clonotypes: implications for molecular mimicry in autoimmune disease. Proc Natl Acad Sci USA 96:2279

Moll JM, Haslock I, Macrae IF, Wright V (1974) Associations between ankylosing spondylitis, psoriatic arthritis, Reiter's disease, the intestinal arthropathies, and Behcet's syndrome. Medicine (Baltimore) 53:343–364

Moss PA, Bell JI (1995) Sequence analysis of the human alpha beta T-cell receptor CDR3 region. Immunogenetics 42:10

Moss P, Bell J (1999) T cell receptor usage in autoimmune disease. Springer Semin Immunopathol 21:5

Pannetier C, Cochet M, Darche S, Casrouge A, Zoller M, Kourilsky P (1993) The sizes of the CDR3 hypervariable regions of the murine T-cell receptor beta chains vary as a function of the recombined germ-line segments. Proc Natl Acad Sci USA 90:4319

Pannetier C, Even J, Kourilsky P (1995) T-cell repertoire diversity and clonal expansions in normal and clinical samples. Immunol Today 16:176

Pociot F, Briant L, Jongeneel CV et al. (1993) Association of tumor necrosis factor (TNF) and class II major histocompatibility complex alleles with the secretion of TNF-alpha and TNF-beta by human mononuclear cells: a possible link to insulin-dependent diabetes mellitus. Eur J Immunol 23:224–231

Rammensee HG, Falk K, Rotzschke O (1993) Peptides naturally presented by MHC class I molecules. Annu Rev Immunol 11:213–244

Raposo G, Santen HM van, Leijendekker R, Geuze HJ, Ploegh HL (1995) Misfolded major histocompatibility complex class I molecules accumulate in an expanded ER-Golgi intermediate compartment. J Cell Biol 131:1403–1419

Rath HC, Herfarth HH, Ikeda JS et al. (1996) Normal luminal bacteria, especially *Bacteroides* species, mediate chronic colitis, gastritis, and arthritis in HLA-B27/human beta2 microglobulin transgenic rats. J Clin Invest 98:945–953

Rath HC, Ikeda JS, Linde HJ, Scholmerich J, Wilson KH, Sartor RB (1999a) Varying cecal bacterial loads influences colitis and gastritis in HLA-B27 transgenic rats. Gastroenterology 116:310–319

Rath HC, Wilson KH, Sartor RB (1999b) Differential induction of colitis and gastritis in HLA-B27 transgenic rats selectively colonized with Bacteroides vulgatus or *Escherichia coli*. Infect Immun 67:2969–1974

Rath HC, Schultz M, Freitag R et al. (2001) Different subsets of enteric bacteria induce and perpetuate experimental colitis in rats and mice. Infect Immun 69:2277–2285

Rudwaleit M, Siegert S, Yin Z et al. (2001) Low T cell production of TNFalpha and IFNgamma in ankylosing spondylitis: its relation to HLA-B27 and influence of the TNF-308 gene polymorphism. Ann Rheum Dis 60:36–42

Said-Nahal R, Miceli-Richard C, Gautreau C et al. (2002) The role of HLA genes in familial spondyloarthropathy: a comprehensive study of 70 multiplex families. Ann Rheum Dis 61:201–206

Sandborn WJ (1999) Anti-tumor necrosis factor therapy for inflammatory bowel disease: a review of agents, pharmacology, clinical results and safety. Inflamm Bowel Dis 5:119–133

Sandborn WJ, Hanauer SB, Katz S et al. (2001) Etanercept for active Crohn's disease: a randomized, double-blind, placebo-controlled trial. Gastroenterology 121:1088–1094

Schlosstein L, Terasaki PI, Bluestone R, Pearson CM (1973) High association of an HL-A antigen, W27, with ankylosing spondylitis. N Engl J Med 288:704–706

Sesma L, Montserrat V, Lamas JR, Marina A, Vazquez J, Lopez De Castro JA (2002) The peptide repertoires of HLA-B27 subtypes differentially associated to spondyloarthropathy (B*2704 and B*2706) differ by specific changes at three anchor positions. J Biol Chem. 277:16.744-16.749

Sieper J, Braun J (1995) Pathogenesis of spondylarthropathies. Persistent bacterial antigen, autoimmunity, or both? Arthritis Rheum 38:1547–1554

Sieper J, Braun J (1999) Problems and advances in the diagnosis of reactive arthritis. J Rheumatol 26:1222–1224

Sieper J, Fendler C, Laitko S et al. (1999) No benefit of long-term ciprofloxacin treatment in patients with reactive arthritis and undifferentiated oligoarthritis. Arthritis Rheum 42:386–1396

Sieper J, Braun J, Kingsley GH (2000) Report on the Fourth International Workshop on Reactive Arthritis. Arthritis Rheum 43:720–734

Taurog JD, Maika SD, Simmons WA, Breban M, Hammer RE (1993) Susceptibility to inflammatory disease in HLA-B27 transgenic rat lines correlates with the level of B27 expression. J Immunol 150:4168–4178

Taurog JD, Richardson JA, Croft JT et al. (1994) The germ-free state prevents development of gut and joint inflammatory disease in HLA-B27 transgenic rats. J Exp Med 180:2359–2364

Taurog JD, Maika SD, Satumtira N et al. (1999) Inflammatory disease in HLA-B27 transgenic rats. Immunol Rev 169:209–223

Tuokko J, Koskinen S, Westman P, Yli-Kerttula U, Toivanen A, Ilonen J (1998) Tumour necrosis factor microsatellites in reactive arthritis. Br J Rheumatol 37:1203–1206

Ugrinovic S, Mertz A, Wu P, Braun J, Sieper J (1997) A single nonamer from the Yersinia 60-kDa heat shock protein is the target of HLA-B27-restricted CTL response in Yersinia-induced reactive arthritis. J Immunol 159:5715–5723

Urvater JA, McAdam SN, Loehrke JH et al. (2000) A high incidence of Shigella-induced arthritis in a primate species: major histocompatibility complex class I molecules associated with resistance and susceptibility, and their relationship to HLA-B27. Immunogenetics 51:314–325

Van den Bosch F, Kruithof E, Baeten D, De Keyser F, Mielants H, Veys EM (2000) Effects of a loading dose regimen of three infusions of chimeric monoclonal antibody to tumour necrosis factor alpha (infliximab) in spondyloarthropathy: an open pilot study. Ann Rheum Dis 59:428–433

Van der Linden S, Valkenburg HA, Cats A (1984) Evaluation of diagnostic criteria for ankylosing spondylitis. A proposal for modification of the New York criteria. Arthritis Rheum 27:361–368

Verjans GM, Brinkman BM, Van Doornik CE, Kijlstra A, Verweij CL (1994) Polymorphism of tumour necrosis factor-alpha (TNF-alpha) at position –308 in relation to ankylosing spondylitis. Clin Exp Immunol 97:45–47

Weinreich S, Hoebe B, Ivanyi P (1995) Maternal age influences risk for HLA-B27 associated ankylosing enthesopathy in transgenic mice. Ann Rheum Dis 54:754–756

Weinreich SS, Hoebe-Hewryk B, Horst AR van der, Boog CJ, Ivanyi P (1997) The role of MHC class I heterodimer expression in mouse ankylosing enthesopathy. Immunogenetics 46:35–40

Westendorp RG, Langermans JA, Huizinga TW et al. (1997) Genetic influence on cytokine production and fatal meningococcal disease. Lancet 349:170–173

Wilson AG, Symons JA, McDowell TL, McDevitt HO, Duff GW (1997) Effects of a polymorphism in the human tumor necrosis factor alpha promoter on transcriptional activation. Proc Natl Acad Sci USA 94:3195–3199

Yague J, Ramos M, Ogueta S, Vazquez J, Lopez de Castro JA (2000) Peptide specificity of the Amerindian B*3905 allotype: molecular insight into selection mechanisms driving HLA class I evolution in indigenous populations of the Americas. Tissue Antigens 56:385–391

Yin Z, Braun J, Neure L et al. (1997) Crucial role of interleukin-10/interleukin-12 balance in the regulation of the type 2 T helper cytokine response in reactive arthritis. Arthritis Rheum 40:1788–1797

Yin Z, Siegert S, Neure L et al. (1999) The elevated ratio of interferon gamma-/interleukin-4-positive T cells found in synovial fluid and synovial membrane of rheumatoid arthritis patients can be changed by interleukin-4 but not by interleukin-10 or transforming growth factor beta. Rheumatology (Oxford) 38:1058–1067

Zeidler H, Mau W, Khan A (1992) Undifferentiated spondyloarthropathies. Rheum Dis Clin North Am 18:187–202

Zhou M, Sayad A, Simmons WA et al. (1998) The specificity of peptides bound to human histocompatibility leukocyte antigen (HLA)-B27 influences the prevalence of arthritis in HLA-B27 transgenic rats. J Exp Med 188:877–886

Zink A, Braun J, Listing J, Wollenhaupt J (2000) Disability and handicap in rheumatoid arthritis and ankylosing spondylitis – results from the German rheumatological database. J Rheumatol 27:613–622

13 Reaktive Arthritis

Joachim Sieper und Jürgen Braun

13.1 Einleitung

Die reaktive Arthritis (ReA) kann als eine Untergruppe innerhalb der infektionsassoziierten Arthritiden aufgefasst werden (Braun 2000). Unter Letzteren versteht man aseptische Arthritiden, die als Folge eines bakteriellen oder viralen Infekts auftreten. Als ReA im engeren Sinne werden Arthritiden nach Infektionen des Urogenitaltrakts mit *Chlamydia trachomatis* oder des Darms mit Enterobakterien wie Yersinien, Salmonellen, Shigellen und *Campylobacter jejuni* verstanden. Die ReA unterscheidet sich von den anderen infektionsassoziierten Arthritiden v. a. durch die HLA-B27-Assoziation und die Zugehörigkeit zu der Gruppe der Spondylarthropathien, zu denen außerdem noch die ankylosierende Spondylitis, die Psoriasisarthritis und die Arthritis bei chronisch-entzündlichen Darmerkrankungen zählen (Sieper u. Braun 1995, Sieper 2000). HLA-B27 ist in 50–80% der ReA-Patienten positiv (Sieper 1996, 2000). Vor allen Dingen HLA-B27-positive Patienten mit einer reaktiven Arthritis gehen in etwa 20–30% der Fälle in das Vollbild einer ankylosierenden Spondylitis über (Leirisalo-Repo 1998). Im Folgenden wird ausschließlich die ReA in engerem Sinn abgehandelt. Zu den anderen infektionsassoziierten Arthri-

tiden zählen noch die Lyme-Arthritis nach Infektionen mit *Borrelia burgdorferi*, die Poststreptokokkenarthritis und verschiedene virale Arthritiden (Braun 2000).

Eine Sonderform der reaktiven Arthritis stellt der Morbus Reiter dar, der sich durch das gleichzeitige Vorliegen der Trias von

- Arthritis,
- Konjunktivitis und
- Urethritis

auszeichnet. 1916 hat Heinz Reiter erstmalig einen solchen Patienten im I. Weltkrieg beschrieben, bei dem dieses Krankheitsbild nach einer blutigen Diarrhö auftrat, rückblickend vermutlich ausgelöst durch eine Shigelleninfektion des Darms (Reiter 1916). In den 70er Jahren hat dann Aho den Begriff der reaktiven Arthritis geprägt, worunter er eine Arthritis nach einer vorausgegangenen Darminfektion verstand (Aho 1976). Die Assoziation von Enteritis oder Urethritis mit einer nachfolgenden Arthritis wird im amerikanischen Sprachgebrauch auch oft noch als inkompletter Morbus Reiter (Reiter-Syndrom) bezeichnet. Der Begriff ReA spiegelt noch ein mangelndes Verständnis der pathogenetischen Grundlagen dieser Form der Arthritis wider, da eine nicht näher definierte „Reaktion" auf die vorausgegangene Infektion angenommen wurde. In den 70er Jahren wurden dann zu-

Ganten/Ruckpaul (Hrsg.)
Molekularmedizinische Grundlagen
von rheumatischen Erkrankungen
© Springer-Verlag Berlin Heidelberg 2003

nehmend auch reaktive Arthritiden nach einer vorausgegangenen Infektion des Urogenitaltrakts mit *Chlamydia trachomatis* beschrieben (Keat 1980). Erst 1987/1988 konnte dann zunächst für *Chlamydia trachomatis* (Keat 1987, Schumacher 1988), 1989 auch für *Yersinia enterocolitica* (Granfors 1989), 1990 für Salmonellen (Granfors 1990) und 1992 für Shigellen (Granfors 1992) mit Hilfe von bakterienspezifischen Antikörpern gezeigt werden, dass die Erreger selbst in den Gelenken vorhanden sind und so sehr wahrscheinlich die lokale Immunreaktion unterhalten. In etwa 4% der Fälle kommt es nach einer Enteritis oder Urethritis mit einem der oben dargestellten Bakterien zu einer ReA, jedoch liegt dieser Prozentsatz innerhalb der Gruppe der HLA-B27-Positiven mit etwa 25% deutlich höher (Sieper 1996).

13.2 Ätiologie und Pathologie

Wenngleich die Ätiologie der *Chlamydia-trachomatis*-induzierten Arthritis und der reaktiven Arthritis durch Enterobakterien viele Ähnlichkeiten hat, unterscheiden sie sich doch in einigen Punkten. Wiederholt konnten Chlamydien-DNA (Bas 1995, Branigan 1996, Wilkinson 1998) und auch Chlamydien-RNA (Gerard 1998) im Gelenk selbst nachgewiesen werden, was für die Präsenz lebender Chlamydien im Gelenk spricht. Bei Patienten mit chlamydieninduzierter ReA finden sich aber auch chlamydienspezifische Antikörper gegen unterschiedliche Serovars, was dafür spricht, dass nicht nur bakterielle Persistenz, sondern auch wiederholte Infektionen bei chronischen und chronisch-rezidivierenden Verläufen eine Rolle spielen (Bas 1999). Die Erreger werden vermutlich in Monozyten bzw. Makrophagen von dem Ausgangsort der Infektion (Urogenitaltrakt) in das Gelenk transportiert (Granfors 1998, Kuipers 1998, Kirveskari 1998). Im Gegensatz zu den Chlamydien-DNA gelingt der Nachweis von Yersinien- und Salmonellen-DNA in der Regel nicht (Nikkari 1992, 1999). Nur vereinzelt konnte DNA dieser Erreger in den Gelenken gefunden werden (Wilkinson 1999, Gaston 1999, Ekman 1999), wenngleich mit Hilfe von bakterienspezifischen Antikörpern die Bakterien selbst bzw. bakterielle Bestandteile wiederholt im Gelenk nachweisbar waren (Granfors 1989, 1999). Ähnlich wie bei *Chlamydia trachomatis* ist jedoch auch für Yersinien anzunehmen, dass diese Erreger bei Patienten mit reaktiver Arthritis über Jahre in vivo persistieren können, da

Yersinienantigene über Jahre in peripheren Blutzellen bei Patienten mit yersinieninduzierter reaktiver Arthritis nachweisbar waren (Kirveskari 1998) und erhöhte yersinienspezifische IgA-Antikörper als Indikator für eine persistierende Infektion in der Mukosa im Serum von ReA-Patienten über Monate vorhanden sind (Toivanen 1987). Am ehesten ist anzunehmen, dass Yersinien in der Mukosa oder in Lymphknoten überleben (Sieper 2000), wie auch in einem Rattenmodell für Yersinienarthritis gezeigt werden konnte (Zhang 1996). Von dort aus können sie dann kontinuierlich oder auch rezidivierend in das Gelenk transportiert werden, was den nur gelegentlichen Nachweis von Yersinien- und Salmonellen-DNA (im Gegensatz zu Chlamydien-DNA) im Gelenk erklären kann. Während Erreger-DNA bei ReA im Gelenk nachweisbar ist (Braun 1997a), ist dies in Biopsien aus Iliosakralgelenken von Patienten mit einer ankylosierenden Spondylitis nicht möglich (Braun 1997b). Dies spricht dafür, dass bei dieser Erkrankung eine lokale bakterielle Persistenz nicht für die Immunpathologie verantwortlich ist, obgleich die HLA-B27-positive ReA ja in einem hohen Prozentsatz in eine ankylosierende Spondylitis übergehen kann (Leirisalo-Repo 1998). Es wird daher angenommen, dass Bakterien bei der ankylosierenden Spondylitis eine Autoimmunantwort triggern können (Sieper u. Braun 1995; s. auch Kapitel 12 „Spondylitis ankylosans").

Während die Enterobakterien untereinander einen hohen Grad an Homologie aufweisen, unterscheiden sich die Chlamydien deutlich von den anderen Bakterien, nicht nur durch ihren ungewöhnlichen Entwicklungszyklus, sondern auch aufgrund substanzieller unterschiedlicher Antigenstrukturen (Stephens 1998). Die Tatsache, dass so unterschiedliche Bakterien eine Arthritis induzieren können, jedoch einige bakterielle Subtypen (wie Yersinien 08 oder *Shigella sonnii*) gar nicht oder nur gering mit einer Arthritis assoziiert sind, spricht dafür, dass die Antigenizität allein nicht für die Induktion der Arthritis verantwortlich ist. Es scheint hingegen die Eigenschaft des Bakteriums wichtig zu sein, das Gelenk zu erreichen oder Zugang zu bestimmten Zelltypen zu haben (Sieper 2000). Interessanterweise ist berichtet worden, dass eine ReA nach einer vorausgegangenen Shigellenenteritis nur auftritt, wenn bei den Shigellen, in der Regel *Shigella flexneri*, ein bestimmtes Plasmid (2-Md-Plamid) vorhanden war (Stieglitz 1993). Ob ein mögliches Common-Antigen, das dann auch bei den anderen ReA-assoziierten Bakterien zu finden wäre, nur auf diesem Plasmid zu finden ist, muss noch bewiesen werden (Sieper 2000).

Die Pathologie der Synovialmembranentzündung unterscheidet sich nicht grundsätzlich von der anderer Arthritiden. Es lässt sich jedoch ein unterschiedliches Zytokinmuster nachweisen, das für die Persistenz der Erreger in der Membran verantwortlich zu sein scheint (s. Abschnitt 13.3 „Molekularbiologische Grundlagen").

Bei dem Krankheitsbild handelt es sich überwiegend um eine asymmetrische Arthritis mit Bevorzugung der unteren Extremitäten, häufig ist das Kniegelenk befallen. Die Arthritis tritt wenige Tage bis 4–6 Wochen nach der vorausgegangenen Infektion des Urogenitaltrakts und/oder des Darms auf. Die auslösende Infektion ist häufig asymptomatisch (*Chlamydia trachomatis*) oder geht mit geringen lokalen Symptomen (Yersinien) einher. Für die yersinieninduzierte Enteritis ist sogar beschrieben worden, dass es eher zu einer Arthritis kommt, falls die Darminfektion klinisch mit wenigen Symptomen einhergeht. Dies scheint bei der Salmonellenenteritis anders zu sein, da Patienten mit einer reaktiven Arthritis häufig stärkere Darmsymptome aufweisen (Sieper u. Braun 1999a).

13.3 Molekularbiologische Grundlagen

13.3.1 Rolle von Zytokinen in der Pathogenese der reaktiven Arthritis

Neben dem Nachweis von bakterienspezifischem Antigen oder bakterienspezifischer DNA im Gelenk selbst hat die genaue Untersuchung der antibakteriellen Immunantwort die größten Einblicke in die molekularbiologischen Grundlagen für die Entstehung dieser Erkrankung geliefert. CD4$^+$-T-Zellen, die spezifisch für ReA-assoziierte Bakterien sind, sind in der Synovialflüssigkeit von ReA-Patienten nachweisbar (Sieper 1991, 1992, 1993), und zwar in einer deutlich höheren Frequenz im Vergleich zum peripheren Blut (Sieper 1993, Thiel 2000). Nach dem Nachweis von Bakterien im Gelenk stellt sich dann natürlich die Frage, warum nur bei wenigen Patienten nach einer vorausgegangenen Infektion solch eine Arthritis auftritt und warum diese Erreger im Gelenk persistieren. Zytokine, die sich vorwiegend von T-Zellen und Monozyten/Makophagen ableiten, sind für den Ausgang von bakteriellen Infektionen wichtig. Insbesondere für die ReA-assoziierten Bakterien wie *Chlamydia trachomatis* und Yersinien konnte in Tierversuchen

nachgewiesen werden, dass die so genannten T-Helfer-1-Zytokine wie Interferon-γ und TNF-α für die rasche und effektive Eliminierung dieser Erreger wichtig sind, während so genannte Th-2/Th-3-Zytokine wie Interleukin-4 und Interleukin-10 eine effektive Th1-Antwort hemmen und so zur Persistenz dieser Erreger beitragen können (Bohn 1996, Yang 1999).

Es stellt sich daher die Frage, ob ein solches „falsches" Zytokinmuster auch in der Pathogenese der reaktiven Arthritis eine Rolle spielt. Wir konnten in einer Reihe von Studien nachweisen, dass in der Tat in der Synovialmembran und in der Synovialflüssigkeit ein relativer Mangel an Th1-Zytokinen im Verhältnis zu anderen Arthritiden, der rheumatoiden Arthritis und der Lyme-Arthritis, vorliegt (Simon 1994, Yin 1997a,b, 1999) (Abb. 13.1). Darüber hinaus konnten wir in einer prospektiven Studie an 51 Patienten mit einer frühen reaktiven Arthritis (Krankheitsdauer < 8 Wochen) zeigen, dass die mononukleären Zellen des peripheren Bluts einen relativen Mangel an dem Zytokin TNF-α bei einem relativen Überschuss von Interleukin-10 aufwiesen, dies im Vergleich zu Patienten mit einer frühen Form der rheumatoiden Arthritis (Braun 1999). Interessanterweise war nicht nur bei der Gesamtgruppe der Patienten mit reaktiver Arthritis ein geringerer TNF-α-Spiegel nachweisbar, sondern dieser war innerhalb dieser Gruppe bei Patienten mit einer chronischen Form (Krankheitsdauer > 6 Monate) noch niedriger als bei Patienten mit einer guten Prognose (Krankheitsdauer < 6 Monate). Dies spricht dafür, dass eine mangelnde Th1-Antwort auch über die Länge der bakteriellen Persistenz mit entscheidet. Auch andere Autoren beschrieben einen relativen Mangel an Th1-Zytokinen (Smeets 1998) und einen relativen Überschuss an Zytokinen wie IL-10 (Kotake 1999) bei Patienten mit ReA.

Obige Zytokinergebnisse wurden nach unspezifischer Stimulation von mononukleären Zellen oder ohne jegliche Stimulation (Synovialmembran) erzielt. Im Folgenden untersuchten wir jedoch die Zytokinsekretion von T-Zellen nach Stimulation mit spezifischen ReA-assoziierten Bakterien. Wenn mononukleäre Zellen aus der Gelenkflüssigkeit von ReA-Patienten mit ganzen Bakterien (die jeweils auch die Arthritis induziert hatten) stimuliert wurden, fand sich wiederum ein niedriges TNF-α-IL-10-Verhältnis im Überstand verglichen mit synovialen mononuklearen Zellen von Patienten mit Lyme-Arthritis, die mit *Borrelia burgdorferi* stimuliert worden waren (Yin 1997a,b). Die antigenspezifische inhibierte TNF-α- bzw. Interferon-γ-Sekre-

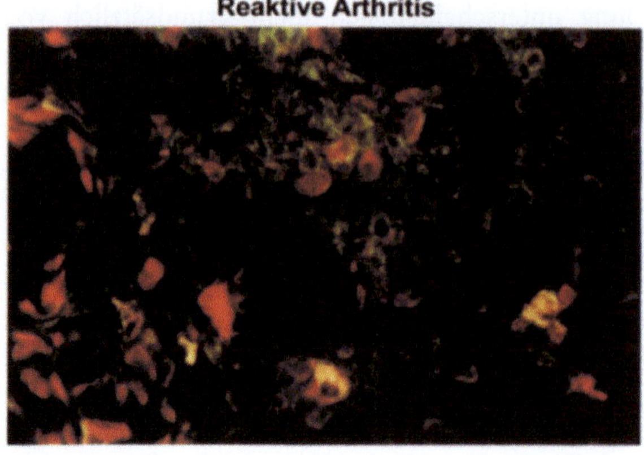

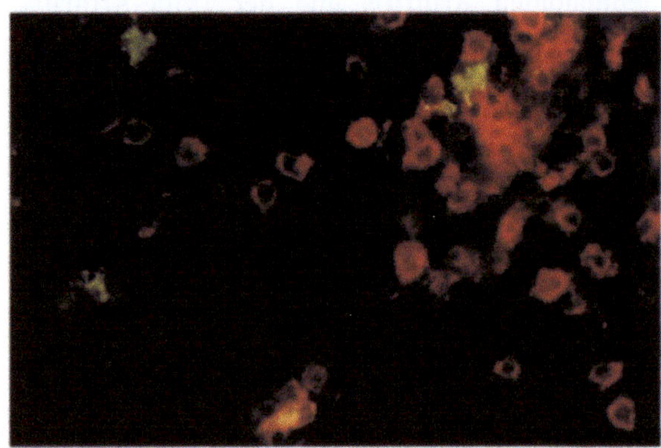

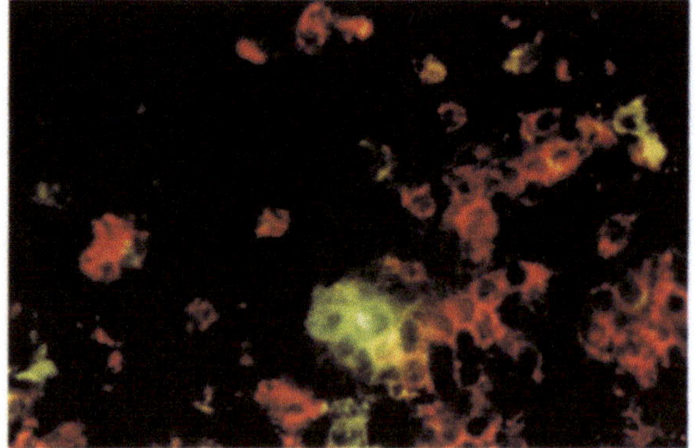

Abb. 13.1 a–d. Doppelfärbung für CD3$^{\pm}$-T-Zellen und für die Zytokine TNF-a (*rot*) (**a,b**) und IL-10 (*grün*) (**c,d**) in der Synovialmembran bei jeweils einem Patienten mit reaktiver Arthritis (**b,d**) und rheumatoider Arthritis (**a,c**). Doppel- positive Zellen (T-Zellen, die TNF-a oder IL-10 produzieren) erscheinen *gelb* (*orange*). Der Patient mit einer rheumatoiden Arthritis (**a,c**) zeigt mehr TNF-a- und weniger IL-10-positive T-Zellen als der ReA-Patient (**b,d**)

tion war durch die In-vitro-Zugabe von Anti-IL-10 reversibel, was dafür spricht, dass ein relativer Überschuss von IL-10 für die Suppression der Th1-Zytokine verantwortlich ist (Yin 1997b). Durch die In-vitro-Zugabe von IL-12 konnte die Sekretion von Th1-Zytokinen der CD4-positiven T-Zellen von Patienten mit reaktiver Arthritis ebenfalls deutlich gesteigert werden, was gegen einen inhärenten Th1-Block spricht.

13.3.2 CD4- und CD8-positive T-Zellen in der Pathogenese der reaktiven Arthritis

Während die CD4-positive T-Zell-Antwort offensichtlich darüber entscheidet, ob die ReA-assoziierten Erreger schnell und effektiv eliminiert werden oder persistieren, scheint die CD8-positive T-Zell-Antwort für das Auftreten bestimmter chronischer Manifestationen verantwortlich zu sein.

Diese Überlegungen basieren auf der hohen HLA-B27-Assoziation und auf der Tatsache, dass vorwiegend HLA-B27-positive Patienten mit einer reaktiven Arthritis klinische Manifestationen mit einem in der Regel chronischen oder chronisch-rezidivierenden Verlauf entwickeln, die für die Gesamtgruppe der Spondylarthropathien typisch sind, wie eine Sakroiliitis, eine Enthesitis (Entzündung an Sehnenansatzstellen am Knochen) und eine Uveitis (Sieper u. Braun 1995, Sieper u. Kingsley 1996). Die auf diesen Überlegungen basierenden pathogenetischen Vorstellungen sind in Abb. 13.2 zusammengefasst.

Um die Hypothese weiter zu überprüfen, ergibt sich als nächster molekularbiologischer Schritt die Identifizierung der immundominanten T-Zell-Epitope, die sich von den ReA-assoziierten Bakterien ableiten, und zwar zunächst auf Proteinebene, aber letztlich dann auch auf der Ebene von Peptiden. Gegenüber CD4^{+}-T-Zellen werden 12–15 Amino-

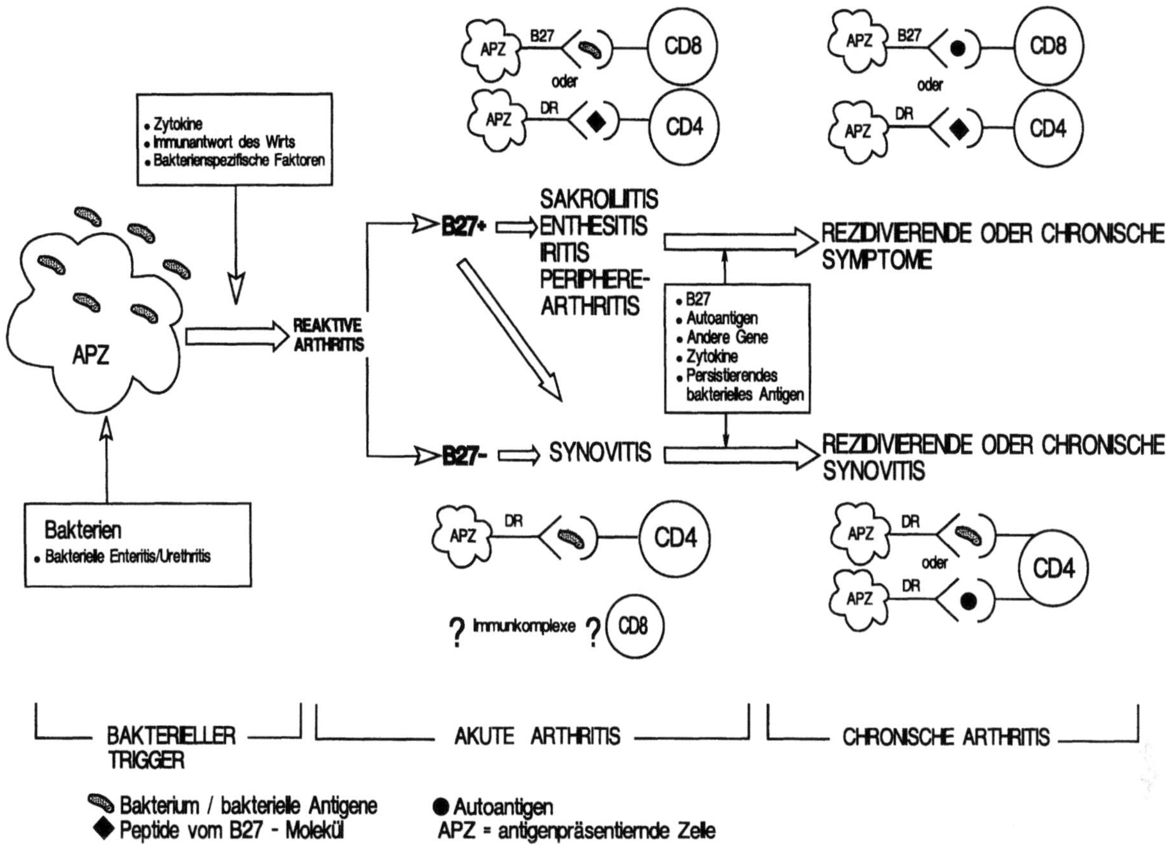

Abb. 13.2. Pathogenetische Vorstellungen zur reaktiven Arthritis (ReA). Infektion mit ReA-assoziierte Bakterien induziert eine Arthritis sowohl bei HLA-B27-positiven als auch -negativen Patienten. Enthesitis, Sakroiliitis und das Vollbild einer ankylosierenden Spondylitis entwickeln sich jedoch fast ausschließlich bei HLA-B27-positiven Patienten mit einer ReA. Bei der peripheren Arthritis scheint für die Immunpathologie die CD4$^+$-T-Zell-Antwort entscheidend zu sein, während für die chronischen Manifestationen bei HLA-B27-positiven Patienten CD8$^+$-T-Zellen eine entscheidende Rolle spielen könnten, evtl. auch über die Induktion einer Autoimmunantwort

säuren (AS) lange Peptide von HLA-Klasse-II-Molekülen präsentiert, während von HLA-Klasse-I-Molekülen nur 8–10 Aminosäuren lange Peptide gegenüber CD8-positiven T-Zellen präsentiert werden.

13.3.3 Identifizierung von immundominanten bakteriellen Antigenen für CD4$^+$-T-Zellen

Mit Hilfe von so genannten Lymphozytenproliferationsassays war es uns und anderen zunächst gelungen, das yersinienspezifische Hitzeschockprotein (hsp) 60 und das yersinienspezifische 19 000-Protein (die β2-Subunit der Urease) als immundominant bei Patienten mit yersinieninduzierter reaktiver Arthritis zu identifizieren (Probst 1993, Mertz 1994, 1998). Unter Verwendung von T-Zell-Klonen aus der Synovialflüssigkeit eines Patienten mit einer yersinieninduzierten Arthritis konnten wir dann ein einzelnes immundominantes T-Zell-

Epitop aus dem hsp60-Protein von Yersinien bestimmen (Mertz 2000). Durch Aminosäuresubstitutionen waren wir darüber hinaus in der Lage, die für die Immundominanz essenziellen Stellen innerhalb des Peptids zu ermitteln. Interessanterweise überlappte dieses CD4$^+$-Epitop mit einem zuvor von uns identifizierten CD8-Epitop des Yersinien-hsp60 (Ugrinovic 1997). Unter Verwendung der Analyse der antigenspezifischen T-Zellen mittels ihrer IFN-γ-Sekretion und Quantifizierung mittels der Durchflusszytometrie (Waldrop 1997, Suni 1998, Thiel 1999) konnten wir in der Tat bestätigen, dass es sich bei dem Yersinien-hsp60 um ein immundominantes Protein handelt (Thiel 2000) (Abb. 13.3). Diese neue Methode erlaubte es uns dann auch, 2 Chlamydienproteine, das chlamydienspezifische hsp60 und das „major outer membrane protein" als immundominant für die CD4$^+$-T-Zell-Antwort bei Patienten mit chlamydieninduzierter ReA zu erkennen. Die antigenspezifische T-Zell-Frequenz für dieses Yersinienantigen, ähn-

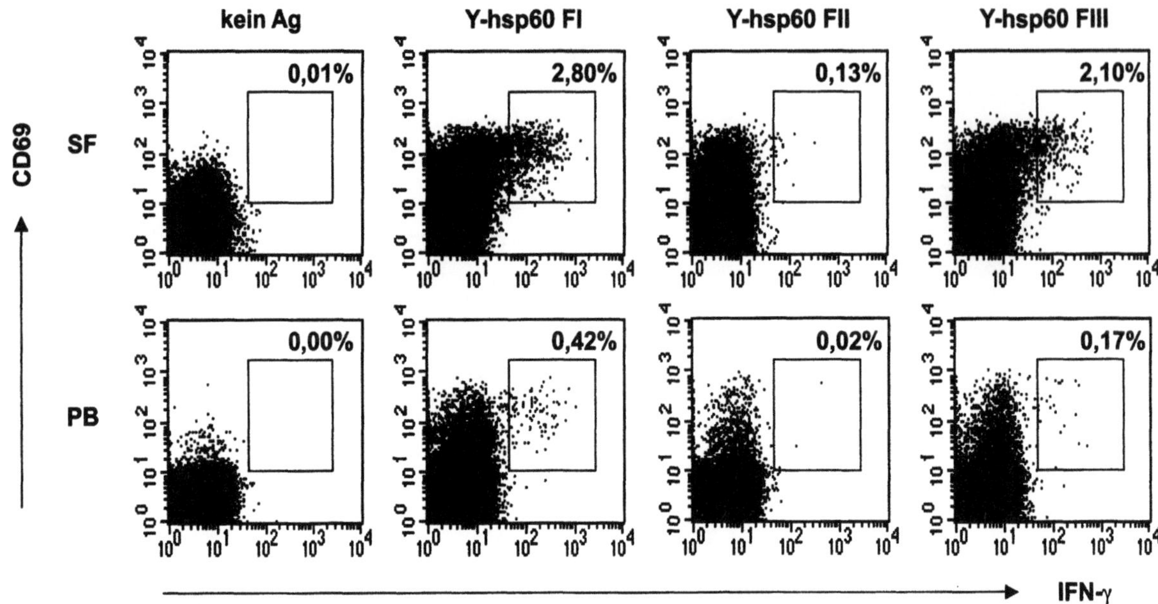

Abb. 13.3. Antigenspezifische Durchflusszytometrie. Analyse von CD4$^+$-T-Zellen aus Synovialflüssigkeit (*SF*) eines Patienten mit yersinieninduzierter reaktiver Arthritis im Vergleich zum peripherem Blut (*PB*). CD4$^+$-Zellen wurden in vitro für 6 h mit Anti-CD28 alleine (negative Kontrolle) oder zusammen mit folgenden Antigenen stimuliert: Fragmente (F) *I* (Aminosäuresequenz) (AS1–187), *FII* (AS182–371) oder *FIII* (AS367–550) aus dem Hitzeschockprotein 60 von *Yersinia enterocolitica* (*Y-hsp60*). Nach 2 h wurde Brefeldin A hinzugefügt, um den Austritt der Zytokine aus der Zelle zu verhindern. Nach Fixierung wurden die Zellen gefärbt für CD4, CD69 und intrazelluläres IFN-γ. Es wurde ein elektronisches „gate" auf CD4$^+$-T-Zellen gesetzt. Prozentzahlen geben die IFN-γ/CD69-doppelpositiven CD4$^+$-T-Zellen an als Parameter für den Prozentsatz an antigenspezifischen CD4$^+$-T-Zellen (Thiel u. Radbruch 1999, Thiel 2000)

lich wie für das Chlamydien-hsp-60 und -MOMP-Protein, lag mit dieser Methode in der Synovialflüssigkeit bei etwa 1:100 und im peripheren Blut etwa 5- bis 10fach geringer (Thiel 2000). Unter Verwendung von chlamydienspezifischen CD4$^+$-T-Zell-Klonen haben Gaston et al. (1996) auch hsp60-Epitope (Deane 1997) und andere Chlamydienepitope beschrieben (Gaston 1996).

Im Folgenden wandten wir dann die Affinity-Matrix-Technologie an, um hoch antigenspezifische T-Zell-Linien zu gewinnen. Das Prinzip der Affinity-Matrix-Technologie ist in Abb. 13.4 dargestellt (Thiel 1999, Brosterhus 1999). Dabei werden T-Zellen im Vollblut oder in der Synovialflüssigkeit mit dem spezifischen Antigen zunächst über 6–10 h in vitro stimuliert. Im Folgenden werden die Zellen mit einem bispezifischen Antikörper (Anti-CD45-anti-IFN-γ) markiert. Das nach Stimulation von spezifisch aktivierten Th-Zellen sezernierte IFN-γ wird dann durch diesen an der Zelloberfläche verankerten Doppelantikörper auf der Zelloberfläche gebunden und durch einen zweiten PE-gekoppelten Anti-IFN-γ-Antikörper (gerichtet gegen ein unterschiedliches Epitop) markiert. Durch Hinzugabe eines Anti-PE-Antikörpers, an den magnetische „Beads" gekoppelt sind, können diese IFN-γ-positiven CD4$^+$-T-Zellen dann mit der magnetischen Zellsortierung (MACS) isoliert werden. Dadurch können wir eine Reinheit an IFN-γ$^+$-CD4$^+$-T-Zellen von >90% erzielen. Die Expansion dieser T-Zell-Linien erfolgt durch Stimulation mit IL-2 2-mal/Woche und, falls nötig, einer antigenspezifischen Stimulation in der Gegenwarten von bestrahlten autologen Antigen präsentierenden Zellen.

Diese Methode war zunächst dazu verwendet worden, um die Detektionsschwelle für den Nachweis von antigenspezifischen T-Zellen zu verbessern (Brosterhus 1999). Es gelang uns dann im Folgenden, in etwa 2 Wochen bei 2 Patienten mit einer yersinieninduzierten ReA die immundominanten T-Zell-Epitope für das Yersinien-hsp60 zu definieren (Thiel 2003 submitted). Interessanterweise handelte es sich dabei wiederum jeweils um ein einziges Epitop aus dem gesamten hsp60-Protein, jedoch mit unterschiedlichen Lokalisationen innerhalb des hsp60-Proteins.

Von Interesse war auch die antigenabhängige Zytokinsekretion der CD4$^+$-T-Zellen. Wir konnten zunächst unter Verwendung der Yersinien-hsp60-spezifischen CD4$^+$-T-Zell-Klone klon- und epitopabhängig unterschiedliche antigenspezifische Zyto-

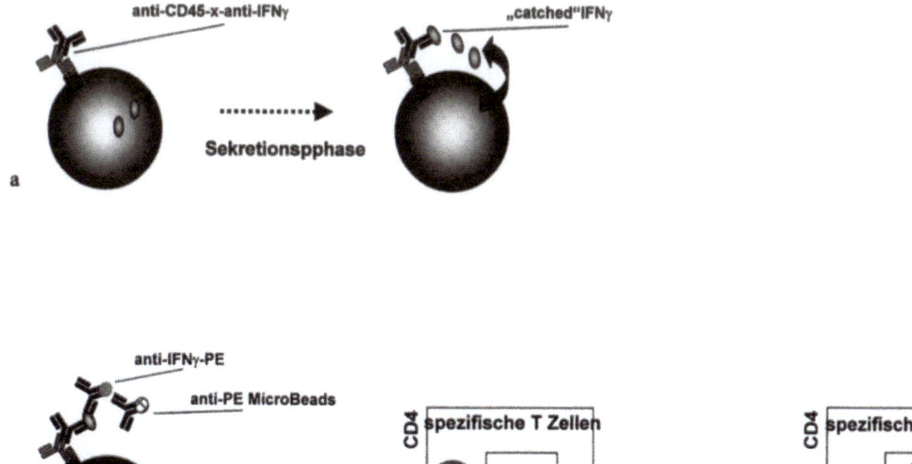

Abb. 13.4a,b. Prinzip der Affinity-Matrix-Technologie. T-Zellen aus Vollblut oder Synovialflüssigkeit werden mit spezifischem Antigen zunächst über 6–10 h in vitro stimuliert. Im Folgenden werden die Zellen mit einem bispezifischen Antikörper (Anti-CD45-anti-IFN-γ) markiert (**a**). Das nach Stimulation von spezifisch aktivierten TH-Zellen sezernierte IFN-γ wird dann durch diesen an der Zelloberfläche verankerten Doppelantikörper auf der Zelloberfläche gebunden (**a**) und durch einen zweiten PE-gekoppelten Anti-IFN-γ-Antikörper (gerichtet gegen ein unterschiedliches Epitop) markiert (**b**). Durch Hinzugabe eines Anti-PE-Antikörpers, an den magnetische „Beads" gekoppelt sind, können diese IFN-γ-positiven CD4$^+$-T-Zellen dann mit der magnetischen Zellsortierung (*MACS*) isoliert werden (**b**). Dadurch kann eine Reinheit an IFN-γ^+-CD4$^+$-T-Zellen von >90% erzielt werden (Thiel u. Radbruch 1999, Brosterhus 1999)

kinmuster definieren (Mertz 2000). Am auffälligsten waren hierbei Variationen in der IL-10-Sekretion, was dafür spricht, das eine erhebliche Plastizität in der antigenspezifischen Zytokinsekretion in vivo vorliegt, die einerseits unterschiedliche T-Zell-Antworten erklären kann, andererseits aber auch Manipulationen dieser Zytokinantwort möglich erscheinen lässt. Unter Verwendung der direkten Ex-vivo-Methode der antigenspezifischen Zytometrie konnten wir dann in der Tat auch zeigen, dass eine antigenspezifische IL-10-Sekretion bei Patienten mit ReA vorkommt, und zwar in einer Frequenz von bis zu 0,20% IL-10$^+$-CD4$^+$-T-Zellen in der Synovialflüssigkeit (Thiel 2000).

Zusammengenommen sprechen diese Ergebnisse dafür, dass ein Zytokinungleichgewicht zugunsten einer IL-4/IL-10-Sekretion von CD4$^+$-T-Zellen eine wesentliche Rolle in der ineffektiven Immunantwort gegen die ReA-assoziierten Erreger spielt. Die antigenspezifische Zytokinsekretion kann sogar auf der Ebene einzelner bakterieller Epitope nachgewiesen werden. Dies ermöglicht in Zukunft einen antigenspezifischen Ansatz zur therapeutischen Manipulation der Zytokinsekretion.

13.3.4 HLA-B27-Assoziation, arthritogene Peptidhypothese und Identifizierung von immundominanten bakteriellen Antigenen für CD8$^+$-T-Zellen

Für die pathogenetischen Vorstellungen der Gesamtgruppe der Spondylarthropathien spielt die Interaktion zwischen HLA-B27-Antigen und Bakterien generell eine entscheidende Rolle. Bei der reaktiven Arthritis ist der bakterielle Zusammenhang offensichtlich. Bei den chronisch-entzündlichen Darmerkrankungen nimmt man jedoch ebenfalls an, dass aufgrund der gestörten Darmmukosa eine Immunantwort gegen die ortsständige Darmflora eine ursächliche Rolle spielt (Sieper u. Braun 1995, Sieper 2000). Auch in den beiden HLA-B27-transgenen Tiermodellen für Spondylarthropathien,

- der HLA-B27-transgenen Ratte und
- der HLA-B27-transgenen Maus ohne β2-Mikroglobulin,

ist die Anwesenheit von Bakterien essenziell für die Entwicklung des Krankheitsbilds. Tiere, die in einer bakterienfreien Umgebung aufwachsen, werden nicht krank (Taurog 1994, Khare 1995).

Alle Hypothesen zur Erklärung der HLA-B27-Assoziation mit der reaktiven Arthritis und den anderen Spondylarthropathien basieren auf der Interaktion zwischen dem HLA-B27-Molekül und Bakterien. Die arthritogene Peptidtheorie, die zurzeit die interessanteste Hypothese darstellt, geht davon aus, dass das HLA-B27-Molekül ein bakterielles Peptid oder ein kreuzreagierendes Selbstpeptid gegenüber CD8-positiven T-Zellen präsentiert und dass diese Immunantwort entscheidend für die Immunpathologie ist (Benjamin u. Parham 1990, Sieper u. Braun 1995). Ausgangspunkt für diese Hypothese ist die Tatsache, dass die einzig bekannte Funktion der MHC-Klasse-I-Antigene in der Präsentation von Peptiden gegenüber CD8$^+$-T-Zellen besteht. Diese Hypothese wird derzeit v. a. durch folgende Fakten unterstützt:

1. Von den 20 HLA-B27-Subtypen scheinen HLA-B*2706 und HLA-B*2709 nicht oder nur geringfügig mit der Erkrankung assoziiert zu sein. Hingegen sind HLA-B*2704 und B*2705 die mit der Erkrankung assoziierten dominanten Subtypen (Khan 2000). HLA-B*2709 unterscheidet sich von HLA-B*2705 nur durch eine einzelne Aminosäure (Asp116 zu His116) und HLA-B*2706 von HLA-B*2704 nur durch 2 Substitutionen (His114 zu Asp114 und Asp116 zu Tyr116) (Garcia 1997, Fiorillo 1998). Diese unterschiedliche Assoziation mit der Erkrankung kann am besten dadurch erklärt werden, dass Peptide durch diese B27-Subtypen unterschiedlich präsentiert werden. Position 116 ist auf dem Boden der Bindungsgrube lokalisiert, wo das C-terminale Ende des Peptids bindet. Es konnte in der Tat gezeigt werden, dass B*2706 und B*2709 keine Peptide mit einem Tyr an ihrem C-terminalen Ende binden (Garcia 1997, Fiorillo 1998).

2. Bei der Analyse der T-Zell-Rezeptoren von CD8$^+$-T-Zell-Klonen aus der Gelenkflüssigkeit (Dulphy 1999) von 4 verschiedenen HLA-B27-positiven Patienten mit ReA (in 3 verschiedenen Zentren in Deutschland, Großbritannien und Frankreich) wurden nahezu identische Klone gefunden (May 2002). Dieser Befund legt nahe, dass alle diese CD8$^+$-T-Zellen das gleiche Antigen erkennen. Es gelang auch bei einem Patienten mit Morbus Crohn und Arthritis, T-Zellen aus dem Darm und dem Gelenk zu vergleichen. Ein identischer CD8$^+$-T-Zell-Klon wurde in beiden Kompartmenten gefunden, jedoch nicht bei CD4$^+$-T-Zellen (Duchmann 1999). Dies unterstützt auch die wichtige Rolle der CD8$^+$-T-Zellen für die Gesamtgruppe der Spondylarthropathien.

3. In dem Modell der HLA-B27-transgenen Ratte, das in der Krankheitsmanifestation den Spondylarthropathien ähnelt, scheinen auch Peptide, die über HLA-B27 präsentiert werden, eine entscheidende Rolle zu spielen. So führt die Expression eines HLA-B27 bindenden Peptids aus dem Influenzanukleoprotein über ein Minigenkonstrukt, das in die Ratte eingebracht wurde, zu einer deutlichen Abschwächung der Erkrankung. Als ursächlich für diesen Effekt wird eine Kompetition mit dem unbekannten arthritogenen Peptid vermutet (Zhou 1998). Auch das Modell der HLA-B27-transgenen Maus (ohne murines β2-Mikroglobulin) unterstützt die Hypothese, dass ein noch nicht näher identifiziertes arthritogenes Peptid in diesem Modell durch HLA-B27 präsentiert wird (Khare 1998).

Neben anderen Theorien zur Erklärung der HLA-B27-Assoziation, die an anderer Stelle detaillierter dargestellt wurden (Sieper u. Braun 1995, Allen 1999, Colbert 2000; s. auch Kapitel 12 „Spondylitis ankylosans"), sollen hier noch eine mögliche Modulation der zellulären Aufnahme von Bakterien und/oder das intrazelluläre Überleben von Bakterien erwähnt werden. Vor allem die Gruppe um Kaisa Granfors hat hier Ergebnisse vorgelegt, dass Bakterien in HLA-B27-positiven Zellen länger überleben als HLA-B27-negative Zellen, unabhängig von der Antigen präsentierenden Funktion der HLA-B27-Moleküle (Laitio 1997). Die molekularen Mechanismen eines solchen Mechanismus sind jedoch nicht klar. Außerdem ist kaum vorzustellen, dass eine einzelne Aminosäuresubstitution bei den HLA-B27-Subtypen ein solch unterschiedliches Verhalten erklären könnte.

Im Sinne der arthritogenen Peptidtheorie ist es in der Tat in der Vergangenheit gelungen, bei Patienten mit einer reaktiven Arthritis CD8-positive T-Zellen in der Gelenkflüssigkeit nachzuweisen, die spezifisch gegen ganze Yersinien und z. T. auch gegen Selbstantigene gerichtet waren (Hermann 1993). Weiterhin konnten synoviale T-Zellen bei Patienten mit einer yersinieninduzierten reaktiven Arthritis nachgewiesen werden, die ein Peptid, das sich aus dem Yersinienhitzeschockprotein 60 ableitet, in einer HLA-B27-restringierten Art und Weise erkannten (Ugrinovic 1997).

Wir sind dann in der Vergangenheit neue Wege gegangen, um zunächst weitere Peptide von *Chlamydia trachomatis* zu identifizieren, die von

CD8-positiven T-Zellen aus Patienten mit reaktiver Arthritis in einer HLA-B27-restringierten Art und Weise erkannt worden waren.

Unser experimentelles Vorgehen basierte auf folgenden Voraussetzungen:

1. Im Herbst 1998 wurde die Gesamtsequenz von *Chlamydia trachomatis* publiziert (Stephens 1998).
2. Von der Gruppe um Rammensee aus Thüringen war ein Computerprogramm (http://www.uni-tuebingen.de/uni/kxi) ins Internet gestellt worden, das es erlaubt, die Bindungsfähigkeit von Peptiden an das HLA-B27-Molekül vorherzusagen.
3. Es wurde ein Proteasomenvorhersageprogramm entwickelt, das Auskunft über die Wahrscheinlichkeit gibt, ob ein bestimmtes Peptid überhaupt vom Proteasomenapparat geschnitten wird (Holzhütter 1999).
4. Die Methode der antigenspezifischen T-Zell-Bestimmung mit Hilfe der intrazellulären Zytokinfärbung war so weit verfeinert worden, dass eine größere Anzahl von Peptiden auf die CD8-Antwort hin untersucht werden konnte (Kern 1998).

Da es sehr schwierig ist, große Mengen von T-Zellen von geeigneten Patienten zu gewinnen, haben wir diese Frage zunächst mit Hilfe des Modells der HLA-B27-transgenen Maus untersucht. Obwohl diese Mäuse sowohl spontan als auch nach Infektionen mit *Chlamydia trachomatis* nicht sichtbar krank werden, war es unser Ziel, die CD8-positive Immunantwort gegen von *Chlamydia trachomatis* abgeleitete Peptide zu untersuchen, die von dem HLA-B27-Molekül präsentiert werden. Die Begründung für dieses Vorgehen gaben uns die zuvor durchgeführten Versuche, die in der Tat zeigen konnten, dass in dem Mausmodell eine B27-restringierte Immunantwort CD8-positiver T-Zellen gegen *Chlamydia trachomatis* erzeugt werden kann (Kuon 1997).

Wir haben daraufhin folgendes Vorgehen gewählt: Ausgehend vom Gesamtgenom von *Chlamydia trachomatis* wurde die Anzahl der an HLA-B27 bindenden Peptide mit einem ausreichend hohen Bindungsscore mit dem Rammensee-Programm definiert (etwa 2000 Peptide), danach wurden diese Peptidanzahl durch das Proteasomenvorhersageprogramm weiter reduziert und die dann verbliebenen 200 Peptide auf eine CD8-positive T-Zell-Antwort von HLA-B27-transgenen Mäusen gescreent, die zuvor mit *Chlamydia trachomatis* immunisiert worden waren. Eine positive T-Zell-Antwort wurde wiederum durch den Nachweis von intrazellulärem IFN-γ beurteilt und mit Hilfe der Durchflusszytometrie quantifiziert (Kuon 2001).

Dazu wurden aus den 200 übriggebliebenen Peptiden zunächst 40 „pools of peptides" von jeweils 10 Peptiden gebildet, die so zusammengesetzt waren, dass das gesuchte Peptid dadurch identifiziert werden konnte, dass sich in der Matrix 2 positive Pools kreuzen müssen. Die so identifizierten Peptide wurden im Folgenden auf Einzelebene getestet. Auf diese Art und Weise konnten Chlamydieneinzelpeptide identifiziert werden, von denen 8 auch eine zytotoxische T-Zell-Antwort in vitro auslösen konnten.

Das gleiche Vorgehen haben wir dann auch bei 2 HLA-B27-positiven Patienten mit einer chlamydieninduzierten ReA unter Verwendung von syno-

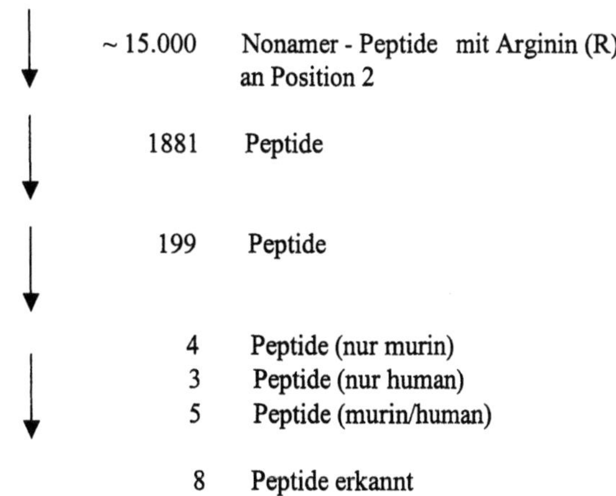

Abb. 13.5. Schematische Darstellung der Identifizierung von immundominanten HLA-B27-restringierten Peptiden aus dem gesamten Proteom von *Chlamydia trachomatis* (zu Details s. auch Text) (Kuon 2000a,b), Hochzahlen: *1* Stephens (1998), *2* http://www.uni-tuebingen.de/uni/kxi, *3* Holzhütter (1999)

vialen T-Zellen angewandt (Kuon 2001). Hier konnten wir 9 Peptide identifizieren, von denen 5 sowohl bei Patienten als auch in der B27-transgenen Maus immundominant waren. Diese Vorgehensweise ist in Abb. 13.5 als Übersicht dargestellt.

Zusammenfassend lässt sich für die CD8-positiven T-Zellen sagen, dass HLA-B27-restringierte Zellen, die spezifisch für Yersinien- und Chlamydienantigene sind, identifiziert worden sind. Es ist denkbar, dass diese bakteriellen Antigene über eine Kreuzreaktivität eine Autoimmunantwort bei den chronischen Manifestationen wie der ankylosierenden Spondylitis induzieren. Dies zu beweisen wird ein intensiver Fokus zukünftiger Forschungsarbeit sein.

13.4 Genetik

Die stärkste genetische Assoziation besteht mit dem HLA-B27-Antigen für die Gesamtgruppe der Spondylarthropathien, das in 50–80% der Patienten mit einer reaktiven Arthritis nachweisbar ist. Damit liegt bei der reaktiven Arthritis die zweithöchste HLA-B27-Assoziation nach der ankylosierenden Spondylitis (etwa 95%) vor. Es gibt ausreichende epidemiologische Untersuchungen und Ergebnisse von den Tiermodellen, die belegen, dass es das HLA-B27-Molekül selbst und nicht ein eng assoziiertes Gen ist, das für die Pathogenese der Erkrankung verantwortlich ist. Es ist auch klar, dass eine Kopie des HLA-B27-Moleküls (Heterozygot) ausreichend ist für die Manifestation der Erkrankung. Die besten Untersuchungen liegen zum HLA-B27 und zur ankylosierenden Spondylitis vor. Dort konnte gezeigt werden, dass der MHC-Locus nur ungefähr 36% zum genetischen Risiko beiträgt (Brown 1997). In einer genomweiten Untersuchung wurden Non-HLA-Gene von möglichem Interesse auf den Chromosomen 2, 10 und 16 identifiziert (Brown 1998). Es ist anzunehmen, dass einige dieser Gene im Rahmen der Immunantwort eine Rolle spielen.

In diesem Zusammenhang sind die am besten untersuchten Nicht-HLA-Gene die Gene von Zytokinen, hier v. a. von TNF-α. In der Tat konnte bei ReA-Patienten eine Assoziation mit einem bestimmten TNF-α-Allel, dem TNF-α-6-Allel beschrieben werden (Tuokku 1998). Dieses Allel war zuvor mit einer erniedrigten TNF-α-Sekretion in Zusammenhang gebracht worden. Bei der Unter-

suchung von Patienten mit ankylosierender Spondylitis war der 308.2-Genotyp signifikant weniger häufig im Vergleich zu Kontrollen (Höhler 1998, Rudwaleit 2001). In funktionellen Untersuchungen war der 308.2-Genotyp mit einer höheren TNF-α-Produktion assoziiert. Es gibt daher einige Hinweise dafür, dass TNF-α-Genotypen, die mit einer niedrigen TNF-α-Produktion assoziiert sind, in einem höheren Prozentsatz bei Patienten mit reaktiver Arthritis und ankylosierender Spondylitis vorhanden sind. Dies würde die oben zitierten funktionellen Zytokindaten unterstützen. Es muss jedoch betont werden, dass nicht alle Untersucher eine solche klare Assoziation mit den oben beschriebenen TNF-α-Genotypen feststellen konnten.

Wie oben dargestellt, ist IL-10 ein wichtiger Gegenspieler der TNF-α-Sekretion. Deshalb wurden genetische Untersuchungen zum IL-10-Gen auch bei Patienten mit reaktiver Arthritis durchgeführt. Hier konnte in der Tat die Häufung zweier Mikrosatelliten im Vergleich zu einer Kontrollgruppe bei einem gut definierten Patientengut mit ReA aus Finnland gezeigt werden (Kaluza 2001). Ob dies dann funktionell auch mit einer vermehrten IL-10-Produktion einhergeht, muss zukünftig noch gezeigt werden.

13.5 Klassische Diagnostik und Therapie

Die Diagnostik der reaktiven Arthritis beruht auf dem Auftreten eines typischen klinischen Bilds einer Arthritis und dem Nachweis einer vorausgegangenen Infektion mit den in Frage kommenden Bakterien (Sieper u. Braun 1999b, Sieper im Druck). Bei der Klinik handelt es sich um eine asymmetrische Arthritis mit vorwiegendem Befall der unteren Extremitäten. In etwa 80% der Fälle liegt eine Oligo-(< 5 Gelenke) oder Monoarthritis vor. Falls die vorangegangene Infektion symptomatisch war (Diarrhö und/oder Urethritis innerhalb eines Zeitraums von 4–5 Wochen vor dem Auftreten der Arthritis), kann das Vorliegen einer reaktiven Arthritis vermutet werden. Oft ist die vorausgegangene Infektion jedoch asymptomatisch. In diesem Fall wird häufig eine Labordiagnostik der vorausgegangenen Infektion versucht. Hier handelt es sich einmal um die Serologie und zum anderen um den direkten Nachweis eines Erregers am Ausgangsort einer Infektion (Stuhl oder Urogenitalabstrich/Urin). Die häufig verwendete Chlamydienserologie erreicht jedoch nur eine mäßige Sensitivität und Spezifität von jeweils um 75% oder niedriger (Sieper 2000), so dass die Serologie allein in der Regel nicht ausreicht, um die chlamydieninduzierte Arthritis zu diagnostizieren. Der Nachweis von Chlamydien im Urogenitaltrakt geht mit einer höheren Spezifität von etwa 95% bei einer Sensitivität von etwa 50% einher und erlaubt bei positivem Befund eher die Diagnose einer reaktiven Arthritis. Die Spezifität und Sensitivität für die Yersinienserologie sind mit etwa jeweils 90% besser, während für die Salmonellenserologie zurzeit keine für die Klinik gute serologische Methode verfügbar ist, da der häufig verwendete Widal-Test mit einer geringen Sensitivität einher geht. Für die Shigellendiagnostik bleibt nur der Nachweis des Erregers im Stuhl, da wegen der ausgeprägten Kreuzreaktivität mit *E. coli* eine vernünftige Shigellenserologie nicht zur Verfügung steht. HLA-B27 hat als alleiniger Test aufgrund einer niedrigen Sensitivität von etwa 50–60% nur einen geringen Stellenwert in der Diagnostik der reaktiven Arthritis.

Trotz des Nachweises und der Persistenz von Erregern in vivo haben alle bisherigen antibiotischen Studien keinen eindeutigen Beweis einer Effektivität erbracht. Die meisten Untersuchungen wurden mit Ciprofloxazin- oder Tetrazyklintherapien über 3 Monate durchgeführt. Die augenblicklichen Ergebnisse zeigen, dass zumindest für die enterale ReA Ciprofloxazin nicht effektiv ist (Sieper 1999, Yli-Kerttula 2000). Für die chlamydieninduzierte ReA zeigten sich geringe Effekte einer Tetrazyklin- oder Ciprofloxazintherapie gegenüber der Plazebogruppe in 2 Studien (Lauhio 1991, Sieper 1999). Es kann hier aber durchaus sein, dass gerade für die chlamydieninduzierte ReA noch nicht die optimalen Antibiotika gewählt worden sind. Durch In-vitro-Testungen von Antibiotika konnte gezeigt werden, dass Azithromyzin dem Ciprofloxazin in der Eliminierung intrazellulärer Erreger überlegen ist (Dreses-Werringloer 2000 a) und dass vermutlich die Kombination von Azithromyzin und Rifampizin einer alleinigen Gabe von Azithromyzin überlegen ist (Dreses-Werringloer 2000 b). Hier gilt es, zukünftige klinische Studien zu diesen neuen Antibiotika oder Kombinationen von Antibiotika abzuwarten.

Die konventionelle Therapie ist daher vorwiegend symptomatisch. Nichtsteroidale Antirheumatika können bei schweren Verläufen mit systemischen Glukokortikoiden kombiniert werden. Falls der Befall einzelner Gelenke im Vordergrund steht, ist auch die intraartikuläre Steroidinjektion möglich. Der Einsatz von langfristig wirkenden Antirheumatika (Basistherapeutika) spielt bei der reak-

tiven Arthritis nur eine begrenzte Rolle, da im Mittel nach 6 Monaten eine Spontanremission eintritt. Die besten Untersuchungen wurden zur Therapie mit Sulfasalazin in einer Dosis von 2-mal 2 g veröffentlicht, das effektiv ist. Kleinere Studien liegen auch zur Therapie mit Methotrexat oder Azathioprin vor, jedoch fehlen größere kontrollierte Studien (Rudwaleit 2000).

13.6 Molekulare Diagnostik und Therapie

Die molekulare Diagnostik konzentriert sich zurzeit auf den Nachweis von Erreger-DNA im Gelenk. Hier liegen, wie oben schon erwähnt, vorwiegend positive Erfahrungen mit dem Nachweis von *Chlamydia-trachomatis*-DNA im Gelenk vor (Bas 1995, Branigan 1996, Braun 1997a, Wilkinson 1998, Schnarr 2001). Bei Patienten mit einer Oligoarthritis unter Beteiligung des Kniegelenks, die sonst keine eindeutigen Hinweise auf eine vorausgegangene ReA hatten, konnte in unterschiedlichen Studien in etwa 30% der Fälle Chlamydien-DNA im Gelenk nachgewiesen werden. In der Regel wurde dabei eine so genannte Nested-PCR verwendet, die besonders sensitiv ist (Abb. 13.6). Interessanterweise scheint eine PCR aus der Synovial-

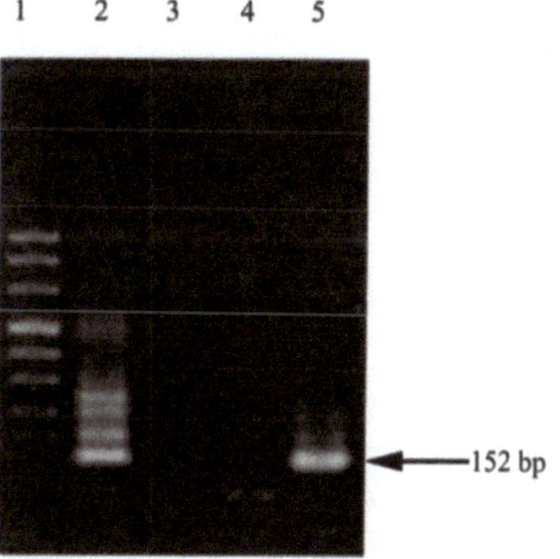

Abb. 13.6. Nachweis von Chlamydien(C)-DNA mit Hilfe einer Nested-PCR in der Synovialflüssigkeit eines Patienten mit chlamydieninduzierter reaktiver Arthritis. „Nested" bedeutet 2 Amplifikationsschrittte mit 2 verschiedenen Primerpaaren zur Erhöhung der Sensitivität, *Linie 1* DNA-Marker (HAE VIII); *2* positive Kontrolle (*Chlamydia trachomatis* in Synovialflüssigkeit); *3* negative Kontrolle (Puffer); *4* negative Kontrolle (Synovialflüssigkeit); *5 Chlamydia-trachomatis*-DNA-positive klinische Probe, zur Verfügung gestellt von Schnarr, Zeidler, Kuipers, Wollenhaupt; Hannover

membran etwa doppelt so sensitiv zu sein wie eine PCR aus der Synovialflüssigkeit (Branigan 1996). DNA für *Chlamydia pneumoniae* konnte auch in Gelenken von Patienten mit einer möglichen reaktiven Arthritis nachgewiesen werden, jedoch offensichtlich sehr viel seltener (Braun 1997 a, Wilkinson 1998, Schumacher 1999). In einer Studie wurde die *Chlamydia-pneumoniae*-spezifische DNA etwa 10-mal weniger als die *Chlamydia-trachomatis*-spezifische DNA (Schumacher 1999), in einer anderen Studie gar nicht detektiert (Wilkinson 1998). Es gibt jedoch zurzeit noch keine internationale Übereinstimmung über die beste DNA-Präparation, die besten Primer und die andere Details des methodischen Vorgehens (Kuipers 1999, Freise 2001). In der Tat sind die derzeit verfügbaren Kits zur *Chlamydia-trachomatis*-PCR für die Arthritisdiagnostik noch nicht sensitiv genug (Bas 1997) Es ist damit zu rechnen, dass die Chlamydien-PCR ein wichtiger Bestandteil bei der Diagnostik der reaktiven Arthritis sein wird. Da die DNA von Enterobakterien nur selten im Gelenk nachweisbar ist, spielt diese diagnostische Möglichkeit momentan in der Routinediagnostik keine Rolle.

Interessanterweise sind in den letzten Jahren von verschiedenen Arbeitsgruppen mit der sensitiven Methode der Polymerasekettenreaktion eine ganze Reihe erregerspezifische DNA im Gelenk nachgewiesen worden, auch von Erregern, die normalerweise nicht pathogen sind (Wilkinson 1999, van der Heijden 2000, Kempsell 2000). Dies belegt, dass die Interpretation positiver Befunde desto schwieriger wird, je sensitiver die Nachweismethoden werden. Für die oben diskutierten ReA-assoziierten Bakterien sprechen jedoch die klinischen, epidemiologischen, immunologischen und bakteriologischen Befunde eindeutig dafür, dass sie auch im Krankheitsbild der reaktiven Arthritis eine ursächliche Rolle spielen. Auf der anderen Seite wurde *Chlamydia-trachomatis*-spezifische DNA auch in der Synovialmembran von gesunden Probanden gefunden (Schumacher 1999), was unterstreicht, dass einige Erreger allein noch keine Pathologie verursachen, sondern dass dies nur über die Induktion einer Immunantwort erfolgt. Dieser Befund belegt auch, dass der Nachweis von Chlamydien-DNA im Gelenk keine 100%ige Spezifität hat.

Die oben dargelegten Daten zu Zytokinen bei der reaktiven Arthritis legen nahe, dass die Stimulation einer Th1-Antwort (wie die Gabe von Interferon-γ oder Interleukin-12 für die Eliminierung von Bakterien) eine potenzielle Rolle in der Therapie der reaktiven Arthritis in der Zukunft spielen

könnte. Es wäre jedoch auch denkbar, dass weniger die persistierenden Erreger dem Organismus schaden als vielmehr die überschießende Immunantwort gegen diese Erreger (Hypersensitivität) (Sieper 2000). Es könnte daher auch vorstellbar sein, dass z.B. eine Anti-TNF-α- oder andere Th1 inhibierenden Therapien bei der reaktiven Arthritis effektiv sein könnten, wie wir gerade für die ankylosierende Spondylitis zeigen konnten (Brandt 2000), eine Erkrankung, die eng mit der ReA assoziiert ist (s. oben). Hier bleiben zukünftige Therapiestudien abzuwarten.

Evtl. ist auch die Kombination von Antibiotika, die allein keinen Effekt zeigen konnten, mit einer immunstimulierenden Therapie denkbar. Darüber hinaus ist jede weitere molekulare Herangehensweise, die die Immunantwort gegen die im Gelenk persistierenden bakteriellen Antigene inhibiert, für die Zukunft Erfolg versprechend.

13.7 Ausblick

Eine kausale Therapie bedeutet die Eliminierung bzw. Unschädlichmachung der persistierenden Erreger bzw. eine Induktion einer toleranten Immunantwort gegen diese Erreger. Letzteres erscheint durchaus auch eine Möglichkeit, da es nicht klar ist, ob persistierende Erreger wie Chlamydien und Yersinien dem Organismus schaden. Diese Überlegungen sind auch deshalb von besonderer Relevanz, da es schwierig sein kann, obige Erreger effektiv zu eliminieren, falls sie sich für längere Zeit in einem latenten Stadium befinden. Da aber, wie oben dargestellt, 20–40% der HLA-B27-positiven Patienten mit einer reaktiven Arthritis in das Vollbild der ankylosierenden Spondylitis übergehen (Leirisalo-Repo 1998), etwa 20% der Patienten mit einer reaktiven Arthritis eine Krankheitsdauer von über 1 Jahr haben (Sieper 1999) und diese Erkrankung vorwiegend junge Menschen betrifft, ist die Entwicklung einer effektiven, nicht nur symptomatischen Therapie, dringend erforderlich. Im Augenblick scheinen einige der oben skizzierten Ansätze am Erfolg versprechendsten.

13.8 Literatur

Aho K, Ahvonen P, Lassus A, Sieveres K, Tiilikainen A (1976) Yersinia arthritis and related diseases: clincial and immunogenetic implications. In: Dumonde DC (ed) Infection and immunology in the rheumatic diseases. Blackwell Scientific Publications, Oxford, pp 341–344

Allen RL, O'Callaghan CA, McMichael AJ, Bowness P (1999) Cutting edge: HLA-B27 can form a novel beta 2-microglobulin-free heavy chain homodimer structure. J Immunol 162:5045–5048

Asseman C, Mauze S, Leach MW, Coffman RL, Powrie F (1999) An essential role for interleukin 10 in the function of regulatory T cells that inhibit intestinal inflammation. J Exp Med 190:995–1004

Bas S, Griffais R, Kvien TK, Glennas A, Melby K, Vischer TL (1995) Amplification of plasmid and chromosome *Chlamydia* DNA in synovial fluid of patients with reactive arthritis and undifferentiated seronegative oligoarthropathies. Arthritis Rheum 38:1005–1113

Bas S, Ninet B, Delaspre O, Vischer TL (1997) Evaluation of commercially available tests for *Chlamydia* nucleic acid detection in synovial fluid of patients. Br J Rheumatol 36:198–202

Bas S, Scieux C, Vischer TL (1999) Different humoral immune response to *Chlamydia trachomatis* major outer membrane protein variable domains I and IV in *Chlamydia*-infected patients with or without reactive arthritis. Arthritis Rheum 42:942–947

Benjamin R, Parham P (1990) Guilt by association: HLA-B27 and ankylosing spondylitis. Immunol Today 11:137–142

Bohn E, Autenrieth IB (1996) IL-12 is essential for resistance against *Yersinia enterocolitica* by triggering IFN-gamma production in NK cells and CD4$^+$ T cells. J Immunol 156:1458–1468

Brandt J, Haibel H, Cornely D et al. (2000) Successful treatment of active ankylosing spondylitis with the anti-tumor necrosis factor alpha monoclonal antibody infliximab. Arthritis Rheum 43:1346–1352

Branigan PJ, Gerard HC, Hudson AP, Schumacher HR jr, Pando J (1996) Comparison of synovial tissue and synovial fluid as the source of nucleic acids for detection of *Chlamydia trachomatis* by polymerase chain reaction [published errata appear in Arthritis Rheum 1997 Feb;40(2):387 and 1997 Apr;40(4):782]. Arthritis Rheum 39:1740–1746

Braun J, Tuszewski M, Eggens U et al. (1997a) Nested polymerase chain reaction strategy simultaneously targeting DNA sequences of multiple bacterial species in inflammatory joint diseases. I. Screening of synovial fluid samples of patients with spondyloarthropathies and other arthritides. J Rheumatol 24:1092–1100

Braun J, Tuszewski M, Ehlers S et al. (1997b) Nested polymerase chain reaction strategy simultaneously targeting DNA sequences of multiple bacterial species in inflammatory joint diseases. II. Examination of sacroiliac and knee joint biopsies of patients with spondyloarthropathies and other arthritides. J Rheumatol 24:1101–1105

Braun J, Yin Z, Spiller I et al. (1999) Low secretion of tumor necrosis factor *a*, but no other Th1 or Th2 cytokines, by peripheral blood mononuclear cells correlates with chronicity in reactive arthritis. Arthritis Rheum 42:2039–2044

Braun J, Kingsley G, Heijde D van der, Sieper J (2000) On the difficulties of establishing a consensus on the definition of and diagnostic investigations for reactive arthritis. Results and discussion of a questionnaire prepared for the 4th International Workshop on Reactive Arthritis, Berlin, Germany, July 3–6, 1999. J Rheumatol 27:2185–2192

Brosterhus H, Brings S, Leyendeckers H et al. (1999) Enrichment and detection of live antigen-specific CD4(+) and CD8(+) T cells based on cytokine secretion. Eur J Immunol 29:4053–4059

Brown MA, Kennedy LG, MacGregor AJ et al. (1997) Susceptibility to ankylosing spondylitis in twins: the role of genes, HLA, and the environment. Arthritis Rheum 40:1823–1828

Brown MA, Pile KD, Kennedy LG et al. (1998) A genome-wide screen for susceptibility loci in ankylosing spondylitis. Arthritis Rheum 41:588–595

Colbert RA (2000) HLA-B27 misfolding: a solution to the spondyloarthropathy conundrum? Mol Med Today 6:224–230

Deane KH, Jecock RM, Pearce JH, Gaston JS (1997) Identification and characterization of a DR4-restricted T cell epitope within chlamydia heat shock protein 60. Clin Exp Immunol 109:439–445

Dreses-Werringloer U, Padubrin I, Jürgens-Saathoff B, Hudson AP, Zeidler H, Köhler L (2000a) Persistence of *Chlamydia trachomatis* is induced by ciprofloxacin and ofloxacin in vitro. Antimicrob Agents Chemother 44:3288–3297

Dreses-Werringloer UI, Padubrin H, Zeidler L, Köhler (2000b) In vitro effect of azithromycin and rifampicin on chlamydial infection in epithelial HEp-2 cells. In: Saikku P (ed) Proceedings of the 4th Meeting of the European Society for Chlamydia Research, Universitas Helsingiensis, p 393

Duchmann R, May E, Heike M, Knolle P, Neurath M, Meyer zum Buschenfelde KH (1999) T cell specificity and cross reactivity towards enterobacteria, bacteroides, bifidobacterium, and antigens from resident intestinal flora in humans. Gut 44:812–818

Dulphy N, Peyrat MA, Tieng V et al. (1999) Common intra-articular T cell expansions in patients with reactive arthritis: identical beta-chain junctional sequences and cytotoxicity toward HLA-B27. J Immunol 162:3830–3839

Ekman P, Nikkari S, Putto-Laurila A, Toivanen P, Granfors K (1999) Detection of *Salmonella infantis* in synovial fluid cells of a patient with reactive arthritis. J Rheumatol 26:2485–2488

Fiorillo MT, Greco G, Maragno M et al. (1998) The naturally occurring polymorphism Asp116→His116, differentiating the ankylosing spondylitis-associated HLA-B*2705 from the non-associated HLA-B*2709 subtype, influences peptide-specific CD8 T cell recognition. Eur J Immunol 28:2508–2516

Freise J, Gerard HC, Bunke T et al. (2001) Optimised sample DNA preparation for detection of *Chlamydia trachomatis* in synovial tissue by polymerase chain reaction and ligase chain reaction. Ann Rheum Dis 60:140–145

Garcia F, Galocha B, Villadangos JA et al. (1997) HLA-B27 (B*2701) specificity for peptides lacking Arg2 is determined by polymorphism outside the B pocket. Tissue Antigens 49:580–587

Gaston JS, Deane KH, Jecock RM, Pearce JH (1996) Identification of 2 *Chlamydia trachomatis* antigens recognized by synovial luid T cells from patients with *Chlamydia* induced reactive arthritis. J Rheumatol 23:130–136

Gaston JS, Cox C, Granfors K (1999) Clinical and experimental evidence for persistent *Yersinia* infection in reactive arthritis. Arthritis Rheum 42:2239–2242

Gerard HC, Branigan PJ, Schumacher HR Jr, Hudson AP (1998) Synovial *Chlamydia trachomatis* in patients with reactive arthritis/Reiter's syndrome are viable but show aberrant gene expression. J Rheumatol 25:734–742

Granfors K, Jalkanen S, von Essen R et al. (1989) *Yersinia* antigens in synovial-fluid cells from patients with reactive arthritis. N Engl J Med 320:216–221

Granfors K, Jalkanen S, Lindberg AA et al. (1990) Salmonella lipopolysaccharide in synovial cells from patients with reactive arthritis. Lancet 335:685–688

Granfors K, Jalkanen S, Toivanen P, Koski J, Lindberg AA (1992) Bacterial lipopolysaccharide in synovial fluid cells in *Shigella* triggered reactive arthritis. J Rheumatol 19:500

Granfors K, Merilahti-Palo R, Luukkainen R, et al. (1998) Persistence of Yersinia antigens in peripheral blood cells from patients with *Yersinia enterocolitica* O:3 infection with or without reactive arthritis. Arthritis Rheum 41:855–862

Heijden IM van der, Wilbrink B, Tchetverikov I et al. (2000) Presence of bacterial DNA and bacterial peptidoglycans in joints of patients with rheumatoid arthritis and other arthritides. Arthritis Rheum 43:593

Hermann E, Yu DT, Meyer zum Buschenfelde KH, Fleischer B (1993) HLA-B27-restricted CD8 T cells derived from synovial fluids of patients with reactive arthritis and ankylosing spondylitis. Lancet 342:646–650

Hoehler T, Schaper T, Schneider PM, Meyer zum Buschenfelde KH, Marker-Hermann E (1998) Association of different tumor necrosis factor alpha promoter allele frequencies with ankylosing spondylitis in HLA-B27 positive individuals. Arthritis Rheum 41:1489–1492

Holzhütter HG, Frommel C, Kloetzel PM (1999) A theoretical approach towards the identification of cleavage-determining amino acid motifs of the 20 S proteasome. J Mol Biol 286:1251–1265

Kaluza W, Leirisalo-Repo M, Marker-Hermann E et al. (2001) IL10.G microsatellites mark promoter haplotypes associated with protection against the development of reactive arthritis in Finnish patients. Arthritis Rheum 44:1209–1214

Keat AC, Thomas BJ, Taylor-Robinson D, Pegrum GD, Maini RN, Scott JT (1980) Evidence of *Chlamydia trachomatis* infection in sexually acquired reactive arthritis. Ann Rheum Dis 39:431–437

Keat A, Thomas B, Dixey J, Osborn M, Sonnex C, Taylor-Robinson D (1987) *Chlamydia trachomatis* and reactive arthritis: the missing link. Lancet 1:72–74

Kempsell KE, Cox CJ, Hurle M et al. (2000) Reverse transcriptase-PCR analysis of bacterial rRNA for detection and characterization of bacterial species in arthritis synovial tissue. Infect Immun 68:6012–6026

Kern F, Surel IP, Brock C et al. (1998) T cell epitope mapping by flow cytometry. Nat Med 4:975–978

Khan MA (2000) HLA-B27 polymorphism and association with disease. J Rheumatol 27:1110–1114

Khare SD, Luthra HS, David CS (1995) Spontaneous inflammatory arthritis in HLA-B27 transgenic mice lacking beta 2-microglobulin: a model of human spondyloarthropathies. J Exp Med 182:1153–1158

Khare SD, Bull MJ, Hanson J, Luthra HS, David CS (1998a) Spontaneous inflammatory disease in HLA-B27 trans-

genic mice is independent of MHC class II molecules: a direct role for B27 heavy chains and not B27-derived peptides. J Immunol 160:101–106

Khare SD, Luthra HS, David CS (1998b) Animal models of human leukocyte antigen B27-linked arthritides. Rheum Dis Clin North Am 24:883–894

Kirveskari J, Jalkanen S, Maki-Ikola O, Granfors K (1998) Increased synovial endothelium binding and transendothelial migration of mononuclear cells during *Salmonella* infection. Arthritis Rheum 41:1054–1063

Kotake S, Schumacher HR Jr, Arayssi TK et al. (1999) Gamma interferon and interleukin-10 gene expression in synovial tissues from patients with early stages of *Chlamydia*-associated arthritis and undifferentiated oligoarthritis and from healthy volunteers. Infect Immun 67:2682–2686

Kuipers JG, Jurgens-Saathoff B, Bialowons A, Wollenhaupt J, Kohler L, Zeidler H (1998) Detection of *Chlamydia trachomatis* in peripheral blood leukocytes of reactive arthritis patients by polymerase chain reaction. Arthritis Rheum 41:1894–1895

Kuipers JG, Nietfeld L, Dreses-Werringloer U et al. (1999) Optimised sample preparation of synovial fluid for detection of *Chlamydia trachomatis* DNA by polymerase chain reaction. Ann Rheum Dis 58:103–108

Kuon W, Lauster R, Bottcher U et al. (1997) Recognition of chlamydial antigen by HLA-B27-restricted cytotoxic T cells in HLA-B*2705 transgenic CBA (H-2 k) mice. Arthritis Rheum 40:945–954

Kuon W, Holzhutter HG, Appel H, Grolms M, Kollnberger S, Traeder A, Henklein P, Weiss E, Thiel A, Lauster R, Bowness P, Radbruch A, Kloetzel PM, Sieper J (2001) Identification of HLA-B27-restricted peptides from the Chlamydia trachomatis proteome with possible relevance to HLA-B27-associated diseases. J Immunol 167(8):4738–4746

Laitio P, Virtala M, Salmi M, Pelliniemi LJ, Yu DT, Granfors K (1997) HLA-B27 modulates intracellular survival of *Salmonella* enteritidis in human monocytic cells. Eur J Immunol 27:1331–1338

Lauhio A, Leirisalo-Repo M, Lahdevirta J, Saikku P, Repo H (1991) Double-blind, placebo-controlled study of three-month treatment with lymecycline in reactive arthritis, with special reference to *Chlamydia* arthritis. Arthritis Rheum 34:6–14

Leirisalo-Repo M (1998) Prognosis, course of disease, and treatment of the spondyloarthropathies. Rheum Dis Clin North Am 24:737–751

May E, Dulphy N, Frauendorf E, Duchmann R, Bowness P, Lopez de Castro JA, Toubert A, Marker-Hermann E (2002) Conserved TCR beta chain usage in reactive arthritis; evidence for selection by a putative HLA-B27-associated autoantigen. Tissue Antigens 60(4):299–308

Mertz AK, Daser A, Skurnik M et al. (1994) The evolutionarily conserved ribosomal protein L23 and the cationic urease beta-subunit of *Yersinia enterocolitica* O:3 belong to the immunodominant antigens in *Yersinia*-triggered reactive arthritis: implications for autoimmunity. Mol Med 1:44–55

Mertz AK, Ugrinovic S, Lauster R, et al. (1998) Characterization of the synovial T cell response to various recombinant *Yersinia* antigens in *Yersinia enterocolitica*-triggered reactive arthritis. Heat-shock protein 60 drives a major immune response. Arthritis Rheum 41:315–326

Mertz AK, Wu P, Sturniolo T et al. (2000) Multispecific CD4$^+$ T cell response to a single 12-mer epitope of the immunodominant heat-shock protein 60 of *Yersinia enterocolitica* in *Yersinia*-triggered reactive arthritis: overlap with the B27-restricted CD8 epitope, functional properties, and epitope presentation by multiple DR alleles. J Immunol 164:1529–1537

Neure L, Braun J, Sieper J (1999) A higher ratio of IL-10/TNFα-positive cells in reactive arthritis synovial membrane is found for all cell types. Arthritis Rheum 42:S402

Nikkari S, Merilahti-Palo R, Saario R et al. (1992) Yersinia-triggered reactive arthritis. Use of polymerase chain reaction and immunocytochemical staining in the detection of bacterial components from synovial specimens. Arthritis Rheum 35:682–687

Nikkari S, Rantakokko K, Ekman P et al. (1999) Salmonella-triggered reactive arthritis: use of polymerase chain reaction, immunocytochemical staining, and gas chromatography-mass spectrometry in the detection of bacterial components from synovial fluid. Arthritis Rheum 42:84–89

Probst P, Hermann E, Meyer zum Buschenfelde KH, Fleischer B (1993) Identification of the *Yersinia enterocolitica* urease beta subunit as a target antigen for human synovialT lymphocytes in reactive arthritis. Infect Immun 61:4507–4509

Reiter H (1916) Über eine bisher unerkannte Spirochäteninfektion (*Spirochaetosis arthritica*). Dtsch Med Wochenschr 42:1535–1536

Rudwaleit M, Braun J, Sieper J (2000) Treatment of reactive arthritis. Biodrugs 13:21–28

Rudwaleit M, Siegert S, Yin Z et al. (2001) Low T cell production of TNFalpha and IFNgamma in ankylosing spondylitis: its relation to HLA-B27 and influence of the TNF-308 gene polymorphism. Ann Rheum Dis 60:36–42

Schnarr S, Putschky N, Jendro MC et al. (in press) *Chlamydia*- and *Borrelia*-DNA in synovial fluid of patients with early undifferentiated oligoarthritis: results of a prospective study. Arthritis Rheum in press

Schumacher HR Jr, Magge S, Cherian PV et al. (1988) Light and electron microscopic studies on the synovial membrane in Reiter's syndrome. Immunocytochemical identification of chlamydial antigen in patients with early disease. Arthritis Rheum 31:937–946

Schumacher HR, Gerard HC, Arayssi TK et al. (1999a) Lower prevalence of *Chlamydia pneumoniae* DNA compared with *Chlamydia trachomatis* DNA in synovial tissue of arthritis patients. Arthritis Rheum 42:1889–1993

Schumacher HR, Jr., Arayssi T, Crane M et al. (1999b) *Chlamydia trachomatis* nucleic acids can be found in the synovium of some asymptomatic subjects. Arthritis Rheum 42:1281–1284

Sieper J, Braun J (1994) Pathogenesis of spondyloarthropathies. Persistent bacterial antigen, autoimmunity, or both? Arthritis Rheum 38:1547–1554

Sieper J, Braun J (1998) Treatment of reactive arthritis with antibiotics. Br J Rheumatol 37:717–720

Sieper J, Braun J (1999a) Problems and advances in the diagnosis of reactive arthritis. J Rheumatol 26:1222–1224

Sieper J, Braun J (1999b) Reactive arthritis. Curr Opin Rheumatol 11:238–243

Sieper J, Kingsley G (1996) Recent advances in the pathogenesis of reactive arthritis. Immunol Today 17:160–163

Sieper J, Kingsley G, Palacios-Boix A et al. (1991) Synovial T lymphocyte-specific immune response to *Chlamydia trachomatis* in Reiter's disease. Arthritis Rheum 34:588–598

Sieper J, Braun J, Brandt J et al. (1992) Pathogenetic role of *Chlamydia*, *Yersinia* and *Borrelia* in undifferentiated oligoarthritis. J Rheumatol 19:1236–1242

Sieper J, Braun J, Wu P, Hauer R, Laitko S (1993a) The possible role of *Shigella* in sporadic enteric reactive arthritis. Br J Rheumatol 32:582–585

Sieper J, Braun J, Wu P, Kingsley G (1993b) T cells are responsible for the enhanced synovial cellular immune response to triggering antigen in reactive arthritis. Clin Exp Immunol 91:96–102

Sieper J, Kingsley GH, Marker-Hermann E (1996) Aetiological agents and immune mechanisms in enterogenic reactive arthritis. Baillieres Clin Rheumatol 10:105–121

Sieper J, Fendler C, Laitko S et al. (1999) No benefit of long-term ciprofloxacin treatment in patients with reactive arthritis and undifferentiated oligoarthritis: a three-month, multicenter, double-blind, randomized, placebo-controlled study. Arthritis Rheum 42:1386–1396

Sieper J, Braun J, Kingsley GH (2000) Report on the Fourth International Workshop on Reactive Arthritis. Arthritis Rheum 43:720–734

Sieper J, Rudwaleit M, Braun J, Heijde D van der (in press) Diagnosing reactive arthritis: value of serological and microbiological assays is dependent on the clinical setting. Arthritis Rheum in press

Simon K, Seipelt E, Sieper J (1994) Divergent T cell cytokine patterns in arthritis. Proc Natl Acad Sci USA 91:8562–8566

Smeets TJ, Dolhain RJ, Breedveld FC, Tak PP (1998) Analysis of the cellular infiltrates and expression of cytokines in synovial tissue from patients with rheumatoid arthritis and reactive arthritis. J Pathol 186:75–81

Stephens RS, Kalman S, Lammel C et al. (1998) Genome sequence of an obligate intracellular pathogen of humans: *Chlamydia trachomatis*. Science 282:754–759

Stieglitz H, Lipsky P (1993) Association between reactive arthritis and antecedent infection with *Shigella flexneri* carrying a 2-Md plasmid and encoding an HLA-B27 mimetic epitope. Arthritis Rheum 36:1387–1391

Suni MA, Picker LJ, Maino VC (1998) Detection of antigen-specific T cell cytokine expression in whole blood by flow cytometry. J Immunol Methods 212:89–98

Taurog JD, Richardson JA, Croft JT et al. (1994) The germ-free state prevents development of gut and joint inflammatory disease in HLA-B27 transgenic rats. J Exp Med 1;180:2359–2364

Thiel A, Radbruch A (1999) Antigen-specific cytometry. Arthritis Res 1:25–29

Thiel A, Peihua W, Radbruch A, Sieper J (2000a) Identification of immunodominant T cell epitopes by affinity matrix technology. Arthritis Rheum 43:S191

Thiel A, Wu P, Lauster R, Braun J, Radbruch A, Sieper J (2000b) Analysis of the antigen-specific T cell response in reactive arthritis by flow cytometry. Arthritis Rheum 43:2834–2842

Toivanen A, Lahesmaa-Rantala R, Vuento R, Granfors K (1987) Association of persisting IgA response with *Yersinia* triggered reactive arthritis: a study on 104 patients. Ann Rheum Dis 46:898–901

Tuokko J, Koskinen S, Westman P, Yli-Kerttula U, Toivanen A, Ilonen J (1998) Tumour necrosis factor microsatellites in reactive arthritis. Br J Rheumatol 37:1203–1206

Ugrinovic S, Mertz A, Wu P, Braun J, Sieper J (1997) A single nonamer from the *Yersinia* 60-kDa heat shock protein is the target of HLA-B27-restricted CTL response in *Yersinia*-induced reactive arthritis. J Immunol 159:5715–5723

Waldrop SL, Pitcher CJ, Peterson DM, Maino VC, Picker LJ (1997) Determination of antigen-specific memory/effector $CD4^+$ T cell frequencies by flow cytometry: evidence for a novel, antigen-specific omeostatic mechanism in HIV-associated immunodeficiency. J Clin Invest 99:1739–1750

Wilkinson NZ, Kingsley GH, Sieper J, Braun J, Ward ME (1998) Lack of correlation between the detection of *Chlamydia trachomatis* DNA in synovial fluid from patients with a range of rheumatic diseases and the presence of an antichlamydial immune response. Arthritis Rheum 41:845–854

Wilkinson NZ, Kingsley GH, Jones HW, Sieper J, Braun J, Ward ME (1999) The detection of DNA from a range of bacterial species in the joints of patients with a variety of arthritides using a nested, broad-range polymerase chain reaction. Rheumatology 38:260–266

Yang X, Gartner J, Zhu L, Wang S, Brunham RC (1999) IL-10 gene knockout mice show enhanced Th1-like protective immunity and absent granuloma formation following *Chlamydia trachomatis* lung infection. J Immunol 162:1010–1017

Yin Z, Braun J, Neure L et al. (1997a) T cell cytokine pattern in the joints of patients with Lyme arthritis and its regulation by cytokines and anticytokines. Arthritis Rheum 40:69–79

Yin Z, Braun J, Neure L et al. (1997b) Crucial role of interleukin-10/interleukin-12 balance in the regulation of the type 2 T helper cytokine response in reactive arthritis. Arthritis Rheum 40:1788–1797

Yin Z, Siegert S, Neure L, et al. (1999) The elevated ratio of $IFN\gamma$-/IL-4-positive T cells found in synovial fluid and synovial membrane of rheumatoid arthritis patients can be changed by IL-4 but not by IL-10 or TGF. Rheumatology (Oxford) 38:1058–1067

Yli-Kerttula T, Luukkainen R, Yli-Kerttula U et al. (2000) Effect of a three month course of ciprofloxacin on the outcome of reactive arthritis. Ann Rheum Dis 59:565–570

Zhang Y, Gripenberg-Lerche C, Soderstrom KO, Toivanen A, Toivanen P (1996) Antibiotic prophylaxis and treatment of reactive arthritis. Lessons from an animal model. Arthritis Rheum 39:1238–1243

Zhou M, Sayad A, Simmons WA et al. (1998) The specificity of peptides bound to human histocompatibility leukocyte antigen (HLA)-B27 influences the prevalence of arthritis in HLA-B27 transgenic rats. J Exp Med 188:877–886

14 Arthritis psoriatica

Burkhard F. Leeb und Josef S. Smolen

Inhaltsverzeichnis

14.1 Epidemiologie

Die Inzidenz der Psoriasis vulgaris wird mit 0,3–2,5% angegeben (Plunkett u. Marks 1998). Daher kann man die Schuppenflechte mit gutem Grund als eine häufige chronische Erkrankung bezeichnen. Neben der Hautmanifestation wurde bereits 1818 von Alibert ein Zusammenhang zwischen Psoriasis vulgaris und Beschwerden am Bewegungs- und Stützapparat beschrieben (Alibert 1818). Allerdings wurde dies bis etwa in die Mitte des 20. Jahrhunderts häufig als Koinzidenz von Psoriasis und chronischer Polyarthritis gedeutet. Erst danach wurde der Tatsache, dass bei 3–20% der Patienten mit Psoriasis eine entzündliche Gelenkmanifestation auftritt, verstärkt Rechnung getragen. Der Umstand, dass der klinische Verlauf dieser Erkrankung von dem der rheumatoiden Arthritis deutlich unterschiedlich sein kann, dass radiologische Veränderungen bei beiden Erkrankungen differenziert zu betrachten sind und dass die Gelenkentzündung im Rahmen der Psoriasis in der Regel rheumafaktornegativ verläuft, führte zu weitgehendem Konsens, dass die Arthritis psoriatica oder Osteoarthropathia psoriatica als eigene, den seronegativen Spondarthritiden zuzuordnende Entität aufzufassen ist. Sie stellt die zweithäufigste gesicherte Diagnose in Früharthritiskliniken nach der rheumatoiden Arthritis dar (FitzGerald u. Kane 1997, Zink et al. 2001).

Die Häufigkeit der Arthritis psoriatica beträgt zwischen 0,05 und 0,15% für die erwachsene Bevölkerung, männliches und weibliches Geschlecht sind etwa gleich häufig betroffen. Das Hauptmanifestationsalter liegt in der 3.–5. Lebensdekade (Ruzicka 1996).

14.2 Krankheitsbild

Anamnestisch sind häufig der manifesten Arthritis auch längere Zeit vorausgehende Arthralgien und schmerzhafte Sehnenansätze im Sinne von Enthesiopathien erhebbar. In der Regel geht die Hauterkrankung der Gelenkmanifestation längere Zeit voraus, allerdings besteht in einem geringen Prozentsatz der betroffenen Patienten auch die Arthritis ohne Hautmanifestation. Bei begründetem klinischen Verdacht auf Arthritis psoriatica ist eine genaue Untersuchung des Patienten nach minimalen Hautveränderungen an Prädilektionsstellen oder nach versteckten Manifestationen der Hauterkrankung (Psoriasis inversa) unbedingt nötig.

Ganten/Ruckpaul (Hrsg.)
Molekularmedizinische Grundlagen
von rheumatischen Erkrankungen
© Springer-Verlag Berlin Heidelberg 2003

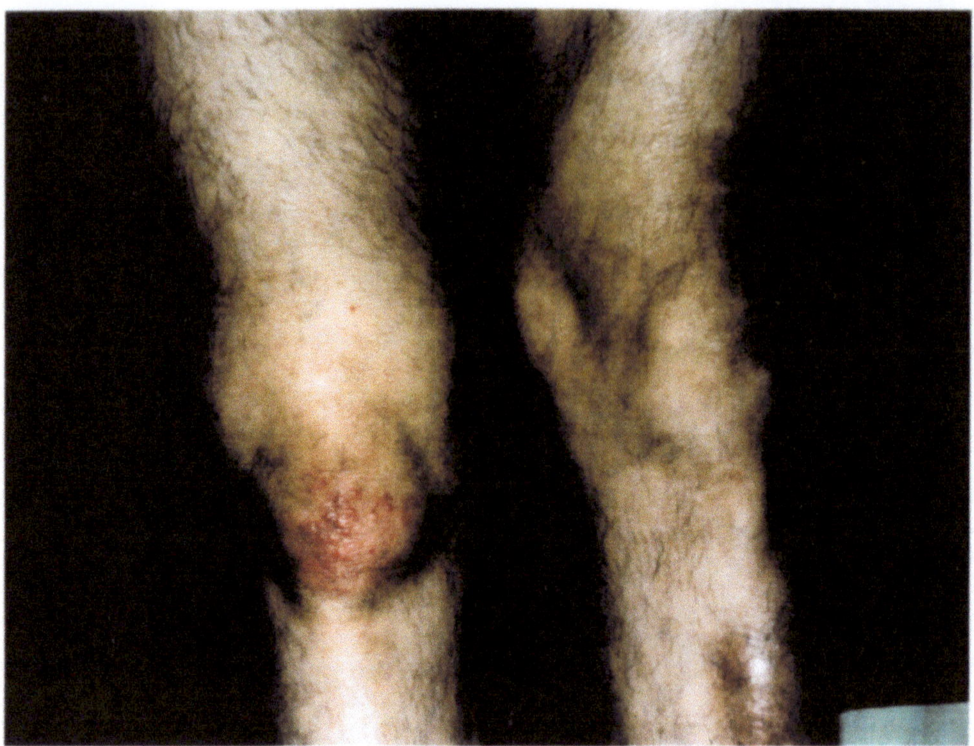

Abb. 14.1. Typische psoriatische Hautläsion bei Hydrops des Kniegelenks im Rahmen einer Arthritis psoriatica

Die Hautläsion zeigt sich in typischer Weise als scharf begrenzte, gerötete, weißlich schuppende Veränderung unterschiedlicher Ausdehnung von stecknadelkopfgroß bis über handtellergroß (Abb. 14.1); daneben sind Sonderformen, wie z.B. die erythrodermische oder pustulöse Variante der Erkrankung relativ häufig. Prädilektionsstellen der Hautveränderungen stellen die Streckseiten der Extremitäten, die behaarte Kopfhaut, des weiteren auch andere, insbesondere mechanisch beanspruchte, Körperregionen dar. Relativ häufig stellen die retroaurikuläre Region, die Nabelgegend und die Crena ani Manifestationsorte der Hauterkrankung dar, die sich bei geringer Ausprägung leicht der Aufmerksamkeit entziehen. Insbesondere wesentlich zur Diagnose der Arthritis psoriatica erscheint der häufig (in manchen Serien bis zu 2/3 der Patienten) auftretende Nagelbefall mit typischen Ölflecken oder sogenannten Tüpfelnägeln, des weiteren auch keratotischen Veränderungen im Bereich des Nagelbetts, aber auch Onycholyse. Die Nagelmanifestation stellt gelegentlich die einzige Hautveränderung dar, und prädisponiert andererseits zum Auftreten einer Arthritis (Koo et al. 2001).

14.3 Ätiologie und Pathogenese

Psoriasis vulgaris kann als (immuno)genetisch prädisponierte autoreaktive entzündliche Erkrankung betrachtet werden, wobei als Ursache eine chronische Th1-Zellen-Aktivierung eine bedeutende Rolle spielen könnte (Griffiths u. Voorhees 1996). Diese könnte von Infektionen, insbesondere mit Streptokokken, unterhalten werden (Yamamoto et al. 1999, Thomssen et al. 2000). Dafür spricht, dass respiratorische Streptokokkeninfekte häufig der Ausbreitung einer Psoriasis vom Guttata-Typ vorangehen. Die Involvierung von subklinischen Infektionen in chronische Verläufe von plaqueartiger Psoriasis wird diskutiert. Vorstellbar erscheint eine Kreuzreaktivität zwischen Keratinozyten und bakteriellen Antigenen, die bei genetisch determinierten Individuen eine Autoimmunreaktion auslöst (Krueger u. Duvic 1994). Ähnliche Vorgänge könnten auch für die Arthritis psoriatica verantwortlich sein, also die Gelenkentzündung bei Psoriasis im weiteren Sinne eine reaktive Arthritis darstellen. Neben dieser Infektionsätiologie werden auch traumatischen Faktoren ein Anteil an der Entstehung der Arthritis zugewiesen, auf der Basis eines artikulären Köbner-Phänomens (etwa 25% der Psoriasispatienten sind Köbner-positiv, d.h. an der Stelle einer Hautverletzung entsteht ein psoriatischer Plaque) wird eine Aktivierung von proinflammatorischen Zellen im Gelenkkompartment postuliert. Darüber hinaus können zahlreiche Medikamente zu einer Verschlechterung der Hauterkrankung führen, leider gelegentlich auch solche, die zur Langzeittherapie der Gelenkerkrankung eingesetzt werden, wie Chloroquin, Sulfasalazin oder Goldpräparate, und wie bei nahezu jeder chronischen Erkrankung kann psychischer Stress eine Schubsituation auslösen, wobei die genauen Mechanismen nicht bekannt sind, aber wahrscheinlich Peptidhormone, wie z.B. β-Endorphine, die immunregulatorische Potenz besitzen, eine Rolle spielen könnten (Camp 1992).

Das gehäufte familiäre Auftreten und die hohe Konkordanzrate bei Monozygoten im Vergleich zu zweieiigen Zwillingen sind eindeutige Hinweise auf eine genetische Prädisposition zur Entwicklung einer Psoriasis bzw. auch einer Arthritis psoriatica. Ganz generell ist eine multifaktorielle Involvierung genetischer Faktoren in die Ätiologie der Psoriasis anzunehmen (Rahman et al. 2000).

Bei Patienten mit Arthritis psoriatica finden sich in höheren Frequenzen HLA-A26, B38 und DR4. HLA-DR3 scheint mit der erosiven Form der Arthritis psoriatica assoziiert, während, wie zu erwarten, HLA-B27 bei der spondylitischen Verlaufsform gehäuft nachweisbar ist. HLA-B39, HLA-B27 in Verbindung mit HLA-DR7 und DQw3 in Abwesenheit von HLA-DR7 zeigen eine Assoziation mit einem progredienten Verlauf der Arthritis psoriatica, während dem HLA-DR7, auch in Verbindung mit DQw3, eine protektive Bedeutung zugesprochen wird, wie auch HLA-B22. Die Bedeutung der genetischen Prädisposition bei Psoriasis könnte in der Beeinflussung der Immunantwort auf exogene bzw. endogene Antigene liegen (Gladman u. Brockbank 2000, Gladman et al. 1987, 1998b).

Frühe Untersuchungen sprachen für eine Assoziation von Psoriasis mit den HLA-Antigenen B13, B17 und B37 sowie DR7 und auch für eine stärkere Bedeutung des HLA-Cw6. Bei Patienten mit Psoriasis pustulosa hingegen fehlen diese Assoziationen. Für Patienten mit Psoriasis und Arthritis psoriatica fanden sich deutlich erhöhte Frequenzen des Cw*0602-Allels, wohingegen nur bei Arthritis psoriatica ein MICA-A9 (class I major histocompatibility complex chain-related gene A)-Trinukleotid-Polymorphismus festzustellen war. Dieser zeigte Abhängigkeit von der Frequenz des MICA-002-Allels und war darüber hinaus bei Patienten mit polyartikulärem Befallsmuster deutlich erhöht (Gonzales et al. 1999). Die Vermehrung von MICA-

A9 bei Arthritis-psoriatica-Patienten war unabhängig von Cw*0602 und erhöhte das relative Risiko. Somit zeigten sich weitere Hinweise für eine polygenetische Abhängigkeit der Psoriasis mit Cw*0602 als Marker einer erhöhten genetischen Suszeptibilität, wobei unabhängig davon ein MICA-A9-Polymorphismus korrespondierend zum MICA-002-Allel als ein mögliches Kandidatengen zur Entwicklung einer Arthritis psoriatica in Frage kommt. Die gleiche Arbeitsgruppe konnte auch zeigen, dass HLA-B-Allele und MICB-CA22, die nur sekundär mit MICA assoziiert sind, eine erhöhte Frequenz bei Arthritis psoriatica aufweisen und dass andere Zentromergene, wie TNF-a und HLA-DRB1, nicht mit einer erhöhten Suszeptibilität für Arthritis psoriatica vergesellschaftet sind (Gonzales et al. 2002). Andererseits bestehen aber Hinweise, dass Variationen von TNF-a-Promotor-Allelen zur Suszeptibilität beitragen können. So konnte eine HLA-Klasse-I-unabhängige erhöhte Frequenz des TNFa6c1d3-Haplotyps bei Arthritis, aber nicht bei Psoriasispatienten nachgewiesen werden, wie auch eine deutliche Verminderung des TNFA308A-Promotor-Allels. Periphere mononukleäre Zellen von Arthritis-psoriatica-Patienten sezernierten signifikant weniger TNF-a als solche von gesunden Kontrollen, wobei v.a. der TNFa6-Mikrosatellit mit geringer TNF-a-Produktion korreliert war (Hohler et al. 2002).

Die Ergebnisse von Zwillingsuntersuchungen zeigen, dass ein bedeutender Anteil der Suszeptibilität für Spondylarthropathien im allgemeinen durch andere Gene außerhalb der HLA-Region bedingt sein könnte (Rudwaleit u. Hohler 2001). Neben Korrelationen zur HLA-Region am Chromosom 6p konnten auch Kandidatenregionen auf den Chromosomen 3 (für Patienten ohne Gelenkprobleme) und 15 (für Patienten mit Gelenkproblemen) und auch 4q und 17q identifiziert werden.

14.4 Histologie und Immunologie der Gelenkmanifestation

Im Gegensatz zur rheumatoiden Arthritis sind nur wenige Untersuchungen zur Histologie und Immunologie der psoriatischen Gelenkentzündung vorliegend. Im Allgemeinen kann davon ausgegangen werden, dass zwischen rheumatoider und Psoriasisarthritis hinsichtlich der histologischen Veränderungen nur geringe Unterschiede bestehen, auch große Ähnlichkeiten zwischen der psoriatischen

Hautläsion und den synovialen Manifestationen werden beschrieben (Panayi 1994). Im Vergleich zur RA wurden bei PsA eine gewisse Hyperplasie der synovialen Deckzellschicht, eine geringere Anzahl an Makrophagen, eine stärkere Angiogenese und eine erhöhte Expression von E-Selektin beschrieben, während keine Unterschiede zur RA hinsichtlich der Expression von ICAM-1 oder VCAM-1 bzw. der Anzahl von B- bzw. T-Zellen bestehen (Smith u. Roberts-Thomson 1990). Andere Untersuchungen beschreiben immunhistologische Veränderungen bei Osteoarthrose, rheumatoider Arthritis und Arthritis psoriatica als relativ ähnlich.

In der Synovialflüssigkeit sind die proinflammatorischen Zytokine TNF-α, IL-1β, IL-6 und IL-8 erhöht, was in Analogie zur RA der destruktiven Natur der Erkrankung entspricht (Partsch et al. 1997). Bei aktiver PsA zeigen sich auch HLA-DR^{+}-T-Zellen, vorwiegend vom Helper-inducer-(CD4+, CD45Ro^{+})-Typ in der Synovialmembran, T-Zellen aus der Synovialflüssigkeit zeigen eine gesteigerte Expression von MHC-Klasse-II-Molekülen (Kingsley et al. 1988, Smith et al. 1992). Auch Th1-Zell-Zytokine, wie IL-2, und IFN-γ, sind in der Synovialflüssigkeit von PsA-Patienten nachweisbar (Partsch et al. 1998). In synovialem Gewebe fand sich die Genexpression für Th1- und Th2-Zell-abhängige Zytokine sowohl bei Patienten mit RA als auch bei Patienten mit seronegativer Spondarthritis gesteigert, wobei allerdings die Konzentrationen für IFN-γ-mRNA und IFN-γ selbst bei RA deutlich höher lagen, damit fand sich auch die Ratio Th1-/Th-2-abhängiger Zytokine (IFN-γ/IL-4) bei RA gegenüber seronegativen Spondarthritiden, also auch PsA, verändert (Canete et al. 2000).

All diese Daten sprechen für eine Beteiligung von T-Zellen und synovialen Makrophagen in der Pathogenese der PsA. Der Umstand, dass die Zytokine bei PsA üblicherweise in geringerer Konzentration als bei RA vorliegen, kann als Hinweis für einen benigneren Verlauf von PsA im Vergleich zur RA gesehen werden. Dieser Unterschied könnte auch die bei RA deutlich höheren Serumhyaluronanspiegel im Vergleich zu PsA erklären, da Serumhyaluronan als Marker der Knorpeldegradation angesehen werden kann (Partsch et al. 1996). Die kollagenolytische Aktivität in der Synovialflüssigkeit bei PsA fand sich hingegen im Vergleich zu RA und Osteoarthrose sowohl vor als auch nach der Aktivierung signifikant gesteigert (Partsch et al. 1994).

Hinsichtlich der proinflammatorischen Achse konnten auch Analogien zu anderen entzündlichen Gelenkerkrankungen, wie z.B. zur rheumatoiden Arthritis, gezeigt werden. So fanden sich bei Arthritispatienten generell höhere Expressionen von MNDA (myeloid nuclear differentiation factor), MRP8 und MRP14 (migratory inhibitory factor-related proteins) und auch von JAK3 (Januskinase 3) und MAP-Kinase p38 (mitogen activated protein kinase) sowie für Chemokinrezeptoren, besonders dem C-X-C-Chemokinrezeptor Typ 4 (Gu et al. 2002).

14.5 Klinische Symptomatik der Arthritis psoriatica

Im Regelfall (75%) folgt die Gelenksymptomatik dem Auftreten der Hauterkrankung um Jahre nach, die Gelenkmanifestation kann aber auch synchron mit der Hauterkrankung beginnen oder dieser – selten (5–10%) – vorhergehen. Die Erkrankung beginnt in der Regel subakut mit oligoartikulärem asymmetrischen Gelenkbefall. Sowohl kleine Gelenke der Hände und Füße als auch große Gelenke, dann v.a. der unteren Extremitäten, können betroffen sein. Je mehr Gelenke zu Beginn der Erkrankung befallen sind, desto höher wird die Wahrscheinlichkeit eines progredienten Verlaufs (Gladman u. Farewell 1999, Gladman et al. 1998 a,b), während bei oligoartikulären Verläufen lange Remissionsphasen (auch bis zu einigen Jahren dauernd) mit aktiven Krankheitssituationen abwechseln können.

Bei Befall der Finger- bzw. Zehengelenke ergibt sich ein von der rheumatoiden Arthritis deutlich unterschiedliches Befallsmuster (Abb. 14.2). Während bei der rheumatoiden Arthritis die distalen Interphalangealgelenke in typischer Weise ausgespart bleiben und ein symmetrischer transversaler Befall der Metacarpophalangeal- und der proximalen Interphalangealgelenke besteht, sind bei der Arthritis psoriatica 2 Befallsmuster vorherrschend, nämlich der Strahlbefall (auch vertikales Befallsmuster genannt) mit Schwellung eines oder mehrerer Finger bzw. Zehen im Sinn einer Daktylitis („Wurstzehe", „Wurstfinger") oder aber der Transversaltyp (horizontaler Typ) mit normalerweise asymmetrischem Befall einer Gelenkreihe, wie z.B. der proximalen Interphalangealgelenke.

Die synovitische Schwellung bei Arthritis psoriatica ist normalerweise nicht überwärmt, kann aber häufig eine livide Verfärbung zeigen, selten sind massive ödematöse Schwellungen, z.B. des Handrückens.

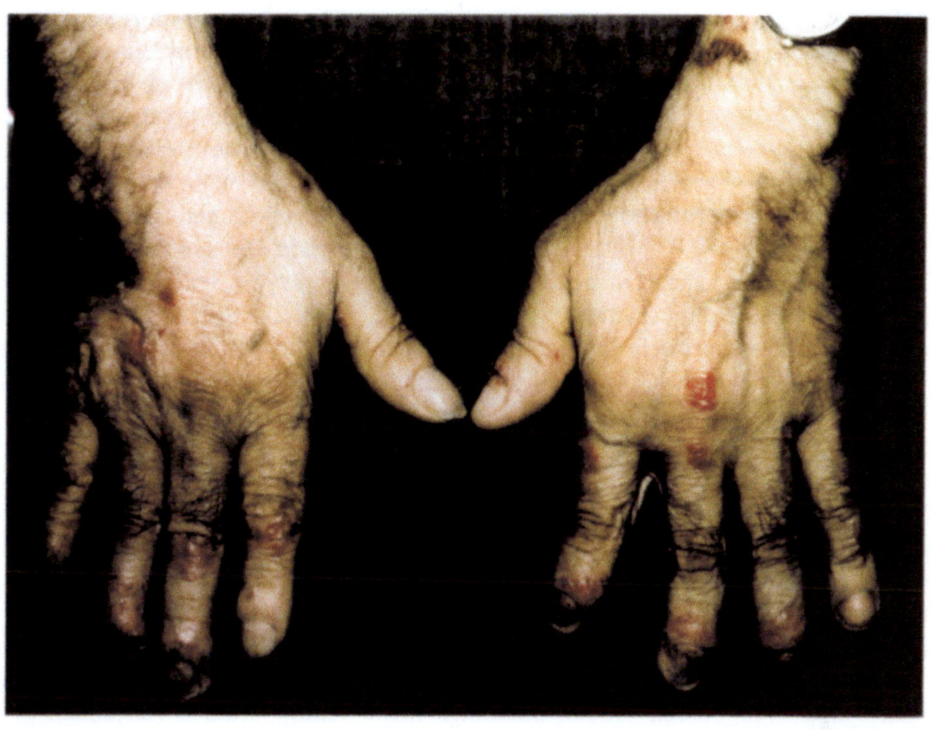

Abb. 14.2. Befall der Fingergelenke bei Arthritis psoriatica, zu beachten der Befall der DIP-Gelenke und der gleichzeitige Nagelbefall

Eine Beteiligung des Achsenskelettes wird klinisch meist im Sinn einer Sakroiliakalarthritis mit typischem tiefsitzenden Rückenschmerz mit morgendlichem Höhepunkt manifest, darüber hinaus sind Beteiligungen der einzelnen Abschnitte der Wirbelsäule von typischen Symptomen und Bewegungseinschränkungen wie bei anderen Spondarthritiden auch, begleitet, nämlich Verminderung der Atemexkursion und deutlicher Reduktion der Beweglichkeit der Halswirbelsäule.

Der klinische Verlauf der Arthritis psoriatica ist vielgestaltig (Elkayam et al. 2000). Als charakteristisch kann das gemeinsame Bestehen von Haut- und Gelenkveränderungen angesehen werden, wobei Schubsituationen nicht parallel beide Manifestationsorte betreffen müssen (Van Doornum et al. 2000). Eine Assoziation zwischen dem cutanen Typ der Psoriasis und der Art der Gelenkerkrankung konnte nicht gefunden werden. Eine Ausnahme stellt der vorwiegende Befall der DIP-Gelenke dar, der nur selten ohne Nagelbefall auftritt (Koo et al. 2001).

Eine Sonderform der kutanen Psoriasis stellt die Palmare-plantare-Pustulose (PPP) dar, die sich auch histologisch unterscheiden lässt; diese geht auch mit Symptomen am Bewegungsapparat einher, die im SAPHO-Syndrom (Synovitis, Akne, Pustulose, Hyperostose, Osteomyelitis) zusammengefasst werden (Van Doornum et al. 2000).

Im Gegensatz zur rheumatoiden Arthritis besteht häufig kein ausgeprägtes Prodromalstadium. Extraartikuläre Manifestationen treten überdurchschnittlich häufig in Form von Enthesiopathien auf (Gladman 1998), diese können auch als nahezu einzige Symptomatik bestehen. Die Diskussionen über das Bestehen einer sogenannten psoriatischen Enthesiopathie als Krankheitsentität sind nicht abgeschlossen. Augenbeteiligungen im Sinn einer Iritis werden bei etwa 7% der Patienten beschrieben, bei Achsenskelettbeteiligung allerdings kann dieser Prozentsatz bis zu etwa 30% ansteigen (Paiva et al. 2000), während viszerale Manifestationen die extreme Ausnahme darstellen.

Für den klinischen Alltag, aber auch für die Charakterisierung von Patienten für klinische Studien, hat sich im wesentlichen die Klassifikation der Arthritis psoriatica nach Moll und Wright (1973) durchgesetzt, in der 5 Hauptgruppen der Erkrankung unterschieden werden:

1. asymmetrische Oligoarthritis mit vorwiegendem Befall von PIP, DIP und Metatarsophalangealgelenken (MTP)
2. symmetrische Polyarthritis ähnlich der rheumatoiden Arthritis

3. Arthritis mutilans
4. Spondylopathie
5. vorwiegende DIP-Involvierung

14.6 Laborveränderungen

In typischer Weise handelt es sich bei der Arthritis psoriatica um eine seronegative Arthritisform, d.h. der Rheumafaktornachweis ist negativ. Ein positiver Rheumafaktornachweis schließt die Diagnose Arthritis psoriatica aber nicht völlig aus, in einer kanadischen Untersuchungen fand sich bei 9% der Patienten ein positiver RF. Allerdings sollte im Falle eines positiven RF-Nachweises die Diagnose mit großer Vorsicht gestellt werden und an eine Koinzidenz von RF-positiver rheumatoider Arthritis und psoriatischer Hauterkrankung gedacht werden.

Bei Arthritis psoriatica sind die Akutphaseparameter in aktiven Phasen erhöht, allerdings nicht im gleichen Ausmaß wie bei rheumatoider Arthritis, außerdem ist das Niveau der Akutphasereaktion auch von der Ausprägung der Hautmanifestation mitbestimmt (Daunt et al. 1987). Spezifische Laborparameter für die Arthritis psoriatica existieren nicht, relativ häufig findet sich eine Erhöhung der Serumharnsäure, erklärt durch den erhöhten dermalen Zellumsatz.

14.7 Radiologische Veränderungen

Im Gegensatz zur rheumatoiden Arthritis, bei der es zu typischen Gelenkdestruktionen kommt, ist das typische radiologische Bild der Arthritis psoriatica durch ein Nebeneinander von destruktiven und proliferativen Prozessen gekennzeichnet (Rahman et al. 1998). Eine gelenknahe Osteoporose ist wenig bis gar nicht feststellbar, was auch durch Osteodensitometriemessungen belegt werden kann, die im Gegensatz zur rheumatoiden Arthritis bei Arthritis psoriatica in der Regel Normalbefunde ergeben (Nolla et al. 1999).

Als Frühzeichen im Röntgenbild sind Weichteilschwellungen (Daktylitiden) und unscharfe „ausgefranste" Erosionen an den Basen der Phalangen zu erkennen. In der Folge kommt es zu Gelenkspaltverschmälerungen und zum Auftreten von Usuren, aber auch osteoblastischen Proliferationen (Potuberanzen, z.B. „Mäuseohren") am Gelenkrand. In weiter fortgeschrittenen Fällen sind Mutilationen (Pencil-in-cup-Phänomen), Deviationen und auch Ankylosen zu beobachten. Weitere Zeichen stellen periostale Appositionen und Enthesiopathien im Bereich der Achillessehne, des Trochanter major, der Patella und auch an anderen Lokalisationen dar, die auch einer sonographischen Untersuchung gut zugänglich sind (Leeb et al. 1997). Bei Befall des Stammskeletts finden sich typische Sakroilitiden, auch einseitig, und die Ausbildung von Parasyndesmophyten, teilweise auch Syndesmophyten, sowie auch Zeichen der Intervertebralarthritis.

14.8 Prognose

Die Literaturangaben hinsichtlich der Prognose der Erkrankung sind nicht einheitlich. Während einige Studien von einem generell milden Verlauf der Arthritis sprechen, zeigen andere Untersuchungen, dass die Erkrankung funktionell bei einer gewissen Anzahl von Patienten zu deutlichen Behinderungen im Sinne der ARA-Funktionsklassen III–IV führen kann und dass mit zunehmender Dauer die Anzahl der befallenen Gelenke steigt, was aber nicht unbedingt zu einer funktionellen Verschlechterung führen muss (Roberts et al. 1976, Gladman et al. 1987). Gleiches gilt auch für die Ausbildung von Syndesmophyten bzw. Parasyndesmophyten bei Wirbelsäulenbefall.

Patienten mit Arthritis psoriatica haben eine 2fache Behinderung im Sinne der Arbeitsfähigkeit zu tragen, nämlich die Haut- und die Gelenkerkrankung. In diesem Sinne sind Ergebnisse zu deuten, dass Patienten bis zu 2-mal häufiger ohne Beschäftigung waren als Patienten mit Psoriasis und anderen Gelenkerkrankungen.

Im Gegensatz zur früheren Anschauung, dass die Mortalität von Patienten mit Arthritis psoriatica durch die Erkrankung nicht beeinträchtigt wird, gibt es neuere Publikationen, die doch Hinweise für eine Beeinträchtigung der Lebenserwartung durch eine Arthritis psoriatica liefern (Gladman et al. 1998).

Untersuchungen hinsichtlich Prognosefaktoren erbrachten nur wenig aussagekräftige Ergebnisse, dabei konnten die Anzahl der befallenen Gelenke zu Beginn, die Menge der eingenommenen Antirheumatika und HLA-Klasse-I-Antigene, wie B27, B39, aber auch Klasse-II-Antigene, wie DQw3, nicht aber DR4, als auf einen schwereren Verlauf hinweisend identifiziert werden (Gladman et al. 1998 a).

14.9 Differenzialdiagnose

Am wichtigsten erscheint die Abgrenzung zur rheumatoiden Arthritis. Dazu können aus klinischer Sicht v. a. das bei Arthritis psoriatica deutlich geringer ausgeprägte Prodromalstadium, das Befallsmuster mit DIP-Involvierung, die Ausbildung von Daktylitiden („Wurstfinger", „Wurstzehe") und das relativ häufige Auftreten von Remissionen herangezogen werden. Radiologisch lassen sich die beiden Erkrankungen durch bei Arthritis psoriatica auftretende klassische Befunde, die aus dem Nebeneinander von destruktiven und proliferativen Prozessen resultieren, unterscheiden (s. oben). Darüber hinaus können Wirbelsäulenbefall, Rheumafaktor und auch evtl. Rheumaknoten differenzialdiagnostische Hinweise bieten (Leeb et al. 1996).

Schwieriger kann die Abgrenzung der Arthritis psoriatica bei fehlender Hautmanifestation zu reaktiven Arthritiden ausfallen, ja sie kann bei fehlendem Erregernachweis und fehlender kutaner Psoriasis nahezu unmöglich werden, haben doch beide Krankheitsbilder sehr ähnliche klinische Symptome und auch radiologische Veränderungen. Enteropathische Arthritiden lassen sich meist durch die Diagnose der intestinalen Erkrankung gut definieren.

Stoffwechselbedingte Arthropathien (Gicht bzw. Hämochromatose) bzw. Kristallarthropathien (Chondrokalzinose) stellen ebenfalls differenzialdiagnostische Optionen dar, wobei die Klinik und das Befallsmuster, aber auch Bild gebende Verfahren zur Differenzierung herangezogen werden können.

Eine wesentliche Differenzierungsnotwendigkeit ergibt sich zu Heberden- und Bouchard-Arthrosen der Fingergelenke, die, insbesondere bei radiologisch erosivem Verlauf, durchaus schwierig sein kann. Hinsichtlich des Befallmusters sind dabei große Ähnlichkeiten gegeben. Allerdings bestehen DIP-Arthritiden bei Psoriasis nur selten ohne gleichzeitigen Nagelbefall.

Neben den hier beschriebenen Erkrankungen sollten auch paraneoplastische Veränderungen, v. a. bei Bronchialkarzinomen und Lymphomen, bzw. Kollagenosen, wie der systemische Lupus erythe-matosus und auch die Dermatomyositis in differenzialdiagnostische Überlegungen mit einbezogen werden, die aber durch entsprechende Laborveränderungen bei letztgenannten Erkrankungen geklärt werden können.

14.10 Therapie

Bei allen entzündlichen Gelenkerkrankungen ist der gezielte Einsatz therapeutischer Maßnahmen für deren Ausgang entscheidend. Insbesondere bei destruktiv verlaufenden Arthritisformen wie z. B. der Psoriasisarthritis, ist zur Vermeidung von Deformierungen, Funktionsverlusten und Invalidität ein möglichst frühzeitiges, phasenspezifisches Vorgehen notwendig. Im Fall der psoriatischen Gelenkerkrankung ist der Zeitpunkt des Einsatzes der Basistherapie vom Ausmaß des Gelenkbefalls und der Hautmanifestation sowie auch vom Verlauf abhängig zu machen. Im Gegensatz zur RA kann dabei auch abwartendes Vorgehen angezeigt sein.

14.10.1 Medikamentöse Therapie

Die medikamentöse Therapie beruht im Wesentlichen auf 3 Eckpfeilern:
- nichtsteroidalen Antirheumatika (NSAR),
- Kortikoiden und
- Basistherapeutika (DMARD),

für die eine krankheitsmodifizierende Wirkung, gemessen an funktionellen und radiologischen Parametern, nachgewiesen wurde.

14.10.1.1 Nichtsteroidale Antirheumatika (NSAR)

In der täglichen Praxis erfolgt die initiale Behandlung einer entzündlichen Gelenkerkrankung in der Regel mit NSAR. Diese sind symptomatisch antiinflammatorisch und analgetisch wirksam. Derzeit sind Präparate aus 8 chemischen Gruppen verfügbar (die klassischen 7 plus die neuen Coxibe), die bei Einhalten einiger weniger Prämissen gute und sichere Therapieergebnisse bewirken.

Die Therapiesicherheit von NSAR, v. a. hinsichtlich der gastrointestinalen und renalen Nebenwirkungen, stellt eine große Herausforderung für die Rheumatologie dar. Die gastrointestinale Toleranz der NSAR lässt sich durch gleichzeitige Therapie mit Misoprostol, Protonenpumpenhemmern, aus der Gruppe der H^2-Blocker nur mit Famotidin in hoher Dosierung und möglicherweise auch durch Änderungen der Galenik, verbessern (Hawkey et al. 1998, Silverstein et al. 1995, Taha et al. 1996). Bei Risikopatienten, wie sie durch empirisch gefundene Faktoren definiert sind, ist eine simultane Magenschutztherapie in jedem Fall angezeigt. Die Studienergebnisse deuten darauf hin, dass Coxibe ein deutlich geringeres gastrointestinales Risiko aufweisen, der Beweis dafür wird durch die breite Anwendung in der täglichen Praxis zu erbringen sein (Emery et al. 1999).

Unterschiede zwischen den einzelnen Substanzen im Hinblick auf die Wirksamkeit konnten bis dato nicht gefunden werden, allerdings besteht ein unterschiedliches individuelles Ansprechen der Patienten. Weitere Unterscheidungen ergeben sich daneben v. a. durch die Halbwertszeit, was eine Chronotherapie, d. h. den gezielten Einsatz angepasst an das Schmerzprofil des Patienten, zulässt.

Insbesondere bei Ausschöpfung der empfohlenen Tagesmaximaldosen von NSAR sind als weitere unterstützende Therapie „reine" Analgetika, die nach Wirksamkeit dosiert werden sollen, wie z. B. Opioide (z. B. Tramadol), aber auch Opiate und zur Schmerzschwellensenkung Antidepressiva einsetzbar.

14.10.1.2 Kortikosteroide

Kortikoide stellen die potentesten antiinflammatorischen Substanzen dar. Sie sind allerdings in der Therapie der PsA nicht von derart großer Bedeutung wie bei RA zur raschen Verminderung der systemischen entzündlichen Aktivität. Ihre Anwendung kann lokal (intraartikulär) oder systemisch erfolgen. Das Risiko der gastrointestinalen Nebenwirkungen ist geringer als bei NSAR, was auch aus neueren Erkenntnissen über den Wirkungsmechanismus abzuleiten ist. Wegen des Osteoporoserisikos sollten aber zumindest die Kalzium- und Vitamin-D-Zufuhr gesteigert werden. Des Weiteren sollte insbesondere bei längerer Anwendung eine genaue Abwägung anderer Risken wie z. B. Verschlechterung der Hautmanifestation (Entwicklung einer Erythrodermie), erhöhte Infektionsanfälligkeit, Entwicklung eines Diabetes, Hypertonie, Nebennierenrindeninsuffizienz usw. erfolgen.

14.10.1.3 Basistherapeutika (disease modifying antirheumatic drugs: DMARD)

Primär anzustrebendes Ziel, dem man sich immer möglichst annähern sollte, stellt die Normalisierung der entzündlichen Reaktion, gemessen v. a. an Gelenkschwellung und CRP, dar. Dabei kommen für die PsA v. a. Methotrexat, aber auch Chloroquin, Sulfasalazin, Cyclosporin A und auch Goldderivate in Betracht.

Methotrexat wird seit Jahrzehnten sowohl in der Therapie der Hauterkrankung als auch in der Behandlung der Arthritis psoriatica eingesetzt und fand über diesen Weg Eingang in die Therapie der RA, wo es heute als Goldstandard anzusehen ist. Die Dosierungsschemata für die Gelenkmanifestation und die Hauterkrankung sind teilweise unterschiedlich, die verwendeten wöchentlichen Dosen schwanken zwischen 10 und 25 mg, das Risiko der Entwicklung einer Leberfibrose- bzw. Zirrhose erscheint bei der Arthritis psoriatica höher als bei der RA. Eine generelle simultane Folsäuresubstitution ist zu empfehlen (Cuellar u. Espinoza 1997).

Sowohl für Chloroquin als auch für Sulfasalazin und Goldderivate sind positive Effekte auf die Arthritis psoriatica beschrieben, die Dosierungen entsprechen den bei RA-Patienten verwendeten. Bei all diesen Präparaten muss allerdings gelegentlich mit einer Verschlechterung der Hautsituation des Patienten gerechnet werden (Gladman et al. 1992, Lacaille et al. 1996, Jones et al. 2000). Cyclosporin A hat einen ausgesprochen günstigen Effekt auf die Hautmanifestation, allerdings nur für die Dauer der Einnahme, auch hinsichtlich der Arthritis ist eine positive Wirkung beschrieben, wobei, wie bei RA, die Bedeutung des Präparats vorwiegend in der Kombinationstherapie zu sehen sein dürfte (Raffayova et al. 2000).

Die Wertigkeit von Kombinationen von Basistherapeutika wird heute deutlich anders gesehen als noch vor einigen Jahren. Nach dem jetzigen Wissenstand kann für die Kombinationen von Methotrexat und Chloroquinderivaten und Cyclosporin A ein günstiger Effekt bestätigt werden, wobei nicht mit einer höheren Toxizität als bei der Behandlung mit den Einzelsubstanzen gerechnet werden muss (Stein et al. 1997).

Aus all diesen Gründen war es dringend nötig, neue therapeutische Prinzipien und damit neue Substanzen in die Therapie der PsA einzuführen. Glücklicherweise ergaben sich in den letzten Jahren mit der Einführung der gegen TNF-a gerichteten Substanzen Etanercept (TNF-Rezeptor-p75-Fusionsprotein) und Infliximab (chimärischer monoklonaler Antikörper gegen TNF-*a*) neue Möglichkeiten der Therapie (Keyseret al. 2001). Für beide Substanzen sind auch, wenn auch in kleinen Fallzahlen, z. T. dramatische Verbesserungen der Hautveränderungen beschrieben (Ogilvie et al. 2001, Mease et al. 2000).

Probleme bei der Basistherapie der PsA ergeben sich einerseits durch Nebenwirkungen, v. a. auch auf die Hautveränderungen, andererseits auch durch sekundäre Therapieversager. In jedem Fall ist ein dem verwendeten Präparat angepasstes Monitoring des Patienten während der Therapie unbedingt nötig, um ausreichende Therapiesicherheit zu gewährleisten. Auf der anderen Seite muss auch das Ansprechen des Patienten auf entsprechende Weise dokumentiert werden, wobei etablierte Kriterien bestehen. Bei Versagen der eingeschlagenen Therapie hat innerhalb angemessener Zeit ein Wechsel auf ein anderes Präparat zu erfolgen. Es erscheint logisch, dass eine konsequente, frühzeitige, therapeutische Intervention bessere therapeutische Erfolge zeitigt und damit sowohl für die Lebensqualität des einzelnen Patienten als auch sozioökonomisch erhebliche Vorteile bringt.

14.10.2 Weitere nicht medikamentöse Therapiemaßnahmen

Neben der rheumatologisch medikamentösen Therapie umfasst das therapeutische Konzept natürlich auch

- dermatologische Maßnahmen, auf welche die Therapie der Gelenkerkrankung Rücksicht zu nehmen hat,
- physikalische Behandlungsmaßnahmen,
- ergotherapeutische Betreuung und Hilfsmittelversorgung,
- Patientenschulung,
- rheumachirurgische Eingriffe, präventiver (Synovek-tomie) oder prothetischer Art und
- psychische Betreuung sowie
- soziale Betreuung.

Zur zielführenden Behandlung erscheint also neben der möglichst frühen Diagnose die Erstellung eines rationellen Therapieplans unter Führung eines Rheumatologen notwendig, wobei unter optimaler Ausnützung derzeit vorhandener Möglichkeiten günstige Ergebnisse erzielt werden können.

14.11 Literatur

Alibert JL (1818) Precis theoretique et practique sur les maladies de la peau. Paris Caille et Ravier 2:21

Camp RDR (1992) Psoriasis. In: Champion R, Burton J, Ebling FGJ (eds) Textbook of dermatology, 5th edn. Oxford Blackwell Scientific Publications, Oxford, pp 1391–1457

Canete JD, Martinez SE, Farres J et al. (2000) Differential Th1/Th2 cytokine patterns in chronic arthritis: interferon gamma is highly expressed in synovium of rheumatoid arthritis compared with seronegative spondyloarthropathies. Ann Rheum Dis 59:263–268

Cuellar ML, Espinoza LR (1997) Methotrexate use in psoriasis and psoriatic arthritis. Rheum Dis Clin North Am 23:797–809

Daunt AO, Cox NL, Robertson JC, Cawley MI (1987) Indices of disease activity in psoriatic arthritis. J R Soc Med 80:556–558

Elkayam O, Ophir J, Yaron M, Caspi D (2000) Psoriatic arthritis: interrelationships between skin and joint manifestations related to onset, course and distribution. Clin Rheumatol 19:301–305

Emery P, Zeidler H, Kvien TK et al. (1999) Celecoxib versus diclofenac in long-term management of rheumatoid arthritis: randomised double blind comparison. Lancet 354:2106–2111

FitzGerald O, Kane D (1997) Clinical, immunopathogenetic and therapeutic aspects of psoriatic arthritis. Curr Opin Rheumatol 9:295–301

Gladman DD (1998) Clinical aspects of the spondyloarthropathies. Am J Med Sci 316:234–238

Gladman DD, Brockbank J (2000) Psoriatic arthritis. Expert Opin Invest Drugs 9:1511–1522

Gladman DD, Farewell VT (1999) Progression in psoriatic arthritis: role of time varying clinical indicators. J Rheumatol 26:2409–2413

Gladman DD, Shuckett R, Russel ML et al. (1987) Psoriatic arthritis: an analysis of 220 patients. Q J Med 62:127–141

Gladman DD, Blake R, Brubacher B, Farewell VT (1992) Chloroquine therapy in psoriatic arthritis. J Rheumatol 19:1724–1726

Gladman DD, Farewell VT, Kopciuk KA, Coo RJ (1998a) HLA markers and progression in psoriatic arthritis. J Rheumtol 25:730–733

Gladman DD, Farewell VT, Wong K, Husted J (1998b) Mortality studies in psoriatic arthritis: results from a single outpatient center. II. Prognostic indicators for death. Arthritis Rheum 41:1103–1110

Gonzales S, Martinez-Borra J, Torre-Alonso JC et al. (1999) The MICA-A9 triplet repeat polymorphism in transmembrane region confers additional suscepitibility to the development of and is independent of the association of Cw*0602 in psoriatis. Arthr Rheum 42:1010–1016

Gonzales S, Martinez-Borra J, Lopes-Vasquez A, Garcia-Fernandez S, Torre-Alonso JC, Lopez-Larrea C (2002) MICA rather than MICB, TNFA, or HLADRB1 is associated with suscepitibility to psoriatic arthritis. J Rheumatol 29:973–978

Griffiths CEM, Voorhees JJ (1996) Psoriasis, T cells and autoimmunity. J R Soc Med 89:315–319

Gu J, Marker-Hermann E, Baeten D et al. (2002) A 588-gene microarray analysis of the peripheral blood mononuclear cells of spondylarthropathy patients. Rheumatology 41:759–766

Hawkey CJ, Karrasch JA, Szczepanski L et al. (1998) Omeprazol compared with misoprostol for ulcers associated with nonsteroidal antiinflammatory drugs. Omeprazole versus Misoprostol for NSAID-induced Ulcer Management (OMNIUM) Study Group. N Engl J Med 338:727–734

Hohler T, Grossmann S, Stradmann-Bellinghausen B et al. (2002) Differential association of polymorphisms in the TNFalpha region with psoriatic arthritis but not psoriasis. Ann Rheum Dis 61:213–218

Jones G, Crotty M, Brooks P (2000) Interventions for psoriatic arthritis. Cochrane Database Syst Rev 2:CD 000212

Keyser FD, Mielants H, Veys EM (2001) Current use of biologicals for the treatment of spondyloarthropathies. Expert Opin Pharmacother 2:85–93

Kingsley G, Pitzalis C, Kyriazis N, Panayi GS (1988) Abnormal helper-inducer/suppressor-induced T-cell subset distribution and T-cell activation status are common in all types of chronic synovitis. Scand J Immunol 28:225–232

Koo T, Nagy Z, Sesztak M, Uifalussy I et al. (2001) Subsets in psoriatic arthritis formed by cluster analysis. Clin Rheumatol 20:36

Krueger GG, Duvic M (1994) Epidemiology of psoriasis: clinical issues. J Invest Dermatol 102:14s–18s

Lacaille D, Stein HB, Raboud J, Klinkhoff AV (2000) Long-term therapy of psoriatic arthritis: intramuscular gold or methotrexate? J Rheumatol 27:1922–1927

Leeb BF, Machold KP, Smolen JS (1996) Diagnose und Therapie der chronischen Polyarthritis. Radiologe 36:657–662

Leeb BF, Pflugbeil S, Smolen JS (1997) Sonography of the retrocalcaneal region: Achilles tendon and paratendine structures with respect to chronic inflammatory diseases. Rheumatology in Europe 26/3:93–95

Mease PJ, Goffe BS, Metz J, VanderStoep A, Finck B, Burge DJ (2000) Etanercept in the treatment of psoriatic arthritis and psoriasis: a randomised trial. Lancet 356:385–390

Moll JMH, Wright V (1973) Psoriatic arthritis. Semin Arthritis Rheum 3:55–78

Nolla JM, Fiter J, Rozadilla A et al. (1999) Bone mineral density in patients with peripheral psoriatic arthritis. Rev Rhum Engl Ed 66:457–461

Ogilvie AL, Antoni C, Dechant C et al. (2001) Treatment of psoriatic arthritis with antitumour necrosis factor-alpha antibody clears skin lesions of psoriasis resistant to treatment with methotrexate. Br J Dermatol 200 144 (3):587–589

Paiva ES, Macaluso DC, Edwards A, Rosenbaum JT (2000) Characterisation of uveitis in patients with psoriatic arthritis. Ann Rheum Dis 59:67–70

Panayi GS (1994) Immunology of psoriasis and psoriatic arthritis. Baillieres Clin Rheumatol 8:419–427

Partsch G, Petera P, Leeb B et al. (1994) High free and latent collagenase activity in psoriatic arthritis synovial fluids. Br J Rheumatol 33:702–706

Partsch G, Leeb B, Stancikova M et al. (1996) Low serum hyaluronan in psoriatic arthritis patients in comparison to rheumatoid arthritis patients. Clin Exp Rheumatol 14:381–386

Partsch G, Steiner G, Leeb BF, Dunky A, Bröll H, Smolen JS (1997) Highly increased levels of tumor necrosis factor alpha and other proinflammatory cytokines in psoriatic arthritis synovial fluid. J Rheumatol 24:518–523

Partsch G, Wagner E, Leeb BF, Bröll H, Dunky A, Smolen JS (1998) T cell derived cytokines in psoriatic arthritis synovial fluids. Ann Rheum Dis 57:691–693

Plunkett A, Marks R (1998) A review of the epidemiology of psoriasis vulgaris in the community. Australas J Dermatol 39:225–232

Raffayova H, Rovensky J, Malis F (2000) Treatment with cyclosporin in patients with psoriatic arthritis: results of clinical assessment. Int J Clin Pharmacol Res 20:1–11

Rahman P, Gladman DD, Cook RJ, Zhou Y, Young G, Salonen D (1998) Radiological assessment in psoriatic arthritis. Br J Rheumatol 37:760–765

Rahman P, Schentag CT, Beaton M, Gladman DD (2000) Comparison of clinical and immunogenetic features in familiar versus sporadic psoriatic arthritis. Clin Exp Rheumatol 18:7–12

Roberts MET, Wright V, Hill AGS, Mehra AC (1976) Psoriatic arthritis. A follow-up study. Ann Rheum Dis 35:206–212

Rudwaleit M, Hohler T (2001) Cytokine polymorphisms relevant for the spondylarthropathies. Curr Opin Rheumatol 13:250–254

Ruzicka T (1996) Psoriatic arthritis. Arch Dermatol 132:215–219

Silverstein FF, Graham DY, Senior JR et al. (1995) Misoprostol reduces serious gastrointestinal complications in patients with rheumatoid arthritis receiving non steroidal antirheumatic drugs. A randomized, double-blind placebo-controlled trial. Ann Intern Med 123:241–249

Smith MD, Roberts-Thomson PJ (1990) Lymphocyte surface marker expression in rheumatic diseases: evidence for prior activation of lymphocytes in vivo. Ann Rheum Dis 49:81–87

Smith MD, O'Donnel J, Highton J et al. (1992) Immunohistochemical analysis of synovial membranes from inflammatory and non-inflammatory arthritides: scarcity of CD5 positive B cells and IL2 receptor bearing cells. Pathology 24:19–26

Stein CM, Pincus T, Yocum D, Tugwell P et al. (1997) Combination treatment of severe rheumatoid arthritis with cyclosporine and methotrexate for forty-eight weeks: an open-label extension study. The Methotrexate-Cyclosporine Combination Study Group. Arthritis Rheum 40:1843–1851

Taha AS, Hudson N, Hawkey CJ et al. (1996) Famotidine for the prevention of gastric and duodenal ulcers caused by nonsteroidal antiinflammatory drugs. N Engl J Med 334:1435–1439

Thomssen H, Hoffmann B, Schank M, Elewaut D, Meyer zum Buschenfelde KH, Marker-Hermann E (2000) There is no disease-specific role for streptococci-responsive synovial T lymphocytes in the pathogenesis of psoriatic arthritis. Med Microbiol Immunol (Berl) 188:203–207

Van Doornum S, Barraclough D, McColl G, Wicks I (2000) SAPHO: rare or just not recognized? Semin Arthritis Rheum 30:70–77

Yamamoto T, Katayama I, Nishioka K (1999) Peripheral blood mononuclear cell proliferative response against staphylococcal superantigens in patients with psoriasis arthropathy. Eur J Dermatol 9:17–21

Zink A, Listing J, Klindworth C, Zeidler H (2001) The national database of the German Collaborative Arthritis Centres: I. Structure, aims, and patients. Ann Rheum Dis 60:199–206

MIX
Papier aus verantwortungsvollen Quellen
Paper from responsible sources
FSC® C105338

If you have any concerns about our products,
you can contact us on
ProductSafety@springernature.com

In case Publisher is established outside the EU,
the EU authorized representative is:
**Springer Nature Customer Service Center GmbH
Europaplatz 3, 69115 Heidelberg, Germany**

Printed by Libri Plureos GmbH
in Hamburg, Germany